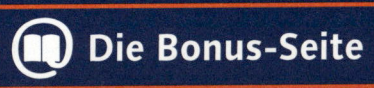
Die Bonus-Seite

Ihr Vorteil als Käufer dieses Buches

Auf der Bonus-Webseite zu diesem Buch finden Sie zusätzliche Informationen und Services. Dazu gehört auch ein kostenloser **Testzugang** zur Online-Fassung Ihres Buches. Und der besondere Vorteil: Wenn Sie Ihr **Online-Buch** auch weiterhin nutzen wollen, erhalten Sie den vollen Zugang zum **Vorzugspreis**.

So nutzen Sie Ihren Vorteil

Halten Sie den unten abgedruckten Zugangscode bereit und gehen Sie auf **www.sap-press.de**. Dort finden Sie den Kasten **Die Bonus-Seite für Buchkäufer**. Klicken Sie auf **Zur Bonus-Seite/ Buch registrieren**, und geben Sie Ihren **Zugangscode** ein. Schon stehen Ihnen die Bonus-Angebote zur Verfügung.

Ihr persönlicher
Zugangscode

sfy7-xba4-93wp-rkzj

Warehouse Management mit SAP® EWM

 PRESS

SAP PRESS ist eine gemeinschaftliche Initiative von SAP und Galileo Press.
Ziel ist es, Anwendern qualifiziertes SAP-Wissen zur Verfügung zu stellen.
SAP PRESS vereint das fachliche Know-how der SAP und die verlegerische
Kompetenz von Galileo Press. Die Bücher bieten Expertenwissen zu tech-
nischen wie auch zu betriebswirtschaftlichen SAP-Themen.

Marc Hoppe
Bestandscontrolling mit SAP
524 S., 2010, geb.
ISBN 978-3-8362-1480-3

Marc Hoppe, André Käber
Warehouse Management mit SAP ERP
695 S., 2., aktualisierte und erweiterte Auflage 2009, geb.
ISBN 978-3-8362-1422-3

Dirk Eichholz, Jan-Martin Lichte, Hans-Georg Nüvemann
Mobile Anwendungen in Lager und Versand mit SAP ERP
312 S., 2., aktualisierte und erweiterte Auflage 2010, geb.
ISBN 978-3-8362-1459-9

Othmar Gau
Praxishandbuch Transport und Versand mit SAP LES
690 S., 2., aktualisierte und erweiterte Auflage 2010, geb., mit Referenzkarte
ISBN 978-3-8362-1424-7

Torsten Hellberg
Einkauf mit SAP MM
375 S., 2., aktualisierte und erweiterte Auflage 2009, geb.
ISBN 978-3-8362-1394-3

Aktuelle Angaben zum gesamten SAP PRESS-Programm finden Sie unter
www.sap-press.de.

Jörg Lange, Frank-Peter Bauer, Christoph Persich,
Tim Dalm, M. Brian Carter

Warehouse Management mit SAP® EWM

Galileo Press

Bonn · Boston

Liebe Leserin, lieber Leser,

vielen Dank, dass Sie sich für ein Buch von SAP PRESS entschieden haben.

In einem modernen Lager ist höchste Effizienz vonnöten, um es Unternehmen zu ermöglichen, die gewünschten Waren oder Materialien rechtzeitig von A nach B zu befördern und dabei Zeit und Kosten zu sparen. Um dies zu erreichen, ist eine effektive Warehouse-Management-Software wie SAP Extended Warehouse Management (EWM) hilfreich.

EWM unterstützt nicht nur Standardprozesse wie den Warenein- und ausgang im Lager. Darüber hinausgehend bietet EWM mächtige Funktionen für Nachschubsteuerung, Monitoring und Reporting, Yard Management, RFID, Cross-Docking, Ressourcenmanagement und vieles mehr.

Um Ihnen die Prozesse und das Customizing von EWM näherzubringen, hat sich ein Team von gestandenen EWM-Experten zusammengefunden: Jörg Lange, Frank-Peter Bauer, Christoph Persich, Tim Dalm, Gunther Sanchez und M. Brian Carter lassen Sie in diesem Buch an ihren Erfahrungen aus der Projektpraxis und der Entwicklung von EWM teilhaben. Ich bin sicher, dass Ihnen dieses Buch wertvolle Dienste in Ihrem EWM-Projekt leisten wird!

Wir freuen uns stets über Lob, aber auch über kritische Anmerkungen, die uns helfen, unsere Bücher zu verbessern. Am Ende dieses Buches finden Sie daher eine Postkarte, mit der Sie uns Ihre Meinung mitteilen können. Als Dankeschön verlosen wir unter den Einsendern regelmäßig Gutscheine für SAP PRESS-Bücher.

Ihre Eva Tripp
Lektorat SAP PRESS

Galileo Press
Rheinwerkallee 4
53227 Bonn

eva.tripp@galileo-press.de
www.sap-press.de

Auf einen Blick

Der Name Galileo Press geht auf den italienischen Mathematiker und Philosophen Galileo Galilei (1564–1642) zurück. Er gilt als Gründungsfigur der neuzeitlichen Wissenschaft und wurde berühmt als Verfechter des modernen, heliozentrischen Weltbilds. Legendär ist sein Ausspruch *Eppur si muove* (Und sie bewegt sich doch). Das Emblem von Galileo Press ist der Jupiter, umkreist von den vier Galileischen Monden. Galilei entdeckte die nach ihm benannten Monde 1610.

Lektorat Eva Tripp, Frank Paschen
Korrektorat Alexandra Müller, Olfen
Einbandgestaltung Daniel Kratzke
Titelbild iStockphoto/Baloncici/8043090
Typografie und Layout Vera Brauner
Herstellung Norbert Englert
Satz III-satz, Husby
Druck und Bindung Bercker Graphischer Betrieb, Kevelaer

Gerne stehen wir Ihnen mit Rat und Tat zur Seite:
eva.tripp@galileo-press.de bei Fragen und Anmerkungen zum Inhalt des Buches
service@galileo-press.de für versandkostenfreie Bestellungen und Reklamationen
thomas.losch@galileo-press.de für Rezensionsexemplare

Bibliografische Information der Deutschen Nationalbibliothek
Die Deutsche Nationalbibliothek verzeichnet diese Publikation in der Deutschen National-bibliografie; detaillierte bibliografische Daten sind im Internet über *http://dnb.d-nb.de* abrufbar.

ISBN 978-3-8362-1423-0

© Galileo Press, Bonn 2011
1. Auflage 2011

Inhalt

9 Warenausgangsprozess 435

10 Lagerinterne Prozesse 505

Vorwort

Kürzlich kam meine 15-jährige Tochter zu mir. Die SD-Speicherkarte in ihrem neuen Handy habe bei Weitem zu wenig Speicherkapazität. Sie könne am nächsten Tag unmöglich in Urlaub fahren, ohne ihre Lieblingsmusik auf das Handy geladen zu haben.

Was tun? Wir suchen im Internet über Google nach Speicherkarten mit einer bestimmten Speicherkapazität für den betreffenden Handytyp. Die Ergebnisse: Schon auf der ersten Seite erscheinen mindestens acht Anbieter. Ein Preisvergleich ergibt keine signifikanten Unterschiede. Nach Prüfung der Verfügbarkeit fallen zwei Anbieter aus, weil die Karte nicht auf Lager ist. Wie ist es um die Lieferzeit bestellt? Drei Tage garantieren alle Anbieter – zu lange für uns. Wir benötigen die Karte schon am nächsten Tag. Auch das lösen wir: Schnell ist ein Anbieter mit 24-Stunden-Lieferservice gegen einen akzeptablen Aufpreis gefunden. Dann heißt es: Speicherkarte auswählen, in den Einkaufswagen legen, zur virtuellen Kasse gehen, E-Mail-Adresse angeben, Kreditkartennummer eingeben, Bestellung abschicken – fertig. Sekunden später trifft eine Bestätigungs-E-Mail mit der Auftragsnummer und einem Link ein, über den der Auftragsstatus verfolgt werden kann. Ein Klick auf diesen Link am selben Abend besagt, dass die Ware das Distributionszentrum um 18:00 Uhr verlassen hat und dem Transportdienstleister übergeben wurde. Über denselben Link lässt sich der Weg des Päckchens in der Transportkette des Dienstleisters verfolgen. Am nächsten Tag um 11:00 Uhr morgens übergibt ein freundlicher Mitarbeiter des Paketdienstes meiner strahlenden Tochter das Päckchen, in dem sich auch die richtige Speicherkarte befindet.

Das ist der Blick eines zufriedenen Kunden auf den Prozess. Wir haben uns an diese Art des Einkaufens gewöhnt. Wie aber sieht der Prozess aus dem Blickwinkel der anderen Seite – der des Verkäufers – aus? Auf welchem Weg kann er die Erwartungen der Kunden erfüllen? Daraus ergeben sich Fragen nach den Möglichkeiten, sich von der Konkurrenz zu differenzieren, und schließlich der Umsetzbarkeit dieser Möglichkeiten mit IT-Unterstützung.

Sich über den Preis der Ware von der Konkurrenz zu unterscheiden ist schwierig. In Zeiten des Onlineshoppings ist ein Preisvergleich für Kunden sehr einfach und eine Differenzierung über den Preis für den Verkäufer sehr schwer. Bei dem hier beschriebenen Einkauf war mir als Kunde die hundertprozentige Verlässlichkeit der Lieferung des richtigen Produkts zum versprochenen Zeitpunkt am wichtigsten.

Um auf diese Weise Kundenzufriedenheit zu schaffen, benötigt der Verkäufer eine IT-Landschaft, in der der Kundenauftrag sofort nach Erfassung ohne Verzögerung an die Lagerverwaltungssoftware des Distributionszentrums übergeben wird. Gleich danach muss eine Kommunikation mit dem Transportdienstleister stattfinden und der Auftrag im Lager so eingeplant werden, dass die rechtzeitige Bereitstellung für den Transportdienstleister garantiert ist. Im Kommissionier- und Verpackungsprozess gilt es zu garantieren, dass die richtige Ware rechtzeitig zum Kunden kommt. Wenn die Ware das Distributionszentrum verlässt, muss eine Kommunikation mit einem Tracking-System stattfinden, damit der Kunde jederzeit über den Status des Auftrags informiert ist.

Wer hätte noch vor wenigen Jahren geglaubt, dass solche hochintegrierten Prozesse umsetzbar und dazu geeignet sind, am Markt Wettbewerbsvorteile zu erzielen? Das Lager wurde nur als Kostenfaktor und somit als notwendiges Übel betrachtet. Auch heute bleibt zwar der Anspruch, die Lagerkosten weiter zu reduzieren, gleichzeitig besteht aber die Notwendigkeit, den Servicegrad ständig zu verbessern.

Es bedarf einer hochflexiblen Software, um diese sich eigentlich widersprechenden Ziele zu erreichen. Diese Software muss eine Modellierung verschiedener Prozessausprägungen ermöglichen und die Optimierung eines Kommissionierprozesses nach Zeit wie in unserem Beispiel unterstützen. Auf der anderen Seite muss die Software es auch erlauben, die Prozesse im Lager unter dem Gesichtspunkt der Kostenoptimierung umzusetzen.

SAP ist es gelungen, mit SAP EWM eine solche hochflexible Lagerverwaltungssoftware zur Verfügung zu stellen, die allen Anforderungen an eine moderne Lagerlogistik gerecht wird. Anspruch war auch, mit EWM ein Werkzeug zu entwickeln, das so flexibel ist, dass es auch an zukünftige Anforderungen angepasst werden kann.

Das vorliegende Buch soll Ihnen dabei helfen, die Potenziale von EWM zu entdecken und auszuschöpfen: Sie erhalten ein umfassendes Nachschlagewerk zu den vielfältigen Funktionen von EWM. Geschrieben wurde dieses Buch von sehr erfahrenen Beratern bei SAP, die die Erkenntnisse aus ihren Implementierungsprojekten in dieses Buch einfließen ließen. Die vielen

Tipps und Tricks machen es zu einem wertvollen Ratgeber in Ihrem Implementierungsprojekt.

Ich wünsche den Autoren eine große Leserzahl und Ihnen, liebe Leser, viel Erfolg bei Ihrem Einführungsprojekt oder beim Betrieb einer SAP EWM-Lösung.

Joachim Epp

Vice President SCM Development bei SAP
Product Owner EWM

Dieses Buch beschäftigt sich mit den Prozessen und Funktionalitäten in SAP Extended Warehouse Management (EWM). In dieser Einleitung lesen Sie, wie das Buch aufgebaut ist und an wen es sich richtet.

1 Einleitung

SAP bietet mit EWM eine Lagerverwaltungssoftware, die durch ihre große Flexibilität den Anforderungen an eine moderne Lagerlogistik gerecht wird. Wir möchten in diesem Buch unsere Erfahrungen, die wir als Teil des Entwicklungsteams von EWM oder in Implementierungsprojekten von SAP Consulting sammelten, an Sie weitergeben. Wir hoffen, dass dieses Buch Ihnen als treuer Begleiter dienen kann und Ihnen dabei hilft, die Prozesse und Funktionalitäten von EWM in Ihrem Projekt erfolgreich einzuführen und anschließend gewinnbringend zu nutzen. Unsere Motivation beim Schreiben dieses Buches war, Ihnen einen umfassenden und ganzheitlichen Einblick in die Prozesse und das Customizing von EWM zu geben. Es soll für Sie einen Leitfaden darstellen, um Ihre Lagerprozesse mit EWM abzubilden.

1.1 An wen richtet sich dieses Buch?

Das Buch richtet sich grundsätzlich an alle Leser, die sich inhaltlich und technisch mit EWM beschäftigen wollen und nach verständlichen und fundierten Informationen suchen. Logistiker und Lagerleiter gehören genauso zur Zielgruppe wie ambitionierte Anwender und SAP-Berater, die im Rahmen ihres Implementierungsprojekts ein Nachschlagewerk suchen. In den einzelnen Kapiteln dieses Buches beschreiben wir ausführlich, welche Vorteile der Einsatz von EWM hat, mit welchen Funktionalitäten EWM die verschiedenen Lagerprozesse unterstützt und welche wesentlichen Customizing-Schritte Sie durchführen müssen, um diese Prozesse in EWM einzustellen. Nicht zuletzt wenden wir uns auch an Führungskräfte und IT-Entscheider, die vor der wichtigen Frage stehen, welche Software die Lagerprozesse ihres Unternehmens am besten unterstützt, und die sich in diesem Zusammenhang einen Überblick über die Funktionsweise und die logistischen Prozesse von EWM verschaffen möchten.

Kenntnisse der SAP ERP-Komponente Warehouse Management (WM) sind hilfreich, für die Lektüre dieses Buches aber nicht zwingend erforderlich.

EWM ist aufgrund der vielen Funktionalitäten, die es als modernes Warehouse-Management-System bieten muss, äußerst umfangreich. Je nachdem, welches Spezialgebiet Sie in EWM besonders interessiert, hätten Sie sich vielleicht an der einen oder anderen Stelle im Buch etwas mehr Informationen gewünscht. Um den Rahmen dieses Buches nicht zu sprengen, können wir in diesem Buch leider nicht auf alle Fragestellungen erschöpfend eingehen.

1.2 Orientierungshilfen in diesem Buch

In diesem Buch finden Sie einige Orientierungshilfen, die Ihnen das Arbeiten mit dem Buch erleichtern sollen und die wir Ihnen an dieser Stelle vorstellen:

▶ Besondere Hinweise werden in einem grauen Kasten dargestellt. Hier finden Sie zusätzliche Informationen zu weiterführen Themen oder wichtige Erläuterungen für ein besseres Verständnis des Themas.

▶ Mithilfe von Schaubildern versuchen wir, Prozesse und Inhalte zusätzlich zu veranschaulichen. Zahlreiche Screenshots illustrieren die Einstellungen am System; zur größeren Übersichtlichkeit haben wir häufig relevante Bereiche der Bildschirmabzüge aus EWM besonders hervorgehoben.

▶ Am Schluss des Buches finden Sie ein Stichwortverzeichnis (Index), mit dem Sie schnell Informationen zu bestimmten EWM-Themen finden können. Abkürzungen aus der EWM-Fachterminologie können Sie im Abkürzungsverzeichnis nachschlagen.

Wir hoffen, dass Sie in unserem Buch die Informationen zum Thema EWM finden, die Sie suchen, und dass wir Ihnen ein Verständnis des komplexen EWM-Systems vermitteln können.

1.3 Der Inhalt dieses Buches

Im **Kapitel 2**, »Einführung in SAP Extended Warehouse Management«, geben wir Ihnen Informationen über die Entstehungsgeschichte des EWM-Systems. Wir zeigen, wie das System die Marktanforderungen abdeckt, welche Unterschiede zwischen WM und EWM bestehen und welche Auslieferungs- und Architekturvarianten zur Verfügung stehen.

Kapitel 3, »Organisationsstruktur in SAP EWM und SAP ERP«, gibt Ihnen einen Überblick über die Organisationseinheiten, die eine Rolle spielen, wenn Sie ein neues Lager im SAP ERP- und EWM-System anlegen.

Detaillierte Informationen über »Stammdaten« geben wir Ihnen in **Kapitel 4**.

In **Kapitel 5** gehen wir ausführlich auf die mächtigen Möglichkeiten der »Bestandsverwaltung« ein, zum Beispiel Bestandsarten, Eigentümer/Verfügungsberechtigter, Handling Unit Management, Serialnummernverwaltung, Catch Weight Management etc.

Kapitel 6, »Lieferabwicklung«, gibt Ihnen zahlreiche grundlegende Informationen über die Arbeit mit Lieferungen und Lieferbelegen in EWM und SAP ERP sowie über die Schnittstelle zwischen diesen beiden Systemen.

Informationen zu Wellen, Lageraufgaben und die Bündelung dieser in Lageraufträge bekommen Sie in **Kapitel 7**, »Objekte und Elemente der Prozesssteuerung«.

Kapitel 8, »Wareneingangsprozess«, geht ausführlich auf die Prozesse im Wareneingang ein, die EWM unterstützt. Beginnend mit der automatischen Pflege der Materialstämme durch Slotting, über den administrativen Wareneingang, den operativen Wareneingang und Spezialprozesse im Wareneingang bis hin zur Integration in den SAP ERP-Transport beschreiben wir detailliert die Stärken von EWM.

Im **Kapitel 9**, »Warenausgangsprozess«, stellen wir die gesamte Funktionalität von EWM für den Warenausgangsprozess dar, insbesondere Auftragssteuerung, Routenfindung, Wellen, Auslagerwegbestimmung, Lagerauftragserstellung, Kommissionierung und Verpacken sowie Bereitstellung und Verladung und einige weitere Sonderfälle.

Informationen über »Lagerinterne Prozesse« wie Ad-hoc-Bewegungen, Umbuchungen, Nachschub, Verschrottung und Inventur geben wir Ihnen in **Kapitel 10**.

Im **Kapitel 11**, »Optimierung der Lagerprozessdurchführung«, zeigen wir Ihnen die Möglichkeiten des EWM-Ressourcenmanagements, der Anbindung an mobile Endgeräte über Datenfunk sowie der integrierten Ausnahmebehandlung.

Kapitel 12, »Bereichsübergreifende Prozesse und Funktionen«, gibt Informationen über logistische Zusatzleistungen, Kit-Bildung, Arbeitsmanagement, Yard Management, Formulardruck, Archivierung und Berechtigungswesen.

Die ausführlichen Möglichkeiten zur Planung und Überwachung von EWM über den zentralen Lagermonitor, das Lagercockpit, das grafische Lagerlayout sowie über die Anbindung an SAP NetWeaver Business Warehouse (SAP NetWeaver BW) schildert Ihnen **Kapitel 13**, »Monitoring und Reporting«.

Kapitel 14, »Anbindung einer Materialflusssteuerung«, zeigt Ihnen, wie Sie Ihren Materialfluss direkt mit EWM steuern können, ohne dass es eines separaten Lagersteuerrechners bedarf. Daneben unterstützt EWM jedoch auch die Anbindung von Lagersteuerrechnern über eine IDoc-Schnittstelle.

Schließlich beschreiben wir in **Kapitel 15**, »Cross-Docking«, die verschiedenen Cross-Docking-Methoden, die EWM unterstützt.

Im **Anhang** finden Sie ein Abkürzungsverzeichnis sowie ein Literaturverzeichnis mit weiterführender Literatur.

Eine detaillierte Erklärung aller Materialstammdatenfelder sowie der Felder des Customizings des Lagertyps finden Sie als Downloadangebot auf der SAP PRESS-Website unter *www.sap-press.de/2144*.

1.4 Danksagung

Wir möchten uns bei den Kollegen aus der EWM-Entwicklung, dem Solution Management und der Beratung bei SAP für die wertvollen Informationen, Tipps und Reviews zu diesem Buch bedanken. Besonderer Dank gilt dem Entwicklungsteam um Joachim Epp, Bernd Ernesti und Thomas Griesser.

Darüber hinaus möchten wir uns sehr bei Eva Tripp und Frank Paschen von SAP PRESS für ihre professionelle Arbeit und die Geduld während der langen Entstehungszeit dieses Buches bedanken.

Jörg Lange
Ich möchte mich bei den Kollegen der Beratungsabteilung für die Fertigungsindustrie von Dr. Andreas Beyer in Ratingen für die fachliche Unterstützung und die Reviews bedanken, insbesondere bei Stefan Kalms.

Ganz besonders danke ich meiner Frau Rebecca, die mich motiviert und mir die nötige Zeit gegeben hat, dieses Buch zu schreiben. Und schließlich auch danke an meinen kleinen Sohn Jonas für sein Verständnis dafür, dass ich in dieser Zeit so viel gearbeitet habe.

Frank-Peter Bauer

Zunächst möchte ich meiner Frau für ihr Verständnis danken, dass ich an zahlreichen Wochenenden und Urlaubstagen mit dem Schreiben dieses Buches beschäftigt war. Darüber hinaus möchte ich allen SAP-Kollegen, insbesondere Andreas Daum, Stefan Grabowski und Tobias Adler, ganz herzlich für ihre wertvollen Hinweise und den wichtigen Input danken.

Christoph Persich

Ein ganz herzliches Dankeschön möchte ich Matthias Schilka für seine Unterstützung aussprechen. Seine unschätzbare Hilfe hat mich weit vorangebracht.

Zudem möchte ich mich bei meiner Lebenspartnerin Alisa Zimmermann für ihre Zeit und Hilfe bedanken sowie für ihr Verständnis, sodass ich dieses Projekt abschließen konnte.

Tim Dalm

Vielen Dank an Marion, Peter, Ryan und Marije Dalm für ihre Zeit und das Verständnis, mit dem sie es mir ermöglicht haben, an diesem Buch zu arbeiten.

Ein ganz herzliches Dankeschön möchte ich Christian Boos für seinen Beitrag und die Unterstützung dieses Projekts aussprechen.

Ich bedanke mich außerdem herzlich bei Harald Breitling, Mischa Keil und Andreas Rupp für ihre wertvollen Reviews und Hinweise.

Mein besonderer Dank gebührt schließlich Wolfgang Treuberg, ohne dessen Wissen, Empfehlungen und Unterlagen ich das Kapitel zur EWM-Materialflusssteuerung nicht hätte schreiben können. Wenn sich in dieses Kapitel dennoch Fehler eingeschlichen haben, dann liegen diese ausschließlich in meiner Verantwortung.

Gunther Sanchez

Ich möchte meinen Kollegen aus der SAP-Beratung Christian Reinhardt, Matthias Schilka, Jürgen Müller, Andreas Rupp und Christian Neumann für ihre Unterstützung danken. Außerdem danke ich meiner Lebenspartnerin Christina Rehm für ihre besondere Unterstützung und Geduld.

M. Brian Carter

Ich möchte mich bei meinen Freunden und Kollegen bei SAP bedanken. Mein Dank gilt denjenigen, die mich in diesem Buchprojekt bestärkt haben, darunter meinen Co-Autoren sowie Richard Kirker und Madhu Madhavan für die Erkenntnisse, die sie zu diesem Buch beigetragen haben. Außerdem möchte ich meinem Management Team bei SAP bedanken, insbesondere bei Bryan Charnock und Kerstin Geiger, die dieses Buchprojekt unterstützt haben.

Schließlich danke ich meiner Familie und meinen Freunden für Verständnis und Hilfe – insbesondere meiner Frau Teresa und meinen beiden Kindern Evan und Meredith, die meine Abwesenheit während der vielen Stunden ertragen mussten, die ich mit dem Schreiben dieses Buches zugebracht habe.

SAP Extended Warehouse Management (EWM) bietet Unterstützung für die gesamte Lagerlogistik. Erfahren Sie in diesem Kapitel, warum EWM entwickelt wurde, welchen Mehrwert EWM bietet und wie sich die Lösung von anderen Lagerverwaltungssystemen unterscheidet. Darüber hinaus lernen Sie die Auslieferungs- und Architekturvarianten von EWM kennen.

2 Einführung in SAP Extended Warehouse Management

In den letzten Jahren sind die Anforderungen an die Logistikbranche enorm gewachsen: Das reicht von der Globalisierung über die wachsende Informationsvernetzung zwischen Kunden und Lieferanten und die zunehmende Zahl von Unternehmen, die an der Lieferkette beteiligt sind, bis hin zu Outsourcing und steigender Prozesskomplexität. Als Folge müssen die IT-Systeme für die Logistik aufgrund des höheren Durchsatzes leistungsfähiger, aber gleichzeitig auch flexibler und sicherer werden. Das *Warehouse Management* (WM) gewinnt als wesentlicher Bestandteil der globalen Lieferkette eine zunehmend strategische Bedeutung.

In komplexen Lager- und Distributionszentren müssen die WM-Systeme als Weiterentwicklung der klassischen Lagerverwaltungssysteme (LVS) nicht nur Basisprozesse wie Wareneingang, Nachschub und Warenausgang unterstützen und dabei ein möglichst genaues Bestandsmanagement ermöglichen, sondern Unternehmen benötigen auch erweiterte Funktionen zur Steuerung und Durchführung komplexer Prozesse wie zum Beispiel geplante und ungeplante Cross-Docking-Prozesse, Retourenprozesse zu Lieferanten und Kunden sowie Prozesse für logistische Zusatzleistungen (LZL) im Rahmen des Outsourcings. Auch was die Anbindung automatisierter Lagerbereiche anbelangt, müssen WM-Systeme heute eine vollständige Integration der Materialflusssteuerung als Direktanbindung an speicherprogrammierbare Steuerungssysteme (SPS) aufweisen. Um dem steigenden Kosten- und Liefertermindruck zu begegnen, sind Komponenten wie Ressourcen- und Arbeitsmanagement wichtige Bestandteile von WM-Systemen.

Aus diesem Grund brachte SAP im Jahr 2006 die Softwarelösung *SAP Extended Warehouse Management* (EWM) auf den Markt. EWM bietet u. a. folgende Möglichkeiten:

▶ Durchführung automatischer Entscheidungsprozesse für Läger mit hohen Volumina

▶ Überwachung von Logistikkettenobjekten und Prozessen fortlaufend und in Echtzeit zur Unterstützung von Kooperationsprozessen

▶ Steigerung der Flexibilität in verteilten Umgebungen

EWM bietet darüber hinaus Funktionen für komplexe Prozesse, wie geplante und ungeplante Cross-Docking-Szenarien, Yard Management und die Abwicklung logistischer Zusatzleistungen. EWM unterstützt die Flexibilität und Effizienz des Lagers vom Wareneingang bis zur ressourcenoptimierten Bündelung von Lageraufgaben.

EWM ist vollständig in die Bestandsführung und Lieferabwicklung von SAP ERP integriert. Geschäftsvorgänge, die in anderen Anwendungskomponenten angestoßen werden, führen zu physischen Warenbewegungen im Lager. Mit EWM können diese Warenbewegungen organisiert, gesteuert und überwacht werden.

In diesem Kapitel wollen wir:

▶ die Entstehungsgeschichte von EWM skizzieren

▶ einen Überblick über die Prozesse und Funktionalitäten in EWM geben

▶ die verschiedenen Architektur- und Auslieferungsvarianten beschreiben

▶ auf die Unterschiede zwischen EWM und WM in SAP ERP eingehen

2.1 Die Entstehung von SAP EWM

SAP beschäftigt sich seit Langem mit dem Thema *Lagerlogistik*. Abbildung 2.1 zeigt die Entwicklung der SAP-Software für Lagerlogistik von der Verwaltung von Lagereinheiten bis zum aktuellen EWM-Release 7.0.

Seit SAP R/3-Release 2.0 bietet SAP Funktionen zur Lagerverwaltung. In jedem Hauptrelease des R/3-Systems wurde die Lagerverwaltung erweitert. 1998 wurde WM als dezentrales System auf den Markt gebracht. WM konnte zum einen zentral, also zusammen mit anderen Komponenten, in einem gemeinsamen SAP ERP-System genutzt werden. Zum anderen konnte

WM auch entkoppelt in einem eigenständigen SAP ERP-System als *dezentrales WM* betrieben werden.

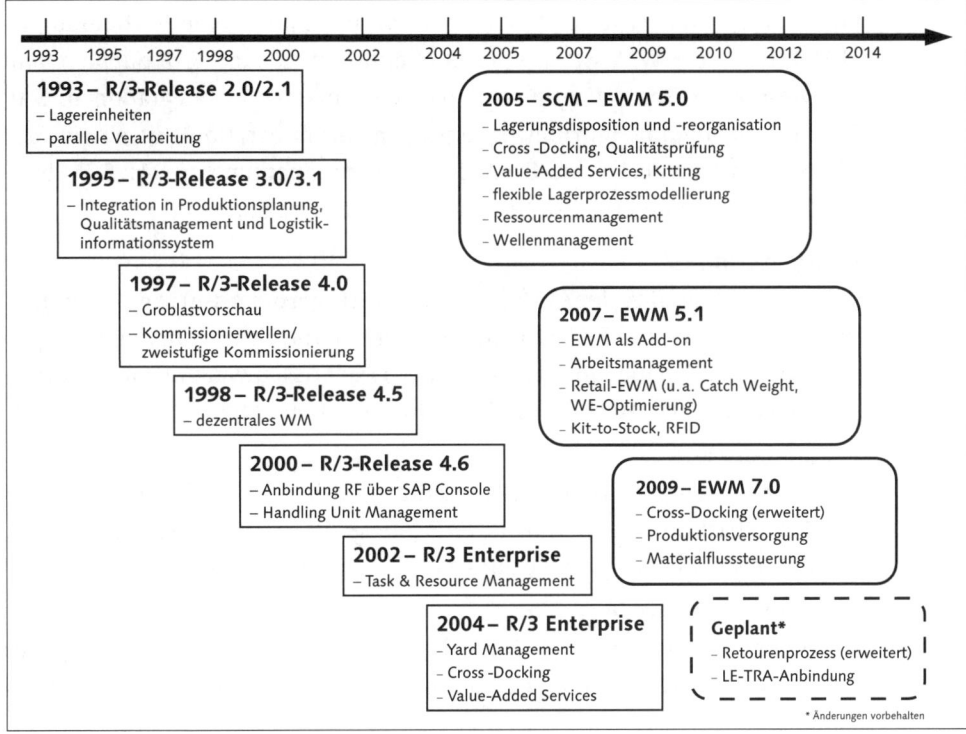

Abbildung 2.1 Entwicklungsschritte der SAP-Software für Lagerlogistik

2004 stellte SAP mit dem Release 4.7 Extension Set 2.0 mehrere Erweiterungen zur Lagerverwaltung zur Verfügung, die zusammengefasst *SAP ERP Extended Warehouse Management* genannt wurden. Diese Erweiterungen bestehen aus Zusatzfunktionen zum Lagerverwaltungssystem und umfassen folgende Funktionen: Yard Management, Cross-Docking und LZL.

SAP ERP Extended Warehouse Management

Die Erweiterungen in SAP ERP Extended Warehouse Management stehen in keinem Zusammenhang mit dem 2006 von SAP eingeführten System SAP Extended Warehouse Management.

Die Entwicklung von EWM begann 2002 im Rahmen eines mehrjährigen Entwicklungsprojekts für die neue SAP-Lösung *Service Parts Management* (SPM) zum Ersatzteilmanagement. Das Projekt wurde in enger Zusammenarbeit mit dem Automobilkonzern Ford Motor Company und Caterpillar Logistics durchgeführt. EWM ist ein integraler Bestandteil dieser Lösung. Dennoch wurde EWM von Beginn an als eigenständige Anwendung konzipiert, die in jeder Lagerumgebung einsetzbar ist und keine Verbindung zu SPM erfordert. EWM ist eine Komponente der Lösung *SAP Supply Chain Management* (SCM). Wichtig ist dabei die umfassende Integration in SAP ERP, da für Stamm- und Bewegungsdaten die Integration mit einem SAP ERP-System erforderlich ist. EWM ist mit Komponenten von SAP SCM integriert, um folgende Prozesse besser unterstützen zu können:

▸ **Integration**
bessere Integration der Ausführungsebene (Lagerprozesse) in die Planungsebene (Absatz- und Bedarfsplanung) von *SAP Advanced Planning and Optimization* (APO), um schnellstmöglich auf Bedarfsschwankungen und Ereignisse in den erweiterten Supply-Chain-Prozessen reagieren zu können

▸ **Collaboration**
bessere Zusammenarbeit (Collaboration) mit den Geschäftspartnern durch internetbasierte Integration in *SAP Supply Network Collaboration* (SNC), zum Beispiel bei der Abwicklung von Retourenprozessen

▸ **Monitoring und Controlling**
besseres Monitoring und Controlling der Logistikprozesse entlang der Supply Chain durch eine Integration in *SAP Event Management* (EM)

Als dezentrales WM-System bewahrt EWM einerseits die nötige Unabhängigkeit und Flexibilität, ist jedoch andererseits durch seine integrierte Organisationsstruktur und Warenbewegungen vollständig in die Logik der SAP ERP-Prozesse eingebunden. Die wesentlichen Gründe für die Konzeption von EWM als dezentralem WM-System sind:

▸ **Hohe Performance**
Besonders in Lägern mit hohem Durchsatz muss das WM-System jederzeit kurze Antwortzeiten garantieren.

▸ **Gute Skalierbarkeit**
Das WM-System muss sich unterschiedlichem Wachstum und geänderten Anforderungen gut anpassen können.

▸ **Hohe Verfügbarkeit**
Ein WM-System muss 24 Stunden pro Tag – unabhängig von anderen Systemen – mit automatisierter Synchronisation zum SAP ERP-System verfügbar sein.

Bei der Kommunikation zwischen SAP ERP- und EWM-System muss zwischen Stamm- und Bewegungsdaten unterschieden werden:

Hinsichtlich der Bewegungsdaten stellen die An- und Auslieferungen die zentralen Kommunikationsobjekte zwischen SAP ERP und EWM dar. Der Datenaustausch erfolgt über die sogenannten *queued Remote Function Calls* (qRFC), was bedeutet, dass die Bewegungsdaten asynchron und unter Berücksichtigung der Reihenfolge übertragen und verarbeitet werden, um ein hohes Maß an Stabilität der Kommunikation zwischen beiden Systemen zu gewährleisten. Unter *asynchroner Kommunikation* versteht man einen Modus der Kommunikation, bei dem das Senden und Empfangen von Daten zeitlich versetzt und ohne Blockieren des Prozesses durch zum Beispiel Warten auf die Antwort des Empfängersystems (wie es etwa bei synchroner Kommunikation der Fall ist) stattfindet.

Da EWM als dezentrales WM-System konzipiert ist, hat nur jeweils ein System zu einem bestimmten Zeitpunkt die alleinige Kontrolle über einen Prozess und somit die Möglichkeit, einen Beleg in diesem System zu bearbeiten. Normalerweise hat das EWM-System die Prozesskontrolle, da es das ausführende System ist und eng mit den physischen Abläufen verbunden ist. Nachdem ein Lieferbeleg in SAP ERP angelegt wurde, wird dieser zur weiteren Verarbeitung an EWM gesendet. Sobald die Lageraktivitäten begonnen haben (zum Beispiel durch Anlegen einer Lageraufgabe oder Wareneingangsbuchung), ist der korrespondierende Lieferbeleg in SAP ERP nicht mehr änderbar. Von nun an initiiert EWM Änderungen in der Lieferung und kommuniziert diese an SAP ERP. Wenn SAP ERP eine Änderung initiiert, zum Beispiel bevor im Wareneingangsprozess die Lageraktivitäten begonnen wurden, sendet es einen entsprechenden Änderungsauftrag an das EWM-System. Die gewünschte Änderung in SAP ERP wird erst durchgeführt, nachdem das EWM-System die Änderung genehmigt und ausgeführt hat. Weiterführende Informationen zur Lieferabwicklung zwischen SAP ERP und EWM finden Sie in Kapitel 6, »Lieferabwicklung«. Abbildung 2.2 zeigt die Kommunikation zwischen SAP ERP und EWM hinsichtlich der Bewegungsdaten.

Bezüglich der Stammdaten ist SAP ERP das führende System. Die Verteilung der Stammdaten ins SCM-System, auf deren Basis die entsprechenden EWM-Stammdaten erstellt werden, erfolgt über das *Core Interface* (CIF). Diese Komponente sorgt auch dafür, dass die Stammdaten im SCM-System aktuell bleiben, das heißt, Änderungen werden/können anhand verschiedener Regeln ins SCM-System repliziert werden. Abbildung 2.3 zeigt die Übertragung von SAP ERP-Stammdaten ins SCM-System.

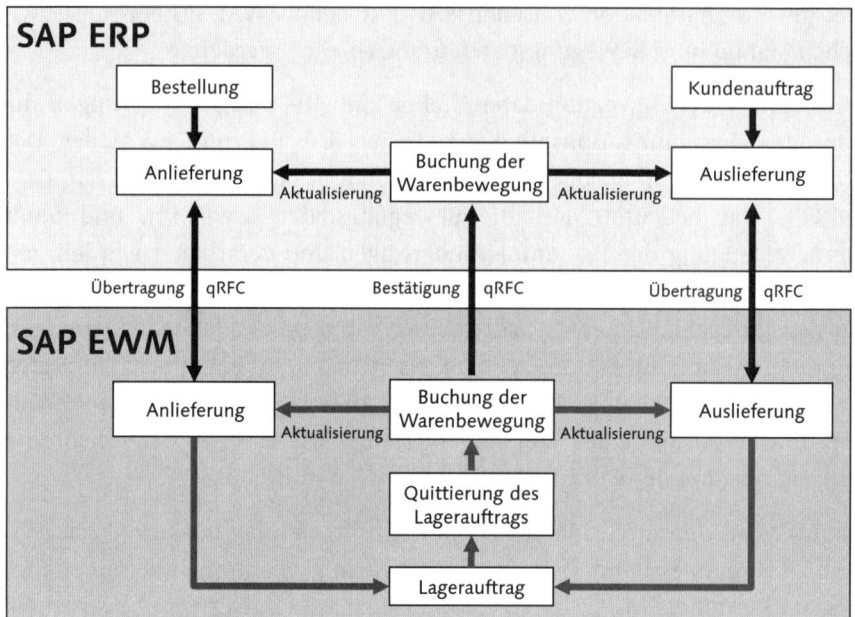

Abbildung 2.2 Kommunikation zwischen SAP ERP und SAP EWM bezüglich der Bewegungsdaten (Lieferungen)

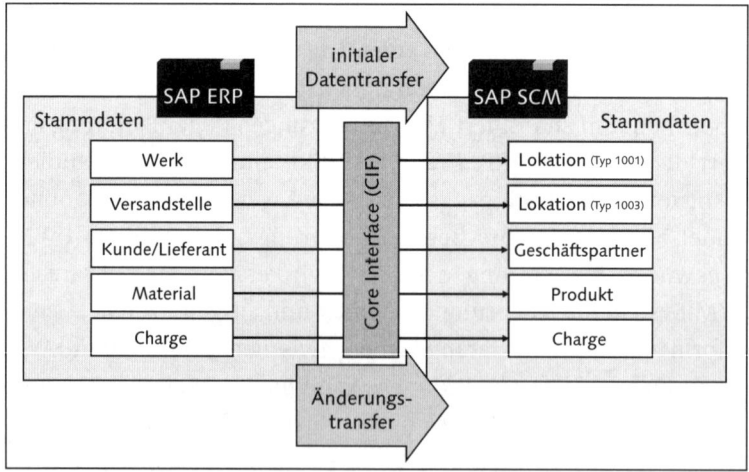

Abbildung 2.3 Übertragung von Stammdaten von SAP ERP nach SCM

Detaillierte Informationen zu CIF und zu Stammdaten in EWM erhalten Sie in Kapitel 4, »Stammdaten«.

Die beschriebenen Kommunikationslogiken haben den entscheidenden Vorteil, dass EWM nahezu unabhängig von der Verfügbarkeit des SAP ERP-Systems arbeiten kann. Die automatisierte Synchronisation garantiert konsistente Informationsstände in beiden Systemen. Im nächsten Abschnitt stellen wir die Marktanforderungen, die heute an ein WM-System gestellt werden, den Funktionalitäten in EWM gegenüber.

2.2 Die Abdeckung der Marktanforderungen in SAP EWM

SAP EWM wurde seit der Markteinführung kontinuierlich erweitert und ergänzt. Auf Basis der Marktanforderungen verschiedener Branchen wurden bei der Entwicklung folgende Schwerpunkte gelegt:

▶ Supply Chain Networking und Intralogistikprozesse

▶ effiziente Lagerraumnutzung und zentrales Monitoring

▶ Optimierung von Ressourcen und Planung von Mitarbeitern

▶ flexible Prozessmodellierung und Bestandstransparenz

▶ Multi-Customer Warehousing (Mehrkundenfähigkeit)

▶ Skalierbarkeit: für alle Arten von Lägern geeignet

▶ direkte Steuerbarkeit der automatischen Fördertechnik

▶ Unterstützung logistischer Dienstleistungen im Lager

Damit wird sichergestellt, dass EWM auch zukünftige Geschäftsanforderungen optimal abdecken kann, und es wird der Grundstein für eine zukünftige Weiterentwicklung gelegt.

Im Folgenden beschreiben wir exemplarisch einige zentrale Anforderungen, die von EWM abgedeckt werden. Diese Themen werden dann in den einzelnen Kapiteln dieses Buches vertieft.

2.2.1 Supply Chain Networking und Intralogistikprozesse

Ein gutes Beispiel für Supply Chain Networking ist Cross-Docking. Dieser Prozess trägt aufgrund der reduzierten Lagerungsdauer wesentlich zur Optimierung der Logistikkosten bei. EWM bietet verschiedene Möglichkeiten, Cross-Docking-Prozesse durchzuführen, also Produkte direkt aus dem Wareneingangs- in den Versandbereich zu transportieren. Dieses kann zum einen geplant geschehen (zum Beispiel Transport-Cross-Docking), sodass schon vor Ankunft des Lkws festgelegt wird, dass Ware bestimmter Anlieferungen gleich wieder verladen wird. Zum anderen kann die Entscheidung über den Cross-Docking-Prozess auch dann getroffen werden, wenn die Ware bereits im Lager eingetroffen ist, also ungeplant. Ein Szenario für ungeplantes Cross-Docking ist die Kommissionierung der Ware von der Wareneingangszone im Fall rückständiger Kundenaufträge. Detaillierte Informationen zu den verschiedenen Cross-Docking-Varianten finden Sie in Kapitel 15, »Cross-Docking«.

2.2.2 Effiziente Lagerraumnutzung und zentrales Monitoring

Eine große Produktvielfalt und ein sich ständig veränderndes Produktportfolio erschweren häufig die optimale Lagerung und somit die effiziente Lagerraumnutzung. Um dieser Marktanforderung gerecht zu werden, wurden in EWM die Funktionalitäten der *Lagerungsdisposition* entwickelt. Die Lagerungsdisposition ermittelt den optimalen Lagerplatz unter Berücksichtigung von Produkt-, Bedarfs- und Packdaten. Diese Parameter beschreiben, in welchem Lagerbereich das Produkt gelagert werden soll, welche Eigenschaften der Lagerplatz haben soll und welche Einlagerungsstrategie verwendet werden soll.

Ändern sich die Parameter oder Anforderungen, kommt die Funktion der *Lager-Reorganisation* zum Tragen. Dabei wird analysiert, wie gut sich die aktuellen Werte (Lagertyp, Lagerbereich und Lagerplatztyp) für das Produkt eignen. Sind sie nicht optimal, schlägt das System einen optimalen Lagerplatz vor. Dabei kann über ein Punktesystem dem Mitarbeiter angezeigt werden, wie suboptimal der momentane Platz im Vergleich zu den Daten der Lagerungsdisposition ist. Auf Basis dieser Information können Umlagerungsprozesse sofort durchgeführt oder in die Ausführung durch die Funktionalitäten des Wellenmanagements eingeplant werden. Der Vorteil der Lager-Reorganisation liegt auf der Hand: Durch eine möglichst optimale Lagerung der Produkte können die Wegezeiten reduziert werden, die ein entscheidender Faktor bei der Bewertung der Lagerlogistikkosten sind. Detailliertere Informationen finden Sie in Kapitel 8, »Wareneingangsprozess«.

Nicht nur die optimale Lagerung, sondern auch ein aktueller Überblick über die Situation im Lager ist die Basis für die Optimierung der Lagerlogistikkosten. Mit dem *Lagerverwaltungsmonitor* (kurz: *Lagermonitor*) haben die Lagermitarbeiter alle Aufgaben und Belege zentral im Blick, angefangen bei Lieferungen über die Bestandssituation und Arbeitspakete bis hin zur Effektivität der Mitarbeiter. Der Lagermonitor ist nicht nur Anzeigeinstrument, sondern bietet auch die Möglichkeit, in die Prozesse aktiv einzugreifen, um so schnellstmöglich auf ungeplante Ereignisse zu reagieren. Welche Funktionalitäten der Lagermonitor bietet und wie er Ihren prozessspezifischen Anforderungen angepasst werden kann, erfahren Sie in Kapitel 13, »Monitoring und Reporting«.

2.2.3 Optimierung von Ressourcen und Planung von Mitarbeitern

Mit zunehmender Lagergröße und Prozesskomplexität sind die Optimierung von Ressourcen und ein effizientes Planen von Mitarbeitern immer wichtiger. Mit den Funktionen des *Ressourcenmanagements* in EWM können Sie die Auswahl von Aufgaben nach Auslastungsgesichtspunkten und nach Ressourceneignung optimieren, um so die Effizienz Ihrer Lagerprozesse zu steigern. Die Zuordnung von Ressourcen und Arbeitspaketen zu *Queues* ermöglicht eine gezielte Verwaltung und Verteilung von Aufgaben im Lager. Aufgaben können einer Ressource entweder automatisch oder manuell zugeordnet werden. Das gilt in Umgebungen mit oder ohne Datenfunkanbindung. Wie das Ressourcenmanagement die Abarbeitung von Lageraufgaben steuert, wird in Kapitel 11, »Optimierung der Lagerprozessdurchführung«, gezeigt.

Ein weiterer Bestandteil zur Ressourcenoptimierung ist das *Arbeitsmanagement* in EWM mit Funktionen für die Planung und Steuerung der Arbeitseinsätze Ihrer Mitarbeiter und der Messung ihrer Leistungen anhand standardisierter Vorgaben und Leistungskennzahlen. Die Anwendung bietet zudem effektive Werkzeuge, um Mitarbeiteraktivitäten zu planen, zu simulieren und zu messen. Auf Basis der Definition von Vorgabezeiten für verschiedene Aufgaben können diejenigen Arbeitsschritte identifiziert werden, bei denen Produktivitätssteigerungen und Optimierung im logistischen Prozess möglich sind. Eine detaillierte Beschreibung dieser EWM-Komponente finden Sie in Kapitel 12, »Bereichsübergreifende Prozesse und Funktionen«.

2.2.4 Flexible Prozessmodellierung und Bestandstransparenz

Oft sind Prozesse, ob im Wareneingang, lagerintern oder im Warenausgang, von einer hohen Anzahl an Prozessschrittvarianten geprägt. Kommen dann noch lagerlayout-spezifische Anforderungen dazu, wird die Steuerung der verschiedenen Prozessvarianten umso komplexer. Genau das ist die zentrale Aufgabe der Lagerungssteuerung in EWM. Durch die *prozess- und layoutorientierte Lagerungssteuerung* in EWM können komplexe Ein- und Auslagerungsprozesse sowie lagerinterne Bewegungen unter Berücksichtigung des Lagerlayouts flexibel definiert und gesteuert werden. Dabei ermittelt EWM automatisch den nächsten Prozessschritt und kann die entsprechende Lager-aufgabe automatisch erstellen. Durch die automatisierte Steuerung der Lagerprozesse wird die Prozessdauer deutlich reduziert – die Ware wird schneller eingelagert und steht somit für die Zuteilung von Kundenaufträgen früher zur Verfügung. Warenausgangsseitig können durch die automatisierte Lagerungssteuerung die Lieferzeiten zum Kunden entsprechend reduziert werden. Wie EWM auf Basis welcher Parameter die verschiedenen Prozess-schritte im Lager bestimmt und steuert, ist Bestandteil von Kapitel 7, »Objekte und Elemente der Prozesssteuerung«.

Zu wissen, wo und in welchem Prozessschritt sich welcher Bestand befindet, ist eine weitere wichtige Anforderung an die moderne Lagerlogistik. EWM ermöglicht die Sichtbarkeit der Bestände über sämtliche Schritte des Gesamt-prozesses – im Wareneingang von der Registrierung des Lkws im Yard bis zur Einlagerung auf dem finalen Lagerplatz und im Warenausgang von der Kommissionierung und dem gleichzeitigen Verbuchen auf die Ressource bis zum Verlassen des Lkws am Kontrollpunkt im Yard.

2.2.5 Multi-Customer Warehousing

Insbesondere für Logistikdienstleister sind die Verwaltung und die logisti-sche Abwicklung von Beständen verschiedener Kunden (Mehrkundenfähig-keit) im Lager Tagesgeschäft. Mit EWM ist dies problemlos möglich. Erfah-ren Sie in Kapitel 5, »Bestandsverwaltung«, wie in EWM Multi-Customer Warehousing auf Basis der Bestandsmerkmale Eigentümer, Besitzer und Ver-fügungsberechtigter abgebildet und gesteuert wird.

2.2.6 Eignung für alle Läger

EWM ist für alle Arten von Lägern geeignet (zentrale, regionale und lokale Ersatzteilläger, Logistikdienstleisterläger, Fertigwarendistributionszentren, Produktionsversorgungsläger, Hubs oder Umschlagspunkte usw. mit großen Vorteilen bei höhervolumigen, komplexeren Lägern. Durch verschiedene Architekturszenarien (siehe Abschnitt 2.4, »Auslieferungsvarianten von SAP EWM«) kann EWM sowohl von mittelständischen Unternehmen als auch von Großkonzernen zur Abwicklung ihrer Lagerlogistik eingesetzt werden.

2.2.7 Direkte Steuerbarkeit der automatischen Fördertechnik

Was der Markt seit Langem fordert, ist mit EWM umgesetzt worden: Mit EWM lässt sich die automatische Fördertechnik im Lager direkt steuern. Es ist kein weiteres Lagersteuersystem zwischen dem SAP-System und speicherprogrammierbaren Steuerungen (SPS) erforderlich. EWM kommuniziert direkt mit der Steuerungsebene. Dies hat – neben dem Wegfall eines zusätzlichen Softwaresystems – den Vorteil der engen Verzahnung des Materialflusses mit der Lagerverwaltung. So kann nun einerseits in den Strategien des LVS leichter auf Zustand und Auslastung der Fördertechnik Rücksicht genommen werden. Andererseits stehen dem Materialflusssystem (MFS) Funktionen und Daten des LVS zur Verfügung, zum Beispiel für Zielanfragen. Die Systemabbildung folgt somit enger den physikalischen Bewegungen im Lager. Die Materialflusssysteme von heute sind oftmals sogenannte *Black Boxes*, das heißt, Änderungen im Materialfluss müssen jedes Mal zusätzlich entwickelt werden. Die MFS-Komponente in EWM hingegen ist als Framework zu verstehen und flexibel konfigurier- und erweiterbar. Durch Customizing und Verwendung zahlreicher Business Add-ins (BAdIs) als vordefinierte Absprungstellen im Programmablauf bietet EWM-MFS die Möglichkeit, auf die unterschiedlichen Kundenanforderungen im Hinblick auf Logistikprozesse und Anlagenlayouts entsprechend flexibel zu reagieren.

Kernstück der MFS-Komponente ist die layoutorientierte Lagerungssteuerung. Hier haben Sie die Möglichkeit, Materialflusswege und Alternativstrecken (wenn zum Beispiel ein Meldepunkt auf der Regelstrecke nicht betriebsbereit ist) zu definieren. Um eine stabile und sichere Kommunikation zwischen EWM-MFS und SPS zu gewährleisten, wurden in EWM-MFS Funktionalitäten der automatischen Verbindungsüberwachung und eine sowohl grafische als auch belegorientierte Statusübersicht der Kommunikationsschnittstellen entwickelt. Die Absicherung der Kommunikation erfolgt über Laufnummern und Telegrammbestätigungen in EWM-MFS. Im Unterschied zum Vorgängerprodukt *SAP Task and Resource Management* (TRM) können nun beide Kommunikationspartner, EWM und SPS, einen Kommunikationsablauf initiieren – entweder nach dem Pull-Prinzip (SPS fragt bei EWM-MFS an, und EWM-MFS antwortet) oder nach dem Push-Prinzip (EWM führt eine Aktion aus, und SPS führt aus und antwortet). Weitere Informationen zur Materialflusskomponente in EWM erhalten Sie in Kapitel 14, »Anbindung einer Materialflusssteuerung«.

2.2.8 Unterstützung logistischer Dienstleistungen im Lager

In der heutigen Lagerlogistik erlangen *logistische Zusatzleistungen* (LZL), wie zum Beispiel die Zusammenstellung von Bausätzen (Kitting), die Etikettierung oder die kundenindividuelle Verpackung, einen zunehmend höheren Stellenwert. Um LZLs möglichst effizient und kostengünstig durchführen zu können, ist es notwendig, diese vollständig in die Lagerprozesse zu integrieren. Aus diesem Grund unterstützt EWM die Abwicklung von LZLs und ermöglicht die Bearbeitung in Verbindung mit An- und Auslieferungen. LZL-Aufträge informieren den Mitarbeiter, was er wie und in welcher Menge zu bearbeiten hat. Die LZL-Bearbeitung ist in das Arbeitsmanagement integriert, sodass genau festgehalten werden kann, welche Zeiten für die Durchführung der verschiedenen Leistungen benötigt wurden. Diese Zeiten stellen die Grundlage für eine mögliche Fakturierung von LZL-Aufträgen dar. Eine vorhandene Integration zur Übertragung dieser Daten in SAP NetWeaver Business Warehouse (BW) bietet Ihnen die Möglichkeit, Auswertungen vorzunehmen, zum Beispiel dazu, welche Leistung für welchen Kunden in welchem Zeitraum erbracht wurde. Darüber hinaus kann der Verbrauch notwendiger Hilfsprodukte bestandsmäßig geführt und dokumentiert werden. Die Integration der LZLs in die Lagerprozesse erfolgt durch die Funktionalität der Lagerungssteuerung. Über die Lagerungssteuerung können die Findung der jeweiligen Arbeitsstation und die Anlage von Transportaufträgen zwischen Stationen zur Durchführung der LZL-Aufträge gänzlich automatisiert werden. Weiterführende Informationen zu logistischen Zusatzleistungen und wie sie in EWM abgebildet werden, erhalten Sie in Kapitel 12, »Bereichsübergreifende Prozesse und Funktionen«.

Die Frage, welche Unterschiede zwischen der Komponente WM in SAP ERP und EWM bestehen, wird häufig gestellt. Im folgenden Abschnitt werden wir daher auf diese Frage näher eingehen.

2.3 Wesentliche Unterschiede zwischen WM und SAP EWM

SAP EWM baut auf den Funktionalitäten des WM-Moduls in SAP ERP auf und bietet zahlreiche neue und erweiterte Funktionen, die wir im Folgenden näher erläutern.

Der wesentliche Unterschied zwischen WM und EWM besteht in der unterschiedlichen Plattform. WM kann sowohl in SAP ERP integriert als auch als dezentrale Lösung in einem separaten SAP ERP-System eingesetzt werden und ist auf die internen Unternehmensabläufe fokussiert. Bei EWM dagegen steht das unternehmensübergreifende Supply Chain Networking im Vordergrund. EWM ist als eigenständige Komponente Bestandteil von SAP SCM. Abbildung 2.4 zeigt einen Überblick über die Unterschiede zwischen EWM und WM.

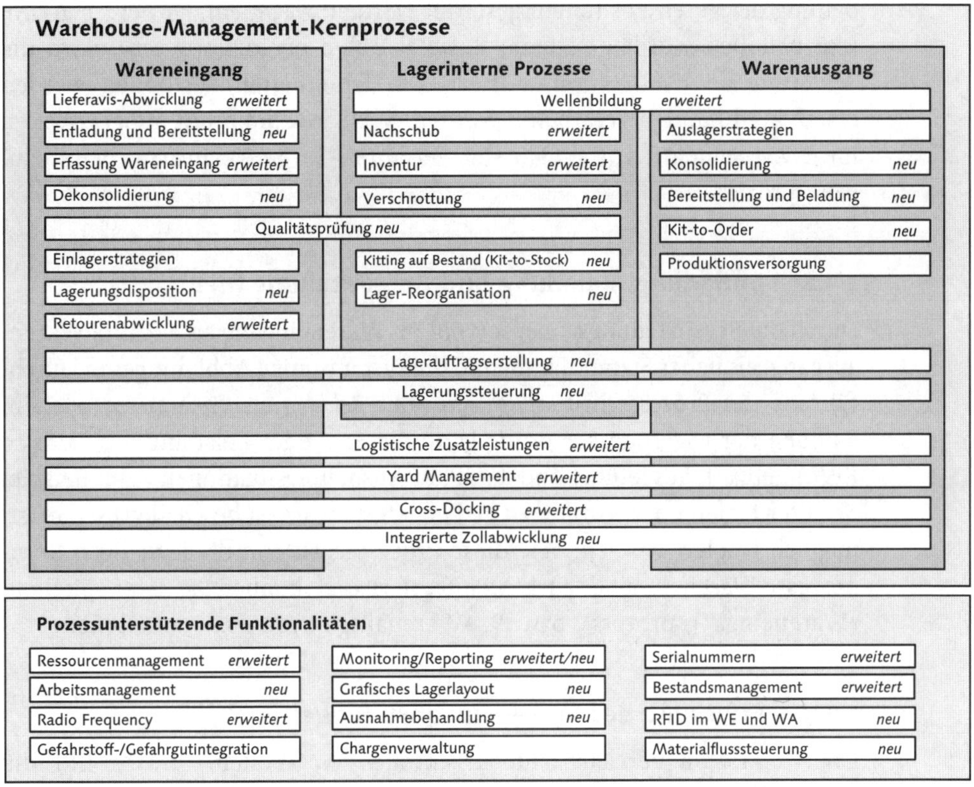

Warehouse-Management-Kernprozesse

Wareneingang	Lagerinterne Prozesse	Warenausgang

| Lieferavis-Abwicklung *erweitert* |
| Entladung und Bereitstellung *neu* |
| Erfassung Wareneingang *erweitert* |
| Dekonsolidierung *neu* |
| Qualitätsprüfung *neu* |
| Einlagerstrategien |
| Lagerungsdisposition *neu* |
| Retourenabwicklung *erweitert* |

| Wellenbildung *erweitert* |
| Nachschub *erweitert* |
| Inventur *erweitert* |
| Verschrottung *neu* |
| Kitting auf Bestand (Kit-to-Stock) *neu* |
| Lager-Reorganisation *neu* |

| Auslagerstrategien |
| Konsolidierung *neu* |
| Bereitstellung und Beladung *neu* |
| Kit-to-Order *neu* |
| Produktionsversorgung |

| Lagerauftragserstellung *neu* |
| Lagerungssteuerung *neu* |

| Logistische Zusatzleistungen *erweitert* |
| Yard Management *erweitert* |
| Cross-Docking *erweitert* |
| Integrierte Zollabwicklung *neu* |

Prozessunterstützende Funktionalitäten

Ressourcenmanagement *erweitert*	Monitoring/Reporting *erweitert/neu*	Serialnummern *erweitert*
Arbeitsmanagement *neu*	Grafisches Lagerlayout *neu*	Bestandsmanagement *erweitert*
Radio Frequency *erweitert*	Ausnahmebehandlung *neu*	RFID im WE und WA *neu*
Gefahrstoff-/Gefahrgutintegration	Chargenverwaltung	Materialflusssteuerung *neu*

Abbildung 2.4 Funktionaler Vergleich zwischen WM (SAP ERP) und SAP EWM

Die wichtigsten Funktionalitäten der verschiedenen Kernprozesse werden wir im Folgenden näher beschreiben. In den Überschriften der Abschnitte ist nochmals angemerkt, ob es sich um eine gegenüber WM erweiterte oder eine neue Funktionalität handelt.

2.3.1 Lieferavis-Abwicklung (erweitert)

Auf Basis einstellbarer automatischer Unvollständigkeits- und Konsistenzprüfungen können in EWM die Anlieferungsbenachrichtigungen automatisch validiert werden, um so die notwendige Datenqualität für die Prozessabwicklung im Wareneingang sicherzustellen. Auch in SAP ERP gibt es ja bereits eine Unvollständigkeitssteuerung. In SAP ERP kann beim ASN-Eingang ebenfalls eine Datenvalidierung erfolgen. Die Anlieferung wird mit dem entsprechenden Validierungsstatus an EWM übertragen. Die Anlieferungspositionen, die nicht in Ordnung sind, werden für die Weiterverarbeitung gesperrt. Unter Anwendung des Anlieferungssplits kann mit der Verarbeitung der guten Positionen gestartet werden. Nachdem der Fehler in SAP ERP behoben worden ist (zum Beispiel Daten ergänzt wurden), wird die Änderung an EWM kommuniziert: Die fehlerhaften Positionen werden ersetzt und können verarbeitet werden. Welche Validierungsmöglichkeiten im EWM-Standard vorhanden sind, erfahren Sie in Kapitel 8, »Wareneingangsprozess«.

2.3.2 Entladung, Beladung und Bereitstellung (neu)

Durch die Bereitstellungszone, sowohl im Wareneingang als auch im Warenausgang, als neues Stammdatum und die systemseitige Abbildung und Durchführung des Prozessschritts *Entladen* oder *Beladen* als Lieferstatus oder im Rahmen der Lagerungssteuerung kann die Ent- oder Beladung des Lkws in EWM geplant, ausgeführt und kann auf Ausnahmesituationen (zum Beispiel Behälter fehlen oder wurden zu viel geliefert, Ware ist beschädigt) schnellstmöglich reagiert werden. Wie diese Prozessschritte in die jeweiligen Kernprozesse Warenein- und -ausgang integriert sind, können Sie den Kapiteln 8, »Wareneingangsprozess«, bzw. 9, »Warenausgansprozess«, entnehmen.

2.3.3 Erfassung des Wareneingangs (erweitert)

EWM bietet im Vergleich zum dezentralen WM-System aus SAP ERP die Möglichkeit, Teilwareneingänge zu erfassen. Falls beim Entladen festgestellt wird, dass Produkte (Anlieferpositionen) nicht geliefert wurden, besteht in EWM als dezentralem Warehouse-Management-System im Gegensatz zu WM die Möglichkeit, Lieferpositionen zu splitten oder auch zu löschen. Automatisch wird eine neue Anlieferung für die noch offene Menge bzw. für die fehlende Lieferposition erstellt.

Falls der Lieferant nicht in der Lage ist, Anlieferdaten zu avisieren, wurden in EWM neue Belege wie die *Benachrichtigung über den erwarteten Wareneingang* und den *erwarteten Wareneingang* auf Basis von Bestellinformationen und Transaktionen entwickelt, um auch in diesem Fall die systemseitige Erfassung der Anlieferdaten zu beschleunigen, damit die angelieferte Ware so schnell wie möglich der Durchführung des Wareneingangsprozesses zur Verfügung steht.

Mittels EWM können während des gesamten Einlagerungsprozesses Korrekturbuchungen zu Lasten der Anlieferung gebucht werden. Die gebuchte Wareneingangsmenge wird entsprechend angepasst. In einem Umlagerungsszenario können hierdurch auch Korrekturbuchungen an das sendende Lager angestoßen werden.

2.3.4 Dekonsolidierung (neu)

EWM erkennt im Gegensatz zu WM automatisch, ob im Fall von angelieferten Mischbehältern der Inhalt dekonsolidiert werden muss, da zum Beispiel nur produktrein eingelagert werden darf. Darüber hinaus kann der notwendige Arbeitsplatz (Dekonsolidierungsstation) automatisch ermittelt und die Lageraufgabe zum Transport der Ware zur Dekonsolidierungsstation ebenfalls automatisch erstellt werden, um so den Wareneingangsprozess deutlich zu beschleunigen.

2.3.5 Qualitätsprüfung (neu)

Durch die Integration von EWM in die *Quality Inspection Engine* (QIE) erkennt EWM automatisch, ob die angelieferte Ware qualitätsgeprüft werden muss, und sorgt auf Basis einer ebenfalls automatischen Prüfplatzermittlung dafür, dass die Qualitätsprüfung nahtlos in den Wareneingangsprozess und in die lagerinterne Prozessabwicklung integriert ist. Durch die flexible Definition von Folgeaktionen können, je nach Prüfergebnis, die logistischen Folgeprozesse wie zum Beispiel die Verschrottung ebenfalls automatisiert erfolgen. Die QIE entspricht einem Qualitätsmanagementsystem, das insbesondere für einfache Prüfungen inklusive Zählung entwickelt wurde, wie sie in vielen Lägern häufig vorkommen. Somit wird das Customizing vereinfacht und der Implementierungsaufwand reduziert. Sollten die Prüffunktionalitäten dennoch nicht ausreichend sein, existiert eine Schnittstelle ins SAP ERP-Qualitätsmanagement (QM), um dort die Prüfung durchzuführen. Das Prüfergebnis wird aus QM in EWM übertragen, um die Vorteile der dort festgelegten Folgeaktionen zu nutzen.

2.3.6 Lagerungsdisposition und Lager-Reorganisation (neu)

Die Funktionalitäten für Lagerungsdisposition und Lager-Reorganisation wurden vollständig neu in EWM entwickelt. Bei der Lagerungsdisposition (oft auch *Slotting* genannt) wird der optimale Lagerplatz anhand von Produkt-, Bedarfs- und Packdaten ermittelt. Die Lager-Reorganisation bestimmt auf Basis der Lagerungsdispositionsdaten, wie optimal der Bestand auf dem aktuellen Lagerplatz gelagert ist, und optimiert so die Anordnung der Produkte im Lager. Die Lagerdisposition in Kombination mit der Lager-Reorganisation sorgt dafür, dass das richtige Produkt in der richtigen Menge am richtigen Lagerplatz liegt. Das ist die Grundlage für eine wegeoptimierte Kommissionierung und eine wesentliche Effizienzsteigerung des Kommissionierprozesses. Weitere Vorteile sind die Maximierung der Lagerkapazität und die Minimierung von Nachschubvorgängen.

2.3.7   Retourenabwicklung (erweitert)

Für eine reibungslose Abwicklung von Kundenretouren wurde in EWM im Zusammenspiel mit SAP ERP ein Genehmigungsprozess implementiert. In SAP ERP wird eine *Retourengenehmigung* (RMA) angelegt, die auf einer Retourenanforderung des Kunden basiert. Dabei wird jede Retourenposition durch eine separate RMA-Nummer gekennzeichnet. Durch die Übertragung der Retourenlieferung inklusive der RMA-Nummer(n) besteht nun die Möglichkeit, die Position(en) über alle Prozessschritte im Lager hinweg zu verfolgen, die Aktivierung der RMA-basierten Qualitätsprüfung in EWM zu initiieren sowie in EWM Folgeaktivitäten wie zum Beispiel Verschrottung oder Rücklieferung zum Kunden anzustoßen. Für die Zukunft ist eine erweiterte Retourenabwicklung für ein werksübergreifendes Umlagerungsszenario zwischen zwei EWM-verwalteten Lägern in Planung.

2.3.8   Wellenbildung (erweitert)

Durch zusätzliche Funktionalitäten im Bereich der Wellenbildung kann die Arbeit im Lager noch flexibler organisiert werden. Mit EWM haben Sie die Möglichkeit, nicht nur – wie in WM – Lieferungen, sondern auch Lieferpositionen Wellen zuzuordnen, was insbesondere bei Lieferungen mit hoher Positionsanzahl von Vorteil ist, um so den Materialfluss noch besser zu steuern und zu entzerren. Basierend auf der groben Kommissionierplatzermittlung, ist bei der Wellenbildung ein mengenmäßiger Split von Lieferpositionen möglich. Das hat den Vorteil, dass die Kommissionierung von mehreren Plätzen möglich ist (zum Beispiel Ganzpaletten aus der Reserve und Anbruch aus dem Kommissionierbereich). Darüber hinaus können über Wellenvorlagen, die u. a. Termine und Kapazitätsgrenzen berücksichtigen, Wellen automatisch erstellt werden.

2.3.9   Lagerauftragserstellung (neu)

Die Lagerauftragserstellung ist im Vergleich zu WM eine neue Funktionalität in EWM und dient zur Bildung von optimalen Arbeitspaketen für die Ressourcen im Lager. Auf Basis eines flexiblen Regelwerks werden Lageraufgaben in entsprechender Reihenfolge zu Lageraufträgen gebündelt, um so zum Beispiel die Wegezeit zu optimieren, schwere Produkte vor leichten zu kommissionieren oder das maximale Gewicht eines Lagerauftrags zu berücksichtigen. Darüber hinaus können die notwendigen Kommissionierbehälter berechnet und automatisch angelegt werden.

2.3.10   Lagerungssteuerung (neu)

Die Lagerungssteuerung ist ebenfalls in WM nicht vorhanden und wurde neu in EWM entwickelt. Wie bereits in Abschnitt 2.2.4, »Flexible Prozessmodellierung und Bestandstransparenz«, beschrieben, können mit dieser Funktionalität die Lagerprozesse flexibel definiert, gesteuert und überwacht werden.

2.3.11   Nachschubstrategien (erweitert)

Mit dem direkten Nachschub wurde in EWM ein Nachschubszenario entwickelt, das es dem Kommissionierer ermöglicht, durch die Eingabe eines bestimmten Ausnahmecodes auf dem Radio-Frequency-Gerät (RF-Gerät) automatisch eine Lageraufgabe für den Nachschub zu erzeugen. Diese wird ihm als nächste zu bearbeitende Position auf dem RF-Gerät angezeigt, um so die korrekte Menge der Lieferposition zu kommissionieren und den Kundenauftrag termingerecht abzuarbeiten.

2.3.12   Inventur (erweitert)

In EWM sind neben den lagerplatzbezogenen Inventurverfahren wie zum Beispiel der Niederbestands- oder Nullkontrolle oder der Einlagerungsinventur als permanente Inventurverfahren auch neue produktbezogene Inventurverfahren möglich – etwa Cycle Counting sowie – ebenfalls neu – die Kombination aus lagerplatz- und produktbezogenen Inventurverfahren, zum Beispiel die Stichtags- oder Ad-hoc-Inventur. Der wesentliche Vorteil bei produktbezogenen Inventurverfahren ist, dass zum Beispiel Schnelldreher häufiger gezählt werden können als Langsamdreher. Dabei ist die Verwendung von Handling Units (HUs) – im Gegensatz zu WM – vollständig in die Inventurabwicklung integriert. Ein weiterer Vorteil der Inventurabwicklung in EWM ist, dass die Durchführung der Inventur auch im laufenden Betrieb möglich ist. Sowohl die Durchführung der Inventurzählung als auch das Ausbuchen von Differenzen können anhand von Berechtigungen auf Mengen- und Werttoleranzen erfolgen. Darüber hinaus wurde in EWM mit dem *Difference Analyzer* ein Tool entwickelt, das, je nach Berechtigung, das Ausbuchen von Differenzen ins SAP ERP-System ermöglicht – entweder kumulativ oder auf Einzelpositionsbasis.

2.3.13 Verschrottung (neu)

Zur Steigerung der Lagerkapazität und Lagereffizienz wurden in EWM zwei Szenarien implementiert – die *geplante und ungeplante Verschrottung*. Bei der geplanten Verschrottung wird auf Basis der ermittelten Prognose in SAP APO der Verschrottungsprozess für eine geplante Reduzierung von Überbeständen im Lager initiiert und in EWM ausgeführt. Bei der ungeplanten Verschrottung werden beschädigte oder unbrauchbar gewordene Produkte erkannt und wird der Verschrottungsprozess in EWM angestoßen. Hier ist ein Autorisierungsprozess hinterlegt, das heißt, nur bestimmte Personen haben die Berechtigung, eine solche Verschrottung durchzuführen.

2.3.14 Kitting (neu)

Kitting ist ein Begriff aus den Bereichen der Beschaffungs- und Produktionslogistik. Kitting umfasst die Zusammenstellung der Einzelkomponenten ihrer Baugruppe zu einem Kit. Durch die Verlagerung dieses Prozesses aus der Produktion ins Lager und somit Richtung Endverbraucher können Sie flexibler auf Bedarfsschwankungen reagieren und die Erstellung von Kits bedarfsgerecht der jeweiligen Nachfragesituation anpassen. EWM unterstützt zwei Kitting-Prozesse. Der Prozess *Kit-to-Stock* ist ein Verfahren, bei dem Bausätze auf Vorrat gefertigt und eingelagert werden. Beim *Kit-to-Order* hingegen erfolgt die Zusammenstellung auftragsbezogen.

2.3.15 Konsolidierung (neu)

EWM ermittelt in der *Konsolidierung* automatisch, welche Lieferpositionen zusammen in einem Pickbehälter kommissioniert und am Packtisch verpackt werden können. Integriert in die Lagerungssteuerung, kann EWM automatisch den optimalen Pack-Arbeitsplatz ermitteln, um so den Warenausgangsprozess zu beschleunigen.

2.3.16 Logistische Zusatzleistungen (erweitert)

Im Vergleich zu WM ist durch die Integration in die Lagerungssteuerung der Prozess der LZL besser in den Warenein- und -ausgang integriert. Zusätzlich können in EWM notwendige Hilfsprodukte (zum Beispiel Verpackungsmaterial) bestandsgeführt werden.

2.3.17 Yard Management (erweitert)

Durch die neuen Objekte *Transporteinheit* (zum Beispiel Container), *Fahrzeug* (zum Beispiel Lkw mit Anhänger) und *Lagertor* können in EWM im Vergleich zu WM die Yard-Prozesse besser in die Lagerprozesse integriert und so die Effizienz im Yard durch Reduktion von Standzeiten erhöht werden. Dabei sind bereits mit Ankunft des Lkws am Kontrollpunkt die angelieferten Bestände im Lager sichtbar, um so eine Priorisierung der Entladung vorzunehmen.

2.3.18 Cross-Docking (erweitert)

EWM bietet – im Vergleich zu WM – deutlich mehr Möglichkeiten, Cross-Docking-Prozesse durchzuführen. In EWM werden das *Transport-Cross-Docking* (TCD) und die *Warenverteilung* als geplante Cross-Docking-Szenarien unterstützt. Während in WM der TCD-Prozess manuell durch die Zuweisung von Anlieferpositionen zu passenden Auslieferpositionen angestoßen wird, erfolgt in EWM der TCD-Prozess auf Basis der Routenplanung. Dies hat zur Folge, dass die Cross-Docking-Relevanz feststeht, bevor die Ware im Lager eintrifft.

Zur Minimierung von Lieferverzögerungen kennt ausschließlich EWM zum einen die *Kommissionierung vom Wareneingang* (Picks from Goods Receipt = PFGR) und das *Push-Deployment* (PD) als ungeplante oder opportunistische CD-Szenarien. Mit WE-Buchung in EWM bestimmt APO die Cross-Docking-Relevanz auf Basis rückständiger Kundenaufträge. Dabei legt APO fest, ob Waren direkt nach dem Eingang zu einem Kunden (PFGR) oder einem anderen Lager (PD) gebracht werden sollen.

Cross-Docking für Kundenaufträge aus dem Vertrieb

Für Kundenaufträge, die im SAP-Modul für den Vertrieb (SD) erstellt wurden, wird ist die Cross-Docking-Variante PFGR nicht unterstützt. Sie müssen hierzu die CRM-Kundenauftragsbearbeitung im Zusammenspiel mit SAP APO einsetzen.

Weiterhin gibt es ein opportunistisches CD-Szenario, das EWM anstößt. Dieser Prozess läuft vollständig in EWM ab. Dabei kann EWM mit Erstellung der Einlager- bzw. Picklageraufgabe automatisch prüfen, ob es für diesen Bestand eine geeignete Aus- bzw. Anlieferung gibt. Im Gegensatz zu EWM wird in WM beim opportunistischen CD der Transportauftrag (TA) zur Einlagerung storniert, wenn vor Quittierung des Einlager-TAs ein passender TA zur Kommissionierung erstellt wurde. Zum einen ist die Wahrscheinlichkeit, dass diese Situation im Lager auftritt, relativ gering, zum anderen ist diese Logik im papierbetriebenen Lager als kritisch zu betrachten.

2.3.19 Integrierte Zollabwicklung (neu)

Durch die Integration zwischen EWM und *SAP Global Trade Services* (GTS) können Zollprozesse nahtlos in die Lageraktivitäten integriert und somit beschleunigt werden. So prüft EWM zum Beispiel im Rahmen des Versandverfahrens vor Ent- oder Beladung des Lkws, ob eine Ent- bzw. Beladeerlaubnis vom Zoll über GTS an EWM übertragen wurde. Darüber hinaus verwendet EWM die Compliance- und Akkreditivprüfung von GTS, um zu prüfen, ob eine Auslieferung an einen bestimmten Warenempfänger geliefert werden darf. Weitere Zollprozesse, die durch die EWM-GTS-Integration unterstützt werden, sind die vorübergehende Verwahrung und das Zolllagerverfahren.

2.3.20 Monitoring und Reporting (erweitert/neu)

Der *Lagerverwaltungsmonitor* (kurz: Lagermonitor) zeichnet sich mit einer Vielzahl vordefinierter Reports für verschiedene Prozesse und Belege als zentrales Steuer- und Kontrollinstrument aus und ermöglicht darüber hinaus die Zuordnung, Initiierung und Steuerung von Arbeitsabläufen. Der Lagermonitor entspricht einem Framework mit einer Vielzahl prozessspezifischer Reports im Standard, das es ermöglicht, schnell und flexibel den Lagermonitor Ihren Prozessanforderungen anzupassen. Hier haben Sie die Möglichkeit, eigene Reports einfach in den Monitor zu integrieren oder sogar vollständig eigene Monitore zu definieren. Zusätzlich bietet ausschließlich EWM mit dem *Lagercockpit* die Möglichkeit, Objekte, zum Beispiel Lagerkennzahlen wie Füllgrad von bestimmten Lagerbereichen oder offene Lageraufgaben pro Arbeitsbereich, anhand verschiedener Chart-Typen (zum Beispiel Ampel, Balken- oder Säulendiagramme, Tachometer) grafisch anzuzeigen. Das Lagercockpit basiert auf dem *Easy Graphics Framework* (EGF). Das EGF ist ein generisches Werkzeug, um auf einfache Weise Cockpits für Anwendungen, die nicht nur EWM-spezifisch sein müssen, zu konfigurieren und Ihre Daten grafisch anzeigen zu lassen. In Kapitel 13, »Monitoring und Reporting«, wird beschrieben, wie Sie Objekte für das Lagercockpit erstellen und einfügen können.

Zur Optimierung Ihrer Lageraktivitäten und zur längerfristigen Planung Ihres Lagerpersonals ist sowohl eine aggregierte als auch eine Detailsicht auf verschiedene Belege und Lagerkennzahlen wichtig. Zu diesem Zweck besteht durch die standardmäßige Integration zwischen EWM und SAP NetWeaver BW sowie die Bereitstellung von BW-Content die Möglichkeit, aktuelle und bereits ausgeführte Daten (zum Beispiel quittierte Lageraufträge, abgeschlossene LZL-Aufträge) an SAP NetWeaver BW zu übertragen, um diese Daten entsprechend den umfangreichen Möglichkeiten, die BW bietet, zu analysieren.

2.3.21 Grafisches Lagerlayout (neu)

Das *grafische Lagerlayout* (GLL) ist ein weiteres Alleinstellungsmerkmal im Vergleich zwischen EWM und WM und stellt das Lagerinnere als zweidimensionale Grafik dar. Mit dem GLL können Sie sich grafische Informationen über die Bestandssituation, die Platzauslastung, die im Lager arbeitenden Ressourcen sowie über den Zustand von Fördertechniksegmenten anzeigen lassen.

2.3.22 Ausnahmebehandlung (neu)

Ausnahmesituationen im Lager sind oft mit längerer Bearbeitungszeit und höherem Aufwand verbunden. Im Gegensatz zu WM bietet EWM die Komponente *Ausnahmebehandlung*, um Ausnahmen unmittelbar während der Prozessdurchführung systemseitig zu erfassen und schnellstmöglich zu reagieren. Dabei können Sie Folgeaktionen flexibel definieren. So können Sie durch Nutzung von SAP-Workflow-Funktionalitäten durch Eingabe eines Ausnahmecodes zum Beispiel automatisch eine vordefinierte SAP-Mail an den Bereichsverantwortlichen senden, damit er schnellstmöglich Aktionen zur Beseitigung der Ausnahme einleiten kann. Für den Fall, dass in einem Lagerfach beschädigte Ware liegt, haben Sie durch die Verbindung der Ausnahmebehandlung in das SAP-Statusmanagement die Möglichkeit, zum Beispiel das Lagerfach zu sperren, damit dort keine Ware mehr entnommen wird. Analog dem Lagermonitor ist die Ausnahmebehandlung in EWM als Framework mit vordefiniertem Inhalt zu verstehen, das die Eingabe von Ausnahmecodes und das Starten von Folgeaktionen im Rahmen jeder Warenbewegung und in nahezu jedem Prozessschritt ermöglicht und sich entsprechend Ihren Prozessanforderungen flexibel erweitern lässt.

2.3.23 Serialnummern (erweitert)

Besonders in Lägern mit hochwertigen Produkten, die den Endkundenbereich bedienen, soll häufig jedes Produkt mit einer eindeutigen Nummer versehen werden, um das Einzelstück gegenüber allen anderen Produkten eindeutig identifizieren und verfolgen zu können. In EWM können Sie die Serialnummernpflicht auf Belegebene (Erfassung von Serialnummern für An- bzw. Auslieferungen), Lagernummernebene (Erfassung von Serialnummern vor WE- bzw. WA-Buchung) und auf Lagerplatzebene/Bestandsebene vornehmen. Im Gegensatz zu WM ist die Verwaltung von Serialnummern auf Platzebene auch ohne HUs möglich. Neu ist auch die Möglichkeit in EWM, Präfixe zu verwenden, die bei der automatischen Nummernvergabe vorangestellt werden, um so zum Beispiel die Selektion von Serialnummern zu erleichtern.

2.3.24 Bestandsmanagement (erweitert)

Um den heutigen Anforderungen an die Lagerlogistik gerecht zu werden, wurde in EWM das *Bestandsmanagement* um folgende Funktionalitäten erweitert:

In EWM können Sie erstens, analog zu WM, Bestände in verschiedene Arten unterteilen – frei verfügbarer Bestand, gesperrter Bestand, Qualitätsprüfbestand und Retourensperrbestand. In EWM haben Sie aber zusätzlich die Möglichkeit, die Bestandsarten lokationsabhängig zu definieren, also zu bestimmen, welchem SAP ERP-Lagerort der Bestand zugeordnet werden soll. Mit den SAP ERP-Lagerorten *Ware in Einlagerung* (Received on Dock = ROD) und *Ware voll verfügbar* (Available for Sales = AFS) und den korrespondierenden Verfügbarkeitsgruppen in EWM können Sie in einem EWM-verwalteten Lager zwischen Beständen unterscheiden, die zwar frei verfügbar sind, aber noch nicht für die Kommissionierung verwendet werden sollen, da sie sich noch in Einlagerung befinden. Diese Unterscheidung hat den entscheidenden Vorteil, dass Bestand im Lager bereits mit Ankunft des Lkws im Wareneingang gebucht werden kann, aber für den Warenausgangsprozess noch nicht zur Verfügung steht.

Falls Sie in EWM mit mobilen Geräten arbeiten, können Sie zweitens, im Gegensatz zu WM, den Bestand mit Quittierung der Lageraufgabe auf die Ressource umbuchen. Aber nicht nur auf Ressourcen, sondern auch auf Transporteinheiten und Arbeitsplätzen können Sie Bestände buchen und führen. Dies hat den Vorteil, dass Sie zu jedem Zeitpunkt sehen können, wo sich der Bestand gerade im Lager befindet.

Mit der Einführung neuer Bestandsattribute wie *Besitzer*, *Eigentümer* und *Verfügungsberechtigter* haben Sie drittens nur in EWM die Möglichkeit, die Bestände verschiedener Kunden (*Mehrkundenfähigkeit*) logistisch abzuwickeln.

2.3.25   Arbeitsmanagement (neu)

Das *Arbeitsmanagement* ist in WM nicht vorhanden und wurde neu in EWM entwickelt. Es enthält Funktionen für die Planung und Steuerung der Arbeitseinsätze von Mitarbeitern und die Messung ihrer Leistungen anhand standardisierter Vorgaben und Leistungskennzahlen. Durch Berechtigungsprofile wird sichergestellt, dass vertrauliche Informationen geschützt sind und die Anonymität der Mitarbeiter gewahrt bleibt. Im Standard verfügbare Reports geben Ihnen einen sofortigen Überblick über die Leistung einzelner Mitarbeiter oder Gruppen. Nach Ausführung der geplanten Arbeiten können Sie die geplanten mit den tatsächlichen Zeiten vergleichen und Leistungsanreize wie etwa Bonuszahlungen über ein angeschlossenes HR-System veranlassen.

Darüber hinaus haben Sie die Möglichkeit, *Key Performance Indicators* (KPIs) in Form von Kennzahlen zu definieren und Warnmeldungen zu konfigurieren, wenn KPIs nicht erfüllt werden. Die Definition von Kennzahlen ist aber nicht ausschließlich für das Arbeitsmanagement von Bedeutung. So können Sie zum Beispiel Kennzahlen und Warnmeldungen für eingegebene Ausnahmecodes definieren, um so im Sinne der stetigen Optimierung Prozessschwächen zu identifizieren und zu verbessern.

2.3.26   Radio Frequency (erweitert)

In EWM wurde ein *Radio-Frequency-Framework* (RF-Framework) entwickelt, das für die Nutzung von RF-Transaktionen entscheidende Vorteile bietet:

▸ flexible Erweiterungsmöglichkeiten von RF-Transaktionen durch Entkopplung der Geschäftslogik von der physischen Darstellung der Anwendungsdaten auf dem Endgerät

▸ Unterstützung einer großen Anzahl von Gerätegrößen, Gerätearten und Datenerfassungsarten, zum Beispiel Pick-by-Voice

▸ individuelle Gestaltung des Menüaufbaus und von RF-Oberflächen

▸ flexible Definition von Verifikationsfeldern je nach Prozess und Arbeitsbereich

2.3.27   Radio Frequency Identification (neu)

Die Verwendung von *Radio Frequency Identification* (RFID) setzt sich in der Logistik zunehmend durch, da die Kosten der Etiketten (RFID-Tags) sinken und sich die RFID-Hardware immer weiter verbessert. Entscheidende Vorteile von RFID im Vergleich zum normalen Barcode stellen wir im Folgenden vor.

Im Gegensatz zum RFID-Tag muss der Barcode immer sichtbar gelesen werden. Der Abstand zwischen Lesegerät und Barcode hängt dabei vom entsprechenden System ab, variiert aber normalerweise zwischen 30 cm und 2 m. Bei der RFID-Technik hingegen reagieren Transponder auf ein Funksignal und senden erst dann ihre Daten an ein Lesegerät – und das über teilweise große Distanzen.

Ein weiterer wesentlicher Unterschied besteht darin, dass die Tags nicht nur lesbar, sondern auch beschreibbar sind und somit wichtige Daten entlang der Supply Chain erfasst werden können.

Im Gegensatz zu WM unterstützt EWM in Kombination mit der SAP Auto-ID Infrastructure (AII) RFID für folgende Lagerprozesse: Entladen, Beladen, Quittierung von Lageraufgaben und Verpacken. Die AII dient dabei zur Kommunikation zwischen EWM und der RFID-Hardware.

2.3.28 Materialflusssteuerung (neu)

Wie bereits in Abschnitt 2.2.7, »Direkte Steuerbarkeit der automatischen Fördertechnik«, erwähnt, bietet EWM im Gegensatz zu WM die Möglichkeit, direkt mit SPSn zu kommunizieren. Dadurch entfällt der Materialflussrechner als Applikationsschicht, was letztlich eine Reduktion von Schnittstellen, eine einfachere Wartung und somit Reduzierung von Betriebskosten bedeutet.

2.3.29 Zusammenfassung

Im Folgenden fassen wir die Möglichkeiten von EWM kurz zusammen:

▶ **Steigerung der Effizienz**
  ▷ effektive Kommissionierung auf Basis der Lagerungsdisposition und Reorganisation
  ▷ optimale Arbeitspakete auf Basis der regelbasierten Lagerauftragserstellung
  ▷ Effizienzgewinn durch Integration moderner Technologien wie etwa RFID und Pick-by-Voice
  ▷ Arbeits- und Ressourcenmanagement in Kombination mit umfangreichen Monitoring-Tools erlauben die effektive Planung und Steuerung von Mitarbeitern.

▸ **Steigerung des Servicegrads**

  ▸ konsistente und aktuelle Auftragsdaten im Lager durch Online-Integration ins Auftragserfassungssystem (SAP ERP)

  ▸ Flexible Wellensteuerung garantiert die pünktliche Auslieferung.

  ▸ Schnelle Behandlung von Ausnahmesituationen minimiert die Auswirkungen auf die Leistung.

▸ **Reduktion von Kosten**

  ▸ Reduktion von Schnittstellen durch den Einsatz von EWM-MFS

  ▸ Cross-Docking ermöglicht Kostenersparnis durch die Vermeidung von Umschlagkosten und kürzere Lagerungsdauer.

▸ **Steigerung der Prozessqualität**

  ▸ Modellierung des Lagers näher an der Lagerphysik in EWM

  ▸ flexible Prozessmodellierung und -steuerung durch Lagerungssteuerung

Im nächsten Abschnitt widmen wir uns den Auslieferungs- und Architekturvarianten von EWM.

2.4 Auslieferungsvarianten von SAP EWM

Bei seiner Einführung im Jahr 2006 war EWM eine Anwendung auf einem separaten SCM-Server, da EWM, wie bereits erwähnt, Bestandteil der SCM-Suite ist. Die Vorteile haben wir bereits in Abschnitt 2.1, »Die Entstehung von SAP EWM«, aufgelistet. Der Nachteil des separaten SCM-Servers ist allerdings, dass die Systemlandschaft beim Kunden komplexer wird, insbesondere dann, wenn von einer dreistufigen (Entwicklungs-, Qualitäts- und Produktivsystem) Systemlandschaft ausgegangen wird.

Aus diesem Grund hatte sich SAP bereits 2007 mit dem Release EWM 5.1 entschieden, EWM so zu konzipieren, dass es als Add-on auf dem SAP ERP-Server installiert werden und somit zentral betrieben werden kann. Systemseitig betrachtet, ist EWM als Add-on ein SCM-System inklusive der SCM-Basis, aber ohne die SCM-Komponenten APO, EM und SNC. Demzufolge kommuniziert EWM als Add-on mit SAP ERP für den Austausch von Stamm- und Bewegungsdaten über die gleichen Schnittstellen wie ein EWM-System, das auf einem separaten SCM-Server installiert ist.

Abbildung 1.5 zeigt die Auslieferungsvarianten von EWM in einer Übersicht.

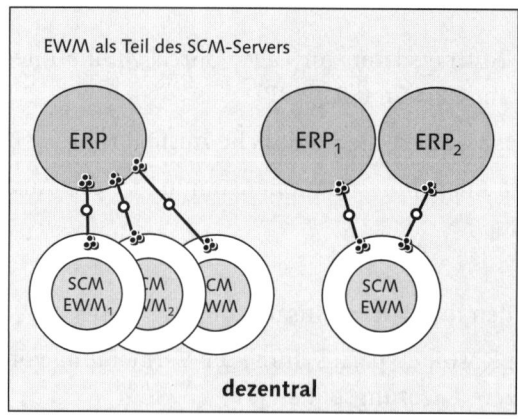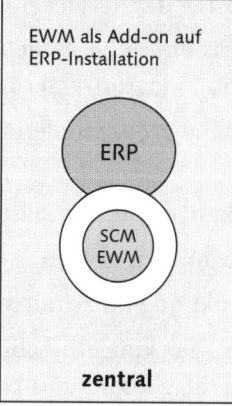

Abbildung 2.5 Auslieferungsvarianten von SAP EWM

Besonderheiten der Auslieferungsvarianten

Die Auslieferungsvariante als Add-on, das sowohl mit einem lokalen SAP ERP-System als auch mit einem fremden SAP ERP-System kommuniziert, wird nicht unterstützt. Bei der Auslieferungsvariante, bei der EWM auf einem separaten SCM-Server installiert ist, empfiehlt SAP, die APO-Komponente aus Performancegründen nicht auf dem gleichen SCM-Server zu betreiben.

Wir können Ihnen keine allgemeingültigen Empfehlungen für die Implementierung von EWM als Teil des SCM-Servers oder als Add-on auf einer SAP ERP-Installation geben. Diese Entscheidung muss in jedem Implementierungsprojekt separat getroffen und abhängig von der Logistikstrategie des jeweiligen Unternehmens festgelegt werden. Um Ihnen jedoch die Entscheidungsfindung ein wenig zu erleichtern, haben wir die wichtigsten Vorteile (+) und Nachteile (–) der verschiedenen Auslieferungsvarianten in Tabelle 2.1 gegenübergestellt.

SAP EWM auf SCM-Server	SAP EWM als Add-on auf SAP ERP-Server
(+) bessere Systemperformance bei hohem Datenvolumen	(+) keine weitere Systeminstallation
(+) bessere Skalierbarkeit bei sich änderndem Wachstum und Anforderungen	(+) direkter Zugriff auf SAP ERP-Daten, da sich die SAP ERP- und EWM-Daten in einem System befinden
(+) Mehrere EWM-Systeme können an ein SAP ERP-System angeschlossen werden und umgekehrt.	(–) Einmal installiert, lässt sich EWM nicht mehr deinstallieren.

Tabelle 2.1 Vor- und Nachteile der verschiedenen Auslieferungsvarianten

SAP EWM auf SCM-Server	SAP EWM als Add-on auf SAP ERP-Server
(+) relative Unabhängigkeit beider Systeme zum Beispiel bei Releasewechseln	(–) abhängig von der Verfügbarkeit des SAP ERP-Systems
(–) komplexere Systemlandschaft	(–) Installation ist nur auf SAP ERP 6.0 (inklusive aller Erweiterungspakete) freigegeben.
(–) Anwender müssen eventuell in zwei Systemen arbeiten.	

Tabelle 2.1 Vor- und Nachteile der verschiedenen Auslieferungsvarianten (Forts.)

2.5   Architekturvarianten von SAP EWM

Bei der Entwicklung des ersten Releases EWM 5.0 war Release SAP ERP 6.0 die Grundlage. Die Übertragung der Bewegungsdaten erfolgte über qRFC. Da eine Reihe von Kunden noch einen älteren Releasestand nutzt, entschloss sich SAP im Jahr 2006, die Kommunikation der Systeme von EWM-Releases bis hin zu SAP R/3 4.6C zu unterstützen. Die Übertragung der Bewegungsdaten mit diesen Releaseständen erfolgt aber nicht über qRFC, sondern über die *Intermediate-Documents-Technologie* (IDoc). Tabelle 2.2 zeigt, auf Basis welcher Technologie in Abhängigkeit vom SAP ERP-Release die Übertragung der Bewegungsdaten in das EWM-System erfolgt.

SAP ERP-Release	Schnittstellentechnologie
SAP R/3 4.6c	IDoc
SAP R/3 Enterprise 4.70	IDoc
SAP ERP 5.0 (ECC 5.0)	IDoc
SAP ERP 6.0 (ECC 5.0)	qRFC

Tabelle 2.2 Schnittstellentechnologie für die Datenübertragung zwischen SAP ERP und SAP EWM

Mit der Standard-IDoc-Technologie werden bestimmte EWM-Funktionen nicht unterstützt, wie zum Beispiel:

▸ Splitten von Anlieferungen

▸ Buchung von Teilwareneingängen mit sofortiger Rückmeldung an SAP ERP

▸ Erzeugen bzw. Löschen von Anlieferungen und Anlieferpositionen lokal in EWM nicht möglich

▸ Stornierung der Warenausgangsbuchung in EWM

Daher ist es wichtig, im EWM-Customizing unter dem Pfad SCHNITTSTELLEN • ERP-INTEGRATION • ALLGEMEINE EINSTELLUNGEN • STEUERUNGSPARAMETER FÜR ERP-VERSIONSKONTROLLE EINSTELLEN einzustellen, welche Funktionen entweder ganz unterbunden oder in ihrem Verhalten so geändert werden, dass ihre Rückmeldungen mit der angeschlossenen R/3- oder SAP ERP-Version konform sind. In der Customizing-Dokumentation für die Steuerungsparameter der SAP ERP-Versionskontrolle finden Sie eine genaue Übersicht darüber, welche Funktion Sie mit welchem Release von SAP R/3 oder SAP ERP für Anlieferungen und Auslieferungen aktivieren können.

Voraussetzungen für den Einsatz von SAP EWM 7.0

Eine volle Nutzung der in SAP EWM 7.0 vorhandenen Funktionalitäten ist nur bei Einsatz der Standard-Lösungsarchitektur mit SAP ERP 6.0 und Erweiterungspaket 4 möglich.

Abweichende Lösungsarchitekturen sind grundsätzlich möglich, erfordern aber eine Validierung vor dem Hintergrund der konkreten Kundensituation im Hinblick auf Systemlandschaft, Geschäftsprozesse, Erweiterungen und Modifikationen und andere kundenspezifische Gegebenheiten.

Welche EWM-Prozesse mit welchem SAP ERP-Erweiterungspaket unterstützt werden, entnehmen Sie bitte den Releasehinweisen der jeweiligen SAP ERP-Erweiterungspakete.

2.6 Zusammenfassung

In diesem Kapitel haben Sie die Entstehungsgeschichte von SAP EWM kennengelernt. Wir sind auf die Gründe für die Entwicklung von EWM eingegangen und haben gezeigt, wie EWM Marktanforderungen von heute abdeckt. Außerdem haben wir Ihnen einen Überblick darüber gegeben, wie Sie EWM bei der Optimierung Ihrer Lagerlogistik unterstützt. Darüber hinaus sind wir auf die verschiedenen Auslieferungsvarianten mit den entsprechenden Vor- und Nachteilen eingegangen und haben beschrieben, welche SAP ERP-Versionen wie mit EWM kommunizieren können.

*Ein gutes Verständnis der Organisationsstrukturen des SAP-Systems
ist Grundvoraussetzung für das optimale Aufsetzen eines Lagers und
damit für das Gelingen eines EWM-Projekts. In diesem Kapitel vermitteln wir das notwendige Wissen dazu.*

3 Organisationsstruktur in SAP EWM und SAP ERP

Die einzelnen organisatorischen Elemente sowohl eines Unternehmens als
auch eines Lagers werden im SAP-System in der sogenannten *Organisationsstruktur* abgebildet. Diese Organisationsstruktur ist hierarchisch gegliedert
und verzweigt sich nach unten hin. Da ein SAP EWM-System im Allgemeinen mit einem oder mehreren SAP ERP-Systemen verbunden ist, müssen
Organisationselemente sowohl in SAP ERP als auch in SAP EWM angelegt
werden. In diesem Kapitel stellen wir Ihnen die wichtigsten Organisationselemente in diesen Systemen vor, zeigen Ihnen, was sie bedeuten und was
Sie bei der Konfiguration beachten müssen.

3.1 Grundlagen

Die wesentlichen Organisationselemente im SAP ERP-System sind *Mandant*,
Buchungskreis, *Werk*, *Lagerort* und *Lagernummer*. Über die Lagernummer
ergibt sich die Beziehung der Organisationselemente von SAP ERP zum
EWM-System: Über eine SAP ERP-Lagernummer wird ein Lager als ein im
EWM-System verwaltetes Lager definiert, was bewirkt, dass alle logistischen
Belege wie An- und Auslieferungen im EWM-System repliziert werden.

Alle Organisationselemente, die sich in der Hierarchie der Organisationsstruktur unterhalb der Lagernummer befinden (zum Beispiel der Lagertyp),
werden dann ausschließlich im EWM-System angelegt. In EWM ist die
Lagernummer also das in der Hierarchie der Organisationsstruktur am
höchsten stehende Element. Ein EWM-System kann Bestände mehrerer
Lagernummern verwalten, Sie arbeiten jedoch immer nur in einer Lagernummer und sehen nur deren Bestände. Sie können aber jederzeit die Lager-

nummer wechseln, in der Sie arbeiten – sofern Sie dazu die Berechtigung haben. Eine Übersicht über Bestände in mehreren Lägern kann nur das SAP ERP-System liefern.

Bestandsübersicht

Die Bestandsübersicht können Sie weiterhin mit den üblichen Transaktionen der Bestandsführung in SAP ERP (MM-IM) ausführen, zum Beispiel mit der Transaktion MMBE.

Eine typische Organisationsstruktur gleicht einer Pyramide. Die Pyramide im SAP ERP-System beginnt (nach dem Mandanten) mit dem Buchungskreis auf der obersten Ebene, den Werken auf der zweiten, Lagerorten auf der dritten Ebene und den Lägern (Lagernummern) auf der untersten Ebene.

Abbildung 3.1 zeigt dies anhand eines Beispiels: Jedes Werk ist genau einem Buchungskreis zugeordnet, jedem Buchungskreis können aber mehrere Werke zugewiesen sein. Zu Buchungskreis 001 gehören zum Beispiel die Werke WK01 und WK02.

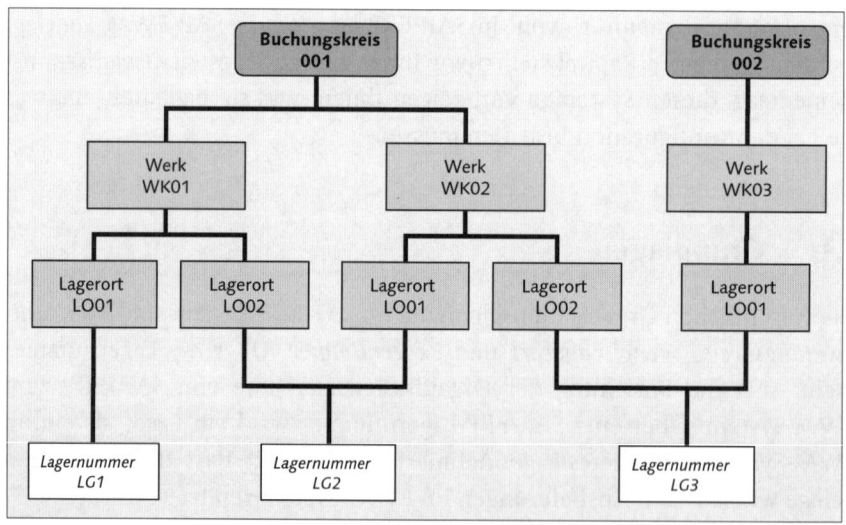

Abbildung 3.1 Organisationsstruktur in SAP ERP

Jedes Werk wiederum führt Bestände, die in sogenannte *Lagerorte* eingeteilt sind. Der Begriff Lagerort ist insofern ein wenig irreführend, weil ein Lagerort im SAP-System nicht zwangsläufig beschreibt, *wo* die Bestände physisch gelagert sind. Vielmehr sind SAP-Lagerorte häufig Elemente zur *logischen* Trennung von Beständen. Im Werk WK01 zum Beispiel könnte Lagerort

LO01 den für Kundenaufträge verfügbaren Bestand im Lager enthalten und Lagerort LO02 den Bestand, der sich in Einlagerung oder Qualitätsprüfung befindet und daher noch nicht verfügbar ist.

Lagerorte sind zudem nur eindeutig in Kombination mit dem ihnen zugewiesenen Werk. Lagerort LO01 kommt in der Abbildung zum Beispiel gleich dreimal vor, ist aber in Kombination mit dem jeweiligen Werk (WK01, WK02 oder WK03) eindeutig.

Die *Lagernummern* wiederum entsprechen den physisch existierenden Lägern. Jede Lagernummer kann Bestände aus einem oder mehreren Lagerorten verwalten. Insbesondere ist es auch möglich, Bestände aus verschiedenen Werken in einer Lagernummer zu verwalten (für mehr Details siehe Kapitel 5, »Bestandsverwaltung«). Ein bestimmter Lagerort eines Werkes ist jedoch immer genau einer Lagernummer zugewiesen. Lagerort LG01 von Werk WK01 ist genau der einen Lagernummer LG01 zugewiesen und kann daher nicht noch zusätzlich der Lagernummer LG02 zugewiesen werden.

Die Organisationselemente unterhalb der Lagernummer sind insbesondere Lagertyp, Lagerbereich und Lagerplatz. Diese werden ausschließlich im EWM-System verwaltet und sind dem SAP ERP-System unbekannt. Neben Lagertyp, Lagerbereich und Lagerplatz gibt weitere wichtige Organisationselemente in EWM, zum Beispiel Bereitstellzonen, Arbeitsplätze und Tore.

In den folgenden beiden Abschnitten gehen wir auf die Organisationselemente im SAP ERP- und im EWM-System im Detail ein und vermitteln Ihnen das notwendige Wissen, um Ihr Lager optimal im SAP-System einzurichten. Wir beginnen mit den Organisationselementen im SAP ERP-System.

3.2 Organisationsstruktur in SAP ERP

In diesem Abschnitt beschreiben wir die Organisationselemente Buchungskreis, Werk, Lagerort, Lagernummer und Versandstelle. Alle diese Elemente werden im SAP ERP-System angelegt.

3.2.1 Buchungskreis

Auf der höchsten Ebene der Pyramide der SAP ERP-Organisationsstruktur steht der *Buchungskreis*. Der Buchungskreis ist eine organisatorische Einheit des externen Rechnungswesens, für die eine vollständige, in sich abgeschlossene Buchhaltung abgebildet werden kann. In der Praxis wird ein

Buchungskreis für einen kompletten, abgeschlossenen Bereich oder für eine Region eines Unternehmens erstellt (zum Beispiel ein Buchungskreis für *Deutschland*).

Jeder Buchungskreis beinhaltet ein oder mehrere Werke. Typische Gründe, mehrere Buchungskreise anzulegen, sind unter anderem:

- ▶ Das Unternehmen hat Niederlassungen in verschiedenen Ländern.
- ▶ Das Unternehmen hat Bereiche mit unterschiedlichen Produkten oder Fachgeschäften.
- ▶ Es liegen andere auf das Rechnungswesen bezogene Gründe vor, die getrennte Buchhaltung für bestimmte Produkte oder Bereiche erfordern.

Im Beispiel von Abbildung 3.1 zeigen wir die zwei Buchungskreise 001 und 002. Eine Lagernummer (und damit ein EWM-Lager) kann Bestände von unterschiedlichen Werken verwalten – sogar dann, wenn die Werke verschiedenen Buchungskreisen zugeordnet sind.

Um einen neuen Buchungskreis im SAP ERP-System zu erstellen, wählen Sie im Customizing den Pfad UNTERNEHMENSSTRUKTUR • DEFINITION • FINANZWESEN • BUCHUNGSKREIS BEARBEITEN, KOPIEREN, LÖSCHEN, PRÜFEN • BUCHUNGSKREISDATEN BEARBEITEN.

In den vielen Fällen, in denen es im Customizing möglich ist, Objekte zu kopieren, ist es auch sinnvoll, diese Kopierfunktion zu nutzen. Nur durch die Kopierfunktion werden alle abhängigen Customizing-Einstellungen automatisch übernommen – was Ihnen viel Arbeit ersparen kann. Zum Kopieren eines Buchungskreises wählen Sie den Pfad UNTERNEHMENSSTRUKTUR • DEFINITION • FINANZWESEN • BUCHUNGSKREIS BEARBEITEN, KOPIEREN, LÖSCHEN, PRÜFEN • BUCHUNGSKREIS KOPIEREN, LÖSCHEN, PRÜFEN UND KOPIEREN.

In SAP-Projekten werden Buchungskreise normalerweise von Spezialisten der Bereiche FI und CO (Finanzwesen und Controlling) oder der Gruppe im Implementierungsteam angelegt, die für FI/CO verantwortlich ist. Wir empfehlen Ihnen, sich beim Anlegen und Ändern von Buchungskreisen mit diesen Personen abzustimmen, da die Konsequenzen von falschen Entscheidungen gravierend sein können.

3.2.2 Werk

Die zweite Ebene der Pyramide der Organisationsstruktur sind die *Werke*. Jedes Werk wird einem Buchungskreis zugewiesen, aber jeder Buchungskreis kann mehrere Werke umfassen. Ein Werk beinhaltet einen oder mehrere Lagerorte.

Werke werden normalerweise gebildet für Bestände einer geografischen Niederlassung eines Unternehmens (zum Beispiel für ein physisches Lager), seltener auch für eine logische Gruppierung von Beständen. Die Bestände eines jeden Werkes werden in diesen *bewertet*, und der Gesamtwert der Bestände wird für jeden Buchungskreis zusammengerechnet.

Ein Grund für das Anlegen eines eigenen Werkes für eine logische Gruppierung von Beständen kann sein, dass Bestände separat bewertet werden sollen, ohne allerdings die finanzielle Konsolidierung auf Buchungskreisebene zu beeinflussen. Ein weiterer Grund für eine logische Gruppierung von Beständen unter einem speziellen Werk könnte zum Beispiel sein, dass die Bestände für eine bestimmte Gruppe von Kunden verwaltet werden.

Um ein Werk im SAP ERP-System anzulegen, wählen Sie im Customizing den Pfad Unternehmensstruktur • Definition • Logistik Allgemein • Werk definieren, kopieren, löschen, prüfen. Auch hier können Sie ein bereits existierendes Werk kopieren und so alle vom Werk abhängigen Einstellungen automatisch mitkopieren lassen.

Das neue Werk weisen Sie einem Buchungskreis zu, indem Sie die Customizing-Aktivität Unternehmensstruktur • Zuordnung • Logistik Allgemein • Werk – Buchungskreis zuordnen wählen.

Es gibt noch eine Reihe weiterer Einstellungen, die vorgenommen werden müssen, damit Transaktionen in einem neuen Werk und einem neuen Buchungskreis durchgeführt werden können. Informationen dazu finden Sie im Customizing sowie in der SAP-Online-Dokumentation. Wir wollen Ihnen hier lediglich einen Überblick über die wichtigsten Aktivitäten sowie Anhaltspunkte geben, wie Sie Ihre Organisationsstruktur im SAP-System modellieren.

3.2.3 Lagerort

Die nächste Ebene der Organisationsstruktur, unterhalb der Werke, bilden die Lagerorte. Jedes Werk kann einen oder mehrere Lagerorte haben, und jeder Lagerort wird eindeutig einem Werk zugewiesen. Es ist möglich, die Lagerorte verschiedener Werke gleich zu benennen. Die Werke WK01 und WK02 aus Abbildung 3.1 weiter vorne haben beide einen Lagerort LO1 – aber Achtung: Es handelt sich um unterschiedliche Lagerorte! Jeder Lagerort ist nur eindeutig in Verbindung mit seinem Werk.

Lagerorte können, ähnlich wie Werke, verwendet werden, um eine logische oder eine physische Trennung von Beständen abzubilden. So kann es sinnvoll sein, eigene Lagerorte anzulegen, etwa wenn Bestände im gleichen Gebäudekomplex, aber in unterschiedlichen Hallen oder Gebäuden liegen. In der SAP-Logistik hat dies zur Folge, dass Sie Bestände im System durch eine Umlagerung vergleichsweise einfach von einer Halle in die andere bewegen können – dafür verzichten Sie aber auf die Möglichkeit, zum Beispiel mit Transportplanung oder mit Lieferscheinen zu arbeiten. Spätestens wenn die Gebäude durch eine öffentliche Straße voneinander getrennt sind, müssen Sie (normalerweise) Lieferscheine verwenden und die Hallen als verschiedene Werke abbilden. Unterschiedliche Lagerorte reichen dann nicht mehr.

Auch wenn der Lagerort den Begriff *Ort* als Namensbestandteil führt, ist der Hauptgrund, Lagerorte zu verwenden, die *logische Trennung* von Beständen. In Verbindung mit EWM werden Ihnen häufig zwei Lagerorte begegnen: ROD und AFS. ROD steht für Received on Dock und AFS für Available for Sale. Ein Bestand, der das Lager erreicht, wird zunächst in den Lagerort ROD eingebucht. Dort verbleibt er, bis der komplette Wareneingangsprozess (bestehend zum Beispiel aus den Schritten Wareneingang buchen, Entladen des Transportmittels, Qualitätsprüfung, Umpacken und Einlagern) abgeschlossen ist. Erst mit dem Abschließen der Einlagerung wird der Bestand (automatisch) in den AFS-Lagerort umgebucht. Nun »weiß« das SAP ERP-System, dass der Bestand verfügbar ist – und die Verfügbarkeitsprüfung von Kundenaufträgen bietet diesen Bestand zur Auswahl an. Insbesondere bei lang dauernden Wareneingangsprozessen, die zum Beispiel mehrere Tage dauern, ist dies ein entscheidender Vorteil, denn nur so kann das System dem Kunden einen korrekten Liefertermin nennen. Abbildung 3.2 zeigt die Organisationsstruktur eines Lagers mit den Lagerorten ROD und AFS.

Lagerorte erstellen Sie im Customizing im Pfad UNTERNEHMENSSTRUKTUR • DEFINITION • MATERIALWIRTSCHAFT • LAGERORT PFLEGEN. Im selben Schritt pflegen Sie auch die Zuweisung zum Werk.

Die Datenbanktabelle im SAP ERP-System, in der die Lagerorte gespeichert werden (Tabelle T001L), beinhaltet als Schlüssel sowohl das Werk als auch den Lagerort. Dadurch können Sie für jedes Werk gleichnamige Lagerorte anlegen, also zum Beispiel die Lagerorte ROD und AFS sowohl für Werk WK01 als auch für WK02. Ein Lagerort ist, wie schon erwähnt, nur eindeutig in Zusammenhang mit seinem Werk.

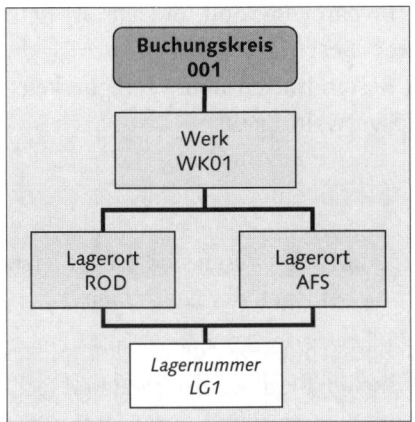

Abbildung 3.2   Eine typische SAP ERP-Organisationsstruktur

Natürlich ist auch eine einfachere Organisationsstruktur möglich als diejenige, die wir in Abbildung 3.1 gezeigt haben. Im einfachsten Fall verwenden Sie nur einen Buchungskreis, nur ein Werk, einen Lagerort und eine Lagernummer. Abbildung 3.3 zeigt diesen Fall.

In diesem Fall können Sie im SAP ERP-System nicht unterscheiden zwischen Bestand, der sich in der Einlagerung befindet, und Bestand, der bereits final eingelagert wurde. Dazu sind mindestens zwei Lagerorte erforderlich.

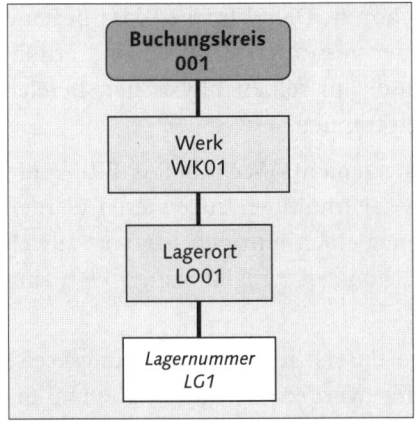

Abbildung 3.3   Einfachste Organisationsstruktur für eine Lagernummer

Im EWM-System werden Lagerorte auf der Benutzeroberfläche übrigens durch sogenannte Bestandsarten identifiziert. Ein Lagerort wird in EWM zunächst einer Verfügbarkeitsgruppe zugewiesen und die Verfügbarkeitsgruppe wiederum einer Bestandsart. Verfügbarer Bestand im Lagerort ROD hat die Bestandsart F1 und verfügbarer Bestand im Lagerort AFS die Bestandsart F2. Mehr Informationen zu Bestandsarten und Verfügbarkeitsgruppen finden Sie in Kapitel 5, »Bestandsverwaltung«.

3.2.4 Lagernummer

Nachdem die Werke und Lagerorte angelegt und zugewiesen sind, ist der letzte Schritt der SAP ERP-Organisationsstruktur das Anlegen der *Lagernummer*.

Die *Lagernummer* ist ein alphanumerischer Schlüssel, der ein komplexes Lagersystem definiert, das aus unterschiedlichen organisatorischen und technischen Einheiten (Lagertypen) besteht. Eine Lagernummer repräsentiert ein physisches Lager.

Bevor Sie Lagernummern anlegen und zuweisen, müssen Sie ein paar Hintergrundinformationen beachten, insbesondere die folgenden Punkte:

► Zum einen ist es möglich, mehrere Lagerorte ein und derselben Lagernummer zuzuweisen. Das ist zum Beispiel notwendig, wenn die beiden Lagerorte ROD und AFS in einer Lagernummer verwaltet werden sollen, wie wir schon angedeutet haben. Die Lagerorte erlauben so eine logische Bestandstrennung von Materialien in derselben Lagernummer.

► Zum anderen müssen die Lagerorte, die Sie einer Lagernummer zuweisen, nicht zwingend zum selben Werk gehören. Die Tatsache, dass Bestand mehrerer Werke in einer Lagernummer verwaltet werden kann, erhöht die Flexibilität: So können Sie Bestände im selben physischen Bereich lagern und sie trotzdem buchhalterisch trennen.

In frühen Releases des Warehouse Managements (WM) in SAP ERP konnten nur Lagerorte eines Werkes einer Lagernummer zugewiesen werden (vor Release 4.0A konnten Sie sogar nur einen einzigen Lagerort zuweisen). Diese Ein-Werk-Restriktion ist schon seit einigen Jahren kein Hindernis mehr.

► Außerdem ist es möglich, dass Werke unterschiedlicher Buchungskreise in derselben Lagernummer verwaltet werden. Dadurch können Sie Bestände unterschiedlicher Geschäftsbereiche (die als unterschiedliche Buchungskreise verwaltet werden können) in derselben Lagernummer lagern und folglich ein Produkt, das zu zwei Geschäftsbereichen gehört, im selben Lagertyp oder sogar auf demselben Lagerplatz lagern.

In Abbildung 3.4 sehen Sie eine weitere Organisationsstruktur aus SAP ERP mit drei Lagernummern. Sie beinhaltet alle Möglichkeiten, die wir bis hierhin besprochen haben. Lagernummer LG3 zum Beispiel verwaltet Bestand der beiden Werke WK02 und WK03, die wiederum zwei verschiedenen Buchungskreisen zugeordnet sind.

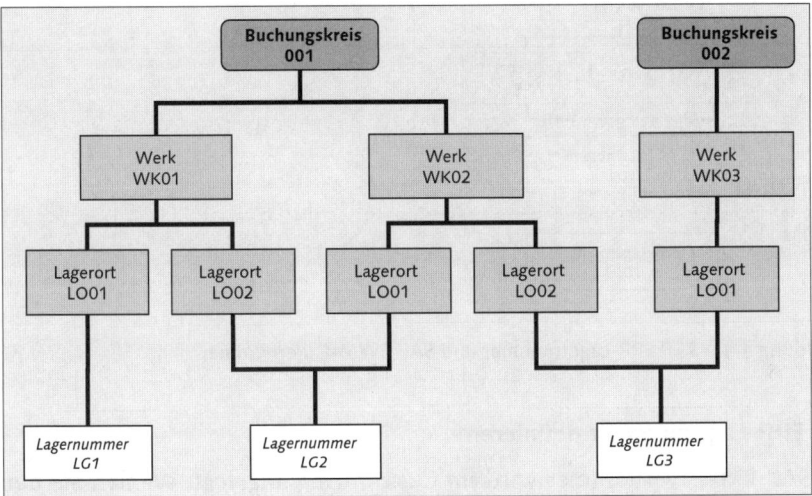

Abbildung 3.4 Beispiel für eine Organisationsstruktur in SAP ERP mit drei physischen Lägern

Wenn in Ihrem Projekt klar ist, welche und wie viele Lagernummern angelegt und welchen Werken und Lagerorten sie zugewiesen werden sollen, dann können Sie das Customizing im SAP ERP-System beginnen.

Im SAP-System gibt es eine SAP ERP- und eine EWM-Lagernummer. Dies erklären wir im folgenden Abschnitt.

SAP ERP-Lagernummer und SAP EWM-Lagernummer

In der SAP-Systemlandschaft gibt es eine SAP ERP- und eine SAP EWM-bezogene Lagernummer. Die SAP ERP-Lagernummer wird im SAP ERP-System angelegt und der Kombination aus Werk und Lagerort zugewiesen – so wie oben beschrieben. Die SAP ERP-Lagernummer besteht aus drei alphanumerischen Zeichen, zum Beispiel LG1 oder LG2.

Daneben gibt es eine zweite Lagernummer: Die EWM-Lagernummer. Sie wird einer SAP ERP-Lagernummer zugewiesen (1:1-Zuweisung) und besteht aus vier alphanumerischen Zeichen. Die zur SAP ERP-Lagernummer LG1 gehörende EWM-Lagernummer können Sie zum Beispiel LG01 nennen. Im EWM-System arbeiten Sie immer nur mit der EWM-Lagernummer, im SAP ERP-System mit der SAP ERP-Lagernummer (siehe Abbildung 3.5).

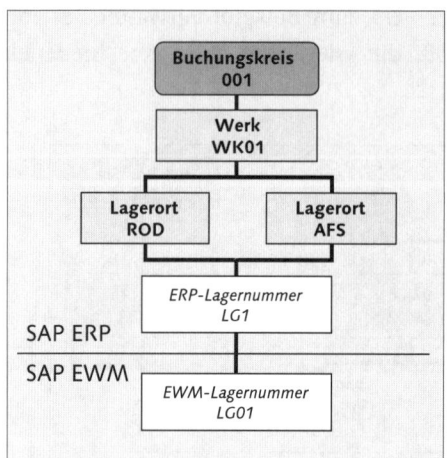

Abbildung 3.5   SAP ERP-Lagernummer und SAP EWM-Lagernummer

SAP ERP-Lagernummer definieren

Die SAP ERP-Lagernummer wird im Customizing angelegt. Wählen Sie den Pfad UNTERNEHMENSSTRUKTUR • DEFINITION • LOGISTICS EXECUTION • LAGER-NUMMER DEFINIEREN, KOPIEREN, LÖSCHEN, PRÜFEN • LAGERNUMMER DEFINIE-REN. Dort können Sie eine neue Lagernummer anlegen und bestehende Lagernummern kopieren. In Abbildung 3.6 sehen Sie den entsprechenden Customizing-Bildschirm mit der SAP ERP-Lagernummer, die drei Zeichen lang ist. Sie können auch bestehende Lagernummern kopieren, wenn Sie dem Customizing-Pfad UNTERNEHMENSSTRUKTUR • DEFINITION • LOGISTICS EXECUTION • LAGERNUMMER DEFINIEREN, KOPIEREN, LÖSCHEN, PRÜFEN • LAGER-NUMMER KOPIEREN, LÖSCHEN, PRÜFEN folgen. In diesem Falle (in Kombination mit EWM) ist das allerdings *nicht* von Vorteil, da alle abhängigen Tabellen-einträge eines SAP ERP WM-Lagers mitkopiert werden, Sie aber diese SAP ERP WM-Einstellungen gar nicht benötigen. Abhängige Objekte wie Lagertypen, Lagerbereiche etc. stellen Sie im EWM-System ein, nicht im SAP ERP-System.

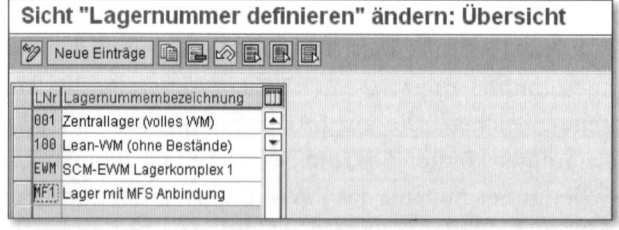

Abbildung 3.6   SAP ERP-Lagernummer definieren

Nachdem Sie die SAP ERP-Lagernummer angelegt haben, müssen Sie sie einem Werk und einem Lagerort (Werk-Lagerort-Kombination) zuweisen. Dafür wählen Sie den Customizing-Pfad UNTERNEHMENSSTRUKTUR • ZUORDNUNG • LOGISTICS EXECUTION • LAGERNUMMER ZU WERK/LAGERORT ZUORDNEN. Klicken Sie auf die Schaltfläche NEUE EINTRÄGE, und geben Sie Werk, Lagerort und die Lagernummer ein (siehe Abbildung 3.7).

Abbildung 3.7 SAP ERP-Lagernummer zu Werk und Lagerort zuweisen

ROD und AFS

In diesem und allen weiteren Kapiteln in diesem Buch nehmen wir an, dass Sie zwei Lagerorte benutzen, ROD und AFS, um zwischen sich in Einlagerung befindlichem und verfügbarem Bestand zu unterscheiden. Außerdem nehmen wir für den Rest des Buches an, dass Sie eine »einfache« Organisationsstruktur mit nur einem Buchungskreis und nur einem Werk haben. Nur wenn wir von dieser Regel abweichen, werden wir Sie explizit darauf hinweisen.

Integration von SAP EWM- und dezentralem WM-System

Nachdem Sie eine Lagernummer in SAP ERP angelegt und die Zuweisung zu Werk und Lagerort durchgeführt haben, kann das SAP ERP-System die Lagernummer für Belege ermitteln. Jeder Materialbeleg, der im SAP ERP-System erstellt wird, beinhaltet in jeder Position ein Werk und einen Lagerort (Tabelle MSEG). Wenn die Materialbelegposition für eine bestimmte Werk-Lagerort-Kombination angelegt wird, der eine SAP ERP-Lagernummer zugewiesen worden ist, dann wird diese Lagernummer ebenfalls der Materialbelegposition zugewiesen.

Wenn diese Lagernummer als *Dezentrales WM* (DWM) oder als EWM eingestellt ist, dann werden MM-IM-Transaktionen mit dieser Lagernummer über eine Schnittstelle in das jeweils relevante System verteilt und müssen *dort* ausgeführt werden. Wenn Sie zum Beispiel eine Umbuchung mit den SAP

ERP-Transaktionen MB1B oder MIGO anlegen, wird eine Lieferung angelegt und verteilt.

Dasselbe gilt, wenn Sie An- und Auslieferungen direkt anlegen, zum Beispiel Auslieferungen mit Referenz zu Kundenaufträgen oder Anlieferungen mit Referenz zu einem Produktionsauftrag oder zu einer Bestellung. Sobald Werk und Lagerort der Belegposition einer Lagernummer zugewiesen sind und diese Lagernummer als DWM oder als EWM gekennzeichnet ist, wird die Lieferung per Schnittstelle in das relevante System verteilt.

Typ der SAP ERP-Lagernummer wählen: DWM- oder SAP EWM-System?

Sobald Sie eine Lagernummer angelegt haben, können Sie den Typ der Lagernummer einstellen. Es gibt in diesem Zusammenhang drei Möglichkeiten: Entweder nutzen Sie WM aus SAP ERP, DWM oder EWM, um Ihr Lager zu verwalten.

Wenn Sie WM verwenden, dann müssen Sie nichts weiter tun, denn das ist die Standard-Einstellung.

Wenn Sie hingegen DWM oder EWM einsetzen, müssen Sie den Typ umstellen. Das zugehörige Customizing finden Sie unter dem Pfad Logistics Execution • Extended Warehouse Management Integration • Grundkonfiguration der EWM-Anbindung • EWM-spezifische Parameter bearbeiten. Wie Sie in Abbildung 3.8 sehen, wird nicht jede Lagernummer in dieser Tabelle aufgeführt. Benutzen Sie die Schaltfläche Neue Einträge, um Ihr Lager zu konfigurieren.

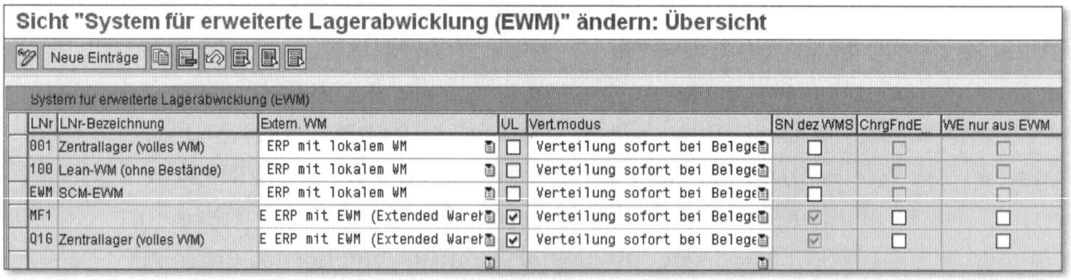
Sicht "System für erweiterte Lagerabwicklung (EWM)" ändern: Übersicht

Neue Einträge

System für erweiterte Lagerabwicklung (EWM)

LNr	LNr-Bezeichnung	Extern. WM	UL	Vert.modus	SN dez WMS	ChrgFndE	WE nur aus EWM
001	Zentrallager (volles WM)	ERP mit lokalem WM	☐	Verteilung sofort bei Belege	☐	☐	☐
100	Lean-WM (ohne Bestände)	ERP mit lokalem WM	☐	Verteilung sofort bei Belege	☐	☐	☐
EWM	SCM-EWM	ERP mit lokalem WM	☐	Verteilung sofort bei Belege	☐	☐	☐
MF1		E ERP mit EWM (Extended Wareh	☑	Verteilung sofort bei Belege	☑	☐	☐
Q16	Zentrallager (volles WM)	E ERP mit EWM (Extended Wareh	☑	Verteilung sofort bei Belege	☑	☐	☐

Abbildung 3.8 Typ einer SAP ERP-Lagernummer einstellen

Wenn Sie eine neue Lagernummer eintragen, müssen Sie die Spalten dieser Tabelle pflegen, unter anderem die folgenden Felder:

- **Externes WM (Extern. WM)**
  Das Feld Referenz zu externer Lagerverwaltung muss auf den Wert E ERP mit EWM (Extended Warehouse Management) gesetzt werden.

▶ **Ungeprüfte Lieferungen (UL)**

Das Feld UNGEPRÜFTE LIEFERUNGEN ANS LAGER VERTEILEN steuert, ob auch ungeprüfte Lieferungen aus dem SAP ERP-System an EWM verteilt werden sollen.

Dieses Szenario ist relevant, wenn Sie Verkaufsbelege in SAP Customer Relationship Management (CRM) und das sogenannte *Direct Delivery Scenario* einsetzen. In diesem Falle werden Verkaufsbelege in SAP CRM als spezielle Lieferbelege ins SAP ERP-System übertragen, die sogenannten *ungeprüften Lieferungen*. Eine ungeprüfte Lieferung muss zunächst in eine geprüfte Lieferung umgesetzt werden, damit sie für das Lager zur Kommissionierung und für Warenbewegungen verwendet werden kann. Der Vorteil der Vorgehensweise, auch ungeprüfte Lieferungen an EWM zu verteilen, besteht darin, dass das Lager sie für eine Lastvorschau für erwartete Lieferungen in der Zukunft verwenden kann. Mehr Informationen zu geprüften und ungeprüften Lieferungen finden Sie in Kapitel 9, »Warenausgangsprozess«.

▶ **Verteilungsmodus (Vert.modus)**

Der Verteilungsmodus der Lieferung steuert, ob eine Lieferung direkt beim Anlegen ins dezentrale System verteilt werden soll. Dies ist die Standard-Einstellung und wird in den meisten Fällen passend sein. Sie können jedoch auch einstellen, dass die Lieferungen nur als verteilungsrelevant markiert werden und manuell mit dem Liefermonitor verteilt werden müssen. Dies ist dann sinnvoll, wenn Sie zum Beispiel noch Werte in Lieferfeldern ändern wollen, bevor die Lieferung verteilt wird. Sie können diese Einstellung für jede Lieferart separat übersteuern.

▶ **Chargenfindung EWM (ChrgFndE...)**

Wenn Sie mit chargenverwalteten Materialien arbeiten, können Sie das Feld CHARGENFINDUNG IN EWM ÜBER CHARGENATTRIBUTREPLIKATION benutzen, um die automatische Chargenfindung bei Anlage einer Auslieferung ohne spezifische Chargenauswahl auszuführen, sodass das System nur die Chargenauswahlkriterien in EWM repliziert. Dort wird dann die Chargensuche ausgeführt.

SAP EWM-Lagernummer der SAP ERP-Lagernummer im SAP ERP-System zuweisen

Wenn Sie einer SAP ERP-Lagernummer den Typ E ERP MIT EWM (EXTENDED WAREHOUSE MANAGEMENT) zugewiesen haben, weisen Sie der SAP ERP-Lagernummer die EWM-Lagernummer zu. Dafür folgen Sie im Customizing dem Pfad INTEGRATION MIT ANDEREN SAP KOMPONENTEN • EXTENDED WARE-

HOUSE MANAGEMENT • LAGERNUMMER DER LAGERNUMMER DES DEZENTRALEN
SCM-SYSTEMS ZUORDNEN und geben die EWM-Lagernummer ein (siehe
Abbildung 3.9).

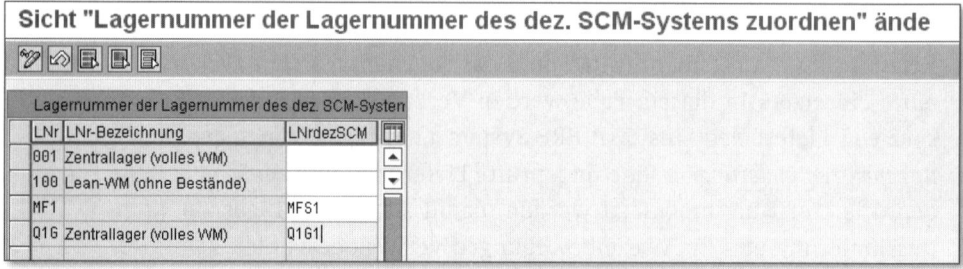

Abbildung 3.9 SAP EWM-Lagernummer der SAP ERP-Lagernummer zuweisen

Beachten Sie, dass bei der Eingabe der EWM-Lagernummer keine Feldvali-
dierung mit der Lagernummerndefinition im EWM-System durchgeführt
wird. Sie müssen also selbst sicherstellen, dass Sie den richtigen Wert eingegeben haben. Jede SAP ERP-Lagernummer ist in dieser Tabelle sichtbar, pflegen Sie also nur EWM-Lagernummern für die SAP ERP-Läger, die in einem
EWM-System verwaltet werden sollen.

Liefersplits nach Lagernummer einstellen

Um sicherzustellen, dass eine im SAP ERP-System angelegte Lieferung korrekt ins EWM-System verteilt wird, müssen Sie den *Liefersplit* für jede mit
EWM verwaltete Lagernummer und für jede verwendete Lieferart erlauben.
Wenn Sie diese Einstellungen nicht vornehmen, kann es sein, dass eine Lieferung nicht verteilt wird.

Zunächst erlauben Sie im Customizing den Liefersplit pro Lagernummer.
Folgen Sie dafür dem Pfad LOGISTICS EXECUTION • VERSAND • LIEFERUNGEN •
SPLITKRITERIEN FÜR LIEFERUNGEN DEFINIEREN • LIEFERUNGSSPLIT NACH LAGER-
NUMMERN • LIEFERUNGSSPLIT PRO LAGERNUMMER FESTLEGEN, und setzen Sie
das Feld LIEF.SPLIT NACH LAGERNUMMER für jede mit EWM verwaltete Lager-
nummer (siehe Abbildung 3.10).

Ebenso verfahren Sie mit dem Liefersplit für die Lieferarten. Im Customi-
zing-Pfad LOGISTICS EXECUTION • VERSAND • LIEFERUNGEN • SPLITKRITERIEN FÜR
LIEFERUNGEN DEFINIEREN • LIEFERUNGSSPLIT NACH LAGERNUMMERN • LIEFE-
RUNGSSPLIT PRO LIEFERART FESTLEGEN setzen Sie das Kennzeichen LIEFERSPLIT
LAGERNR. (siehe Abbildung 3.11). Mit dieser Einstellung ist der Lieferungs-
split für diese Lieferart erlaubt.

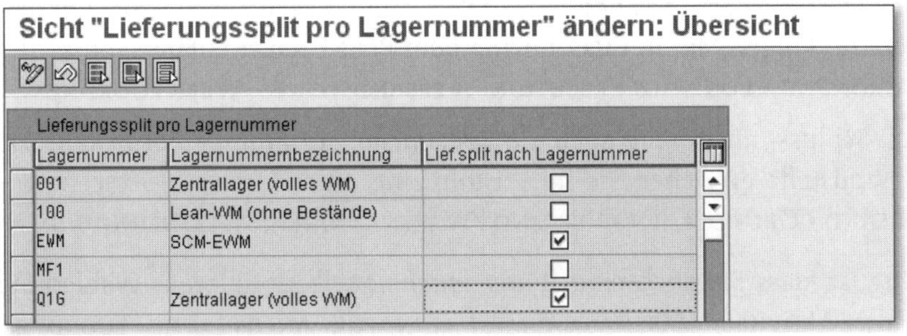

Sicht "Lieferungssplit pro Lagernummer" ändern: Übersicht

Lieferungssplit pro Lagernummer

Lagernummer	Lagernummernbezeichnung	Lief.split nach Lagernummer	
001	Zentrallager (volles WM)	☐	
100	Lean-WM (ohne Bestände)	☐	
EWM	SCM-EWM	☑	
MF1		☐	
Q16	Zentrallager (volles WM)	☑	

Abbildung 3.10   Liefersplits für SAP EWM-verwaltete Lagernummern erlauben

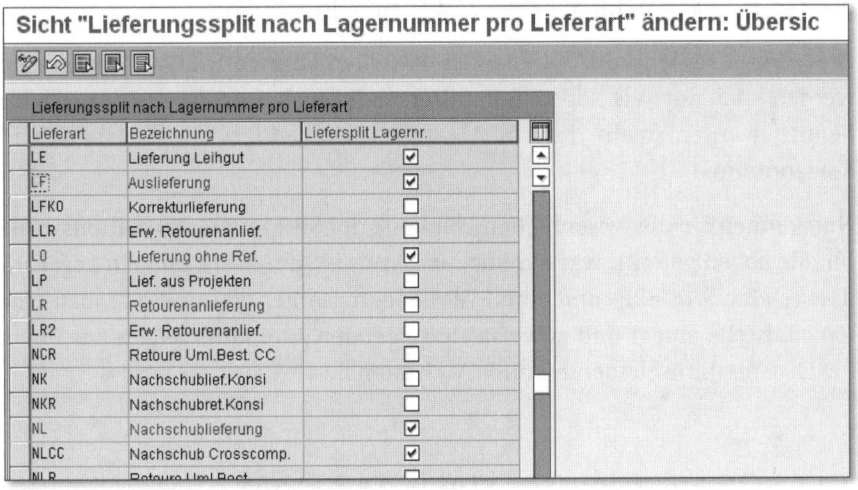

Sicht "Lieferungssplit nach Lagernummer pro Lieferart" ändern: Übersic

Lieferungssplit nach Lagernummer pro Lieferart

Lieferart	Bezeichnung	Liefersplit Lagernr.	
LE	Lieferung Leihgut	☑	
LF	Auslieferung	☑	
LFKO	Korrekturlieferung	☐	
LLR	Erw. Retourenanlief.	☐	
LO	Lieferung ohne Ref.	☑	
LP	Lief. aus Projekten	☐	
LR	Retourenanlieferung	☐	
LR2	Erw. Retourenanlief.	☐	
NCR	Retoure Uml.Best. CC	☐	
NK	Nachschublief.Konsi	☐	
NKR	Nachschubret.Konsi	☐	
NL	Nachschublieferung	☑	
NLCC	Nachschub Crosscomp.	☑	
NLR	Retoure Uml.Best.	☐	

Abbildung 3.11   Liefersplits für jede Lieferart erlauben

3.2.5   Versandstelle

Die *Versandstelle* ist eine weitere organisatorische Einheit der Logistik. Versandstellen sind verantwortlich für die Abwicklung des Versands und gliedern die Verantwortlichkeiten im Unternehmen nach der Art des Versands, den notwendigen Versandhilfsmitteln und Transportmitteln.

Sie müssen mindestens eine Versandstelle pro Werk anlegen und diese dem Werk zuordnen, für das sie verwendet werden soll. Jedem Werk muss eine Versandstelle zugewiesen werden. Gehen Sie dazu folgendermaßen vor:

1. Zur Definition der Versandstelle folgen Sie dem Customizing-Pfad UNTER-NEHMENSSTRUKTUR • DEFINITION • LOGISTICS EXECUTION • VERSANDSTELLE DEFINIEREN, KOPIEREN, LÖSCHEN, PRÜFEN. Dort können Sie eine neue Versandstelle anlegen oder eine bestehende Versandstelle kopieren.

2. Als nächsten Schritt erlauben Sie die Nutzung dieser Versandstelle in den Werken. Folgen Sie im Customizing dem Pfad UNTERNEHMENSSTRUKTUR • ZUORDNUNG • LOGISTICS EXECUTION • VERSANDSTELLE – WERK ZUORDNEN.

3. Zum Schluss müssen Sie noch die Versandstellenfindung überprüfen. Die Versandstelle erreichen Sie im Customizing unter LOGISTICS EXECUTION • VERSAND • GRUNDLAGEN • VERSAND-/WARENANNAHMESTELLENFINDUNG.

Wichtig ist, dass Sie auch eine *Warenannahmestelle* definieren. Wählen Sie dazu die Aktivität WARENANNAHMESTELLEN FÜR ANLIEFERUNG ZUORDNEN unter demselben Customizing-Pfad. Eine Warenannahmestelle ist notwendig, damit das System Anlieferungen anlegen kann – was die Grundlage für die Kommunikation mit einem EWM-System ist.

Die Versandstellen und Warenannahmestellen können in EWM übertragen werden und dort als sogenanntes Versandbüro bzw. Wareneingangsbüro benutzt werden (mehr dazu in Abschnitt 3.3.8, »Wareneingangsbüro und Versandbüro«).

Nun kennen Sie die wesentlichen Elemente der SAP ERP-Organisationsstruktur. Sie haben gelernt, was ein Buchungskreis ist, ein Werk und ein Lagerort, dass es eine SAP ERP- und eine EWM-Lagernummer gibt und wie man eine Versandstelle anlegt und zuweist. Im folgenden Abschnitt zeigen wir Ihnen die Organisationselemente im EWM-System.

3.3   Organisationsstruktur in SAP EWM

In diesem Abschnitt gehen wir nun ausschließlich auf die Elemente der Organisationsstruktur im EWM-System ein. Dies beginnt mit der Definition der EWM-Lagernummer und wird fortgesetzt mit den Elementen Lagertyp, Lagerbereich und Lagerplatz bis hin zu den Elementen Aktivitätsbereich, Arbeitsplatz, Bereitstellzone und Tor sowie Versandbüro und Wareneingangsbüro. Einige dieser Elemente, zum Beispiel Lagertyp, Lagerbereich und Lagerplatz, sind Ihnen möglicherweise schon aus WM bekannt.

Beginnen wir mit der Beschreibung der EWM-Lagernummer.

3.3.1   SAP EWM-Lagernummer

Es gibt es im EWM-System für Ihr Lager eine eigene, aus vier Zeichen bestehende *EWM-Lagernummer*, die nicht mit der SAP ERP-Lagernummer identisch ist, die aus drei Zeichen besteht (siehe Abschnitt 3.2.4, »Lagernummer«). Das zusätzliche Zeichen in EWM ist hinzugefügt worden, um mehr Flexibilität zu erreichen, zum Beispiel für den Fall, dass eine EWM-Instanz mehrere Läger aus verschiedenen SAP ERP-Systemen verwaltet.

In der Praxis empfiehlt es sich, die beiden Lagernummern ähnlich zu benennen, sodass deren Beziehung aus dem Namen abgeleitet werden kann. Dies vereinfacht die Bedienung der beiden Systeme, und Sie müssen nicht im Customizing nachschlagen, um die Beziehung herzuleiten. In dem in diesem Kapitel verwendeten Beispiel haben wir die SAP ERP-Lagernummer LG1 und die EWM-Lagernummer LG01 genannt.

Definition der SAP EWM-Lagernummer

Um die Lagernummer in EWM anzulegen, öffnen Sie das Customizing und folgen dem Pfad EXTENDED WAREHOUSE MANAGEMENT • STAMMDATEN • LAGERNUMMERN DEFINIEREN, siehe Abbildung 3.12. Sie vergeben einen vierstelligen alphanumerischen Namen sowie eine Bezeichnung für die Lagernummer.

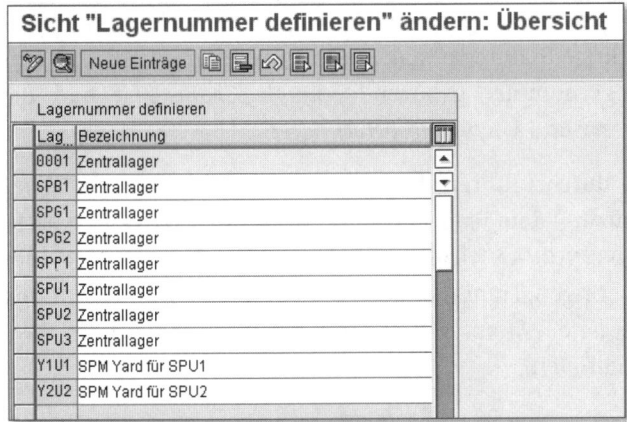

Abbildung 3.12 SAP EWM-Lagernummer definieren

SAP EWM-Lagernummer zur SAP ERP-Lagernummer zuweisen

Ähnlich wie im SAP ERP-System muss auch im EWM-System die EWM-Lagernummer der SAP ERP-Lagernummer zugewiesen werden. Diese Zuweisung können Sie im Customizing-Pfad EXTENDED WAREHOUSE MANAGEMENT • SCHNITTSTELLEN • ERP-INTEGRATION • ALLGEMEINE EINSTELLUNGEN • LAGERNUMMERN AUS DEM ERP-SYSTEM IN EWM ABBILDEN durchführen. Abbildung 3.13 zeigt diese Zuweisung. Die erste Spalte beinhaltet das Business-System des zugehörigen SAP ERP-Systems, das während der technischen Installation des EWM-Systems angelegt wurde.

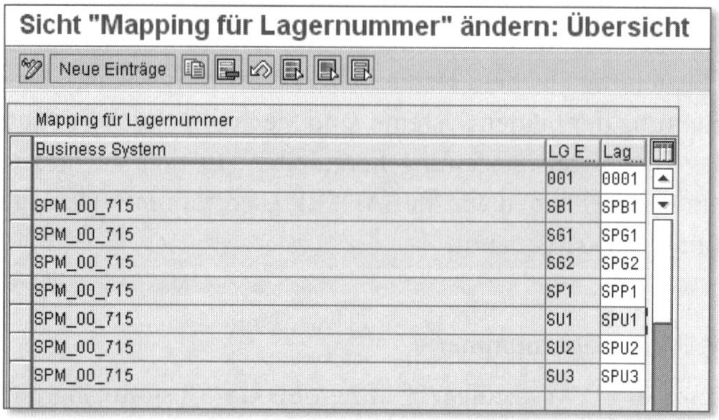

Sicht "Mapping für Lagernummer" ändern: Übersicht

Business System	LG E	Lag
	001	0001
SPM_00_715	SB1	SPB1
SPM_00_715	S61	SP61
SPM_00_715	S62	SP62
SPM_00_715	SP1	SPP1
SPM_00_715	SU1	SPU1
SPM_00_715	SU2	SPU2
SPM_00_715	SU3	SPU3

Abbildung 3.13 SAP EWM-Lagernummer zur SAP ERP-Lagernummer zuweisen

Supply Chain Unit, Besitzer und Verfügungsberechtigten zur Lagernummer zuweisen

Nachdem die grundlegende Konfiguration der Lagernummer abgeschlossen ist, müssen noch wichtige Stammdatenattribute zugewiesen werden, unter anderem die zur Lagernummer gehörende *Supply Chain Unit* und die Geschäftspartner *Besitzer* und *Verfügungsberechtigter*.

Um diese Zuweisung durchzuführen, folgen Sie im SAP Easy Access-Menü (also nicht im Customizing) dem Pfad EXTENDED WAREHOUSE MANAGEMENT • EINSTELLUNGEN • ZUORDNUNGEN: LAGERNUMMERN/GESCHÄFTSPARTNER oder verwenden den zugehörigen Transaktionscode /SCWM/LGNBP. Abbildung 3.14 zeigt die Zuweisung der Supply Chain Unit, des Besitzers und des Standard-Verfügungsberechtigten.

Lagernummern zuordnen – Customizing oder nicht?

Sie erreichen dieselbe Tabelle auch über das Customizing, über den Pfad EXTENDED WAREHOUSE MANAGEMENT • STAMMDATEN • LAGERNUMMERN ZUORDNEN. Es handelt sich jedoch nicht um ein klassisches Customizing, denn als Voraussetzung zum Pflegen dieser Tabelle müssen die Stammdaten Supply Chain Unit und die Geschäftspartner bereits existieren, was zum Beispiel nicht der Fall ist, wenn Sie einen eigenen Mandanten zum Customizing verwenden. Die Einträge dieser Tabelle lassen sich auch nicht transportieren. Wir empfehlen daher, diese Einstellungen für jedes System direkt über das SAP Easy Access Menü vorzunehmen.

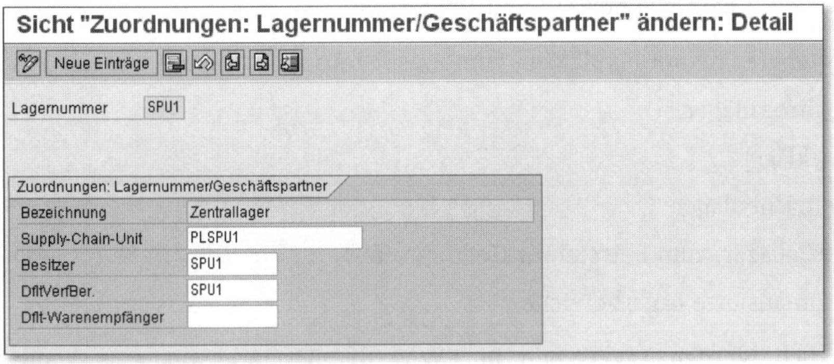

Sicht "Zuordnungen: Lagernummer/Geschäftspartner" ändern: Detail

`Neue Einträge`

Lagernummer   SPU1

Zuordnungen: Lagernummer/Geschäftspartner	
Bezeichnung	Zentrallager
Supply-Chain-Unit	PLSPU1
Besitzer	SPU1
DfltVerfBer.	SPU1
Dflt-Warenempfänger	

Abbildung 3.14   Zuordnungen zur SAP EWM-Lagernummer

Mehr Informationen über die Bedeutung der Supply Chain Unit und über die Geschäftspartner Besitzer und Verfügungsberechtigter finden Sie in Kapitel 5, »Bestandsverwaltung«.

3.3.2   Lagertyp

Lagertypen bilden die höchste Ebene der Organisationsstruktur unterhalb der Lagernummer. Ein Lagertyp bezeichnet eine Gruppe von Lagerplätzen mit ähnlichen Eigenschaften. Ein Lagerplatz ist ein getrennter Bereich im Lager, wo ein oder mehrere Produkte gelagert werden können. Jeder Lagerplatz hat einen Namen, normalerweise bestehend aus einer Gruppe von Zahlen oder Buchstaben, die in einer bestimmten Reihenfolge angeordnet sind, was es dem Lagerangestellten ermöglicht, den Platz schnell zu finden.

Normalerweise liegen alle Lagerplätze eines Lagertyps im selben physischen Bereich des Lagers. Sie können die Größe und Kapazität der Lagerplätze eines Lagertyps einzeln einstellen. Oftmals werden Lagertypen so angelegt, dass Sie Bereiche mit verschiedener Lagermethodik oder verschiedenen Arten von gelagerten Materialien unterscheiden können. In der Praxis spielen jedoch zusätzlich die Ein- und Auslagerstrategien eine wichtige Rolle. Die richtige Definition von Lagertypen ist Grundvoraussetzung, damit die Arbeit der Lagermitarbeiter effizient ist und flexibel optimiert werden kann.

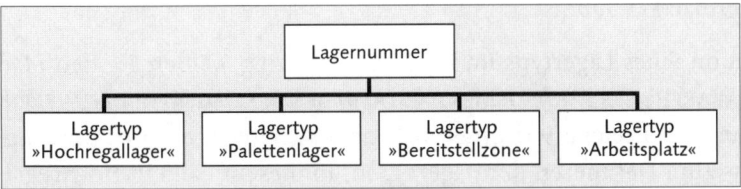

Abbildung 3.15   Beziehung zwischen Lagernummer und Lagertyp

Beispiele für häufig genutzte Lagertypen sind:

▸ Lagerbereiche mit Fixplätzen, zum Beispiel Kommissionierbereiche
▸ Hochregalläger
▸ Blockläger
▸ Freiflächenläger
▸ Spezialläger, zum Beispiel für Gefahrstoffe
▸ automatisierte Lagerbereiche

Zusätzlich werden Lagertypen in EWM für Bestände auf sogenannten Schnittstellenlagertypen genutzt, also Lagertypen, in die nicht final eingelagert wird, unter anderem:

▸ Tore im Wareneingang und Warenausgang
▸ Bereitstellzonen im Wareneingang und Warenausgang
▸ Identifikationspunkte und Kommissionierpunkte vor automatischen Lägern, zum Beispiel vor einem Hochregallager
▸ Übergabepunkte, zum Beispiel zwischen Hallen oder vor bestimmten finalen Lagertypen
▸ Arbeitsplätze, zum Beispiel Packplätze oder Plätze zur Durchführung von Qualitätsprüfungen (QM) oder von logistischen Zusatzleistungen (LZL)
▸ Plätze zur Hofsteuerung (Yard Management)
▸ Überlauflagertypen, zum Beispiel für den Wareneingangsprozess

Die meisten dieser Lagertyparten und die mit ihnen verbundenen Konfigurationsmöglichkeiten werden wir im weiteren Verlaufe dieses Buches besprechen.

Die Konfiguration eines Lagertyps in EWM beinhaltet eine große Anzahl von Parametern, die Sie pflegen können – unter anderem für die Einstellung von Einlager- und Auslagerstrategien, ob Handling Units (HU) erlaubt sind, wie der verfügbare Bestand ermittelt wird, ob Kapazitätsprüfungen durchgeführt werden und inwiefern Mischbestand (zum Beispiel mehrere Produkte auf einem Lagerplatz) erlaubt ist.

Zur Definition eines Lagertyps im EWM-Customizing wählen Sie den Pfad EXTENDED WAREHOUSE MANAGEMENT • STAMMDATEN • LAGERTYP DEFINIEREN. In Abbildung 3.16 zeigen wir Ihnen den oberen Bereich des Customizing-Bildschirms zum Definieren der Lagertypen, in diesem Fall ein Hochregallager.

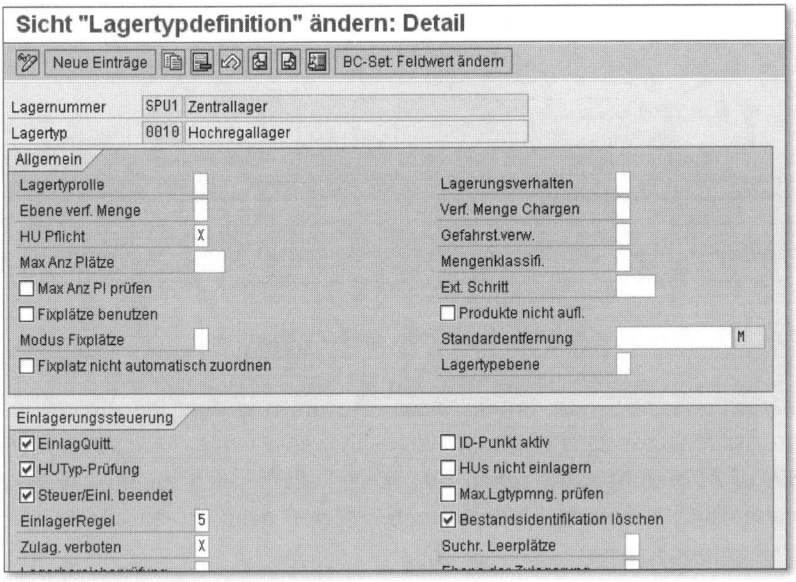

Abbildung 3.16 Lagertyp definieren

3.3.3 Lagerbereich

Nach den Lagertypen ermöglichen die Lagerbereiche eine weitere Unterteilung des Lagers. Eine Reihe von Lagerplätzen mit gleichen Eigenschaften kann zu einem Lagerbereich zusammengefasst werden (siehe Abbildung 3.17).

Oftmals werden Bereiche, in denen unterschiedliche Materialarten lagern, in einen Lagerbereich gelegt, zum Beispiel ein Bereich für schwere Teile und ein anderer Bereich für sperrige Teile. Auch wird häufig die *Erreichbarkeit* der Lagerplätze genutzt, um Lagerbereiche zu formen, zum Beispiel ein Lagerbereich mit leicht erreichbaren Plätzen (gut geeignet für Produkte mit hoher Umschlagshäufigkeit – »Schnelldreher«) und ein Lagerbereich mit schwerer erreichbaren Plätzen (für »Langsamdreher«). Lagerbereiche werden für die Einlagerung benutzt, es gibt dort eine sogenannte *Lagerbereichsfindung*, die basierend auf bestimmten Kriterien den optimalen Lagerbereich für ein Produkt findet.

Seit EWM 5.1 sind Lagerbereiche kein Pflicht-Organisationselement mehr. Sie können nun auch Lagerplätze anlegen, ohne einen Lagerbereich zuzuweisen. Sie können Lagertypen anlegen, die keine Lagerbereiche haben. Für einfache Lagertypen oder Schnittstellenlagertypen kann es sinnvoll sein, keine Lagerbereiche anzulegen.

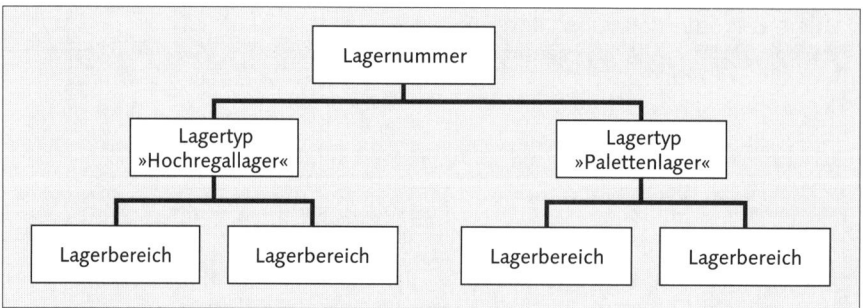

Abbildung 3.17 Beziehung zwischen Lagertypen und Lagerbereichen

Lagerbereiche legen Sie an, indem Sie im Customizing dem Pfad EXTENDED WAREHOUSE MANAGEMENT • STAMMDATEN • LAGERBEREICH DEFINIEREN folgen. Wie Sie in Abbildung 3.18 sehen, wird ein Lagerbereich einem Lagertyp zugewiesen und bekommt einen Namen. Es gibt, ganz im Gegensatz zum Lagertyp, keine weiteren Felder zu pflegen.

LNr	Typ	Ber	Bezeichnung
SPU1	0010	0001	Schnelldreher
SPU1	0010	0002	Langsamdreher
SPU1	0020	0001	Schnelldreher
SPU1	0020	0002	Langsamdreher

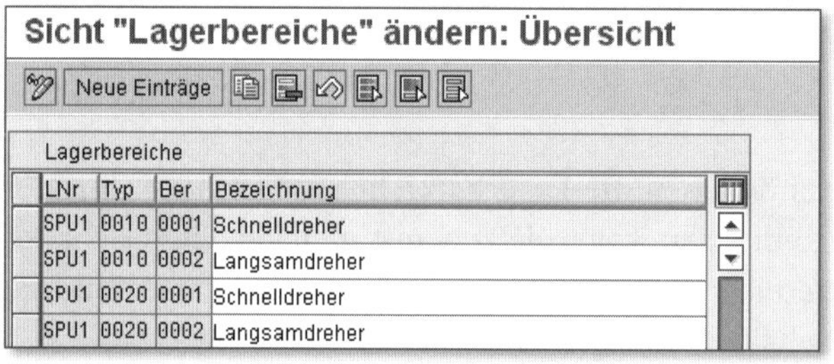

Abbildung 3.18 Lagerbereiche definieren

In Kapitel 8, »Wareneingangsprozess«, zeigen wir, wie Lagerbereiche für die Einlagerung verwendet werden können.

3.3.4 Lagerplatz

Ein Lagerplatz repräsentiert eine Stelle im Lager, in der Materialien gelagert werden können. Wie Abbildung 3.19 zeigt, gehört jeder Lagerplatz zu einem Lagerbereich (sofern Lagerbereiche benutzt werden) und einem Lagertyp innerhalb der Lagernummer. Der Name eines Lagerplatzes in EWM muss innerhalb der Lagernummer eindeutig sein. In SAP ERP WM war das noch anders – Lagerplätze mussten nur eindeutig sein für jeden Lagertyp.

Lagerplätze werden häufig nach den Koordinaten eines Rasters benannt, sodass die Plätze für die Lagerangestellten schnell zu finden sind. Oftmals werden für die Definition des Rasters Eigenschaften der Plätze wie Gang, Regalnummer, Säule, Bereich oder Ebene benutzt. Ein Platz, der im zweiten Gang liegt, in der dritten Säule und auf der fünften Ebene, kann zum Beispiel 02-03-05 heißen.

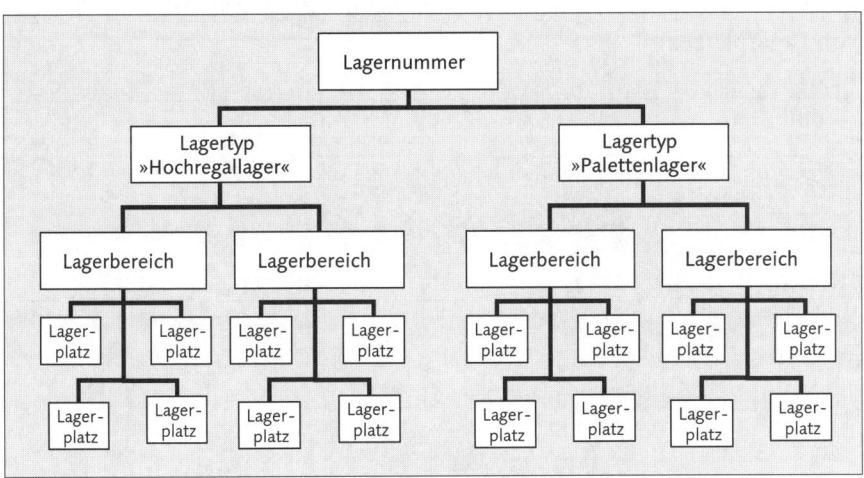

Abbildung 3.19 Lagerplätze zu Lagerbereichen (optional) und Lagertypen zuweisen

Die Benennung von Lagerplätzen ist eine Wissenschaft für sich. Die Entscheidung, wie die Bereiche des Lagers benannt werden, wird oftmals von Spezialisten, erfahrenen Lagermitarbeitern und Lagermanagern durchgeführt, die oft auch ihre eigenen Vorstellungen davon haben, was unter den jeweiligen Rahmenbedingungen am besten ist.

Lagerplätze können in EWM bis zu 18 Zeichen lang sein (im Gegensatz zu SAP ERP WM, wo die maximale Länge zehn Zeichen beträgt), sodass Sie entsprechend flexibel in der Namensgebung sind. So können Sie zum Beispiel die Lagerkoordinaten mit Bindestrichen, Punkten oder sogar Leerzeichen unterteilen, damit der Platz besser lesbar ist. Denken Sie aber daran, dass Lagerplätze gelegentlich auch manuell ins System eingegeben werden müssen. Je länger der Name ist, desto länger dauert eine manuelle Eingabe.

Lagerplätze sind Stammdaten in SAP EWM

Lagerplätze sind nicht Teil des Customizings, denn sie sind Stammdaten. Dies erlaubt den Endanwendern, im laufenden Betrieb Lagerplätze anzulegen und zu ändern, ohne jedes Mal ein Customizing durchführen zu müssen, was den administrativen Aufwand deutlich reduziert. Die Kontrolle, wer Lagerplätze anlegen darf, wird über das SAP-Berechtigungskonzept gesteuert, das ausführlich in Kapitel 12, »Bereichsübergreifende Prozesse und Funktionen«, besprochen wird.

Lagerplätze manuell anlegen

Um einen Lagerplatz anzulegen, wählen Sie im SAP Easy Access Menü den Pfad EXTENDED WAREHOUSE MANAGEMENT • STAMMDATEN • LAGERPLATZ • LAGERPLATZ ANLEGEN, oder verwenden Sie den Transaktionscode /SCWM/LS01. In Abbildung 3.20 sehen Sie die Registerkarten zum Anlegen von Lagerplätzen.

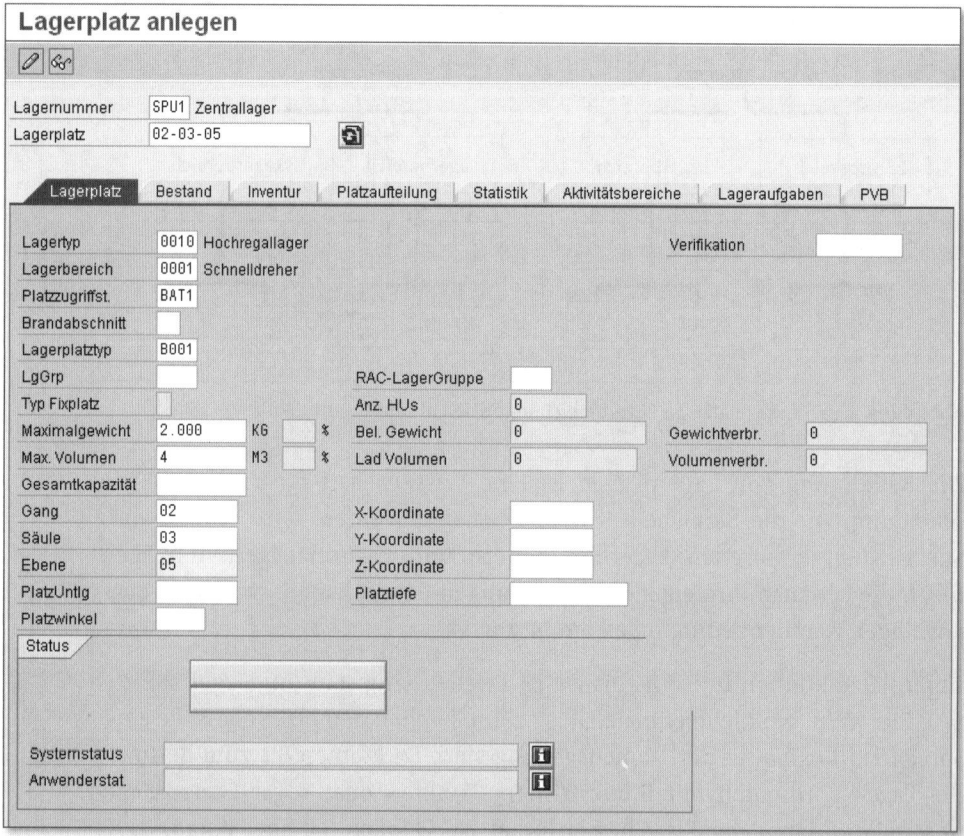

Abbildung 3.20 Lagerplätze manuell anlegen

Um einen Lagerplatz anzulegen, müssen Sie mindestens den Lagerplatznamen, die Lagernummer und den Lagertyp eingeben. Alle anderen Felder sind optional:

► **Lagerbereich**
Wie schon in Abschnitt 3.3.3, »Lagerbereich«, beschrieben, sind Lagerbereiche seit EWM 5.1 optional. Sie werden zur Einlagerung benutzt.

▸ **Platzzugriffstyp (Plazugriffst.)**
Der Lagerplatzzugriffstyp wird vom EWM-Ressourcenmanagement benutzt, um die Ausführungsprioritäten von Lageraufgaben zu steuern. Um die Ausführungsprioritäten einzustellen, folgen Sie im SAP Easy Access Menü dem Pfad EXTENDED WAREHOUSE MANAGEMENT • STAMMDATEN • RESSOURCENMANAGEMENT • AUSFÜHRUNGSPRIORITÄTEN PFLEGEN.

▸ **Brandabschnitt**
Jeder Lagerplatz kann einem bestimmten Brandabschnitt zugeordnet werden. Das Feld erscheint in den Auswertungen (zum Beispiel der Feuerwehrliste), in denen Gefahrstoffe pro Brandabschnitt ausgewiesen werden.

▸ **Lagerplatztyp**
Der Lagerplatztyp kann genutzt werden, um gleichartige Lagerplätze (bezogen auf Gewicht, Volumen und Dimensionen) zu gruppieren. Lagerplatztypen werden außerdem genutzt, um die erlaubten Handling-Unit-Typen (HU-Typen) für den jeweiligen Lagerplatz zu ermitteln. Sie legen Lagerplatztypen im Customizing unter dem Pfad EXTENDED WAREHOUSE MANAGEMENT • STAMMDATEN • LAGERPLÄTZE • LAGERPLATZTYPEN DEFINIEREN an. Die Zuweisung zu den erlaubten HU-Typen finden Sie, wenn Sie dem Customizing-Pfad EXTENDED WAREHOUSE MANAGEMENT • WARENEINGANGSPROZESS • STRATEGIEN • LAGERPLATZFINDUNG • HU-TYPEN • HU-TYPEN JE LAGERPLATZTYP DEFINIEREN folgen.

Lagerplatztyp ist Muss-Feld

Wenn in einem Lagertyp die HU-Typ-Prüfung aktiv ist, dann ist der Lagerplatztyp ein Muss-Feld.

▸ **Lagerungsgruppe (für layoutorientierte Lagerungssteuerung – LgGrp)**
Die Lagerungsgruppe für die layoutorientierte Lagerungssteuerung ist eine logische oder physische Unterteilung eines Lagertyps. Sie können innerhalb eines Lagertyps eine Reihe von Lagerplätzen zusammenfassen, basierend auf den physischen Gegebenheiten des Lagertyps hängen. Das System verwendet die Lagerungsgruppe für die layoutorientierte Lagerungssteuerung zum Ermitteln des Zwischenlagertyps.

▸ **Lagerungsgruppe (für Ressourcenausführungs-Constraint, RAC – RAC-LagerGruppe)**
Mit Ressourcenausführungs-Constraints steuern Sie, wie viele Ressourcen in den unterschiedlichen Lagerungsgruppen des Lagers arbeiten dürfen.

Sie nutzen diese Gruppe folglich, um die Auslastung und Effizienz Ihrer Ressourcen zu steuern, und vermeiden Leerlaufzeiten, die entstehen können, wenn eine Ressource warten muss, bis eine andere fertig ist.

▶ **Gesamtkapazität**
Sie können für jeden Lagerplatz das maximale Lagerungsgewicht, Volumen, die (einheitenlose) Gesamtkapazität des Lagerplatzes und die Dimensionen des Platzes einstellen. Wenn Sie Lagerplatztypen benutzen, werden diese Daten aus dem Typ übernommen, den Sie im Customizing eingestellt haben.

▶ **Lagerkoordinaten**
Die X-, Y- und Z-Koordinaten des Lagerplatzes bestimmen dessen genaue Lage innerhalb des Lagers und können zur Wegstreckenberechnung des Labor Managements benutzt werden. Sie können diese Koordinaten bestimmen, wenn Sie Ihr Lagerlayout über eine Karte legen und die Positionen der Plätze aus den X-, Y- und Z-Koordinaten der Karte entnehmen.

▶ **Informationen über die Rasterposition u. Visualisierung des Lagerplatzes (Gang, Säule, Ebene, Platzunterteilung, Platztiefe und -winkel)**
Diese Informationen werden vom grafischen Lagerlayout verwendet, um eine visuelle Darstellung Ihres Lagers zu erreichen. Sie können auch verwendet werden, um den Lagerangestellten zusätzliche Informationen über die genaue Lage des Platzes zu geben.

▶ **Verifikation**
Dieses Feld wird genutzt, um den Lagerplatz in mobilen Transaktionen durch Scannen eines Barcodes verifizieren zu können. Der Inhalt des Verifikationsfeldes muss dem Inhalt des Barcodes entsprechen. Sie können im einfachsten Fall das Verifikationsfeld mit dem Namen des Lagerplatzes füllen, Sie können Prüfziffern am Ende des Lagerplatznamens verwenden, um sicherzustellen, dass der Anwender den Platz korrekt eingegeben hat, oder Sie können auch Zufallszahlen benutzen, sodass der Lagerangestellte den Barcode am Platz scannen muss. Sie können die Verifikationen manuell eingeben oder eine Transaktion zur Massenpflege dieses Feldes benutzen, die wir weiter unten in diesem Abschnitt vorstellen werden.

▶ **Systemstatus**
Der Systemstatus eines Lagerplatzes beinhaltet die Einlagersperre und die Auslagersperre. Sie können Lagerplätze zur Ein- und Auslagerung sperren, indem Sie die entsprechenden Schaltflächen in der Transaktion zur Lagerplatzänderung benutzen. Alternativ können Sie mehrere Plätze gleichzeitig sperren, wenn Sie den Pfad BESTAND UND PLATZ • LAGERPLATZ im Lagerverwaltungsmonitor (kurz: Lagermonitor) verwenden.

▶ **Anwenderstatus**

Das Feld ANWENDERSTATUS zeigt Informationen über die Anwenderstatus an, die momentan dem Lagerplatz zugewiesen sind. Sie können einem Anwenderstatus den aktuellen Platz hinzufügen oder löschen, indem Sie rechts neben dem Anwenderstatus-Feld auf die Schaltfläche ANWENDERSTATUS ÄNDERN klicken.

Um Anwenderstatus zu benutzen, müssen Sie ein eigenes Anwenderstatusschema und eigene Anwenderstatus unter dem Pfad EXTENDED WAREHOUSE MANAGEMENT • STAMMDATEN • LAGERPLÄTZE • ANWENDERSTATUSSCHEMA DEFINIEREN im Customizing definieren. Das definierte Anwenderstatusschema müssen Sie zudem der Lagernummer zuweisen, dies erfolgt im Customizing unter EXTENDED WAREHOUSE MANAGEMENT • STAMMDATEN • LAGERNUMMERNSTEUERUNG DEFINIEREN.

Wenn Sie bereits Lagerplätze angelegt und erst im Nachhinein ein Anwenderstatusschema erzeugt haben, können Sie diesen Lagerplätzen noch im Nachhinein ein Anwenderstatusobjekt zuweisen, das auf dem neuen Schema basiert. Folgen Sie hierzu im SAP Easy Access Menü dem Pfad EXTENDED WAREHOUSE MANAGEMENT • STAMMDATEN • LAGERPLATZ • ANWENDERSTATUS FÜR LAGERPLÄTZE HINZUFÜGEN, oder nutzen Sie die Transaktion /SCWM/BINSTAT.

Bestehende Lagerplätze können Sie ändern, indem Sie im SAP Easy Access Menü dem Pfad EXTENDED WAREHOUSE MANAGEMENT • STAMMDATEN • LAGERPLATZ • LAGERPLATZ ÄNDERN folgen oder den Transaktionscode /SCWM/LS02 benutzen. Mit dem Transaktionscode /SCWM/LS03 können Sie sich Lagerplätze anzeigen lassen.

Lagerplätze mithilfe einer Struktur generieren

Mithilfe einer Lagerplatzstruktur können Sie eine große Anzahl von Lagerplätzen schnell anlegen.

Das Anlegen von Lagerplätzen erfolgt in zwei Schritten: Zunächst definieren Sie eine Lagerplatzstruktur im Customizing. Anschließend generieren Sie für jede erstellte Struktur die Lagerplätze. Dies findet nicht mehr im Customizing statt, sondern auf Anwendungsebene mithilfe des SAP Easy Access Menüs. So können Sie Lagerplätze mithilfe von Strukturen auch in Ihrem Qualitätssystem oder im Produktivsystem anlegen, ohne eine Berechtigung für das Customizing haben zu müssen.

Die Lagerplatzstruktur wird im Customizing unter dem Pfad EXTENDED WAREHOUSE MANAGEMENT • STAMMDATEN • LAGERPLÄTZE • LAGERPLATZSTRUKTUR DEFINIEREN angelegt.

Bevor Sie eine neue Struktur erstellen, sollten Sie sich die *Lagerplatzbezeichner* anschauen. Die Lagerplatzbezeichner werden verwendet, um bei der Definition der Lagerplatzstrukturen die Bestandteile des Lagerplatzes eindeutig zu identifizieren und somit Aktivitätsbereiche unabhängig vom Lagertyp definieren zu können (basierend auf Gang, Säule und Ebene). Im Customizing finden Sie die Aktivität EXTENDED WAREHOUSE MANAGEMENT • STAMMDATEN • LAGERPLÄTZE • LAGERPLATZBEZEICHNER FÜR LAGERPLATZSTRUKTUREN DEFINIEREN. Für jeden Lagerplatzbestandteil können Sie einen Buchstaben als Lagerplatzbezeichner definieren. Im Standard sind die Bezeichner A für den Gang (englisch *Aisle*), S für die Säule (englisch *Stack*) und L für die Ebene (englisch *Level*) angelegt. Es gibt noch zwei weitere Bezeichner für die Platzunterteilung (B) und für die Platztiefe (D).

Das Anlegen einer neuen Lagerplatzstruktur ist weitestgehend selbsterklärend. Wir empfehlen Ihnen, sich die Beispiele aus der SAP-Standard-Lagernummer 0001 anzuschauen. Das Prinzip der Struktur ist wie folgt: Sie geben den Namen des Start-Lagerplatzes und des Ende-Lagerplatzes ein (Startwert und Endwert). Dazu definieren Sie die sogenannten *Inkrements*, mit denen Sie einstellen, um welchen Betrag die jeweiligen Stellen des Lagerplatznamens hochgezählt werden sollen. In der Lagerplatzschablone definieren Sie, welche Stellen numerische (0–9) oder alphabetische Zeichen (A–Z) beinhalten und welche Stellen Konstanten sind (zum Beispiel Trennstriche zwischen den Gruppen).

Beispiel zu Lagerplatzschablonen

Um Lagerplätze von A01A bis A99D zu erstellen, wählen Sie die Schablone CNNACCCCCCCCCCCCC. Beachten Sie, dass die leeren Zeichen der Schablone am Ende auch mit C gefüllt werden sollten. Diese Struktur gibt an, dass das erste Zeichen des Lagerplatznamens eine Konstante ist (in diesem Fall das führende A von A01A). Das zweite und dritte Zeichen sind numerisch, und das vierte Zeichen ist ein Buchstabe.

Wenn Sie zwei oder mehr Zeichen nutzen, die gemeinsam hochgezählt werden sollen (zum Beispiel 0001 bis 9999 oder AA bis FF), dann müssen diese direkt nebeneinanderstehen.

Weitere Felder, die Sie für die Lagerplatzstruktur pflegen können, sind zum Beispiel die Struktur, die angibt, an welcher Stelle die Lagerplatzbezeichner stehen, die X-, Y- und Z-Koordinaten, der Lagerbereich, in dem die Plätze angelegt werden sollen, sowie Lagerplatztyp, Lagerplatz-Zugriffstyp, maximales Gewicht und Volumen, die (dimensionslose) Gesamtkapazität sowie der Brandabschnitt und die Lagerungsgruppe für die layoutorientierte Lagerungssteuerung. Natürlich müssen Sie auch den Lagertyp pflegen, ansonsten lassen sich die Plätze nicht anlegen.

Wenn die Lagerplatzstruktur angelegt ist, können Sie die Lagerplätze für diese Struktur anlegen. Wählen Sie im SAP Easy Access Menü den Pfad EXTENDED WAREHOUSE MANAGEMENT • STAMMDATEN • LAGERPLATZ • LAGERPLÄTZE GENERIEREN, oder geben Sie den Transaktionscode /SCWM/LS10 ein. Dort wählen Sie Ihre neue Struktur aus und klicken auf die Schaltfläche PLÄTZE ANLEGEN. Nun interpretiert das System Ihre Eingaben in der Lagerplatzstruktur und zeigt Ihnen eine Liste mit den Lagerplätzen an, die es generieren würde. Sie haben nun die Möglichkeit, diese Liste zu kontrollieren. Die Lagerplätze können Sie anlegen, wenn Sie auf die Schaltfläche ANLEGEN klicken. Sollten die Lagerplätze bereits angelegt sein, können Sie die Schaltfläche ÄNDERN benutzen, um sie mit eventuell neuen Daten aus der Struktur anzupassen.

Massenänderung und Massenlöschung von Lagerplätzen

Die meisten Lagerplatzattribute lassen sich in einer Massenpflegetransaktion ändern. Wenn Sie viele Lagerplätze auf einmal ändern wollen, wählen Sie im SAP Easy Access Menü die Transaktion unter dem Pfad EXTENDED WAREHOUSE MANAGEMENT • STAMMDATEN • LAGERPLATZ • MASSENÄNDERUNG LAGERPLÄTZE, oder geben Sie den Transaktionscode /SCWM/LS11 ein.

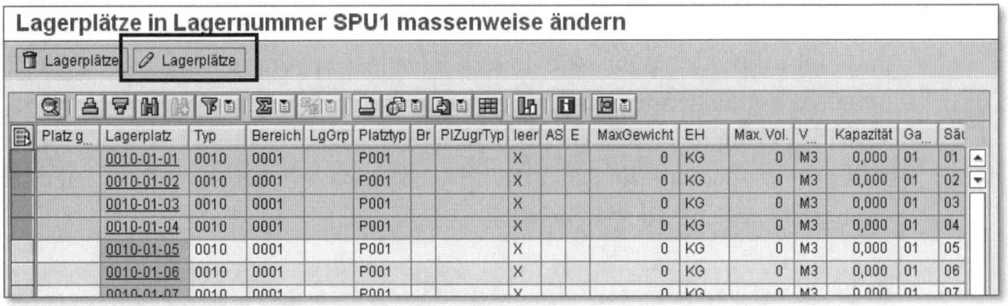

Abbildung 3.21 Massenänderung von Lagerplätzen

Wenn Sie die Transaktion starten, gelangen Sie zunächst in einen Selektionsbildschirm. Wählen Sie dort die gewünschten Lagerplätze aus, und klicken Sie auf die Schaltfläche AUSFÜHREN. Den darauffolgenden Bildschirm sehen Sie in Abbildung 3.21. Hier können Sie Lagerplätze markieren und auf die

Schaltfläche LAGERPLÄTZE ÄNDERN klicken. Es öffnet sich ein neues Fenster, in dem Sie die meisten Attribute des Lagerplatzes ändern können.

Mit der Schaltfläche LAGERPLÄTZE LÖSCHEN können Sie massenweise Lagerplätze löschen, etwa wenn Sie sich beim Anlegen geirrt haben.

Gesperrte Lagerplätze entsperren

Wenn Sie Lagerplätze mit einer Ein- oder Auslagersperre versehen haben und diese nun wieder entsperren wollen, müssen Sie dafür den Lagermonitor benutzen. Das Sperren/Entsperren ist nur dort möglich, nicht in der Massenänderungstransaktion. Um den Lagermonitor zu starten, wählen Sie im SAP Easy Access Menü den Knoten EXTENDED WAREHOUSE MANAGEMENT • MONITORING • LAGERVERWALTUNGSMONITOR. Im Monitor rufen Sie den Knoten BESTAND UND PLATZ • LAGERPLATZ auf und wählen Ihre Lagerplätze aus. Mit der Schaltfläche WEITERE METHODEN können Sie auf die Sperren zugreifen.

Lagerplätze sortieren

Damit Lageraufgaben nach Ihren Vorgaben sortiert werden (zum Beispiel zur Ausnutzung eines optimalen Kommissionierwegs), müssen Sie die Lagerplätze nach dem Anlegen *sortieren*.

Das Sortieren in EWM umfasst zwei Schritte: Zuerst legen Sie einen Platz oder eine Anzahl von Plätzen an. Danach stellen Sie im Customizing Sortierregeln ein, mit denen Sie dann die Sortierung manuell durchführen. Wählen Sie dafür im SAP Easy Access Menü den Pfad EXTENDED WAREHOUSE MANAGEMENT • STAMMDATEN • LAGERPLATZ • LAGERPLÄTZE SORTIEREN, oder geben Sie den Transaktionscode /SCWM/SBST ein. Geben Sie im Selektionsbildschirm Ihre Lagernummer ein und optional auch einen Aktivitätsbereich und eine Aktivität. Wenn Sie diese Felder leer lassen, werden alle zugeordneten Aktivitätsbereiche und Aktivitäten benutzt. Führen Sie die Selektion aus. Sie gelangen in den in Abbildung 3.22 dargestellten Bildschirm. Hier müssen Sie noch auf die Schaltfläche AUSFÜHREN klicken, um die Sortierung auf der Datenbank zu speichern.

Lagerplätze neu sortieren

Machen Sie es sich zur Angewohnheit, nach jeder Neuanlage von Lagerplätzen oder nach dem Löschen von Lagerplätzen die Lagerplätze neu zu sortieren. Wenn die Sortierung nicht durchgeführt wird, kann es sein, dass das System diese nicht benutzt, wenn es nach Von-Lagerplätzen sucht!

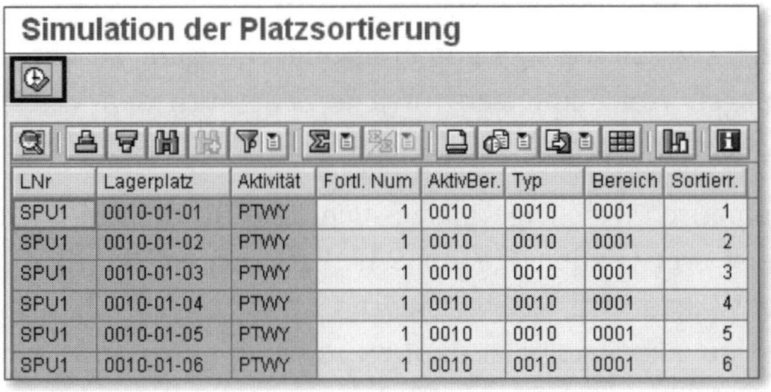

LNr	Lagerplatz	Aktivität	Fortl. Num	AktivBer.	Typ	Bereich	Sortierr.
			Simulation der Platzsortierung				
SPU1	0010-01-01	PTWY	1	0010	0010	0001	1
SPU1	0010-01-02	PTWY	1	0010	0010	0001	2
SPU1	0010-01-03	PTWY	1	0010	0010	0001	3
SPU1	0010-01-04	PTWY	1	0010	0010	0001	4
SPU1	0010-01-05	PTWY	1	0010	0010	0001	5
SPU1	0010-01-06	PTWY	1	0010	0010	0001	6

Abbildung 3.22 Platzsortierung für jede Aktivität durchführen

Mehr Informationen über Aktivitäten und Aktivitätsbereiche finden Sie in Abschnitt 3.3.5, »Aktivitätsbereich«.

Fixlagerplätze zuweisen

Wenn Sie einen Lagertyp mit festen Lagerplätzen pro Material (Fixlager-plätze) haben, dann müssen Sie dem System mitteilen, welches Material auf welchem Fixplatz gelagert ist. EWM bietet dazu zwei verschiedene Möglich-keiten.

Zum einen können Sie die Tabelle, in der Fixplätze eingetragen sind, manu-ell bearbeiten. Sie können dort neue Fixplätze anlegen und bestehende Fix-plätze löschen. Starten Sie dazu im SAP Easy Access Menü die Transaktion unter dem Pfad EXTENDED WAREHOUSE MANAGEMENT • STAMMDATEN • LAGER-PLATZ • FIXLAGERPLATZ PFLEGEN, oder geben Sie den Transaktionscode /SCWM/BINMAT ein. Nach einem Selektionsbildschirm gelangen Sie zu dem in Abbildung 3.23 gezeigten Bildschirm.

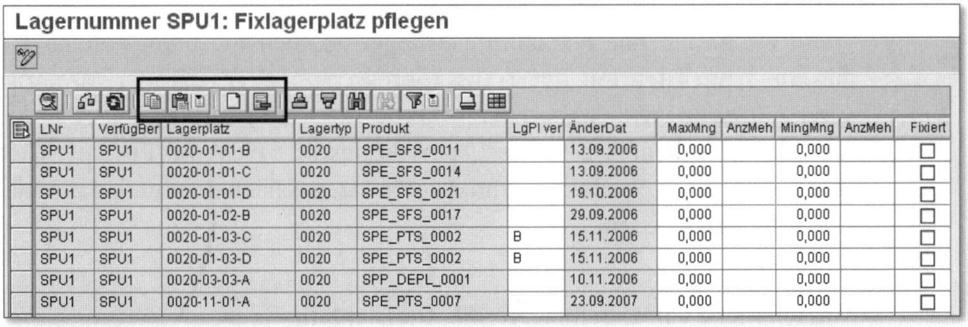

Lagernummer SPU1: Fixlagerplatz pflegen

LNr	VerfügBer	Lagerplatz	Lagertyp	Produkt	LgPl ver	ÄnderDat	MaxMng	AnzMeh	MingMng	AnzMeh	Fixiert
SPU1	SPU1	0020-01-01-B	0020	SPE_SFS_0011		13.09.2006	0,000		0,000		☐
SPU1	SPU1	0020-01-01-C	0020	SPE_SFS_0014		13.09.2006	0,000		0,000		☐
SPU1	SPU1	0020-01-01-D	0020	SPE_SFS_0021		19.10.2006	0,000		0,000		☐
SPU1	SPU1	0020-01-02-B	0020	SPE_SFS_0017		29.09.2006	0,000		0,000		☐
SPU1	SPU1	0020-01-03-C	0020	SPE_PTS_0002	B	15.11.2006	0,000		0,000		☐
SPU1	SPU1	0020-01-03-D	0020	SPE_PTS_0002	B	15.11.2006	0,000		0,000		☐
SPU1	SPU1	0020-03-03-A	0020	SPP_DEPL_0001		10.11.2006	0,000		0,000		☐
SPU1	SPU1	0020-11-01-A	0020	SPE_PTS_0007		23.09.2007	0,000		0,000		☐

Abbildung 3.23 Fixlagerplätze pflegen

Mit den in der Abbildung markierten Schaltflächen können Sie Fixplätze anlegen, löschen, in die Zwischenablage kopieren und einfügen. Beachten Sie, dass Sie beim Anlegen von Fixplätzen für jede Zeile auch den Verfügungsberechtigten eingeben müssen.

Damit das System automatisch freie Lagerplätze sucht und Ihren Produkten als Fixlagerplatz zuweist, verwenden Sie im SAP Easy Access Menü die Transaktion EXTENDED WAREHOUSE MANAGEMENT • STAMMDATEN • LAGERPLATZ • FIXLAGERPLÄTZE ZU PRODUKTEN ZUORDNEN, oder benutzen Sie den Transaktionscode /SCWM/FBINASN (siehe Abbildung 3.24). Hier können Sie ein oder mehrere Produkte und Kriterien zur Suche nach freien Lagerplätzen, zum Beispiel Lagertyp, Lagerbereich und Lagerplatztyp, eingeben. Wenn Sie die Selektion ausführen, sucht das System automatisch die gewünschte Anzahl von passenden freien Plätzen und weist sie Ihren Materialien zu.

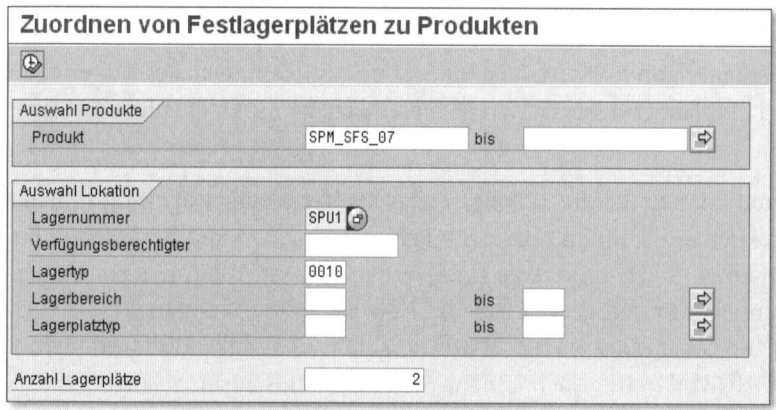

Abbildung 3.24 Transaktion zur Zuweisung von Fixlagerplätzen

Wenn Sie bestehende Fixplatzzuweisungen löschen möchten, können Sie dies am schnellsten mit der Transaktion EXTENDED WAREHOUSE MANAGEMENT • STAMMDATEN • LAGERPLATZ • FIXLAGERPLATZ-ZUORDNUNGEN LÖSCHEN tun. Alternativ benutzen Sie den Transaktionscode /SCWM/FBINDEL. Hier können Sie nach Produkten und Lagerplätzen selektieren und dann die Löschung durchführen.

Massenpflege von Lagerplatzverifikationsfeldern

Zusätzlich zur bereits beschriebenen Möglichkeit, die Verifikationsfelder im EWM-Lagerplatz manuell zu pflegen, gibt es eine Möglichkeit zur Massenpflege. Der Inhalt der Verifikationsfelder muss dafür einem bestimmten Muster folgen, das wir in diesem Abschnitt beschreiben.

Um Verifikationsfelder zu pflegen, folgen Sie im SAP Easy Access Menü dem Pfad EXTENDED WAREHOUSE MANAGEMENT • STAMMDATEN • LAGERPLATZ • VERIFIKATIONSFELD PFLEGEN oder benutzen den Transaktionscode /SCWM /LX45. Sie gelangen zum Bildschirm von Abbildung 3.25.

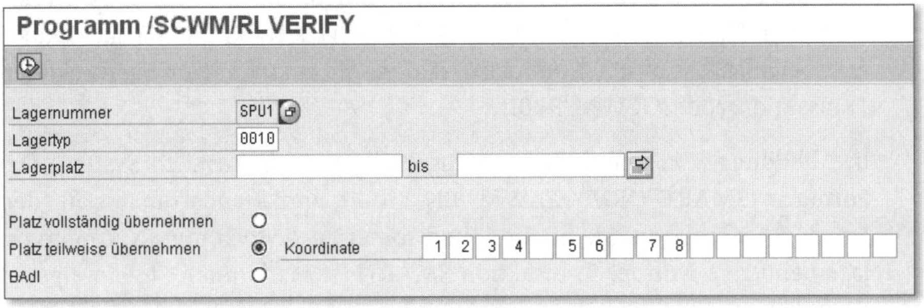

Abbildung 3.25 Massenpflege der Verifikationsfelder

In diesem Bildschirm können Sie Lagernummer, Lagertyp und Lagerplatz eingeben. Zudem bestimmen Sie, wie das Verifikationsfeld gefüllt werden soll. Es gibt drei verschiedene Möglichkeiten:

▸ **Platz vollständig übernehmen**
Wenn Sie diesen Radio Button wählen, wird das Verifikationsfeld mit dem Namen des Lagerplatzes gefüllt.

▸ **Platz teilweise übernehmen**
Wenn Sie diesen Radio Button wählen, werden nur Teile des Namens des Lagerplatzes in das Verifikationsfeld übernommen. In diesem Fall geben Sie für jedes Zeichen des Lagerplatznamens ein, an welche Stelle des Verifikationsfeldes es übernommen werden soll. Im obigen Beispiel werden die ersten vier Zeichen direkt an dieselben Stellen (1–4) im Verifikationsfeld übernommen, das fünfte Zeichen wird nicht übernommen, das sechste Zeichen an Stelle fünf des Verifikationsfeldes etc. Der Lagerplatz 0010-02-03 würde somit zum Verifikationsfeld 0010-02-03 führen.

▸ **BAdI**
Wenn Sie eine komplexere Logik zur Bildung des Verifikationsfeldes benötigen, dann können Sie die Option BADI benutzen. Dies setzt allerdings voraus, dass Sie zuvor das entsprechende BAdI (Business Add-in) implementiert haben.

Lagerplatzetiketten drucken

EWM unterstützt Sie beim Ausdruck von *Lagerplatzetiketten* (oft auch *Lagerplatzlabel* genannt). Etiketten an den Lagerplätzen sind notwendig, damit der Lagerangestellte den Platz finden und verifizieren kann. Das Etikett sollte mindestens den Namen des Lagerplatzes beinhalten sowie den Inhalt des Verifikationsfeldes als Barcode.

Sie können Lagerplatzetiketten drucken, indem Sie im SAP Easy Access Menü den Pfad EXTENDED WAREHOUSE MANAGEMENT • STAMMDATEN • LAGERPLATZ • LAGERPLATZETIKETT DRUCKEN wählen. Alternativ nutzen Sie direkt den Transaktionscode /SCWM/PRBIN.

In Abbildung 3.26 sehen Sie den zugehörigen Bildschirm im System. Das Formular (SMARTFORM) /SCWM/BIN_LABEL wird standardmäßig für den Druck vorgeschlagen, Sie können (und sollten) es jedoch nur als Kopiervorlage benutzen. Mit der Transaktion SMARTFORMS können Sie ein eigenes Formular erstellen.

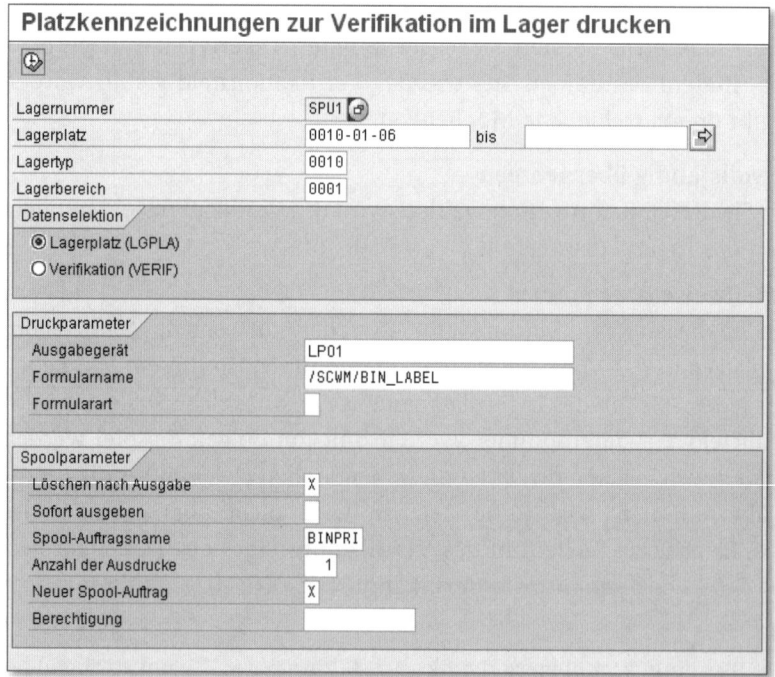

Abbildung 3.26 Lagerplatzetikett drucken

Wenn Sie Lagerplatzetiketten für Fixlagerplätze drucken möchten, dann kann es sinnvoll sein, wenn Sie zusätzlich auch die Produktnummer auf dem

Platzetikett ausdrucken. EWM bietet eine spezielle Transaktion zum Drucken von *Fixlagerplatzetiketten* an. Sie erreichen diese im SAP Easy Access Menü über den Pfad EXTENDED WAREHOUSE MANAGEMENT • STAMMDATEN • LAGERPLATZ • FIXPLATZETIKETT DRUCKEN. Der Transaktionscode lautet /SCWM /PRFIXBIN.

Im Falle von Fixlagerplatzetiketten wird das Standard-Formular /SCWM/ FIXBIN_LABEL verwendet. Auch in diesem Fall handelt es sich um ein Smart-Forms-Formular, das Sie als Kopiervorlage benutzen können, um sich ein eigenes Formular zu erstellen.

Lagerplätze und Lagerplatzsortierungen in SAP EWM hochladen

EWM bietet zwei Transaktionen an, um Lagerplätze und Lagerplatzsortierungen aus einer Datei auf Ihrem lokalen Rechner ins System hochzuladen.

Diese Vorgehensweise ist sinnvoll, wenn Sie zum Beispiel Lagerplatznamen benutzen, die sich nicht durch die SAP-Platzstruktur abbilden lassen, oder wenn sich die Sortierung der Lagerplätze für einen bestimmten Lagerbereich oder für bestimmte Aktivitäten nicht durch das Customizing darstellen lässt.

Sie können Lagerplätze in EWM hochladen, indem Sie im SAP Easy Access Menü den Pfad EXTENDED WAREHOUSE MANAGEMENT • STAMMDATEN • LAGERPLATZ • LAGERPLÄTZE HOCHLADEN wählen oder den Transaktionscode /SCWM /SBUP benutzen.

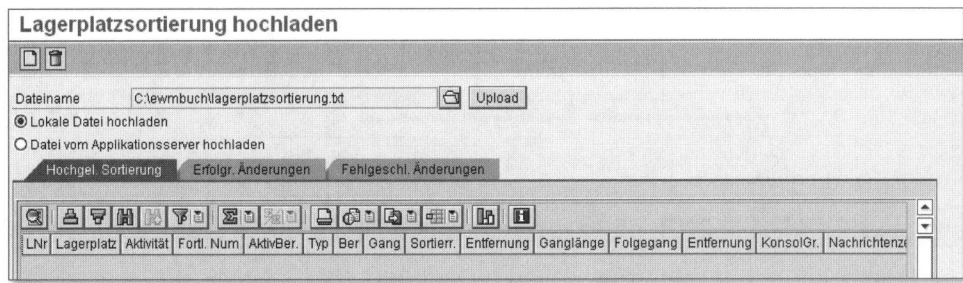

Abbildung 3.27 Lagerplatzsortierungen hochladen

Lagerplatzsortierungen laden Sie hoch über den Pfad EXTENDED WAREHOUSE MANAGEMENT • STAMMDATEN • LAGERPLATZ • LAGERPLATZSORTIERUNG HOCHLADEN im SAP Easy Access Menü oder über den zugehörigen Transaktionscode /SCWM/SRTUP. In Abbildung 3.27 sehen Sie den Bildschirm dieser Transaktion. Sie geben oben einen Dateinamen ein – entweder den Namen einer Datei auf Ihrem lokalen Rechner oder auf dem Applikationsserver. Wenn Sie die Schaltfläche UPLOAD anklicken, werden die Daten ins SAP-System hochgeladen und überprüft. Sie können sich das Ergebnis auf den drei Registerkarten ansehen. Wenn Sie auf die Schaltfläche SORTIERUNG ANLEGEN oben links auf dem Bildschirm klicken, wird die Sortierung ins System in die Datenbank übernommen.

3.3.5 Aktivitätsbereich

Ein *Aktivitätsbereich* ist eine logische Gruppierung von Lagerplätzen für eine bestimmte *Aktivität* (zum Beispiel Kommissionierung, Einlagerung oder Inventur). Aktivitätsbereiche werden unter anderem für die Bildung von *Lageraufträgen*, für die Sortierung von Lagerplätzen und für die Queuefindung benutzt. Die Verwendung von Aktivitätsbereichen für die Lagerplatzsortierung haben wir bereits im vorangegangenen Abschnitt beschrieben.

Abbildung 3.28 zeigt beispielhaft die Bildung von zwei Aktivitätsbereichen im Palettenlager. Eine Anzahl von Lagerplätzen wird zu Aktivitätsbereichen zusammengefasst. Dabei spielt es keine Rolle, ob die Lagerplätze im selben Lagerbereich oder im selben Lagertyp liegen. Aktivitätsbereiche können auch überlappend sein, aber nur für unterschiedliche Aktivitäten. So kann der Aktivitätsbereich A01 für die Aktivität INVE (Inventur) definiert sein und Aktivitätsbereich A02 für die Aktivität PICK (Kommissionierung).

Das Konzept der Aktivitätsbereiche ist neu in EWM – in SAP ERP WM gab es ein ähnliches organisatorisches Element nicht.

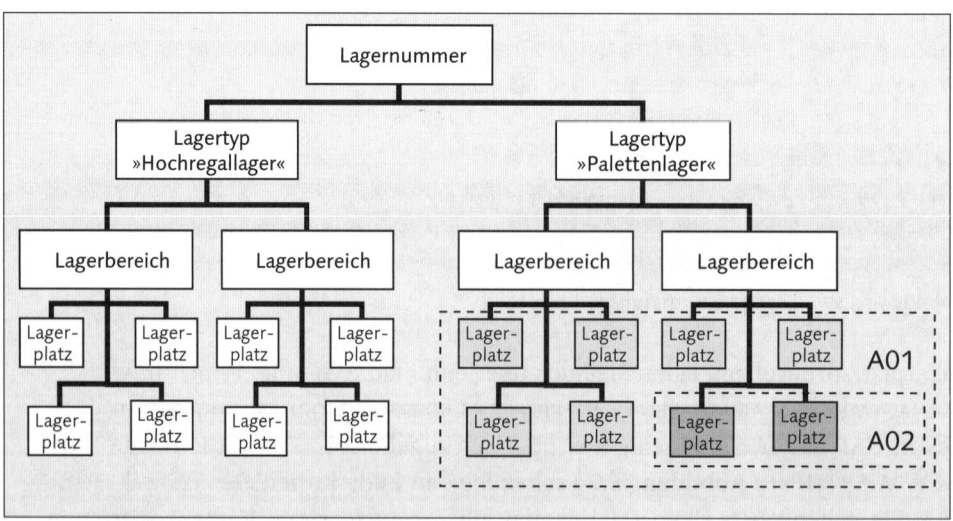

Abbildung 3.28 Aktivitätsbereiche definieren

Um Aktivitätsbereiche zu definieren, wählen Sie im Customizing den Pfad Extended Warehouse Management • Stammdaten • Aktivitätsbereiche • Aktivitätsbereich definieren. Wie Sie in Abbildung 3.29 sehen, müssen Sie zum Erstellen eines neuen Aktivitätsbereichs nur die Lagernummer, den Namen des Aktivitätsbereichs und eine Beschreibung eingeben. Das zusätzliche Kennzeichen Vereinigt benötigen Sie, wenn Sie einen *übergeordneten Aktivitätsbereich* festlegen wollen. Das trifft nur für die Lagerauftragserstellung zu, wenn Sie eine Regel vom Typ *Pick, Pack* oder *Pass* verwenden. Nachdem Sie das Kennzeichen gesetzt haben, müssen Sie im Customizing die Aktivitätsbereiche verbinden. Wählen Sie dazu den Pfad Extended Warehouse Management • Prozessübergreifende Einstellungen • Lagerauftrag • Aktivitätsbereiche verbinden. Durch das Verbinden mehrerer Aktivitätsbereiche können Sie erreichen, dass die Lagerauftragserstellung im Falle einer Pick-, Pack- oder Pass-Regel die betroffenen Aktivitätsbereiche zunächst gemeinsam betrachtet. Dies bedeutet, dass die benötigten Kommissionier-Handling-Units für alle verbundenen Aktivitätsbereiche ermittelt werden. Anschließend erzeugt die Lagerauftragserstellung aber pro verbundenem Aktivitätsbereich eigene Lageraufträge.

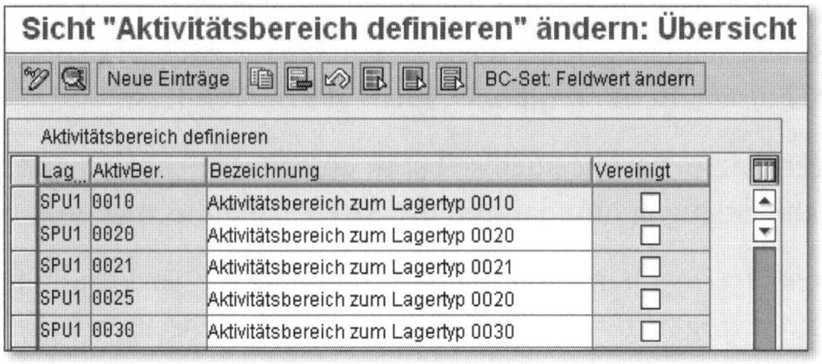
Sicht "Aktivitätsbereich definieren" ändern: Übersicht

Neue Einträge | BC-Set: Feldwert ändern

Aktivitätsbereich definieren

Lag...	AktivBer.	Bezeichnung	Vereinigt
SPU1	0010	Aktivitätsbereich zum Lagertyp 0010	☐
SPU1	0020	Aktivitätsbereich zum Lagertyp 0020	☐
SPU1	0021	Aktivitätsbereich zum Lagertyp 0021	☐
SPU1	0025	Aktivitätsbereich zum Lagertyp 0020	☐
SPU1	0030	Aktivitätsbereich zum Lagertyp 0030	☐

Abbildung 3.29 Aktivitätsbereiche definieren

Nachdem Sie einen Aktivitätsbereich definiert haben, können Sie Lagerplätze zuweisen. Die Zuweisung wird im Customizing durchgeführt. Allerdings weisen Sie nicht jeden Platz direkt zu (dies wäre viel zu pflegeintensiv), sondern indirekt über den Lagertyp oder über Lagerplatzeigenschaften wie zum Beispiel Gang, Säule und Ebene. In Abbildung 3.30 sehen Sie zum Beispiel den Aktivitätsbereich 0010 aus Lagernummer SPU1, dem alle Plätze von Lagertyp 0010 zugewiesen sind. Das Customizing der Zuweisung finden Sie unter dem Pfad Extended Warehouse Management • Stammdaten • Aktivitätsbereiche • Zuordnung Lagerplätze zu Aktivitätsbereichen.

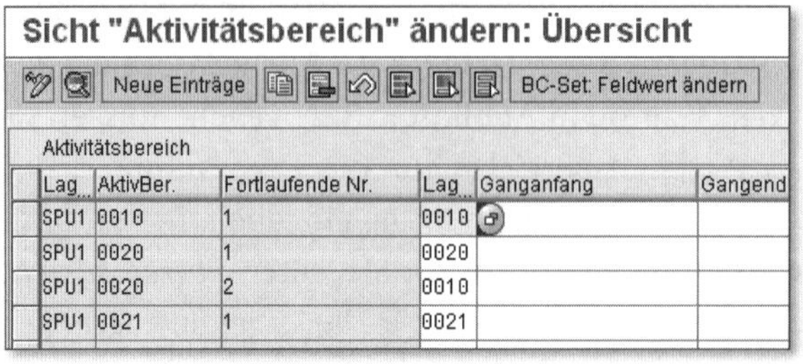
Sicht "Aktivitätsbereich" ändern: Übersicht
Neue Einträge
BC-Set: Feldwert ändern
Aktivitätsbereich
Lag.. AktivBer. Fortlaufende Nr. Lag.. Ganganfang Gangend
SPU1 0010 1 0010
SPU1 0020 1 0020
SPU1 0020 2 0010
SPU1 0021 1 0021

Abbildung 3.30 Lagerplätze zu Aktivitätsbereichen zuordnen

Damit das System Lagerplätze für Aktivitäten wie Kommissionierung, Einlagerung oder Inventur sortieren kann, müssen Sie definieren, in welcher Reihenfolge die Sortierung stattfinden soll. Wie schon angedeutet, wird die Sortierung in EWM für jeden Aktivitätsbereich separat durchgeführt. Dies ist auch deshalb sinnvoll, weil Lageraufträge immer nur für einen Aktivitätsbereich erstellt werden. In der Sortierreihenfolge, die Sie im Customizing unter dem Pfad Extended Warehouse Management • Stammdaten • Aktivitätsbereiche • Sortierreihenfolge für Aktivitätsbereich definieren erreichen, können Sie sowohl einstellen, wie die Sortierreihenfolge (zum Beispiel zuerst nach Gang, dann nach Säule, dann nach Ebene sortieren), die Sortierrichtung (zum Beispiel nach Gang aufsteigend, nach Säule absteigend sortieren) und die Laufrichtung (alternierend bzw. nicht alternierend) ist.

Sie können die Lagerplatzsortierung auch selbst in einer Tabellenkalkulation oder einer Datenbank erzeugen und dann in das SAP-System hochladen.

Wenn Sie die *Quereinlagerung* benutzen, dann müssen Sie die Sortierung in einer anderen Customizing-Aktivität durchführen. Wählen Sie hierzu den Pfad Extended Warehouse Management • Stammdaten • Aktivitätsbereiche • Sortierreihenfolge für die Quereinlagerung definieren. Quereinlagerung ist eine Einlagerungsstrategie, bei der die einzulagernden Bestände zunächst in die vorderen Lagerplätze eines jeden Ganges eingelagert werden und nicht gangweise von vorne nach hinten, wodurch ein gleichmäßiges Auffüllen des Lagers über alle Gänge von vorne nach hinten erzielt werden kann.

Wir wollen an dieser Stelle nochmals betonen, dass die Zuweisung von Lagerplätzen zu Aktivitätsbereichen und damit auch die Sortierung der Lagerplätze immer abhängig von einer *Aktivität* ist. Die Aktivitäten werden im Customizing gepflegt unter Extended Warehouse Management • Stammdaten • Aktivitätsbereiche • Aktivitäten • Aktivitäten definieren. Jede Lageraufgabe, die EWM anlegt, wird zu einer bestimmten Aktivität angelegt. EWM liest diese Aktivität aus der Lagerprozessart, die für die Lageraufgabe verwendet wird. Eine Ausnahme besteht zum Beispiel im Zusammenhang mit Wellen (siehe dazu Kapitel 9, »Warenausgangsprozess«).

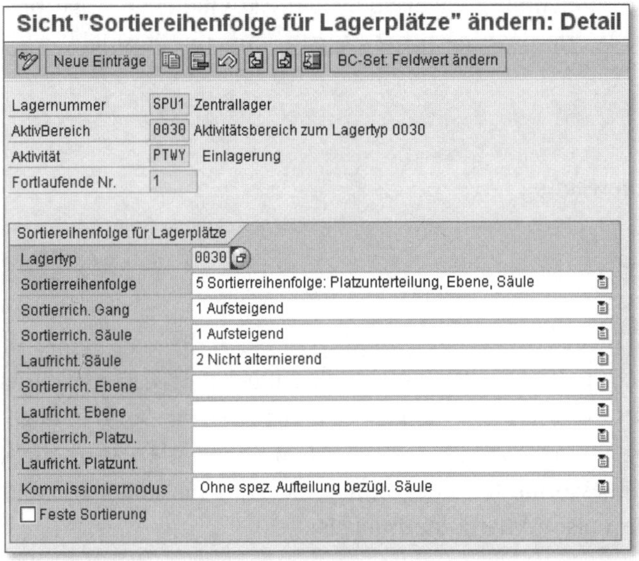

Sicht "Sortierreihenfolge für Lagerplätze" ändern: Detail

| Neue Einträge | | | | | | | | BC-Set: Feldwert ändern |

Lagernummer	SPU1	Zentrallager
AktivBereich	0030	Aktivitätsbereich zum Lagertyp 0030
Aktivität	PTWY	Einlagerung
Fortlaufende Nr.	1	

Sortierreihenfolge für Lagerplätze

Lagertyp	0030
Sortierreihenfolge	5 Sortierreihenfolge: Platzunterteilung, Ebene, Säule
Sortierrich. Gang	1 Aufsteigend
Sortierrich. Säule	1 Aufsteigend
Laufricht. Säule	2 Nicht alternierend
Sortierrich. Ebene	
Laufricht. Ebene	
Sortierrich. Platzu.	
Laufricht. Platzunt.	
Kommissioniermodus	Ohne spez. Aufteilung bezügl. Säule
☐ Feste Sortierung	

Abbildung 3.31 Sortierreihenfolge der Lagerplätze eines Aktivitätsbereichs definieren

Wenn Sie zum Beispiel die Lagerprozessart 1010 für die Einlagerung benutzen, dann ermittelt das System daraus die Aktivität PTWY. Wenn Sie eine manuelle Umlagerung in EWM anstoßen, um zum Beispiel das Lager zu verdichten, dann können Sie dazu die Lagerprozessart 9999 verwenden. Dieser ist die Aktivität INTL zugewiesen. So wird während der Einlagerung der Aktivitätsbereich für die Aktivität PTWY benutzt und für die interne Umlagerung der Aktivitätsbereich für die Aktivität INTL.

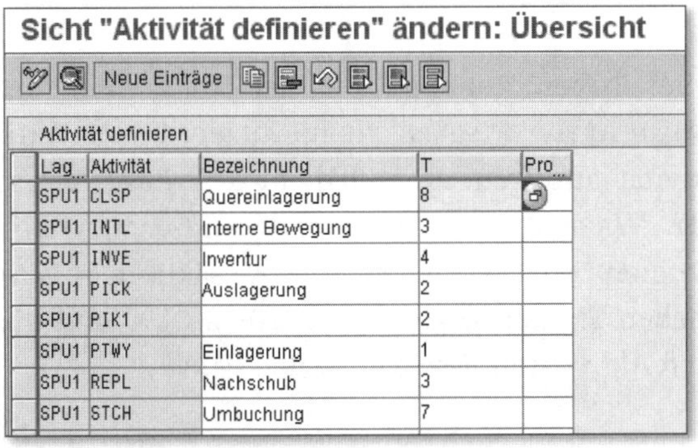

Sicht "Aktivität definieren" ändern: Übersicht

| | | Neue Einträge | | | | | | |

Aktivität definieren

Lag	Aktivität	Bezeichnung	T	Pro
SPU1	CLSP	Quereinlagerung	8	
SPU1	INTL	Interne Bewegung	3	
SPU1	INVE	Inventur	4	
SPU1	PICK	Auslagerung	2	
SPU1	PIK1		2	
SPU1	PTWY	Einlagerung	1	
SPU1	REPL	Nachschub	3	
SPU1	STCH	Umbuchung	7	

Abbildung 3.32 Aktivitäten definieren

Im Customizing finden Sie die Definition der Lagerprozessarten unter EXTENDED WAREHOUSE MANAGEMENT • PROZESSÜBERGREIFENDE EINSTELLUNGEN • LAGERAUFGABE • LAGERPROZESSART DEFINIEREN.

In der Spalte mit der Bezeichnung T weisen Sie der Aktivität einen Lagerprozesstyp zu. Mögliche Werte für Lagerprozesstypen sind zum Beispiel:

- 1 – Einlagerung
- 2 – Auslagerung
- 3 – Interne Lagerbewegung
- 4 – Inventur
- 7 – Umbuchung
- 8 – Quereinlagerung

Die Spalte Prozessschritt (PRO…) verwenden Sie, um einer Aktivität einen *externen Prozessschritt* für das *Arbeitsmanagement* zuzuweisen. Der hier zugeordnete externe Prozessschritt wird jedoch nur dann verwendet, wenn nicht bereits durch die prozessorientierte Lagerungssteuerung ein anderer externer Prozessschritt für diese Aktivität definiert ist.

Aktivitätsbereiche generieren

Sie können Aktivitätsbereiche vom System auch automatisch generieren lassen. In diesem Fall wird ein Aktivitätsbereich pro Lagertyp erstellt, und alle vorhandenen Plätze werden zugewiesen. Folgen Sie hierzu im Customizing dem Pfad EXTENDED WAREHOUSE MANAGEMENT • STAMMDATEN • AKTIVITÄTSBEREICHE • AKTIVITÄTSBEREICH AUS LAGERTYP GENERIEREN. Dort geben Sie die Lagernummer, den Lagertyp und die Aktivität ein. Sie können die Aktivität auch leer lassen, dann wird der Aktivitätsbereich für alle vorhandenen Aktivitäten angelegt. Wenn Sie die Selektion ausführen, erstellt das System den Aktivitätsbereich, indem es Einträge in den oben besprochenen Customizing-Tabellen einfügt. Die Platzsortierung mit der Transaktion /SCWM/SBST müssen Sie manuell ausführen.

Nachdem Sie die Plätze sortiert haben, können Sie in der Transaktion zum Lagerplatz auf der Registerkarte AKTIVITÄTSBEREICHE die zugeordneten Aktivitätsbereiche für jede Aktivität anzeigen. Der Pfad im SAP Easy Access Menü dazu lautet EXTENDED WAREHOUSE MANAGEMENT • STAMMDATEN • LAGERPLATZ • LAGERPLATZ ANZEIGEN, oder wählen Sie die Transaktion /SCWM /LS03. In Abbildung 3.33 sehen Sie den Lagerplatz 0020-01-01-C und die drei Aktivitätsbereiche zu den Aktivitäten INVE, PICK und PTWY.

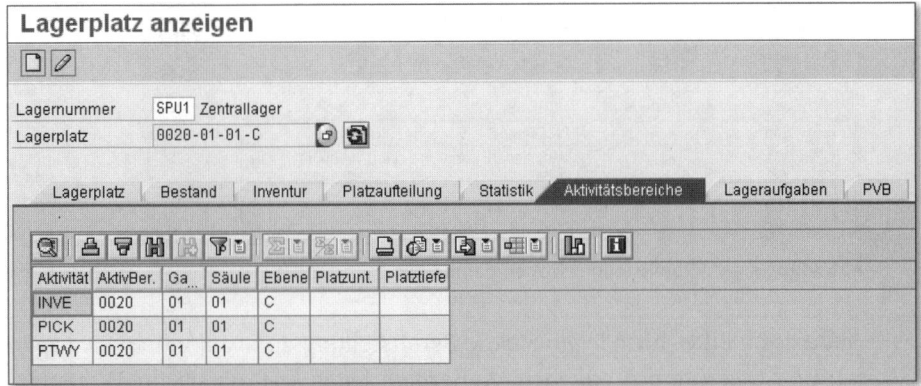

Abbildung 3.33 Verfügbare Aktivitätsbereiche eines Lagerplatzes anzeigen

3.3.6 Lagertor und Bereitstellungszone

Das *Lagertor* (im Folgenden kurz *Tor* genannt) ist ein Ort im Lager, an dem Ware das Lager erreicht oder verlässt. Das Tor ist eine organisatorische Einheit, die Sie der Lagernummer zuordnen. Viele Läger haben mehr als ein Lagertor, daher hat jedes Tor seinen eigenen Namen bzw. eine eigene Nummer.

Die Tore befinden sich in räumlicher Nähe zu den zugehörigen *Bereitstellungszonen*. Die Bereitstellungszonen wiederum werden verwendet, um die entladene Ware oder Ware, die noch geladen werden muss, zwischenzulagern.

Die Tore eines Lagers werden von Fahrzeugen und Transporteinheiten angefahren, die dort das Entladen bzw. das Laden der Ware durchführen.

Neue Bereitstellungszone anlegen

Bereitstellungszonen sind Lagerbereiche, die innerhalb eines Lagertyps mit Rolle D liegen. Bereitstellungszonen dienen dazu, die Waren nach dem Entladen bzw. vor dem Beladen zwischenzulagern. Beim Beladen kann auch die Reihenfolge auf den Plätzen der Bereitstellungszone für eine Ladereihenfolge verwendet werden.

Um eine neue Bereitstellzone im EWM-System anzulegen, folgen Sie im Customizing dem Menüpfad EXTENDED WAREHOUSE MANAGEMENT • STAMMDATEN • BEREITSTELLUNGSZONEN • BEREITSTELLUNGSZONEN DEFINIEREN. In Abbildung 3.34 sehen Sie die entsprechende Tabelle.

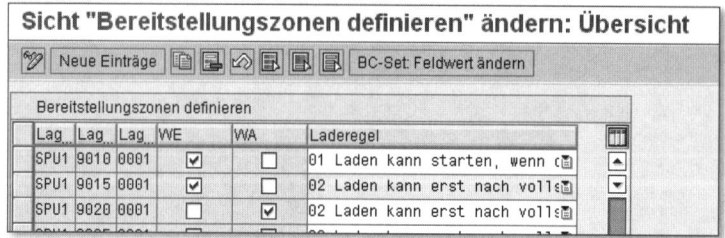

Abbildung 3.34 Bereitstellungszonen definieren

Auf diesem Bildschirm legen Sie die Bereitstellungszone an, indem Sie Lagertyp und Lagerbereich angeben. Außerdem legen fest, ob sie für Wareneingang und/oder Warenausgang relevant ist, und geben die *Laderegel* an. Mögliche Werte für die Laderegel sind zum Beispiel:

▶ LADEN KANN STARTEN, WENN DIE ERSTE HU ANKOMMT

▶ LADEN KANN ERST NACH VOLLSTÄNDIGER BEREITSTELLUNG STARTEN

▶ LADEN KANN ERST NACH 24 STUNDEN WARTEZEIT STARTEN

Hintergrund zu Bereitstellungszonen

Eine Bereitstellungszone ist technisch nichts anderes als ein Lagerbereich eines Lagertyps. Der Lagertyp, der für die Bereitstellung benutzt wird, ist jedoch ein spezieller Lagertyp mit einer bestimmten *Lagertypart*. So kann er nur für die Bereitstellung genutzt werden.

Sie können auch mehrere Lagerbereiche innerhalb des Bereitstellungs-Lagertyps anlegen und somit mehrere Bereitstellungszonen definieren, die zusammengehören. Der Lagerbereich entspricht damit der Bereitstellungszone, der Lagertyp einer *Bereitstellungszonengruppe*.

Wenn Sie mit Anlieferungen und Auslieferungen arbeiten, können Bereitstellungszonen für jede Lieferposition automatisch vom System gefunden werden – abhängig von den Materialien der Position. So kann das System zum Beispiel für Kleinteile, die im Lagergebäude gelagert werden, ein Tor des Lagers und die davorliegende Bereitstellzone finden. Für andere Materialien, die außerhalb des Lagers gelagert werden, zum Beispiel Ölfässer, können ein anderes Tor und eine spezielle Bereitstellzone gefunden werden.

Dies können Sie beeinflussen, indem Sie Ihren Produkten eine *Bereitstellungszonen-/Torfindungsgruppe* zuweisen. Sie steuert, wie der Name schon sagt, im EWM-System die Findung der Bereitstellungszonen und der Tore. Die Bereitstellungszonen-/Torfindungsgruppe legen Sie im Customizing

unter dem Pfad EXTENDED WAREHOUSE MANAGEMENT • STAMMDATEN • BEREIT-
STELLUNGSZONEN • BEREITSTELLUNGSZONEN-/TORFINDUNGSGRUPPEN DEFINIE-
REN an.

Neue Lagertore anlegen

Lagertore werden zuerst im Customizing angelegt und dann in einem zweiten Schritt den Bereitstellungszonen zugewiesen. Wählen Sie zum Anlegen
eines neuen Tors den Pfad EXTENDED WAREHOUSE MANAGEMENT • STAMM-
DATEN • LAGERTOR • LAGERTOR DEFINIEREN. Jedes Tor wird durch vier alpha-
numerische Zeichen beschrieben und hat verschiedene Eigenschaften (siehe
Abbildung 3.35).

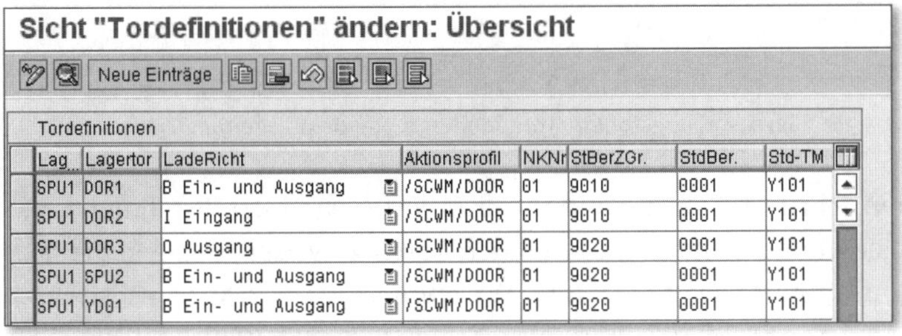

Sicht "Tordefinitionen" ändern: Übersicht

Tordefinitionen								
Lag	Lagertor	LadeRicht	Aktionsprofil	NKNr	StBerZGr.	StdBer.	Std-TM	
SPU1	DOR1	B Ein- und Ausgang	/SCWM/DOOR	01	9010	0001	Y101	
SPU1	DOR2	I Eingang	/SCWM/DOOR	01	9010	0001	Y101	
SPU1	DOR3	O Ausgang	/SCWM/DOOR	01	9020	0001	Y101	
SPU1	SPU2	B Ein- und Ausgang	/SCWM/DOOR	01	9020	0001	Y101	
SPU1	YD01	B Ein- und Ausgang	/SCWM/DOOR	01	9020	0001	Y101	

Abbildung 3.35 Lagertore definieren

Für jedes Tor können Sie über das Feld LADERICHT einstellen, ob es für
Warenein- oder -ausgang oder beides benutzt werden soll. Das Aktionsprofil
können Sie nutzen, um Aktionen des Post Processing Frameworks (PPF) auszuführen, zum Beispiel um ein Formular auszudrucken, das einen leeren
Anhänger aus dem Hof an ein Tor anfordert, damit er dort beladen werden
kann. Das PPF beschreiben wir in Kapitel 12, »Bereichsübergreifende Prozesse und Funktionen«, genauer. Die Standard-Bereitstellungszonengruppe
(Feld STBERZGR.) und die Standard-Bereitstellungszone (Feld STDBER.) werden verwendet, wenn das System anderweitig keine Bereitstellzone ermitteln konnte. Dasselbe gilt für das Standard-Transportmittel (Feld STD-TM),
hier Y101 in Abbildung 3.35.

Bereitstellungszonen den Lagertoren zuweisen

Nachdem Sie Bereitstellungszonen, Tore und Bereitstellungszonen-/Torfin-
dungsgruppen im Customizing angelegt haben, müssen Sie festlegen, welche
Findungsgruppen für jedes Lagertor erlaubt sind. Die Findungsgruppe ist

den Produkten zugewiesen, das heißt, Sie können einstellen, welche Tore für welche Produkte erlaubt sein sollen (zum Beispiel gekühlte Produkte versus Normaltemperatur-Produkte oder Schüttgut versus Palettenware). In Abbildung 3.36 sehen Sie die Tabelle, in der die erlaubten Findungsgruppen zugewiesen werden. Folgen Sie dazu dem Customizing-Pfad EXTENDED WAREHOUSE MANAGEMENT • STAMMDATEN • LAGERTOR • BEREITSTELLUNGSZONEN-/TORFINDUNGSGRUPPE ZUM TOR ZUORDNEN.

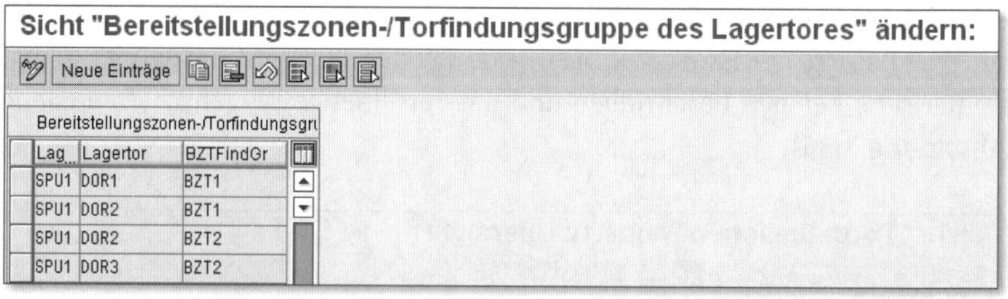

Sicht "Bereitstellungszonen-/Torfindungsgruppe des Lagertores" ändern:

Lag	Lagertor	BZTFindGr
SPU1	DOR1	BZT1
SPU1	DOR2	BZT1
SPU1	DOR2	BZT2
SPU1	DOR3	BZT2

Abbildung 3.36 Bereitstellungszonen-/Torfindungsgruppe dem Lagertor zuweisen

Als letzten Schritt der Konfiguration der Lagertore und Bereitstellungszonen müssen Sie die Bereitstellungszonen den Toren zuweisen. Wählen Sie dazu im Customizing den Pfad EXTENDED WAREHOUSE MANAGEMENT • STAMMDATEN • LAGERTOR • BEREITSTELLUNGSZONE ZUM LAGERTOR ZUORDNEN. Wie Sie in Abbildung 3.37 sehen, können Sie einem Tor mehrere verschiedene Bereitstellungszonen zuweisen. Jede Bereitstellungszone kann auch für mehrere Tore verwendet werden.

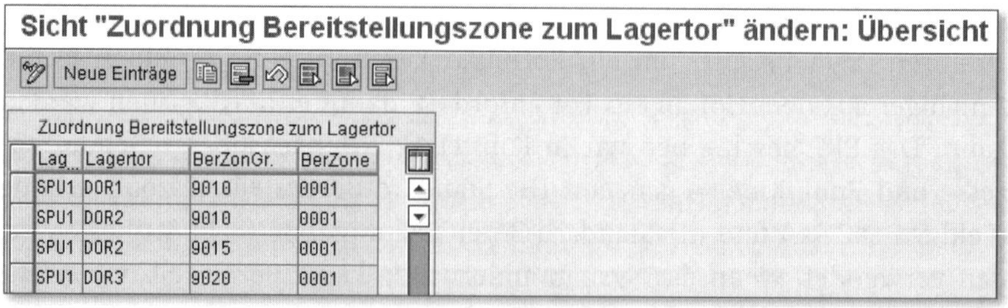

Sicht "Zuordnung Bereitstellungszone zum Lagertor" ändern: Übersicht

Lag	Lagertor	BerZonGr.	BerZone
SPU1	DOR1	9010	0001
SPU1	DOR2	9010	0001
SPU1	DOR2	9015	0001
SPU1	DOR3	9020	0001

Abbildung 3.37 Zuweisung von Bereitstellzonen zu Toren

3.3.7 Arbeitsplatz

Ein Arbeitsplatz ist ein Bereich im Lager, in dem Aktivitäten mit Beständen oder mit HUs durchgeführt werden, wie zum Beispiel das Verpacken und Umpacken, die Qualitätsprüfung, die Durchführung von LZL, die Zusammensetzung von Sets, die Dekonsolidierung oder das Zählen von Materialien. Auch Identifikationspunkte und Kommissionierpunkte (I-Punkte und K-Punkte) werden in EWM als Arbeitsplatz abgebildet.

Arbeitsplätze in EWM zeichnen sich durch ein einheitliches Erscheinungsbild aus (siehe Abbildung 3.38). Obwohl es verschiedene Transaktionen für die Arbeitsplatztypen gibt (zum Beispiel die Transaktion /SCWM/PACK für den Packplatz im Warenausgangsprozess oder die Transaktion /SCWM /QINSP für die Qualitätsprüfung), sehen alle Arbeitsplätze ähnlich aus. Dies vereinfacht die Bedienung durch den Anwender – wer einen Arbeitsplatz beherrscht, hat es nicht schwer, die Bedienung eines zweiten zu lernen. Dies bedeutet also auch einen reduzierten Schulungsaufwand.

Die Oberfläche jedes Arbeitsplatzes besteht aus drei Bereichen, die in Abbildung 3.38 zu sehen sind: dem *Tree Control*, dem *Scannerbereich* und dem *Detailbereich*.

▶ Das Tree Control ❶ befindet sich im linken Bildschirmbereich des Arbeitsplatzes. Hier können Sie zum Beispiel Umpackvorgänge per Drag & Drop vornehmen.

▶ Der Scannerbereich ❷ befindet sich im rechten oberen Bildschirmbereich. Wenn am Arbeitsplatz mit einem Tastaturscanner oder ohne Maus gearbeitet werden soll, dann können Sie die Registerkarten im Scannerbereich verwenden. Falls Sie für einen Umpackvorgang keine geeignete Registerkarte finden, stehen Ihnen drei Registerkarten für eine BAdI-Implementierung zur Verfügung. Diese BAdI-Registerkarten lassen sich im Arbeitsplatz-Layout aktivieren, mehr dazu erfahren Sie etwas später in diesem Abschnitt.

▶ Der Detailbereich ❸ befindet sich im rechten unteren Bildschirmbereich. Hier können Sie zum Beispiel Detailinformationen zum Lagerplatz oder zur HU erhalten, die Sie vorher mit einem Doppelklick im Tree Control ausgewählt haben. Der Detailbereich kann nur in Zusammenhang mit dem Tree Control genutzt werden. Wenn Sie sich zusätzliche Informationen im Detailbereich anzeigen lassen wollen, können Sie das durch die Aktivierung von fünf weiteren Registerkarten unter Nutzung von BAdIs tun. Auch diese BAdI-Registerkarten lassen sich im Arbeitsplatz-Layout aktivieren.

Sie können einen einzelnen Arbeitsplatz erstellen oder mehrere Arbeitsplätze zu einer *Arbeitsplatzgruppe* zusammenfassen. Zum Beispiel kann ein Arbeitsplatz als Ziel einer Lageraufgabe eingesetzt oder die Lageraufgabe generisch angelegt werden, sodass der Lagerangestellte angewiesen wird, die

HU oder das Material zu einer Arbeitsplatzgruppe zu bringen (die als Lagerbereich abgebildet wird). Der endgültige Arbeitsplatz wird somit erst dann bestimmt, wenn der Lagerangestellte die Lageraufgabe quittiert. Dies erlaubt die Ermittlung des Arbeitsplatzes zum spätestmöglichen Moment, sodass die aktuelle Arbeitslast und die Kapazität der Arbeitsplätze berücksichtigt werden können.

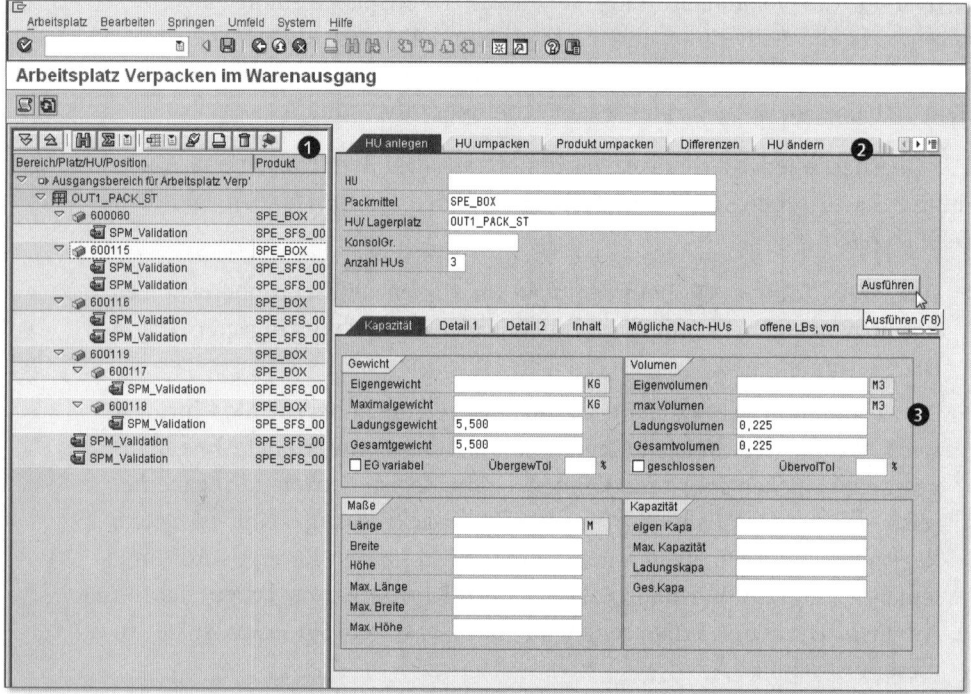

Abbildung 3.38 Typisches Erscheinungsbild eines SAP EWM-Arbeitsplatzes

Ebenso ist es möglich, mehreren Arbeitsplätzen einen gemeinsamen *Eingangsbereich* und/oder einen gemeinsamen *Ausgangsbereich* zuzuweisen. Alle Arbeitsplätze, denen derselbe Eingangsbereich zugewiesen ist, sehen gemeinsam den Bestand auf diesem Bereich. Nachdem die aktuelle Aktivität in einem Arbeitsplatz abgeschlossen ist, wird der nächste Bestand (der nächste Arbeitsauftrag) aus dem Eingangsbereich in den Arbeitsplatz übernommen. Der Ausgangsbereich funktioniert analog: Nach dem Abschließen einer Aktivität wird der Bestand auf den Ausgangsbereich gelegt, von dem aus der nächste Prozessschritt durchgeführt wird. Eingangsbereiche und Ausgangsbereiche von Arbeitsplätzen werden im EWM-System auch als Lagerbereiche abgebildet.

Neuen Arbeitsplatz anlegen

Einen Arbeitsplatz können Sie im Customizing unter dem Pfad EXTENDED WAREHOUSE MANAGEMENT • STAMMDATEN • ARBEITSPLATZ • ARBEITSPLATZ DEFI-NIEREN anlegen. Abbildung 3.39 zeigt die Definition des Packarbeitsplatzes VERP zum Verpacken und Umpacken von Materialien im Warenausgangsprozess.

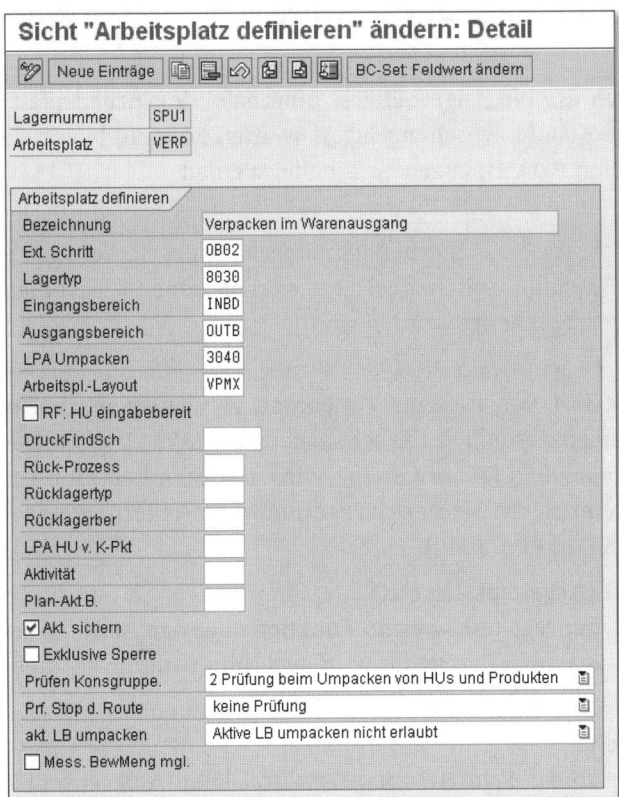

Abbildung 3.39 Arbeitsplatz definieren

Sie können die folgenden Felder pflegen:

▶ **Ext. Schritt**
Dieses Feld ist eines der wichtigsten Felder des Arbeitsplatzes. Wenn Sie die prozessorientierte Lagerungssteuerung benutzen, müssen Sie hier den Namen des Prozessschrittes eintragen, der in diesem Arbeitsplatz *abgeschlossen* wird. Erst wenn Sie hier einen Schritt eintragen, wird die Schaltfläche PROZESSSCHRITT ABSCHLIESSEN über der Bestandsanzeige in den Arbeitsplatzbildschirmen angezeigt.

- **Lagertyp**
  Legt den Lagertyp des Arbeitsplatzes fest. Die Lagertyprolle des Lagertyps muss einer der folgenden Rollen entsprechen:

  - E – ARBEITSPLATZ

  - I – ARBEITSPLATZ IN BEREITSTELLUNGSZONEN-GRUPPE

  - B – KOMMISSIONIERPUNKT

  - C – IDENTIFIKATIONS- UND KOMMISSIONIERPUNKT

- **Eingangsbereich**
  Der Eingangsbereich ist ein Lagerbereich innerhalb des Arbeitsplatz-Lagertyps, in dem Bestände zwischengelagert werden können, bevor sie von den zugewiesenen Arbeitsplätzen verarbeitet werden.

- **Ausgangsbereich**
  Der Ausgangsbereich ist ein Lagerbereich innerhalb des Arbeitsplatz-Lagertyps, in dem Bestände zwischengelagert werden können, nachdem sie von Arbeitsplätzen bearbeitet worden sind.

- **LPA Umpacken**
  Legt die Lagerprozessart fest, die zum Umpacken verwendet wird. Für jeden Umpackvorgang innerhalb des Arbeitsplatzes legt EWM Lageraufgaben an. Wenn Sie keine LPA zuweisen, wird die Standard-LPA für Umpackvorgänge benutzt, die Sie in der Lagernummernsteuerung eingestellt haben (im Standard LPA 3040).

- **Arbeitsplatz-Layout (Arbeitspl.-Layout)**
  Das Arbeitsplatz-Layout legt fest, welche Funktionalität der Arbeitsplatz beinhalten soll. Das Arbeitsplatz-Layout wird auch im Customizing angelegt. Wir erklären das Layout im nächsten Abschnitt.

- **RF: HU eingabebereit**
  Dieses Feld steuert, ob das Feld HU IDENTIFIKATION beim Anlegen einer HU im RF auf der Benutzeroberfläche erscheint oder nicht. Der RF-Anwender hat dadurch die Möglichkeit, während der Dekonsolidierung und des Verpackens eine externe HU-Identifikation vorzugeben oder eine bereits existierende HU zu benutzen.

- **Druckfindungsschema (DruckFindSch)**
  Das Druckfindungsschema legt das Schema fest, das für das Drucken von HU-Etiketten aus dem Arbeitsplatz genutzt wird.

- **Rück-Prozess**
  Legt die Lagerprozessart für die Rücklagerung vom K-Punkt fest, sofern der Arbeitsplatz als K-Punkt verwendet wird. Mehr Informationen zu K-Punkten finden Sie in Kapitel 8, »Wareneingangsprozess«.

- **Rücklagerbereich (Rücklagertyp und Rücklagerber)**
  Wenn der Arbeitsplatz als K-Punkt benutzt wird, dann können Sie hier den Lagertyp und -bereich einstellen, der für die Rücklagerung überschüssiger Mengen verwendet wird. Nähere Informationen zu K-Punkten finden Sie in Kapitel 8.

- **LPA für HU-Lageraufgabe vom Kommissionierpunkt (LPA HU v. K-Pkt)**
  Wenn der Arbeitsplatz als K-Punkt benutzt wird, dann können Sie hier die Lagerprozessart für die HU-Lageraufgabe vom Kommissionierpunkt zur Ziellokation einstellen. Mehr Informationen zu K-Punkten finden Sie in Kapitel 8.

- **Aktivität**
  Sie können hier eine Aktivität pflegen, zu der das System Texte am Arbeitsplatz anzeigen soll.

- **Plan-Aktivitätsbereich (Plan-Akt.B.)**
  Legt den Aktivitätsbereich für die Planung im Arbeitsmanagement fest, wenn vom System kein anderer Aktivitätsbereich bei der Erstellung der geplanten Arbeitslast gefunden wird.

- **Aktionen sichern (Akt. sichern)**
  Wenn Sie dieses Kennzeichen setzen, dann führt das System nach jeder Benutzeraktion an einem Arbeitsplatz automatisch einen Speichervorgang aus.

- **Exklusive Sperre**
  Ist das Kennzeichen EXKLUSIVE SPERRE gesetzt, wird beim Auspacken von Produkten aus einer HU die Von-HU exklusiv gesperrt. Dies gilt sowohl beim Packen auf eine andere HU als auch beim Packen auf einen Lagerplatz. Ist das Kennzeichen nicht gesetzt, wird nur eine Shared-Sperre auf die Von-HU gesetzt.

  Eine exklusiv gesperrte HU kann nur in einem Modus bearbeitet werden, und der Anwender kann alle Werte der HU ändern.

  Wenn Sie die Shared-Sperre benutzen, können aus einer HU in mehreren Modi parallel Produkte ausgepackt werden. Wurde in einem Modus die Shared-Sperre gesetzt, unabhängig davon, ob in einem anderen Modus diese Sperre auch gesetzt wird, kann keine exklusive Sperre gesetzt werden. Das heißt, dass zwar Produkte ausgepackt werden können, jedoch können Kopf-Attribute der HU nicht geändert werden. Dazu muss vorher gesichert werden.

> **Exklusive Sperre**
>
> Ist es nicht notwendig, dass mehrere Benutzer gleichzeitig eine HU auspacken, sollte die exklusive Sperre gesetzt werden.

- **Prüfen der Konsolidierungsgruppe (Prüfen Konsgruppe.)**
  Mit diesem Feld können Sie pro Arbeitsplatz einstellen, wie beim Umpacken eine Prüfung für die Konsolidierungsgruppe durchgeführt werden soll. Beim Umpacken eines Produkts in eine HU wird immer geprüft, ob die Konsolidierungsgruppe der Nach-Handling-Unit zu der Konsolidierungsgruppe des Produkts passt.

  Ausnahme: Wenn die Nach-HU in eine übergeordnete HU gepackt wird, wird die Konsolidierungsgruppe der übergeordneten HU bei der Prüfung nicht berücksichtigt.

  Die möglichen Ausprägungen dieses Kennzeichens sind:

  - Prüfung beim Umpacken von Produkten
  - Prüfung beim Umpacken von HUs und Produkten
  - keine Prüfung

- **Prüfen des Stopps der Route (Prf. Stop d. Route)**
  Mit diesem Feld können Sie pro Arbeitsplatz einstellen, ob beim Umpacken eine Prüfung auf den Stopp der Route durchgeführt werden soll. Die Prüfung wird mithilfe einer Standard-Implementierung eines BAdIs durchgeführt, das heißt, Sie können diese Prüfung auch abändern. In der Standard-Implementierung prüft das System beim Umpacken von HUs, ob der Stopp der Route der Von-HU und der Ziel-HU übereinstimmen. Die Auswahlmöglichkeiten dieses Kennzeichens sind:

  - Prüfung beim Umpacken von Produkten
  - Prüfung beim Umpacken von HUs und Produkten
  - keine Prüfung

- **Aktive Lageraufgaben umpacken (akt. LB umpacken)**
  Durch diesen Feld legen Sie fest, ob sie Produkte oder HUs mit aktiven Lageraufgaben umpacken können. Die Auswahlmöglichkeiten sind:

  - AKTIVE LB UMPACKEN ERLAUBT
  - AKTIVE LB UMPACKEN NICHT ERLAUBT

- **Messung der Bewertungsmenge möglich (Mess. BewMeng mgl.)**
  Durch dieses Kennzeichen legen Sie fest, ob der Benutzer am jeweiligen Arbeitsplatz, zum Beispiel durch Wiegen mit einer Waage, die Bewer-

tungsmenge ermitteln kann. Wenn der Benutzer die Bewertungsmenge am entsprechenden Arbeitsplatz nicht ermitteln kann, ignoriert das System die entsprechenden Einstellungen der Catch-Weight-Profile zur Eingabe von Bewertungsmengen.

Arbeitsplatz-Layout zuweisen

Jedem Arbeitsplatz ist ein *Arbeitsplatz-Layout* (auch *Arbeitsplatz-Bildschirmkonfiguration* genannt) zugewiesen. Das Arbeitsplatz-Layout steuert, welche Bereiche, Funktionen und Registerkarten im jeweiligen Arbeitsplatz auf der Oberfläche erscheinen sollen. Sie finden das Layout unter dem Customizing-Pfad EXTENDED WAREHOUSE MANAGEMENT • STAMMDATEN • ARBEITSPLATZ • ARBEITSPLATZ-LAYOUT DEFINIEREN (siehe Abbildung 3.40).

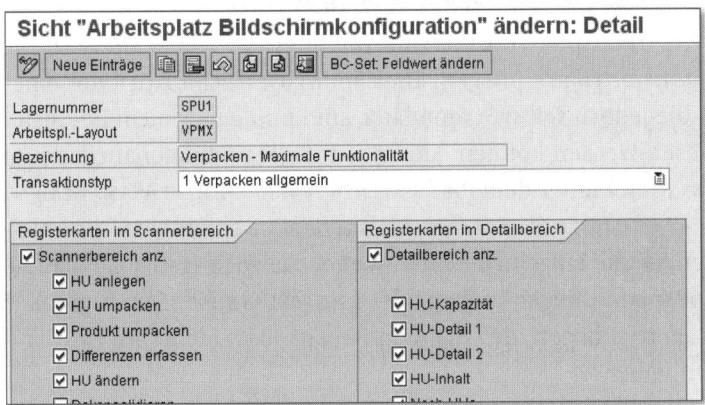

Abbildung 3.40 Arbeitsplatzlayout definieren

Das Customizing des Arbeitsplatz-Layouts unterteilt sich im Wesentlichen in drei Bereiche, die Sie schon von der Oberfläche des Arbeitsplatzes aus Abbildung 3.38 kennen: In den Scannerbereich, den Detailbereich und das Tree Control. Sie können diese drei Bereiche komplett ausstellen (zum Beispiel den Detailbereich, wenn Sie ohne Maus arbeiten), einzelne Registerkarten abstellen (zum Beispiel die Registerkarte HU UMPACKEN, wenn Sie nur mit Beständen innerhalb von HUs arbeiten), einzelne Schaltflächen ausblenden (zum Beispiel die Schaltfläche HU LÖSCHEN). Es kann sinnvoll sein, zwei anstelle von nur einem Tree Control auf der linken Seite der Oberfläche anzuzeigen. So kann der Lagerangestellte leichter Bestände zwischen zwei HUs umpacken. Dies können Sie auch im Layout einstellen, sogar ob das zweite Tree Control unter oder neben dem bestehenden Tree Control angezeigt werden soll.

Die meisten Einstellmöglichkeiten des Arbeitsplatz-Layouts sind selbsterklärend, daher wollen wir an dieser Stelle nicht alle Kennzeichen einzeln besprechen. Wenn Sie sich trotzdem nicht sicher sind, was ein bestimmtes Kennzeichen macht, dann legen Sie doch einfach in Ihrem Sandbox-System einen Test-Arbeitsplatz mit dem Transaktionstyp VERPACKEN ALLGEMEIN an, und probieren Sie aus, welches Layout für Ihre Anforderungen am besten geeignet ist.

In der Standard-Auslieferung des EWM-Systems sind in der Lagernummer 0001 Arbeitsplatz-Layouts für das Verpacken, das Dekonsolidieren, für die Qualitätsprüfung und für LZL vorhanden, die Sie als Kopiervorlage benutzen können.

Stammdatenattribute des Arbeitsplatzes pflegen

Wenn Sie einen Arbeitsplatz im Customizing angelegt haben, müssen Sie dessen *Stammdatenattribute* pflegen. Dies sind zusätzliche Attribute eines Arbeitsplatzes, die jedoch selbst Stammdaten sind und daher nicht im Customizing zugewiesen werden können. Sie finden die Stammdatenattribute im SAP Easy Access Menü unter dem Pfad EXTENDED WAREHOUSE MANAGEMENT • STAMMDATEN • ARBEITSPLATZ • STAMMDATENATTRIBUTE DEFINIEREN. In Abbildung 3.41 sehen Sie die einzelnen Felder, wobei das wichtigste Feld, das Sie für jeden Arbeitsplatz pflegen sollten, der LAGERPLATZ ist. Der Lagerplatz muss in dem Lagertyp liegen, den Sie dem Arbeitsplatz vorher im Customizing zugewiesen haben.

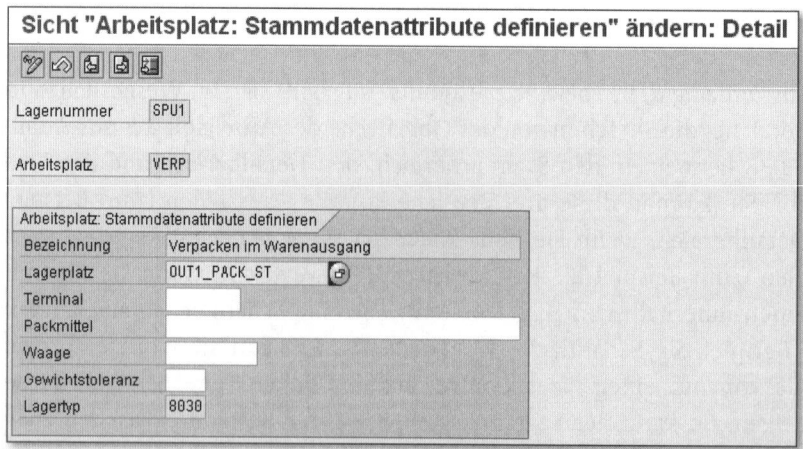

Abbildung 3.41 Stammdatenattribute eines Arbeitsplatzes pflegen

Mit dem Feld TERMINAL können Sie einem bestimmten physischen Arbeitsplatz (einem Rechner in Ihrem Lager) fest einem SAP-Arbeitsplatz zuordnen,
ohne dass der Name des SAP-Arbeitsplatzes jedes Mal beim Einloggen ausgewählt werden muss.

Wenn Sie eine Waage an EWM anschließen wollen, um das aktuelle Gewicht
von Packstücken vor der Auslieferung zu ermitteln, dann legen Sie diese im
SAP Easy Access Menü unter dem Pfad EXTENDED WAREHOUSE MANAGEMENT
• STAMMDATEN • ARBEITSPLATZ • WAAGEN DEFINIEREN an und tragen die Waage
im Arbeitsplatz ein. Die Waage repräsentiert eine RFC-Verbindung. Wenn
Sie die Waagen-Funktion im Arbeitsplatz benutzen, dann ruft das System ein
BAdI auf, um das Gewicht zu ermitteln. Die Standard-BAdI-Implementierung
ruft den Funktionsbaustein /SCWM/HU_WEIGHT_FROM_SCALE auf. Wenn Sie
einen anderen Funktionsbaustein benutzen wollen, dann können Sie das
BAdI /SCWM/EX_WRKC_UI_GET_WEIGHT implementieren und damit die Standard-Implementierung überschreiben.

Wenn Sie über den Arbeitsplatz Ihre Lieferscheine ausdrucken wollen, dann
finden Sie die dazugehörige Drucksteuerung im SAP Easy Access Menü unter
dem Pfad EXTENDED WAREHOUSE MANAGEMENT • STAMMDATEN • ARBEITSPLATZ
• DRUCKERSTEUERUNG.

Benutzung von Arbeitsplätzen ohne eigenen Lagerplatz

Sie können auch einen Arbeitsplatz anlegen, ohne diese Stammdatenattribute zu
pflegen. In diesem Fall ist dem Arbeitsplatz kein Lagerplatz zugewiesen, das heißt,
er kann für Bestand auf *jedem* Lagerplatz im Lager benutzt werden.

Wenn Sie einen solchen Arbeitsplatz mit dem Typ VERPACKEN IM WARENAUSGANG
anlegen und ihn in der Transaktion /SCWM/PACK mit einer HU als Parameter aufrufen, dann können Sie im Hauptbildschirm des Arbeitsplatzes diese HU mitsamt
ihrem kompletten Bestand sehen und bearbeiten. Mit einem Doppelklick auf die
HU können Sie zum Beispiel die Kopf-Attribute der HU wie Gewicht, Volumen, die
Statusinformationen (Systemstatus und Anwenderstatus) und die alternativen IDs
(zum Beispiel Siegel) ändern.

In manchen Fällen, zum Beispiel, wenn Sie eine HU bereits eingelagert haben und
sich zur Pflege dieser Attribute nicht extra zu einem Arbeitsplatz bewegen wollen,
ist dieses Vorgehen sehr praktisch.

Arbeitsplätze im Lagerprozess finden

Nachdem Sie Arbeitsplätze angelegt, ein Arbeitsplatz-Layout zugewiesen
und die Stammdatenattribute gepflegt haben, müssen Sie die *Arbeitsplatzfin-*

dung einstellen. Die Arbeitsplatzfindung besagt, wann welcher Arbeitsplatz verwendet werden soll.

Dies ist natürlich abhängig vom Typ des Arbeitsplatzes. Die Findung eines Dekonsolidierungs-Arbeitsplatzes im Wareneingangsprozess hängt natürlich von anderen Faktoren ab als die Findung eines Packplatzes im Warenausgangsprozess. Mehr Informationen zur Dekonsolidierung finden Sie in Kapitel 8, »Wareneingangsprozess«.

Die Findung des Packplatzes im Warenausgangsprozess pflegen Sie im SAP Easy Access Menü unter dem Pfad EXTENDED WAREHOUSE MANAGEMENT • STAMMDATEN • ARBEITSPLATZ • ARBEITSPLATZ IM WARENAUSGANG ERMITTELN. In Abbildung 3.42 sehen Sie, dass Sie den Arbeitsplatz dort über seinen Lagertyp, Lagerbereich und Lagerplatz identifizieren und dass die Findung abhängig ist von der Route (der Auslieferung), dem Aktivitätsbereich (der Kommissionierung) und der Konsolidierungsgruppe (wird ermittelt aus Warenempfänger, Route und Lieferpriorität).

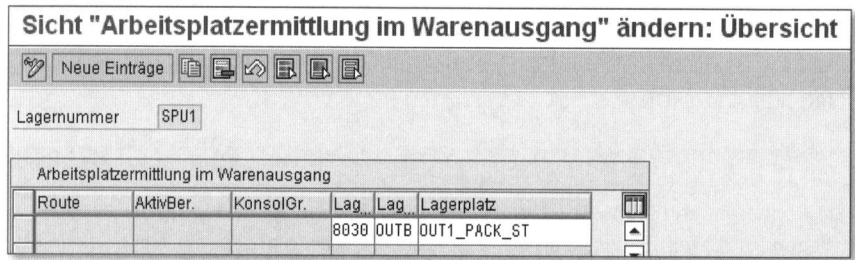

Abbildung 3.42 Arbeitsplatz im Warenausgang ermitteln

Damit Sie nicht immer alle drei Felder ROUTE, AKTIVBER. (Aktivitätsbereich) und KONSOLGR. (Konsolidierungsgruppe) pflegen müssen, können Sie die Art und die Reihenfolge der Zugriffe auf die Findungstabelle einstellen, die das System durchführt. Wählen Sie dazu im Customizing den Pfad EXTENDED WAREHOUSE MANAGEMENT • STAMMDATEN • ARBEITSPLATZ • OPTIMIERUNG DER ARBEITSPLATZERMITTLUNG IM WARENAUSGANG.

In Abbildung 3.44 sehen Sie, dass für die Lagernummer SPU1 sechs verschiedene Zugriffe eingestellt sind, beginnend mit Route und Aktivitätsbereich und endend mit einem Zugriff nur mit der Konsolidierungsgruppe. Generell macht es immer Sinn, solche Zugriffstabellen wie die aus Abbildung 3.43 vom speziellsten Zugriff hin zum allgemeinsten Zugriff einzustellen. Der erste Zugriff sollte immer spezieller (das heißt, mit mehr gefüllten Feldern) sein als der zweite. Dadurch fällt Ihnen das Customizing später leichter.

Sicht "Optimierung der Arbeitsplatzermittlung im Warenausgang" ändern:

Neue Einträge

Optimierung der Arbeitsplatzermittlung im Warenausgang

Lag..	Fortlaufende Nr.	Route	AktBereich	KonsGr
SPU1	1	☑	☑	☐
SPU1	2	☑	☐	☑
SPU1	3	☐	☑	☑
SPU1	4	☑	☐	☐
SPU1	5	☐	☑	☐
SPU1	6	☐	☐	☑

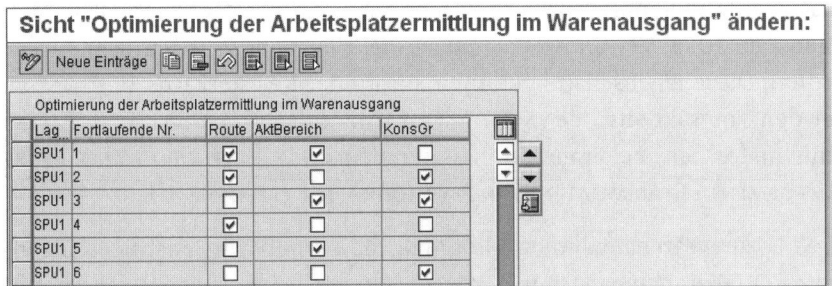

Abbildung 3.43 Arbeitsplatzermittlung im Warenausgang

Ähnlich wie die Packplatzfindung im Warenausgang pflegen Sie die Findung des Dekonsolidieren-Arbeitsplatzes im Customizing. Hier benutzen Sie den Pfad EXTENDED WAREHOUSE MANAGEMENT • WARENEINGANGSPROZESS • DEKONSOLIDIERUNG • DEKONSOLIDIERUNGSSTATION BESTIMMEN.

In Abbildung 3.44 sehen Sie, dass Sie hier auch direkt einen Arbeitsplatz angeben können. Die Findung ist abhängig vom Von-Lagertyp (zum Beispiel einer Bereitstellzone im Wareneingang), der HU-Typgruppe und dem Aktivitätsbereich (den Einlageraufgaben).

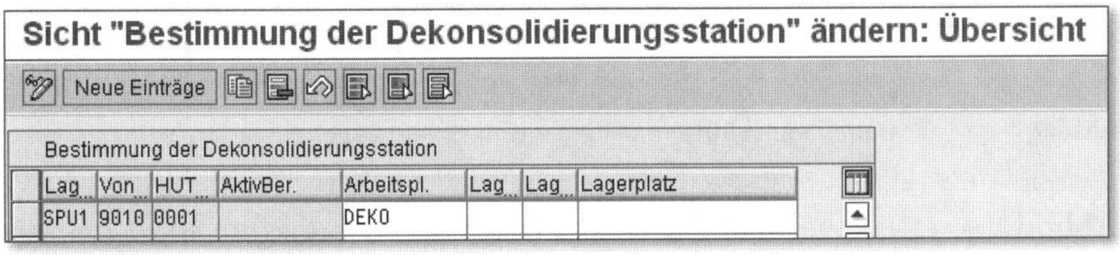

Sicht "Bestimmung der Dekonsolidierungsstation" ändern: Übersicht

Neue Einträge

Bestimmung der Dekonsolidierungsstation

Lag..	Von..	HUT..	AktivBer.	Arbeitspl.	Lag..	Lag..	Lagerplatz
SPU1	9010	0001		DEKO			

Abbildung 3.44 Dekonsolidierungsstation bestimmen

Findung anderer Arbeitsplatztypen

Es gibt noch andere Methoden, wie Arbeitsplätze ermittelt werden können, zum Beispiel für das Qualitätsmanagement, für LZL, für die Bausatzbildung (Kitting) oder im Cross-Docking. Nähere Informationen, wie das System in diesen Prozessen den Arbeitsplatz bestimmt, finden Sie in den jeweiligen Kapiteln in diesem Buch.

3.3.8 Wareneingangsbüro und Versandbüro

Die Gegenstücke zur Versand- und Warenannahmestelle in SAP ERP sind in EWM das *Versandbüro* bzw. das *Wareneingangsbüro*.

Wenn Sie eine Versandstelle/Warenannahmestelle aus dem SAP ERP-System in EWM übertragen (mit dem APO Core Interface, CIF), dann legt das System

Lokationen und Supply Chain Units (SCU) an. Diese SCUs haben einen speziellen Typ (1003, Versandstelle) und spezielle betriebswirtschaftliche Eigenschaften. Diese Eigenschaften können Sie auf der Registerkarte ALTERNATIVE über den Transaktionscode /SCMB/SCUMAIN pflegen. Im SAP Easy Access Menü finden Sie die Transaktion unter dem Pfad EXTENDED WAREHOUSE MANAGEMENT • STAMMDATEN • SUPPLY-CHAIN-UNIT PFLEGEN.

Die SCU zur Warenannahmestelle erhält die betriebswirtschaftliche Eigenschaft RO (Wareneingangsbüro), die Versandstelle die betriebswirtschaftliche Eigenschaft SO (Versandbüro).

Damit die SCUs auch als Versand- und Wareneingangsbüro benutzt werden können, müssen sie der SCU der Lagernummer zugewiesen werden. Öffnen Sie dazu die Transaktion /SCMB/SCUHIERMAIN, und weisen Sie die SCUs zu (siehe Abbildung 3.45).

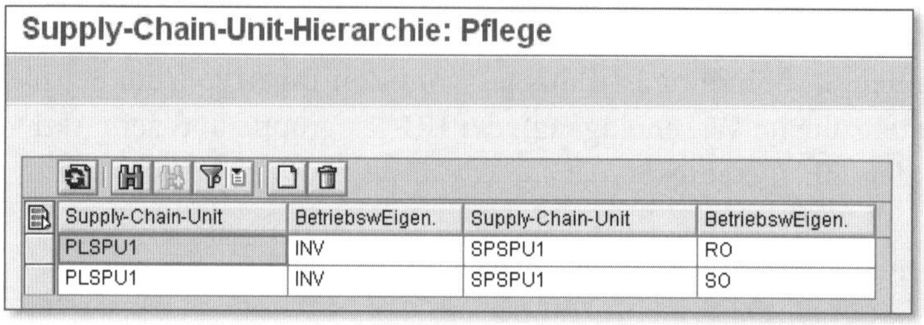

Supply-Chain-Unit-Hierarchie: Pflege

Supply-Chain-Unit	BetriebswEigen.	Supply-Chain-Unit	BetriebswEigen.
PLSPU1	INV	SPSPU1	RO
PLSPU1	INV	SPSPU1	SO

Abbildung 3.45 Wareneingangsbüro und Versandbüro dem Lager zuweisen

In Abbildung 3.46 sehen Sie ein Beispiel für eine Transaktion in EWM, die das Versandbüro verwendet, in diesem Fall die Transaktion zum Pflegen von Auslieferungsaufträgen. Wenn Sie Lieferungen in EWM manuell anlegen wollen, dann müssen Sie in den Vorschlagswerten (Default-Werten) das Versandbüro eingeben.

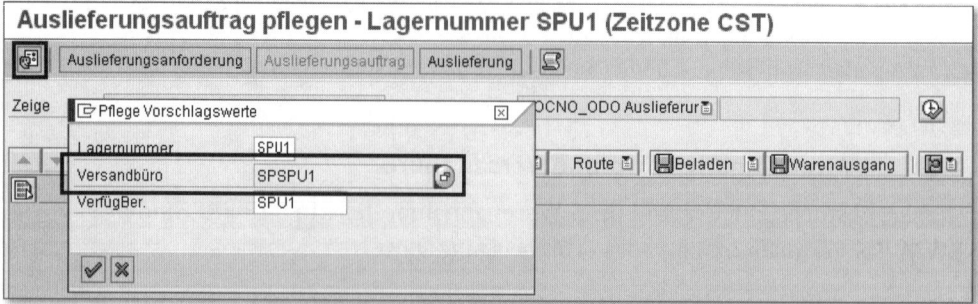

Abbildung 3.46 Verwendung des Versandbüros in Auslieferungsaufträgen

3.4   Zusammenfassung

In diesem Kapitel haben wir Ihnen die wichtigsten Elemente der Organisationsstruktur eines Unternehmens und eines Lagers gezeigt. Wir haben Ihnen aus dem SAP ERP-System die Organisationselemente Buchungskreis, Werk, Lagerort, Lagernummer und Versandstelle erklärt. Alle zum Lager gehörigen Organisationselemente werden im EWM-System gepflegt – wir haben Ihnen die EWM-Elemente Lagernummer, Lagertyp, Lagerbereich, Lagerplatz, Aktivitätsbereich, Arbeitsplatz, Wareneingangsbüro und Versandbüro beschrieben.

Die Stammdatenqualität ist einer der entscheidenden Faktoren, wenn es um die erfolgreiche Einführung eines Lagerverwaltungssystems geht. Die unterschiedlichen Funktionen und Regeln des Systems erfordern gut gepflegte Stammdaten: Nur wenn diese vollständig und aktuell sind, kann die Software all ihre Vorteile ausspielen.

4 Stammdaten

Dieses Kapitel widmet sich den Stammdaten. Stammdaten, die in SAP EWM genutzt werden, pflegen Sie an verschiedenen Stellen und in verschiedenen Systemen. Meist werden Stammdaten bereits in SAP ERP erstellt oder sind dort schon vorhanden und müssen ins EWM-System überführt werden. Die Replikation der zentralen Stammdaten übernimmt im Verbund von SAP EWM und SAP ERP das *Core Interface* (CIF). Das CIF ist Teil des SCM-Systems, da Stammdaten eine zentrale Herausforderung des gesamten SCM darstellen. CIF sorgt auch dafür, dass die Stammdaten im SCM-System aktuell bleiben, das heißt, Änderungen können anhand verschiedener Regeln ins SCM-System repliziert werden. Deshalb werden wir im ersten Teil dieses Kapitels die CIF-Integration erörtern. Sie erhalten Einblick in die unterschiedlichen Transaktionen und lernen, wie Daten aus dem SAP ERP-System ins SCM-System überführt werden. Im zweiten Teil dieses Kapitels gehen wir auf die wichtigsten Stammdaten ein und beschreiben, welchen Einfluss diese auf die Geschäftsprozesse im Lager haben. Wir beschreiben den Produktstamm, aber auch die zentralen Stammdatenobjekte, die zur Ausführung der Prozesse notwendig sind. In diesem Zusammenhang stellen wir u. a. die Geschäftspartner oder die Packspezifikationen vor. Der Produktstamm und seine Felder werden in diesem Kapitel im Überblick beschrieben. Das heißt, wir erläutern nur die wichtigsten Felder zur Steuerung der Prozesse in EWM. Andere EWM-Stammdaten, die verwendet werden, um die EWM-Prozesse, wie das Ressourcenmanagement oder die Warenannahme und den Versand, zu steuern, werden wir in den jeweiligen Kapiteln zu diesen Themen erläutern.

4.1 Stammdatenmodell und Stammdatenreplikation

Das Replizieren und die Synchronisation der Stammdaten zwischen EWM und SAP ERP spielen eine zentrale Rolle im Rahmen der Integration beider Systeme. In vielen Fällen sind Probleme bei einer EWM-Einführung auf schlechte Stammdaten zurückzuführen. Die Anbindung von EWM und SAP ERP erfolgt über das *Core Interface* (CIF). Der Austausch der Stammdaten zwischen SAP ERP und EWM erfolgt technisch über einen *queued Remote Function Call* (qRFC). SAP ERP ist das führende System hinsichtlich der Stammdaten: Werden im EWM-System Änderungen an den zentralen Daten vorgenommen, werden diese beim Ausführen der Replikation aus dem SAP ERP-System teilweise wieder überschrieben. Das Einrichten der CIF-Integration wird hauptsächlich in SAP ERP durchgeführt; deshalb beschreiben wir auch in diesem Abschnitt die Schritte, die Sie in SAP ERP durchführen müssen, um Stammdaten in EWM zu überführen. Zunächst wird meist ein initialer Stammdatentransfer angestoßen, später werden vom CIF Deltatransfers durchgeführt, um die Stammdaten aktuell zu halten.

> **Verfügbarkeit des Core Interfaces**
>
> CIF mit allen Bestandteilen ist standardmäßig in SAP ECC 6.0 integriert. In älteren Releases muss CIF zusätzlich als *SAP R/3 Plug-in for APO* importiert werden.

CIF wird nicht nur für die Replikation von Materialien verwendet, sondern auch, um verschiedene Objekte (zum Beispiel Bewegungsdaten in Form von Dokumenten, Geschäftspartner in Form von Kunden- und Lieferantenstammsätzen) an SAP SCM zu übertragen. Die Bewegungsdaten, die über CIF in das SCM-System repliziert werden, werden meist von SAP APO verwendet. Die Bewegungsdaten in EWM, also Lieferungen, werden über eine andere Schnittstelle (qRFC) ausgetauscht, wie wir schon in Kapitel 2, »Einführung in SAP Extended Warehouse Management«, erläutert haben.

In diesem Abschnitt beschreiben wir folgende Funktionen von CIF, unter Berücksichtigung der SAP ERP- und EWM-Anforderungen:

- initiale Stammdatenreplikation von SAP ERP ins EWM-System
- Replikation von Änderungen der Stammdaten vom SAP ERP- ins EWM-System
- Administration der CIF
- Sicherstellen der Übertragung von neu erstellten Stammdaten

Im Folgenden beginnen wir mit der initialen Stammdatenreplikation.

Initiale Stammdatenreplikation

Ist die Konfiguration komplett abgeschlossen, können neu erstellte Stammdaten in SAP ERP ohne zusätzliche Aktionen automatisch ins EWM-System transferiert werden. Um die Replikation sicherzustellen, ist es notwendig, das System abhängig von seiner Verwendung optimal zu konfigurieren. Dazu müssen Sie Programme einplanen, die regelmäßig, in einem frei wählbaren Zyklus, die Daten ans EWM-System senden. Änderungen von Stammdaten werden anhand von Änderungszeigern automatisch und, falls gewünscht, im selben Moment an das EWM-System übertragen.

Um Stammdaten replizieren zu können, wird vorausgesetzt, dass diese im System vorhanden sind. Stammdaten in Form von Materialien können im SAP ERP-System im SAP Easy Access Menü über folgenden Pfad erstellt werden: LOGISTIK • MATERIALWIRTSCHAFT • MATERIALSTAMM • MATERIAL • ANLEGEN ALLGEMEIN • SOFORT. Alternativ können Sie die Transaktion MM01 nutzen (siehe Abbildung 4.1). Mit der Transaktion MM02 können Sie vorhandene Materialsätze einzeln ändern, und mit der Transaktion MM03 ist es möglich, sich einzelne Stammsätze anzeigen zu lassen.

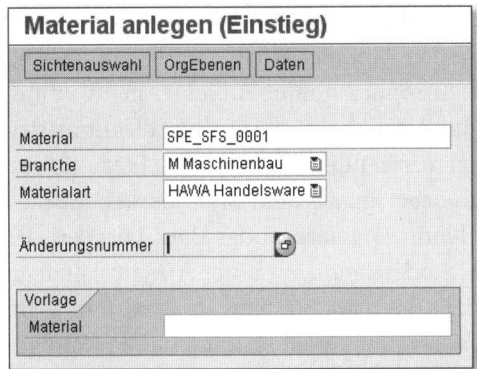

Abbildung 4.1   Neuen Stammdatensatz in SAP ERP erstellen

Um die CIF-Integration zu konfigurieren, sind einige Einstellungen im SAP ERP-System notwendig. Die Synchronisation wird durch die Definition eines sogenannten *Integrationsmodells* (CIF Integration Model) sichergestellt, in dem Sie spezifizieren, welche Objekte ans EWM-System repliziert werden sollen. Der Replikationsprozess wird gestartet, wenn Sie das Modell nach dem Erstellen aktivieren. Ein CIF-Integrationsmodell erstellen Sie über das SAP Easy Access Menü in SAP ERP unter dem Pfad LOGISTIK • ZENTRALE FUNKTIONEN • SUPPLY-CHAIN-PLANUNGSSCHNITTSTELLE • CORE INTERFACE ADVANCED

PLANNER AND OPTIMIZER • INTEGRATIONSMODELL • ANLEGEN oder durch Ausführen der Transaktion CFM1. Um das erstellte Modell zu aktivieren, folgen Sie im SAP Easy Access Menü dem Pfad LOGISTIK • ZENTRALE FUNKTIONEN • SUPPLY-CHAIN-PLANUNGSSCHNITTSTELLE • CORE INTERFACE ADVANCED PLANNER AND OPTIMIZER • INTEGRATIONSMODELL • AKTIVIEREN oder verwenden den Transaktionscode CFM2.

In der Transaktion CFM1 legen Sie ein Modell an, indem Sie einen Modellnamen, eine APO-Anwendung und den logischen Systemnamen des EWM-Systems spezifizieren. Die APO-Anwendung können Sie nutzen, um zu spezifizieren, für welche SCM-Anwendung Sie das Integrationsmodell verwenden, falls auf dem SCM-System unterschiedliche Komponenten vorhanden sind und nicht nur SAP EWM sich im Einsatz befindet. Das heißt, die APO-Anwendung dient als zusätzliches Feld, damit Sie die Modelle leichter verwalten können.

Durch die Auswahl von verschiedenen Selektionsparametern ist es möglich, verschiedene Objekte in das Modell zu generieren, die dann an das EWM-System repliziert werden. Den Modelllnamen sowie die APO-Anwendung können Sie frei bestimmen, das logische System muss vorher konfiguriert worden sein. Das logische System beschreibt das EWM-System, also den Ort, wohin die Daten gesendet werden sollen. Um die Daten, vor allem die Selektionskriterien für die Auswahl der zu replizierenden Objekte, nicht immer und immer wieder neu eingeben zu müssen, können Sie eine Selektionsvariante ablegen und diese dann immer verwenden, damit die Felder mit den gespeicherten Werten automatisch vorbelegt werden. Bitte merken Sie sich den Modellnamen, da Sie diesen beim Aktivieren oder dem Löschen des Modells benötigen. Beim Hinzufügen oder Replizieren neuer Materialien an das EWM-System ist es notwendig, das Modell neu zu generieren. Im Abschnitt »Stammdatenübertragung bei neu erstellten Materialien konfigurieren« auf Seite 122 beschreiben wir, wie Sie diesen Prozess automatisieren können.

Entwicklung des Core Interfaces

CIF wurde entwickelt, um Stammdaten an SAP APO (SAP Advanced Planning & Optimization) zu übertragen. Das SCM-System entstand, historisch gesehen, aus SAP APO. Später wurde EWM im SCM-System entwickelt. Deshalb können einige Begriffe irreführend sein oder beziehen sich, wie beim Anlegen des Integrationsmodells, auf das APO-System. Zudem sind notwendige Konfigurationseinstellungen im Einführungsleitfaden auch im APO-Menübaum hinterlegt. Einige Tabellennamen stammen aus dem Namensraum /SAPAPO/*, werden aber auch von EWM verwendet.

Die Selektion der zu replizierenden Objekte ist sehr flexibel. Abbildung 4.2 zeigt, wie Sie ein neues Integrationsmodell zur Replikation von Materialien und Werken anlegen. Im linken Fensterbereich können Sie definieren, welche Objekte an das SCM-(spezieller: EWM-)System übertragen werden sollen. Durch Auswahl der Kennzeichen MATERIALSTÄMME und WERKE legen Sie fest, dass beide Objekte bei der Übertragung berücksichtigt werden sollen. Durch Anklicken der Schaltfläche SELEKTION in dem gleichen Bereich werden auf der linken Seite des Bildschirms unterschiedliche Selektionsfelder eingeblendet. In diesem linken Fensterbereich können Sie Ihre Auswahl anhand von Selektionsparametern festlegen oder einschränken. Mit Anklicken der Schaltfläche AUSFÜHREN in der Menüleiste werden die Objekte, die sich innerhalb Ihrer Selektion befinden, berücksichtigt.

Auf der nächsten Ergebnisbildschirmmaske werden diese Objekte nach dem Objekttyp gruppiert. Durch Doppelklick auf die Anzahl der zu replizierenden Objekte in die Datenmenge können Sie im Detail sehen, welche Objekte bei der Replikation berücksichtigt werden.

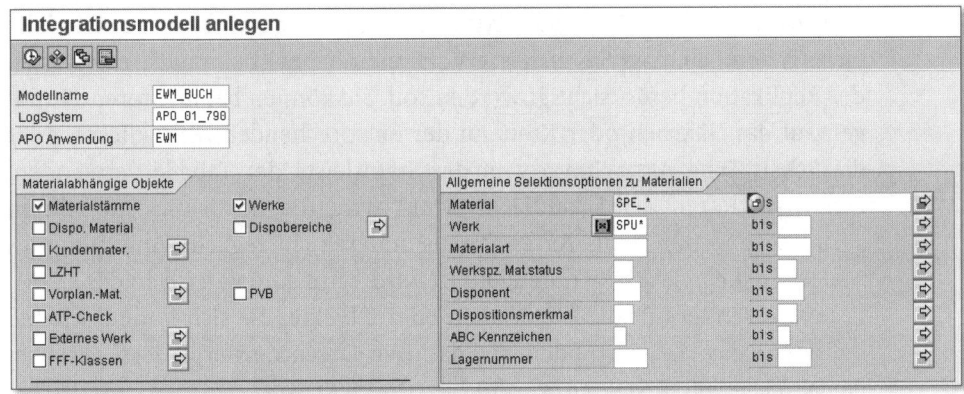

Abbildung 4.2   Anlegen eines neuen Integrationsmodells zur Replikation von Materialien und Werken

Über die Schaltfläche IM GENERIEREN können Sie das Modell mit dem zugehörigen Objekt endgültig speichern, und ein Integrationsmodell wird generiert (siehe Abbildung 4.3).

Nach dem Generieren des Integrationsmodells muss dieses aktiviert werden, um den Datentransferprozess zu starten. Zum Aktivieren des Integrationsmodells, in unserem Beispiel aus Abbildung 4.2 EWM-BUCH, starten Sie die Transaktion CFM2 und geben die gleichen Daten an, die Sie beim Erstellen des Modells verwendet haben (Integrationsmodellname, APO-Anwendung und logischer Systemname).

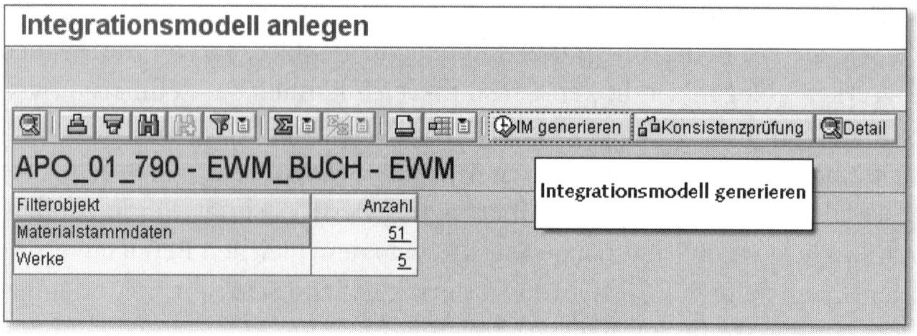

Abbildung 4.3 Integrationsmodell generieren

Sie erhalten nach der Selektion eine Übersicht des Integrationsmodells und den Status des Transferprozesses. Die Übersicht gibt Ihnen Auskunft über die unterschiedlichen Versionen der Integrationsmodelle und wann Sie diese generiert haben. Das heißt, jedes Mal, wenn Sie ein neues Modell generieren, wird der Tabelle eine neue Zeile hinzugefügt.

In Abbildung 4.4 wird dies in der Tabelle auf der rechten Seite des Bildschirms dargestellt. Das Feld STATUS NEU beschreibt, welches der Modelle (gesetzt den Fall, dass Sie mehrere Versionen haben) beim nächsten Starten der Replikation berücksichtigt werden soll. Sie können bei mehreren Einträgen auf das Häkchen oder Kreuz in der entsprechenden Zeile klicken oder die Schaltfläche AKTIV/INAKTIV in der Statusleiste der Tabelle verwenden. Durch Anklicken der Schaltfläche START wird die Replikation der Daten gestartet, und der Status ALTER STATUS ändert sich. Jegliche Änderung des Materials, die in SAP ERP durchgeführt wird, wird automatisch an das EWM-System gesendet (für die Materialien oder Objekte, die sich in dem Modell befinden, das aktiviert oder für das der Datentransferprozess gestartet [Schaltfläche ALTER STATUS] wurde).

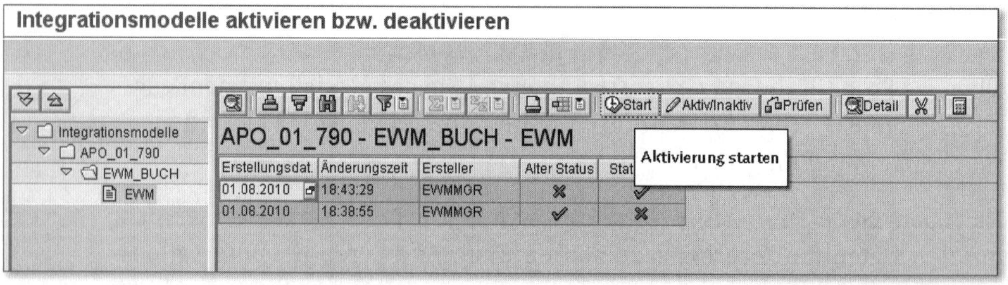

Abbildung 4.4 Versionsverwaltung der Integrationsmodelle – Replikation starten

Kunden und Lieferanten in das SAP EWM-System übertragen

Ebenso wie die Replikation von Materialien wird die Übertragung von Kunden und Lieferanten sichergestellt. In der Transaktion CFM1 müssen Sie ein Integrationsmodell erstellen und das Kennzeichen KUNDEN oder LIEFERANTEN auswählen. Es ist möglich, im rechten Selektionsfenster (siehe Abbildung 4.1 auf Seite 117) den Kunden oder Lieferanten entweder nur als Geschäftspartner oder nur als Lokation an das SCM-System zu übertragen. Kunden oder Lieferanten werden im EWM-Umfeld als Lokation und Geschäftspartner benötigt, deshalb müssen Sie in dem Feld ANLEGEN LOK./GP den Wert 2 (BEIDES ANLEGEN) hinterlegen (siehe Abbildung 4.5).

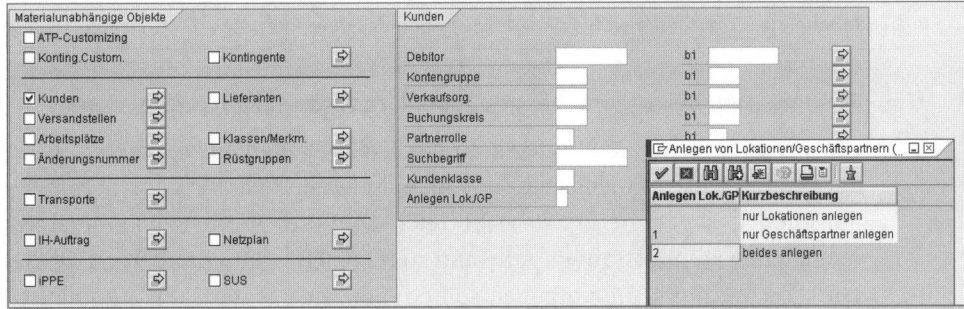

Abbildung 4.5 Zusätzliche Auswahl bei der Replikation von Kunden und Lieferanten

Core Interface administrieren

Damit Sie als Systemadministrator eine automatische Stammdatenreplikation sicherstellen, muss diese korrekt konfiguriert werden. Zudem ist es notwendig, den Datenaustausch regelmäßig zu monitoren und zu gewährleisten, dass es nicht zu Unterbrechungen kommt. Ein Abbruch kann unterschiedliche technische Ausnahmegründe haben, meistens sind diese in SAP-Hinweisen dokumentiert.

Deshalb gibt es mehrere Transaktionen/Programme, um das CIF zu administrieren. Die wichtigsten haben wir in Tabelle 4.1 aufgeführt.

Transaktion	Beschreibung
CFM1	Erstellen eines Integrationsmodells
CFM2	Aktivieren eines Integrationsmodells (manuelle Aktivierung)
CFM3	Aktivieren eines Integrationsmodells (Aktivierung im Hintergrund)
CFM4	Ansicht der vorhandenen Integrationsmodelle

Tabelle 4.1 Transaktionen für die Administration des Core Interfaces

Transaktion	Beschreibung
CFM5	Objektsuche – Darstellung, in welchem Integrationsmodell sich ein Objekt (zum Beispiel Material) befindet
CFM6	Ändern eines Integrationsmodells
CFM7	Löschen eines Integrationsmodells
CFG1	Anzeige des CIF Application Logs
SMQ1	qRFC-Monitor (Ausgangsqueue) – zum Aufrufen im SAP ERP-System – CIF-Queues haben das Präfix CIF
SMQ2	qRFC-Monitor (Eingangsqueue) – zum Aufrufen im EWM-System – CIF-Queues haben das Präfix CIF

Tabelle 4.1 Transaktionen für die Administration des Core Interfaces (Forts.)

Stammdatenübertragung bei neu erstellten Materialien konfigurieren

Um vor allem neue Stammdaten an das EWM-System zu replizieren, ist es notwendig, diese in die Selektion aufzunehmen und das veränderte Integrationsmodell zu generieren. Da es hilfreich ist, diesen Prozess zu automatisieren, um den administrativen Aufwand zu reduzieren, beschreiben wir in diesem Abschnitt, wie Sie vorgehen sollten, um neue Materialien automatisch an das EWM-System zu replizieren.

Führen Sie folgende Schritte durch:

1. Erstellen Sie eine Selektionsvariante zum Erstellen eines Integrationsmodells über die Transaktion CFM1 (wie zu Beginn dieses Abschnitts unter »Initiale Stammdatenreplikation« beschrieben).

2. Erstellen Sie eine Selektionsvariante zum Löschen eines inaktiven Integrationsmodells über die Transaktion CFM7.

3. Achten Sie beim Löschen von Integrationsmodellen bei der Selektionsvariante darauf, dass Sie nur inaktive Modelle löschen; deshalb markieren Sie das Kennzeichen NUR INAKTIVE SELEKTIEREN.

4. Erstellen Sie eine Selektionsvariante zum Aktivieren eines Integrationsmodells im Hintergrund über die Transaktion CFM3.

5. Um eine Aktivierung zu ermöglichen, auch wenn beim Aktivieren des Integrationsmodells vom System Warnmeldungen erstellt werden, wählen Sie beim Anlegen der Selektionsvariante das Kennzeichen KEINE WARNUNG BEI PARALLELER CIF-LAST AUSGEBEN aus. Falls vereinzelt Stammdatenobjekte nicht erfolgreich im EWM-System repliziert werden können, werden diese in den qRFC-Monitoren abgelegt. Die fehlerhaft replizierten

Objekte finden Sie entweder im Quellsystem im Ausgangsqueuemonitor (Transaktionscode SMQ1) oder im Zielsystem im Eingangsqueuemonitor (Transaktionscode SMQ2). Damit eine Stammdatenreplikation auch bei Fehlereinträgen ermöglicht wird, sollten Sie beim Anlegen der Selektionsvariante auch das Kennzeichen FEHLERHAFTE QUEUEEINTRÄGE IGNORIEREN markieren.

6. Planen Sie einen Job ein, der die drei verschiedenen Programme mit ihren Varianten verwendet und alle Aktionen im Hintergrund durchführt (Transaktion SM36).

Sie müssen also einen Job einplanen, der vorhandene Integrationsmodelle löscht, ein neues Modell anlegt und generiert und die Replikation durch Aktivieren des Modells automatisch startet. Die Programmnamen, die einzuplanen sind und die Sie für das Erstellen des Jobs benötigen, haben wir in Tabelle 4.2 zusammengefasst.

Hintergrund-Aktionsnummer	ABAP-Programmname	Variante
1	RIMODDEL	IM_EWM_01_DEL
2	RIMODGEN	IM_EWM_01_CRE
3	RIMODAC2	IM_EWM_01_ACT

Tabelle 4.2 Aufruffolge (Schritte) der Programme für die automatische Replikation von neu erstellten Stammdaten vom SAP ERP- ins EWM-System

Wurden die Schritte definiert, um eine automatische Stammdatenreplikation sicherzustellen, pflegen Sie die Startbedingungen des Programms, und legen Sie fest, in welchem Zeitintervall es periodisch ausgeführt werden soll (zum Beispiel jeden Tag immer nachts).

Mit dem automatisierten Replizieren der Stammdaten können Sie als Systemadministrator sicherstellen, dass SAP EWM immer mit aktualisierten Stammdaten versorgt wird. Wurden Materialien an EWM gesendet, müssen Sie in EWM den Produktstamm weiter ausprägen, um zusätzliche Funktionen im EWM-System freizuschalten. Im nächsten Abschnitt beschreiben wir deshalb den EWM-Produktstamm im Detail.

4.2 SAP EWM-Produktstamm

Durch das CIF ist es möglich, Materialien flexibel an das EWM-System zu replizieren. Diese Materialien sind zwingend notwendig, um das EWM-System zu betreiben. Deshalb muss der Produktstamm um die Daten für die

Lagerhaltung erweitert werden, sobald die Materialstammdaten mithilfe des CIF von SAP ERP verteilt sind. Es ist notwendig, zumindest die Lageransicht des Produktstamms zu erstellen, um das Produkt in allen Lagertransaktionen nutzen zu können. Um die Lagerdaten für den Produktstamm aus dem SAP Easy Access Menü zu erstellen, folgen Sie dem Pfad EXTENDED WAREHOUSE MANAGEMENT • STAMMDATEN • PRODUKT • LAGERPRODUKT PFLEGEN oder nutzen die Transaktion /SCWM/MAT1.

Auf dem Anfangsbildschirm für die Erstellung des Lagerproduktstamms (siehe Abbildung 4.6) müssen Sie die Produktnummer, die Lagernummer und den Verfügungsberechtigten spezifizieren. Wie wir bereits in Kapitel 3, »Organisationsstruktur in SAP EWM und SAP ERP«, erörtert haben, ist der Verfügungsberechtigte definiert als das Werk oder die Organisation, die zur Bestandsverfügung berechtigt ist. In vielen Fällen (mit Ausnahme des Logistikdienstleisters, der mehrere Bestände von unterschiedlichen Kunden im eigenen Lager verwalten muss) ist der Verfügungsberechtigte das Werk.

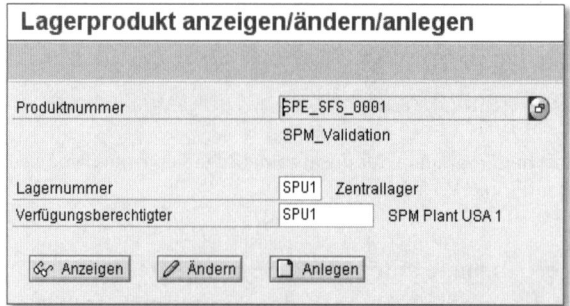

Abbildung 4.6 Erstellen, Ändern und Anzeigen eines Produktstamms in SAP EWM

Wenn Sie die Daten auf dem Auswahlbildschirm eingegeben haben, drücken Sie ⏎ und speichern die Transaktion (vorausgesetzt, dass das Produkt nicht bereits für das Lager existiert). Der relevante Eintrag wird in der Tabelle /SAPAPO/MATEXEC erstellt und beinhaltet die für EWM lagerspezifischen Informationen.

Darüber hinaus können Sie auf den verschiedenen Registerkarten des Produktstamms zusätzliche Parameter pflegen, die die Lagerprozesse unterschiedlich beeinflussen. In den folgenden Abschnitten werden wir die Daten in jeder Ansicht exemplarisch beschreiben. Beachten Sie, dass nicht alle Daten der verschiedenen Ansichten für EWM und die Lagerprozesse relevant sind, da in der EWM- und APO-Produktansicht die gleichen Ansichten gezeigt werden. In einigen Fällen dienen die Daten lediglich zu Informationszwecken. Sie sollten sich jedoch darüber bewusst sein, dass, wenn Sie diese Daten ändern und APO-Planungsprozesse im gleichen System ausgeführt werden, Sie auch diese Prozesse beeinflussen könnten. Daher sollten Sie immer vorsichtig sein, wenn Sie Produktstammdaten ändern.

Überschreiben von Feldern des Produktstamms bei der Datenreplikation

Wenn ein Benutzer ein Feld des EWM-Materialstamms verändert und das gleiche Feld in SAP ERP verändert wird, wird die Änderung im SCM-System überschrieben. In einigen Fällen werden nicht alle Felder überschrieben, deshalb sollten Sie die Stammdatenreplikation während der Realisierung und Testphase gründlich testen.

In den folgenden Abschnitten beschreiben wir zuerst die allgemeinen Produktdaten und anschließend die verschiedenen Registerkarten zur Pflege des Produktstamms.

4.2.1 Allgemeine Produktdaten

Die allgemeinen Informationen über das Produkt beinhalten die folgenden Informationen:

- Produktnummer
- Produktbeschreibung
- Organisationsinformationen
- Basismengeneinheit

Sie können die allgemeinen Daten in Abbildung 4.7 sehen. Diese allgemeinen Daten werden immer oben auf dem Pflegebildschirm des Produktstamms angezeigt; die individuellen Registerkarten werden unterhalb der allgemeinen Daten dargestellt.

Die Produktnummer kann bis zu 40 Stellen lang sein und unterstützt daher die lange Materialnummer. Dies ist eine Funktion von SAP ERP, die ursprünglich für die Automobilindustrie entwickelt wurde, aber mittlerweile in zahlreichen Industrien zum Einsatz kommt. Die Produktnummer ist der erste Eintrag in den Schlüssel aller relevanten Oberflächen, daher können Sie die Produktnummer im EWM-System nicht ändern.

Die Beschreibung ist bis zu 60 Stellen lang und wird, gemeinsam mit anderen relevanten Materialinformationen, über das CIF aus SAP ERP übertragen. Sie kann in EWM geändert werden, wird jedoch bei einer erneuten Übertragung des Produkts durch die Daten des SAP ERP-Systems überschrieben.

Wenn Sie andere Daten des SAP ERP-Materialstamms verändern, werden die veränderten Daten von EWM an SAP ERP zurückgespielt. Es werden jedoch nicht alle Daten, die auf der EWM-Seite verändert wurden, automatisch an das SAP ERP-System übertragen. Die Produktbeschreibung wird zum Beispiel nicht übertragen, wenn Sie sie in EWM verändern.

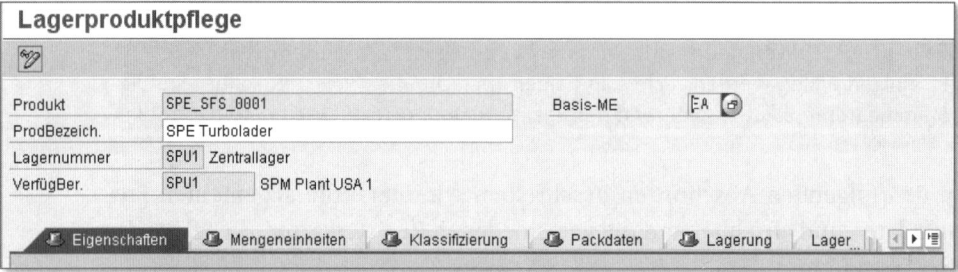

Abbildung 4.7 Allgemeine Daten des SAP EWM-Produktstamms

Unterschied zwischen globalen Daten und Lagerdaten des Produktstamms

Alle Registerkarten des Produktstamms mit einem Hut in der Beschreibung der Registerkarte bezeichnet man als *globale Daten* – zum Beispiel Daten, die sich nicht von Lager zu Lager unterscheiden. Diese Daten stammen meist aus SAP ERP. Daten ohne einen Hut in der Beschreibung sind Lagerdaten, also Daten, die sich von Lager zu Lager unterscheiden.

4.2.2 Globale Eigenschaften des Produktstamms definieren

Auf der Registerkarte EIGENSCHAFTEN des EWM-Produktstamms sind die globalen Eigenschaften des Produkts definiert. In Abbildung 4.8 sind alle Felder dargestellt. Die wichtigsten davon erläutern wir anschließend im Detail. Die meisten Felder werden aus SAP ERP übernommen; da EWM umfassendere Funktionen als SAP ERP bietet, werden auch zusätzliche Materialfelder benötigt, die in SAP ERP nicht zur Verfügung stehen. Einige globale Felder wie PPDS-INFO1 oder SDP-RELEVANZ werden von EWM derzeit nicht verwendet; beide Felder werden nur von SAP APO genutzt.

Im Folgenden beschreiben wir die wichtigsten Felder genauer:

▸ **Externe Produktnummer**
Die EXTERNE PRODUKTNUMMER ist die Nummer, die im Quellsystem für das Produkt verwendet wird. Diese wird zusätzlich in EWM gespeichert für den Fall, dass sich die EWM-Produktnummer von der SAP ERP-Materialnummer unterscheiden muss. Es gibt viele Gründe, warum die Pro-

duktnummern in Quell- und Zielsystem sich unterscheiden müssen, aber der häufigste Grund ist das Verwenden eines Präfixes über ein BAdI zur Erweiterung der Produktnummer. Dieses wird verwendet, wenn zum Beispiel EWM eine Vielzahl möglicher Quellsysteme hat und sich in den Quellsystemen die Produktnummern für unterschiedliche Produkte nicht unterscheiden, wenn also die Quellsysteme für unterschiedliche Materialien die gleiche Produktnummer verwenden.

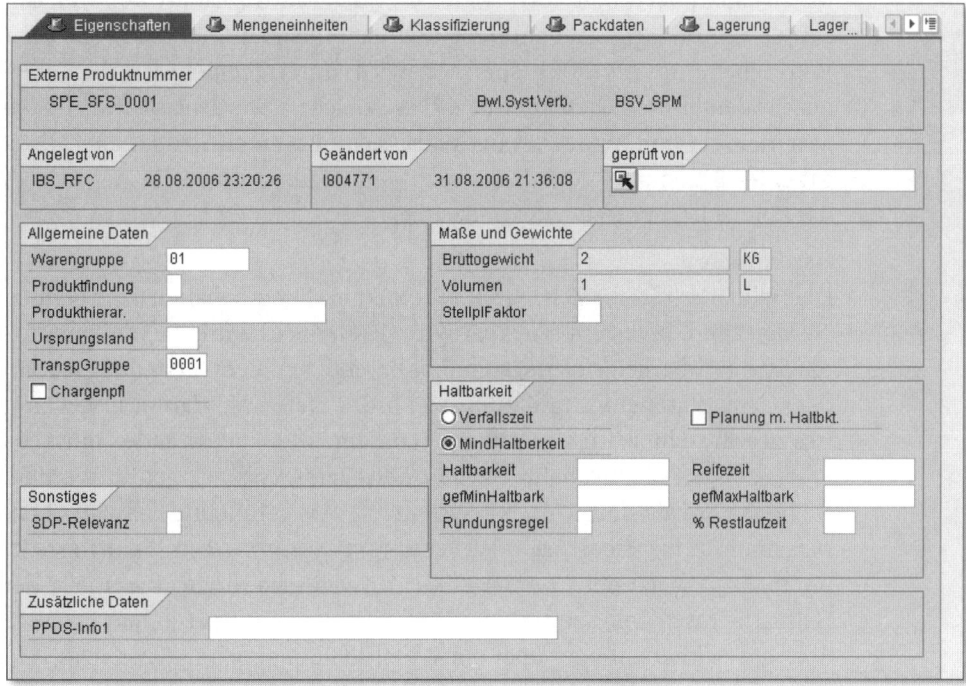

Abbildung 4.8 Allgemeine Eigenschaften des SAP EWM-Produktstamms

▶ **Angelegt von**
Das Feld ANGELEGT VON zeigt den Benutzernamen und das Datum sowie die Uhrzeit, zu der das Produkt erstellt wurde. Häufig wird der technische Systembenutzer als Benutzername in diesem Feld gepflegt sein, der für die Replikation der Daten von SAP ERP (CIF) hinterlegt wurde (Transaktion SM59).

▶ **Geändert von**
Das Feld GEÄNDERT VON zeigt den Benutzernamen, der das Produkt zuletzt verändert hat, sowie Datum und Uhrzeit der Änderung. Dieses Feld wird aktualisiert, wenn der Benutzer den Produktstamm um die für die Lager-

haltung relevanten Ansichten erweitert hat, sowie während jeder Veränderung des Produktstamms.

▶ **Ursprungsland**
Das URSPRUNGSLAND ist üblicherweise das Land, in dem das Produkt hergestellt wurde oder aus dem es ursprünglich stammt.

▶ **Chargenpflicht (Chargenpfl)**
Das Kennzeichen CHARGENPFL zeigt an, ob ein Material mit dem Chargenmanagement verwaltet wird (wenn dies der Fall ist, ist das Kennzeichen aktiviert). Abhängig davon, ob die Chargenpflicht auf Materialebene oder Werksebene in SAP ERP gespeichert wird, unterscheiden sich die Tabellen, in denen die Daten in SAP ERP gespeichert werden: MARA für die Materialsicht und MARC für die Werkssicht. Beachten Sie, dass bei Übergabe der Daten an EWM dieses nicht automatisch unterscheidet, wie es das Kennzeichen CHARGENPFLICHT ablegt.

▶ **Haltbarkeit**
Die Haltbarkeit ist die Zeit, die ein Produkt im Lager behalten oder genutzt werden kann, bis es unbrauchbar wird. Dieses Feld wird in EWM genutzt, um das Haltbarkeitsablaufdatum, basierend auf dem Erstellungsdatum oder dem Wareneingangsdatum (wenn das Erstellungsdatum unbekannt ist), zu ermitteln. Wird die Haltbarkeit für ein Produkt verwendet, muss das Wareneingangsdatum beim Buchen des Wareneingangs gefüllt werden. Das Feld wird aus dem SAP ERP-System in EWM gefüllt und kann im Materialstamm in der Sicht ALLG. WERKSDATEN/LAGERUNG 1 im Feld GESAMTHALTBARKEIT verändert werden. Die Auswahlschaltfläche innerhalb der Haltbarkeit wird verwendet, um zu spezifizieren, ob das Produkt in EWM über die Haltbarkeit oder über ein Verfallsdatum verwaltet wird. Das Feld leitet sich vom Feld MARA-SLED_BBD des SAP ERP-Systems ab.

▶ **Geforderte Mindesthaltbarkeit (gefMinHaltbark)**
Die geforderte Mindesthaltbarkeit spezifiziert die Anzahl von Tagen der Haltbarkeit, die noch übrig sein muss, damit das Produkt ausgeliefert werden kann. Sie wird entsprechend der Einstellung für die Mindesthaltbarkeitsdauer geprüft, die im EWM-Customizing über den Pfad EXTENDED WAREHOUSE MANAGEMENT • PROZESSÜBERGREIFENDE EINSTELLUNGEN • CHARGENVERWALTUNG • EINSTELLUNG ZUR LIEFERUNG VORNEHMEN konfiguriert werden kann. Der Wert leitet sich vom Feld MINDESTRESTLAUFZEIT der Ansicht ALLG. WERKSDATEN/LAGERUNG 1 des SAP ERP-Materialstamms ab.

Beim Wareneingang wird ein Toleranzcheck auf die Mindesthaltbarkeit durchgeführt, wenn sowohl die eben spezifizierte Konfiguration im EWM-

Customizing aktiviert ist als auch die Mindesthaltbarkeitsdauer im Produktstamm angegeben wurde.

4.2.3 Mengeneinheiten des Produktstamms definieren

Es ist möglich, ein Material im Lager in unterschiedlichen Mengeneinheiten zu verwalten. Dies ist zum Beispiel notwendig, wenn Ware in Paletten bestellt und eingelagert, jedoch in Kartons oder in Stück verkauft wird. Das Material wird dann in der Basismengeneinheit (zum Beispiel in Stück) verwaltet und, falls notwendig, in der Bestellmengeneinheit (zum Beispiel in Kartons) ausgelagert. Die Mengen werden aus der Auslieferung, die von SAP ERP übertragen wird, in den Lagerauftrag und die Lageraufgabe übernommen.

Wie die Ansicht MENGENEINHEITEN des SAP ERP-Materialstamms definiert auch die Registerkarte MENGENEINHEITEN des EWM-Produktstamms die Umrechnung der Alternativmengeneinheiten in die Basismengeneinheiten. Es kann hilfreich sein, die Dimensionen und Kapazitäten der Alternativmengeneinheit zu definieren, wenn diese nicht einem Vielfachen der Basismengeneinheit entsprechen.

Wie in Abbildung 1.9 dargestellt, beziehen sich die Alternativmengeneinheiten KAR (Karton) und PAL (Palette) auf die Basismengeneinheit ST (Stück) oder (EA = Each). Die Umrechnung der Mengeneinheiten (AME) können Sie frei wählen, in unserem Beispiel entspricht eine Palette 100 Stück des Materials TURBOLADER, und in einem Karton befinden sich zehn Turbolader. Das Nettogewicht wird automatisch vom EWM-System berechnet, das Bruttogewicht der Alternativmengeneinheit können Sie frei wählen, um auch zusätzliche Gewichte für eine Verpackung zu berücksichtigen.

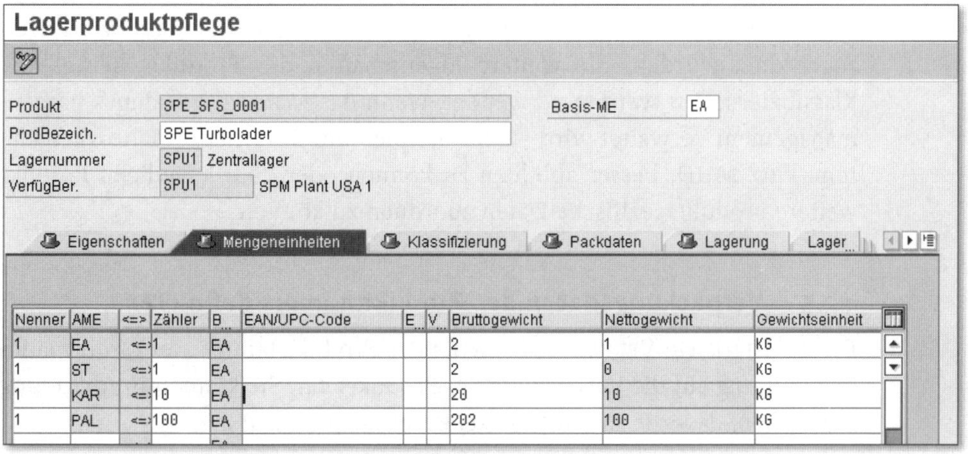

Lagerproduktpflege

Produkt	SPE_SFS_0001				Basis-ME	EA	
ProdBezeich.	SPE Turbolader						
Lagernummer	SPU1 Zentrallager						
VerfügBer.	SPU1	SPM Plant USA 1					

Eigenschaften | Mengeneinheiten | Klassifizierung | Packdaten | Lagerung | Lager

Nenner	AME	<=>	Zähler	B	EAN/UPC-Code	E	V	Bruttogewicht	Nettogewicht	Gewichtseinheit	
1	EA	<=	1	EA				2	1	KG	
1	ST	<=	1	EA				2	0	KG	
1	KAR	<=	10	EA				20	10	KG	
1	PAL	<=	100	EA				202	100	KG	
	EA										

Abbildung 4.9 Mengeneinheiten im SAP EWM-Produktstamm

Nachfolgend haben wir nochmals die wichtigsten Felder aufgeführt:

▶ **Alternativmengeneinheit (AME)**
Die Alternativmengeneinheit ist die Mengeneinheit, die verwendet wird, um einen Geschäftsprozess zu optimieren.

Beispiele für Alternativmengeneinheiten sind:

   ▶ Bestellmengeneinheit

   ▶ Verkaufsmengeneinheit

   ▶ Ausgabemengeneinheit

Meistens wird in den Bewegungsdaten die Alternativmengeneinheit verwendet, die dann in der Regel in die Basismengeneinheit umgewandelt wird.

▶ **Basismengeneinheit**
Die Basismengeneinheit ist die Mengeneinheit, in die umgewandelt wird, um Bestände und Finanzdaten korrekt abzulegen.

▶ **EAN/UPC-Code**
Die *internationale Artikelnummer* (EAN) oder der *universelle Produktcode* (UPC) kann abhängig von der Mengeneinheit der Materialnummer abgelegt werden. Häufig können sich EAN oder UPC abhängig von der Mengeneinheit unterscheiden, sodass das System zwischen beiden unterscheiden kann, wenn der Barcode des EAN oder der UPC mittels Barcodescanner eingelesen wird. Mithilfe der Unterscheidung ist es möglich, die korrekten Mengen im System automatisch zu verbuchen.

4.2.4 Klassifizierung des Produktstamms definieren

Die Registerkarte KLASSIFIZIERUNG gibt an, ob dem Material Klassifizierungen zugeordnet wurden, die weitere Eigenschaften des Produkts beinhalten. Klassifizierungen werden verwendet, wenn das Material mit dem Chargenmanagement verwaltet wird – zum Beispiel, um das Mindesthaltbarkeitsdatum, kurz MHD, besser abbilden zu können oder dem jeweiligen Produkt weitere produktspezifische Daten zuordnen zu können.

4.2.5 Verpackungsdaten des Produktstamms definieren

Die Registerkarte VERPACKUNGSDATEN des Produktstamms stellt Informationen in Bezug auf die Verpackung des Produkts dar. Sie können in Abbildung 4.10 sehen, dass die Ansicht in drei Bereiche aufgeteilt ist.

Der Bereich GRUNDDATEN: VERPACKEN beinhaltet Informationen in Bezug auf die Produkte, die als Verpackungsmaterial in EWM verwendet werden.

Der Bereich GRUNDDATEN: PACKMITTEL ist für die Verpackungsmaterialien relevant. Unter bestimmten Umständen sind nur bestimmte Verpackungsmaterialien für bestimmte Produkte erlaubt, und die Daten auf den Produkten und den Verpackungsmaterialien helfen dabei, festzulegen, welches Verpackungsmaterial für welches Produkt relevant ist.

Der Bereich KAPAZITÄTEN ist ebenfalls nur für Verpackungsmaterialien relevant und wird genutzt, um die Kapazität des Verpackungsmaterials zu bestimmen. Es ist möglich, mit diesen Feldern zu definieren, wie viele einzelne Produkte in eine Einheit des Verpackungsmaterials verpackt werden können.

Jedes Verpackungsmaterial, das im Lager genutzt wird, ist zudem mit einer Produktnummer versehen. Mehr Informationen dazu erhalten Sie in Abschnitt 4.5, »Verpackungsmaterialien«.

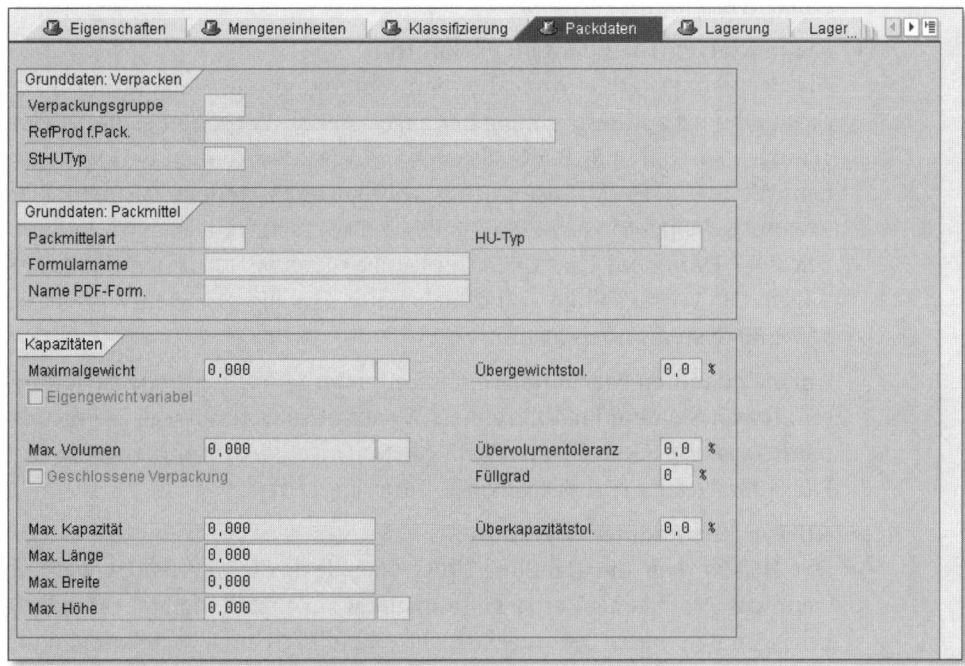

Abbildung 4.10 Packdaten im Produktstamm

Die Registerkarte PACKDATEN ist unterteilt in mehrere Bereiche. Der Bereich GRUNDDATEN: VERPACKEN wird für normale Materialien verwendet. Im

Gegensatz dazu wird der Bereich GRUNDDATEN PACKMITTEL und KAPAZITÄTEN für Verpackungsmaterialien genutzt.

Nachfolgend beschreiben wir einige wichtige Felder der Registerkarte PACK-DATEN:

▶ **Verpackungsgruppe (Grunddaten: Verpacken)**
Die VERPACKUNGSGRUPPE wird genutzt, um Materialien zu gruppieren, die das gleiche Verpackungsmaterial benötigen. Flüssigkeiten können zum Beispiel in Krüge oder wasserdichte Container gepackt werden, während gewisse gefährliche Materialien in speziellen Containern gelagert werden müssen. Dieses Feld wird vom Feld ERP MATERIALGRUPPE PACKMITTEL in EWM übertragen.

Um die zugelassenen Verpackungsgruppen im EWM-Customizing zu konfigurieren, folgen Sie dem Pfad EXTENDED WAREHOUSE MANAGEMENT • PROZESSÜBERGREIFENDE EINSTELLUNGEN • HANDLING UNITS • GRUNDLAGEN • VERPACKUNGSGRUPPEN FÜR PRODUKTE DEFINIEREN. Die Werte sollten mit den im SAP ERP-System für das Feld MATERIALGRUPPE PACKMITTEL zugelassenen Werten übereinstimmen.

▶ **Packmittelart (Grunddaten: Packmittel)**
Die PACKMITTELART kennzeichnet den Materialtyp des Verpackungsmaterials und wird zur Bestimmung der zugelassenen Verpackungsmaterialien genutzt – sowohl in SAP ERP als auch in EWM. Sie können die zugelassenen Werte im EWM-Customizing konfigurieren, indem Sie dem Pfad EXTENDED WAREHOUSE MANAGEMENT • PROZESSÜBERGREIFENDE EINSTELLUNGEN • HANDLING UNITS • GRUNDLAGEN • PACKMITTELARTEN DEFINIEREN folgen. Die Werte sollten grundsätzlich mit den zugelassenen Werten des SAP ERP-Systems übereinstimmen.

Um die erlaubten Packmittelarten für eine Verpackungsgruppe zu definieren, folgen Sie dem Pfad EXTENDED WAREHOUSE MANAGEMENT • PROZESS-ÜBERGREIFENDE EINSTELLUNGEN • HANDLING UNITS • GRUNDLAGEN • ERLAUBTE PACKMITTELARTEN FÜR VERPACKUNGSGRUPPE PFLEGEN.

▶ **HU-Typ (Grunddaten: Packmittel)**
Der HU-TYP legt die Handling-Unit-Typen fest, die verwendet werden, wenn das Produkt als Verpackungsmaterial zur Erstellung einer Handling Unit genutzt wird. Die zugelassenen Handling-Unit-Typen können im EWM-Customizing über den Pfad EXTENDED WAREHOUSE MANAGEMENT • PROZESSÜBERGREIFENDE EINSTELLUNGEN • HANDLING UNITS • GRUNDLAGEN • HU-TYPEN DEFINIEREN spezifiziert werden. Die Daten dieses Feldes werden aus dem SAP ERP-System übertragen und stammen aus dem Feld HU-TYP in der Ansicht WM PACKAGING des SAP ERP-Systems.

4.2.6 Lagerungsdaten des Produktstamms definieren

Die Registerkarte LAGERUNG des Produktstamms stellt Informationen darüber zur Verfügung, wie das Produkt gelagert werden sollte. Die hier gepflegten Daten werden in den Prozessen unterschiedlich verwendet. Die Registerkarte ist, wie in Abbildung 4.11 dargestellt, in drei Bereiche unterteilt, die wir im Folgenden erläutern.

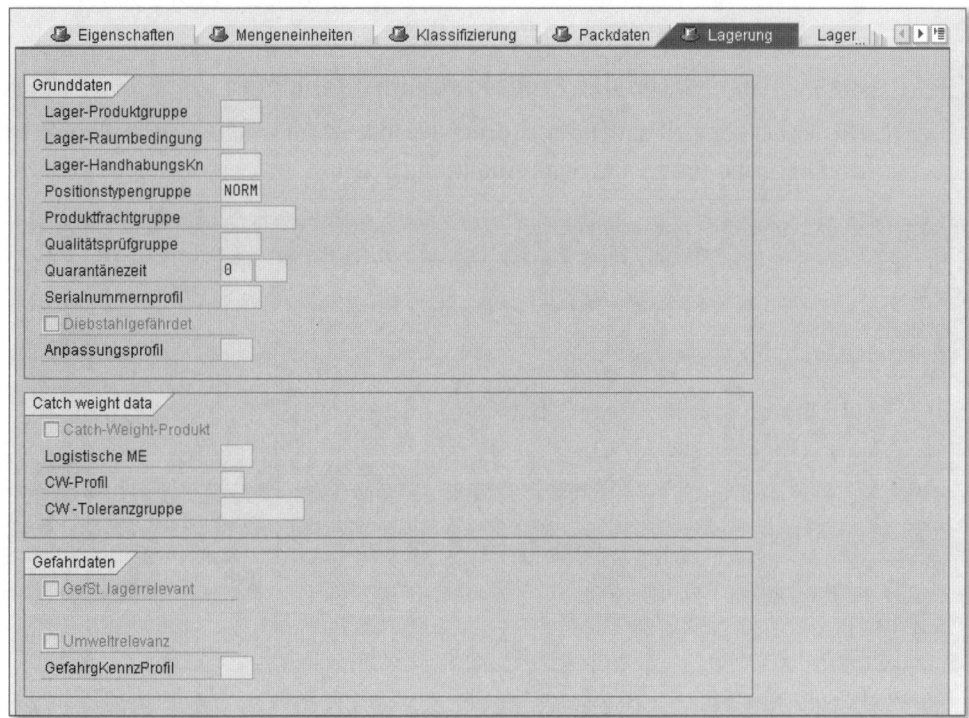

Abbildung 4.11 Lagerungssicht des SAP EWM-Produktstamms

Der Bereich GRUNDDATEN enthält Informationen über den Zustand und die damit verbundene Lagerung. So ist es zum Beispiel möglich, anhand der LAGER-PRODUKTGRUPPE zu definieren ob es sich um ein Klein- oder Großteil handelt. Zudem kann auch in diesem Bereich definiert werden, welches SERIALNUMMERNPROFIL für das Material angewendet werden soll.

Im Bereich CATCH WEIGHT DATA ist es möglich, die Catch-Weight-Funktion freizuschalten und somit Ware in ungenauen Mengen zu verwalten. Die Catch-Weight-Funktion wird vor allem in der Lebensmittelindustrie verwendet und benötigt, da es dort notwendig ist, Materialien nicht nur in Stück, sondern in den jeweiligen Gewichten zu verwalten. So hat jedes Exemplar (zum Beispiel eine Schweinehälfte oder ein Stück Parmesankäse) ein unterschiedliches Gewicht. Mit dem Catch Weight Management in EWM wird der Bestand des Materials in zwei Mengeneinheiten geführt und das Gewicht jedes Exemplars mitgeführt.

Im Bereich GEFAHRDATEN können Sie definieren, ob das Material ein Gefahrstoff (GEFST. LAGERRELEVANT) oder Gefahrgut ist und welches Gefahrgutkennzeichenprofil (GEFAHRGKENNZPROFIL) verwendet werden soll.

4.2.7 Lagerdaten des Produktstamms definieren

Die LAGERDATEN beinhalten prozessspezifische Informationen und sind in drei Bereiche unterteilt (siehe Abbildung 4.12):

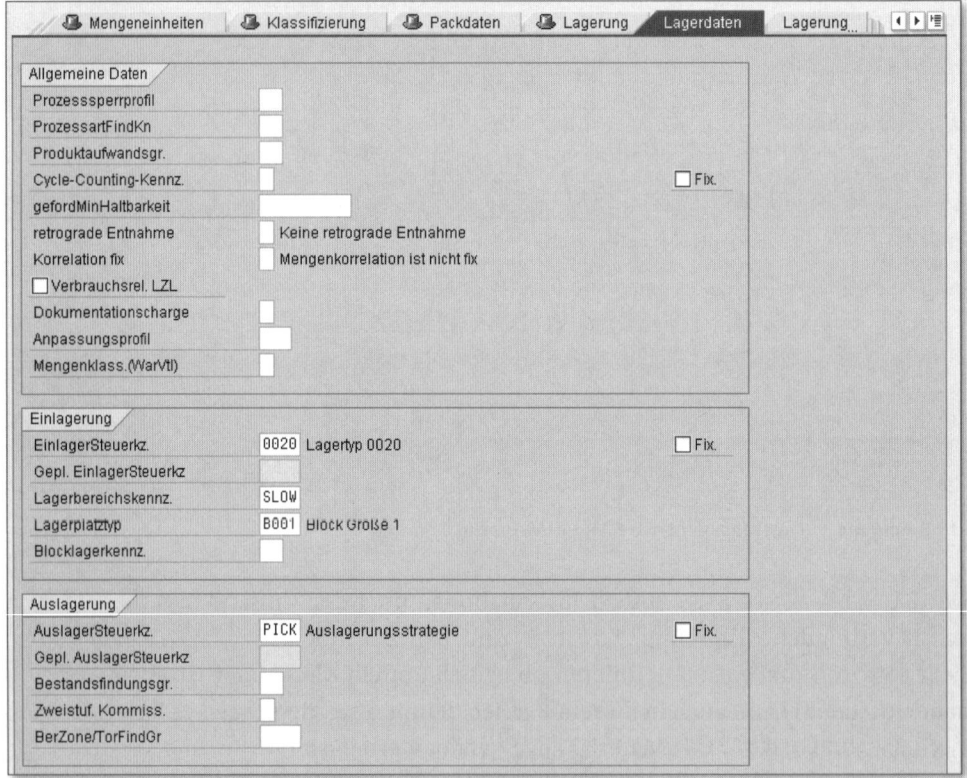

Abbildung 4.12 Lagerdaten des Produktstamms

Im Bereich ALLGEMEINE DATEN werden zum Teil prozessübergreifende Parameter gepflegt, aber auch Parameter, die zum Beispiel nur für die Inventur herangezogen werden.

Mit den Parametern im Bereich EINLAGERUNG werden die Einlagerprozesse beeinflusst. Um die Auslagerprozesse zu steuern, müssen Sie die Parameter im Bereich AUSLAGERUNG pflegen.

Im Folgenden beschreiben wir einige Parameter der Registerkarte LAGERDA-TEN und zeigen Ihnen zudem, wie Sie die Parameter über zusätzliche Konfigurationen erweitern können oder welche Konfiguration Sie vorab erstellen müssen, damit Sie die Werte auf dem Produktstamm auswählen können. Für EWM ist vor allem diese Registerkarte sehr entscheidend. Nachdem das Material aus dem SAP ERP-System repliziert wurde, muss die Lageransicht manuell oder automatisiert erstellt werden, um das Produkt in EWM nutzen zu können

Die Parameter können anhand der Massendatentransaktion (Transaktion MASSD) verändert werden, darüber hinaus ersetzt die Lagerungsdisposition einzelne Felder wie die Einlager- und Auslagersteuerkennzeichen. Sie erkennen anhand des Kennzeichens FIX, welche Felder durch die Lagerdisposition ersetzt werden, da die Lagerdisposition das Feld nicht verändert, wenn dieses Kennzeichen gesetzt wird.

Prozessartfindungskennzeichen (Bildschirmbereich »Allgemeine Daten«)

Das *Prozessartfindungskennzeichen* (Feld PROZESSARTFINDKN) wird verwendet, um verschiedenen Lageraktivitäten die relevante Lagerprozessart zuzuordnen. Die Lagerprozessart wird in vielen Tabellen in EWM als Schlüssel verwendet und beeinflusst deshalb viele Lagerprozesse durch verschiedene bewegungsspezifische Parameter. So können Sie bestimmen, ob ein Lagerauftrag automatisch beim Erstellen quittiert wird oder ob der Bestand beim Quittieren einer Einlager-Lageraufgabe unter anderem automatisch die Bestandsart wechselt. Sie finden weitere Steuerungsparameter auf der Lagerprozessart über das EWM-Customizing, und über den Pfad EXTENDED WARE-HOUSE MANAGEMENT • PROZESSÜBERGREIFENDE EINSTELLUNGEN • LAGERAUF-GABE • LAGERPROZESSART DEFINIEREN können Sie die Lagerprozessart einsehen und verändern.

Um die Findung der Lagerprozessart zu beeinflussen, können Sie spezielle (Lager)Prozessartfindungskennzeichen pflegen. Zuerst müssen Sie jedoch die Werte für die Kennzeichen pflegen. Diese können Sie im EWM-Customizing erstellen, indem Sie dem Pfad EXTENDED WAREHOUSE MANAGEMENT • PRO-ZESSÜBERGREIFENDE EINSTELLUNGEN • LAGERAUFGABE • STEUERUNGSKENNZEI-CHEN FÜR LAGERPROZESSARTFINDUNG DEFINIEREN folgen. Nach dem Erstellen der Kennzeichen können Sie diese den Materialien zuordnen. Um endgültig die Lagerprozessart anhand des Steuerungskennzeichens für Prozessartfindung zu bestimmen, können Sie die Findung im EWM-Customizing festlegen, folgen Sie dazu dem Pfad EXTENDED WAREHOUSE MANAGEMENT • PROZESSÜBERGREIFENDE EINSTELLUNGEN • LAGERAUFGABE • LAGERPROZESSART FINDEN.

Kennzeichen »Cycle Count« (Bildschirmbereich »Allgemeine Daten«)

Das *Cycle-Count-Kennzeichen* (häufig auch ABC-Indikator genannt) wird verwendet, um die Frequenz des Cycle-Counting-Inventurverfahrens eines Produkts im Lager festzulegen. Um mögliche Eingaben für das Cycle-Count-Kennzeichen im EWM-Customizing zu erstellen, folgen Sie dem Pfad EXTENDED WAREHOUSE MANAGEMENT • LAGERINTERNE PROZESSE • INVENTUR • LAGERNUMMERSPEZIFISCHE EINSTELLUNGEN • CYCLE-COUNTING EINSTELLEN. In der gleichen Tabelle spezifizieren Sie den Abstand zwischen den Cycle-Counting-Zählzyklen und die Pufferzeit beim Cycle Counting (beide Eingaben werden in Werktagen gepflegt). Sie können das Cycle-Count-Kennzeichen auch von SAP APO bestimmen und übernehmen lassen, indem Sie im SAP Easy Access Menü dem Pfad EXTENDED WAREHOUSE MANAGEMENT • MASTER DATA • PRODUCT • TRANSFER CYCLE COUNTING INDICATOR FROM APO folgen oder den Transaktionscode /SCWM/CCIND_MAINTAIN ausführen.

Das Kennzeichen FIX zeigt an, dass das Cycle-Count-Kennzeichen nicht überschrieben werden darf und nicht automatisch mittels der Lagerungsdispositionen geändert werden sollte. Ist das Kennzeichen FIX nicht eingerichtet, kann das Cycle-Count-Kennzeichen während der Lagerungsdisposition berechnet und überschrieben werden.

EinlagerSteuerkz. (Einlagerungssteuerkennzeichen – Bildschirmbereich »Einlagerung«)

Das *Einlagerungssteuerkennzeichen* wird verwendet, um zu spezifizieren, wie das Produkt im Lager eingelagert werden soll. Insbesondere wird es genutzt, um die Lagertypsuchreihenfolge während der Lagertypbestimmung innerhalb der Einlagerungsstrategie (die in Kapitel 8, »Wareneingangsprozess«, beschrieben wird) zu bestimmen. Um mögliche Einträge für das Einlagerungssteuerkennzeichen im EWM-Customizing zu erstellen, folgen Sie dem Pfad EXTENDED WAREHOUSE MANAGEMENT • WARENEINGANGSPROZESS • STRATEGIEN • LAGERTYPFINDUNG • EINLAGERUNGSSTEUERKENNZEICHEN DEFINIEREN.

Das bedeutet in anderen Worten, der Lagertypsuchreihenfolge werden mehrere Lagertypen zugeordnet, in die das Material eingelagert werden soll. Durch das Einlagerungssteuerkennzeichen ist es dann möglich, die Suchreihenfolge mit den zugeordneten Lagertypen zu bestimmen und so den Lagertyp zu bestimmen, in dem das Material einzulagern ist.

Um das Einlagerungssteuerkennzeichen zur Bestimmung der Lagertypsuchreihenfolge im EWM-Customizing zu verwenden, folgen Sie dem Pfad EXTENDED WAREHOUSE MANAGEMENT • WARENEINGANGSPROZESS • STRATEGIEN • LAGERTYPFINDUNG • LAGERTYPSUCHREIHENFOLGE FÜR EINLAGERUNG DEFINIEREN.

Das Kennzeichen FIX rechts neben dem Einlagerungssteuerkennzeichen zeigt an, ob das Einlagerungssteuerkennzeichen automatisch durch die Lagerungsdisposition überschrieben werden darf. Die Lagerungsdisposition können Sie im SAP Easy Access Menü, über den Pfad EXTENDED WAREHOUSE MANAGEMENT • STAMMDATEN • LAGERUNGSDISPOSITION • PRODUKTE FÜR LAGER DISPONIEREN oder durch Ausführen der Transaktion /SCWM/SLOT starten.

Ist das Kennzeichen nicht markiert, kann das Einlagerungssteuerkennzeichen während der Aktivierung der Lagerungsdisposition überschrieben werden. Die Lagerungsdisposition aktivieren Sie im SAP Easy Access Menü über den Pfad EXTENDED WAREHOUSE MANAGEMENT • STAMMDATEN • LAGERUNGSDISPOSITION • PLANWERTE AKTIVIEREN oder durch Ausführen der Transaktion /SCWM/SLOTACT.

Gepl. EinlagerSteuerkz. (Geplantes Einlagerungssteuerkennzeichen – Bildschirmbereich »Einlagerung«)

Das Feld GEPL. EINLAGERSTEUERKZ. (Geplantes Einlagerungssteuerkennzeichen) wird während der Lagerungsdisposition gefüllt, wenn die Ergebnisse der Lagerungsdisposition für das Einlagerungssteuerkennzeichen übernommen werden.

Wird die Lagerungsdisposition aktiviert, wird das geplante Einlagerungssteuerkennzeichen in das (aktive) Einlagerungssteuerkennzeichen-Feld übertragen, und das geplante Feld wird gelöscht/geleert, falls das Kennzeichen FIX nicht gesetzt ist.

Lagerbereichskennzeichen (Bildschirmbereich »Einlagerung«)

Das *Lagerbereichskennzeichen* wird genutzt, um die relevanten Lagerbereiche für die Einlagerung während der Ermittlung/Festlegung des Einlagerungsortes zu bestimmen. Um mögliche Eingaben für das Lagerbereichskennzeichen im EWM-Customizing zu erstellen, folgen Sie dem Pfad EXTENDED WAREHOUSE MANAGEMENT • WARENEINGANGSPROZESS • STRATEGIEN • LAGERBEREICHSFINDUNG • LAGERBEREICHSKENNZEICHEN ANLEGEN. Um zu prüfen, wie das LAGERBEREICHSKENNZEICHEN während der Bestimmung des Einlagerungsortes im EWM-Customizing genutzt wird, folgen Sie dem Pfad EXTENDED WAREHOUSE MANAGEMENT • WARENEINGANGSPROZESS • STRATEGIEN • LAGERBEREICHSFINDUNG • LAGERBEREICHSSUCHREIHENFOLGE PFLEGEN.

Priorisierung des Lagerbereichskennzeichens auf Basis der Lagerdaten und Lagertypsichten

Das Lagerbereichskennzeichen finden Sie sowohl in der Ansicht LAGERDATEN als auch in der Ansicht LAGERTYPDATEN des Produktstamms. Wird in der LAGERTYPDATEN-Ansicht für den relevanten Lagertyp ein Lagerbereichskennzeichen gepflegt und gefunden, wird dieses bei der Lagerortbestimmung genutzt. Wird kein Lagerbereichskennzeichen gefunden, wird das Kennzeichen der LAGERDATEN-Ansicht verwendet. Ebenso beeinflusst das während der Lagerungsdisposition festgelegte Lagerbereichskennzeichen nur die LAGERTYPDATEN-Ansicht und nicht die LAGERDATEN-Ansicht (daher können Sie ein vorgegebenes Lagerbereichskennzeichen in der LAGERDATEN-Ansicht manuell verändern, ohne die Ergebnisse, die während der Lagerungsdisposition bestimmt werden, zu beeinflussen).

Lagerplatztypkennzeichen (Bildschirmbereich »Einlagerung«)

Das *Lagerplatztyp-Kennzeichen* wird verwendet, um den relevanten Lagerplatztyp für eine Einlagerung während der Bestimmung des Lagerplatzes festzulegen. Der Lagerplatztyp spezifiziert den Lagerplatz und seine physischen Gegebenheiten. Es ist möglich, festzulegen, in welche Lagerplatztypen das Material eingelagert werden darf. Um mögliche Einträge für die Lagerplatztypen im EWM-Customizing zu erstellen, folgen Sie dem Pfad EXTENDED WAREHOUSE MANAGEMENT • WARENEINGANGSPROZESS • STRATEGIEN • LAGERPLATZFINDUNG • LAGERPLATZTYPEN DEFINIEREN.

Wird kein Lagerplatz gefunden, wird nach einem alternativen Lagerplatz gesucht – hierzu wird der gepflegte Lagerplatztyp mit den gepflegten alternativen Lagerplatztypen verglichen. Um zu prüfen, wie der Lagerplatztyp während der Bestimmung des direkten und des alternativen Lagerortes im EWM-Customizing genutzt wird, folgen Sie dem Pfad EXTENDED WAREHOUSE MANAGEMENT • WARENEINGANGSPROZESS • STRATEGIEN • LAGERPLATZFINDUNG • ALTERNATIVE LAGERPLATZTYPFOLGE.

Priorisierung des Lagerplatztyp-Kennzeichens auf Basis der Lagerdaten und Lagertypsichten

Die Kommentare bezüglich des Lagerbereichskennzeichens gelten auch für das Kennzeichen Lagerplatztyp. So würden während der Einlagerstrategie, falls keine alternative Lagerplatztypsuchreihenfolge gepflegt ist, nur Lagerplätze gefunden, die dem genauen Lagerplatztyp aus dem Produktstamm entsprechen.

AuslagerSteuerkz. (Auslagerungssteuerkennzeichen – Bildschirmbereich »Auslagerung«)

Das *Auslagerungssteuerkennzeichen* wird genutzt, um zu spezifizieren, wie das Produkt im Lager kommissioniert und ausgelagert werden soll. Speziell wird es genutzt, um das Kennzeichen Lagertypsuchreihenfolge während der Lagertypbestimmung innerhalb der Auslagerstrategie (die in Kapitel 9, »Warenausgangsprozess«, weiter beschrieben wird) zu bestimmen. Um mögliche Werte für das Auslagerungssteuerkennzeichen innerhalb des EWM-Customizings zu erstellen, folgen Sie dem Pfad Extended Warehouse Management • Waren-ausgangsprozess • Strategien • Auslagerungssteuer-kennzeichen definieren. Ebenso wie das Einlagerungssteuerkennzeichen beeinflusst das Auslagerungssteuerkennzeichen die Lagertypsuchreihenfolge. Die Konfiguration für die Lagertypsuchreihenfolge entnehmen Sie der Beschreibung des Einlagerungssteuerkennzeichens.

Das Kennzeichen Fix rechts neben dem Auslagerungssteuerkennzeichen zeigt an, ob das Auslagerungssteuerkennzeichen automatisch durch die Lagerungsdisposition überschrieben werden darf. Ist das Kennzeichen nicht markiert, kann das Auslagerungssteuerkennzeichen während der Aktivierung der Lagerungsdisposition überschrieben werden.

Gepl. AuslagerSteuerkz. (Geplantes Auslagerungssteuerkennzeichen – Bildschirmbereich »Auslagerung«)

Das Feld Gepl. AuslagerSteuerKz (Geplantes Auslagerungssteuerkennzeichen) wird während der Lagerungsdisposition gefüllt, wenn die Ergebnisse der Lagerungsdisposition für das Auslagerungssteuerkennzeichen übernommen werden. Die Lagerungsdisposition können Sie im SAP Easy Access Menü über den Pfad Extended Warehouse Management • Stammdaten • Lagerungsdisposition • Produkte für Lager disponieren oder durch Ausführen der Transaktion /SCWM/SLOT starten.

Wird die Lagerungsdisposition aktiviert, wird das Geplante Auslagerungs-steuerkennzeichen in das Feld AUSLAGERSTEUERKZ übertragen, und das geplante Feld wird gelöscht/geleert. Die Aktivierung der Lagerungsdisposition können Sie im SAP Easy Access Menü über den Pfad EXTENDED WAREHOUSE MANAGEMENT • STAMMDATEN • LAGERUNGSDISPOSITION • PLANWERTE AKTIVIEREN oder durch Ausführen der Transaktion /SCWM/SLOTACT starten.

4.2.8 Lagerungsdispositionsdaten definieren

Die *Lagerungsdisposition* wird verwendet, um eine Reorganisation im Lager anzustoßen. Zweck dieser Reorganisation ist die Optimierung des Lagers. Die Lagerungsdisposition (auch *Slotting* genannt) ermittelt anhand vorhandener Daten (wie zum Beispiel durch Auswertung der quittieren Lageraufgaben), ob ein Material auf seinem Platz optimal gelagert wird. Falls nicht, werden viele Felder auf dem Produktstamm auf den verschiedenen Ansichten direkt oder über Planfelder überschrieben. Nachträglich ist es möglich, auch interne Lagerbewegungen direkt durch die Lagerungsdisposition im Hintergrund zu erstellen, damit das Lager auch physisch optimiert werden kann. Die für die Lagerungsdisposition notwendigen Daten werden auf der Registerkarte LAGERUNGSDISPOSITION DES PRODUKTSTAMMS gepflegt.

4.2.9 Lagertypdaten des Produktstamms definieren

Um Produkte abhängig vom Lagertyp unterschiedlich verwalten zu können, ist es möglich, im Produktstamm unterschiedliche Lagertypsichten zu erstellen. Wie in Abbildung 4.13 dargestellt, können Sie im rechten Bereich, nachdem Sie die Schaltfläche ANLEGEN angeklickt haben, eine Lagertypsicht erstellen. Sie können den Lagertyp mit seinen speziellen Parametern ausprägen und mit der Schaltfläche DATEN ÜBERNEHMEN die Daten speichern. Im rechten Bereich können Sie dann zwischen den unterschiedlichen Lagertypsichten und den darin enthaltenen Parametern navigieren.

Notwendig sind die Lagertypsichten zum Beispiel, um, abhängig vom Lagertyp, dem Produkt unterschiedlich viele Lagerplätze zur Verfügung zu stellen. Hier bietet es sich an, den Parameter MAX. PLÄTZE zu verwenden, um einem Lagertyp, von dem die Ware kommissioniert wird, zum Beispiel maximal drei Lagerplätze bereitzustellen. Die Lagertypsichtparameter werden dann unter anderem bei der Einlagerung durch die Einlagerstrategie berücksichtigt. Sind also in unserem Fall alle drei Lagerplätze besetzt, wird der Lagertyp nicht für die Einlagerung verwendet. Stattdessen wird das Produkt dann in einen Reserverlagertyp (wenn in der Einlagertypsuchreihenfolge gepflegt), der diese Einschränkung nicht besitzt, eingelagert. Sie können die Lagerprozesse auch mit anderen Parametern auf dieser Sicht beeinflussen.

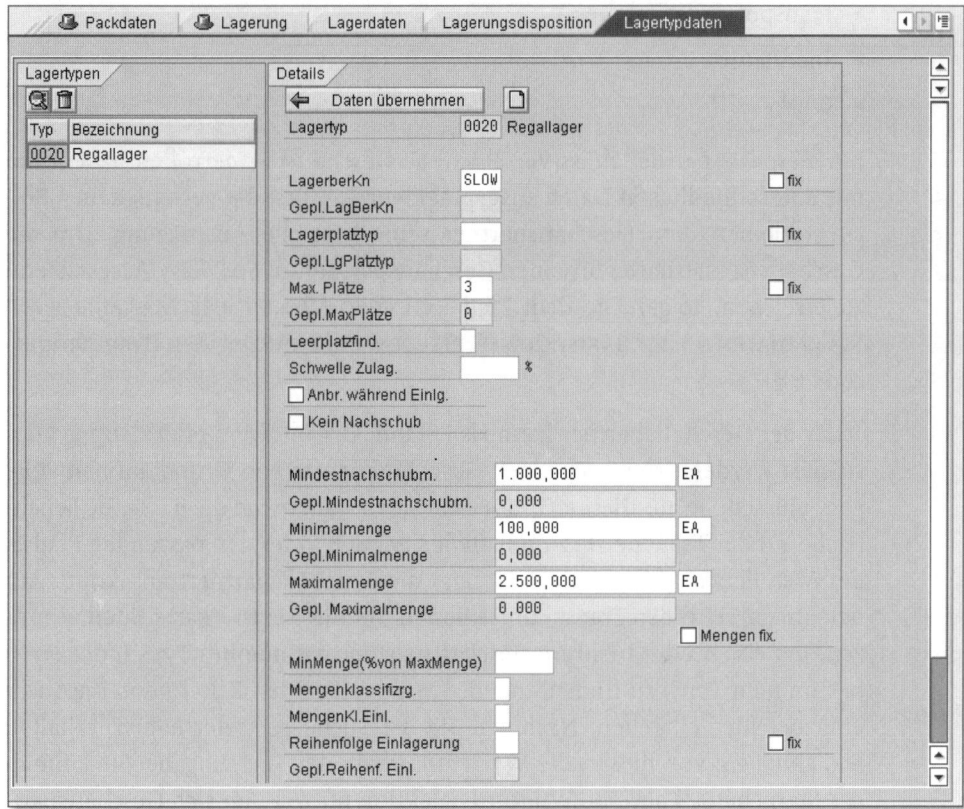

Abbildung 4.13 Lagertypspezifische Daten des SAP EWM-Produktstamms

4.3 Geschäftspartner

Geschäftspartner sind Einheiten in einem SAP-System, mit denen Sie Geschäftsoperationen besser abbilden können und die daher für verschiedene Geschäftsprozesse wichtig sind. Es handelt sich hierbei um Einheiten, die zum Beispiel den Dokumenten (wie Anlieferungen oder Auslieferungen) zugeordnet werden. Jede dieser Geschäftseinheiten muss im EWM-System vorhanden sein, um sicherzustellen, dass die Prozesse korrekt ausgeführt werden können. Geschäftspartner können sein:

▸ Kunden

▸ Lieferanten

▸ Fremdspedition

▸ Transportunternehmer

▸ Spediteure

▸ Werke

Ein Geschäftspartner muss verschiedene Geschäftspartnerrollen haben und mit unterschiedlichen Daten ausgeprägt werden. Erst die verschiedenen Rollen verleihen dem Geschäftspartner seine spezielle Ausprägung. Um die Geschäftspartnerdaten für einen Geschäftspartner im SAP Easy Access Menü zu erreichen, folgen Sie dem Pfad EXTENDED WAREHOUSE MANAGEMENT • STAMMDATEN • GESCHÄFTSPARTNER PFLEGEN oder nutzen den Transaktionscode BP.

Jeder der Geschäftspartner kann als Person, Organisation oder Gruppe klassifiziert werden. Wenn Sie einen Geschäftspartner von Grund auf neu anlegen, müssen Sie aus diesen Optionen wählen, indem Sie die passende Schaltfläche auf der Tastenleiste zum Erstellen wählen (oder den passenden Pfad in der Menüleiste). Abbildung 4.14 zeigt die Geschäftspartnertransaktion. Auf der linken Seite der Transaktion können Sie die Registerkarte SUCHEN nutzen, um einen oder mehrere Geschäftspartner irgendeines Typs (oder eines bestimmten Typs) zu finden, indem Sie die relevanten Kriterien in die Sucheingabefelder eingeben. Nachdem Sie die Suche gestartet haben, erhalten Sie, abhängig von dieser, die Werte unterhalb der Sucheingabe. Sie können das Sternchen (*) als eine Wildcard-Selektion nutzen, um sich Geschäftspartner innerhalb eines Intervalls anzeigen zu lassen. Durch Pflege der Selektionskriterien SUCHE gleich ORGANISATION und NACH gleich NUMMER können Sie SPU* in das Selektionsfeld GESCHÄFTSPARTNER eingeben und START anklicken, um alle Organisationen (zum Beispiel Kunden, Lieferanten etc.) zu finden, die mit den Buchstaben SPU beginnen (siehe Abbildung 4.14).

Sie können sich auch eine Liste aller Geschäftspartner eines bestimmten Typs anzeigen lassen, indem Sie die Kriterien SUCHE und NACH spezifizieren, das zusätzliche Selektionskriterium, also das Feld GESCHÄFTSPARTNER, jedoch leer lassen und dann auf START klicken.

Klicken Sie doppelt auf eines der Ergebnisse in der Liste, damit Sie die Detaildaten dieses Geschäftspartners auf der rechten Seite der Bildschirmmaske sehen können. Um zur Pflegeansicht zu wechseln, wählen Sie die Schaltfläche WECHSELN ZWISCHEN ANZEIGE UND ÄNDERUNG (wie in Abbildung 4.14 eingekreist dargestellt), oder drücken Sie die Taste `F6`.

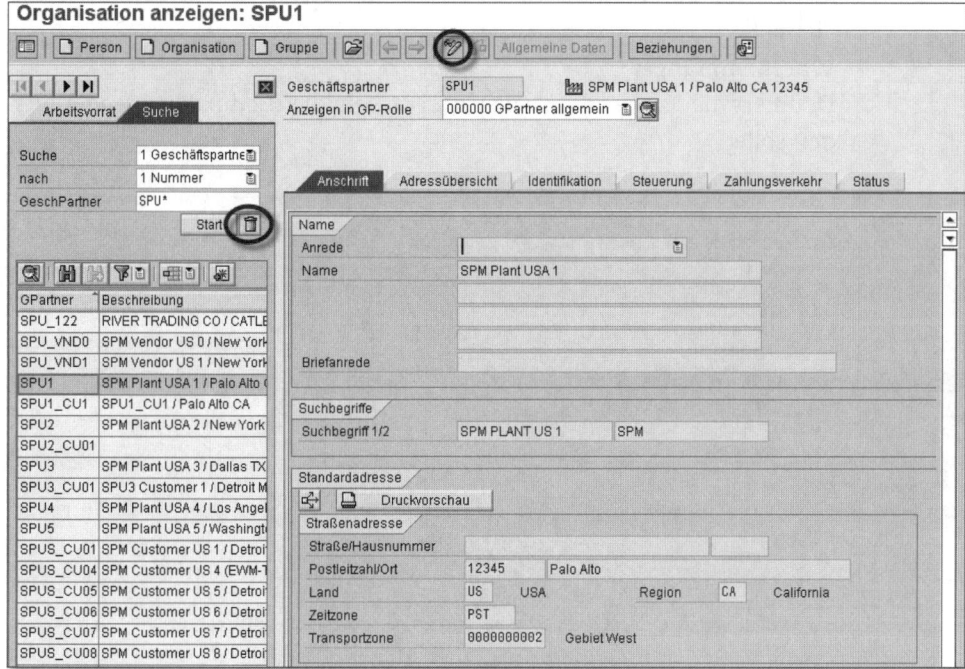

Abbildung 4.14 Geschäftspartner anzeigen und suchen

Wenn Sie innerhalb der Registerkarte SUCHEN die Schaltfläche LÖSCHEN anklicken, wird das Selektionskriterium, das Sie eingegeben haben, gelöscht. Es werden nicht alle Geschäftspartner gelöscht, die diesem Kriterium entsprechen.

Beachten Sie auch die Dropdown-Auswahl ANZEIGE IN GP-ROLLE direkt unter der Geschäftspartnernummer. Jeder Geschäftspartner kann für zahlreiche Rollen gepflegt werden, und die Rollen hängen entsprechend vom Typ des Geschäftspartners und seiner Verwendung ab. Für einen Kunden als Geschäftspartner können folgende Rollen von Bedeutung sein:

▸ **Geschäftspartnerrolle allgemein**
   Definiert die allgemeinen Daten eines Kunden, wie den Namen, die Adresse und die Kontaktmöglichkeiten.

▸ **Geschäftspartner Finanzservice**
   Definiert und ermöglicht das Pflegen von Daten für den Zahlungsverkehr.

▸ **Auftraggeber**
Definiert die Kundendaten als Partei, an die Produkte verkauft werden. Zudem ist es möglich, Steuerdaten für diese Geschäftspartnerrolle zu hinterlegen.

▸ **Warenempfänger**
Definiert die Kundendaten als Partei, an die die Produkte versendet werden sollen.

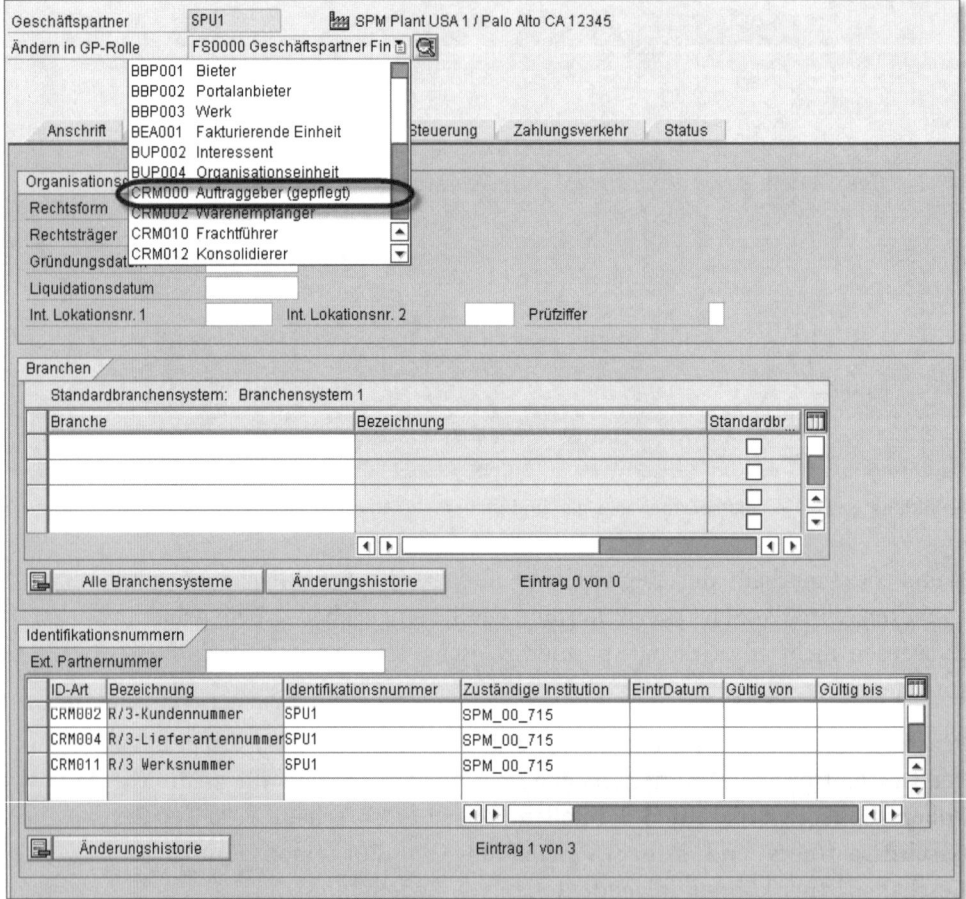

Abbildung 4.15 Neue Geschäftspartnerrolle erstellen und zusätzliche Identifikationsnummern pflegen

Es kann auch Geschäftspartner geben, die nur mit der allgemeinen Rolle ausgeprägt sind. Beachten Sie, dass einige Daten sich über die verschiedenen

Rollenansichten wiederholen, während andere Daten spezifisch für nur eine Rolle definiert werden können. Werden die Daten von einem Quellsystem repliziert, wie etwa von SAP ERP, werden die verschiedenen Rollen automatisch während der Replikation erstellt.

Um eine zusätzliche Rolle des Geschäftspartners zu erstellen, springen Sie in den Änderungsmodus, indem Sie die Schaltfläche WECHSELN ZWISCHEN ANZEIGE UND ÄNDERUNG (siehe Abbildung 4.15) anklicken, und wählen dann eine zusätzliche Geschäftspartnerrolle im Dropdown-Menü ÄNDERN IN GP-ROLLE. Sind neben der GESCHÄFTSPARTNERROLLE ALLGEMEIN und der Rolle GESCHÄFTSPARTNER FINANZSERVICE noch andere Rollen gepflegt, werden diese in der Dropdown-Auswahl rechts neben dem Rollennamen in Klammern als gepflegt markiert (siehe Abbildung 4.15).

Abgesehen von den Identifikationsnummern auf der Registerkarte IDENTIFIKATION, müssen Lagermitarbeiter oder Administratoren die Stammdaten der Geschäftspartner nicht aktualisieren. Vielmehr liegen die Geschäftspartnerdaten meistens in der Verantwortung des Quellsystems (zum Beispiel SAP ERP): Änderungen werden also meist in SAP ERP gepflegt und dann an das EWM-System repliziert.

Die folgenden Abschnitte beschreiben die verschiedenen Geschäftspartnertypen und zeigen, welche zusätzlichen Daten für die EWM-Geschäftsprozesse relevant sind.

4.3.1 Kundenstammdaten

Die *Kundenstammdaten* werden mittels CIF an EWM versendet. Zuvor müssen sie in SAP ERP oder im CRM-System erstellt werden. Die Kundenstammdaten beinhalten die Basisinformationen des Kunden, inklusive des Kundennamens, der Adresse sowie verschiedener Kontaktdaten und Daten, die in der Regel für den Lagerbetrieb nicht relevant sind, aber dennoch unter bestimmten Umständen nützlich sein können, wie etwa die Steuerklasse, Zahlungsmodalitäten und Statusinformationen.

Daten, die für die Lagerprozesse relevant sind, sind die Adressinformationen (die auf Versanddokumente oder andere Formulare gedruckt und auch für die Routenplanung genutzt werden), die Identifikationsnummer (siehe Abbildung 4.15) und die Geschäftszeiten des Kunden (siehe Abbildung 4.16), die zum Beispiel zur Bestimmung des Warenausgangsdatums und der Auslieferzeiten genutzt werden können.

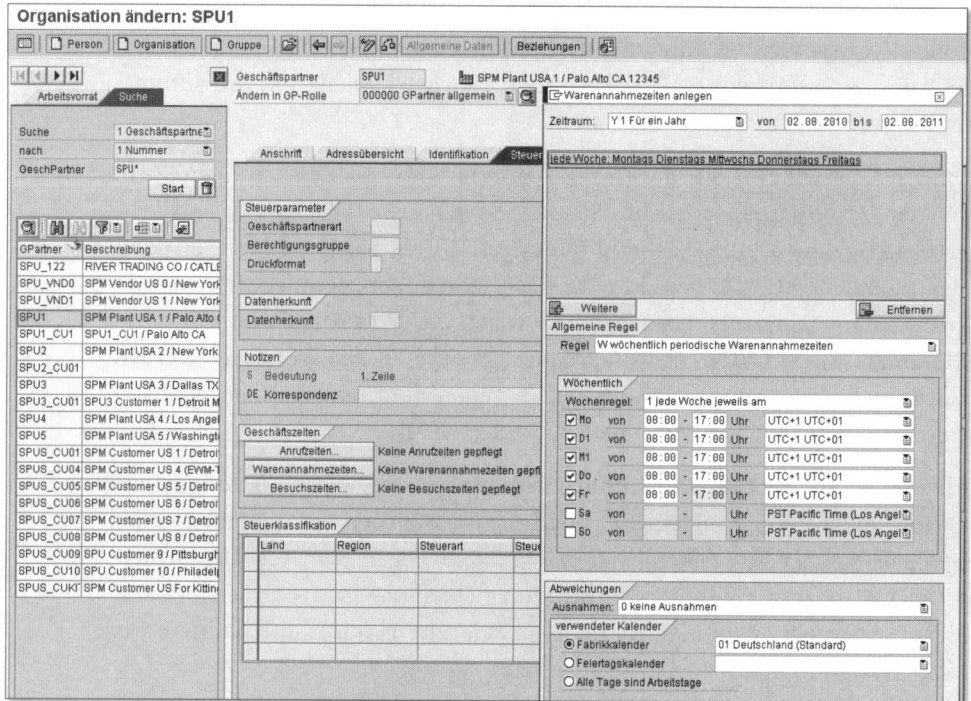

Abbildung 4.16 Arbeitszeiten eines Geschäftspartners

Die *Identifikationsnummern* müssen Sie mit Sorgfalt pflegen, da sie zur Bestimmung der relevanten Geschäftspartnerdaten für die Nutzung von bestimmten Dokumenten herangezogen werden. Die Identifikationsnummer CRM002 wird zum Beispiel genutzt, um die Kundennummer für die Auslieferungsanforderung, basierend auf dem in SAP ERP zugeordneten Warenempfänger, zu bestimmen. Mit anderen Worten, die Geschäftspartnerinformationen werden nicht direkt aus den Auslieferungsdokumenten des SAP ERP-Systems in die Auslieferungsanforderung in EWM übernommen, sondern es werden die in EWM gepflegten Geschäftspartnerdaten genutzt, um die relevanten Geschäftspartnerinformationen zu bestimmen. Die Identifikationsnummer entspricht der Geschäftspartnernummer. Diese Verknüpfung dient der Vereinfachung und kommt häufig vor. Zum Beispiel kann sich in einer Logistikdienstleister-Umgebung die Geschäftspartnernummer des Quellsystems von der im Lager genutzten Geschäftspartnernummer unterscheiden.

Im Anzeigemodus können relevante *Geschäftszeiten* des Kunden, die vorher gepflegt wurden, über die Registerkarte STEUERUNG ausgewählt werden.

Durch Auswählen der Schaltfläche WARENANNAHMEZEITEN erhalten Sie die Geschäftszeiten des Geschäftspartners.

> **Geschäftspartnerrollen des Kunden**
>
> Ist der Kunde sowohl ein Auftraggeber als auch ein Warenempfänger, müssen nicht beide Geschäftspartnerrollen in EWM gepflegt werden. Für die Steuerung der Prozesse in EWM reicht die Geschäftspartnerrolle AUFTRAGGEBER, die bei der Verteilung des Kunden über das CIF automatisch erstellt werden sollte.

4.3.2 Lieferantenstammdaten

Die *Lieferantenstammdaten* werden ebenfalls mittels CIF von SAP ERP ins EWM-System repliziert. Sie erstellen sie in SAP ERP oder im CRM-System und replizieren sie über SAP ERP in EWM.

Die Lieferantenstammdaten beinhalten, ebenso wie die Kundenstammdaten, die Basisinformationen des Lieferanten, inklusive des Lieferantennamens, der Lieferantenadresse, verschiedener Kontaktinformationen und verschiedener Daten, die im Allgemeinen nicht relevant für das Lagergeschehen sind (aber dennoch unter bestimmten Umständen nützlich sein können), wie etwa die Steuerklasse, Zahlungsdetails (zum Beispiel Rückzahlungen) und die Statusinformationen.

Die Struktur der Lieferantendaten ähnelt der der Kunden Geschäftspartnerdaten. Beide Objekte unterscheiden sich anhand der Identifikationsnummer auf der Registerkarte IDENTIFIKATION und anhand des ID-Typs CRM004 (R/3-Lieferantennummer). Zusätzlich wird für Lieferantenstammdaten eine weitere Geschäftspartnerrolle gepflegt (BBP000 – Lieferant).

4.3.3 Werk

Werke werden von SAP ERP über das CIF an EWM verteilt und automatisch in EWM mit den relevanten Rollenzuteilungen erstellt, sodass sie als Geschäftspartner für den Transfer von Ware zwischen Werken und für andere Aktivitäten genutzt werden können. Werke sollten mit den Geschäftspartnerrollen GESCHÄFTSPARTNERROLLE ALLGEMEIN, GESCHÄFTSPARTNER FINANZSERVICE und AUFTRAGGEBER erstellt/angelegt werden. Der Geschäftspartner sollte die ID-Typen für Kunden (CRM002), Lieferanten (CRM004) und Werk (CRM011) auf der Registerkarte IDENTIFIKATION zugewiesen bekommen (siehe Abbildung 4.15).

4.3.4   Andere Geschäftspartnerrollen

Andere Geschäftspartner können ebenfalls in EWM erstellt werden, und einige sind notwendig, um bestimmte Geschäftsprozesse zu unterstützen. Es ist möglich, die gleichen Geschäftspartnerrollen wie in CRM oder in SAP ERP anzulegen, einige davon sind jedoch für EWM nicht relevant. Notwendig für EWM sind unter anderem, abgesehen von den bereits beschriebenen, folgende Geschäftspartnerrollen:

- ▶ Mitarbeiter
- ▶ Spediteur
- ▶ Logistikkonsolidierer
- ▶ Zollstelle
- ▶ Wiederaufarbeiter

Weitere Informationen zur Geschäftspartnerkonfiguration

Die Pflege der Geschäftspartnerrollen ist zwingend und unumgänglich. Die Konfiguration dieser Daten zählt zur initialen Systemkonfiguration und wird deshalb sehr ausführlich von SAP beschrieben. Wie verweisen deshalb auf das Dokument *ConfigGuide Integration of SAP ERP and SAP EWM*, das Sie über den SAP Solution Manager einsehen können.

4.4   Supply Chain Unit

Supply Chain Units (SCUs) repräsentieren physische Orte oder organisatorische Elemente in einem SCM-System, die von EWM genutzt werden, um die Lieferkette Ihrer Organisation vollständig abbilden zu können. Beispiele für SCUs sind:

- ▶ Werke
- ▶ Kunden
- ▶ Lieferanten
- ▶ Versandstelle
- ▶ MRP-Bereiche
- ▶ Läger
- ▶ Versandzonen
- ▶ Transportdienstleister
- ▶ Terminals oder Häfen

SCUs werden in verschiedenen Objekten und Programmen von der Waren-annahme und dem Versand-Modul in EWM genutzt. SCUs werden verwendet, um Transportwege, Versandzonen, Routen und Spediteur-Profile erstellen zu können. Die Art der Supply Chain Unit bestimmen Sie anhand des Supply-Chain-Unit-Typs, den Sie direkt beim Definieren der Supply Chain Unit festlegen müssen.

4.4.1 Supply Chain Units einrichten

Jede SCU erhält Daten über ihre geographische Position, Geschäftspartner-beziehungen, Zeitzone, Adresse und weitere Geschäftsattribute. Die Geschäftsattribute identifizieren, wie die SCU genutzt wird, zum Beispiel ob die SCU ein Lager, ein Versandbüro, eine Tür, eine Anlieferlokation oder ein anderer Typ einer SCU ist.

Das heißt, eine SCU wird im SCM-System als ein Ort mit einem Geschäftsbe-zug abgebildet. Erhält ein Ort das Geschäftsattribut WERK, bildet dieser Ort die SCU WERK.

In Abbildung 4.17 können Sie eine SCU sehen, die zur Abgrenzung weitere Geschäftsattriute besitzt. Um die Pflegetransaktion für die SCUs im SAP Easy Access Menü zu erreichen, folgen Sie dem Pfad EXTENDED WAREHOUSE MANAGEMENT • STAMMDATEN • SUPPLY-CHAIN-UNIT PFLEGEN oder nutzen den Transaktionscode /SCMB/SCUMAIN.

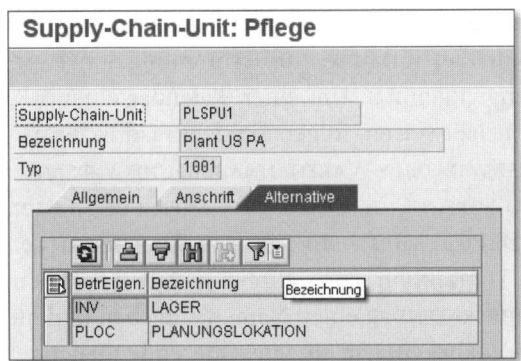

Abbildung 4.17 Attribute einer Supply Chain Unit

SCUs werden oft genutzt, um Positionen/Orte in Programmen zu bestimmen, die sich auf den geographischen Ort der Objekte beziehen. Strecken werden zum Beispiel unter Nutzung von SCUs erstellt, die sich auf Positionen wie Lager, Lieferanten und Kunden beziehen.

4.4.2 Supply Chain Units dem Lager zuweisen

Jedem Lager ist eine SCU zugewiesen. Die relevanten Geschäftspartner und die SCUs werden dem Lager im SAP Easy Access Menü von EWM zugeordnet, indem Sie dem Pfad EXTENDED WAREHOUSE MANAGEMENT • EINSTELLUNGEN • ZUORDNUNGEN: LAGERNUMMERN/GESCHÄFTSPARTNER folgen oder den Transaktionscode /SCWM/LGNBP nutzen. Abbildung 4.18 zeigt die Transaktion, bei der die Geschäftspartner und die SCU dem Lager zugewiesen werden.

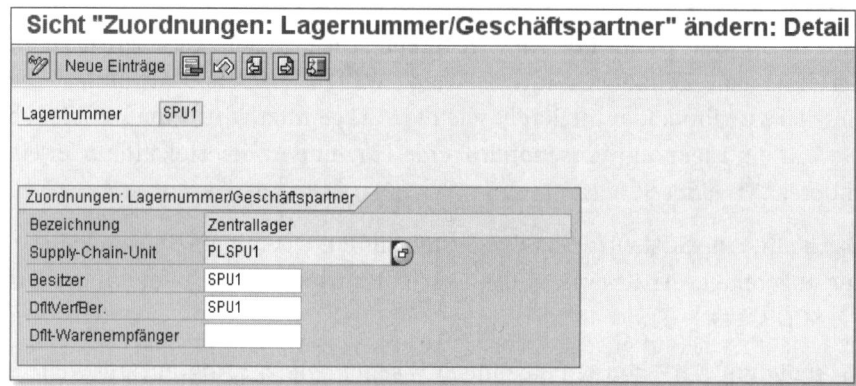

Abbildung 4.18 Lagernummer der Supply Chain Unit und dem Geschäftspartner zuweisen

4.4.3 Kalender zu Supply Chain Units zuweisen

Sie können jeder SCU einen Kalender zuweisen. Dies kann zum Beispiel zur Bestimmung des Versand- oder Abfahrtskalenders des Objekts wichtig sein und wird daher, als Teil der Routenbestimmung, zur Bestimmung der erwarteten Liefertermine für Lieferungen genutzt. Um einen Kalender einer SCU aus dem SAP Easy Access Menü zuzuweisen, folgen Sie dem Pfad EXTENDED WAREHOUSE MANAGEMENT • STAMMDATEN • WARENANNAHME UND VERSAND • ROUTENFINDUNG • KALENDER ZU SUPPLY-CHAIN-UNIT ZUORDNEN oder nutzen den Transaktionscode /SCTM/DEPCAL. Beachten Sie, dass Sie einen neuen Abfahrtskalender mittels der Transaktion auch direkt erstellen können, indem Sie im Eingabefeld ABFAHRTKALENDER einen Namen eingeben und die Schaltfläche ERSTELLEN daneben anklicken. Um einen existierenden Kalender (oder mehrere) zuzuweisen, wählen Sie die Zeile und klicken auf die Schaltfläche HINZUFÜGEN (die auch wie die Schaltfläche ERSTELLEN aussieht) in der unteren Tabellenleiste. Abbildung 4.19 zeigt die SCU-Kalenderzuordnungstransaktion.

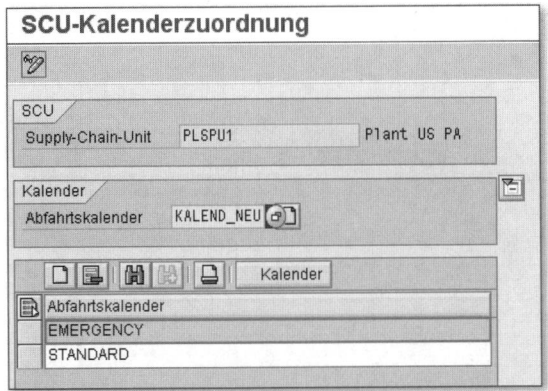

Abbildung 4.19 Abfahrtskalender der Supply Chain Unit zuweisen

4.5   Verpackungsmaterialien

Verpackungsmaterialien sind Materialien, die genutzt werden, um Produkte im Lager sicher und gruppiert aufbewahren zu können, damit der Transport der Produkte besser und schneller möglich ist. Hilfsverpackungsmaterialien sind Materialien, die gewöhnlich während der Vorbereitung für den Transport hinzugefügt werden, mit dem Ziel, die Materialien während des Transports zu schützen (zum Beispiel um ein Rutschen oder andere Bewegungen der Ladung zu vermeiden). In EWM werden Verpackungsmaterialien als Produkte mit spezifischen Eigenschaften erstellt. Das führende System für das Erstellen der Verpackungsmaterialien wie auch für normale Produkte in EWM ist das SAP ERP-System. Sichergestellt wird eine unterschiedliche Verwendung der Materialien durch das Erstellen eines Verpackungsmaterials als Material eines entsprechenden Materialtyps (entsprechend dem Standard-Verpackungsmaterialtyp VERP).

Zusätzlich dazu werden bestimmte Eigenschaften/Felder auf dem Materialstamm gepflegt oder aus dem SAP ERP-System übertragen (siehe Abbildung 4.20). Im Bereich GRUNDDATEN: PACKMITTEL können Sie die allgemeinen Eigenschaften des Packmittels, wie schon in Abschnitt 4.2.5, »Verpackungsdaten des Produktstamms definieren«, erläutert, spezifizieren. Mithilfe der KAPAZITÄTEN können Sie die Größe sowie die maximale Auslastung der Verpackungsmaterialien bestimmen.

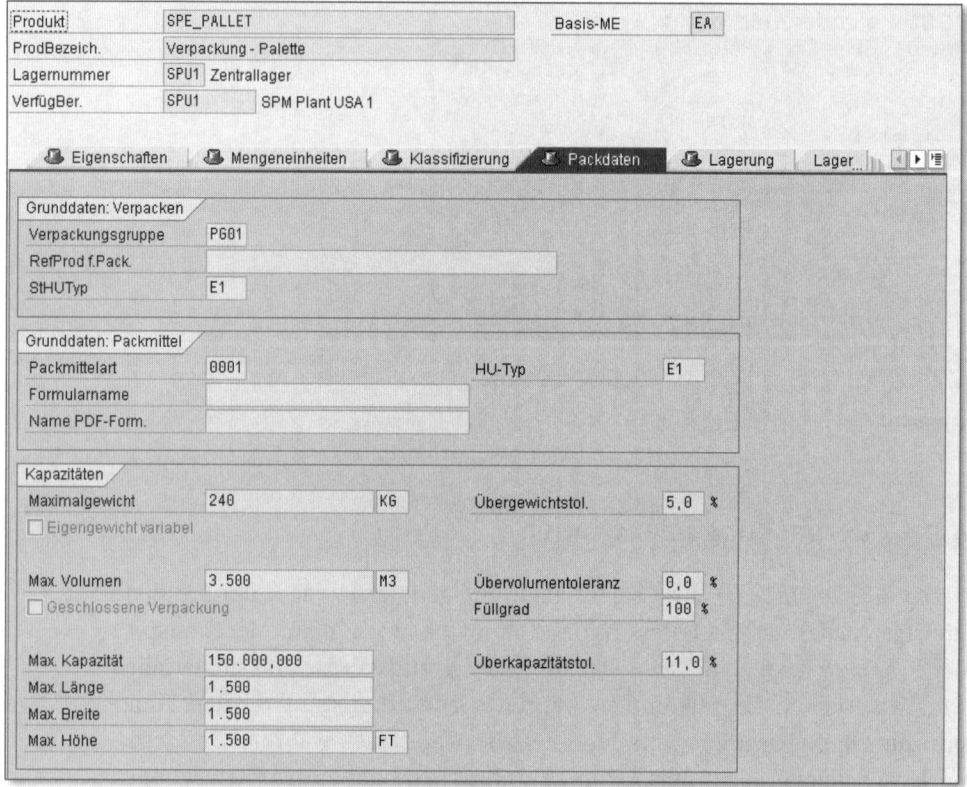

Produkt	SPE_PALLET		Basis-ME	EA
ProdBezeich.	Verpackung - Palette			
Lagernummer	SPU1 Zentrallager			
VerfügBer.	SPU1	SPM Plant USA 1		

Eigenschaften | Mengeneinheiten | Klassifizierung | Packdaten | Lagerung | Lager

Grunddaten: Verpacken

Verpackungsgruppe	PG01
RefProd f.Pack.	
StHUTyp	E1

Grunddaten: Packmittel

Packmittelart	0001		HU-Typ	E1
Formularname				
Name PDF-Form.				

Kapazitäten

Maximalgewicht	240	KG	Übergewichtstol.	5,0 %
☐ Eigengewicht variabel				
Max. Volumen	3.500	M3	Übervolumentoleranz	0,0 %
☐ Geschlossene Verpackung			Füllgrad	100 %
Max. Kapazität	150.000,000		Überkapazitätstol.	11,0 %
Max. Länge	1.500			
Max. Breite	1.500			
Max. Höhe	1.500	FT		

Abbildung 4.20 Packdaten eines Verpackungsmaterials als SAP EWM-Produktstamm

4.6 Packspezifikationen

Packspezifikationen sind Stammdaten, die verwendet werden, um sowohl dem System Informationen zur Verfügung zu stellen, wie Produkte in Handling Units zu packen sind (wie zum Beispiel beim Einlagern, wenn Lageraufgaben zu einer Lieferung erstellt werden sollen), als auch um dem Benutzer Informationen darüber bereitzustellen, welche Aktivitäten zusätzlich während des Verpackens auszuführen sind (bei der Verwendung von logistischen Zusatzleistungen, die wir in Kapitel 12, »Bereichsübergreifende Prozesse und Funktionen«, genauer beschreiben werden). Packspezifikationen sind im SCM-System entwickelt worden, sie nutzen die Softwarekomponente *Integriertes Produkt- und Prozess-Engineering* (iPPE) und werden deshalb auch von anderen Komponenten des SCM-Systems, zum Beispiel *SAP Supply Network Collaboration* (SNC) oder SAP APO und SAP EWM, verwendet. Um Packspezifikationen in EWM und den Lagerprozessen zu nutzen, müssen diese im System erstellt werden. EWM nutzt diese an verschiedenen Stellen, wie wir nachfolgend im Detail erörtern werden. Um Packspezifikationen dem System zur Verfügung zu stellen, ist es möglich, diese manuell oder automatisch zu erstellen, zu aktivieren oder aus einem zentralen SCM-System (falls mehrere EWM-Systeme sich im Einsatz befinden) zu verteilen. Das Verwalten der Packspezifikationen werden wir im Folgenden erläutern.

4.6.1 Verwendung von Packspezifikationen

Packspezifikationen werden während verschiedener Lagerprozesse innerhalb von EWM genutzt, zum Beispiel:

- zum automatischen Anlegen von Einlager-Lageraufgaben und dem Evaluieren der passenden Lageraufgabenmenge auf Basis von Anlieferungen
- zur Findung des Verpackungsmaterials bei der Lagerauftragserstellung (bei der Dekonsolidierung, beim Verpacken oder bei der Lagerungsdisposition)
- bei den internen Lagerprozessen (zur Palettierung oder zum Festlegen der operativen Mengeneinheit)
- bei der Ausführung von Zusatzprozessen wie den logistischen Zusatzleistungen

Die Konditionssätze für die Findung der Packspezifikation werden in der Packspezifikationstransaktion gepflegt. Die Konditionsfindung basiert auf den gleichen Regeln, wie in Kapitel 12 beschrieben, für die Packspezifikationsfindung werden andere Kriterien verwendet.

4.6.2 Packspezifikation erstellen

Um eine Packspezifikation zu erstellen oder existierende Packspezifikationen vom SAP Easy Access Menü zu pflegen, folgen Sie dem Pfad EXTENDED WAREHOUSE MANAGEMENT • STAMMDATEN • PACKSPEZIFIKATION • PACKSPEZIFIKATION PFLEGEN oder nutzen den Transaktionscode /SCWM/PACKSPEC. Suchen Sie eine existierende Packspezifikation vom Hauptbildschirm aus, oder erstellen Sie eine neue Packspezifikation über die Schaltfläche NEUE ZEILE HINZUF. Sie sollten dann in den Pflegebildschirm/die Bearbeitungsansicht springen, indem Sie die Zeile auswählen und in die Detailansicht wechseln (siehe Abbildung 4.21).

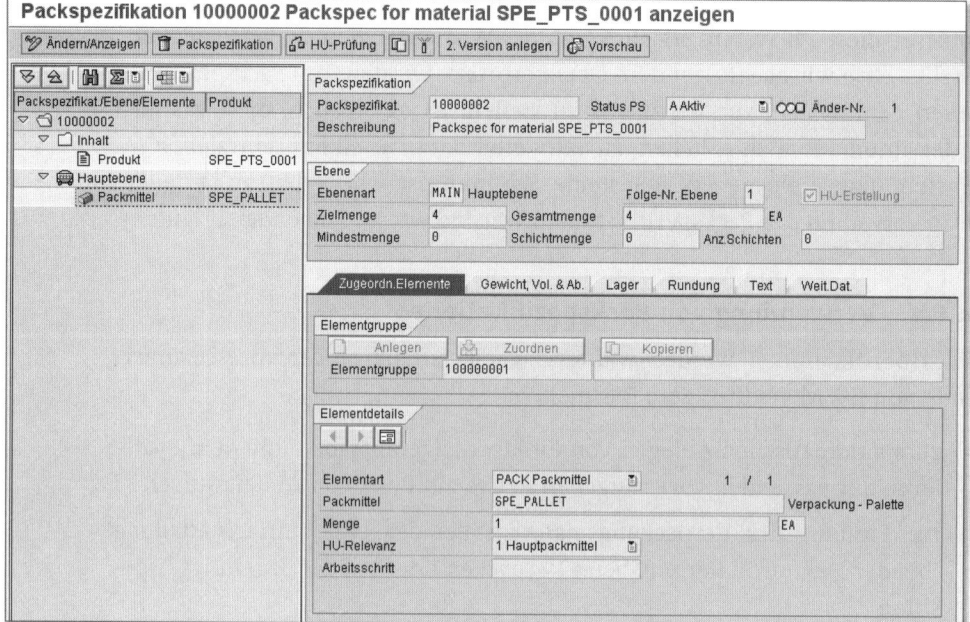

Abbildung 4.21 Packspezifikation zur einfachen Palettierung eines Materials

Um Packspezifikationen zu erstellen, müssen Sie Nummernkreise erstellen und zuweisen und die allgemeinen Packspezifikationsparameter definieren. Um die Nummernkreise im EWM-Customizing zu erstellen, folgen Sie dem Pfad SCM BASIS • VERPACKEN • PACKSPEZIFIKATION • NUMMERNKREIS FÜR PACK-SPEZIFIKATION DEFINIEREN. Um allgemeine Parameter im EWM-Customizing zu definieren, folgen Sie dem Pfad SCM BASIS • VERPACKEN • PACKSPEZIFIKA-TION • ALLGEMEINE PACKSPEZIFIKATIONSPARAMETER DEFINIEREN.

Zusätzlich haben Sie die Wahl, Packspezifikationsgruppen zu erstellen. Diese Gruppen erlauben Ihnen, Parameter zuzuordnen und unterschiedliche Strukturen für bestimmte Zwecke vorzudefinieren oder differenziert zu unterstützen (zum Beispiel bei der »Kit-Bildung«). Um Packspezifikations-gruppen im EWM-Customizing zu definieren, folgen Sie dem Pfad SCM BASIS • VERPACKEN • PACKSPEZIFIKATION • GRUPPE FÜR PACKSPEZIFIKATIONEN DEFINIEREN.

4.6.3 Packspezifikation aktivieren

Wenn Sie die Packspezifikationen erstellt haben, müssen Sie diese aktivie-ren, bevor sie im System genutzt werden können. Um die Packspezifikatio-nen innerhalb der Pflege der Packspezifikationen zu aktivieren, wählen Sie die Schaltfläche AKTIVIEREN. Alternativ können Sie auf dem Bildschirm ÜBERSICHT PACKSPEZIFIKATION die Packspezifikation wählen und die Schaltfläche AKTIVIEREN anklicken.

Wenn Sie die Packspezifikationen aktiviert haben, können Sie die aktive Version nicht mehr ändern. Wenn Sie eine Änderung an der Packspezifikation vornehmen möchten, müssen Sie eine neue Version der Packspezifikation erstellen und diese dann aktivieren. Um eine neue Version zu erstellen, wählen Sie die relevante Packspezifikation im Bildschirm ÜBERSICHT PACKSPEZIFIKATION aus und klicken auf die Schaltfläche 2. VERSION ANLEGEN. Sobald Sie die neue Version erstellt haben, können Sie diese bearbeiten/pflegen, während die alte Version aktiv bleibt. Haben Sie die neue Version aktualisiert, können Sie sie aktivieren, sodass die alte Version nicht länger aktiv ist. Es kann immer nur eine Version aktiv sein.

Wenn Sie möchten, dass das System während der Aktualisierung der Packspezifikation keine andere Packspezifikation nutzt, können Sie die Originalversion deaktivieren, indem Sie die Option PS DEAKTIVIEREN des Dropdown-Menüs neben der Schaltfläche AKTIVIEREN wählen. Auch wenn Sie das Original deaktiviert haben, müssen Sie eine neue Version erstellen, um die Spezifikation bearbeiten/verändern zu können. Es ist wichtig, hinzuzufügen, dass beim Erfassen von Konditionssätzen zu einer Packspezifikation sich diese nicht überlappen dürfen. Das heißt, die gleichen Parameter darf es nicht in verschiedenen Packspezifikationen geben, da sonst die Packspezifikation nicht eineindeutig gefunden und zugeordnet werden kann. Das Aktivieren einer Packspezifikation mit überlappenden Konditionssätzen ist deshalb nicht möglich.

4.6.4 Packspezifikation verteilen

Es ist möglich, Packspezifikationen in einem System zu pflegen und sie dann an ein anderes System zu übermitteln. Notwendig ist dies, um die Packspezifikationen zentral zu verwalten, um Ihnen zu ermöglichen, den Pflege-/Wartungsaufwand zu reduzieren und um sicherzustellen, dass die Packspezifikationen für verschiedene Läger und sogar für verschiedene Applikationen konsistent sind. Damit eine Verteilung möglich ist, müssen Sie definieren, in welches System die Packspezifikationen repliziert werden sollen. Die Konfiguration können Sie im EWM-Customizing über den Pfad SCM BASIS • VERPACKEN PACKSPEZIFIKATION • RFC-VERBINDUNG FÜR PACKSPEZIFIKATIONSVERTEILUNG FESTLEGEN sicherstellen. Zum manuellen Verteilen von Packspezifikationen können Sie das Programm /SCWM/PS_DISTRIBUTION nutzen.

4.6.5   Packspezifikationen hochladen

Zusätzlich zum manuellen Anlegen von Packspezifikationen haben Sie auch die Möglichkeit, Packspezifikationen ins EWM-System zu laden. Um Packspezifikationen vom SAP Easy Access Menü zu laden, folgen Sie dem Pfad EXTENDED WAREHOUSE MANAGEMENT • SCHNITTSTELLEN • DATEN-UPLOAD • INITIALDATENÜBERNAHME DER PACKSPEZIFIKATIONEN oder verwenden den Transaktionscode /SCWM/IPU. Das Format der Datei, die Sie für den Packspezifikationsupload benötigen, finden Sie als Kommentar im Programm /SCWM/R_PS_DATA_LOAD. Werden Packspezifikationen mit Konditionssätzen hochgeladen, müssen alle Einträge in der Datei im richtigen Format vorliegen, da es sonst beim Importieren der Daten zu Schwierigkeiten kommen kann. Manchmal werden dann Packspezifikationen ohne Konditionssätze angelegt, wodurch diese dann unbrauchbar werden. Falls Sie Packspezifikationen anhand des Packspezifikationsuploads aus einem anderen System in EWM laden möchten, empfehlen wir Ihnen deshalb, sich die Datei, die Sie zum Upload verwenden, mit einem selbst entwickelten Programm automatisch generieren zu lassen, um möglichst wenig Fehler in der Uploaddatei zu riskieren. Zudem sollten Sie den Upload gründlich testen, bevor Sie diesen im Produktivsystem starten. Ist der Upload nicht erfolgreich durchgeführt worden, müssen Sie die Packspezifikationen wieder löschen, um den Uploadvorgang von Neuem beginnen zu können. Der Vorgang kann sehr intensiv sein und beansprucht womöglich sehr viel Zeit. Wir empfehlen deshalb, ihn so früh wie möglich in Ihrem Projekt zu starten.

4.7   Zusammenfassung

In diesem Kapitel haben wir Ihnen eine Übersicht über die Stammdaten im EWM-System gegeben. Wir haben wichtige Stammdatenfelder, die Sie zwingend in EWM benötigen, in diesem Kapitel aufgeführt und erklärt. Sie finden darüber hinaus auf der Verlagswebsite unter *www.sap-press.de/2144* eine ausführliche Übersicht über weitere Stammdatenfelder und ihre Bedeutung. Im nächsten Kapitel zeigen wir Ihnen, wie Sie Ihren Bestand im Lager verwalten können.

In diesem Kapitel diskutieren wir die verschiedene Arten von Beständen, deren Bedeutung und Nutzen sowie die Funktionen des SAP EWM-Systems für die Verwaltung von Beständen. Insbesondere gehen wir auf die Gemeinsamkeiten und Unterschiede zur Bestandsverwaltung mit SAP ERP ein.

5 Bestandsverwaltung

Im Folgenden zeigen wir Ihnen die wichtigsten Bestandteile der Bestandsverwaltung von SAP EWM. EWM bietet eine Fülle von Methoden und Funktionalitäten, um die verschiedenen Arten von Beständen im Lager zu verwalten.

Wir beginnen dieses Kapitel mit der Erläuterung des Begriffs *Quant* und beschreiben, wie das System Quants zu bestehenden Quants hinzufügen kann. Sie lernen, was die Begriffe *physischer Bestand* und *verfügbarer Bestand* bedeuten und wie Sie Bestände nicht nur auf Lagerplätzen, sondern auch auf Ressourcen und auf Transporteinheiten führen und verwalten können. Danach erläutern wir das Bestandsmodell von EWM und stellen Chargen in Konfiguration und Einsatz vor und zeigen, wie Sie mit Dokumentationschargen arbeiten. Anschließend beschreiben wir EWM-Prozesse mit Serialnummern.

Schließlich zeigt dieses Kapitel, wie das Handling Unit Management für die Verwaltung von Packstücken wie Paletten oder Kartons in das EWM-System integriert ist, gefolgt von einer kurzen Einführung in die Benutzung von Transporteinheiten. Wir beschreiben anschließend, wie Sie die EWM-Bestandsidentifikation (*Stock ID*) sinnvoll einsetzen können, besonders bei Umlagerungen zwischen zwei EWM-Lägern. Danach geben wir Informationen über die Verwaltung von Mindesthaltbarkeitsdaten (MHD) und Verfallsdaten. EWM kann auch gewichtsabhängige Ware verwalten (*Catch Weight Management*), was besonders für Branchen relevant ist, in denen das Gewicht einer Einheit von Stück zu Stück variiert. Anschließend legen wir dar, wie EWM Bestände unterschiedlicher Herkunftsländer verwalten und im Bestand separieren kann, ohne dass für jedes Herkunftsland eine eigene Materialnummer angelegt werden muss. Wir schließen das Kapitel mit einer

Beschreibung von besonderen Bestandsfindungsmethoden und der Bestandsbewertung sowie mit einer Übersicht über Sonderbestände (Kundeneinzelbestand und Projektbestand) ab.

5.1 Quants

Ein *Quant* ist ein Bestandssegment einer bestimmten Menge eines Materials mit gleichen Eigenschaften. Quants bilden die Basis für die EWM-Bestandsverwaltung. Die Bestände eines Lagers im EWM-System bestehen technisch gesehen aus einer Sammlung von vielen voneinander unabhängigen Quants.

Quants werden im EWM-System durch *Lagerbewegungen* erstellt und gelöscht, etwa durch Wareneingänge, Warenausgänge, Umbuchungen oder durch Lageraufgaben. Die Menge eines Quants wird erhöht, wenn Bestand desselben Materials mit gleichen Eigenschaften (gleiche Bestandsart, gleiche Charge, gleicher Besitzer etc.) auf dieselbe Lokation im Lager bewegt wird. In diesem Fall vereinigen sich die beiden separaten Quants zu einem einzigen. Dies wird auch *Quantverschmelzung* genannt.

Die Menge eines Quants wird reduziert, indem eine Teilmenge dieses Quants auf eine andere Lokation bewegt wird oder indem Sie für eine Teilmenge dieses Quants quanttrennende Eigenschaften durch eine Umbuchung definieren. Dies ist zum Beispiel eine Umbuchung von freiem Bestand auf gesperrten Bestand.

Das EWM-System erstellt ein neues Quant, wenn ein Produkt in einen leeren Platz eingelagert wird. Wenn Sie den Bestand aus dem Lager ausbuchen, löscht das System automatisch das dazugehörige Quant. EWM speichert im Datensatz des Quants unter anderem die folgenden Informationen:

- ▶ Lokation des Quants (Lagerplatz, Ressource oder Transporteinheit)
- ▶ Name des Produkts
- ▶ Menge
- ▶ Besitzer
- ▶ Verfügungsberechtigter
- ▶ Bestandsart (freier Bestand, gesperrter Bestand etc.)
- ▶ Handling Unit und Nummer der Charge
- ▶ Wareneingangsdatum, Mindesthaltbarkeitsdatum

Alle Quants eines Lagers bilden zusammen den sogenannten *physischen Bestand* dieses Lagers.

In den nächsten Abschnitten geben wir Ihnen weitere Informationen über Quants, zunächst über die quanttrennenden Eigenschaften, die bei Zulagerung eine Rolle spielen. Danach zeigen wir Ihnen, wie Sie sich bestehende Quants in EWM anzeigen lassen können. Schließlich beschreiben wir, wie EWM Bestandstransparenz nicht nur auf Lagerplätzen, sondern auch auf Ressourcen und Transporteinheiten bietet, wie es physischen und verfügbaren Bestand unterscheidet und wo Sie sich eingehende und ausgehende Mengen anzeigen lassen können. Am Ende des Abschnitts erklären wir Ihnen die *Logistics Inventory Management Engine* (LIME).

5.1.1 Zulagerung und quanttrennende Eigenschaften

Wenn Sie für ein bestehendes Quant eine Lageraufgabe anlegen, um Bestand auf einen anderen Platz zu bewegen, an dem sich bereits Bestand befindet, prüft das EWM-System, ob eine *Zulagerung* durchgeführt werden kann und ob die beiden Quants miteinander verschmelzen können.

Für eine solche Verschmelzung muss der *Bestandsschlüssel* der beiden Quants gleich sein. Der Bestandsschlüssel ist die Kombination von Feldern, anhand derer zwei Mengen eines Produkts auf einem Lagerplatz oder in einer Handling Unit (HU) eindeutig voneinander unterschieden werden können. Der Bestandsschlüssel dient somit zur eindeutigen Identifikation eines Bestands. Er umfasst folgende Felder, die *quanttrennende Eigenschaften* enthalten:

- ▶ Produkt
- ▶ Charge
- ▶ Verfügungsberechtigter
- ▶ Eigentümer
- ▶ Bestandsart
- ▶ Verwendung
- ▶ Kundenauftrag oder Projekt

Wenn auch nur ein Feld des Bestandsschlüssels eines zuzulagernden Quants von dem bestehenden Quant abweicht, können die beiden Quants nicht verschmelzen.

Sie können die Übereinstimmung weiterer Felder zusätzlich zur Übereinstimmung des Bestandsschlüssels beider Quants als Kriterium für eine Quantverschmelzung definieren, zum Beispiel das Wareneingangsdatum oder das Mindesthaltbarkeitsdatum. Sie können im Customizing des Lagertyps einstellen, ob die Ausprägung dieser Felder eine Quanttrennung oder eine Quantverschmelzung bewirkt. Sie erreichen diese Einstellungen im Customizing über den Pfad EXTENDED WAREHOUSE MANAGEMENT • STAMMDATEN • LAGERTYP DEFINIEREN (siehe Abbildung 5.1) Unten links in der Abbildung sehen Sie die Felder zur Steuerung der Quantzulagerung bei unterschiedlichen Wareneingangsterminen (WED), Mindesthaltbarkeitsdaten (MHD) und Zeugnisnummern (ZGNR).

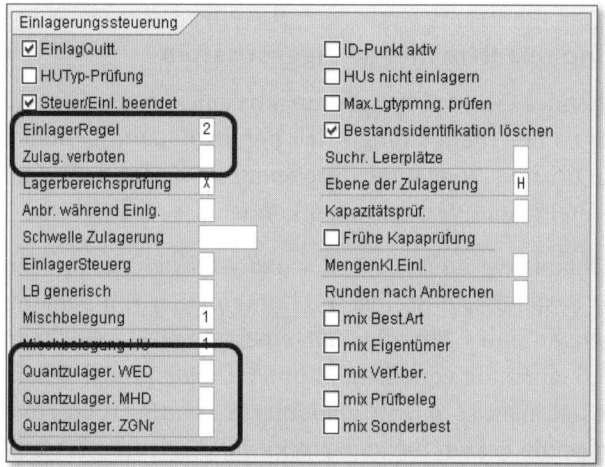

Abbildung 5.1   Lagertyp definieren: Felder zur Quantverschmelzung

5.1.2   Quants anzeigen

Sie können die Quants eines Lagers im Lagerverwaltungsmonitor (kurz: Lagermonitor) unter dem physischen Bestand des Lagers einsehen. Folgen Sie im SAP Easy Access Menü dem Pfad EXTENDED WAREHOUSE MANAGEMENT • MONITORING • LAGERVERWALTUNGSMONITOR, oder geben Sie den Transaktionscode /SCWM/MON ein.

Wenn Sie den Lagermonitor das erste Mal starten, dann müssen Sie die Lagernummer und den Lagermonitor angeben. Der Standard-Monitor ist SAP. Im Monitor wählen Sie den Knoten BESTAND UND PLATZ • LAGERPLATZ, geben einen Lagerplatz ein und führen die Selektion aus. Mit der Schaltfläche PHYS. BESTAND oberhalb der Ergebnisliste wechseln Sie zur Ansicht des physischen Bestands des ausgewählten Lagerplatzes. Sie können auch direkt den Monitorknoten BESTAND UND PLATZ • PHYSISCHER BESTAND benutzen.

In Abbildung 5.2 sehen Sie in der unteren Hälfte des Bildschirms ein Quant vom Material SPE_PTS_0002 und einige der Attribute dieses Quants.

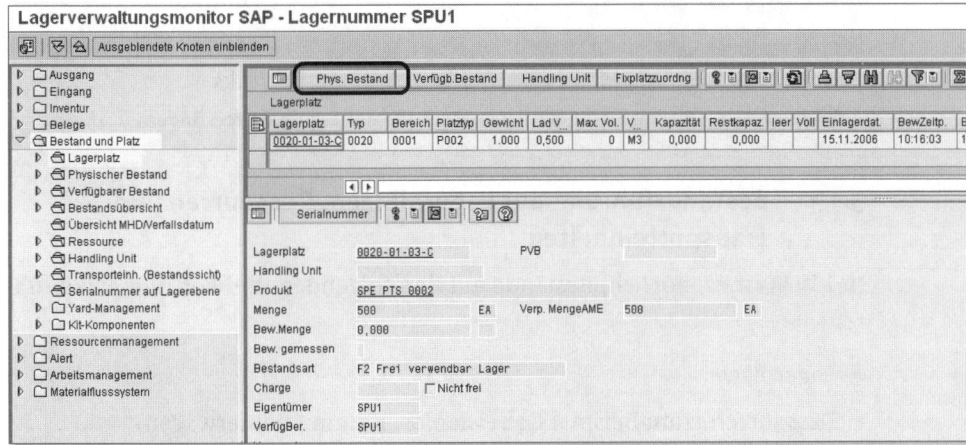

Abbildung 5.2   Quants im Lagermonitor (physischer Bestand) anzeigen

Einige dieser Quantattribute können Sie direkt im Lagermonitor ändern, ohne eine Lageraufgabe oder eine Umbuchung durchzuführen, zum Beispiel:

▶ Wareneingangsdatum und -uhrzeit

▶ MHD/Verfallsdatum

▶ Herkunftsland

▶ Zeugnisnummer

Um die Attribute zu ändern, klicken Sie im Lagermonitor in der Anzeige des physischen Bestands die Schaltfläche WEITERE METHODEN oberhalb der Ausgabetabelle an und wählen dort die Funktion ATTRIB. ÄNDERN. Es öffnet sich ein Popup-Fenster (siehe Abbildung 5.3).

Änderungen von Herkunftsland und MHD/Verfallsdatum

Das Herkunftsland und das MHD/Verfallsdatum können Sie nur über das Popup-Fenster der Funktion ATTRIB. ÄNDERN ändern, wenn Sie diese Eigenschaften *nicht* über Chargen abbilden. Mehr zu Chargen finden Sie in Abschnitt 5.4, »Chargenverwaltung«; Details zur Verwaltung von MHD/Verfallsdatum in Abschnitt 5.10, »Mindesthaltbarkeits- und Verfallsdatum verwalten«.

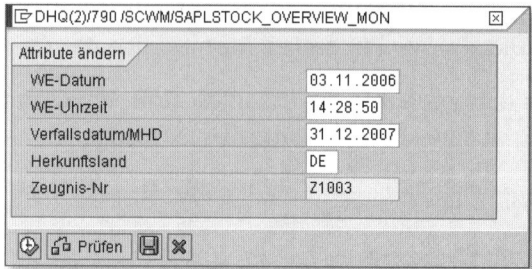

Abbildung 5.3 Quantattribute mit einer Methode des Lagermonitors ändern

5.1.3 Bestandsführung auf Lagerplätzen, Ressourcen und Transporteinheiten

In EWM ist es möglich, Bestände auf den folgenden drei Lokationen zu führen:

▸ Lagerplätze

▸ Ressourcen (zum Beispiel Gabelstapler, Kommissionierwagen)

▸ Transporteinheiten (zum Beispiel Lkws oder Zugwaggons)

Die Bestandsführung auf Lagerplätzen ist der Normalfall und entspricht der Bestandsführung in WM. Die Bestandsführung auf Ressourcen und auf Transporteinheiten beschreiben wir in den folgenden beiden Abschnitten genauer.

Bestandsführung auf Ressourcen

Wenn Sie mit mobilen Endgeräten arbeiten, um Lageraufgaben im EWM-System zu quittieren, dann können Sie das System so einstellen, dass zu Beginn der Arbeit (zum Beispiel beim Scannen einer HU) der Bestand auf die Ressource umgebucht wird. Wenn Sie im Lagermonitor nach dem Bestand suchen, dann können Sie genau sehen, welcher Bestand sich auf Lagerplätzen und welcher sich auf Ressourcen befindet. Bestand auf Ressourcen heißt, dass dieser Bestand gerade bewegt wird.

Wenn die Ressource die Arbeit unterbricht und die HU auf einem Lagerplatz ablegt, muss dieser Lagerplatz gescannt werden. Die HU wird dann auf diesen Lagerplatz zurückgebucht.

Für die Arbeit mit mobilen Endgeräten stellt das EWM-System das *RF-Framework* (RF = Radio Frequency) zur Verfügung, das aus einer Vielzahl von sogenannten *logischen Transaktionen* zusammengesetzt ist. Viele, aber nicht alle logischen Transaktionen in EWM unterstützen das Führen von Bestand auf Ressourcen (Ressourcenmanagement).

Abbildung 5.4 zeigt, wie beim Scannen einer HU mit einem mobilen Endgerät das EWM-System im Hintergrund den Bestand und die HU auf die Ressource umbucht.

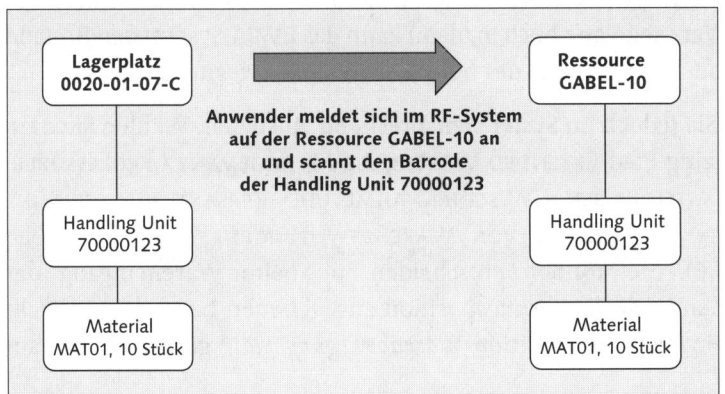

Abbildung 5.4 Bestandsführung auf Ressourcen bei Benutzung des SAP EWM-Ressourcenmanagements

Die Bestandsführung auf Ressourcen lässt sich im Customizing ein- und ausschalten. Sie erreichen die Einstellung über den Customizing-Pfad EXTENDED WAREHOUSE MANAGEMENT • PROZESSÜBERGREIFENDE EINSTELLUNGEN • RESSOURCENMANAGEMENT • QUEUES DEFINIEREN • QUEUES DEFINIEREN (siehe Abbildung 5.5).

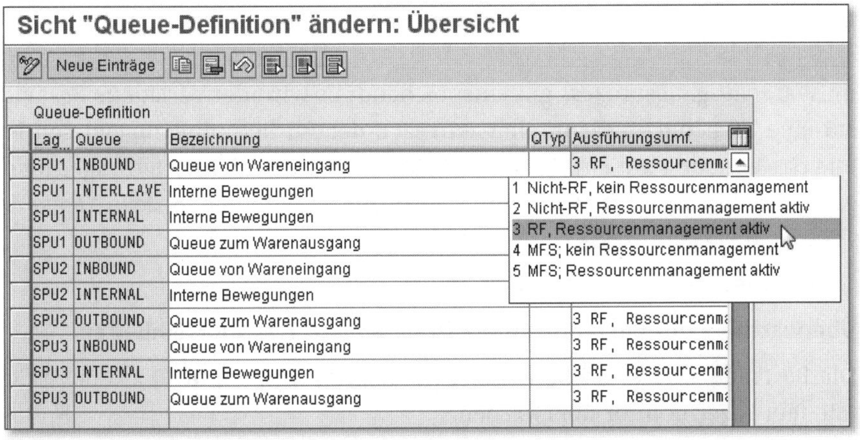

Sicht "Queue-Definition" ändern: Übersicht

Lag	Queue	Bezeichnung	QTyp	Ausführungsumf.
SPU1	INBOUND	Queue von Wareneingang	3	RF, Ressourcenma
SPU1	INTERLEAVE	Interne Bewegungen		
SPU1	INTERNAL	Interne Bewegungen		
SPU1	OUTBOUND	Queue zum Warenausgang		
SPU2	INBOUND	Queue von Wareneingang		
SPU2	INTERNAL	Interne Bewegungen		
SPU2	OUTBOUND	Queue zum Warenausgang	3	RF, Ressourcenma
SPU3	INBOUND	Queue von Wareneingang	3	RF, Ressourcenma
SPU3	INTERNAL	Interne Bewegungen	3	RF, Ressourcenma
SPU3	OUTBOUND	Queue zum Warenausgang	3	RF, Ressourcenma

Dropdown:
1 Nicht-RF, kein Ressourcenmanagement
2 Nicht-RF, Ressourcenmanagement aktiv
3 RF, Ressourcenmanagement aktiv
4 MFS; kein Ressourcenmanagement
5 MFS; Ressourcenmanagement aktiv

Abbildung 5.5 Bestandsbuchung auf Ressourcen bei aktivem Ressourcenmanagement

Mehr Informationen zum RF-Framework und zu Queues finden Sie in Kapitel 11, »Optimierung der Lagerprozessdurchführung«.

Bestandsführung auf Transporteinheiten

Während des EWM-Wareneingangsprozesses können Sie mit Transporteinheiten (TEs) arbeiten und Lieferungen sowie HUs einer TE zuweisen. Wenn Sie für eine TE den Wareneingang buchen, dann kann das EWM-System den Bestand auf diese TE buchen – anstelle des normalen Warenbewegungsplatzes.

Dies müssen Sie jedoch im System entsprechend einstellen. Wählen Sie dazu dem Customizing-Pfad EXTENDED WAREHOUSE MANAGEMENT • PROZESSÜBER-GREIFENDE EINSTELLUNGEN • WARENANNAHME UND VERSAND • ALLGEMEINE EINSTELLUNGEN • STEUERUNG VON WARENBEWEGUNGEN EINRICHTEN (siehe Abbildung 5.6). Sie können entscheiden, ob beim Wareneingang der Bestand auf den in der Lieferungsposition angegebenen Lagerplatz gebucht werden soll (in der Lieferposition *Warenbewegungsplatz* genannt) oder auf die TE.

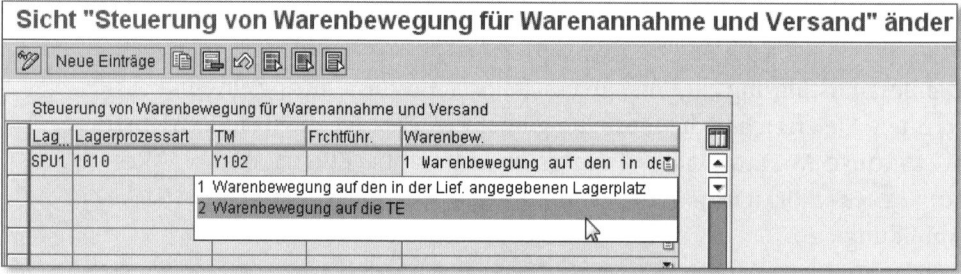

Abbildung 5.6 Warenbewegung auf das Objekt »Transporteinheit« (TE)

Im Warenausgangsprozess gilt entsprechend: Es wird der verladene Bestand auf eine TE gebucht, wenn eine aktive TE der Auslieferung zugewiesen ist und das Verladen mit einem Lade-Schritt der prozessorientierten Lagerungssteuerung durchgeführt wird. Mehr Informationen dazu finden Sie in Kapitel 8, »Wareneingangsprozess«.

Überwachung der Bestände auf Ressourcen und Transporteinheiten

Die Bestände aller drei Ebenen (Lagerplatz, Ressource und TE) können Sie mit dem Lagermonitor überwachen.

Bei jedem Monitorknoten, der Bestände anzeigt, gibt es unten auf dem Selektionsbildschirm drei Kennzeichen, mit denen Sie die Selektion auf Lagerplätzen, Ressourcen und TEs ausschließen können (siehe Abbildung 5.7). Aus Performancegründen ist standardmäßig nur die Selektion auf Lagerplätze eingeschaltet. Wenn Sie auch Bestände auf Ressourcen und TEs anzeigen lassen wollen, dann deaktivieren Sie die entsprechenden Kennzeichen (siehe Markierung in der Abbildung).

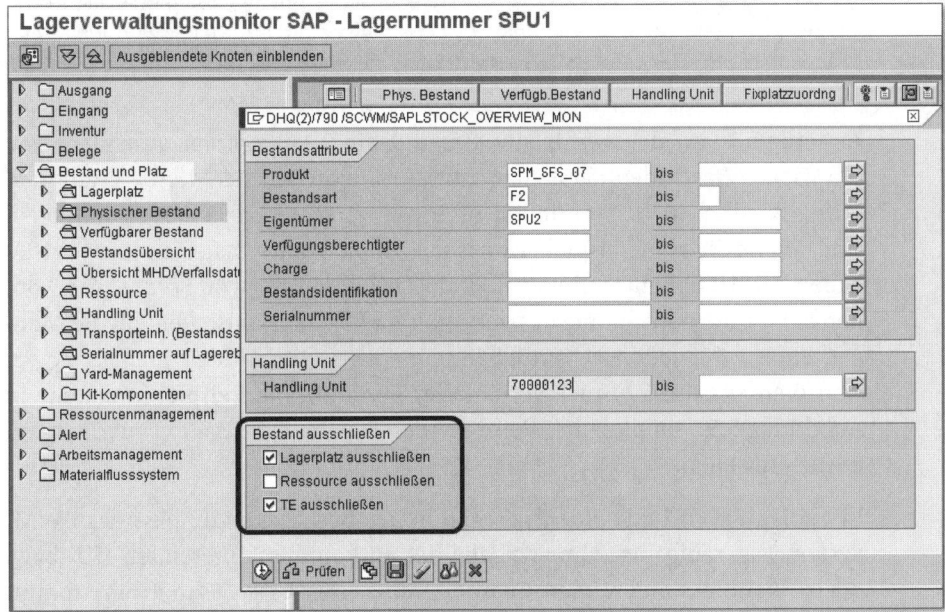

Abbildung 5.7   Bestand auf Lagerplätzen, Ressourcen und Transporteinheiten selektieren

5.1.4   Physischer und verfügbarer Bestand, eingehende und ausgehende Mengen

In diesem Abschnitt gehen wir näher auf die Begriffe *physischer Bestand* und *verfügbarer Bestand* ein und zeigen Ihnen, wie Sie in EWM eingehende und ausgehende Mengen (Mengen in offenen Lageraufgaben) pro Lagerplatz sehen können, ähnlich wie dies in WM möglich ist.

Physischer und verfügbarer Bestand

Der *physische Bestand* zeigt die sich momentan auf einer Lokation (Lagerplatz, Ressource oder TE) befindlichen Quants an. Jedes Quant wird einzeln aufgeführt, und es wird die volle Menge angezeigt, völlig unabhängig von offenen Lageraufgaben. Der physische Bestand stellt die Basis für die Berechnung des verfügbaren Bestands dar.

Der *verfügbare Bestand* ist der Bestand, der für die Anlage von Lageraufgaben zur Verfügung steht.

Beispiel für physischen und verfügbaren Bestand

Wenn Sie zum Beispiel einen physischen Bestand von zehn Stück eines Materials haben und eine Lageraufgabe von diesem Bestand mit der Menge sechs Stück angelegt haben, so sind noch vier Stück verfügbar für die Anlage von weiteren Lageraufgaben. Der verfügbare Bestand ist somit vier Stück.

Außerdem kann der verfügbare Bestand eine *Aggregation* von mehreren physischen Beständen darstellen, zum Beispiel wenn sich diese Bestände in unterschiedlichen HUs befinden oder auf verschiedene Chargen aufgeteilt sind. Wenn Sie zum Beispiel physische Bestände eines Materials in zwei HUs haben, HU H5000 mit zehn Stück und HU H5001 mit zwölf Stück, dann können Sie für die Berechnung des verfügbaren Bestands einstellen, ob die Mengen einzeln für jede HU verfügbar sein sollen oder *HU-übergreifend aggregiert* werden (also 22 Stück verfügbarer Bestand). Ein Beispiel finden Sie in Abbildung 5.9. Auf dieselbe Weise können Sie eine Aggregation auf Chargenebene einstellen.

In beiden Fällen führt eine Aggregation des Bestands dazu, dass das EWM-System Lageraufgaben ohne Angabe der zu kommissionierenden HU (bzw. der zu kommissionierenden Charge) anlegt. Das EWM-System übernimmt somit nicht selbst die Suche nach der richtigen HU. Das bedeutet, dass der Lagerangestellte die HU bei der Quittierung auswählen muss.

Beispiel für Aggregation

Sie haben ein Blocklager, in dem Sie Paletten lagern. Sie haben zwei Paletten eines Materials mit jeweils 100 Stück auf einem Platz. Sie legen eine Lageraufgabe an mit der Menge 50 Stück. Wenn die Ebene des verfügbaren Bestands HU-unabhängig ist (Aggregation), legt das EWM-System die Lageraufgabe ohne Angabe einer Von-HU an. In diesem Fall muss der Lagerangestellte bei der Quittierung der Lageraufgabe dem System mitgeben, aus welcher HU er die 50 Stück genommen hat. Wenn die Ebene des verfügbaren Bestands HU-abhängig ist (keine Aggregation), bestimmt das EWM-System beim Anlegen einer Lageraufgabe die HU selbst gemäß der eingestellten Auslagerstrategie.

Die Ebene des verfügbaren Bestands für HUs und für Chargen legen Sie im Customizing-Pfad EXTENDED WAREHOUSE MANAGEMENT • STAMMDATEN •

LAGERTYP DEFINIEREN fest (siehe Abbildung 5.8). Die markierten Felder steuern die Ebene des verfügbaren Bestands, links für HUs und rechts für Chargen.

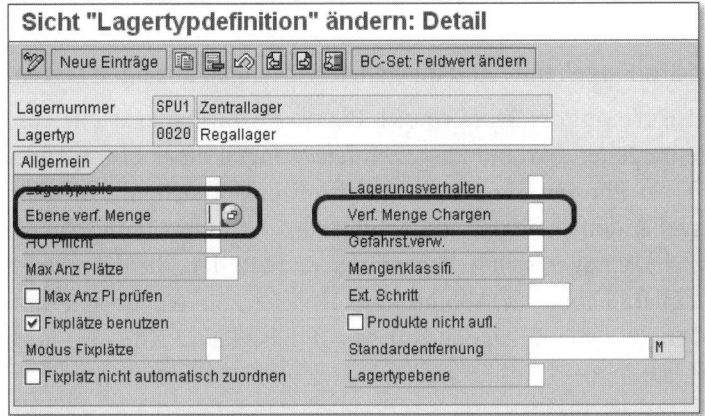

Abbildung 5.8 Ebene des verfügbaren Bestands pro Lagertyp einrichten

Den physischen und den verfügbaren Bestand eines Lagerplatzes können Sie sich im Lagermonitor anzeigen lassen. Den Lagermonitor erreichen Sie im SAP Easy Access Menü über den Pfad EXTENDED WAREHOUSE MANAGEMENT • MONITORING • LAGERVERWALTUNGSMONITOR. Dort wählen Sie den Pfad BESTAND UND PLATZ • PHYSISCHER BESTAND bzw. den Pfad BESTAND UND PLATZ • VERFÜGBARER BESTAND. Sie können auch vom verfügbaren Bestand in den physischen Bestand navigieren (siehe Abbildung 5.9).

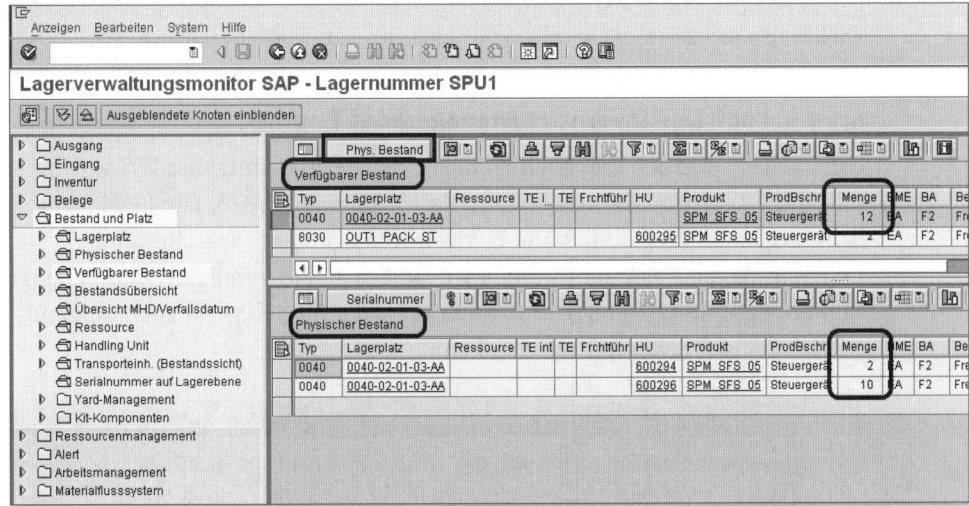

Abbildung 5.9 Beispiel von aggregiertem verfügbaren Bestand pro Lagerplatz (Blocklager)

In Abbildung 5.9 sehen Sie ein Beispiel, in dem der physische Bestand der zwei HUs 600294 (zwei Stück) und 600296 (zehn Stück) auf Ebene des verfügbaren Bestands auf zwölf Stück aggregiert ist.

Bestandsübersicht: Eingehende und ausgehende Mengen anzeigen lassen

Im Knoten des Lagermonitors BESTAND UND PLATZ • BESTANDSÜBERSICHT können Sie sich die eingehenden und ausgehenden Mengen eines Lagerplatzes anzeigen lassen. So können Sie sehen, welche Mengen sich in von dem Lagerplatz ausgehenden offenen Lageraufgaben befinden (ausgehende Menge) und welche Mengen sich in Lageraufgaben befinden, die den aktuellen Platz als Zielplatz haben. In Abbildung 5.10 sehen Sie ein Beispiel mit eingehenden Mengen – die Einlageraufgaben auf diese Plätze sind also noch nicht quittiert.

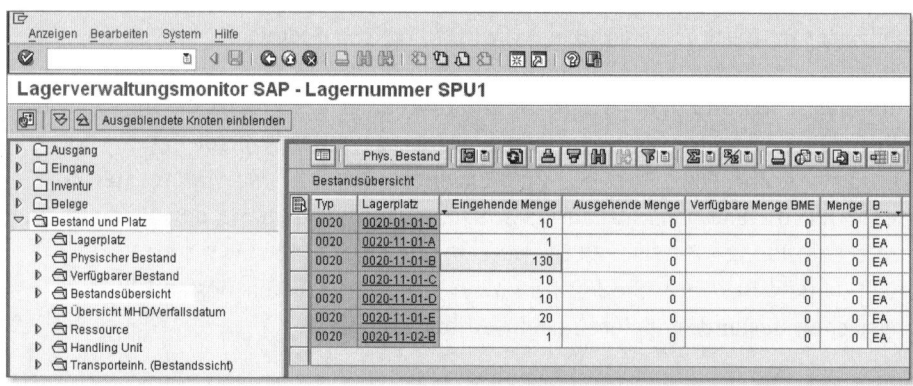

Abbildung 5.10   Bestandsübersicht mit eingehender und ausgehender Menge

5.1.5   Logistics Inventory Management Engine

Um die Bestände des Lagers effizient zu speichern, benutzt das EWM-System intern die *Logistics Inventory Management Engine* (LIME). Die LIME ermöglicht ein sehr flexibles Nähe-Echtzeit-Management von Beständen und Inventar. Als eine Engine ist die LIME zunächst eine von EWM unabhängige Komponente und ist von SAP so entwickelt worden, dass sie auch von anderen Lösungen verwendet werden kann.

Die LIME aus Anwender- und Entwicklersicht

Als Anwender sehen Sie nichts von der LIME, dennoch kann es nützlich sein, von ihrer Existenz zu wissen. Insbesondere, wenn Sie das EWM-System erweitern müssen und Zusatzentwicklungen durchführen, sollten Sie wissen, was die LIME ist.

Die LIME umfasst ein mächtiges Framework von über 100 Datenbanktabellen, Klassen und Funktionsbausteinen. Sie beinhaltet eine Anzahl von Queries für das effiziente Lesen des aktuellen und historischen Bestands. Die Haupttabellen der LIME sind /LIME/NTREE und /LIME/NQUAN. Die Tabelle /LIME/NTREE beinhaltet die Bestandshierarchie in Form einer Baumstruktur, die Tabelle /LIME/NQUAN enthält die Mengen für die Bestandsknoten. In der Tabelle /LIME/NTREE gibt es Basisknoten (ein Root, Typ R), Lokationsknoten (Typ L) und HU-Knoten (Typ H). Die Bestandsknoten (Typ S) sind in der Tabelle /LIME/NQUAN enthalten.

Zusätzlich zu diesen beiden Haupttabellen gibt es noch Indextabellen (die Tabellennamen starten mit /SCWM/STOCK_, /SCWM/HU_ und /SCWM/LOC_) und Schattentabellen. Es ist möglich, Bestände der LIME direkt an SAP NetWeaver Business Warehouse (SAP NetWeaver BW) zu übertragen.

Bestandstabellen in SAP EWM zusätzlich zur LIME

Zusätzlich zu den LIME-Tabellen besitzt das EWM-System noch eigene Tabellen, in denen zusätzliche, EWM-spezifische Bestandsinformationen abgelegt sind. Tabelle /SCWM/QUAN beinhaltet Quantattribute wie zum Beispiel Wareneingangsdatum und MHD. Die Tabelle /SCWM/AQUA beinhaltet die aggregierten verfügbaren Bestände und wird, wie oben beschrieben, von EWM während der Lagerauftragserstellung verwendet.

5.2 Bestandsarten und Verfügbarkeitsgruppen

In EWM können Bestände – genauso wie in WM – in verschiedene Arten unterteilt werden, zum Beispiel in freien verfügbaren Bestand, gesperrten Bestand und Qualitätsprüfbestand. Diese Unterteilung erfolgt anhand der *Bestandsart*.

Im Unterschied zu WM beinhaltet die EWM-Bestandsart jedoch auch Informationen darüber, in welchem SAP ERP-Lagerort sich der Bestand befindet. Im *EWM-Standard* bezieht sich die Bestandsart F1 auf den Bestand, der frei verfügbar ist und sich im SAP ERP-Lagerort ROD befindet, während Bestandsart F2 Bestand meint, der frei verfügbar ist und sich im SAP ERP-Lagerort AFS befindet.

ROD- und AFS-Lagerorte

Die Lagerorte ROD und AFS aus dem EWM-Standard können Sie frei benennen und dies im Customizing hinterlegen. ROD steht für *Received on Dock* und führt

---

den sich in Einlagerung befindlichen Bestand, während AFS für *Available for Sales* steht und den bereits final eingelagerten Bestand führt.

5.2.1 Bestandsarten

Tabelle 5.1 zeigt die verfügbaren Bestandsarten im EWM-Standard. Wie Sie eigene Bestandsarten anlegen, beschreiben wir am Ende dieses Abschnitts.

Bestandsart	Beschreibung
B5	gesperrt in Einlagerung
B6	gesperrt Lager
C1	Zoll – frei in Einlagerung
C2	Zoll – frei verwendbar Lager
C3	Zoll – Qualität in Einlagerung
C4	Zoll – Qualität Lager
C5	Zoll – gesperrt in Einlagerung
C6	Zoll – gesperrt Lager
D1	Cross-Docking frei
F1	frei verwendbar in Einlagerung
F2	frei verwendbar Lager
P2	frei verwendbar Produktion
P4	Bestand in Q-Prüfung in Produktion
P6	gesperrt in Produktion
Q3	Qualitätsprüfbestand in Einlagerung
Q4	Qualitätsprüfbestand Lager
R7	Retourensperrbestand in Einlagerung
R8	Retourensperrbestand Lager
S5	Verschrottung aus Einlagerung
S6	Verschrottung aus Lager

Tabelle 5.1 Bestandsarten im SAP EWM-Standard

Die meisten Bestandsarten gibt es also als Paar – eine Bestandsart für den sich in Einlagerung befindlichen Bestand und eine für bereits eingelagerten Bestand. Dies verdeutlicht Abbildung 5.11: Zu Bestandsart B5 gehört B6, zu C3 gehört C4 etc.

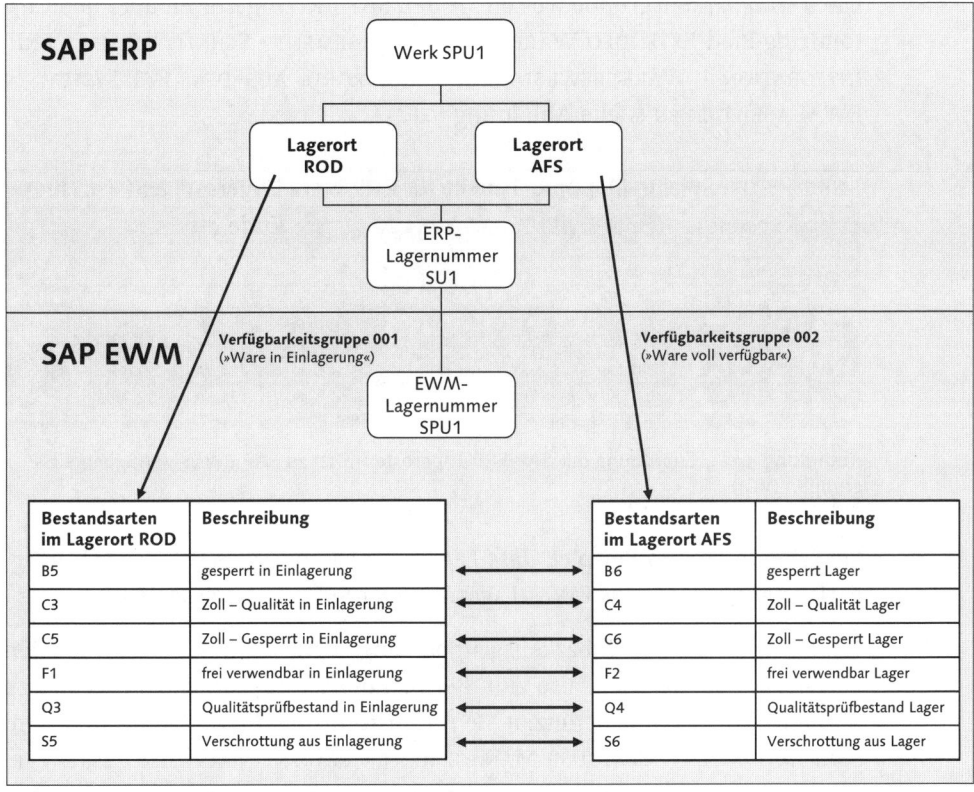

Abbildung 5.11 Bestandsarten, die zu den Lagerorten ROD und AFS gehören

5.2.2 Verfügbarkeitsgruppen

Die Beziehung zwischen den SAP ERP-Lagerorten (ROD und AFS) und den SAP ERP-Bestandsarten (frei, gesperrt, Qualität) und den EWM-Bestandsarten wird im EWM-System über die sogenannte *Verfügbarkeitsgruppe* hergestellt.

Es gibt vier Verfügbarkeitsgruppen im EWM-Standard (siehe Tabelle 5.2).

Verfügbarkeitsgruppe	Beschreibung
001	Ware in Einlagerung
002	Ware voll verfügbar
003	Bestand in Fertigung
CD	Cross-Docking

Tabelle 5.2 Verfügbarkeitsgruppen im SAP EWM-Standard

Die Verfügbarkeitsgruppe weisen Sie den SAP ERP-Lagerorten über den Customizing-Pfad EXTENDED WAREHOUSE MANAGEMENT • SCHNITTSTELLEN • ERP-INTEGRATION • WARENBEWEGUNGEN • LAGERORTE AUS DEM ERP-SYSTEM IN EWM ABBILDEN zu (siehe Abbildung 5.12).

Abbildung 5.12 Zuordnung der SAP ERP-Lagerorte (LOrt) zu SAP EWM-Verfügbarkeitsgruppen (VGr)

Sie sehen hier zum Beispiel, dass Lagerort AFS von Werk SPU1 der Verfügbarkeitsgruppe 002 aus EWM-Lagernummer SPU1 zugewiesen ist.

Nachdem Sie die Verfügbarkeitsgruppen angelegt haben, müssen Sie sie den Bestandsarten zuweisen, also zum Beispiel die Verfügbarkeitsgruppe 002 zu Bestandsart F2. Dafür benutzen Sie im Customizing die Aktivität unter dem Pfad EXTENDED WAREHOUSE MANAGEMENT • WARENEINGANGSPROZESS • VERFÜGBARKEITSGRUPPE BEI EINLAGERUNG EINSTELLEN • BESTANDSART EINSTELLEN (siehe Abbildung 5.13).

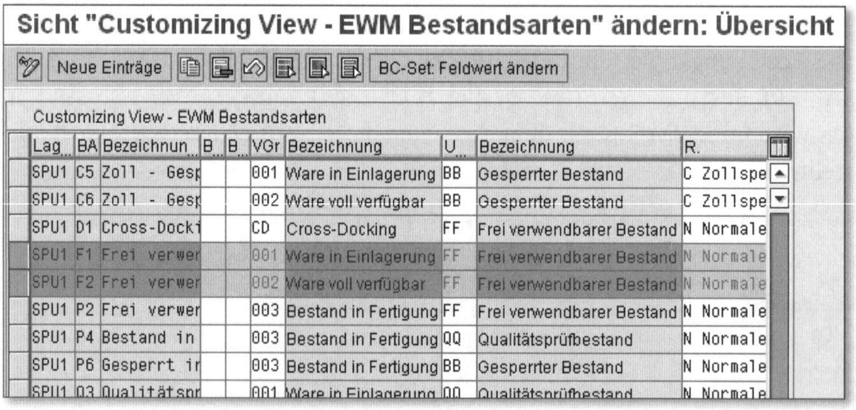

Abbildung 5.13 Zuordnung der SAP EWM-Verfügbarkeitsgruppen (VGr) zu SAP EWM-Bestandsarten (BA)

5.2.3 Automatische Umbuchung bei der Quittierung von Lageraufgaben

Sie können das EWM-System so einstellen, dass bei einer Einlagerung in einen bestimmten Lagertyp der einzulagernde Bestand automatisch in eine andere Verfügbarkeitsgruppe (und damit in einen anderen SAP ERP-Lagerort) umgebucht wird. Dies wird im Wareneingangsprozess dazu genutzt, bei der Quittierung von finalen Einlageraufgaben den Bestand in einen Lagerort mit frei verfügbarem Bestand umzubuchen. Die Verfügbarkeitsgruppe wechselt damit von 001 auf 002, damit die Bestandsart von F1 nach F2 und der SAP ERP-Lagerort von ROD nach AFS.

Wenn Sie in SAP ERP mit der Verfügbarkeitsprüfung für Kundenaufträge oder Auslieferungen arbeiten, dann können Sie Bestände, die sich noch in Einlagerung befinden, ganz einfach über Ausschluss des Lagerortes ROD ausblenden. Somit ist ein Bestand erst dann wirklich verfügbar, wenn er final eingelagert worden ist.

Die automatische Umbuchung bei Quittierung von Lageraufgaben stellen Sie im Customizing ein unter dem Pfad EXTENDED WAREHOUSE MANAGEMENT • STAMMDATEN • LAGERTYP DEFINIEREN (siehe Abbildung 5.14). Sie pflegen im Bereich WARENBEWEGUNGSSTEUERUNG die Verfügbarkeitsgruppe (im Beispiel 002) und setzen das Kennzeichen OBLIGATORISCH.

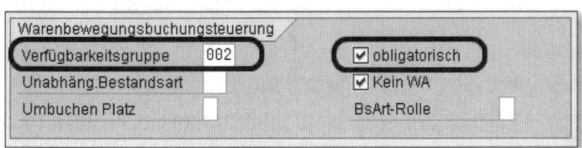

Abbildung 5.14 Warenbewegungssteuerung eines Lagertyps

5.2.4 Neue Bestandsarten anlegen

Bei Einführungen von EWM kommt es häufig vor, dass Sie Bestand in SAP ERP in einem separaten Lagerort führen wollen und somit in EWM neue Bestandsarten anlegen müssen. Gehen Sie dazu folgendermaßen vor:

1. Legen Sie im SAP ERP-System einen neuen Lagerort an, und weisen Sie die Werk-Lagerort-Kombination der SAP ERP-Lagernummer zu.

   Beispiel: Sie legen Lagerort LO02 an und weisen ihn der SAP ERP-Lagernummer 001 zu.

2. Erstellen Sie im EWM-System eine neue Verfügbarkeitsgruppe, zum Beispiel Verfügbarkeitsgruppe Z02, im EWM-Customizing unter dem Pfad EXTENDED WAREHOUSE MANAGEMENT • WARENEINGANGSPROZESS • VERFÜGBARKEITSGRUPPE BEI EINLAGERUNG EINSTELLEN • BESTANDSART EINSTELLEN (siehe Abbildung 5.13).

3. Erstellen Sie eine neue Bestandsart im Customizing der LIME, zum Beispiel Bestandsart Z2, im Customizing unter dem Pfad SCM-BASIS • LOGISTICS INVENTORY MANAGEMENT ENGINE (LIME) • GRUNDEINSTELLUNGEN • ANWENDUNGSSPEZIFISCHE EINSTELLUNGEN • BESTANDSART FESTLEGEN. Dies ist notwendig, weil Sie in EWM (siehe nächster Schritt) nur Bestandsarten verwenden können, die vorher in der LIME angelegt worden sind.

4. Erstellen Sie eine neue Bestandsart in EWM mit demselben Namen wie die Bestandsart, die Sie in der LIME angelegt haben, also Z2, und weisen Sie die neue Verfügbarkeitsgruppe Z02 zu. Benutzen Sie dafür im Customizing den Pfad EXTENDED WAREHOUSE MANAGEMENT • WARENEINGANGSPROZESS • VERFÜGBARKEITSGRUPPE BEI EINLAGERUNG EINSTELLEN • BESTANDSART EINSTELLEN (siehe Abbildung 5.13).

5. Erstellen Sie nun den Eintrag im Customizing der SAP ERP-EWM-Schnittstelle, und weisen Sie Ihrem Werk und dem Lagerort LO02 die Verfügbarkeitsgruppe Z02 zu. Benutzen Sie im Customizing den Pfad EXTENDED WAREHOUSE MANAGEMENT • SCHNITTSTELLEN • ERP-INTEGRATION • WARENBEWEGUNGEN • LAGERORTE AUS DEM ERP-SYSTEM IN EWM ABBILDEN (siehe Abbildung 5.12).

6. Nun haben Sie die Bestandsart Z2 in EWM angelegt und können zum Test eine Umbuchung anlegen. Wählen Sie einen normalen, frei verwendbaren Bestand, und buchen Sie ihn um in die Bestandsart Z2. Wenn alles richtig eingestellt ist, müsste nun der Bestand im SAP ERP-System ebenfalls umgebucht worden sein in den Lagerort LO02.

7. Optional: Wenn Sie Umbuchungen in die neue Verfügbarkeitsgruppe Z02 automatisch durchführen wollen, wenn Sie Bestand in einen bestimmten Lagerort einlagern, dann weisen Sie diese Verfügbarkeitsgruppe im Customizing dem Lagerort zu und setzen das Kennzeichen OBLIGATORISCH. Verwenden Sie dafür den Customizing-Pfad EXTENDED WAREHOUSE MANAGEMENT • STAMMDATEN • LAGERTYP DEFINIEREN (siehe Abbildung 5.14).

Bestandsarten mit mehr als zwei Zeichen in SAP EWM

Wie Sie in diesem Abschnitt gesehen haben, hat die Bestandsart in EWM nur zwei Zeichen, obwohl sie letztlich im SAP ERP-System eine Kombination aus Lagerort und der SAP ERP-Bestandsart darstellt. Der SAP ERP-Lagerort hat vier Zeichen, das heißt, die EWM-Bestandsart müsste eigentlich aus fünf Zeichen bestehen, um alle Möglichkeiten abzudecken.

Falls Ihnen die zwei Zeichen der EWM-Bestandsart nicht reichen, gibt es jedoch dennoch Möglichkeiten im Rahmen einer Modifikation. Wenden Sie sich an Ihr Beratungshaus.

5.3 Eigentümer, Verfügungsberechtigter und Besitzer

Das Bestandsmodell von EWM sieht drei Parteien vor, die einen Einfluss auf den Bestand haben: den *Eigentümer*, den *Verfügungsberechtigten* und den *Besitzer*. Alle drei Parteien werden im EWM-System als Geschäftspartner abgebildet. Die englischen Begriffe sind *Owner*, *Party Entitled to Dispose* und *Custodian*. In den folgenden Abschnitten gehen wir im Einzelnen auf diese drei Geschäftspartner ein, an dieser Stelle möchten wir die Beziehungen zwischen ihnen kurz verdeutlichen:

▶ **Besitzer**
Dem Besitzer gehört das Lager, aber nicht zwingend auch der Bestand im Lager. Ein EWM-Lager hat immer genau einen Besitzer. Im EWM-System legen Sie für den Besitzer einen Geschäftspartner an und weisen diesem die EWM-Lagernummer zu. In einfachen Fällen wird einfach der Geschäftspartner des Werks aus SAP ERP verwendet.

▶ **Verfügungsberechtigter**
Der Verfügungsberechtigte ist die Partei, die über den Bestand *verfügen* darf. Der Verfügungsberechtigte im EWM-System entspricht immer dem Geschäftspartner des Werks aus SAP ERP. Wenn Sie in Ihrer EWM-Lagernummer nur Bestände *eines* SAP ERP-Werks führen, dann gibt es auch nur *einen* Verfügungsberechtigten in EWM. Um in diesem Fall nicht in allen EWM-Transaktionen den Verfügungsberechtigten eingeben zu müssen, können und sollten Sie den Default-Verfügungsberechtigten der EWM-Lagernummer pflegen (mehr dazu später in diesem Abschnitt, siehe Abbildung 5.22 auf Seite 181).

Wenn Sie Bestand mehrerer SAP ERP-Werke in Ihrer EWM-Lagernummer verwalten, dann gibt es auch mehrere Verfügungsberechtigte. In diesem Fall sollten Sie das Feld DEFAULT-VERFÜGUNGSBERECHTIGTER der EWM-Lagernummer nicht pflegen.

▸ **Eigentümer**
Der Eigentümer ist die Partei, der der Bestand gehört. Normalerweise entspricht der Eigentümer ebenfalls dem Geschäftspartner des SAP ERP-Werks – es sei denn, Sie arbeiten mit Lieferantenkonsignationsbestand. In diesem Fall gehört der Bestand noch dem Lieferanten, sodass er (der Geschäftspartner des Lieferanten) auch der Eigentümer im EWM-System ist.

Einfachster Fall: Nur ein Werk und keine Konsignation

Im einfachsten Fall verwalten Sie nur den Bestand eines SAP ERP-Werks in einer EWM-Lagernummer und verwenden keine Lieferantenkonsignation. Das heißt, dass der Besitzer, der Verfügungsberechtigte und der Eigentümer im EWM-System alle derselbe Geschäftspartner sind, nämlich der Geschäftspartner des SAP ERP-Werks.

In den folgenden Abschnitten gehen wir im Einzelnen auf diese drei Parteien ein.

5.3.1 Eigentümer verwalten

Der *Eigentümer* ist die Partei, der der Bestand gehört. Im EWM-System ist dies immer ein Geschäftspartner, entweder der Geschäftspartner des SAP ERP-Werks oder, im Falle von Lieferantenkonsignationsbestand, der Geschäftspartner des SAP ERP-Lieferanten. So ist in EWM ersichtlich, ob der Bestand Ihnen gehört oder sich noch im Besitz eines externen Lieferanten befindet.

Sie können den Konsignationsbestand des Lieferanten verbrauchen, indem Sie in EWM eine Umbuchung durchführen. Es ist jedoch auch möglich, Lieferantenkonsignationsbestand direkt zu kommissionieren und Warenausgang zu buchen.

Im Folgenden zeigen wir Ihnen nun ein Beispiel eines Wareneingangsprozesses mit Lieferantenkonsignationsbestand. Dafür haben wir im SAP ERP-System eine Bestellung und eine Anlieferung mit Sonderbestandskennzeichen K angelegt. Die Anlieferung wurde ins EWM-System verteilt. In Abbildung 5.15 sehen Sie diese Anlieferung und dass die Position die Verwendung C und den Eigentümer SPU_VND0 hat (SPU_VND0 ist ein Lieferant aus dem SAP ERP-System). In diesem Fall sind also Eigentümer und Verfügungsberechtigter (SAP ERP-Werk) unterschiedliche Geschäftspartner.

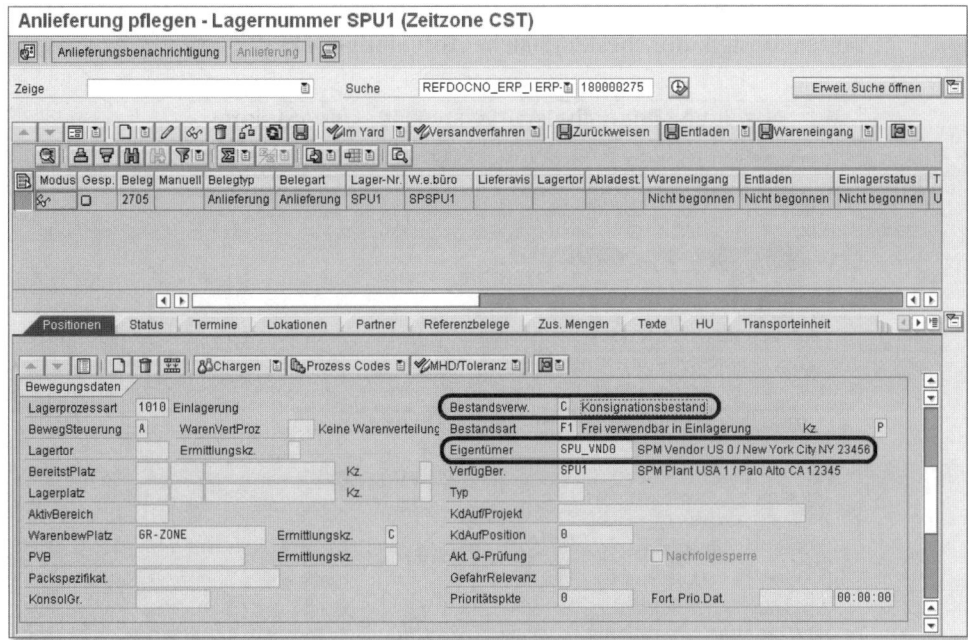

Abbildung 5.15   Eine Anlieferung in SAP EWM mit Konsignationsbestand

Wenn die Einlageraufgaben für die Anlieferung angelegt werden, dann werden die Verwendung und der Eigentümer in die Lageraufgabe übernommen. Sie können, wenn gewünscht, basierend auf der Verwendung C eine andere Lagertypsuche für die Einlagerung benutzen, um den Lieferantenkonsignationsbestand separat zu lagern. Wenn Sie die Einlageraufgaben quittieren, dann sehen Sie die Verwendung und den Eigentümer auch auf dem Quant (physischer Bestand) im finalen Lagerplatz (siehe Abbildung 5.16).

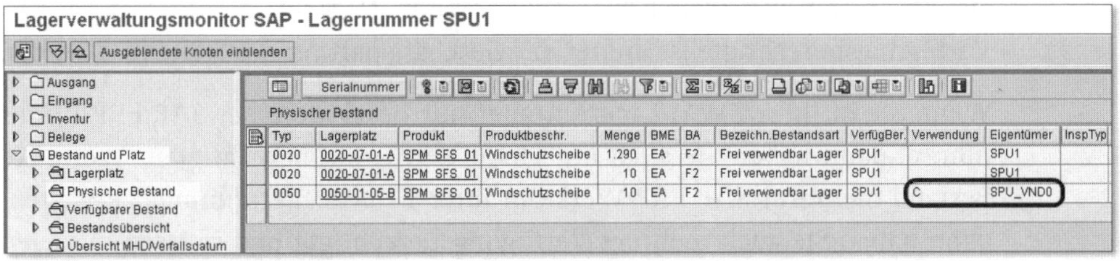

Abbildung 5.16   Physischer Bestand im Lagermonitor nach Einlagerung von Lieferantenkonsignationsbestand

Wenn Sie sich im SAP ERP-System die Warenbewegungen (Materialbelege) anschauen, dann sehen Sie für die Wareneingangsbuchung sowie für die

Umbuchung von ROD nach AFS das Sonderbestandskennzeichen K für Lieferantenkonsignationsbestand (siehe Abbildung 5.17).

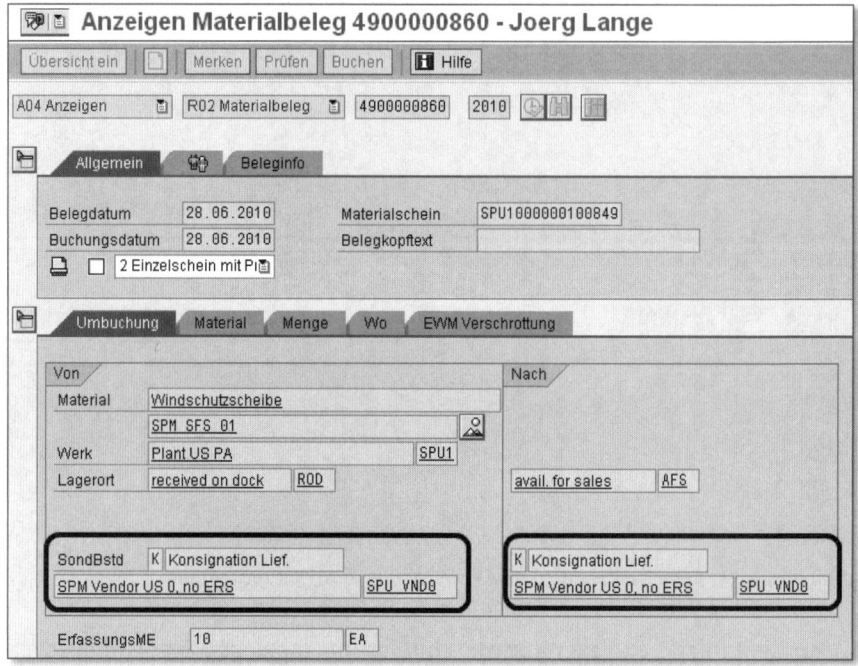

Abbildung 5.17 Lieferantenkonsignationsbestand in SAP ERP mit Sonderbestandsart K umbuchen

5.3.2 Mit unterschiedlichen Verfügungsberechtigten arbeiten

Der *Verfügungsberechtigte* ist die Partei, die über den Bestand verfügen darf.
Der Verfügungsberechtigte eines Bestands im EWM-System entspricht per
Definition dem zu diesem Bestand gehörenden Werk im SAP ERP-System. Der
Verfügungsberechtigte ist immer der Geschäftspartner des SAP ERP-Werkes.

Wenn Sie in Ihrer EWM-Lagernummer nur Bestände eines SAP ERP-Werks
führen, dann haben Sie auch nur einen Verfügungsberechtigten. Wenn Sie
Bestand mehrerer SAP ERP-Werke in Ihrer EWM-Lagernummer verwalten,
dann haben Sie auch mehrere Verfügungsberechtigte und müssen in vielen
EWM-Transaktionen den richtigen Verfügungsberechtigten auswählen,
wenn Sie Belege anlegen.

In allen Knoten des Lagermonitors, die mit Beständen und Lieferpositionen
zu tun haben, können Sie den Verfügungsberechtigten zur Selektion nutzen
(siehe Abbildung 5.18).

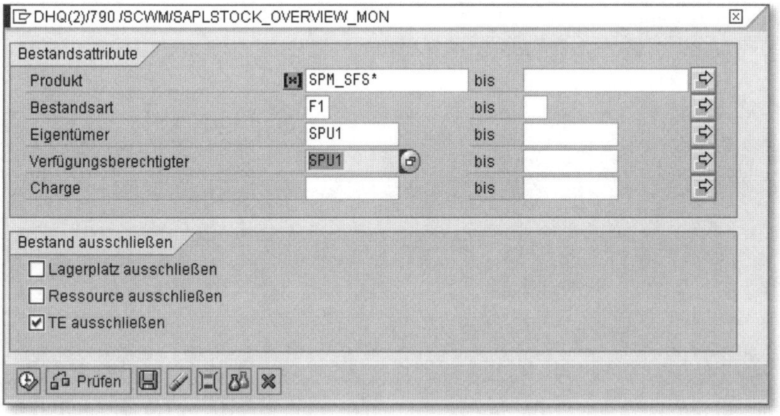

```
┌─ DHQ(2)/790 /SCWM/SAPLSTOCK_OVERVIEW_MON                           ⊠ ┐
│ ┌ Bestandsattribute ───────────────────────────────────────────────┐
│ │ Produkt             [H] SPM_SFS*          bis [            ]    ⇨ │
│ │ Bestandsart             F1                bis [    ]          ⇨ │
│ │ Eigentümer              SPU1              bis [            ]    ⇨ │
│ │ Verfügungsberechtigter  SPU1        🗗     bis [            ]    ⇨ │
│ │ Charge              [            ]        bis [            ]    ⇨ │
│ └──────────────────────────────────────────────────────────────────┘
│ ┌ Bestand ausschließen ────────────────────────────────────────────┐
│ │  ☐ Lagerplatz ausschließen                                        │
│ │  ☐ Ressource ausschließen                                         │
│ │  ☑ TE ausschließen                                                │
│ └──────────────────────────────────────────────────────────────────┘
│ ⊕  🔍 Prüfen  💾 ✓ ][ 🔲 ✖                                         │
└──────────────────────────────────────────────────────────────────────┘
```

Abbildung 5.18 Bestände eines Verfügungsberechtigten im Lagermonitor selektieren

Bei der Verarbeitung von EWM-Lieferungen können Sie in den Default-Werten einen Verfügungsberechtigten angeben (siehe Abbildung 5.19). Dieser Verfügungsberechtigte wird genutzt, wenn Sie eine Anlieferung in EWM manuell anlegen. Dies trifft für alle Lieferbelege zu, sowohl für An- als auch für Auslieferungen. In den Fällen, in denen die Anlieferung bereits im SAP ERP-System angelegt worden ist, müssen Sie dieses Feld nicht pflegen, da, wie oben beschrieben, der Verfügungsberechtigte des Werks verwendet wird. Das Werk haben Sie in diesem Fall in SAP ERP eingegeben.

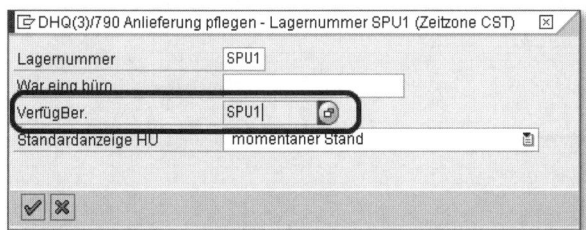

Abbildung 5.19 Default-Werte für Lieferabwicklung pflegen

Wenn Sie mit der Transaktion /SCWM/MAT1 die Lagerproduktsicht für ein Material pflegen, dann müssen Sie ebenfalls den Verfügungsberechtigten angeben (siehe Abbildung 5.20). Sie können somit die Lagerdaten für zwei Verfügungsberechtigte unterschiedlich pflegen, zum Beispiel um eine andere Einlagerstrategie oder eine andere Lagerungssteuerung mit unterschiedlichen Prozessschritten zu finden, je nach Verfügungsberechtigtem.

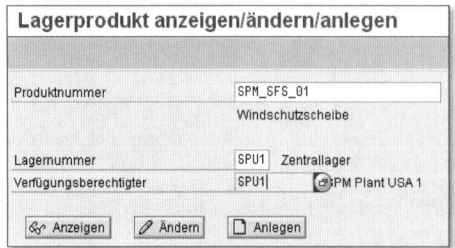

Abbildung 5.20 Lagerprodukte pflegen

Weglassen des Verfügungsberechtigten bei der Lagerproduktpflege

Wenn Sie einen Default-Verfügungsberechtigten der Lagernummer zugewiesen haben (siehe nächsten Abschnitt), dann können Sie den Verfügungsberechtigten bei der Lagerproduktpflege auch leer lassen. In diesem Fall wählt das EWM-System automatisch den Default-Verfügungsberechtigten der Lagernummer.

5.3.3 Bestände eines SAP ERP-Werks in einem SAP EWM-Lager

Im einfachen Fall verwalten Sie in Ihrer EWM-Lagernummer nur Bestände *eines* Werkes. Somit ergibt sich das Bild aus Abbildung 5.21 mit nur einem Verfügungsberechtigten.

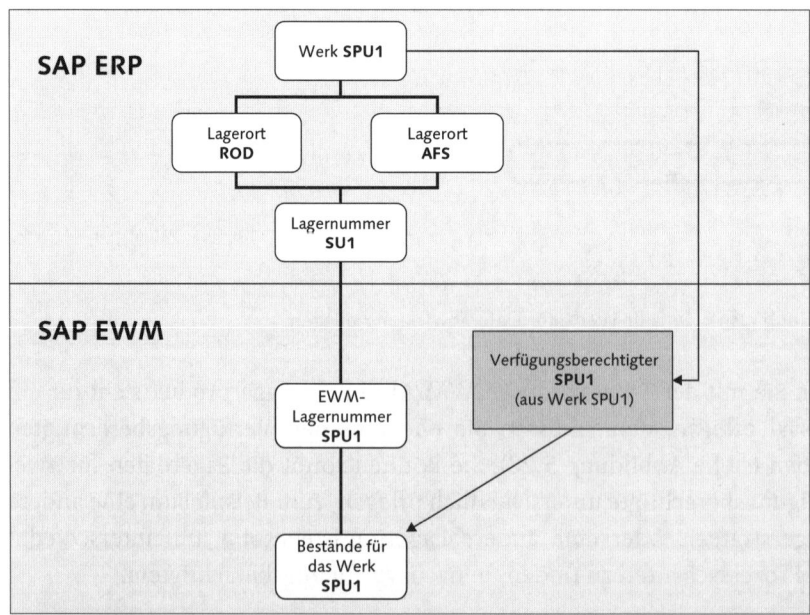

Abbildung 5.21 Organisationsstruktur mit einem Werk in SAP ERP und somit einem Verfügungsberechtigtem in SAP EWM

In diesem Fall, in dem es in der Lagernummer nur einen Verfügungsberechtigten gibt, sollten Sie der Lagernummer einen Default-Verfügungsberechtigten zuweisen.

Wählen Sie dazu im Customizing den Pfad EXTENDED WAREHOUSE MANAGEMENT • STAMMDATEN • LAGERNUMMERN ZUORDNEN (siehe Abbildung 5.22). Hier können Sie auch den Besitzer des Lagers zuordnen, den wir im nächsten Abschnitt näher erläutern.

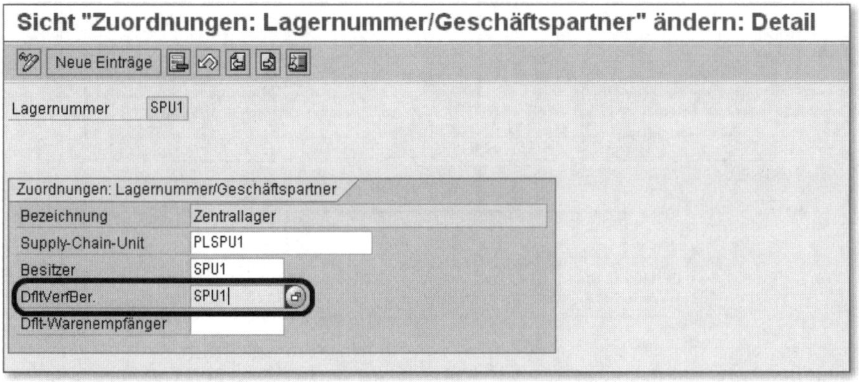

Abbildung 5.22 Default-Verfügungsberechtigten (DfltVerfBer) der Lagernummer zuweisen

5.3.4   Bestände von mehreren SAP ERP-Werken in einem SAP EWM-Lager

In manchen Branchen, insbesondere bei Logistikdienstleistern, ist es üblich, dass ein Lager Bestände von *mehreren* Werken verwaltet. Mit EWM ist dies problemlos möglich.

Abbildung 5.23 zeigt ein Szenario mit zwei Werken im SAP ERP-System, deren Bestände in einer EWM-Lagernummer verwaltet werden. Es gibt für jedes Werk einen Verfügungsberechtigten in EWM. Alle Bestände und Belege im EWM-System sind jeweils dem einen oder anderen Verfügungsberechtigten zugeordnet. Wenn Sie eine Lieferung manuell anlegen, dann müssen Sie angeben, für welchen der beiden Verfügungsberechtigten sie dies tun. In diesem Fall wird das Werk in SAP ERP ausgehend vom in EWM eingegebenen Verfügungsberechtigten automatisch ermittelt.

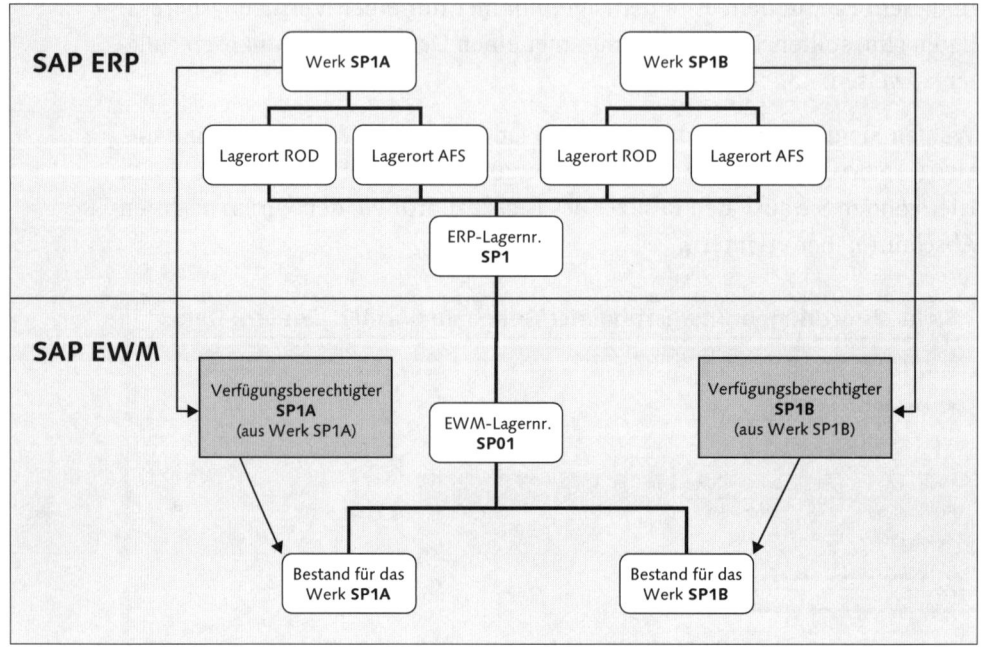

Abbildung 5.23   Bestand von zwei SAP ERP-Werken mit zwei SAP EWM-Verfügungs-
berechtigten in einem Lager

5.3.5   Richtiges Einstellen des Verfügungsberechtigten bei Anlage eines neuen Werkes

Wenn Sie das EWM-System richtig aufgesetzt haben, dann gibt es für jedes Werk in SAP ERP genau einen Geschäftspartner in EWM. Dieser Geschäftspartner hat denselben Namen wie das Werk.

In Abbildung 5.24 sehen Sie einen solchen Geschäftspartner in der Transaktion BP. Das Werk trägt die Bezeichnung SPU1, und genauso heißt der Geschäftspartner. Es wurde die Registerkarte IDENTIFIKATION ausgewählt. Wichtig ist, dass im Abschnitt IDENTIFIKATIONSNUMMERN dieser Registerkarte ein Eintrag für die ID-Art CRM011 angelegt ist und die Identifikationsnummer dieser ID-Art dem Namen des Werks entspricht. In der Spalte ZUSTÄNDIGE INSTITUTION muss das logische System (Transaktion BDLS) des SAP ERP-Systems stehen, in dem das Werk angelegt ist. Nur dann können Sie diesen Geschäftspartner auch als Verfügungsberechtigten verwenden.

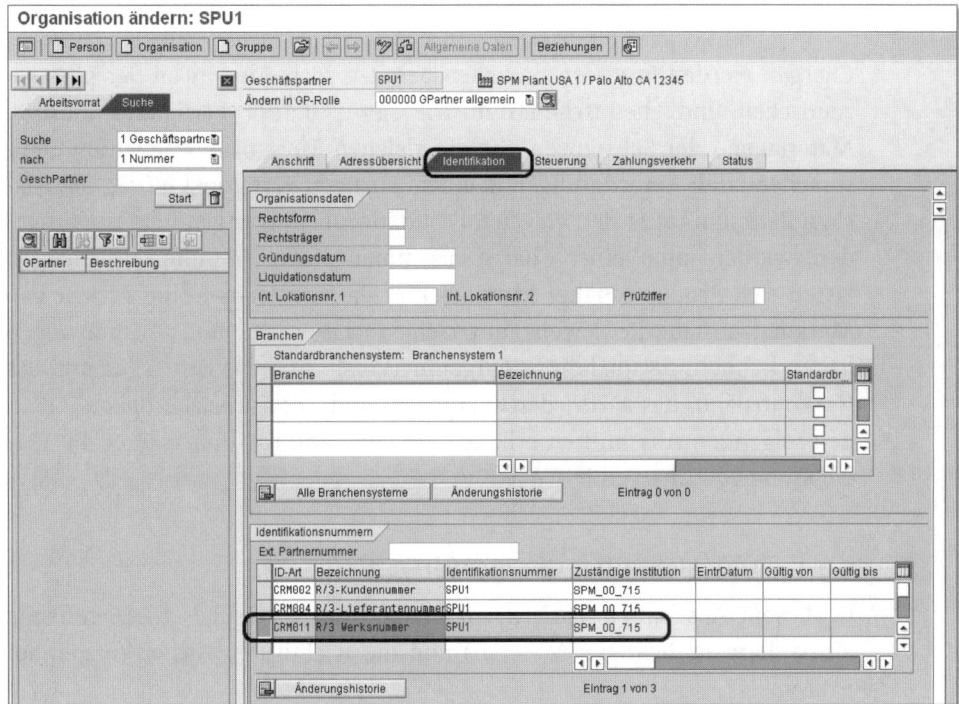

Abbildung 5.24 Zuweisung einer Identifikationsnummer zur ID-Art CRM011 für den Geschäftspartner des Werks

5.3.6 Besitzer des Lagers

Wie schon anfangs erwähnt, stellt der *Besitzer* die EWM-Rolle dar, der das Lager gehört – nur das Lager selbst, nicht zwangsläufig auch der Bestand im Lager. Ein EWM-Lager hat immer genau einen Besitzer. Im EWM-System müssen Sie für den Besitzer einen Geschäftspartner anlegen und diesen der EWM-Lagernummer zuweisen. Wählen Sie dazu im Customizing den Pfad EXTENDED WAREHOUSE MANAGEMENT • STAMMDATEN • LAGERNUMMERN ZU-ORDNEN (siehe Abbildung 5.22 auf Seite 181).

> **Der Besitzer ist in den SAP EWM-Transaktionen nicht sichtbar**
>
> Der Besitzer hat zwar eine wichtige Rolle, ist aber nirgendwo in den EWM-Transaktionen zu sehen. Benutzt wird er von EWM im jetzigen Releasestand nur im Hintergrund, nämlich in den LIME-Tabellen. Dies könnte sich jedoch in späteren Releases auch noch einmal ändern, daher sollten Sie nach Möglichkeit immer auch den tatsächlichen Besitzer der Lagernummer zuweisen.

5.4   Chargenverwaltung

Chargen werden in vielen Branchen benutzt, insbesondere in der pharmazeutischen und chemischen Industrie sowie in der Fertigungsindustrie. Materialien oder Substanzen, die die gleichen Merkmale besitzen und entsprechend den Anforderungen in einem einzigen Fertigungsauftrag, im gleichen Zeitraum unter den gleichen Produktionsbedingungen hergestellt werden, werden unter einer Charge zusammengefasst. Mithilfe von Chargen lassen sich Produkte näher klassifizieren, da jede Charge eine Anzahl von Merkmalen hat, die jeweils unterschiedliche Werte und Ausprägungen haben können. Beispiele für Chargenmerkmale sind das Herstelldatum, das Herkunftsland, das MHD, der Chargenzustand, die Farbe, Festigkeit etc. In den folgenden Abschnitten erhalten Sie mehr Informationen über die Verwendung von Chargen in EWM.

5.4.1   Übersicht über Chargenverwaltung

In diesem Abschnitt erläutern wir anhand eines Beispiels die Benutzung eines chargenpflichtigen Materials und die wichtigsten Auswirkungen auf EWM.

Angenommen, Sie lagern verschiedene Lacke in Ihrem Lager. Ein Lack lässt sich durch die Eigenschaften Farbe, Dickflüssigkeit und Verfallsdatum charakterisieren. Sie legen für den Lack einen Materialstamm an und schalten für das Material die Chargenverwaltung ein. Als Nächstes weisen Sie dem Material eine Chargenklasse zu. Diese Chargenklasse haben Sie vorher angelegt, und sie beinhaltet die drei genannten Merkmale (Farbe, Dickflüssigkeit und Verfallsdatum).

Während der Anlieferungsverarbeitung können Sie nun eine Charge für Ihr Material anlegen und diese Merkmale pflegen. Die Charge ist dann klassifiziert und kann eingelagert werden.

Diese Charge kann mithilfe von Auslieferungen wieder ausgelagert werden. Die Auslieferung kann die Charge direkt aus dem SAP ERP-System bekommen haben (als sogenannte »vorgegebene Charge«), oder sie kann im EWM-System vor der Kommissionierung angegeben werden. Sie können auch das EWM-System nach Chargen suchen lassen, indem Sie bestimmte Merkmalsattribute pflegen, zum Beispiel Farbe »Grün« und Dickflüssigkeit »mittel« oder »dick«. EWM führt dann selbstständig während der Lageraufgabenerstellung eine Chargenfindung aus.

Wenn Sie die Chargenverwaltung in EWM benutzen, dann können Sie mit den folgenden Funktionen arbeiten:

▶ **Umgang mit Chargenstammdaten in SAP EWM**
Chargenstammdaten können aus dem SAP ERP-System in EWM verteilt, in EWM manuell angelegt oder automatisch (im Hintergrund) bei der Verteilung einer Anlieferung aus SAP ERP angelegt werden.

▶ **Chargenfindung während der Auslieferungsverarbeitung**
Sie können die Chargensuchkriterien einer Auslieferung (Auslieferungsauftrag) anzeigen und ändern und basierend auf diesen Kriterien Chargen während der Kommissionierung finden. Während der Anlage einer Lageraufgabe findet das EWM-System nur Chargen, die den vorgegebenen Kriterien entsprechen.

▶ **Vorgegebene Chargen**
Wenn Sie eine bestimmte Charge bereits in der Auslieferungsposition angeben, dann benutzt das EWM-System nur diese Charge.

▶ **Chargenzustandsverwaltung**
Chargen in EWM können über eine bestimmte Charakteristik den Zustand FREI oder NICHT FREI haben, was eine Aussage über die Gebrauchsfähigkeit einer Charge macht. Für Chargen, die den Chargenzustand NICHT FREI haben, können Sie einstellen, dass keine Lagerbewegungen möglich sind und auch dass diese Charge nicht wareneingangs- oder warenausgangsgebucht werden darf.

▶ **Monitoring**
Im Lagermonitor können Sie sich die Chargenbestände anzeigen lassen und Bestand basierend auf Chargenmerkmalen selektieren.

▶ **Dokumentationscharge**
Die Dokumentationscharge ist eine besondere Art von Charge. Sie ist nicht bestandsgeführt. Dennoch kann sie sehr sinnvoll sein in Szenarien, in denen es hauptsächlich darauf ankommt, Chargenmerkmale für Lieferbelege aus Dokumentationsgründen zu speichern. Auch sind Folgeaktionen im SAP ERP-System möglich.

Mehr Informationen über Dokumentationschargen erhalten Sie in Abschnitt 5.5, »Dokumentationschargen«.

Bevor Sie Ihre erste Charge anlegen, sollten Sie die folgenden vier allgemeinen Einstellungen vornehmen bzw. prüfen:

1. Wenn Sie die Chargenverwaltung in EWM benutzen wollen, dann müssen Sie diese zunächst auch im SAP ERP-System aktivieren. Die Chargen werden zentral im SAP ERP-System verwaltet, gewissermaßen als das Stammdatensystem für Chargen. Aus SAP ERP können Chargen und Klassen/Charakteristika zu allen angeschlossenen EWM-Systemen per Core Interface (CIF) verteilt werden.

   Sie können Chargen auch im EWM-System anlegen und ändern – in diesem Fall werden die Daten zurück ins SAP ERP-System verteilt und von dort erneut auf alle angeschlossenen EWM-Systeme.

2. Wenn Sie Chargen in EWM in Verbindung mit SAP ERP verwenden wollen, dann müssen Sie eindeutige Chargennamen auf Materialebene benutzen. Folgen Sie zur Einstellung der Chargenebene im Customizing des SAP ERP-Systems dem Pfad LOGISTIK ALLGEMEIN • CHARGENVERWALTUNG • CHARGENEBENE BESTIMMEN UND ZUSTANDSVERWALTUNG AKTIVIEREN • CHARGENEBENE.

   Die Kommunikation zwischen SAP ERP und EWM unterstützt nur diese Chargenebene. Chargen auf Werksebene werden nicht unterstützt.

3. Sie müssen den Nummernkreis für Chargen in EWM einstellen. Der Nummernkreis wird verwendet, wenn EWM Chargen anlegt, zum Beispiel automatisch bei der Verteilung von Anlieferungen. Folgen Sie dazu im Customizing dem Pfad EXTENDED WAREHOUSE MANAGEMENT • PROZESSÜBERGREIFENDE EINSTELLUNGEN • CHARGENVERWALTUNG • NUMMERNKREIS FÜR CHARGE DEFINIEREN.

4. Außerdem sollten Sie die Verbuchungssteuerung bei Chargen-Updates prüfen. Wählen Sie im Customizing den Pfad EXTENDED WAREHOUSE MANAGEMENT • PROZESSÜBERGREIFENDE EINSTELLUNGEN • CHARGENVERWALTUNG • VERBUCHUNGSSTEUERUNG (ZENTRAL, DEZENTRAL) EINSTELLEN (siehe Abbildung 5.25).

   Wenn Sie in EWM Chargen ändern oder anlegen, dann wird im Hintergrund versucht, das SAP ERP-System synchron aufzurufen und die Charge zu übertragen. Wenn Sie in dieser Customizing-Tabelle den Default-Eintrag für die Spalte CHGUPD wählen (siehe markierte Zeile in Abbildung 5.25) und bei der Übertragung in SAP ERP ein Fehler auftritt (zum Beispiel SAP ERP-System nicht erreichbar, Charge von einem anderen Benutzer gesperrt), dann gibt das EWM-System eine Fehlermeldung aus, und die Änderung bzw. Anlage der Charge wird nicht in EWM verbucht.

   Wenn Sie die Werte 1 oder 2 für CHGUPD wählen, dann wird bei einem Fehler bei der synchronen Verbuchung keine Fehlermeldung ausgegeben und stattdessen die Verbuchung später erneut im Hintergrund versucht. So können Sie in EWM weiterarbeiten, auch wenn ein Fehler aufgetreten ist.

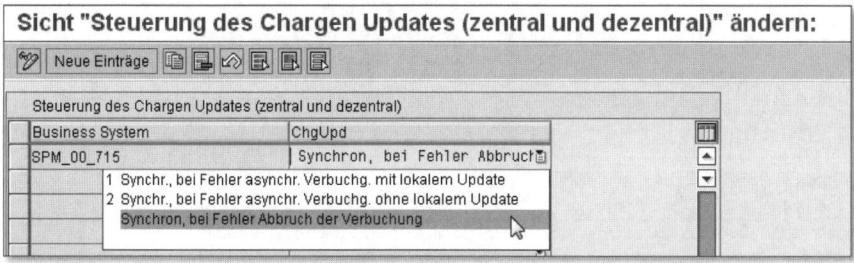

Abbildung 5.25 Chargen-Updates festlegen

Um ein bestimmtes Produkt chargenpflichtig zu machen, müssen Sie das entsprechende Kennzeichen im Materialstamm in SAP ERP anhaken (Transaktion MM01 oder MM02). Dann weisen Sie auf der Registerkarte KLASSIFIKATION eine Klasse des Typs 023 zu.

Chargen haben die folgenden drei Merkmale, die auch gleichzeitig Bestandsattribute von EWM sind:

▶ MHD/Verfallsdatum

▶ Herkunftsland

▶ Chargenzustand

Wenn Sie eine neue Chargenklasse in SAP ERP anlegen, dann können Sie diese Attribute benutzen und als Merkmale zur Klasse hinzufügen. Die Merkmalsnamen sind LOBM_HERKL (Herkunftsland), LOBM_VFDAT (Mindesthaltbarkeitsdatum) und LOBM_ZUSTD (Chargenzustand). Wenn Sie einen Wareneingang eines chargenpflichtigen Materials mit diesen Merkmalen buchen, dann werden die Werte dieser Merkmale automatisch in die entsprechenden Bestandsfelder von EWM gebucht und können somit Lagerprozesse in EWM steuern, zum Beispiel die Anlage von Lageraufgaben. Für die MHD/Verfallsdatum-Verwaltung ist zudem das Merkmal LOBM_RLZ (Restlaufzeit) von Belang.

Sie können Chargen in EWM anlegen, anzeigen und ändern. Wählen Sie dazu im SAP Easy Access Menü des EWM-Systems den Pfad EXTENDED WAREHOUSE MANAGEMENT • STAMMDATEN • PRODUKT • CHARGEN ZUM PRODUKT PFLEGEN, oder rufen Sie den Transaktionscode /SCWM/WM_BATCH_

MAINT auf. In dieser Transaktion können Sie auch die Werte von Chargen-merkmalen ändern (siehe Abbildung 5.26).

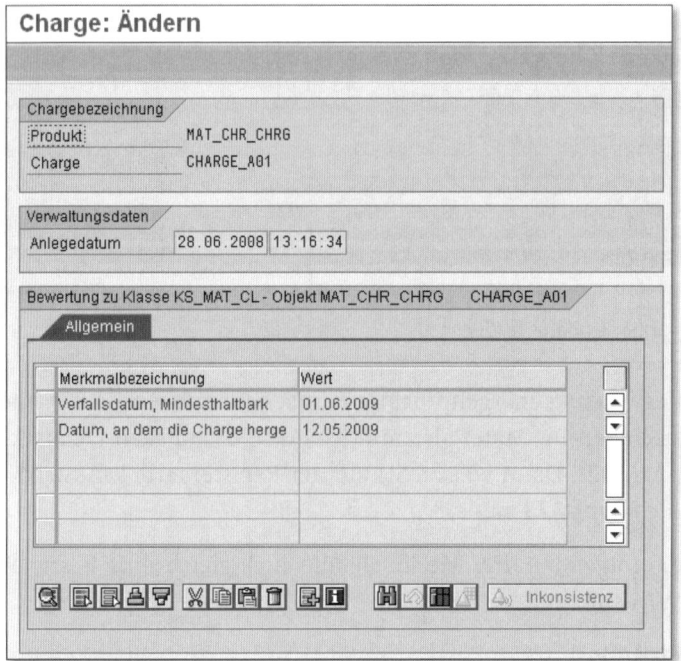

Abbildung 5.26 Merkmale einer Charge pflegen

Das Merkmal CHARGENZUSTAND (LOBM_ZUSTD, nicht aus der Abbildung ersichtlich) macht eine Aussage über die Gebrauchsfähigkeit einer Charge. Eine Charge kann entweder gebrauchsfähig oder nicht gebrauchsfähig sein. Dies wird im SAP-System über die beiden Zustände FREI und NICHT FREI abgebildet.

In EWM können Sie den Chargenzustand dazu benutzen, um Wareneingänge und Warenausgänge für Lieferpositionen zu verbieten. Ebenso können Sie die Anlage von Lageraufgaben verbieten. Wählen Sie hierzu im Customizing von EWM den Pfad EXTENDED WAREHOUSE MANAGEMENT • PROZESSÜBERGREIFENDE EINSTELLUNGEN • CHARGENVERWALTUNG • CHARGEN-ZUSTANDSVERWALTUNG.

5.4.2 Chargen im Wareneingangsprozess

Wenn Sie eine Anlieferung im SAP ERP-System anlegen, wird die Charge der Lieferpositionen ins EWM-System verteilt. Wenn die Charge bereits als

Stammdatum in EWM vorhanden ist, können Sie direkt die Einlageraufgaben anlegen und quittieren. Wenn die Charge noch nicht vorhanden ist, dann können Sie sie entweder über die Anlieferungstransaktion *im Vordergrund* oder während der Verteilung der Anlieferung automatisch (*im Hintergrund*) anlegen lassen.

Wenn keine Charge vorhanden ist, dann legt EWM eine neue Charge an, indem es den anfangs erwähnten Nummernkreis benutzt. Wenn EWM die Charge anlegt, dann werden die Werte der Anlieferungsposition in die entsprechenden Merkmale der Charge kopiert, unter anderem das Herkunftsland, das MHD und das Herstelldatum.

> **Kopieren von weiteren Feldern in den Chargenstammsatz**
>
> Um bei Anlage der Charge zusätzliche Felder in den Chargenstammsatz zu kopieren, können Sie die Business Add-ins (BAdIs) `/SCWM/DLV_BATCH_VAL` bzw. `/SCWM/DLV_BATCH_CHAR` verwenden.

5.4.3 Chargen im Warenausgangsprozess

Im SAP ERP-System können Sie zu Auslieferungspositionen sogenannte *Chargenfindungskriterien* mitgeben, die zusammen mit der Lieferung in EWM verteilt werden. Während der Lageraufgabenerstellung werden diese Kriterien bei der Findung einer geeigneten Charge berücksichtigt. Wenn die Menge einer Charge nicht ausreicht, um die Liefermenge zu erfüllen, dann ermittelt das System auch mehrere geeignete Chargen. Sie können der Auslieferungsposition auch direkt eine bestimmte Charge zuweisen.

> **Chargenfindungskriterien in SAP EWM anzeigen**
>
> Sie können sich die Chargenfindungskriterien in EWM anzeigen lassen, indem Sie in der Transaktion /SCWM/PRDO die Schaltfläche SELEKTION oberhalb der Positionsübersicht anklicken.

Darüber hinaus können Sie während der Lageraufgabenerstellung manuell eine Charge auswählen. Bei manueller Chargenauswahl prüft das EWM-System aber in jedem Fall, ob die von Ihnen ausgewählte Charge mit den Chargenfindungskriterien übereinstimmt. Dies können Sie genauer steuern über das Customizing unter dem Pfad EXTENDED WAREHOUSE MANAGEMENT • PROZESSÜBERGREIFENDE EINSTELLUNGEN • CHARGENVERWALTUNG • EINSTELLUNG ZUR LIEFERUNG VORNEHMEN.

Während der Lageraufgabenerstellung kann Sie EWM bei der Auswahl geeigneter Chargen unterstützen, indem es auf dem Bildschirm eine Liste der verfügbaren Bestände anzeigt, die den Chargenfindungskriterien entsprechen. Sie können dann entweder eine passende Charge manuell auswählen oder die Anforderungsmenge über die gefundenen Chargen von EWM automatisch verteilen lassen.

Wenn Sie oder das EWM-System während der Lageraufgabenerstellung mehrere Chargen auswählen, dann wird die entsprechende Position des Auslieferungsauftrags gesplittet (*Chargensplit*). In der Ausliefertransaktion /SCWM/PRDO können Sie sich Chargensplits visualisieren, indem Sie die Lieferposition selektieren und die Schaltfläche HIERARCHIEDARSTELLUNG anklicken.

5.5 Dokumentationschargen

Eine Dokumentationscharge ist eine nicht bestandsgeführte Charge. Mit Dokumentationschargen kann die Rückverfolgbarkeit eines Materials in Form von Chargenverwendungsnachweisen gewährleistet werden, ohne dass der Bestand des Materials selbst auch in Chargen geführt werden muss.

Tabelle 5.3 zeigt die Hauptunterschiede zwischen normalen Chargen und Dokumentationschargen.

Funktion	Standard-Chargen	Dokumentationschargen
Chargenstammdaten	verfügbar	nicht verfügbar
Chargenverwendungsnachweis	verfügbar	nur im SAP ERP-System
Chargenfindung	möglich	nicht möglich
Chargenbestände	ja	nein
Klassenzuweisung	möglich	nicht möglich

Tabelle 5.3 Unterschiede zwischen normalen Chargen und Dokumentationschargen

Sie schalten die Verwendung von Dokumentationschargen ein, indem Sie in der EWM-Lagerproduktpflege das Feld DOKUMENTATIONSCHARGE auf der Registerkarte LAGERDATEN auf 1 setzen (siehe Abbildung 5.27). Sie können dieses Feld entweder manuell direkt im EWM-System pflegen oder aus dem SAP ERP-System mit einem Report verteilen – mehr dazu im nächsten Abschnitt.

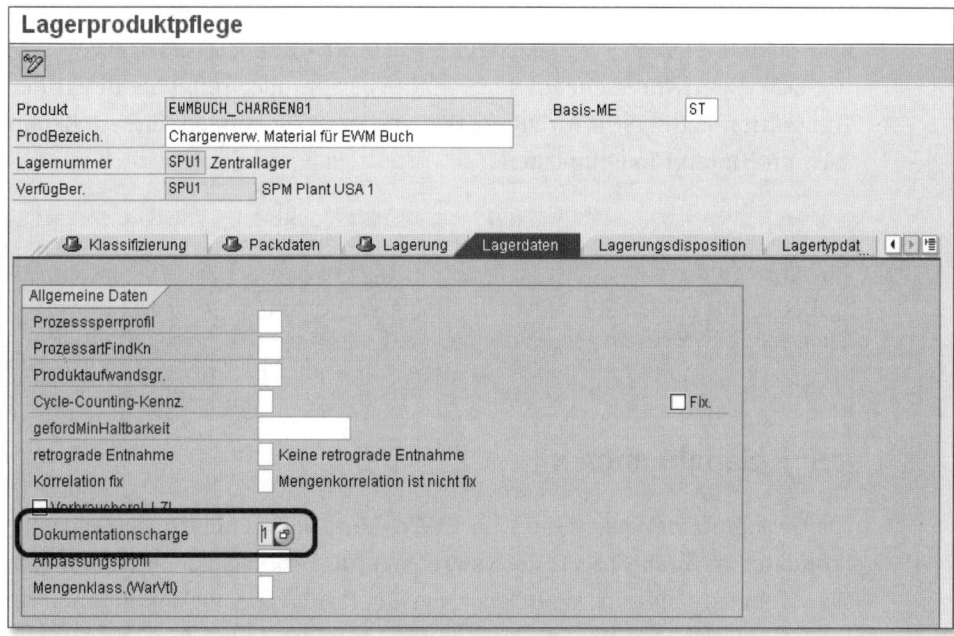

Abbildung 5.27 Einstellen der Dokumentationschargenverwaltung für ein Produkt

Nachdem Sie ein Material als dokumentationschargenpflichtiges Material deklariert haben, können Sie für dieses Material in der Lieferverarbeitung Chargen zuweisen. Im Wareneingangsprozess geben Sie die Charge spätestens bei der Quittierung der Einlageraufgabe mit. Sie können für jede Lieferart im EWM-Customizing einstellen, ob die Dokumentationscharge eingegeben werden muss oder ob dies optional ist. Folgen Sie dazu im Customizing dem Pfad EXTENDED WAREHOUSE MANAGEMENT • PROZESSÜBERGREIFENDE EINSTELLUNGEN • CHARGENVERWALTUNG • DOKUMENTATIONSCHARGE EINSTELLEN.

Nach der Quittierung von Lageraufgaben wird die Charge nicht mit in den Bestand übernommen – dies funktioniert eben nur bei normalen (bestandsgeführten) Chargen.

Normalerweise pflegen Sie Felder des Materialstamms nicht in SAP ERP und nutzen das Core Interface (CIF), um das entsprechende SAP ERP-Feld in EWM zu übertragen. In diesem Fall (Feld DOKUMENTATIONSCHARGE auf der Registerkarte LAGERDATEN) allerdings geht das nicht, denn das Feld wird nicht über CIF verwaltet. Daher bietet SAP einen Report an, der die Einstellungen bezüglich Dokumentationschargen aus SAP ERP in EWM überträgt.

Folgen Sie dazu im SAP EWM Easy Access Menü dem Pfad EXTENDED WARE-HOUSE MANAGEMENT • STAMMDATEN • PRODUKT • EINSTELLUNGEN ERP/EWM FÜR DOKUMENTATIONSCHARGEN SYNCHRONISIEREN, oder rufen Sie direkt den Transaktionscode /SCWM/DBATCHSYNC auf. Sie können diesen Report auch im Hintergrund einplanen.

Der Verteilungsreport berücksichtigt auch über BAdI beeinflusste Einstellungen

Im SAP ERP-System gibt es außerdem die Möglichkeit, die Dokumentationschargenverwaltung über Business Add-ins (BAdIs) einzuschalten. Der genannte Verteilungsreport berücksichtigt auch die über das BAdI vorgenommenen Einstellungen.

5.6 Serialnummern

Die Serialnummernverwaltung in EWM können Sie nutzen, um einzelne Produkte in Ihrem Lager identifizieren und verfolgen zu können, vom Wareneingang bis zum Warenausgang. Bei Produkten mit Serialnummernpflicht können Sie jederzeit, auch im Nachhinein, feststellen, an welchem Datum es von welchem Lieferanten geliefert wurde, wer die Qualitätsprüfung durchgeführt hat, wer dieses Produkt bewegt hat, wann das der Fall war und wann es verpackt und zum Kunden geschickt wurde.

Im EWM-System gibt es drei Ebenen der *Serialnummernpflicht*:

- A – Serialnummernpflicht für Belegposition
- B – Serialnummernpflicht auf Lagernummernebene
- C – Serialnummernpflicht in der Bestandsführung

Die Serialnummernverwaltung in EWM verhält sich in diesen drei Ebenen komplett unterschiedlich. Daher ist es wichtig, dass Sie genau verstehen, was diese Ebenen bedeuten und worin die jeweiligen Auswirkungen für die Lagerverwaltungssoftware im Einzelnen bestehen. Wir geben hier einen kurzen Überblick über die drei Ebenen, anschließend erfolgt eine detaillierte Beschreibung:

- **A – Serialnummernpflicht für Belegposition**
  Die Serialnummernpflicht A ermöglicht es Ihnen, Serialnummern zu Lieferbelegen zu erfassen: zu einer Anlieferungsposition vor dem Wareneingang oder zu einer Auslieferungsposition vor dem Warenausgang.

Die erfassten Serialnummern haben aber keine weiteren Auswirkungen – sie werden nicht bestandsmäßig geführt. Nach dem Wareneingang verhält sich das Produkt so, als wäre es nicht serialnummernpflichtig. Sie können im Nachhinein nach eingegebenen Serialnummern in Lieferungen suchen, können aber nicht sehen, welche Serialnummern Sie gerade im Lager haben.

Diese Serialnummernpflicht eignet sich gut für Prozesse, in denen lediglich die Lieferung gefunden werden muss, mit der das Produkt ins Lager kam oder das Lager verlassen hat. Ein Beispiel sind Kundenretouren oder -beschwerden: Wenn ein Kunde eine Beschwerde über eine Lieferung hat, können Sie nachschauen, wann er das entsprechende Produkt bekommen hat und von welchem Lieferanten es kam.

▶ **B – Serialnummernpflicht auf Lagernummernebene**
Die Serialnummernpflicht B bewirkt, dass das EWM-System Sie auffordert, vor dem Wareneingang einer Anlieferung und vor dem Warenausgang einer Auslieferung Serialnummern einzugeben. Daher ist in EWM zu jedem Zeitpunkt nachvollziehbar, welche Serialnummer sich im Lager befindet.

Die Serialnummern werden aber bei dieser Serialnummernpflicht nicht zum Quant (im Bestand) geführt, sodass Sie bei Lageraufgaben innerhalb des Lagers keine Serialnummern erfassen müssen. Auch hier gilt, dass sich das Produkt im Wareneingang so verhält, als wäre es gar nicht serialnummernpflichtig.

Als Konsequenz können Sie also in diesem Fall sehen, welche Serialnummern Sie gerade im Bestand haben, aber nicht wo (auf welchen Lagerplätzen) diese liegen oder welche Lagerbewegungen zu diesen Serialnummern durchgeführt worden sind.

▶ **C – Serialnummernpflicht in der Bestandsführung**
Erst bei Serialnummernpflicht C wird die Serialnummer als Teil des Bestands mitgeführt. Sie können nur bei dieser Serialnummernpflicht genau sehen, welche Serialnummern Sie im Bestand haben, auf welchem Platz sie liegen und was die dazugehörigen Lageraufgaben waren. Sie erreichen so die volle Bestandstransparenz und Verfolgbarkeit jeder einzelnen Serialnummer.

Das heißt aber auch, dass Sie die Serialnummern bei jeder Lageraufgabe und bei jedem Umpackvorgang angeben müssen. Bei Verwendung der vollen Menge eines Quants ist dies nicht notwendig, aber wenn Sie Teilmengen umpacken oder bewegen, müssen Sie angeben, welche Serialnummern genau betroffen sind. Das bedeutet also einen nicht unerheblichen administrativen Aufwand.

Tabelle 5.4 zeigt die drei Serialnummernpflichten im Überblick (Legende: SN = Serialnummer, Prov. SN = provisorische Serialnummer, WE = Wareneingang, WA = Warenausgang).

	Serialnummernpflicht A – für Belegposition	Serialnummernpflicht B – auf Lagernummerebene	Serialnummernpflicht C – in der Bestandsführung
Serialnummern in der Anlieferposition	SN *können* erfasst werden (abhängig vom Positionstyp auch Erfassungspflicht).	SN *müssen* vor dem WE erfasst werden (alternativ auch erst bei der Einlagerung bei Prov. SN).	SN müssen vorm WE erfasst werden (alternativ auch erst bei der Einlagerung bei Prov. SN).
Serialnummern in der Auslieferposition	SN können erfasst werden (abhängig vom Positionstyp auch Erfassungspflicht).	SN *müssen* vor dem WA erfasst werden.	SN müssen vor dem WA erfasst werden.
Serialnummern in Lageraufgaben	SN können nicht für Lageraufgaben verwendet werden. Ausnahme: Kommissionierung.	SN können nicht für Lageraufgaben verwendet werden. Ausnahme: Kommissionierung.	SN müssen bei jeder Lageraufgabe erfasst oder bestätigt werden.
Bestandstransparenz	Keine. Aber Kontrolle von SN möglich, zum Beispiel für Kundenretouren.	SN sind bei WE und WE bekannt. Daher volle Übersicht, welche SN sich im Lager befinden.	Exakte Informationen, welche SN sich auf welchem Lagerplatz befindet.

Tabelle 5.4 Überblick über die drei Serialnummernpflichten in SAP EWM

Eindeutigkeit von Serialnummern

Eine Serialnummer kann zu einem Zeitpunkt immer nur einmal im Lager sein. Sie können nicht mehrere Einheiten eines Produkts mit derselben Serialnummer haben. Gleiche Serialnummern können Sie nur für unterschiedliche Produkte verwenden.

Wenn Sie mit den Serialnummernpflichten B oder C arbeiten, dann prüft das EWM-System beim Buchen des Wareneingangs, ob sich die jeweilige Serialnummer schon im Lager befindet, und gibt gegebenenfalls eine Fehlermeldung aus.

5.6.1 Durch Serialnummern beeinflusste Prozesse in SAP EWM

Wenn Sie die Serialnummernverwaltung einschalten, dann hat das, abhängig von der Serialnummernpflicht, große Auswirkungen auf die Prozessschritte in EWM, insbesondere auf Schritte, die mit Beständen arbeiten.

Auswirkungen gibt es unter anderem auf:

- Lagerproduktpflege
- Anlage und Quittierung von Lageraufgaben, sowohl über Desktop- als auch über RF-Transaktionen (mobile Endgeräte)
- Lieferabwicklung
- Bearbeitung in Arbeitsplätzen (Packarbeitsplatz, Qualitätsmanagement etc.)
- Inventur
- Lagermonitor
- Integration mit SAP ERP

In den folgenden Abschnitten erläutern wir im Detail, was Sie einstellen müssen, um ein Produkt serialnummernpflichtig zu machen. Wir zeigen Ihnen die Auswirkungen auf die Lieferverarbeitung und auf Lageraufgaben. Schließlich werden wir noch eine Anzahl von allgemeinen Einstellungen beschreiben, die Sie prüfen sollten, bevor Sie anfangen, mit Serialnummern zu arbeiten.

5.6.2 Serialnummernprofile in SAP ERP und SAP EWM pflegen

Um die Serialnummernpflicht einzuschalten und somit ein Produkt mit Serialnummern verwalten zu können, müssen Sie im Materialstamm zwei *Serialnummernprofile* zuweisen: Ein LES-Serialnummernprofil und ein SAP ERP-Serialnummernprofil.

LES-Serialnummernprofil

Das LES-Serialnummernprofil befindet sich auf der Sicht VERTRIEB: ALL./WERK im Materialstamm, den Sie mit den Transaktionen MM01/MM02 bearbeiten können (siehe Abbildung 5.28). Dieses Profil hat nicht direkt etwas mit EWM zu tun, es ist aber erforderlich, damit Sie in logistischen Belegen wie zum Beispiel Lieferungen in SAP ERP überhaupt mit Serialnummern arbeiten können.

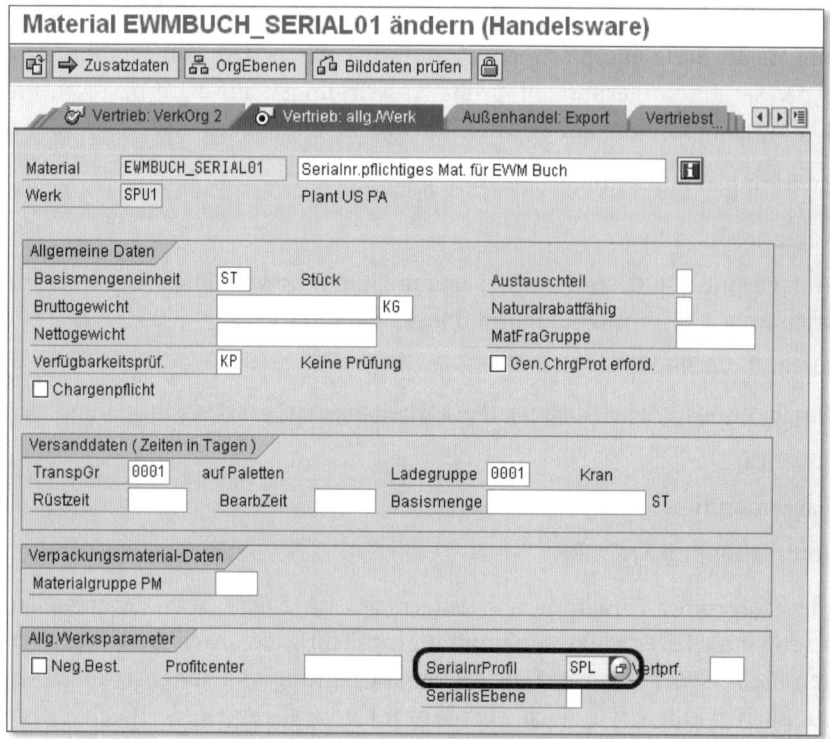

Abbildung 5.28 LES-Serialnummernprofil im SAP ERP-Materialstamm zuweisen

EWM-Serialnummernprofil

In Verbindung mit EWM gibt es ein neues Serialnummernprofil, sodass sich die drei angesprochenen Serialnummernpflichten abbilden lassen.

Das neue Serialnummernprofil wird ebenfalls im SAP ERP-Materialstamm zugewiesen, und zwar auf der Sicht WM EXECUTION (siehe Abbildung 5.29). Es ist unabhängig von Werk und Lagernummer (Tabelle MARA).

Wenn das Material per CIF ans EWM-System übertragen wird, dann wird das EWM-Serialnummernprofil ebenfalls übertragen und ist in der EWM-Lagerproduktpflege (Transaktion /SCWM/MAT1) sichtbar.

Sie müssen das EWM-Serialnummernprofil sowohl im SAP ERP-System als auch im EWM-System pflegen, und zwar mit dem gleichen Namen und gleichen Einstellungen. Der Pflege-View sieht in beiden Systemen gleich aus (siehe Abbildung 5.30). Im Customizing des SAP ERP-Systems finden Sie die Pflege des EWM-Serialnummernprofils unter dem Pfad INTEGRATION MIT AN-

DEREN SAP KOMPONENTEN • EXTENDED WAREHOUSE MANAGEMENT • ZUSÄTZ-
LICHE MATERIALATTRIBUTE • ATTRIBUTWERTE FÜR ZUSÄTZLICHE MATERIAL-
STAMMFELDER • SERIALNUMMERNPROFIL DEFINIEREN.

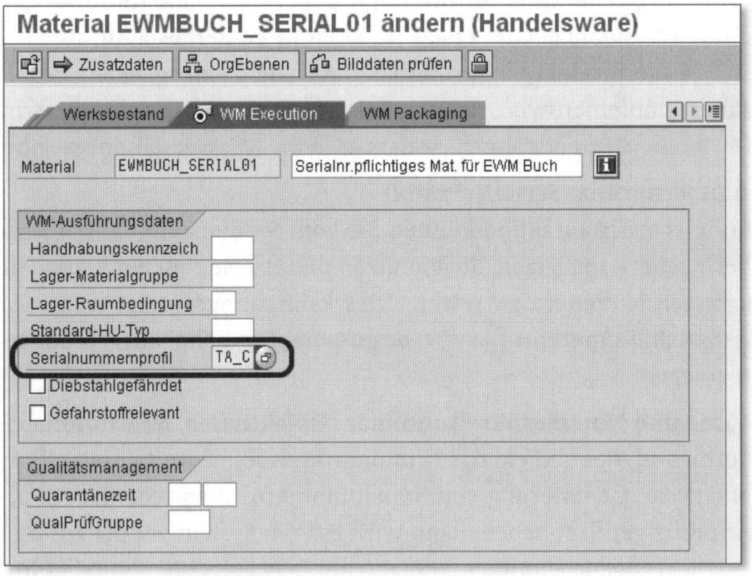

Abbildung 5.29 SAP EWM-Serialnummernprofil im SAP ERP-Materialstamm zuweisen

Das gleiche Profil müssen Sie im EWM-System definieren unter dem Pfad
EXTENDED WAREHOUSE MANAGEMENT • STAMMDATEN • PRODUKT • SERIALNUM-
MERNPROFILE DEFINIEREN • LAGERNUMMERNUNABHÄNGIGE SERIALNUMMERN-
PROFILE DEFINIEREN.

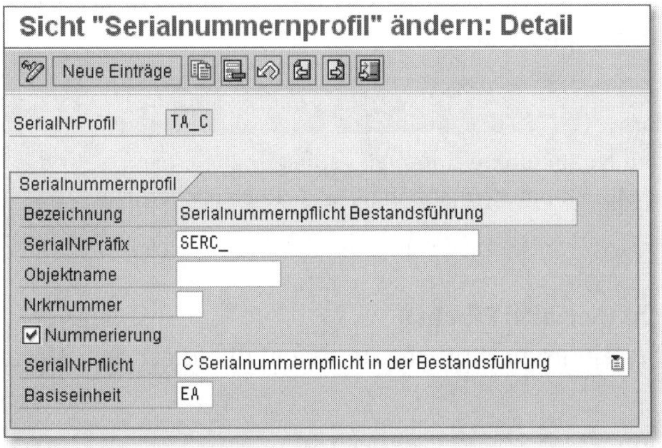

Abbildung 5.30 Das SAP EWM-Serialnummernprofil im Customizing

Das EWM-Serialnummernprofil aus Abbildung 5.30 beinhaltet die folgenden Felder:

- **Bezeichnung**
  Dieses Feld enthält eine kurze Beschreibung des Serialnummernprofils. Die Bezeichnung ist sowohl bei der Pflege im SAP ERP-Materialstamm als auch in der EWM-Lagerproduktpflege sichtbar, neben dem eingegebenen Profil. Es ist daher empfehlenswert, in der Beschreibung die Serialnummernpflicht (A, B oder C) zu erwähnen, sodass es keine Missverständnisse gibt.

- **Serialnummernpräfix (SerialNrPräfix)**
  In der Anlieferungstransaktion können Sie vom System automatisch Serialnummern generieren lassen. Sie benutzen dieses Feld, um ein Präfix vor die generierten Nummern zu setzen. Dies kann sinnvoll sein, wenn Sie spezielle Serialnummernprofile für bestimmte Produkte oder Produktgruppen anlegen.

- **Objektname und Nummernkreisnummer (Objektname, Nrkrnummer)**
  Sie bestimmen in diesem Feld das Nummernkreisobjekt und -intervall für die automatische Generierung von Serialnummern. Wenn Sie das Serialnummernpräfix gepflegt haben, dann wird es vom System vor die aus diesem Intervall gezogene Nummer gesetzt (zum Beispiel SERC_700004436).

- **Nummerierung**
  Wenn Sie weder Objektname noch Nummernkreisnummer pflegen, dann können Sie das Kennzeichen NUMMERIERUNG setzen. In diesem Fall startet die Nummerierung für jedes Produkt neu bei 1. Die letzte benutzte Nummer für jedes Produkt wird dann in der Datenbanktabelle /SCWM/SERH gespeichert (Feld LSERD). Wenn Sie das Serialnummernpräfix gepflegt haben, dann wird es vom System vor die aus diesem Intervall gezogene Nummer gesetzt (zum Beispiel SERC_13).

Nummernkreis hat Vorrang

Wenn Sie Objektname und Nummernkreisintervall gepflegt haben, dann zieht das System von dort die nächste Nummer, unabhängig vom Kennzeichen NUMMERIERUNG.

- **Serialnummernpflicht (SerialNrPflicht)**
  Hier weisen Sie die Serialnummernpflicht zu, wobei die folgenden Werte möglich sind:

  - A – SERIALNUMMERNPFLICHT FÜR BELEGPOSITION

  - B – SERIALNUMMERNPFLICHT AUF LAGERNUMMERNEBENE

▸ C – Serialnummernpflicht in der Bestandsführung

▸ D – Keine Serialnummernpflicht

Die ersten drei Serialnummernpflichten haben wir bereits besprochen. Serialnummernpflicht D – Keine Serialnummernpflicht können Sie in Zusammenhang mit dem *lagernummernabhängigen EWM-Serialnummernprofil* verwenden, mehr dazu im nächsten Abschnitt.

▸ **Basiseinheit**

Hier weisen Sie die Basiseinheit des Serialnummernprofils zu, die der Basismengeneinheit der benutzen Produkte entsprechen muss.

Lagernummernabhängiges EWM-Serialnummernprofil

Das EWM-Serialnummernprofil, das Sie in SAP ERP pflegen können, ist unabhängig von Werk oder Lagernummer. Dazu gibt es in EWM aber noch ein *lagernummernabhängiges EWM-Serialnummernprofil*, das das lagernummernunabhängige übersteuert.

So können Sie zum Beispiel einstellen, dass ein bestimmtes Material generell nicht serialnummernpflichtig ist, mit Ausnahme eines bestimmten Lagers.

In so einer Konstellation können Sie auch die Serialnummernpflicht D – Keine Serialisierungspflicht verwenden, um in einer bestimmten Lagernummer die Serialisierungspflicht aufzuheben.

Sie pflegen das lagernummernabhängige EWM-Serialnummernprofil im EWM-Customizing unter dem Pfad Extended Warehouse Management • Stammdaten • Produkt • Serialnummernprofile definieren • Lagernummernabhängige Serialnummernprofile definieren.

In den folgenden Abschnitten beschreiben und zeigen wir nun, wie EWM Serialnummern benutzt. In den meisten Fällen werden wir die Serialnummernpflicht C – Serialnummern auf Bestandsebene verwenden, da das die komplexeste Serialnummernpflicht ist. Wir werden aber in allen Fällen auch die Unterschiede zu den anderen Serialnummernpflichten ansprechen.

5.6.3 Serialnummern in der Lieferabwicklung

In diesem Abschnitt zeigen wir Ihnen, wie Sie Serialnummern in An- und Auslieferungen benutzen. In beiden Fällen gehen wir auch kurz auf die SAP ERP-Integration der Warenbewegungen ein.

Serialnummern in Anlieferungen

Es gibt mehrere Wege, wie Serialnummern in die EWM-Anlieferungsposition gelangen können:

► aus dem Lieferavis des Lieferanten (ASN, Advanced Shipping Notification), das per IDoc ins SAP ERP-System geschickt wird

► aus einer Anlieferung aus SAP Supply Network Collaboration (SNC)

► eingegeben in der Anlieferung im SAP ERP-System (manuell, gescannt oder automatisch generiert)

► eingegeben in der Anlieferung direkt im EWM-System (manuell, gescannt oder automatisch generiert)

Die zwei letzten Punkte (manuelle Eingabe in der SAP ERP- und in der EWM-Lieferung) wollen wir nun zeigen.

Um Serialnummern in der SAP ERP-Anlieferung zu erfassen, wählen Sie in der Anliefertransaktion VL32N den Menüpunkt ZUSÄTZE • SERIALNUMMERN. Es öffnet sich ein Popup-Fenster, in dem Sie die Serialnummern manuell erfassen oder automatisch generieren lassen können (siehe Abbildung 5.31).

Abbildung 5.31 Erfassen von Serialnummern zur Lieferposition in SAP ERP

Wenn Sie die Lieferungsposition in SAP ERP in HUs verpackt haben, dann müssen Sie die Serialnummern zur HU-Position erfassen. Dazu wählen Sie in der Anlieferungstransaktion die VERPACKEN-Schaltfläche oder im Menü die Funktion BEARBEITEN • VERPACKEN. Sie gelangen in die HU-Übersicht. Auf der Registerkarte INHALTGESAMT können Sie nun Positionen markieren und unten die Schaltfläche SERIALNUMMERN anklicken (siehe Abbildung 5.32).

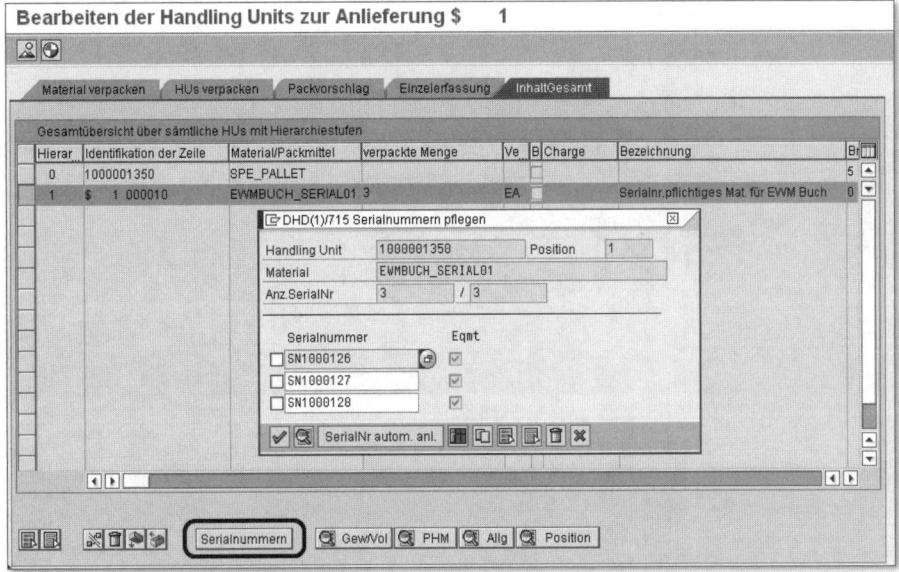

Abbildung 5.32 Serialnummern zuweisen zur HU-Position in der SAP ERP-Anlieferung

Als Alternative zu den Transaktionen VL31N oder VL32N zur Bearbeitung von Anlieferungen gibt es die Transaktion VL60. Da die Transaktion VL60 in Zusammenhang mit EWM erweiterte Funktionalitäten bietet, wollen wir hier zeigen, wie Sie sie zusammen mit Serialnummern verwenden können. In Abbildung 5.33 sehen Sie den Hauptbildschirm der Transaktion VL60. Die Kopfdaten und eine Position (mit einem serialnummernpflichtigen Material) sind bereits eingegeben. Sie können nun die Schaltfläche SERIALNR. unten auf dem Bildschirm anklicken, was dasselbe Popup-Fenster öffnet, das Sie schon aus der Transaktion VL32N (siehe Abbildung 5.31) kennen. In der Transaktion VL60 können Sie jedoch keine Serialnummern zu HU-Positionen erfassen.

Nachdem Sie die Lieferung im SAP ERP-System angelegt und gespeichert haben, wird sie ins EWM-System übertragen. In EWM können Sie nun die Anlieferung und die erfassten Serialnummern sehen. Sofern Sie im SAP ERP-System bereits Serialnummern eingegeben haben, können Sie sie im EWM-System nicht mehr ändern. In diesem Fall sind sie aus EWM-Sicht extern vorgegeben.

Abbildung 5.34 zeigt eine Anlieferung in EWM. Sie sehen die Detaildaten von Position 10 dieser Lieferung mit Material EWMBUCH_SERIAL01. Dieses Material verwendet das EWM-Serialnummernprofil aus Abbildung 5.30, sodass die Serialnummernpflicht C – SERIALNUMMERNPFLICHT IN DER BESTANDSFÜHRUNG ist.

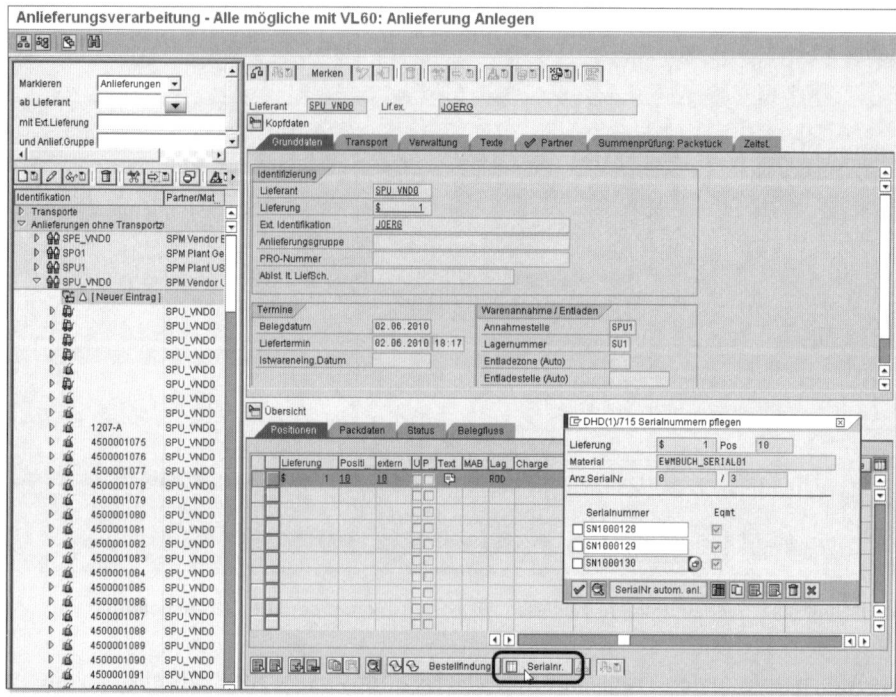

Abbildung 5.33 Serialnummern über die Transaktion VL60 erfassen

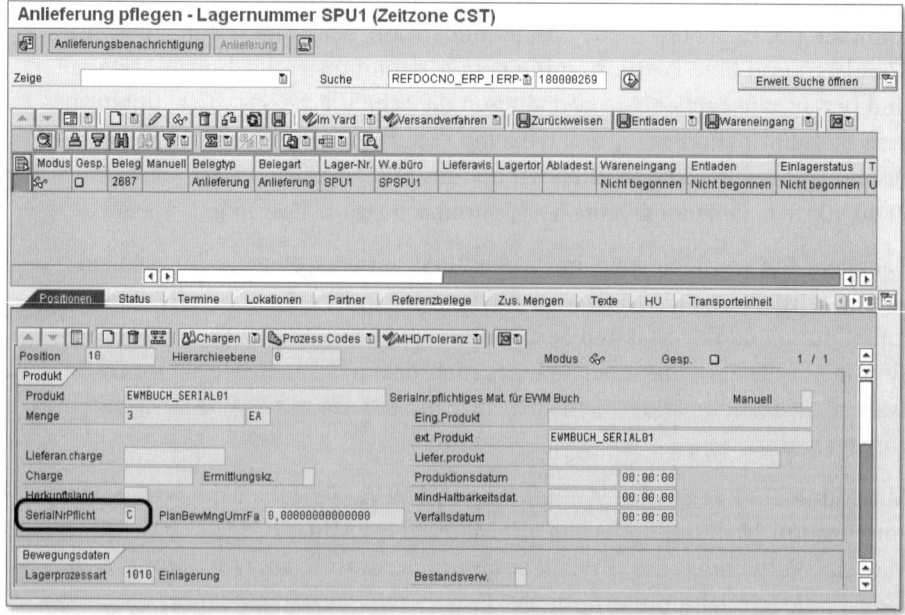

Abbildung 5.34 Serialnummernpflicht in der SAP EWM-Lieferposition

Im EWM-System können Sie die Serialnummern, die einer Lieferposition zugeordnet sind, auf der Registerkarte SERIALNUMMERN sehen. Dies funktioniert sowohl für unverpackte Positionen als auch für verpackte (wenn Sie Teil-/Mengen in HUs verpackt haben), siehe Abbildung 5.35. Die Tabelle unterhalb der in der Abbildung markierten Registerkarte SERIALNUMMERN, die die Serialnummern enthält, ist in diesem Beispiel noch leer. Der Grund dafür ist, dass wir im SAP ERP-System noch keine Nummern erfasst haben; dies müssen wir also in EWM tun.

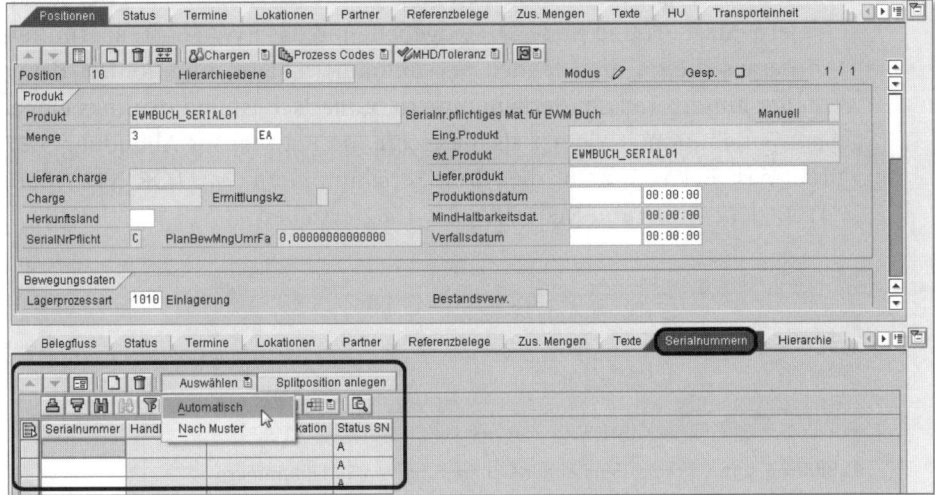

Abbildung 5.35 Serialnummern zur Anlieferungsposition generieren (automatisch oder nach Muster)

Sie haben drei Möglichkeiten, Serialnummern zu erfassen:

▶ manuelle Eingabe (Nummern in der linken Spalte eingeben oder scannen)

▶ automatische Generierung (nach fortlaufender Nummer aus dem Customizing)

▶ Generierung von Serialnummern nach einem Muster

Die automatische Generierung stoßen Sie an, indem Sie die Schaltfläche AUS-WÄHLEN anklicken und dort die Funktion AUTOMATISCH wählen. Es öffnet sich das in Abbildung 5.36 dargestellte Popup-Fenster. Dort können Sie entweder die genaue Anzahl der gewünschten Serialnummern eingeben oder das Kennzeichen GESAMTMENGE benutzen, um für die gesamte Menge der Lieferposition Serialnummern zu generieren. Bei Bestätigung des Popup-Fensters mit dem grünen Haken (linke Schaltfläche) werden die Serialnummern generiert und das im Customizing eingestellte Präfix benutzt.

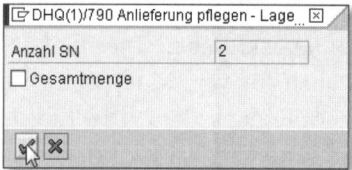

Abbildung 5.36 Popup-Fenster zur automatischen Generierung von Serialnummern

Wenn Sie über dieselbe Schaltfläche die Funktion NACH MUSTER wählen, öffnet sich das Popup-Fenster aus Abbildung 5.37. Dort können Sie zwei Serialnummern (Start-SN und Ende-SN) eingeben, und das EWM-System ermittelt dann daraus die zu erstellenden Serialnummern. Dies funktioniert dann, wenn der hintere Teil der Serialnummern numerisch ist und die links eingegebene Serialnummer kleiner als die rechte. Im Beispiel aus Abbildung 5.37 würde das EWM-System die drei Serialnummern MOTOR_X12_1000, MOTOR_X12_1001 und MOTOR_X12_1002 erstellen.

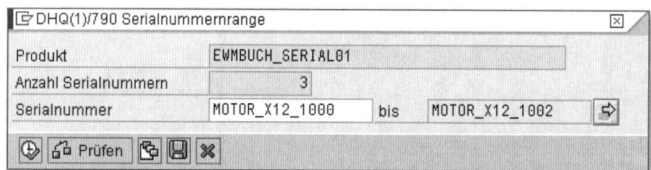

Abbildung 5.37 Popup-Fenster zur Generierung von Serialnummern unter Verwendung eines Musters

Serialnummern beim Wareneingang zur Anlieferung

Wenn Sie die Serialnummernpflicht B oder C verwenden, dann müssen Sie bereits vor der Wareneingangsbuchung die Serialnummern erfassen, andernfalls gibt das System eine entsprechende Fehlermeldung aus.

Es gibt hierzu eine Ausnahme: Wenn Sie *provisorische Serialnummern* erlauben (im Customizing), dann generiert das System bei der Wareneingangsbuchung eine interne provisorische Serialnummer, die Sie dann spätestens bei der Quittierung der Einlagerung durch eine echte Serialnummer ersetzen müssen.

Mehr Informationen zu provisorischen Serialnummern finden Sie in Abschnitt 5.6.4, »Provisorische Serialnummern«.

Beim Wareneingang werden die Serialnummern ins SAP ERP-System übertragen und sind dort im Materialbeleg sichtbar. Wählen Sie dazu oben im Menü der Materialbelegposition den Pfad SPRINGEN • SERIALNUMMER. Ebenso können Sie sich die Serialnummern der Anlieferungsposition anzeigen lassen, indem Sie in der Transaktion VL33N den Menüpfad EXTRAS • SERIALNUMMERN benutzen.

Serialnummern in Auslieferungen

Auch im Warenausgangsprozess ist es möglich, Serialnummern bereits im SAP ERP-System zur Lieferung zu erfassen, auch hier funktioniert das über den Menüpfad EXTRAS • SERIALNUMMERN. Die Serialnummer in einer Auslieferung kann aber auch schon aus dem Kundenauftrag kommen, zum Beispiel wenn ein Kunde eine spezifische Serialnummer bestellen möchte (vorbestimmte Serialnummer). Im SAP ERP-System vorbestimmte Serialnummern können in EWM nicht mehr geändert werden. Sie müssen dann genau diese Serialnummern kommissionieren.

Bei SAP ERP-Auslieferungen, die noch keine Serialnummern haben, werden die Serialnummern in EWM bestimmt. Wenn Sie die Serialnummer bei der Quittierung der Kommissionierlageraufgabe mitgeben (bei Serialnummernpflicht C müssen Sie dies tun), dann wird sie in die Lieferposition übernommen. Bei den Serialnummernpflichten A und B können Sie die Kommissionierlageraufgabe auch ohne Serialnummer quittieren, müssen sie dann aber bis spätestens zur Warenausgangsbuchung zur Lieferposition erfassen.

Serialnummern bei der Warenausgangsbuchung zur Auslieferung

Generell können Sie den Warenausgang nur dann buchen, wenn Sie die Serialnummern zur Lieferposition erfasst haben, ansonsten gibt das System eine Fehlermeldung aus. Eine Ausnahme bietet nur die Serialnummernpflicht A – dort ist es möglich, den Warenausgang auch ohne Serialnummern zu buchen, wenn Sie dies im Customizing der Positionsart der Lieferung (Kennzeichen SERIALISIERUNG) erlaubt haben.

Die Serialnummern werden mit der Warenausgangsbuchung ins SAP ERP-System übertragen und sind dort als Teil der Materialbelegposition sichtbar (wählen Sie im Menü den Pfad SPRINGEN • SERIALNUMMER sowie in der Auslieferungsposition den Menüpfad EXTRAS • SERIALNUMMERN).

5.6.4 Provisorische Serialnummern

Normalerweise müssen Sie vor der Wareneingangsbuchung die Serialnummern erfassen. Da dies nicht immer praktikabel oder gewünscht ist, gibt es die Möglichkeit, mit *provisorischen Serialnummern* zu arbeiten.

In diesem Fall generiert das System bei der Wareneingangsbuchung eine interne provisorische Serialnummer, die Sie dann spätestens bei der Quittierung der Einlageraufgabe durch die tatsächliche Serialnummer ersetzen müssen.

Provisorische Serialnummern beginnen mit dem Dollarzeichen und haben 30 Zeichen (zum Beispiel $2008062017560537800000000000001). EWM speichert diese Serialnummer intern in den Datenbanktabellen (zum Beispiel /SCWM/SERI und /SCWM/DLV_SERI), sie werden aber nicht auf den Bildschirmen der EWM-Transaktionen angezeigt.

Die Benutzung von provisorischen Serialnummern müssen Sie zuerst im Customizing einschalten. Folgen Sie dazu dem Pfad EXTENDED WAREHOUSE MANAGEMENT • STAMMDATEN • PRODUKT • SERIALNUMMERNPROFILE DEFINIEREN • SERIALNUMMERN: EINSTELLUNGEN AN DER LAGERNUMMER.

> **Integration der provisorischen Serialnummern ins SAP ERP-System**
>
> Wenn Sie Serialnummern auch im SAP ERP-System verfolgen wollen, dann sollten Sie nicht die provisorischen Serialnummern einschalten.
>
> Wenn Sie provisorische Serialnummern benutzen und somit zum Zeitpunkt der Wareneingangsbuchung noch nicht die tatsächlichen Serialnummern erfasst haben, dann schickt das EWM-System diese nicht mehr an SAP ERP. Die Konsequenz ist, dass im SAP ERP-System nicht die tatsächlich verwendeten Serialnummern zu sehen sind.

5.6.5 Serialnummern in Lageraufgaben

Generell müssen Sie nur bei Lageraufgaben für Produkte mit Serialnummernpflicht C – SERIALNUMMERNPFLICHT IN DER BESTANDSFÜHRUNG Serialnummern erfassen. Sie haben jedoch die Möglichkeit, bei Kommissionierlageraufgaben auch bei den anderen beiden Serialnummernpflichten Serialnummern anzugeben – dies ist aber nur als Hilfe zur Erfassung der Serialnummern an der Lieferungsposition gedacht.

Denken Sie daran: Serialnummern auf Quantebene bietet in EWM nur die Serialnummernpflicht C.

Quittierung von Lageraufgaben mit Differenzen

Wenn Sie eine Lageraufgabe (Serialnummernpflicht C) quittieren, dann müssen Sie die Serialnummern prüfen. Wenn eine Serialnummer fehlt, dann müssen Sie genau angeben, welche fehlt. Es reicht nicht, einfach nur einen

Ausnahmecode einzugeben. Abbildung 5.38 zeigt die Quittierung einer Ein-lageraufgabe mit der Menge 3 EA. Der Lagermitarbeiter sieht, dass ein Stück fehlt, und muss dieses unten auf der Registerkarte Serialnummer erfassen. Es gibt auf der rechten Seite der Tabelle drei Spalten: Ist, Diff. und NB. Durch das Setzen des Kennzeichens in der Spalte Diff. wird dem System angezeigt, dass diese Serialnummer fehlt. Sie können auch die Schaltfläche Serialnummern Diff. benutzen, um Differenzen zurückzumelden.

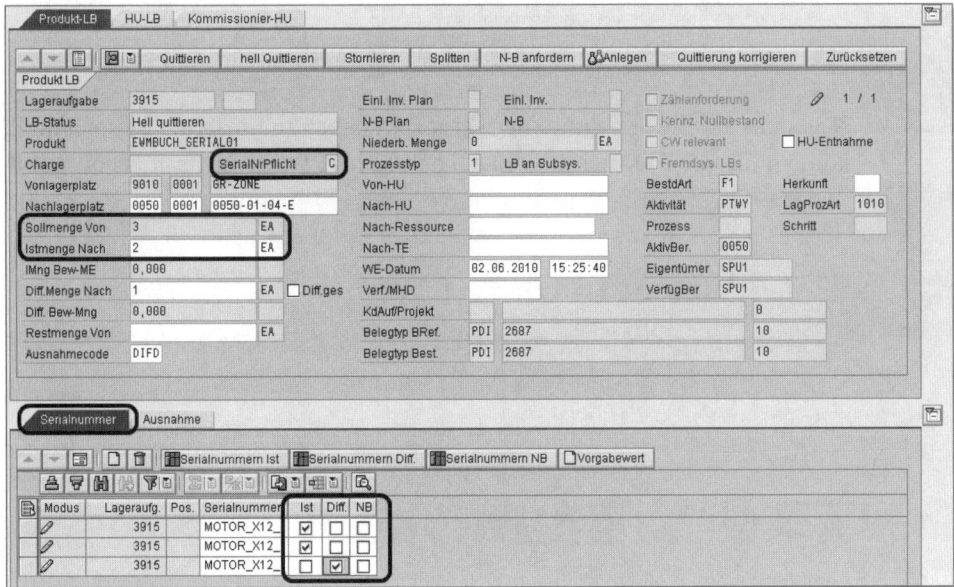

Abbildung 5.38   Serialnummern bei der Quittierung einer Lageraufgabe mit Differenz

Angabe der Serialnummern in der Kommissionierung

Wie schon vorher angesprochen, können Sie bei der Quittierung von Kom-missionierlageraufgaben Serialnummern mitgeben. Bei Serialnummern-pflicht C müssen Sie das sogar. In Abbildung 5.38 haben wir die Quittierung einer Lageraufgabe mit der Desktop-Transaktion gezeigt.

Wenn Sie mobile Endgeräte verwenden, dann benutzen Sie die speziellen logischen Transaktionen zur Quittierung von Lageraufgaben aus dem EWM RF-Framework.

In Abbildung 5.39 sehen Sie den Bildschirm zur Erfassung von Serialnum-mern. Sie sehen den Namen des Produkts und die Anzahl der zu scannenden Serialnummern. Im Beispiel ist bereits eine Serialnummer (MOTOR_X12_ 1000) eingegeben worden.

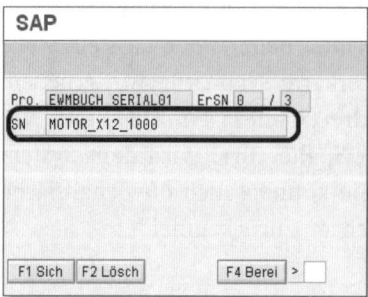

Abbildung 5.39 Serialnummern in mobilen Datenfunktransaktionen eingeben (scannen)

Nachdem Sie alle Serialnummern gescannt haben (in unserem Beispiel drei), können Sie die Eingabe über die Schaltfläche F1 SICH sichern (siehe Abbildung 5.40).

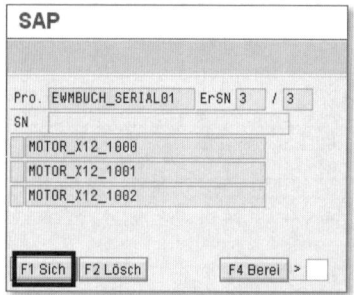

Abbildung 5.40 Vollständig erfasste Serialnummern

5.6.6   Serialnummern im Lagermonitor

Bei Serialnummernpflicht B und C können Sie sich die Serialnummern, die sich im Lager befinden, im Lagermonitor anzeigen lassen. Die Anzeigemöglichkeiten sind aber für die jeweilige Serialnummernpflicht unterschiedlich: Bei Serialnummernpflicht B (auf Lagerebene) »weiß« EWM nur, welche Serialnummern sich momentan im Bestand befinden, aber nicht, wo. Bei Serialnummernpflicht C speichert EWM die Serialnummern als Teil des Bestands, daher kennt EWM zu jeder Zeit den genauen Aufenthaltsort jeder Serialnummer. Dieser konzeptionelle Unterschied führt zu zwei verschiedenen Knoten im Lagermonitor.

Bei Serialnummernpflicht C können Sie direkt vom physischen Bestand mit der Schaltfläche SERIALNUMMER auf die Anzeige der einzelnen Serialnummern springen (siehe Abbildung 5.41). Der Pfad im Monitor ist hier BESTAND UND PLATZ • LAGERPLATZ.

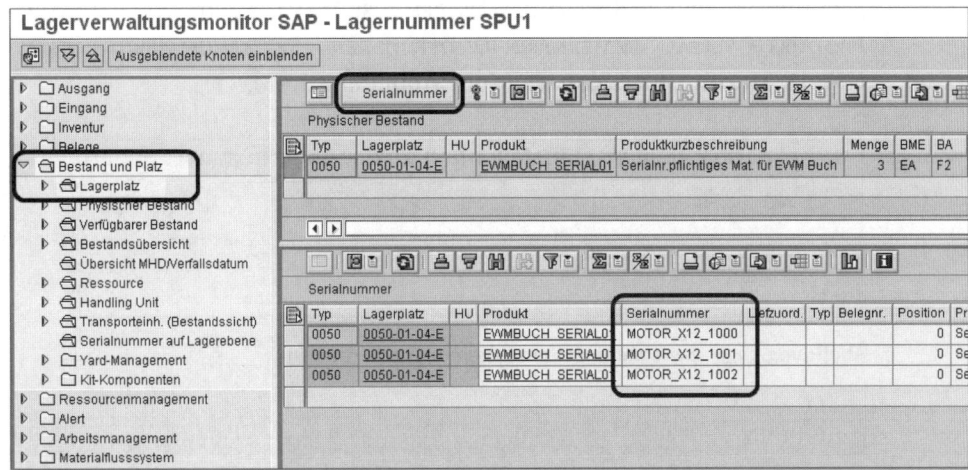

Abbildung 5.41 Serialnummern im Lagermonitor bei Serialnummernpflicht C

Bei Serialnummernpflicht B müssen Sie den Pfad BESTAND UND PLATZ • SERI-
ALNUMMER AUF LAGEREBENE benutzen (siehe Abbildung 5.42). Wie Sie sehen,
wird Ihnen nur angezeigt, *ob* sich die Serialnummer im Lager befindet, aber
nicht, *wo*.

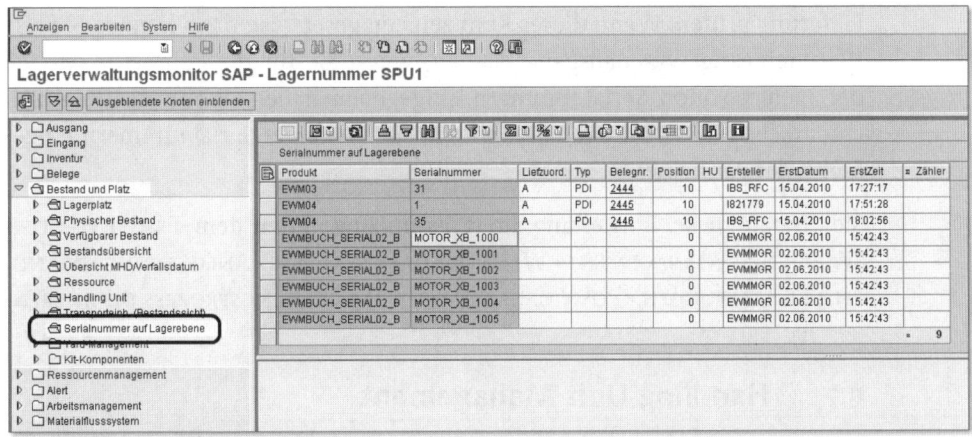

Abbildung 5.42 Serialnummern im Lagermonitor bei Serialnummernpflicht B

5.6.7 Allgemeine Einstellungen über Serialnummern in SAP EWM

Im Customizing können Sie die maximale Länge der Serialnummern einstellen. In EWM können Serialnummern bis zu 30 Zeichen haben, im SAP ERP-
System ist die Serialnummer allerdings nur 18 Zeichen lang. Sie können
daher die Länge in EWM auch auf 18 Stellen beschränken. Folgen Sie dazu

dem Customizing-Pfad EXTENDED WAREHOUSE MANAGEMENT • STAMMDATEN • PRODUKT • SERIALNUMMERNPROFILE DEFINIEREN • SERIALNUMMERN: EINSTELLUNGEN AN DER LAGERNUMMER (siehe Abbildung 5.43).

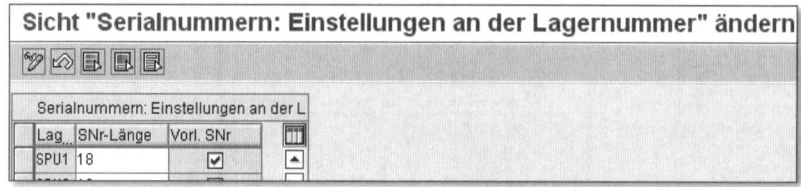

Abbildung 5.43 Serialnummern pro Lagernummer einstellen

> **BAdI zum Mappen von Serialnummern zwischen SAP ERP und SAP EWM**
>
> Sie können, wenn nötig, ein Business Add-in (BAdI) benutzen, um bei unterschiedlichen Längen die Serialnummern zwischen SAP ERP und EWM zu mappen. Die BAdI-Definition lautet /SCWM/EX_ERP_SN.

Lieferpositionsarten serialisieren

Wenn Sie Serialnummern für die Serialnummernpflicht A benutzen, sollten Sie die das Kennzeichen SERIALISIERUNG für die jeweiligen Positionsarten der Lieferung prüfen. Wenn dieses Kennzeichen gesetzt ist, dann können Sie nur Wareneingang/Warenausgang buchen, wenn Sie für die komplette Menge der Lieferposition Serialnummern eingegeben haben. Wenn das Kennzeichen nicht gesetzt ist, dann können Sie auch weniger Serialnummern eingeben (oder gar keine).

Sie finden diese Einstellung im Customizing unter dem Pfad EXTENDED WAREHOUSE MANAGEMENT • WARENEINGANGSPROZESS • ANLIEFERUNG • MANUELLE EINSTELLUNGEN • POSITIONSARTEN FÜR ANLIEFERUNGSPROZESS DEFINIEREN.

5.7   Handling Unit Management

Eine *Handling Unit* (HU) ist eine physische Einheit aus Packmitteln (Ladungsträger/Verpackungsmaterial) und den darauf/darin gelagerten Materialien. Beispiele dafür sind Paletten, Gitterboxen, Kartons und allgemein alle Packstücke und Versandelemente.

In WM konnte SAP nur HUs *mit* Inhalt verarbeiten – leere HUs gab es dagegen per Definition nicht. Dies ist in EWM besser geworden. Sie können leere HUs im Bestand halten und wieder benutzen (Materialien hinauf- bzw. hineinpacken) oder entsorgen. Mehr dazu in Abschnitt 5.7.4, »Leere HUs in SAP EWM«.

Das Handling Unit Management (HUM) ist komplett in EWM integriert. Alle EWM-Prozesse funktionieren per Design ohne jegliche Probleme oder Einschränkungen mit HUs. Viele Prozesse funktionieren nur, wenn Sie HUs verwenden, zum Beispiel die prozessorientierte Lagerungssteuerung.

Handling Unit Management in SAP ERP

Um HUs in EWM zu benutzen, müssen Sie das HUM in SAP ERP *nicht* einschalten.

5.7.1 HUs und HU-Hierarchien

Eine HU im EWM-System besteht technisch aus dem HU-Kopf und den HU-Positionen. Der HU-Kopf beinhaltet Daten wie zum Beispiel das verwendete Packmaterial, Gewicht, Volumen, Dimensionen, HU-Typ und -Status (System- und Anwenderstatus). Die HU-Positionen entsprechen dem Inhalt der HU, also sind es Produkte, Packhilfsmittel und andere HUs (sogenannte *geschachtelte HUs*).

Abbildung 5.44 zeigt als Beispiel zwei HUs: Auf der linken Seite sehen Sie eine Palette, auf die ein Karton gestellt ist, in dem sich 100 Stück eines Materials befinden. Der Karton und die Palette sind zwei HUs, es handelt sich hier also um geschachtelte HUs und um eine HU-Hierarchie. Auf der rechten Seite befinden sich Kartons, lose Materialien und ein Packhilfsmittel auf der Palette.

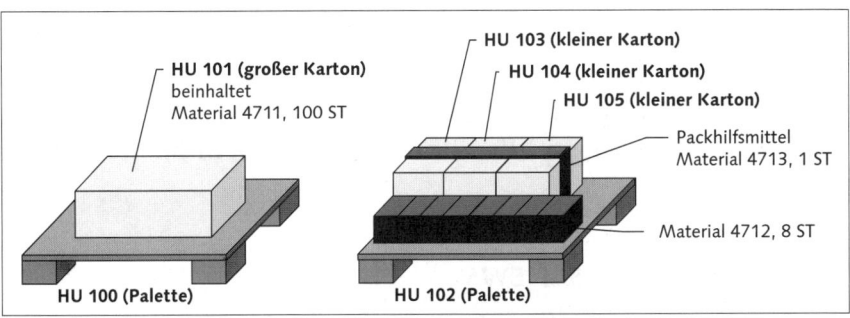

Abbildung 5.44 Beispiel für verschachtelte HUs und Packhilfsmittel in SAP EWM

Benutzung von HUs für Lagerplätze SAP EWM-intern

Das EWM-System benutzt das Objekt HU in vielen Fällen für den Anwender unsichtbar auch rein intern: Es sind zum Beispiel alle Lagerplätze intern auch HUs.

Dasselbe gilt für Ressourcen und Transporteinheiten. Das bedeutet, dass intern alle Lageraufgaben gleichzeitig auch Umpackvorgänge von einer HU in eine andere sind. Der Anwender sieht, wie bereits erwähnt, von diesen Umpackvorgängen und von den intern angelegten HUs nichts.

5.7.2 Packmittel

Packmittel sind Materialien, die dazu bestimmt sind, die zu verpackenden Materialien zu umschließen oder zusammenzuhalten. Darüber hinaus können die zu verpackenden Materialien in oder auf das Packmittel verpackt werden. Das Packmittel kann ein Ladungsträger sein. Die wichtigsten Packmittel sind zum Beispiel Kisten, Schachteln, Container, Gitterboxen und Paletten.

Das Packmittel ist das Stammdatum für eine HU. Wenn Sie eine HU in EWM anlegen, müssen Sie immer Packmittel mit angeben. Wenn Sie das Packmittel einer Palette nehmen, dann legen Sie eine HU für eine bestimmte Palette an (eine HU hat immer eine Nummer, ist also immer eine konkrete Ausprägung einer Palette, ein Packmittel beschreibt nur die Art der Palette).

Jedes Packmittel ist einer Packmittelart zugeordnet. Abbildung 5.45 zeigt die Packmittelart PALETTEN aus dem EWM-Standard-Customizing.

5.7.3 Packhilfsmittel

Packhilfsmittel sind Materialien, die zusammen mit dem Packmittel zum Verpacken eines Materials verwendet werden. Zu den Packhilfsmitteln zählen Ausstattungs-, Kennzeichnungs-, Sicherungs- und Polstermittel, zum Beispiel Deckel, Folien, Füllmaterial, Schrumpffolien und Zwischenlagen. In EWM werden Packhilfsmittel als HU-Positionen verwaltet und können auch selbst ein Gewicht und Volumen haben, das sich zum Füllgewicht/-Volumen der HU hinzuaddiert.

5.7.4 Leere HUs in SAP EWM

Wenn die letzte Position einer HU entnommen wird, zum Beispiel bei einem Umpackvorgang, bei dem Sie den Inhalt einer HU auf eine andere HU umpacken, dann wird diese HU leer. Wie schon anfangs angesprochen, kann EWM auch leere HUs verwalten. Sie können im Customizing für jede Packmittelart einstellen, ob das EWM-System eine leer gewordene HU dieser Packmittelart löschen soll oder ob sie leer im System verbleiben soll. Eine

Leerpalettenverwaltung gibt es jedoch im EWM-Standard nicht – Sie müssen selbst Lageraufgaben für die leeren Paletten anlegen.

Die Pflege der Packmittelarten finden Sie im Customizing unter dem Pfad EXTENDED WAREHOUSE MANAGEMENT • PROZESSÜBERGREIFENDE EINSTELLUNGEN • HANDLING UNITS • GRUNDLAGEN • PACKMITTELARTEN DEFINIEREN (siehe Abbildung 5.45).

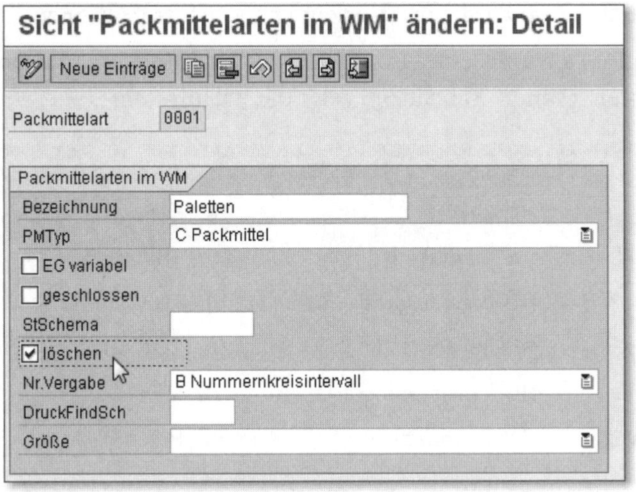

Sicht "Packmittelarten im WM" ändern: Detail

Packmittelart	0001	

Packmittelarten im WM

Bezeichnung	Paletten
PMTyp	C Packmittel
☐ EG variabel	
☐ geschlossen	
StSchema	
☑ löschen	
Nr.Vergabe	B Nummernkreisintervall
DruckFindSch	
Größe	

Abbildung 5.45 Packmittelart definieren

5.7.5 HU-Informationen drucken

Sie können aus dem EWM-System Dokumente zur HU ausdrucken, zum Beispiel ein HU-Etikett, eine Inhaltsliste oder ein Versandetikett. In diesem Abschnitt werden wir Ihnen zeigen, was Sie dazu tun müssen.

Sie können EWM so einstellen, dass es automatisch (im Hintergrund) ein HU-Dokument ausdruckt, wenn eine neue HU angelegt wird. Ebenso können Sie automatisch drucken, wenn im Falle von prozessorientierter Lagerungssteuerung die HU an einem bestimmten Schritt des Lagerprozesses angelangt ist. Beide Varianten basieren auf der Nutzung des Post Processing Frameworks (PPF Framework) und von Konditionstechnik.

Sie können HU-Dokumente auch manuell ausdrucken, zum Beispiel von einem EWM-Arbeitsplatz.

Die ausgedruckten HU-Dokumente im EWM-Standard können Informationen beinhalten über den HU-Kopf (HU-Nummer, Barcode, Gewicht, Volumen etc.) und über die HU-Positionen (Materialien, Gefahrgutinformationen, Route, Besitzer, Packhilfsmittel etc.).

Das Drucken von HU-Dokumenten basiert in EWM auf der Adobe-Forms-Technologie sowie auf SAP Smart Forms. Da in EWM-Projekten häufiger SAP Smart Forms eingesetzt werden, wollen wir hauptsächlich darauf eingehen.

Formulare im SAP EWM-Standard zum Drucken von HU-Informationen

Im EWM-Standard gibt es bereits eine Anzahl von HU-Dokumenten, die Sie benutzen und anpassen können. Tabelle 5.5 zeigt die wichtigsten.

Smart Form	Beschreibung	PPF-Aktionsdef.
/SCWM/HU_LABEL	HU-Etikett	HU_LABEL
/SCWM/HU_SHPLABEL	Versandetikett	HU_SHPLABEL
/SCWM/HU_TO	HU-Lageraufgaben	HU_TO
/SCWM/HU_CONTENT	HU-Inhaltsschein	HU_CONTENT
/SCWM/HU_SERIAL	HU-Serialnummern-Etikett	HU_SERIAL
/SCWM/HU_HAZARD	Gefahrstoffetikett	HU_HAZARD

Tabelle 5.5 Smart Forms im SAP EWM-Standard zum Drucken von HUs

In der Praxis bietet es sich an, zunächst die EWM-Standard-Smart-Forms auszuprobieren und diese dann, wenn noch Änderungen erforderlich sind, in den Kundennamensraum zu kopieren.

Post Processing Framework und Konditionstechnik für das Drucken

Um HU-Dokumente ausdrucken zu können, müssen Sie zunächst Konditionssätze pflegen. Das Drucken der HU-Dokumente basiert komplett auf der Konditionstechnik.

Um einen neuen Konditionssatz anzulegen, wählen Sie im SAP Easy Access Menü den Pfad Extended Warehouse Management • Arbeitsvorbereitung • Drucken • Einstellungen • Konditionssätze für Druck anlegen (HUs). Im Einstiegsbildschirm wählen Sie Applikation und Pflegegruppe PHU aus. Durch das Auswählen einer Konditionsart (im Standard 0001) gelangen Sie in die Anlage eines neuen Konditionssatzes. Dort füllen Sie die benötigten Felder aus, unter anderem tragen Sie hier den HU-Typ, den Prozessschritt, den Indikator für die Anzahl Kopien (nicht die Anzahl der Kopien!), das Formular, die PPF-Aktionsdefinition und die Spooldaten ein.

Die benötigten PPF-Aktionen zum Ausdrucken müssen aktiv sein. Das prüfen Sie am besten über die PPF-Administrations-Transaktion SPPFCADM.

Wenn Sie Spooldaten (Druckparameter) benutzen, dann müssen Sie zunächst die Druckparameter in Bezug zur Lagernummer anlegen. Wählen Sie dafür den Pfad EXTENDED WAREHOUSE MANAGEMENT • ARBEITSVORBEREITUNG • DRUCKEN • EINSTELLUNGEN • LAGERABHÄNGIGE DRUCKPARAMETER PFLEGEN.

Das zur Konditionsart gehörige Druckfindungsschema müssen Sie der Packmittelart in EWM zuweisen, Customizing-Pfad EXTENDED WAREHOUSE MANAGEMENT • PROZESSÜBERGREIFENDE EINSTELLUNGEN • HANDLING UNITS • GRUNDLAGEN • PACKMITTELARTEN DEFINIEREN.

Tipp

Sie können festlegen, dass EWM ein Protokoll während des Druckens schreibt. Dazu müssen Sie den Benutzerparameter `/SCWM/HU_PRT_PROT` auf X setzen. Achten Sie darauf, dass Sie diesen Parameter nur für kurze Zeit setzen, ansonsten kann die Größe der Protokolle auf der Datenbank schnell steigen.

Fehlermeldung »Keine Konditionssätze gefunden«

Beim Aufsetzen des Druckens in EWM gibt das System im Findungsprotokoll der Konditionstechnik häufig die Fehlermeldung KEINE KONDITIONSSÄTZE GEFUNDEN aus, obwohl Sie den Konditionssatz bereits angelegt oder korrigiert haben. Das Problem lässt sich oft lösen, indem Sie eine neue HU benutzen und erneut testen. Der Grund für das Problem ist, dass EWM oftmals die Nummer des gefundenen Konditionssatzes bereits beim Anlegen eines Objekts sucht und in eine Puffertabelle (in diesem Fall /SCWM/HU_PPF) einträgt, um eine erneute Findung zu verhindern.

5.7.6 Statusverwaltung für HUs

Im EWM-System wird die allgemeine Statusverwaltung auch für HUs benutzt. Jede HU hat einen Systemstatus und einen Anwenderstatus. Der *Systemstatus* kommt von SAP und kann nicht verändert werden. Er beinhaltet feste Status, wie zum Beispiel FÜR INHALTSÄNDERUNGEN GESPERRT, FÜR BEWEGUNGEN GESPERRT oder FÜR UMBUCHUNGEN GESPERRT. Diese Status können Sie in einem Arbeitsplatz oder beim Anlegen der HU zur Anlieferung setzen. Das EWM-System berücksichtigt diese Status automatisch. Wenn

Sie den Status FÜR BEWEGUNGEN GESPERRT setzen, dann können Sie für diese HU keine Lageraufgaben mehr anlegen.

Der *Anwenderstatus* kann vom Anwender selbst angelegt werden. Sie können dort eigene Status definieren. Dazu müssen Sie zunächst im Customizing ein Anwenderstatusschema erstellen und dies der Packmaterialart zuweisen. Folgen Sie dazu im Customizing dem Pfad EXTENDED WAREHOUSE MANAGEMENT • PROZESSÜBERGREIFENDE EINSTELLUNGEN • HANDLING UNITS • GRUNDLAGEN • ANWENDERSTATUSSCHEMA DEFINIEREN. Abbildung 5.46 zeigt das Anwenderstatusschema ZEWMBUCH mit den drei Status INIT, SBRK und CLEA.

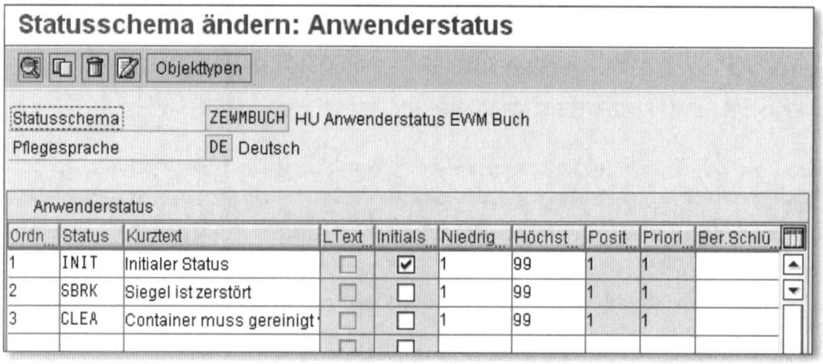

Statusschema ändern: Anwenderstatus

	Objekttypen

Statusschema	ZEWMBUCH	HU Anwenderstatus EWM Buch
Pflegesprache	DE	Deutsch

Anwenderstatus

Ordn.	Status	Kurztext	LText	Initials	Niedrig	Höchst	Posit	Priori	Ber.Schlü.	
1	INIT	Initialer Status	☐	☑	1	99	1	1		
2	SBRK	Siegel ist zerstört	☐	☐	1	99	1	1		
3	CLEA	Container muss gereinigt	☐	☐	1	99	1	1		
			☐	☐						

Abbildung 5.46 Beispiel für ein Statusschema für HUs

Das Statusschema müssen Sie nun noch der Packmaterialart zuweisen. Sie finden dies im Customizing unter dem Pfad EXTENDED WAREHOUSE MANAGEMENT • PROZESSÜBERGREIFENDE EINSTELLUNGEN • HANDLING UNITS • GRUNDLAGEN • PACKMITTELARTEN DEFINIEREN.

Wenn Sie nun eine neue HU (dieser Packmaterialart) anlegen, dann können Sie diese neuen Anwenderstatus sehen (siehe Abbildung 5.47). Wir haben dort die HU 600300 neu angelegt und auf die Schaltfläche mit dem Bleistiftsymbol rechts neben dem Anwenderstatus geklickt. Es öffnet sich das auf der linken Seite des Bildschirms dargestellte Popup-Fenster mit den aktuellen Anwenderstatusinformationen.

Sie sehen übrigens in dieser Abbildung auch den Systemstatus (PLAN SPBB SPBW SPUB) und die dazugehörigen Kennzeichen im Abschnitt HU SPERRSTATUS. Der Systemstatus SPBW gehört zum Beispiel zum Kennzeichen BEWEGUNGEN GESPERRT.

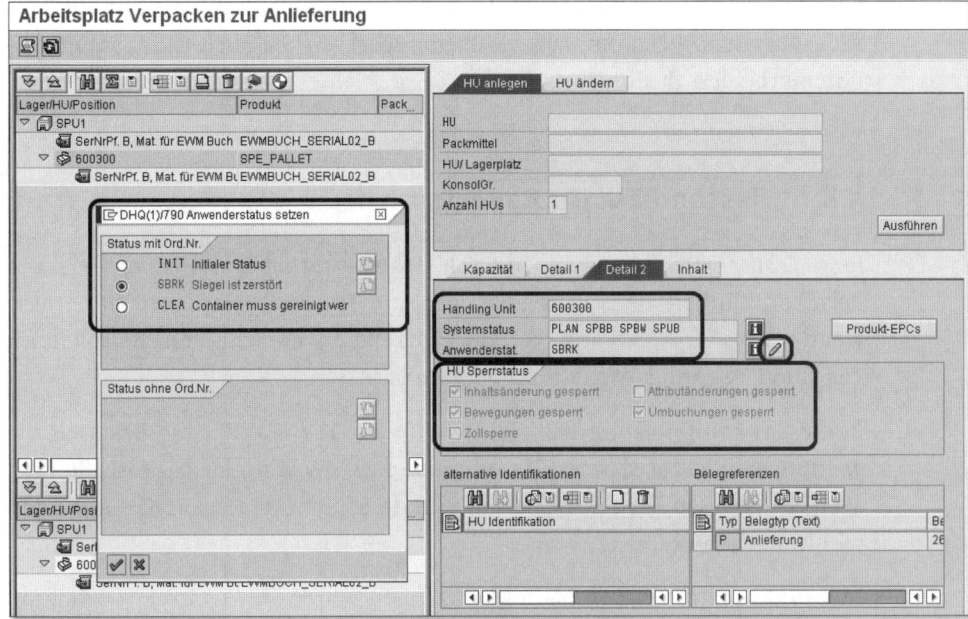

Abbildung 5.47 Benutzung der HU-Anwenderstatus im Arbeitsplatz

5.7.7 Serial Shipping Container Codes für Handling Units nutzen

Jede HU in EWM wird durch ihre eigene Nummer identifiziert. Diese Nummer wird über ein Nummernkreisobjekt in EWM verwaltet. Sie können die Nummer einer HU beim Anlegen manuell vorgeben, oder Sie lassen EWM die nächste freie Nummer aus dem Nummernkreisintervall zuweisen.

Diese Vorgehensweise kann jedoch zu Problemen führen, wenn Sie elektronische Lieferavise benutzen und HU-Nummern zu und von Partnern übertragen, denn dann müssten Sie sich mit allen Partnern abstimmen, um keine Überschneidungen in den Nummernkreisen und die damit verloren gehende Eindeutigkeit einer HU zu riskieren.

Es gibt jedoch noch eine bessere Lösung: *Serial Shipping Container Codes* (SSCC). SSCCs sind Teil eines international anerkannten Standards (UCC, EAN International) für die HU-Identifikation. SSCC-Nummern bestehen aus drei Teilen: Aus einem Präfix, der *International Location Number* (ILN), die Sie bei der UCC oder EAN International zunächst beantragen müssen, aus einer fortlaufenden Nummer und schließlich aus einer Prüfziffer.

Mehr Informationen über die Benutzung von SSCCs in EWM finden Sie im Customizing unter dem Pfad EXTENDED WAREHOUSE MANAGEMENT • PROZESS-

ÜBERGREIFENDE EINSTELLUNGEN • HANDLING UNITS • EXTERNE IDENTIFIKATION • SSCC-NUMMERNVERGABE NACH EAN128. Beachten Sie auch die Dokumentation der beiden Customizing-Pfade.

5.8 Bestand auf Transporteinheiten

Eine *Transporteinheit* (TE), englisch *Transportation Unit*, ist die kleinste beladbare Einheit eines Fahrzeugs, die zum Transportieren von Waren verwendet wird. Die TE kann fest am Fahrzeug angebracht sein. Beispiele für TEs sind Lkw-Anhänger oder Zugwaggons.

In diesem Kapitel gehen wir nicht weiter auf TEs ein. Für die Bestandsverwaltung ist wichtig, dass es TEs gibt und dass EWM in der Lage ist, Bestand auch auf dem Objekt TE zu führen, und dass Sie Bestände auf TEs im Lagermonitor sehen können.

Mehr Informationen zu TEs und Fahrzeugen finden Sie in Kapitel 4, »Stammdaten«.

5.9 Bestandsidentifikation (Stock ID)

Die *Bestandsidentifikation* (Englisch *Stock ID*) ist eine eindeutige Nummer, über die ein Bestand, also ein Produkt, mit all seinen Bestandsattributen, zum Beispiel Menge, Charge oder Bestandsart, angesprochen werden kann. Der Hauptzweck der Bestandsidentifikation ist, dass sie während der Kommissionierung in einem EWM-Lager als Barcode auf ein Kommissionieretikett gedruckt wird und während des Wareneingangsprozesses in einem anderen EWM-Lager zur Vereinfachung des Wareneingangsprozesses genutzt wird. Denn durch das Scannen der Bestandsidentifikation ist das EWM-System in der Lage, Produkt, Menge, Charge und Bestandsart herauszufinden, also exakt den Bestand zu finden und zu verarbeiten, den Sie meinen.

5.9.1 Bestandsidentifikationen im Umlagerungsbestellungsprozess

Der Prozess beginnt mit dem Anlegen einer Umlagerungsbestellung im SAP ERP-System. Die abgebenden und empfangenen Lagerorte sind EWM-verwaltet (EWM-Lagernummer). Zunächst wird mit Bezug zur Umlagerungsbestellung eine Auslieferung erstellt, ins EWM-System verteilt und kommissioniert. Während der Kommissionierung erstellt das System Bestandsidentifikationen. Sie drucken diese als Barcode auf dem Kommissionieretikett aus. Schließlich buchen Sie den Warenausgang zur Auslieferung.

Die Warenausgangsbuchung wird ins SAP ERP-System geschickt und dort verarbeitet. Die Bestandsidentifikationen werden als Teil der HU-Positionen von SAP ERP gespeichert (Feld VEPO-SPE_IDPLATE).

Bestandsidentifikation funktioniert nur mit HUs

Sie müssen im abgebenden Lager HUs benutzen, damit die Bestandsidentifikationen in die Anlieferung übernommen werden können.

Im SAP ERP-System wird nun, nach der WA-Buchung, die Anlieferung für das empfangende Lager angelegt und in das EWM-System verteilt. Die Bestandsidentifikationen werden übernommen. In EWM können Sie nun in vielen Transaktionen im Wareneingangsprozess mit der Bestandsidentifikation arbeiten und diese scannen. Unterstützte Transaktionen sind zum Beispiel Dekonsolidierung, Verpacken, Einlagerung und Zählen im Wareneingang. Viele der entsprechenden RF-Transaktionen unterstützen ebenfalls die Eingabe von Bestandsidentifikationen. (In diesem Fall geben Sie einfach in das Eingabefeld, in das Sie sonst das Material eingeben, die Bestandsidentifikation ein. Oft sind solche Felder auch durch das Kürzel BI gekennzeichnet.)

5.9.2 Bestandsidentifikationen erstellen

Das EWM-System kann Bestandsidentifikationen bei der Anlage von Lageraufgaben erstellen. Abbildung 5.48 zeigt das Customizing der Lagerprozessart (LPA). Der Pfad zu dieser Customizing-Aktivität ist EXTENDED WAREHOUSE MANAGEMENT • PROZESSÜBERGREIFENDE EINSTELLUNGEN • LAGERAUFGABE • LAGERPROZESSART DEFINIEREN.

Für jede LPA können Sie einstellen, was bei der Erstellung einer Lageraufgabe mit dieser LPA passieren soll:

▸ **(leer) – keine Bestandsidentifikation**
EWM erzeugt keine Bestandsidentifikation. Wenn bereits eine vorhanden ist, wird sie gelöscht.

▸ **A – Bestandsidentifikation nur, wenn extern vorgegeben**
EWM benutzt nur eine extern (aus dem SAP ERP-System bei Umlage-

rungsbestellungen) vorgegebene Bestandsidentifikation. Es wird ansonsten keine Bestandsidentifikation neu erstellt.

▶ **B – Bestandsidentifikation anlegen, falls nicht vorhanden**
EWM benutzt die extern (aus dem SAP ERP-System bei Umlagerungsbestellungen) vorgegebene Bestandsidentifikation. Wenn keine vorgegeben ist, wird eine neue Bestandsidentifikation erstellt.

▶ **C – Bestandsidentifikation immer neu vergeben**
EWM erstellt eine neue Bestandsidentifikation und überschreibt eine gegebenenfalls bereits vorhandene.

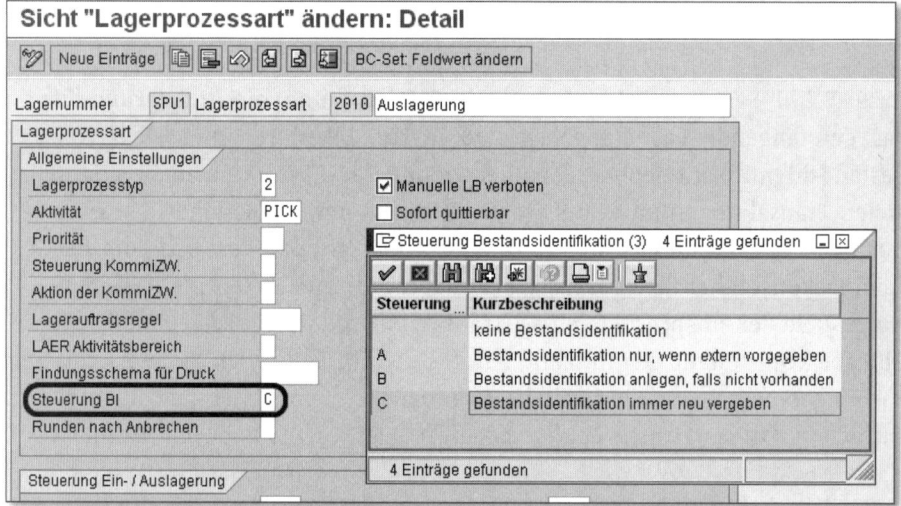

Abbildung 5.48 Customizing der Erstellung einer neuen Bestandsidentifikation (per LPA)

5.9.3 Nummer der Bestandsidentifikation

Wenn das EWM-System eine neue Bestandsidentifikation erstellt (Steuerung Bestandsidentifikation B oder C aus Abbildung 5.48), dann ermittelt es eine entsprechende Nummer. Im EWM-Standard setzt sich die Nummer zusammen aus der Lagernummer und der Nummer der Lageraufgabe, zum Beispiel SPU100000000035699, wobei SPU1 die Lagernummer ist und 35699 die Lageraufgabe.

BAdI, um eigene Nummern für Bestandsidentifikationen zu erstellen
Sie können das Business Add-in (BAdI) /SCWM/EX_CORE_CR_STOCK_ID benutzen, um die Logik im SAP-Standard zu ändern und eigene Nummern zu erstellen.

5.9.4 Bestandsidentifikationen löschen

Das EWM-System löscht eine Bestandsidentifikation, wenn Sie Bestand in einen Lagertyp einlagern, der im Customizing das Kennzeichen BESTANDS-IDENTIFIKATION LÖSCHEN gesetzt hat (siehe Abbildung 5.49).

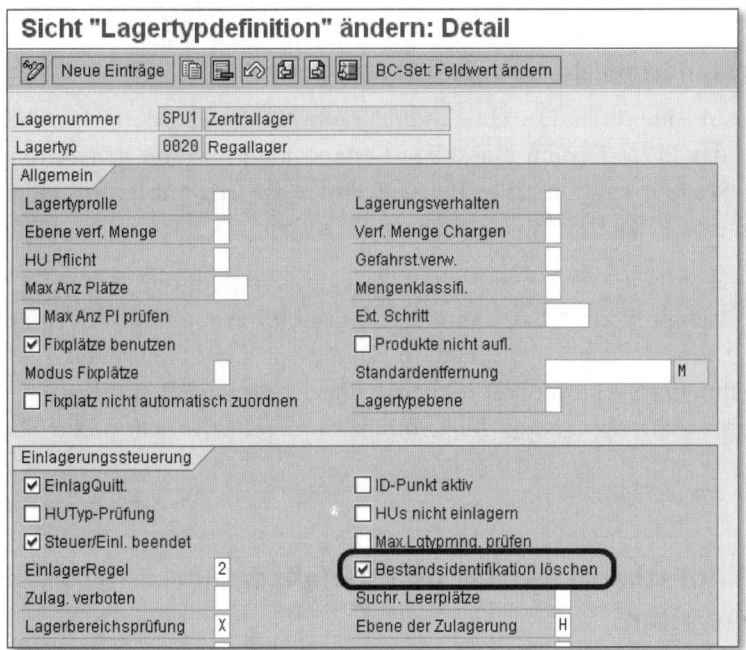

Abbildung 5.49 Customizing zum Löschen der Bestandsidentifikation bei der Einlagerung in einen Lagertyp

Normalerweise sollten Sie alle finalen Lagertypen so einstellen, dass bestehende Bestandsidentifikationen (die aus dem Wareneingangsprozess kommen) gelöscht werden. So kann es nicht aus Versehen passieren, dass Sie im späteren Warenausgangsprozess eine »alte« Bestandsidentifikation weiter benutzen, ohne es zu wollen. Alle Schnittstellenlagertypen (Arbeitsplätze, Tore, Bereitstellzonen) sollten Sie so einstellen, dass eventuelle Bestandsidentifikationen erhalten bleiben.

5.9.5 Bestandsidentifikationen im Lager überwachen

Im Lagermonitor gibt es mehrere Möglichkeiten, die Bestandsidentifikation zur Selektion zu benutzen. Sie können mit der Bestandsidentifikation zum Beispiel nach Lageraufgaben (Monitorknoten BELEGE • LAGERAUFGABE) oder nach Kommissionier- oder Einlageraufgaben suchen. Genauso ist es möglich, nach Beständen (Knoten BESTAND UND PLATZ • PHYSISCHER BESTAND) mit einer bestimmten Bestandsidentifikation zu suchen, zum Beispiel nach sich in Einlagerung befindlichem Bestand in einem Schnittstellenlagertyp oder Arbeitsplatz.

5.9.6 Bestandsidentifikationen bei Mengensplits

Da die Bestandsidentifikation ein Produkt samt Menge eindeutig identifiziert, muss das EWM-System eine neue Bestandsidentifikation generieren, sobald Sie Bestand splitten, zum Beispiel durch die Teilquittierung einer Lageraufgabe oder durch Umpacken von Teilmengen.

Wenn Sie also einen Mengensplit eines Bestands durchführen, der bereits eine Bestandsidentifikation hat, dann erstellt das EWM-System für die Splitmenge eine *neue* Bestandsidentifikation. Der ursprüngliche Bestand (von dem die Teilmenge gesplittet wurde) behält die alte Bestandsidentifikation – auch wenn nun die Menge auf dem Kommissionieretikett nicht mehr passend ist.

5.10 Mindesthaltbarkeits- und Verfallsdatum verwalten

Das Mindesthaltbarkeitsdatum (MHD)/Verfallsdatum eines Produkts bestimmt, bis wann ein Material gelagert werden darf und noch als brauchbar gilt. Es wird benutzt für verderbliche Produkte wie zum Beispiel Lebensmittel oder chemische und pharmazeutische Erzeugnisse, aber auch für Produkte, die aufgrund gesetzlicher Bestimmungen nur eine bestimmte Zeit aufbewahrt werden können.

Die MHD-Verwaltung hat Einfluss auf verschiedene EWM-Funktionen, unter anderem:

▸ **Stammdatenpflege**
In der EWM-Lagerproduktpflege pflegen Sie die Gesamthaltbarkeit und die geforderte Mindesthaltbarkeit des Produkts.

▸ **Wareneingangsprozess**
Im Wareneingangsprozess kann EWM die Restlaufzeit des Produkts prüfen und sie mit der Mindesthaltbarkeit des Produkts vergleichen.

Wenn Sie Chargen für MHD-verwaltete Materialien verwenden, werden die MHD-Daten (MHD und Herstellungsdatum) der Anlieferungsposition in die zugehörigen Chargenmerkmale übernommen.

▸ **Warenausgangsprozess**

Im Warenausgangsprozess können Sie das MHD für Ihre Kommissionierstrategie (zum Beispiel FIFO) benutzen. Wenn Sie Chargen benutzen, dann können Sie mit der geforderten Restlaufzeit (LOBM_RLZ) die Chargenfindung ausführen.

▸ **Monitoring/Lagerüberwachung**

Sie können sich die MHDs der Bestände im Lagermonitor über den Knoten BESTAND UND PLATZ • ÜBERSICHT MHD/VERFALLSDATUM anzeigen lassen.

▸ **Drucken**

Sie können während des Druckens von HU- oder Versandetiketten das MHD ausdrucken.

In den folgenden Abschnitten beschreiben wir die Verwaltung von Mindesthaltbarkeits- und Verfallsdatum im Detail.

5.10.1 Stammdaten

Es gibt mehrere Stammdatenfelder für MHD-Verwaltung, sowohl im SAP ERP-Materialstamm als auch in der EWM-Lagerproduktpflege. Abbildung 5.50 zeigt den entsprechenden Bereich der Lagerproduktpflege im EWM-System, die Transaktion /SCWM/MAT1. Zunächst wählen Sie im Bereich HALTBARKEIT, ob das MHD/Verfallsdatum als Verfallsdatum oder MHD behandelt werden soll (Kennzeichen VERFALLSZEIT oder MINDHALTBARKEIT). Das Kennzeichen PLANUNG M. HALTBKT. auf der rechten Seite hat in Zusammenhang mit EWM keine Relevanz. Im Feld HALTBARKEIT pflegen Sie die Gesamthaltbarkeit (Zeitraum zwischen Herstellungsdatum und dem MHD/Verfallsdatum) des Produkts. Im Feld GEFMINHALTBARK pflegen Sie das MHD, also die minimale Dauer, die ein Material noch haltbar ist, damit ein Wareneingang dieses Materials vom System akzeptiert wird.

Die *Reifezeit*, festgelegt in dem gleichnamigen Feld, ist die Zeit, die ein Produkt benötigt, bevor es nach der Produktion verwendet werden kann. Im Feld % RESTLAUFZEIT definieren Sie die notwendige prozentuale Restlaufzeit eines Produkts, die nicht verstrichen sein darf, wenn ein Produkt von einem Werk zu einem anderen verschickt wird (wird zum Beispiel von Retail-Funktionalitäten verwendet).

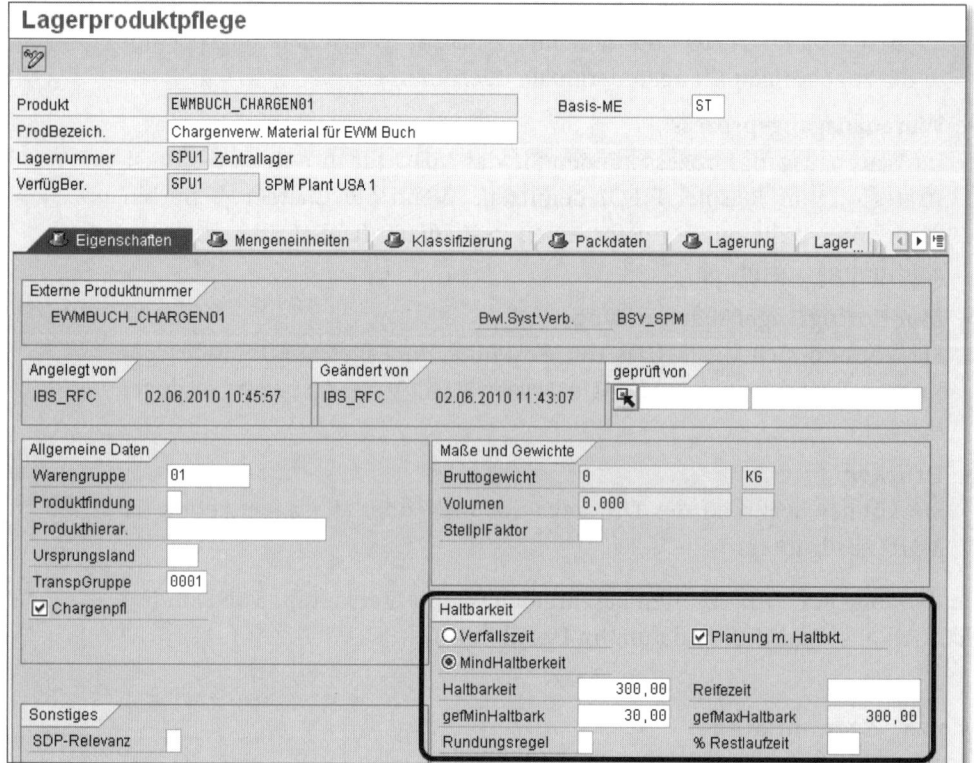

Abbildung 5.50 Mindesthaltbarkeit in der SAP EWM-Lagerproduktpflege einstellen

5.10.2 MHD im Wareneingangsprozess kontrollieren

Während des Wareneingangsprozesses prüft EWM das MHD. Wenn Sie eine GEFORDERTE MINDESTHALTBARKEIT im EWM-Lagerprodukt gepflegt haben, dann vergleicht das EWM-System das MHD der Lieferposition mit der geforderten Mindesthaltbarkeit (siehe Abbildung 5.51).

Die Lieferung wird akzeptiert, wenn die errechnete Restlaufzeit größer ist als die geforderte Mindesthaltbarkeit. Sie können dann den Wareneingang buchen. Wenn die Restlaufzeit kleiner ist, dann sperrt das EWM-System (je nach Einstellung) die Lieferposition und setzt einen »roten« Status, sodass das System die Wareneingangsbuchung mit einer Fehlermeldung unterbindet.

Ob und wie das EWM-System die Sperrung der Lieferposition durchführen soll, wenn eine MHD-Verletzung ermittelt wird, können Sie im Customizing einstellen. Folgen Sie dazu dem Pfad EXTENDED WAREHOUSE MANAGEMENT •

PROZESSÜBERGREIFENDE EINSTELLUNGEN • CHARGENVERWALTUNG • EINSTEL-LUNG ZUR LIEFERUNG VORNEHMEN (siehe Abbildung 5.52). Wie Sie sehen, können Sie für jede Positionsart ein anderes Prüfverfahren einstellen. Wenn Sie das Prüfverfahren B – POSITION SPERREN, MANUELLE FREIGABE ERLAUBT benutzen, dann können Sie die gesperrte Lieferungsposition in der Liefertransaktion manuell freigeben, selbst wenn eine MHD-Verletzung vorliegt.

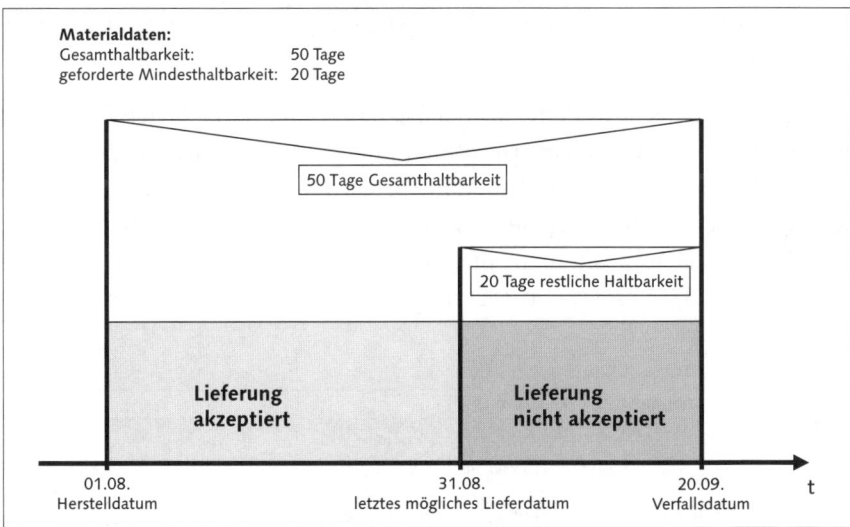

Abbildung 5.51 MHD im Wareneingangsprozess prüfen

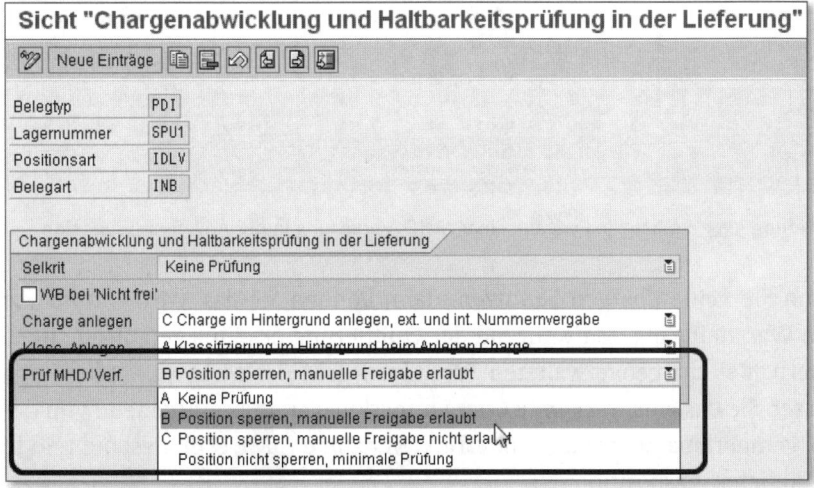

Abbildung 5.52 MHD/Verfallsdatum in der Lieferung prüfen

Zunächst sollten Sie jedoch prüfen, ob der Statustyp DSL (Prüfung der Restlaufzeit) für Ihre Lieferpositionsart aktiv ist. Dieser Status ist notwendig, wenn Sie die MHD-Prüfung auf Lieferebene durchführen wollen und die Position bei MHD-Verletzung auf Rot gehen soll. Folgen Sie dazu im Customizing dem Pfad EXTENDED WAREHOUSE MANAGEMENT • PROZESSÜBERGREIFENDE EINSTELLUNGEN • LIEFERABWICKLUNG • STATUSVERWALTUNG • STATUSPROFILE DEFINIEREN. Im Statusprofil der Anlieferungsposition (im EWM-Standard ist das /SCDL/INB_PRD_DLV_STANDARD) sollte der Statustyp DSL aktiv sein.

Nachdem das EWM-System bei der MHD-Prüfung eine MHD-Verletzung ermittelt hat, ist nun die Lieferposition gesperrt (in der Annahme, Sie benutzen das Prüfverfahren B aus Abbildung 5.52). Trotzdem können Sie manuell die MHD-Verletzung freigeben (siehe Abbildung 5.53). Es gibt über der Tabelle der Lieferpositionen die Schaltfläche MHD/TOLERANZ, die die Methoden MHD-VERLETZUNG FREIGEBEN und MHD-VERLETZUNG ZURÜCKSETZEN anbietet.

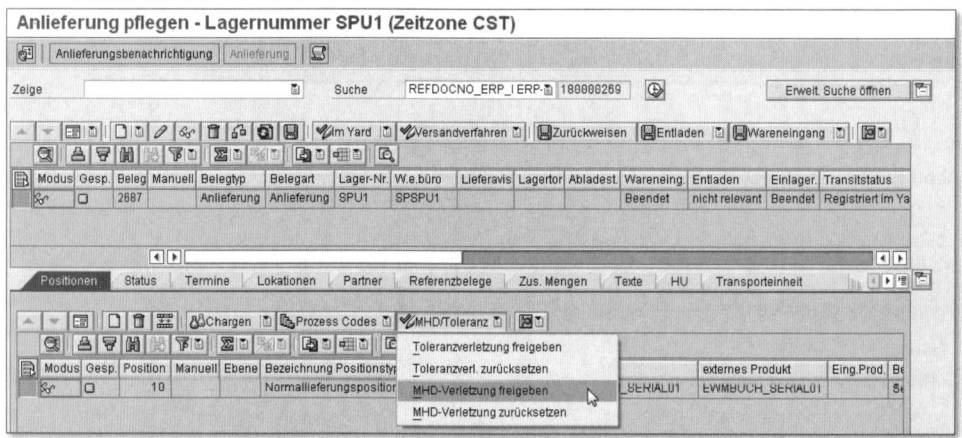

Abbildung 5.53 Manuelle Freigabe einer MHD-Verletzung in der Anlieferungsposition

Wenn Sie keine Chargen benutzen, dann können Sie das MHD-Datum vor dem Wareneingang und während der Quittierung der Einlageraufgabe noch ändern. Bei chargenverwalteten Produkten geht das nicht so einfach – da müssen Sie das entsprechende Chargenmerkmal ändern. Ausgehend von der Chargenmerkmalsänderung, ändert EWM dann das MHD im Bestand und in der Anlieferungsposition.

5.10.3 MHD im Warenausgangsprozess kontrollieren

Sie können das MHD als Teil der EWM-Kommissionierstrategie benutzen. Die Kommissionierstrategie legt fest, wo und wie das EWM-System nach Beständen zur Auslagerung suchen soll. Unter anderem beinhaltet dies, in welcher Reihenfolge die infrage kommenden Bestände abgegriffen werden sollen. Eine mögliche Strategie ist SLED (*Shelf Life Expiration Date* = Mindesthaltbarkeitsdatum). In der Strategie SLED sind die Bestände nach dem Bestandsfeld VFDAT (was dem MHD/Verfallsdatum entspricht) sortiert. Sie finden die Strategie im Customizing unter dem Pfad EXTENDED WAREHOUSE MANAGEMENT • WARENAUSGANGSPROZESS • STRATEGIEN • AUSLAGERREGEL FESTLEGEN.

Wenn Sie Produkte mit MHD *und* Chargenverwaltung benutzen, dann können Sie die Chargenfindung verwenden, um Bestände mit einer bestimmten Mindestrestlaufzeit zu finden. Bei der Chargenfindung nutzen Sie dann eine Findungsklasse, die Merkmale und Merkmalswerte beinhaltet. Dies wird in SAP ERP gemacht und an EWM übergeben. Damit können Sie nun in EWM nach Chargen suchen, deren Merkmale mit denen in der Findungsklasse übereinstimmen. Indem Sie das Merkmal LOBM_RLZ (Restlaufzeit) verwenden, können Sie nach Chargen mit einer bestimmten Mindestrestlaufzeit suchen, zum Beispiel Chargen mit einer Restlaufzeit von mindestens 60 Tagen.

5.10.4 MHD im Lagermonitor

Im Lagermonitor können Sie sich Bestand anzeigen lassen, dessen MHD/Verfallsdatum erreicht oder bald erreicht ist. Nutzen Sie dazu den Monitorknoten BESTAND UND PLATZ • ÜBERSICHT MHD/VERFALLSDATUM. Sie können im Selektionsbildschirm ein Referenzdatum eingeben. EWM zeigt dann alle Bestände an, die bis zu diesem Referenzdatum ablaufen.

Sie können übrigens in diesem Monitorknoten für alle selektierten Bestände sehr einfach die Bestandsart umbuchen, zum Beispiel von freien auf gesperrten Bestand oder auf Verschrottungsbestand. Wählen Sie dazu die Methode BEST.ART ÄNDERN mit der Schaltfläche WEITERE METHODEN oberhalb der Ausgabetabelle. Wenn Sie die Methode BESTAND BUCHEN benutzen, dann springt das System für die markierte Zeile in die EWM-Umbuchungstransaktion /SCWM/POST, wo Sie manuell umbuchen können.

5.11   Catch Weight Management

Catch Weight Managemen (CWM) bedeutet etwa *Verwaltung von Gewichtsware* und spielt hauptsächlich in der Fleisch- und Milchindustrie eine Rolle, wo das Gewicht eines Produkts von Stück zu Stück unterschiedlich sein kann, entweder aufgrund biologischer Unterschiede oder weil sich das Gewicht im Laufe der Zeit verändert. Diese Veränderlichkeit darf aber in einem Lagerverwaltungssystem nicht verloren gehen. Es kann also nicht mit festen Umrechnungsfaktoren zwischen Gewicht und Stück gearbeitet werden, da ansonsten viele Geschäftsprozesse (insbesondere die Fakturierung) mit falschen Werten arbeiten würden.

Mit CWM kann eine Unterscheidung getroffen werden zwischen der logistischen Mengeneinheit (zum Beispiel Stück) und der Bewertungsmengeneinheit (zum Beispiel Kilogramm). Während die logistische Mengeneinheit die führende Einheit für alle Prozesse in der operativen Logistik ist (inklusive aller Prozesse im EWM-System), findet die Bewertung auf Basis der Bewertungsmengeneinheit statt. Für die Bewertungsmengeneinheit werden typischerweise Gewichtseinheiten verwendet – etwa Kilogramm oder Pfund. Eine der Konsequenzen der Benutzung von CWM ist, dass es im SAP ERP- und im EWM-System also eine komplette Bestandsführung gibt – basierend auf zwei voneinander unabhängigen Mengeneinheiten.

Die Aktivierung von CWM wird wie folgt vorgenommen: Sie legen ein Material im SAP ERP-System an und bestimmen, wie üblich, die Basismengeneinheit (zum Beispiel ST für *Stück*). Sie aktivieren nun CWM für dieses Material, indem Sie eine *Parallelmengeneinheit* zum Material hinzufügen (zum Beispiel KG), und bestimmen, ob die Basismengeneinheit oder die Parallelmengeneinheit die Bewertungsmengeneinheit ist. Die logistische Mengeneinheit ist immer die Basismengeneinheit.

EWM ist in der Lage, CWM-Informationen im Lager zu verwalten, indem es die Bestände in beiden unabhängigen Mengeneinheiten führen kann. Beide Mengeneinheiten sind gleichwertig.

CWM betrifft also viele Bereiche von EWM, insbesondere aber:

▸ Lagerproduktstamm

▸ alle Lagerbewegungen, gebucht mit Desktop- und RF-Transaktionen

▸ Lieferverarbeitung

▸ EWM-Qualitätsmanagement

▸ Inventur

▶ Lagermonitor

▶ Integration mit SAP ERP

SAP ERP-System mit oder ohne aktiviertes CWM

Wir empfehlen Ihnen, ein SAP ERP-System mit aktiviertem CWM einzusetzen (die Erweiterung CWM muss in SAP ERP manuell aktiviert werden).

Es ist jedoch durchaus auch möglich, dass Sie CWM nur in EWM einsetzen und nur für bestimmte Produkte oder Produktgruppen einschalten, indem Sie Parallelmengeneinheiten pflegen. Das EWM-System verhält sich dann genau so, als wenn auch in SAP ERP CWM aktiv ist. Die Verarbeitung der aus EWM kommenden Warenbewegungen (Wareneingänge, Umbuchungen, Warenausgänge) jedoch ändert sich, denn SAP ERP kann dann die Parallelmengen nicht korrekt verarbeiten. Die einzige Stelle in SAP ERP, an der Sie in diesem Fall abweichende Gewichtsinformationen sehen, sind die Gewichtsfelder auf der Lieferung.

5.11.1 CWM und Stammdatenpflege aktivieren

Abbildung 5.54 zeigt die Aktivierung von CWM in der EWM-Lagerproduktpflege (Transaktion /SCWM/MAT1). Sie sehen, dass auf der Registerkarte MENGENEINHEITEN zwei Einheiten angelegt sind: Stück (in diesem Beispiel mit dem englischen Begriff EA abgekürzt) und Kilogramm. Die Basismengeneinheit ist Stück, siehe Feld BASIS-ME oben rechts auf dem Bildschirm. Die Einheit KG ist rechts mit dem Typ A – PARALLELE ME UND BEWERTUNGSMENGENEINHEIT versehen – das bedeutet, dass CWM eingeschaltet ist. Wenn KG eine »normale« alternative Mengeneinheit wäre, dann würde man das Feld TYP DER ME auf dem Wert (leer) – ALTERNATIVE MENGENEINHEIT stehen lassen und nicht umstellen.

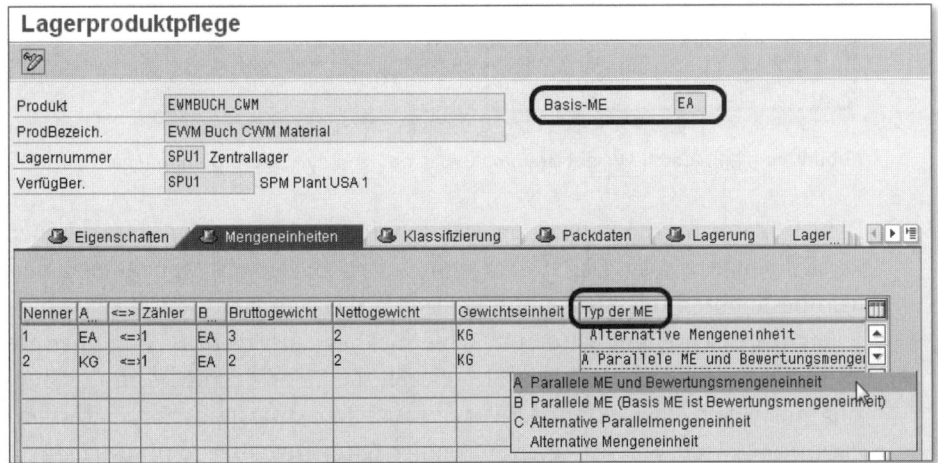

Abbildung 5.54 Aktivierung von parallelen Mengeneinheiten für CWM pro Lagerprodukt

Die Pflege der Mengeneinheiten kann direkt im EWM-System erfolgen, wird aber normalerweise in SAP ERP durchgeführt. Der SAP ERP-Materialstamm wird dann mithilfe des Core Interfaces (CIF) an das EWM-System verteilt.

Darüber hinaus können Sie in der Lagerproduktpflege auf der Registerkarte LAGERUNG ein CW-PROFIL und eine CW-TOLERANZGRUPPE pflegen (siehe Abbildung 5.55). Das CW-Profil steuert, in welchem Prozessschritt Sie die CWM-Parallelmenge in EWM eingeben müssen (also zu welchem Zeitpunkt das Material gewogen werden muss), zum Beispiel beim Wareneingang, beim Warenausgang oder an einem Arbeitsplatz.

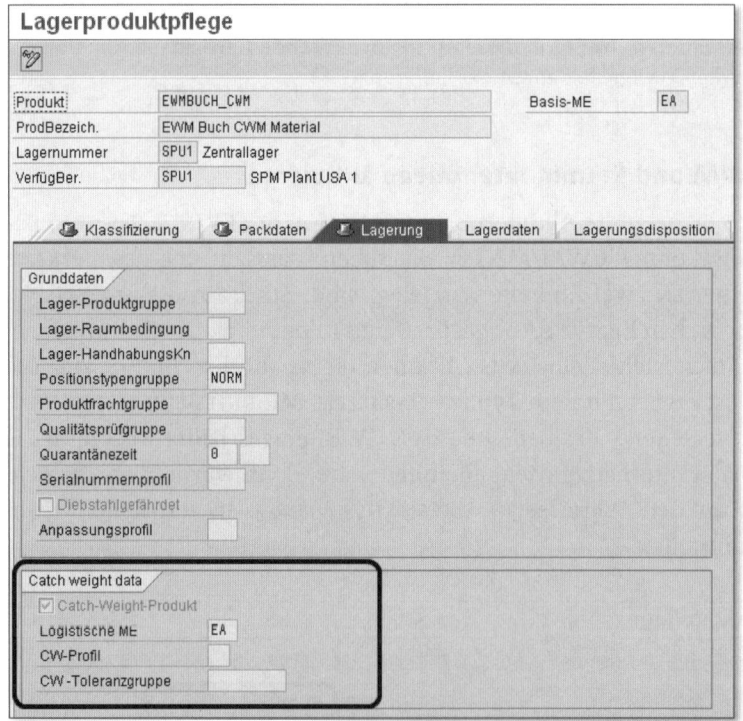

Abbildung 5.55 Catch-Weight-Stammdatenattribute in der Lagerproduktpflege

Die CW-Toleranzgruppe wird zur Prüfung der vom Anwender eingegebenen Parallelmenge benutzt. Das System kann prüfen, ob der gewogene Wert innerhalb bestimmter Toleranzen zum geplanten/theoretischen Gewicht liegt. Bei Toleranzüberschreitung wird eine Fehlermeldung ausgegeben. So können Sie also Eingabefehler minimieren. Sie pflegen die Toleranzgruppe im Customizing unter dem Pfad EXTENDED WAREHOUSE MANAGEMENT • STAMMDATEN • PRODUKT • CATCH WEIGHT • CATCH-WEIGHT-TOLERANZGRUPPEN DEFINIEREN.

Das Kennzeichen CATCH-WEIGHT-PRODUKT und das Feld LOGISTISCHE ME aus Abbildung 5.55 müssen Sie nicht pflegen, sie werden vom System automatisch bestimmt (aus der Parallelmengeneinheit bzw. aus der Basismengeneinheit, die Sie in den Grunddaten des Materials eingegeben haben).

5.11.2 CWM in die SAP EWM-Prozesse integrieren

Im EWM-System wird auf Bestandsebene mitgeführt, ob der jeweilige Bestand bereits gemessen (gewogen) wurde oder nicht. Abbildung 5.54 auf Seite 229 zeigt das Feld im Lagermonitor. Generell ist Bestand, den Sie ins EWM-System buchen, zunächst *ungemessener Bestand*. Sie können den Bestand wiegen, indem Sie in der Anlieferung oder während der Quittierung von Lageraufgaben explizit die Parallelmenge eingeben.

Sie können einstellen, ob der Anwender bei der Quittierung einer Lageraufgabe die Parallelmenge eingeben muss oder nicht, indem Sie das Kennzeichen EINGABE BEWMNG ERF. im Customizing der Lagerprozessart verwenden. Abbildung 5.56 zeigt die Customizing-Aktivität, die Sie unter dem Pfad EXTENDED WAREHOUSE MANAGEMENT • PROZESSÜBERGREIFENDE EINSTELLUNGEN • LAGERAUFGABE • LAGERPROZESSART DEFINIEREN erreichen. Beachten Sie, dass auch dann, wenn Sie dieses Kennzeichen nicht setzen, der Anwender trotzdem die Parallelmenge eingeben kann.

> **Begriffsabgrenzung: Bewertungsmenge vs. Parallelmenge**
>
> Im EWM-System wird auf den Benutzeroberflächen oftmals der Begriff *Bewertungsmenge* verwendet, obwohl eigentlich *Parallelmenge* richtig wäre. Im Bestand wird immer eine Parallelmenge mit Parallelmengeneinheit geführt, während die Bewertungsmengeneinheit eine andere sein kann (siehe auch Abbildung 5.54).

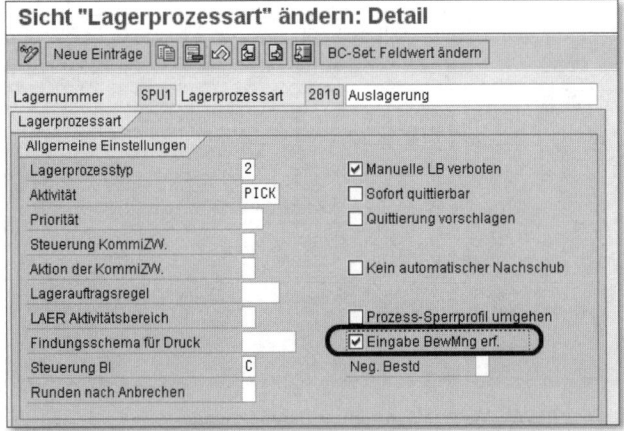

Abbildung 5.56 Notwendigkeit der Eingabe der CWM-Bewertungsmenge einstellen

Abbildung 5.57 zeigt die Eingabe einer Parallelmenge bei der Quittierung einer internen Lageraufgabe. Dass es sich um ein CW-relevantes Material handelt, erkennen Sie daran, dass das Kennzeichen CW RELEVANT bei jeder Lageraufgabe gesetzt ist.

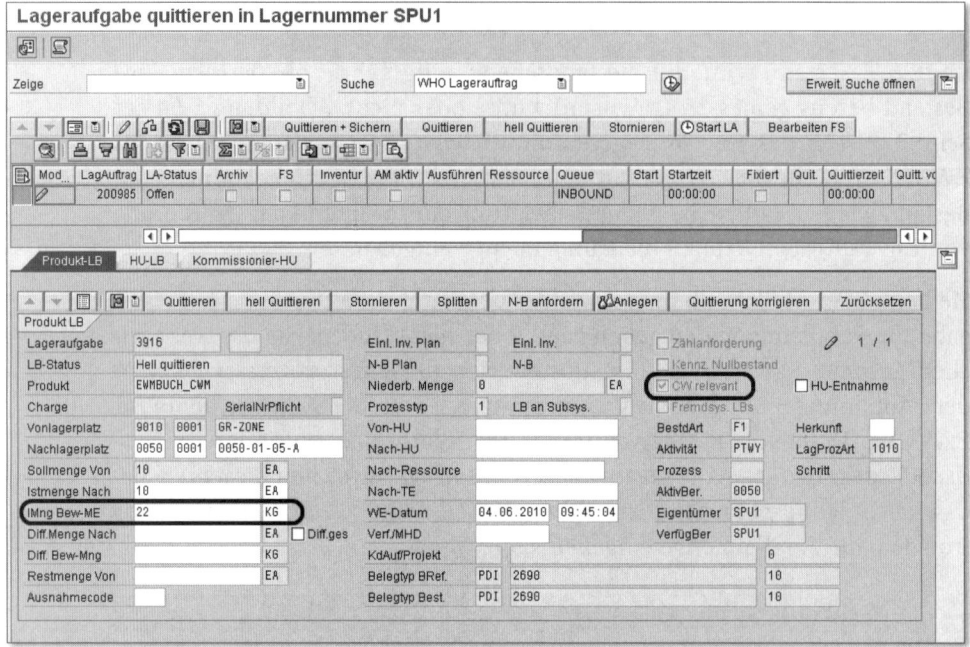

Abbildung 5.57 Lageraufgabe mit Parallel-Mengeneinheiten für ein CWM-Material quittieren

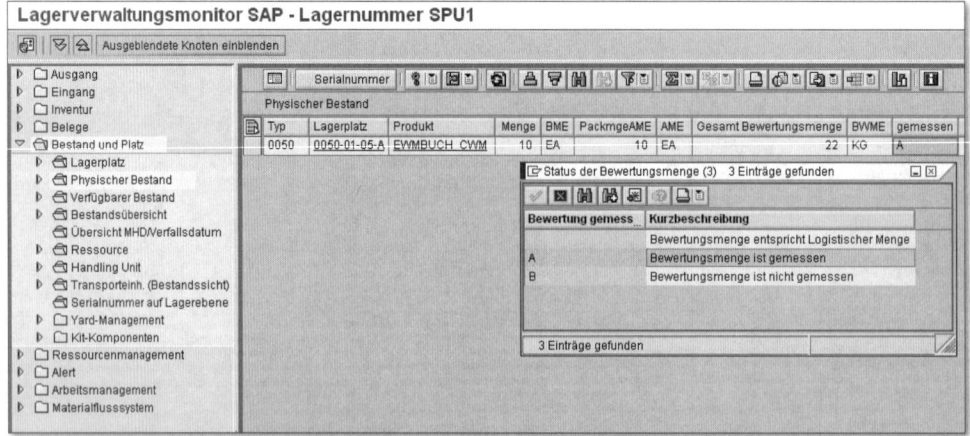

Abbildung 5.58 Bestand eines CWM-Materials mit einer Parallelmenge

Nach der Eingabe der Parallelmenge wechselt der Status der Bewertungsmenge im Bestand von B – Bewertungsmenge ist nicht gemessen auf A –
Bewertungsmenge ist gemessen (siehe Abbildung 5.58).

5.11.3 CWM in die Lieferungsverarbeitung integrieren

Sie können vor der Wareneingangsbuchung die Parallelmenge auch direkt in
der Anlieferung eingeben bzw. die avisierte Parallelmenge korrigieren.
Abbildung 5.59 zeigt eine Anlieferung mit einem CW-Material. Auf der
Registerkarte Zus. Mengen auf der Positionsebene gibt es die Schaltfläche
Bewertungsmenge. Beim Klick auf diese Schaltfläche öffnet sich ein Popup-
Fenster, in das Sie die Parallelmenge eingeben können.

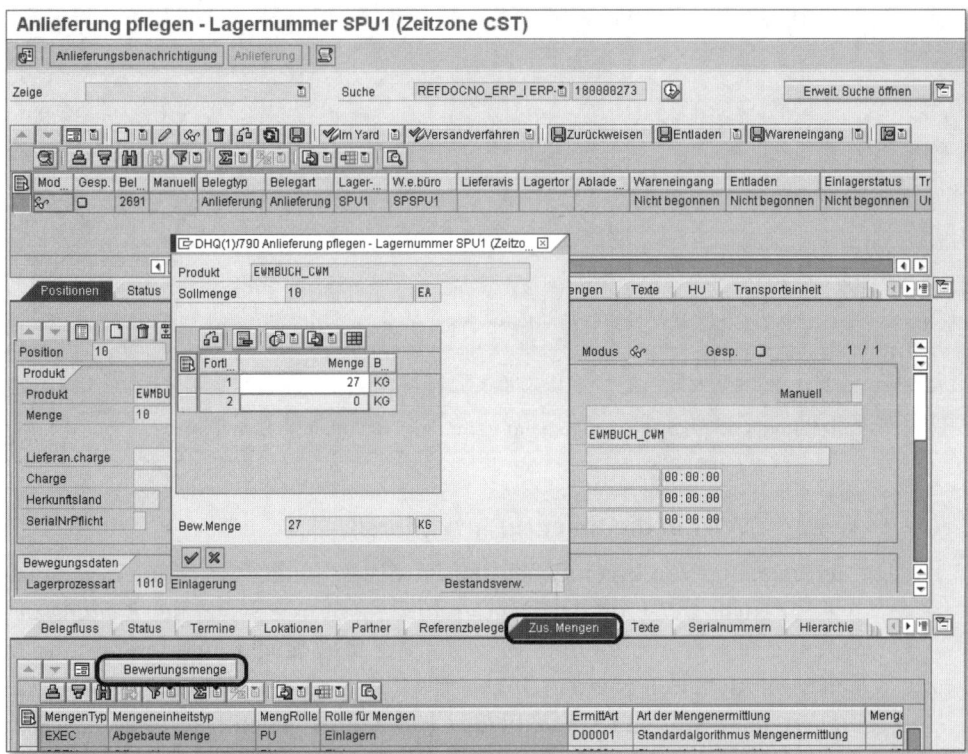

Abbildung 5.59 Parallelmenge eines CWM-Materials in der Lieferposition ändern

Die Schaltfläche Bewertungsmenge ist jedoch nur dann aktiv, wenn Sie
Lieferpositionen ohne HUs verwenden. Im Falle von HUs müssen Sie in die
Verpackungs-Ansicht der Anlieferung wechseln. Dort klicken Sie doppelt

auf den Bestand und wählen rechts die Registerkarte PRODUKT aus (siehe Abbildung 5.60). Sie sehen hier die Parallelmenge (Feld BEW.MENGE) von 20 KG und dass der Indikator BEW. GEMESSEN noch auf B steht (Parallelmenge noch nicht gemessen), das heißt, bei den 20 KG handelt es sich entweder um das avisierte Gewicht oder um das aus den theoretischen Werten aus dem Lagerproduktstamm errechnete Gewicht.

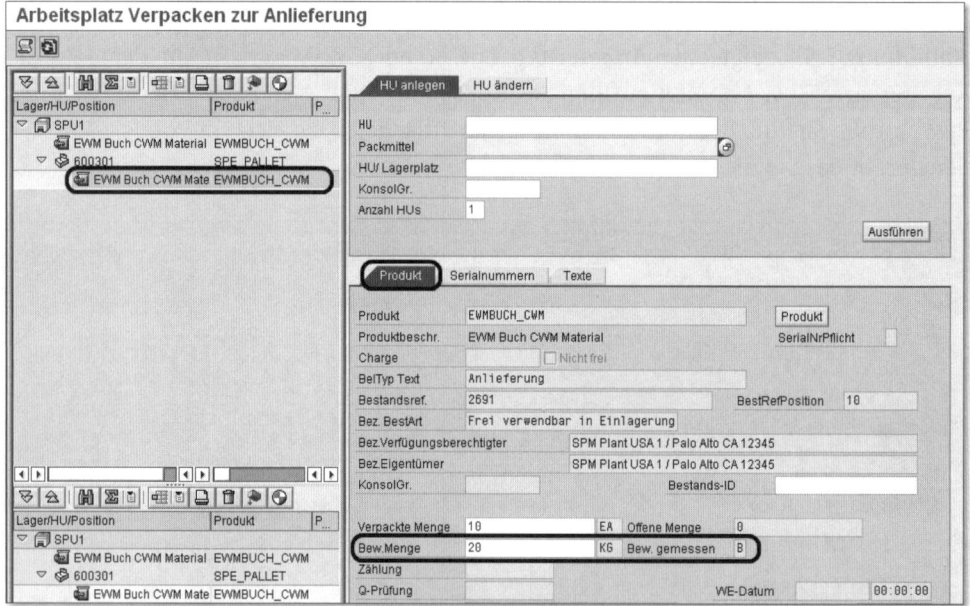

Abbildung 5.60   Parallelmenge beim Verpacken zur Anlieferung ändern

5.11.4   CWM in die Inventur integrieren

Die Erstellung von Inventurbelegen für CW-Produkte funktioniert genauso wie für Nicht-CW-Produkte. Unterschiede gibt es erst bei der *Zählung* des Inventurbelegs. Abbildung 5.61 zeigt, wie Sie Mengen bei der Zählung in den zwei Mengeneinheiten eingeben können: In der logistischen Mengeneinheit (hier Stück/EA) und in der Parallelmengeneinheit (hier das Feld ALT.BWM).

Im EWM-Customizing können Sie einstellen, ob der Anwender bei Inventurbelegen die Parallelmengen eingeben können soll oder nicht. Denken Sie daran, dass das Eingeben von Parallelmengen auch heißt, dass Sie bei der Inventur den Bestand wiegen müssen. Wenn Sie die Parallelmengen-Eingabe bei der Inventur ausstellen, dann dürfen Sie nur die logistischen Mengen eingeben, und das EWM-System berechnet die Parallelmengen selbst, basierend auf dem Umrechnungsfaktor im Lagerproduktstamm. Folgen Sie im Customizing dem Pfad EXTENDED WAREHOUSE MANAGEMENT • LAGERINTERNE PROZESSE • INVENTUR • LAGERNUMMERSPEZIFISCHE EINSTELLUNGEN • GRUND UND PRIORITÄT • GRUND FÜR INVENTUR FESTLEGEN.

Abbildung 5.61 CWM-Materialien während der Inventur zählen

Nach der Ausbuchung des Inventurbelegs wird der Bestand korrigiert, und eventuelle Differenzmengen werden in den EWM Difference Analyzer übertragen, wo sie noch einmal kontrolliert werden können, bevor die finanzrelevanten Buchungen im SAP ERP-System erstellt werden. In Abbildung 5.62 sehen Sie eine ausgebuchte Differenz von zwei Stück (2 EA), die einer Differenz in Parallelmengeneinheit von 5,6 KG entspricht. Der Differenzwert basiert hier nun auf der Bewertungsmengeneinheit und beträgt 11,20 EUR. Bei Produkten, die nicht CW-verwaltet sind, basieren Differenzmengen auf der logistischen Mengeneinheit.

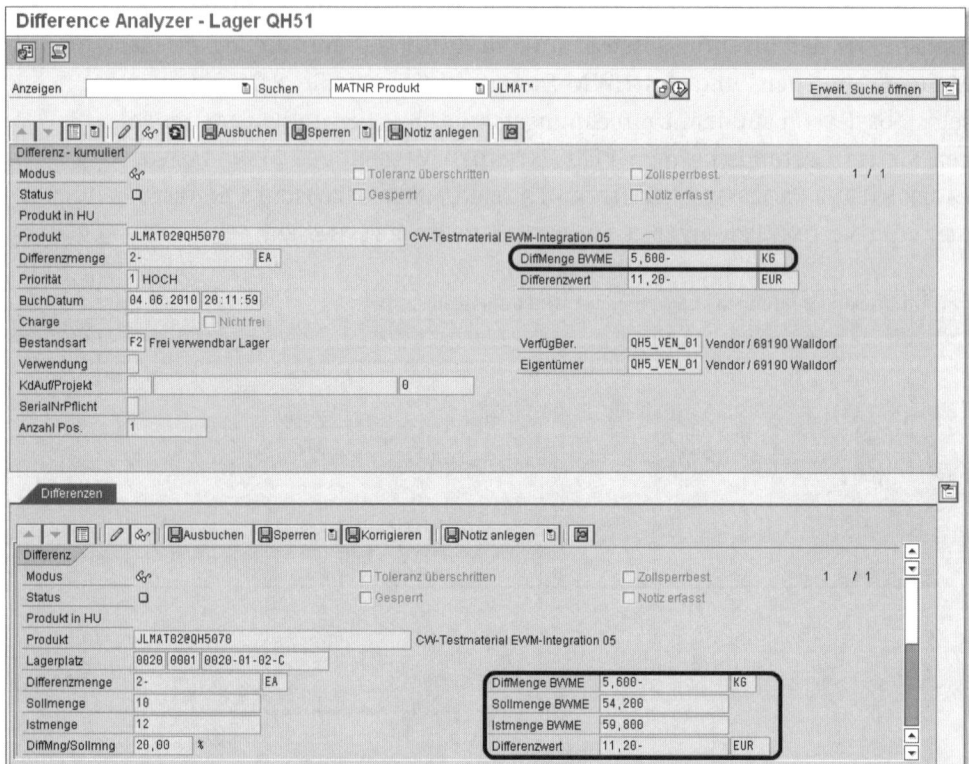

Abbildung 5.62   SAP EWM Difference Analyzer mit CWM-Material

5.12   Verwaltung von Herkunftslandinformationen

Das *Herkunftsland* (*Country of Origin*) ist das Land, in dem die Waren ursprünglich hergestellt worden sind. Das Herkunftsland und die Regeln, wie das Herkunftsland korrekt bestimmt wird, unterliegen verschiedenen nationalen Bestimmungen und internationalen Verträgen. Für eine Lagerverwaltung ist es notwendig, Bestände von verschiedenen Herkunftsländern vollständig trennen zu können, insbesondere im Einsatzfall von Zolllägern sowie in allen Bereichen, in denen Kunden nur Produkte bestimmter Herkunftsländer geliefert haben wollen bzw. dürfen.

EWM ermöglicht die Verwaltung von Beständen verschiedener Herkunftsländer. Es ist also zum Beispiel möglich, ein bestimmtes Produkt im Bestand im Lager zu führen, das zu einem Teil aus China kommt und zu einem anderen Teil aus den USA. Die Herkunftslandverwaltung in EWM funktioniert generell sowohl mit als auch ohne die Benutzung von Chargen. In den folgenden beiden Abschnitten wollen wir beides zeigen – zunächst ohne Chargen, dann mit Chargen.

5.12.1 Herkunftslandverwaltung ohne Benutzung von Chargen

Wenn Sie die Herkunftslandverwaltung von EWM ohne Chargen benutzen wollen, dann können Sie das Herkunftsland vor dem Wareneingang in der Anlieferposition angeben. Bei Anlage der Einlageraufgaben wird das Herkunftsland in die Lageraufgabe übernommen. Bei der Quittierung der Lageraufgabe können Sie, wenn gewünscht, das Herkunftsland noch einmal ändern, was sinnvoll ist, wenn Sie das Produkt erst bei der Einlagerung genau zu Gesicht bekommen.

Mit dem Wareneingang ist das Herkunftsland zudem auch im Bestand sichtbar, zum Beispiel im Lagermonitor über den Knoten BESTAND UND PLATZ • PHYSISCHER BESTAND. Sie können nach der Quittierung der Einlageraufgabe das Herkunftsland im Bestand direkt ändern, indem Sie in dem Monitorknoten die Schaltfläche WEITERE METHODEN anklicken und die Funktion ATTRIBUTE ÄNDERN verwenden.

Im EWM-Standard wird das Herkunftsland allerdings während der Auslieferungsverarbeitung nicht benutzt, insbesondere berücksichtigt das System das Herkunftsland nicht während der Erstellung von Kommissionierlageraufgaben. Wenn Sie das benötigen, dann müssen Sie eines der verfügbaren BAdIs während der Lageraufgabenerstellung implementieren.

Herkunftslandverwaltung ohne Benutzung von Chargen

Die Benutzung der EWM-Herkunftslandverwaltung ohne Chargen bietet also nur limitierte Funktionalität. Zusätzlich zur fehlenden Berücksichtigung im Warenausgangsprozess gibt es eine »Lücke« bei Zulagerungen. Wenn Sie Zulagerung verwenden, dann wird das Herkunftsland des bestehenden Bestands überschrieben, denn dieses Feld ist kein quanttrennendes Attribut, es lässt sich auch nicht als solches einstellen. Wenn Sie strikt Bestände verschiedener Herkunftsländer trennen wollen, dann sollten Sie Chargen benutzen.

5.12.2 Herkunftslandverwaltung mit Benutzung von Chargen

Wenn Sie die Herkunftslandverwaltung mit Chargen benutzen, dann müssen Sie, wie schon in Abschnitt 5.4, »Chargenverwaltung«, beschrieben, im SAP ERP-Materialstamm auf der Registerkarte KLASSIFIZIERUNG eine Chargenklasse des Types 023 zuweisen. In diesem Fall muss das Merkmal LOBM_HERKL Teil der Klassifizierung sein, sodass das Herkunftsland zu jedem Zeitpunkt als Chargenmerkmal geführt wird. Das Herkunftsland ist jedoch weiterhin auch ein Bestandsattribut in EWM sowie ein Feld auf der Lieferposition.

Wenn Sie das Herkunftsland in der Anlieferposition pflegen, dann ist es möglich, dass dieses automatisch in das entsprechende Chargenmerkmal übernommen wird. Dies wird bereits im SAP ERP-System durchgeführt. Das SAP ERP-System überträgt dann die Lieferung und die Charge in EWM. Wenn der Chargenstammsatz in EWM angelegt wird, dann kann das Herkunftslandmerkmal auch in die EWM-Charge übernommen werden. Bei chargenverwalteten Produkten und der Benutzung eines Zolllagers müssen Sie das Herkunftsland in der Anlieferposition pflegen, um den Wareneingang buchen zu können.

Während des Wareneingangs können Sie nur existierende Chargen für einen Bestand ändern und müssen dafür auch einen Ausnahmecode eingeben. EWM ändert die Charge im Bestand und in der Anlieferungsposition. EWM ändert auch das Herkunftsland, ausgehend von dem Merkmal der neuen Charge.

Auslieferungspositionen verhalten sich ähnlich wie Anlieferpositionen. Wenn Sie eine Kommissionierlageraufgabe quittieren, dann werden die Charge und das Herkunftsland (aus dem Chargenmerkmal) des gewählten Bestands in die Lieferposition übernommen. Sie können auch nur Bestand eines bestimmten Herkunftslandes kommissionieren, indem Sie die Chargenfindung verwenden.

5.13 Bestandsfindung und -bewertung

In diesem Abschnitt beschreiben wir die EWM-Bestandsfindung und die Möglichkeiten zur Bestandsbewertung.

5.13.1 Bestandsfindung

Durch die Benutzung der *EWM-Bestandsfindung* können Sie die Art und Weise festlegen, wie EWM bei einer bestimmten Aktivität Bestände im Lager selektiert, und zwar insbesondere in Bezug auf Bestandsarten und Eigentümer. Im Kern geht es beim Einstellen der Bestandsfindung darum, auch andere Bestandsarten und andere Eigentümer im Bestand finden zu können als die, die eigentlich angefragt sind.

Sie können dies nutzen, um zum Beispiel bei der Suche nach eigenem Bestand, wo der Eigentümer dem Werk entspricht, auch Lieferantenkonsignationsbestand zuzulassen, wo der Eigentümer der Lieferant ist. Das heißt, dass das System in diesem Fall zunächst eigenen Bestand kommissioniert, und nur wenn kein eigener Bestand mehr im Lager vorrätig ist, Lieferantenkonsignationsbestand wählt. Ähnlich funktioniert es bei den Bestandsarten: Sie können zum Beispiel so dem EWM-System erlauben, auch in Einlagerung befindlichen Bestand zu kommissionieren (F1-Bestand), wenn das System eigentlich nach F2-Bestand sucht.

Die Bestandsfindung lässt sich für jedes Lagerprodukt separat ein- oder ausstellen, indem Sie eine *Bestandsfindungsgruppe* (BF-Gruppe) anlegen und dem Produkt zuweisen. In Abbildung 5.63 sehen Sie die Customizing-Aktivität unter dem Pfad EXTENDED WAREHOUSE MANAGEMENT • PROZESSÜBERGREIFENDE EINSTELLUNGEN • BESTANDSFINDUNG • BESTANDSFINDUNGSGRUPPEN PFLEGEN. In der Spalte BF-GRUPPE vergeben Sie einen Namen für die Bestandsfindungsgruppe, der dann in der Lagerproduktpflege jedem Produkt einzeln zugewiesen werden muss.

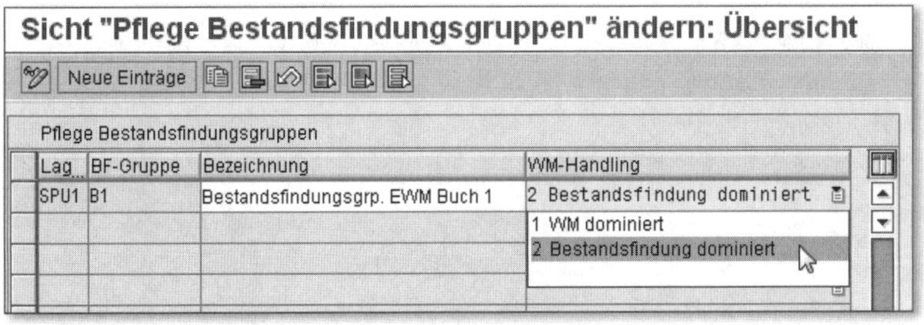

Abbildung 5.63   Pflege einer Bestandsfindungsgruppe (BF-Gruppe)

Die Spalte WM-HANDLING definiert, ob für die Bestandsfindung das WM oder die Bestandsfindung dominiert.

▸ **1 – WM dominiert**
Die Einstellung WM DOMINIERT bedeutet, dass das EWM-System die Standard-Bestandsfindungsstrategien (zum Beispiel FIFO) mit Priorität verwendet und erst danach die Bestandsfindungsgruppe berücksichtigt. Wenn Sie also zum Beispiel die EWM-Bestandsfindung nach Eigentümer einsetzen und Bestände für die zwei Eigentümer 0001 und 0002 mit verschiedenen WE-Terminen im Lager haben, dann selektiert das System den Bestand nach FIFO, wobei die beiden Eigentümer gleich behandelt werden. Die EWM-Strategie dominiert also.

▶ **2 – Bestandsfindung dominiert**

Die Einstellung BESTANDSFINDUNG DOMINIERT bedeutet, dass das System zunächst den Bestand jedes Eintrags in der Bestandsfindungsgruppe selektiert und erst dann Strategien wie FIFO anwendet. Auch hier wieder ein Beispiel: Wenn Sie die EWM-Bestandsfindung nach Eigentümer einsetzen und Bestände für die zwei Eigentümer 0001 und 0002 mit verschiedenen WE-Terminen im Lager haben, dann selektiert das System zunächst den Bestand des Eigentümers 0001, wendet FIFO an und selektiert erst dann den Bestand des Eigentümers 0002, worauf wiederum FIFO angewandt wird.

Die im Customizing angelegte Bestandsfindungsgruppe weisen Sie dem Lagerprodukt im Bereich AUSLAGERUNG der Registerkarte LAGERDATEN zu (siehe Abbildung 5.64).

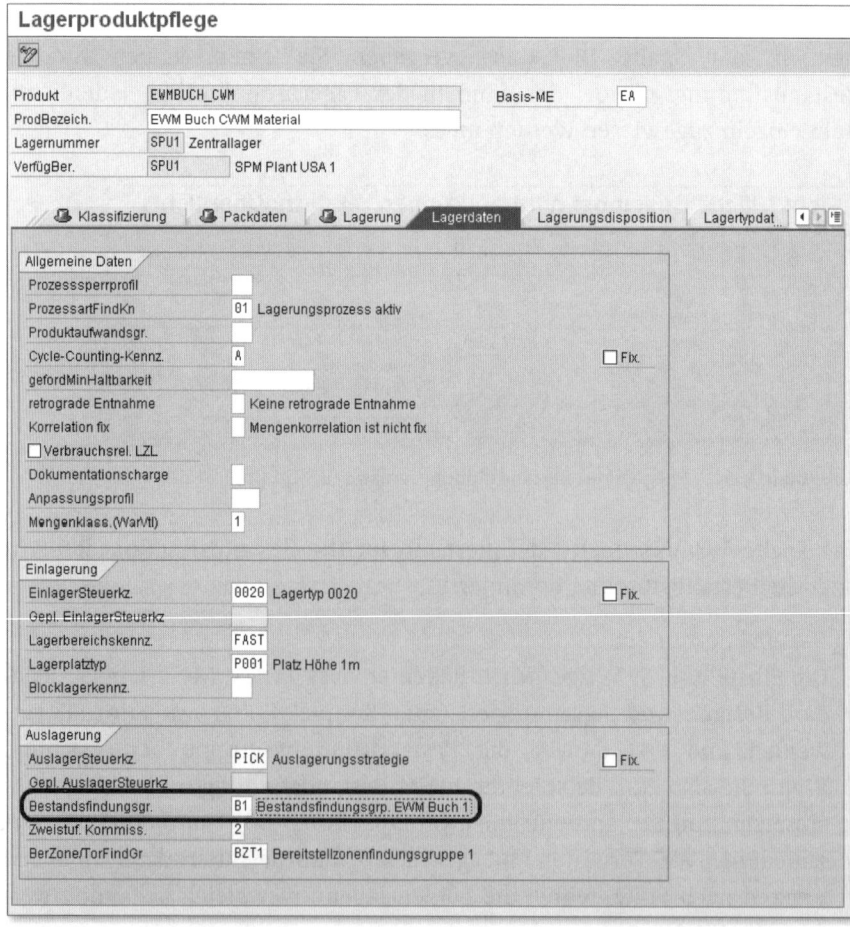

Abbildung 5.64 Bestandsfindungsgruppe in der SAP EWM-Lagerproduktpflege zuweisen

Für jede Bestandsfindungsgruppe stellen Sie nun die Bestandsfindung ein – entscheiden also, was das System im Hinblick auf Eigentümer oder Bestandsart genau tun soll. Abbildung 5.65 zeigt die entsprechende Customizing-Aktivität, die Sie unter dem Pfad EXTENDED WAREHOUSE MANAGEMENT • PROZESSÜBERGREIFENDE EINSTELLUNGEN • BESTANDSFINDUNG • BESTANDSFINDUNG EINSTELLEN erreichen. Das Beispiel der Abbildung 5.65 lesen Sie so, dass das EWM-System bei Produkten der Bestandsfindungsgruppe B1, der Aktivität PICK, der Lagernummer und dem Verfügungsberechtigten SPU1 auch Bestand der Bestandsart F1 selektieren soll, auch wenn es eigentlich nach Bestandsart F2 sucht.

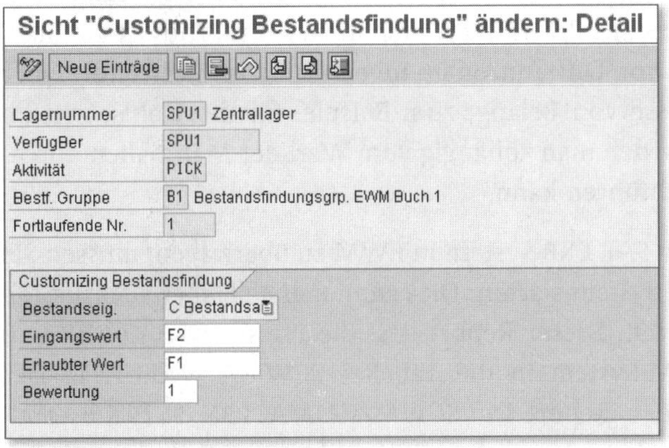

Abbildung 5.65 Customizing der Bestandsfindung für Bestandsarten

Das Feld BEWERTUNG unten auf dem Bildschirm ist nur im Falle des Handlings 2 – BESTANDSFINDUNG DOMINIERT relevant. Damit stellen Sie die Reihenfolge ein, mit der das System die Einträge benutzt. Eine höhere Bewertung bedeutet hier Priorität gegenüber einer niedrigeren Bewertung. In Tabelle 5.6 sehen Sie ein Beispiel. Der Eintrag mit dem erlaubten Wert SPU1 hat die Bewertung 10, der mit LIEF4711 hat die Bewertung 5. Das bedeutet, dass EWM zunächst Bestand mit Eigentümer SPU1 (also des eigenen Lagers) wählt und erst danach Bestand des Eigentümers LIEF4711 (also Konsignationsbestand des Lieferanten LIEF4711).

Bestands-findungsgruppe	Eigenschaft	Eingangswert	Erlaubter Wert	Bewertung
B2	Eigentümer	SPU1	SPU1	10
B2	Eigentümer	SPU1	LIEF4711	5

Tabelle 5.6 Beispiel für die Benutzung von Bewertungen bei der Bestandsfindung

Bei Bestandsfindungsgruppen mit WM-Handling 1 – WM DOMINIERT spielt also die Bewertung keine Rolle (da ja die Auslagerstrategie wie zum Beispiel FIFO sowieso dominiert).

5.13.2 Bestandsbewertung

EWM ist ein reines Lagerverwaltungssystem und verwaltet keine finanziellen Belege. Alle Buchungen, die finanzielle Relevanz haben, werden im SAP ERP-System vorgenommen. In EWM werden nur die logistischen Bewegungen abgebildet.

Dennoch ist es notwendig, dass auch das EWM-System die Materialbewertung, das heißt, die Standard-Preise der Materialien, kennt. Dies ist vor allen Dingen für die Analyse von Differenzen im Inventurprozess notwendig, aber auch für andere Prozesse von Belang, zum Beispiel für den Zählschritt im Wareneingangsprozess, den man abhängig vom Wert der Materialien durchführen oder nicht durchführen kann.

Um die Kosten aus dem SAP ERP-System in EWM zu übertragen, müssen Sie einen Report im EWM-System starten. Dies kann manuell, aber auch als Job im Hintergrund passieren. Dieser Report liest die Preise aus SAP ERP und überträgt sie ins EWM-System in die Tabelle /SCWM/T_VALUATE. Der Transaktionscode für den Report ist /SCWM/VALUATION_SET, Sie erreichen ihn auch über das Easy Access Menü über den Pfad EXTENDED WAREHOUSE MANAGEMENT • INVENTUR • PERIODISCHE ARBEITEN • PREISE AUS ERP ERMITTELN UND SETZEN (siehe Abbildung 5.66).

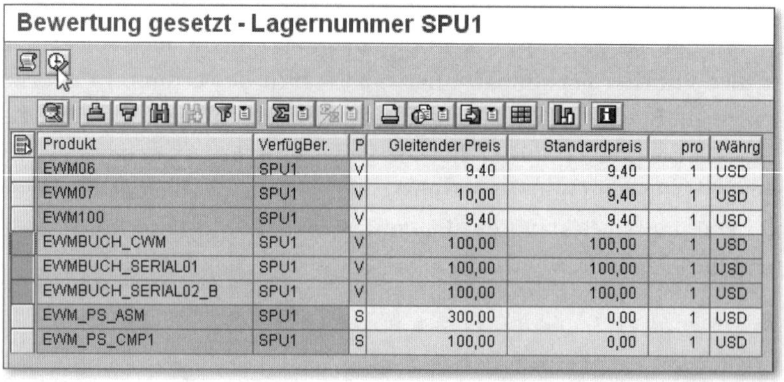

Bewertung gesetzt - Lagernummer SPU1

Produkt	VerfügBer.	P	Gleitender Preis	Standardpreis	pro	Währg
EWM06	SPU1	V	9,40	9,40	1	USD
EWM07	SPU1	V	10,00	9,40	1	USD
EWM100	SPU1	V	9,40	9,40	1	USD
EWMBUCH_CWM	SPU1	V	100,00	100,00	1	USD
EWMBUCH_SERIAL01	SPU1	V	100,00	100,00	1	USD
EWMBUCH_SERIAL02_B	SPU1	V	100,00	100,00	1	USD
EWM_PS_ASM	SPU1	S	300,00	0,00	1	USD
EWM_PS_CMP1	SPU1	S	100,00	0,00	1	USD

Abbildung 5.66 Importieren von Materialbewertungen aus dem SAP ERP-System

5.14   Sonderbestände

Sonderbestände sind Bestände, die von anderen Beständen getrennt (abgesondert) werden, da sie für eine bestimmte Verwendung, entweder für eine Kundenauftragsposition oder für ein Projekt, reserviert sind. Beide möglichen Verwendungen (Kundenauftragsbestand und Projektbestand) haben ihre eigene Bestandskategorie in EWM: SOS steht für Kundenauftragsbestand (*Sales Order Stock*), während PJS für Projektbestand steht (*Project System*). Durch die eigene Bestandskategorie kann der Bestand nur für die korrekte Verwendung benutzt werden.

Sie können sich beide Sonderbestände im Lagermonitor anzeigen lassen, zum Beispiel im Knoten BESTAND UND PLATZ • PHYSISCHER BESTAND.

5.14.1   Kundenauftragsbestand

Bestand für bestimmte Kunden kann durch Kundenauftragsbestand von anderen Beständen getrennt gelagert werden. In Abbildung 5.67 sehen Sie, wie im EWM-System eine Umbuchung von freiem Bestand in Kundenauftragsbestand (SOS) für die Position 10 von Kundenauftrag 6000004711 durchgeführt wird.

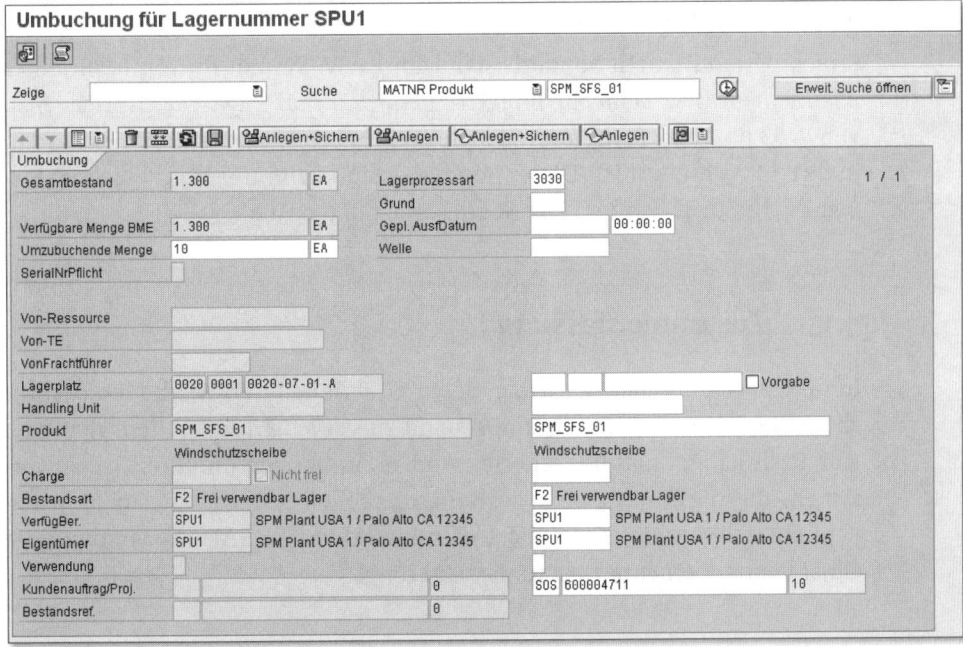

Abbildung 5.67   Normalen Bestand in Kundenauftragsbestand umbuchen

Sie können aber natürlich auch Kundenauftragsbestand über eine Bestellung oder einen Produktions/Prozessauftrag ins Lager buchen.

Nach der Umbuchung von zehn Stück aus Abbildung 5.67 kann der neue Bestand im Lagermonitor betrachtet werden (siehe Abbildung 5.68). Auf der rechten Seite der Tabelle sehen Sie den Typ SOS und die Sonderbestandsnummer (Nummer des SAP ERP-Kundenauftrags).

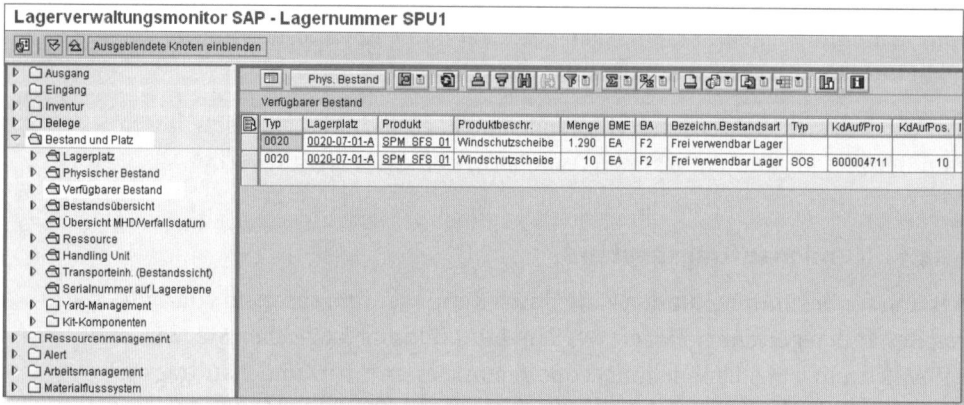

Abbildung 5.68 Kundenauftragsbestand im Lagermonitor

5.14.2 Projektbestand

Projektbestand ist ein Sonderbestand im EWM-System für ein bestimmtes PSP-Element (PSP steht für *Projektstrukturplan*; im Englischen spricht man von WBS für *Work Breakdown Structure*) eines Projekts, das im Projektsystem in SAP ERP definiert ist. Dieser Sonderbestand kann nur für dieses PSP-Element verbraucht werden. Der Sonderbestandstyp ist PJS.

5.15 Zusammenfassung

In diesem Kapitel haben wir die vielen Funktionen und Methoden besprochen, die EWM verwendet, um Bestand zu verwalten. Sie sollten nun eine gute Basis haben, um die weiterführenden Funktionen und Prozesse zu verstehen, die diese Bestandsverwaltungsmethoden nutzen. In den nächsten Kapiteln zeigen wir Ihnen die Lieferabwicklung in SAP EWM sowie die Objekte und Elemente zur Prozesssteuerung.

In diesem Kapitel werden die Lieferabwicklung sowie deren Bedeutung, Verwendung, Funktionen und Integrationsaspekte in SAP EWM behandelt. Die Lieferabwicklung verwaltet die Belege, Funktionen und die Schnittstelle zur Abwicklung der Prozesse des Wareneingangs, Warenausgangs und der lagerinternen Prozesse.

6   Lieferabwicklung

Die Lieferabwicklung ist aus zwei Gründen eine der zentralen Komponenten von SAP EWM: Zum einen verwaltet sie die betriebswirtschaftlichen Basisdokumente für die Abwicklung von Wareneingang, Warenausgang, Retouren und Umlagerungen, und zum anderen stellt sie die Schnittstelle zur Anbindung von externen Auftragsverwaltungssystemen dar, wie zum Beispiel SAP ERP. Dieses Kapitel betrachtet sowohl die betriebswirtschaftlichen als auch systemtechnischen Funktionen, Eigenschaften und Einstellungen von SAP EWM und widmet sich dabei den folgenden Schwerpunktthemen:

▶ **Aufbau der Lieferung**
Um den Aufbau und Informationsgehalt der Lieferung besser verstehen zu können, werden in diesem Kapitel die Segmente der Lieferung sowie ihr betriebswirtschaftlicher Stellenwert vorgestellt.

▶ **Lieferbelege in SAP EWM**
Wir erläutern die verschiedenen Lieferbelege und ihre Bedeutung für die Systemschnittstellen, Prozesssteuerung und Funktionen.

▶ **Lieferschnittstelle**
Die integrative Rolle der Lieferung als zentralem Objekt für die Systemkommunikation zwischen SAP ERP und EWM wird ebenfalls behandelt. Die Schwerpunkte des Kapitels liegen auf dem technischen Aufbau, dem Monitoring und der Nachrichtenverarbeitung der Lieferschnittstelle.

▶ **Allgemeine Einstellungen der SAP EWM-Lieferung**
Wir stellen allgemeine Customizing-Einstellungen und deren Funktionen vor. Dazu zählen Einstellungen der Systemkommunikation und der Lieferungssteuerung.

▸ Damit schaffen wir die Grundlage für ein tieferes Verständnis der in den Lagerprozessen relevanten Eigenschaften und Funktionen der Lieferbelege. Sie werden die in diesem Kapitel vorgestellten Funktionen der Lieferabwicklung im Kontext der spezifischen Geschäftsprozesse in den folgenden Kapiteln dieses Buches wiederfinden. Während der Schwerpunkt dieses Kapitels auf einer prozessunabhängigen Betrachtung der Lieferabwicklung liegt, werden weitere prozessspezifische Funktionen und Verwendungen der Lieferung in den prozessbezogenen Kapiteln des Buches vorgestellt (siehe Kapitel 8, »Wareneingangsprozess«, und Kapitel 9, »Warenausgangsprozess«).

6.1 Aufbau der Lieferung

Die EWM-Lieferbelege können in die Segmente *Belegkopf* und *Belegpositionen* aufgeteilt werden. Neben den allgemeinen Kopf- und Positionsinformationen finden sich zudem zusätzliche Kopf- und Positionsinformationen in den jeweiligen Transaktionen der Lieferpflege. Die Transaktionen der Lieferpflege sind in SAP EWM in drei Bildschirmsegmente aufgeteilt (siehe Abbildung 6.1).

Im oberen Bildschirmsegment ❶ finden sich die allgemeinen Kopfinformationen. Unmittelbar darunter befinden sich im mittleren Bildschirmsegment ❷ die allgemeinen Positionsinformationen auf der Registerkarte POSITIONEN. Daneben im selben Segment sind auf separaten Registerkarten die zusätzlichen Kopfinformationen zu finden ❸. Die zusätzlichen Positionsinformationen befinden sich auf weiteren Registerkarten im untersten Bildschirmsegment ❹.

Die Transaktionen der Lieferabwicklung finden Sie im SAP Easy Access Menü unter dem Pfad EXTENDED WAREHOUSE MANAGEMENT • LIEFERABWICKLUNG in den Menüordnern ANLIEFERUNG, AUSLIEFERUNG und UMBUCHUNG.

Im Folgenden stellen wir die Bereiche der Lieferung sowie deren Parameter vor. Die Auswahl der behandelten Kopf- und Positionsinformationen lässt sich in Abhängigkeit von Beleg- und Positionsarten über Serviceprofile der Lieferung für spezifische Geschäftsszenarien im Rahmen eines Kundenprojekts konfigurieren (siehe Abschnitt 6.4.2, »Serviceprofile der Lieferung«). Die folgenden Beschreibungen orientieren sich an den Belegen der Anlieferung und des Auslieferungsauftrags, da diese eine Maximalausprägung der Lieferbelege darstellen.

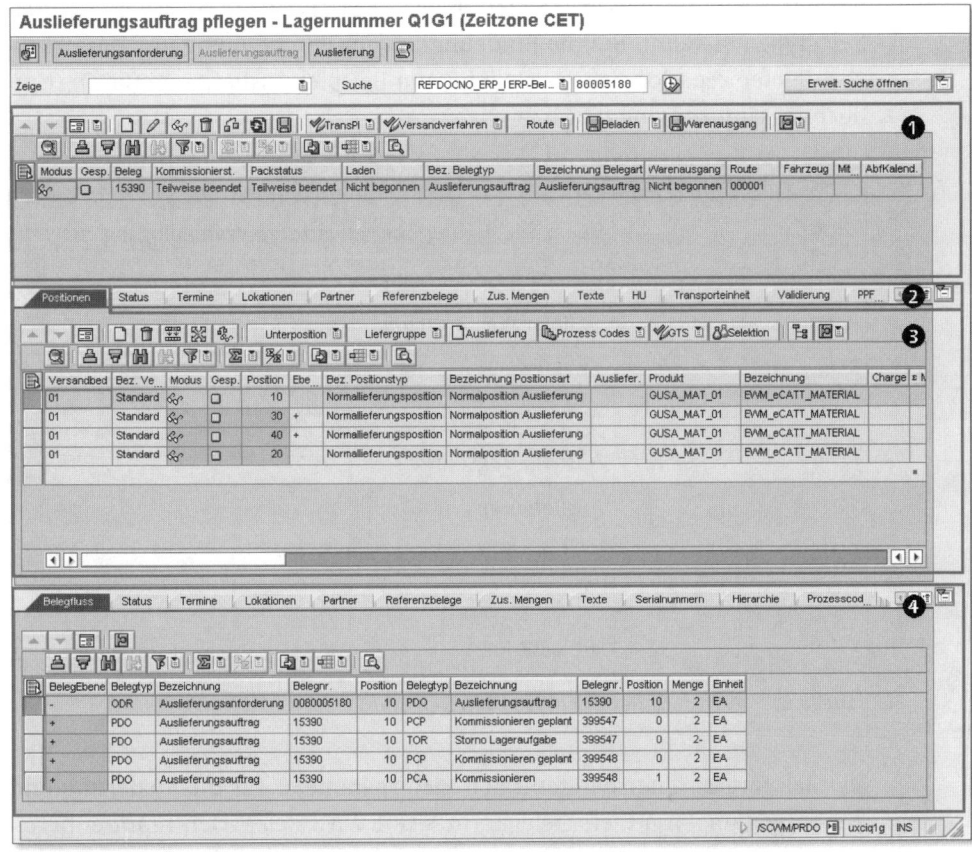

Abbildung 6.1 Struktur der Lieferbelege am Beispiel der Transaktion der Auslieferungs-
auftragspflege /SCWM/PRDO

6.1.1 Allgemeine Kopfinformationen der Lieferung

Im Kopfbereich sind allgemeine Informationen der Lieferung, wie zum Beispiel Belegtyp, Belegart, Lagernummer, Wareneingangs- und Warenaus-
gangsbüro, hinterlegt.

Um die system- und prozessseitige Verarbeitung der Lieferbelege zu bestimmten, unterscheidet SAP EWM zwischen verschiedenen Belegtypen.
Der Belegtyp stellt eine fest im System definierte Klassifizierung von Lieferszenarien der Lieferabwicklung dar. Die in Tabelle 6.1 aufgeführten Belegtypen können in SAP EWM unterschieden werden. Die Abkürzungen stellen
technische Festwerte in EWM dar. Der Zusammenhang der Belegtypen für
die einzelnen EWM-Lieferszenarien wird in Abschnitt 6.2, »Lieferbelege in
SAP EWM«, erläutert. In den folgenden Abschnitten dieses Kapitels werden

bei der Nennung der EWM-Lieferbelege zusätzlich die hier vorgestellten Belegtypen erwähnt, um die Eindeutigkeit der Beschreibung und des möglichen Lieferszenarios sicherzustellen (zum Beispiel Auslieferung (FDO), Umbuchungsanforderung (SPC)).

Belegtyp	Beschreibung
GRN	Benachrichtigung über erwarteten Wareneingang
EGR	Erwarteter Wareneingang
IDN	Anlieferungsbenachrichtigung
PDI	Anlieferung
ODR	Auslieferungsbenachrichtigung
PDO	Auslieferungsauftrag
FDO	Auslieferung
POR	Umbuchungsanforderung
SPC	Umbuchung
WMR	Umlagerung

Tabelle 6.1   Auflistung der Belegtypen von SAP EWM

Die Belegart ist einer der zentralen Lieferparameter für die Steuerung und die Verwaltung von Lieferbelegen in SAP EWM. Belegarten repräsentieren betriebswirtschaftliche Lieferszenarien, wie zum Beispiel Eillieferungen, Normallieferungen oder Produktionsversorgungen. Der Belegart ist ein das Lieferszenario definierender Belegtyp zugeordnet (siehe Abschnitt 6.2, »Lieferbelege in SAP EWM«). Weiterhin sind der Belegart eine Reihe von Serviceprofilen der Lieferabwicklung zugeordnet, die die Bearbeitung und die Steuerung der Lieferbelege sowie die Bearbeitung und Auswahl der zusätzlichen Kopf- und Positionsinformationen beeinflussen (siehe Abschnitt 6.4.2, »Serviceprofile der Lieferung«). Zudem befinden sich auf dem Lieferkopf Transportdaten, wie zum Beispiel Route, Identifikation des Fahrzeugs, Transportmittel, Exportrelevanz und Transportmodus.

6.1.2   Zusätzliche Kopfinformationen der Lieferung

Auf unterschiedlichen Registerkarten der jeweiligen Transaktionen der Lieferpflege finden sich weitere Kopfinformationen der Lieferung. Diese befinden sich auf den in Abbildung 6.1 in Bildschirmsegment ❷ aufgeführten Registerkarten.

Status

Die Kopfstatus der Lieferung (Registerkarte STATUS) kennzeichnen den Arbeitsfortschritt technischer (zum Beispiel Erzeugung der Auslieferung) und betriebswirtschaftlicher (zum Beispiel Verpacken, Beladen) Prozesse. Die Lieferstatus werden beim Buchen der Geschäftsprozesse automatisch aktualisiert. Statusabhängigkeiten können über Statusprofile eingestellt werden (siehe Abschnitt 6.4.2, »Serviceprofile der Lieferung«). Die Lieferung unterscheidet persistente von transienten Status. Während *transiente Status*, auch aggregierte Status genannt, beim Nachlesen eines Belegs dynamisch in Abhängigkeit vom Positionsstatus ermittelt werden, sind *persistente Status* auf der Datenbank festgeschriebene Statuswerte.

Termine

Die Lieferung unterscheidet verschiedene Terminarten, wie zum Beispiel Liefertermine oder Transporttermine. Die Termine können von den SAP ERP-Vorbelegen übernommen oder bei Belegaktualisierungen an diese übergeben werden. Zudem können Termine manuell vorgegeben werden (siehe Abschnitt 6.4.1, »SAP ERP-Integration der Lieferabwicklung«).

Lokationen und Partner

Auf den Registerkarten LOKATIONEN und PARTNER sind sowohl Sender als auch Empfänger der Lieferung hinterlegt. Die Registerkarte LOKATION führt das sendende bzw. empfangende Lager (Lokationsinformation). Auf der Registerkarte PARTNER sind Warenempfänger oder Warensender der Lieferung hinterlegt. Zudem können auf den Registerkarten Adressdaten der Geschäftspartner angezeigt werden und manuell zusätzliche Geschäftspartner (zum Beispiel der Auftraggeber) hinterlegt werden.

Referenzbelege

Für jede Lieferung sind auf der Registerkarte REFERENZBELEGE die Referenzen der während der Lieferabwicklung im Bezug zur Lieferung erfassten und verarbeiteten Belege hinterlegt (zum Beispiel SAP ERP-Lieferung oder Frachtbeleg). Die wichtigsten Referenzbelege, die jede über die SAP ERP-Lieferschnittstelle erstellte Lieferung enthält, sind ERO (SAP ERP-Originalbeleg) und SAP ERP (SAP ERP-Beleg). Die ERO-Referenz repräsentiert die SAP ERP-Lieferbelegnummer und wird in EWM nicht verändert. Die SAP ERP-Referenz bleibt bis zum Liefersplit immer gleich der ERO-Referenz. Wird ein Liefersplit durchgeführt, ermittelt das Business Object Processing Framework (BOPF) eine neue SAP ERP-Liefernummer (siehe Abschnitt 6.3, »Lieferschnittstelle«). Sind ERO- und SAP ERP-Referenz also ungleich, kann man auf einen in EWM ausgeführten Liefersplit schließen.

Zusätzliche Mengen

Auf der Registerkarte ZUS. MENGEN sind verschiedene Mengenrollen, wie zum Beispiel Lademenge oder Warenausgangsmenge, einer Lieferposition hinterlegt. Die zusätzlichen Mengen des Lieferkopfs beinhalten über die Lieferpositionsmengen aggregierte Gewichts-, Volumen- oder Prozessmengen.

Texte

An der Lieferung können manuell erfasste oder vom Vorbeleg übernommene Liefertexte, Notizen und Hinweise auf der Registerkarte TEXTE hinterlegt werden.

Handling Unit

Auf der Registerkarte HU sind alle Handling Units aufgeführt, die eine Referenz zur Lieferung haben. HUs haben immer dann eine Lieferreferenz, wenn sie mindestens einen Teil einer Position der Lieferung enthalten. Zudem sind HU-Detailinformationen, wie etwa Abmessungen, Status der HU und aktuelle Position im Lager (Lagertyp, Lagerbereich, Lagerplatz), auf der Registerkarte HU hinterlegt. Diese bietet zudem einen direkten Absprung in die HU-Detailinformationen an.

Transporteinheit

Auf der Registerkarte TRANSPORTEINHEIT für eine Lieferung sind alle Transporteinheiten sowie die Detailinformationen sichtbar, die einen Bezug zur Lieferung haben. Dies schließt alle Transporteinheiten ein, denen entweder ganze Lieferungen (Kopf), einzelne Lieferpositionen oder HUs mit Lieferbezug zugeordnet wurden. Die Registerkarte der Transporteinheiten bietet einen Absprung in die Transaktion der Pflege von Transporteinheiten /SCWM/TU.

PPF-Aktionen

Über PPF-Aktionen können abhängig von definierten Bedingungen Folgefunktionen, wie zum Beispiel die automatische Erstellung von Lageraufgaben und Lieferbelegen oder der Druck von Lieferpapieren, ausgelöst werden (siehe Kapitel 12, »Bereichsübergreifende Prozesse und Funktionen«). Auf der Registerkarte PPF-AKTIONEN sind alle für den Lieferbeleg eingeplanten oder ausgeführten PPF-Aktionen ersichtlich. Zudem können über Funktionstasten Verarbeitungsprotokolle und Detailinformationen zu den einzelnen Aktionen aufgerufen und ausgewählte Aktionen wiederholt werden.

6.1.3 Allgemeine Positionsinformationen der Lieferung

Der Positionsbereich der Lieferung (siehe Abbildung 6.1) enthält Informationen über die einzelnen Produkte, auf die sich der Beleg bezieht, und deren lagerspezifische Steuerungsdaten, wie zum Beispiel Produkt, Menge, Positionstyp, Positionsart, Lagerprozessart, Bereitstellungsdaten, Bestandsart und Produktcharge.

Eine ebenso zentrale Rolle für die Lieferabwicklung wie der Belegtyp spielt der Positionstyp. Analog zum Belegtyp steuert der Positionstyp die Verarbeitung der Lieferposition und ist fest im System definiert. Die Abkürzungen stellen technische Festwerte in EWM dar. Tabelle 6.2 enthält die in SAP EWM verwendeten Positionstypen.

Belegtyp	Beschreibung
DLV	Standard-Lieferposition
PAC	Packmittelposition
RET	Retourenlieferposition
TXT	Textposition
VAL	Wertposition (wird nur im Warenausgangsprozess verwendet)

Tabelle 6.2 Auflistung der SAP EWM-Positionstypen

Ebenfalls analog zu den Belegarten auf Kopfebene bestimmen Positionsarten das Verhalten der Lieferung auf Positionsebene. Positionsarten werden hier zu Serviceprofilen der Lieferung zugeordnet (siehe Abschnitt 6.4, »Allgemeine Einstellungen der Lieferabwicklung«). Positionsarten können zum Beispiel als Normalpositionen, Positionen für die Bausatzerstellung (Kitting) oder für Kundenretouren definiert werden.

6.1.4 Zusätzliche Positionsinformationen der Lieferung

Die zusätzlichen Positionsinformationen der Lieferung befinden sich auf separaten Registerkarten in den Pflegetransaktionen der Lieferung. Die Registerkarten STATUS, TERMINE, LOKATIONEN und PARTNER sowie TEXTE werden hier nicht gesondert beschrieben, da diese bereits im Rahmen der zusätzlichen Kopfinformationen behandelt wurden und sich vom Informationsgehalt nicht wesentlich von den zusätzlichen Positionsinformationen unterscheiden. Zu den zusätzlichen Positionsinformationen zählen die im Folgenden beschriebenen Informationen.

Belegfluss

Der Belegfluss enthält alle EWM-Belege, die in Bezug auf die Lieferposition erstellt und verarbeitet wurden. Dies schließt erstellte, quittierte und stornierte Lageraufgaben, die für die Ausführung der Lagerprozesse (zum Beispiel Kommissionierung, Beladung) verwendet wurden, ein. Zudem enthält der Belegfluss Informationen über Warenbewegungsbuchungen (zum Beispiel Warenausgang, Wareneingang), über logistische Zusatzleistungen (LZL), Qualitäts- und Zählprozesse sowie über die Positionsmengen, die während der Ausführung der Lagerprozesse gebucht wurden.

Zusätzliche Mengen

Auf der Registerkarte ZUS. MENGEN sind verschiedene für Positionen relevante Mengenrollen, wie zum Beispiel Lademenge oder Warenausgangsmenge, einer Lieferposition hinterlegt. Die zusätzlichen Mengen geben detailliert Auskunft über den Fortschritt der Abarbeitung einer Lieferposition, indem über Mengentypen und Mengenrollen bereits abgearbeitete oder noch offene Mengenanteile einer Lieferposition angezeigt werden. Die zusätzlichen Mengen berechnen mit Bezug auf die im Belegfluss angegebenen Mengen die für die Lieferposition noch zu buchenden Mengen (Mengentyp: »offene Menge« – OPEN).

Serialnummern

Für mit Serialnummern geführte Produkte werden diese pro Lieferposition in den zusätzlichen Positionsinformationen auf der Registerkarte SERIALNUMMERN hinterlegt.

Hierarchie

Auf der Registerkarte HIERARCHIE werden Informationen über die Hierarchie einer Position hinterlegt. SAP EWM unterscheidet Haupt- und Unterpositionen:

▶ Hauptposition: _

▶ Unterposition: +

▶ Einteilung der Unterposition: ++

Diese werden zum Beispiel aufgrund von Chargensplits oder Auslieferungsaufteilungen (manuell oder automatisch) angelegt.

Prozesscodes

Prozesscodes werden in der Lieferabwicklung zur Kennzeichnung von und zur Reaktion auf Ausnahmesituationen verwendet. Über Prozesscodes können Sie Liefermengenanpassungen sowie deren Verursacher an der Lieferung hinterlegen. Zudem können über Prozesscodes Mengenanpassungen an das SAP ERP-System gemeldet werden, um die SAP ERP-Lieferbelege anzupassen. Prozesscodes werden zum Beispiel bei der Reduktion der Liefermenge aufgrund Unterlieferung einer bereits avisierten Menge zu Lasten des Spediteurs eingesetzt (siehe Kapitel 8, »Wareneingangsprozess«).

Einlagerplatzdaten (nur Anlieferung)

Auf Basis der Einlagerstrategie kann pro Lieferposition einer Anlieferung ein vorläufiger Einlagerplatz zur Berechnung der erwarteten Arbeitslast ermittelt werden (siehe Kapitel 8). Voraussetzung für die Funktion der vorläufigen Lagerplatzermittlung im Wareneingang ist die Aktivierung der EWM-Komponente Arbeitsmanagement.

Kommissionierplatzdaten (nur Auslieferungsauftrag)

Für den Auslieferungsauftrag kann gemäß Einstellung im Customizing ein vorläufiger Kommissionierplatz gefunden werden. Sobald für einen Auslieferungsauftrag mehr als ein Kommissionierplatz ermittelt wird, werden zusätzliche Kommissionierlagerplätze auf der Registerkarte POSITION erfasst. Diese Funktionen finden hauptsächlich dann Anwendung, sollte auf dem über die Auslagerstrategie gefundenen Kommissionierplatz nicht genug Menge vorhanden sein und ein weiterer Kommissionierplatz für eine Position ermittelt werden.

Kontierung (nur Auslieferungsauftrag)

An dem Auslieferungsauftrag können auf Positionsebene Kontierungsele-
mente (Kostenstellen, Aufträge, PSP-Elemente) hinterlegt werden, um Kon-
tierungsinformationen an SAP ERP zu kommunizieren. Diese Funktion wird
in erster Linie für interne Entnahmen genutzt.

6.2 Lieferbelege in SAP EWM

Prozessunabhängig unterscheidet SAP EWM bei Lieferbelegen zwischen
Benachrichtigungen (Wareneingang) oder Anforderungen (im Warenausgang) und den die Lagerprozesse steuernden Lieferungen. Der Warenausgangsprozess unterscheidet zudem auf einer dritten Ebene die finale Lieferung. Der mehrstufige Aufbau der Lieferabwicklung ist auf die Ausrichtung
von SAP EWM als dezentralem Lagerverwaltungssystem zurückzuführen,
das zunächst Lieferdaten aus einem Vorsystem empfängt, um diese in einem
zweiten Schritt mit lagerspezifischen Steuerparametern anzureichern (siehe
Abschnitt 6.3, »Lieferschnittstelle«). Der mehrstufige Aufbau erlaubt bei der
Eingangs- und Ausgangsverarbeitung von Lieferungen die Ausführung von
Liefersplits und eine Aktivierungsentscheidung auf Basis von lagerspezifischen Steuerungsparametern.

Die Erstellung der Lieferdokumente beginnt in der Regel im SAP ERP-System auf Basis von Bestellungen oder Kundenaufträgen. Sind die entsprechenden Lieferungen für eine EWM-verwaltete Werks-/Lagerortkombina-
tion erstellt, werden die Belege im nächsten Schritt an SAP EWM verteilt
(siehe Kapitel 3, »Organisationsstruktur in SAP EWM und SAP ERP«). Bei
der Verteilung der Lieferung sprechen wir von einer Replikation, da es
sich um eine Kopie der SAP ERP-Lieferinformationen und deren logistisch
relevanter Daten auf einen EWM-Beleg handelt. In SAP EWM werden auf
Basis der verteilten Lieferinformationen Anforderungs- und Benachrichtigungsbelege (auch Lageranforderungen) erstellt. Entsprechend dem Prozess resultiert aus der Replikation des SAP ERP-Belegs eine Anlieferungsbenachrichtigung (IDN), erwartete Anlieferungsbenachrichtigung (GRN),
Auslieferungsanforderung (ODR) oder Umbuchungsanforderung (POR).
Die Hauptfunktion dieser Lieferbelege ist neben der Datenhaltung der
Informationen des Vorsystembelegs die Durchführung von Splits bei der
Erstellung von Folgebelegen auf Basis lagerspezifischer Parameter (zum
Beispiel Findung verschiedener Routen pro Lieferposition der Ausliefe-
rungsanforderung (ODR)). Darüber hinaus können Sie für Anforderungs-

und Benachrichtigungsbelege Entscheidungen über die weitere Verarbeitung in SAP EWM treffen. Der Beleg kann dabei vom Anwender aktiviert werden, was die Erstellung des Folgebelegs auslöst, oder zurückgewiesen werden, was den Abschluss des Belegs im Vorsystem zufolge hat.

> **Übergangsservice der Lieferung**
>
> In der Standard-Einstellung erfolgt die Aktivierung der Anforderungs- und Benachrichtigungsbelege – und damit die Erstellung der Folgebelege – automatisch. Die Aktivierung regelt der Übergangsservice (Transition Service) der Lieferung.
>
> Da es sich bei dem Übergangsservice um eine PPF-Aktion handelt, lässt sich der genaue Verarbeitungszeitpunkt (3 – SOFORTIGE VERARBEITUNG oder 1 – VERARBEITUNG ÜBER SELEKTIONSREPORT) im Customizing einstellen (siehe Kapitel 12, »Bereichsübergreifende Prozesse und Funktionen«). Für die verschiedenen Lieferszenarien findet sich der Überganservice im PPF-Aktionsprofil des Anforderungs- bzw. Benachrichtigungsbelegs.

Durch die Aktivierung der Anforderungs- und Benachrichtigungsbelege wird die Lieferung als Folgebeleg erzeugt. Die Lieferung stellt das Basisdokument, auf dessen Grundlage Prozesse in SAP EWM gesteuert werden, dar. Abhängig vom betriebswirtschaftlichen Kontext handelt es sich dabei um eine Anlieferung (PDI), einen erwarteten Wareneingang (EGR), einen Auslieferungsauftrag (PDO) oder eine Umbuchung (SPC). Die Lieferbelege enthalten Parameter für die Steuerung der Lagerprozesse, wie zum Beispiel Kommissionierung, Verpackung oder Beladung. Darüber hinaus finden sich auf den Belegen aktuelle Detailinformationen sowie Status über die im Lager ausgeführten und geplanten Prozessschritte (siehe Abschnitt 6.1, »Aufbau der Lieferung«). Die Erzeugung von EWM-Lageraufträgen und -Lageraufgaben erfolgt im Bezug zu Lieferungen, um die Arbeitspakete und Warenbewegungen der Lagerprozesse zu steuern.

Im Warenausgangsprozess wird zudem auf einer dritten Ebene eine finale Lieferung – die Auslieferung (FDO) – erzeugt. Sie dient in erster Linie der Fixierung eines gemeinsam versendeten Lieferumfangs und der Ausführung von Auslieferungsauftrags-(PDO)Splits. Weitere Informationen über die Kommunikation von Auslieferungsauftragssplits an das SAP ERP-System finden Sie im folgenden Abschnitt bei der Beschreibung der Liefernachrichten des Warenausgangs. In Abbildung 6.2 finden Sie die Zusammenhänge der Lieferbelege mit deren SAP ERP-Vorgängerbelegen für ausgewählte Lieferszenarien.

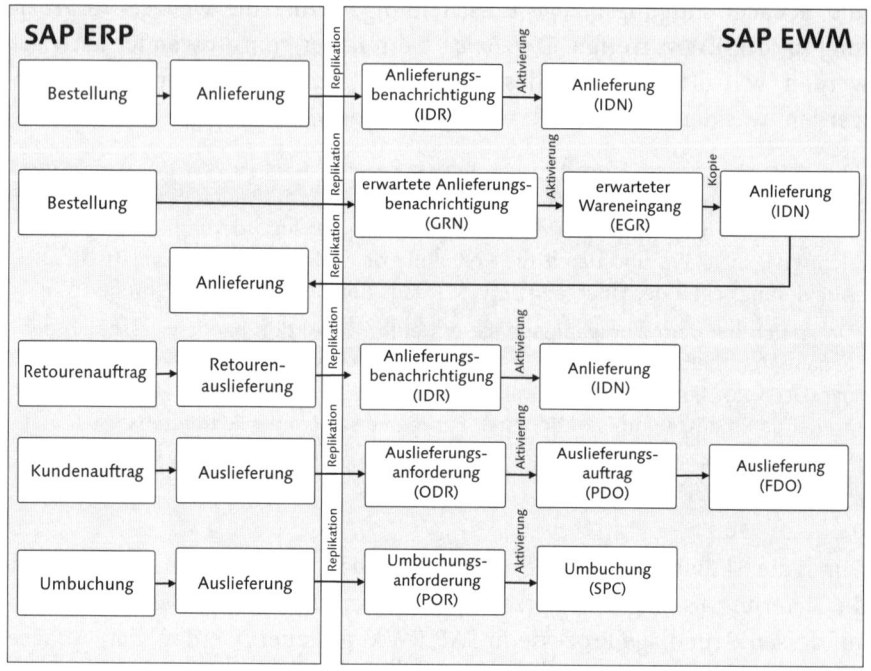

Abbildung 6.2 Zusammenhang der Lieferbelege in SAP EWM

6.3 Lieferschnittstelle

Die *Lieferschnittstelle* umfasst Funktionen für das Empfangen, Anreichern und Senden von Liefernachrichten, um zu definierten Ereignissen Lieferinformationen mit einem Vorsystem auszutauschen. Für die Systemkommunikation werden Nachrichten verwendet, die Lieferungen des Vorsystems replizieren, ändern, aktualisieren, splitten, abschließen oder auch zurückweisen (siehe Abbildung 6.3).

Für die Verteilung von Liefernachrichten werden ab SAP ERP-Release 6.0 Queued Remote Function Calls (qRFC) genutzt. In älteren Releases (SAP R/3 4.6C, SAP R/3 4.7 und SAP ERP 2004) werden Liefernachrichten per IDoc nach EWM kommuniziert. Bitte beachten Sie, dass bei der Verwendung von IDocs nicht alle Funktionen, die für die qRFC-Verarbeitung angeboten werden, zur Verfügung stehen. Dies betrifft in erster Linie die Anpassung und Unterbindung von Funktionen zur Verarbeitung von Liefersplits und zur Kommunikation von Teilwareneingängen, da diese von Release 4.6C nicht verarbeitet werden können. Die entsprechenden Kompatibilitätseinstellungen können im Einführungsleitfaden unter dem Pfad EXTENDED WAREHOUSE

Management • Schnittstellen • ERP-Integration • Steuerungsparameter
für ERP-Versionskontrolle einstellen vorgenommen werden.

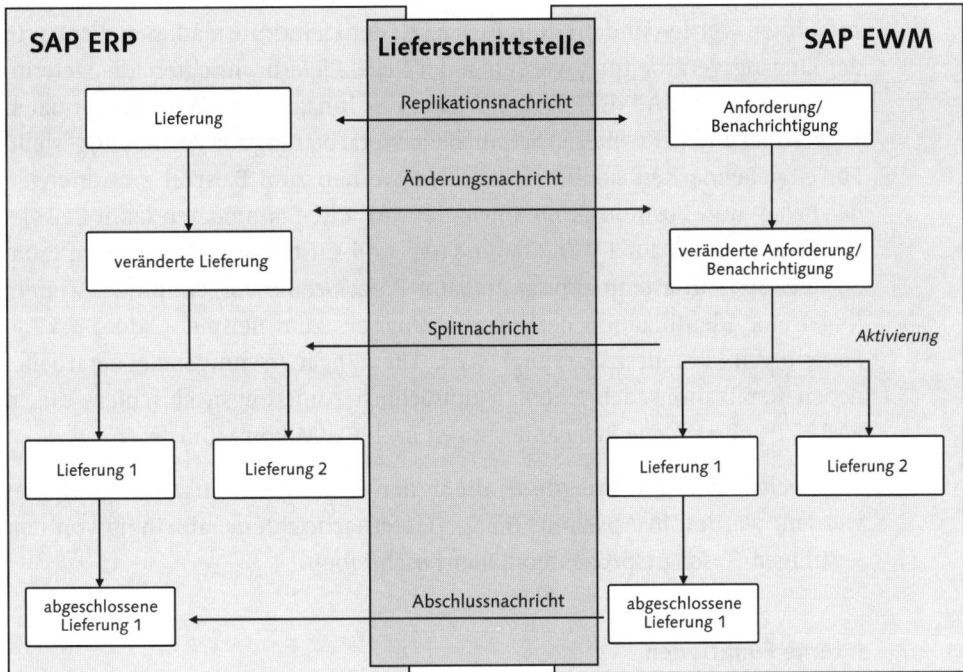

Abbildung 6.3   Vereinfachte Darstellung der systemübergreifenden Nachrichtenverarbeitung der Lieferung

Die Einstellung, ob die Lieferschnittstelle über qRFC oder IDoc kommunizieren soll, finden Sie im EWM-Customizing unter dem Pfad Extended Warehouse Management • Schnittstellen • ERP-Integration • Steuerung der RFC-Queues.

6.3.1   Aufbau der Lieferschnittstelle

Um in SAP EWM Liefernachrichten von SAP ERP oder anderen Vorsystemen zu empfangen und an diese zu versenden, stellt die Lieferschnittstelle Programmeinheiten zur Verfügung, die Aufgaben der Eingangs- und Ausgangsverarbeitung empfangener und gesendeter Nachrichten übernehmen. Darüber hinaus bietet die Lieferschnittstelle interne Funktionen an, die Konsistenzprüfungen der empfangenen Informationen und notwendige Folgeaktionen ausführen sowie die Nachrichtenverarbeitung steuern. Die Lieferschnittstelle beinhaltet damit die im Folgenden näher beschriebenen Hauptbestandteile.

Eingangsschnittstelle

In der Eingangsschnittstelle werden in EWM ABAP-Programmeinheiten zur Verfügung gestellt, die von dem Vorsystem (zum Beispiel SAP ERP) via qRFC aufgerufen werden und die zum Austausch der Lieferinformationen dienen. In der Eingangsverarbeitung werden in der Regel Liefernachrichten, die Lieferinformationen in SAP ERP-Datenformaten beinhalten, EWM-Datenformaten zugeordnet und der weiteren Schnittstellenverarbeitung zur Verfügung gestellt. Für eingehende Replikationsnachrichten werden zum Beispiel Zuordnungen der Beleg- und Positionsarten sowie der SAP ERP-Stammdaten (zum Beispiel Geschäftspartner) auf EWM-Stammdaten und Customizing-Parametern (zum Beispiel Bestandsartenmapping, Initiator Prozesscode) vorgenommen. Zudem findet eine Identifikation der Prozessszenarien (zum Beispiel Cross-Docking-Lieferungen, Retourenlieferung) statt. Die Eingangsschnittstelle verarbeitet neben Replikationsnachrichten hauptsächlich Änderungsnachrichten, die in SAP ERP angestoßene Belegänderungen nach EWM kommunizieren.

Die Nachrichten und Ereignisse, die in der Eingangsschnittstelle verarbeitet werden, werden in Abschnitt 6.3.2, »Liefernachrichten«, abhängig von den jeweiligen Geschäftsprozessen näher beschrieben.

Interne Funktionen

Die internen Funktionen der Lieferschnittstelle übernehmen hauptsächlich Aufgaben der Determinierung und Validierungen. Diese werden über BOPF ausgeführt.

Für in EWM empfangene Belege werden durch die internen Funktionen Determinierungen wie zum Beispiel die SAP ERP-Liefernummernermittlung im Falle von in EWM ausgelösten Liefersplits (siehe Abschnitt 6.4, »Allgemeine Einstellung der Lieferabwicklung«) oder die Relevanz für eine Rechnungserstellung vor der Warenausgangsbuchung (siehe Kapitel 8, »Wareneingangsprozess«) ausgeführt. Die von EWM empfangenen und gesendeten Belege durchlaufen zudem Validierungen, die zum einen die Konsistenz der Belege (zum Beispiel Vorhandensein der Vorbelegreferenzen, Kombination aus Belegart und Positionsart erlaubt) und zum anderen die Erlaubnis für das Verarbeiten von Liefernachrichten prüfen.

> **Business Object Processing Framework**
>
> BOPF ist ein generisches Werkzeug, über das für Systemobjekte (zum Beispiel die Lieferung) spezifische Aktionen, die zu bestimmten Ereignissen ausgeführt werden sollen, definiert werden können. BOPF ist bereits von SAP für Standard-Prozesse

konfiguriert. SAP-eigene Funktionen dürfen nicht durch den Kunden deaktiviert werden, da dies als Modifikation gewertet wird.

Ausgangsschnittstelle

In der Ausgangsverarbeitung wird die an das SAP ERP-System zu versendende Liefernachricht erstellt und via qRFC versendet. Die Ausgangsschnittstelle analysiert in einem ersten Schritt die Änderungen der Lieferung und sammelt für die Erstellung der Nachricht relevante Informationen (zum Beispiel Liefer- und HU-Informationen, Steuerparameter aus dem Meldungsprotokoll der Lieferung oder warenbewegungsrelevante LIME-Einträge). Da über die Liefernachricht Aufrufe von Programmeinheiten eines externen Systems (Funktionsbausteine oder BAPIs) realisiert werden, müssen die Informationen analog zur Eingangsschnittstelle von EWM- auf SAP ERP-Daten-Formate gemappt werden, um im Zielsystem verarbeitet werden zu können. In einem letzten Schritt wird in der Ausgangsschnittstelle die Liefernachricht erzeugt.

Die für die Kommunikation von Lieferinformationen über die Ausgangsschnittstelle relevanten Nachrichten sind prozessbezogen in 6.3.2, »Liefernachrichten«, aufgeführt.

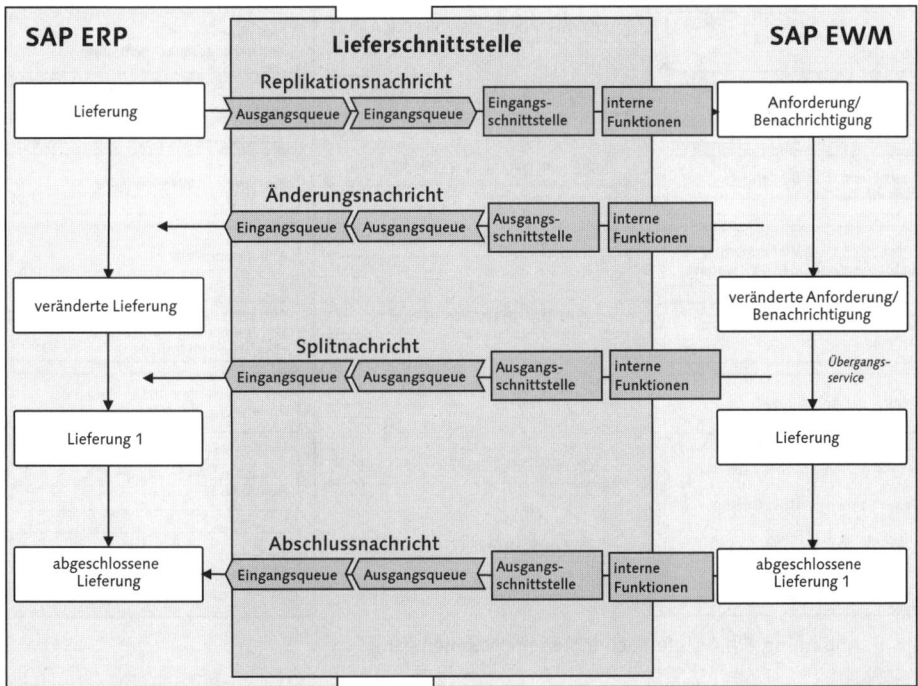

Abbildung 6.4 Aufbau der Lieferschnittstelle

Abbildung 6.4 stellt den Aufbau der Lieferschnittstelle, unabhängig von deren Anwendungsfall (zum Beispiel Anlieferung, Auslieferung, Umbuchung), dar.

6.3.2 Liefernachrichten

In diesem Abschnitt werden die verschiedenen Liefernachrichten vorgestellt sowie deren Anwendungen und Funktionen erläutert. Unter *Liefernachrichten* verstehen wir qRFC-Aufrufe, die Lieferbeleginformationen zwischen den beteiligten Systemen (zum Beispiel SAP ERP, SAP EWM, SAP APO, SAP CRM) austauschen. Ziel des Abschnitts ist es, Ihnen einen Überblick über die Liefernachrichten des Wareneingangs und Warenausgangs zu vermitteln.

Liefernachrichten im Wareneingang

Im Folgenden gehen wir auf die wichtigsten Liefernachrichten im Wareneingangsprozess sowie auf deren spezifische Anwendungsfälle, die in Abbildung 6.5 illustriert sind, ein.

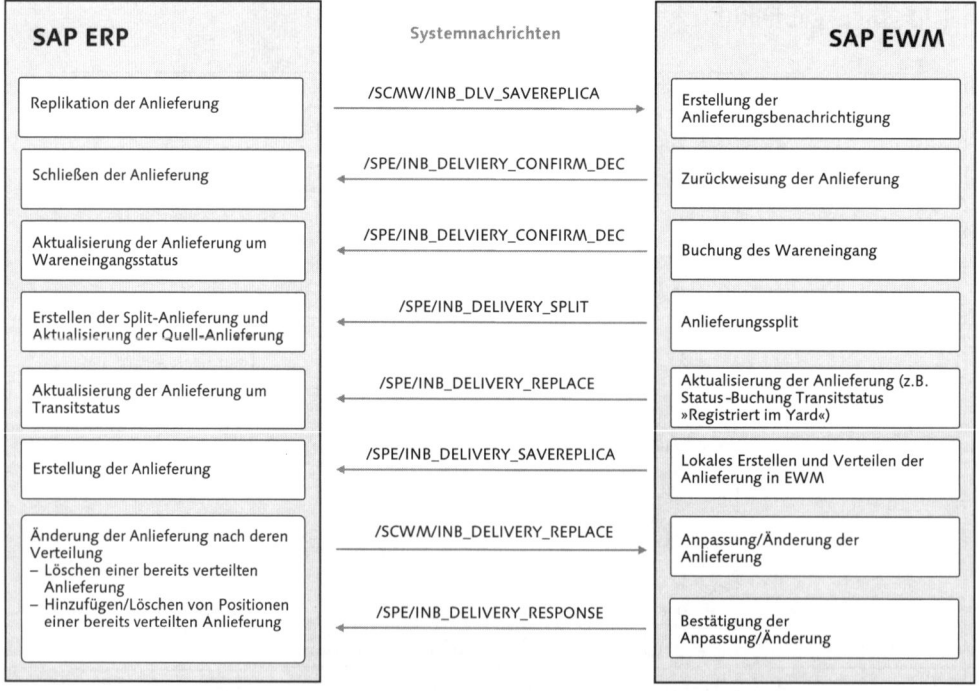

Abbildung 6.5 Liefernachrichten im Wareneingang

Eingangsschnittstelle zur Replikation der Anlieferung

Während der wareneingangsseitigen Verarbeitung der Lieferung werden zunächst Lieferinformationen der SAP ERP-Anlieferung an EWM verteilt. Dazu wird die Replikationsnachricht /SCWM/INB_DLV_SAVEREPLICA für den Wareneingang verwendet. In EWM werden auf deren Basis Wareneingangsbenachrichtigungen als informationsgleiche Kopie (Replikation) erstellt. Den Anwendungsfällen des Wareneingangs (siehe Kapitel 8, »Wareneingangsprozess«) entsprechend, können die folgenden Lieferszenarien unterschieden werden:

▸ Standard-Anlieferung (IDN/PDI)

▸ Kundenretoure – Anlieferung mit Retourenpositionen (IDN/PDI)

▸ Erwarteter Wareneingangsdokumente, basierend auf SAP ERP-Bestellungen oder Fertigungsaufträgen (GRN/EGR)

Ausgangsschnittstelle für den Abschluss der Anlieferung

Die Hauptanwendungsfälle der Abschlussnachricht /SPE/INB_DELIVERY_CONFIRM_DEC im Wareneingang sind die Buchung des Wareneingangs und die Zurückweisung der Anlieferung. Sobald in EWM der (Teil-) Wareneingang gebucht wurde, kommuniziert die Schnittstelle die Buchung, indem der Warenbewegungsstatus der SAP ERP-Anlieferung, dem Geschäftsvorfall entsprechend, auf TEILWEISE BEARBEITET (B) oder VOLLSTÄNDIG BEARBEITET (C) umgesetzt wird. Bei der Zurückweisung der Anlieferung, zum Beispiel über die Transaktion der Anlieferungspflege /SCWM/PRDI (die Transaktionen kann auch im SAP Easy Access Menü über den Pfad EXTENDED WAREHOUSE MANAGEMENT • LIEFERABWICKLUNG • ANLIEFERUNG gefunden werden), werden die Lieferpositionsmengen in SAP ERP und EWM auf null reduziert, um die Anlieferung vollständig oder teilweise in beiden Systemen zu schließen. Weitere Anwendungsfälle für die Nutzung der Abschlussnachricht werden im Folgenden aufgeführt:

▸ **Übermittlung von Differenzenbuchungen**
Bei der Buchung von Teilwareneingängen werden durch die Quittierung von Lageraufgaben ausgelöste Differenzenbuchungen (zum Beispiel Mehrmengen der Lieferposition) an das SAP ERP-System kommuniziert (siehe Kapitel 8, »Wareneingangsprozess«).

▸ **Stornierung der Wareneingangsbuchung**
Bei der Stornierung eines Wareneingangs für eine Anlieferung wird die

Abschlussnachricht der Anlieferung verwendet, um die Stornierungsbuchung an das SAP ERP-System zu kommunizieren.

▸ **Übermittlung des Erledigungskennzeichens (Closing Indicator)**
Das Erledigungskennzeichen wird an das SAP ERP-System auf Lieferpositionsebene gesendet. Es signalisiert die Vollständigkeit der Bearbeitung einer Lieferposition, nach der keine weitere Buchung zu erwarten ist.

▸ **Übermittlung der HU-Informationen**
Zur Übermittlung von HU-Informationen der Anlieferung wird die Abschlussnachricht der Anlieferung verwendet.

Über die Abschlussnachricht werden nur die Lieferpositionen an das SAP ERP-System übermittelt, für die mindestens einer der oben genannten Anwendungsfälle zutrifft.

Ausgangsschnittstelle zur Übermittlung von Anlieferungssplits

Sollte eine durch einen Lieferanten avisierte Anlieferung nicht mit einer physischen Warenlieferung versendet werden, kann die Funktion des Anlieferungssplits genutzt werden. Über die Anlieferungssplit-Nachricht /SPE/INB_DELIVERY_SPLIT werden die Mengen der fehlenden Lieferposition in SAP ERP auf null reduziert, und eine neue Anlieferung wird erstellt.

Das Splitten kann in EWM durch die Verwendung eines Ausnahmecodes, dem ein entsprechender Prozesscode (siehe Abschnitt 6.4.2, »Serviceprofile der Lieferung«) zugeordnet ist, während der Einlagerung ausgelöst werden. Alternativ kann der Anlieferungssplit auch direkt über die Transaktion der Anlieferungspflege /SCWM/PRDI, zum Beispiel durch das Löschen einer Anlieferungsposition (PDI), ausgelöst werden. Die Nachricht, die den Anlieferungssplit an das SAP ERP-System kommuniziert, enthält sowohl die ursprüngliche Lieferbelegreferenz als auch die Splitlieferung und die Lieferpositionsmengen, die in SAP ERP abgesplittet werden müssen.

Ausgangsschnittstelle zur Aktualisierung und Änderung der Anlieferung

Werden in EWM Anlieferungen verändert, sendet das System eine Aktualisierungsnachricht /SPE/INB_DELIVERY_REPLACE zur Änderung der Anlieferungsbelege an das SAP ERP-System. Zur Durchführung der Änderung ersetzt die Aktualisierungsnachricht die zu ändernde Anlieferung, abhängig von der Komplexität der Änderung teilweise (*Header Replacement*) oder vollständig (*Full Replacement*). Die Aktualisierung wird in den folgenden Anwendungsfällen ausgeführt:

- Löschen einer Anlieferung (Header Replacement)
- Buchung und Stornierung des Transitstatus (DTR) (Header Replacement)
- Erstellung einer neuen Lieferposition oder Chargenunterposition (Full Replacement)
- Chargenmerkmalsänderung (Full Replacement)

Eingangsnachricht zu einer in SAP ERP ausgelösten Aktualisierung oder Änderung der Anlieferung

Sobald Anlieferungen in SAP ERP erstellt und an das EWM-System verteilt wurden, können in SAP ERP keine direkten Änderungen auf den bereits verteilten Beleg durchgeführt werden, da mit der Verteilung die »Beleghoheit« an das EWM-System abgegeben wurde. Über die Transaktion der erweiterten Anlieferungsbearbeitung (Transaktion VL60) können jedoch auch nach der Verteilung der Anlieferung Änderungen des Belegs durchgeführt werden (siehe Kapitel 8, »Wareneingangsprozess«). Die Transaktion kann auch über das SAP Easy Access Menü über den Pfad LOGISTIK • LOGISTICS EXECUTION • WARENEINGANGSPROZESS • WARENEINGANG ZUR ANLIEFERUNG • ERWEITERTE ANLIEFERUNGSBEARBEITUNG erreicht werden. Nach dem Durchführen und Sichern der Änderung (zum Beispiel Löschen der Anlieferung, Löschen oder Hinzufügen von Lieferpositionen) sendet das SAP ERP-System zunächst eine Änderungsnachricht an das EWM-System (/SCWM/INB_DELIVERY_REPLACE).

Abhängig vom Bearbeitungsstatus der Anlieferung in EWM kann eine Änderung von EWM erlaubt oder verboten werden (zum Beispiel wird eine Änderung verboten, sollten bereits Lageraktivitäten für die Anlieferung durchgeführt worden sein). In beiden Fällen wartet das SAP ERP-System auf eine Rückmeldungsnachricht /SPE/INB_DELIVERY_RESPONSE von EWM, das die Änderung entweder erlaubt oder ablehnt.

Ausgangsschnittstelle für das lokale Erstellen und Verteilen von Anlieferungen in SAP EWM

Im Szenario des erwarteten Wareneingangs werden in einem ersten Schritt Lieferbelege in EWM erstellt und anschließend an das SAP ERP-System verteilt. Für die Verteilung der Lieferinformationen zur Erstellung der SAP ERP-Anlieferung wird die EWM-Anlieferungsreplikationsnachricht /SPE/INB_DELIVERY_SAVEREPLICA genutzt (siehe Kapitel 8).

Liefernachrichten im Warenausgang

Im Folgenden wird auf die wichtigsten Liefernachrichten im Warenausgangsprozess sowie auf deren spezifische Anwendungsfälle, die in Abbildung 6.6 illustriert sind, eingegangen.

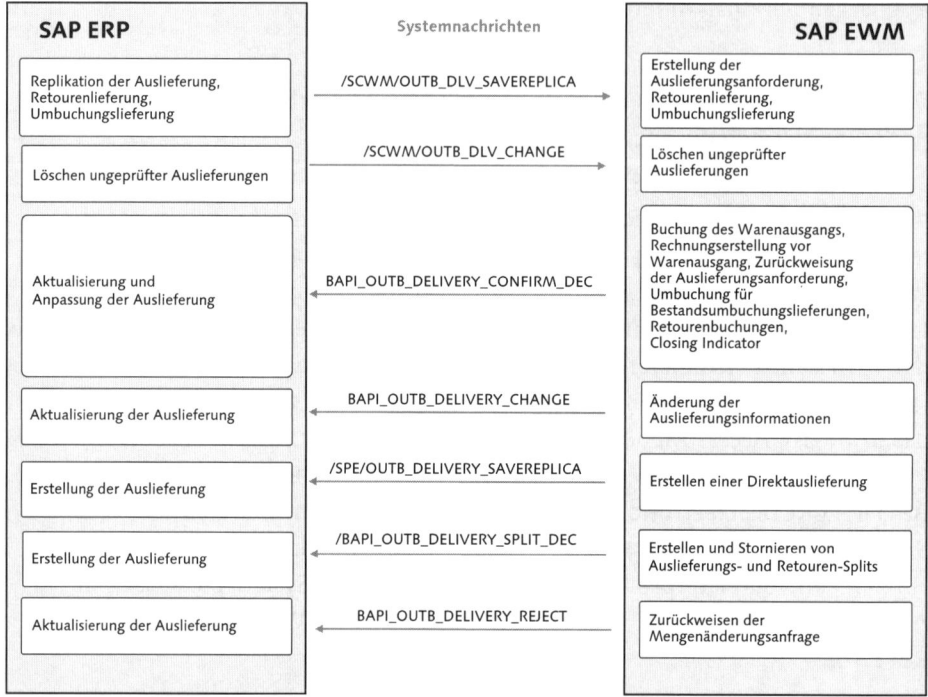

Abbildung 6.6 Liefernachrichten im Warenausgang

Eingangsschnittstelle zur Replikation der Auslieferung

Die eingangsseitige Replikationsnachricht der Auslieferung /SCWM/OUTB_DLV_SAVEREPLICA wird dafür genutzt, Auslieferungen von SAP ERP nach EWM zu verteilen. In EWM werden auf Basis der Replikationsnachricht Lageranforderungen erstellt. Dies schließt die folgenden Belegtypen ein:

- Standard-Auslieferungen (geprüfte/ungeprüfte) (ODR/PDO)
- Lieferantenretouren – Anlieferungen mit Retourenpositionen (IDN/PDI)
- Umbuchungslieferungen (POR/SPC)

Eingangsschnittstelle zur Änderung von ungeprüften Auslieferungen

Die Eingangsschnittstelle zur Änderung von ungeprüften Auslieferungen ist dafür konzipiert, ungeprüfte Auslieferungen über die Änderungsnachricht

/SCWM/OUTB_DLV_CHANGE in EWM zu löschen. Ungeprüfte Auslieferungen werden in SAP ERP erstellt und an EWM verteilt, um die erwartete Arbeitslast im Lager vor der Verfügbarkeitsprüfung überwachen zu können. Sind die in den SAP ERP-Auslieferungen angeforderten Mengen durch die APO-Verfügbarkeitsprüfung als verfügbar bewertet worden, werden in SAP ERP die ungeprüften in geprüfte Auslieferungen überführt (siehe Kapitel 9, »Warenausgangsprozess«). Die Schnittstelle wird in Kombination mit der Eingangsschnittstelle zur Replikation von Auslieferungen gerufen, um die ungeprüfte Auslieferung zu löschen und die geprüfte Auslieferung zu erstellen.

Ausgangsschnittstelle zum Abschluss der Auslieferung

Die Abschlussnachricht BAPI_OUTB_DELIVERY_CONFIRM_DEC der Auslieferung hat die folgenden Anwendungsfälle:

▶ **Warenausgangsbuchung der Auslieferung**
Die Hauptverwendung der Abschlussnachricht ist die Übermittlung der Warenausgangsbuchung. Das SAP ERP-System kann nur vollständige Warenausgangsbuchungen verarbeiten. Aus diesem Grund werden im Fall von teilweisen Warenausgangsbuchungen Auslieferungen (FDO) von dem originären Auslieferungsauftrag (PDO) gesplittet.

▶ **Null-Mengen-Warenausgangsbuchung**
Ein Auslieferungssplit führt letztlich zu einem schrittweisen Abschließen der originären SAP ERP-Auslieferung. Dies wird erreicht, indem die Lieferpositionsmenge, die von der originären Lieferung abgesplittet wird, auf null reduziert wird. Zu diesem Zweck wird eine »Null-Mengen«-Warenausgangsbuchung von EWM an das SAP ERP-System übermittelt.

▶ **Rechnungserstellung vor Warenausgangsbuchung (IBGI)**
Auch die Rechnungserstellung vor Warenausgangsbuchung nutzt zur Übermittlung der Auslieferungsinformationen des IBGI-Kennzeichens, des ermittelten Druckerprofils und der Versionsnummer der Rechnungsanforderung die Ausgangsschnittstelle zum Abschluss der Auslieferung.

▶ **Zurückweisung von Auslieferungsanforderungen**
Falls durch das SAP ERP-System eine Auslieferung an EWM gesendet wird, die nicht in einen Auslieferungsauftrag (PDO) überführt werden kann, bleibt die replizierte Auslieferungsanforderung (ODR) inaktiv. Sowohl die SAP ERP-Auslieferung als auch die EWM-Auslieferungsanforderung (ODR) müssen in diesem Falle abgeschlossen werden, sollten Letztere nicht in EWM aktiviert werden können. Der Abschluss der Auslieferungsanforderung (ODR) wird in EWM über das Zurückweisen des Belegs

in der Transaktion der Auslieferungsanforderungspflege (im SAP Easy Access Menü über den Pfad EXTENDED WAREHOUSE MANAGEMENT • LIEFER-ABWICKLUNG • AUSLIEFERUNG) ausgeführt.

▸ **Umbuchungsbuchung bei Umbuchungslieferungen**
Die Umbuchungsbuchung der Umbuchungslieferung wird über die Abschlussnachricht der Auslieferung an das SAP ERP-System kommuniziert.

▸ **Wareneingangs- und Teilwareneingangsbuchung von Retourenlieferungen**
Für die Kommunikation der (Teil-)Wareneingangsbuchung von Retourenlieferungen wird die Abschlussnachricht der Auslieferung genutzt, da im SAP ERP-System ein Auslieferungsbeleg aktualisiert wird (siehe Abbildung 6.1).

▸ **Buchung und Stornierung des Transitstatus (DTR) von Retourenlieferungen**
Analog der Wareneingangsbuchung wird für die Kommunikation des Transitstatus die Abschlussnachricht der Auslieferung genutzt, da in SAP ERP ein Auslieferungsbeleg aktualisiert wird.

▸ **Übermittlung des Erledigungskennzeichens (Closing Indicator) für Retourenlieferpositionen**
Zur Aktualisierung der Retourenauslieferung im SAP ERP-System mit dem Erledingungskennzeichen wird ebenfalls die Abschlussnachricht der Auslieferung genutzt.

Ausgangsschnittstelle zur Änderung der Auslieferung

Die ausgangsseitige Änderungsnachricht für die Änderung der Auslieferung BAPI_OUTB_DELIVERY_CHANGE wird für die folgenden in EWM ausgeführten Anwendungsfälle genutzt:

▸ Stornierung der Rechnung (IBGI)

▸ Erstellung neuer Positionen

▸ Löschen alter Positionen

▸ Änderung der Lieferpositionsmengen

▸ Kommissionierzurückweisung

▸ Stornierung der Warenausgangsbuchung

Ausgangsschnittstelle zur Replikation der Auslieferung

Für den Anwendungsfall der Direktauslieferung werden in EWM lokal Auslieferungsanforderungen (ODR) erstellt und anschließend an das SAP ERP-

System zur Erstellung von Auslieferungen verteilt. Für die Verteilung der Auslieferungsanforderungen an das SAP ERP-System wird die ausgangsseitige Replikationsnachricht /SPE/OUTB_DELIVERY_SAVEREPLICA genutzt.

Ausgangsschnittstelle zum Splitten der Auslieferung

Der Auslieferungssplit kann in EWM auf zwei Ebenen durchgeführt werden:

▶ **Auslieferungsanforderung (ODR) – Auslieferungsauftrag (PDO) – Split**
Der (Planungs-) Split erfolgt, wenn Positionen einer Auslieferungsanforderung (ODR) unterschiedlich im Lager gesteuert werden müssen. Für die Auslieferungsanforderungspositionen werden in EWM hierzu unterschiedliche, die logistischen Prozesse steuernde Parameter ermittelt (zum Beispiel Ermittlung verschiedener Routen pro Position aufgrund von Gefahrgutvorschriften). Zu einer Auslieferungsanforderung (ODR) werden beim Planungssplit n Auslieferungsaufträge (PDO) erstellt.

▶ **Auslieferungsauftrag (PDO) – Auslieferung (FDO) – Split**
Der (Ausführungs-) Split erfolgt, sobald Auslieferungsauftragspositionen während der Ausführung logistischer Prozesse voneinander getrennt werden (zum Beispiel durch das Versenden zu unterschiedlichen Zeitpunkten mit unterschiedlichen Transporteinheiten). Zu einem Auslieferungsauftrag (PDO) werden beim Ausführungssplit n Auslieferungen (FDO) erstellt.

Für die Kommunikation des Liefersplits wird die Splitnachricht des Warenausgangs BAPI_OUTB_DELIVERY_SPLIT_DEC genutzt. Die folgenden Anwendungsfälle zur Ausführung von Auslieferungsbelegsplits können unterschieden werden:

▶ **Auslieferungs-Split**
sobald für eine Teilmenge eines Auslieferungsauftrags (PDO) eine separate Auslieferung (FDO) erstellt wird

▶ **Stornierung des Auslieferungssplits**
Sobald eine Auslieferung (FDO), die zuvor zu einem SAP ERP-Auslieferungssplit geführt hat, gelöscht wird, wird der Split über die Stornierung rückgängig gemacht.

▶ **Retourenlieferungs-Split**
Retourenlieferungen werden in EWM zwar als Anlieferungen, in SAP ERP aber als Auslieferung behandelt. Ein Retourenlieferungs-Split muss folglich über die Ausgangsschnittstelle zum Splitten von Auslieferungen an das SAP ERP-System kommuniziert werden.

Ausgangsschnittstelle zur Zurückweisung der Auslieferung

Die Zurückweisungsnachricht der Auslieferung BAPI_OUTB_DELIVERY_
REJECT für die Zurückweisung der Auslieferung dient von externen Systemen (zum Beispiel durch APO oder CRM) gesendeten Mengenänderungsan-
fragen. Die Zurückweisung einer systemexternen Anfrage kann in den folgenden Fällen auftreten:

▸ Die tatsächliche Liefermenge unterscheidet sich von der in CRM oder APO
avisierten Menge.

▸ Der Auslieferungsauftrag hat den Status GESPERRT.

▸ Der Kommissionierprozess hat bereits begonnen.

▸ Der Verladeprozess hat bereits begonnen.

▸ Die Warenausgangsbuchung wurde bereits durchgeführt.

▸ Die Auslieferungsauftragsposition ist aufgrund von Sperrgründen nicht
änderbar.

▸ Die (Kommissionier-)Welle, der die Auslieferungsauftragspositionen zugeordnet sind, wurde bereits freigegeben.

**Eingangsschnittstelle zur massenhaften Mengenänderung von
Auslieferungen**

Die Nachricht /SCWM/OBDLV_CHNG_QUAN_MUL zur massenhaften Mengenänderung von Auslieferungen wird dafür genutzt, in EWM Auslieferungs-
mengen aufgrund von Mengenreduktionen in CRM-Kundenaufträgen oder in
APO-Quittierungsänderungen (zum Beispiel *Reassignment of Order Confir-
mations* (ROC) in APO) durchzuführen. Über die Eingangsschnittstelle werden Lieferpositionsinformationen (Mengen, Liefernummer, Positionsnummer) an EWM übermittelt. Dabei werden die Positionen in zwei Gruppen
eingeteilt – Positionen, für die Mengenänderungen möglich sind, und Positionen, für die keine Mengenänderungen möglich sind. Als Ergebnis der Mengenänderung sind die folgenden beiden Systemrückmeldungen möglich:

▸ **Annahme**
Die Menge konnte in EWM geändert werden. Die Mengenänderung wird
asynchron mit der späteren Quittierungsschnittstelle an das SAP ERP-System übermittelt.

▸ **Zurückweisung**
Die Menge konnte nicht in EWM geändert werden. Die zurückgewiesene
Mengenänderung wird sofort synchron an das SAP ERP-System übermittelt.

6.3.3 Monitoring der Lieferschnittstelle

Wie eingangs bereits erwähnt, werden für die Verteilung von Lieferinformationen zwischen SAP ERP und EWM Queued Remote Function Calls (qRFCs) genutzt. Hauptgrund für die Nutzung von qRFCs ist deren Eigenschaft, Nachrichten nach Logik der Geschäftsprozesse zu serialisieren, um deren Verarbeitungsreihenfolge kontrollieren zu können. Die Serialisierung findet über die Queuenamen statt, in denen die Lieferbelegnummern verschlüsselt sind.

Der Aufbau eines Queuenamens (zum Beispiel `DLVSP9QCLNT0010180009319`) erfolgt nach folgendem Prinzip:

- Kommunikationspräfix: `DLV` (SAP ERP an EWM) oder `DLW` (EWM an SAP ERP)
- `M` (Massen-Queue, mit mehr als einer Lieferung) oder `S` (Einzel-/Single-Queue)
- logischer Systemname des Senders (im Beispiel `P9QCLNT001`)
- Liefernummer oder Bestellungsnummer, Produktionsnummer, Szenarioname (im Beispiel `0180009319`)

Für die Überwachung der Schnittstelle können Eingangsqueues über die Transaktion SMQ2 und Ausgangsqueues über die Transaktion SMQ1 geprüft werden (siehe Abbildung 6.7). Alternativ erreichen Sie die beiden Transaktionen auch im SAP Easy Access Menü unter dem Pfad SCM BASIS • INTEGRATION.

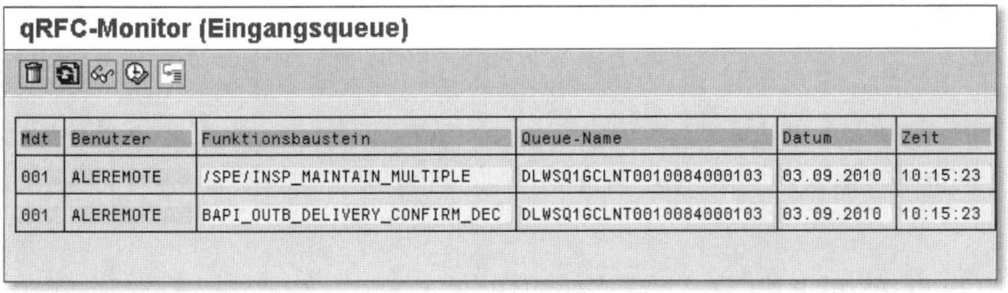

qRFC-Monitor (Eingangsqueue)

Mdt	Benutzer	Funktionsbaustein	Queue-Name	Datum	Zeit
001	ALEREMOTE	/SPE/INSP_MAINTAIN_MULTIPLE	DLWSQ1GCLNT0010084000103	03.09.2010	10:15:23
001	ALEREMOTE	BAPI_OUTB_DELIVERY_CONFIRM_DEC	DLWSQ1GCLNT0010084000103	03.09.2010	10:15:23

Abbildung 6.7 Eingangs-Queue während der Verarbeitung einer Anlieferungsreplikationsnachricht

Überwachung der Queues

Bitte beachten Sie bei der Überwachung von Queues, dass erfolgreich verarbeitete Queues keine Einträge in den Transaktionen des qRFC-Monitors hinterlassen. Für nicht erfolgreich verarbeitete Queues hingegen sind Einträge mit Fehlerprotokoll ersichtlich.

Sollten Sie zur Überwachung einzelne Queues vor deren Verarbeitung dennoch in der Schnittstelle prüfen wollen, können Sie in der Transaktion SMQR unter Angabe des Queuenamens einzelne Queues deregistrieren (zum Beispiel DLVS*).

Um generell in einem System die Queueverarbeitung in der Schnittstelle »anzuhalten« können Sie die folgenden User-Parameter an Ihrem SAP-User hinterlegen:

- EWM: /SCWM/IF_DEBUG_QRFC
- ERP: /SPE/IF_DEBUG_QRFC

6.4 Allgemeine Einstellung der Lieferabwicklung

Während in den vorangegangenen Abschnitten auf die Lieferbelege in SAP EWM, den grundlegenden Aufbau der Lieferung sowie auf die Lieferschnittstelle eingegangen wurde, beschäftigt sich dieser Abschnitt mit allgemeinen Einstellungen der Lieferung.

6.4.1 SAP ERP-Integration der Lieferabwicklung

Im Customizing der SAP ERP-Integration werden Einstellungen wie zum Beispiel Lieferbelegartenfindung, Positionsartenfindung oder Feldübernahmen (zum Beispiel für Routen, Termine, Partner) vorgenommen, die das Verhalten der Lieferung bei deren Eingangs- und Ausgangsverarbeitung (siehe Abschnitt 6.3.1, »Aufbau der Lieferschnittstelle«) beeinflussen. Das Integrationscustomizing der Lieferabwicklung finden Sie im Einführungsleitfaden unter dem Pfad EXTENDED WAREHOUSE MANAGEMENT • SCHNITTSTELLEN • ERP-INTEGRATION • LIEFERABWICKLUNG.

Im Folgenden finden Sie eine Übersicht und Erläuterungen der wichtigsten Customizing-Einstellungen der SAP ERP-Lieferintegration:

Nummernkreise für SAP ERP-Belege definieren

In dieser Customizing-Aktivität werden Nummernkreise bzw. Nummernkreisintervalle für SAP ERP-Belege definiert. Die Nummernkreise finden immer dann Anwendung, sobald in EWM die Erstellung eines SAP ERP-Belegs, zum Beispiel im Falle von Liefersplits oder Direktauslieferungen, angestoßen wird.

SAP ERP-Belegarten als relevant für das Differenzierungsattribut

In EWM können sogenannte Differenzierungsattribute definiert werden. Die Differenzierungsattribute erlauben es bei Abbilden der SAP ERP-Positionsarten in EWM, für eine SAP ERP-Positionsart (Positionstyp) verschiedene EWM-Positionsarten zu finden. Differenzierungsattribute sind dabei in Profilen gruppiert, die spezifische Anwendungsfälle für die Positionssteuerung, wie zum Beispiel Verschrottung, Kundenretouren oder Umlagerungen, widerspiegeln. Die Profile für Differenzierungsattribute sind von SAP vorgegeben und können nicht erweitert werden.

Belegarten aus dem SAP ERP-System in SAP EWM abbilden

Die Findung der EWM-Lieferbelegart erfolgt über eine Mapping-Tabelle in Abhängigkeit vom Business-System (Abschnitt 6.4, »Allgemeine Einstellung der Lieferabwicklung«), der SAP ERP-Belegart und des Codes für den Initiator einer Kommunikationskette (Initiator Process Code).

> **Initiator der Kommunikationskette**
>
> Zur Identifikation des aktuellen Geschäftsszenarios sendet SAP ERP den Parameter INITIATOR PROZESSCODE an EWM. Dieser wird während der Eingangsverarbeitung der Lieferung in EWM ausgewertet und steuert Folgeprozesse entsprechend dem Eingangsszenario (zum Beispiel Kit-to Stock und Transport-Cross-Docking, siehe Kapitel 12, »Bereichsübergreifende Prozesse und Funktionen«).

Positionsarten aus dem SAP ERP-System in SAP EWM abbilden

Analog zur Belegartenfindung erfolgt die Positionsartenfindung in Abhängigkeit von Business-System, SAP ERP-Beleg- und Positionsart sowie der EWM-Belegart. Um eine detailliertere Auseinandersteuerung der Belegarten in EWM zu ermöglichen, werden zudem für die Findung das bereits erläuterte Differenzierungsattribut sowie ein Indikator für die Verwendung von Catch-Weight-Produkten (siehe Kapitel 5, »Bestandsverwaltung«) berücksichtigt.

Terminarten aus dem SAP ERP-System in SAP EWM abbilden

Im Customizing der Abbildung der Terminarten können Sie Einstellungen vornehmen, die zum einen die Abbildung und Übernahme von SAP ERP-Lieferterminen in EWM und zum anderen die Rückmeldung der Termine von EWM nach SAP ERP steuern. Um dies zu gewährleisten, werden SAP ERP-

Terminarten, abhängig davon, ob es sich um Kopf- oder Positionstermine handelt, pro Beleg- und Positionsart EWM-Terminarten zugeordnet.

Partnerrollen aus dem SAP ERP-System in SAP EWM abbilden

Die an den SAP ERP-Lieferungen hinterlegten und über die Lieferschnittstelle an EWM kommunizierten Geschäftspartner werden als Voraussetzung für die Lieferabwicklung im Vorfeld über die Stammdatenverteilung an das EWM-System verteilt (siehe Kapitel 4, »Stammdaten«). Den Partnerstammdaten werden dabei automatisch EWM-Partnerrollen entsprechend deren Bedeutung (zum Beispiel Spediteur, Warenempfänger) in SAP ERP zugeordnet. Zur Verarbeitung von in den Lieferungen mitgegebenen SAP ERP-Partnerrollen müssen diese in der Lieferschnittstelle auf EWM-Partnerrollen gemappt werden. Das Mapping der Partnerrollen erfolgt in Abhängigkeit vom Business-System, der SAP ERP-Partnerrolle sowie der Belegart.

Nachrichtenverarbeitung empfängerabhängig steuern

Die Einstellungen der empfängerabhängigen Nachrichtenverarbeitung beziehen sich auf Einstellungen von Nachrichten, die von EWM an SAP ERP gesendet werden (siehe Ausgangsschnittstellen in Abschnitt 6.3.2, »Liefernachrichten«). In der Customizing-Tabelle lassen sich neben der Hinterlegung der oben bereits erwähnten Nummernkreisintervalle für in EWM erstellte und an SAP ERP verteilte Lieferungen die folgenden Steuerungsparameter hinterlegen:

▶ Warenbewegungsrückmeldung (nur relevant für Anlieferungen)

▶ HU-Parameter (nur relevant für Anlieferungen)

▶ Split-Profil (nur relevant für Auslieferung)

Routen und Routenabfahrplan aus dem SAP ERP-System in SAP EWM abbilden

Für Lieferungen, die an das EWM-System verteilt wurden, kann entschieden werden, ob die bereits in SAP ERP gefundene Route (SD) übernommen oder eine SCM-Routenfindung durchgeführt werden soll (siehe Kapitel 9, »Warenausgangsprozess«). Für die Abbildung der Route in EWM können folgende grundsätzliche Einstellungen vorgenommen werden:

▶ 1 Route (SD) verwenden, wenn Route (SCM) initial

- ▸ 2 Route (SD) verwenden, wenn Route (SD) und Routenfahrplan gefüllt
- ▸ Standard-Einstellung: Route (SCM) verwenden

Weitere Customizing-Informationen

Weitere Informationen über das grundlegende Aufsetzen des Liefer-Customizings finden Sie im Beratungshinweis 1227714.

6.4.2 Serviceprofile der Lieferung

Die Lieferabwicklung bedient sich sowohl für die Beleg- als auch für die Prozesssteuerung verschiedener Serviceprofile. Diese werden dazu genutzt, das Verhalten und die Eigenschaften der Lieferung entsprechend den Anforderungen der Anwendungsszenarien anzupassen. Im Wesentlichen beziehen sich die Serviceprofile auf das Verhalten und die Funktionen der bereits im Aufbau der Lieferung behandelten Lieferinformation (siehe Abschnitt 6.1, »Aufbau der Lieferung«). Die Serviceprofile der Lieferung werden in Systemprofile und Kundenprofile unterteilt. Systemprofile stellen von SAP ausgelieferte und nicht veränderbare Einstellungen dar, während auf Ebene der Kundenprofile kundenspezifische Einstellungen vorgenommen werden können. Kundenprofile sind dabei immer Systemprofilen zugeordnet, die wiederum deren Grundlage darstellen. Mehr Informationen sowie das entsprechende Customizing der Serviceprofile finden Sie im Einführungsleitfaden unter dem Pfad EXTENDED WAREHOUSE MANAGEMENT • PROZESSÜBERGREIFENDE EINSTELLUNGEN • LIEFERABWICKLUNG. Beachten Sie auch die Dokumentation der entsprechenden Customizing-Einstellungen.

Die Serviceprofile der Lieferung werden bei der Konfiguration der Lieferbelege sowohl an der Belegart als auch an der Positionsart hinterlegt (siehe Abbildung 6.8). Da Belegart und Positionsart prozessspezifisch sind, finden Sie das entsprechende Customizing für Wareneingangsprozesse im Einführungsleitfaden unter dem Pfad EXTENDED WAREHOUSE MANAGEMENT • WARENEINGANGSPROZESS • ANLIEFERUNG • MANUELLE EINSTELLUNGEN und für Warenausgangsprozesse unter dem Pfad EXTENDED WAREHOUSE MANAGEMENT • WARENAUSGANGSPROZESS • AUSLIEFERUNG • MANUELLE EINSTELLUNGEN. Bitte beachten Sie, dass Serviceprofile für alle Beleg- und Positionstypen (zum Beispiel Anforderungen und Benachrichtigungen, Lieferungen, finale Lieferungen) hinterlegt werden.

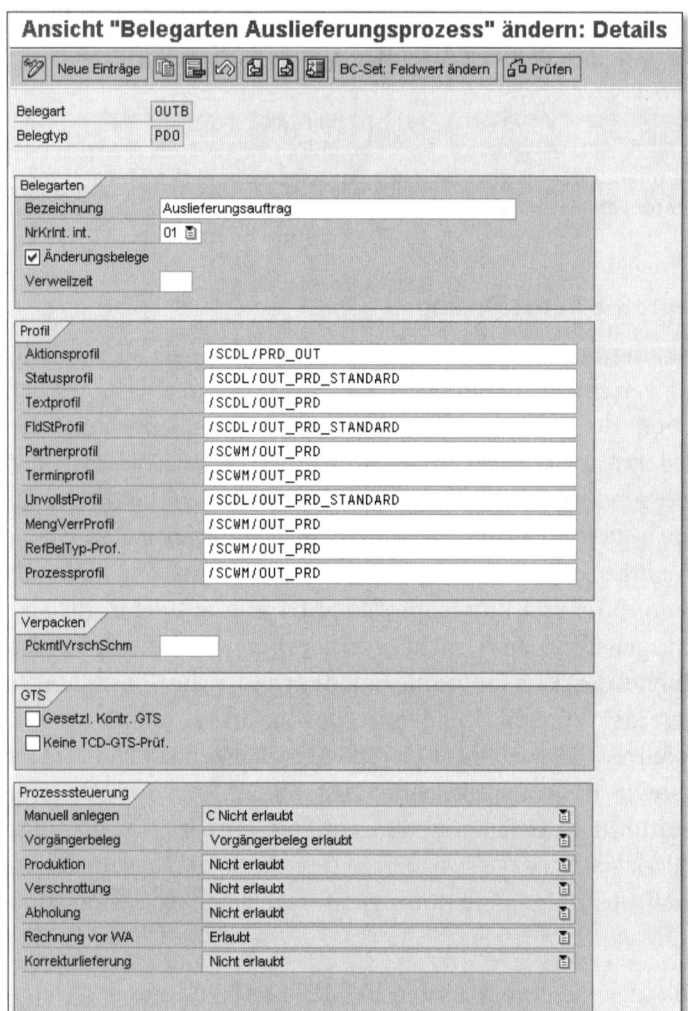

Abbildung 6.8   Customizing der Belegart am Beispiel des Auslieferungsauftrags (PDO)

SAP EWM bietet die im Folgenden beschriebenen Serviceprofile der Lieferung an:

PPF-Aktionen

Das Aktionsprofil enthält die erlaubten PPF-Aktionen, die für einen
bestimmten Lieferbeleg ausgeführt werden dürfen. Über PPF-Aktionen
kann, abhängig von definierten Bedingungen, der Druck von Lieferpapieren
oder das Auslösen von Folgefunktionen, wie zum Beispiel die automatische

Erstellung von Lageraufgaben, ausgelöst werden (siehe Kapitel 12, »Bereichs-übergreifende Prozesse und Funktionen«).

Statusverwaltung

Für die Statusverwaltung können kundeneigene Statusprofile erstellt werden. Statusprofile stellen Gruppierungen von für die Lieferung relevanten Statusarten (zum Beispiel DGR – Wareneingangsstatus, DCO – Transitstatus, DLO – Beladungsstatus) dar. In der Statusverwaltung können zudem kundeneigene Statusarten erstellt und einem Statusprofil zugeordnet werden.

Textverwaltung

An Textprofilen können Textarten (zum Beispiel Lieferbedingungen, Versandvorschrift, Frachtbriefinformationen) unter der Berücksichtigung von Zugriffsfolgen, die die Anzeigenreihenfolge der Textarten beeinflussen, definiert werden. Darüber hinaus kann über die Zugriffsfolgen der Textverwaltung die Übernahme von Texten eines Vorbelegs gesteuert werden.

Feldsteuerung

Über die Feldsteuerung lassen sich Serviceprofile erstellen, über die sich die Änderbarkeit von Lieferparametern (siehe Abschnitt 6.1, »Aufbau der Lieferung«) in Abhängigkeit von Statusarten (zum Beispiel DCO – Transitstatus) und deren Statuswerten (zum Beispiel X = unterwegs, – = In Yard) konfigurieren lässt. Zur Vereinfachung der Einstellungen lassen sich Feldgruppen pro Feldsteuerungsprofil definieren. Feldgruppen gruppieren Lieferparameter, für die die gleichen Steuerparameter gelten (zum Beispiel 0001 – Anzeigefelder, 0002 – Lageraktivität begonnen/beendet, 0003 – Lageraktivität beendet/TU zugeordnet).

Die Feldsteuerung beeinflusst die weitere Bearbeitung eines Lieferbelegs immer dann, wenn eine Lieferung oder eine Lieferposition erstellt oder direkt vom Anwender oder durch einen Geschäftsprozess verändert wurde.

Unvollständigkeitsprüfung

Die Sicherstellung, dass alle für die weitere Verarbeitung eines Lieferbelegs relevanten Felder befüllt wurden, ist Aufgabe der Unvollständigkeitsprüfung. In den Profilen der Unvollständigkeitsprüfung werden die einzelnen Lieferparameter, die Aktionen (zum Beispiel 20 – Beleg sichern, 14 – Beleg prüfen, 525 – Charge anlegen, 900 – Wareneingang, 901 – Warenausgang), bei denen die Prüfung erfolgen soll, sowie die ABAP-Klassen, die die Feldprüfung durchführen sollen, hinterlegt.

Logische Feldnamen

Im Customizing der Feldsteuerung und der Unvollständigkeitsprüfung werden logische Feldnamen zur Definition der einzelnen Felder der Lieferung genutzt. Eine Zuordnung der logischen Feldnamen zu den jeweiligen Datenbanktabellen finden Sie im Einführungsleitfaden unter dem Pfad EXTENDED WAREHOUSE MANAGEMENT • PROZESSÜBERGREIFENDE EINSTELLUNGEN • LIEFERABWICKLUNG • LIEFERABWICKLUNG ERWEITERN • LOGISCHE FELDNAMEN DEFINIEREN.

Partnerbearbeitung

Für die Lieferung lassen sich Partnerprofile festlegen, in denen definiert wird, welche Partnerrollen, zum Beispiel Spediteur (CARR), Lager (WH) oder Anlieferlokation (STLO), einfach oder mehrfach hinterlegt werden dürfen (siehe Kapitel 4, »Stammdaten«). Weiterhin kann für manche Partnerrollen zwischen obligatorischen und optionalen Partnerrollen innerhalb der einzelnen Partnerprofile unterschieden werden. Zudem kann pro Partnerrolle eingestellt werden, ob diese einmal oder mehrfach pro Lieferbeleg erfasst werden kann.

Termine

In Terminprofilen werden Terminarten gruppiert. Terminarten repräsentieren Start- und Endtermine für die Lieferabwicklung wie zum Beispiel Lieferdatum, Warenausgangsdatum, Kommissionierdatum. Für Lieferszenarien, wie zum Beispiel Standard-Anlieferungen, Cross-Docking-Lieferungen oder Kitting-relevante Lieferungen, können Terminprofile hinterlegt werden, die für den jeweiligen Prozess relevante Terminarten enthalten.

Mengenverrechnung

Die Mengenverrechnung wird dazu verwendet, offene Mengen eines Lieferbelegs zu berechnen. Das Mengenverrechnungsprofil enthält zugewiesene Mengenrollen sowie pro Mengenrolle deren relevante Mengentypen (siehe Abschnitt 6.1.4, »Zusätzliche Positionsinformationen der Lieferung«). Jedem Mengentyp sind zudem Ermittlungsregeln und Verrechnungsregeln zugeordnet, die mathematische Formeln für die Ermittlung der Werte einzelner Mengentypen darstellen. So wird zum Beispiel für das Beladen einer Lieferposition auf eine Transporteinheit der Mengentyp *offene Menge* (OPEN) der Mengenrolle *Laden* (LO) durch das Auslesen des Belegflusses, also quittierter Ladelageraufgaben, und der Lieferposition berechnet.

Referenzbelege

In dem Serviceprofil der Referenzbelege werden erlaubte Belegtypen, wie zum Beispiel SAP ERP-Lieferungen oder EWM-interne Belegtypen (etwa Frachtbelege oder QIE-Prüfbelege) hinterlegt. Im Kundenprofil für Referenzbelege können eigene Belegtypen hinzugefügt oder einzelne Belegtypen als obligatorisch für das Profil bestimmt werden.

Prozesssteuerung

Für die Steuerung von Lieferprozessen werden Prozessprofile eingerichtet. Prozessprofile steuern die folgenden für den Lieferkopf erlaubten oder verbotenen Prozesse der Lieferabwicklung:

- Manuell anlegen
- Vorgängerbeleg
- Produktion
- Verschrottung
- Abholung
- Rechnung vor Warenausgang (IBGI)
- Korrekturlieferung

Darüber hinaus können, unabhängig vom Lieferkopf, auf Positionsebene die folgenden Prozesse erlaubt oder verboten werden:

- Manuell anlegen
- Rechnung vor Warenausgangsbuchung (IBGI)

Prozesscodes

Prozesscodes werden in der Lieferabwicklung zur Kennzeichnung und Durchführung von Ausnahmesituationen verwendet. Über Prozesscodes können Liefermengenanpassungen sowie deren Verursacher hinterlegt werden. Anwendung finden Prozesscodes zum Beispiel bei der Reduktion der Liefermenge aufgrund Unterlieferung einer bereits avisierten Menge zu Lasten des Spediteurs (siehe Kapitel 8, »Wareneingangsprozess«). Den Prozesscodeprofilen werden die im Standard ausgelieferten oder selbst definierten Prozesscodes zugeordnet. Diese können anschließend im Lieferbeleg ausgeführt werden.

6.5   Zusammenfassung

In diesem Kapitel haben wir die Aspekte und Funktionen der EWM-Lieferabwicklung betrachtet. Das Kapitel hat den Aufbau der Lieferung, die Lieferbelege in SAP EWM, die Lieferschnittstelle sowie allgemeine Einstellungen der Lieferung berücksichtigt. Mit diesen Informationen haben Sie eine Grundlage, die Lieferung im Kontext der Geschäftsprozesse besser zu verstehen und die Lieferabwicklung einzurichten. In den nächsten Kapiteln zeigen wir Ihnen die Objekte und Elemente zur Prozesssteuerung sowie die Wareneingangs- und Warenausgangsprozesse in SAP EWM.

Wie wird die Arbeit im Lager organisiert? Wie werden optimale Arbeitspakete gebildet, um die Prozessabläufe zu optimieren? Und schließlich: Wie werden komplexe Prozesse im Lager gesteuert? Diese Fragen werden in diesem Kapitel beantwortet.

7 Objekte und Elemente der Prozesssteuerung

Eine effiziente Lagerraumnutzung und optimierte Lagerbewegungen mit höherem Durchsatz auf gleicher Lagerfläche sind die zentralen Anforderungen an eine leistungsfähige Lagerverwaltung. Zur Steuerung der Lagerprozesse und zur Optimierung der Lagerbewegungen bietet EWM verschiedene Möglichkeiten:

▶ **Wellenmanagement**
Mithilfe von Wellen kann die Arbeit im Lager organisiert werden. Dabei werden Lageranforderungspositionen von internen Umlagerungen, Umbuchungen oder Auslieferungen gruppiert, um eine Abarbeitung unter Berücksichtigung von Terminen und Auslastungsaspekten zu ermöglichen.

▶ **Lageraufgaben und Lagerauftragserstellung**
Nach Freigabe der Welle werden die darin enthaltenen Auftragspositionen in den physischen Lagerprozess eingesteuert. Dabei werden pro Lageranforderungsposition Lageraufgaben erstellt, die nach bestimmten Kriterien zu geeigneten Arbeitspaketen, den Lageraufträgen, gebündelt werden, um den Prozessablauf zu optimieren.

▶ **Lagerungssteuerung**
Ziel der Lagerungssteuerung ist die Abbildung komplexer Ein- und Auslagerungsprozessschritte sowie lagerinterner Bewegungen in Abhängigkeit von Ihren Prozessen (prozessorientiert) oder den Layoutvorgaben Ihres Lagers (layoutorientiert). Durch die automatische Bestimmung der notwendigen Prozessschritte in EWM werden die Prozesse beschleunigt. Auf diese Weise wird eine Steigerung des Durchsatzes ermöglicht.

In den folgenden Abschnitten werden die verschiedenen Elemente und Objekte zur Prozesssteuerung näher erläutert.

7.1   Wellenmanagement

Mithilfe von Wellen kann die Arbeit im Lager organisiert werden. In einer Welle werden *Lageranforderungspositionen* (LANF-Positionen) zur Steuerung von Lageraktivitäten gruppiert, um im Folgenden zusammen bearbeitet zu werden.

Wesentliches Ziel des Wellenmanagements ist es, die anstehende Arbeit so früh wie nötig und so spät wie möglich mit einer optimalen Arbeitseffizienz in den operativen Arbeitsablauf einzusteuern, sodass sich die zu versendende Ware zum richtigen Zeitpunkt in der Versandzone befindet. Um dies zu erreichen, werden im Wellenmanagement Positionen aus Lageranforderungen, die in etwa zur gleichen Zeit kommissioniert und bearbeitet werden sollen, in geeignete Wellen gebündelt. Das Wellenmanagement kann für Lageranforderungen auf Basis von Auslieferungen, von Umbuchungen und internen Umlagerungen verwendet werden.

In den folgenden Abschnitten zeigen wir Ihnen, welche zentralen Objekte im Wellenmanagement vorhanden sind und wie die Logik der Wellenbildung in EWM abläuft. Zum Abschluss werden wir noch auf das Wellen-Monitoring eingehen, da es oftmals in Kundenprojekten einen hohen Stellenwert einnimmt.

7.1.1   Objekte des Wellenmanagements

Die Bildung von Wellen kann automatisiert oder manuell erfolgen. Im automatischen Fall müssen Sie Wellenvorlagen, im manuellen Fall können Sie Wellenvorlagen verwenden. Welche Informationen Wellenvorlagen beinhalten und was sie steuern, wird im folgenden Abschnitt beschrieben.

Wellenvorlage

Wellenvorlagen sind Stammsätze, die aus verschiedenen Attributen bestehen, mit denen bestimmt wird, welche LANF-Positionen in die Welle aufgenommen werden. Durch die Wellenvorlagen können Sie dieselben Wellenattribute für verschiedene LANF-Positionen wiederverwenden, die denselben Konditionen entsprechen. Wellenvorlagen definieren Sie im SAP Easy Access Menü – sie können daher auch im Tagesgeschäft geändert werden. Die Wellenvorlage erstellen Sie mit der Transaktion /SCWM/WAVETMP, die Sie im SAP Easy Access Menü in EWM unter dem Pfad ARBEITSVORBEREITUNG • WELLENMANAGEMENT finden. Oftmals werden, wie in Abbildung 7.1 dargestellt, für Normal- und Eilaufträge unterschiedliche Wellenvorlagen definiert. Im Gegensatz zu Normalaufträgen soll die Freigabe von Wellen für Eilaufträge sofort erfolgen. In diesem Fall ist es sinnvoll, die Wellenvorlage so einzustellen, dass eine Zuordnung von Positionen auch nach Wellenfreigabe möglich ist, um die Anzahl der Wellen gering zu halten.

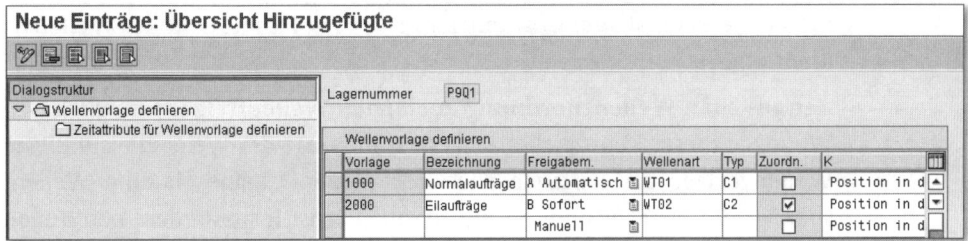

Abbildung 7.1 Wellenvorlage definieren

Die Wellenvorlage besteht aus folgenden wesentlichen Attributen:

- **Wellenfreigabemethode**
  Hiermit legen Sie fest, auf welche Art und Weise eine Welle freigegeben werden soll. Es gibt drei verschiedenen Wellenfreigabemethoden:

  - Automatisch – Ist für eine Welle (bzw. Wellenvorlage) der Modus für die Freigabe auf Automatisch gesetzt, legt EWM einen Batchjob an, der die Welle zum vorgegebenen Wellenfreigabedatum freigibt.

  - Sofort – Die Welle wird zur Ist-Zeit, das heißt zum Erstellungszeitpunkt, freigegeben.

  - Manuell – Die Welle wird zu einem selbst gewählten Zeitpunkt manuell freigegeben.

- **Wellenart**
  Um Wellen im System unterscheiden zu können, wird einer Welle bei Erstellung eine Wellenart zugeordnet. Durch die Definition von Wellenarten haben Sie die Möglichkeit, Wellen mit besonderen Eigenschaften gezielt im Lagerverwaltungsmonitor (Lagermonitor) zu überwachen, zum Beispiel Anzeige aller Wellen für Eilaufträge. Die Wellenart hat keinen steuernden Charakter. Die Wellenart definieren Sie im EWM-Einführungsleitfaden unter dem Pfad Warenausgangsprozess • Wellenmanagement • Allgemeine Einstellungen.

- **Wellentyp**
  Der Wellentyp wird als Filterwert für die Lagerauftragserstellungsregel (LAER) (siehe Abschnitt 7.3.2, »Lagerauftragserstellungsregel«) verwen-

det. Sollen für bestimmte Wellen explizite LAER gelten, muss diesen Wellen ein entsprechender Wellentyp zugeordnet werden. Aufgrund der Filterregel einer LAER kann eingestellt werden, dass diese Regel nur Lageraufgaben (LB) berücksichtigt, die aus einer entsprechenden Welle mit entsprechendem Wellentyp entstanden sind (siehe Abschnitt 7.3.1, »Ablauf und Methodik der Lagerauftragserstellung«). Den Wellentyp definieren Sie ebenfalls im Customizing. Der Pfad ist mit dem der Wellenart identisch.

▶ **Kennzeichen Wellenzuordnung auch nach Wellenfreigabe möglich**
Wenn Sie dieses Kennzeichen setzen, können Sie der Welle, die auf dieser Wellenvorlage basiert, auch nach der Wellenfreigabe bis zum Wellensperrtermin Lieferpositionen zuordnen. Dies ist insbesondere bei Wellen mit Sofortfreigabe sinnvoll, um die Anzahl der Wellen nicht zu groß werden zu lassen.

▶ **Verhalten bei Kommissionierzurückweisung**
Hiermit können Sie steuern, wie EWM im Fall der Platzzurückweisung reagieren soll. Kann der Mitarbeiter die Pick-Lageraufgabe am Lagerfach nicht kommissionieren, versucht EWM, eine neue Pick-Lageraufgabe mit einem alternativen Von-Platz zu erstellen. Wenn sich dieser Alternativplatz im gleichen *Aktivitätsbereich* (AB) befindet, wird die Pick-Lageraufgabe dem Kommissionierer im gleichen Lagerauftrag (LA) direkt zugeordnet. Befindet sich der Alternativplatz in einem anderen Aktivitätsbereich, der vom Kommissionierer nicht erreicht wird, ermittelt EWM die weitere Vorgehensweise aus dem eingestellten Wert:

  ▶ Position in der Welle belassen – Die neue Pick-Lageraufgabe wird nicht erstellt. Die Position bleibt in der Welle und wird zu einem späteren Zeitpunkt erneut freigegeben.

  ▶ LB sofort erstellen – EWM erstellt sofort einen Lagerauftrag für diesen Pick-Lageraufgabe.

  ▶ Position aus der Welle herausnehmen – Die LANF-Position wird einer anderen Welle zugeordnet.

Eine Wellenvorlage kann aus einer oder mehreren Wellenvorlagenoptionen bestehen (siehe Abbildung 7.2).

Eine Wellenoption enthält u. a. folgende Attribute:

▶ **Wellensperrzeit**
Die Sperrzeit entspricht der Uhrzeit, bis zu der Sie Positionen zur Welle hinzufügen können.

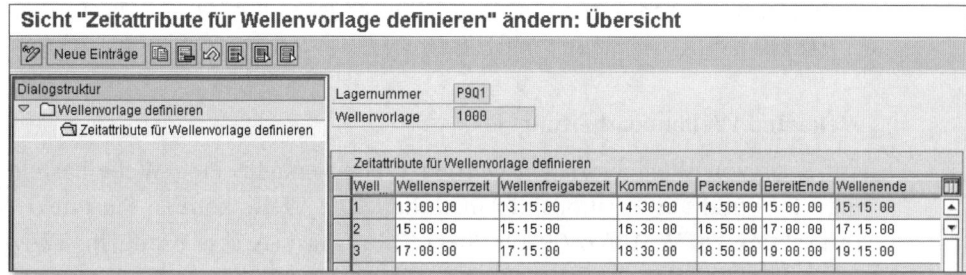

Abbildung 7.2 Wellenoptionen je Wellenvorlage

- **Wellenfreigabezeit**
  Die Freigabezeit ist die Uhrzeit, bis zu der die Welle freigegeben werden muss.

- **Kommissionierendezeit (KommEnde), Verpackendezeit (Packende), Bereitstellungsende-Zeit (BereitEnde)**
  Entspricht der Uhrzeit, bis zu der Sie die Aufgaben Kommissionierung/Verpacken/Bereitstellung für die Welle abgeschlossen haben müssen. Wenn Sie die Lagerungsprozesssteuerung verwenden (siehe Abschnitt 7.4, »Lagerungssteuerung«), dann werden mit Freigabe der Welle sogenannte *geplante Arbeitslasten* erstellt. Diese Arbeitslasten können je Prozessschritt (Kommissionieren, Verpacken, Beladen) im Lagermonitor überwacht werden. Die Abschlusszeitpunkte der verschiedenen Arbeitslasten werden dabei aus der Welle bzw. Wellenoption übernommen. Darüber hinaus wird die Kommissionierendezeit zur Berechnung des spätesten Starttermins des Lagerauftrags verwendet (siehe Abschnitt 7.3.1, »Ablauf und Methodik der Lagerauftragserstellung«).

- **Wellenendezeit**
  Die Uhrzeit, für die das Ende aller Bearbeitungsvorgänge für die Welle geplant ist, was für Warenausgangswellen die Beladeendezeit darstellt.

- **Kapazitätsprofil**
  Kapazitätsgrenzen, die von einer Welle einer bestimmten Wellenvorlagenoption nicht überschritten werden sollen, zum Beispiel maximale Anzahl der Lieferpositionen pro Welle, maximales Gewicht und/oder Gewicht pro Welle. Wenn eine Welle die maximale Kapazität des Profils überschreitet, kann im Kapazitätsprofil definiert werden, ob und wie viele parallele Wellen erlaubt sind. Sind parallele Wellen erlaubt, weist das System die aktuelle Position einer neuen Welle mit identischen Eigenschaften der Wellenoption zu. Das Kapazitätsprofil konfigurieren Sie im EWM-Ein-

führungsleitfaden unter dem Pfad WARENAUSGANGSPROZESS • WELLENMANAGEMENT • ALLGEMEINE EINSTELLUNGEN.

Welle und Wellenbearbeitung

Auf Basis von Wellenvorlagen werden Wellen erstellt. Eine Welle besteht aus Kopf- und aus Positionsinformationen. Die Welle können Sie mit der Transaktion /SCWM/WAVE, die Sie im SAP Easy Access Menü in EWM unter dem Pfad ARBEITSVORBEREITUNG • WELLENMANAGEMENT finden, anzeigen oder bearbeiten.

Die Wellenkopfinformationen WELLENART, WELLENTYP und FREIGABEMODUS stammen aus der WELLENVORLAGE, die Zeiten aus der ermittelten WELLENOPTION der Wellenvorlage. Die angezeigten Gewichts- und Volumendaten werden aufgrund der Wellenpositionen berechnet. Die Informationen der Wellenpositionen stammen in Abbildung 7.3 aus den Auslieferpositionen, die der Welle zugeordnet sind.

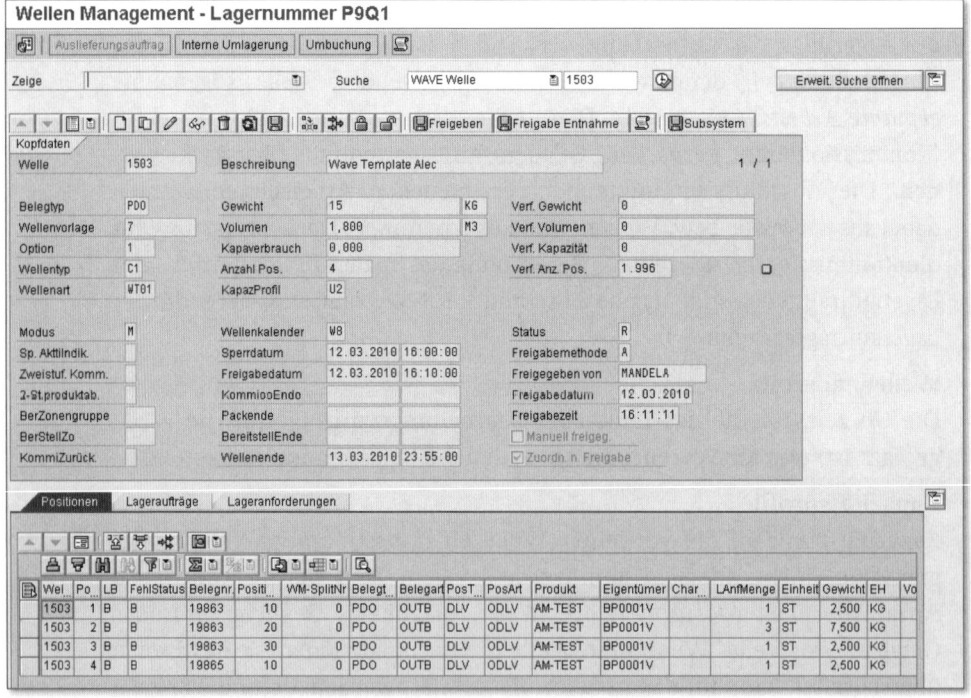

Abbildung 7.3 Darstellung der Welle mit Transaktion /SCWM/WAVE

Für die Wellenbearbeitung stehen Ihnen auf Kopfebene verschiedene Funktionen zur Verfügung. Mit der in Abbildung 7.3 dargestellten Transaktion können Sie Wellen löschen. Dabei löst EWM alle der Welle zugeordneten LANF-Positionen. Darüber hinaus haben Sie die Möglichkeit, Wellen zu vereinigen. Sie können beliebig viele Wellen vereinigen. Voraussetzungen hierfür sind, dass die Wellen sind noch nicht freigegeben sind und alle Wellen den gleichen Status haben (entweder INITIAL oder GESPERRT). Wenn Sie zum Beispiel die Wellen 10, 11 und 12 vereinigen, ordnet EWM alle LANF-Positionen der ausgewählten Wellen der ersten gewählten Welle 10 zu. Weitere wichtige Bearbeitungsfunktionen sind das Sperren bzw. Entsperren und die manuelle Freigabe von Wellen. Mit dem Sperren einer Welle verhindern Sie die Zuordnung weiterer LANF-Positionen und die manuelle Freigabe. Sie können nur Wellen sperren, die noch nicht freigegeben wurden. Mit der manuellen Freigabe geben Sie die Welle für die Lagerauftragserstellung (LA-Erstellung) und somit für den operativen Lagerablauf frei. Dabei haben Sie die Möglichkeit, diese auch gesperrt freizugeben. In diesem Fall setzt EWM für die erzeugten Lageraufträge den Status GESPERRT.

Wellenfreigabe

Wellen können im Zeitraum zwischen dem Wellenfreigabe- und -endezeitpunkt mehrfach freigegeben werden.

Auf Positionsebene können Sie splitten, also eine oder mehrere LANF-Positionen auswählen und diese von der entsprechenden Welle lösen.

Alternativ zur erwähnten Anzeige- und Pflegetransaktion können Sie die Wellenbearbeitung auch im Lagermonitor mit den im Standard verfügbaren Methoden durchführen.

Nachdem wir die Wellenvorlage und Welle beschrieben haben, geht es nun um die Logik der Wellenbildung in EWM.

7.1.2 Wellenbildung in SAP EWM

Die Zuordnung der geeigneten LANF-Positionen zu Wellen kann, wie im vorangegangenen Abschnitt beschrieben, manuell oder automatisiert erfolgen. Abbildung 7.4 stellt den Ablauf der automatischen Wellenbildung dar.

Die automatische Wellenfindung erfolgt in drei Schritten:

❶ Nachdem eine Lageranforderung – zum Beispiel vom Typ Auslieferungsauftrag – erzeugt oder geändert wurde, erzeugt EWM zum Beispiel die PPF-Aktion /SCWM/PRD_OUT_WAVE_NEW – Lageranforderung einer Welle zuordnen. Die Verarbeitung der PPF-Aktion erfolgt in der Regel mit

Sichern des Belegs der Lageranforderung. Mit Durchführung der PPF-Aktion ermittelt EWM für jede LANF-Position mit der Konditionstechnik gültige Wellenvorlagen zur Lieferung. In unserem Beispiel wurden auf Basis der Lagernummer, des Warenempfängers, der Route und des Produkts der entsprechende Konditionssatz und dadurch die zugeordnete Wellenvorlage 1 ermittelt. Den Konditionssatz zur Wellenvorlagenfindung erstellen Sie mit der Transaktion /SCWM/WDGCM, die Sie im SAP Easy Access Menü in EWM unter dem Pfad ARBEITSVORBEREITUNG • WELLENMANAGEMENT finden. Die Konditionstechnik bietet mit einer Vielzahl verfügbarer Felder die Flexibilität, die für die Erfüllung der Prozessanforderungen notwendig ist. Über das belegartabhängig einstellbare Findungsschema der Wellenvorlagenfindung können für die Prozesse der internen Umlagerung und Umbuchung andere Zugriffsfolgen hinterlegt werden. Somit ist eine Abgrenzung möglich.

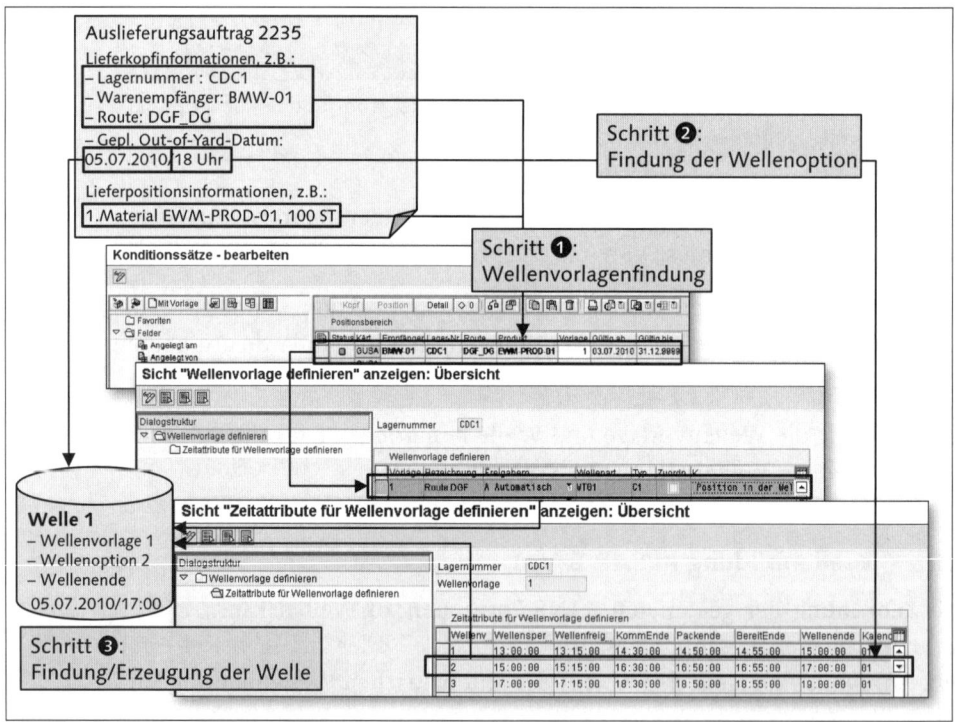

Abbildung 7.4 Ablauf der Wellenbildung

❷ Zur Wellenvorlage 1 wird die passende Wellenoption ermittelt. Aufgrund des Zeitpunktes OUT-OF-YARD (über die Route wird der Verladezeitpunkt als *Verlassen des Yards* ermittelt) des Auslieferungsauftrags wird die passende Wellenoption 2 zur vorher ermittelten Wellenvorlage ermittelt. Da die geplante Out-of-Yard-Uhrzeit gemäß Auslieferungsauftrag 2235 bei 18:00 Uhr liegt, ist die Bereitstellungsendeuhrzeit 16:55 Uhr der Wellenoption 2 die Uhrzeit, die dem Verlassen des Yards am nächsten liegt.

Wellenoption für interne Umlagerung oder Umbuchungslieferung

Bei einer internen Umlagerung oder Umbuchungslieferung verwendet EWM die Daten aus dem Termintyp ENDETERMIN LAGERAKTIVITÄTEN.

❸ Zur Wellenvorlage 1 und Wellenoption 2 wird geprüft, ob es für das Datum bereits eine Welle gibt. Ist keine vorhanden, wird eine neue Welle angelegt. Ist bereits eine Welle vorhanden, wird geprüft, ob deren eingestellte zulässige Kapazität (Attribut der ermittelten Wellenvorlageoption) noch weitere Positionen zulässt. Dürfen aufgrund der Kapazitätseinstellung zur Wellenoption keine weiteren Positionen aufgenommen und darf auch keine neue Welle angelegt werden, wird eine neue Wellenoption ermittelt (zurück zu Schritt ❷). In unserem Beispiel wurde die Auslieferungsposition der Welle 1 zugeordnet.

Im nächsten Abschnitt erläutern wir die Möglichkeiten, die der Lagermonitor bietet.

7.1.3 Wellen-Monitoring in SAP EWM

Der Lagermonitor stellt u. a. mit seinen vordefinierten wellenbezogenen Selektionsreports das ideale Werkzeug für das Wellen-Monitoring dar. Ein Beispiel, das relativ häufig in der Praxis vorkommt, ist die Ermittlung von summarischem Volumen, Gewicht, Stück und Positionen zu einem bestimmten Aktivitätsbereich, zur Route und zur Wellenart, die über die Welle bzw. Wellenpositionen möglich ist (siehe Abbildung 7.5).

Mit Freigabe der Welle werden *geplante Arbeitslasten* erzeugt. Der Datensatz für die geplante Arbeitslast enthält Informationen über den Ort der Arbeit, Art, Menge, Dauer und Kapazität. Darüber hinaus enthält der Datensatz einen Verweis auf den erzeugenden Beleg in Form einer Objektreferenz, zum Beispiel einen Verweis auf den Qualitiy-Inspection-Engine-Beleg (QIE-Beleg) oder den Lagerauftrag. Voraussetzung für die Berechnung von Arbeitslasten ist die Verwendung der Lagerungsprozesssteuerung. Mit Freigabe der Welle wird für jede LANF-Position eine Lageraufgabe erstellt, die den Lagerungsprozess sowie den aktuellen externen Lagerungsprozessschritt (zum Beispiel Auslagern, Verpacken, Beladen) beinhaltet. Die Abschlusszeitpunkte der verschiedenen Arbeitslasten der verschiedenen Prozessschritte werden dabei aus der Welle bzw. Wellenoption übernommen. Die Volumen- und Gewichtsdaten werden aus den Lageraufgaben übernommen. Weitere Informationen zur Lagerungssteuerung finden Sie in Abschnitt 7.4, »Lagerungssteuerung«.

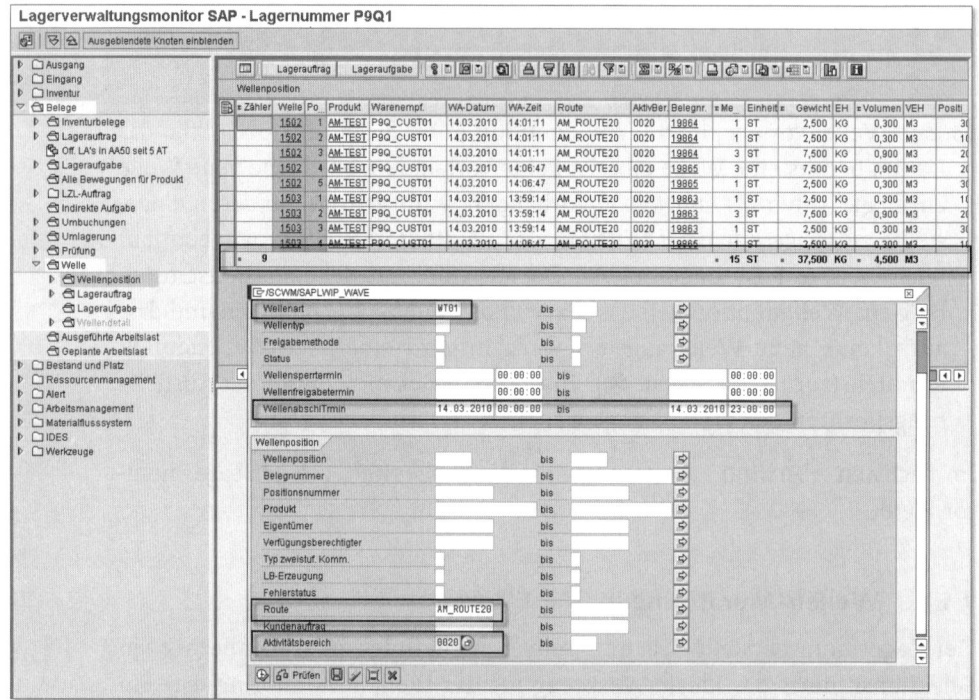

Abbildung 7.5 Wellen-Monitoring mit dem Lagermonitor

In Abbildung 7.6 sehen Sie ein Beispiel für die Selektion von geplanten Arbeitslasten für die Kommissionierung (interner Prozessschritt PICK) im Aktivitätsbereich 0020 innerhalb des Zeitraums Februar 2010. Durch die Summation von Parametern wie zum Beispiel Dauer, Gewicht und Volumen bekommt der Mitarbeiter Informationen über wichtige Kennzahlen und hat somit einen guten Überblick über seinen Verantwortungsbereich im Lager.

Neben den für die Warenausgangsprozessschritte relevanten Arbeitslasten bietet der Lagermonitor auch vordefinierte Reports für die Arbeistlasten im Wareneingang (zum Beispiel Entlade-, Zähl-, Dekonsolidierungs- und Einlagerlast). Detaillierte Informationen zum Lagermonitor finden Sie in Kapitel 13, »Monitoring und Reporting«.

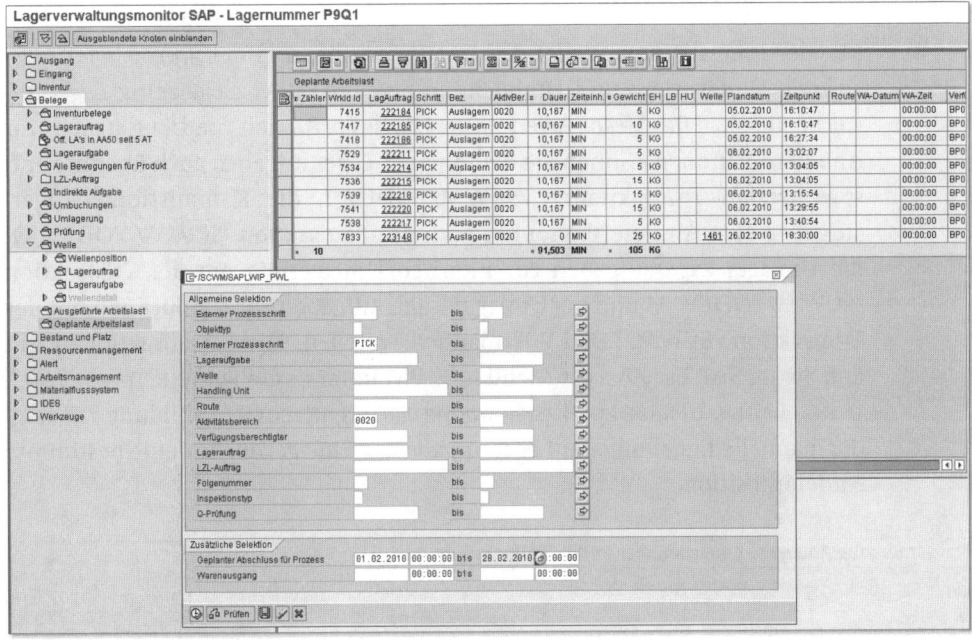

Abbildung 7.6 Selektion nach geplanter Arbeitslast

Mit Freigabe der Welle werden auf Basis der ermittelten Einlager- bzw. Auslagerstrategien Lageraufgaben für die zugeordneten LANF-Positionen erstellt. Der durch die Auslagerstrategien ermittelte Bestand ist ab jetzt reserviert.

> **Prozessparallelisierung bei Lageraufgabenerstellung**
>
> Die Erzeugung der Lageraufgaben kann gemäß Customizing-Einstellung auf mehrere Prozesse parallelisiert werden, was insbesondere bei Wellen mit einer hohen Anzahl von Lieferpositionen die Systemperformance positiv beeinflusst.

Im nächsten Abschnitt erläutern wir die verschiedenen Arten von Lageraufgaben sowie die Lagerprozessart.

7.2 Lageraufgaben und Lagerprozessart

Lageraufgaben sind Belege, die dazu dienen, Warenbewegungen im Lager durchzuführen. Sie enthalten daher Informationen, von wo nach wo und in welcher Menge Ware transportiert werden soll. Dabei spielt die Lagerprozessart eine zentrale Rolle bei der Steuerung von Umbuchungsvorgängen und Bewegungen im Lager.

7.2.1 Lageraufgabe

Mit der Freigabe von Wellen für LANF-Positionen vom Typ Auslieferungsauftrag, Umlagerung und Umbuchung erzeugt EWM gleichzeitig *Lageraufgaben* (LBs). Für diese Arten von LANF-Positionen und zusätzlich für
Anlieferpositionen können Sie die Einlager-Lageraufgaben auch über die entsprechenden Transaktionen /SCWM/TODLV_I, die Kommissionier-Lageraufgaben zum Auslieferungsauftrag mit der Transaktion /SCWM/ TODLV_O,
die Umlager-Lageraufgaben zur internen Umlagerung mit der Transaktion
/SCWM/TODLV_M und die Umlager-Lageraufgaben zur Umbuchung mit der
Transaktion /SCWM/TODLV_T manuell erstellen. Diese Transaktionen finden Sie im SAP Easy Access Menü in EWM unter dem Pfad ARBEITSVORBEREI-
TUNG • LAGERAUFGABE ZUR LAGERANFORDERUNG ANLEGEN. Abbildung 7.7 zeigt
die manuelle Erstellung der Lageraufgabe zur Einlagerung für eine bestimmte
Anlieferposition.

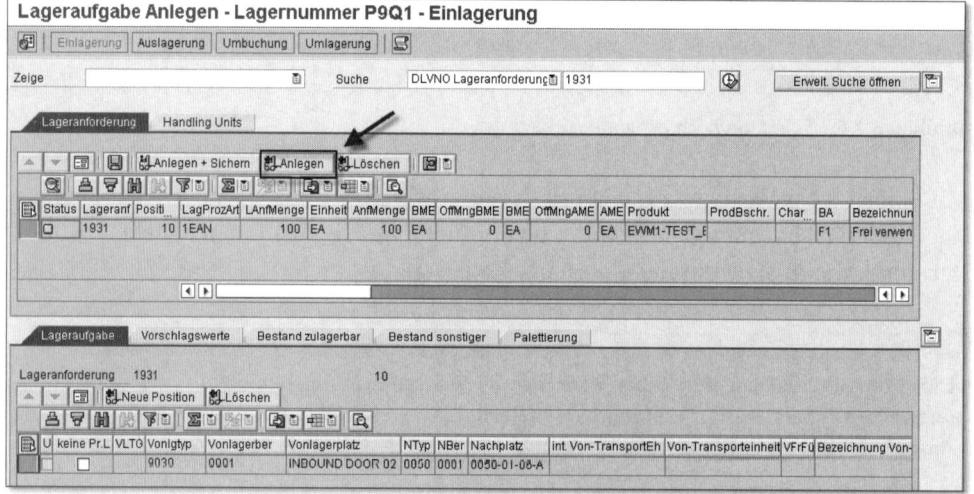

Abbildung 7.7 Manuelle Lageraufgabenerstellung am Beispiel einer Anlieferung mit
Transaktion /SCWM/TODLV_I

Neben der manuellen Erstellung können Lageraufgaben auch automatisch
über den Aufruf der entsprechenden PPF-Aktion je nach Art der Lageranforderung, die Sie im SAP Easy Access Menü in EWM unter dem Pfad DRUCKEN
• PPF-AKTION ANZEIGEN UND VERARBEITEN finden, erstellt werden. In Abbildung 7.8 sind das Aktionsprofil und die Aktionsdefinition für die automatische Lageraufgabenerstellung für Anlieferungen dargestellt.

Wenn EWM eine Lageraufgabe zur Lageranforderung erzeugt, ermittelt es
mit Einlagerungsstrategien den Lagerplatz oder mit Auslagerungsstrategien

den Bestand. Die Ein- bzw. Auslagerstrategien sind Thema der Kapitel 8, »Wareneingangsprozess«, bzw. 9, »Warenausgangsprozess«.

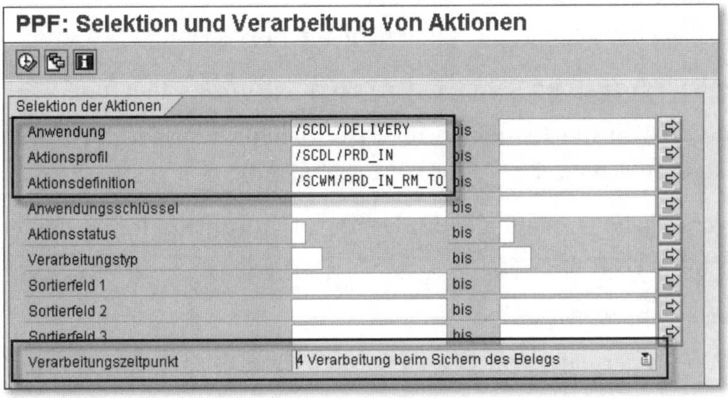

Abbildung 7.8   Automatische Lageraufgabenerstellung über PPF-Aktion

In EWM werden zwei Arten von Lageraufgaben unterschieden:

▸ **Produkt-Lageraufgabe**
Dies ist ein Beleg, der dazu dient, Produkte im Lager zu bewegen. Einer Produkt-Lageraufgabe können physische Warenbewegungen oder Bestandsveränderungen zugrunde liegen.

▸ **HU-Lageraufgabe**
Dies ist ein Beleg, der dazu dient, *Handling Units* (HUs) im Lager zu bewegen. Einer HU-Lageraufgabe können nur Warenbewegungen zugrunde liegen.

Produktlageraufgabe

Eine Produkt-Lageraufgabe enthält alle notwendigen Informationen zu einer durchzuführenden Warenbewegung:

▸ Welches Produkt soll bewegt werden?

▸ Welche Menge des Produkts soll bewegt werden?

▸ Von wo (Von-Lagerplatz) soll das Produkt wohin (Nach-Lagerplatz) bewegt werden?

Die Produkt-Lageraufgabe enthält alle erforderlichen Informationen, um den physischen Transport von Produkten ins Lager, aus dem Lager oder innerhalb des Lagers von einem Lagerplatz zu einem anderen Lagerplatz durchzuführen. Eine Produkt-Lageraufgabe reserviert die Mengen, sodass diese nicht mehr für andere Produkt-Lageraufgaben zur Verfügung stehen.

HU-Lageraufgabe

Die HU-Lageraufgabe enthält alle erforderlichen Informationen, um den physischen Transport von HUs innerhalb des Lagers von einem Lagerplatz zu einem anderen Lagerplatz durchzuführen. Sonderfälle für HU-Lageraufgaben sind:

▶ Be- und Entladeprozess im Rahmen der Lagerungsprozesssteuerung

▶ Bewegung von Transporteinheiten im Yard (nähere Informationen dazu erhalten Sie in Abschnitt 12.4, »Yard Management«)

Eine HU-Lageraufgabe enthält alle notwendigen Informationen zu einer durchzuführenden Warenbewegung:

▶ Welche HU soll bewegt werden?

▶ Von wo (Von-Lagerplatz) soll die HU wohin (Nach-Lagerplatz) bewegt werden?

Eine HU-Lageraufgabe reserviert keine Mengen.

Sowohl die Produkt- als auch die HU-Lageraufgabe beinhalten neben den zuvor genannten Informationen die *Lagerprozessart*, mit der die Warenbewegungen gesteuert werden. Im nächsten Abschnitt erläutern wir die Lagerprozessart näher.

7.2.2 Lagerprozessart

EWM steuert und bearbeitet jeden Lagerprozess (wie zum Beispiel Wareneingang, Warenausgang, Umbuchung und Umpacken) mithilfe einer Lagerprozessart. Im Wareneingangsprozess kann an der Lagerprozessart der Lagerungsprozess (siehe Abschnitt 7.4, »Lagerungssteuerung«) hinterlegt werden, der beschreibt, welche Schritte im Einlagerprozess durchlaufen werden müssen. Darüber hinaus kann u. a. über die Lagerprozessart die Lagertypsuchreihenfolge für die Einlagerung bestimmt werden (siehe Kapitel 8, »Wareneingangsprozess«).

Die Lagerprozessart hat im Warenausgangsprozess ebenfalls eine führende Rolle. Sie steuert zum Beispiel, ob EWM eine automatische Wellenzuordnung durchführen und eine Grobplatzermittlung erfolgen soll. Dabei wird eine Simulation der Auslagerstrategie durchgeführt. Der Bestand wird nicht reserviert. Das Resultat der Grobplatzermittlung ist die Information darüber, von welchem Platz und somit von welchem Aktivitätsbereich welche Menge einer Auslieferungsauftragsposition voraussichtlich kommissioniert wird. Diese Informationen können für die Wellenvorlagenfindung genutzt werden. Darüber hinaus kann u. a. über die Lagerprozessart als Filterkriterium Einfluss auf die Lagerauftragserstellung (siehe Abschnitt 7.3, »Lagerauftragserstellung«) genommen werden. Auch für die Queuefindung kann die Lagerprozessart neben anderen als Findungskriterium verwendet werden.

Sowohl im Wareneingang als auch im Warenausgang kann über die Lagerprozessart auf die Bereitstellungszonen- und die Torfindung Einfluss genommen werden.

Die Lagerprozessart definieren Sie im EWM-Einführungsleitfaden unter dem Pfad PROZESSÜBERGREIFENDE EINSTELLUNGEN • LAGERAUFGABE • LAGERPROZESS-ART DEFINIEREN. Abbildung 7.9 zeigt beispielhaft die Definition von Lagerprozessartparametern für die Einlagerung.

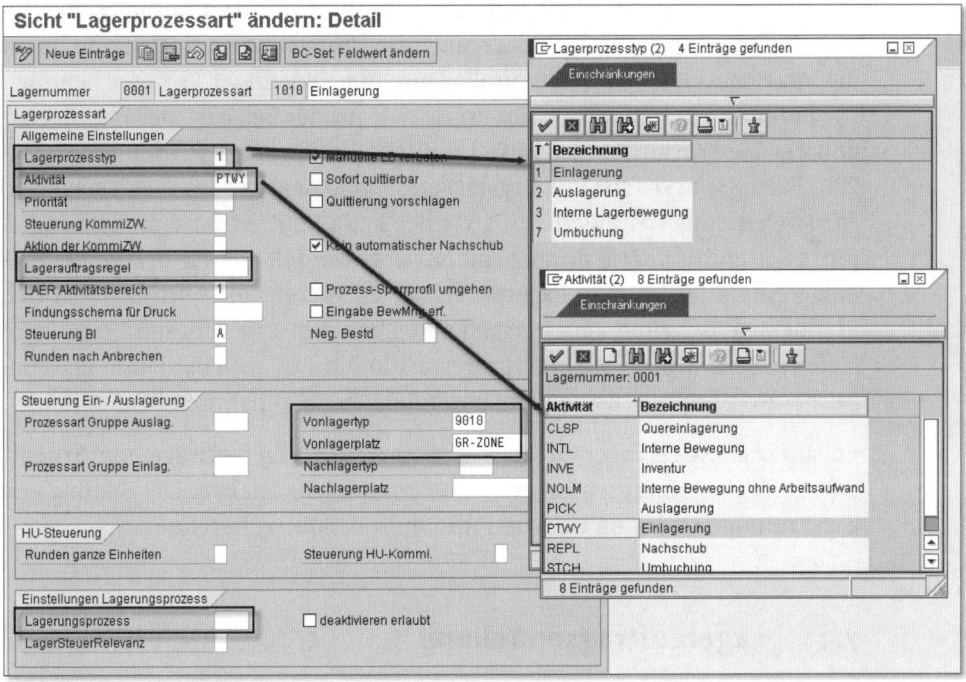

Abbildung 7.9   Lagerprozessart für die Einlagerung

Die Lagerprozessart wird dem *Lagerprozesstyp* und einer *Aktivität* zugeordnet, die miteinander verknüpft sind und die Richtung der Bewegung im Lager anzeigen. Der *Lagerprozesstyp* ist der Schlüssel für die Art der Warenbewegung im Lager. In Kombination mit der Aktivität, die dem Lagerprozesstyp eindeutig zugeordnet ist, werden die Warenbewegungen (zum Beispiel Einlagerung durchführen) veranlasst. So kann zum Beispiel über die

Aktivität *Quereinlagerung* gesteuert werden, dass die Produkte auf die jeweiligen Gänge gleich verteilt eingelagert werden, um so eine einseitige Auslastung des Lagers zu verhindern.

Die Lagerprozessart kann auch Informationen über den Von-Lagertyp und -platz für Einlagerungs-Lageraufgaben umfassen und kann den Nach-Lagertyp und -platz für Kommissionier-Lageraufgaben enthalten. Die Lagerprozessart schließt nicht immer den Von-Lagertyp und -platz bzw. den Nach-Lagertyp und -platz mit ein. Wenn zum Beispiel einer Lagerprozessart ein Lagerungsprozess für eine prozessorientierte Lagerungssteuerung zugeordnet wird, werden die entsprechenden Informationen dem Lagerungsprozess selbst entnommen. Interne Bewegungen verwenden Strategien oder erfordern eine manuelle Eingabe.

Die Lagerprozessart wird für jede LANF-Position vom Typ Auslieferungsauftrag, Anlieferung, interne Umlagerung und Umbuchung ermittelt und liefert die Informationen, die EWM für die Durchführung dieser Prozesse benötigt. Die Findung der Lagerprozessart ergibt sich aus der Belegart, der Positionsart und der Lieferpriorität und kann im EWM-Einführungsleitfaden unter dem Pfad PROZESSÜBERGREIFENDE EINSTELLUNGEN • LAGERAUFGABE • LAGERPROZESSART FINDEN eingestellt werden. Zusätzlich kann im Produktstamm ein Lagerprozessartenfindungskennzeichen hinterlegt werden, um für bestimmte Produkte eine abweichende Lagerprozessart zu finden, die entsprechend den Produkteigenschaften zum Beispiel einen anderen Lagerungsprozess durchlaufen sollen. Sowohl die Lagerprozessartfindung als auch das Findungskennzeichen werden im Customizing unter dem zuvor genannten Pfad definiert.

Entsprechend den Lageraufgaben erzeugt EWM Lageraufträge, um Arbeitspakete für den einzelnen Lagerarbeiter zusammenzustellen. Die Bildung von Lageraufträgen wird im nächsten Abschnitt detailliert beschrieben.

7.3 Lagerauftragserstellung

Während das Wellenmanagement planenden Charakter der anstehenden Arbeitslast im Lager hat, dient die *Lagerauftragserstellung* (LA-Erstellung) dazu, ausführbare Arbeitspakete zu erstellen, deren Bearbeitung die Lagermitarbeiter innerhalb bestimmter Zeiten abschließen sollen. Der Lagerauftrag ist ein separater Beleg in EWM, der sich aus Lageraufgaben oder Inventurpositionen zusammensetzt. Diese werden entsprechend den Prozessanforderungen zu Lageraufträgen gruppiert, die EWM zur Bearbeitung bereitstellt. Einige Anwendungsbeispiele für die Lagerauftragserstellung in der Praxis sind:

- Ganzbehälter und Teilmengen werden in verschiedenen Lagerbereichen von separaten Ressourcen kommissioniert.

- Das Gesamtgewicht der kommissionierten Ware pro Pick-HU darf ein maximales Gewicht bzw. Volumen nicht überschreiten.

- Bei kleinpöstigen Kundenaufträgen (Auslieferungen) soll die Kommissionierung über Multi-Order Picking erfolgen. Dabei muss der Kommissionierweg minimiert werden.

- Bei einer bestimmten Anzahl von Auslieferpositionen pro Kunde soll die Kommissionierung kundenrein erfolgen.

- Schwer vor leicht – die Kommissionierung soll wegeoptimiert unter Berücksichtigung des Produktgewichts erfolgen.

In den folgenden Abschnitten stellen wir den Ablauf und Algorithmus der Lagerauftragserstellung vor und beschreiben das Regelwerk der Lagerauftragserstellung mit den wichtigsten Customizing-Einstellungen.

7.3.1 Ablauf und Methodik der Lagerauftragserstellung

Mit der Freigabe der Wellen werden die darin enthaltenen Auftragspositionen in den physischen Lagerprozess eingesteuert. Dazu werden für die der Welle zugeordneten Auftragspositionen Lageraufgaben erstellt. Auf Basis der gefundenen Auslagerstrategie werden der Von-Platz ermittelt und der Bestand reserviert. Sollte bei Erstellung der Lageraufgabe für eine Lieferposition kein verfügbarer Bestand gefunden werden, wird die Lieferposition einer neuen Welle zugeordnet. Anschließend werden die erzeugten Lageraufgaben der Welle zu Lageraufträgen gebündelt. Abbildung 7.10 zeigt den Ablauf von der Gruppierung der Lieferpositionen zu Wellen bis zur Erstellung von Lageraufträgen.

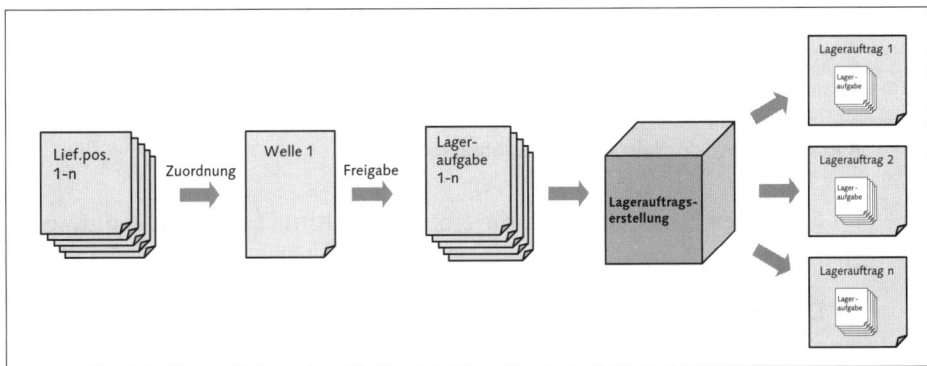

Abbildung 7.10 Ablauf der Lagerauftragserstellung

Die Bündelung von Lageraufgaben zu Lageraufträgen geschieht über die sogenannten *Lagerauftragserstellungsregeln* (LAER). Aufgabe der LAER ist es, die Liste aller Lageraufgaben einer Welle in optimale Arbeitspakete für die Ressourcen auf Basis der Prozessanforderungen zu schneiden. Demzufolge kann ein Lagerauftrag Lageraufgaben von mehreren Lieferungen enthalten. Eine LAER besteht aus verschiedenen Attributen, zum Beispiel Kommissionierweg minimieren (einstellbar über den Erstellungstyp), und minimalen und maximalen Grenzwerten für die Größe eines Lagerauftrags (zum Beispiel Gewicht, Volumen, Greifzeit), mit denen Sie die Arbeitspakete optimieren können. Nach welcher Methodik die Lagerauftragserstellung funktioniert, soll Abbildung 7.11 verdeutlichen.

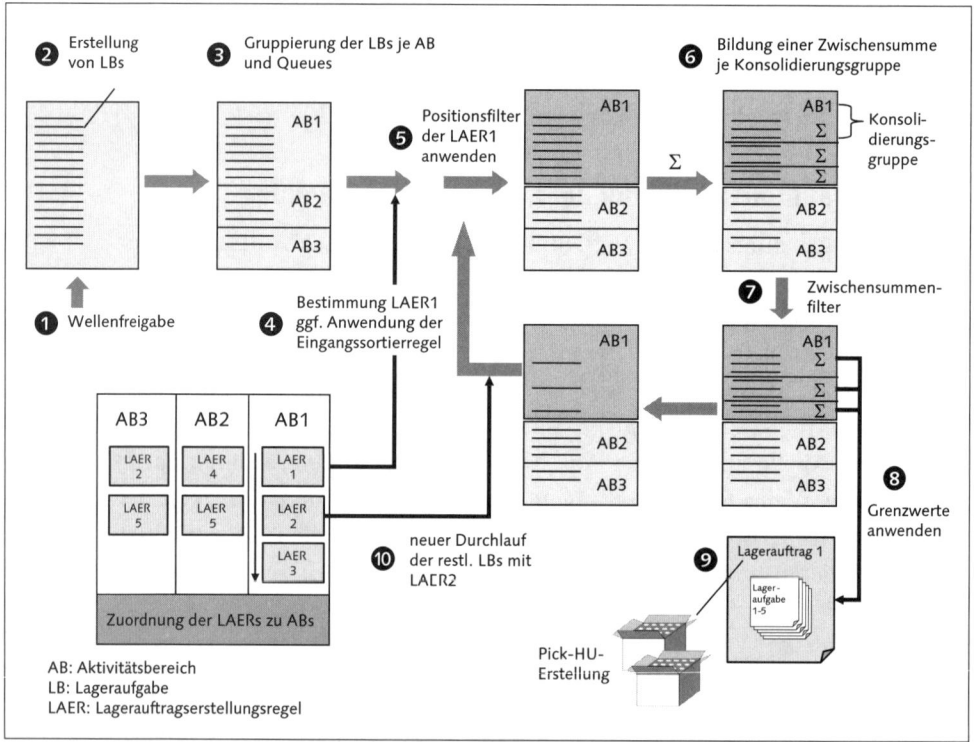

Abbildung 7.11 Methodik der Lagerauftragserstellung

Im Folgenden beschreiben wir die einzelnen Schritte für die Lagerauftragserstellung:

❶ Der Prozess beginnt mit der Freigabe der Welle.

❷ Die Auslagerstrategie wird für jede Wellenposition durchlaufen, und Lageraufgaben werden zu den ermittelten Plätzen bzw. zu den ermittelten HUs

erzeugt (siehe auch Kapitel 9, »Warenausgangsprozess«). Mit Lageraufgabenerstellung werden bereits die Queues ermittelt, sodass der jeweilige
Arbeitsbereich noch in Queues unterteilt wird.

❸ Die LAERs werden auf der Grundlage des Aktivitätsbereichs und der Aktivität aus der Lagerprozessart der Lageraufgabe ermittelt. Die Suchreihenfolge für LAERs pro Aktivitätsbereich definieren Sie im EWM-Einführungsleitfaden unter dem Pfad PROZESSÜBERGREIFENDE EINSTELLUNGEN •
LAGERAUFTRAG • SUCHREIHENFOLGE VON ERSTELLUNGSREGEL FÜR AKTIVITÄTS-
BEREICHE DEFINIEREN. In unserem Beispiel ist für AB1 folgende Suchreihenfolge festgelegt worden: 1. LAER1 → 2. LAER2 → 3. LAER3. Demzufolge
wird als Erstes die LAER1 zur Lagerauftragserstellung verwendet.

❹ Durch den ermittelten Von-Platz bestimmt EWM den Aktivitätsbereich
pro Lageraufgabe und gruppiert die Lageraufgaben entsprechend den
Aktivitätsbereichen. In dem oben dargestellten Beispiel wurden die
erstellten Lageraufgaben in drei Aktivitätsbereiche gruppiert (zum Beispiel
acht Lageraufgaben in AB1). Die Reihenfolge der gruppierten Lageraufgaben kann über eine Eingangssortierregel festgelegt werden, zum Beispiel
nach Konsolidierungsgruppe. Diese Eingangssortierung ist bei der Verwendung von Zwischensummenfiltern sinnvoll.

❺ In der LAER kann ein Positionsfilter festgelegt werden. Dadurch bestimmen Sie, ob die Lagerauftragserstellung eine Lageraufgabe mit der LAER
verarbeitet. EWM prüft pro Lageraufgabe, ob die Filterkriterien (zum Beispiel min./max. Volumen, min./max. Gewicht, Wellentyp) zutreffen. Treffen die Kriterien für den Positionsfilter nicht auf die zu bearbeitende Lageraufgabe zu, verarbeitet die Lagerauftragserstellung diesen nicht weiter. In
unserem Beispiel sind zwei der acht Lageraufgaben in AB1 für den Positionsfilter nicht geeignet.

❻ Die übrigen Lageraufgaben werden nach Konsolidierungsgruppen gruppiert, und pro Konsolidierungsgruppe wird eine Zwischensumme gebildet. Mit der Konsolidierungsgruppe im Warenausgang steuern Sie, welche
Lieferpositionen zusammen verpackt und versendet werden. Alle Lieferpositionen mit denselben Kriterien (zum Beispiel Warenempfänger und
Route) erhalten dann dieselbe Konsolidierungsgruppe. Weitere Informationen zur Konsolidierungsgruppe im Warenausgang finden Sie in Kapitel
9. In unserem Beispiel wurden für die sechs Lageraufgaben in AB1 drei
verschiedene Konsolidierungsgruppen ermittelt.

❼ Für die ermittelten Zwischensummen kann ein Zwischensummenfilter
eingesetzt werden, zum Beispiel eine minimale Anzahl von Lageraufgaben
pro Konsolidierungsgruppe. EWM prüft pro Zwischensumme, ob die

Kriterien des Zwischensummenfilters zutreffen. Treffen für eine Zwischensumme die Filterkriterien nicht zu, werden alle Lageraufgaben dieser Konsolidierungsgruppe für die Lagerauftragserstellung nicht weiterverarbeitet. In unserem Beispiel treffen die Filterkriterien für alle drei Konsolidierungsgruppen bzw. Zwischensummen zu. Das bedeutet, dass weiterhin alle sechs Lageraufgaben für die Lagerauftragserstellung weiter berücksichtigt werden.

❽ Nun kann über die Anwendung von Grenzwerten (zum Beispiel maximale Anzahl von Lageraufgaben pro Lagerauftrag, minimales/maximales Volumen, minimales/maximales Gewicht) die Größe eines Lagerauftrags festgelegt werden. Dadurch begrenzen Sie die Anzahl der Positionen eines Lagerauftrags. In unserem Beispiel enthält der 1. Lagerauftrag fünf Lageraufgaben, und die restlichen werden in einen neuen Lagerauftrag auf Basis der LAER1-Attribute gebündelt.

❾ Der Lagerauftrag wird erstellt und enthält nur Lageraufgaben für einen Aktivitätsbereich und eine Queue. Gegebenenfalls werden auf Basis des Packprofils, das der LAER zugeordnet ist, Pick-HUs erstellt. Über das Packmittel wird durch einen geeigneten Konditionssatz eine Packspezifikation gefunden. In der Packspezifikation ist das Packmittel hinterlegt, auf dessen Basis EWM die Pick-HUs erstellt. In unserem Beispiel besteht der Lagerauftrag aus fünf Lageraufgaben, und zwei Pick-HUs wurden gebildet.

❿ Für diejenigen Lageraufgaben, die auf Basis der ersten LAER für die Lagerauftragserstellung nicht geeignet waren, wird der Prozess mit der nächsten LAER fortgesetzt (Prozessschritte ❹–❽), bis alle Positionen abgearbeitet sind.

Sollten nach Verwendung aller LAERs des Aktivitätsbereichs noch Lageraufgaben übrig bleiben, werden diese mit der Restbearbeitungsregel UNDE (undefiniert), die im Standard ausgeliefert wird, zu einem Lagerauftrag zusammengefasst. Die Lagerauftragserstellung mit UNDE ist konsolidierungsgruppenrein, was bedeutet, dass für die restlichen Lageraufgaben gegebenenfalls mehrere Lageraufträge erstellt werden können.

Als Ergebnis erstellt EWM Lageraufträge, die von einer Ressource in einem Aktivitätsbereich ausgeführt werden können. EWM berechnet für jeden Lagerauftrag das *Späteste Startdatum* (SSD) und nimmt somit eine Priorisierung der Lageraufträge vor. Das SSD berechnet sich rückwärts aus Kommissionierendzeitpunkt, der aus der Wellenvorlage der freigegebenen Welle

ermittelt wird, den Greifzeiten für die einzelnen Lageraufgaben, der Wegezeit auf Basis der Ressourcengeschwindigkeit und der Rüstzeit aus dem Packprofil der verwendeten LAER.

Im Beispiel aus Abbildung 7.12 enthält der Lagerauftrag drei Lageraufgaben. Das Kommissionierende der Welle ist 14:00 Uhr. Die Greif- und
Wegezeit für die Lageraufgabe 3 wurde mit 15 Minuten, die der Lageraufgabe 2 mit 20 Minuten, die der Lageraufgabe 1 ebenfalls mit 15 Minuten
berechnet. Weiterhin ist eine Rüstzeit von zehn Minuten für das Rüsten des
Pickmobils vorgesehen. Damit errechnet sich das SSD für diesen Lagerauftrag auf 13:00 Uhr.

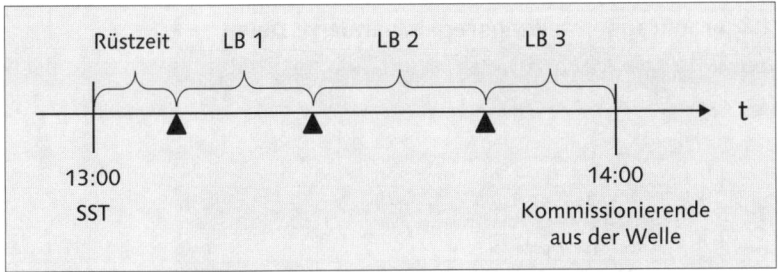

Abbildung 7.12   Berechnung des spätesten Startdatums für den Lagerauftrag

Sie können Greifzeiten pro Lagernummer, Lagertyp, Lagervorgang, ME-Auf-
wandsgruppe (Gruppierung von Mengeneinheiten bzw. HU-Typen unter
Aufwandsgesichtspunkten, zum Beispiel Stück → geringer Aufwand, Karton
→ mittlerer Aufwand) und Produktaufwandsgruppe (dient der Gruppierung
von Produkten unter Lastgesichtspunkten und wird dem Produktstamm
zugeordnet, zum Beispiel besonders sperrige Produkte) und eine konstante
und eine variable Bearbeitungszeit in Sekunden hinterlegen. Die konstante
Zeit kann als Rüstzeit bzw. Wegezeit interpretiert werden. Die variable Zeit
fällt für jede zu bewegende Einheit an. Die Konfiguration der Greifzeitenermittlung nehmen Sie im EWM-Customizing unter dem Pfad PROZESSÜBER-
GREIFENDE EINSTELLUNGEN • LAGERAUFGABE • GREIFZEITENERMITTLUNG DEFINIE-
REN vor.

Der erstellte Lagerauftrag wird anhand der Queuefindung einer entsprechenden Queue zugeordnet, und EWM kann nun jeder anfragenden Ressource den Lagerauftrag zuteilen, der die höchste Priorität, also das früheste
SSD, hat. Mehr Information dazu finden Sie in Abschnitt 11.1, »Ressourcenmanagement«.

In den folgenden Abschnitten beschreiben wir die LAER mit den verschiedenen Attributen und erläutern die Konfiguration anhand einiger Praxisbeispiele.

7.3.2 Lagerauftragserstellungsregel

Die LAER besteht u. a. aus verschiedenen Parametern, die für die Bildung von optimalen Arbeitspaketen relevant sind. Die Definition dieser Parameter und der LAER selbst erfolgt im EWM-Einführungsleitfaden unter dem Pfad PROZESSÜBERGREIFENDE EINSTELLUNGEN • LAGERAUFTRAG. Abbildung 7.13 zeigt die Parameter der LAER.

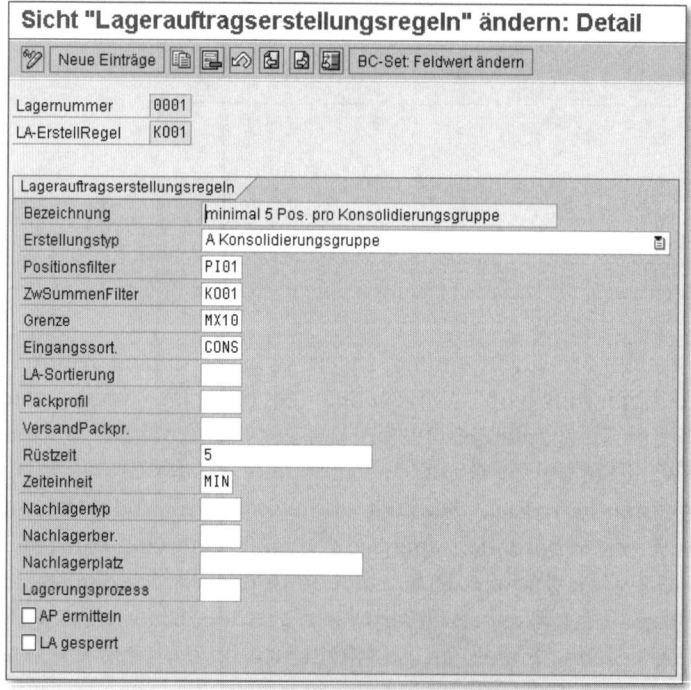

Abbildung 7.13 Lagerauftragserstellungsregel konfigurieren

Im Folgenden werden die wichtigsten Parameter näher erläutert:

▶ **Erstellungstyp**
Je nach Erstellungstyp liefert die Lagerauftragserstellung unterschiedliche Ergebnisse. Wenn zum Beispiel der Erstellungstyp KONSOLIDIERUNGSGRUPPE verwendet wird, versucht EWM, nur die Lageraufgaben zu einem Lagerauftrag zu bündeln, die die gleiche Konsolidierungsgruppe haben.

Wählen Sie dagegen den Erstellungstyp KOMMISSIONIERWEG, gruppiert EWM alle Lageraufgaben mit einem möglichst optimalen, also kurzen, Kommissionierweg. Im ersten Fall ist der Kommissionierweg zwar länger, hat aber den Vorteil, dass die Ware nach der Kommissionierung nicht mehr dekonsolidiert werden muss. Im zweiten Fall ist der Kommissionierweg zwischen den Positionen des Lagerauftrags kürzer, aber es muss eine Dekonsolidierung erfolgen, da die kommissionierte Ware in den Pick-HUs unterschiedlichen Konsolidierungsgruppen zugeordnet ist. Um beiden Anwendungsfällen gerecht zu werden, könnten Lageraufgaben gemäß Kommissionierweg gebündelt und die Größe des Lagerauftrags mit maximal einer Konsolidierungsgruppe pro HU begrenzt werden.

▶ **Positionsfilter**
Dieser Filter legt fest, welche Lageraufgaben zur Verarbeitung für die LAER relevant sind. Nur Lageraufgaben, die den Filterkriterien entsprechen, werden von der LAER verarbeitet (zum Beispiel hat das Filterkriterium GEWICHT einen unteren Grenzwert von 20 kg – demzufolge sind die Lageraufgaben, deren Mindestgewicht kleiner als 20 kg ist, von der Lagerauftragserstellung ausgeschlossen). Ein anderes Kriterium ist der WELLENTYP. Aufgrund des im Filter einstellbaren Wellentyps kann gesteuert werden, dass die LAER nur Lageraufgaben berücksichtigt, die aufgrund einer bestimmten Welle erzeugt wurden (zum Beispiel Wellen für Eilaufträge).

▶ **Zwischensummenfilter (ZwSummenFilter)**
Über Zwischensummenfilter können Sie auf der Ebene der Konsolidierungsgruppe Grenzwerte definieren (zum Beispiel hat das Filterkriterium MIN. ANZAHL POSITIONEN PRO ZWISCHENSUMME den unteren Grenzwert von fünf Positionen – demzufolge gehen nur die Konsolidierungsgruppen in die Lagerauftragserstellung ein, die mindestens fünf Lageraufgaben pro Konsolidierungsgruppe haben. Damit kann zum Beispiel gesteuert werden, dass Kundenaufträge erst ab einer gewissen Anzahl von Positionen kundenrein kommissioniert werden.

▶ **Grenze**
Je LAER können Grenzwerte hinterlegt werden. Diese legen fest, wie klein ein Lagerauftrag mindestens sein muss und wie groß ein Lagerauftrag maximal sein darf, zum Beispiel minimale/maximale Anzahl von Lageraufgaben pro Lagerauftrag, minimales/maximales Gewicht pro Lagerauftrag. Grenzwerte können auch pro Pick-HU definiert werden, wie zum Beispiel die maximale Anzahl Konsolidierungsgruppen.

▶ **Sortierregel**

Zu einer LAER können verschiedene Sortierregeln definiert werden:

▶ EINGANGSSORTIERUNG – Hier werden Lageraufgaben sortiert, bevor die möglichen LAERs angewendet werden. Wenn Sie Zwischensummenfilter verwenden, ist es sinnvoll, die Eingangssortierung KONSOLIDIERUNGSGRUPPE zu verwenden.

▶ LA-SORTIERUNG – Wenn der Lagerauftrag feststeht, werden dessen Lageraufgaben vor der Ausführung sortiert, zum Beispiel gemäß KOMMISSIONIERWEG, um so den Mitarbeiter wegeoptimiert durch das Lager zu führen.

▶ **Packprofil**

Mit dem Packprofil können Sie steuern, wie die Lagerauftragserstellung Pick-HUs für einen Lagerauftrag ermittelt. Als Grundlage zur Ermittlung werden die Daten (zum Beispiel Gewicht, Volumen oder Dimensionen) der Lageraufgaben eines Lagerauftrags verwendet. Diese Daten werden mit den möglichen Packmitteln verglichen und auf diese Weise Anzahl und Typ der benötigten Pick-HUs ermittelt. Das Packprofil enthält u. a. folgende Felder:

▶ VERPACKUNGSMODUS – Hier können Sie zwischen einem einfachen und einem komplexen Packalgorithmus unterscheiden. Der einfache Packalgorithmus verwendet genau eine Packspezifikation, das heißt, in der gefundenen Packspezifikation wird das Packmittel des Hauptlevels verwendet. Beim komplexen Algorithmus werden auf Basis mehrerer Packspezifikationen die möglichst optimalen Pick-HUs und deren Anzahl ermittelt. Dazu müssen mehrere Packspezifikationen mit dem gleichen Konditionssatz, aber einer anderen Konditionsfolge definiert werden. Das kleinste Packmittel muss die niedrigste Konditionsfolge haben, das größte entsprechend die höchste Konditionsfolge. Da bei der Bildung von Pick-HUs oftmals kundenspezifische Algorithmen eine Rolle spielen, können diese in verschiedenen BAdIs vorgenommen werden.

▶ SORTIERUNG DER LBs ZUR BESTIMMUNG DER PICK-HUs – Diese Verpackungssortierregel ist dem Packprofil zugeordnet. Die LAER sortiert vor der Ermittlung der Pick-HUs die Lageraufgaben mit dem Ziel, die Anzahl der notwendigen Pick-HUs zu minimieren, insbesondere dann, wenn das Kennzeichen LB ÜBERSPRINGEN auf dem Packprofil nicht gesetzt ist (siehe Packprofil).

▶ KENNZEICHEN LBs HU ZUORDNEN – Hiermit legen Sie fest, dass die Lageraufgaben in die entsprechende Pick-HU kommissioniert werden, die zuvor bei der Ermittlung der Pick-HU zugeordnet wurden.

▶ **Rüstzeit**

Die Rüstzeit ist die Zeit, die benötigt wird, um die Abarbeitung eines Lagerauftrags vorzubereiten, zum Beispiel das Rüsten des Pickmobils beim Multi-Order Picking. Die Rüstzeit wird bei der Ermittlung des spätesten Startdatums zur Priorisierung der Lageraufträge berücksichtigt, was vorher bereits erläutert wurde.

▶ **Kennzeichen »LA gesperrt«**

Mit diesem Kennzeichen werden die Lageraufträge gesperrt, was insbesondere dann sinnvoll ist, wenn Sie die Ergebnisse noch manuell über die Verwendung der geeigneten Methoden im Lagermonitor beeinflussen wollen. Welche Methoden im Einzelnen zur Verfügung stehen, wird in Abschnitt 7.3.3, »Lageraufträge manuell erstellen und bearbeiten«, genauer beschrieben.

▶ **Lagerungsprozess**

Dem Lagerungsprozess können Prozessschritte, die ausgeführt werden müssen, in entsprechender Reihenfolge zugeordnet werden. Ein Lagerungsprozess im Warenausgang könnte wie folgt aussehen:

▶ 1. Auslagern

▶ 2. Verpacken

▶ 3. Bereitstellen im Versand

▶ 4. Lkw beladen

Wenn Sie also wollen, dass nach Erledigung des Lagerauftrags ein bestimmter Lagerungsprozess erfolgen soll, definieren Sie diesen Prozess im Customizing und ordnen diesen der LAER zu. Wie Sie den Lagerungsprozess definieren und weitere Detailinformationen erfahren Sie in Abschnitt 7.4, »Lagerungssteuerung«.

Wie diese Parameter zusammenwirken und sinnvoll konfiguriert werden, wird im Folgenden anhand einiger Fälle aus der Praxis erläutert.

Abbildung 7.14 zeigt die Ausgangsbasis für die Praxisfälle. Im Aktivitätsbereich 01, der aus vier Gängen besteht, sollen mehrere Lageraufgaben für verschiedene Kundenaufträge A, B, C und D kommissioniert werden. Die Kommissionierung erfolgt nach dem Prinzip *Mann zur Ware*, der Lagermitarbeiter entnimmt die Ware also an einem Lagerplatz.

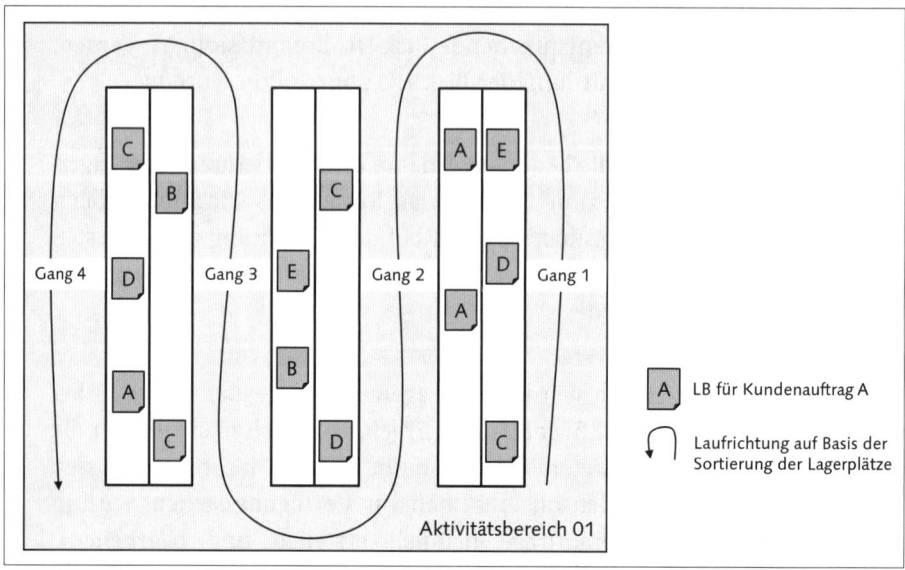

Abbildung 7.14 Beispiel – Kommissionierung mehrerer Kundenaufträge in einem Aktivitätsbereich

Fall 1: Möglichst geringer Kommissionierweg pro Lagerarbeiter und maximales Gewicht der Pick-HU

Die Lageraufträge sollen so erstellt werden, dass der Lagerarbeiter möglichst wenig Distanz zurücklegt. Um den Kommissionierweg möglichst gering zu halten, kommissioniert er für mehrere Kundenaufträge gleichzeitig. Demzufolge müssen im Anschluss an die Lagerauftragsbearbeitung die Pick-HUs an einem bestimmten Arbeitsplatz sortiert bzw. umgepackt werden. Eine weitere Prozessanforderung ist, dass das Gewicht der Pick-HU aufgrund des Arbeitsschutzes 25 kg nicht überschreiten darf.

Lösungsansatz: Definition einer LAER mit folgenden Parametern und Zuordnung zu AB01

LAER1: LAER mit dem Erstellungstyp KOMMISSIONIERWEG, der Eingangssortierung VON-PLATZ AUFSTEIGEND (optional), der Lagerauftragssortierung KOMMISSIONIERWEG und als Grenzwertkriterium GEWICHT mit dem Maximalwert 25 KG. Da die Pick-HU nach Abschluss des Lagerauftrags sortiert und umgepackt werden muss, sieht der Lagerungsprozess gegebenenfalls wie folgt aus:

1. Auslagern

2. Verpacken

3. Bereitstellen

4. Beladen

Abbildung 7.15 zeigt, dass für Lagerauftrag 1 nur in Gang 1 und 2, für Lagerauftrag 2 nur in Gang 2 und 3 kommissioniert werden muss und dass der Lagerauftrag 3 in Gang 3 startet und in Gang 4 endet.

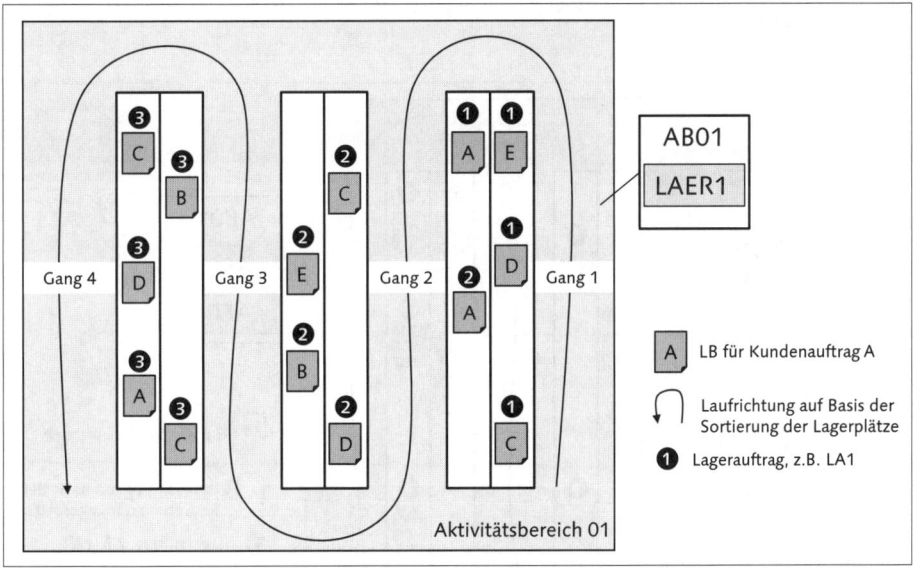

Abbildung 7.15 Beispiel – Ergebnis der Lagerauftragserstellung mit LAER »möglichst geringer Kommissionierweg« pro Lagerarbeiter

Fall 2: Leichte und schwere Produkte sollen separat und wegeoptimiert kommissioniert werden, wobei die Pick-HU ein Maximalgewicht nicht überschreiten darf

Infolge des inhomogenen Artikelspektrums müssen schwere und leichte Produkte getrennt kommissioniert werden, um Produktbeschädigungen zu vermeiden. Auch in diesem Szenario wird der Fokus bei der Lagerauftragserstellung auf die Wegeoptimierung und auf den Arbeitsschutz gelegt.

Lösungsansatz: Dem Aktivitätsbereich werden zwei LAERs in der entsprechenden Reihenfolge zugeordnet:

LAER1: LAER mit dem Erstellungstyp KOMMISSIONIERWEG, dem Positionsfilter mit MAXIMALGEWICHT, der Lagerauftragssortierung KOMMISSIONIERWEG und als Grenzwertkriterium GEWICHT mit dem Maximalwert 25 KG.

LAER2: LAER mit dem Erstellungstyp KOMMISSIONIERWEG, der Eingangssortierung VON-PLATZ AUFSTEIGEND (optional), der Lagerauftragssortierung

Kommissionierweg und als Grenzwertkriterium Gewicht mit dem Maximalwert 25 kg.

Der Lagerungsprozess bleibt in beiden LAERs unverändert, da nach Kommissionierung die Ware in den Pick-HUs entsprechend den Kundenaufträgen bzw. den Konsolidierungsgruppen sortiert und verpackt werden muss.

Abbildung 7.16 zeigt das Ergebnis der Lagerauftragserstellung mit den beiden LAERs.

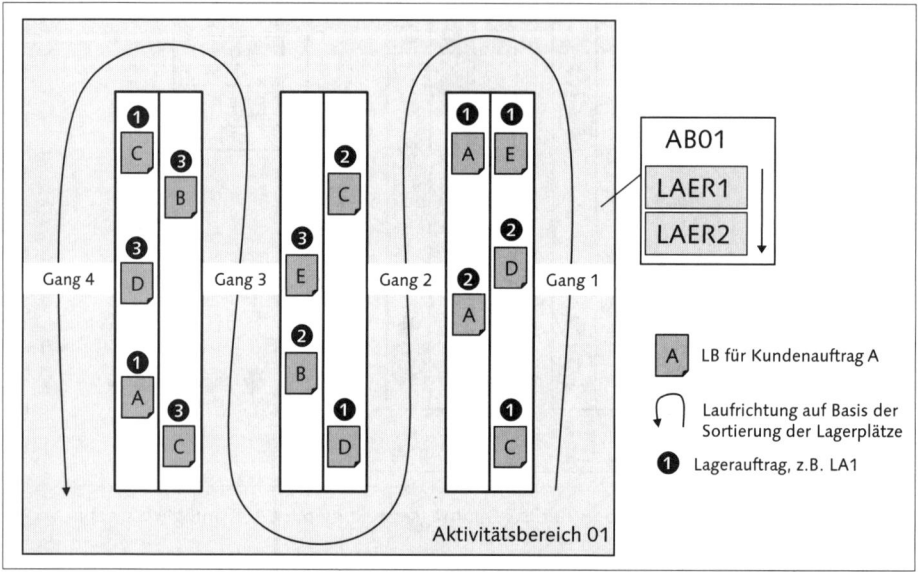

Abbildung 7.16   Beispiel – Ergebnis der Lagerauftragserstellung mit zwei LAERs

Im nächsten Abschnitt zeigen wir Ihnen, wie Sie Lageraufträge auch manuell erstellen und anschließend manuell bearbeiten können.

7.3.3   Lageraufträge manuell erstellen und bearbeiten

Entsprechend der Abbildung 7.17 haben Sie in EWM die Möglichkeit, mit der Transaktion /SCWM/RWOCR Lageraufträge auch manuell zu erstellen. Diese Transaktion finden Sie im SAP Easy Access Menü in EWM unter dem Pfad Ausführung • /SCWM/RWOCR – Lageraufträge manuell zusammenstellen.

Sie verwenden diese Funktion, um im Wareneingangsprozess die Lageraufgaben von verschiedenen HUs aus den Lageraufträgen zu löschen und zu einem neuen Lagerauftrag zusammenzufassen. Dadurch können Sie die HUs gemeinsam einlagern, und EWM kann einen optimierten Einlagerungsweg ermitteln.

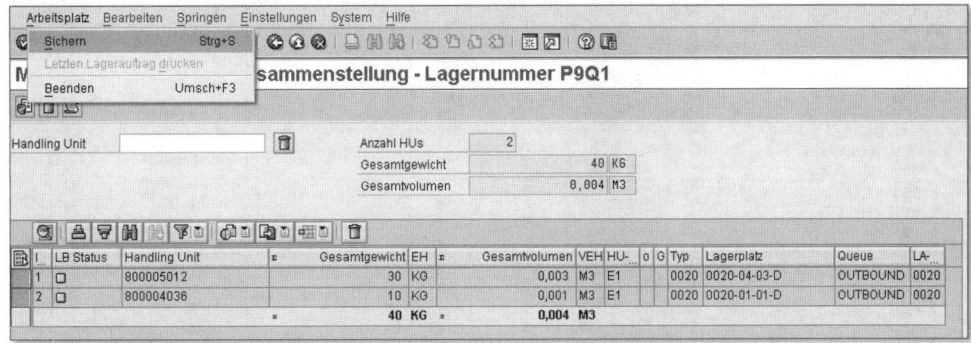

Abbildung 7.17 Manuelle Lagerauftragserstellung mit Transaktion /SCWM/RWOCR

Mit dem Lagermonitor (Transaktion /SCWM/MON) haben Sie je nach Status des Lagerauftrags verschiedene Möglichkeiten, Lageraufträge zu bearbeiten bzw. zu simulieren. Folgende Status sind für den Lagerauftrag definiert:

▶ **Offen**
Lagerauftrag ist noch nicht in Bearbeitung. Alle zugeordneten Lageraufgaben haben den Status OFFEN.

▶ **Storniert**
Lagerauftrag ist storniert und damit auch alle zugeordneten Lageraufgaben.

▶ **Gesperrt**
Lagerauftrag ist für die Bearbeitung gesperrt.

▶ **Quittiert**
Lagerauftrag ist abgearbeitet, und alle zugeordneten Lageraufgaben sind quittiert.

▶ **In Bearbeitung**
Mindestens eine zugeordnete Lageraufgabe hat den Status QUITTIERT.

Auf Lagerauftragsebene können Sie im Monitor folgende Aktivitäten durchführen:

▶ markierte Lageraufträge drucken bzw. erneut drucken

▶ Lagerauftrag im Vordergrund quittieren: Quittierung eines oder mehrerer Lageraufträge durch Aufruf der Transaktion /SCWM/TO_CONF

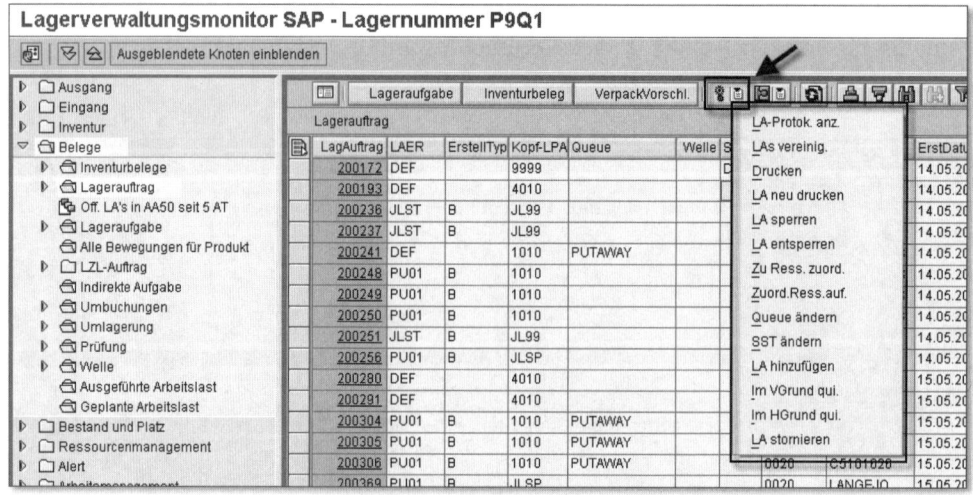

Abbildung 7.18 Lageraufträge im Lagermonitor auf Lagerauftragsebene bearbeiten

▶ Lagerauftrag im Hintergrund quittieren: Quittierung eines oder mehrerer Lageraufträge im Monitor

▶ Lageraufträge vereinigen: Ermöglicht Ihnen, selektierte Lageraufträge mit Status OFFEN, GESPERRT oder IN BEARBEITUNG durch Eingabe einer LAER zu vereinigen, wodurch die Zuordnung der Lageraufgaben zu den Lageraufträgen aufgehoben wird und diese zu neu erstellten Lageraufträgen zusammengefasst werden.

▶ Lageraufträge mit Status OFFEN sperren und gesperrte Lageraufträge entsperren

▶ Lageraufträge mit Status OFFEN stornieren

▶ zu einem übergeordneten Lagerauftrag einen weiteren hinzufügen (diese Funktion ist nur für den Geschäftsprozess Be- bzw. Entladen relevant)

▶ Ressourcenzuordnung für markierte Lageraufträge aufheben bzw. Ressource zuordnen: Ermöglicht Ihnen, eine Ressource zu einem oder mehreren selektierten Lageraufträgen zuzuordnen oder die Zuordnung dazu aufzuheben.

▶ Spät. Starttermin (SSD) ändern: Durch Änderung des SST haben Sie die Möglichkeit, die Priorisierung der Lageraufträge entsprechend zu beeinflussen.

Wie Abbildung 7.19 zeigt, können Sie im Lagermonitor zur Bearbeitung von Lageraufträgen folgende Aktivitäten durchführen:

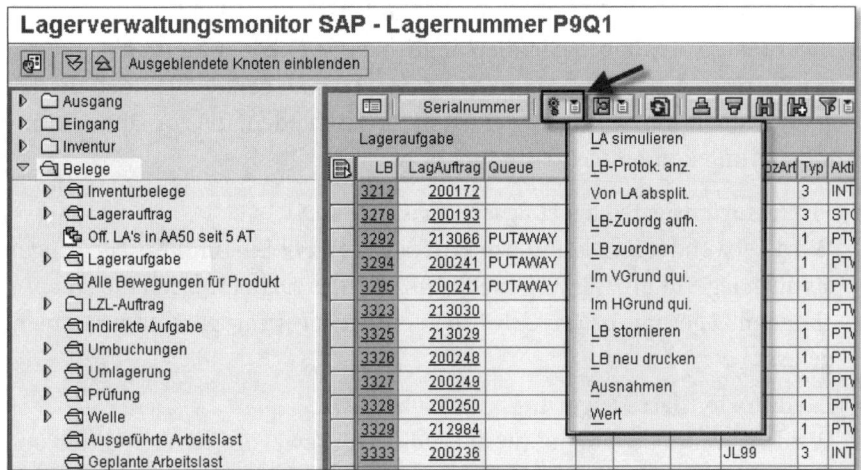

Abbildung 7.19 Bearbeitung von Lageraufträgen im Lagermonitor

▶ **LA simulieren**
Ermöglicht die Simulation der Lagerauftragserstellung auf der Basis einer angegebenen LAER für eine oder mehrere selektierte Lageraufgaben. Eine Erstellung von Lageraufträgen aus der Simulation heraus ist nicht möglich.

▶ **LBs von LA absplitten**
Damit können Sie die Zuordnung von einer oder mehreren Lageraufgaben zu einem Lagerauftrag aufheben und diese mit Angabe einer LAER zu einem neu erstellten Lagerauftrag zusammenzufassen.

▶ **LB zuordnen**
Damit können Sie eine oder mehrere selektierte Lageraufgaben einem bestimmten Lagerauftrag zuzuordnen.

▶ **LB-Zuordnung aufheben**
Ermöglicht Ihnen, die Zuordnung einer oder mehrerer selektierter Lageraufgaben zu einem bestimmten Lagerauftrag aufzuheben. Im Gegensatz zum Absplitten wird für die selektierten Lageraufgaben kein neuer Lagerauftrag erstellt.

7.4 Lagerungssteuerung

Die Lagerungssteuerung in EWM ist eine Funktionalität, um die zum Durchführen von Produktbewegungen im Lager erforderlichen Prozessschritte zu bestimmen und zu steuern. Die Lagerungssteuerung kann für die Steuerung von Wareneingangs-, Warenausgangs- und lagerinternen Prozessen verwendet werden. Dabei haben Sie die Möglichkeit, zu jedem Zeitpunkt und für jeden Prozessschritt zu wissen, wo sich der Bestand gerade befindet. Bei der Lagerungssteuerung werden zwei Arten unterschieden, die zur Optimierung der Steuerung kombinierbar sind:

► **Prozessorientierte Lagerungssteuerung (POLS)**
Wird verwendet, um komplexe Prozesse, sowohl Ein- und Auslagerungen als auch lagerinterne Bewegungen, abzubilden. Dabei werden die entsprechenden Lagerungsprozessschritte in einem Lagerungsprozess zusammengefasst.

► **Layoutorientierte Lagerungssteuerung (LOLS)**
Wird verwendet, wenn in Ihrem Lager Lagerbewegungen nicht direkt von einem Von-Lagerplatz zu einem Nach-Lagerplatz führen, sondern über Zwischenlagerplätze.

In den folgenden Abschnitten stellen wir Ihnen vor, wie die Lagerungssteuerung die unterschiedlichen Lagerprozesse unterstützt, und beschreiben die wichtigsten Einstellungen im Customizing.

7.4.1 Lagerungssteuerung im Wareneingang

Die Lagerungssteuerung bietet die Möglichkeit, die unterschiedlichen Wareneingangsprozesse (WE-Prozesse) durch die geeignete Anordnung der verschiedenen Einlagerungsprozessschritte wie zum Beispiel Entladen, Dekonsolidieren, Qualitätsprüfung oder Einlagerung flexibel zu definieren und zu steuern. Auf Basis der in Abbildung 7.20 dargestellten Prozessabläufe wird die Verwendung der Lagerungssteuerung im Wareneingang erklärt.

Im ersten Beispiel (Prozess startet an Tor 1) erfolgt die Lagerungssteuerung prozessorientiert. Der Wareneingangsprozess besteht aus folgenden Prozessschritten:

❶ **Entladen**
Der Lkw wird durch die Verwendung von HU-Lageraufgaben entladen.

❷ **Zählprüfung**
EWM bestimmt auf Basis der ermittelten Prüfregel, dass die Ware gezählt werden muss. Die POLS kann so konfiguriert werden, dass mit Quittierung der Entlade-Lageraufgabe automatisch die Folge-Lageraufgabe – in diesem Fall zum Qualitäts-Arbeitsplatz – erstellt wird, und erstellt die HU-Lageraufgabe zum Arbeitsplatz.

❸ Umpacken

Mit Abschluss der Zählprüfung und Quittierung des Prüfbelegs bestimmt EWM anhand der Existenzprüfung der produktspezifischen Packspezifikation und der Relevanz für den LZL-Auftrag (LZL = logistische Zusatzleistungen), dass die Ware umgepackt werden muss, und erstellt automatisch einen LZL-Auftrag sowie die HU-Lageraufgabe zum entsprechenden LZL-Arbeitsplatz. Dort wird die Ware in einlagerfähige Behälter auf Basis des LZL-Auftrags umgepackt.

❹ Einlagern

Mit dem manuellen Abschluss des Prozessschritts pro Einlager-HU erstellt EWM pro HU die Einlager-Lageraufgabe zum finalen Einlagerplatz.

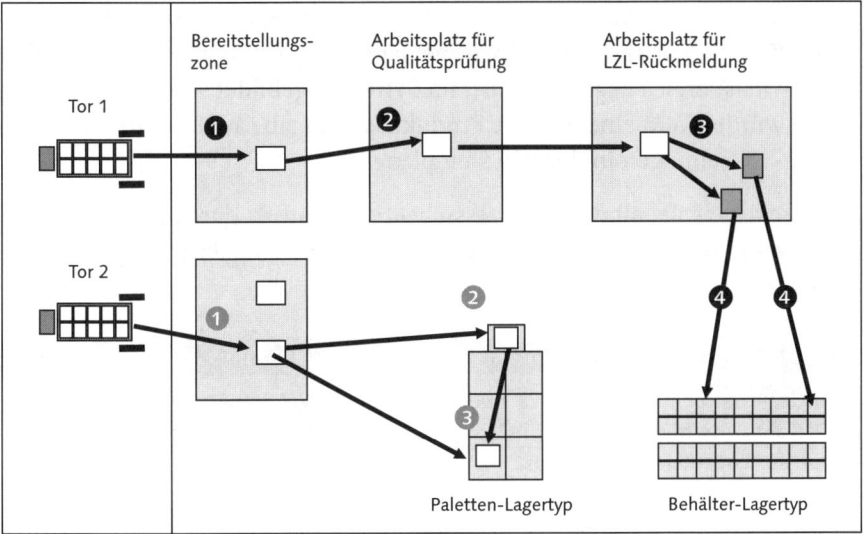

Abbildung 7.20 Beispielprozesse für die Lagerungssteuerung im Wareneingang

Prozessorientierte Lagerungssteuerung

Die prozessorientierte Lagerungssteuerung arbeitet nur mit HUs.

Der zweite Prozess (startet an Tor 2) ist ein Anwendungsbeispiel für die Kombination von prozess- und layoutorientierter Lagerungssteuerung. Der Prozess besteht aus folgenden Prozessschritten:

❶ Entladen

Der Lkw wird durch die Verwendung von HU-Lageraufgaben entladen.

② Transport zum Übergabeplatz

Mit Quittierung der Entlade-Lageraufgabe bestimmt EWM den nächsten Prozessschritt *Einlagern*. Dabei erkennt EWM auf Basis der Einstellungen in der LOLS, dass die Einlagerung nicht direkt, sondern über einen Übergabeplatz erfolgen muss. Zu diesem Zweck erstellt EWM eine aktive HU-Lageraufgabe zum Übergabeplatz und eine inaktive HU-Lageraufgabe für die Einlagerung auf Basis der ermittelten Einlagerstrategie (siehe gestrichelte Linie).

③ Einlagern

Mit Quittierung der HU-Lageraufgabe auf den Übergabeplatz wird die inaktive Lageraufgabe automatisch aktiviert und die HU-Lageraufgabe mit dem aktuellen Von-Platz aktualisiert. Die aktive HU-Lageraufgabe wird nun über die ermittelte Queue der Ressource zugeordnet. (Alternativ kann der Übergabeplatz auch als Zwischenlagerplatz, der dem entsprechenden Aktivitätsbereich zugeordnet ist, im System abgebildet werden. In diesem Fall würde EWM eine inaktive Produktlageraufgabe auf Basis der Customizing-Einstellungen in der POLS einplanen.

In diesem Beispiel sind die Prozessschritte ❶ und ❸ durch die POLS definiert, während Prozessschritt ❷ durch die Einstellungen in der LOLS bestimmt wird.

> **Kombination aus prozess- und layoutorientierter Lagerungssteuerung**
>
> Bei der Kombination von POLS und LOLS führt EWM zunächst immer erst die POLS aus. Anschließend prüft die LOLS, ob die ermittelte Lagerungsprozessschrittfolge aus Layoutsicht möglich ist.

Wie Abbildung 7.21 zeigt, ermittelt EWM für die Steuerung des Wareneingangsprozesses den Lagerungsprozess mit den verschiedenen Prozessschritten über die Lagerprozessart, die u. a. auf Basis der Beleg- und Positionsart gefunden wird. EWM übernimmt den ermittelten Lagerungsprozess in die einzulagernden HUs. Die HU besitzt also die Information, welche Prozessschritte für die Einlagerung erforderlich sind.

> **Lagerungsprozess im Wareneingang**
>
> Im Wareneingang startet der Lagerungsprozess immer mit einer HU-Lageraufgabe (zum Beispiel Entladen). Demzufolge ist die HU der Träger der Lagerungsprozessinformationen.

Der Wareneingangsprozess inklusive der verschiedenen Prozessschritte wie Entladung, Dekonsolidierung, Umpacken oder Qualitätsprüfung und der wichtigsten Customizing-Einstellungen ist ausführlich in Kapitel 8, »Waren-eingangsprozess«, beschrieben.

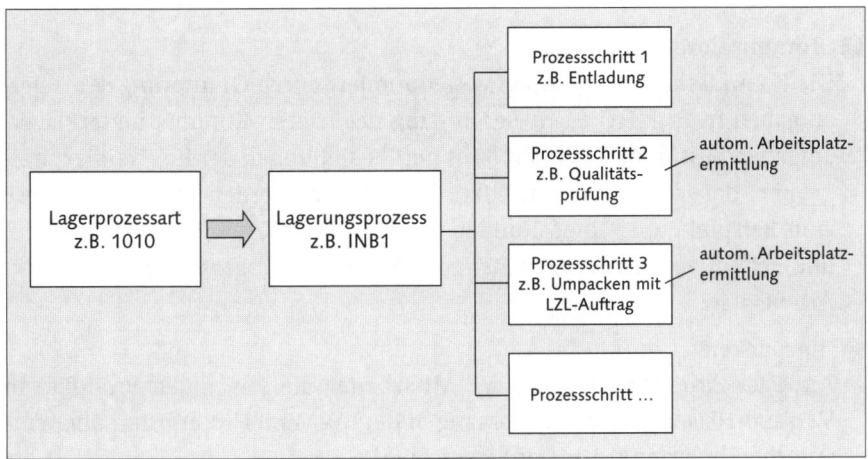

Abbildung 7.21   Lagerungsprozess im Wareneingang ermitteln

7.4.2   Lagerungssteuerung im Warenausgang

Analog zum Wareneingang können Sie mit der Lagerungssteuerung die Prozessvarianten im Warenausgang durch die flexible Kombination der Auslagerungsprozessschritte, wie zum Beispiel Auslagern, Verpacken, Bereitstellen oder Beladen, abbilden und steuern. Abbildung 7.22 zeigt exemplarisch den Prozessablauf zweier verschiedener Warenausgangsprozesse, um das Prinzip der Lagerungssteuerung im Warenausgang zu verdeutlichen.

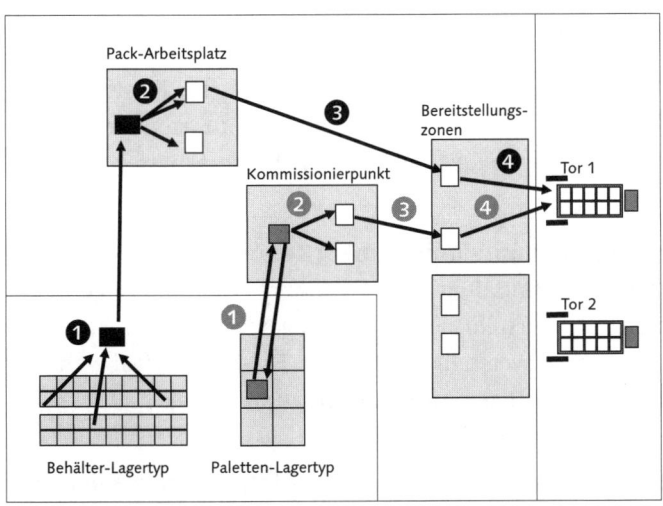

Abbildung 7.22   Beispielprozesse Lagerungssteuerung im Warenausgang

Im ersten Beispiel (Prozess startet im Behälter-Lagertyp) erfolgt die Lagerungssteuerung prozessorientiert. Der Warenausgangsprozess besteht aus folgenden Prozessschritten:

❶ Kommissionierung

Die Kommissionierung erfolgt wegeoptimiert durch Quittierung der Lageraufgaben in Pick-HUs. Mit Bestätigung der letzten Kommissionier-Lageraufgaben bestimmt EWM auf Basis der Einstellungen der Konsolidierungsgruppe, dass bestimmte Produkte konsolidiert werden müssen, da diese zum Beispiel zum selben Kunden auf derselben Route versandt werden, und erstellt automatisch für die Pick-HU eine HU-Lageraufgabe zum Pack-Arbeitsplatz.

❷ Verpacken

Am Pack-Arbeitsplatz packt der Mitarbeiter die jeweiligen Produkte in Versand-HUs. Den Umpackvorgang bildet EWM im Hintergrund über entsprechende Produkt-Lageraufgaben ab.

❸ Bereitstellen

Mit dem manuellen Abschluss des Prozessschritts pro Versand-HU ermittelt EWM den nächsten Prozessschritt *Bereitstellen* in der POLS und erstellt auf Basis der Einstellungen der Bereitstellungszonen- und Torfindung im Warenausgang die HU-Lageraufgabe zur richtigen Bereitstellungszone.

❹ Beladen

Mit Quittierung der HU-Lageraufgabe auf die Bereitstellzone bestimmt EWM den letzten Prozessschritt *Beladen* und erstellt automatisch die HU-Lageraufgaben zum Beladen des Lkws. (Alternativ haben Sie mit der Transaktion /SCWM/LOAD – Beladen die Möglichkeit, die Belade-Lageraufgaben für die HUs der Auslieferpositionen auch manuell zu erstellen).

Der Prozessablauf des zweiten Beispiels (Prozess startet im Paletten-Lagertyp) wird durch die Kombination der prozess- und layoutorientierten Lagerungssteuerung in EWM abgebildet. Dieser WA-Prozess besteht aus folgenden Prozessschritten:

❶ Lagerbewegung zum Kommissionierpunkt (K-Punkt)

EWM hat auf Basis der ermittelten Auslagerstrategie die Pick-Lageraufgaben im Paletten-Lagertyp erstellt. Für diesen Lagertyp ist Entnahme über K-Punkt aktiv. Demzufolge erstellt EWM eine HU-Lageraufgabe für die Pick-HU vom Lagerfach des Paletten-Lagertyps zum K-Punkt.

❷ Kommissionierung

Der Mitarbeiter kommissioniert die Ware am HU-verwalteten K-Punkt in die Versand-HUs und quittiert die Pick-Lageraufgaben. Mit dem manuellen Abschluss des Prozessschritts für die Pick-HU erstellt EWM automatisch die HU-Lageraufgabe zurück ins Palettenlager entweder in den gleichen Lagertyp oder auf Basis der Einlagerstrategie.

3 Bereitstellen

Mit dem manuellen Abschluss des Prozessschritts pro Pick-HU ermittelt EWM den nächsten Prozessschritt *Bereitstellen* in der POLS und erstellt die HU-Lageraufgabe zur ermittelten Bereitstellungszone.

4 Beladen

Mit Quittierung der HU-Lageraufgabe auf die Bereitstellzone bestimmt EWM den letzten Prozessschritt *Beladen*. Eine automatische HU-Lageraufgabenerstellung für die Beladung ist zwar möglich, aber in der Praxis erfolgt die Erstellung manuell.

In diesem Beispiel werden die Prozessschritte **2**, **3** und **4** über die POLS definiert, während der erste Prozessschritt durch die Einstellungen in der LOLS bestimmt wird.

Für die Steuerung des Warenausgangsprozesses ermittelt EWM den Lagerungsprozess mit den verschiedenen Prozessschritten über die LAER (siehe Abbildung 7.23).

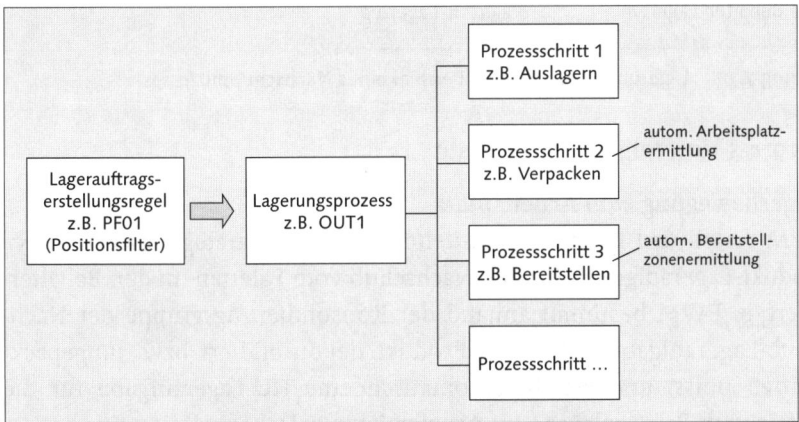

Abbildung 7.23 Lagerungsprozess im Warenausgang ermitteln

Lagerungsprozess im Warenausgang

Im Warenausgang startet der Lagerungsprozess immer mit einer Produkt-Lageraufgabe zur Kommissionierung. Demzufolge ist die Lageraufgabe der Träger der Lagerungsprozessinformationen.

7.4.3 Lagerungssteuerung für interne Umlagerungen

Neben den Wareneingangs- und Warenausgangsprozessen gibt es lagerintern eine Vielzahl von Prozessen in der unterschiedlichsten Komplexität je nach Anzahl der Prozessschritte. Auch hier unterstützt die Lagersteuerung hinsichtlich Definition und Steuerung der Prozesse. Abbildung 7.24 verdeutlicht die Funktionalitäten der Lagersteuerung (hier prozessorientiert) bei internen Prozessen.

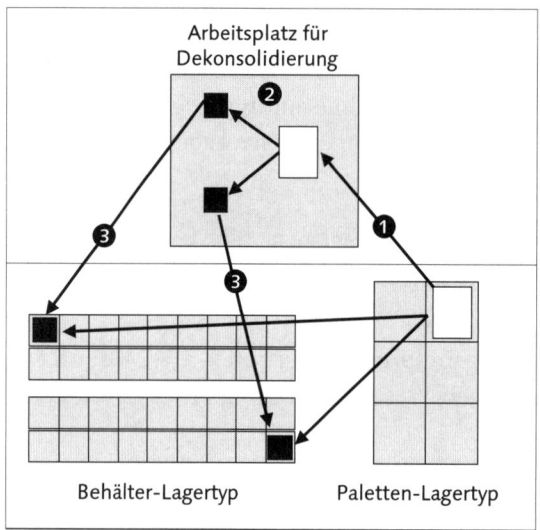

Abbildung 7.24 Lagerungssteuerung am Beispiel eines Nachschubprozesses

Der Prozess läuft folgendermaßen ab:

❶ **Lagerbewegung zum Arbeitsplatz**
EWM erstellt auf Basis der ermittelten Nachschubstrategie zwei inaktive Produkt-Lageraufgaben für den Nachschub vom Paletten- in den Behälterlagertyp. EWM bestimmt anhand der Konsolidierungsgruppe der Nachschub-Lageraufgaben, dass das Produkt dekonsolidiert bzw. umgepackt werden muss, und erstellt automatisch eine HU-Lageraufgabe für die Palette vom Palettenlager zum Arbeitsplatz für Dekonsolidierung.

❷ **Dekonsolidierung bzw. Umpacken**
Der Mitarbeiter packt das Produkt von der Palette in Behälter um.

❸ **Einlagern**
Mit dem manuellen Abschluss des Prozessschritts pro Einlager-HU aktiviert EWM die entsprechende Produkt-Lageraufgabe und aktualisiert sie

mit dem aktuellen Von-Platz. Die aktive Produkt-Lageraufgabe wird nun über die ermittelte Queue der Ressource zugeordnet.

Die Bestimmung des Lagerungsprozesses für lagerinterne Prozesse ist prozessabhängig. In dem zuvor beschriebenen Nachschubszenario wird der Lagerungsprozess über die entsprechende LAER ermittelt. Ein anderes Beispiel eines lagerinternen Prozesses ist das Stornieren der Kommissionierung (Transaktion /SCWM/CANCPICK – Kommissionierung stornieren, die Sie im SAP Easy Access Menü in EWM unter dem Knoten AUSFÜHRUNG finden. In diesem Fall ist der Lagerungsprozess mit der Lagerprozessart zur Wiedereinlagerung verknüpft. Allgemein lässt sich sagen, wenn der Lagerungsprozess mit einer HU-Lageraufgabe startet (zum Beispiel Stornierung der Kommissionierung), ist der Lagerungsprozess der Lagerprozessart zugeordnet. Startet der Lagerungsprozess mit einer Produkt-Lageraufgabe (zum Beispiel Nachschubprozess), dann ist der Lagerungsprozess mit der LAER verknüpft.

Nachdem wir anhand einiger Prozessbeispiele die Lagerungssteuerung näher erklärt haben, werden wir in den folgenden Abschnitten die prozess- und layoutorientierte Lagerungssteuerung mit den jeweiligen Customizing-Einstellungen detailliert beschreiben.

7.4.4 Prozessorientierte Lagerungssteuerung

Die *prozessorientierte Lagerungssteuerung* (POLS) wird in der Regel zum Abbilden komplexer Ein- oder Auslagerungsprozesse verwendet. Bevor die Produkte auf dem finalen Lagerplatz eingelagert werden, kommt es häufig vor, dass, abhängig von den Eigenschaften der verwalteten Produkte (bestimmte physikalische oder Lagerungseigenschaften), zusätzliche Prozessschritte im Lager durchgeführt werden müssen. Im nächsten Abschnitt stellen wir die wichtigsten Einstellungen im Customizing für die POLS vor, die Sie unter dem Customizing-Pfad PROZESSÜBERGREIFENDE EINSTELLUNGEN • LAGERAUFGABE • PROZESSORIENTIERTE LAGERUNGSSTEUERUNG DEFINIEREN vornehmen.

Definition der externen Lagerungsprozessschritte

Der Lagerungsprozess wird im Customizing durch die Anordnung externer Lagerungsprozessschritte definiert, die zuvor erstellt wurden. Den externen Lagerungsprozessschritten werden dabei entsprechende interne Prozessschritte, die von SAP vordefiniert sind, zugeordnet. Mit dieser Zuordnung legen Sie automatisch den Lagerungsprozesstyp fest. Sie können die internen

Prozessschritte nicht abändern oder ergänzen. Die in Tabelle 7.1 dargestellten internen Prozessschritte, die für die POLS relevant sind, werden vordefiniert im SAP-Standard ausgeliefert.

Interner Prozessschritt	Lagerungsprozesstyp
Cross-Docking	Einlagerung
Zählung	Einlagerung und interne Warenbewegung
Beladen	Auslagerung
Verpacken	Einlagerung, interne Warenbewegung und Auslagerung
Auslagern	Auslagerung und interne Warenbewegung
Einlagern	Einlagerung und interne Warenbewegung
Qualitätsprüfung	Einlagerung
Dekonsolidieren	Einlagerung und interne Warenbewegung
Bereitstellen	Auslagerung
Entladen	Einlagerung
logistische Zusatzleistung	Einlagerung, interne Warenbewegung und Auslagerung

Tabelle 7.1 Verfügbare interne Prozessschritte

Die restlichen, hier nicht genannten internen Prozessschritte werden ausschließlich vom Arbeitsmanagement verwendet.

Dynamische Prozessschritte

Die internen Prozessschritte *Zählung, logistische Zusatzleistung* und *Dekonsolidieren* sind sogenannte *dynamische Prozessschritte*. EWM bestimmt automatisch, ob diese Prozessschritte durchzuführen sind – sie müssen daher nicht explizit dem Lagerungsprozess zugeordnet werden.

Abbildung 7.25 zeigt Beispiele externer Prozessschritte, die Sie im Customizing-Pfad PROZESSÜBERGREIFENDE EINSTELLUNGEN • LAGERAUFGABE • PROZESSORIENTIERTE LAGERUNGSSTEUERUNG DEFINIEREN festlegen.

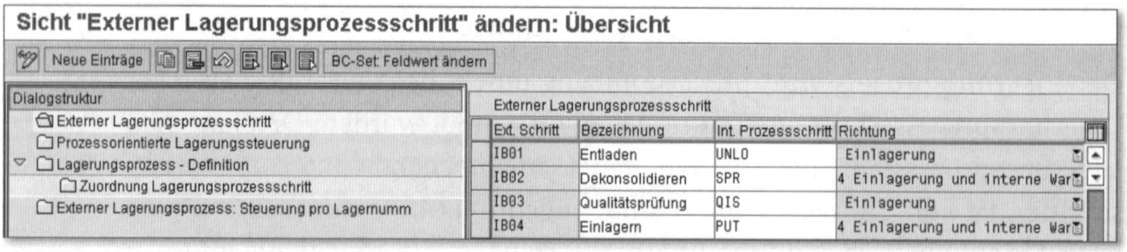

Abbildung 7.25 Externe Prozessschritte definieren

Lagerungsprozess definieren

Nachdem Sie die externen Prozessschritte angelegt haben, definieren Sie, wie in Abbildung 7.26 beispielhaft dargestellt, Ihren Lagerungsprozess für die Einlagerung, Auslagerung oder interne Bewegung.

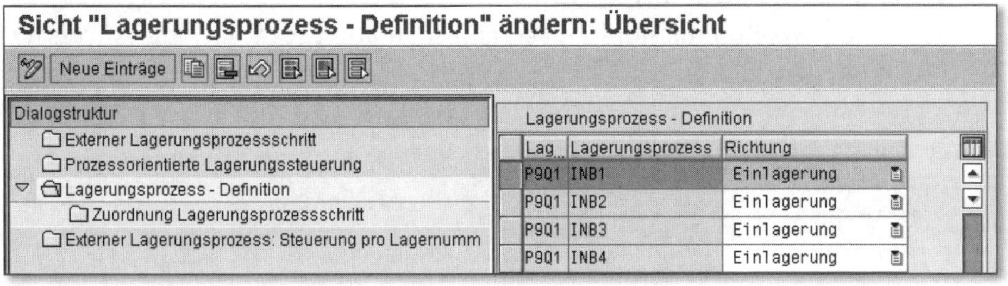

Sicht "Lagerungsprozess - Definition" ändern: Übersicht		
✎ Neue Einträge 📋 📇 🗸 📑 📑 📑		

Dialogstruktur	Lagerungsprozess - Definition			
☐ Externer Lagerungsprozessschritt	Lag	Lagerungsprozess	Richtung	
☐ Prozessorientierte Lagerungssteuerung	P9Q1	INB1	Einlagerung	🗐
▽ 🗐 Lagerungsprozess - Definition	P9Q1	INB2	Einlagerung	🗐
☐ Zuordnung Lagerungsprozessschritt	P9Q1	INB3	Einlagerung	🗐
☐ Externer Lagerungsprozess: Steuerung pro Lagernumm	P9Q1	INB4	Einlagerung	🗐

Abbildung 7.26 Lagerungsprozess definieren

Ordnen Sie dem Lagerungsprozess die externen Prozessschritte in entsprechender Reihenfolge zu, wie in Abbildung 7.27 beispielhaft dargestellt. EWM prüft dabei die richtige Reihenfolge der externen Prozessschritte. So kann selbstverständlich der Prozessschritt *Entladung* nicht nach dem Prozessschritt *Einlagerung* erfolgen oder *Dekonsolidieren* nicht vor dem *Zählen* stattfinden.

Je nach Prozess sind die internen Lagerungsprozessschritte in folgender Reihenfolge erlaubt:

▸ **Wareneingang**

Entladen → Zählen → Dekonsolidieren → Einlagern

Wenn *Entladen* als Prozessschritt im Lagerungsprozess des Wareneingangs definiert ist, dann ist dies immer der erste Schritt und die Einlagerung logischerweise der letzte Schritt.

▸ **Warenausgang**

Auslagern → Verpacken → Bereitstellen → Beladen

Beim Lagerungsprozess für den Warenausgang ist der Prozessschritt *Auslagern* immer erster Schritt. Falls *Beladen* als Prozessschritt im Lagerungsprozess des Warenausgangs definiert ist, dann ist dies immer der letzte Schritt.

▸ **Interne Bewegungen**

Auslagern → Verpacken → Dekonsolidieren → Einlagern

Bei Lagerungsprozessen für interne Bewegungen (zum Beispiel Nachschub) ist der Prozessschritt *Auslagern* immer erster Schritt und der Prozessschritt *Einlagern* immer letzter Schritt.

Darüber hinaus prüft EWM, bis zu welchem Prozessschritt spätestens im Wareneingang die Einlager-Lageraufgaben (Produkt- oder HU-Lageraufgabe) oder die HU-Kommissionier-Lageraufgaben im Cross-Docking-Prozess erstellt werden sollen.

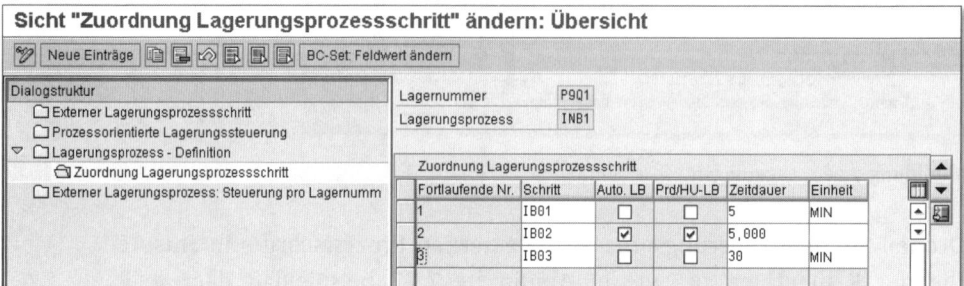

Abbildung 7.27 Externe Prozessschritte dem Lagerungsprozess zuordnen

In unserem Beispiel besteht der Lagerungsprozess aus den drei Prozessschritten IB01 (Entladen), IB02 (Dekonsolidieren) und IB03 (Einlagern). Der Prozess ist so eingestellt, dass nach dem Dekonsolidieren zum einen die Einlager-Lageraufgabe (Produkt- oder HU-Lageraufgabe) und zum anderen die Nachfolge-Lageraufgabe automatisch erstellt wird. Da in unserem Beispiel der Folgeschritt die Einlagerung ist, wird die inaktiv erstellte Einlager-Lageraufgabe automatisch aktiviert. Darüber hinaus haben Sie die Möglichkeit, eine geplante Zeitdauer für den Lagerungsprozessschritt anzugeben. Die Zeitdauer wird zur Ermittlung des geplanten Fertigstellungstermins für einen Lagerungsprozessschritt verwendet. So können auf dieser Basis im Lagermonitor überfällige Lageraufgaben ermittelt und angezeigt werden. Sollten Sie bei der Auslagerung oder internen Bewegung mit Wellen arbeiten, werden die Zeitdauern aus der Wellenvorlage verwendet und nicht aus der POLS.

Nachdaten für externe Prozessschritte definieren

Nachdem der Lagerungsprozess definiert und die Prozessschritte zugeordnet wurden, definieren Sie als Nächstes das Ziel des Prozessschrittes, also wohin die HU gebracht werden soll. Dazu geben Sie Lagertypen, -bereiche und -plätze an. Diese können zum Beispiel zu Arbeitsplätzen gehören, an denen das Produkt gezählt, verpackt oder dekonsolidiert werden soll. Ebenso können Sie eine Lagerprozessart angeben, mit der die HU-Lageraufgabe erstellt werden soll. Abbildung 7.28 zeigt die Nachdatenbestimmung für externe Prozessschritte.

Sicht "Prozessorientierte Lagerungssteuerung" ändern: Übersicht

Lager	Ext. Schritt	Vonlagertyp	HUTGr	Nachla	Nac.	Nachlagerplatz	Regelbasiert
CENT	IB02						☑
CENT	IB02	8050	ZBAG	8050	0001	VAS-DEKO	☐
CENT	IB02	8050	ZBOX	8050	0001	VAS-DEKO	☐
CENT	IBV1			0001	8050	0001 VAS-PACK	☐
CENT	IBV1	8050	ZBAG	8050	0001	VAS-PREP	☐
CENT	IBV1	8050	ZBOX	8050	0001	VAS-PREP	☐

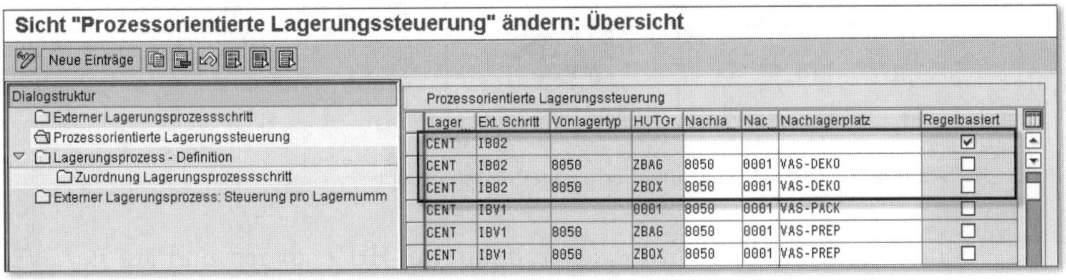

Abbildung 7.28 Nachdatenbestimmung für externe Prozessschritte

In diesem Beispiel werden die Nachdaten für den Prozessschritt IB02 (Dekonsolidieren) auf Basis der HU-Typgruppe bestimmt. Falls der HU-Typ der entladenen HU, die dekonsolidiert werden muss, der HU-Typgruppe ZBAG bzw. ZBOX zugeordnet ist, wird der entsprechende Arbeitsplatz über den Nach-Lagerplatz VAS-DEKO ermittelt. Für jeden anderen HU-Typ der ankommenden HUs, die zu dekonsolidieren sind, werden die Nachdaten regelbasiert bestimmt. In diesem Fall wird der Arbeitsplatz auf Basis der Customizing-Einstellungen für die Dekonsolidierung bestimmt (siehe EWM-Einführungsleitfaden unter dem Pfad WARENEINGANGSPROZESS • DEKONSOLIDIERUNG • DEKONSOLIDIERUNGSSTATION BESTIMMEN). Hier haben Sie im Vergleich zur POLS die Möglichkeit, die Findung der Dekonsolidierungsstation granularer zu steuern.

Abschließend können Sie in der POLS auf Lagernummernebene steuern, ob für Zollsperrbestand bestimmte Prozessschritte nicht durchgeführt werden dürfen. So ist zum Beispiel das Einlagern erlaubt, während logistische Zusatzleistungen für zollgesperrte Ware nicht durchgeführt werden dürfen.

7.4.5 Layoutorientierte Lagerungssteuerung

Aufgrund des Layouts und möglicher physischer Restriktionen in Ihrem Lager können Waren nicht direkt aus dem Von-Lagerplatz in den Nach-Lagerplatz überführt werden, sondern werden über einen Zwischenlagerplatz bewegt. Die entsprechenden Definitionen erfolgen mithilfe der *layoutorientierten Lagerungssteuerung* (LOLS). Abbildung 7.29 verdeutlicht das Prinzip der LOLS.

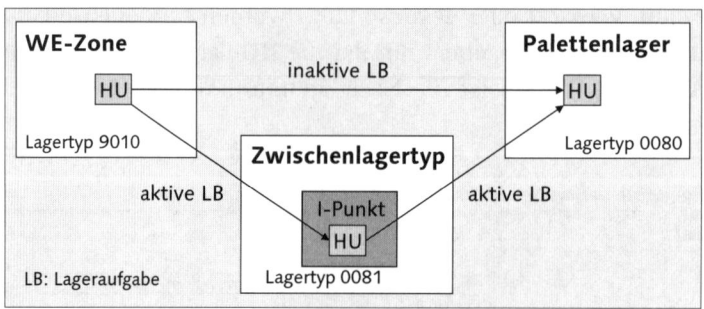

Abbildung 7.29 Layoutorientierte Lagerungssteuerung

In diesem Beispiel wird eine produktreine HU entladen und auf der WE-Zone abgestellt. EWM hat auf Basis der Einlagerstrategie den Nachplatz im HU-verwalteten Paletten-Lagertyp gefunden. EWM hat auf Basis der LOLS ermittelt, dass die HU nicht direkt, sondern über einen I-Punkt (Identifikationspunkt) eingelagert werden kann. Um die HU entsprechend zu steuern, erstellt EWM eine inaktive HU-Lageraufgabe von der WE-Zone zum finalen Lagerplatz und eine aktive HU-Lageraufgabe von der WE-Zone zum Zwischenlagerplatz. Mit Quittierung der aktiven HU-Lageraufgabe auf den Zwischenlagerplatz ändert EWM den Von-Platz der inaktiven HU-Lageraufgabe entsprechend dem Zwischenlagerplatz und aktiviert automatisch die HU-Lageraufgabe zur Einlagerung auf den finalen Lagerplatz.

Für den Fall, dass der Ziellagertyp nicht HU-verwaltet ist, erstellt EWM eine inaktive Produkt-Lageraufgabe zum finalen Lagerplatz und eine aktive HU-Lageraufgabe zum Zwischenlagerplatz.

Layoutorientierte Lagerungssteuerung

Die layoutorientierte Lagerungssteuerung arbeitet nur mit HUs. Ausnahmen bilden Prozesse mit Kommissionier- oder Identifikationspunkten (I-Punkte) als Zwischenlagerplätze.

Zur Einstellung des obigen Beispiels müssen Sie zunächst einen Zwischenlagertyp mit der entsprechenden Lagertyprolle (zum Beispiel A = I-Punkt) anlegen und diesem einen Zwischenlagerplatz zuordnen. Die Unterteilung des Zwischenlagertyps in mehrere Zwischenlagerbereiche ist optional.

Danach ordnen Sie den Zwischenlagerplatz, -bereich und/oder -typ im EWM-Einführungsleitfaden unter dem Pfad PROZESSÜBERGREIFENDE EINSTELLUNGEN • LAGERAUFGABE • LAYOUTORIENTIERTE LAGERUNGSSTEUERUNG DEFINIEREN, wie in Abbildung 7.30 dargestellt, der LOLS zu. Wenn Sie keinen Zwischenlagerbereich oder -platz angeben, dann ermittelt EWM den Zwischenlagerplatz anhand der definierten Einlagerstrategie. Dies funktioniert nur, wenn Sie für den Zwischenlagertyp den Wert für den Parameter LB GENERISCH entsprechend gesetzt haben. Weitere Details zu Lagertypen und zur Organisationsstruktur finden Sie in Abschnitt 3.2, »Organisationsstruktur in SAP EWM«.

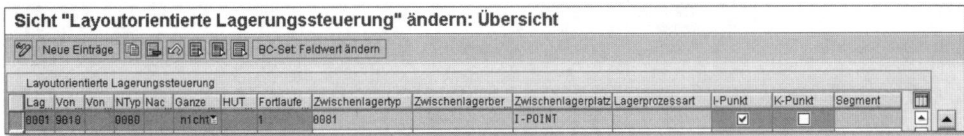

Abbildung 7.30 Layoutorientierte Lagerungssteuerung definieren

Im Customizing für die LOLS haben Sie u. a. folgende wesentliche Einstellungsmöglichkeiten:

▶ **Entnahme einer ganzen Handling Unit**
Dieses Feld bestimmt, ob Sie eine Entnahme einer ganzen HU, einer leeren HU oder eine Teilentnahme vornehmen. Anwendungsbeispiel: Bei der Entnahme einer kompletten HU kann die HU direkt aus dem Hochregallager ausgelagert werden. Sie muss nicht über den Kommissionierpunkt (K-Punkt) bewegt werden. Dagegen muss die HU bei einer Teilentnahme zum K-Punkt gebracht werden.

▶ **Eintrag für I-Punkt-Logik**
EWM bestimmt den Nach-Lagerplatz im endgültigen Lagertyp am I-Punkt.

▶ **Eintrag für K-Punkt-Logik**
EWM erstellt mit dem manuellen Abschluss der Pick-HU automatisch die Einlager-Lageraufgabe der Pick-HU für die Rücklagerung.

7.5   Zusammenfassung

In diesem Kapitel haben wir für die Prozesssteuerung in EWM die verschiedenen Objekte und Elemente Wellenmanagement, Bündelung geeigneter Lageraufgaben im Rahmen der Lagerauftragserstellung und die prozess- sowie layoutorientierte Lagerungssteuerung beschrieben. Wir haben aufgezeigt, mit welchen Funktionalitäten EWM die Anforderungen an die Prozesssteuerung im Lager unterstützt, und die wesentlichen Einstellungen im Customizing dokumentiert.

Der Wareneingang ist einer der Kernprozesse des Lagers. Verschiedene Produkte von unterschiedlichen Lieferanten haben eine Vielzahl von Prozessvarianten im Wareneingang zur Folge. Ziel ist es stets, die Ware so schnell wie möglich verfügbar zu machen. In diesem Kapitel erfahren Sie, wie EWM den Wareneingangsprozess für Anlieferpositionen bestimmt und automatisch steuert, um die Durchlaufzeit zu minimieren.

8   Wareneingangsprozess

Der Wareneingangsprozess beinhaltet sämtliche Prozessschritte von der Entladung des Lkws mit anschließender Vereinnahmung und Qualitätsprüfung über die Dekonsolidierung im Fall von angelieferten Mischpaletten, die Durchführung logistischer Zusatzleistungen wie zum Beispiel das Umpacken in einlagerfähige Ladehilfsmittel oder die Etikettierung der Ware bis hin zur Einlagerung auf dem finalen Einlagerplatz. Dabei gibt es eine Vielzahl an Kombinationsmöglichkeiten der verschiedenen Prozessschritte, je nachdem, um welches Produkt es sich handelt und von welchem Lieferanten sie kommt. In diesem Kapitel stellen wir Ihnen den Wareneingangsprozess und die damit verbundenen Konfigurationsmöglichkeiten in SAP EWM vor.

8.1   Grundlagen

Damit der Wareneingangsprozess trotz seiner möglicherweise hohen Komplexität schnell durchgeführt werden kann, unterstützt EWM diesen Prozess mit folgenden wesentlichen Funktionalitäten:

- Die einzelnen Prozessschritte können kundenspezifisch definiert werden.
- Mögliche Wareneingangsprozesse können durch unterschiedliche Kombinationen der verschiedenen Prozessschritte unter Berücksichtigung des Lagerlayouts flexibel modelliert werden – mit vollständiger Bestandstransparenz über alle Prozessschritte hinweg.
- Eine in den logistischen Ablauf integrierte Qualitätsprüfung mit automatischer Bestimmung und Durchführung von Folgeaktionen (zum Beispiel Verschrottung) in Abhängigkeit vom Prüfergebnis ist möglich.

▸ Die Dekonsolidierung von Mischpaletten für den Fall der produktreinen Einlagerung wird automatisch bestimmt.

▸ Logistische Zusatzleistungen wie zum Beispiel das Ölen zur Konservierung, das Umpacken in einlagerfähige Ladehilfsmittel oder die Etikettierung der einzulagernden Ware inklusive der Bestandsführung der dafür notwendigen Hilfsstoffe können automatisch bestimmt werden.

▸ Ein umfangreiches und flexibles Statusmanagement ermöglicht einen zentralen Überblick über alle notwendigen Schritte je Anlieferposition im Lagermonitor.

Der Wareneingangsprozess kann auf verschiedene Art und Weise eingeleitet werden:

▸ **Lieferavise**
Lieferavise werden hauptsächlich in der Automobil-, der Ersatzteil- und der Hightech-Industrie verwendet, da in diesen Branchen die Kunden genau die Produkte in der entsprechenden Menge, die sie gemäß Lieferplan auch abgerufen haben, erwarten.

▸ **Bestellungen**
Bestellungen werden häufig in der Retail-, Konsumgüter- oder Bekleidungsindustrie verwendet.

▸ **Produktionsauftrag**
Darüber hinaus kann der Wareneingang auch auf Basis eines Produktionsauftrag erfolgen.

In diesem Kapitel erfahren Sie, wie EWM diese verschiedenen Szenarien unterstützt. Den roten Faden für dieses Kapitel stellt der Ablauf der in Abbildung 8.1 dargestellten Prozessschritte im Wareneingang dar.

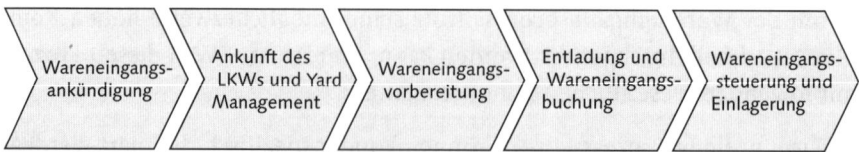

Abbildung 8.1 Prozessschritte des Kernprozesses »Wareneingang«

Im Einzelnen werden folgende Prozessschritte durchlaufen:

1. **Wareneingangsankündigung**
Die Wareneingangsankündigung bildet die Basis für eine effiziente, systemseitige Erfassung der Anlieferungen und Transporte im Rahmen des administrativen Wareneingangs.

2. **Ankunft des Lkws und Yard Management**
   Zu diesem Prozessschritt gehört auch die systemseitige Erstellung der Transporteinheit (TE) als Basisobjekt für das Yard Management und die Bewegung im Yard.

3. **Wareneingangsvorbereitung**
   Die Anlieferung wird auf Basis der Lieferscheine systemseitig erfasst und gegen mögliche Lieferavise geprüft.

4. **Entladung und Wareneingangsbuchung**
   In diesem Prozessschritt erfolgt häufig bereits eine Prüfung hinsichtlich der Vollständigkeit der angelieferten Lieferpositionen und Ladehilfsmittel.

5. **Wareneingangssteuerung und Einlagerung**
   Dieser Prozessschritt umfasst Teilprozessschritte wie Qualitätsprüfung (zum Beispiel Zählung der angelieferten Ware), Durchführung logistischer Zusatzleistungen und die abschließende Einlagerung der Ware auf den finalen Einlagerplatz.

Aufgrund ihrer Wichtigkeit sind neben den oben genannten Prozessschritten folgenden EWM-Funktionalitäten separate Abschnitte gewidmet:

1. **Lagerungsdisposition**
   Die Lagerungsdisposition dient der Bestimmung der optimalen Einlagerstrategie und des optimalen Platztyps auf Basis der Produkt- und Packdaten sowie optional des prognostizierten Verbrauchs.

2. **Qualitätsmanagement**
   Zum Qualitätsmanagement gehört auch die Prüfung der kompletten Anlieferung, gelieferter Handling Units (HUs) und Produkte unter Verwendung von Stichproben.

3. **Chargenabwicklung**
   Dies schließt die Möglichkeiten der Chargenverwaltung, das Anlegen oder Ändern von Chargen in EWM sowie die Kommunikation zwischen SAP ERP und EWM ein.

8.2 Wareneingangsankündigung

Die *Wareneingangsankündigung* ist, wie in Abbildung 8.2 dargestellt, der erste Prozessschritt im Wareneingang.

Dieser Prozessschritt unterteilt sich im Wesentlichen in drei Teilprozessschritte:

- ▸ Ankündigung von Anlieferungen
- ▸ Ankündigung von Transporten
- ▸ Torbelegungsplanung

Abbildung 8.2 Einordnung der Wareneingangsankündigung in den Wareneingangsprozess

8.2.1 Ankündigung von Anlieferungen

In EWM gibt es verschiedene Möglichkeiten, Anlieferungen im Lager anzukündigen, je nachdem, ob der Lieferant in der Lage ist, Anlieferungsinformationen per elektronischem Datenaustausch (*Electronic Data Interchange*, kurz EDI) ans Lager zu versenden (siehe Abbildung 8.3).

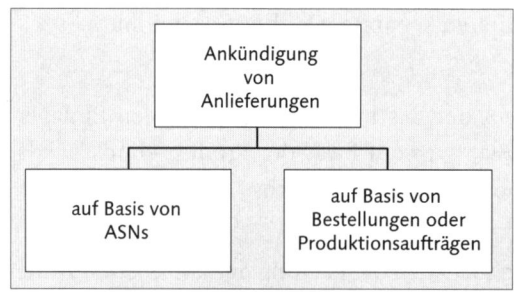

Abbildung 8.3 Ankündigungsszenarien für Anlieferungen

Es gibt zwei Ankündigungsszenarien für die Anlieferung:

- ▸ **Ankündigung auf Basis von ASN**
  Versenden von Anlieferungsdaten per EDI oder über SAP Supply Network Collaboration (SNC) und Erstellen einer Anlieferung auf Basis der avisierten Lieferdaten (*Advanced Shipping Notification*, kurz ASN) in SAP ERP, die sofort nach EWM übertragen wird.

- ▸ **Ankündigung auf Basis von Bestellungen oder Produktionsaufträgen**
  Das Lager wird über eingehende Anlieferungen durch Übertragung von Bestell- bzw. Fertigungsauftragsdaten von SAP ERP nach EWM als erwartete Wareneingänge informiert.

Im Folgenden werden die verschiedenen Möglichkeiten hinsichtlich des Informations- und Datenflusses zwischen SAP ERP und EWM erläutert.

Anlieferungsankündigung auf Basis einer Advanced Shipping Notification

Wichtige Anlieferdaten wie zum Beispiel Produkte, Mengen, Chargen, HU-Informationen (Anzahl, Typ, HU-Nummern), erwartetes Wareneingangsdatum, Nummer des Lieferavis oder Transportmittel können per EDI oder über SNC nach SAP ERP übertragen werden. In SAP ERP wird auf Basis dieser Daten die ASN als Anlieferung erstellt und nach EWM übertragen. Die Verwendung von ASNs hat folgende Vorteile:

▸ Der Folgeprozess des administrativen Wareneingangs wird durch die automatische Anlage von Anlieferungen in SAP ERP und EWM vereinfacht und beschleunigt.

▸ ASNs stellen die Grundlage für die Berechnung der zu erwartenden Arbeitslast im EWM-Arbeitsmanagement dar: Der Lagerleiter kann die Arbeitslast prüfen und zukünftige Wareneingänge auf Basis der Anzahl der für den Tag vorgemerkten ASNs planen (siehe Abschnitt 12.3, »Arbeitsmanagement«).

▸ Wenn neben den Anlieferinformationen auch Transportdaten avisiert werden, können in EWM Anlieferungen automatisch TEs zugeordnet werden (siehe auch Abschnitt 8.2.2, »Ankündigung von Transporten«).

Abbildung 8.4 zeigt einen Überblick über den Dokumenten- und Informationsfluss zwischen SAP ERP und EWM bei Verwendung von ASNs.

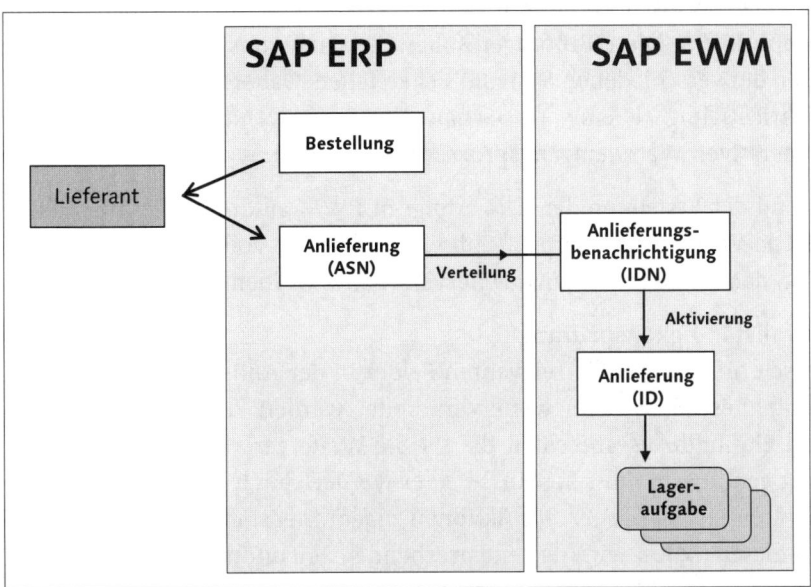

Abbildung 8.4 Informations- und Dokumentenfluss bei Verwendung einer ASN

Advanced Shipping Notification in SAP ERP erstellen

Zunächst legen Sie eine Bestellung in SAP ERP an und teilen die Bestelldaten den Lieferanten mit. Die elektronisch angeschlossenen Lieferanten schicken vor dem physischen Wareneingang Anlieferdaten über IDoc (Nachrichtentyp DESADV), die die ASN in SAP ERP mit dem Funktionsbaustein BAPI_ INB_DELIVERY_SAVEREPLICA erstellt. Gleichzeitig werden die vom Lieferanten übertragenen Lieferdaten validiert. Falls das Ergebnis der Prüfungen negativ ist, wird in SAP ERP ein Fehlerstatus auf Anlieferpositionsebene gesetzt, bevor die Anlieferung nach EWM repliziert wird.

Anlieferungsbenachrichtigung in SAP EWM erstellen

Nachdem in SAP ERP die ASN erstellt und die Verteilungsrelevanz in das EWM-System ermittelt wurde, werden die logistisch relevanten Daten der ASN mit oder ohne Fehlerstatus über den Funktionsaufruf /SPE/INB_ DELIVERY_SAVEREPLICA im Hintergrund (*Queued Remote Function Call*, kurz qRFC) in das EWM-System übertragen. In EWM wird der Beleg der Anlieferungsbenachrichtigung (*Inbound Delivery Notification*, kurz IDN) erstellt. Die IDN setzt sich aus einem Belegkopf, beliebig vielen Belegpositionen und gegebenenfalls avisierten HUs zusammen.

EWM ist als dezentrales Lagerverwaltungssystem konzipiert. Somit können auch Nicht-SAP-Backend-Systeme angebunden werden. Aus diesem Grund dient der Beleg zur Anlieferungsbenachrichtigung in EWM neben der Übernahme der logistisch relevanten Daten auch als Basis für verschiedene Prüfungen in EWM. Diese Prüfungen sollen die Datenkonsistenz zwischen den Belegen der verschiedenen Systeme sicherstellen. Daher ist die Anlieferungsbenachrichtigung als eine Art »Schattenbeleg« zu verstehen, der nicht für den operativen Wareneingangsprozess genutzt wird.

Während der Erstellung der IDN erfolgt in EWM automatisch eine Validierung. Die Validierung überprüft, ob ein Lieferbeleg vollständig und konsistent ist, damit dieser in EWM weiterverarbeitet werden kann.

▸ **Unvollständigkeitsprüfung**

Diese ermittelt, ob alle relevanten Felder in der Anlieferung gefüllt sind, damit diese im System weiterverarbeitet werden können. Muss-Felder sind Ein- und Ausgabefelder, die für die Weiterverarbeitung der Anlieferung gefüllt sein müssen. Muss-Felder werden durch logische Feldnamen repräsentiert, denen jeweils Aktionen zugeordnet sind. Bei jedem Ausführen dieser Aktion wird das entsprechende Feld automatisch auf Vollständigkeit überprüft.

▸ **Konsistenzprüfung**

Diese ermittelt, ob ungleiche Datenstände zwischen dem Lieferbeleg, dem Customizing und den Stammdaten vorliegen. Das Customizing der SAP ERP-Integration und der Lieferabwicklung finden Sie in EWM unter dem Pfad SCHNITTSTELLEN • ERP INTEGRATION • LIEFERABWICKLUNG. Die Konsistenzprüfung enthält u. a. folgende wichtige Teilprüfungen:

▸ Prüfung, ob die Daten zum Produkt mit dem Produktstamm (zum Beispiel Produkt-ID und erlaubte Mengeneinheiten) übereinstimmen

▸ Prüfung, ob SAP ERP-Belegart, Belegtyp, Positionsart und Positionstyp mit den Einstellungen im Customizing der EWM-Lieferabwicklung übereinstimmen

▸ Prüfung, ob die Angaben zu den Incoterms, Partnerrollen (zum Beispiel Lieferant, Warenempfänger, Spediteur), Referenzdokumenten und Terminarten (Plan- und Ist-Termin) mit den Einstellungen im Customizing der Lieferabwicklung übereinstimmen, zum Beispiel Prüfung, ob das Lieferdatum in der Vergangenheit liegt

Die Konsistenzprüfung wird in EWM automatisch ausgeführt. Sie können sie aber auch manuell in der Anliefertransaktion anstoßen, die Sie im SAP Easy Access Menü in EWM unter dem Pfad LIEFERABWICKLUNG • ANLIEFERUNG • ANLIEFERUNGSBENACHRICHTIGUNG PFLEGEN finden, oder durch Eingabe des Transaktionscodes /SCWM/IDN. Abbildung 8.5 zeigt einen fehlerhaften Beleg einer Anlieferbenachrichtigung mit entsprechendem Fehlerprotokoll.

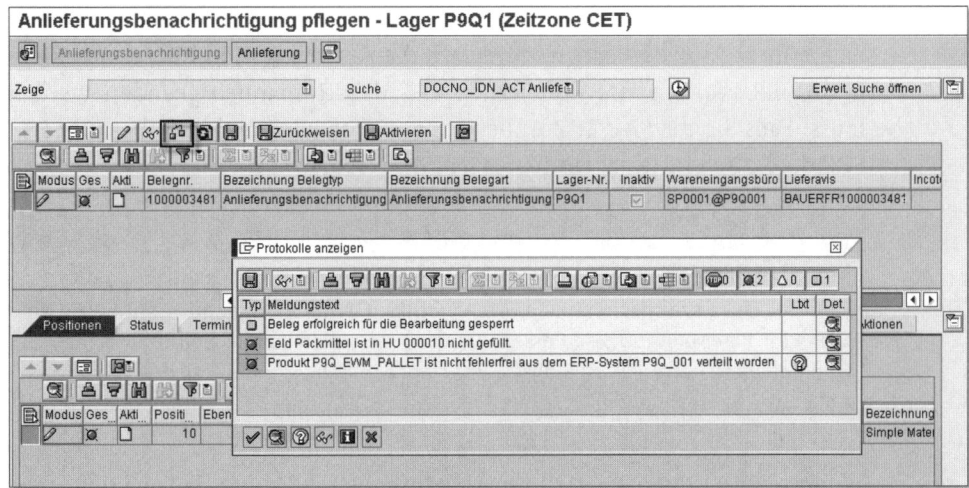

Abbildung 8.5 Anlieferungsbenachrichtigung prüfen

Falls die Konsistenzprüfung negativ ist, haben Sie die Möglichkeit, je nach Fehler die Fehlerbehebung entweder in EWM oder in SAP ERP vorzunehmen.

Für den Fall, dass Sie die Anlieferung in SAP ERP geändert haben, wird in SAP ERP ein Interimsbeleg mit Bezug zum Originalbeleg erstellt, und die Anlieferdaten werden über qRFC /SPE/INB_DELIVERY_REPLACE in das EWM-System übertragen. EWM prüft im Originalbeleg, ob der Lageraktivitätsstatus den Wert NICHT BEGONNEN hat (zum Beispiel Lageraufgaben wurden erstellt, oder Wareneingang wurde gebucht). Falls der Lageraktivitätsstatus den Wert NICHT BEGONNEN hat, wird die Anlieferungsbenachrichtigung in EWM entsprechend angepasst und SAP ERP über die Anpassung per qRFC /SCWM/INB_DELIVERY_REPLACE informiert. In SAP ERP wird der Originalbeleg angepasst und der Interimsbeleg gelöscht.

Falls eine Fehlerbehebung in EWM erforderlich ist, wird die Anlieferungsbenachrichtigung so lange angepasst, bis der Wert des Gesamtstatus Grün ist, wobei EWM diesen Wert aus den aktuellen Statuswerten einer festgelegten Menge von Statusarten aus dem gleichen Teilobjekt ermittelt. Dabei kann die Anlieferungsbenachrichtigung auch mit dem Gesamtstatus Rot für eine spätere Bearbeitung gesichert werden. Mit Sichern der Anlieferungsbenachrichtigung – unabhängig vom Status – erfolgt keine Übertragung der Daten in SAP ERP, um das Monitoring der Ein- und Ausgangsqueue der Lieferschnittstelle zu erleichtern. Eine Übertragung der in EWM geänderten Anlieferdaten nach SAP ERP erfolgt per qRFC /SCWM/INB_DELIVERY_REPLACE mit Buchung des Wareneingangs für die entsprechende Anlieferung in EWM. SAP ERP validiert automatisch und entscheidet, ob die geänderten Anlieferdaten übernommen werden, oder, falls die Änderungen in EWM zu Fehlern in SAP ERP führen, die Anlieferung in SAP ERP manuell geändert werden muss. Falls Sie die SAP ERP-Anlieferung nachträglich ändern, überträgt SAP ERP die Anlieferung erneut in das EWM-System.

Konsistenzprüfung

Falls die Datenqualität zu schlecht für eine Korrektur des Lieferbelegs in EWM ist, kann mit der Schaltfläche ZURÜCKWEISEN in der EWM-Trangsaktion /SCM/IDN der SAP ERP-Planbeleg abgeschlossen werden, der offensichtlich eine zu schlechte Datenqualität hatte. Es ist dann immer noch möglich, während des physischen Anlieferprozesses manuell eine Anlieferung in EWM oder SAP ERP zu erfassen.

Weitere Änderungsszenarien für Anlieferungen, wie zum Beispiel die Änderung von Mengen sowohl in SAP ERP als auch in EWM, werden in Abschnitt 8.7, »Sonderfälle im Wareneingangsprozess«, beschrieben.

Anlieferung durch Aktivierung der IDN in SAP EWM erstellen

Nachdem die IDN erstellt und geprüft wurde und den Gesamtstatus Grün erhalten hat, kann die Anlieferung (*Inbound Delivery*, kurz ID) in EWM erstellt werden. Dies kann automatisch über das *Post Processing Framework* (PPF) oder manuell anhand der Transaktion /SCWM/IDN (siehe Abbildung 8.5) erfolgen. Die automatische Aktivierung der Anlieferungsbenachrichtigung erfolgt im PPF durch die Aktionsdefinition /SCDL/IDR_TRANSFER, um eine Anlieferung als Nachfolgebeleg der Anlieferungsbenachrichtigung zu erzeugen. Hier können Sie definieren, zu welchem Zeitpunkt die Aktivierung erfolgen soll, und zwar entweder über die Verarbeitung eines Selektionsreports oder über die sofortige Verarbeitung.

Die Anlieferung ist der zentrale Beleg für den Wareneingangsprozess, der mit dem Wareneingang im Yard Management beginnt und mit der Einlagerung auf dem finalen Lagerplatz endet. Die Anlieferung ist das Referenzobjekt u. a. für folgende Aktivitäten im Wareneingangsprozess:

- Registrierung der TE mit den zugeordneten Anlieferungen im Yard
- Entladen der TE und der zugeordneten Anlieferungen
- Wareneingangsbuchung
- Einlagerung der Produkte in der Anlieferung auf dem finalen Einlagerplatz
- Erfassung von Minder- oder Überlieferung und gegebenenfalls Anpassung der Liefermenge
- automatisches Splitten von Anlieferungen
- Erstellen oder Löschen von Anlieferpositionen (das Löschen einer Anlieferposition kann die automatische Erstellung einer Splitlieferung zur Folge haben; siehe auch Abschnitt 8.7, »Sonderfälle im Wareneingangsprozess«)

Anlieferungsankündigung auf Basis der Bestellung oder des Produktionsauftrags erstellen

Falls es dem Lieferanten nicht möglich ist, das Lager vorab über ankommende Lieferungen anhand von ASNs zu informieren, gibt es die Möglichkeit, sowohl Bestelldaten im Fall von externen Zugängen als auch Produktionsauftragsdaten im Fall von internen Zugängen aus SAP ERP in das EWM-System zu übertragen. Dies nennt man die Benachrichtigung über einen *erwarteten Wareneingang*. Die Verwendung von erwarteten Wareneingängen hat folgende Vorteile:

▶ Sie bilden eine Vorlage für die manuelle Erstellung der Anlieferung auf Basis konsistenter Daten, um den Folgeprozess des administrativen Wareneingangs zu vereinfachen und zu beschleunigen.

▶ Sie stellen eine Grundlage für die Berechnung der zu erwartenden Arbeitslast durch das Arbeitsmanagement in EWM dar. Der Lagerleiter kann die Arbeitslast prüfen und zukünftige Wareneingänge auf Basis der Anzahl der für den Tag vorgemerkten Bestellpositionen planen (siehe Abschnitt 12.3, »Arbeitsmanagement«).

▶ Sie stellen die Basis für den Überblick zu erwartender Wareneingänge dar, die Sie mithilfe der Transaktion für einen selektierbaren Zeitraum auf die Gesamtzahl von Anlieferpositionen, von HUs und Gewicht zu Planungszwecken aggregieren können. Diese Transaktion finden Sie im SAP Easy Access Menü in EWM unter dem Menüpunkt MONITORING.

Tabelle 8.1 zeigt die aggregierte Darstellungsweise von erwarteten Wareneingängen.

Kennzahl	11.06.10 (08:00:00– 08:59:59)	11.06.10 (09:00:00– 09:59:59)	11.06.10 (10:00:00– 10:59:59)
Gewicht [t]	11,5	12,0	12,1
Volumen [m³]	120	135	137
Anzahl HUs	1.300	1.370	1.372
Anzahl Positionen	120	122	123

Tabelle 8.1 Überblick über den erwarteten Wareneingang in der Transaktion /SCWM /GRWORK

Voraussetzungen für die Nutzung erwarteter Wareneingänge

Bevor Sie den erwarteten Wareneingang in EWM nutzen, müssen Sie im externen Beschaffungsszenario anhand von Bestellungen das BC-Set /SCWM/EXPGR oder im internen Beschaffungsszenario über Produktionsaufträge das BC-Set /SCWM /EXPGR_PROD aktivieren.

Um erwartete Wareneingänge nutzen zu können, benötigen Sie Release SAP ERP 6.0 mit Enhancement Package 3.

Abbildung 8.6 gibt einen Überblick über den Dokumenten- und Informationsfluss zwischen SAP ERP und EWM bei Verwendung von erwarteten Wareneingängen.

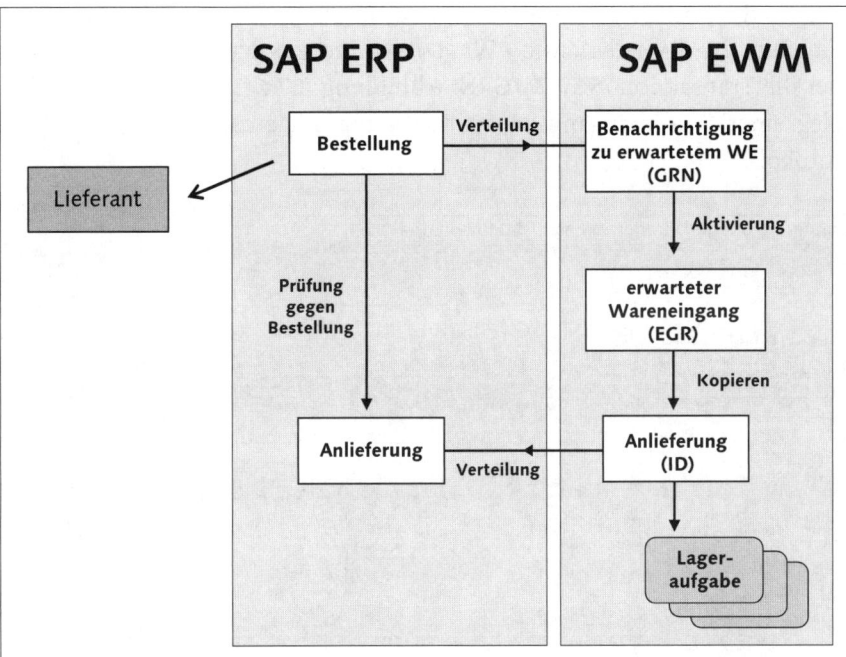

Abbildung 8.6 Informations- und Dokumentenfluss bei Nutzung des erwarteten Wareneingangs

Benachrichtigung über erwarteten Wareneingang in SAP EWM erstellen
Für die Übertragung der Logistikdaten aus der Bestellung oder dem Produktionsauftrag stehen zwei Szenarien zur Verfügung:

▸ **Push-Szenario**
Wird in SAP ERP angestoßen durch Ausführung des Reports /SPE/INB_
EGR_CREATE. Dieser Report löscht die vorhandenen erwarteten Wareneingänge in EWM und fordert neue erwartete Wareneingänge für einen vorzugebenden Zeitraum von SAP ERP an.

▸ **Pull-Szenario**
Wird in EWM angestoßen durch Ausführung des Reports /SCWM/ERP_
DLV_DELETE.

EWM erstellt auf Basis dieser Daten den Beleg *Benachrichtigung über den erwarteten Wareneingang* (GRN). Dieser ist, wie die Anlieferungsbenachrichtigung, ein »Schattenbeleg«, der lediglich dazu dient, die aus SAP ERP übertragenen Logistikdaten zu übernehmen und zu überprüfen. Die Konsistenzprüfung wird automatisch ausgeführt. Sie können sie auch manuell in der Transaktion zur Wareneingangsbenachrichtigung anstoßen. Nutzen

Sie dazu das SAP Easy Access Menü unter LIEFERABWICKLUNG • ANLIEFERUNG • ERWARTETER WARENEINGANG • WARENEINGANGSBENACHRICHTIGUNG PFLEGEN oder die Transaktion /SCWM/GRN. Abbildung 8.7 zeigt einen fehlerhaften Beleg einer Wareneingangsbenachrichtigung mit entsprechendem Fehlerprotokoll.

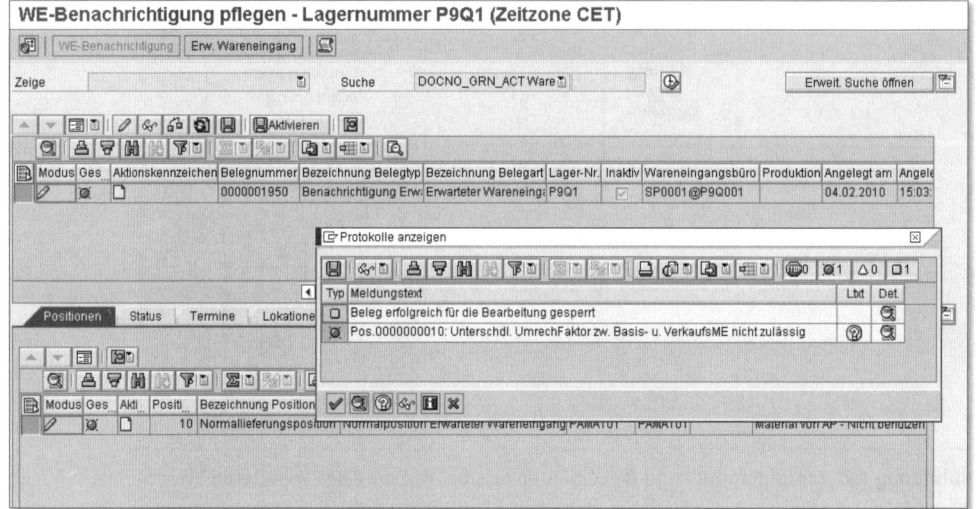

Abbildung 8.7 Wareneingangsbenachrichtigung (GRN) prüfen

Erwarteten Wareneingang in SAP EWM erstellen

Der *erwartete Wareneingang* (EGR) wird als Kopiervorlage für die manuelle Erstellung von Anlieferungen verwendet. Daher können Daten im EGR nicht geändert werden. Der EGR existiert nicht in SAP ERP und ist ein temporärer Beleg, der in EWM durch Einplanung des Reports /SCWM/ERP_DLV_DELETE gelöscht wird, falls er nicht mehr benötigt wird. Wenn EWM einen erwarteten Wareneingang löscht, veranlasst das System gleichzeitig, dass SAP ERP die noch offenen erwarteten Wareneingänge neu bestimmt.

Nachdem die GRN erstellt und geprüft wurde und den Gesamtstatus Grün erhalten hat, kann der EGR in EWM erstellt werden. Dies kann automatisch über das PPF oder manuell anhand der Transaktion /SCWM/GRN erfolgen (siehe Schaltfläche AKTIVIEREN in Abbildung 8.7). Die automatische Aktivierung der GRN erfolgt im PPF durch die Aktionsdefinition /SCDL/GRN_TRANSFER.

Anschließend können Sie sich den erstellten EGR anzeigen lassen, den Sie im SAP Easy Access Menü in EWM unter dem Pfad LIEFERABWICKLUNG • ANLIE-

FERUNG • ERWARTETER WARENEINGANG • ERWARTETEN WARENEINGANG PFLE-
GEN oder durch Eingabe des Transaktionscodes /SCWM/EGR finden.

Anliefersplits mit EGRs nicht möglich

Falls die Anlieferung auf Basis von EGRs erstellt wurde, ist ein Anliefersplit nicht möglich. Falls die gelieferte Menge von der bestellten Menge abweicht, ist es nicht möglich, je nach Prozesscode über Folgeaktionen Anlieferungen automatisch zu erstellen (im Gegensatz zu Anlieferungen, die auf Basis von Anlieferungsbenachrichtigungen erstellt wurden). Stattdessen ändern Sie einfach die Menge manuell in der Anlieferung und erstellen eine neue Anlieferung für weitere Wareneingänge auf Basis der gleichen EGRs. Die Verwendung von EGRs ist ab EWM-Release 5.1 möglich.

Die Erstellung der Anlieferung auf Basis von EGRs erfolgt manuell in EWM je nach Ursprungsbeleg anhand verschiedener Transaktionen:

▸ **Transaktion /SCWM/GRPE**
  Verwendung von EGRs auf Basis von Bestelldaten

▸ **Transaktion /SCWM/GRPI**
  Verwendung von EGRs auf Basis von Produktionsaufträgen

Die manuelle Erstellung von Anlieferungen auf Basis erwarteter Warenein-gänge erfolgt im Wareneingangsprozess im Prozessschritt *Wareneingangs-vorbereitung* des Kernprozesses *Wareneingang* (siehe Abbildung 8.2) als Vorbereitung für die Entladung und die Prozessschritte der Warenein-gangssteuerung und Einlagerung. Daher werden diese Transaktionen in Abschnitt 8.4.1, »Anlieferungserfassung«, näher beschrieben.

Daten bei Erstellung der Anlieferungs- und Wareneingangsbenachrich-tigung ermitteln und übernehmen

Bei der Erstellung der Anlieferungs- und Wareneingangsbenachrichtigung werden auf Kopfebene u. a. folgende Daten ermittelt oder aus SAP ERP über-nommen:

▸ **Lagernummer**
  Die Ermittlung der EWM-Lagernummer erfolgt durch das Auslesen der Mappingtabelle zwischen der SAP ERP- und der EWM-Lagernummer. Diese Tabelle finden Sie unter dem Customizing-Pfad SCHNITTSTELLEN • ERP INTEGRATION • ALLGEMEINE EINSTELLUNGEN • LAGERNUMMERN AUS DEM ERP-SYSTEM IN EWM ABBILDEN.

▶ **Transportdaten**

Falls das Transportmittel auf Lieferkopfebene in SAP ERP eingetragen wurde, wird es an EWM verteilt. Das Transportmittel gibt die Klasse eines Fahrzeugs an (zum Beispiel Lkw, Schiff, Flugzeug). In EWM kann es eine Zuordnung des Transportmittels zu einem Packmittel geben, und dort kann auch hinterlegt werden, ob es ein Container ist. Damit wird gesteuert, ob eine Warenannahme-und-Versand-Aktivität angelegt wird und welche (Transporteinheit oder Fahrzeug). Die Anlage der Warenannahme-und-Versand-Aktivität erfolgt aber erst mit Aktivierung der IDN bzw. Erstellung der Anlieferung. Diese Einstellungen finden Sie im SAP Easy Access Menü in EWM unter dem Pfad EINSTELLUNGEN • WARENANNAHME UND VERSAND • VERKNÜPFUNG ZWISCHEN PACKMITTEL (TE) UND TRANSPORTMITTEL. Weitere Details dazu erfahren Sie in Abschnitt 8.2.2, »Ankündigung von Transporten«. Auf Positionsebene werden u. a. folgende Daten ermittelt:

▶ **Produktdaten (Charge, Ursprungsland, Mindesthaltbarkeits-, Herstell- und Verfallsdatum)**

Wenn die Anlieferung von SAP ERP in das EWM-System übertragen wird, prüft EWM bei chargenpflichtigen Produkten, ob eine Chargennummer vorhanden ist. Die Chargennummer kann entweder von SAP ERP vorgegeben sein, oder Sie legen die Charge über SAP ERP in EWM an. Die Charge kann in diesem Fall manuell oder automatisch erstellt werden, indem die Anlieferungs- bzw. Wareneingangsbenachrichtigung aktiviert wird.

Bei klassifizierten Chargen werden die folgenden SAP-Standard-Merkmale automatisch aus den Anlieferdaten gefüllt:

▶ Ursprungsland

▶ Mindesthaltbarkeits- bzw. Verfallsdatum

▶ Herstelldatum

▶ Lieferantencharge

Wenn Sie weitere Bewertungen in den Chargenstamm übernehmen möchten, verwenden Sie die BAdIs /SCWM/DLV_BATCH_VAL und /SCWM/DLV_BATCH_CHAR. Details zu Chargen finden Sie in Abschnitt 8.7.2, »Chargenabwicklung im Wareneingangsprozess«.

▶ **Eigentümer und Verfügungsberechtigter**

Der Verfügungsberechtigte in der Anlieferungsbenachrichtigung entspricht immer dem Geschäftspartner des Werks, zu dem in SAP ERP die

Anlieferung erstellt wurde. Der Geschäftspartner als Stammdatum wird über das *Core Interface* (CIF) von SAP ERP in das EWM-System übertragen. In EWM werden dem Geschäftspartner mit der Transaktion BP (im SAP Easy Access Menü in EWM STAMMDATEN • GESCHÄFTSPARTNER PFLEGEN) verschiedene Rollen je nach Funktion (zum Beispiel Lieferant, Kunde oder Werk) des Geschäftspartners zugewiesen.

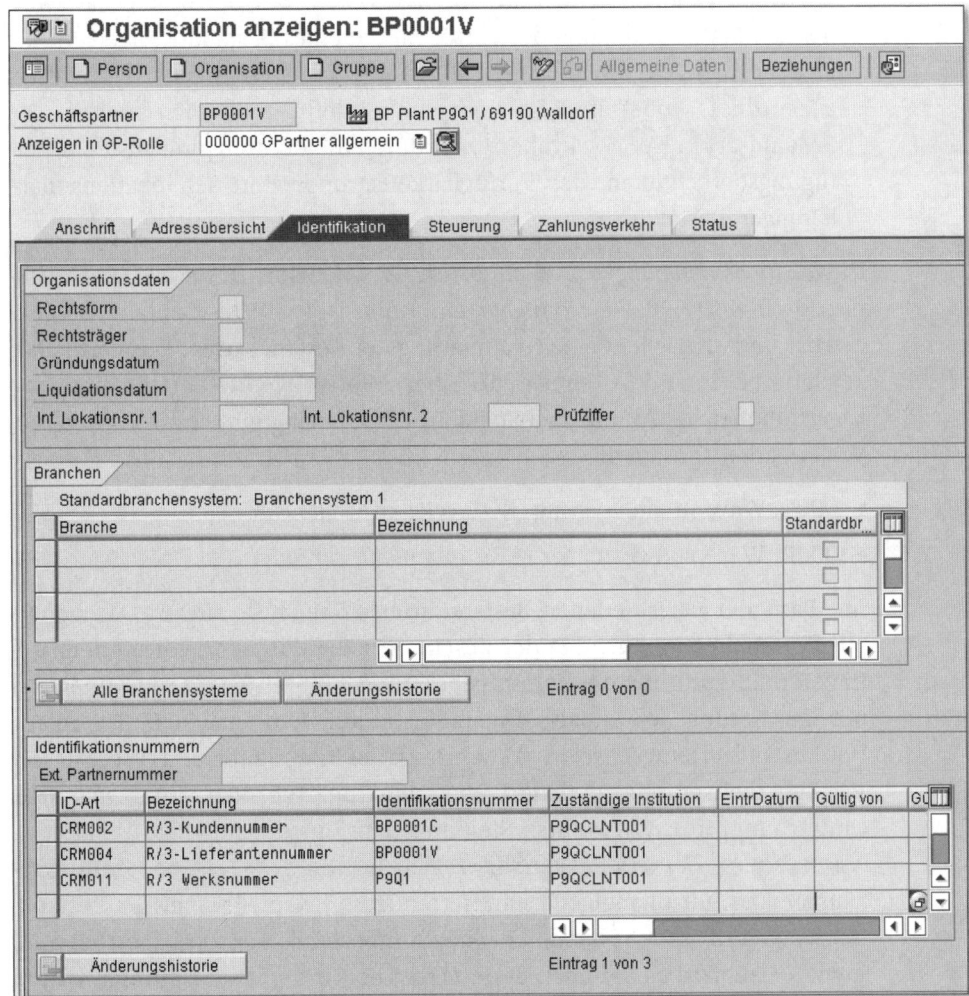

Abbildung 8.8 Rollenpflege zum Geschäftspartner in der Transaktion BP

Der Eigentümer kann sich je nach Sonderbestandskennzeichen (SOBKZ) unterscheiden. Da EWM auch Szenarien abbildet, in denen Logistikdienstleister eingesetzt werden, entspricht bei Konsignationsbestand SOBKZ = K

= (Lieferantenkonsignationsbestand) der Eigentümer dem Lieferanten. In den Fällen SOBKZ = E (Kundenauftragsbestand), SOBKZ = Q (Projektbestand) oder falls kein Sonderbestand vorliegt, entspricht der Eigentümer dem Geschäftspartner des Werks und somit dem Verfügungsberechtigten (siehe auch Kapitel 5, »Bestandsverwaltung«).

▶ **Bestandsart**
EWM verwaltet Bestände nach Bestandsarten. Mit der Bestandsart werden der Status und damit die Verfügbarkeit eines Bestands festgelegt. Alle Bestandsmengen, die im Lager geführt werden, werden einer Bestandsart zugeordnet, wobei die Bestandsarten frei definiert werden können. Die Bestandsart in EWM wird bestimmt durch die Kombination aus dem Verfügungsberechtigten, der Verfügbarkeitsgruppe und der lokationsunabhängigen Bestandsart.

Die *lokationsunabhängige Bestandsart* in EWM entspricht der Bestandsqualifikation in SAP ERP. Die *Verfügbarkeitsgruppe* ist in EWM ebenfalls frei definierbar und ermöglicht eine Gruppierung der Bestandsarten. Die Verfügbarkeitsgruppe in EWM entspricht einer Werk/Lagerort-Kombination pro Lagernummer in SAP ERP. Im Standard-Customizing gibt es zwei Arten von Verfügbarkeitsgruppen:

▶ 0001: Ware in Einlagerung (ROD = *Received on Dock*)

▶ 0002: Ware voll verfügbar (AFS = *Available for Sale*)

Auf Basis der verschiedenen Bestandsarten können Sie steuern, ob bereits mit Wareneingangsbuchung der Bestand für die Zuteilung von Kundenaufträgen und damit für die Kommissionierung zur Verfügung steht oder erst mit Quittierung der Einlager-Lageraufgabe auf dem finalen Einlagerplatz. Der Bestandsartenwechsel in EWM erfolgt bei Bewegung durch Wechsel der Verfügbarkeitsgruppe, gesteuert über den Lagertyp oder durch manuelle Umbuchung. In EWM können Sie unter dem Customizing-Pfad WARENEINGANGSPROZESS • VERFÜGBARKEITSGRUPPE BEI EINLAGERUNG eigene lokationsabhängige und -unabhängige Bestandsarten (zum Beispiel gesperrten Bestand, frei verwendbaren Bestand, Qualitätsprüfbestand, Retourensperrbestand) sowie Verfügbarkeitsgruppen definieren. Die Verfügbarkeitsgruppe wird in EWM über die Zuordnung der entsprechenden Verfügbarkeitsgruppe zur SAP ERP-Werk-Lagerort-Kombination ermittelt. Das Mapping definieren Sie im Customizing unter dem Pfad SCHNITTSTELLEN • ERP INTEGRATION • WARENBEWEGUNGEN. Abbildung 8.9 veranschaulicht die Bestimmung der Bestandsart auf Basis der bestandsdefinierenden Merkmale in SAP ERP.

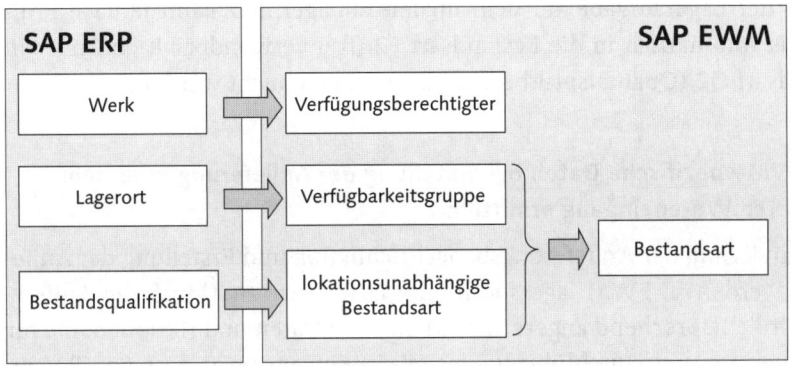

Abbildung 8.9   Bestandsart in SAP EWM bestimmen

Wie die Verwendung von Bestandsarten und Verfügbarkeitsgruppen bei unterschiedlichen Wareneingangsprozessen aussehen kann, soll Abbildung 8.10 verdeutlichen.

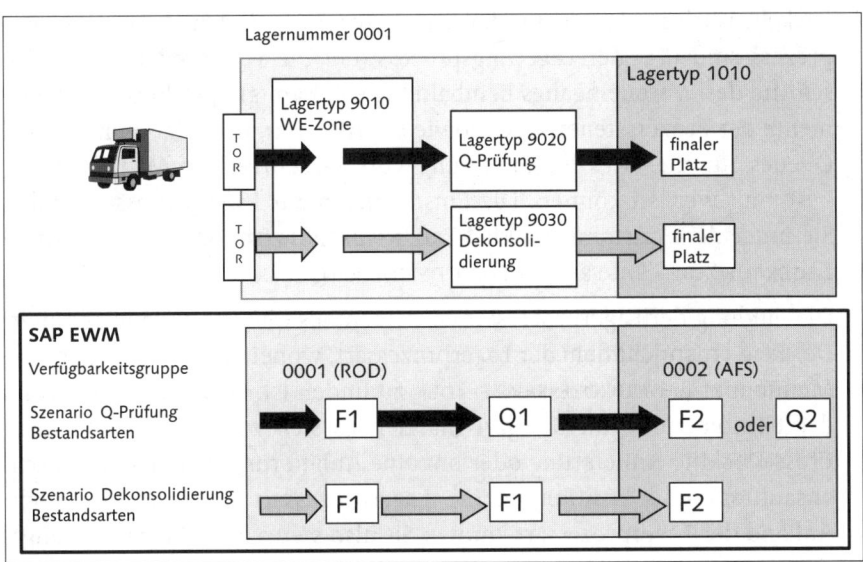

Abbildung 8.10   Beispiele für Verfügbarkeitsgruppen und Bestandsarten im Wareneingangsprozess

Im Szenario *Q-Prüfung* (Qualitätsprüfung) bestimmt EWM, dass nach Wareneingangsbuchung in Bestandsart F1 (frei verwendbar in Einlagerung) das angelieferte Produkt qualitätsgeprüft werden soll. Mit Quittierung der Lageraufgabe in den Qualitätsprüfbereich erfolgt automatisch eine Umbuchung in die Bestandsart Q1 (Qualitätsprüfbestand in Einlagerung). Mit Quit-

tierung der Lageraufgabe auf dem finalen Einlagerplatz kann je nach Prüfergebnis automatisch in die Bestandsart F2 (frei verwendbar Lager) oder in
Bestandsart Q2 (Qualitätsprüfbestand Lager) umgebucht werden.

SAP EWM-spezifische Daten bei Erstellung der Anlieferung oder dem erwarteten Wareneingang ermitteln

Mit Aktivierung der Anlieferungsbenachrichtigung und Erstellung der Anlieferung werden in EWM lagerspezifische Daten ermittelt, und die Anlieferung wird entsprechend angereichert. Folgende Daten und Aktionen, die für
die Steuerung und Durchführung des Wareneingangsprozesses von Bedeutung sind, werden in EWM ermittelt bzw. ausgeführt:

▶ **Lagerprozessart**
Die Lagerprozessart entspricht dem Schlüssel für die Art des Lagerprozesses. Jeder Lagerprozess (zum Beispiel Wareneingang, Warenausgang,
Umbuchung, Umpacken) wird im System über eine Lagerprozessart abgewickelt. Wichtige Parameter der Lagerprozessart für den Wareneingangsprozess sind u. a. der Lagerungsprozess, der die verschiedenen Prozessschritte des Wareneingangs beinhaltet (siehe Kapitel 7, »Objekte und Elemente der Prozesssteuerung«), sowie die Aktivität, nach der zum Beispiel
Queues für die effektive Steuerung von Ressourcen im Wareneingang
bestimmt werden können. Die Einstellungen zur Lagerprozessart finden
Sie unter dem Customizing-Pfad PROZESSÜBERGREIFENDE EINSTELLUNGEN •
LAGERAUFGABE • LAGERPROZESSART DEFINIEREN.

Die Findung der Lagerprozessart wird ebenfalls im Customizing definiert.
Der Pfad entspricht dem der Lagerprozessart, wobei die Tabelle unter dem
Menüpunkt LAGERPROZESSART FINDEN zu finden ist. So wird u. a. auf Basis
der Kombination von Belegart (handelt es sich zum Beispiel um eine
Cross-Docking-Anlieferung oder um eine Anlieferung zu einem Produkti-
onsauftrag) und Positionsart die Lagerprozessart in EWM gefunden.
Anhand der Lagerprozessart können Sie also steuern, ob Wareneingangs-
prozesse für Anlieferungen zur Produktion andere Prozessschritte durch-
laufen als zum Beispiel Anlieferungen von einem externen Lieferanten auf
Basis einer Bestellung.

▶ **Entladetor**
Das geeignete Entladetor wird in EWM auf Basis der Lagerprozessart und
der sogenannten *Bereitstellungszonen-/Torfindungsgruppe* (BerZonFinGr)
ermittelt. Die BerZonFinGr können Sie zur Unterscheidung verschiedener
Anforderungen beim Be- und Entladen verwenden. Beinhaltet der Lkw

überwiegend Anlieferungen mit Kleinteilen, kann eine andere Bereitstellungszonen-/Torfindungsgruppe gefunden werden als für Großteile. In diesem Business-Szenario definieren Sie ein sogenanntes Lagerprozessartfindungskennzeichen im Customizing. Der Customizing-Pfad entspricht dem der Lagerprozessart (PROZESSÜBERGREIFENDE EINSTELLUNGEN • LAGERAUFGABE), wobei die Tabelle unter dem Menüpunkt STEUERUNGSKENNZEICHEN FÜR LAGERPROZESSARTENFINDUNG DEFINIEREN zu finden ist. Anschließend können Sie das Steuerungskennzeichen den relevanten Produkten auf der Registerkarte LAGERNUMMERDATEN im Produktstamm zuordnen. Die automatische Torfindung stellen Sie mit der Transaktion /SCWM/STADET_IN ein, die Sie im SAP Easy Access Menü unter EINSTELLUNGEN • WARENANNAHME UND VERSAND • BEREITSTELLUNGSZONEN- UND TORFINDUNG (EINGANG) finden.

▶ **Automatische Verpackung**
Neben der Ermittlung wichtiger Wareneingangsparameter ist es in EWM möglich, die Anlieferpositionen mit Erstellung der Anlieferung automatisch zu verpacken für den Fall, dass der Lieferant keine Packmittelinformationen avisiert hat. Für die automatische Verpackung müssen Sie zuvor sowohl aktive Packspezifikationen als auch Regeln zur Findung der geeigneten Packspezifikationen in EWM definiert haben. Die Packspezifikationenfindung basiert auf Business-Merkmalen wie zum Beispiel Lieferant und Produkt (siehe Kapitel 4, »Stammdaten«). Für die automatische Verpackung ordnen Sie auf Belegartebene ein Findungsschema für den Packmittelvorschlag zu und setzen das Kennzeichen KEIN AUTOMATISCHES VERPACKEN.

▶ **Automatische Lageraufgabenerstellung**
Um den Wareneingangsprozess zu beschleunigen, ist mit Erstellung der Anlieferung eine automatische Lageraufgabenerstellung für die Durchführung des ersten Prozessschritts möglich. Für den Fall, dass die PPF-Aktion /SCWM/PRD_IN_TO_CREATE in der Anwendung /SCDL/DELIVERY aktiviert ist, erstellt EWM automatisch eine HU-Lageraufgabe für den ersten Prozessschritt (zum Beispiel Entladen). In diesem Fall muss *Entladen* als erster Prozessschritt definiert sein (siehe Abschnitt 7.4, »Lagerungssteuerung«).

▶ **Vorläufige Einlagerplatzermittlung**
Mit Erstellung der Anlieferung kann ebenfalls die vorläufige Einlagerplatzermittlung durchgeführt werden, die dazu dient, die zu erwartende Arbeitslast für die verschiedenen Aktivitätsbereiche der einzelnen Wareneingangsprozessschritte vor Eintreffen der Anlieferung zu bestimmen. Die vorläufige Einlagerplatzermittlung wird demzufolge nur mit Aktivierung des Arbeitsmanagements in EWM (siehe Abschnitt 12.3, »Arbeitsmanagement«) auf Basis der Einlagerstrategien ausgeführt.

▶ **Ermittlung der Anlieferpriorität**

Die Ermittlung der Anlieferpriorität in EWM erfolgt auf Basis der Prioritätspunkte, die in SAP APO bestimmt werden. Ziel ist es, auf Ebene der TE
eine optimale Entladereihenfolge für mehrere Lkws zu erreichen. APO
berechnet die Prioritätspunkte auf Lieferpositionsebene und überträgt die
berechneten Prioritätspunkte an SAP ERP, das diese an EWM weiterkom-
muniziert. EWM sichert die Prioritätspunkte für eine Anlieferung auf
Positionsebene. Zur Berechnung der Priorität auf Kopfebene ruft EWM
das BAdI /SCWM/EX_DLV_DET_LOAD auf. Für eine weitere Aggregation der
Priorität auf der Ebene der TE können Sie das BAdI /SCWM/EX_SR_PRIO
verwenden.

8.2.2 Ankündigung von Transporten

Falls Sie in EWM mit Transporteinheiten (TEs) arbeiten wollen, gibt es verschiedene Möglichkeiten, Transporte im Lager anzukündigen, je nachdem,
ob der Spediteur in der Lage ist, Transportinformationen über EDI an das
Lager zu versenden (siehe Abbildung 8.11).

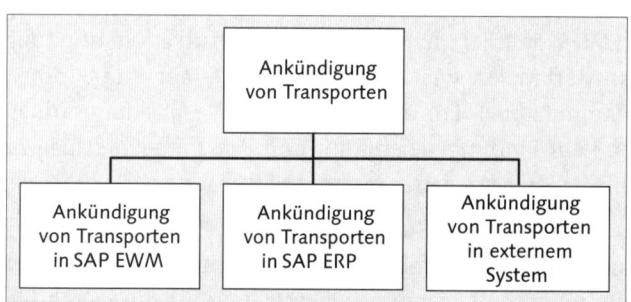

Abbildung 8.11 Ankündigungsszenarien von Transporten in SAP EWM

▶ **Ankündigung von Transporten in SAP EWM**

Die TE kann in EWM auf Basis von Transportdaten, die zum Beispiel per
Fax oder Mail vom Spediteur ans Lager versendet wurden, entweder
manuell oder automatisch erstellt werden, falls Transportdaten in der SAP
ERP-Anlieferung nach EWM übertragen wurden. Die TE ist die kleinste
beladbare Einheit eines Fahrzeugs, die zum Transportieren von Waren
verwendet wird (zum Beispiel Container oder Wechselbrücke).

▶ **Ankündigung von Transporten in SAP ERP**

Versenden von Transportdaten über EDI und Erstellen eines geplanten
Transports in SAP ERP, der nach EWM übertragen wird

▸ **Ankündigung von Transporten in externem System**
Das Lager wird über eingehende Transporte durch Übertragung von Transportdaten von einem externen Transportplanungssystem nach EWM informiert.

Im nächsten Abschnitt werden die verschiedenen Möglichkeiten hinsichtlich Informations- und Datenfluss zwischen den beteiligten Systemen näher erläutert.

Transportankündigung in SAP EWM

Transporteinheiten anlegen
Sie können die TEs bzw. die zugehörige Warenannahme-und-Versand-Aktivität (W/V-Aktivität) manuell in EWM auf Basis von Transportdaten erstellen, die zuvor zum Beispiel per Fax oder Mail ans Lager kommuniziert wurden, oder automatisch über PPF erstellen, falls das Transportmittel auf Lieferkopfebene von SAP ERP nach EWM übertragen wurde. Falls Sie die TE manuell erstellen, verwenden Sie die Transaktion /SCWM/TU, die Sie im SAP Easy Access Menü in EWM unter dem Knoten WARENANNAHME UND VERSAND finden. Legen Sie eine TE in EWM an, erstellen Sie neben der TE eine W/V-Aktivität. Die W/V-Aktivität definiert einen Zeitraum, in dem das Objekt in einem bestimmten Zusammenhang verwendet wird. Eine W/V-Aktivität kann folgende Zustände haben:

▸ **Geplant**
Die W/V-Aktivität ist angelegt, aber TE befindet sich noch nicht auf dem Yard, das heißt, es wurde noch keine Ankunft am Kontrollpunkt gebucht.

▸ **Aktiv**
Die TE ist auf dem Yard, die Ankunft am Kontrollpunkt wurde gebucht, und der Wareneingangsprozess kann beginnen.

▸ **Abgeschlossen**
Die TE hat das Yard verlassen.

▸ **Invalidiert**
Dieser Zustand bedeutet, dass die W/V-Aktivität zurückgenommen wurde.

Beim Anlegen der TE haben Sie die Möglichkeit, neben der Eingabe des geplanten Ankunftszeitraums auch Daten zu erfassen, wie zum Beispiel die externe TE-Nummer, das Kennzeichen der TE und die Richtung der W/V-Aktivität, zum Beispiel Eingang oder Ausgang. Abbildung 8.12 zeigt die Anlage einer TE mit der Transaktion /SCWM/TU.

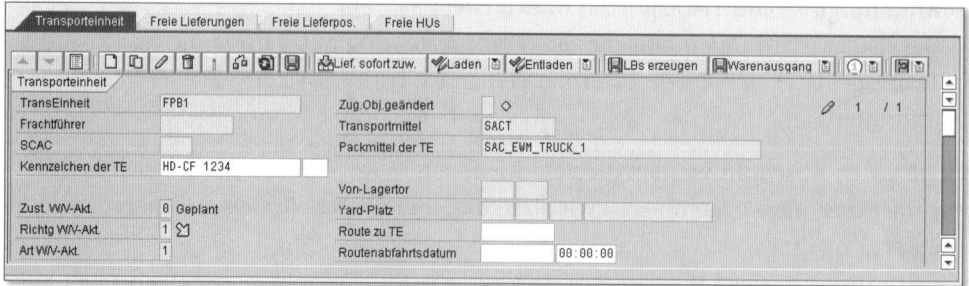

Abbildung 8.12 Anlegen einer TE in SAP EWM mit der Transaktion /SCWM/TU

Darüber hinaus müssen Sie ein Transportmittel und ein Packmittel erfassen, um die TE zu klassifizieren. Beide Attribute werden im Customizing definiert. Das Transportmittel sagt aus, ob es sich zum Beispiel um einen Container oder eine Wechselbrücke handelt. Das Packmittel definiert, welches Volumen und Gewicht die TE führen kann. Für Kombinationen aus Transportmittel und Packmittel können Sie in EWM über die Transaktion /SCMW/PM_MTR sogenannte Konstruktionsregeln hinterlegen. Diese steuern, ob bei der Anlage einer TE automatisch im Hintergrund ein Fahrzeug (oder eine zusätzliche TE) angelegt wird, das dann mit der TE verknüpft ist. Ein Fahrzeug kann eine oder mehrere TEs umfassen. Wenn zum Beispiel der Lkw einen Anhänger hat, besteht er aus zwei TEs – der Ladefläche und dem Anhänger. Die Konstruktionsregeln definieren Sie im SAP Easy Access Menü in EWM mit der Transaktion /SCWM/PM_MTR, die Sie unter dem Pfad EIN-STELLUNGEN • WARENANNAHME UND VERSAND finden. Im Folgenden wird die Tabelle zur Pflege der Konstruktionsregel näher erläutert.

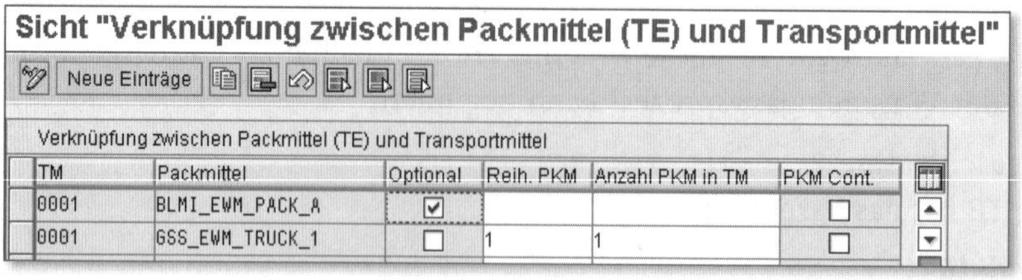

Sicht "Verknüpfung zwischen Packmittel (TE) und Transportmittel"

| | Neue Einträge | | | | | |

Verknüpfung zwischen Packmittel (TE) und Transportmittel

TM	Packmittel	Optional	Reih. PKM	Anzahl PKM in TM	PKM Cont.	
0001	BLMI_EWM_PACK_A	☑			☐	
0001	GSS_EWM_TRUCK_1	☐	1	1	☐	

Abbildung 8.13 Verknüpfung zwischen Packmittel und Transportmittel

Abbildung 8.13 zeigt zwei Varianten von Konstruktionsregeln. Mit dem ersten Eintrag wird mit der Erstellung der TE kein Fahrzeug angelegt. Beim zweiten Eintrag wird automatisch ein Fahrzeug erstellt (Kennzeichnen OPTI-ONAL ist nicht gesetzt), und es besteht aus einer TE.

Kommt nach Abschluss der TE-Aktivität die gleiche TE nochmals an, haben Sie die Möglichkeit, über die Transaktion /SCWM/TU mit der Eingabe der gleichen externen TE-Nummer automatisch nur eine neue W/V-Aktivität mit der gleichen externen TE-Nummer anzulegen. Die EWM-interne TE-Nummer bleibt die gleiche. Ebenso werden das Transportmittel und das Packmittel aus der eigentlichen TE übernommen.

Fahrzeuge anlegen

Fahrzeuge können Sie manuell oder automatisch anlegen. Analog zur TE legen Sie ein Fahrzeug und eine Fahrzeug-Aktivität an. Wenn das Fahrzeug über die Konstruktionsregel automatisch erstellt wird, erstellt EWM ebenfalls eine W/V-Aktivität für das Fahrzeug, wobei der Zustand dieser W/V-Aktivität aus der TE übernommen wird.

Transportankündigung von SAP ERP nach SAP EWM

Für die Zukunft ist eine Integration zwischen der SAP ERP-Komponente *Transport* (LE-TRA) und EWM geplant, sodass in EWM TEs und je nach Konstruktionsregel – Fahrzeuge mit den jeweiligen W/V-Aktivitäten automatisch erstellt werden können. Die Transportintegration zwischen SAP ERP und EWM ist aktuell noch nicht im Standard verfügbar. Änderungen seitens SAP in Bezug auf die hier dargestellte Planung sind jederzeit möglich.

Ein möglicher Dokument- und Informationsfluss für dieses Szenario ist in Abbildung 8.14 dargestellt.

Auf Basis der angekündigten Transportdaten wird in SAP ERP ein geplanter Transport erstellt. Die ebenfalls avisierten Anlieferungen werden, wie zuvor beschrieben, mit Sichern des Belegs automatisch nach EWM repliziert, die Anlieferungsbenachrichtigung wird erstellt und mit Aktivierung der Anlieferungsbenachrichtigung die Anlieferung erzeugt. Laut gegenwärtiger Planung soll über die Transportplanungsart in EWM gesteuert werden, dass die Anlieferung für die weitere Wareneingangsbearbeitung so lange gesperrt ist, bis das Ergebnis der Transportplanung – in diesem Fall aus SAP ERP – in EWM verfügbar ist. In diesem Szenario wäre die externe Transportplanung in SAP ERP erforderlich.

Gemäß bisheriger Planung sieht der Prozessablauf wie folgt aus: In SAP ERP ordnen Sie mit der Transaktion VT01 die Anlieferungen manuell dem geplanten Transport über eine zuvor erstellte Transport-Handling-Unit zu. Sobald der geplante Transport den Status PLANUNG BEENDET hat, wird der

Transport mit den zugeordneten Anlieferungen mittels IDoc SHPMNT05 in das EWM-System übertragen. In EWM werden auf Basis der SAP ERP-Transportdaten die TE, die W/V-Aktivität der TE und, je nach Konstruktionsregel, das Fahrzeug und die zugehörige W/V-Aktivität mit dem Zustand GEPLANT automatisch erstellt. Dabei entspricht die Packmittelart der Transport-HU in SAP ERP dem Transportmittel in EWM und das Packmittel der Transport-HU in SAP ERP dem Packmittel in EWM.

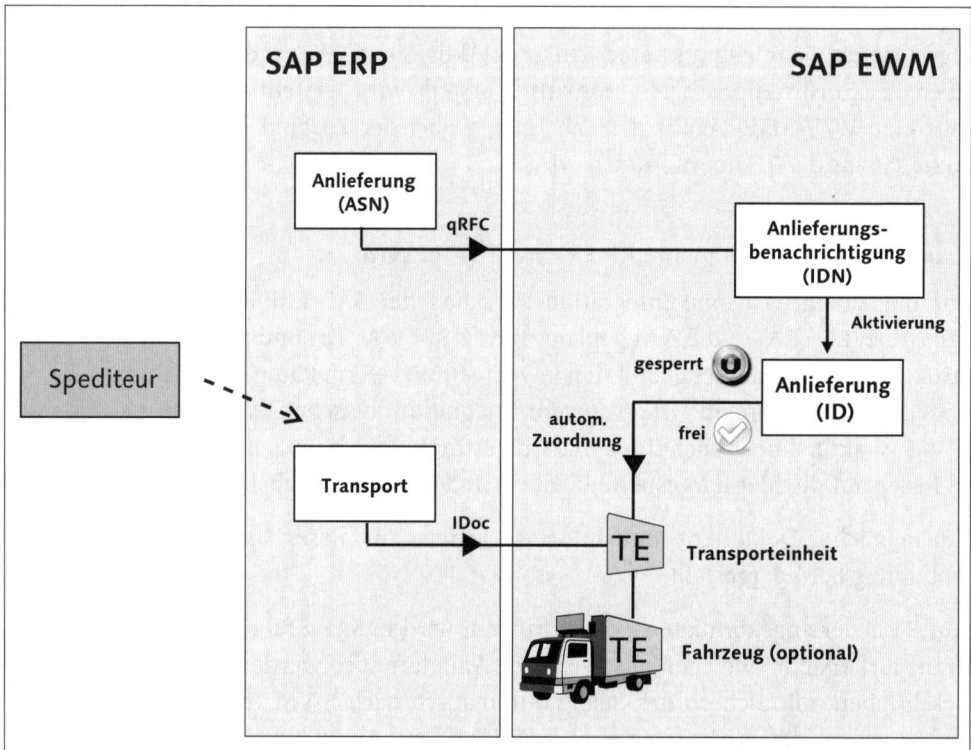

Abbildung 8.14   Geplante Transportintegration zwischen SAP ERP und SAP EWM

In EWM werden mit der IDoc-Verarbeitung die zuvor erstellten Anlieferungen der TE automatisch zugeordnet. Mit Zuordnung der Anlieferung zur TE wird die Anlieferung für die weitere Wareneingangsbearbeitung entsperrt, sodass jetzt die Entladung der TE über Lageraufgaben und die Wareneingangsbuchung erfolgen kann.

Transportankündigung von externem Transportplanungssystem nach SAP EWM
Auf Basis eines möglichen Austauschs von Transportdaten zwischen einem externen Transportplanungssystem und EWM können in EWM automatisch

TEs, je nach Konstruktionsregel zum Beispiel Fahrzeuge, mit den jeweiligen W/V-Aktivitäten erstellt werden. Der Dokument- und Informationsfluss ist in Abbildung 8.15 dargestellt.

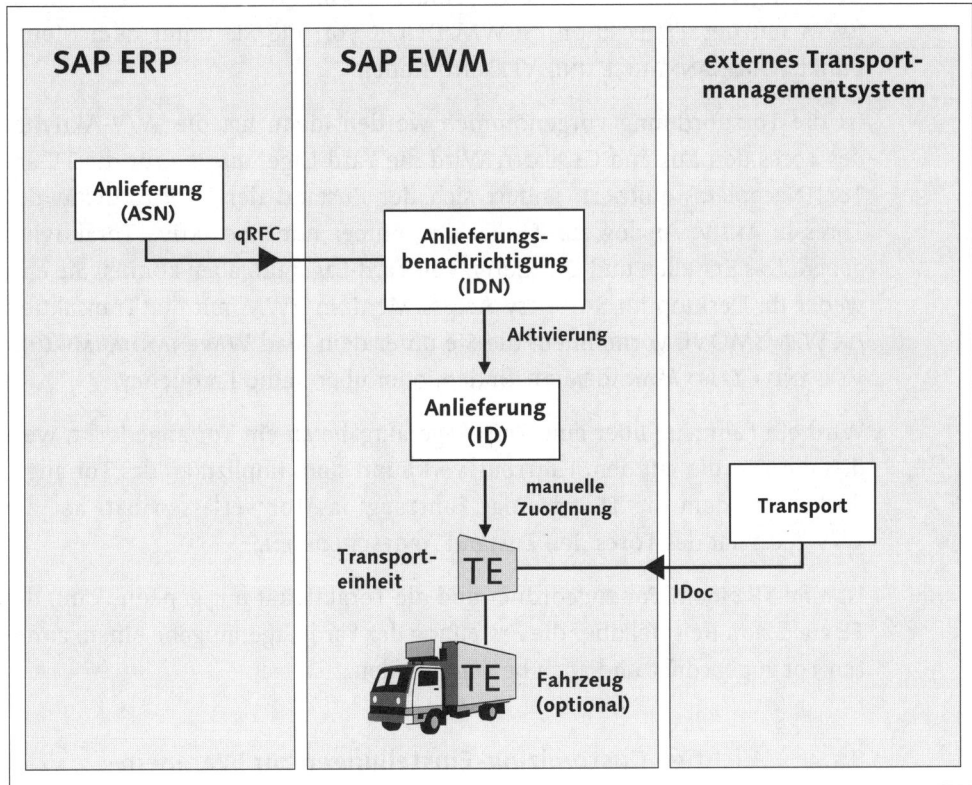

Abbildung 8.15 Transportintegration zwischen externem Transportplanungssystem und SAP EWM

Transportdaten können per IDoc TMFRD2 von einem externen Transport-planungssystem nach EWM übertragen werden. Die TE und die W/V-Aktivi-tät der TE mit dem Zustand GEPLANT können in EWM automatisch über eine PPF-Aktion SEND_FRD_EWM des Aktionsprofils FRD (Freight Document) aus der Anwendung /SCTM/FOM erstellt werden. Die Zuordnung von Anlie-ferungen erfolgt automatisch, falls das zuvor genannte IDoc auch entspre-chende Lieferinformationen enthält.

Nachdem die TEs bzw. Fahrzeuge erstellt worden sind, können Sie eine Pla-nung der Torbelegung in EWM durchführen.

8.2.3 Torbelegungsplanung in SAP EWM

Einer TE bzw. TE-Aktivität kann ein Tor zugeordnet werden, an dem die TE entladen werden soll. Mit der Zuordnung wird – analog zur TE – eine Toraktivität angelegt. Die Torbelegung nehmen Sie im SAP Easy Access Menü in EWM mit der Transaktion /SCWM/DOOR vor, die Sie unter dem Menüpunkt WARENANNAHME UND VERSAND finden.

Ist die Torzuordnung vorgenommen worden, dann hat die W/V-Aktivität des Tores den Zustand GEPLANT. Wird die Yard-Lageraufgabe für die TE am Tor (Nachplatz) quittiert, ändert sich der Zustand der W/V-Aktivität des Tores in AKTIV. Analog zur TE kann es immer nur eine aktive Toraktivität geben. Das Erstellen und Quittieren von Yard-Lageraufgaben können Sie entweder im Desktop im SAP Easy Access Menü in EWM mit der Transaktion /SCWM/YMOVE vornehmen, die Sie unter dem Pfad WARENANNAHME UND VERSAND • YARD MANAGEMENT finden, oder über Radio Frequency.

Wird ein Fahrzeug über eine Yard-Lageraufgabe an ein Tor angedockt, werden die TEs, die mit dem Fahrzeug verknüpft sind, implizit an das Tor angedockt. Nachdem die TE oder das Fahrzeug das Tor verlassen hat, hat die W/V-Aktivität des Tores den Zustand ABGESCHLOSSEN.

Ist eine TE einem Tor zugeordnet und die Toraktivität nur geplant, kann die TE auch zum Beispiel über die Erstellung der Yard-Lageraufgabe einem anderen Tor zugeordnet und auch bewegt werden.

8.2.4 Wichtige Customizing-Einstellungen zur Wareneingangsankündigung in SAP EWM

In diesem Abschnitt werden die wichtigsten Einstellungen für die Anlieferung und Transporte in EWM beschrieben.

Grundlegendes Customizing zur Anlieferung in SAP EWM

Wie viele Belege in EWM besteht die Anlieferung aus einem Lieferkopf und einer oder mehreren Anlieferpositionen.

Der *Lieferkopf* beinhaltet wichtige Informationen, wie zum Beispiel die ASN-Nummer, aggregierte Statusinformationen für verschiedene Statusarten (zum Beispiel Wareneingang, Entladen, Einlagerstatus, Lageraktivität), Prioritätspunkte sowie den Belegtyp und die Belegart. Der Zweck einer Anlieferung ist definiert durch die Kombination aus Belegtyp und Belegart. Abbil-

dung 8.16 zeigt die Anliefertransaktion /SCWM/PRDI in EWM mit Kopf-
und Positionsinformationen.

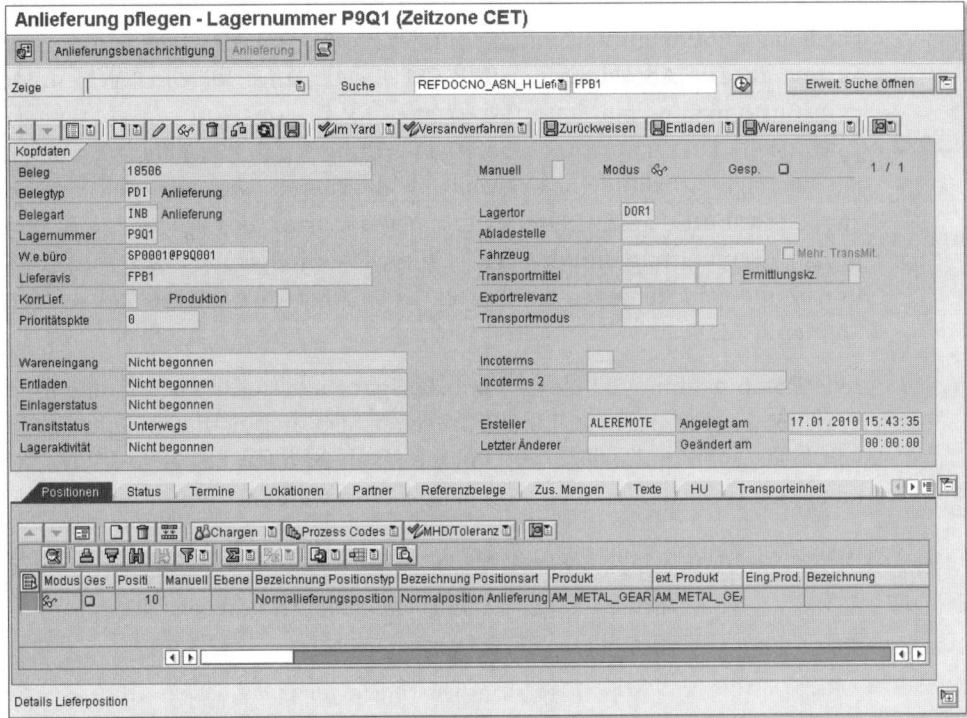

Abbildung 8.16 Transaktion /SCWM/PRDI – Anlieferung mit Kopf- und Positionsdaten

Belegtyp und Belegart

Der *Belegtyp* klassifiziert die unterschiedlichen Belege, die EWM für die Lieferabwicklung verarbeiten kann. Der Belegtyp ist systemseitig vorgegeben
und kann nicht verändert werden. Es gibt in der Lieferabwicklung für Anlieferungen folgende fest definierte Belegtypen:

▸ Benachrichtigung über den erwarteten Wareneingang (GRN)

▸ erwarteter Wareneingang (EGR)

▸ Anlieferungsbenachrichtigung (IDR)

▸ Anlieferung (PDI)

Die *Belegart* definiert die betriebswirtschaftlichen Eigenschaften eines
Belegs. Im Customizing der Lieferabwicklung können Sie eigene Belegarten
unter dem Pfad WARENEINGANGSPROZESS • ANLIEFERUNG • MANUELLE EINSTEL-
LUNGEN • BELEGARTEN FÜR ANLIEFERPROZESS DEFINIEREN definieren. Alternativ

verwenden Sie den Menüpunkt BELEGARTEN FÜR ANLIEFERPROZESS MIT ASSIS-
TENT DEFINIEREN, zum Beispiel für Cross-Docking-Anlieferungen, für Anlieferungen aus Produktion oder Anlieferungen von externen Lieferanten.

Die Belegart bildet in Verbindung mit der Positionsart den Lieferprozess im
System ab. Die Abbildung der SAP ERP-Belegarten erfolgt in EWM unter
dem Customizing-Pfad SCHNITTSTELLEN • ERP INTEGRATION • LIEFERABWICK-
LUNG (siehe auch Kapitel 6, »Lieferabwicklung«). Für die Belegart können
Sie wichtige Attribute im Customizing definieren wie zum Beispiel das
zuvor erwähnte Packmittelschema, die Verweilzeit des Belegs im System
bis zur Archivierung und diverse Profile wie zum Beispiel das Statusprofil,
in dem die verschiedenen Statusarten je Anlieferprozess festgelegt werden
können.

Jede Kombination aus Belegtyp und Belegart beschreibt ein Dokument im
Wareneingangsprozess. In Tabelle 8.2 sehen Sie Kombinationsmöglichkeiten
von Belegtypen und Belegarten und die resultierenden Belege in EWM, die
im Standard-Customizing von SAP ausgeliefert werden.

Belegtyp	Belegart	Beleg
IDR	INB	Anlieferungsbenachrichtigung (IDN)
PDI	INB	Anlieferung (ID)
GRN	EGRE	Benachrichtigung über den erwarteten Wareneingang – extern (GRN)
EGR	EGRE	Erwarteter Wareneingang – extern (EGR)

Tabelle 8.2 Definition verschiedener Wareneingangsbelege aus der Kombination von
Belegart und Belegtyp

Die *Lieferposition* beinhaltet wichtige Daten wie Produktdaten (zum Beispiel
Produktnummer, Menge, Chargennummer, Ursprungsland), Bewegungsdaten (zum Beispiel Lagerprozessart, Warenbewegungsplatz, Bestandsart, Verfügungsberechtigter, Eigentümer), Statusinformationen für verschiedene
Statusarten (zum Beispiel Packstatus, Wareneingang, Entladen, Einlagerstatus, Lageraktivität) sowie den Positionstyp und die Positionsart.

Positionstyp und Positionsart
Der *Positionstyp* klassifiziert die unterschiedlichen Positionen, die das System für die Lieferabwicklung verarbeiten kann. Er ist systemseitig vorgegeben und kann nicht verändert werden. Es gibt in der Lieferabwicklung für
Anlieferungen folgende Positionstypen:

▶ Normallieferungsposition (DLV)

▶ Retourenposition (RET)

▶ Textposition (TXT)

▶ Packposition (PAC)

Über die *Positionsart* werden die betriebswirtschaftlichen Eigenschaften der Belegpositionen festgelegt. Die Positionsart bildet in Verbindung mit der Belegart den Lieferprozess im System ab. Die Positionsarten definieren Sie im EWM-Customizing unter dem Pfad WARENEINGANGSPROZESS • ANLIEFE-RUNG • MANUELLE EINSTELLUNGEN • POSITIONSARTEN FÜR ANLIEFERPROZESS DEFINIEREN, oder Sie verwenden den Menüpunkt POSITIONSART FÜR ANLIE-FERPROZESS MIT ASSISTENT DEFINIEREN. In Tabelle 8.3 sehen Sie Beispiele von Positionsarten, die auf Basis von Belegtypen und Positionstypen definiert werden. Die Spalten für die Beleg- und Positionstypen sind dunkelgrau hinterlegt, da die Werte im EWM-Standard fest definiert sind.

Belegtyp	Positionstyp	Positionsart	Beleg
IDR	DLV	IDLV	Normalposition Anlieferungsbe-nachrichtigung
PDI	DLV	IDLV	Normalposition Anlieferung
PDI	RET	ICR	Retourenposition
EGR	DLV	EDLV	Normalposition erwarteter Wareneingang

Tabelle 8.3 Verschiedene Positionsarten aus der Kombination von Belegtyp und Positionstyp definieren

Auf Ebene der Positionsarten können wichtige Einstellungen vorgenommen werden wie zum Beispiel Prüfung eines neuen Produkts. Oftmals sollen neue Produkte im Wareneingangsprozess einer Q-Prüfung unterzogen werden, oder Stammdaten sollen ergänzt werden. Wenn Sie dieses Kennzeichen setzen, erhalten Sie eine Warnung, dass Sie die Produktstammdaten noch nicht mit den tatsächlichen Daten, zum Beispiel Volumen, Gewicht oder Maße, verglichen haben.

Wie bereits erwähnt, haben Sie die Möglichkeit, sowohl für Beleg- als auch für Positionsarten verschiedene Profile zu definieren, die es Ihnen ermöglichen, den Anlieferbeleg Ihren Geschäftsprozessanforderungen optimal anzupassen. Neben weiteren können folgende Profile definiert werden:

► **Mengenverrechnungsprofil**

Das Mengenverrechnungsprofil ist notwendig, um eine automatische Mengenverrechnung je nach Anforderung auszuführen. Wenn zum Beispiel das Gesamtgewicht und Gesamtvolumen, jeweils unterschieden nach BRUTTO und NETTO, der Anlieferposition automatisch berechnet werden sollen, weisen Sie das entsprechende Mengenverrechnungsprofil /SCWM/INB_PRD aus dem EWM-Standard-Customizing der zuvor definierten Positionsart zu. Dadurch werden auf der Registerkarte ZUSÄTZLICHE MENGEN auf Anlieferpositionsebene wie in Abbildung 8.17 die berechneten Mengen angezeigt.

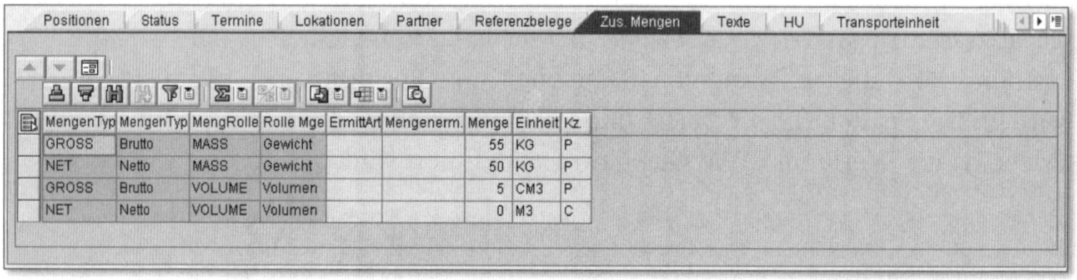

	MengenTyp	MengenTyp	MengRolle	Rolle Mge	ErmittArt	Mengenerm.	Menge	Einheit	Kz.
	GROSS	Brutto	MASS	Gewicht			55	KG	P
	NET	Netto	MASS	Gewicht			50	KG	P
	GROSS	Brutto	VOLUME	Volumen			5	CM3	P
	NET	Netto	VOLUME	Volumen			0	M3	C

Abbildung 8.17 Beispiele für Mengenverrechnungen auf Lieferpositionsebene in Transaktion /SCWM/PRDI

► **Feldsteuerungsprofil**

Hier können Sie entsprechend den Anforderungen an den Wareneingangsprozess festlegen, welche Feldinhalte je nach Statuswert geändert bzw. nur angezeigt werden. Zum Beispiel ist das Feld TOR mit dem Statuswert für die Entladung NICHT BEGONNEN noch änderbar, während es für die Statuswerte TEILWEISE BEENDET bzw. BEENDET nicht mehr änderbar ist.

► **Unvollständigkeitsprofil**

Hier können Sie entsprechend den Anforderungen an den Wareneingangsprozess festlegen, welche Felder Muss-Felder sind und somit gefüllt werden müssen.

► **Textprofil**

Mit der Zuordnung eines Textprofils zur Beleg- bzw. Positionsart haben Sie die Möglichkeit, die Textverwaltung für Ihre Anlieferungen zu nutzen. Hier können Sie zum Beispiel Texte erstellen, die angeben, dass es sich bei dieser Anlieferung um eine dringliche Lieferung handelt, die möglichst schnell bearbeitet werden muss. Darüber hinaus werden Texte, die in der SAP ERP-Anlieferung erfasst wurden, nach EWM übertragen und dort angezeigt. In EWM haben Sie dann die Möglichkeit, diese Texte anzuzeigen, zu ändern oder zu löschen.

▶ **Statusprofil**

Hier können Sie entsprechend den Anforderungen an den Wareneingangsprozess festlegen, für welchen Anlieferprozess welche Statusarten (zum Beispiel ENTLADEN) relevant sind. Je nach Statuswert (zum Beispiel BEENDET) einer bestimmten Statusart kann ein betriebswirtschaftlicher Vorgang durchgeführt werden (zum Beispiel Wareneingang kann erst gebucht werden, wenn die Anlieferposition für die Statusart ENTLADEN den Statuswert BEENDET hat). Wenn Sie das Statusprofil sowohl auf Anlieferkopf- wie auch auf Positionsebene verwenden, aggregiert EWM die Statuswerte für die verschiedenen Statusarten (zum Beispiel wenn eine von zwei Anlieferpositionen für die Statusart ENTLADEN den Statuswert BEENDET hat und die Entladung für die zweite Position noch nicht begonnen wurde, hat der Statuswert auf Kopfebene den Wert TEILWEISE BEENDET. Die Verwendung von Statusarten mit den zugeordneten Werten ist besonders für das Monitoring des Anlieferprozesses wichtig. Im Lagermonitor haben Sie die Möglichkeit, Anlieferungen nach bestimmten Statusarten und -werten zu selektieren (siehe auch Kapitel 13, »Monitoring und Reporting«). Abbildung 8.18 zeigt die Selektion von noch nicht entladenen Anlieferungen für Tor DOR1.

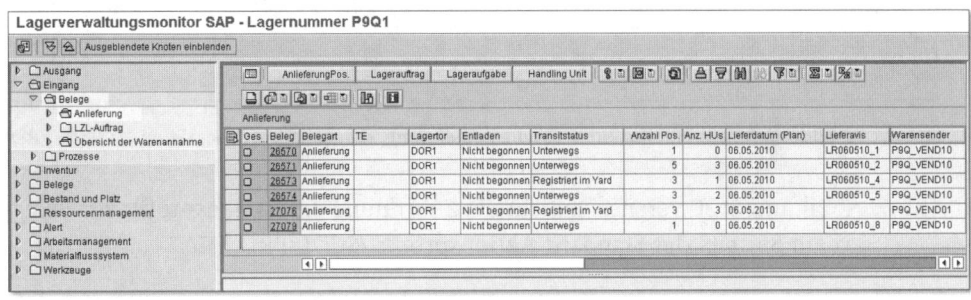

Abbildung 8.18 Anzeige von Anlieferungen im Lagermonitor mit Statusart »Entladen« und Wert »Nicht begonnen« für Tor DOR1

▶ **Aktionsprofil**

Hier können Sie Aktionen, die im PPF definiert wurden, für eine bestimmte Belegart festlegen, die zu bestimmten Zeitpunkten und unter bestimmten Bedingungen automatisch ausgeführt werden können, mit dem Ziel, die Durchlaufzeit des Wareneingangs zu reduzieren und zu optimieren. Sie können neben dem Verarbeitungszeitpunkt auch die Verarbeitungsart festlegen. Es gibt drei Verarbeitungsarten – Methodenaufruf (zum Beispiel mit Erstellung der Anlieferung wird automatisch die HU-Lageraufgabe für den ersten Prozessschritt des Wareneingangs – etwa ENT-

LADEN – erstellt), Workflow (zum Beispiel mit Erstellung eines Prüfbelegs im Wareneingang wird automatisch eine SAP-Mail per Workflow an die Q-Abteilung gesandt) und Smart Forms für die Ausgabe von Belegen (zum Beispiel Druck einer Entladeliste über einen Selektionsreport). Abbildung 8.19 zeigt die PPF-Aktion zum Senden der Lieferinformation an SAP ERP mit WE-Buchung und die PPF-Aktion zur automatischen Erstellung der Lageraufgabe zur Einlagerung pro Lieferposition.

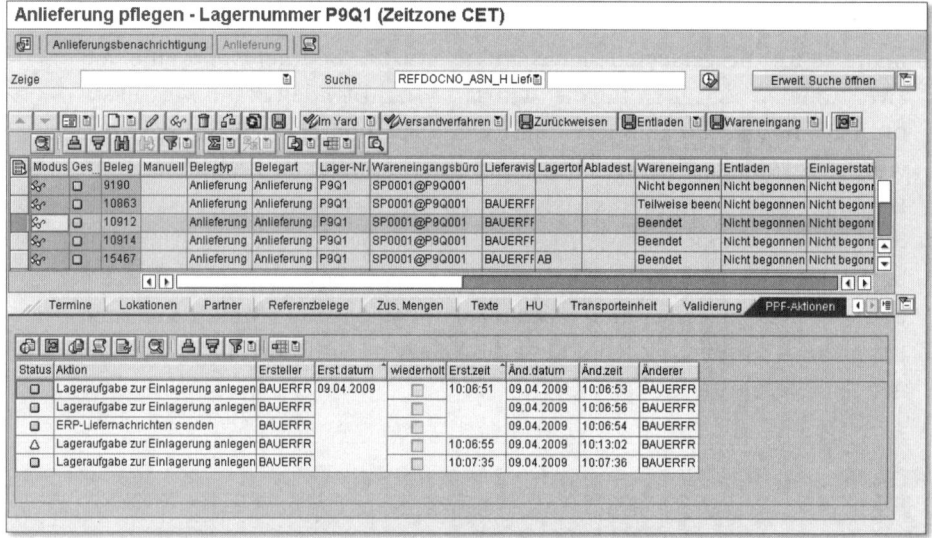

Abbildung 8.19   PPF-Aktionen für die Anlieferung, dargestellt in Transaktion /SCWM/PRDI

Abbildung 8.20 veranschaulicht die Zuordnung des Aktionsprofils zur Beleg-art am Beispiel des Standard-Aktionsprofils /SCDL/PRD_IN.

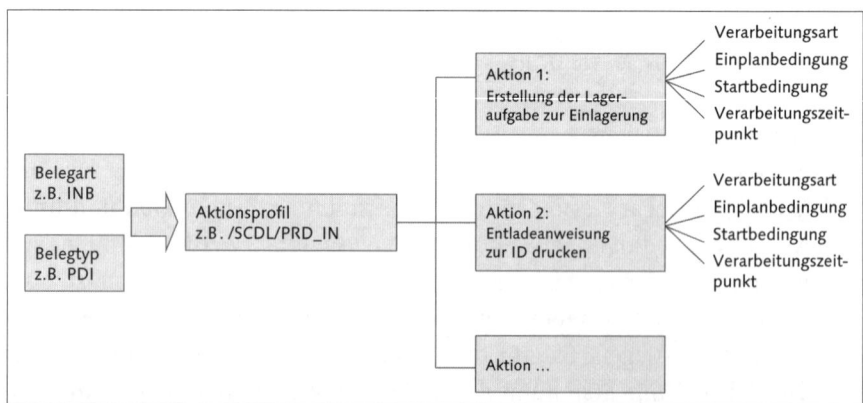

Abbildung 8.20   Zuordnung von Aktionsprofil zu Anlieferbeleg in SAP EWM

Die zuvor genannten Profile definieren Sie im EWM-Customizing unter dem Pfad PROZESSÜBERGREIFENDE EINSTELLUNGEN • LIEFERABWICKLUNG und dem Menüpunkt für das entsprechende Profil. Weitere Informationen zu den Lieferbelegen in EWM finden Sie in Kapitel 6, »Lieferabwicklung«.

Wenn die Anlieferungsbenachrichtigung bzw. die Anlieferung erstellt wird, wird die EWM-Belegart aus der Belegart der SAP ERP-Anlieferung als Vorgängerbeleg ermittelt. Die EWM-Positionsart wird auf Basis der Kombination aus SAP ERP und EWM-Belegart ermittelt. Die Bestimmung der Beleg- und Positionsart definieren Sie im EWM-Customizing unter dem Pfad SCHNITTSTELLEN • ERP INTEGRATION • LIEFERABWICKLUNG • BELEGARTEN AUS DEM ERP-SYSTEM IN EWM ABBILDEN bzw. POSITIONSARTEN AUS DEM ERP-SYSTEM IN EWM ABBILDEN.

Grundlegendes Customizing zur Transportintegration zwischen SAP ERP und SAP EWM

Folgende grundlegende Konfigurationsschritte sind zur Transportintegration zwischen SAP ERP und EWM notwendig.

SAP EWM-Komponente »Warenannahme und Versand« aktivieren

Um in EWM TEs und Fahrzeuge erstellen zu können, müssen Sie die EWM-Komponente *Warenannahme und Versand* aktivieren. Die Komponente aktivieren Sie im EWM-Customizing unter dem Pfad PROZESSÜBERGREIFENDE EINSTELLUNGEN • WARENANNAHME UND VERSAND • ALLGEMEINE EINSTELLUNGEN • WARENANNAHME UND VERSAND FÜR LAGER AKTIVIEREN.

Eine Aktivierung des Yard Managements ist für die Verwendung von TEs und Fahrzeugen nicht notwendig.

Transporteinheiten und Fahrzeuge definieren

Zur Verwendung von TEs und Fahrzeugen müssen Sie sowohl für TEs als auch für Fahrzeuge und die jeweiligen W/V-Aktivitäten Nummernkreise definieren. Die Definition der Nummernkreise finden Sie im EWM-Customizing unter dem Pfad PROZESSÜBERGREIFENDE EINSTELLUNGEN • WARENANNAHME UND VERSAND • NUMMERNKREISE und dem Menüpunkt für den entsprechenden Nummernkreis.

Wie beschrieben, benötigen Sie für die Erstellung der TE u. a. ein Packmaterial. Um das Packmaterial anlegen zu können, muss zuvor eine Packmaterialart definiert werden. Die Packmaterialart definieren Sie im EWM-Customizing unter dem Pfad WARENEINGANGSPROZESS • LAGERUNGSDISPOSITION •

EINFLUSSPARAMETER • PACKMITTELFINDUNG • PACKMITTELARTEN DEFINIEREN. Beachten Sie, dass bei der Definition der Packmittelart der Packmitteltyp A – TRANSPORTMITTEL, TRANSPORTELEMENT, TRANSPORTEINHEIT verwendet wird. In der EWM-Transaktion zur Pflege des Lagerprodukts /SCWM/MAT1 haben Sie auf der Registerkarte PACKDATEN die Möglichkeit, die Packmittelart dem Packmaterial zuzuordnen.

Die Konstruktionsregel zum Beispiel zur automatischen Erstellung des Fahrzeugs bei Anlage der TE basiert auf der Verknüpfung zwischen dem Transportmittel und dem Packmittel. Das Transportmittel definieren Sie im EWM-Customizing unter dem Pfad STAMMDATEN • WARENANNAHME UND VERSAND • TRANSPORTMITTEL DEFINIEREN. Die Konstruktionsregeln definieren Sie im SAP Easy Access Menü in EWM mit der Transaktion /SCWM/PM_MTR, die Sie unter dem Pfad EINSTELLUNGEN • WARENANNAHME UND VERSAND finden.

In EWM können Sie pro Transportmittel und Objekt (TE oder Fahrzeug) Steuerparameter wie zum Beispiel die Zuordnung von Nummernkreisen und PPF-Aktionsprofilen zur Steuerung der Folgeaktivitäten und Nachrichten (zum Beispiel das Drucken von Entladelisten) vornehmen. Die Kontrollparameter definieren Sie im EWM-Customizing unter dem Pfad PROZESSÜBERGREIFENDE EINSTELLUNGEN • WARENANNAHME UND VERSAND • ALLGEMEINE EINSTELLUNGEN • KONTROLLPARAMETER ZUR FAHRZEUG-/TE-BILDUNG DEFINIEREN.

SAP ERP-Transportintegration im Wareneingang

Für die Zukunft ist es geplant, über die Transportplanungsart in EWM zu steuern, dass die Anlieferung für die weitere Wareneingangsbearbeitung so lange gesperrt bleibt, bis das Ergebnis der Transportplanung – in diesem Fall aus SAP ERP – in EWM verfügbar ist. Die geplante Einstellung zur Transportplanungsart finden Sie im EWM-Customizing unter dem Pfad (Änderungen vorbehalten) WARENEINGANGSPROZESS • ANLIEFERUNG • INTEGRATION MIT TRANSPORT • TRANSPORTPLANUNGSART DEFINIEREN (EINGANG).

Um die geplante LE-TRA-Integration im Wareneingangsprozess nutzen zu können, muss der Referenzbelegtyp FRD (Frachtbeleg) aktiv sein. Diese geplante Einstellung legen Sie im EWM-Customizing unter dem Pfad (Änderungen vorbehalten) PROZESSÜBERGREIFENDE EINSTELLUNGEN • LIEFERABWICKLUNG • REFERENZBELEGE • REFERENZBELEGART-PROFILE DEFINIEREN fest.

Torfindung in SAP EWM

Im Folgenden werden die Customizing-Einstellungen für die Torfindung detailliert beschrieben.

> **Torfindung ohne TEs/Fahrzeuge und Yard Management möglich**
>
> Für die Torfindung in EWM müssen Sie keine TEs oder Fahrzeuge verwenden. Darüber hinaus sind auch keine Yard-Management-Einstellungen zwingend erforderlich. Wenn Sie keine TEs oder Fahrzeuge zur Abbildung Ihrer Lagerprozesse verwenden, können Sie in EWM das Objekt TOR zur Entladung verwenden.

Für die Torfindung müssen Sie sogenannte *Bereitstellungszonen* definieren. Bereitstellungszonen werden zur Zwischenlagerung von Ware im Lager verwendet. Sie sind in räumlicher Nähe der zugehörigen Tore. Bereitstellungszonen können jeweils für den Wareneingang bzw. -ausgang oder für beide Richtungen definiert werden. Die Bereitstellungszonen richten Sie im EWM-Customizing unter dem Pfad STAMMDATEN • BEREITSTELLUNGSZONEN • BEREITSTELLUNGSZONEN DEFINIEREN ein.

Anschließend können Sie als optionalen Schritt eine Bereitstellungszonen-/Torfindungsgruppe definieren. Diese Gruppierung können Sie zur Unterscheidung verschiedener Anforderungen beim Be- und Entladen verwenden. So eignet sich zum Beispiel ein Lagertor für Schüttgut in der Regel nicht für Gabelstapleraktivitäten. Wenn Sie die Bereitstellungs- und Torfindungsgruppe bei der Produktdefinition eingeben, beeinflusst diese dann die Bereitstellungszonen- und Torfindung. Der Pfad des EWM-Customizings ist analog zur Definition von Bereitstellungszonen, jedoch mit dem Menüpunkt BEREITSTELLUNGSZONEN -/TORFINDUNGSGRUPPEN DEFINIEREN.

Tore richten Sie im EWM-Customizing unter dem Pfad STAMMDATEN • LAGERTOR • LAGERTOR DEFINIEREN ein. Hier haben Sie u. a. die Möglichkeit festzulegen, ob es sich um Wareneingangs- oder Warenausgangstore oder um Tore handelt, die für beide Richtungen zulässig sind. Darüber hinaus können Sie anhand eines hinterlegbaren Aktionsprofils die Kommunikation mit Ihrem Spediteur steuern und ihm zum Beispiel die Nachricht über das geplante Tor für seinen Transport per PPF-Aktion senden. Diese PPF-Aktion funktioniert nur dann, wenn die Komponente *Warenannahme und Versand* aktiviert ist und eine Toraktivität erstellt wurde.

Im nächsten Schritt ordnen Sie die Bereitstellungszonen bzw. die Bereitstellungszonen-/Torfindungsgruppe dem Tor zu. Die passenden Menüeinträge finden Sie analog dem Pfad für die Tordefinition.

Die Torfindung definieren Sie für den Wareneingang im SAP Easy Access Menü in EWM mit der Transaktion /SCWM/STADET_IN, die Sie unter dem Pfad EINSTELLUNGEN • WARENANNAHME UND VERSAND finden. Über die Zugriffsfolgen, die Sie im SAP Easy Access Menü unter dem gleichen Pfad pflegen können, können Sie Einfluss darauf nehmen, welche Findungskriterien berücksichtigt werden sollen. Darüber hinaus haben Sie die Möglichkeit, mit Implementierung des BAdIs `/SCWM/EX_SR_STADET` die Bereitstellungszonen- und Torfindung Ihren Geschäftsanforderungen anzupassen.

8.3 Ankunft des Lkws und Yard Management

Nachdem das Lager über einen bevorstehenden Wareneingang informiert wurde und sowohl angekündigte Anlieferungen als auch eventuell angekündigte Transporte in EWM erstellt wurden, ist der nächste Prozessschritt die Ankunft des Lkws im Lager. Abbildung 8.21 zeigt die Einordnung des Prozessschritts in den Gesamtprozess des Wareneingangs.

Abbildung 8.21   Einordnung der Ankunft des Lkws und Yard Management in den Wareneingangsprozess

Die Ankunft des Lkws wird am Kontrollpunkt registriert und erfolgt über die Yard-Management-Funktionalitäten der EWM-Komponente *Warenannahme und Versand*. In EWM wird ein Yard in der Lagerstruktur definiert, und Parkpositionen bildet EWM als Standard-Lagerplätze ab, die Sie auch zu Yard-Bereichen zusammenfassen können. Weitere Informationen zum Yard Management finden Sie in Abschnitt 12.4, »Yard Management«. Die Verwendung der Yard-Management-Funktionalitäten in EWM ist optional. Bei Nichtverwendung des Yard Managements kann mittels der Anlieferung auch Check-in-gebucht werden. Falls der Fahrer Lieferpapiere dabeihat, können die Lieferungen Check-in-gebucht werden. Dadurch ist die Ankunftszeit des Lkws auf der Registerkarte STATUS der Lieferung dokumentiert (wichtig für potenzielle Strafzahlungen des Lagers an den Spediteur bei zu langen Lkw-Standzeiten auf dem Hof oder am Tor).

Die Ankunft der TE bzw. das Fahrzeug am Kontrollpunkt wird im SAP Easy Access Menü in EWM mit der Transaktion /SCWM/CICO im Yard registriert, die Sie unter dem Pfad WARENANNAHME UND VERSAND • YARD MANAGEMENT finden. Falls noch keine TE bzw. kein Fahrzeug im System angelegt wurde, können Sie entweder hier die Objekte erstellen oder die Transaktion /SCWM/TU für das Anlegen von TEs bzw. die Transaktion /SCWM/VEH für das Anlegen von Fahrzeugen verwenden. Für den Fall, dass der Transport bereits angekündigt wurde, haben Sie die Möglichkeit, anhand verschiedener Parameter, wie zum Beispiel des Kfz-Kennzeichens, der externen TE- bzw. Fahrzeugnummer, des Frachtführers etc., die TE bzw. das Fahrzeug zu selektieren, das zuvor mit dem Zustand GEPLANT der W/V-Aktivität erstellt wurde (siehe Abschnitt 8.2.2, »Ankündigung von Transporten«). Anschließend können Sie weitere Attribute wie zum Beispiel den *Standard Carrier Alpha Code* (SCAC) oder Fahrernamen und Sprache erfassen. Mit der Bestätigung ANKUNFT AM CHECKPOINT ändert sich der Zustand der W/V-Aktivität von GEPLANT in AKTIV, und die tatsächliche Ankunftszeit wird registriert. Abbildung 8.22 zeigt die Transaktion /SCWM/CICO, mit der Sie mit Ankunft des Lkws Daten zur TE bzw. zum Fahrzeug erfassen und die Buchung der Ankunft am Checkpoint vornehmen.

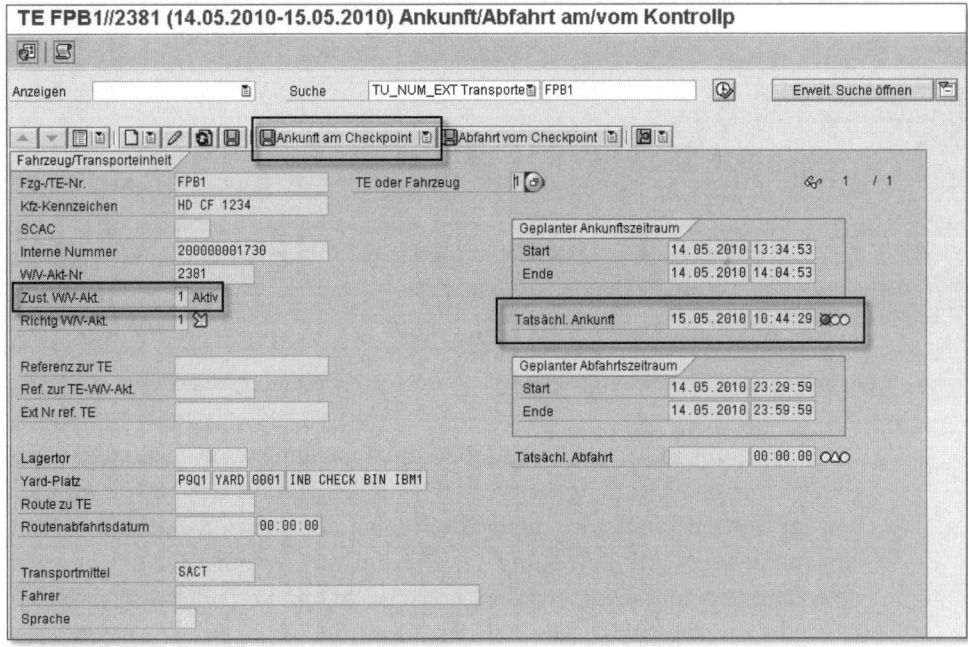

Abbildung 8.22 Transporteinheit und Fahrzeug im Yard mit der Transaktion /SCWM/CICO registrieren

Falls die Ankunft außerhalb der geplanten Zeit liegt, erscheint je nach Einstellungen im Customizing-Pfad PROZESSÜBERGREIFENDE EINSTELLUNGEN • WARENANNAHME UND VERSAND • ALLGEMEINE EINSTELLUNGEN • ALLGEMEINE EINSTELLUNGEN FÜR WARENANNAHME UND VERSAND eine Warn- oder Fehlermeldung.

Nachdem Sie die Registrierung am Kontrollpunkt vorgenommen haben, können Sie von hier aus die TE bzw. das Fahrzeug zu einer Parkposition oder zu einem Tor zur sofortigen Entladung bewegen. Sollte für die zugeordneten Anlieferungen bereits eine automatische Torfindung mit gleichem Ergebnis erfolgt sein, wird das Tor automatisch auf die TE übertragen. Falls auf TE-Ebene kein eindeutiges Ergebnis existiert oder die automatische Torfindung nicht eingestellt ist, bietet Ihnen der Lagermonitor mit bereits vordefinierten Reports einen guten Überblick der Tor- und Parkplatzbelegung und unterstützt Sie bei der Suche nach einem freien Parkplatz bzw. Tor (siehe Abbildung 8.23). Neben dem Lagermonitor bekommt man mit der Transaktion /SCWM/DOOR ebenfalls einen guten Überblick über die aktuelle Torbelegung.

Lagerverwaltungsmonitor SAP - Lagernummer P9Q1

Ausgeblendete Knoten einblenden

Navigation:
- Ausgang
- Eingang
- Inventur
- Belege
- Bestand und Platz
  - Lagerplatz
  - Physischer Bestand
  - Verfügbarer Bestand
  - Bestandsübersicht
  - Übersicht MHD/Verfallsdatum
  - Ressource
  - Handling Unit
  - Transporteinh. (Bestandssicht)
  - Serialnummer auf Lagerebene
  - Yard-Management
    - Yard-Übersicht
    - Yard-Plätze
    - Yard-Tore (aktuell)
  - Kit-Komponenten
- Ressourcenmanagement
- Alert
- Arbeitsmanagement
- Materialflusssystem
- Werkzeuge

Tore (termin.) | Tor - TE

Yard-Tore (aktuell)

Yard-Typ	Yard-Ber	Lagertor	Tor frei	Lagerplatz	LadeRicht	BerZonGr	BerZone	TM	StartdaTyp	belegt bis	belegt bis	Interne TE-Nr	WW-Akt TE	T
YARD	DOR1	DOR1	X	INBOUND DOOR 01	B	9010	0001				00:00:00			
YARD	DOR1	DOR3		OUTBOUND-DOOR-03	O	9020	0001		A	29.03.2010	00:59:59	200000001869	2049	1
YARD	DOR1	JMDO	X		O	9020	0001	0001			00:00:00			
YARD	DOR1	MGI1	X		I	9010	0001				00:00:00			
YARD	DOR1	MGI2	X		I	9010	0001				00:00:00			
YARD	DOR1	MGI3	X		I	9010	0001				00:00:00			
YARD	DOR1	MGO1	X		O	9020	0001				00:00:00			
YARD	DOR1	MGO2	X		O	9020	0001				00:00:00			
YARD	DOR1	MGO3	X		O	9020	0001				00:00:00			
YARD	DOR1	SJW1		SJW-DOORBIN-01	B	9020	0001		A	19.04.2010	23:59:59	200000001989	2278	E
YARD	DOR1	SJW2	X	SJW-DOORBIN-02	B	9020	0001				00:00:00			
YARD	DOR1	SJW3	X	SJW-DOORBIN-03	B	9020	0001				00:00:00			
YARD	DOR1	SJW4	X	SJW-DOORBIN-04	B	9020	0001				00:00:00			
YARD	DOR1	SJW5	X	SJW-DOORBIN-05	B	9020	0001				00:00:00			
YARD	DOR1	SJW6	X	SJW-DOORBIN-06	B	9020	0001				00:00:00			

Abbildung 8.23 Aktuelle Torbelegung im Yard – dargestellt im Lagermonitor

Die Bewegung im Yard erfolgt über die Erstellung von Lageraufgaben – genauer gesagt, Lageraufgaben zur HU der TE. Damit die TE-HU im Yard bewegt werden kann, wird zuvor die HU bei der Check-in-Buchung wareneingangsgebucht. Mit Bewegung der TE kann auch automatisch das zugeordnete Fahrzeug mit bewegt werden, je nachdem, ob die Zuordnung zwischen TE und Fahrzeug fix ist. Die Art der Zuordnung können Sie im SAP Easy Access Menü in EWM mit der Transaktion /SCWM/PM_MTR einstellen, die Sie unter dem Pfad EINSTELLUNGEN • WARENANNAHME UND VERSAND finden.

Die Erstellung und Quittierung der Yard-Lageraufgaben kann über Radio-Frequency-Transaktionen oder Desktop-Transaktionen erfolgen. Die entsprechende Desktop-Transaktion /SCWM/YMOVE finden Sie im SAP Easy Access Menü in EWM unter dem Pfad WARENANNAHME UND VERSAND • YARD MANAGEMENT.

> **Bewegung der TE im Yard**
>
> Wenn die TE-HU im Yard bewegt wird, bewegt EWM nur den Bestand des Packmaterials der TE-HU. Das bedeutet, dass die der TE zugeordneten Anlieferungen und Anliefer-HUs nicht den Bewegungen der TE im Yard folgen. Anders formuliert: Die Anlieferungen im Yard sind nur auf der TE und nicht auf der Parkposition (Lagerplatz) sichtbar.

Eine Wareneingangsbuchung der der TE zugeordneten Anlieferungen kann, muss aber nicht zum Zeitpunkt der Registrierung erfolgen. Über eine eigene PPF-Aktion können Sie zum Beispiel mit der Methode /SCWM/GM_POSTING und zum Beispiel mit der Einplanbedingung /SCWM/WHR_IN_YARD prüfen, ob mit Check-in-Buchung der TE, bei der die zugeordneten Anlieferungen gleichzeitig den Status IN YARD erhalten, diese Anlieferungen auch mit dem Warenbewegungsplatz der TE wareneingangsgebucht werden.

Wie bereits erwähnt, ist die Verwendung der Yard-Management-Funktionalitäten in EWM optional. Die wesentlichen Vorteile, das Yard Management in EWM zu nutzen, sind:

▸ Die Logistikkette wird im Lager durchgängig abgebildet: Ein eingehender Lkw kann entladen und dann sogleich wieder als ausgehender Lkw beladen werden.

▸ Es ist möglich, bereits mit der Registrierung der TE bzw. des Fahrzeugs die zugeordneten Anlieferungen im Wareneingang zu buchen.

▸ Das Yard Management ist in die Steuerung und Abwicklung des gesamten Ablaufs des Wareneingangs integriert. Somit kann ein Monitoring des kompletten Wareneingangsprozesses erfolgen.

Eine Beschreibung der wesentlichen Customizing-Einstellungen für das Yard Management finden Sie in Abschnitt 12.4, »Yard Management«.

8.4 Wareneingangsvorbereitung

Nachdem der Lkw im Yard registriert wurde, kommt die Wareneingangsvorbereitung als nächster Prozessschritt, in dem die administrativen Tätigkeiten der Anlieferungserfassung sowie Vorbereitung zur Entladung inklusive der Erstellung von Lageraufgaben zur Entladung als Vorbereitung zur schnellen Entladung und Wareneingangsbuchung durchgeführt werden. Dazu übergibt der Lkw-Fahrer sämtliche Fracht- und Lieferpapiere an den Mitarbeiter im Wareneingangsbüro. Abbildung 8.24 zeigt die Einordnung des Prozessschritts in den Gesamtprozess des Wareneingangs.

Abbildung 8.24 Einordnung der Wareneingangsvorbereitung in den Wareneingangsprozess

Der Prozessschritt *Wareneingangsvorbereitung* gliedert sich in die Teilprozessschritte *Anlieferungserfassung* und *Vorbereitung zur Entladung*, die wir im Folgenden näher beschreiben.

8.4.1 Anlieferungserfassung

Bei der Anlieferungserfassung kann, je nach Art der Wareneingangsankündigung, zwischen verschiedenen Szenarien unterschieden werden (siehe Abbildung 8.25).

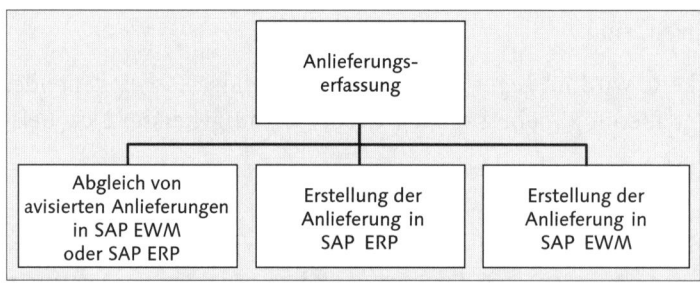

Abbildung 8.25 Szenarien der Anlieferungserfassung

- **Auf Basis avisierter Anlieferungen**
  Die Anlieferung in EWM wird mit den Informationen auf dem Lieferschein abgeglichen und, falls nötig, in EWM geändert.

- **Erstellung der Anlieferung in SAP ERP**
  Auf Basis der Lieferpapiere wird die Anlieferung in SAP ERP erstellt, die mit Sichern des Belegs sofort in das EWM-System übertragen wird.

- **Erstellung der Anlieferung in SAP EWM**
  Auf Basis der Lieferpapiere und der EGRs wird die Anlieferung in EWM erstellt, die mit Sichern des Belegs sofort in das SAP ERP-System übertragen wird.

Diese Möglichkeiten werden in den folgenden Abschnitten behandelt.

Avisierte Anlieferungen in SAP EWM oder SAP ERP abgleichen

Falls die Anlieferung in SAP ERP auf Basis avisierter Lieferinformationen erstellt wird, erfolgt mit Sichern des Belegs eine Übertragung der logistisch relevanten Anlieferinformationen nach EWM. In EWM wird die Anlieferungsbenachrichtigung und mit Aktivierung dieses Belegs die Anlieferung erstellt (siehe Abschnitt 8.2, »Wareneingangsankündigung«). Zur Durchführung der Wareneingangsvorbereitung selektiert der Mitarbeiter über die EWM-Anliefertransaktion die bereits erstellte Anlieferung und vergleicht die Informationen auf dem Lieferschein mit dem bereits systemseitig erstellten Beleg. Um den Beleg schnellstmöglich zu selektieren, stehen Ihnen zahlreiche Selektionsparameter zur Verfügung (zum Beispiel ASN-Nummer, Bestellung, SAP ERP-Liefernummer, Lieferant, verschiedene Statusparameter etc.), die benutzerspezifisch vorbelegt werden können. Die Anliefertransaktion /SCWM/PRDI finden Sie im SAP Easy Access Menü in EWM unter dem Pfad LIEFERABWICKLUNG • ANLIEFERUNG. Neben den Informationen auf Lieferkopf und Lieferposition finden Sie auch Informationen zur TE, falls die Anlieferung einer TE zugewiesen wurde (siehe Abschnitt 8.2.2, »Ankündigung von Transporten«). Darüber hinaus stehen Ihnen zur Selektion und Anzeige von Anlieferungen vordefinierte Reports im Lagermonitor zur Verfügung, von dem aus Sie die Möglichkeit haben, direkt in die Anliefertransaktion zu navigieren. Abbildung 8.26 zeigt die Anliefertransaktion /SCWM/PRDI mit einem Anlieferbeleg und zugewiesener TE.

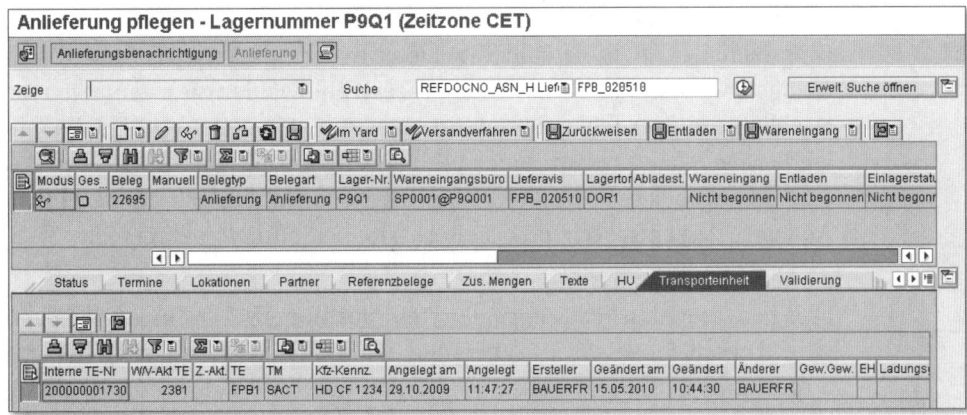

Abbildung 8.26 Anlieferung mit zugewiesener Transporteinheit, dargestellt in Transaktion /SCWM/PRDI

Mengendifferenzen in SAP EWM und SAP ERP erfassen

Bei Abweichungen wird mit dieser Transaktion die Anlieferung den Lieferscheindaten angepasst. Wird zum Beispiel festgestellt, dass die Menge nicht übereinstimmt, können Sie anhand sogenannter *Prozesscodes* mögliche Folgeprozesse initiieren. In Abbildung 8.27 sehen Sie im Dropdown-Menü die verschiedenen Prozesscodes in der Anliefertransaktion /SCWM/PRDI dargestellt.

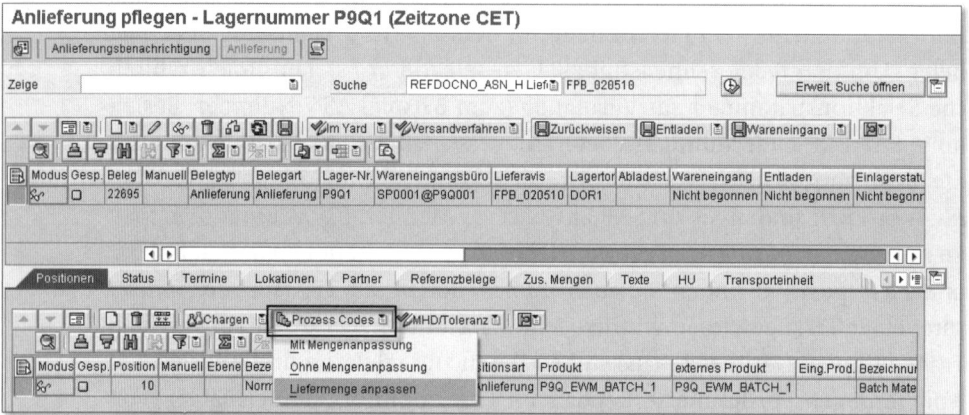

Abbildung 8.27 Prozesscodes zur Rückmeldung bei Mengendifferenzen

Im EWM-Standard stehen drei Prozesscodes zur Auswahl:

▸ **Mit Mengenanpassung**
Dies bedeutet, dass sowohl die Liefermenge als auch die überführte Menge angepasst werden. Diesen Prozesscode wählen Sie, wenn Sie eine Nachlieferung der fehlenden Menge erwarten. In EWM wird für die fehlende Menge automatisch eine Splitlieferung erstellt und mit Sichern des Anlieferungsbelegs an SAP ERP übertragen. In SAP ERP wird der Original-Anlieferbeleg entsprechend geändert und die Splitlieferung erstellt.

▸ **Ohne Mengenanpassung**
Dies bedeutet, dass die Menge der Lieferposition in EWM nicht angepasst wird. Diesen Prozesscode wählen Sie, wenn Sie ohne Änderung der Lieferpositionsmenge Differenzen bei der gelieferten Menge festhalten wollen. Wichtig: OHNE MENGENANPASSUNG bewirkt keine Änderung der SAP ERP-Anliefermenge, und damit erfolgt die SAP ERP-Rechnungsprüfung zur ursprünglichen Liefermenge. Die logistischen Planmengen werden nicht verändert. Falls es Differenzmengen zu Lasten des Lieferanten gibt, die sich auf die Rechnungsprüfung auswirken sollen, dann ist der Prozesscode MIT MENGENANPASSUNG die richtige Wahl.

▶ **Liefermenge anpassen**
Dies bedeutet, dass nur die Menge der Anlieferposition geändert wird. Es wird keine Splitlieferung in EWM erzeugt. Diesen Prozesscode wählen Sie, wenn Sie keine Nachlieferung der fehlenden Menge erwarten. Mit Sichern des Anlieferungsbelegs erfolgt keine sofortige Kommunikation an SAP ERP über die fehlende Menge, sondern erst mit Wareneingangsbuchung der Anlieferung.

Für jeden Prozesscode haben Sie die Möglichkeit zu unterscheiden, ob die Mengendifferenz zu Lasten des:

▶ Lieferanten geht, zum Beispiel bei bei Minderlieferung

▶ Lagers geht, zum Beispiel bei Beschädigung der Ware während der Entladung

▶ Spediteurs geht, zum Beispiel Beschädigung der Ware während des Transports

Prozesscodes und welche Prozesscodes für welchen Anlieferprozess ausgewählt werden können, definieren Sie im EWM-Customizing unter dem Pfad PROZESSÜBERGREIFENDE EINSTELLUNGEN • LIEFERABWICKLUNG • PROZESSCODES • PROZESSCODES DEFINIEREN bzw. PROZESSCODEPROFIL PFLEGEN.

Solange die Lageraktivität den Status NICHT BEGONNEN hat, können Sie die Anlieferung auch in SAP ERP in der Transaktion VL60 ändern. Mit Sichern der Anlieferung in SAP ERP wird ein Interimsanlieferbeleg erstellt, der sofort nach EWM übertragen wird. In EWM wird der Statuswert der Lageraktivität überprüft. Bei positiver Prüfung wird sowohl die entsprechende Anlieferungsbenachrichtigung als auch die Anlieferung aktualisiert. EWM informiert SAP ERP über das Update der Belege. In SAP ERP wird der die entsprechende Anlieferung ebenfalls aktualisiert und der Interimsbeleg gelöscht.

Nicht gelieferte Anlieferpositionen in SAP EWM und SAP ERP erfassen

Wird beim Vergleich zwischen Lieferschein und Anlieferung festgestellt, dass eine Position nicht geliefert wurde, können Sie die entsprechende Anlieferposition in der Anlieferung löschen. In EWM wird für die fehlende Lieferposition automatisch eine Splitlieferung erstellt und mit Sichern des Anlieferungsbelegs an SAP ERP übertragen. In SAP ERP wird der Original-Anlieferbeleg entsprechend geändert und die Splitlieferung für die fehlende Anlieferposition erstellt. Abbildung 8.28 zeigt u. a. die Schaltfläche zum Löschen nicht gelieferter Anlieferpositionen in der Transaktion /SCWM/PRDI.

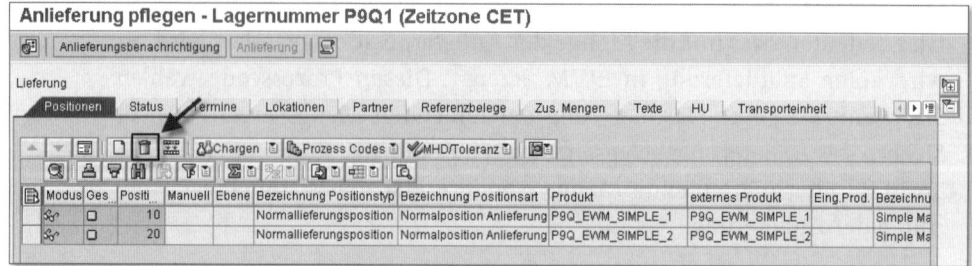

Abbildung 8.28   Nicht gelieferte Anlieferpositionen in SAP EWM löschen

Die Logik beim Löschen der Anlieferposition in SAP ERP ist analog der Mengenänderung in SAP ERP, das heißt, es wird ein Interimsbeleg in SAP ERP erstellt und an EWM übertragen. Bei positiver Prüfung der Statusart LAGERAKTIVITÄT werden Anlieferungsbenachrichtigung und Anlieferung aktualisiert und SAP ERP informiert. SAP ERP aktualisiert die entsprechende Anlieferung, und der Interimsbeleg wird gelöscht.

Falls keine Nachlieferung erwartet wird, haben Sie die Möglichkeit, die entsprechende Lieferpositionsmenge mit dem Prozesscode MIT MENGENANPASSUNG auf 0 zu setzen. Damit ist die Anlieferposition in EWM und SAP ERP erledigt, und es erfolgt kein Anliefersplit.

Zusätzlich gelieferte Anlieferpositionen in EWM und SAP ERP erfassen

Falls ein Produkt zusätzlich geliefert wurde, als ursprünglich avisiert, haben Sie die Möglichkeit, sowohl in EWM als auch in SAP ERP eine Anlieferposition hinzuzufügen, vorausgesetzt, die Lageraktivität für die Anlieferung wurde noch nicht begonnen. Abbildung 8.29 zeigt u. a. die Schaltfläche zum Anlegen von Anlieferpositionen.

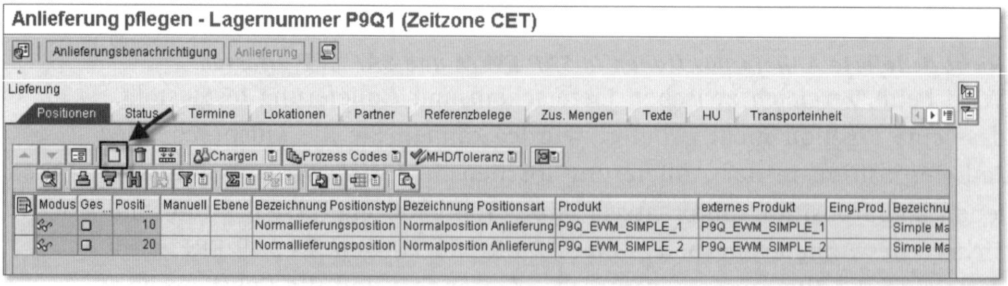

Anlieferung pflegen - Lagernummer P9Q1 (Zeitzone CET)

Abbildung 8.29   Zusätzlich gelieferte Anlieferpositionen in EWM anlegen

Mit der Schaltfläche ANLEGEN springen Sie in die SAP ERP-Transaktion VL60 und können mit Referenz zur ursprünglichen Anlieferung eine neue Anlieferung erstellen und mit Sichern des Belegs nach EWM übertragen. Als Ergebnis werden in EWM für die gleiche ASN-Nummer zwei Anlieferungen selektiert.

Falls eine zusätzliche Anlieferposition in SAP ERP erfasst wird, ist die Logik analog dem Löschen der Anlieferposition in SAP ERP, das heißt, es wird ein Interimsbeleg in SAP ERP erstellt und an EWM übertragen. Bei positiver Prüfung der Statusart LAGERAKTIVITÄT werden Anlieferungsbenachrichtigung und Anlieferung aktualisiert und SAP ERP informiert. SAP ERP aktualisiert die entsprechende Anlieferung, und der Interimsbeleg wird gelöscht. Als Ergebnis wird in EWM für die gleiche ASN-Nummer eine Anlieferung selektiert.

Voraussetzung für die Änderung von Anlieferungen

Die beschriebenen Änderungsszenarien werden nur unterstützt, wenn die Anlieferung entweder automatisch oder manuell mit der SAP ERP-Transaktion VL60 erstellt wurde. Zwar können mit der SAP ERP-Transaktion VL31n ebenfalls Anlieferungen erstellt werden, die auch an EWM verteilt werden, aber die zuvor beschriebenen Änderungsszenarien werden dabei nicht unterstützt.

Anlieferung in SAP ERP erstellen

Falls die Anlieferung nicht avisiert wurde und der Mitarbeiter im Wareneingangsbüro keine Anlieferung selektieren kann, hat er die Möglichkeit, die Anlieferung in SAP ERP mit der Transaktion VL60 manuell zu erstellen.

Die logistisch relevanten Anlieferdaten werden mit Sichern des Belegs nach EWM übertragen, und in EWM wird die Anlieferungsbenachrichtigung bzw. mit automatischer Aktivierung die Anlieferung erstellt.

Das Verpacken von Anlieferpositionen können Sie sowohl in der SAP ERP-Transaktion VL60 als auch in der EWM-Transaktion /SCWM/PRDI zur Anlieferung durchführen. Abbildung 8.30 zeigt den Pfad innerhalb der Menüleiste zum Verpacken von Anlieferpositionen.

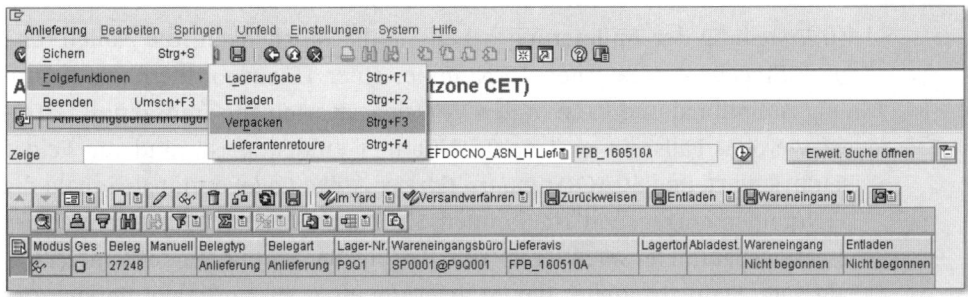

Abbildung 8.30 Anlieferposition in SAP EWM verpacken

Falls Sie die Anlieferpositionen in EWM verpacken, werden die Packinformationen mit Wareneingangsbuchung an SAP ERP kommuniziert, und die Anlieferung wird in SAP ERP entsprechend aktualisiert.

Anlieferung in SAP EWM erstellen

Falls die Avisierung von Anlieferungen nicht möglich ist, besteht die Möglichkeit, die Anlieferung in EWM manuell auf Basis von Bestellungen bzw. Produktionsaufträgen durch Verwendung von EGRs zu erstellen (siehe Abschnitt 8.2.1, »Ankündigung von Anlieferungen«). Die Erstellung von Anlieferungen über EGRs auf Basis von Bestellinformationen erfolgt mit der Transaktion /SCWM/GRPE, auf Basis von Produktionsaufträgen mit der Transaktion /SCWM/GRPI, die Sie im SAP Easy Access Menü in EWM unter dem Pfad LIEFERABWICKLUNG • ANLIEFERUNG finden. Bevor Sie die Anlieferungen in EWM erstellen, müssen Sie die Bestell- bzw. Produktionsauftragsinformation über den Report /SCWM/ERP_DLV_DELETE von SAP ERP in das EWM-System übertragen. Abbildung 8.31 zeigt die Transaktion /SCWM/GRPE, mit der Sie auf Basis von Bestellinformationen Anlieferungen in EWM erstellen können.

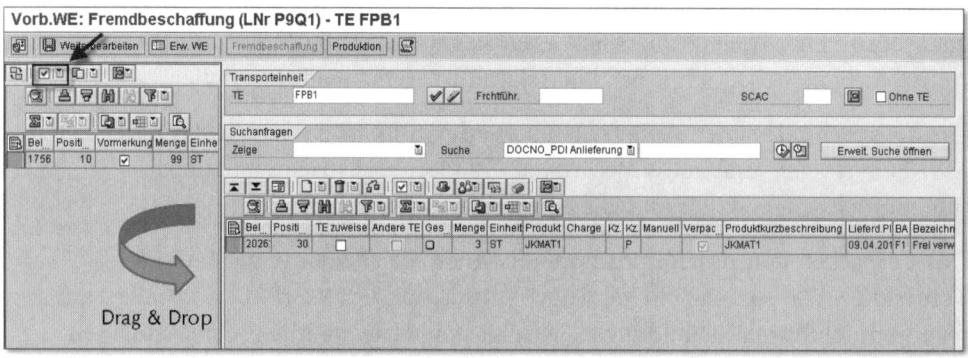

Abbildung 8.31 Erstellung von Anlieferungen auf Basis von Bestellinformationen in SAP EWM

Mit Erstellung der Anlieferung haben Sie die Möglichkeit, die Anlieferung durch Eingabe der externen TE-Nummer einer TE zuzuordnen. Die Zuordnung ist optional und kann in den Vorschlagswerten zur Transaktion festgelegt werden. Falls die externe TE-Nummer eindeutig ist, sind die Felder FRACHTFÜHRER und SCAC (*Standard Carrier Alpha Code*) optional. Sobald die TE-Nummer eingegeben ist, können Sie nach EGRs auf Basis zahlreicher Selektionsparameter selektieren (zum Beispiel Bestellung, Produkt, Lieferant, Fahrzeug, Statusparameter der Anlieferung etc.), die im linken Bereich des

Transaktionsfensters aufgelistet werden. Im rechten Bereich werden gleichzeitig sämtliche Anlieferungen dargestellt, die auf Basis dieser EGRs erstellt wurden. Sie markieren die EGRs, für die Sie Anlieferungen erstellen wollen, und klicken auf die Schaltfläche KOPIERVORMERKUNG. Anschließend ziehen Sie den markierten EGR per Drag & Drop in den rechten Bereich des Transaktionsfensters. Lassen Sie den EGR unterhalb der Anlieferungen fallen, werden die EGR-Daten kopiert, und eine neue Anlieferung wird als Interimsbeleg in EWM erstellt. Wird der EGR auf eine bereits erstellte Anlieferung fallen gelassen, wird zu dieser Anlieferung, je nach Lageraktivitätsstatus, eine neue Anlieferposition hinzugefügt und ein Interimsbeleg erstellt. Mit Sichern des Interimsbelegs wird die Anlieferung erstellt, und die Anlieferungsinformationen werden automatisch nach SAP ERP übertragen.

Bei Erstellung der Anlieferung stehen Ihnen u. a. folgende Funktionalitäten zur Verfügung:

▸ Löschen der neu erstellten Position bzw. der gesamten Anlieferung (Interimsbeleg)

▸ Verpacken analog zur Transaktion /SCWM/PRDI

▸ Anlegen von Chargen und Chargenpositionen

▸ Pflegen von Serialnummern

Darüber hinaus können fehlerhafte Belege gesichert werden, um sie zu einem späteren Zeitpunkt weiterzubearbeiten.

8.4.2 Vorbereitung der Entladung

In diesem Abschnitt liegt der Fokus auf der Vorbereitung der Entladung, insbesondere auf den beiden folgenden Themen:

▸ Zuordnung von Anlieferungen zu TEs

▸ Erstellung von Entlade-Lageraufgaben

Anlieferungen den Transporteinheiten zuordnen

Die Zuordnung von Anlieferungen zu TEs kann sowohl automatisch (siehe Abschnitt 8.2.2, »Ankündigung von Transporten«) als auch manuell mit der Transaktion /SCWM/TU erfolgen. Abbildung 8.32 zeigt die Transaktion /SCWM/TU, mit der Sie nach freien, also noch nicht zugewiesenen, Lieferungen bzw. Lieferpositionen selektieren können und diese der TE zuweisen können.

Abbildung 8.32 Anlieferungen zur TE mit Transaktion /SCWM/TU zuweisen

Die Zuweisung ist insbesondere dann notwendig, wenn Sie die TE über Lageraufgaben entladen wollen.

Entlade-Lageraufgaben erstellen

Die Verwendung von Entlade-Lageraufgaben ist optional, hat jedoch den Vorteil, dass EWM bei Abschluss der Entladung überprüft, ob die TE vollständig entladen ist. Die Erstellung kann sowohl automatisch mit der PPF-Aktion /SCWM/PRD_IN_TO_CREATE als auch manuell erfolgen. Bei der manuellen Erstellung stehen in EWM verschiedene Transaktionen zur Verfügung: die Transaktion /SCWM/UNLOAD zur Entladung oder die Transaktion /SCWM/TU zur Bearbeitung von TEs, die Sie beide im SAP Easy Access Menü in EWM unter dem Menüpunkt WARENANNAHME UND VERSAND finden. Im Fall der automatischen Erstellung ist die Verwendung der prozessorientierten Lagersteuerung mit dem Entladen als erstem Schritt des definierten Lagerungsprozesses (siehe Abschnitt 7.4, »Lagerungssteuerung«) erforderlich.

8.5 Entladung und Wareneingangsbuchung

Nachdem die Anlieferungen erstellt und geprüft sowie gegebenenfalls Lageraufgaben zur Entladung erstellt wurden, beginnt der physische Wareneingangsprozess mit folgenden Teilprozessschritten:

▸ Entladung und visuelle Überprüfung der Ware

▸ Wareneingangsbuchung

Abbildung 8.33 zeigt die Einordnung des Prozessschritts in den Gesamtprozess des Wareneingangs.

Abbildung 8.33   Einordnung der Entladung und Wareneingangsbuchung in den Wareneingangsprozess

Entladung und visuelle Überprüfung der Ware

In EWM gibt es zwei Möglichkeiten, den Entladevorgang im System abzubilden:

▸ einfaches Entladen über einen manuellen Statuswechsel

▸ komplexes Entladen über die Quittierung von Entlade-Lageraufgaben

Das sogenannte *einfache Entladen* entspricht dem manuellen Setzen des Status ENTLADEN auf den Wert BEENDET entweder pro Lieferung mit der Transaktion /SCWM/PRDI oder auf TE-Ebene für alle zugeordneten Lieferungen mit der Transaktion /SCWMTU bzw. /SCWM/UNLOAD.

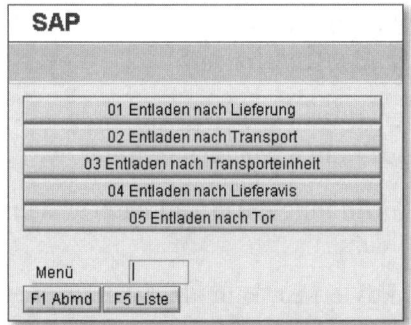

Abbildung 8.34   Auswahlmenü für die Quittierung von Radio-Frequency-Entlade-Lageraufgaben

Das *komplexe Entladen* geschieht über die Erstellung und Quittierung von Entlade-Lageraufgaben. Entlade-Lageraufgaben entsprechen immer HU-Lageraufgaben. Die Quittierung erfolgt entweder über verschiedene Radio-Frequency-Transaktionen oder Desktop-Transaktionen. Wie aus Abbildung

8.34 hervorgeht, stehen Ihnen für die Quittierung von Entlade-Lageraufgaben mit Radio Frequency je nach Prozessanforderung verschiedene Einstiegsmöglichkeiten zur Verfügung.

Die Quittierung mit Desktop kann entweder über die Entladetransaktion /SCWM/UNLOAD oder über die allgemeine Transaktion zur Quittierung von Lageraufgaben /SCWM/TO_CONF erfolgen, die Sie im SAP Easy Access Menü in EWM unter dem Menüpunkt AUSFÜHRUNG finden. Mit Quittierung der Lageraufgaben wird für den Bestand, der sich in der HU befindet, automatisch Wareneingang gebucht. Demzufolge werden mit der komplexen Entladung von Anlieferungen, deren Anlieferposition(en) in mehreren HUs verpackt sind, Teilwareneingänge gebucht. Die Entladung mit Lageraufgaben hat folgende Vorteile:

▶ Sie können den Entladeprozess in den gesamten Lagerungsprozess integrieren und somit bereits beim Entladen die Funktionalitäten der prozessorientierten Lagerungssteuerung nutzen, wie zum Beispiel die automatische Erstellung der Folgelageraufgabe mit Quittierung der Entlade-Lageraufgabe.

▶ Sie können die den Lageraufgaben zugehörigen Lageraufträge geeigneten Ressourcen zuordnen und somit die Funktionalitäten des EWM-Ressourcenmanagements nutzen (siehe Abschnitt 11.1, »Ressourcenmanagement«).

▶ Sie können beim Entladen mit den Funktionalitäten der Ausnahmebehandlung in EWM arbeiten (siehe Abschnitt 11.4, »Ausnahmebehandlung«) und somit zusätzliche oder fehlende HUs erfassen.

Der Von-Lagerplatz der Lageraufgaben entspricht dem Warenbewegungsplatz, der für einlagerrelevante Anlieferpositionen wie folgt ermittelt wird:

▶ Bei Verwendung der automatischen Torfindung entspricht das Tor dem Warenbewegungsplatz.

▶ Falls keine automatische Torfindung aktiviert ist, kann der Warenbewegungsplatz dem Von-Lagerplatz der Lagerprozessart entsprechen.

▶ Falls der Warenbewegungsplatz weder durch das Tor noch durch den Von-Lagerplatz der Lagerprozessart bestimmt werden kann, verwendet EWM den Platz der Bereitstellungszone.

Der Nach-Lagerplatz entspricht dem Bereitstellungsplatz in der Anlieferposition.

Nach Entladung des Lkws werden die HUs vom Mitarbeiter auf mögliche Beschädigungen hin überprüft. Beim einfachen Entladen können Sie mit der Radio-Frequency-Transaktion /SCWM/RFUI • INTERNE PROZESSE • QUALITÄTS-MANAGEMENT • HU INSPEKTION MIT WE-BUCHUNG die HUs pro Anlieferung oder TE (gegebenenfalls mit mehreren Lieferungen) als *gut* oder *fehlerhaft* klassifizieren. Wenn Sie alle HUs klassifiziert haben, legt EWM den Prüfbeleg automatisch an. Dabei erzeugt es pro Lieferung einen Prüfbeleg und pro HU eine Position in diesem Prüfbeleg. Für die »guten« HUs wird in den entsprechenden Prüfbelegpositionen automatisch der Entscheidungscode zum Beispiel annahme-gesetzt und die Produktmenge in den »guten« HUs wareneingangsgebucht. Die schlechten HUs bearbeiten Sie dann in einem weiteren Prozess manuell im Prüfbeleg. Weitere Informationen zur Qualitätsprüfung finden Sie in den Abschnitten 8.6.5, »Qualitätsprüfung im Wareneingang«, und 8.7.1, »Qualitätsprüfung«.

Wareneingangsbuchung

Nach Überprüfung der entladenden Ware erfolgt die Wareneingangsbuchung. Sie können entweder den Wareneingang zur gesamten Anlieferung oder nur einen Teilwareneingang buchen. Die Wareneingangsbuchung kann manuell in den Transaktionen /SCWM/PRDI oder /SCWM/GR durchgeführt werden. Hier haben Sie die Möglichkeit, entweder für die komplette Anlieferung Wareneingang zu buchen oder, falls Sie mit HUs arbeiten, auch Wareneingang für die komplette HU. EWM bucht dann die Liefermenge entsprechend der in der HU angegebenen Produktmenge.

EWM führt dann eine automatische Wareneingangsbuchung durch, wenn Sie Lageraufgaben zum Beispiel zur Entladung auf den Bereitstellungsplatz oder zur Einlagerung auf dem finalen Lagerplatz quittieren. Unabhängig davon, ob die Wareneingangsbuchung manuell oder automatisch erfolgt ist, können Sie sich die einzelnen Teilwareneingänge im Belegfluss der Anlieferung ansehen.

Sobald in EWM die Wareneingangsbuchung durchgeführt wurde, sendet EWM die Warenbewegungsnachricht an SAP ERP mit der PPF-Aktion /SCDL/MSG_PRD_IN_GR_SEND ERP, die den Funktionsbaustein `/SPE/INB_DELIVERY_CONFIRM_DEC` ruft.

8.6   Wareneingangssteuerung und Einlagerung

Nachdem der Lkw auf die Bereitstellungszone entladen wurde und die Wareneingangsbuchung für die angelieferte Ware erfolgt ist, folgt der Prozessschritt der Wareneingangssteuerung und Einlagerung. Abbildung 8.35 zeigt die Einordnung des Prozessschritts in den Gesamtprozess des Wareneingangs.

Abbildung 8.35   Einordnung der Wareneingangssteuerung und Einlagerung in den Wareneingangsprozess

Zwischen der Entladung und der Einlagerung auf den finalen Lagerplatz gibt es im Wareneingang oft noch zusätzliche Prozessschritte, wie zum Beispiel die Qualitätsprüfung, die Dekonsolidierung im Fall von angelieferten Misch-HUs, das Umpacken in einlagerfähige HUs oder die Aufbereitung von Ware vor der endgültigen Einlagerung. Die Bestimmung und die Kontrolle der Durchführungsreihenfolge der verschiedenen Prozessschritte werden in EWM durch die prozess- und layoutorientierte Lagersteuerung gesteuert. In Abschnitt 7.4, »Lagerungssteuerung«, beschreiben wir detailliert, wie die Lagersteuerung für die verschiedenen Prozesse (prozessorientiert) unter Berücksichtigung des Lagerlayouts (layoutorientiert) im Customizing eingerichtet wird.

> **Prozesssteuerung in SAP EWM**
>
> Die prozessorientierte Lagerungssteuerung arbeitet nur mit HUs. Sie können die prozess- mit der layoutorientierten Lagerungssteuerung kombinieren. Dabei führt EWM zunächst immer erst die prozessorientierte Lagerungssteuerung aus. Anschließend prüft die layoutorientierte Lagerungssteuerung, ob die ermittelte Lagerungsprozessschrittfolge aus Layoutsicht möglich ist, und ergänzt gegebenenfalls den Ablauf.

In Abbildung 8.36 sehen Sie ein Beispiel für einen komplexen Wareneingangsprozess mit verschiedenen Prozessschritten wie Entladung ❶, Dekonsolidierung ❷ und Verpacken in einlagerfähige Behälter, Zählung ❸ als einer Möglichkeit der Qualitätsprüfung und der Einlagerung ❹ auf dem finalen Lagerplatz.

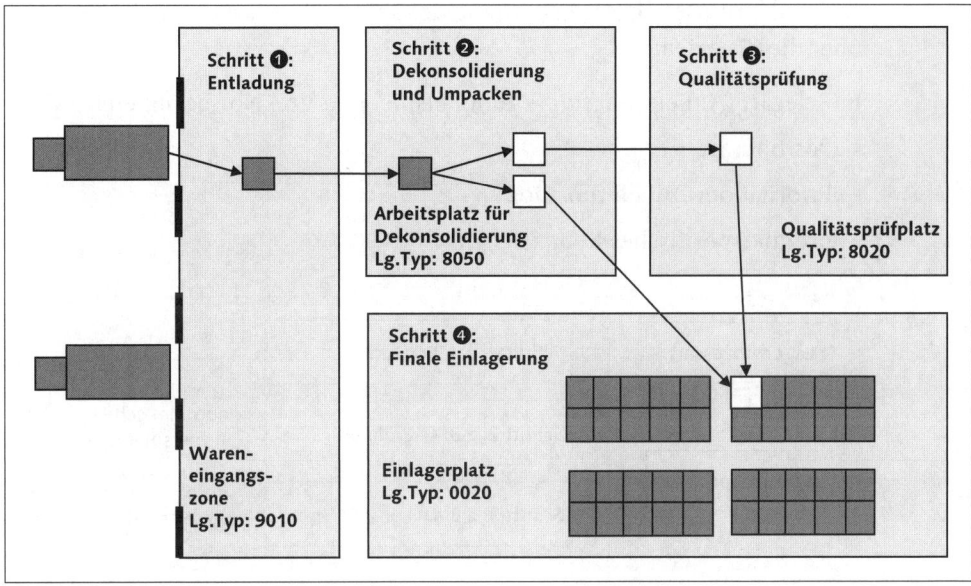

Abbildung 8.36 Wareneingangsprozess mit verschiedenen Prozessschritten

8.6.1 Prozessorientierte Lagersteuerung im Wareneingang

Sie können diese Art der Lagerungssteuerung verwenden, um komplexe Einlagerungen abzubilden. Dabei fassen Sie Ihre Lagerungsprozessschritte in einem Lagerungsprozess zusammen. Die prozessorientierte Lagersteuerung bietet Ihnen folgende Vorteile:

▸ erhöhter Durchsatz durch automatische Ermittlung des Lagerungsprozesses und Steuerung der notwendigen Prozessschritte

▸ flexible Modellierung komplexer Prozesse

▸ Bestandstransparenz und Statuskontrolle für sämtliche Prozessschritte

Über die Lagerprozessart auf Anlieferpositionsebene wird der entsprechende Lagerungsprozess ermittelt. Abbildung 8.37 gibt einen Überblick über das Grundprinzip der prozessorientierten Lagerungssteuerung im Wareneingang.

Das Prinzip der prozessorientierten Lagerungssteuerung ist die individuelle Ermittlung einer Lagerprozessart pro Anlieferposition. Je nach Definition dieser Lagerprozessart ist es möglich, verschiedene Lagerprozessschritte wie etwa Qualitätsprüfung, Verpacken und Einlagern jener Lagerprozessart zuzuweisen. Somit sind die Aktivitäten, die für eine Anlieferposition durchzuführen sind, ermittelt. Diese Ermittlung der Lagerprozessart erfolgt im Standard über die Kriterien:

▸ Belegart (Anlieferungstyp – zum Beispiel Retoure, Normalanlieferung)

▸ Positionsart

▸ Priorität der Anlieferposition

▸ produktspezifisches Kennzeichen

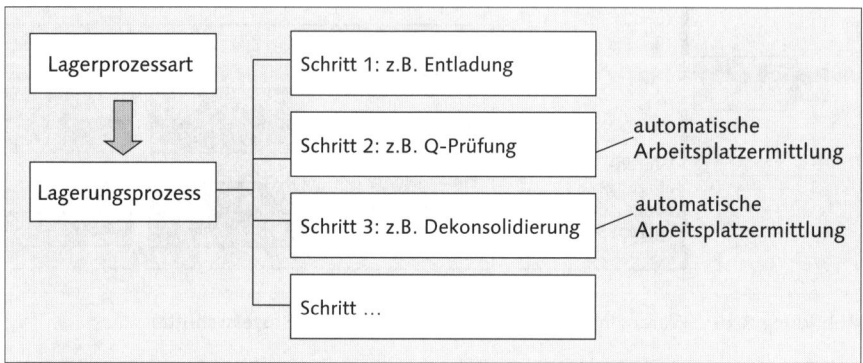

Abbildung 8.37   Bestimmung des Lagerungsprozesses im Wareneingang

So kann zum Beispiel eingestellt werden, dass bei Retourenlieferungen vom Kunden immer eine Qualitätsprüfung durchgeführt werden muss oder dass bestimmte Produkte vor Einlagerung entsprechend bearbeitet werden müssen. Nachdem für eine Anlieferposition die relevanten Aktivitäten ermittelt wurden, ist es möglich, pro Lagerprozessschritt entweder einen fest zugewiesenen Arbeitsplatz zu ermitteln oder die Findung des Arbeitsplatzes regelbasiert ablaufen zu lassen. Regelbasiert bedeutet, dass weitere Steuertabellen oder Information aus Referenzdokumenten (etwa dem Prüfbeleg) ermittelt werden können.

Wie bereits erwähnt, arbeitet die prozessorientierte Lagersteuerung nur mit HUs, da im HU-Kopf der zuletzt bearbeitete Prozessschritt hinterlegt ist.

Verwendung von HUs in SAP EWM
Sie benötigen keine HU-verwalteten Lagerorte in SAP ERP, um mit HUs in EWM zu arbeiten. HUs können in EWM sehr einfach gebildet werden und bieten Ihnen mit der allgemeinen Statusverwaltung die Möglichkeit, den physischen Status (zum Beispiel geplant, aktiv) sowie andere Attribute (zum Beispiel gewogen, verladen, gesperrt) zu dokumentieren.

8.6.2 Layoutorientierte Lagersteuerung im Wareneingang

Sie verwenden die layoutorientierte Lagersteuerung, wenn in Ihrem Lager Lagerbewegungen nicht direkt von einem Von-Lagerplatz zu einem Nach-Lagerplatz führen, sondern über Zwischenlagerplätze. Das bedeutet, dass EWM durch die Kombination aus Von- und Nach-Lagertyp automatisch einen Zwischenlagertyp ermittelt. Weitere Informationen finden Sie in Abschnitt 7.4, »Lagerungssteuerung«.

8.6.3 Kombination der prozess- und layoutorientierten Lagersteuerung im Wareneingang

Eine Kombination der prozess- und layoutorientierten Lagersteuerung im Wareneingang könnte wie folgt aussehen:

1. Entladung (prozessorientiert)

2. Dekonsolidierung und Umpacken (prozessorientiert)

3. Qualitätsprüfung (prozessorientiert)

4. Konturen- und Gewichtsprüfung am I-Punkt (layoutorientiert)

5. Einlagerung (prozessorientiert)

Wie bereits erwähnt, führt EWM zunächst immer erst die prozessorientierte Lagerungssteuerung aus und erstellt die Lageraufgabe von Platz A nach Platz B. Anschließend prüft die layoutorientierte Lagerungssteuerung, ob der Nach-Lagerplatz B aus Layoutsicht auch direkt erreichbar ist. Ist dies nicht der Fall, wird die zuvor erstellte Lageraufgabe auf den Status INAKTIV gesetzt, und EWM erstellt eine neue Lageraufgabe von A nach I (Identifikationspunkt), und mit Quittierung dieser Lageraufgabe wird die inaktive Lageraufgabe aktiviert und auf Platz B quittiert.

In den folgenden Abschnitten werden die verschiedenen Aktivitäten in der Wareneingangssteuerung näher beschrieben.

8.6.4 Dekonsolidierung und logistische Zusatzleistungen

Die Dekonsolidierung von Misch-HUs und logistische Zusatzleistungen wie zum Beispiel das Ölen von Produkten als Konservierung für die Einlagerung sind Prozessschritte, die im Wareneingangsprozess relativ häufig vorkommen und somit nahtlos in die Prozesssteuerung integriert werden müssen. Im Folgenden stellen wir die Prozessschritte näher vor.

Dekonsolidierung

Im Fall der Anlieferung von Misch-HUs, die nicht direkt eingelagert werden können, weil zum Beispiel gemäß der Einlagerstrategie eine Mischbelegung unzulässig ist, müssen die Misch-HUs dekonsolidiert werden. Der Prozessschritt *Dekonsolidierung* ist ein sogenannter dynamischer Prozessschritt, was bedeutet, dass EWM dynamisch ermittelt, ob es ihn für den konkreten Lagerungsprozess ausführen muss.

Nach Wareneingangsbuchung können Sie, je nach Customizing-Einstellungen der prozessorientierten Lagersteuerung, definieren, ob mit Erstellung der Lageraufgabe für den ersten Prozessschritt auch automatisch die Lageraufgabe zur Einlagerung erstellt wird. Falls ja, wird diese Einlager-Lageraufgabe inaktiv erstellt, ist aber zu diesem Zeitpunkt noch nicht ausführbar. Über die inaktive Einlager-Lageraufgabe wird bereits der finale Einlagerplatz auf Basis der entsprechenden Einlagerstrategie gefunden (siehe Abschnitt 8.6.6, »Einlagerung«) und für die spätere Einlagerung reserviert. Mit Erstellung der Einlager-Lageraufgabe prüft EWM auf Basis von Customizing-Einstellungen zur Dekonsolidierung, ob im Fall einer Misch-HU diese HU dekonsolidiert werden soll. Eine Dekonsolidierung wird u. a. dann durchgeführt, wenn die Produkte in der Misch-HU unterschiedliche Konsolidierungsgruppen haben. Die Konsolidierungsgruppe im Wareneingangs- oder Einlagerungsprozess ist eine Zusammenfassung von Lagerplätzen eines Lagerbereichs. Wenn sich zum Beispiel die Einlagerplätze der Produkte in der Misch-HU in verschiedenen Aktivitätsbereichen befinden, ermittelt EWM unterschiedliche Konsolidierungsgruppen und somit die Notwendigkeit der Dekonsolidierung. Abbildung 8.38 verdeutlicht die Logik, nach der in EWM die Bestimmung der Dekonsolidierung abläuft.

Die Attribute, wann EWM eine Dekonsolidierung vornehmen soll, definieren Sie im EWM-Customizing unter dem Pfad WARENEINGANGSPROZESS • DEKONSOLIDIERUNG • ATTRIBUTE FÜR DEKONSOLIDIERUNG DEFINIEREN.

Nachdem EWM die Notwendigkeit der Dekonsolidierung ermittelt hat, bestimmt es den Arbeitsplatz zur Durchführung dieses Prozessschritts auf Basis des Von-Lagertyps, der HU-Typgruppe bzw. des Nachaktivitätsbereichs. Somit können Sie zum Beispiel steuern, dass je nach Einlagerbereich und/oder ähnlichen HU-Typen des Packmaterials (zum Beispiel Paletten, Gitterboxen) unterschiedliche Dekonsolidierungsstationen gefunden werden. Die Bestimmung der Dekonsolidierungsstation definieren Sie im EWM-Customizing unter dem Pfad WARENEINGANGSPROZESS • DEKONSOLIDIERUNG.

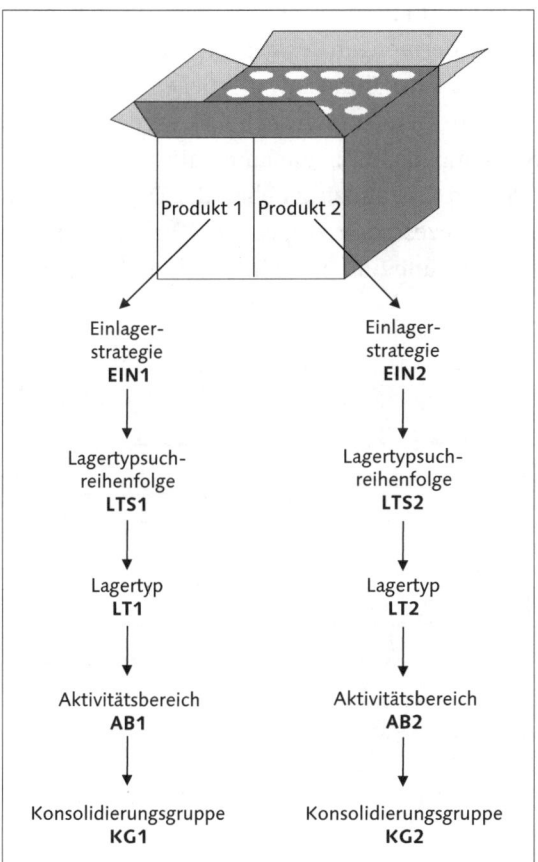

Abbildung 8.38 Logik zur Bestimmung der Dekonsolidierung

Bestimmung des Arbeitsplatzes für die Dekonsolidierung

Die Bestimmung des Arbeitsplatzes für die Dekonsolidierung kann auch in der prozessorientierten Lagersteuerung definiert werden. Diese Einstellung ist spezifischer als die zuvor genannte Variante zur Ermittlung der Dekonsolidierungsstation.

In Abbildung 8.39 sehen Sie die Bedienungsoberfläche der Arbeitsplatztransaktion /SCWM/DCONS zur Dekonsolidierung im Wareneingang, die Sie im SAP Easy Access Menü in EWM unter dem Menüpunkt Ausführung finden.

Die Abbildung zeigt einen Arbeitsplatz, für den im Customizing sowohl ein Eingangs- als auch ein Ausgangsbereich definiert wurden, um so den Arbeitsvorrat von Misch-HUs von den bereits dekonsolidierten HUs zu trennen. Das Dekonsolidieren kann per Drag & Drop oder über Scannen durchgeführt werden. Darüber hinaus haben Sie die Möglichkeit, durch Eingabe von Ausnahmecodes auf Ausnahmesituationen zu reagieren. Sollten beim Dekonsolidieren zum Beispiel Mindermengen festgestellt werden, können Sie mit Eingabe des entsprechenden Ausnahmecodes festlegen, ob die Mindermenge zum Beispiel zu Lasten des Lieferanten gebucht wird. Wenn Sie die Liefermenge mit einem Ausnahmecode für die automatische Lieferfortschreibung anpassen, müssen Sie im Customizing neben der Definition von Ausnahmecodes zusätzlich noch Prozesscodes zugeordnet haben. Weitere Informationen zur Ausnahmebehandlung finden Sie in Abschnitt 11.4, »Ausnahmebehandlung«.

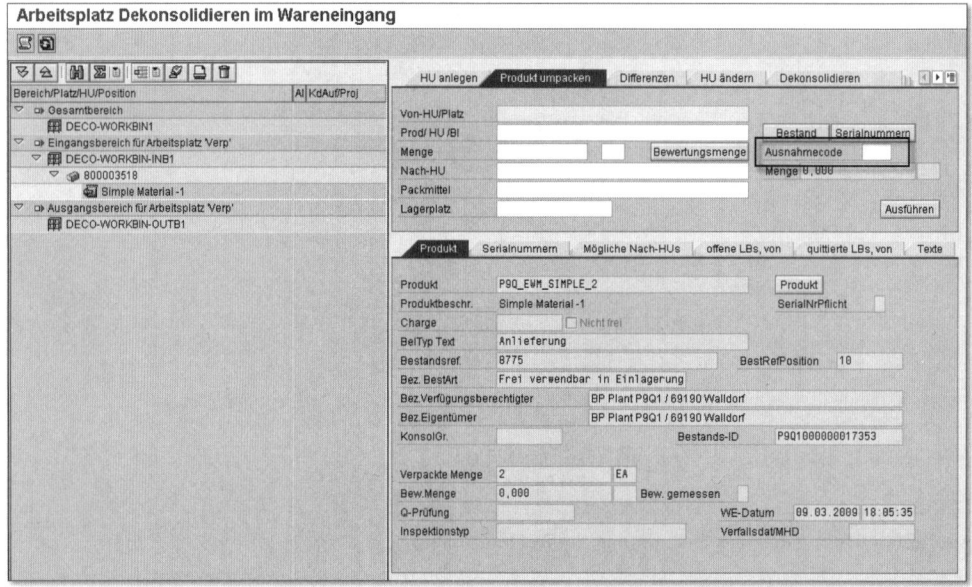

Abbildung 8.39 Beispiel eines Arbeitsplatzes zur Dekonsolidierung

---

Flexible Anpassung von Arbeitsplatz-Layouts

Die Benutzeroberfläche für Arbeitsplätze generell kann über die geeignete Definition von Arbeitsplatz-Layouts im Customizing Ihren Geschäftsanforderungen angepasst werden. Das Customizing steuert, welche Bereiche und Registerkarten auf der Oberfläche erscheinen.

Neben der Desktop-Transaktion haben Sie die Möglichkeit, die Dekonsolidierung mit Radio Frequency durchzuführen.

Wenn EWM eine Dekonsolidierung ausführt, wird eine Lageraufgabe pro HU-Position erzeugt, die die Dekonsolidierung berücksichtigt. Das bedeutet, dass jeweils eine Lageraufgabe pro Produkt für die Dekonsolidierung der Dekonsolidierungs-HU auf die Einlager-HUs erstellt wird.

Logistische Zusatzleistungen

Im Wareneingangsprozess kommt es häufig vor, dass Ware aufbereitet werden muss, bevor sie eingelagert wird. Beispiele für Aufbereitungsvorgänge können die Etikettierung oder die Konservierung von Ware sein. Diese *logistischen Zusatzleistungen* (LZL) werden im Lager über LZL-Aufträge ausgeführt. Diese informieren die Lagermitarbeiter darüber, welche Arbeiten sie für welche Produkte ausführen sollen. Der LZL-Auftrag beinhaltet sowohl Daten der entsprechenden Lieferposition als auch Daten der Packspezifikation, die für das Produkt gepflegt ist. Während Lieferpositionsdaten die genaue Anzahl der auszuführenden Arbeiten enthalten, gibt die Packspezifikation die inhaltlichen Anweisungen vor. Auch die für bestimmte Arbeiten verwendeten Hilfsprodukte (zum Beispiel Packhilfsmittel, Öl als Konservierungsmittel) sind im LZL-Auftrag festgehalten.

Ob und zu welchem Zeitpunkt zu einer Anlieferposition ein LZL-Auftrag automatisch oder manuell erstellt werden soll, definieren Sie im EWM-Customizing unter dem Pfad PROZESSÜBERGREIFENDE EINSTELLUNGEN • LOGISTISCHE ZUSATZLEISTUNG • RELEVANZ FÜR LZL DEFINIEREN. Da die Findung von Packspezifikationen auf der Konditionstechnik basiert, legen Sie ein sogenanntes *Findungsschema* für die Packspezifikation fest, mit welchen betriebswirtschaftlichen Schlüsseln (zum Beispiel Produkt, Lieferant) das Vorhandensein einer Packspezifikation geprüft werden soll. Die Einstellungen im Customizing für die Packspezifikationsfindung (zum Beispiel Konditionstabellen, Zugriffsfolgen, Konditionsarten, Findungsschema) nehmen Sie im EWM-Customizing unter dem Pfad STAMMDATEN • PACKSPEZIFIKATION • FINDUNG VON PACKSPEZIFIKATIONEN vor. Detaillierte Informationen zu LZL-Aufträgen finden Sie in Abschnitt 12.1 »Logistische Zusatzleistungen«.

8.6.5 Qualitätsprüfung im Wareneingang

Qualitätsprüfungen im Wareneingangsprozess stellen sicher, dass die angelieferte Ware in einem einwandfreien Zustand eingelagert werden kann. Die Qualitätsprüfung in EWM wird durch die *Quality Inspection Engine* (QIE) unterstützt. Sie bildet die Prozesse zur Überprüfung der Qualitätskriterien für gelieferte Produkte ab. Damit lassen sich zum Beispiel direkt beim Wareneingang komplette Lieferungen oder einzelne HUs überprüfen, Lieferungen zählen oder Kundenretouren kontrollieren. Eine detaillierte

Beschreibung der QIE erfolgt in Abschnitt 8.7.1, »Qualitätsprüfung«. Dort finden Sie auch eine Auflistung der Stamm- und Geschäftsdaten (zum Beispiel Prüfobjekttypen, Prüfregel, Entscheidungscodes) sowie die Beschreibung wichtiger Einstellungen im Customizing.

SAP EWM verwendet Services der QIE zur Qualitätsprüfung

Die QIE stellt Services zur Qualitätsprüfung in EWM bereit und hat keine eigene Benutzeroberfläche. Die Benutzeroberfläche wird von dem jeweiligen Konsumentensystem, zum Beispiel EWM, bereitgestellt.

In den folgenden Abschnitten werden diese Aspekte der Qualitätsprüfung beschrieben:

▸ Qualitätsprüfprozesse im Wareneingang
▸ Durchführung der Qualitätsprüfung

Qualitätsprüfprozess

Zur Durchführung des Qualitätsprüfprozesses ermittelt EWM sowohl einen aktiven *Prüfobjekttyp* (POT) als auch eine Prüfregel. POTs definieren, in welcher Softwarekomponente (zum Beispiel EWM), in welchem Prozess (zum Beispiel Anlieferung, lagerintern) und für welches Objekt (Produkt, HU oder Lieferung) Sie Prüfbelege in der QIE anlegen können. Die Prüfregel besitzt zum einem Eigenschaften, die zur Findung dieser genutzt werden, und zum anderen Argumente, das heißt, Parameter für die durchzuführenden Prüfungen wie zum Beispiel das Prüfverfahren (100 %-Prüfung, Stichprobenverfahren) oder die Prüfhäufigkeit (Dynamisierungsregel). Die Prüfregel erstellen Sie im SAP Easy Access Menü in EWM mit der Transaktion /SCWM/QRSETUP, die Sie unter dem Pfad STAMMDATEN • QUALITÄTSMANAGEMENT finden. Nur wenn zu einem aktiven POT eine Prüfregel ermittelt wurde und die Dynamisierungsregel eine Prüfung vorsieht, wird auch ein Prüfbeleg erstellt. Der Prüfbeleg enthält Informationen u. a. über das Prüfobjekt, die Prüfregel und Prüfmengen. Im Customizing können Sie die Zeitpunkte definieren, wann ein Prüfbeleg automatisch erstellt werden soll. Dies kann entweder mit Aktivierung der Anlieferungsbenachrichtigung oder mit dem Status IN YARD der Anlieferung erfolgen. Der Prüfbeleg wird je nach POT bzw. Prüfprozess sofort bei Erstellung oder mit Wareneingangsbuchung freigegeben. Erst mit Freigabe kann er für die Prüfungsdurchführung und Erfassung des Prüfergebnisses genutzt werden. Mit Freigabe ermittelt EWM auf Basis der Einstellungen der prozessorientierten Lagerungssteuerung automatisch den

Prüfplatz und erstellt die Lageraufgabe dorthin. Nach Durchführung der Qualitätsprüfung wird der Prüfbeleg mit einem Entscheidungscode abgeschlossen. Wenn Sie den Prüfentscheid treffen, legen Sie auf Grundlage der Prüfung fest, ob das geprüfte Objekt angenommen oder zurückgewiesen wird. Sobald Sie den Prüfentscheid getroffen haben, erhält der Prüfbeleg den Status ENTSCHEIDUNG GETROFFEN. Bei der Qualitätsprüfung von Produkten können Sie logistische Folgeaktionen verwenden, um damit automatisch Folgeprozesse wie zum Beispiel Einlagerung, Verschrottung, Umlagerung oder eine Rücksendung anzustoßen. Abbildung 8.40 zeigt den Ablauf des Qualitätsprüfprozesses und die Integration zwischen EWM und QIE.

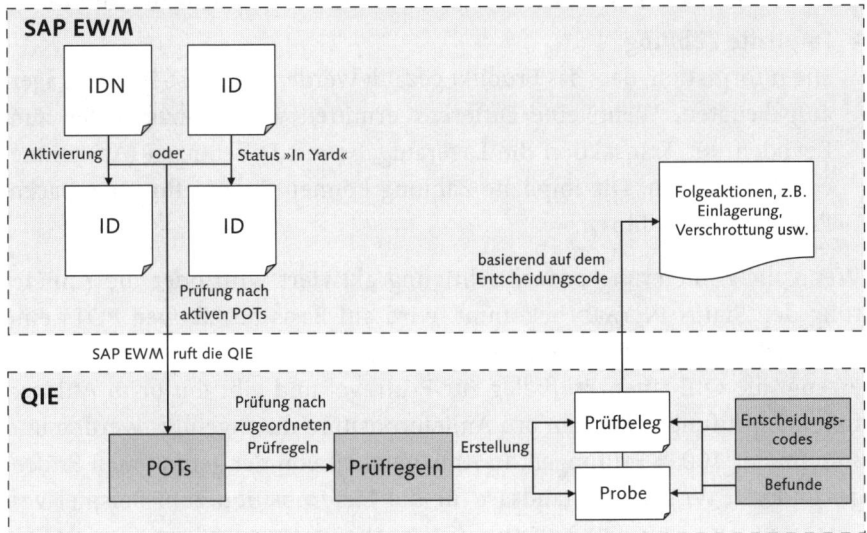

Abbildung 8.40   Ablauf des Qualitätsprüfprozesses in SAP EWM und QIE

Darüber hinaus haben Sie die Möglichkeit, Prüfbelege für den Bestand eines Produkts auch manuell mit der Transaktion /SCWM/QIDPR zu erstellen, die Sie im SAP Easy Access Menü in EWM unter dem Pfad ARBEITSVORBEREITUNG • PRÜFBELEG finden.

In EWM werden in Verbindung mit der QIE folgende POTs bzw. Prüfprozesse im Wareneingang unterstützt:

Vorprüfung der Anlieferung
Wenn die Anlieferungsbenachrichtigung aktiviert wird, erzeugt EWM automatisch einen Prüfbeleg zur Prüfung kompletter Lieferungen. Dazu wird eine Prüfregel zur aktuellen Version des POTs und der Lagernummer benötigt. Der Prüfbeleg wird beim Anlegen automatisch freigegeben, damit er bei

der physischen Ankunft der Ware bereits zur Verfügung steht. EWM legt den Prüfbeleg als Referenzbeleg zum Lieferkopf in der Lieferung ab. Dieser kann weder Proben noch Positionen enthalten.

Zählprüfung der Anlieferung
In EWM gibt es zwei Arten von Zählprüfungen:

- **Explizite Zählung**
  Die Zählergebnisse für die Produkte müssen Sie am Arbeitsplatz zur Q-Prüfung und Zählung erfassen. EWM ermittelt auf Grundlage der Einstellungen der prozessorientierten Lagersteuerung den Lagerplatz für diese Zählstation. Die explizite Zählung können Sie nur für HUs durchführen.

- **Implizite Zählung**
  Die Information, dass das Produkt gezählt werden muss, ist Teil der Lageraufgabedaten. Wenn eine Differenz ermittelt wurde, müssen Sie zum Beenden der Transaktion die Lageraufgabe mit Differenzen (Ausnahmecode) bestätigen. Die implizite Zählung können Sie nur für unverpackte Produkte durchführen.

Wenn die Anlieferungsbenachrichtigung aktiviert wird oder die Anlieferung den Status IN YARD bekommt, wird auf Basis des aktiven POTs eine Prüfregel ermittelt und die Dynamisierungsregel geprüft. Sofern relevant, erzeugt die QIE einen Prüfbeleg zur Prüfregel und gibt ihn beim Anlegen frei. Zählprüfungen können pro Anlieferposition durchgeführt werden und sind immer 100 %-Prüfungen. In Abhängigkeit von der gefundenen Prüfregel ändert EWM die Bestandsart für die Lieferposition zum Beispiel von FREI VERWENDBAR IN EINLAGERUNG (F1) nach QUALITÄTSPRÜFBESTAND IN EINLAGERUNG (Q3).

Q-Prüfung der Lieferung zur Kundenretoure
QIE ruft die Prüfung zum definierten Zeitpunkt auf, ermittelt eine Prüfregel und prüft die Dynamisierungsregeln. Sofern relevant, erzeugt die QIE einen Prüfbeleg zur Prüfregel. Enthält die Prüfregel eine Probeziehanweisung, erzeugt die QIE entsprechende Proben zum Prüfbeleg. Der Prüfbeleg wird mit der ersten Wareneingangsbuchung zur Lieferposition freigegeben. Weitere Informationen zu Proben und Probeziehanweisung finden Sie in Abschnitt 8.7.1, »Qualitätsprüfung«.

Q-Prüfung der Produkt/Charge Anlieferung
Die Prüfbelegerstellung funktioniert analog zur Retourenanlieferung. Falls Proben zum Prüfbeleg erstellt wurden, erstellt EWM automatisch HU-Lager-

aufgaben zum Dekonsolidierungsarbeitsplatz, um hier die Probenmenge von der Restmenge zu trennen. Die Probenmenge wird dabei in eine neue HU umgepackt. Im Anschluss erstellt EWM eine HU-Lageraufgabe zum Arbeitsplatz für Qualitätsprüfung und eine Lageraufgabe zur Einlagerung der Restmenge. Wird ein positiver Prüfentscheid getroffen, wird auf Basis der definierten Folgeaktion die Lageraufgabe zur Einlagerung der Probenmenge erstellt und zur Restmenge zugelagert.

Splittung von Probe und Restmenge

Zur Splittung von Probe und Restmenge ist es notwendig, mit dem ersten Prozessschritt der prozessorientierten Lagersteuerung die Produktlageraufgabe zum finalen Lagerfach anzulegen, damit so in der Anlieferung bereits zwischen Probe- und Restmenge unterschieden werden kann.

Vorprüfung von Handling Units

Prüfbelege für die Vorprüfung von HUs können Sie nicht vorplanen. Nach dem Entladeprozess können Sie für die HUs pro Anlieferung oder für die TE (gegebenenfalls mit mehreren Lieferungen) über die Radio-Frequency-Transaktion /SCWM/RFUI • INTERNE PROZESSE • QUALITÄTSMANAGEMENT • HU INSPEKTION MIT WE-BUCHUNG Prüfbelege manuell erstellen und somit die angelieferten HUs als gut oder fehlerhaft klassifizieren. Wenn Sie alle HUs klassifiziert haben, legt EWM den Prüfbeleg automatisch an. Dabei erzeugt es pro Lieferung einen Prüfbeleg und pro HU eine Position in diesem Prüfbeleg. Für die guten HUs wird automatisch Wareneingang gebucht.

Q-Prüfung der Produkt/Charge lagerintern

Der Vollständigkeit halber möchten wir an dieser Stelle erwähnen, dass die QIE auch den lagerinternen Prüfprozess unterstützt. Wird zum Beispiel bei der Durchführung des Nachschubs durch den Mitarbeiter festgestellt, dass die Ware beschädigt ist, kann entweder automatisch im Rahmen der Ausnahmebehandlung oder manuell über die Desktop-Transaktion /SCWM/QIDPR, die Sie im SAP Easy Access Menü in EWM unter dem Pfad ARBEITSVORBEREITUNG • PRÜFBELEG finden, bzw. über die Radio-Frequency-Transaktion /SCWM/RFUI • INTERNE PROZESSE • QUALITÄTSMANAGEMENT • PRODUKT INSPEKTION ein Prüfbeleg erstellt werden.

Während des Wareneingangsprozesses ist es möglich, mehr als eine Qualitätsprüfung durchzuführen. In Abbildung 8.41 ist als Beispiel ein Wareneingangsprozess dargestellt, in dem vor Entladung eine Vorprüfung auf Lieferkopfebene und nach Entladung eine detaillierte Prüfung auf HU-Ebene erfolgt.

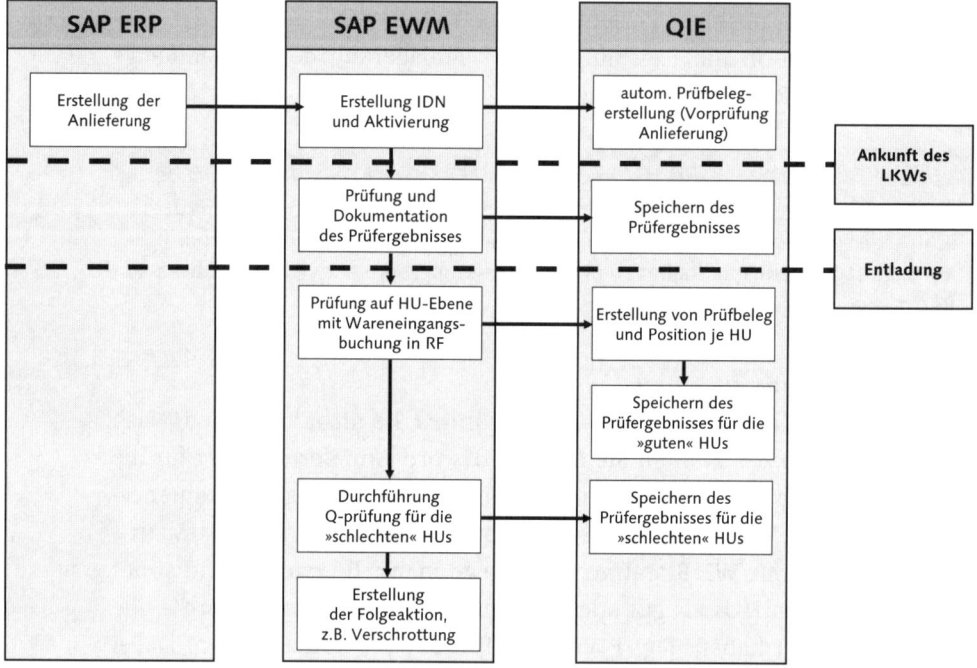

Abbildung 8.41 Beispiel für Qualitätsprüfungen im Wareneingangsprozess

Im folgenden Abschnitt werden die verschiedenen Möglichkeiten der Prüfungsdurchführung näher beschrieben.

Durchführung der Qualitätsprüfung

Nachdem EWM die Prüfrelevanz und den entsprechenden Prüfprozess ermittelt und einen Prüfbeleg erstellt hat, kann EWM auf Basis der prozessorientierten Lagersteuerung automatisch die HU-Lageraufgaben zum ermittelten Prüfplatz erstellen. Für die Prüfungsdurchführung gibt es, wie in Abbildung 8.42 dargestellt, grundsätzlich zwei verschiedene Varianten, je nachdem, ob Sie bereits die Komponente *Qualitätsmanagement* (QM) von SAP ERP nutzen.

▸ Prüfungsdurchführung unter Verwendung der Transaktionen in EWM auf Basis von Prüfbelegen der QIE

▸ Prüfungsdurchführung auf Basis von Prüflosen in QM, die durch die Übertragung der Prüfbeleginformationen von QIE nach QM erstellt wurden

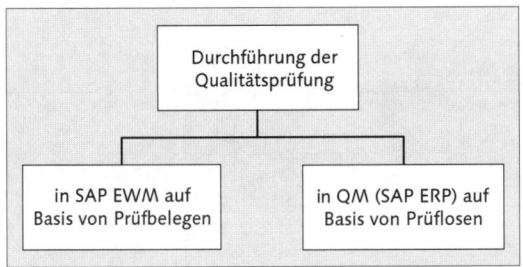

Abbildung 8.42 Varianten der Qualitätsprüfungsdurchführung

Prüfungsdurchführung in SAP EWM

Wenn Sie die Qualitätsprüfung in EWM durchführen, können Sie entweder die entsprechenden Radio-Frequency-Transaktionen oder Desktop-Transaktionen verwenden. Abbildung 8.43 zeigt die Einstiegsmöglichkeiten, die Ihnen je nach POT bzw. Prüfprozess zur Verfügung stehen, falls Sie die Qualitätsprüfung mit Radio Frequency durchführen.

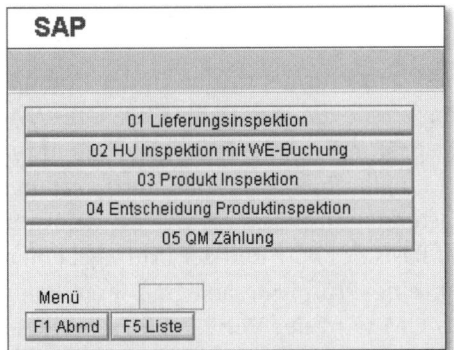

Abbildung 8.43 Auswahlmenü für die Qualitätsprüfung mit Radio Frequency

Die Qualitätsprüfung im Desktop können Sie mit der Transaktion /SCWM/QINSP durchführen, die Sie im SAP Easy Access Menü in EWM unter dem Menüpunkt AUSFÜHRUNG finden. Abbildung 8.44 zeigt die Benutzeroberfläche eines Qualitätsprüfplatzes zur Zählung. Das Layout ist Ihren Prozessanforderungen im Customizing entsprechend konfigurierbar.

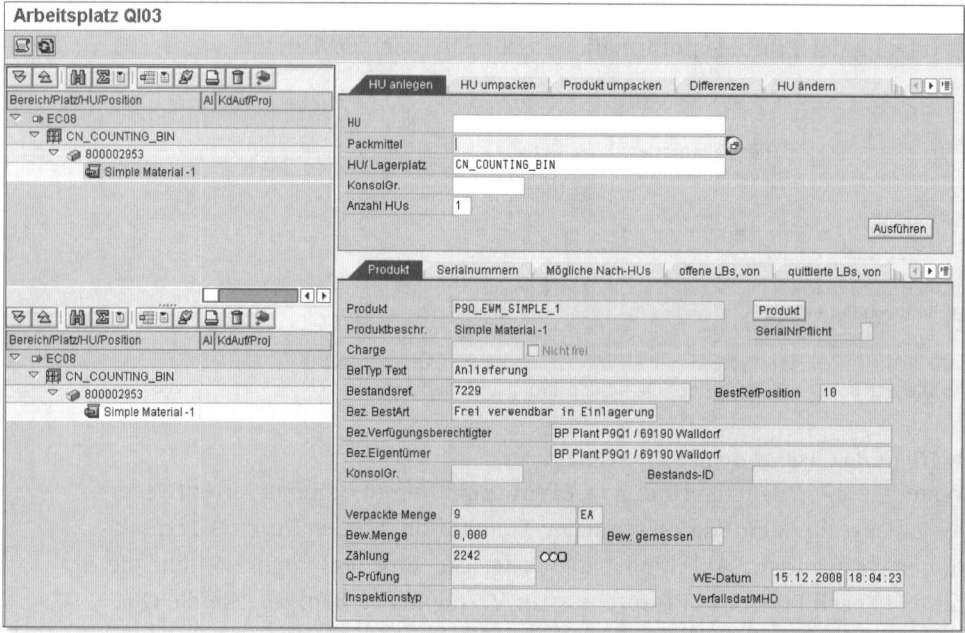

Abbildung 8.44 Beispiel eines Qualitätsprüfplatzes für Zählung

Prüfungsdurchführung in ERP-QM

Wenn Sie zum Beispiel mit Prüfplänen und Prüfmerkmalen in der Komponente QM von SAP ERP arbeiten, können Sie die standardmäßige QIE-QM-Integration nutzen, um die Qualitätsprüfung in die Prozessabläufe Ihres Lagers nahtlos zu integrieren. Die QIE fungiert hierbei als *Initiatorsystem* und QM als *Ausführungssystem*. Konkret bedeutet dies, dass die QIE die Relevanz zur Qualitätsprüfung feststellt und auf Basis des POT und der Prüfregel einen Prüfbeleg und je nach Prüfverfahren eine Prüfprobe anlegt. Dieser Beleg wird anschließend an QM verteilt. In QM wird der Verwendungsentscheid für die Anlieferposition getroffen und an die QIE übermittelt. Anhand dieses Verwendungsentscheids wird über die QIE in EWM eine logistische Folgeaktion angestoßen. Abbildung 8.45 gibt einen Überblick über den Prozessablauf und den Informationsfluss zwischen den beteiligten Systemen.

Verteilung von Prüfbelegen an SAP ERP-QM

Nur Prüfbelege mit den POTs Q-Prüfung Produkt/Charge Anlieferung sowie Q-Prüfung Produkt/Charge lagerintern können an QM im Standard verteilt werden.

Wurde ein QIE-Prüfbeleg erstellt und dieser an QM zur Prüfungsdurchführung verteilt, ist dies an der Referenznummer im Feld Nummer des externen Belegs im QIE-Prüfbeleg zu erkennen. Den QIE-Prüfbeleg können Sie sich je nach Objekt (Produkt, HU, Anlieferung) in den jeweiligen Transaktionen /SCWM/QIDPR, /SCWM/QIDHU bzw. /SCWM/QIDDH, die Sie im SAP Easy Access Menü in EWM unter dem Pfad ARBEITSVORBEREITUNG • PRÜFBELEG finden, anzeigen lassen. Abbildung 8.46 zeigt einen Produktprüfbeleg mit Referenz zur Nummer eines externen Prüfbelegs.

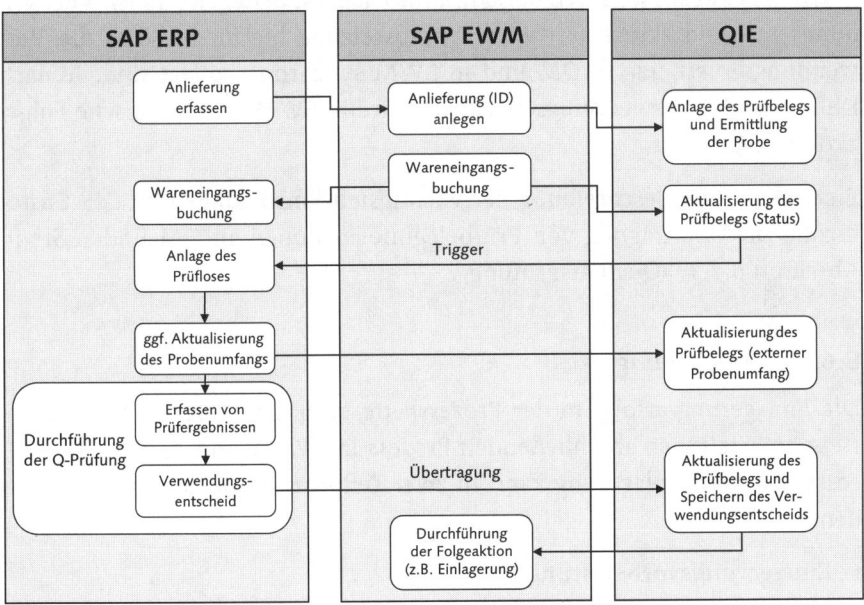

Abbildung 8.45 Prozessablauf und Informationsfluss bei Durchführung der Q-Prüfung in QM

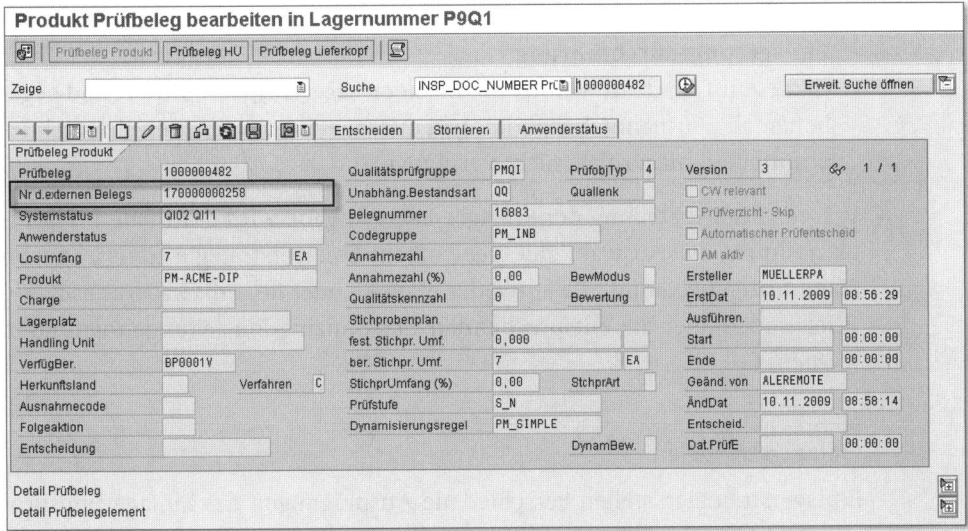

Abbildung 8.46 QIE-Produktprüfbeleg in Transaktion /SCWM/QIDPR

In QM hat der Mitarbeiter die Möglichkeit, anhand verschiedener Kriterien wie etwa Material oder Lieferant nach noch nicht entschiedenen Prüflosen zu selektieren. Nach Auswahl des entsprechenden Prüfloses erfolgt die Überprüfung der Ware mit anschließendem Setzen eines Verwendungsentscheids. Mit Setzen des Entscheidungscodes im Prüflos in QM wird dieser an EWM übertragen, wodurch der QIE-Prüfbeleg mit dem getroffenen Verwendungsentscheid aktualisiert wird. Voraussetzung hierfür ist, dass die Verwendungsentscheide in QM und in EWM synchron gepflegt sind. Je nach Definition des Verwendungsentscheids wird in EWM eine logistische Folgeaktion angestoßen.

Eine detaillierte Beschreibung der wichtigsten Einstellungen im QIE-Customizing zur Übertragung von Prüfbeleginformationen an QM finden Sie in Abschnitt 8.7.1, »Qualitätsprüfung«.

8.6.6 Einlagerung

Die Einlagerung erfolgt in der Prozesskette nach der Wareneingangssteuerung und stellt den abschließenden Prozess im Wareneingang dar. Der Prozessschritt der Einlagerung kann in zwei Teilprozessschritte unterteilt werden:

▸ **Einlagerungsvorbereitung**
In diesem Teilschritt wird die Lageraufgabe zur Einlagerung auf Basis der Einlagerstrategie erstellt, und die Zuweisung zur geeigneten Ressource erfolgt.

▸ **Einlagerungsdurchführung**
In diesem Teilschritt werden die Einlager-Lageraufgabe quittiert und gegebenenfalls Ausnahmebehandlungen durchgeführt, wenn zum Beispiel der ermittelte Einlagerplatz nicht verfügbar ist.

Während der Erstellung der Einlager-Lageraufgabe wird der finale Einlagerplatz durch die Auswahl der geeigneten Einlagerstrategie aufgrund von Stammdaten bestimmt, die entweder manuell oder über die Lagerungsdisposition sowie über die entsprechenden Customizing-Einstellungen gefunden werden.

Einlagerstrategien

Einlagerstrategien stellen verschiedene Ausprägungen des Einlagerungsprozesses aus betriebswirtschaftlicher Sicht dar. Konkret dienen sie dazu, für eine bestimmte Menge eines Produkts, basierend auf den Eigenschaften des Produkts, des ermittelten Lagertyps und Lagerbereichs, den geeigneten Lagerplatz zu bestimmen. In EWM sind folgende Einlagerstrategien einstellbar:

- **Manuelle Eingabe**
  EWM ermittelt keinen Lagerbereich und Lagerplatz. Bei der Lageraufgabenerstellung geben Sie den Nach-Lagerplatz manuell ein.

- **Fixplatz**
  Diese Strategie wenden Sie an, wenn Sie ein Produkt auf Fixlagerplätze in einem Lagertyp einlagern möchten. Die Zuordnung von Fixplätzen pro Produkt erfolgt manuell direkt am Produktstamm mit der Transaktion /SCWM/MAT1 oder über die Transaktion /SCWM/BINMAT. In EWM ist die Zuordnung von einem oder mehreren Fixplätzen pro Produkt im gleichen Lagertyp möglich. Auf der Registerkarte LAGERTYPDATEN der Transaktion /SCWM/MAT1 oder bei der Definition des Lagertyps im EWM-Customizing unter dem Pfad STAMMDATEN • LAGERTYP DEFINIEREN können Sie eine maximale Anzahl Lagerplätze pro Produkt in dem jeweiligen Lagertyp definieren.

- **Nähe Kommissionierfixplatz**
  Diese Strategie ist für den Fall gedacht, dass sich in einem Kommissionierlagertyp mit Fixplätzen Reservelagerplätze eines Reservelagertyps direkt über den Fixplätzen befinden (nahe Reserve). Sie können einstellen, dass EWM bei der Einlagerung zuerst versucht, in den Fixplatz einzulagern. Sollte dort eine Einlagerung nicht möglich sein, sucht das System in derselben Säule nach einem passenden Reserveplatz im Reservelagertyp. Dabei beginnt das System von unten und arbeitet sich nach oben. Wenn kein passender Lagerplatz mit ausreichender Kapazität gefunden werden kann, wird zuerst rechts und dann links des Fixplatzes in demselben Gang gesucht. Danach wird in den benachbarten Gängen von unten nach oben gesucht. Voraussetzung für diese Strategie ist, dass Fixplatzlagertyp und Reservelagertyp dieselbe Koordinatenstruktur haben.

- **Freilager**
  Mit dieser Strategie ermittelt das System einen Lagerplatz in einem Freilagerbereich. Ein Freilager ist eine Form der Lagerorganisation, bei der Sie einen einzigen Lagerplatz pro Lagerbereich definieren. Die Quants auf dem Lagerplatz können auch in Mischbelegung vorliegen. Für jeden Lagertyp können Sie einen oder mehrere Freilagerbereiche definieren.

▸ **Zulagerung**
Bei dieser Strategie lagert das System bevorzugt auf Lagerplätzen ein, auf denen bereits Bestände des jeweiligen Produkts und der jeweiligen Charge liegen. Voraussetzung für die Zulagerung ist, dass auf dem entsprechenden Lagerplatz genügend freie Kapazität vorhanden ist. Wenn das System keinen Lagerplatz mit demselben Produkt und derselben Charge findet oder wenn die freie Kapazität des Lagerplatzes nicht ausreicht, um zuzulagern, sucht das System nach dem nächsten leeren Lagerplatz.

▸ **Leerplatz**
Bei dieser Strategie schlägt das System einen Leerplatz vor. Mit dieser Strategie unterstützen Sie chaotisch geführte Läger mit Lagerung der Produkte in einzelnen Lagerbereichen. Diese Strategie eignet sich besonders für Hochregal- und Regalläger.

▸ **Palettenlager (nach HU-Typ)**
Bei dieser Einlagerungsstrategie verarbeitet EWM unterschiedliche HU-Typen (zum Beispiel Euro-Paletten, Industriepaletten) und ordnet sie einem geeigneten Unterplatz zu. Lagerplätze können in mehrere kleinere Unterplätze unterteilt werden. Dabei dürfen nur gleiche HU-Typen auf einem Lagerplatz einlagern.

▸ **Blocklager**
Produkte, die in großen Mengen vorkommen und sehr viel Lagerraum beanspruchen, werden oft in Blocklägern gelagert. Bei der Blocklagerverwaltung wird jede Zeile eines Blocklagers im System als ein Lagerplatz dargestellt. Generell ist jede Art der Mischbelegung möglich. Außerdem besteht die Möglichkeit, in einem Blocklager verschiedene HU-Typen mit unterschiedlichen Abmessungen zu verwalten. Beim Aufbau der Blockstrukturen kann pro Lagertyp, Lagerplatztyp, HU-Typ und Blocklagerkennzeichen definiert werden, wie viele Säulen mit welcher Stapelhöhe im Block vorhanden sind. Daraus errechnet EWM die maximale Anzahl an HUs. Diese Anzahl kann verringert werden, sofern es notwendig ist. Bei der Lageraufgabenerstellung erfolgt eine Kapazitätsprüfung aufgrund dieser Definition der Blockstruktur. Die Definition von Blocklagerstrukturen und Blocklagerkennzeichen können Sie im EWM-Customizing unter dem Pfad WARENEINGANGSPROZESS • STRATEGIEN • EINLAGERUNGSREGEL • LAGERUNGSVERHALTEN BLOCKLAGER vornehmen.

▸ **Quereinlagerung**
Bei dieser Funktion unterstützt eine Sortierreihenfolge das System bei der Suche nach geeigneten Lagerplätzen. Mit Sortierreihenfolgen können Sie

eine einseitige Auslastung des Lagers verhindern und die Einlagerung von Waren optimieren. Wenn Sie keine Sortierreihenfolge festgelegt haben, sortiert das System nach dem Lagerplatznamen.

Findung des finalen Einlagerplatzes

Um in EWM ein Produkt einlagern zu können, ist eine Einlager-Lageraufgabe notwendig. Eine Lageraufgabe ist ein Beleg, der dazu dient, eine Warenbewegung durchführen zu können. Wie in Abbildung 8.47 dargestellt, verwendet EWM bei der Einlagerung eine Lageraufgabe dazu, um notwendige Zieldaten ermitteln zu können und dann eine Warenbewegung zur Einlagerung durchzuführen. Diese Zieldaten sind Nach-Lagertyp, Nach-Lagerbereich und Nach-Lagerplatz. Die Findung der einzelnen Zieldaten definieren Sie im Customizing.

1. Lagertypfindung

2. Lagerbereichsfindung

3. Lagerplatztypfindung

4. Bestimmung des finalen Einlagerplatzes

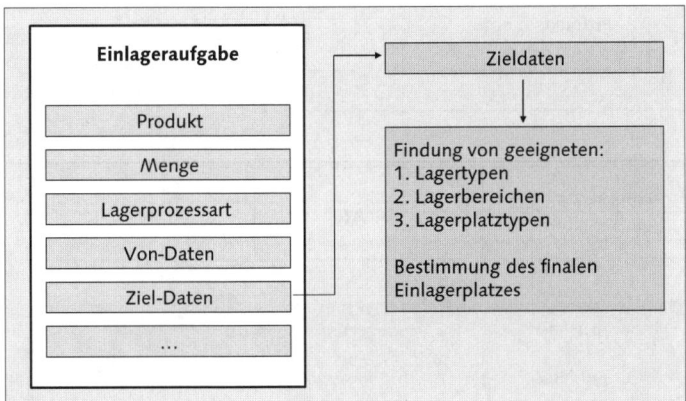

Abbildung 8.47 Findung der Zieldaten bei Erstellung der Lageraufgabe zur Einlagerung

In den folgenden Abschnitten werden die Findungslogiken der verschiedenen Zieldaten näher beschrieben.

Lagertypfindung
Um für die Einlagerung einen passenden Lagertyp finden zu können, muss vorher manuell eine sogenannte Lagertypsuchreihenfolge definiert wer-

den. Dabei werden im System Lagertypen aufgrund verschiedener Einstellungen und Kriterien in eine Reihenfolge gebracht. Lagertypsuchreihenfolgen werden oft nach Produkt-, Verpackungseigenschaften sowie Mengenklassifikationen (zum Beispiel Palette, Behälter) definiert. Dem *Einlagerungssteuerkennzeichen* (ESK) kommt dabei eine wichtige Bedeutung zu. Mit diesem Kennzeichen können Sie steuern, dass bei einer Einlagerung bestimmte Produkte bevorzugt in bestimmten Lagertypen eingelagert werden. Das Kennzeichen wird im Produktstamm dem jeweiligen Produkt zugeordnet. Mit Durchführung der Lagerungsdisposition können Sie sich das ESK pro Produkt bestimmen lassen (siehe Abschnitt 8.7.3, »Lagerungsdisposition«). Abbildung 8.48 veranschaulicht den Sachverhalt an einem Beispiel. Für Produkte, die zum Beispiel auf Paletten gelagert werden, soll die Ware zuerst im Kommissionierlagertyp ❶ eingelagert werden. Kann in diesem Lagertyp entsprechend der Einlagerstrategie (zum Beispiel Leerplatz) kein Einlagerplatz ermittelt werden, wird im nächsten Schritt der Lagertyp »nahe Reserve« ❷ nach einem geeigneten Einlagerplatz durchsucht. Sollte auch hier keine Einlagerung möglich sein, erfolgt die Lagerplatzsuche im Reservelagertyp ❸.

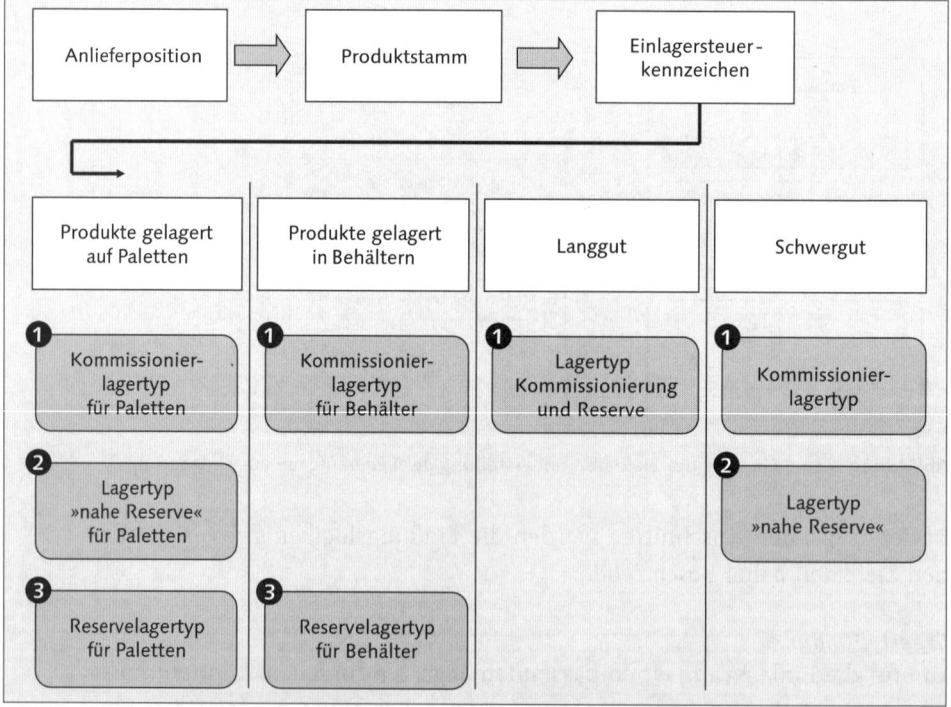

Abbildung 8.48 Beispieldefinition einer Lagertypsuchreihenfolge

Die Lagertypfindung definieren Sie im EWM-Customizing unter dem Pfad
Wareneingangsprozess • Strategien • Lagertypfindung. Hier definieren
Sie:

▸ Definition des ESKs

▸ Zuordnung der Lagertypen zur Lagertypsuchreihenfolge

▸ Definition der Lagertypsuchreihenfolge für die Einlagerung

▸ Bestimmung Lagertypsuchreihenfolge für Einlagerung anhand verschiedener Kriterien (siehe Abbildung 8.49)

▸ Optimierung der Zugriffsstrategie für die Lagertypfindung zur Reduzierung der Einträge in der Lagertypfindungstabelle

Abbildung 8.49 stellt die Kriterien dar, die für die Findung einer geeigneten
Lagertypsuchreihenfolge in EWM berücksichtigt werden:

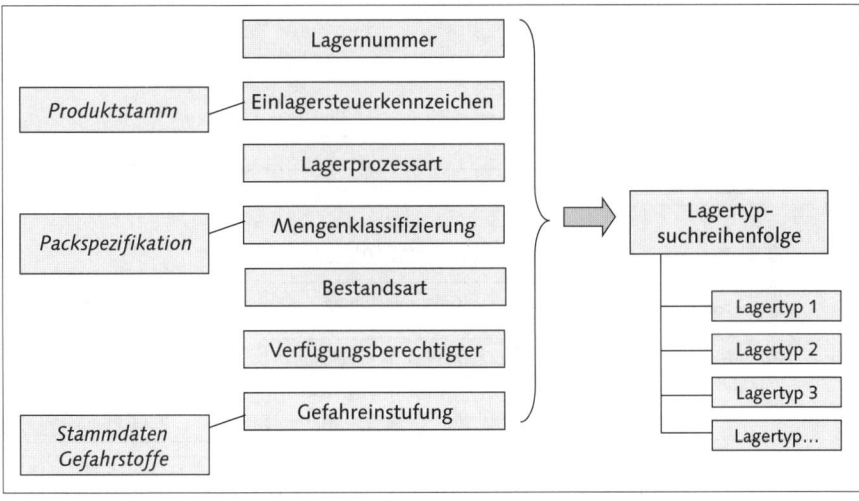

Abbildung 8.49 Kriterien für die Bestimmung der Lagertypsuchreihenfolge

Lagerbereichsfindung
Im nächsten Schritt ermittelt EWM pro Lagertyp mögliche Lagerbereiche,
sofern die Lagerbereichsprüfung und/oder die Gefahrstoffprüfung aktiv
sind. Ein Lagerbereich ist eine organisatorische Unterteilung eines Lagertyps, die Lagerplätze mit ähnlichen Eigenschaften zum Zwecke der Einlagerung zusammenfasst. Die Kriterien für die Zusammenfassung sind beliebig.
In der Praxis findet man häufig die Unterteilung nach Gängigkeit, also
Schnelldreher oder Langsamdreher. Dem *Lagerbereichskennzeichen* (LBK)

kommt dabei eine wichtige Bedeutung zu. Dieses Kennzeichen steuert, dass das System bei einer Einlagerung das Produkt bevorzugt einem bestimmten Lagerbereich zuordnet. Das Kennzeichen wird im Produktstamm dem jeweiligen Produkt zugeordnet. Mit Durchführung der Lagerungsdisposition können Sie sich das LBK pro Produkt bestimmen lassen (siehe Abschnitt 8.7.3, »Lagerungsdisposition«). Die Lagerbereichsfindung definieren Sie im EWM-Customizing unter dem Pfad WARENEINGANGSPROZESS • STRATEGIEN • LAGERBEREICHSFINDUNG. Hier definieren Sie:

▸ LBK

▸ Lagerbereichsprüfung

▸ Lagerbereichssuchreihenfolge

Abbildung 8.50 zeigt die Kriterien für die Ermittlung möglicher Lagerbereiche.

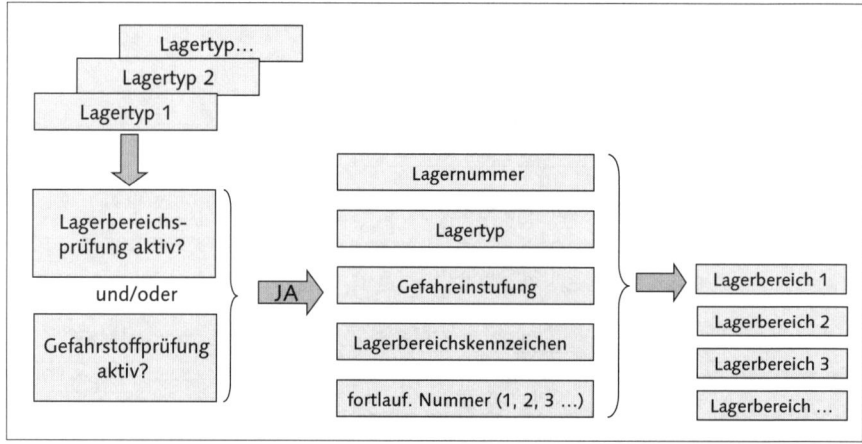

Abbildung 8.50 Kriterien für die Lagerbereichssuchreihenfolge

Lagerplatztypfindung
Auf Lagertypebene können Sie einstellen, ob geprüft werden soll, dass der HU-Typ für den Nach-Lagertyp erlaubt ist. Falls die Prüfung aktiv ist, ermittelt EWM im nächsten Schritt pro Lagertyp mögliche Lagerplatztypen. Mit dem Lagerplatztyp haben die Möglichkeit, Ihre Lagerplätze gemäß ihren physischen Eigenschaften in Gruppen einzuteilen. Mit Durchführung der Lagerungsdisposition können Sie sich einen bevorzugten Platztyp bestimmen lassen (siehe Abschnitt 8.7.3, »Lagerungsdisposition«). Den Lagerplatztyp definieren Sie im EWM-Customizing unter dem Pfad WARENEINGANGS-

PROZESS • STRATEGIEN • LAGERPLATZFINDUNG • LAGERPLATZTYPEN DEFINIEREN. Die Einstellungen zur Lagerplatztypfindung können Sie im EWM-Customizing unter dem zuvor genannten Pfad im Menüpunkt HU-TYPEN in der Tabelle HU-TYPEN JE LAGERPLATZTYP DEFINIEREN vornehmen. Abbildung 8.51 stellt die Kriterien dar, die für die Findung geeigneter Lagerplatztypen in EWM berücksichtigt werden.

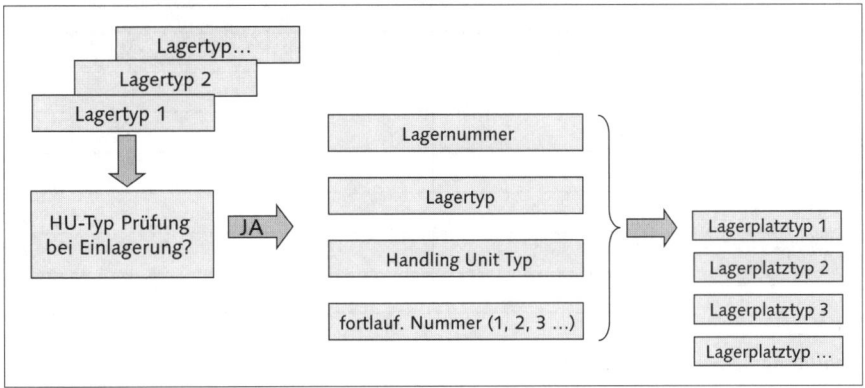

Abbildung 8.51 Kriterien für die Findung der Lagerplatztypsuchreihenfolge

Falls die HU-Typ-Prüfung nicht aktiv ist, ermittelt EWM den Lagerplatztyp, der dem Lagertyp direkt zugeordnet ist. Diese Zuordnung definieren Sie im EWM-Customizing unter dem Pfad WARENEINGANGSPROZESS • STRATEGIEN • LAGERPLATZFINDUNG • LAGERPLATZTYPEN ZU LAGERTYPEN ZUORDNEN.

Bestimmung des finalen Einlagerplatzes

Die Ermittlung geeigneter Lagertypen, Lagerbereiche und Platztypen führt zu möglichen Kombinationen für die Bestimmung des finalen Einlagerplatzes. In Abbildung 8.52 sehen Sie als Beispiel eine Kombinationsmatrix von Lagerbereichen und Platztypen für den Lagertyp 1.

Über die Priorität Lagertyp, Lagerbereich und Platztyp können Sie steuern, in welcher Reihenfolge Alternativen bei der Einlagerung geprüft werden. Hat die Priorität Platztyp zum Beispiel den Wert NIEDRIG, werden zuerst die alternativen Platztypen untersucht, bevor alternative Lagerbereiche oder Lagertypen berücksichtigt werden. Der Wert HOCH bedeutet also, dass der finale Einlagerplatz vom Platztyp 1 sein soll, da er in unserem Beispiel der Lagerplatztypfindung an erster Stelle steht. Die Priorität definieren Sie im EWM-Customizing unter dem Pfad WARENEINGANGSPROZESS • STRATEGIEN • LAGERNUMMERPARAMETER FÜR DIE EINLAGERUNG DEFINIEREN.

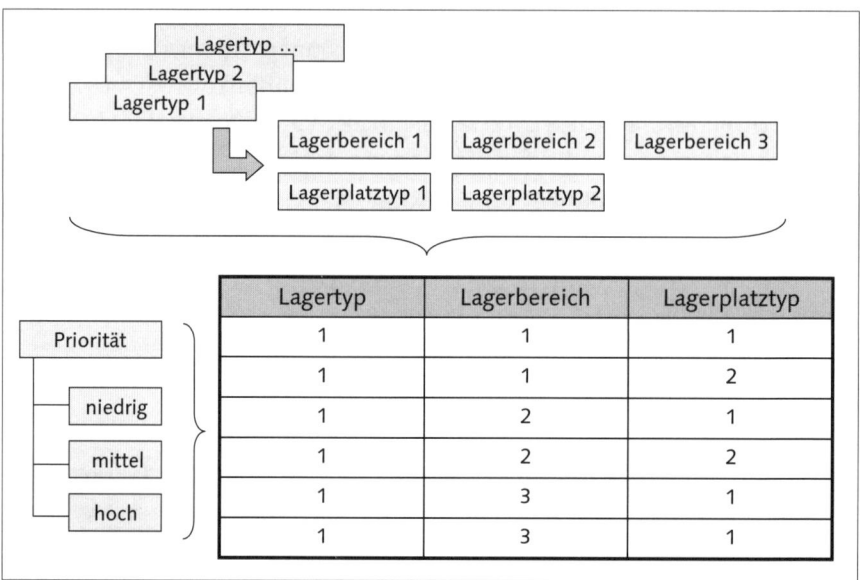

Abbildung 8.52 Kombinationen geeigneter Lagerbereiche und Platztypen pro Lagertyp

Wie in Abbildung 8.53 dargestellt, werden nun beginnend mit dem ersten Eintrag die Einstellungen auf Lagertypebene überprüft und sowohl allgemeine Einstellungen als auch einlagerungsrelevante Daten bei der Ermittlung des finalen Einlagerplatzes berücksichtigt. So wird zum Beispiel auf Lagertypebene eingestellt, ob es sich um einen fixplatzverwalteten oder dynamisch verwalteten Lagertyp handelt, ob Mischbelegung oder Zulagerung erlaubt sind und nach welcher Logik ein passender Lagerplatz in dem Lagertyp gesucht werden sowie die Kapazitätsprüfung erfolgen soll.

Die pro Lagertyp relevanten Parameter zur Einlagerung definieren Sie im EWM-Customizing unter dem Pfad STAMMDATEN • LAGERTYP DEFINIEREN.

Für die Einlagerungssteuerung sind insbesondere folgende Parameter von Bedeutung:

▸ **Lagerbereichsprüfung**
Bewirkt, dass bei einer Einlagerung der Lagerbereich berücksichtigt werden soll.

▸ **HU-Typ-Prüfung**
Prüft, ob der Handling-Unit-Typ der Lageraufgabe für den Nach-Lagertyp erlaubt ist.

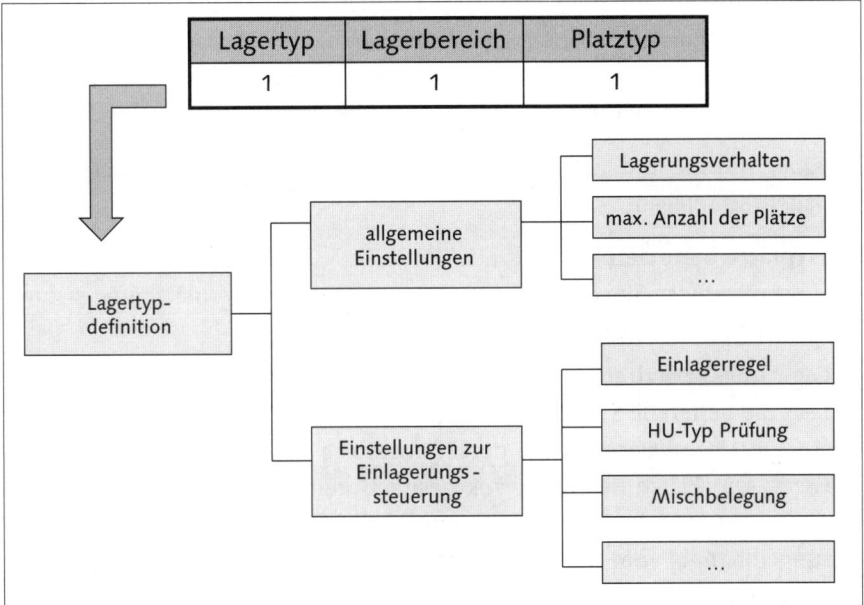

Abbildung 8.53 Einlagerplatzermittlung pro Kombination aus Lagertyp /Lagerbereich /Platztyp auf Basis der Einstellungen im Lagertyp

▶ **Prozessorient. Lagerungssteuerung/Einlagerung sind beendet**
Dieses Kennzeichen schließt die Lageranforderung bzw. die Anlieferposition bezüglich des Einlagerungsprozesses ab. Dabei wird die tatsächlich eingelagerte Menge in den Belegfluss der Lageranforderung geschrieben.

▶ **Einlagerungsregel**
Bestimmt, nach welcher Logik das System beim Einlagern Nachplätze findet, zum Beispiel Zulagerung/Leerplatz: Es werden zuerst teilbelegte Plätze gesucht. Falls keine teilbelegten Plätze gefunden werden, werden danach leere Plätze gesucht.

▶ **Kapazitätsprüfung**
Mit diesem Eintrag bestimmen Sie, ob und – falls ja – wie die Kapazitätsprüfung erfolgen soll. Bei einem Einlagerungsvorgang kann es sinnvoll sein, bei der Suche nach einem geeigneten Lagerplatz eine Kapazitätsprüfung für den Lagerplatz durchzuführen. Wenn die Kapazitätsprüfung aktiviert worden ist, prüft das System bei der Erstellung einer Lageraufgabe, ob der ausgewählte Lagerplatz die einzulagernde Menge aufnehmen kann oder nicht. Standardmäßig sind in EWM Prüfungen nach Gewicht und Volumen aktiviert. Außerdem ist es möglich, eine sogenannte *dimensionslose Kapazitätskennzahl* zu verwenden. Dabei werden den Produkten und

den Lagerplätzen dimensionslose Kapazitäten zugeordnet, mit denen das System automatisch entscheiden kann, ob in den Lagerplatz noch eingelagert werden kann oder nicht. Voraussetzung für die Kapazitätsprüfung ist, dass Sie in den Stammdaten der Lagerplätze Kapazitäten gepflegt haben.

Darüber hinaus sind u. a. folgende allgemeine Lagertypparameter für die Einlagerung relevant:

- **Fixplätze benutzen**
  Hiermit steuern Sie, ob in diesem Lagertyp mit Fixlagerplätzen oder dynamischen Plätzen gearbeitet wird.

- **Lagerungsverhalten**
  Legt die generelle Struktur des Lagertyps fest. Es wirkt sich insbesondere auf die Nachplatzsuche bei der Einlagerung aus, zum Beispiel *normales Lager*: Die Plätze des Lagertyps besitzen keine speziellen Eigenschaften oder *Palettenlager*. Zu einem Hauptplatz werden bei der ersten Einlagerung abhängig vom HU-Typ mehrere gleichartige Unterplätze angelegt.

- **HU-Pflicht**
  Einstellung, ob zum Beispiel HUs in diesem Lagertyp nicht erlaubt sind oder Bestände nur mit HU auf dem Lagerplatz eingelagert werden können.

Die zuvor genannten Einlagerungsstrategien bilden Sie im System mit verschiedenen Einstellungen ab, insbesondere mit dem Lagerungsverhalten und der Einlagerungsregel des ermittelten Lagertyps. Wenn Sie zum Beispiel die Strategie LEERPLATZ verwenden, haben Sie u. a. für folgende Parameter folgende Werte gepflegt:

- Lagerungsverhalten: zum Beispiel normales Lager

- Einlagerregel: Leerplatz

Wenn Sie die Strategie ZULAGERUNG einstellen, sind u. a. folgende Parameter mit entsprechenden Werten zu definieren:

- Lagerungsverhalten: zum Beispiel normales Lager

- Einlagerregel: Zulagerung/Leerplatz

- Kennzeichen: Zulagerung verboten: zum Beispiel (leer) (Zulagerung generell erlaubt)

- Kapazitätsprüfung: zum Beispiel (leer) (Prüfung erfolgt nicht nach Kapazitätsfaktor, sondern nach Gewicht und Volumen, sobald ein maximales Gewicht oder Volumen im Platz angegeben sind)

Nachdem EWM den finalen Einlagerplatz ermittelt und die Lageraufgabe erstellt hat, wird die Lageraufgabe bzw. der entsprechende Lagerauftrag einer geeigneten Ressource auf Basis der Einstellungen im Ressourcenmanagement (siehe Abschnitt 11.1, »Ressourcenmanagement«) zugewiesen.

Einlagerungsdurchführung

Die Quittierung der Lageraufgaben für die Einlagerung erfolgt im papierbasierten Szenario mit der Desktop-Transaktion /SCWM/TO_CONF, die Sie im SAP Easy Access Menü in EWM unter dem Menüpunkt AUSFÜHRUNG finden. Darüber hinaus können Sie, wie in Abbildung 8.54 dargestellt, die Quittierung auch im Lagermonitor mit der entsprechenden Monitormethode vornehmen.

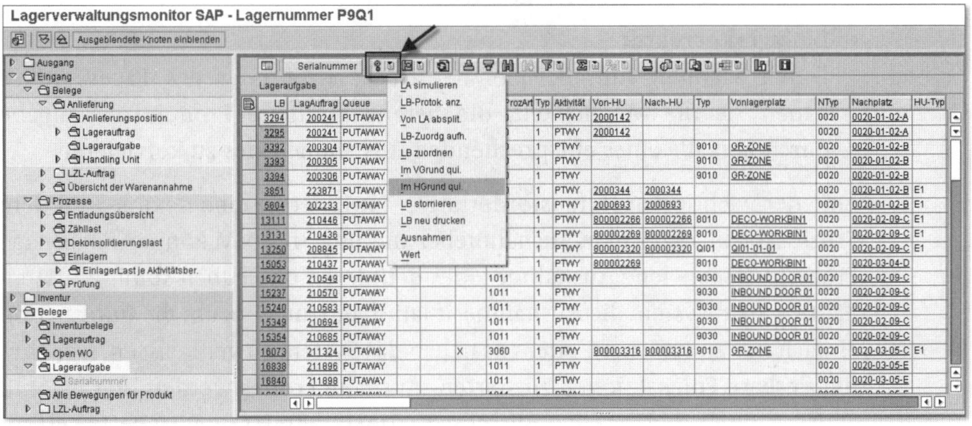

Abbildung 8.54 Quittierung von Lageraufgaben im Lagermonitor

Im Radio-Frequency-Umfeld bietet Ihnen der EWM-Standard je nach Prozess verschiedene Radio-Frequency-Transaktionen zur Rückmeldung der Lageraufgaben auf den finalen Einlagerplatz (siehe Abbildung 8.55).

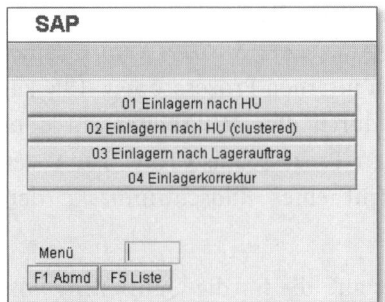

Abbildung 8.55 Radio-Frequency-Menü zur Quittierung von Einlager-Lageraufgaben

Hier haben Sie, je nach Prozessanforderung, verschiedene Möglichkeiten, Lageraufgaben zu quittieren:

▶ **Einlagern nach HU**
Durch Scannen der einzulagernden HU werden im Folgescreen die Nachplatzdaten zur Verifizierung angezeigt.

▶ **Einlagern nach HU (clustered)**
Hier können Sie die einzulagernden HUs nacheinander scannen. In den Folgescreens werden Ihnen nacheinander in der entsprechenden Reihenfolge die Nachplatzdaten zur Verifizierung angezeigt.

▶ **Einlagern nach Lagerauftrag**
Durch Scannen des Lagerauftrags werden im Folgescreen die Nachplatzdaten zur Verifizierung angezeigt.

▶ **Einlagerkorrektur**
Durch Scannen zum Beispiel des Nachplatzes oder des Lagerauftrags haben Sie die Möglichkeit, die bereits quittierte Produktlageraufgabe durch Eingabe eines entsprechenden Ausnahmecodes zu korrigieren.

Eine der wichtigsten Herausforderungen im Lager ist eine flexible und dem Prozessablauf angepasste Ausnahmebehandlung. In EWM können Sie je nach Prozess verschiedene Ausnahmecodes definieren und haben somit die Möglichkeit, dem System die Ausnahmesituation mitzuteilen, um die Information einfach nur zu speichern oder zusätzlich das System zu veranlassen, frei konfigurierbare Folgeaktionen zu starten. Ausnahmecodes werden im Customizing u. a. unter Angabe eines Business-Kontexts definiert, der steuert, welcher Ausnahmecode in welchem Prozess vom Mitarbeiter verwendet werden darf. Ausnahmecodes werden zu sogenannten *internen Prozesscodes* zugeordnet, die interne Prozesse nach Ausführung eines Ausnahmecodes steuern.

Beispiel: In der Praxis kommt es vor, dass bei Durchführung der Einlagerung der Nachplatz nicht zugänglich ist. Daher definieren Sie für die Quittierung zum Beispiel von Produkt-Einlageraufgaben im Radio-Frequency-Umfeld (Business-Kontext) einen Ausnahmecode LAGERPLATZ ÄNDERN zum Beispiel AENP und ordnen dem Ausnahmecode den internen Prozesscode CHBN zu. Mit Eingabe des Ausnahmecodes AENP durch den Mitarbeiter auf dem Radio-Frequency-Gerät durch den internen Prozesscode CHBN kann der Anwender über den automatischen Aufruf einer Bildschirmmaske den Lagerplatz ändern.

Tabelle 8.4 listet die internen Prozesscodes auf, die für die Quittierung von Lageraufgaben zur Einlagerung für Desktop- und Radio-Frequency-Transaktionen im EWM-Standard-Customizing ausgeliefert werden – inklusive des Systemverhaltens in EWM.

Interner Prozesscode	Beschreibung	Systemverhalten
CHBA	Änderung der Charge	Radio Frequency: Folgescreen mit eingabebereitem Feld CHARGE Desktop: Feld CHARGE wird eingabebereit
CHHU	Änderung der Nach-HU	Nur Radio Frequency: Folgescreen mit eingabebereitem Feld NACH-HU
DIFF	Änderung der einzulagernden Menge	Radio Frequency und Desktop: Erfassung einer Mengendifferenz ▸ auf den Von-Lagerplatz ▸ auf ein Differenzenkonto ▸ zu Lasten der Anlieferung gemäß dem Differenzentyp, der dem Ausnahmecode zugeordnet ist
SKFD	Überspringen des Validierungsfeldes	Radio Frequency: aktuelles Validierungsfeld wird für Eingabe geschlossen, da zum Beispiel der Barcode nicht gelesen werden kann
SKVA	Überspringen aller Validierungsfelder	Alle Validierungsfelder auf dem Radio-Frequency-Screen werden geschlossen.

Tabelle 8.4 Interne Prozesscodes zur Definition von Ausnahmecodes für die Einlagerung

Detailliertere Informationen zur Ausnahmebehandlung finden Sie in Abschnitt 11.4, »Ausnahmebehandlung«. Ausnahmecodes können Sie sowohl in Desktop- als auch in Radio-Frequency-Transaktionen verwenden.

8.7 Sonderfälle im Wareneingangsprozess

In den folgenden Abschnitten werden folgende Sonderfälle im Wareneingang inklusive der wichtigsten Einstellungen im Customizing näher beschrieben:

▸ Qualitätsprüfung

▸ Chargenabwicklung

▸ Lagerungsdisposition

8.7.1 Qualitätsprüfung

EWM nutzt Services der *Quality Inspection Engine* (QIE), um Qualitätsprüfungen im Lager durchführen zu können. Mit der QIE können Sie Qualitätsprüfungen in verschiedene SAP-Lösungen und in Nicht-SAP-Anwendungen integrieren. Sie ergänzt die umfassende Qualitätsmanagementlösung von SAP Product Lifecycle Management (PLM) und wurde für den Einsatz in einer heterogenen Systemlandschaft konzipiert. Die QIE ist serviceorientiert und unterstützt dadurch neue Prozesse, zum Beispiel die Durchführung von Prüfungen in EWM.

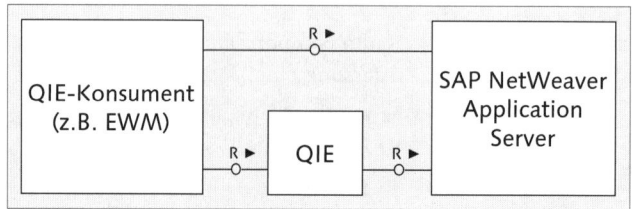

Abbildung 8.56 Beispielarchitektur der Quality Inspection Engine in Verbindung mit SAP EWM

Wie in Abbildung 8.56 dargestellt, wird die QIE von einem sogenannten Konsumentensystem, zum Beispiel EWM, aufgerufen und bildet den dort angestoßenen Prüfprozess ab, zum Beispiel Prüfungen beim Wareneingang zur Lieferung. Das Konsumentensystem nutzt dabei die Services der QIE.

Zur Durchführung des Qualitätsprüfprozesses nutzt EWM folgende QIE-Services:

▸ Customizing (zum Beispiel Prüfobjekttypen, Probentypen, Entscheidungscodes, Folgeaktionen)

▸ Bearbeitung von Stammdaten (zum Beispiel Prüfregel, Probeziehanweisung, Qualitätslage)

▸ Erstellung von Prüfbelegen und Probeentnahmen

▸ Bearbeitung, Drucken und Archivierung von Prüfbelegen

Datenmodell der Quality Inspection Engine

Abbildung 8.57 zeigt das QIE-Datenmodell mit den Beziehungen zwischen den verschiedenen Stamm- und Bewegungsdaten.

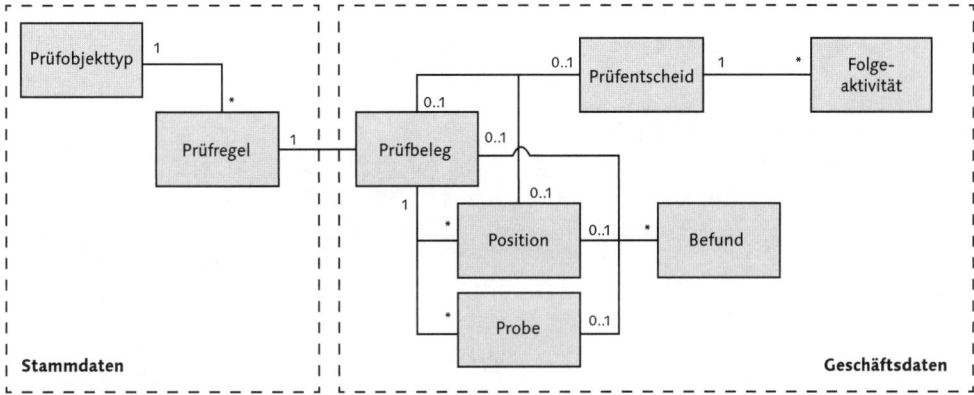

Abbildung 8.57   Datenmodell der Quality Inspection Engine

Prüfobjekttyp

POTs definieren, in welcher Softwarekomponente (zum Beispiel EWM), in welchem Prozess (zum Beispiel Anlieferung, lagerintern) und für welches Objekt (Produkt, HU oder Lieferung) Sie Prüfbelege in der QIE anlegen können. Den POT definieren Sie im EWM-Customizing unter dem Pfad PROZESS-ÜBERGREIFENDE EINSTELLUNGEN • QUALITÄTSMANAGEMENT • GRUNDLAGEN. Hier müssen Sie zunächst den entsprechenden POT generieren und die lagerabhängige Aktivierung vornehmen.

Prüfregel

Mit der Prüfregel werden folgende Eigenschaften definiert:

▸ Vorgaben für die Anlage eines Prüfbelegs (Prüfverfahren)

▸ Art der Ermittlung des Prüfumfangs (Prüfverfahren, Stichprobenverfahren)

▸ bei Stichprobenprüfung: Probeziehanweisung

▸ Vorgaben für die Prüfhäufigkeit (Dynamisierung)

▸ Code für den Prüfentscheid

▸ gegebenenfalls externes System zur Weiterleitung des Prüfbelegs

▸ Bestandsart der zu prüfenden Ware

Die Prüfregel (siehe Abbildung 8.58) erstellen Sie im SAP Easy Access Menü in EWM unter dem Pfad STAMMDATEN • QUALITÄTSMANAGEMENT • /SCWM/QRSETUP – PRÜFREGEL PFLEGEN.

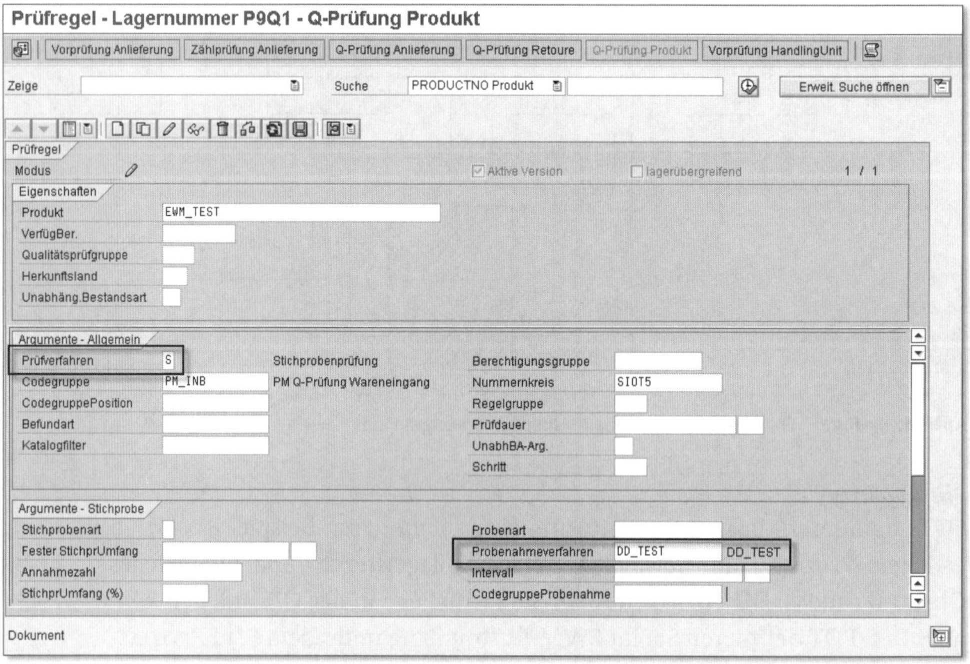

Abbildung 8.58 Prüfregelanlage mit Transaktion /SCWM/QRSETUP

Prüfbeleg

Anhand der Prüfbelege können Sie die Objekte prüfen, Prüfergebnisse oder Fehler erfassen und die Prüfung mit einer Ergebniserfassung abschließen. Prüfbelege können je nach Customizing automatisch oder manuell erstellt werden. Nur wenn zu einem aktiven POT eine Prüfregel ermittelt wurde, kann auch ein Prüfbeleg erzeugt werden. Über den Prüfstatus, der im Prüfbeleg enthalten ist, wird der Bearbeitungsstand eines Prüfbelegs dokumentiert. Ob zu einer Anlieferposition ein Prüfbeleg erstellt wurde, können Sie u. a. in der Anliefertransaktion /SCWM/PRDI auf der Registerkarte REFERENZBELEGE sehen.

Position

In der Position werden gleichartige Einheiten des geprüften Materials für den weiteren Geschäftsprozess zusammengefasst. In der Regel werden hierbei Teilmengen nach einer gleichartigen Güte gebildet. In der Teilmenge werden Elemente zusammengefasst, die den gleichen Befund haben.

> **Beispiel**
>
> Eine Lieferposition enthält zehn lackierte Motorhauben. Die ermittelte Prüfregel sieht eine 100%-Prüfung vor. Abhängig vom Befund können die Motorhauben in

verschiedene Teilmengen unterteilt werden, zum Beispiel keine Nacharbeit notwendig/geringe Nacharbeit/neue Lackierung notwendig.

Probe

Falls keine 100 %-Prüfung durchgeführt werden soll, kann in der Prüfregel eine Stichprobenprüfung definiert werden. Darüber hinaus ist der Prüfregel ein Probenahmeverfahren zugeordnet. Im Probenahmeverfahren ist u. a. die Probenahmeart festgelegt. Diese gibt Auskunft, auf welcher Basis die Probenahmeeinheiten gebildet werden können, zum Beispiel pro Zeitintervall, pro Mengenintervall oder pro Verpackungseinheit. Einer Probenahmeeinheit können Sie mehrere Probeziehanweisungen zuordnen. In der Probeziehanweisung legen Sie fest, wie Proben in der Prüfung bearbeitet werden sollen, zum Beispiel Verwendung einer fixen Zahl von Proben oder eines Stichprobenplans. Das Probenahmeverfahren, die Definition der Probenahmeeinheiten und der Probeziehanweisung pflegen Sie mit der Transaktion SCWM/QSDRWP, die Sie im SAP Easy Access Menü in EWM unter dem Pfad STAMMDATEN • QUALITÄTSMANAGEMENT finden.

Befund

Der Befund stellt die Beschreibung eines Untersuchungsergebnisses dar und kann im Rahmen von Qualitätsprüfungen erfasst werden. Befunde können zu Prüfbelegen, Prüfbelegpositionen und Proben manuell angelegt werden. Die Verwendung von Befunden ist optional. Befunde werden durch Codes beschrieben, die in Katalogen zusammengefasst werden. Welche Felder Ihnen beim Anlegen, Ändern und Anzeigen des Befunds zur Verfügung stehen bzw. eine Eingabe erfordern und welche Kataloge mit den zugeordneten Fehlercodes verwendet werden können, wird in der Befundart definiert, die Sie der Prüfregel hinterlegen.

Prüfentscheid

Wenn Sie den Prüfentscheid treffen, legen Sie auf Grundlage der Prüfung fest, ob das geprüfte Objekt angenommen oder zurückgewiesen wird. Sobald Sie den Prüfentscheid getroffen haben, erhält der Prüfbeleg den Status ENTSCHEIDUNG GETROFFEN. Prüfentscheide werden durch die Verwendung sogenannter Entscheidungscodes getroffen. Bei der Definition von Entscheidungscodes können Sie die Bewertung (Annahme, Rückweisung) sowie die Folgeaktion festlegen.

Logistische Folgeaktivität

Wenn der Prüfentscheid getroffen wird, erhält das Konsumentensystem die Information, welche Folgeaktion anhand des Entscheidungscodes durchgeführt werden soll, der vom Prüfentscheider ausgewählt wurde. In EWM sind im Standard u. a. folgende logistische Folgeaktionen möglich:

▶ **Verschrottung**
Der betroffene Bestand wird in die nächste als Schrottbestand gekennzeichnete Bestandsart umgebucht.

▶ **Detaillierte Prüfung**
Für den betroffenen Bestand wird ein lagerinterner Prüfbeleg angelegt.

▶ **Umlagerung an anderes Lager**
Für den betroffenen Bestand wird eine Umlagerungsbestellung in SAP ERP angelegt.

▶ **Einlagern zur Lieferung**
Für den betroffenen Bestand wird eine Einlagerung mit der Lagerprozessart der Anlieferung angelegt.

Logistische Folgeaktionen stehen nur für die Qualitätsprüfung von Produkten zur Verfügung.

Einstellungen der Quality Inspection Engine

Im Folgenden werden wichtige Einstellungen des QIE-Customizings exemplarisch anhand des POTs ZÄHLPRÜFUNG ANLIEFERUNG näher erläutert.

Zuerst müssen Sie, wie in Abbildung 8.59 dargestellt, eine Version des entsprechenden POTs generieren. Den Pflege-View finden Sie im Customizing unter dem Pfad PROZESSÜBERGREIFENDE EINSTELLUNGEN • QUALITÄTSMANAGEMENT • GRUNDLAGEN • VERSION ZU PRÜFOBJEKTTYPEN GENERIEREN.

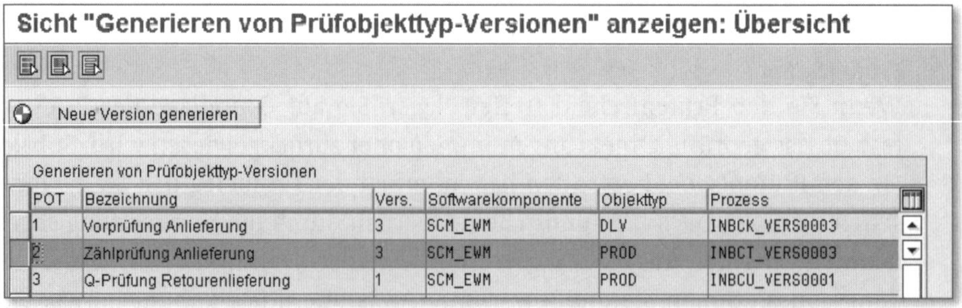

POT	Bezeichnung	Vers.	Softwarekomponente	Objekttyp	Prozess	
1	Vorprüfung Anlieferung	3	SCM_EWM	DLV	INBCK_VERS0003	▲
2	Zählprüfung Anlieferung	3	SCM_EWM	PROD	INBCT_VERS0003	▼
3	Q-Prüfung Retourenlieferung	1	SCM_EWM	PROD	INBCU_VERS0001	

Abbildung 8.59 Prüfobjekttyp »Zählprüfung Anlieferung« generieren

Als Nächstes müssen Sie entsprechend der Abbildung 8.60 den POT aktivieren. Den Pflege-View finden Sie im Customizing im gleichen Pfad wie oben im Menüpunkt VERSION ZU PRÜFOBJEKTTYPEN PFLEGEN. Darüber hinaus definieren Sie Eigenschaften, die für die Suche nach einer passenden Prüfregel verwendet werden sollen.

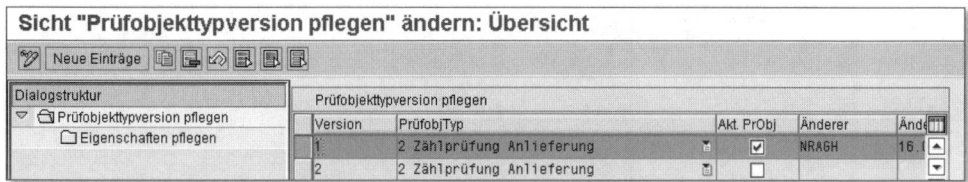

Abbildung 8.60 Prüfobjekttyp »Zählprüfung Anlieferung« aktivieren

Im nächsten Schritt aktivieren Sie den POT lagernummernabhängig unter dem Menüpunkt VERSION ZU PRÜFOBJEKTTYPEN PFLEGEN. Für die lieferungsspezifischen POTs definieren Sie u. a., zu welchem Zeitpunkt der Prüfbeleg erstellt werden soll.

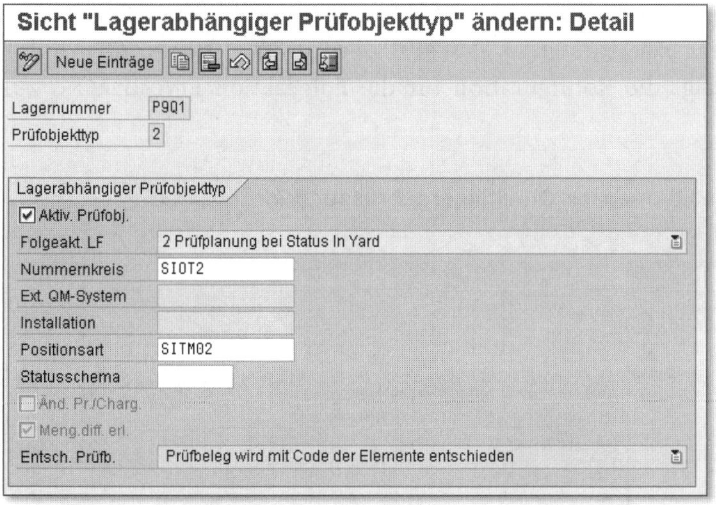

Abbildung 8.61 Lagerabhängige Aktivierung des Prüfobjekttyps

Falls Sie Teilmengen prüfen wollen, definieren Sie eine Positionsart, die vom Typ POSITION oder PROBE sein kann. Abbildung 8.62 zeigt eine Beispielkonfiguration für eine Positionsart vom Typ PROBE. Die Positionsart ordnen Sie anschließend der lagerabhängigen Aktivierung des POTs zu. Die Definition der Positionsart können Sie im Customizing unter dem Pfad PROZESSÜBERGREIFENDE EINSTELLUNGEN • QUALITÄTSMANAGEMENT • EINSTELLUNGEN FÜR PRÜFREGELN • POSITIONSARTEN FESTLEGEN vornehmen.

411

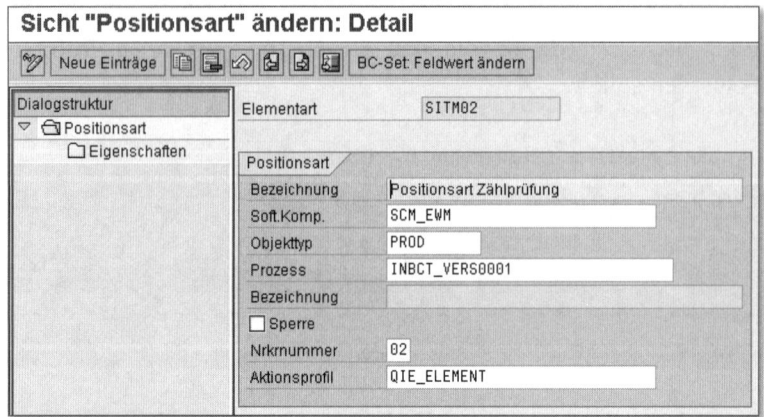

Abbildung 8.62 Positionsart für Zählprüfung definieren

Im nächsten Schritt definieren Sie logistische Folgeaktionen, die je nach Verwendungsentscheid ausgeführt werden sollen. Die Folgeaktionen pflegen Sie im Customizing unter dem Pfad PROZESSÜBERGREIFENDE EINSTELLUNGEN • QUALITÄTSMANAGEMENT • ERGEBNIS • FOLGEAKTIONEN PFLEGEN. Abbildung 8.63 zeigt die Konfiguration für die Folgeaktion EINLAGERUNG ZUR LIEFERUNG.

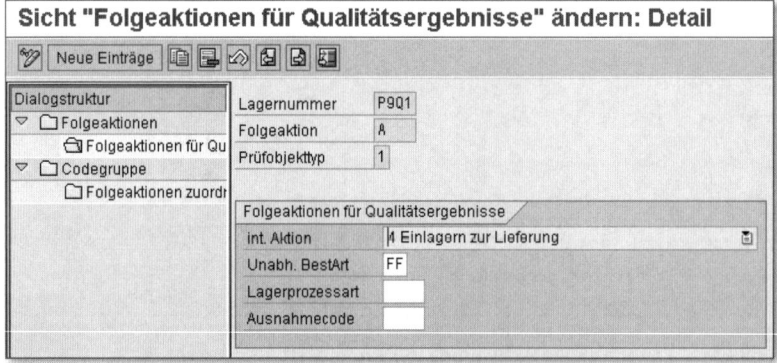

Abbildung 8.63 Folgeaktion »Einlagerung zur Lieferung«

Über den Ausnahmecode können Sie Alerts, E-Mails und Workflows auslösen, um manuelle Folgeaktionen zu starten.

Anschließend definieren Sie Entscheidungscodes, um das Prüfergebnis zu dokumentieren und den Prüfbeleg abzuschließen. Wie in Abbildung 8.64 dargestellt, ordnen Sie die zuvor festgelegten Folgeaktionen dem jeweiligen

Entscheidungscode zu. Die Entscheidungscodes definieren Sie unter dem zuvor genannten Customizing-Pfad im Menüpunkt ENTSCHEIDUNGSCODES FESTLEGEN.

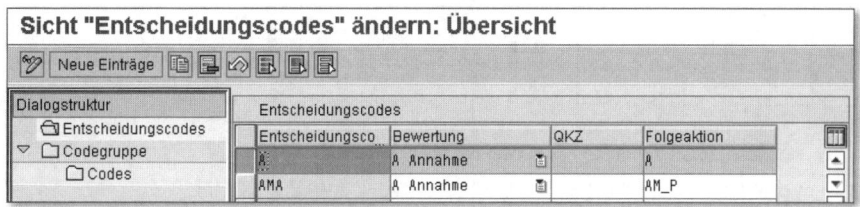

Abbildung 8.64 Entscheidungscode zur Annahme bei positivem Prüfergebnis mit automatischer Folgeaktion »Einlagerung zur Lieferung«

Optional können Sie für die Zählprüfung Mengen- und Werteintervalle pflegen. Im Customizing unter dem Pfad PROZESSÜBERGREIFENDE EINSTELLUNGEN • QUALITÄTSMANAGEMENT • EINSTELLUNGEN FÜR PRÜFREGELN • MENGENINTERVALL FÜR DIE ZÄHLPRÜFUNG PFLEGEN können Sie eine Maximalmenge festlegen. Wenn die Lieferpositionsmenge kleiner als die Maximalmenge ist, wird auf Basis der gefundenen Prüfregel ein Prüfbeleg erstellt. Analog dazu können Sie unter dem zuvor genannten Customizing-Pfad unter dem Menüpunkt WERTEINTERVALL FÜR DIE ZÄHLPRÜFUNG PFLEGEN einen Maximalwert pflegen. Das Werteintervall wird in der Währung der Lagernummer geführt. Ist der Wert der Lieferposition (Menge × Standard-Preis) geringer als der Maximalwert, wird auf Basis der gefundenen Prüfregel ein Prüfbeleg erstellt.

Qualitätsprüfung in QM

Falls Sie die SAP ERP-Komponente *QM* nutzen, können Sie die standardmäßige Integration von QIE-QM nutzen, um die Qualitätsprüfung in die Prozessabläufe Ihres Lagers nahtlos zu integrieren. Abbildung 8.65 zeigt die QIE-Architektur in Verbindung mit EWM und QM.

QIE bietet eine Schnittstelle über SAP NetWeaver PI zur Anbindung externer Systeme wie zum Beispiel SAP ERP. Da EWM grundsätzlich mittels qRFC mit SAP ERP kommuniziert, liefert EWM auch eine Default-Implementierung des BAdIs aus, das die Anbindung des SAP ERP-Systems auf qRFC umstellt. Damit SAP ERP die Prüfergebnisse via qRFC zurückschicken kann, müssen Sie im SAP ERP-System das BAdI `QPLEXT_COMM_TEC` implementieren.

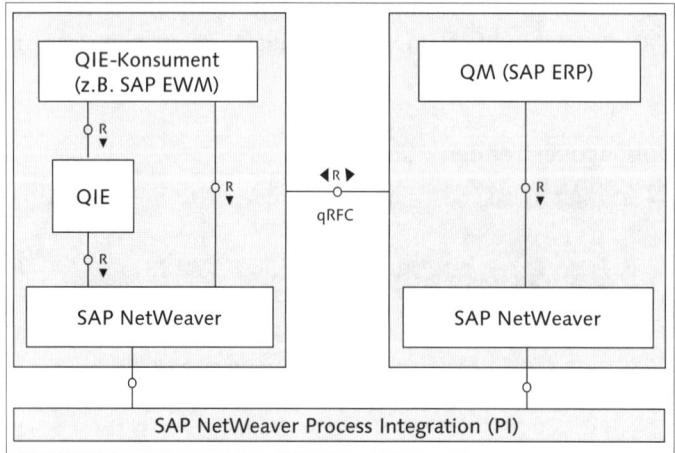

Abbildung 8.65 Architektur der Quality Inspection Engine in Verbindung mit SAP EWM und QM

Einstellungen für die Anbindung der QIE an QM

Für die Anbindung der QIE an QM müssen Sie zunächst das externe QM-System festlegen. Diese Einstellung finden Sie unter dem Customizing-Pfad ANWENDUNGSÜBERGREIFENDE KOMPONENTEN • QUALITY INSPECTION ENGINE • ZENTRALE EINSTELLUNGEN • KOMMUNIKATION MIT EINEM EXTERNEN QM SYSTEM. Unter dem Menüpunkt EXTERNE QM SYSTEME FESTLEGEN können Sie QM als externes QM-System definieren (siehe Abbildung 8.66).

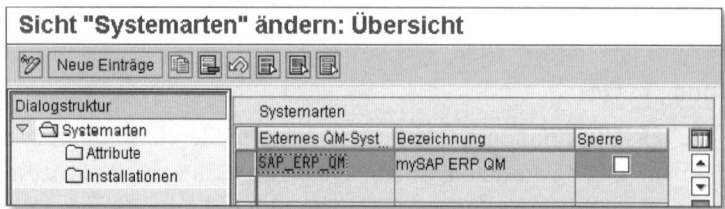

Abbildung 8.66 QM als externes QM-System im QIE-Customizing definieren

Darüber hinaus müssen Sie neben der Instanz des externen QM-Systems Attribute festlegen, die für das Anlegen der Prüfung im externen QM-System steuernden Charakter haben. Abbildung 8.67 zeigt die Attribute PRÜFART, PLANGRUPPENZÄHLER, SCHLÜSSEL DER PLANGRUPPE und PLANTYP, die notwendig sind, um in QM ein Prüflos anzulegen.

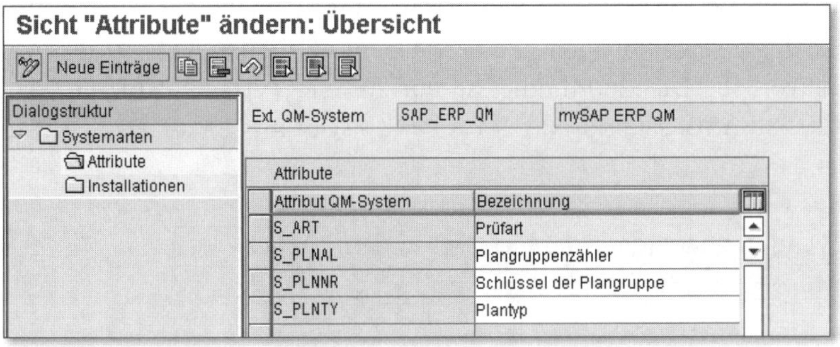

Abbildung 8.67 Attribute zur Weitergabe an das externe QM-System definieren

In der Prüfregel werden, wie in Abbildung 8.68 dargestellt, die Werte der oben genannten Attribute definiert. Dabei hat die Prüfart den fixen Wert 17. Dies bedeutet, dass aus Sicht der QIE die Prüfung in einem externen System erfolgt. Der Arbeitsplantyp hat den fixen Wert Q, der auf SAP ERP-Seite einen Prüfplan als Arbeitsplan definiert. Mit den variablen Werten der Plangruppe und des Plangruppenzählers wird der Prüfplan in SAP ERP eindeutig identifiziert.

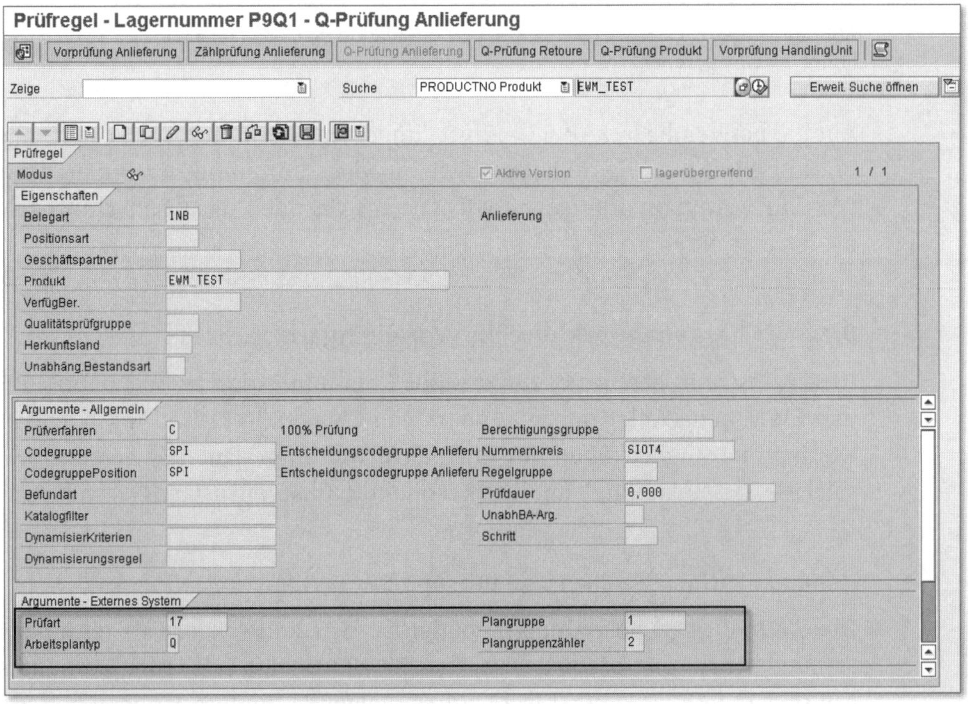

Abbildung 8.68 Definition der Attributwerte in der QIE-Prüfregel

Anschließend ordnen Sie das externe QM-System sowie die Installation den POTs zu, die Sie lagerabhängig aktiviert haben. Abbildung 8.69 verdeutlicht den Sachverhalt. Die Zuordnung ist nur für die POTs Q-PRÜFUNG PRODUKT/CHARGE ANLIEFERUNG und Q-PRÜFUNG PRODUKT/CHARGE LAGERINTERN möglich.

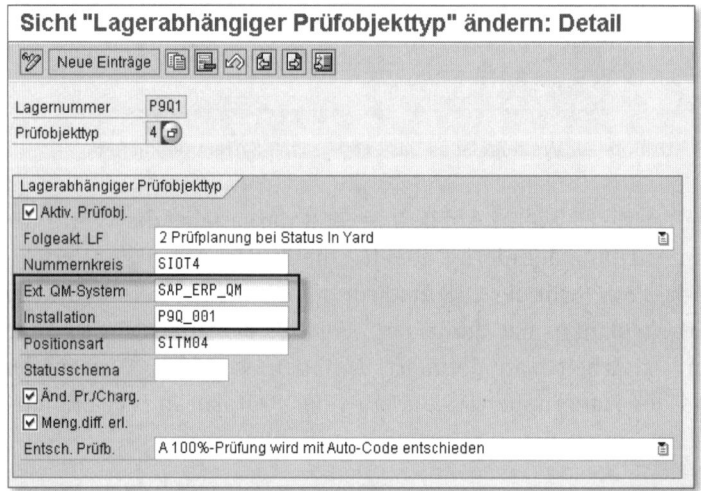

Abbildung 8.69   Externes QM-System und Installation dem lagerabhängigen Prüfobjekttyp zuordnen

Auf die notwendigen SAP ERP-Einstellungen zur Definition der Prüfart, der Prüflosherkunft, der Probenart sowie auf die Zuordnung der Prüfart zum SAP ERP-Materialstamm gehen wir hier aus Gründen der Übersichtlichkeit nicht näher ein.

8.7.2   Chargenabwicklung im Wareneingangsprozess

Dieser Abschnitt beschreibt zunächst die Kommunikation zwischen SAP ERP und EWM beim Anlegen bzw. Ändern von Chargen in EWM. Anschließend werden die Möglichkeiten der Chargenverwaltung erläutert, wie zum Beispiel die Klassifizierung von Chargen oder die Chargenzustandsverwaltung.

Kommunikation zwischen SAP ERP und SAP EWM

Die EWM-Chargenverwaltung benötigt das SAP ERP-System als führendes Stammdatensystem; das bedeutet, dass Erstellung und Änderung von Chargen stets in SAP ERP ausgeführt werden. Folgende Voraussetzungen müssen erfüllt sein, um Chargen in EWM nutzen zu können:

▶ Das Produkt muss sowohl in SAP ERP wie auch in EWM als chargenpflichtig im Material- bzw. Produktstammsatz gekennzeichnet sein.

▶ Das Produkt muss in SAP ERP einer Klasse der Klassenart 023 zugeordnet sein, womit die Chargen werksübergreifend und somit auf Materialstammebene eindeutig sind.

▶ Die Übertragung der Klassen- und Merkmalsstammdaten von SAP ERP nach EWM über CIF muss erfolgt sein.

Voraussetzungen für die Verwendung von Chargen in SAP EWM

Sie können in EWM nur mit Chargen arbeiten, wenn Sie die Chargen in den angeschlossenen SAP ERP-Systemen eindeutig auf Materialebene oder Mandantenebene definiert haben. Die Einstellung CHARGEN EINDEUTIG AUF WERKSEBENE wird nicht unterstützt. Chargenattribute werden in EWM als Merkmalsbewertungen zur Chargenklasse abgebildet. Die Zuordnung einer geeigneten Chargenklasse der Klassenart 023 im SAP ERP-Produktstamm ist Voraussetzung für das Arbeiten mit Chargenattributen in EWM.

Der Daten- und Informationsfluss zwischen SAP ERP und EWM ist in Abbildung 8.70 dargestellt.

Die Erstellung bzw. Änderung von Chargen kann in EWM erfolgen. Dabei werden die Daten über die Schnittstelle BAPI_BATCH_SAVE_REPLICA synchron von EWM nach SAP ERP übertragen. Auf Basis dieser Daten wird in SAP ERP die Charge angelegt bzw. geändert. Anschließend werden die Chargen- und Klassifizierungsdaten über CIF von SAP ERP nach EWM repliziert. Für den Fall, dass der synchrone BAPI-Aufruf fehlschlägt (zum Beispiel weil das SAP ERP-System nicht verfügbar ist), gibt es je nach Einstellung im EWM-Customizing folgende Möglichkeiten, die über die verschiedenen Ausprägungen des *Chargen-Update-Indikators* (CUI) gesteuert werden:

▶ CUI ist blank, das heißt, der Verbuchungsvorgang wird abgebrochen

▶ Bei CUI 1 bzw. 2 wird das BAPI asynchron aufgerufen. Bei CUI = 1 erfolgt zusätzlich die Anlage bzw. die Änderung der Charge lokal in EWM. Bei Chargenänderung werden ebenfalls die betroffenen Bestände lokal in EWM aktualisiert.

Weitere Informationen zu Chargen finden Sie in Kapitel 5, »Bestandsverwaltung«.

In EWM haben Sie bezüglich Chargenabwicklung im Anlieferungsprozess folgende Möglichkeiten:

▶ Chargen entweder manuell oder automatisch anzulegen

▶ Chargen beim Anlegen in der Anlieferung mit Lieferungsdaten zu klassifizieren

▶ die Chargenzustandsverwaltung zu verwenden

▶ die Mindestrestlaufzeit einer Charge vom System prüfen zu lassen

Diese Möglichkeiten werden im Folgenden näher beschrieben.

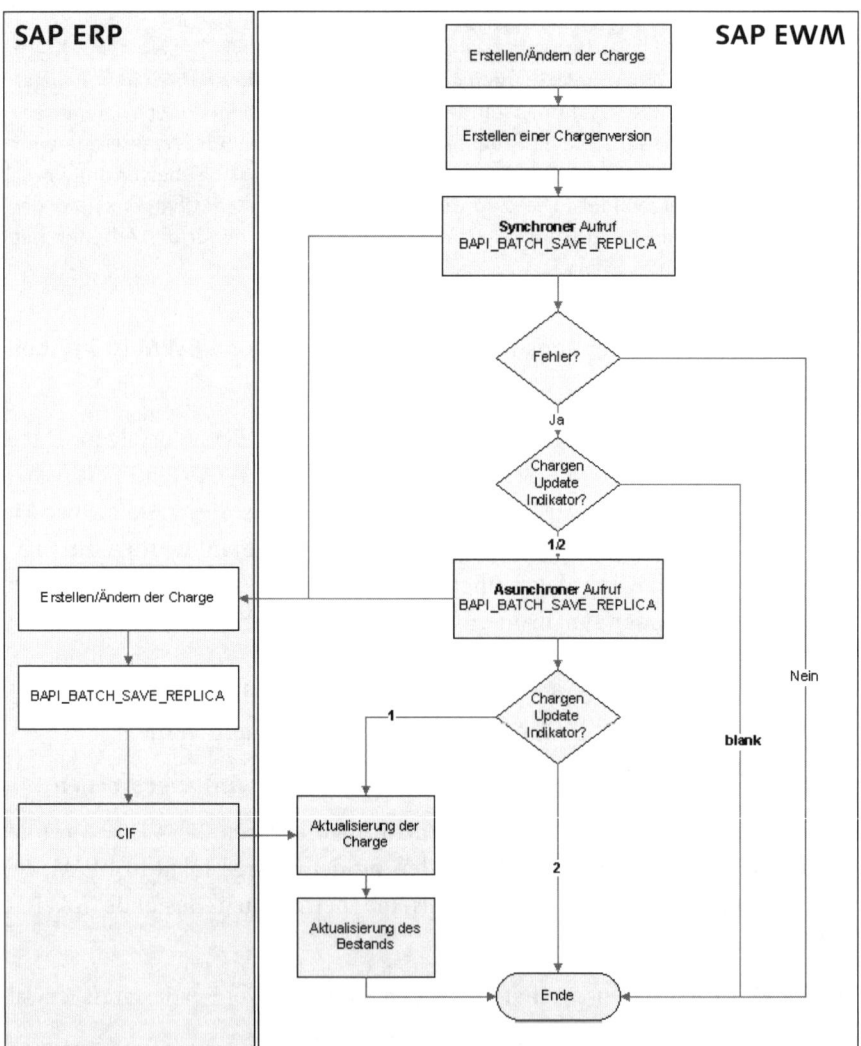

Abbildung 8.70 Daten- und Informationsfluss zwischen SAP ERP und SAP EWM beim Erstellen/Ändern der Charge

Automatische oder manuelle Chargenanlage

Mit Übertragung der Anlieferung von SAP ERP nach EWM prüft EWM bei chargenpflichtigen Produkten, ob eine Chargennummer vorhanden ist. Dabei kann die Chargennummer durch SAP ERP vorgegeben sein, oder die Charge wird in EWM angelegt.

Für den Fall, dass die Charge in EWM angelegt wird, haben Sie in EWM die Möglichkeit, die Charge automatisch mit Aktivierung der Anlieferungsbenachrichtigung oder manuell anzulegen. Diese Einstellungen finden Sie im EWM-Customizing unter dem Pfad PROZESSÜBERGREIFENDE EINSTELLUNGEN • CHARGENVERWALTUNG • EINSTELLUNGEN ZUR LIEFERUNG VORNEHMEN.

Die manuelle Anlage der Charge erfolgt in der Transaktion /SCWM/PRDI, die Sie im SAP Easy Access Menü in EWM unter dem Pfad LIEFERABWICKLUNG • ANLIEFERUNG finden. Dabei können Sie die Chargennummer direkt im Feld CHARGE eingeben oder von EWM direkt erzeugen lassen. Sobald Sie die Anlieferung sichern, erzeugt EWM eine neue Charge und zieht die Chargennummer aus dem im EWM-Customizing definierten Nummernkreis. Die Anlieferung ist so lange für weitere Lageraktivitäten gesperrt, bis die Chargenanlage erfolgt ist (siehe Abbildung 8.71).

Die Kommunikation zwischen SAP ERP und EWM erfolgt wie zuvor beschrieben.

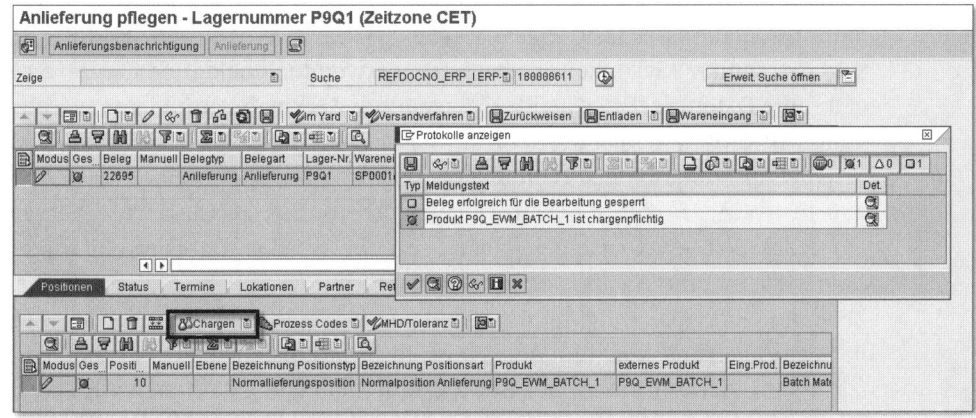

Abbildung 8.71 Fehlerhafte Anlieferung aufgrund fehlender Charge

Klassifizierung der Charge

Das Anlegen von klassifizierten Chargen kann sowohl in SAP ERP als auch in SAP ERP erfolgen. Beim Anlegen von klassifizierten Chargen in EWM werden die folgenden SAP-Standard-Merkmale automatisch aus den Anlieferdaten gefüllt:

▶ Ursprungsland

▶ Verfallsdatum bzw. Mindesthaltbarkeitsdatum

▶ Herstelldatum

▶ Lieferantencharge

Bei der Änderung von klassifizierten Chargen muss zwischen den verschiedenen Architekturvarianten unterschieden werden.

Wird das Installationsszenario *Gleiche Systeme* (EWM und SAP ERP sind auf einem System installiert) verwendet, können zu einer klassifizierten Charge die Werte für die SAP-Standard-Merkmale (beginnend mit LOBM_*) zum Beispiel Ursprungsland (LOBM_HERKL), Mindesthaltbarkeits-/Verfallsdatum (LOBM_VFDAT) oder Herstelldatum (LOBM_HSDAT) nur über die Stammdatentransaktionen des SAP ERP-Systems (zum Beispiel MSC2N) geändert werden. EWM stellt in diesem Fall keine Funktion zur Änderung bereit. Daher können in dieser Architekturvariante klassifizierte Chargen nicht über die EWM-Transaktion /SCWM/WM_BATCH_MAINTAIN geändert werden, die Sie im SAP Easy Access Menü in EWM unter dem Pfad STAMMDATEN • PRODUKT finden. Beachten Sie, dass in diesem Installationsszenario SAP ERP und EWM die gleiche Datenbasis nutzen und daher auch die gleiche Klassenart 023 verwenden.

Beim Installationsszenario *Eigenständige Systeme* (EWM und SAP ERP sind auf getrennten Systemen installiert) verwenden beide Systeme eine getrennte Datenbasis, das heißt, Klassen- und Merkmalsstammdaten werden vom SAP ERP-System mittels CIF in das EWM-System kopiert. In diesem Installationsszenario entspricht die Klassenart 023 in SAP ERP der Klassenart 230 in EWM. In dieser Architekturvariante können klassifizierte Chargen durch das EWM-System angelegt bzw. geändert werden. Dabei erfolgt intern immer zuerst eine Aktualisierung der Daten in SAP ERP und erst anschließend eine Aktualisierung der Chargendaten in EWM über CIF. Hierbei wird bei der Änderung von bestandsrelevanten Merkmalen (zum Beispiel Verfallsdatum, Herkunftsland) der Bestand innerhalb von EWM ebenfalls aktualisiert. In EWM gibt es verschiedene Möglichkeiten, klassifizierte Chargen im Wareneingangsprozess zu ändern:

▶ durch die Transaktion /SCWM/WM_BATCH_MAINTAIN

▶ über die Transaktion des Qualitätsprüfplatzes /SCWM/QINSP, die Sie im SAP Easy Access Menü in EWM unter dem Menüpunkt AUSFÜHRUNG finden.

Chargenzustandsverwaltung

Der Chargenzustand wird über das Merkmal LOBM_ZUSTD abgebildet, was die beiden Ausprägungen FREI bzw. NICHT FREI haben kann. Sie können verhindern, dass Lageraufgaben zu Chargen mit dem Merkmal NICHT FREI angelegt werden dürfen. Darüber hinaus können Sie über ein Kennzeichen an den Lieferattributen steuern, dass nicht freie Chargen nicht wareneingangsgebucht werden können. Mit dem Chargenzustand sind der frei verwendbare Bestand und der nicht freie Bestand im SAP ERP-System verknüpft. Eine Änderung des Chargenzustands bewirkt im SAP ERP-System eine Umbuchung vom frei verwendbaren Bestand in den nicht freien Bestand und umgekehrt. Wenn Sie den Zustand einer Charge im Chargenstammsatz ändern, ändert das SAP ERP-System automatisch den Zustand aller Teilmengen dieser Charge an allen Lagerorten und löst eine interne Umbuchung des entsprechenden Bestands aus.

Mindestrestlaufzeit prüfen

Innerhalb des Anlieferungsprozesses besteht in EWM die Möglichkeit einer Prüfung der Chargen gegen eine definierte Mindestrestlaufzeit (Zeitspanne, wie lange eine Charge bei der Anlieferung noch mindestens haltbar sein muss), basierend auf dem Wert des Standard-Merkmals LOBM_VFDAT. Für die Prüfung der Mindestrestlaufzeit innerhalb des EWM-Systems sind folgende Voraussetzungen notwendig:

▶ Prüfung im Customizing aktiv (konfigurierbar für Belegtyp, Lagernummer, Positionsart und Belegart)

▶ Mindestrestlaufzeit am Material-/Produktstamm gepflegt

▶ Die Anlieferposition des Chargenmaterials enthält einen Wert für das Mindesthaltbarkeitsdatum (LOBM_VFDAT). Ist dies nicht der Fall, wird die Prüfung übersprungen.

Die Prüfung gegen das Mindesthaltbarkeitsdatum der Charge erfolgt ausgehend von der Gesamthaltbarkeit des Produkts und dem aktuellen Datum.

Dies möchten wir an einem Beispiel verdeutlichen: Das aktuelle Datum ist der 01.01.2010; die Gesamthaltbarkeit des Produkts beträgt zehn Tage. Das Mindesthaltbarkeitsdatum ist der 31.01.2010.

11.01.2010 = 01.01.2010 + 10 Tage (Vergleichsdatum = Aktuelles Datum + Gesamthaltbarkeit)

Somit muss die angelieferte Charge mindestens bis zum 11.01.2010 haltbar sein, was durch das MHD 31.01.2010 erfüllt ist.

Wichtige Customizing-Einstellungen in SAP EWM

Folgende wichtige Einstellungen sind zur Chargenabwicklung im Warenein-gang notwendig.

Steuerungsparameter für SAP ERP-Versionskontrolle
RFC-Aufrufe bei Chargenänderungen/-anlage sind abhängig von der Version des führenden SAP ERP-Systems. In Abhängigkeit vom Releasestand des SAP ERP-Systems, das als zentrales Chargenstammdatensystem genutzt wird, können Sie zum Beispiel Folgendes steuern:

▶ Ob Chargen- und Klassifizierungsänderungen gemeinsam in einem Schritt (einem RFC-Aufruf) oder getrennt in zwei Schritten (zwei RFC-Aufrufen) verbucht werden sollen. Mit Release SAP ERP 6.0 erfolgt die Verbuchung in einem Schritt. In älteren Releases als SAP ERP 6.0 erfolgt sie in zwei Schritten.

▶ Zu welchem Zeitpunkt und auf welche Art Chargensplits an das SAP ERP-System kommuniziert werden sollen. Mit Release SAP ERP 6.0 werden Chargensplits sofort beim Sichern der Lieferung in EWM an SAP ERP kommuniziert. In älteren Releases als SAP ERP 6.0 erfolgt die Kommuni-kation erst zum Zeitpunkt der Wareneingangsbuchung.

▶ Zu welchem Zeitpunkt und auf welche Art die Kommunikation einer Chargenänderung in einer Anlieferung erfolgt. Mit Release SAP ERP 6.0 werden Chargenänderungen sofort beim Sichern der Lieferung in EWM an SAP ERP kommuniziert. In Releases, die älter als SAP ERP 6.0 sind, erfolgt die Kommunikation erst mit der Wareneingangsbuchung.

Diese Steuerungsparameter für die SAP ERP-Versionskontrolle definieren Sie in EWM unter dem Customizing-Pfad SCHNITTSTELLEN • ALLGEMEINE EINSTEL-LUNGEN • STEUERUNGSPARAMETER FÜR ERP-VERSIONSKONTROLLE EINSTELLEN.

Chargenzustandsverwaltung
Die Steuerung der Anlage von Lageraufgaben und/oder die Durchführung von Warenbewegungen (Warenein-/Warenausgangsbuchung) für chargen-geführten Bestand können mit der Chargenzustandsverwaltung durch das Merkmal LOBM_ZUSTD erfolgen. Die Einstellungen finden Sie im EWM-Customizing unter dem Pfad PROZESSÜBERGREIFENDE EINSTELLUNGEN • CHAR-GENVERWALTUNG • CHARGENZUSTANDSVERWALTUNG • EINSTELLUNGEN FÜR LIE-FERUNG VORNEHMEN BZW. EINSTELLUNGEN FÜR LAGERAUFGABEN ANLEGEN.

Chargenabwicklung und Restlaufzeitprüfung in der Anlieferung
Die Einstellungen, zum Beispiel ob und wie während des Anlieferungspro-zesses Chargen durch das EWM-System erzeugt werden sollen, wie bei der

Chargenanlage von klassifizierten Chargen die Merkmalswerte gefüllt werden und wie die Prüfung für das Mindesthaltbarkeits- oder Verfallsdatum stattfinden soll, können Sie im EWM-Customizing unter dem Pfad WAREN-EINGANGSPROZESS • ANLIEFERUNG • CHARGENABWICKLUNG UND RESTLAUFZEIT-PRÜFUNG IN DER ANLIEFERUNG vornehmen.

Verbuchungssteuerung

Sie können das Steuerungsverhalten definieren, wie auf einen Fehler bei der systemübergreifenden Chargenpflege zwischen EWM und SAP ERP (dem führenden Stammdatensystem) reagiert werden soll, zum Beispiel ob bei einem Fehler, der während der Kommunikation auftrat, der Prozess sofort beendet werden, ob eine lokale Aktualisierung vorgenommen werden und die Information an SAP ERP erneut asynchron ausgeführt werden soll. Die Einstellungen definieren Sie im EWM-Customizing unter dem Pfad PROZESS-ÜBERGREIFENDE EINSTELLUNGEN • CHARGENVERWALTUNG • VERBUCHUNGSSTEU-ERUNG (ZENTRAL, DEZENTRAL) EINSTELLEN.

8.7.3 Lagerungsdisposition

Die Lagerungsdisposition in EWM dient zur automatischen Ermittlung eines Lagerkonzepts für ein Produkt. Basierend auf den Produkt-, Bedarfs- und Verpackungsdaten, ermittelt die Lagerungsdisposition automatisch die für die Ein- und Auslagerung relevanten Lagerparameter im Produktstamm. Diese Parameter beschreiben, in welchem Bereich das Produkt gelagert werden soll, welche Eigenschaften der Lagerplatz haben soll und welche Ein- bzw. Auslagerungsstrategie verwendet werden soll. Die Lagerungsdisposition bietet die Eigenschaft der Simulation. Somit können Sie schrittweise die Ergebnisse der Simulation analysieren und die Konfiguration optimieren, ohne dass der Produktstamm aktualisiert wird. Wenn Sie mit dem Ergebnis zufrieden sind, können Sie die Ergebnisse aktivieren. Die Lagerungsdisposition ist optional.

Im Folgenden werden der Ablauf und die Logik der Lagerungsdisposition am Beispiel der Einlagerung in Abhängigkeit von der Lager-Produktgruppe und der Bedarfsmenge eines Produkts erklärt.

Produkt P9Q_EWM_COMPLEX_1 ist als Kleinteil einer bestimmten Lager-Produktgruppe 0001 zugeordnet. Kleinteile werden in einem separaten Kleinteile-Lagertyp 0020 gelagert. Dieser Lagertyp ist in zwei Lagerbereiche – 0001 für Schnelldreher und 0002 für Langsamdreher – unterteilt (siehe Abbildung 8.72). Die Schnelldreher sind mit einer Bedarfsmenge von maximal 100 ST/Tag definiert, während die Langsamdreher eine Bedarfsmenge von maximal 10 ST/Tag aufweisen.

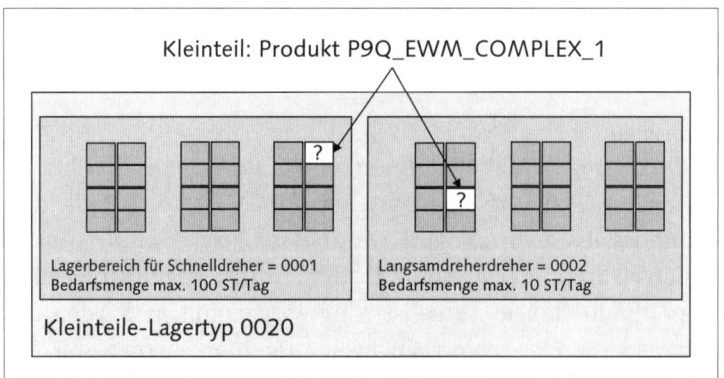

Abbildung 8.72 Beispiel für eine Lagerungsdisposition

Mit der Transaktion /SCWM/GCMC besteht im ersten Schritt die Möglichkeit, die Konditionssätze für die Bestimmung der Steuerkennzeichen über die Verwendung der Parameter zu pflegen. Die Pflegetransaktion finden Sie im SAP Easy Access Menü in EWM unter dem Pfad STAMMDATEN • LAGERUNGSDISPOSITION.

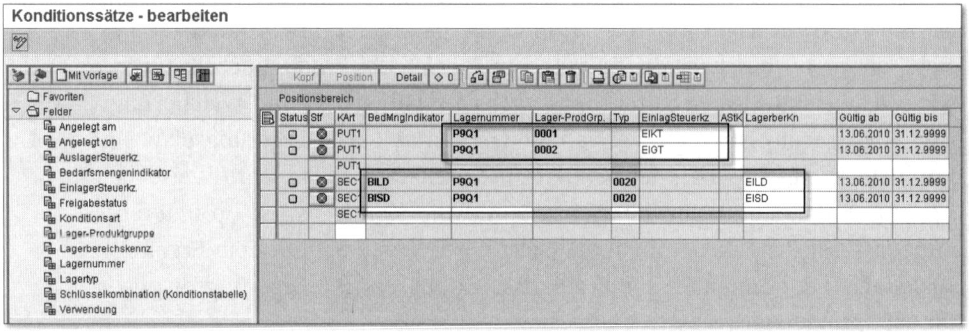

Abbildung 8.73 Konditionspflege für die Lagerungsdisposition mit Transaktion /SCWM /GCMC

In Abbildung 8.73 sind vier Konditionssätze gepflegt:

- Für Lagerproduktgruppe 0001 (Kleinteile) soll das ESK EIKT ermittelt werden.

- Für Lagerproduktgruppe 0002 (Großteile) soll das ESK EIGT ermittelt werden, das letztlich einer bestimmten Lagertypsuchreihenfolge zugeordnet ist.

▶ Für Lagertyp 0020 (Lagertyp Kleinteile) soll für den Bedarfsindikator BILD (Langsamdreher) das LBK EILD ermittelt werden.

▶ Für Lagertyp 0020 (Lagertyp Kleinteile) soll für den Bedarfsindikator BISD (Schnelldreher) das LBK EISD ermittelt werden, das letztlich einer bestimmten Lagerbereichssuchreihenfolge zugeordnet ist.

2. Schritt: Zur Pflege der oben genannten Konditionssätze definieren Sie im Customizing die verschiedenen Stammdaten, Einflussparameter und die Konditionstechnik.

Einlagerungssteuerkennzeichen
Das ESK steuert, dass bei der Einlagerung bestimmte Produkte bevorzugt in bestimmten Lagertypen eingelagert werden. Das ESK definieren Sie, wie in Abbildung 8.74 dargestellt, im EWM-Customizing unter dem Pfad WAREN-EINGANGSPROZESS • LAGERUNGSDISPOSITION • STAMMDATEN • EINLAGERUNGS-STEUERKENNZEICHEN DEFINIEREN.

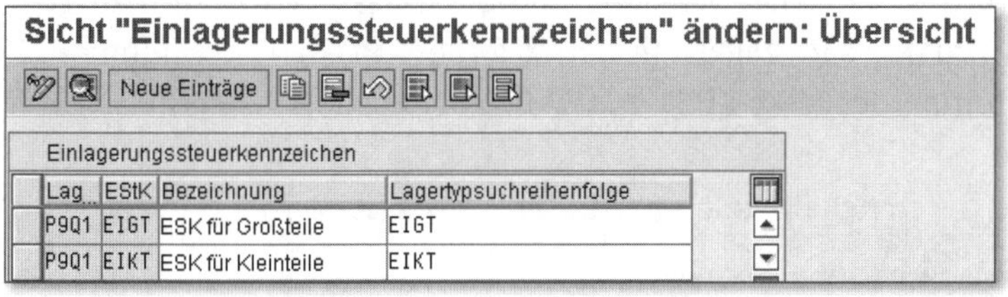

Abbildung 8.74   Einlagerungssteuerkennzeichen definieren

Dem ESK ordnen Sie eine Lagertypsuchreihenfolge zu. Diese definieren Sie im EWM-Customizing unter dem Pfad WARENEINGANGSPROZESS • LAGE-RUNGSDISPOSITION • STAMMDATEN • LAGERTYPFOLGEN • LAGERTYPSUCHREIHEN-FOLGE FÜR DIE EINLAGERUNG DEFINIEREN. Abbildung 8.75 zeigt Beispieldefinitionen von Lagertypsuchreihenfolgen.

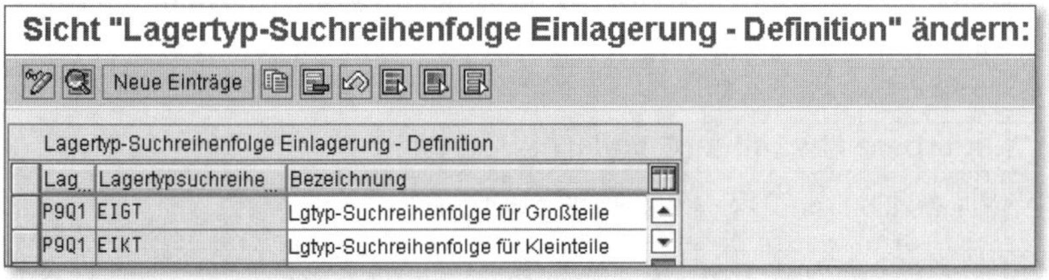

Abbildung 8.75   Lagertypsuchreihenfolgen definieren

Den Lagertypsuchreihenfolgen ordnen Sie im EWM-Customizing unter dem zuvor genannten Pfad unter dem Menüpunkt LAGERTYPEN DER LAGERTYP-SUCHREIHENFOLGE ZUORDNEN die entsprechenden Lagertypen zu (siehe Abbildung 8.76).

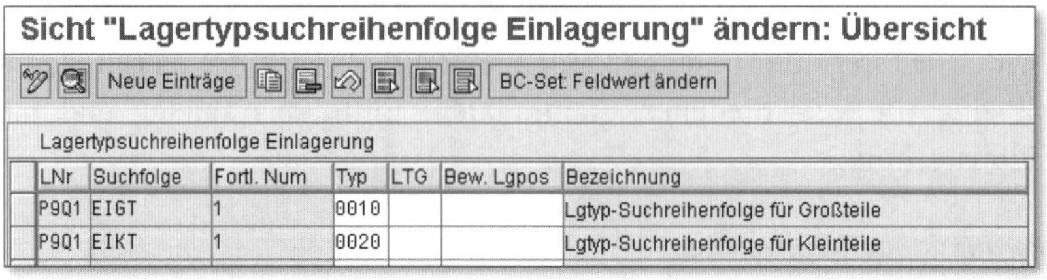

Sicht "Lagertypsuchreihenfolge Einlagerung" ändern: Übersicht

| | Neue Einträge | | | | | | | | BC-Set: Feldwert ändern |

Lagertypsuchreihenfolge Einlagerung

LNr	Suchfolge	Fortl. Num	Typ	LTG	Bew. Lgpos	Bezeichnung
P9Q1	EIGT	1	0010			Lgtyp-Suchreihenfolge für Großteile
P9Q1	EIKT	1	0020			Lgtyp-Suchreihenfolge für Kleinteile

Abbildung 8.76   Lagertypen zu Lagertypsuchreihenfolgen zuordnen

Lagerbereichskennzeichen

Das LBK steuert, dass EWM bei einer Einlagerung das Produkt bevorzugt einem bestimmten Lagerbereich zuordnet. Das LBK definieren Sie im EWM-Customizing unter dem Pfad WARENEINGANGSPROZESS • LAGERUNGSDISPOSITION • STAMMDATEN • LAGERBEREICHSKENNZEICHEN ANLEGEN. Abbildung 8.77 zeigt die Definition der LBKs EILD und EISD analog zu unserem Beispiel.

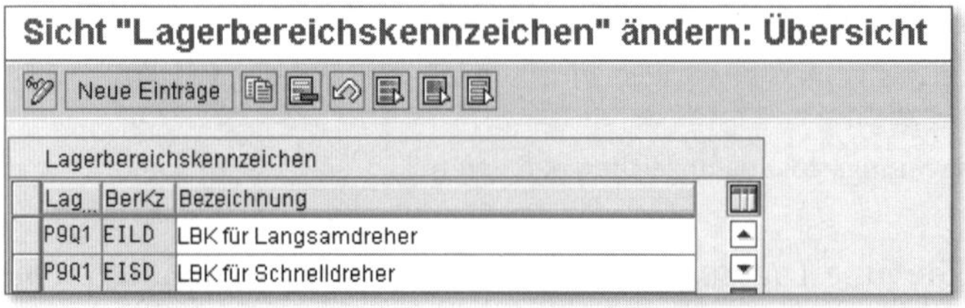

Sicht "Lagerbereichskennzeichen" ändern: Übersicht

| | Neue Einträge | | | | | | |

Lagerbereichskennzeichen

Lag	BerKz	Bezeichnung	
P9Q1	EILD	LBK für Langsamdreher	
P9Q1	EISD	LBK für Schnelldreher	

Abbildung 8.77   Lagerbereichskennzeichen definieren

Wie in Abbildung 8.78 dargestellt, ordnen Sie für den jeweiligen Lagertyp im EWM-Customizing unter dem zuvor genannten Pfad unter dem Menüpunkt LAGERBEREICHSSUCHREIHENFOLGE PFLEGEN die entsprechenden Lagerbereiche den definierten LBKs zu.

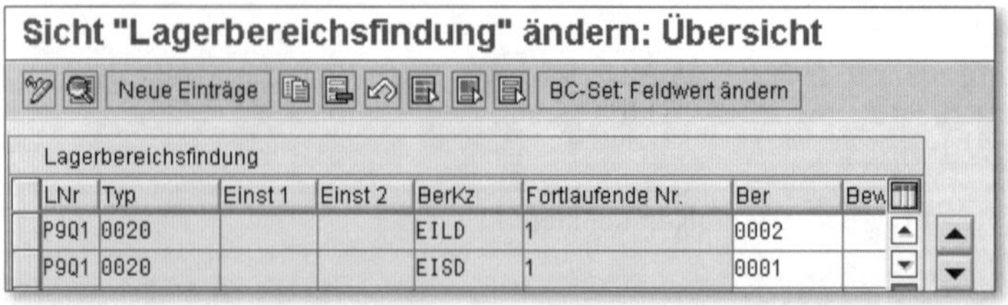

Sicht "Lagerbereichsfindung" ändern: Übersicht

| | Neue Einträge | | | | | | | | BC-Set: Feldwert ändern |

Lagerbereichsfindung

LNr	Typ	Einst 1	Einst 2	BerKz	Fortlaufende Nr.	Ber	Bew
P9Q1	0020			EILD	1	0002	
P9Q1	0020			EISD	1	0001	

Abbildung 8.78   Lagerbereichen zu Lagerbereichskennzeichen je Lagertyp zuordnen

Bedarfsindikatoren

Der Bedarfsindikator steuert, dass bei der Einlagerung je nach Bedarfsmenge Produkte in zuvor definierten Bereichen eingelagert werden. Die Bedarfsindikatoren werden zum Beispiel zur Ermittlung des geeigneten LBKs über die Konditionstechnik herangezogen, zum Beispiel Produkte sollen je nach Gängigkeit in verschiedenen Lagerbereichen gelagert werden. Bedarfsindikatoren können Sie auf Basis verschiedener Bedarfstypen festlegen: der Bedarfsmenge (Bedarfstyp 01), der Anzahl Kundenauftragspositionen (Bedarfstyp 02) oder der empfohlenen Lagermenge (Bedarfstyp 03).

Die Bedarfsindikatoren definieren Sie im EWM-Customizing unter dem Pfad WARENEINGANGSPROZESS • LAGERUNGSDISPOSITION • EINFLUSSPARAMETER • INTERVALLE • BEDARFSINDIKATOREN DEFINIEREN (siehe Abbildung 8.79).

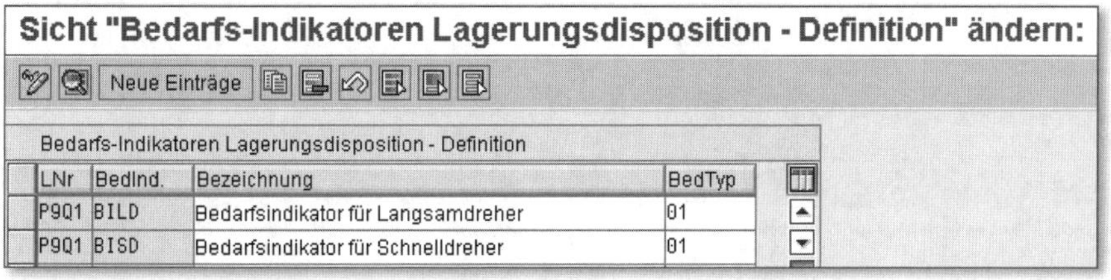

LNr	BedInd.	Bezeichnung	BedTyp
P9Q1	BILD	Bedarfsindikator für Langsamdreher	01
P9Q1	BISD	Bedarfsindikator für Schnelldreher	01

Abbildung 8.79 Bedarfsindikatoren definieren

Anschließend ordnen Sie, wie in Abbildung 8.80 dargestellt, im EWM-Customizing unter dem zuvor genannten Pfad unter dem Menüpunkt INTERVALLE DEN BEDARFSINDIKATOREN ZUORDNEN maximale Bedarfswerte den Bedarfsindikatoren zu.

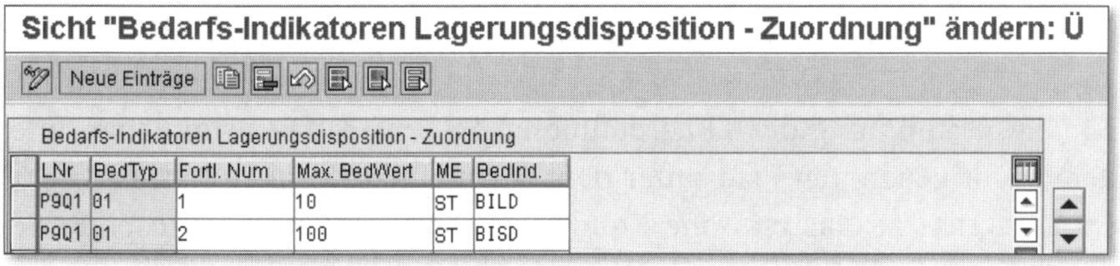

LNr	BedTyp	Fortl. Num	Max. BedWert	ME	BedInd.
P9Q1	01	1	10	ST	BILD
P9Q1	01	2	100	ST	BISD

Abbildung 8.80 Maximale Bedarfswerte je Bedarfsindikator zuordnen

Konditionstechnik

Die Ermittlung der Werte der durch die Lagerungsdisposition bestimmbaren Lagerparameter wird unter Berücksichtigung der verschiedenen Kombinationen der Parameter durch die Konditionstechnik realisiert. Die Customizing-Einstellungen für die Nutzung der Konditionstechnik bilden die Grundlage für die Pflege der Konditionssätze, die für die Steuerung der Lagerparameter-ermittlung notwendig sind. Es wird davon ausgegangen, dass Sie mit der Logik der Konditionstechnik vertraut sind, sodass wir hier nur kurz auf die notwendigen Tabelleneinträge eingehen.

Für die Bestimmung des ESKs definieren Sie im EWM-Customizing unter dem Pfad WARENEINGANGSPROZESS • LAGERUNGSDISPOSITION • KONDITIONS-TECHNIK • KONDITIONSTABELLE FÜR EINLAGERSTEUERKENNZEICHEN BEARBEITEN eine Konditionstabelle, auf Basis welcher Felder das ESK ermittelt werden soll. In unserem Beispiel wird das ESK auf Basis des Feldes LAGER-PRODUKT-GRUPPE bestimmt (siehe Abbildung 8.81).

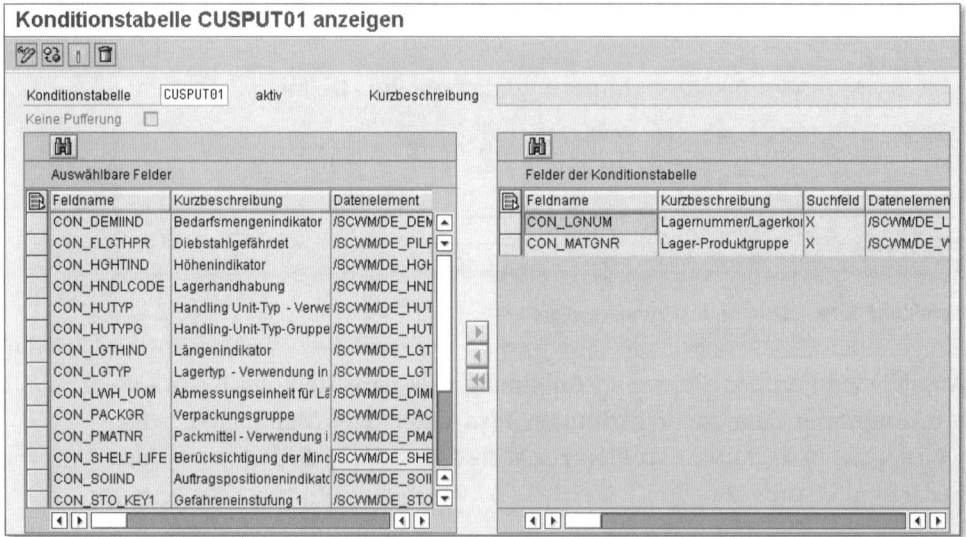

Abbildung 8.81 Konditionstabelle für das Einlagerungssteuerkennzeichen

Für die Bestimmung des LBKs definieren Sie im EWM-Customizing unter dem zuvor genannten Pfad unter dem Menüpunkt KONDITIONSTABELLE FÜR LAGERBEREICH BEARBEITEN eine Konditionstabelle, auf Basis welcher Felder das LBK ermittelt werden soll. Wie in Abbildung 8.82 dargestellt, wird in unserem Beispiel das LBK auf Basis der Felder LAGERTYP und BEDARFSMEN-GENINDIKATOR bestimmt.

Auf die Darstellung der Zugriffsfolgen, Konditionsarten, Findungsschemata und Einstellungen für die Benutzeroberfläche gehen wir an dieser Stelle nicht näher ein, um den Umfang dieses Kapitels nicht zu sprengen.

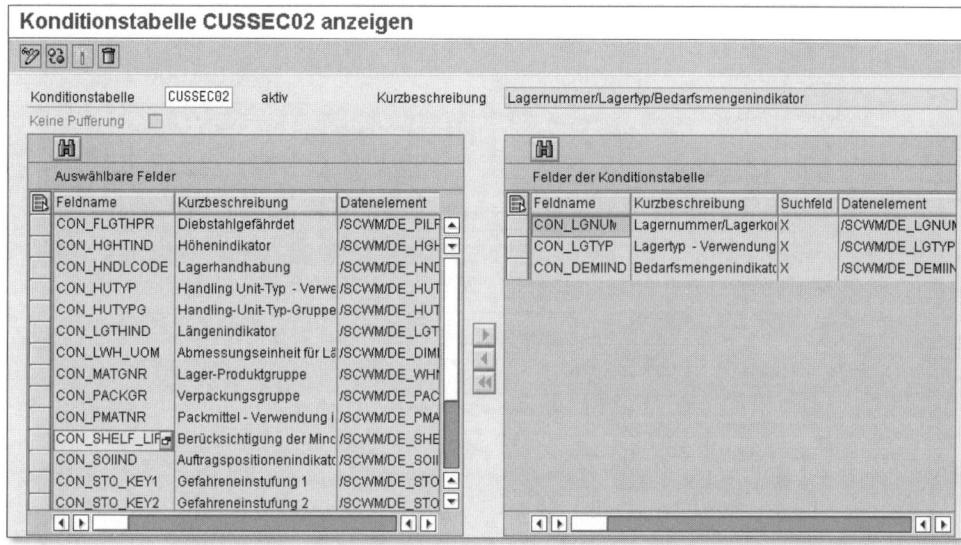

Abbildung 8.82 Konditionstabelle für Lagerbereichskennzeichen

Nachdem Sie die Konditionssätze und die dafür notwendigen Einstellungen im Customizing vorgenommen haben, können Sie im dritten Schritt den Lagerungsdispositionslauf manuell mit der Transaktion /SCWM/SLOT starten, die Sie im SAP Easy Access Menü in EWM unter dem Pfad STAMMDATEN • LAGERUNGSDISPOSITION finden. Abbildung 8.83 zeigt beispielhaft eine Auswahl der durchzuführenden Lagerungsdispositionsschritte für Produkt P9Q_EWM_COMPLEX_1. Darüber hinaus haben Sie die Möglichkeit, den Lagerungsdispositionslauf periodisch in einem Batchjob einzuplanen, um sicherzustellen, dass die Produkte zum Beispiel bei sich ändernden Bedarfsmengen optimal gelagert werden.

Wenn Sie die Transaktion starten, können Sie eine Auswahl der Lagerungsdispositionsschritte vornehmen, die bei der Ermittlung der optimalen Lagerplatzdaten berücksichtigt werden sollen, zum Beispiel:

▸ für die Einlagerung: Bestimmung des ESKs, des LBKs und des optimalen Platztyps

▸ für die Auslagerung: Bestimmung des Auslagerungssteuerkennzeichens (ASK). Das ASK steuert, dass bei einer Auslagerung bestimmte Produkte bevorzugt aus bestimmten Lagertypen oder Lagertypgruppen ausgelagert werden.

▸ Bestimmung einer maximalen Lagertypmenge

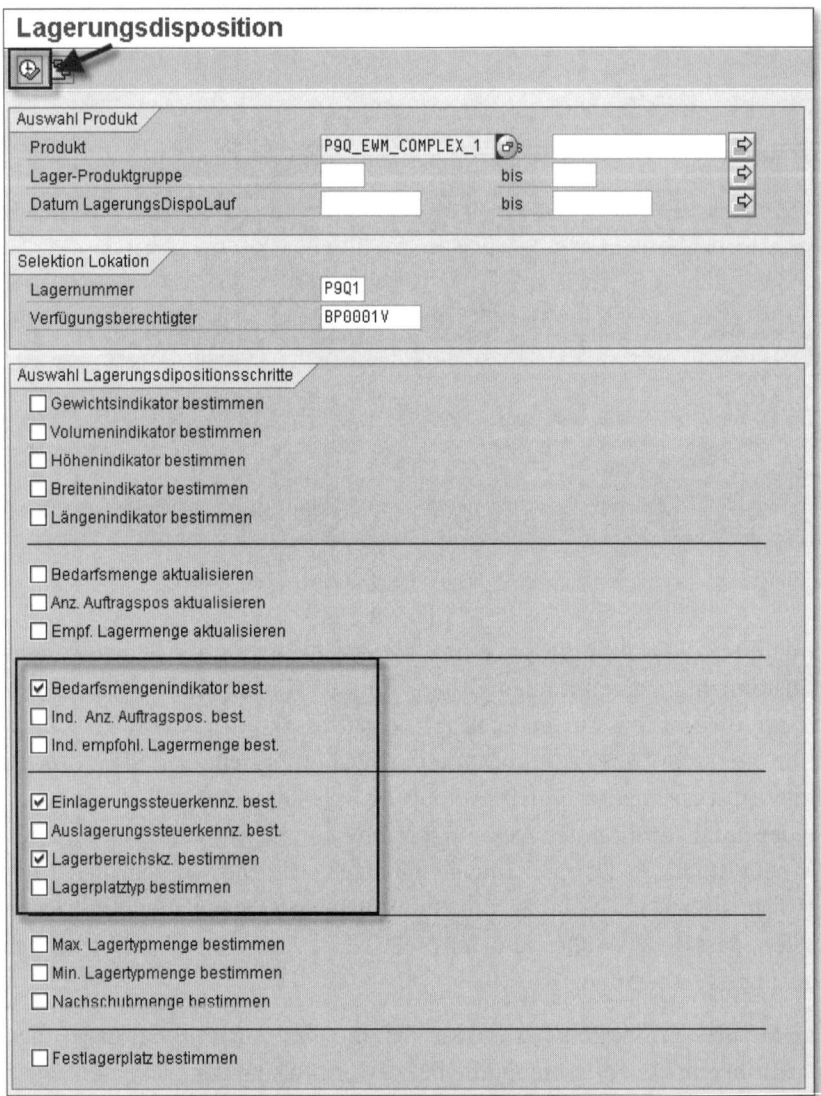

Abbildung 8.83 Auswahl und Durchführung der Lagerungsdispositionsschritte mit Transaktion /SCWM/SLOT

▶ Bestimmung von Dimensionsindikatoren zum Beispiel eines Gewichtsindikators: Beim Lagerungsdispositionslauf werden die Dimensionswerte aus dem Lagerprodukt ausgelesen, das zugehörige Dimensionsintervall ermittelt und in das entsprechende Feld im Produktstamm geschrieben. Dieses Feld kann mithilfe der Konditionstechnik als ein weiterer Parameter wieder ausgelesen werden und zum Beispiel für die Ermittlung des ESKs verwendet werden, etwa wenn Produkte je nach Gewicht in unterschiedlichen Bereichen gelagert werden sollen. Folgende Dimensionsindikatoren stehen im Standard zur Verfügung: Gewicht, Volumen, Länge, Breite, Höhe.

▸ Bestimmung eines Bedarfsmengenindikators: Durch den Lagerungsdispositionslauf können aus den Bedarfsdaten die Bedarfsindikatoren pro Produkt ermittelt werden. Diese Bedarfsindikatoren werden dann vom System in die zugehörigen Felder im Lagerprodukt geschrieben und mithilfe der Konditionstechnik als ein weiterer Parameter wieder ausgelesen.

Die aus dem Lagerungsdispositionslauf ermittelten Werte werden auf verschiedene Weise im Produktstamm fortgeschrieben. Es können drei Arten von Speichermodi unterschieden werden:

▸ **Ergebnisse nicht speichern**
Eine Fortschreibung in den Produktstamm findet nicht statt (Simulation der Lagerungsdisposition).

▸ **Ergebnisse speichern**
Lagerungsdispositionslauf mit automatischer Aktualisierung der Planwerte des Produktstamms. Falls Planwertfelder im Lagerproduktstamm existieren, können diese aktualisiert werden. Diese werden aber noch nicht als operative Werte übernommen. Zur Aktivierung der Planwerte verwenden Sie die Transaktion /SCWM/SLOTACT, die Sie im SAP Easy Access Menü in EWM unter dem zuvor genannten Pfad finden.

▸ **Ergebnisse speichern und aktivieren**
Die ermittelten Planwerte werden automatisch als operative Werte übernommen.

Die aktivierten Werte können mit dem Kennzeichen FIX fixiert werden, sodass eine Überschreibung beim nächsten Lagerungsdispositionslauf und bei der Aktivierung von Planwerten verhindert wird.

Wie in Abbildung 8.84 dargestellt, wurde auf Basis des Konditionssatzes für die Ermittlung des ESKs für die Produktgruppe 0001 der Wert EIKT ermittelt. Diesem Wert wurde im Customizing in der Lagertypsuchreihenfolge der Lagertyp 0020 zugeordnet. Darüber hinaus wurde der Bedarfsindikator BISD bestimmt. Dieser Wert wurde auf Basis der im Produktstamm hinterlegten Bedarfsmenge ermittelt (siehe Abbildung 8.85).

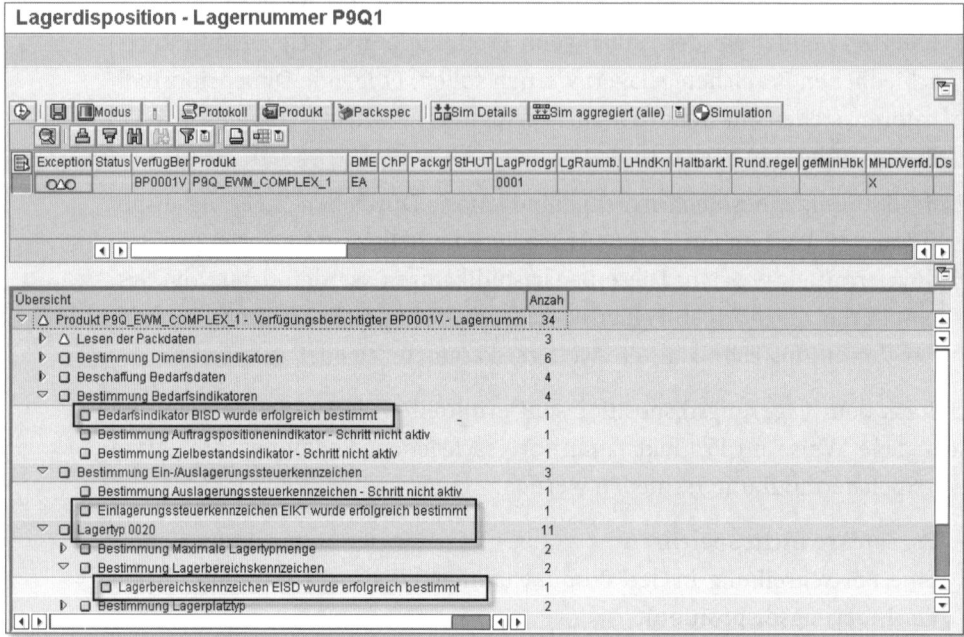

Abbildung 8.84 Ergebnisanzeige des Lagerungsdispositionslaufs

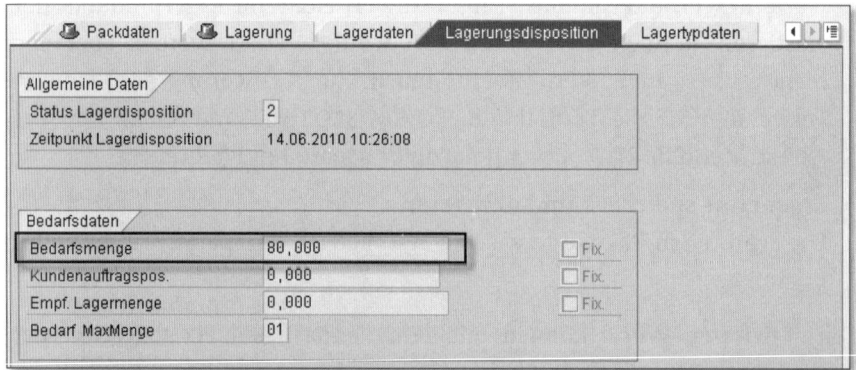

Abbildung 8.85 Bedarfsmenge im Produktstamm

Die Bedarfsdaten können aus SAP APO-SPP (Service Parts Planning) direkt in EWM übertragen werden. EWM legt diese Informationen lokal im Produktstamm ab. Darüber hinaus haben Sie die Möglichkeit, die Bedarfsdaten aus anderen Quellen zu füllen. Dazu stehen im Produktstamm mehrere Bearbeitungsmöglichkeiten zur Verfügung, zum Beispiel manuelle Eingabe oder Massenpflege mit Transaktion MASSD.

Der Bedarfsindikator BISD hat in Kombination mit dem Lagertyp 0020 das LBK EISD auf Basis eines weiteren Konditionssatzes bestimmt.

In unserem Beispiel wurde der Speichermodus so eingestellt, dass mit Sichern des Lagerungsdispositionslaufs die Planwerte auf dem Produktstamm aktualisiert werden, was bedeutet, dass die Aktivierung der Lagerparameter im Produktstamm manuell durch die Transaktion /SCWM/SLOTACT erfolgt. Mit der Transaktion /SCWM/MAT1 können Sie sich die für das Produkt ermittelten Lagerparameter in den lagerabhängigen bzw. lagertypabhängigen Produktstammsichten anzeigen lassen, wie in Abbildung 8.86 dargestellt.

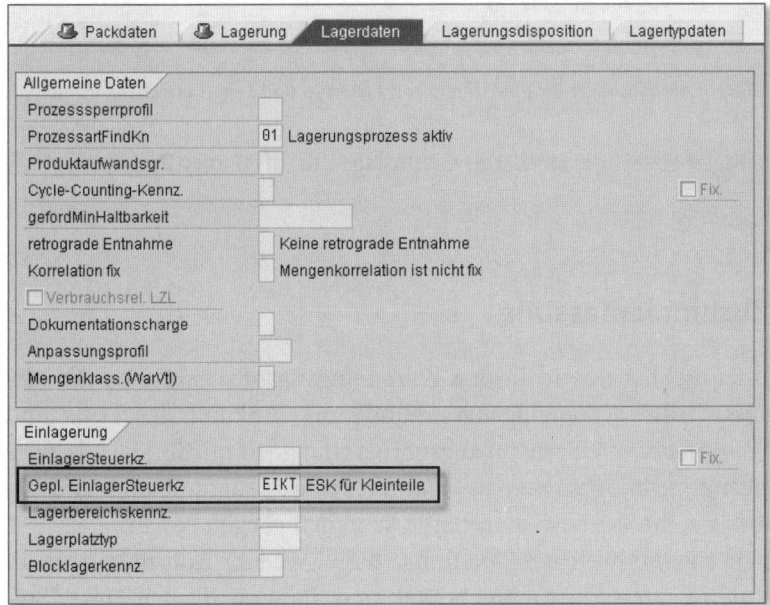

Abbildung 8.86 Aktualisierter Produktstamm mit geplantem Einlagerungssteuerkennzeichen

Den Wert für das geplante LBK sowie den ermittelten Lagertyp sehen Sie auf der Registerkarte LAGERTYPDATEN (siehe Abbildung 8.87).

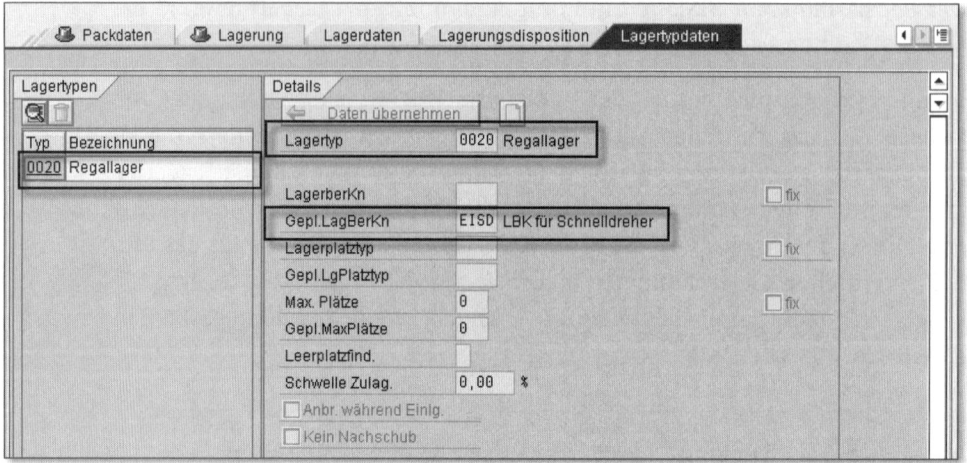

Abbildung 8.87 Aktualisierter Produktstamm mit Lagertyp und Lagerbereichskennzeichen

Die Lagerungsdisposition stellt die Grundlage für die Lager-Reorganisation dar.

8.8 Zusammenfassung

In diesem Kapitel haben wir für den Wareneingangsprozess die verschiedenen Prozessschritte Wareneingangsankündigung, Ankunft des Lkws und Yard Management, Wareneingangsvorbereitung, Entladung inklusive Wareneingangsbuchung sowie die Wareneingangssteuerung und Einlagerung auf Basis von ASNs bzw. erwarteten Wareneingängen beschrieben. Wir haben aufgezeigt, mit welchen Funktionalitäten EWM die Anforderungen an die genannten Prozessschritte unterstützt, und die wesentlichen Einstellungen im Customizing dokumentiert.

Zusätzlich haben wir die Qualitätsprüfung, die Chargenabwicklung und die Lagerungsdisposition als Sonderfälle des Wareneingangsprozesses detailliert beschrieben und die wichtigsten Einstellungen im Customizing erklärt.

Eine primäre Aufgabe des Lagers ist die Auslieferung des geforderten Materials zum richtigen Zeitpunkt an einen bestimmten Ort. Entsprechend groß ist die Bedeutung des Warenausgangsprozesses in SAP EWM. Mit EWM ist es möglich, diesen komplexen Prozess mit seinen Teilschritten flexibel im System abzubilden und zu optimieren.

9   Warenausgangsprozess

Der Warenausgangsprozess umfasst Prozessschritte von der Gruppierung der verschiedenen Aufträge und Lieferbedarfe über das Zusammenfassen und Erstellen von Arbeitspaketen für die Auslagerung, das Abarbeiten dieser Arbeitspakete entweder direkt am Lagerplatz oder an Kommissionierpunkten, den internen Transport der Ware an Verpackungsstationen und das Verpacken der Ware bis zur Durchführung logistischer Zusatzleistungen. Dies könnten zum Beispiel das Umpacken der Ware in spezielle Verpackungen oder das Befestigen von Mustern an der Ware oder Paketen sein. Abschließend umfasst der Prozess das Bereitstellen der Ware sowie das endgültigen Verladen der Waren in einen Lkw.

Die wesentlichen Funktionen von EWM für den Warenausgangsprozess sind:

▶ Lagerprozessschritte können kundenspezifisch definiert werden.

▶ Warenausgangsprozesse können durch unterschiedliche Kombinationen der Lagerprozessschritte unter Berücksichtigung des Lagerlayouts flexibel modelliert werden.

▶ Der auszulagernde Warenbedarf kann zu Wellen zusammengefasst werden. Diese können unterschiedlich verarbeitet werden, und der Kommissionierprozess kann in verschiedenen Intervallen gestartet werden, um so die Arbeitslast zu priorisieren.

▶ Lagertätigkeiten können mithilfe eines integrierten Ressourcenmanagements, das die Lagermitarbeiter optimiert durch das Auftragsvolumen leitet und eine systemgeführte Abarbeitung sicherstellt, parallel ausgeführt werden.

▸ Verpackungsstationen können automatisch bestimmt werden, um Ware, die in unterschiedlichen Bereichen von unterschiedlichen Mitarbeitern parallelisiert kommissioniert wurde, wieder zusammenzuführen und zu verpacken.

▸ Logistische Zusatzleistungen können automatisch gesteuert werden, zum Beispiel das Ölen oder Reinigen der Ware für die Auslagerung, das Umpacken der Ware in Verpackungen einer anderen Marke usw.

▸ Es wird eine vollständige Bestandstransparenz über alle Prozessschritte hinweg ermöglicht.

▸ Sie erhalten einen Überblick über alle notwendigen Schritte für jede Anlieferposition im Lagermonitor durch ein umfangreiches und flexibles Statusmanagement.

In diesem Kapitel geben wir Ihnen zunächst einen Überblick über den Warenausgangsprozess. In den darauffolgenden Abschnitten werden wir die Funktionen dann detailliert erläutern: als Erstes die vorgelagerten Tätigkeiten im Warenausgang, anschließend die Lager- und EWM-Aktivitäten im Warenausgang.

9.1 Einführung in den Warenausgangsprozess

In diesem Abschnitt beschreiben wir die einzelnen Prozessschritte und EWM-Funktionen im Warenausgang. Er stellt gewissermaßen den roten Faden dar, der sich durch das gesamte Kapitel zieht und der Ihnen dabei helfen soll, die Abhängigkeit der einzelnen Prozessschritte zu verstehen und Ihre Prozesse bestmöglich zu gestalten. Abbildung 9.1 stellt diese Prozessschritte im Überblick vor.

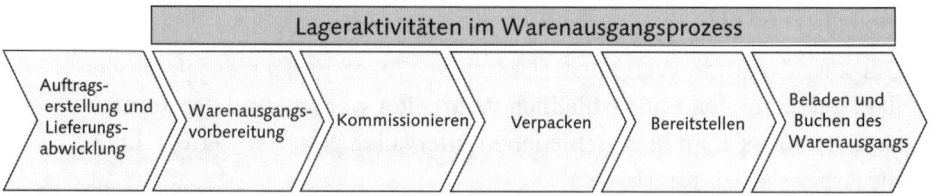

Abbildung 9.1 Prozessschritte im Warenausgang

Im Folgenden charakterisieren wir die einzelnen Prozessschritte genauer:

1. **Auftragserstellung und Lieferabwicklung**
Hierbei handelt es sich um vorgelagerte Aktivitäten aus der Lagerlogistik,

die nicht direkt dem Lagergeschehen zugeordnet sind. Damit das Lager die Ware ausliefern kann, benötigt es eine Lageranforderung; das heißt, das Lager benötigt ein Dokument oder einen Bedarf, um die Ware auszulagern. Meist geschieht dies anhand eines Kundenauftrags und der Erstellung eines Lieferdokuments, das an EWM verteilt wird. Ähnlich wie auch im Wareneingangsprozess wird hierfür ein Lieferobjekt verwendet.

Die Lieferung wird an das Lager übergeben; sie erhält alle notwendigen Informationen darüber, welches Material in welcher Menge an welchen Kunden zu welchem Zeitpunkt ausgeliefert werden soll. Auf Basis der Auslieferung werden dann die Lagertätigkeiten durchgeführt (siehe auch Kapitel 6, »Lieferabwicklung«).

2. **Warenausgangsvorbereitung**
Während der Warenausgangsvorbereitung werden die unterschiedlichen Materialien, die auszulagern sind, gesichtet und eine Planung durchgeführt. Ziel ist es, gleichartige Anforderungen zu bündeln und die Waren dann gemeinsam und parallelisiert auszulagern. In der Vorbereitung des Warenausgangs werden Lageraufträge gruppiert und die Lagertätigkeiten zu Lageraufträgen gebündelt.

3. **Kommissionierung**
Die Ausführung der Lagertätigkeiten wird während der Kommissionierung durchgeführt. Hierbei wird die Ware manuell entweder am Platz oder an Arbeitsstationen (Kommissionierpunkten) entnommen oder gegebenenfalls automatisch durch ein Kommissioniersystem ausgelagert. Das tatsächliche Auslagern der Waren vom Kommissionierplatz kann auch mit mobilen Geräten und RF-Transaktionen durchgeführt werden.

4. **Verpacken**
Ist die Ware für einen Kunden oder für einen Transport bestimmt, muss diese sicher und, falls gewünscht, kundenbezogen verpackt werden. Zusätzliche Papiere, wie die Rechnung, Transportpapiere oder Exportbescheinigungen, müssen im Paket verstaut werden. Der Verpackungsschritt wird meist an Stationen durchgeführt. Ziel ist es, die Ware optimiert zu verpacken, später zu Transporten zusammenzufassen und gegebenenfalls an den Spediteur zu übergeben.

5. **Bereitstellen**
Ist die Ware für den Versand vorbereitet, muss sie gegebenenfalls zwischengelagert werden, um dann endgültig verladen zu werden. Die Bereitstellung der Ware findet an Versandbahnen statt oder wird, falls die Trans-

porteinheit bereitsteht, ausgelassen. Mit dem Auslassen der Bereitstellung wird die Ware direkt auf den Lkw verladen. Wird Ware exportiert oder über eine weite Strecke transportiert, ist das Bereitstellen üblich, um die Paketstücke zusammenzufassen und so Transportkosten zu minimieren. Zusätzlich dazu ermöglicht der Bereitstellprozess eine Sortierung der Ware, um Paletten optimal in den Lkw zu verladen. Falls der Lkw auf seiner Route mehrere Lokationen anfahren muss, kann mithilfe der Bereitstellung sichergestellt werden, dass Ware, die zuletzt ausgeladen wird, zuerst beladen wird und die Ware, die zuerst den Lkw verlassen muss, als Letzes auf den Lkw befördert wird.

6. **Beladen und Buchen des Warenausgangs**
Der Beladevorgang wird mit einer Transporteinheit zum Beispiel in Form eines Lkws sichergestellt. In diesem Prozessschritt werden die Waren oder die Paletten auf den Lkw befördert. Abhängig vom Prozess und den Kundenanforderungen müssen alle Pakete zuerst beladen werden, und der Beladeprozess muss abgeschlossen werden, damit das finale Buchen des Warenausgangs durchgeführt wird. Das Buchen des Warenausgangs schließt den Prozess im Lager ab. Ziel dieses Prozessschrittes ist es, sicherzustellen, dass die Warenübergabe erfolgreich durchgeführt wird und der Spediteur die Ware erfolgreich in Gewahrsam nimmt. Mit dem Buchen des Warenausgangs wird der Bestand auch aus dem Lager gebucht. In SAP EWM werden dann Daten an SAP ERP übertragen, und dort findet der Folgeprozess statt.

Nachdem wir in diesem Abschnitt einen Überblick über den betriebswirtschaftlichen Prozess im Warenausgang gegeben haben, stellen wir im Folgenden die Funktionen in EWM dar, die diesen Prozess unterstützen. Wir beginnen mit den vorgelagerten Aktivitäten der Erstellung der Lieferung, die notwendig sind, damit im Lager der Warenausgangsprozess angestoßen werden kann. Anschließend betrachten wir die lagerspezifischen Teilprozesse und die Komponenten von EWM, die den Warenausgangsprozess unterstützen.

Unabhängig von dem Standard-Prozess, der im SAP ERP-System anhand eines Kundenauftrags und der zugehörigen Lieferung beginnt, kann der Warenausgangsprozess auch in EWM beginnen. Nachfolgend beschreiben wir den Standard-Prozess im Warenausgang mit der Erstellung der Auslieferung in SAP ERP sowie das Anstoßen des Prozesses in EWM anhand einer Direktauslieferung.

9.2 Vorgelagerte Tätigkeiten im Warenausgang

Damit der Warenausgangsprozess im Lager beginnen kann, muss dem Lager der Bedarf mitgeteilt werden, Ware auszulagern. Den Bedarf zur Auslagerung stellt für das Lager der *Auslieferungsauftrag* dar. In diesem Abschnitt zeigen wir, wie der Auslieferungsauftrag im Warenausgangsprozess entsteht und wie der Gesamtprozess davon beeinflusst wird. Wir beschreiben die vorgelagerten Tätigkeiten, das heißt, die Auftrags- und Lieferungssteuerung. Diese sind die Basis dafür, mit Lieferobjekten den Warenausgang im Lager zu planen.

9.2.1 Warenausgangsprozess auf Basis von Kundenaufträgen und Lieferungen

Bestellt ein Kunde eine Ware, muss diese Ware ausgeliefert und nachträglich vom Kunden bezahlt werden. Diesen Prozess nennt man *Order-to-Cash*. Wir durchleuchten in diesem Abschnitt zunächst diesen Prozess, um ein besseres Verständnis des Warenausgangs schaffen. In Abbildung 9.2 haben wir die Teilschritte im Order-to-Cash-Prozess dargestellt: Nur der ausführende Teil, in dem die Ware ausgelagert und an den Kunden geliefert wird, ist entscheidend für das Lager und somit für EWM. Die davorliegenden Prozessschritte sowie die anschließende Fakturierung werden nicht von EWM unterstützt.

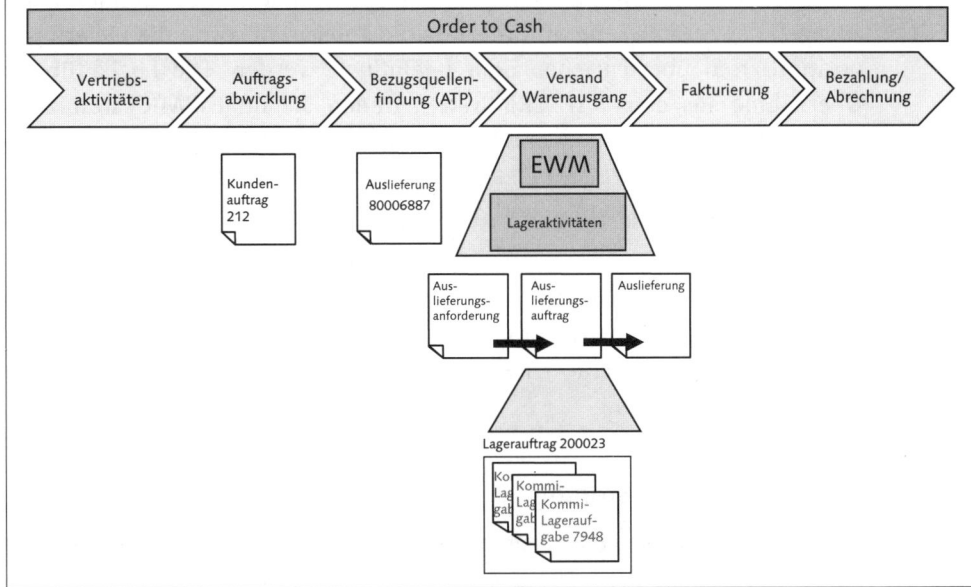

Abbildung 9.2 Darstellung des Order-to-Cash-Prozesses

In der Abbildung erkennen Sie die Dokumente, die im Laufe des Prozesses entstehen: Der *Kundenauftrag* wird entweder in SAP CRM oder SAP ERP erstellt. Um den Kundenauftrag zu bedienen, wird eine *Auslieferung* im SAP ERP-System erstellt. Es ist auch möglich, eine Auslieferung ohne eine Referenz zu einem Kundenauftrag zu erstellen. In beiden Fällen wird die Auslieferung in das EWM-System repliziert und dort verwendet, um den Warenausgangsprozess zu starten.

Der Warenausgangsprozess wird in EWM in drei Auslieferungsobjekte unterteilt. Sie sind notwendig, um eine Integration in das SAP ERP-System sicherzustellen. Die replizierte Auslieferung aus dem SAP ERP-System wird im ersten Schritt in eine Auslieferungsanforderung (ODR) geführt. Diese Auslieferungsanforderung wird dann im zweiten Schritt in einen Auslieferungsauftrag (ODO) umgewandelt. Auf Basis des Auslieferungsauftrags, der ebenso für das Lager eine Lageranforderung darstellt, können Lageraufgaben sowie Lageraufträge zur Auslagerung erstellt werden. Der physische Prozess wird gestartet und bei Bedarf in die Teilprozessschritte Kommissionieren, Verpacken, Bereitstellen und Beladen unterteilt. Wird der Auslieferungsauftrag warenausgangsgebucht, wird eine Auslieferung (OD), auch *Final Delivery* genannt, erstellt. Diese Auslieferung dient als Objekt für die Kommunikation mit dem SAP ERP-System; dort wird sowohl die Auslieferung im Warenausgang gebucht als auch der weitere Prozess im SAP ERP-System abgeschlossen.

Wird die Auslieferung aus dem SAP ERP-System empfangen, können beim Anlegen der Auslieferungsanforderung die Belegarten sowie die Lieferungspositionsarten überschrieben oder beeinflusst werden. Die Logik für die Übernahme aus dem SAP ERP-System finden Sie im EWM-Customizing. Wählen Sie dazu den Pfad EXTENDED WAREHOUSE MANAGEMENT • SCHNITTSTELLEN • ERP-INTEGRATION • LIEFERABWICKLUNG • BELEGARTEN AUS DEM ERP-SYSTEM IN EWM ABBILDEN und POSITIONSARTEN AUS DEM ERP-SYSTEM IN EWM ABBILDEN.

Der Warenausgangsprozess muss nicht zwingend im SAP ERP-System angestoßen werden. Alternativ können Sie den Warenausgangsprozess in EWM beginnen, indem Sie eine Direktauslieferung erstellen, wie im folgenden Abschnitt beschrieben.

9.2.2 Direktauslieferung

Es kann gute Gründe geben, um den Auslagerprozess aus dem Lager heraus zu beginnen und nicht durch einen Kundenauftrag zu initiieren. Solche Gründe könnten sein:

▸ Sie müssen zusätzliche Ware im Push-Prinzip verteilen und können dies durchführen, da Ihr Lager als Verteilzentrum agiert. Im Einzelhandel stellt dies einen üblichen Prozess dar, da die Ware verderben könnte. Daher liefern Sie diese zusätzlich zu eingegangenen Aufträgen an Ihre Filialen proaktiv aus. Ebenso ist es denkbar, den Lkw mit zusätzlicher Ware aufzufüllen, um eine bessere Effizienz Ihrer Transportausgaben sicherzustellen.

▸ Ihr Kunde fordert Sie kurzfristig auf, zusätzliche Ware zu liefern, da er diese beim Bestellvorgang vergessen hat. In diesem Pull-Prinzip lagern Sie dann zusätzliche Produkte aus und liefern sie mit den bereits bestellten Produkten aus.

▸ Sie möchten wiederverwendbares Verpackungsmaterial (zum Beispiel Paletten oder Metallbehälter) an Ihren Lieferanten oder an andere Lokationen in Ihrer Logistikkette versenden.

▸ Sie verkaufen direkt ab Lager Ware an Endkunden.

Für diese Fälle ist es möglich, eine Auslieferung direkt in EWM anzulegen. In Abbildung 9.3 sehen Sie, wie der Prozessfluss bei Direktauslieferungen über die Systeme hinweg abläuft und wie Daten aus anderen Systemen verwendet werden, um die Direktauslieferung optimal unter Berücksichtigung der Bedarfssituation und der gesetzlichen Rahmenbedingungen anzulegen.

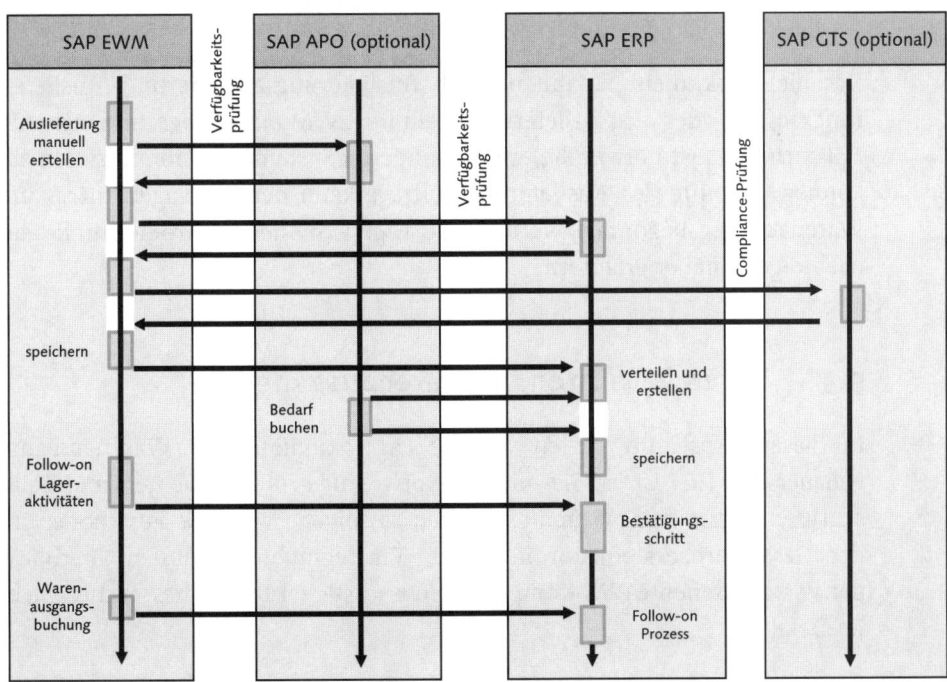

Abbildung 9.3 Direktauslieferungsprozess

Optional ist der Einsatz von SAP Advanced Planning & Optimization (APO) oder SAP BusinessObjects Global Trade Services (GTS) möglich: SAP APO ermöglicht Ihnen eine bessere Planung des Materials, das heißt, EWM prüft, ob der Bestand, den Sie über eine Direktauslieferung auslagern möchten, nicht schon verplant ist. GTS stellt sicher, dass Sie zum Beispiel Exportbeschränkungen einhalten.

Nach erfolgreicher Prüfung der Bestandsverfügbarkeit zuerst in EWM und anschließend optional in SAP APO oder direkt in SAP ERP wird der Auslieferungsauftrag nach dem Erstellen in EWM an das SAP ERP-System repliziert. Im SAP ERP-System wird eine Auslieferung erstellt, und der Folgeprozess wird genauso wie im Standard-Warenausgangsprozess durchgeführt.

Beim der Direktauslieferung ist eine Rechnungserstellung oft vor dem Warenausgangsbuchen notwendig. Diese Funktion erläutern wir in Abschnitt 9.3.19, »Rechnungserstellung vom Buchen des Warenausgangs«. Wird der Rechnungserstellungsprozess vor dem Warenausgangsbuchen initiiert, wird die Rechnung vom SAP ERP-System aus gedruckt.

Nach dem Buchen des Warenausgangs wird eine Rückmeldung an das EWM-System gesendet und ebenso wie beim Warenausgang, der durch einen Kundenauftrag gestartet wurde, kann der Folgeprozess in SAP ERP abgeschlossen werden.

Das Lieferdokument, unabhängig ob Auslieferungsanforderung, Auslieferungsauftrag oder die Auslieferung, stellt für EWM eine Integration mit SAP ERP sicher. Es ist notwendig, um mit anderen Systemen kommunizieren zu können. Mithilfe des Auslieferungsauftrags kann der der Lagerprozess im Warenausgang begonnen werden, die Lageraktivitäten werden wir Ihnen nachfolgend näher erläutern.

9.3   Lageraktivitäten im Warenausgang

In diesem Abschnitt stellen wir die Lageraktivitäten im Warenausgang genauer dar. Ziel ist es, Sie mit den notwendigen Komponenten und Teilschritten vertraut zu machen und Ihnen zu zeigen, wie diese Funktionen in den Gesamtprozess einzuordnen sind. Wir beginnen mit einem Überblick der verschiedenen EWM-Komponenten und stellen Ihnen dies nachträglich im Detail vor.

9.3.1 Überblick der SAP EWM-Komponenten im Warenausgang

Mit dem Replizieren der Auslieferung an das EWM-System wird eine Auslieferungsanforderung in EWM angelegt. Durch das Aktivieren dieser Auslieferungsanforderung erstellt EWM einen Auslieferungsauftrag. Sie können das Aktivieren über das Post Processing Framework (PPF) oder manuell durchführen. Um in die Transaktion zu gelangen und die Auslieferungsanforderung zu aktivieren, folgen Sie im SAP Easy Access Menü dem Pfad EXTENDED WAREHOUSE MANAGEMENT • LIEFERABWICKLUNG • AUSLIEFERUNG • AUSLIEFERUNGSANFORDERUNG PFLEGEN oder nutzen die Transaktion /SCWM/ODR. In der Transaktion können Sie nach einer Auslieferung selektieren. Zum Aktivieren markieren Sie diese und klicken auf die Schaltfläche AKTIVIEREN. Kann die Auslieferungsanforderung nicht aktiviert werden, wird der Gesamtstatus des Lieferdokuments auf FEHLERHAFT gesetzt.

In Abbildung 9.4 sehen Sie den fehlerhaften Status anhand der roten Ampel, die wir in der Abbildung hervorgehoben haben. Sie können die Schaltfläche PRÜFEN anklicken, um einen Fehlerlog zu erhalten, der anzeigt, weshalb die Auslieferungsanforderung nicht aktiviert werden kann. Meist müssen Sie Stammdaten nachpflegen oder die Konfiguration anpassen. Beheben Sie das Problem, können Sie das Dokument aktivieren, und ein Auslieferungsauftrag (ODO) wird erstellt.

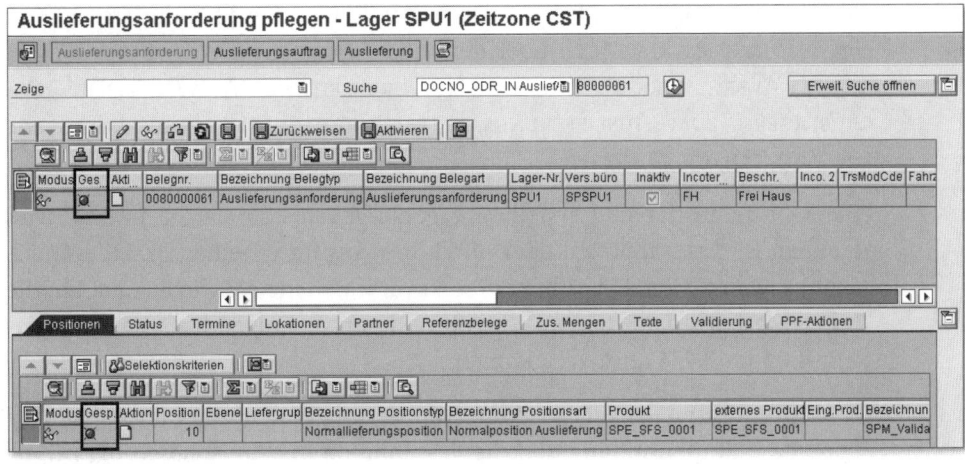

Abbildung 9.4 Aktivieren einer Auslieferungsanforderung

Um einen Auslieferungsauftrag zu pflegen und sehen zu können, folgen Sie über das SAP Easy Access Menü dem Pfad EXTENDED WAREHOUSE MANAGEMENT • LIEFERABWICKLUNG • AUSLIEFERUNG • AUSLIEFERUNGSAUFTRAG PFLEGEN oder nutzen den Transaktionscode /SCWM/PRDO. In Abbildung 9.5 sehen Sie einen Auslieferungsauftrag mit den Positionen, die zu kommissionieren sind.

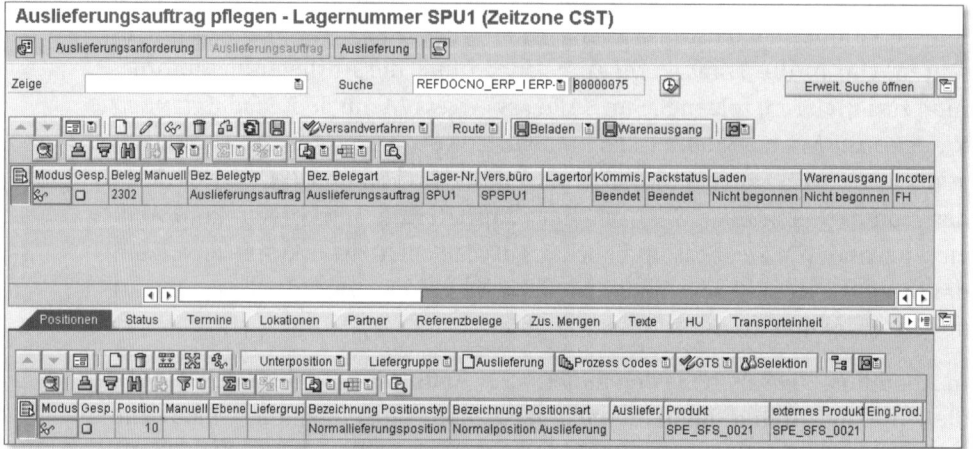

Abbildung 9.5 Auslieferungsauftrag darstellen

Sie können direkt aus der Transaktion Lageraufgaben zum Kommissionieren anlegen und diese quittieren. Um aus dem Auslieferungsauftrag Lageraufgaben anzulegen, wählen Sie in der Menüleiste AUSLIEFERUNGSAUFTRAG • FOLGEFUNKTIONEN • LAGERAUFGABE. Alternativ können Sie auch die Transaktion im SAP Easy Access Menü über den Pfad EXTENDED WAREHOUSE MANAGEMENT • ARBEITSVORBEREITUNG • ARBEITSVORBEREITUNG • /SCWM/TODLV_O – AUSLAGERN ZUM AUSLIEFERUNGSAUFTRAG oder mittels Transaktionscode /SCWM/TODLV_O starten.

Das Quittieren der neu erstellten Lageraufgaben können Sie mithilfe von mobilen RF-Transaktionen oder durch das Ausführen einer Desktop-Transaktion sicherstellen. EWM bietet Ihnen verschiedene Möglichkeiten, um die Lageraufgaben zu quittieren. Wir zeigen Ihnen im Folgenden, wie Sie Lageraufgaben in EWM quittieren können.

Beim Überführen der Auslieferungsanforderung in den Auslieferungsauftrag finden die Routenfindung und die Bestimmung der Konsolidierungsgruppe statt (siehe Abbildung 9.6). Die Route wird verwendet, um Produkte zusammenzuführen, die sich auf der gleichen Route des Spediteurs befinden. Die Konsolidierungsgruppe wird genutzt, um Produkte zusammenzuführen; dabei sollen Produkte mit der gleichen Konsolidierungsgruppe in das gleiche Paket verpackt werden.

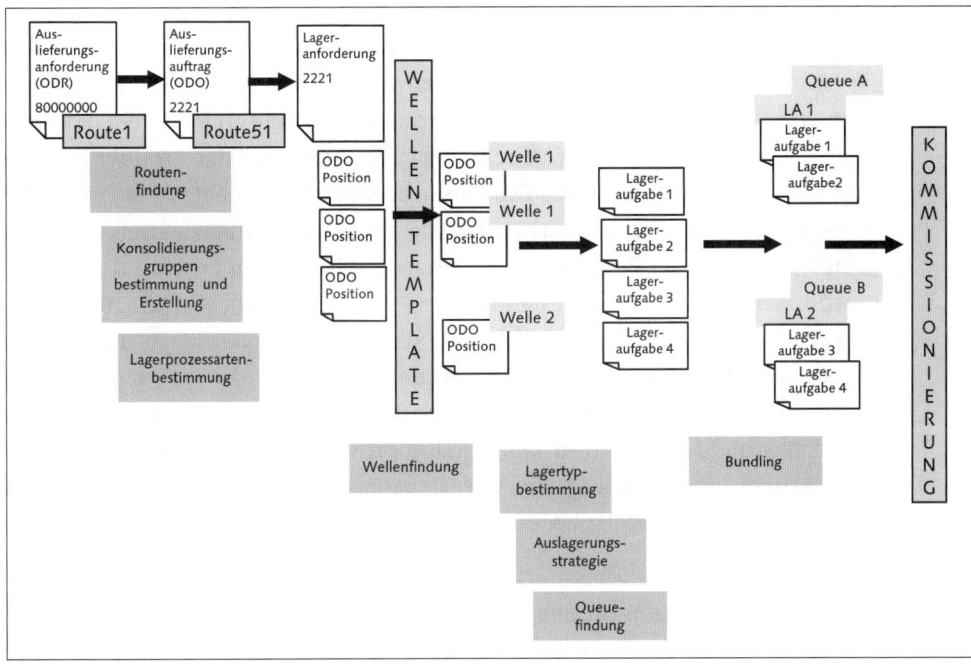

Abbildung 9.6 Überblick über die vorbereitenden Lageraktivitäten im Warenausgang

Ähnlich, wie es im SAP ERP-System die Bewegungsarten gibt, gibt es im EWM-System die Lagerprozessarten. Die Lagerprozessart beinhaltet viele verschiedene prozessbezogene Parameter, wie den Typ, die Aktivität oder die Angabe, ob sie automatisch beim Erstellen quittiert wird. Wenn ein Lagerauftrag mit seinen zugehörigen Lageraufgaben angelegt wird, muss das System die passende Lagerprozessart bestimmen bzw. finden. Mit der Lagerprozessartenfindung können Sie bestimmen, welchen Auslagerprozess das Produkt durchlaufen muss. Die Lagerprozessart beeinflusst die folgenden Prozessschritte stark.

Die Lageranforderung, aus der die Lageraufträge und Lageraufgaben erstellt werden, entspricht 1:1 zu dem Auslieferungsauftrag und seinen Positionen.

Falls Sie das Wellenmanagement im Einsatz haben, werden Lageraufträge und Lageraufgaben nur dann erstellt, wenn Sie die Welle mit den zugehörigen Lageranforderungspositionen freigeben. Das Wellenmanagement ermöglicht Ihnen, Lieferpositionen mit gleichen Eigenschaften zusammenzufassen und diese priorisiert oder je nach Tageszeit zur Kommissionierung freizugeben.

Mit der Freigabe der Welle erstellt EWM die Lageraufträge mit den zugehörigen Lageraufgaben zur Kommissionierung. Im ersten Schritt versucht EWM zu bestimmen, von welchem Lagertyp das Produkt zu kommissionieren wäre. Hierzu wird eine Lagertypfindung durchgeführt. Mit dem determinierten Lagertyp findet EWM den Lagerplatz, von dem das Produkt endgültig ausgelagert werden darf. Die Auslagerungsstrategie befasst sich mit der Findung des optimalen Lagerplatzes, von dem das Produkt zu kommissionieren wäre. Wird der Platz gefunden, reserviert EWM den Bestand für die Lieferposition, somit ist der Bestand reserviert und kann nicht mehr für andere Zwecke verwendet werden. Abhängig davon, ob die auszulagernde Menge von einem Platz kommissioniert werden kann, wird EWM eine oder mehrere Lageraufgaben erstellen. Reicht der Bestand nicht aus und muss das Produkt von mehreren Plätzen kommissioniert werden, erstellt EWM die gleiche Anzahl von Lageraufgaben wie die Anzahl an Lagerplätzen, von denen das Material zu kommissionieren ist.

Arbeiten Sie mit dem Ressourcenmanagement und wird das Kommissionieren von Mitarbeitern durchgeführt, die zum Beispiel auf Staplern die Ware auslagern, versucht das EWM-System, eine Queue zu bestimmen. Mithilfe dieser Queue werden die erstellten und abzuarbeitenden Lageraufträge Ressourcen zugeordnet. Weitere Informationen zum Ressourcenmanagement finden Sie in Kapitel 11, »Optimierung der Lagerprozessdurchführung«.

Mithilfe eines Lagerauftrags oder des Bundlings wird versucht, mehrere Lageraufgaben zu einem Lagerauftrag zusammenzufassen. Ziel ist es, falls möglich, Lageraufgaben zusammenzuführen, die sich unter anderem im gleichen Aktivitätsbereich befinden. Sind mehrere Lageraufgaben des gleichen Aktivitätsbereichs zu einem Lagerauftrag zugeordnet, kann der Mitarbeiter die Produkte nach einem optimalen Kommissionierweg kommissionieren und diese dann an die Packstation befördern. Natürlich kann und muss EWM sicherstellen, dass der Mitarbeiter nur so viele Lageraufgaben in einem Lagerauftrag zugewiesen bekommt, wie er tatsächlich auch befördern kann, ohne die maximale Fördermenge zu überschreiten. Hat der Lagerauftrag mehrere Lageraufgaben, können diese sortiert werden, damit der Mitarbeiter die Ware in optimierter Reihenfolge kommissionieren kann und keine unnötigen Wege zurücklegen muss.

Stehen die Lageraufträge mit den zugehörigen Lageraufgaben zum Kommissionieren bereit, kann die tatsächliche Ausführung der Lagertätigkeiten begonnen werden. Setzen Sie das Ressourcenmanagement ein, weist EWM

Ihren Ressourcen die Lageraufträge gemäß der konfigurierten Queuesteuerung zu.

Das Ausführen der Kommissionierung kann papierbasiert oder durch den Einsatz von mobilen RF-Transaktionen und mobilen Geräten realisiert werden. Beides werden wir Ihnen in den folgenden Abschnitten erläutern. Auch das Kommissionieren über einen Kommissionierpunkt mithilfe eines Materialflusssystems, das wir in Kapitel 14, »Anbindung einer Materialflusssteuerung«, vorstellen, wird von EWM unterstützt.

Ist die Kommissionierung abgeschlossen, können abhängig von der prozessorientierten Lagerungssteuerung folgende Prozessschritte folgen:

1. Kit-Bildung

2. logistische Zusatzleistungen

3. Verpacken

4. Bereitstellen

5. Verladen

Muss die Ware, bevor sie das Lager verlässt, noch verpackt werden, werden die kommissionierten Teile abhängig von der konfigurierten Steuerung an die relevante Packstation befördert. Dort werden Pakete mit mobilen RF-Transaktionen (falls sich an der Packstation mobile Geräte im Einsatz befinden) oder mit einem Packstationendialog (falls an den Packstationen PCs angebracht worden sind) gebildet.

Mit dem Abschluss des Verpackungsprozesses werden die Handling Units (HUs) abhängig von der prozessorientierten Lagerungssteuerung entweder direkt in den Beladeprozess überführt oder bei Bedarf noch vorher in einem Bereich bereitgestellt. Mit dem Quittieren der Lageraufgabe zum Bereitstellen können automatisch im Hintergrund weitere Lageraufgaben zum Beladen erstellt werden.

Ist der Lkw am Lager eingetroffen und wurde er einem Tor zugewiesen, kann der Beladeprozess gestartet werden. Hierzu können Sie mit dem komplexen Beladen entweder Lageraufgaben quittieren, falls sie vorher schon erstellt wurden, oder durch den Einsatz von mobilen Geräten und RF-Transaktionen neue Lageraufgaben erstellen, die dann parallel im Hintergrund quittiert werden. Falls Sie ein einfaches Beladen ohne Lageraufgaben wünschen, können Sie den Status der HU nur durch das einfache Verladen verändern.

Mit Starten des Beladeprozesses und dem Verwalten der Transporteinheiten verwenden Sie die EWM-Komponente *Warenannahme und Versand*, die wir in diesem Kapitel beschreiben. Das Yard Management (Hofsteuerung) beschreiben wir in Kapitel 12, »Bereichsübergreifende Prozesse und Funktionen«.

Mit dem Buchen des Warenausgangs wird der Bestand aus dem Lager gebucht, und EWM erstellt für Sie die Auslieferung. Die Daten werden an SAP ERP repliziert. Dort können Sie dann den nachgelagerten Prozess ausführen.

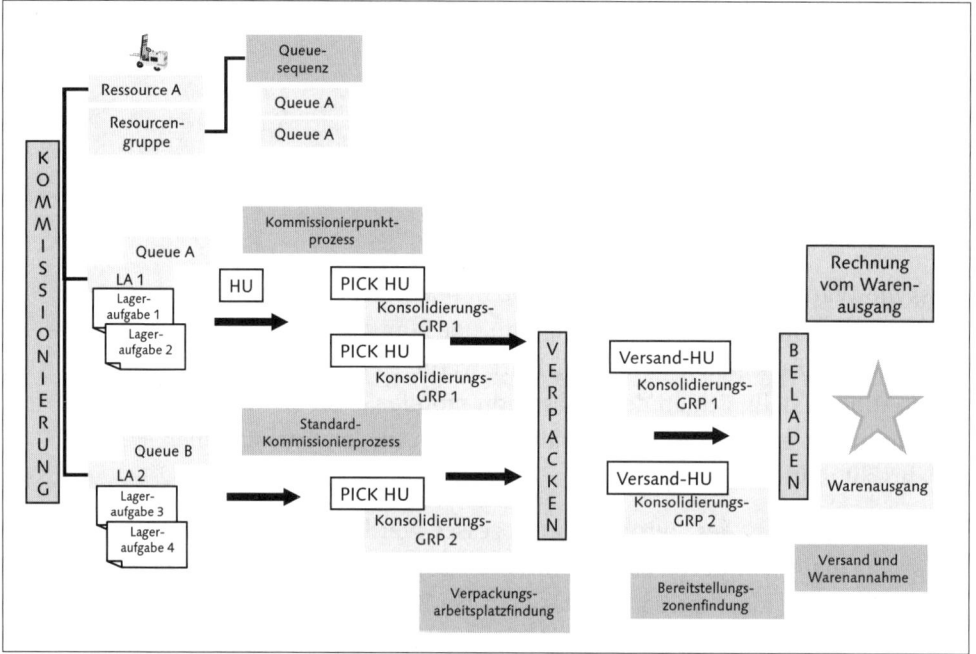

Abbildung 9.7 Überblick über die ausführenden Lageraktivitäten im Warenausgang

In den Abbildungen 9.6 und 9.7 haben wir den gesamten Lagerprozess im Warenausgangsprozess dargestellt und haben zugleich die Komponenten von EWM mit zeitlichem Ablauf eingefügt. Zusätzlich dazu sehen Sie die verschiedenen Objekte und Dokumente, die im Laufe des Prozesses entstehen. Da der Warenausgangsprozess sehr komplex ist, haben wir nicht den gesamten Prozess in einer Abbildung darstellen können. Während in Abbildung 9.6 alle Schritte dargestellt sind, bis der Lagerauftrag mit seinen zugehörigen Lageraufgaben zur Kommissionierung erstellt wurde, zeigt Abbildung 9.7 die Ausführung des Warenausgangsprozesses, bis der Bestand warenausgangsgebucht wurde. Die Warenausgangsvorbereitung ist somit in Abbildung 9.6 dargestellt.

Nachfolgend werden wir Ihnen den Warenausgangsprozess detailliert näherbringen. Die Sonderprozesse wie die Kit-Bildung oder die logistischen Zusatzleistungen behandeln wir in Kapitel 12, »Bereichsübergreifende Prozesse und Funktionen«.

9.3.2 Routenfindung

Die *Routenfindung* wird in EWM durch die *Routing Guide Engine* (RGE) ausgeführt. Die RGE ist eine Komponente von SAP SCM und wird von verschiedenen SCM-Anwendungen inklusive EWM verwendet. Zweck der Routenfindung ist es, der Lageranforderung oder Lieferung die korrekte und optimale Route zuzuweisen. Dabei wird aus mehreren Routen die optimale Route bestimmt. Die Findung orientiert sich an verschiedenen Versandkriterien der Lieferanforderungsposition wie der Start- und Ziellokation, dem Lieferdatum, dem Dokumententyp, den Gewichten der Produkte sowie verschiedenen Gefahrstoffkonditionen.

Unterschiede in der Routenfindung von SAP EWM und SAP ERP

Das Finden der Route kann sowohl in EWM als auch in SAP ERP bestimmt werden, denn beide Systeme nutzen die Route für ähnliche Zwecke. Doch bietet die EWM-Routenfindung mit der RGE die Möglichkeit, eine Route genauer zu bestimmen. Die EWM-Routenfindung bietet im Vergleich zur SAP ERP-Routenfindung mehr Möglichkeiten, da die Konfiguration der RGE auf Strecken und Haltepunkten basiert, sie Cross-Docking-Routen unterstützt, auf Basis von Belegarten der Lieferdokumente aktiviert oder deaktiviert werden kann und die Zeitpläne der Transportunternehmen besser verwalten und berücksichtigen kann. Im SCM-System können Sie zudem Funktionen nutzen, um Routen besser zu verwalten. Letztlich kommt hinzu, dass die Routenfindung zusätzlich über die RGE simuliert werden kann und Routen im EWM-System an andere Systeme repliziert werden können, falls Sie mehrere EWM-Systeme verwenden.

In Abbildung 9.8 sehen Sie ein Beispiel für die Pflege einer Route in EWM. Der Dialog unterteilt sich in drei Bereiche, die die verschiedenen Eigenschaften der Route repräsentieren. Die Bereiche umfassen den Routenkopf, der die Grunddaten wie die Minimal- und Maximalgewichte sowie die Gültigkeit der Route umfasst. Die Routenposition ermöglicht das Hinterlegen von unter anderem den Strecken, CD-Routen (ermöglicht das Verknüpfen mehrerer Routen) sowie Versandbedingungen. In den Routenpositionsdetaildaten können Sie zum Beispiel für eine Strecke die verschiedenen Haltepunkte hinterlegen.

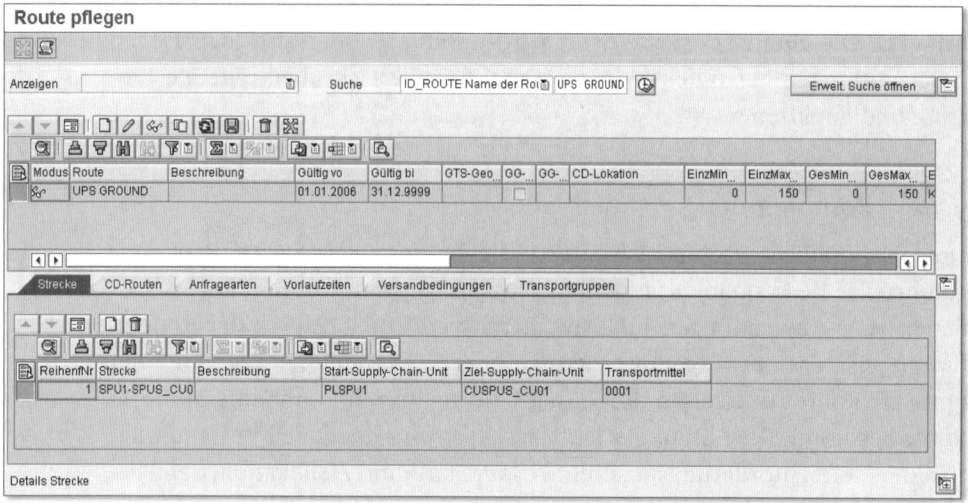

Abbildung 9.8 Routen im SAP EWM-System pflegen

Die Routenfindung kann zu drei verschiedenen Zeitpunkten stattfinden (siehe Abbildung 9.9):

▸ beim Erstellen der Auslieferungsanforderung in EWM

▸ beim Erstellen des Auslieferungsauftrags in EWM

▸ beim Erstellen des Kundenauftrags in SAP CRM

Im dritten Fall verwendet SAP CRM die RGE des SCM-Systems bei der globalen Verfügbarkeitsprüfung (ATP-Prüfung, ATP = *Available to Promise*), um zu bestimmen, ob und wo Bestand verfügbar ist, um den Kundenauftrag zu beliefern.

Beim Erstellen der Auslieferungsanforderung kann die Route aus dem SAP ERP-System übernommen werden (gegebenenfalls wurde diese zuvor durch SAP CRM bestimmt und an SAP ERP übertragen), oder sie kann durch die RGE überschrieben werden. Außerdem kann die Route beim Aktivieren der Auslieferungsanforderung und Erstellen des Auslieferungsauftrags auf Basis der neuen Informationen, die dann zur Verfügung stehen, neu bestimmt werden.

Wurde die Route automatisch bestimmt, kann sie nochmals manuell neu bestimmt werden. Hierzu können Sie im Auslieferungsauftragsmonitor

(/SCWM/PRDO) eine erneute Routenfindung anstoßen. Das System kann auch auf Basis von verschiedenen Parametern wie Produkt, Datum, Gewicht/Volumen etc. überprüfen, ob die gespeicherte Route konsistent ist. Ist die Route nicht mehr korrekt, wird der Beleg als fehlerhaft dargestellt, und Sie müssen den Fehler manuell zum Beispiel durch die Neubestimmung der Route beseitigen.

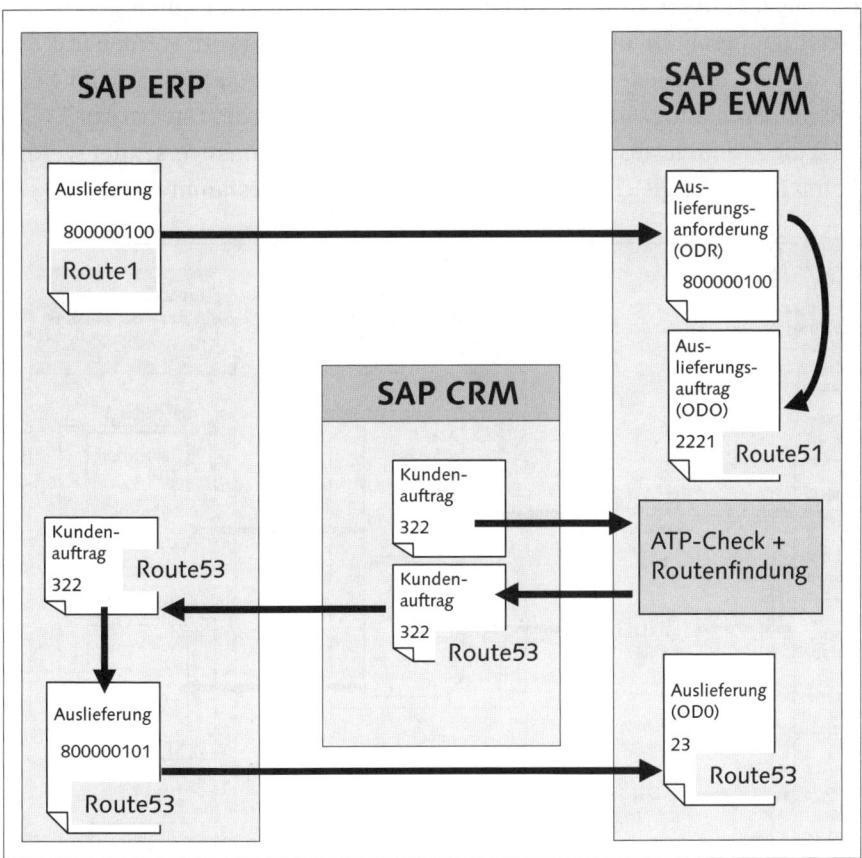

Abbildung 9.9 Route über Systemgrenzen bestimmen

Gründe, wieso es mehrere Lieferdokumente im Warenausgangsprozess gibt, sind das unterschiedliche Zusammenfassen von Lieferpositionen und die Routenfindung, die die Positionen unterschiedlichen Lieferobjekten zuordnen kann. Da die Route immer auf dem Kopf des Lieferdokuments hinterlegt wird, müssen alle Positionen der Lieferung die gleiche Route beinhalten.

Falls ein Produkt (zum Beispiel ein Gefahrgut) auf eine spezielle Weise transportiert werden muss, kann es vorkommen, dass eine separate Route bestimmt wird. Das Produkt muss zum Beispiel eventuell aufgrund von gesetzlichen Bestimmungen umgeleitet werden und darf nicht per Flugzeug transportiert werden.

Abbildung 9.10 zeigt, wie eine Route das Erstellen der Auslieferungsobjekte beeinflussen kann. So kann die Auslieferungsanforderung in zwei verschiedene Auslieferungsaufträge aufgeteilt werden, da die Höchstgrenze (auf Basis der Menge) überschritten wurde und alle Produkte etwa durch gesetzliche Gefahrgutbeschränkungen nicht gemeinsam transportiert werden dürfen. Später werden wieder andere Positionen zusammengeführt, da beim Kommissionieren eine Mindermenge kommissioniert wurde. Das hat zur Folge, dass die Produkte aus Position 20 und 30 doch zusammen versendet werden können und die gleiche Route für beide Positionen bestimmt wurde.

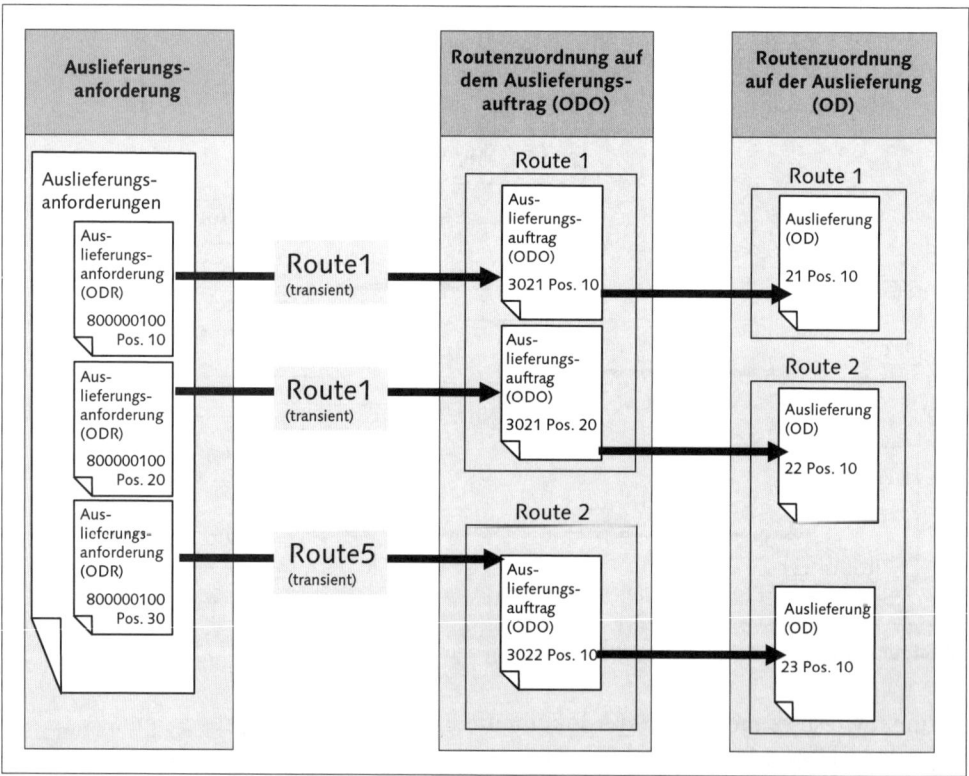

Abbildung 9.10 Routenfindung über alle Auslieferungsbelege

Während der Routenfindung bestimmt die RGE durch das Verwenden von Kostenprofilen die Transportkosten. Die Bestimmung der Transportkosten findet auf Basis von fixen Transportkosten, streckenabhängigen Transportkosten, zeitabhängigen Transportkosten oder gewichtsbasierten Transportkosten statt. Ebenso ist es denkbar, die Transportkosten als Faktor für die Routenbestimmung zu verwenden.

Einrichten der Routenfindung

Die Routenfindung muss in EWM anhand mehrerer Stammdatentransaktionen konfiguriert werden. Im Folgenden finden Sie die wichtigsten Transaktionen für die Einrichtung der Routenfindung:

▶ **Lokationen**
Um die verschiedenen Standorte innerhalb Ihrer Route zu berücksichtigen, müssen Sie die zugehörigen Lokationen in EWM verwalten. Lokationen können Sie im SAP Easy Access Menü über den Pfad EXTENDED WAREHOUSE MANAGEMENT • STAMMDATEN • WARENANNAHME UND VERSAND • ROUTENFINDUNG • LOKATION oder durch Starten des Transaktionscodes /SAPAPO/LOC3 pflegen.

▶ **Kalender**
Kalender können Sie im EWM-Customizing über den Pfad SCM-BASIS • KONFIGURIERBARE PROZESSTERMINIERUNG • KALENDER UND ZEITZONEN • PROZESSTERMINIERUNGSKALENDER (ZEITSTRAHL) PFLEGEN oder durch Verwenden des Transaktionscodes /SCMB/SCHED_CAL pflegen.

▶ **Zonen**
Zonen pflegen Sie im SAP Easy Access Menü über den Pfad EXTENDED WAREHOUSE MANAGEMENT • STAMMDATEN • WARENANNAHME UND VERSAND • ROUTENFINDUNG • ZONEN FÜR ROUTEN PFLEGEN oder mittels des Transaktionscodes /SCTM/ZONE.

▶ **Routen**
Routen können Sie im SAP Easy Access Menü über den Pfad EXTENDED WAREHOUSE MANAGEMENT • STAMMDATEN • WARENANNAHME UND VERSAND • ROUTENFINDUNG • ROUTE PFLEGEN oder durch Starten der Transaktion /SCTM/ROUTE im System hinterlegen.

▶ **Frachtführerprofile**
Frachtführerprofile pflegen Sie im SAP Easy Access Menü über den Pfad EXTENDED WAREHOUSE MANAGEMENT • STAMMDATEN • WARENANNAHME UND VERSAND • ROUTENFINDUNG • /SCTM/TSPP – FRACHTFÜHRERPROFIL FÜR DEN ROUTING-GUIDE oder durch Ausführen des Transaktionscodes /SCTM /TSPP.

▶ **Transportkostenprofile**

Transportkostenprofile pflegen Sie im SAP Easy Access Menü über den Pfad EXTENDED WAREHOUSE MANAGEMENT • STAMMDATEN • WARENANNAHME UND VERSAND • ROUTENFINDUNG • ALLGEMEINES TRANSPORTKOSTENPROFIL DEFINIEREN oder durch Verwenden des Transaktionscodes /SAPAPO/TPK.

▶ **Simulieren und Testen**

EWM beinhaltet ein Testprogramm, um die Routenfindung zu simulieren und zu testen. Zum Simulieren und Testen der Routenfindung folgen Sie im SAP Easy Access Menü dem Pfad EXTENDED WAREHOUSE MANAGEMENT • STAMMDATEN • WARENANNAHME UND VERSAND • ROUTENFINDUNG • ROUTENFINDUNG SIMULIEREN oder nutzen die Transaktion /SCTM/RGINT.

Um sicherzustellen, dass in der Warenausgangszone die gleichen Pakete wieder zusammenfinden und diese zusammen und in der gleichen Zeitperiode abgearbeitet werden, können Sie Routen verwenden. Damit gleichartige Produkte wieder an der Packstation zusammenfinden, verwenden Sie in EWM eine Konsoliderungsgruppe.

9.3.3 Konsoliderungsgruppenfindung

Um zu bestimmen, welche Lieferpositionen zusammen versandt und somit verpackt werden, nutzt EWM die sogenannte *Konsolidierungsgruppe*, die identische Lieferpositionseigenschaften zusammenfasst. Die Konsolidierungsgruppe einer Lieferposition wird anhand folgender Kriterien bestimmt (siehe auch Abbildung 9.11):

▶ Lagernummer

▶ Route

▶ Warenempfänger (wird auf dem Auslieferungsauftrag gespeichert)

▶ Priorität der Lieferposition (übertragen aus der SAP ERP-Lieferposition)

▶ Zugriff über Tor (geplant; Funktion derzeit noch nicht verfügbar, Änderungen vorbehalten)

Welche der Felder bei der Konsolidierungsgruppenbestimmung berücksichtigt werden sollen, können Sie über das EWM-Customizing über den Pfad EXTENDED WAREHOUSE MANAGEMENT • WARENAUSGANGSPROZESS • KONSOLIDIERUNGSGRUPPE DEFINIEREN konfigurieren. Reichen die Funktionen der Standard-Konfiguration nicht aus, können Sie das BAdI *Konsolidierungsgruppe bestimmen* verwenden, um die Bestimmung der Konsolidierungsgruppe dynamisch und kundenspezifisch zu ermitteln bzw. das BAdI *Überschreiben der Konsolidierungsgruppe* nutzen, um die Konsolidierungsgruppe später bei der Lagerauftragserstellung zu übersteuern.

Immer dann, wenn im Bezug auf die genannten und konfigurierbaren Kriterien keine gleiche Konsolidierungsgruppe angewendet werden kann, wird eine neue Konsolidierungsgruppe erstellt und der Auslieferungsauftragsposition zugeordnet. Die Konsolidierungsgruppe wird dann in die Lageraufgaben übernommen.

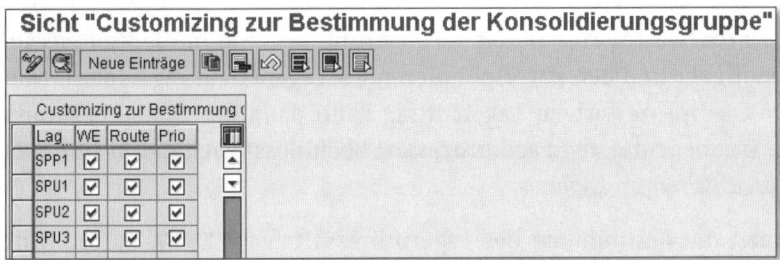

Abbildung 9.11 Bestimmung der Konsolidierungsgruppe

Basierend auf diesen Eigenschaften, wird pro Lieferposition eine Konsolidierungsgruppe ermittelt und ebenfalls in die zugehörigen Lageraufgaben zur Lieferposition übernommen. Abhängig von der Konfiguration der Lagerauftragserstellungsregel können nun Lageraufträge mit jeweils identischer Konsolidierungsgruppe (kein separater Packschritt zwingend notwendig) oder aber auch mit verschiedenen Konsolidierungsgruppen (separater Packschritt zwingend notwendig) erstellt werden.

9.3.4 Bestimmung der Lagerprozessart

Während der Erstellung des Auslieferungsauftrags bestimmt das System für jede Auslieferungsposition eine *Lagerprozessart*. Diese Lagerprozessart spielt in EWM eine große Rolle bei der Bestimmung der relevanten Folgeprozesse für jede Auslieferungsposition und somit für das Material.

Die Lagerprozessart beschreibt den Typ des Prozesses und wird genutzt, um sowohl die Parameter des Prozesses zu spezifizieren als auch die verschiedenen Teilschritte des Prozesses zu bestimmen. Daher finden Sie die Lagerprozessart oft als Schlüsselfeld in den Customizing-Einstellungen wieder. So wird die Prozessart zum Beispiel bei der Bestimmung der Lagerungssteuerung verwendet und wird eingesetzt, um die relevanten Prozessschritte zu bestimmen (zum Beispiel kann eine Lagerprozessart bestimmen, dass nur die

Aktivitäten Kommissionieren und Beladen relevant sind). Um die Lagerprozessarten im EWM-Customizing zu definieren, wählen Sie den Pfad EXTENDED WAREHOUSE MANAGEMENT • PROZESSÜBERGREIFENDE EINSTELLUNGEN • LAGERAUFGABE • LAGERPROZESSART DEFINIEREN.

Anhand unterschiedlicher Konfigurationseinstellungen ist es möglich, bei der Erstellung der Auslieferung den Auslieferungspositionen unterschiedliche Lagerprozessarten zuzuweisen. So ermöglicht Ihnen die Konfiguration, anhand von Parametern eine bestimmte Lagerprozessart einer Lieferposition dynamisch und flexibel zuzuordnen.

Die Lagerprozessart wird von der Auslieferungsposition in die Kommissionierlageraufgabe und den korrespondierenden Lagerauftrag kopiert. Mithilfe der Lagerprozessart im Lagerauftrag kann dann die Queue bestimmt werden. Das bedeutet, die Lagerprozessart beeinflusst auch die Ausführung der Lageraufgaben im Lager.

Sie können die Bestimmung der Lagerprozessarten im EWM-Customizing pflegen (siehe Abbildung 9.12), indem Sie dem Pfad EXTENDED WAREHOUSE MANAGEMENT • PROZESSÜBERGREIFENDE EINSTELLUNGEN • LAGERAUFGABE • LAGERPROZESSART FINDEN folgen. Folgende Parameter beeinflussen die Bestimmung der Lagerprozessart:

▸ **Lagernummer**
EWM verwendet die Lagernummer aus den Kopfdaten der Auslieferungsanforderung.

▸ **Belegart**
Äquivalent zur Belegart der Lieferung in SAP ERP und der zusätzlichen Konfiguration in EWM, um diese, falls nötig, wie in Kapitel 6, »Lieferabwicklung«, detailliert beschrieben, zu überschreiben.

▸ **Positionsart**
Äquivalent zur Positionsart der Lieferungsposition in SAP ERP und der zusätzlichen Konfiguration in EWM, um sie zu überschreiben. Weitere Informationen finden Sie in Kapitel 6.

▸ **Lieferpriorität**
Diese kann aus dem SAP ERP-System übertragen werden und ermöglicht so, die Priorität in die Lagerprozesse einfließen zu lassen. Die spätere Ausführung der Lageraufträge kann anhand von unterschiedlichen Lagerprozessarten beeinflusst werden. Da die Lagerprozessart in den Lagerauftrag übertragen wird, ist das Finden einer Queue mit einer hohen Priorität möglich. Der Lagerauftrag mit einer priorisierten Queue kann beim sys-

temgeführten Arbeiten dann Ressourcen immer als Erstes zugewiesen werden. Weitere Informationen zum Ressourcenmanagement finden Sie in Kapitel 11, »Optimierung der Lagerprozessdurchführung«.

▶ **Steuerungskennzeichen für die Prozessartfindung**
Dieser Parameter kann auf dem Materialstamm eines Produkts hinterlegt werden.

▶ **Prozesskennzeichen zur Findung des Lagerprozesses**
Dieser zusätzliche Parameter wird bei Cross-Docking-Prozessen verwendet und dient dazu, die Lagerprozessarten gesondert zu bestimmen. Weitere Informationen zum Cross-Docking-Prozess erhalten Sie in Kapitel 15, »Cross-Docking«.

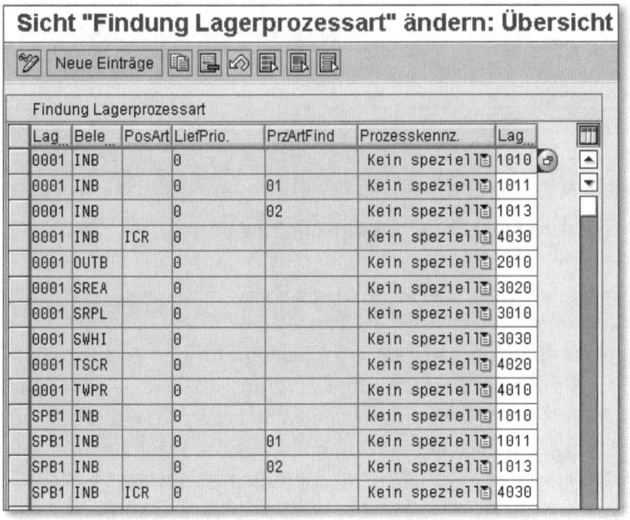

Sicht "Findung Lagerprozessart" ändern: Übersicht

Neue Einträge

Findung Lagerprozessart

Lag	Bele	PosArt	LiefPrio.	PrzArtFind	Prozesskennz.	Lag
0001	INB		0		Kein speziell	1010
0001	INB		0	01	Kein speziell	1011
0001	INB		0	02	Kein speziell	1013
0001	INB	ICR	0		Kein speziell	4030
0001	OUTB		0		Kein speziell	2010
0001	SREA		0		Kein speziell	3020
0001	SRPL		0		Kein speziell	3010
0001	SWHI		0		Kein speziell	3030
0001	TSCR		0		Kein speziell	4020
0001	TWPR		0		Kein speziell	4010
SPB1	INB		0		Kein speziell	1010
SPB1	INB		0	01	Kein speziell	1011
SPB1	INB		0	02	Kein speziell	1013
SPB1	INB	ICR	0		Kein speziell	4030

Abbildung 9.12 Bestimmung der Lagerprozessart

Die Pflege der unterschiedlichen Steuerungskennzeichen (PRZARTFIND) für die Prozessartenfindung erreichen Sie im EWM-Customizing über den Pfad EXTENDED WAREHOUSE MANAGEMENT • PROZESSÜBERGREIFENDE EINSTELLUNGEN • LAGERAUFGABE • STEUERUNGSKENNZEICHEN FÜR LAGERPROZESSARTFINDUNG DEFINIEREN. Mithilfe des Steuerungskennzeichens für die Prozessartfindung ist es möglich, für bestimmte Produkte eine spezielle Lagerprozessart zu bestimmen. So wäre es denkbar, spezielle Ware über einen gesonderten Prozess auszulagern. Nach dem Definieren der Steuerungskennzeichen für die Prozessartenfindung ist es möglich, diese Kennzeichen auf dem Produktstamm zu hinterlegen und es ebenso in der Findungstabelle zu speichern.

Wie in Abbildung 9.13 zu erkennen ist, wird im Lager mit der Lagernummer SPB1 für alle Materialien mit dem Prozesssteuerungskennzeichen 01 die Lagerprozessart 1011 gefunden und dadurch in die Lieferposition beim Anlegen der Auslieferungsauftragsposition übertragen.

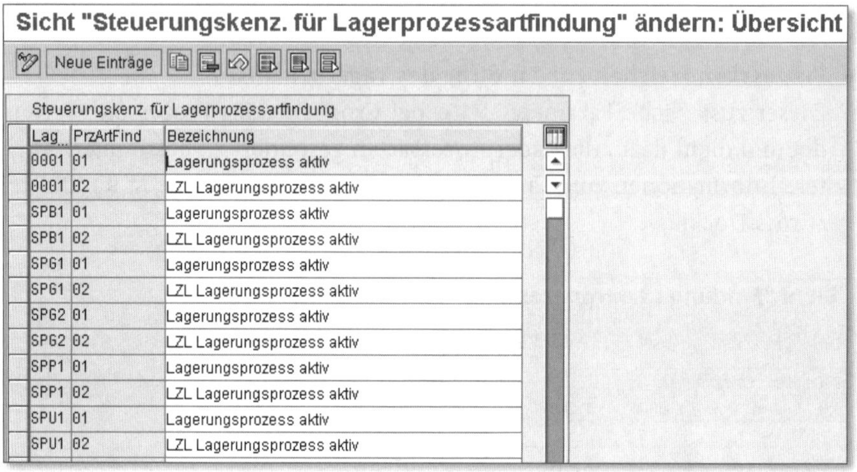

Sicht "Steuerungskenz. für Lagerprozessartfindung" ändern: Übersicht		

🖉 Neue Einträge 🗋 🗐 🗠 🗐 🗐 🗐

Steuerungskenz. für Lagerprozessartfindung

Lag	PrzArtFind	Bezeichnung
0001	01	Lagerungsprozess aktiv
0001	02	LZL Lagerungsprozess aktiv
SPB1	01	Lagerungsprozess aktiv
SPB1	02	LZL Lagerungsprozess aktiv
SPG1	01	Lagerungsprozess aktiv
SPG1	02	LZL Lagerungsprozess aktiv
SPG2	01	Lagerungsprozess aktiv
SPG2	02	LZL Lagerungsprozess aktiv
SPP1	01	Lagerungsprozess aktiv
SPP1	02	LZL Lagerungsprozess aktiv
SPU1	01	Lagerungsprozess aktiv
SPU1	02	LZL Lagerungsprozess aktiv

Abbildung 9.13 Steuerkennzeichen für Lagerprozessartenfindung pflegen

---

Unvollständigkeitsprüfung bei Bestimmung der Lagerprozessart

Da die Bestimmung einer Lagerprozessart sehr entscheidend für den Folgeprozess ist, macht es in der Praxis Sinn, eine Unvollständigkeitsprüfung zu verwenden, um sicherzustellen, dass dem Anwender Lieferungen, die keine Lagerprozessart haben, speziell als fehlerhaft hervorgehoben werden. Durch das Pflegen eines Unvollständigkeitsprofils zu einer Lieferung ist es möglich, die Lieferung als gesperrt zu kennzeichnen, wenn eine Lagerprozessart nicht korrekt bestimmt werden konnte. Wird die Lagerprozessart bestimmt, wird die Lieferung als konsistent im Auslieferungsmonitor (Transaktion /SCWM/PRDO) dargestellt. Weitere Informationen zur Lieferabwicklung erhalten Sie in Kapitel 6, »Lieferabwicklung«.

9.3.5 Wellenmanagement

Den Warenausgangsprozess im ersten Schritt zu optimieren bedeutet, Aufträge zu priorisieren und optimal zusammenzufassen. Müssen Waren das Lager umgehend verlassen, müssen diese Aufträge priorisiert werden und sollten deshalb früher kommissioniert werden als Produkte, die keine Eile haben. Lagern Sie Ware über den Tag hinweg optimiert nach Routen bzw. Regionen, müssen zusätzlich dazu bestimmte Aufträge zusammengefasst werden.

Diese Priorisierung und das Zusammenfassen der Lageranforderungen erledigt das *Wellenmanagement*. Der Begriff *Welle* beschreibt sehr gut den Ablauf der Vorgänge: Mit dem Freigeben der Welle werden Lageraufträge erstellt, und die Arbeitslast breitet sich über die Teilprozesse Kommissionieren, Verpacken und Bereitstellen bis hin zum Beladen aus, bis alle Aufträge abgearbeitet sind oder wieder eine neue Welle gestartet wurde. In Kapitel 7, »Objekte und Elemente der Prozesssteuerung«, haben wir das Wellenmanagements bereits beschrieben.

In EWM können Sie die Lageranforderungspositionen (wie die ODO-Positionen) in Wellen gruppieren, um den Prozess zu steuern und das Lagergeschehen zu optimieren. Die Welle selbst kann als Container betrachtet werden. Der Welle zugewiesene Positionen können aus dem gleichen Lagerbereich, aber auch aus verschiedenen Lagerbereichen entnommen werden. Die Positionen einer Welle werden in der Regel gemeinsam bearbeitet, beginnend mit der Freigabe der Welle und der resultierenden Erstellung der Lageraufträge und Lageraufgaben.

Sie können Wellen daher nutzen, um die Steuerung der Lagerprozesse abhängig von Schichten oder anderen zeitlichen Aspekten zu verwalten. In der Welle werden die zugewiesenen Zeitparameter genutzt, um die Ausführung der Welle festzulegen und sicherzustellen, damit die Ware das Lager letztlich pünktlich verlässt und entsprechend dem versprochenen Zeitplan beim Kunden eintrifft.

Wie Sie in Abbildung 9.14 sehen, kann eine ODO-Position einer Welle, unabhängig von den anderen Positionen, der ODO zugewiesen werden. Dies bietet den Vorteil, dass Sie die Lageraufträge so viel flexibler bilden und somit viel einfacher Prozesse parallelisieren können. Wie in der Abbildung zu erkennen ist, werden aus den zwei Auslieferungen und den daraus resultierenden Lageranforderungspositionen drei Wellen gebildet. Dies kann notwendig sein, da das Auslagern der Produkte in Welle 10 gegebenenfalls länger dauert als das Abarbeiten der Lageranforderungspositionen aus den beiden anderen Wellen. Folge: Welle 10 muss früher gestartet werden, damit die Ware rechtzeitig das Lager verlassen kann.

Durch die Flexibilität, Lieferungs- oder Lageranforderungspositionen unterschiedlichen Wellen zuzuweisen, unterscheidet sich EWM signifikant von der Komponente WM aus SAP ERP, wo nur die gesamte Lieferung als Ganzes der Welle zugeordnet wird.

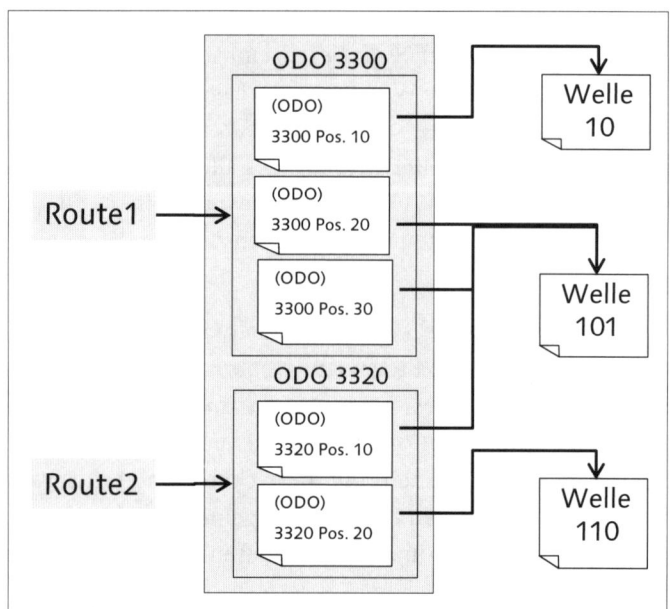

Abbildung 9.14 Zuordnung von Lieferungs- bzw. Lageranforderungspositionen zu Wellen

Um die Positionen der Welle optimal zuzuweisen, können Sie automatische Wellen auf Basis der Wellenvorlage bilden. Mit dem Wellenmonitor bietet sich Ihnen auch die Möglichkeit, Wellen alternativ manuell zu erstellen oder zu verändern. Um die Wellen mit dem Wellenmonitor zu pflegen, folgen Sie im SAP Easy Access Menü dem Pfad EXTENDED WAREHOUSE MANAGEMENT • ARBEITSVORBEREITUNG • WELLENMANAGEMENT • WELLEN PFLEGEN oder nutzen den Transaktionscode /SCWM/WAVE.

In Abbildung 9.15 sehen Sie eine Welle mit zugewiesenen Positionen aus verschiedenen Auslieferungsaufträgen. Im oberen Ausschnitt können Sie die Kopfinformationen der Wellen sehen, und im untersten Ausschnitt sehen Sie die zugewiesenen Lagerauftragspositionen. Sie erkennen auch, dass nicht die gesamten Auslieferungen zugewiesen werden, sondern nur bestimmte Positionen.

Um weitere Positionen zuzuweisen, wählen Sie die Registerkarte LAGERAN-FORDERUNGEN und suchen nach zusätzlichen Positionen. Wählen Sie die passenden Positionen aus der Liste aus, und klicken Sie auf die Schaltfläche ZUORDNEN. Wenn Sie möchten, dass das System automatisch Wellen gemäß der Wellenvorlage und den Bedingungen der Bestimmung der Wellenvorlage zuordnet, wählen Sie die Positionen aus und klicken auf die Schaltfläche AUTOMATISCH ZUORDNEN.

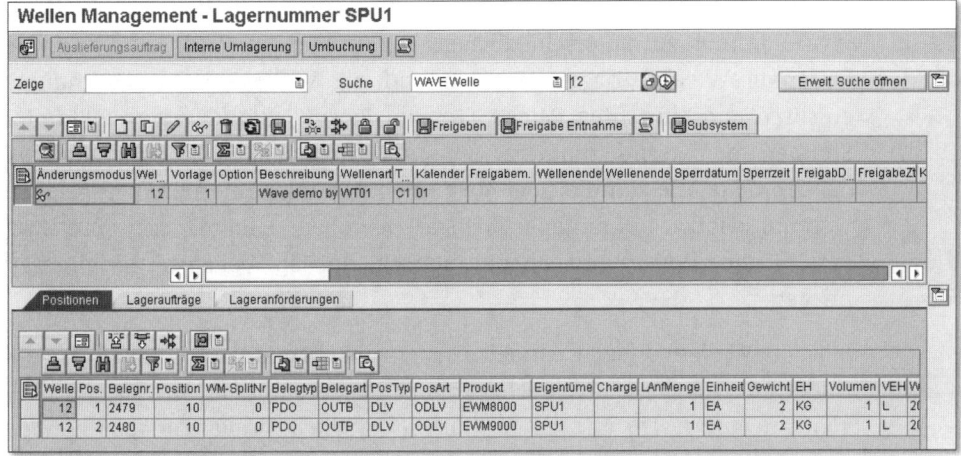

Abbildung 9.15 Wellenmonitor

Wellen mit Wellenvorlagen verwalten

Um das Erstellen, Freigeben und Ausführen von Wellen einfacher zu gestalten, können Sie *Wellenvorlagen* nutzen, um die Lageranforderungspositionen zu gruppieren. Die Wellenvorlage dient zwei Zielen, und zwar:

▸ der Erleichterung der automatischen Zuordnung von Lageranforderungspositionen zu den Wellen, die während der Erstellung des Lagerauftrags oder im Anschluss daran erfolgen kann

▸ der lückenlosen Zuordnung von Parametern zu der Welle, die den Prozess kontrollieren können. Es handelt sich hierbei um Parameter wie die Freigabemethode der Welle, den Wellentyp, die Wellenkategorie, die Wellenstart- und -abschlusszeit, das Kapazitätsprofil und die Kalenderzuordnung. Diese Parameter helfen, den Prozess besser zu automatisieren und zu steuern.

Eine übliche Nutzung von Wellenvorlagen besteht darin, diese so zu erstellen, dass sie für bestimmte Zeitabschnitte bzw. für bestimmte Wochentage gültig sind. Das hat zur Folge, dass die Lageranforderungspositionen, die planmäßig innerhalb dieses Zeitrahmens kommissioniert werden sollen, entsprechend zusammen gruppiert, der Welle zugeordnet, freigegeben und im Lager ausgeführt werden. Die Zuordnung und somit die spätere Ausführung findet gemäß dem in der ODO spezifizierten Zeitbedarf statt, basierend auf dem geplanten Warenausgangstermin und den möglichen Routen, die im ODO gespeichert sind und entweder aus SAP ERP übergeben oder in EWM neu ermittelt wurden.

Möchten Sie Lageranforderungspositionen trennen, um für diese die Kommissionierung zu unterschiedlichen Zeitpunkten zu starten, sollten Sie getrennte Wellenvorlagen erstellen und die Wellenvorlagenbestimmung entsprechend einrichten. Wenn Sie zum Beispiel Blocklagerprodukte vier Stunden vor Versand kommissionieren möchten, aber das Kommissionieren der Produkte, die zum Beispiel über einen Kommissionierpunkt ausgelagert werden, schon acht Stunden früher starten wollen, dann macht es Sinn, zwei verschiedene Wellenvorlagen mit unterschiedlichen Wellenstartterminen zu pflegen.

Bei den Wellenvorlagen handelt es sich um Stammdaten, deshalb ist das Ändern oder Anlegen von Wellenvorlagenparametern auch in der produktiven Umgebung sehr einfach und flexibel möglich. Wellenvorlagen können Sie in EWM im SAP Easy Access Menü über den Pfad EXTENDED WAREHOUSE MANAGEMENT • ARBEITSVORBEREITUNG • WELLENMANAGEMENT • WELLENVORLAGEN PFLEGEN oder durch Ausführen der Transaktion /SCWM/WAVETMP verwalten.

In Abbildung 9.16 sehen Sie die Pflege der Wellenvorlagen. Nachdem Sie die Lagernummer vordefiniert haben, können Sie über den Knoten WELLENVORLAGE DEFINIEREN den Wellenvorlagennamen, eine Beschreibung und die Freigabemethode festlegen.

Das Wellenmanagement sieht folgende Wellenfreigabemethoden vor:

- **Automatisch**
  Welle wird zum festgelegten Freigabetermin automatisch freigegeben.

- **Sofort**
  Welle wird sofort freigegeben.

- **Manuell**
  Welle wird zu einem vom Benutzer selbst gewählten Zeitpunkt manuell freigegeben.

Markieren Sie die Wellenvorlage, und wählen Sie den Knoten ZEITATTRIBUTE FÜR WELLE DEFINIEREN, danach können Sie der Wellenvorlage weitere Zeitattribute zuweisen. Über Parameter können Sie beeinflussen, ob und wann nach Ablauf des Termins einer Welle keine weiteren Positionen mehr hinzugefügt werden können. Sie können über die Stammdaten der Wellenvorlage beeinflussen, wann:

- die Welle gesperrt werden soll und keine weiteren Positionen ihr zugeordnet werden können

- die Welle freigegeben werden soll

- die Teilprozesse, wie das Kommissionieren, das Verpacken oder das Bereitstellen, spätestens für die Welle abschlossen werden sollen und sie damit spätestens freigegeben werden muss

- die Welle generell spätestens freigegeben werden muss, unabhängig von der Pflege der Zeiten für die Beendigung der Teilprozesse

- die Welle und die zugehörigen Prozesse geplant abgeschlossen werden sollen

Darüber hinaus können Sie mit einem eigenen Kalender die Zeitpunkte besser berechnen, denn Feiertage und somit Arbeitszeiten unterscheiden sich auf dem Globus selbstverständlich abhängig von der Region.

Verwenden Sie ein Kapazitätsprofil, können Sie die Menge der Lageranforderungspositionen steuern.

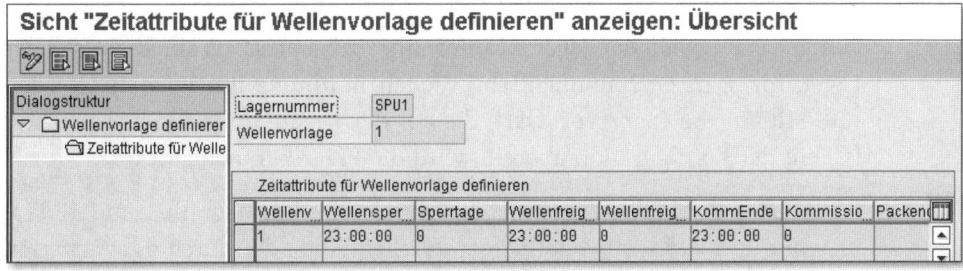

Abbildung 9.16 Wellenvorlagenstammdaten und -parameter pflegen

Möchten Sie den Wellenprozess automatisieren und sicherstellen, dass Lageranforderungspositionen automatisch einer Welle zugeordnet werden, müssen Sie zusätzliche Einstellungen im System hinterlegen. Es wird eine PPF-Aktion eingeplant, die sicherstellt, dass die Position automatisch einer bestehenden Welle zugeordnet wird. Ist keine Welle gültig und schlägt die Zuordnung fehl, wird automatisch eine neue Welle angelegt und die Lageranforderungsposition dieser zugeordnet. Nachfolgend erläutern wir das automatische Zuweisen von Lageranforderungspositionen zu Wellen.

Automatische Wellenzuweisung

Um die automatische Zuweisung von Lageranforderungspositionen zu Wellenvorlagen sicherzustellen, müssen Sie Werte in der Konditionstechnik hinterlegen. Mit den Werten aus den Konditionstechniktabellen kann EWM eine Zuordnung zu der hinterlegten Wellenvorlage sicherstellen. Hierbei werden die Daten aus dem Kopf oder der Position der Auslieferung (also der Lageranforderung) mit den Daten der Konditionstabellen verglichen.

Mit der von SAP ausgelieferten Konfiguration können Sie die Wellenvorlagenfindung anhand der Lagernummer und des Belegtyps sicherstellen, um die richtige Wellenvorlage zu finden. Mithilfe der Konditionstechnik erhalten Sie jedoch das Werkzeug und die Flexibilität, weitere Felder hinzuzufügen, ohne zusätzliche Programmlogik zu erstellen. Dies ist erforderlich, wenn die vordefinierten Felder nicht ausreichen. In Kapitel 12, »Bereichsübergreifende Prozesse und Funktionen«, erläutern wir das PPF und die Konditionstechnik im Rahmen der Drucksteuerung.

Auch bei der automatischen Wellenzuweisung wird das Post Processing Framework verwendet. Die PPF-Aktion überprüft mit den Parametern aus den Konditionstechniktabellen, ob eine Langeranforderungsposition einer Wellenvorlage zugeordnet werden kann.

Durch das Erstellen der Lageranforderung wird geprüft, ob abhängig von der Lagerprozessart eine automatische Wellenzuordnung durchgeführt werden soll. Stimmt die Lagerprozessart, die auf der Lageranforderung gespeichert ist, mit der Konfiguration überein, wird die PPF-Aktion eingeplant.

Das Starten der PPF-Aktion ist abhängig von der Konfiguration im PPF Framework und kann entweder sofort durchgeführt oder durch das Anstarten über das Selektionsprogramm (Transaktion SPPFP) begonnen werden.

Um für eine Lagerprozessart die automatische Wellenzuordnung und Wellenerstellung freizuschalten, müssen Sie die notwendigen Einstellungen im EWM-Customizing über den Pfad WAREHOUSE MANAGEMENT • WARENAUSGANGSPROZESS • WELLENMANAGEMENT • ALLGEMEINE EINSTELLUNGEN • AUTOMATISCHE WELLENGENERIERUNG FÜR LAGERPROZESSART EINSTELLEN hinterlegen (siehe Abbildung 9.17).

Mit dem Ausführen der PPF-Aktion werden die Wellenvorlagenfindungsparameter geprüft. Soll die Lageranforderungsposition einer Wellenvorlage automatisch zugeordnet werden, wird diese Zuordnung durchgeführt.

Bei der Zuordnung zu einer Welle werden die Parameter der Wellenvorlage geprüft und evaluiert, ob die Position tatsächlich einer bestehenden Welle zugeordnet werden darf. Als weiterer Aspekt ist hinzuzufügen, dass das Wellenmanagement die geplante Ausführungszeit der Lageranforderungsposition berechnet und diese mit der geplanten Wellenendezeit vergleicht, um sicherzustellen, dass das Material zum richtigen Zeitpunkt das Lager verlässt.

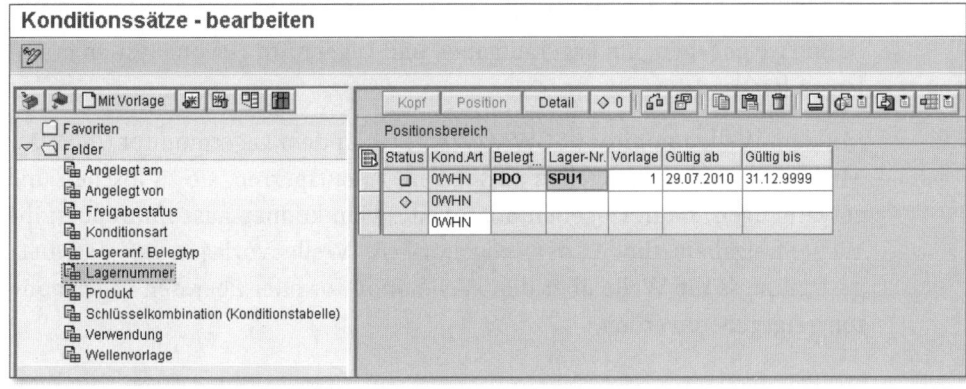

Abbildung 9.17 Aktivierung der automatischen Wellenerzeugung anhand der Lagerprozessart

Zum Pflegen der Konditionssätze für die Wellenvorlagenfindung folgen Sie im SAP Easy Access Menü dem Pfad EXTENDED WAREHOUSE MANAGEMENT • ARBEITSVORBEREITUNG • WELLENMANAGEMENT • KONDITIONSPFLEGE FÜR WELLENVORLAGENFINDUNG oder verwenden den Transaktionscode /SCWM/ WDGCM (siehe Abbildung 9.18).

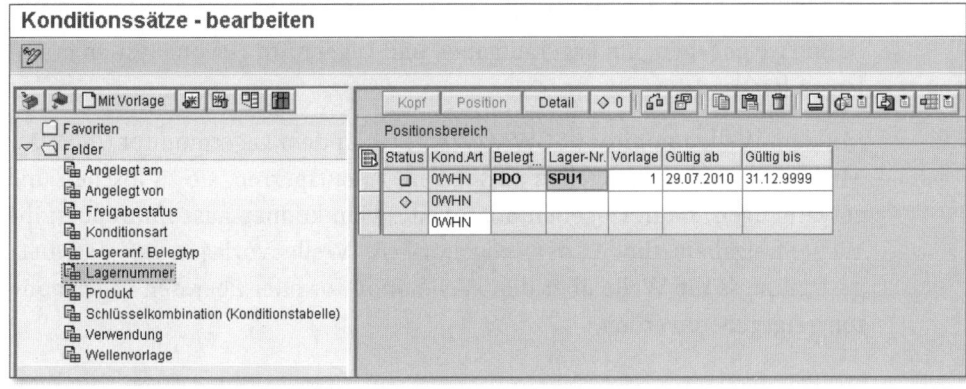

Abbildung 9.18 SAP-Konditionstechnik für die Wellenvorlagenfindung

Die Pflege der Konditionssätze über die Konditionstechniktransaktion ist, wenn Sie dies zum ersten Mal durchführen, eine Herausforderung: Um bestehende Einträge zu editieren, müssen Sie sie zuerst suchen. Wählen Sie hierfür im Menübaum den gewünschten Parameter, und klicken Sie auf die Schaltfläche SÄTZE EINFÜGEN. In dem neu geöffneten Selektionsbildschirm können Sie nach Einträgen mit gleichen Eigenschaften suchen. Bitte beachten Sie, dass sich die Sätze nicht überschneiden dürfen. Das heißt, doppelte Einträge sind nicht erlaubt; Sie können jedoch anhand der Gültigkeit eine Überlappung der Konditionssätze verhindern.

Falls Sie neue Einträge pflegen wollen, suchen Sie über die Wertehilfe (F4 -Taste) nach der Konditionsart, die Sie verwenden möchten. Anhand der Konditionsart wird in der Konditionstechnik bestimmt, welche Parameter bei der Pflege zur Auswahl stehen. Nach der Auswahl der Konditionsart erhalten Sie die Möglichkeit, die Parameter für die Wellenvorlagenfindung zu pflegen.

Zum Erstellen neuer Konditionsarten, damit Sie auch andere Felder bei der Wellenvorlagenfindung nutzen können, verwenden Sie die Konfigurationstransaktionen im EWM-Customizing unterhalb des Knotens EXTENDED WAREHOUSE MANAGEMENT • WARENAUSGANGSPROZESS • WELLENMANAGEMENT • ALLGEMEINE EINSTELLUNGEN • WELLENVORLAGENFINDUNG. Wir verweisen dazu auch auf die SAP-Online-Hilfe für die Pflege von Konditionsparametern in der Konditionstechnik.

Wellen ausführen und verwalten

Nachdem die Welle erstellt wurde, ist es möglich, sie in späteren Prozessen zu verwenden, um ihr weitere Lageranforderungspositionen zuzuordnen. Üblicherweise wird die Welle mit den zugeordneten Lageranforderungspositionen freigegeben, um Lageraufgaben und Lageraufträge vom System erstellen zu lassen.

Mit dem Wellenmonitor (/SCWM/WAVE) oder dem Lagermonitor (/SCWM/MON) ist es möglich, Wellen zu sperren, zu entsperren, sie zu löschen und zu vereinigen, sie freizugeben oder weitere Funktionen auszuführen. Ist die Wellenfreigabemethode der zugehörigen Wellenvorlage auf MANUELL gesetzt, muss die Welle über den Wellenmonitor oder über den Lagermonitor freigegeben werden.

9.3.6 Lagertypfindung und Lagertypsuchreihenfolge

Die Erstellung des Lagerauftrags und der zugehörigen Lageraufgaben beginnt mit der *Lagertypfindung* für die jeweiligen Lieferpositionen des Auslieferungsauftrags. Wir beschreiben in diesem Abschnitt deshalb die *Lagertypsuchreihenfolge*, die aus mehreren Lagertypen den optimalen Lagertyp bestimmt. Nachfolgend werden wir Ihnen die Auslagerungsstrategien vorstellen, die dann den optimalen Lagerplatz bestimmen, aus dem das Produkt kommissioniert werden soll, um so den Auslieferbedarf zu bedienen. Um den optimalen Lagerplatz zu bestimmen, werden die Lagertypbestimmung und die Auslagerungsstrategie gemeinsam ausgeführt. Das bedeutet, im ersten Schritt wird bestimmt, welche Lagertypen in welche Sequenz für das Produkt in Betracht gezogen werden sollen. Dann wird mit der Auslagerungsstrategie bestimmt, welcher Lagerplatz in dem bestimmten Lagertyp in Betracht gezogen werden soll, um das Produkt optimal auszulagern.

Abbildung 9.19 zeigt, wie Sie die Kommissionierung anhand der Parameter, die Ihnen EWM zur Verfügung stellt, beeinflussen können. Anhand dieser Parameter findet EWM über die Lagertypsuchreihenfolgen die möglichen Lagertypen und prüft nach der definierten Reihenfolge, ob ein Produkt innerhalb des Lagertyps zum Kommissionieren bereitsteht.

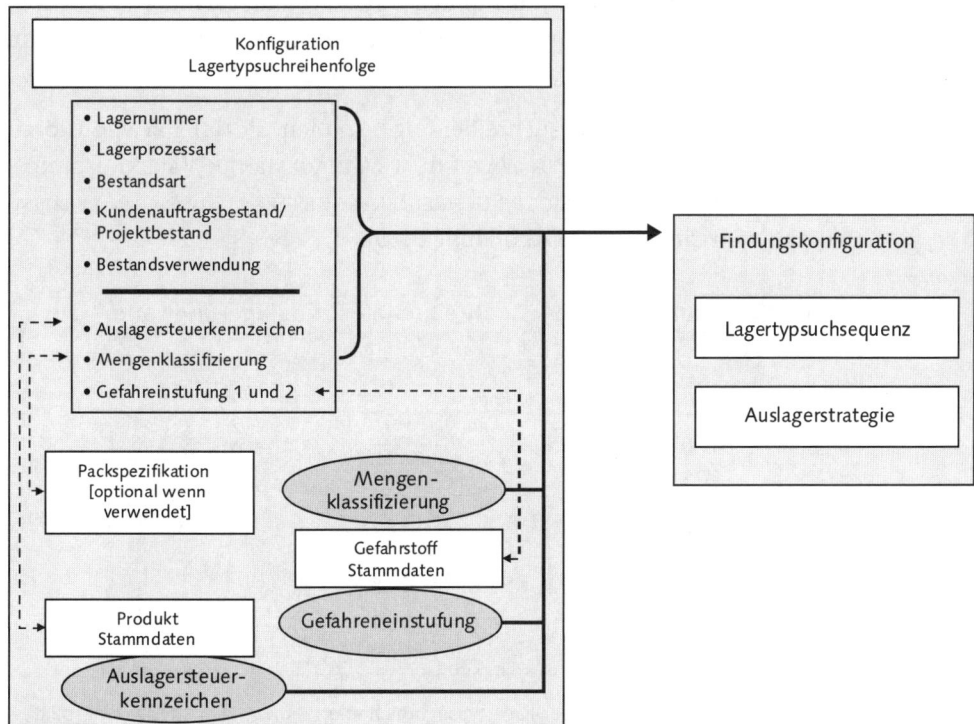

Abbildung 9.19 Auslagerungsstrategie und Lagertypsuchreihenfolge

Sie können die Lagertypsuchreihenfolge anhand folgender Parameter beeinflussen:

▶ Meist wird die Findung der Lagertypsuchreihenfolge über das Auslagerungssteuerkennzeichen bestimmt. Das Auslagerungssteuerkennzeichen können Sie auf dem Produkt hinterlegen.

▶ Falls Sie die Auslagerung anhand von unterschiedlichen Mengen beeinflussen möchten, können Sie dies anhand der Mengenklassifizierung sicherstellen. Hierfür wird die Packspezifikation verwendet. Über die Konditionstechnik können Sie die passende Packspezifikation mit der dort definierten Mengenklassifizierung bestimmen. Diese wird dann übernommen und bei der Bestimmung der Lagertypsuchreihenfolge verwendet.

▶ Möchten Sie Gefahrstoffe auslagern, können Sie anhand der Gefahreinstufung 1 und 2 verschiedene Lagertypsuchreihenfolgen in die Lagertypsuche einfließen lassen.

▶ Weitere Parameter wie die Lagerprozessart, die Bestandsart, die Lagernummer und ob es sich um Kunden- oder Projektbestand handeln soll, der auszulagern wäre, werden direkt aus der Auslieferauftragsposition übernommen.

Die Findung der Lagertypsuchreihenfolge können Sie im EWM-Customizing, über den Pfad EXTENDED WAREHOUSE MANAGEMENT • WARENAUSGANGSPROZESS • STRATEGIEN • LAGERTYP-SUCHREIHENFOLGE FÜR AUSLAGERUNG BESTIMMEN parametrisieren (siehe Abbildung 9.20).

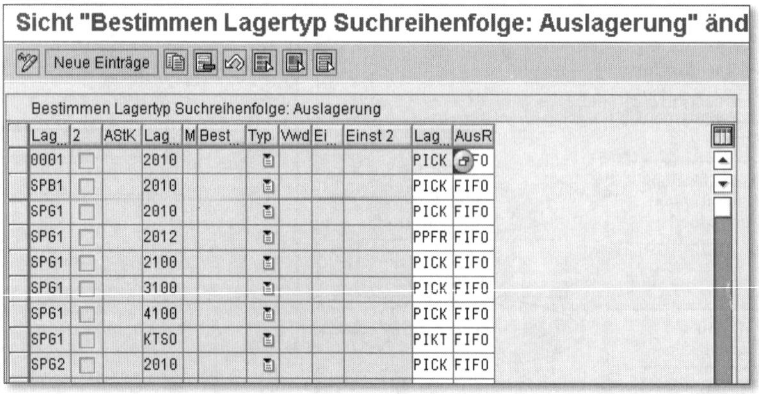

Sicht "Bestimmen Lagertyp Suchreihenfolge: Auslagerung" änd

Neue Einträge

Bestimmen Lagertyp Suchreihenfolge: Auslagerung

Lag	2	AStK	Lag	M	Best	Typ	Vwd	Ei	Einst 2	Lag	AusR
0001	☐		2010			☰				PICK	FIFO
SPB1	☐		2010			☰				PICK	FIFO
SP61	☐		2010			☰				PICK	FIFO
SP61	☐		2012			☰				PPFR	FIFO
SP61	☐		2100			☰				PICK	FIFO
SP61	☐		3100			☰				PICK	FIFO
SP61	☐		4100			☰				PICK	FIFO
SP61	☐		KTS0			☰				PIKT	FIFO
SP62	☐		2010			☰				PICK	FIFO

Abbildung 9.20 Bestimmung der Lagertypsuchreihenfolge sowie der Auslagerungsstrategie

Damit Ihnen verschiedene Auslagerungssteuerkennzeichen zur Verfügung stehen und Sie diese dann Ihren Produkten zuweisen können, müssen Sie sie vorab im EWM-Customizing erstellen. Um neue Auslagerungssteuerkennzeichen zu pflegen, starten Sie das EWM-Customizing und folgen dem Pfad EXTENDED WAREHOUSE MANAGEMENT • WARENAUSGANGSPROZESS • STRATE-GIEN • AUSLAGERUNGSSTEUERKENNZEICHEN DEFINIEREN.

Auf Basis der evaluierten Lagertypsuchreihenfolge werden alle Lagertypen in Betracht gezogen, die der Lagertypsuchreihenfolge zugewiesen wurden. Um Lagertypen der Lagertypsuchreihenfolge, wie in Abbildung 9.21 dargestellt, zuzuweisen, starten Sie das EWM-Customizing unter dem Pfad EXTENDED WAREHOUSE MANAGEMENT • WARENAUSGANGSPROZESS • STRATEGIEN • LAGER-TYPSUCHREIHENFOLGE FESTLEGEN. Wenn Sie das Kennzeichen TE auswählen, berücksichtigt EWM auch den Bestand, der sich auf einer Transporteinheit befindet, wenn nach Bestand zum Auslagern in dem Lagertyp gesucht wird.

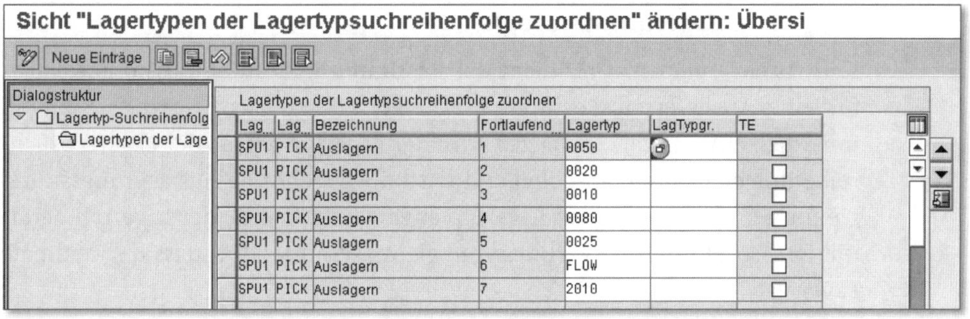

Sicht "Lagertypen der Lagertypsuchreihenfolge zuordnen" ändern: Übersi

[Neue Einträge]

Dialogstruktur	Lagertypen der Lagertypsuchreihenfolge zuordnen						
▽ ☐ Lagertyp-Suchreihenfolg	Lag.	Lag	Bezeichnung	Fortlaufend	Lagertyp	LagTypgr.	TE
☐ Lagertypen der Lage	SPU1	PICK	Auslagern	1	0050	⊘	☐
	SPU1	PICK	Auslagern	2	0020		☐
	SPU1	PICK	Auslagern	3	0010		☐
	SPU1	PICK	Auslagern	4	0080		☐
	SPU1	PICK	Auslagern	5	0025		☐
	SPU1	PICK	Auslagern	6	FLOW		☐
	SPU1	PICK	Auslagern	7	2010		☐

Abbildung 9.21 Zuweisen von Lagertypen zur Lagertypsuchreihenfolge

Um die Suche nach der Lagertypsuchreihenfolge zu optimieren, bietet EWM Ihnen an, verschiedene Zugriffsfolgen zu pflegen. Die Konfiguration ermöglicht es Ihnen, die Anzahl der Einträge zu minimieren, da Sie definieren können, anhand welcher Parameter das System versuchen soll, die Lagertyp-suchreihenfolge zu bestimmen (siehe Abbildung 9.22).

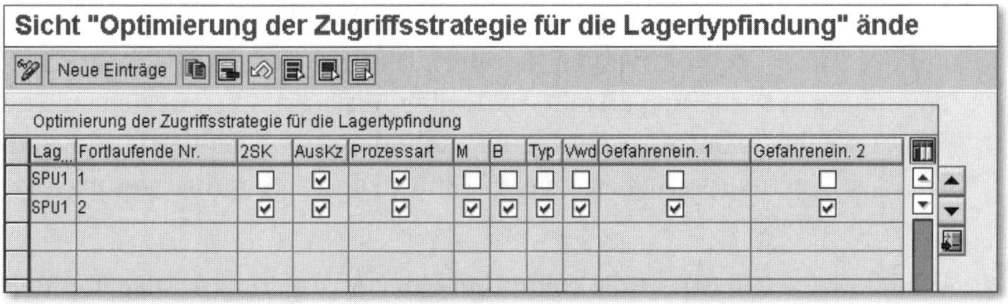

Sicht "Optimierung der Zugriffsstrategie für die Lagertypfindung" ände

[Neue Einträge]

	Optimierung der Zugriffsstrategie für die Lagertypfindung									
Lag.	Fortlaufende Nr.	2SK	AusKz	Prozessart	M	B	Typ	Vwd	Gefahrenein. 1	Gefahrenein. 2
SPU1	1	☐	☑	☑	☐	☐	☐	☐	☐	☐
SPU1	2	☑	☑	☑	☑	☑	☑	☑	☑	☑

Abbildung 9.22 Pflege von Zugriffsfolgen für die Lagertypsuchreihenfolge

Wenn für die markierten Parameter keine Suchreihenfolge bestimmt werden kann, wird bei mehreren Zugriffsfolgen die nächste berücksichtigt. Um Zugriffsfolgen für die Lagertypsuchreihenfolge im EWM-System zu pflegen, folgen Sie im EWM-Customizing dem Pfad EXTENDED WAREHOUSE MANAGE-MENT • WARENAUSGANGSPROZESS • STRATEGIEN • OPTIMIERUNG DER ZUGRIFFS-STRATEGIE FÜR DIE LAGERTYPFINDUNG AUSLAGERUNG. In Abbildung 9.22 haben wir die Zugriffsfolgen für die Lagertypsuchreihenfolge dargestellt. So werden im Lager SPU1 nur das Auslagerungssteuerkennzeichen und eine Lagerprozessart verwendet, um eine Lagertypsuchreihenfolge zu bestimmen. Kann keine Lagertypsuchreihenfolge mit den beiden Parametern bestimmt werden, werden im nächsten Zugriff alle Parameter berücksichtigt.

9.3.7 Auslagerungsstrategie

Eine *Auslagerungsstrategie* dient der Bestimmung des Kommissionierplatzes für eine Auslieferungsposition, das heißt, für das auszulagernde Material innerhalb eines Lagers. Zunächst wird der Lagertyp gemäß der Lagertypsuchreihenfolge ermittelt, anschließend wird die zugehörige Auslagerungsstrategie für den zuvor gefunden Lagertyp angewandt. Wurde der Lagertyp determiniert, sorgt die Auslagerungsstrategie insgesamt dafür, dass der optimale Lagerplatz bestimmt wird.

EWM und WM nutzen Auslagerungsstrategien, um einen Quellplatz zu bestimmen. Die Definition von Auslagerungsstrategien unterscheidet sich jedoch in den beiden Systemen: WM bietet fixe, vorbestimmte Auslagerungsstrategien, die Sie zur optimalen Lagerplatzbestimmung verwenden können. Sie können also nur die von SAP ausgelieferten Auslagerungsstrategien verwenden. EWM bietet hingegen Eigenschaften und ihre Sortierung an, um eigene Auslagerungsstrategien zu definieren. Das bedeutet, die Auslagerungsstrategie kann frei gewählt werden. Zum Beispiel ist die Auslagerungsstrategie FIFO in EWM mit der Eigenschaft WARENEINGANGSDATUM und der Sortierung AUFSTEIGEND definiert. Dieses Zuweisen von Eigenschaften und deren Sortierung erlaubt es, flexible Auslagerungsstrategien anhand der Kundenbedürfnisse zu definieren. Abbildung 9.23 vergleicht die statischen Auslagerungsstrategien von WM mit den flexiblen Auslagerungsstrategien in EWM.

Abbildung 9.24 illustriert die Definition einer Auslagerungsstrategie mittels Eigenschaften und Sortierung, inklusive aller vorhandenen Eigenschaften, die in EWM zur Auswahl stehen.

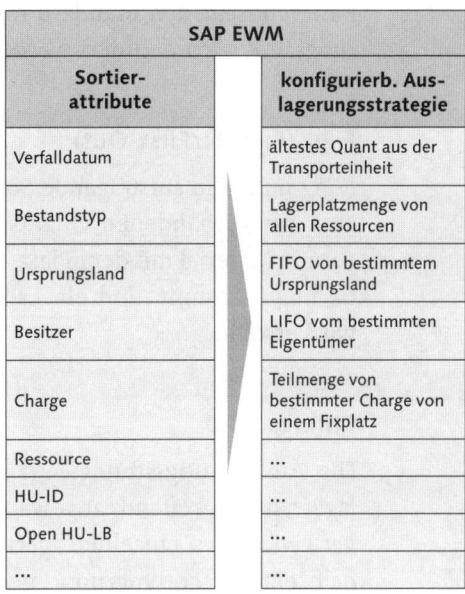

SAP ERP-WM		SAP EWM	
Auslagerungs-strategie	**Sortier-attribute**	**Sortier-attribute**	**konfigurierb. Aus-lagerungsstrategie**
FIFO	ältester Quant	Verfalldatum	ältestes Quant aus der Transporteinheit
striktes FIFO	ältester Quant über alle Lagertypen	Bestandstyp	Lagerplatzmenge von allen Ressourcen
LIFO	kürzlich eingelagertes Quant	Ursprungsland	FIFO von bestimmtem Ursprungsland
Teilmenge zuerst	Teilmengen	Besitzer	LIFO vom bestimmten Eigentümer
Vorschlag auf Basis der Menge	Lagerplatzmenge	Charge	Teilmenge von bestimmter Charge von einem Fixplatz
Haltbarkeits-/Verfalldatum	Verfallsdatum	Ressource	...
Fixlagerplatz	Fixplatz	HU-ID	...
User Exit	kundenspezifisch	Open HU-LB	...
		...	...

Abbildung 9.23 Unterschied der Auslagerungsstrategien in SAP ERP-WM und SAP EWM

Abbildung 9.24 Erstellen einer flexiblen Auslagerungsstrategie

Basierend auf den Standard-Eigenschaften, können u. a. folgende Auslagerungsstrategien definiert werden:

FIFO (First-In/First-Out)

FIFO nutzt die aufsteigende Sortierung der Eigenschaft WARENEINGANGSDA-
TUM des vorhandenen Quants in einem Lager. Das bedeutet, das auszulagernde Material mit dem Platz, auf dem es sich befindet, wird über diese Sortierung bestimmt, und ein Lagerauftrag mit der zugehörigen Lageraufgabe
wird erstellt.

Striktes FIFO

Die Auslagerungsstrategie *striktes FIFO* stellt sicher, dass die FIFO-Regel
lagertypübergreifend angewandt wird. Hierbei werden Lagertypgruppen
verwendet, um einzelne Lagertypen zu gruppieren. Der Bestand wird innerhalb einer Lagertypgruppe gemäß dem Wareneingangsdatum aufsteigend
sortiert, sodass das FIFO-Prinzip auch bei Kommissionierplatzsuche zur
Anwendung kommt. Im Vergleich dazu würde das einfache FIFO nur den
vorher determinierten Lagertyp berücksichtigen.

LIFO (Last-In/First-Out)

Für einige Lagerprozesse oder innerhalb einiger Industrien kann es notwendig sein, dass Produkte nicht nach dem FIFO-Prinzip kommissioniert werden
können. Zum Beispiel werden in der Baustoffindustrie Produkte übereinan-
dergestapelt, was es wiederum notwendig macht, nicht das Produkt mit dem
ersten Wareneingangsdatum zu kommissionieren. Vielmehr muss hier das
Produkt mit dem letzten Wareneingangsdatum kommissioniert werden, um
ein aufwendiges Umlegen der Produkte zu vermeiden. Die *LIFO*-Auslage-
rungsstrategie ist nur dann sinnvoll, wenn die Produkte keinem Verfallsdatum unterliegen. Ähnlich wie beim FIFO-Prinzip wird hierbei die Eigenschaft WARENEINGANGSDATUM zur Sortierung verwendet, jedoch wird das
Ergebnis absteigend sortiert.

Teilmengen zuerst

Die Auslagerungsstrategie TEILMENGEN ZUERST dient der Optimierung von
Lagerungskapazität innerhalb eines Lagers. Unabhängig vom Wareneingangsdatum ermöglicht es, Anbruchmengen zuerst zu kommissionieren,
bevor eine volle Palette von einem Produkt ermittelt wird. Ohne diese Stra-

tegie ist es möglich, dass viele Teilmengen im Lager entstehen, die dann mit einer Lager-Reorganisation zusammengeführt werden müssen.

Fixplatz

Innerhalb dieser Strategie wird der definierte Fixplatz eines Produkts als Quellplatz für die Lageraufgabe genutzt. Fixplätze werden einem Produkt pro Lagertyp in der Transaktion /SCWM/BINMAT zugeordnet. Sie erreichen die Transaktion im Easy Access Menü über den Pfad EXTENDED WAREHOUSE MANAGEMENT • STAMMDATEN • LAGERPLATZ • FIXLAGERPLATZ PFLEGEN.

Außerdem ist es möglich, mehrere Fixplätze einem Produkt innerhalb eines Lagertyps zuzuordnen, um zum Beispiel dem Platzbedarf eines Produkts im Rahmen von verkaufsfördernden Maßnahmen gerecht zu werden. Ist in der Lagertypdefinition konfiguriert, dass ein negativer verfügbarer Bestand zulässig ist, wird selbst bei einem leeren Fixplatz selbiger als Quellplatz ermittelt. Die Lagertypdefinition erreichen Sie im EWM-Customizing über den Pfad EXTENDED WAREHOUSE MANAGEMENT • STAMMDATEN • LAGERTYP DEFINIEREN.

Es bedarf hierbei einer Nachschubsteuerung, um den physischen Kommissioniervorgang nicht zu gefährden. Folgeprozesse dieses Szenarios könnten eine Kommissionierzurückweisung oder aber auch ein direkter Nachschub, der durch den Kommissionierer selbst durchgeführt wird, sein. In Kapitel 10, »Lagerinterne Prozesse«, beschreiben wir die möglichen Fehlerfälle näher.

Mindesthaltbarkeitsdatum

Die Strategie MINDESTHALTBARKEITSDATUM stellt sicher, dass Produkte mit dem ältesten Mindesthaltbarkeitsdatum zuerst kommissioniert werden. Hierzu wird in der Definition der Auslagerungsstrategie die Eigenschaft MINDESTHALTBARKEITSDATUM aufsteigend sortiert.

Kundeneigene Strategien innerhalb eines BAdIs

Für den Fall, dass die Standard-Logiken für die Kundenbedürfnisse nicht ausreichend sind, besteht die Möglichkeit, eine separate Logik in einem BAdI zu implementieren. Erforderlich ist dies, falls Sie andere Felder bei der Definition der Auslagerungsstrategie benötigen oder wenn zusätzliche Sonderfälle mit berücksichtigt werden müssen. Sie finden das BAdI im EWM-Customizing unter dem Pfad EXTENDED WAREHOUSE MANAGEMENT • BUSINESS ADD-

473

INS (BADIS) FÜR EXTENDED WAREHOUSE MANAGEMENT • WARENAUSGANGSPRO-ZESS • STRATEGIEN • AUSLAGERUNGSSTRATEGIEN • BADI: LÖSCHEN DES QUANT-PUFFERS AND BADI: FILTERUNG AND/OR SORTIERUNG VON QUANTS.

9.3.8 Lagerungssteuerung im Warenausgangsprozess

Da innerhalb eines Warenausgangsprozesses meist mehrere Prozessschritte erforderlich sind, zum Beispiel das Kommissionieren, Verpacken mit logisti-scher Zusatzleistung, Bereitstellen der Ware und die anschließende Verla-dung, spielt die Lagerungsteuerung, mit der Sie Ihre Prozesse im System abbilden und steuern können, auch im Warenausgang eine wichtige Rolle.

In Kapitel 7, »Objekte und Elemente der Prozesssteuerung«, haben wir bereits die Funktionsweise der Lagerungssteuerung und ihre beiden Arten, die prozessorientierte sowie die layoutorientierte Lagerungssteuerung, erläutert. In diesem Abschnitt werden wir die warenausgangsspezifischen Aspekte hierzu darstellen.

Abbildung 9.25 zeigt ein Beispiel für einen mehrstufigen Warenausgangs-prozess, der die Schritte Kommissionieren, Verpacken, Bereitstellen und Verladen beinhaltet. Jeder dieser Prozessschritte wird mit eigenen Lagerauf-gaben und dazugehörigen Lageraufträgen abgebildet. Ein Verladen der Ware wäre auch ohne Lageraufgaben möglich.

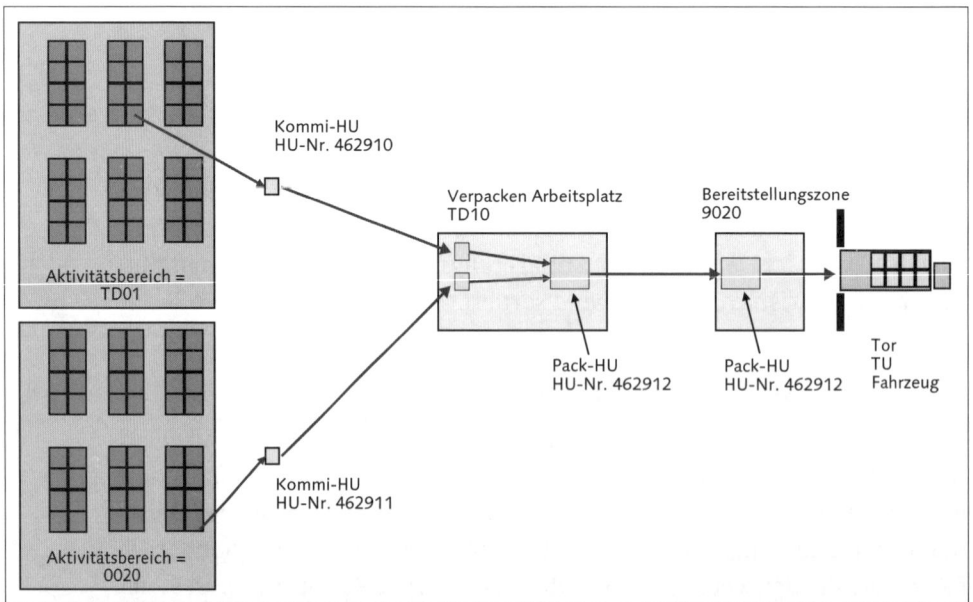

Abbildung 9.25 Prozessorientierte Lagerungssteuerung im Warenausgang

Innerhalb der prozessorientierten Lagerungssteuerung ist es möglich, die Zielplatzermittlung zu einem Prozessschritt dynamisch ermitteln zu lassen. Dies geschieht jeweils bei Anlage einer Lageraufgabe nach Abschluss eines Prozessschritts. Dies kann zum Beispiel bei der Packplatzermittlung im Warenausgang eine große Rolle spielen, was unter anderem abhängig vom Kommissionierplatz oder der Art der verwendeten HU ermittelt werden kann.

Eine Kombination von prozessorientierter und layoutorientierter Lagerungssteuerung im Warenausgang ist ebenfalls möglich. Um noch einmal Bezug auf Abbildung 9.25 zu nehmen: Wenn der Lagertyp des Aktivitätsbereichs 0020 einen Kommissionierpunkt zugewiesen hat, auf dem eine HU zunächst abgestellt wird, um eine Teilmenge herauszukommissionieren, erkennt die layoutorientierte Lagerungssteuerung, dass die HU vom Quellplatz (zum Beispiel ein Hochregallager) zunächst auf den Übergabeplatz transportiert und die Restmenge anschließend wieder eingelagert werden muss. Der Übergabeplatz stellt in dem Fall die Verpackungsstation oder einen Kommissionierpunkt dar. Die prozessorientierte Lagerungssteuerung ermittelt hierbei nach Abschluss des Kommissioniervorgangs vom Übergabeplatz, welcher Prozessschritt als Nächstes ausgeführt werden muss und wo dieser gegebenenfalls stattfinden soll.

9.3.9 Lagerauftragserstellung und Bundling

Lageraufgaben werden immer dann erstellt, wenn eine Welle freigegeben wird. Es ist aber auch möglich, Lageraufgaben manuell auf Basis eines einzelnen Auslieferungsauftrags zu erstellen. Mit dem Erstellen der Lageraufgabe oder Lageraufgaben, wenn von verschiedenen Lagerplätzen das Produkt zu kommissionieren ist, wird automatisch ein Lagerauftrag als umklammerndes Objekt erstellt. Der Lagerauftrag wird für die Ausführung benötigt, um die jeweiligen Arbeitspakete zusammenzufassen.

Während der Lagerauftragserstellung wird anhand der Lagererstellungsregel/n geprüft, welche Lageraufgaben, zum Zweck der Optimierung, gemeinsam zusammengefasst werden können. Das Bilden von Lageraufträgen (Bundling) haben wir bereits in Kapitel 7, »Objekte und Elemente der Prozesssteuerung«, detailliert vorgestellt.

Bildung von Lageraufträgen mithilfe des Wellenmanagements
Nur die Lageraufgaben, die bei der Erstellung zusammen vom Bundling verarbeitet werden, können in einem Lagerauftrag Berücksichtigung finden. Das bedeutet,

legen Sie manuell Lageraufgaben zu einem Auslieferungsauftrag an, können nur die dort zugeordneten Positionen bei der Lagerauftragserstellung Berücksichtigung finden. Nutzen Sie im Vergleich dazu das Wellenmanagement, werden alle Auslieferungsauftragspositionen berücksichtigt, die der Welle, die Sie freigegeben haben, zugeordnet waren. Stehen mehrere Auslieferungsauftragspositionen bei der Lagerauftragserstellung zur Verfügung, hat dies zur Folge, dass automatisch mehrere Lageraufgaben erstellt werden und EWM die Bildung der Lageraufträge so viel besser und optimaler sicherstellen kann.

Beim Bilden des Lagerauftrags können Sie zusätzlich noch die darin enthaltenden Lageraufgaben je nach gespeicherter Konfiguration sortieren. Die Lageraufgaben werden dann bei der Ausführung dem Lagerarbeiter oder der Ressource nach dieser hinterlegten Reihenfolge vorgeblendet, und jedes Mal, wenn eine quittiert wird, wird die Lageraufgabe, die sich an nächster Stelle befindet, zum Kommissionieren freigegeben. Um die Sortierregel der Lageraufgaben in einem Lagerauftrag wie in Abbildung 9.26 zu definieren, starten Sie das EWM-Customizing und folgen dem Pfad EXTENDED WAREHOUSE MANAGEMENT • PROZESSÜBERGREIFENDE EINSTELLUNGEN • LAGERAUFTRAG • SORTIERREGELN FÜR LAGERAUFGABEN DEFINIEREN.

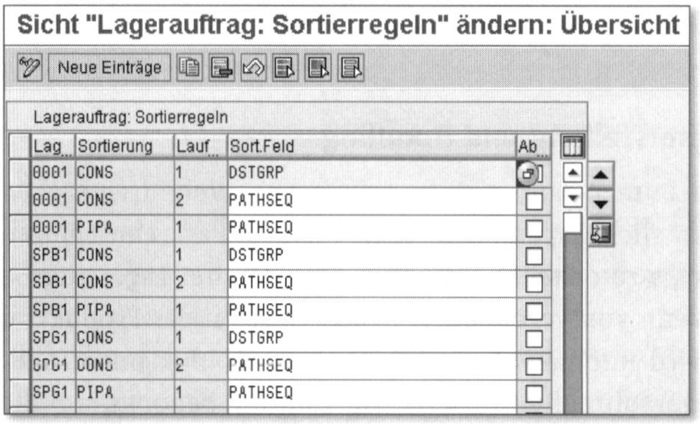

Abbildung 9.26 Sortierregel für Lageraufgaben eines Lagerauftrags

Um die Sortierung nach dem optimalen Kommissionierpfad sicherzustellen, müssen Sie eine Sortierung der Lagerplätze erstellen und für das Sortierfeld den Wert PATHSEQ auswählen. Die Sortierung der Lageraufgaben wird anhand der Sortierung der Lagerplätze in dem zugehörigem Aktivitätsbereich sichergestellt. Hierzu müssen Sie für die Lagerplätze abhängig von den physischen Gegebenheiten die Aktivität sortieren. Dabei müssen Sie weitere Konfigurationen im System hinterlegen und für die Sortierung definieren, nach welchem Schema die Lagerplätze sortiert werden sollen.

Weitere Informationen zum Sortieren der Lagerplätze für einen Aktivitätsbereich und eine Aktivität erhalten Sie in Kapitel 3, »Organisationsstruktur in SAP EWM und SAP ERP«.

Um die Sortierung endgültig auszuführen und die Werte für die Sortierung in EWM zu speichern, rufen Sie über das SAP Easy Access Menü den Pfad Extended Warehouse Management • Stammdaten • Lagerplatz • Lagerplätze sortieren auf oder verwenden direkt die Transaktion /SCWM/SBST, die Transaktion zum Sortieren von Lagerplätzen. Wie in Abbildung 9.27 dargestellt, werden die Plätze dann nach einer Schablone sortiert und abgelegt. Beim Erstellen der Lageraufgaben bestimmt EWM, welche Plätze oder Lageraufgaben der Benutzer nacheinander anfahren soll.

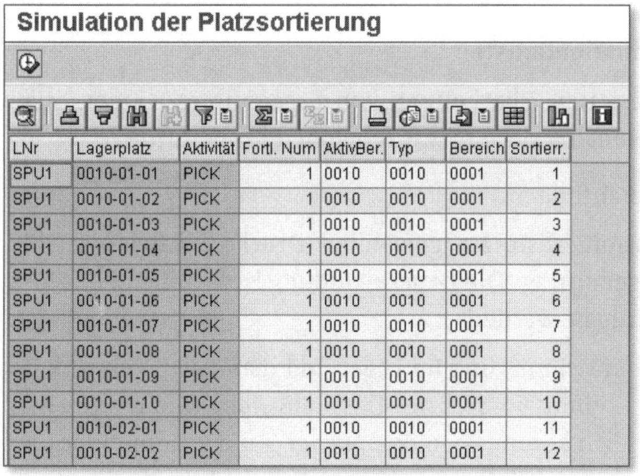

Simulation der Platzsortierung

LNr	Lagerplatz	Aktivität	Fortl. Num	AktivBer.	Typ	Bereich	Sortierr.
SPU1	0010-01-01	PICK	1	0010	0010	0001	1
SPU1	0010-01-02	PICK	1	0010	0010	0001	2
SPU1	0010-01-03	PICK	1	0010	0010	0001	3
SPU1	0010-01-04	PICK	1	0010	0010	0001	4
SPU1	0010-01-05	PICK	1	0010	0010	0001	5
SPU1	0010-01-06	PICK	1	0010	0010	0001	6
SPU1	0010-01-07	PICK	1	0010	0010	0001	7
SPU1	0010-01-08	PICK	1	0010	0010	0001	8
SPU1	0010-01-09	PICK	1	0010	0010	0001	9
SPU1	0010-01-10	PICK	1	0010	0010	0001	10
SPU1	0010-02-01	PICK	1	0010	0010	0001	11
SPU1	0010-02-02	PICK	1	0010	0010	0001	12

Abbildung 9.27 Sortieren der Lagerplätze über einen Aktivitätsbereich

Wird ein Lagerauftrag von einer Ressource über eine mobile RF-Transaktion (Transaktionscode /SCWM/RFUI) ausgeführt, können Sie als Lagerarbeiter die zugehörigen Lageraufgaben neu sortieren und so die Reihenfolge, in der Sie den Lagerauftrag abarbeiten, verändern, falls die Konfiguration dies nicht verbietet. Um das Umsortieren der Lageraufgaben in einem Auftrag freizuschalten bzw. zu verhindern, starten Sie das EWM-Customizing und folgen dem Pfad Extended Warehouse Management • Stammdaten • Aktivitätsbereiche • Sortierreihenfolge für Aktivitätsbereich definieren. Wird der Parameter Feste Sortierung nicht gesetzt, ermöglicht es EWM, die Sortierung der Lageraufgaben in einem Lagerauftrag nachträglich zu verändern.

Ist der erste Lagerauftrag für die Kommissionierung erstellt, ist der planungsseitige Warenausgangsprozess abgeschlossen, jetzt wird tatsächlich die Ware kommissioniert. Wird die Ware kommissioniert und sind weitere Schritte erforderlich, legt das System nachfolgend weitere Lageraufträge und Lageraufgaben an.

9.3.10 Kommissionierausführung – Optimierung der Kommissionierung

Nach Erstellung von Lageraufträgen erfolgt die Abarbeitung jener Arbeitspakete. Dies kann auf Basis einer ausgedruckten Kommissionierliste oder aber auch anhand eines mobilen RF-Terminals erfolgen. Im Folgenden wird der Prozess für beide Varianten der Kommissionierausführung näher beschrieben.

Ausführung mit Kommissionierliste

Im Fall einer papierbasierten Abarbeitung von Lageraufträgen oder Teilen von Lageraufträgen beinhaltet der Prozess folgende Einzelschritte:

1. Erzeugung von Lageraufträgen

2. Druck der Kommissionierliste am gewählten Drucker mittels der PPF-Aktion für einen Lagerauftrag. Die Druckerfindung kann anhand der Konditionstechnik beeinflusst werden.

3. Ausführung der Kommissionierung im Lager und manueller Vermerk der Ergebnisse auf der Kommissionierliste. Das heißt, der Mitarbeiter trägt schriftlich die tatsächlich kommissionierte Menge auf der Kommissionierliste ein. Teilweise werden bei Ausnahmen zusätzliche Informationen auf der Liste hinterlegt.

4. Bestätigung des Lagerauftrags mittels der Desktop-Transaktion. Die Ergebnisse des Kommissioniervorgangs werden von der Liste in eine Transaktion übertragen.

5. Handhabung von Ausnahmen und Anstoßen von Folgeaktionen (falls notwendig) wie zum Beispiel der Erzeugung neuer Kommissionieraufgaben im Fall nicht bestätigter Mengen.

Optimierung des papiergesteuerten Kommissionierprozesses

Während die papierbasierte Kommissionierausführung nicht optimiert ist, da der Mitarbeiter nicht in Echtzeit mit dem System interagieren kann, bestehen die Möglichkeiten der Optimierung des Kommissionierens in diesem Umfeld in der Kommissionierwellengenerierung und der Erzeugung von zugehörigen Lageraufträgen.

Kommissionierliste drucken

Der Druck der Kommissionierliste in EWM wird über das PPF und über die Konditionstechnik gesteuert. Die Konditionstechnik und das PPF werden in Kapitel 12, »Bereichsübergreifende Prozesse und Funktionen«, beschrieben. In diesem Abschnitt werden die Druckfunktionen für den Warenausgangsprozess erläutert.

EWM bietet zwei Druckvorlagen, um eine Kommissionierliste zu drucken. Jedoch ist die Erstellung kundenspezifischer Druckvorlagen in Implementierungsprojekten sehr verbreitet, um zum Beispiel spezifische Logos und Felder hinzuzufügen. SAP EWM hat nicht den Anspruch, die optimale Druckvorlage zur Verfügung zu stellen, vielmehr sind die zwei Druckvorlagen als Beispiel zu verstehen, damit Sie daraus viel einfacher Ihre eigene Kommissionierliste erstellen bzw. entwickeln können. Jene Druckvorlagen sind als Smart Forms konzipiert und über die Transaktion SMARTFORMS zugänglich.

Sie finden in EWM folgende Druckvorlagen, die Sie für den Warenausgangsprozess verwenden können:

▸ /SCWM/WO_MULTIPLE – Lagerauftragsliste

▸ /SCWM/WO_SINGLE – Lagerauftrageinzelbeleg

Bestätigung und Quittieren des Lagerauftrags

Nachdem das physische Kommissionieren durchgeführt wurde, muss der zugehörige Lagerauftrag quittiert werden, um so dem System eine Rückmeldung über die physische Ausführung zu geben. Das Erfassen der Daten können Sie, wie in Abbildung 9.28 dargestellt, über die Desktop-Transaktion vornehmen.

Die Transaktion zum Bestätigen von Lageraufträgen finden Sie im SAP Easy Access Menü unter EXTENDED WAREHOUSE MANAGEMENT • AUSFÜHRUNG • LAGERAUFGABE QUITTIEREN oder über den Transaktionscode /SCWM/TO_CONF.

Alternativ kann die Bestätigung auch im Lagermonitor über die Transaktion /SCWM/MON mittels der Standard-Methoden für Lageraufgaben und Lageraufträge erfolgen. Mit den EWM-Methoden können Sie auch im Hintergrund mehrere Lageraufträge auf einmal quittieren. Dies ist aber nur zu empfehlen, wenn der Nach-Platz, auf dem der Mitarbeiter die kommissionierte Ware abstellt, sich nachträglich nicht verändert hat. Das heißt, bei der

Erstellung der Lageraufgabe wird ein Nach-Platz ermittelt, der Mitarbeiter sollte dann auch physisch die Ware auf diesem Lagerplatz abgestellt haben. Falls Sie mit generischen Nach-Lagerplätzen arbeiten, ist die Massenquittierung im Lagermonitor ausgeschlossen. Zudem ist es notwendig, dass keine Kommissioniermindermengen erfasst wurden und immer die zu kommissionierende Menge aus dem Platz entnommen wurde.

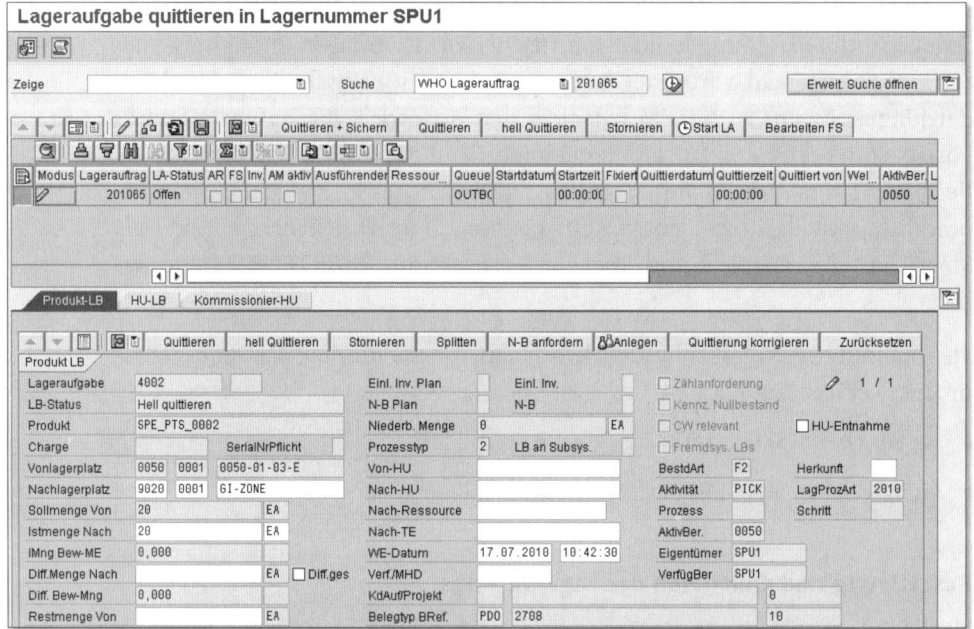

Abbildung 9.28 Quittierung einer Lageraufgabe im Desktop-UI

Ebenfalls ist eine Bestätigung des Kommissioniervorgangs mittels der mobilen Dateneingabe am Desktop möglich. Diese einfache Benutzeroberfläche ist über die Transaktion /SCWM/RFUI zugänglich und simuliert die Eingabe mit einem mobilen Gerät. Gelegentlich ist diese Transaktion für Nutzer ideal, um schnell und einfach die zuvor ausgeführte Kommissionierung systemseitig zurückzumelden. Um hierbei die Verifizierung von Produkt, Menge und Plätzen nicht durchführen zu müssen, kann gegebenenfalls ein separates Verifikationsprofil erstellt werden, um die Eingaben für den Benutzer zu reduzieren. Denkbar ist ebenso, Verifikationen zu nutzen und diese mit einem Barcodescanner zu erfassen. Um den Prozess zu beschleunigen, macht es Sinn, die Verifikationen, falls möglich, auf die Kommissionierliste als Barcode zu verschlüsseln.

9.3.11 Ausführung der Kommissionierung mittels mobiler Geräte

Die Bestätigung des Kommissioniervorgangs mittels mobiler Endgeräte ist allgemein die bevorzugte Variante, da sie effizienter hinsichtlich der Bestandsgenauigkeit ist. Hierbei erfolgt die Rückmeldung über die kommissionierte Menge eines Produkts sofort, das bedeutet, auch systemseitig erfolgt eine Aktualisierung der Bestandssituation augenblicklich.

Weiterhin ermöglicht die Nutzung von mobilen Geräten beim Kommissionieren dem Nutzer, in Echtzeit mit dem System zu interagieren, wodurch die Fehleranfälligkeit bei manueller Bestätigung reduziert wird und ein Reagieren auf eventuelle Fehlerfälle (zum Beispiel fehlende Produktmenge oder die Eingabe eines falschen Platzes) zeitnah erfolgen kann. Ein systemgeführtes Arbeiten ist mit der Nutzung von mobilen Endgeräten ebenfalls möglich, um so die Zuweisung von Lageraufträgen an die geeignetste verfügbare Ressource zu gewährleisten. Die Funktionalität der systemgeführten Ausführung wird in Kapitel 11, »Optimierung der Lagerprozessdurchführung«, näher beschrieben.

Um einen Lagerauftrag mit der RF-Transaktion zu quittieren, muss im SAP Easy Access Menü folgender Pfad aufgerufen werden EXTENDED WAREHOUSE MANAGEMENT • AUSFÜHRUNG • IN RF UMGEBUNG ANMELDEN. Alternativ kann auch die Transaktion /SCWM/RFUI genutzt werden.

In der Praxis sind die mobilen Endgeräte in der Regel so konfiguriert, dass sofort mit der Benutzeranmeldung die Anmeldung an der zugehörigen Ressource stattfindet. Eine manuelle Eingabe ist dann nicht notwendig, andernfalls muss der Mitarbeiter die Lagernummer, die Ressource und das Endgerät spezifizieren, um eine Anmeldung an das RF-Menü sicherzustellen. Sobald der Benutzer in der RF-Umgebung angemeldet ist, kann er die Transaktion auswählen, in unserem Fall würde er die Quittierung der Kommissionierlageraufträge starten. Details zu RF-Transaktionen finden Sie in Kapitel 11, »Optimierung der Lagerprozessdurchführung«.

Es ist möglich, das RF-Menü anhand von Kundenwünschen zu ändern. In diesem Abschnitt gehen wir jedoch vom Standard-Menü aus. In Klammern ist jeweils die logische Transaktion der Menüfunktionen vermerkt, die notwendig ist, um in der Konfiguration die Menüfunktionen auszuführen. Dort können Sie die Texte der logischen RF-Transaktion anpassen oder sie komplett aus dem RF-Menü entfernen.

Nach der Benutzeranmeldung und Eingabe der Ressourcen bietet das System mehrere Wege, um Kommissionierlageraufträge zu quittieren. Im Folgenden zeigen wir die wichtigsten Ausführungsoptionen, die Sie im Menü wählen können, um den Kommissionierprozess abzuschließen und die Lageraufträge mit den zugehörigen Lageraufgaben zu quittieren. Für das systemgeführte Kommissionieren gibt es zwei Alternativen:

▶ **Systemgeführte Selektion**
Der Benutzer wird vom System durch den Prozess geführt und bekommt offene Lageraufträge auf Basis der Queuezuweisung, Ressource und Ressourcengruppe automatisch zugewiesen. Das System ermittelt stets den optimalen Lagerauftrag nach dem Quittieren und Abschließen der vorangegangenen Lageraufgabe oder dem vorangegangenen Lagerauftrag.

Die systemgeführte Selektion öffnen Sie, indem Sie die Transaktion /SCWM/RFUI ausführen und sich dort mit Ihrer Ressource anmelden. Folgen Sie dann dem folgenden Pfad:

RF MENÜ: SYSTEMGEFÜHRT • SYSTEMGEFÜHRTE SELEKTION (WKSYSG)

▶ **Systemgeführt nach Queue**
Zu Beginn dieser Transaktion spezifizieren Sie die Queue, aus der Sie Lageraufträge erhalten möchten. Das System weist Ihnen anschließend ausschließlich Lageraufträge aus der gewählten Queue zu. Zum Öffnen der RF-Transaktion sollten Sie nach der Anmeldung an der Ressource über das RF-Menü folgenden Pfad nutzen:

RF MENÜ: SYSTEMGEFÜHRT • SYSTEMGEFÜHRT NACH QUEUE (WKSYSQ)

Im Gegensatz zur systemgeführten Auswahl von Lageraufträgen besteht ebenfalls die Möglichkeit einer manuellen Auswahl. Hierbei gibt es folgende Optionen:

▶ **Kommissionieren nach Lagerauftrag**
Für den Fall, dass der Benutzer die Nummer des Lagerauftrags kennt, ist es ihm möglich, jene Nummer direkt in das Eingabefeld zu geben, um so mit der Abarbeitung zu beginnen. Zum Beispiel kann es vorkommen, dass beim Verladen auf dem HU-Label ebenfalls die Lagerauftragsnummer vermerkt ist, sodass es dem Nutzer möglich ist, diese direkt einzugeben oder – im Fall von verbarcodeten Nummern – einzuscannen. Zum Starten der RF-Transaktion sollten Sie nach der Anmeldung an der Ressource über das RF-Menü folgenden Pfad wählen:

RF MENÜ: MANUELLE AUSWAHL • SELEKTION VON LA (WKMNWO)

▶ **Kommisssionieren nach HU**
Diese Variante kann im Fall von Vollpalettenentnahme genutzt werden, wobei die Quell-HU bereits vom System vorbestimmt wurde. Zum Starten

der RF-Transaktion sollten Sie nach der Anmeldung an der Ressource über das RF-Menü folgenden Pfad nutzen.

RF MENU: MANUELLE AUSWAHL • SELEKTION VON HU (WKMNHU)

▸ **Kommissionieren nach Lageranforderung**
Diese Variante ermöglicht die Auswahl von Lageraufträgen mittels der zugehörigen Lageranforderung (im Warenausgangsprozess handelt es sich hierbei um die Nummer des Auslieferungsauftrags). Dies kann zum Beispiel bei sehr dringenden Auslieferungsaufträgen nützlich sein, wenn der Benutzer die Nummer des Auslieferungsauftrags genannt bekommt. Zum Starten der RF-Transaktion sollten Sie nach der Anmeldung an der Ressource über das RF-Menü folgenden Pfad nutzen.

RF MENU: MANUELLE AUSWAHL • SELEKTION VON LANF (WKMNWR)

Es gibt weitere Transaktionen im RF-Umfeld, die Sie unter RF MENU: WARENAUSGANG • KOMMISSIONIEREN finden. Die verschiedenen Transaktionen weisen ein ähnliches Erscheinungsbild auf, unterscheiden sich jedoch anhand der logischen Transaktion und des zugehörigem Kontextes. Zum Beispiel scheinen die Transaktionen im Untermenü zur Kommissionierung identisch denen zur systemgeführten Auswahl von Lageraufträgen, jedoch sind diese einem anderen Kontext zugewiesen. Aus diesem Grund kann die Lagerauftragsvergabe in den Transaktionen unterschiedlich verlaufen, oder der Nutzer ist nicht berechtigt, einen manuell eingegeben Lagerauftrag auszuführen.

Arbeitet der Mitarbeiter mit der mobilen RF-Transaktion SYSTEMGEFÜHRTE SELEKTION (WKSYSG), werden ihm alle Lageraufträge zugewiesen, die zur Abarbeitung bereitstehen (abhängig von der Queuekonfiguration, siehe Kapitel 11, »Optimierung der Lagerprozessdurchführung«). Wählen Sie die generische RF-Transaktion über das RF-Menü über den Pfad RF MENU: SYSTEMGEFÜHRT • SYSTEMGEFÜHRTE AUSWAHL. Sie erhalten die Lageraufträge, die für alle Aktivitäten abzuarbeiten sind. Nur die Lageraufträge, die für den Warenausgang bestimmt sind, erhalten Sie, wenn Sie die mobile systemgeführte RF-Transaktion im RF-Menü über den Pfad WARENAUSGANG • AUSLAGERUNG • SYSTEMGEFÜHRTE KOMMISSIONIERUNG ausführen.

Die Folgeaktion von Ausnahmecodes im Rahmen einer RF-Transaktion verläuft anders, als wenn der Ausnahmecode in einer Desktop-Transaktion erfasst wird. Sie können frei konfigurieren, ob beim Kommissionieren eines Produkts und dem Feststellen einer Mengendifferenz am Platz der direkte Nachschub in der mobilen RF-Transaktion durch Auslösen eines Ausnahmecodes angestoßen werden soll und in der Desktop-Transaktion stattdessen der Nachschub nicht gestartet werden soll. Der Ausnahmecode kann so konfiguriert werden, dass lediglich die bestätigte Menge in der Lageraufgabe fortgeschrieben wird und eine E-Mail an einen Mitarbeiter der Bestandskontrolle gesendet wird, wenn der Ausnahmecode in einer Desktop-Transaktion eingegeben wurde. Unabhängig von den unterschiedlich konfigurierten Folgeaktionen kann der Ausnahmecode für den Benutzer gleich lauten. Details finden Sie Kapitel 11.

Um eine Übersicht über alle möglichen Ausnahmecodes innerhalb eines Kontexts zu erhalten, kann im Ausnahmefeld der RF-Transaktion der Code LIST eingegeben werden. Anschließend erscheint eine Liste mit allen verfügbaren Ausnahmecodes (siehe Abbildung 9.29). Auch an dieser Stelle ist festzuhalten, dass beim Kommissionieren abhängig von dem Prozess nur die Ausnahmecodes zur Verfügung stehen, die in der Konfiguration freigeschaltet wurden. Das bedeutet, die Ausnahmecodes, die Sie in der Abbildung auf der rechten Seite sehen, sind nur für die mobile RF-Transaktion und den Schritt (in diesem Fall der Von-Screen beim Ausführen der Kommissionierung) freigeschaltet.

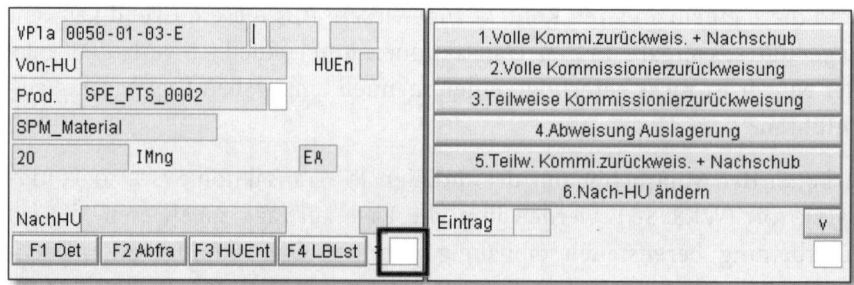

Abbildung 9.29 Ausnahmebehandlung während der Kommissionierung

9.3.12 Kommissionierung stornieren

Ist eine Kommissionierung bereits bestätigt und es stellt sich anschließend heraus, dass das Produkt für eine andere Lageranforderung dringender benötigt wird, besteht die Möglichkeit, eine bereits getätigte Kommissionierung zu stornieren (siehe Abbildung 9.30). Sie können die Transaktion über das Easy Access Menü unter dem Pfad EXTENDED WAREHOUSE MANAGEMENT • AUSFÜHRUNG • KOMMISSIONIERUNG STORNIEREN AUSFÜHRBAR oder alternativ über den Transaktionscode /SCWM/CANCPICK starten. Wird eine Kommissionieraufgabe storniert, wird die zugehörige Lageranforderung initialisiert, und Sie können erneut Lageraufgaben für die Lageranforderung erstellen. Der Bestand wird mit der Stornierung wieder freigegeben, und Sie können diesen einer anderen Lageranforderung zuweisen.

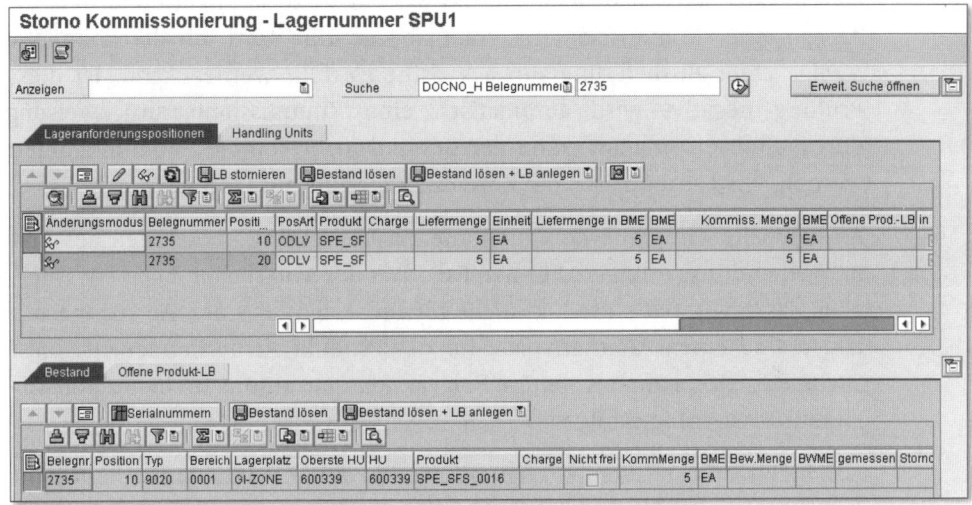

Abbildung 9.30 Stornieren von Lageraufgaben zur Kommissionierung

9.3.13 Kommissionierung zurückweisen

Um bei nicht ausreichendem Bestand eine Lageranforderung zu erfüllen, besteht die Möglichkeit, die Kommissionierung zurückzuweisen, um den zugehörigen Auslieferungsauftrag warenausgangszubuchen, auch ohne alle Positionen kommissioniert zu haben. Gewöhnlich wird während der ATP-Prüfung die Bestandssituation für eine Lageranforderungsmenge geprüft, sodass eine Kommissionierzurückweisung eine Ausnahme darstellt. Das bedeutet, beim Erstellen der Lieferung in SAP ERP wird geprüft, ob ausreichend Bestand zur Verfügung steht. Ist Bestand in dem Lagerort, der EWM zugeordnet ist, verfügbar, wird die Lieferung angelegt und an EWM repliziert.

Eine Kommissionierungszurückweisung entsteht zum Beispiel wenn der physische Bestand auf einem Platz durch ein fehlerhaftes Zählen während einer vorangegangenen Inventur nicht mit dem systemseitigen Bestand übereinstimmt. Bestandsdefizite können zu unterschiedlichen Zeitpunkten im Warenausgangsprozess erkannt werden. Zum Beispiel kann es während der Erzeugung von Kommissionierlageraufgaben dazu kommen, dass das System nicht genügend verfügbaren Bestand ermitteln kann, um eine Auslieferungsauftragsposition zu erfüllen. Ebenfalls während der Ausführung der Kommissionierung kann es vorkommen, dass der Mitarbeiter am Quellplatz nicht genügend Bestand vorfindet, um die Lageraufgabe vollständig zu erfüllen.

EWM bietet Funktionalitäten, um auf ungeplante Bestandsengpässe zu reagieren. Einerseits ist es möglich, das System so zu konfigurieren, dass bei Anlage einer Kommissionierlageraufgabe geprüft wird, ob die komplette Menge einer Auslieferungsauftragsposition erfüllt werden kann. Ist diese Prüfung negativ, wird automatisch eine Kommissionierzurückweisung durchgeführt. Das heißt, kann der Bestand nicht komplett kommissioniert werden, wird automatisch die Kommissionierung zurückgewiesen.

Andererseits kann eine Kommissionierzurückweisung im Rahmen des Ausnahmehandlings erfolgen. Für den Fall, dass der Mitarbeiter an einem Quellplatz das gewünschte Produkt nicht vorfindet, gibt er einen Ausnahmecode ein, um so einen Alternativplatz für das Produkt zu bestimmen. Ist diese Suche erfolglos, kann als weitere Folgeaktion eine automatische Kommissionierzurückweisung erfolgen.

Abhängig von der Systemkonfiguration kann eine Kommissionierzurückweisung sofort an SAP ERP (auch vor Warenausgangsbuchung des Auslieferungsauftrags) übermittelt werden, sodass die nicht befriedigte Menge des Produkts gegebenenfalls aus einem anderen Lager versandt werden kann, um den Kundenauftrag zu erfüllen.

9.3.14 Pick, Pack und Pass

Bei der *Pick-, Pack- und Pass-Funktion* handelt es sich um eine Optimierung Ihres Warenausgangsprozesses, die Sie im Lager verwenden, um Ihre Lageraktivitäten wie das Kommissionieren, Verpacken und Transportieren von Produkten in unterschiedlichen Aktivitätsbereichen besser zu koordinieren. Die Ware wird in einem Behälter zum Beispiel über ein Förderband transportiert, und der Mitarbeiter, der in seinem Bereich die Ware kommissioniert, füllt diesen und gibt ihn an die nächste Station weiter.

Der Pick-, Pack- und Pass-Prozess findet Anwendung, wenn große Läger mit sehr hohem Durchsatz optimiert werden müssen. Der Durchsatz definiert sich hierbei über eine sehr große Menge an Kommissionierpositionen. Die Positionen selbst zeichnen sich wiederum dadurch aus, dass meist eine geringe Menge zu kommissionieren ist.

Personalkosten spielen im Lager eine entscheidende Rolle, deshalb werden häufig Anlagen verwendet, die Behälter über Stockwerke hinweg selbstitändig zu den verschiedenen Kommissionierzonen transportieren, in denen Mitarbeiter die letzen Schritte ausführen, die nicht zu automatisieren sind. Solche Anlagen bestücken die Pakete, nachdem das Kommissionieren abgeschlossen wurde, auch mit allen notwendigen Dokumenten und Gefahrguthaben. Auch das Drukken findet dann meist über solche Anlagen automatisch statt.

EWM ermöglicht Ihnen, den Pick-, Pack- und Pass-Prozess zu unterstützen, und mit der Materialflussintegration können Sie auch Behältersysteme in EWM integrieren.

Um den Pick-, Pack- und Pass-Prozess in EWM zu unterstützen, führt EWM ein neues Objekt ein, den übergeordneten Lagerauftrag, der als Klammer fungiert. Dieser wiederum hat die verschiedenen Lageraufträge mit den zugehörigen Lageraufgaben unter sich. Die untergeordneten Lageraufträge repräsentieren, jeder für sich, das Kommissionieren an der jeweiligen Zone. Die HU, die vom Behältersystem befördert wird, wird dem übergeordneten Lagerauftrag zugeordnet. In Abbildung 9.31 sehen Sie solch ein Weiterreichsystem, die HU wird an die erste Station/Zone befördert, an der der Mitarbeiter die Produkte für den ersten Lagerauftrag kommissioniert.

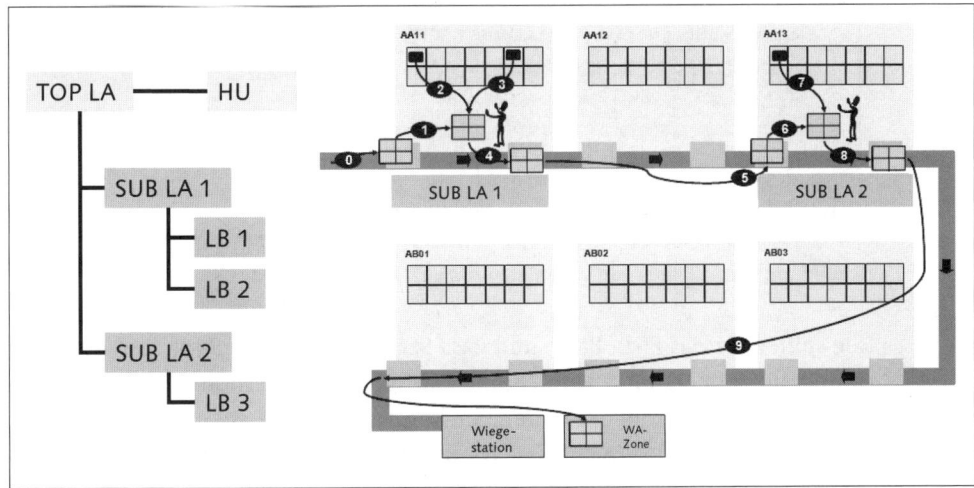

Abbildung 9.31 Pick-, Pack- und Pass-Prozess und seine Objektstruktur

Dazu quittiert er die Lageraufgaben 1 und 2, indem er die Produkte in der HU verstaut. Nach dem Abschluss des Prozessschritts wird der erste Lagerauftrag quittiert, und die HU wird an die nächste Station weitergereicht. Dort passiert das Gleiche für den zweiten Lagerauftrag. Wurden alle Lageraufträge quittiert, wird die HU Richtung Versand befördert. Auf dem Weg erhält sie alle notwendigen Dokumente (unter anderem die Rechnung oder Überweisungsträger, falls auf Nachnahme bestellt wurde) und wird versiegelt. Weiter wird die HU zur Bereitstellzone transportiert, wo sie dann auf einen Lkw verladen und warenausgangsgebucht wird. In der Abbildung sehen Sie auf der rechten Seite die Objektstruktur der Lageraufträge.

Um den Pick- Pack- und Pass-Prozess freizuschalten, müssen Sie jede Ihrer Zonen als Aktivitätsbereich abbilden und diese zusammenführen. Um Aktivitätsbereiche zu definieren, starten Sie das EWM-Customizing und folgen dem Pfad Extended Warehouse Management • Stammdaten • Aktivitätsbereiche • Aktivitätsbereich definieren.

Um die erstellten Aktivitätsbereiche zusammenzuführen und eine Reihenfolge zu hinterlegen, wie die HU durch die verschiedenen Zonen geführt werden soll, starten Sie das EWM-Customizing und folgen dem Pfad Extended Warehouse Management • Prozessübergreifende Einstellungen • Lagerauftrag • Aktivitätsbereiche verbinden (siehe Abbildung 9.32).

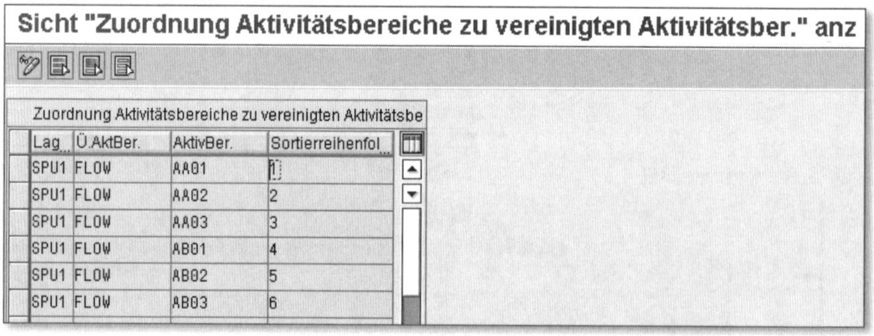

Lag...	Ü.AktBer.	AktivBer.	Sortierreihenfol...
SPU1	FLOW	AA01	1
SPU1	FLOW	AA02	2
SPU1	FLOW	AA03	3
SPU1	FLOW	AB01	4
SPU1	FLOW	AB02	5
SPU1	FLOW	AB03	6

Abbildung 9.32 Bilden von vereinigten Aktivitätsbereichen

Sie sollten für das Pick- Pack- und Pass-Szenario auch den Start- und den Endpunkt für jede Kommissionierzone (die von Ihnen schon als Aktivitätsbereich definiert wurde) definieren. Sie können im SAP Easy Access Menü über den Pfad Extended Warehouse Management • Stammdaten • Lagerplatz • Start-/Endlagerplatz zum Aktivitätsbereich zuordnen oder durch Ausführen der Transaktion /SCWM/SEBA die Lagerplätze den Aktivitätsbereichen zuordnen. In Abbildung 9.33 sehen Sie, wie solch eine Zuordnung aussehen kann. Vor dem Zuordnen der Start- und Endplätze zu den Aktivitätsbereichen müssen Sie die Lagerplätze, wie in Kapitel 3, »Organisationsstruktur in SAP EWM und SAP ERP«, beschrieben, anlegen (Transaktion /SCWM/LS01).

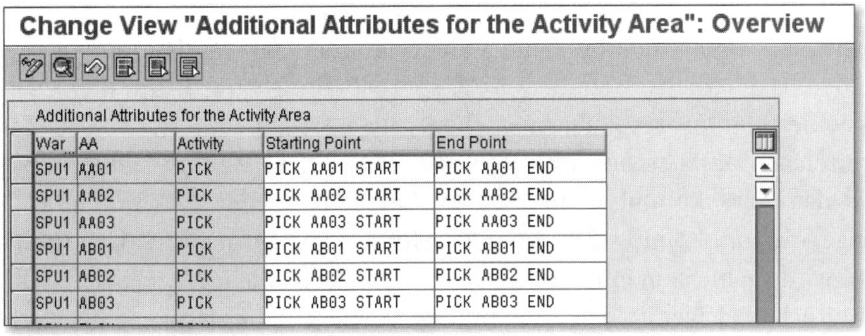

Abbildung 9.33 Zuordnen von Start-/Endpunkten zu Aktivitätsbereichen

Um schließlich den Pick-, Pack- und Pass-Prozess zu unterstützen, müssen Sie eine eigene Lagererstellungsregel konfigurieren, damit zusätzlich zu den Lageraufträgen auch ein übergeordneter Lagerauftrag erstellt wird. Sie müssen hierzu den Erstellungstyp mit dem Wert PICK, PACK UND PASS ausprägen. Sie haben die Möglichkeit, zwei unterschiedliche Werte zu pflegen:

▶ **Pick, Pack und Pass: systemgeführt**
Hierbei erstellt das System die Lageraufträge und sortiert diese nach der Reihenfolge der zusammengeführten Aktivitätsbereiche (siehe Abbildung 9.32).

▶ **Pick, Pack und Pass: benutzergesteuert**
Sie verwenden diesen Typ im Unterschied zu PICK, PACK UND PASS: SYSTEMGESTEUERT, wenn Sie die Reihenfolge der Lageraufträge selbst wählen wollen.

Pick, Pack und Pass wird verwendet, um das Lagergeschehen zu automatisieren, aber Materialien, die nicht auf einem Behältersystem transportiert werden können, müssen manuell ausgelagert werden. Sind sie besonders schwer und sperrig, werden sie über einen Kommissionierpunkt abgewickelt.

9.3.15 Ausführung am Kommissionierpunkt

In bestimmten Bereichen des Lagers können Sie Produkte beim Kommissionieren nicht direkt am Platz aus der HU entnehmen, zum Beispiel aufgrund der Größe, des Gewichts oder Form des Produkts. Um trotzdem Ware an den Kunden auslagern zu können, müssen Sie die gesamte HU auslagern und dann die Teilmenge mit zusätzlichen Hilfsmitteln (wie Kränen oder Hubwagen) kommissionieren. Den Bereich, zu dem die HU mit dem gesamten Bestand befördert wird, nennt man *Kommissionierpunkt*. Um diesen Prozess zu unterstützen, müssen Sie in EWM einen Kommissionierpunktprozess einrichten.

Der Kommissionierpunkt repräsentiert in EWM einen Arbeitsplatz, der dem Arbeitsplatz ähnelt, den Sie beim Verpacken oder Dekommissionieren verwenden. Den Arbeitsplatz müssen Sie speziell konfigurieren: Um den Kommissionierpunktprozess zu ermöglichen, setzen Sie auf dem Arbeitsplatz das Kennzeichen KOMMISSIONIERPUNKT AKTIV. Auf dem Kommissionierpunkt wird dann das Kommissionieren der Ware durchgeführt. Wird die Teilmenge, die zum Kommissionierpunkt befördert wurde, aus der HU entnommen, wird sie meist in eine neue HU gelagert. Die restliche Menge kann wieder zurück ins Lager an den alten Lagertyp befördert werden.

In Abbildung 9.34 ist der Materialfluss des Kommissionierpunktprozesses dargestellt. Das System erstellt eine inaktive Produktlageraufgabe, mit dem Status B (blockiert oder gesperrt), die für das tatsächliche Kommissionieren verwendet wird. Parallel dazu legt das System ebenso eine HU-Lageraufgabe an, um die gesamte HU an den Kommissionierpunkt zu befördert, an dem das Kommissionieren stattfindet.

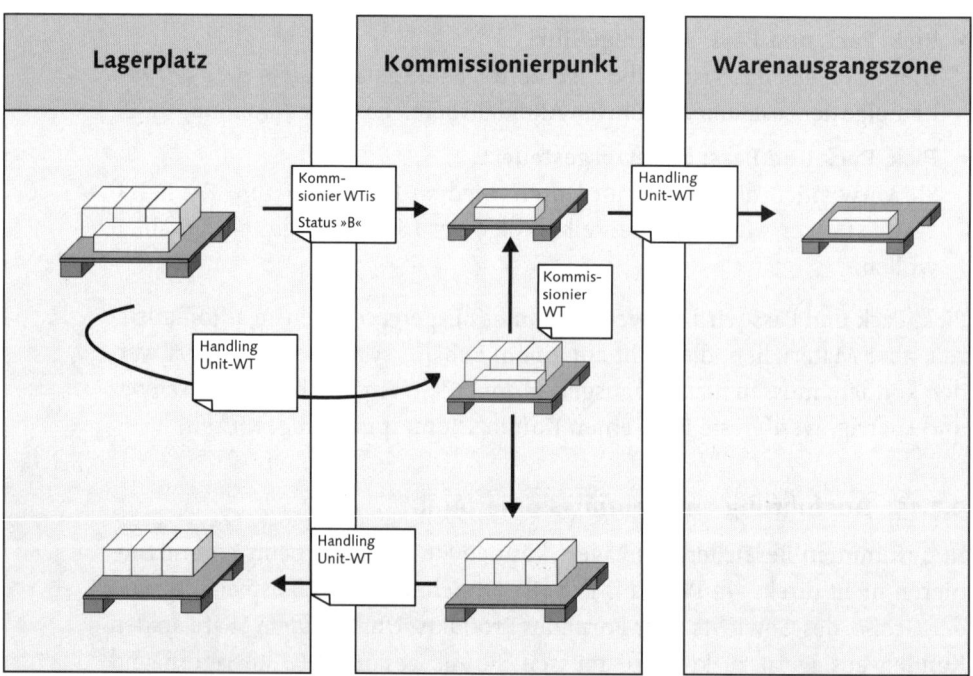

Abbildung 9.34 Materialfluss unter Verwendung eines Kommissionierpunkts

Wird die HU an den Kommissionierpunkt befördert und die HU-Lageraufgabe quittiert, aktiviert das System automatisch im Hintergrund die inaktive Lageraufgabe, und der Kommissionierpunktmitarbeiter kann die Ware entnehmen. Die Versand-HU mit dem kommissionierten Produkt wird dann abgeschlossen von der prozessorientierten Lagerungssteuerung weiter durchs Lager geleitet (das bedeutet, sie kann direkt in die Warenausgangszone befördert werden, oder sie wird nochmals verpackt). Die HU mit der Restmenge kann dann mit einer zusätzlichen HU-Lageraufgabe zurück an den Platz befördert werden.

Das Ausführen der Kommissionierung am Kommissionierpunkt kann mit Desktop-Transaktionen durchgeführt werden, darüber hinaus stehen auch zusätzliche mobile RF-Transaktionen zur Verfügung. Diese bieten Ihnen folgende Funktionen an:

- ▸ Anmelden am Kommissionierpunkt, ähnlich wie das Anmelden am Arbeitsplatz
- ▸ Erstellen einer HU zum Bereitstellen der Versand-HU
- ▸ Ausführung am Kommissionierpunkt (dazu zählen das Kommissionieren, das Drucken des HU-Labels oder Anfragen der noch ausstehenden HU ab Basis der Route oder der Konsolidierungsgruppe)
- ▸ HU-Pflege, die verwendet wird, um die Versand-HU abzuschließen und den Folgetransport gemäß prozessorientierter Lagerungssteuerung anzustoßen

Wird Ware nicht über den Kommissionierpunkt kommissioniert, wird sie meist direkt vom Lagerplatz zum Verpacken befördert. Nachfolgend geben wir Ihnen einen Überblick über den Verpackungsprozess.

9.3.16 Verpacken

Die *Verpackung* dient der Konsolidierung von Produkten, die gemeinsam versandt werden. Verpackt werden kann direkt bei dem Kommissioniervorgang, falls die kommissionierte HU auch die HU ist, die versendet und als Versand-HU verwendet wird. Daneben kann aber auch ein separater Verpackungsschritt an einem dafür vorgesehenen Arbeitsplatz erfolgen, falls die kommissionierte HU nicht der Versand-HU entspricht.

In EWM ist ein Packplatz als Arbeitsplatz definiert. Die Nutzerinteraktion ist mittels einer Desktop-Transaktion oder eines mobilen Geräts möglich.

Der Pfad für die Desktop-Transaktion (siehe Abbildung 9.35) befindet sich im SAP Easy Access Menü unter EXTENDED WAREHOUSE MANAGEMENT • AUSFÜHRUNG • VERPACKEN ALLGEMEIN. Alternativ können Sie den Transaktionscode /SCWM/PACK verwenden.

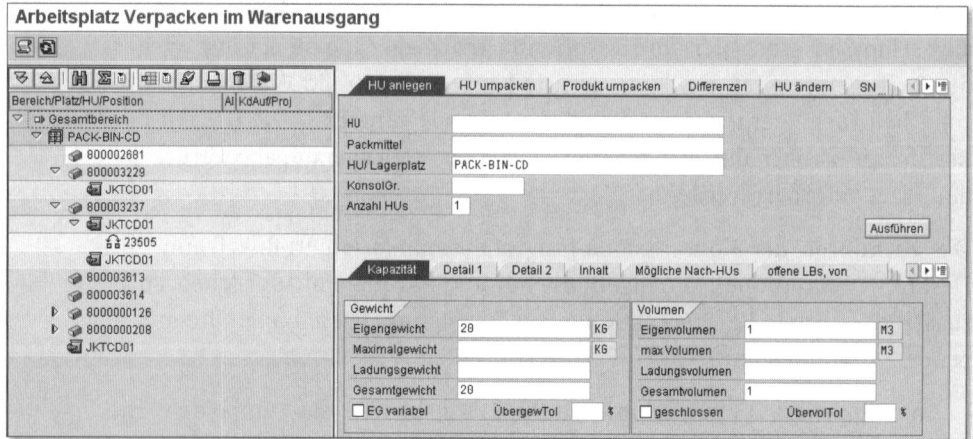

Abbildung 9.35 Desktop-Transaktion für das Verpacken am Packarbeitsplatz

Die Packfunktionalitäten im mobilen Umfeld (Transaktionscode /SCWM/ RFUI) befinden sich im RF-Menü unter WARENAUSGANGSPROZESSE • VERPA- CKEN. Hier stehen mehrere Einstiegsmöglichkeiten für den Verpackungsvor- gang mithilfe eines mobilen Geräts zur Verfügung (siehe Abbildung 9.36).

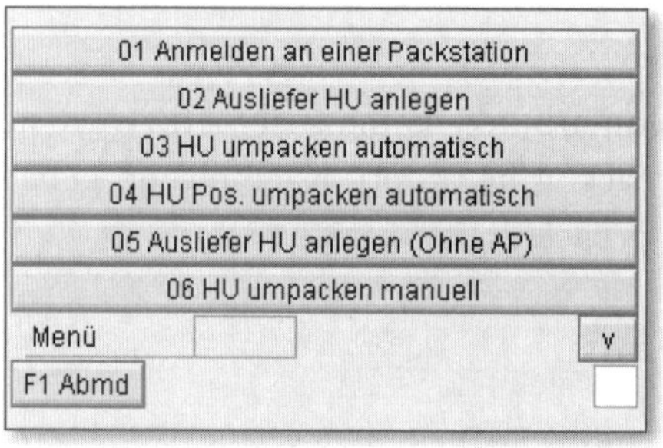

01 Anmelden an einer Packstation
02 Ausliefer HU anlegen
03 HU umpacken automatisch
04 HU Pos. umpacken automatisch
05 Ausliefer HU anlegen (Ohne AP)
06 HU umpacken manuell

Menü [   ] V

F1 Abmd

Abbildung 9.36 RF-Menü für die Verpackung am Packarbeitsplatz

Für den Fall, dass ein Verpackungsschritt an einem separaten Packarbeits- platz für eine Lieferposition durchgeführt werden soll, gilt es sicherzustellen, dass der Prozessschritt des Verpackens in der prozessorientierten Lagerungs- steuerung für die jeweilige Lieferposition vermerkt ist.

Neben dem Verpacken selbst ist es notwendig, die Findung des geeigne- ten Arbeitsplatzes zu konfigurieren. EWM ermöglicht zum einen eine sta- tische Findung, die einen fixen Arbeitsplatz vorgibt. Dieser kann an der zugehörigen Lagerauftragserstellungsregel hinterlegt werden. Zum ande- ren ist eine dynamische Findung möglich. Die dynamische Ermittlung des

Packarbeitsplatzes kann einerseits über die erlaubten HU-Typgruppen für den Lagertyp der Packstation eingeschränkt werden und andererseits anhand einer Findungstabelle von EWM bestimmt werden. Standard-Kriterien innerhalb der Findungstabelle (siehe Abbildung 9.37) sind die Route, der Quellaktivitätsbereich und die Konsolidierungsgruppe. Zugriff auf die Findungstabelle erhalten Sie im SAP Easy Access Menü unter EXTENDED WAREHOUSE MANAGEMENT • STAMMDATEN • ARBEITSPLATZ • ARBEITSPLATZ IM WARENAUSGANG oder alternativ über den Transaktionscode /SCWM /PACKSTDT.

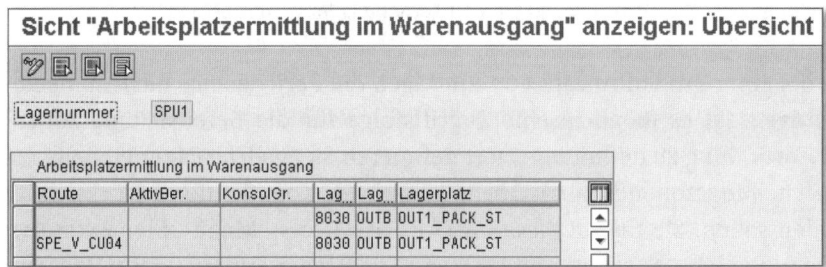

Abbildung 9.37 Findung von Arbeitsplätzen beim Verpacken

9.3.17 Bereitstellungszonen- und Torfindung

Nachdem die Lieferpositionen verpackt wurden, schließen sich in der Regel das Bereitstellen und die Verladung an. Mit Abschluss der HU im Packarbeitsplatz ermittelt das System im Rahmen der prozessorientierten Lagerungssteuerung den nächsten Prozessschritt und legt für diesen Lageraufgaben an. Ist das Bereitstellen als Schritt definiert, erfolgt die Ermittlung der Nachdaten für die Lageraufgabe, also die Ermittlung der geeigneten *Bereitstellungszone*. Hierzu kann einerseits die Bereitstellungszone pro Quelllagertyp und HU-Typ-Gruppe ermittelt werden. Anderseits besteht die Möglichkeit, eine Findungstabelle auszulesen. Das Ergebnis kann in der Lieferposition vermerkt und bei Anlage der Lageraufgabe berücksichtigt werden. Abbildung 9.38 illustriert die Findungstabelle für die Bereitstellungszonengruppe, die Bereitstellungszone und das Beladetor. Zur Pflege dieser Tabelle gelangen Sie im SAP Easy Access Menü EXTENDED WAREHOUSE MANAGEMENT • EINSTELLUNGEN • WARENANNAHME UND VERSAND • BEREITSTELLUNGSZONEN- UND TORFINDUNG (AUSGANG) oder alternativ über den Transaktionscode /SCWM/STADET_OUT.

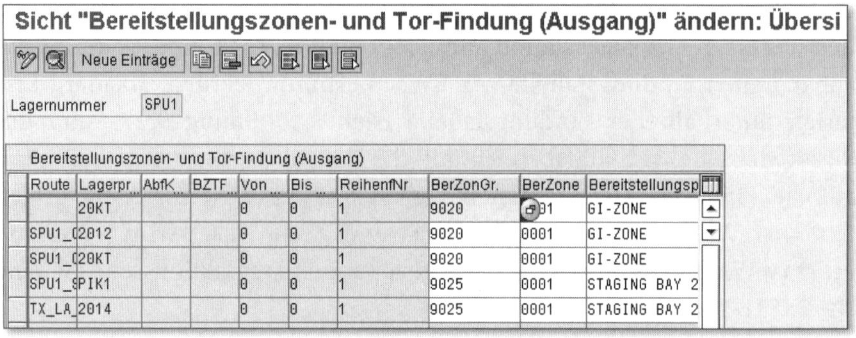

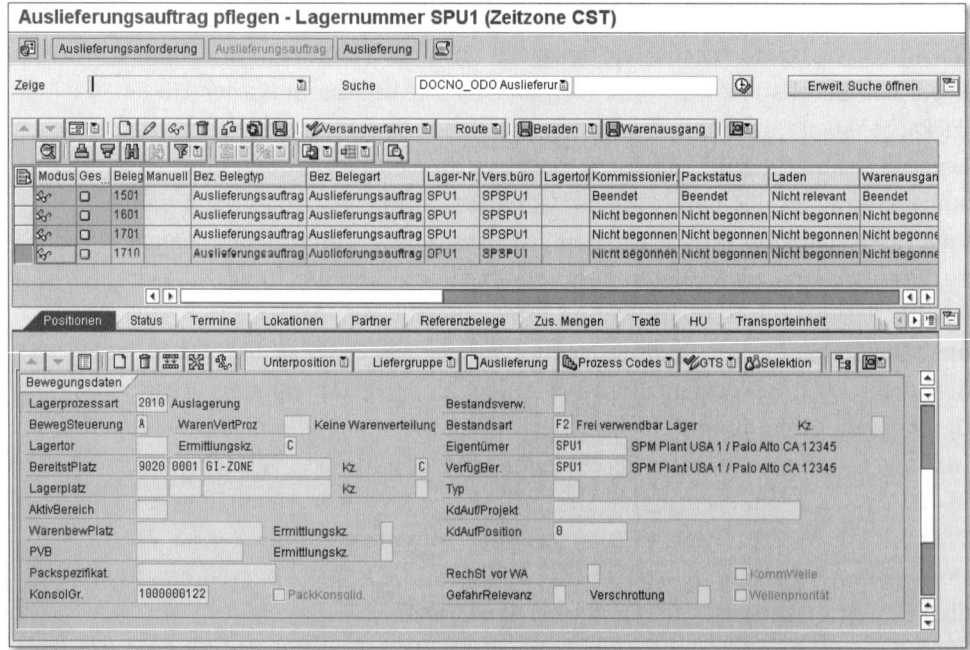

Abbildung 9.38 Bereitstellungszonen- und Torfindung im Warenausgang

Um bei einer großen Anzahl von Einträgen die Performance nicht zu beeinträchtigen, ist es möglich, eine Zugriffsfolge für die Bereitstellungszonen- und Torfindung zu definieren. Dort definieren Sie, welche Parameter aus der Bereitstellungszonenfindungstabelle in welcher Kombination berücksichtigt werden sollen. Sie finden diese im SAP Easy Access Menü unter Extended Warehouse Management • Einstellungen • Warenannahme und Versand • Zugriffsreihenfolge auf Bereitstellungszonen- und Torfindung oder alternativ über den Transaktionscode /SCWM/STADET_ASS.

Abbildung 9.39 Position eines Auslieferungsauftrags mit zugewiesener Bereitstellungszone in Transaktion /SCWM/PRDO

Da die Findung der Bereitstellungszone und des Tores mit Aktivierung der Auslageranforderung zu einem Auslieferungsauftrag bzw. mit Ermittlung der Route (da diese einen Einfluss auf die Findung hat) geschieht, kann das Ergebnis in der Position des Auslieferungsauftrags eingesehen und gegebenenfalls auch manuell abgeändert werden. Die Torzuweisung findet auf Belegkopfebene statt.

In Abbildung 9.39 sehen Sie einen Auslieferungsauftrag und die Parameter, die das System bestimmt und auf die Lieferungsposition geschrieben hat. Das System hat die Bereitstellungszonenfindung beim Erstellen des Auslieferungsauftrags durchgeführt und den Bereitstellungsplatz 9020-0001-GI-Zone übernommen.

9.3.18 Beladen und Versand

Nach erfolgreicher Bereitstellung der zu versendenden HUs sind die lagerinternen Prozessschritte nahezu vollständig durchgeführt. Es startet nun der Übergang zum Versand, der die Aktivitäten Beladen, Hofsteuerung und Transport beinhaltet. Die Beladung erfolgt gewöhnlich anhand einer Beladeliste, die alle Positionen einer Transporteinheit zusammenfasst.

Eine Transporteinheit ist technisch eine besondere Form einer HU, die dafür genutzt wird, Lastkraftwagen, Anhänger oder Container systemseitig abzubilden. Dies beinhaltet ebenfalls Attribute wie zum Beispiel Spediteur, Kfz-Kennzeichen oder Fahrer. Dieses Objekt bildet die Grundlage, um Hofaktivitäten in einem Lager abzubilden, zum Beispiel Fahrten vom Eingangstor zu einem Parkplatz oder zu einem Tor. Darüber hinaus besteht eine Zuordnung von Lieferungen oder HUs zu Transporteinheiten, um die Ladung einer Transporteinheit darzustellen.

Besteht ein physischer Lastkraftwagenzug aus mehr als einem Anhänger, ist es möglich, jene Anhänger mittels eines Fahrzeugs systemseitig zu gruppieren. Nähere Informationen zur Steuerung von Fahrzeugen und Transporteinheiten finden Sie in Abschnitt 12.4, »Yard Management«. Transporteinheiten pflegen und anlegen können Sie im SAP Easy Access unter dem Pfad EXTENDED WAREHOUSE MANAGEMENT • WARENANNAHME & VERSAND • TRANSPORTEINHEIT BEARBEITEN oder alternativ über den Transaktionscode /SCWM/TU.

Im Wareneingangsprozess haben wir Ihnen aufgezeigt, wie Sie Transporteinheiten und Fahrzeuge erstellen können und wie beide zusammen interagieren. Dieses Wissen können Sie ebenso auf den Warenausgangsprozess

ausweiten. Wir verweisen deshalb an dieser Stelle auf Kapitel 8, »Wareneingangsprozess«.

Für eine durchgängige Prozesstransparenz kann es erforderlich sein, Daten
über den Zeitpunkt des Andockens der Transporteinheit, den Beginn des
Beladevorgangs, das Ende des Beladevorgangs und das Verlassen der Transporteinheit zu erfassen. Um diese Prozessschritte systemseitig zu erfassen,
bietet EWM Funktionalitäten, um den Beladevorgang und das Verlassen der
Transporteinheit vom Hof abzubilden.

Der Beladevorgang kann in einen einfachen und in einen komplexen Beladevorgang unterteilt werden. Einfaches Beladen beinhaltet die Änderung
des Beladestatus auf Auslieferungsauftrags- und Transporteinheitenebene.
Hierbei wird der Zeitpunkt des Setzens des Status erfasst. Der physische
Transport der Ware von der Bereitstellungszone in die Transporteinheit
wird beim einfachen Beladen nicht systemgestützt. Abbildung 9.40 zeigt
die Transaktion zum Setzen des Beladestatus, die im SAP Easy Access
Menü unter EXTENDED WAREHOUSE MANAGEMENT • WARENANNAHME & VER-
SAND • BELADEN zu finden ist. Alternativ nutzen Sie den Transaktionscode
/SCWM/LOAD.

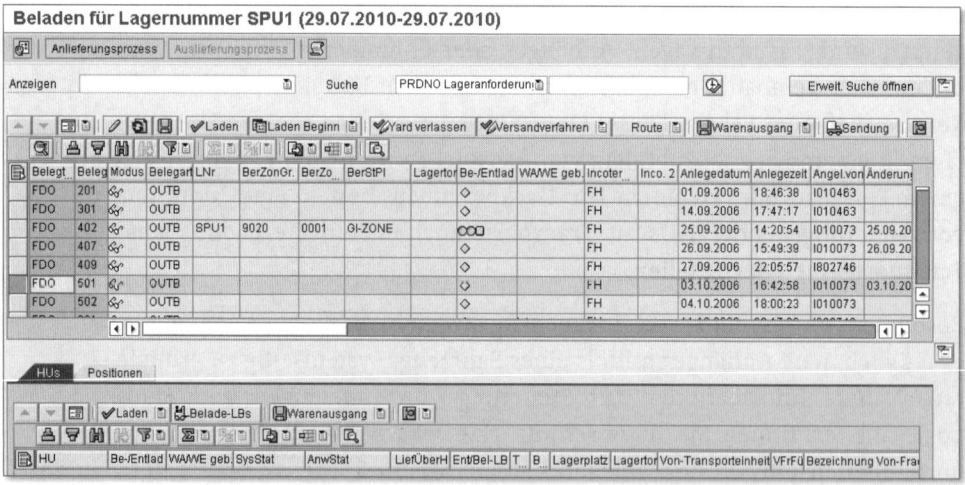

Abbildung 9.40 Desktop-Transaktion für die Beladung

Ein komplexes Beladen beinhaltet den Transport der Ware von der Bereitstellungszone in die Transporteinheit mittels Lageraufgaben. Dies bedeutet,
dass für jede HU eine separate Belade-Lageraufgabe erstellt wird, um so den
physischen Beladevorgang exakter abbilden zu können. Mit Bestätigung der

HU-Lageraufgabe wird die jeweilige HU automatisch der Transporteinheit zugeordnet, sodass ein genauerer Verlauf des Beladevorgangs im System abgebildet werden kann. Die Erzeugung und Bestätigung von Belade-Lageraufgaben ist ebenfalls über die Transaktion /SCWM/LOAD möglich.

Eine weitere Variante zur Erzeugung und Bestätigung der Belade-Lageraufgaben stellt die Abarbeitung mittels eines mobilen Geräts dar. Im mobilen Umfeld – über den Transaktionscode /SCWM/RFUI – bietet EWM mehrere Möglichkeiten, um die Beladung zu starten. Folgende Einstiegsoptionen sind im RF-Menü unter dem Pfad WARENAUSGANGSPROZESSE • LADEN verfügbar:

- ▸ Beladen nach Lieferung
- ▸ Beladen nach Transport
- ▸ Beladen nach Transporteinheit
- ▸ Beladen nach Tor
- ▸ Beladen nach HU
- ▸ Beladen nach Route

Die mobilen RF-Transaktionen unterscheiden sich vor allem darin, dass sie dem Benutzer die Option bieten, auf Basis welchen Objekts er den Beladeprozess beginnen möchte. So wird der Beladeprozess nur für die Produkte durchgeführt, die der Lieferung zugeordnet sind, wenn Sie die Option BELADEN NACH LIEFERUNG wählen.

Darüber hinaus besteht die Möglichkeit, mit Bestätigung der letzten HU-Belade-Lageraufgabe in eine Transporteinheit eine automatische Warenausgangsbuchung für den Auslieferungsauftrag zu erzeugen. Spätestens jedoch mit Ausfahrt der Transporteinheit vom Kontrollpunkt bucht das System automatisch für alle zugehörigen Positionen den Warenausgang. Diese Funktionalität wird durch das PPF bereitgestellt, das in Kapitel 12, »Bereichsübergreifende Prozesse und Funktionen«, vertieft wird.

9.3.19 Rechnungserstellung vom Buchen des Warenausgangs

Wird die Ware direkt an den Endkunden gesendet, hat das Lagerverwaltungssystem oft mit dem Beifügen der Rechnung zu kämpfen. Die Rechnungserstellung findet meist nicht im Lagerverwaltungssystem statt, sondern die Rechnungserstellung sowie die nachfolgenden Prozesse werden im SAP-System in SAP ERP abgebildet. Die Rechnung selbst konnte in der Vergangenheit in SAP ERP Warehouse Management erst zur Verfügung gestellt und ausgedruckt werden, wenn die Ware warenausgangsgebucht wurde, denn erst dann sind die endgültigen Mengen bekannt, die dem Kunden in Rechnung gestellt werden können.

Wird die Ware direkt vom Lager an einen Kunden versendet und handelt es sich beim Kunden um einen Endabnehmer, ist die Rechnung als Dokument in dem Paket, das das Lager verlässt, unabdingbar. Wird Ware exportiert, muss die Rechnung teilweise aufgrund internationaler Versandanforderungen ebenfalls im Paket enthalten sein. Das heißt, die Rechnungserstellung findet vor dem Bereitstellen statt, meist wenn das Paket verpackt wird. Steht der Rechnungsdruck nicht vor dem Warenausgang zur Verfügung, wird entweder trotzdem die Ware warenausgangsgebucht, um die Rechnung zu erstellen. Dies hat zur Folge, dass der nachfolgende physische Prozess nicht mit den Daten im System übereinstimmt. Eine andere Alternative wäre es, eine Proformarechnung auszustellen, die nicht direkt als Zahlungsaufforderung verstanden werden muss. Das heißt, es sind zusätzlich nachträglich Aktivitäten erforderlich, was den Auswand in der Verwaltung dieser Prozessalternative erhöht (nachträgliches Drucken und Zustellen der tatsächlichen Rechnung sowie zusätzliche Korrekturbuchungen).

EWM und das SAP ERP-System bieten Ihnen an, eine Rechnungserstellung vom Buchen des Warenausgangs durchzuführen. EWM selbst kann nur den Prozess im SAP ERP-System anstoßen, und SAP ERP stellt sicher, dass die Rechnung erstellt und gedruckt wird. Hinzuzufügen ist, dass der IBGI-Prozess (*Invoice Before Goods Issue*) es Ihnen ermöglicht, die Rechnungserstellung in SAP ERP oder – falls Sie die Fakturierung in SAP CRM nutzen – diese im CRM-System vorab durchzuführen. Hierbei wird das Drucken der Rechnung in einem anderem System durchgeführt, was dazu führt, dass Sie die Druckerfindung nicht im EWM-System konfigurieren müssen. Das physische Drucken der Rechnung muss dann im Lager erfolgen. Der IBGI-Prozess wird nicht komplett in EWM abgebildet; es werden Daten über Systemgrenzen gesendet (siehe Abbildung 9.41), und EWM initiiert den Prozess im SAP ERP- oder CRM-System. Es ist möglich, den IBGI-Prozess auf Basis einer Auslieferung zu starten, die sonst beim Buchen des Warenausgangs entsteht. Das heißt, wenn Sie den IBGI-Prozess in Ihrem Unternehmen benötigen, erstellen Sie die Auslieferung, ohne zusätzlich automatisch den Bestand warenausgangszubuchen. Dies können Sie über das PPF steuern. Auf Basis der Auslieferung können Sie dann in EWM die Rechnung über SAP ERP erstellen und drucken.

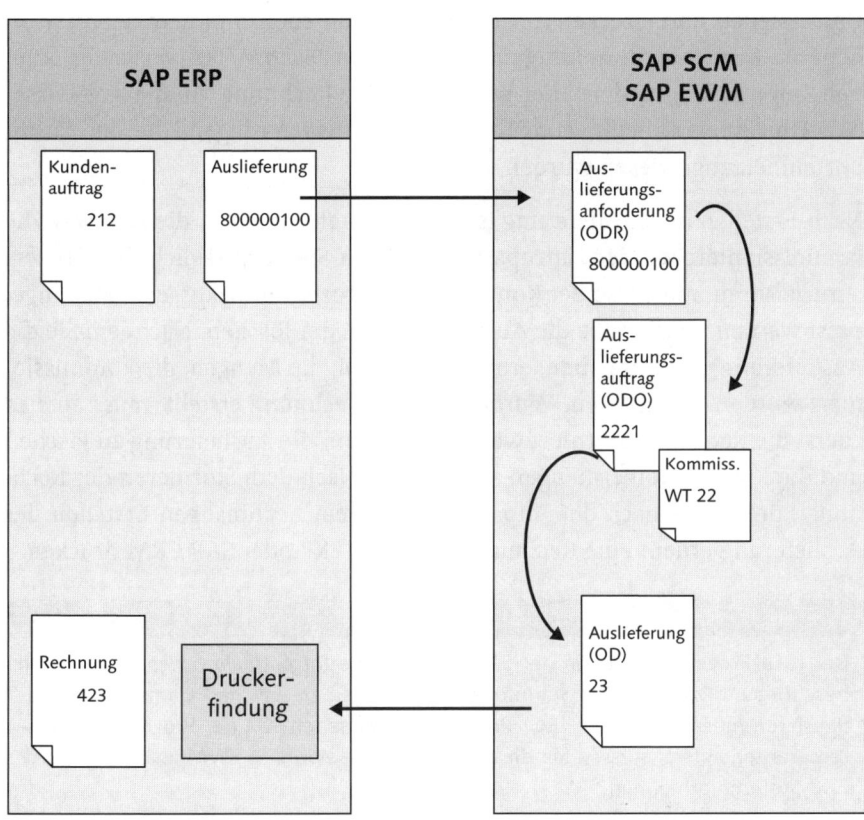

Abbildung 9.41   Kompletter IBGI-Prozessfluss

Nachdem der Kommissionierschritt abgeschlossen ist, bietet es sich an, die Auslieferung auf Basis des Auslieferungsauftrags zu erstellen. Die Auslieferung erstellen Sie über den Auslieferungsauftragsmonitor mittels Transaktion /SCWM/PRDO.

Auf Basis der Auslieferung ist es möglich, die Rechnungserstellung vor dem Warenausgang anzustoßen. Nachdem die Auslieferung erstellt wurde, können Sie die Rechnung vor dem Warenausgangsprozess im SAP Easy Access Menü über den Pfad Extended Warehouse Management • Lieferabwicklung • Auslieferung • Auslieferung pflegen oder durch Ausführen der Transaktion /SCWM/FD erstellen. Hierbei werden die Daten an SAP ERP gesendet, wo eine Druckerfindung erfolgt. Über das relevante Druckprofil können Sie den passenden Drucker finden, die Rechnung drucken und sie dem Paket oder der Ware beifügen.

Das Erstellen und Drucken der Rechnung kann ebenso in dem Monitor, in dem Sie Ihre Transporteinheiten (Transaktion /SCWM/TU) verwalten können, angestoßen werden. Hier wird dann eine Rechnung für alle zugewiesenen Objekte, das heißt, endgültig für alle Auslieferungen, die der Transporteinheit zugewiesen wurden, erstellt.

Nach Erstellen der Auslieferung ist es nicht mehr möglich, die Mengen, die kommissioniert wurden, anzupassen. Müssen Sie nachträglich den Prozess zurückführen, muss also der Kommissionierprozess zurückgesetzt oder angepasst werden, müssen Sie die Auslieferung wieder löschen. Nachdem Sie die Auslieferung gelöscht haben, ermöglicht EWM, die Mengen, die kommissioniert wurden, anzupassen. Wurde auch die Rechnung erstellt, muss ebenso zuerst die Rechnung storniert werden, um dann die Auslieferung zu löschen und die Kommissioniermengen anzupassen. Nach dem Stornieren der Rechnung können Sie nach der Anpassung und dem nochmaligen Erstellen der Auslieferung erneut eine Rechnung über SAP ERP oder SAP CRM drucken.

> **Weitere Informationen zum IBGI-Prozess**
>
> Der IBGI-Prozess ist auch in der SAP-Online-Hilfe (*http://help.sap.com*) im Detail beschrieben. Dort erhalten Sie Informationen darüber, welche Parameter Sie konfigurieren müssen, um den IBGI-Prozess freizuschalten. Da der Prozess über Systemgrenzen agiert, müssen Sie die Konfiguration sowohl in EWM als auch im SAP ERP-System vornehmen.

9.3.20 Warenausgang buchen

Das Buchen des Warenausgangs kann in EWM auf verschiedene Weise sichergestellt werden. Einige Varianten haben wir im Laufe dieses Kapitels besprochen, wie unter anderem das automatische Buchen des Warenausgangs, wenn ein Lkw komplett beladen wurde und Sie bzw. das System den Status auf BELADEN BEENDET verändert hat oder wenn der Lkw das Lager am Kontrollpunkt verlässt. Das automatische Buchen des Warenausgangs im Hintergrund wird mit dem Post Processing Framework in EWM realisiert, hierzu möchten wir auf Kapitel 12, »Bereichsübergreifende Prozesse und Funktionen«, verweisen. Beide Varianten wären relativ einfach über eine PPF-Aktion und die zugehörige Kondition sicherzustellen, bzw. gegebenenfalls müsste die Konditionslogik dazu abhängig von Ihren Anforderungen entwickelt/erweitert werden.

Denkbar ist es auch, das Buchen des Warenausgangs manuell anzustarten und dies mit der Auslieferungsmonitortransaktion (/SCWM/PRDO) oder den

Transaktionen in der Warenannahme und dem Versand, wie zum Beispiel den Transaktionen SCWM/TU oder /SCWM/LOAD, sicherzustellen.

EWM gibt Ihnen auch die Möglichkeit, ein Buchen des Warenausgangs mit Teilmengen (Teilwarenausgang) sicherzustellen – etwa wenn nicht alle erforderlichen Materialien zur Verfügung stehen bzw. nicht alle HUs in den Lkw passen und Sie trotzdem die Ware augenblicklich an dem Kunden versenden möchten.

Nachdem der Warenausgang gebucht wurde, werden die Daten der Auslieferung, also die Positionen, die verbucht worden sind, an SAP ERP repliziert. Dies führt dazu, dass in SAP ERP die zugehörige Auslieferung auch warenausgangsgebucht wird, und in SAP ERP auch eine Bestandsveränderung verzeichnet wird.

Zudem erhalten Sie mit dem Buchen des Warenausgangs in EWM die Möglichkeit, auch den Warenausgang in EWM wieder zu stornieren. Damit die Funktion über beide Systeme hinweg möglich ist, muss das Stornieren des Warenausgangs in SAP ERP zur Verfügung stehen, das heißt, Sie benötigen hierfür ein SAP ERP-Release, das diese Funktionalität ermöglicht. Um den Warenausgang zu stornieren, können Sie die Auslieferungsmonitortransaktion (Transaktion /SCWM/FD) verwenden und über das Dropdown-Menü der Schaltfläche WARENAUSGANG das Stornieren des Warenausgangs mit der Auswahl REVERSE WARENAUSGANG STORNIEREN sicherstellen. Ebenso können Sie den Warenausgang im Belademonitor (Transaktion /SCWM/LOAD) oder im TU-Monitor (/SCWM/TU) stornieren.

9.3.21 SAP ERP-Transportintegration (LE-TRA)

Zum Ende des Kapitels möchten wir Ihnen für die Zukunft geplante Funktionalitäten von EWM im Warenausgangsprozess vorstellen. Diese hier beschriebenen Funktionalitäten sind in Release 7.0 noch nicht verfügbar; Änderungen seitens SAP sind vorbehalten. Im Folgenden möchte wir Ihnen einen kurzen Ausblick über die geplante SAP ERP-Transportintegration geben.

Im Warenausgangsfall kann es sinnvoll sein, Lkws und somit den Transport zu beplanen. Ziel ist es, den Lkw optimal zu bestücken, damit er nicht halb leer bleibt und so unnötige Transportkosten verursacht. Der ausführende Teil des Beladeprozesses wird von EWM unterstützt. Das heißt, die HU sowie die Auslieferungspositionen können sehr einfach der Transporteinheit zugewiesen werden. EWM kann jedoch nicht bestimmen, welche und wie viele HUs oder Auslieferungspositionen in welcher Menge optimal auf den

Lkw oder auch weitere Lkws zu verteilen sind. Für diesen Fall sind zusätzliche Module von Drittanbietern erhältlich, die eine solche Optimierung durchführen können. EWM kann die entsprechenden Informationen verarbeiten und berücksichtigt sie beim Beladeprozess.

Ablauf und Integration der Systeme, die notwendig wären, um im Warenausgangsprozess Lkws zu beplanen, haben wir in Abbildung 9.42 dargestellt. Der geplante Prozess sieht folgendermaßen aus: Mit dem Speichern der Auslieferung wird diese wie gewohnt an EWM repliziert. Es wird eine Auslieferungsanforderung erstellt, und durch das automatische Aktivieren wird ein Auslieferungsauftrag angelegt. Der Auslieferungsauftrag wird jedoch als relevant für die Transportplanung markiert. Folge ist, dass der Auslieferungsauftrag in EWM gesperrt wird, um die nachfolgenden Schritte Kommissionieren, Verpacken, Bereitstellen und Beladen im ersten Schritt zu unterbinden.

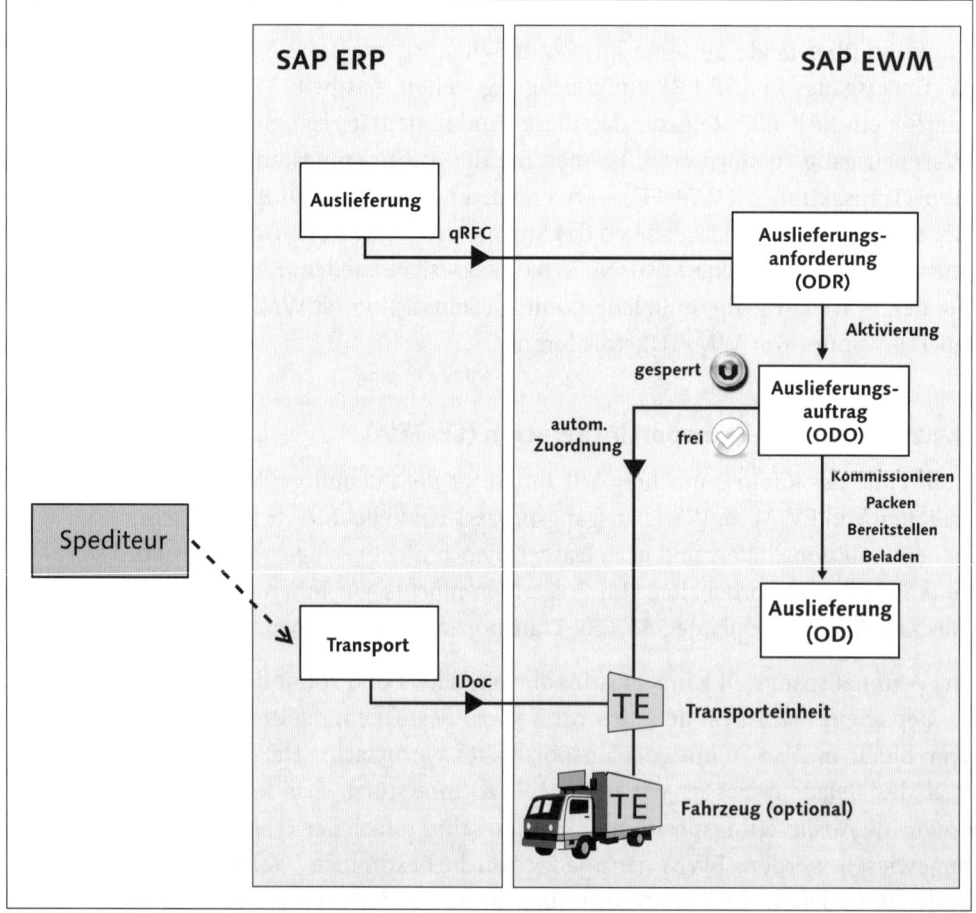

Abbildung 9.42 Transportintegration zwischen SAP ERP und SAP EWM im Warenausgang

In SAP ERP wird eine Transportplanung durchgeführt, und der SAP ERP-Transport wird über ein IDoc (SHPMNT05) an EWM repliziert. Hierzu wurden die Auslieferungsaufträge in SAP ERP dem SAP ERP-Transport zugewiesen. Mit dem Erstellen der zugehörigen Transporteinheit und optional eines Fahrzeugs wird der zuvor gesperrte Auslieferungsauftrag automatisch der Transporteinheit zugewiesen, und der Auslieferungsauftrag wird wieder freigegeben.

Es können jetzt die notwendigen Lageraktivitäten in EWM durchgeführt werden, und nach Abschluss aller Aktivitäten kann der Warenausgang gebucht werden. Die Warenausgangsbuchung wird an das SAP ERP-System gesendet und schreibt die Auslieferung sowie den SAP ERP-Transport fort. Der Prozess ist abgeschlossen, und in SAP ERP können Folgeaktivitäten durchgeführt werden.

9.4 Zusammenfassung

In diesem Kapitel haben Sie einen detaillierten Überblick über den Warenausgangsprozess mit seinen Teilschritten Kommissionierung, Verpacken, Bereitstellen sowie Beladen erhalten. Wir sind unter anderem auf die unterschiedlichen EWM-Funktionen eingegangen, wie das Wellenmanagement, die Lagererstellungsregeln, das Pick-, Pack- und Pass-Prinzip sowie auf die Rechnungserstellung vor der Warenausgangsbuchung, mit dem Ziel, Ihnen aufzuzeigen, wie Sie das Lagergeschehen im Warenausgang optimieren können.

In Kapitel 10, »Lagerinterne Prozesse«, beschreiben wir die internen Umlagerungen, die verschiedenen Nachschubstrategien, die Verschrottung, die verschiedenen Inventurverfahren sowie die Lager-Reorganisation.

Interne Prozesse wie Nachschub, Inventur, Lager-Reorganisation und lagerinterne Umlagerungen sind wichtige Elemente effizienter Abläufe im Lager. Durch den effektiven Einsatz dieser Prozesse lässt sich die Auftragsabwicklung beschleunigen und die Ausnutzung des Lagerplatzes optimieren.

10 Lagerinterne Prozesse

In diesem Kapitel befassen wir uns mit der Konfiguration und der Anwendung von EWM für lagerinterne Prozesse. Dazu gehören unter anderem:

- Nachschub (einschließlich der fünf grundlegenden Nachschubstrategien)
- Lager-Reorganisation (einschließlich Alerts zur Überwachung des Lagers auf mögliche Reorganisationsbewegungen)
- Ad-hoc-Bewegungen im Lager
- Umbuchungen
- Inventur

Durch die effektive Gestaltung lagerinterner Prozesse lässt sich die Lagerwirtschaft optimieren, indem die Auftragsabwicklung beschleunigt und der Platzbedarf im Lager reduziert wird. In diesem Kapitel lernen Sie die verschiedenen Optionen, die EWM für lagerinterne Prozesse bietet, kennen.

10.1 Nachschub

Während des Nachschubprozesses wird eine Materialmenge aus einem Reservebereich in einen primären oder Kommissionierbereich bewegt. Der Kommissionierbereich wird entsprechend den Mengenbedarfen der Materialien in diesem Bereich gefüllt. Die benötigte Materialmenge kann entweder für den Lagertyp insgesamt oder, im Fall von Fixplätzen, für jeden einzelnen Fixplatz im Primärbereich bestimmt werden.

In EWM gibt es fünf grundlegende Nachschubstrategien:

- Plan-Nachschub
- auftragsbezogener Nachschub

- Kistenteilnachschub

- direkter Nachschub

- automatischer Nachschub

In diesem Abschnitt erläutern wir kurz den Unterschied zwischen geplantem und ungeplantem Nachschub, betrachten danach die Grundkonfiguration für Nachschubprozesse und gehen dann ausführlich auf die fünf Nachschubstrategien ein.

10.1.1 Geplanter und ungeplanter Nachschub

In EWM gibt es zwei grundlegende Arten von Nachschubstrategien: geplant und ungeplant. Plan-Nachschub, auftragsbezogener Nachschub und Kistenteilnachschub gehören zu den Strategien des *geplanten Nachschubs*, was bedeutet, dass sie zu festgelegten Zeitpunkten ausgeführt werden. Dies kann manuell über den Menüpfad EXTENDED WAREHOUSE MANAGEMENT • ARBEITSVORBEREITUNG • NACHSCHUB EINPLANEN oder die Transaktion /SCWM/REPL geschehen. Sie können den Nachschubbericht auch im Batch-Modus ausführen, indem Sie die Ausführung des Programms /SCWM/REPLENISHMENT unter Verwendung einer Variante einplanen.

Zu den Strategien des *ungeplanten Nachschubs* zählen direkter Nachschub und automatischer Nachschub, die ad hoc durch die Ausführung einer Transaktion ausgelöst werden. Dies kann zum Beispiel der Fall sein, wenn ein Kommissionierer zu einem Fixplatz geführt wird, an dem keine ausreichende Menge vorhanden ist, oder – bei automatischem Nachschub – bei der Bestätigung einer Kommissionieraufgabe, wenn die Menge am Von-Lagerplatz unter den Mindestbestand sinkt. Diese ungeplanten Nachschubaktivitäten werden nicht im Batch Modus ausgeführt.

10.1.2 Konfiguration von Nachschubprozessen

In der folgenden Beschreibung der erforderlichen Konfiguration für Nachschubprozesse nehmen wir Bezug auf ein einfaches Szenario, in dem der primäre (Kommissionier-)Lagertyp 0050 Nachschub aus einem Reservelagertyp erhält (siehe Abbildung 10.1).

Lagertypkonfiguration: Nachschub auf Lagertyp- oder auf Lagerplatzebene

Bei der Einrichtung der Nachschubprozesse müssen Sie zunächst festlegen, ob der Nachschub in einem Lagertyp auf Lagertypebene oder auf Lagerplatzebene bei Verwendung von Fixplätzen erfolgen soll. In der Lagertypkonfiguration wird diese Unterscheidung anhand des Kennzeichens NACHSCHUBEBENE vorgenommen. Wählen Sie dazu im EWM-Customizing den Menüpfad EXTENDED WAREHOUSE MANAGEMENT • STAMMDATEN • LAGERTYP DEFINIEREN. In Abbildung 10.2 sind die Lagerplatzeinstellungen für den Nachschub zu sehen.

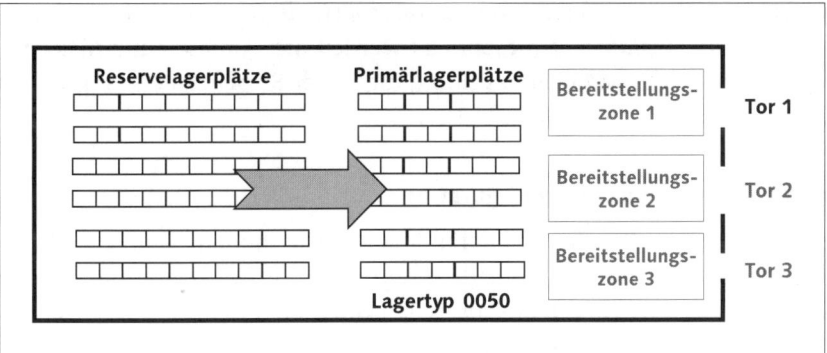

Abbildung 10.1 Nachschub von Reservelagerplätzen an primäre Lagerplätze

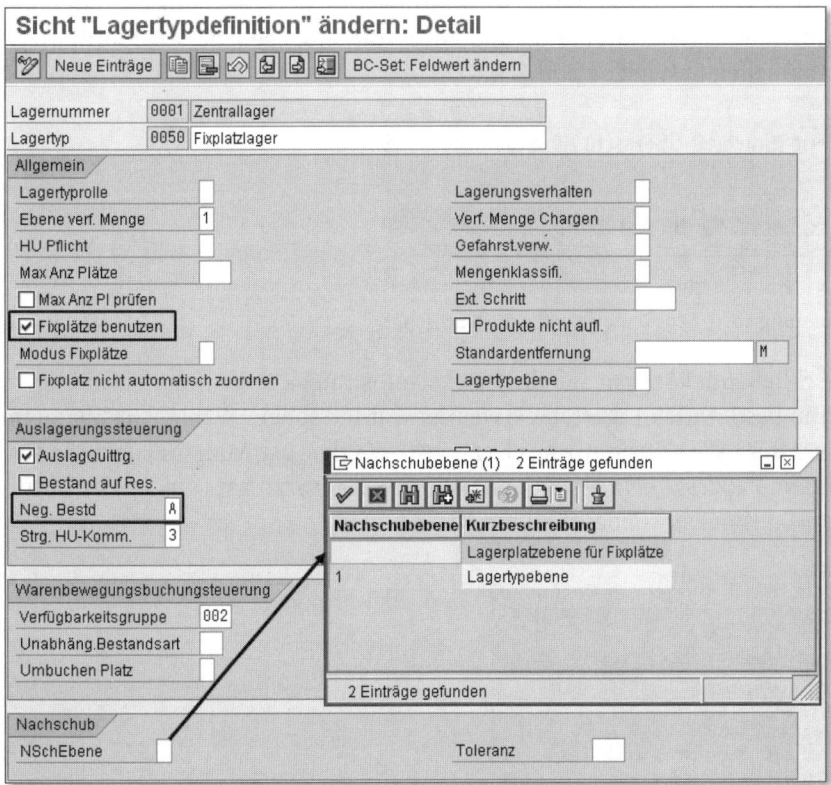

Abbildung 10.2 Lagertypdefinition für den Lagertyp 0050

In den Lagerplatzeinstellungen (siehe Abbildung 10.2) haben Sie die Möglichkeit, Nachschub für ein Material auf Basis der Gesamtmaterialmenge in einem Lagertyp anzufordern. Diese Strategie wird als *Nachschub auf Lagertypebene* bezeichnet. Dabei werden die Minimal- und Maximalmengen aus dem Materialstamm berücksichtigt. Alternativ können Sie auch Nachschub für einzelne Fixplätze in einem Lagertyp anfordern, diese Strategie heißt *Lagerplatzebene für Fixplätze*. In diesem Fall werden die Minimal- und Maximalmengen anhand der Mengen bestimmt, die in der Fixplatztabelle angegeben sind (Transaktion /SCWM/BINMAT).

Grundlegende Nachschubkonfiguration

Die grundlegende Konfiguration für jeden Nachschubtyp kann im EWM-Customizing über den Menüpfad EXTENDED WAREHOUSE MANAGEMENT • LAGERINTERNE PROZESSE • NACHSCHUBSTEUERUNG aufgerufen werden. Als Erstes können Sie die AUSFÜHRUNGSZEITEN FÜR NACHSCHUB angeben (siehe Abbildung 10.3). Ausgehend von der Definition des Kennzeichens für die Ausführungszeit und seiner Verwaltung in der Nachschubstrategie, berechnet das System die geplante Ausführungszeit der Lageraufgabe oder der Nachschub-Lageranforderung, indem es die eingegebene Ausführungszeit zur aktuellen Systemzeit addiert.

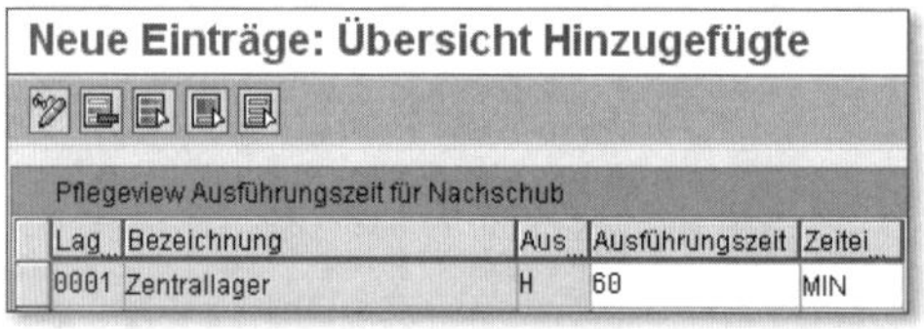

Abbildung 10.3 Ausführungszeiten für Nachschub

Anschließend können Sie die Nachschubstrategien konfigurieren, die in einem bestimmten Lagertyp verwendet werden sollen. Wählen Sie hierzu im Menü des EWM-Customizings EXTENDED WAREHOUSE MANAGEMENT • LAGERINTERNE PROZESSE • NACHSCHUBSTEUERUNG • NACHSCHUBSTRATEGIEN IN LAGERTYPEN AKTIVIEREN (siehe Abbildung 10.4).

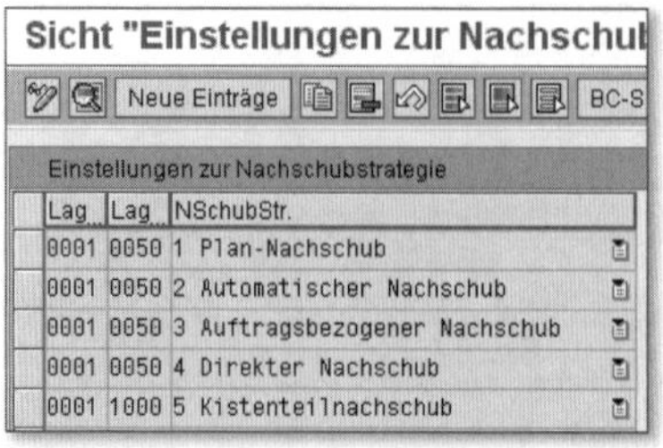

Abbildung 10.4 Nachschubstrategien in Lagertypen aktivieren

Für jede Kombination von Nachschubstrategie und Lagertyp können Sie diverse Einstellungen festlegen (siehe Abbildung 10.5), unter anderem folgende:

▸ **Nachschubstrategie**
In diesem Beispiel wurde die Nachschubstrategie 1 PLAN-NACHSCHUB aktiviert.

▸ **Lagerprozessart**
Zur Durchführung des Plan-Nachschubs kann die ausgelieferte Standard-Lagerprozessart 3010 verwendet werden. Sie dient auch dazu, den Reservebereich zu bestimmen, aus dem die Nachschubmenge entnommen wird.

▸ **Verwendeter Mengentyp**
Zur Berechnung des aktuellen Bestands am Lagerplatz kann die physikalische Menge verwendet werden (anstelle der verfügbaren Menge).

▸ **LB sofort**
Bei Ausführung des Nachschubvorgangs wird sofort die Lageraufgabe (LB) angelegt (und nicht zuerst eine Lageranforderung).

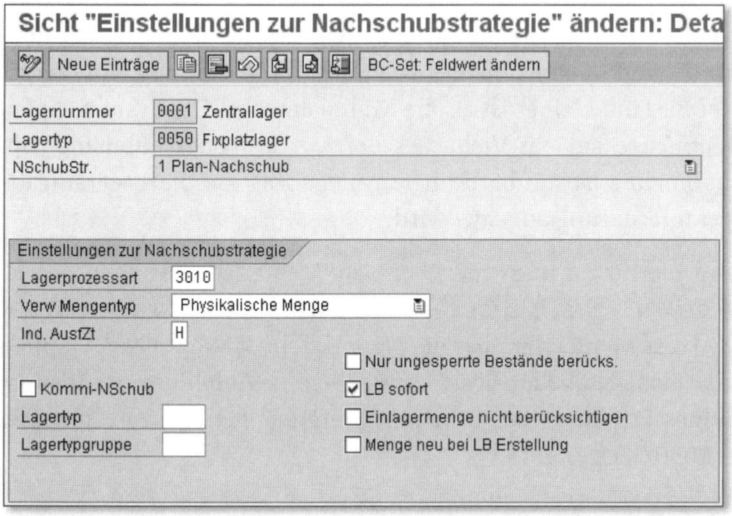

Abbildung 10.5 Einstellungen einer Nachschubstrategie für einen Lagertyp

Beleg-/Positionsarten für Nachschub-Lageranforderungen

In der letzten grundlegenden Customizing-Einstellung für den Nachschub können Sie eine Beleg- und Positionsart zuordnen, die bei der Anlage von Lageranforderungen für Nachschub verwendet wird (siehe Abbildung 10.6).

Wählen Sie dazu im EWM-Customizing den Menüpfad EXTENDED WAREHOUSE MANAGEMENT • LAGERINTERNE PROZESSE • NACHSCHUBSTEUERUNG • BELEG-/POSITIONSARTEN FÜR NACHSCHUB-LAGERANFORDERUNG PFLEGEN. Der Vorteil der Anlage von Lageranforderungen gegenüber der sofortigen Anlage von Lageraufgaben besteht darin, dass Anforderungen einer Welle zugeordnet werden können. Die Welle kann dann zu einem geeigneten Zeitpunkt freigegeben werden, zum Beispiel außerhalb der Spitzenzeiten der Kommissionierung.

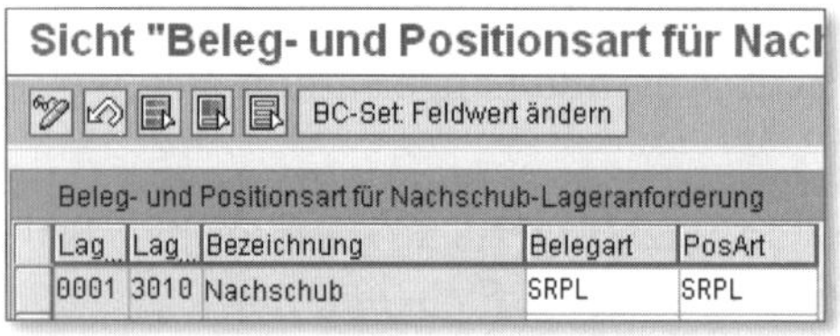

Lag	Lag	Bezeichnung	Belegart	PosArt
0001	3010	Nachschub	SRPL	SRPL

Abbildung 10.6 Beleg- und Positionsarten zum Anlegen von Nachschub-Lageranforderungen

10.1.3 Plan-Nachschub

Beim *Plan-Nachschub* berechnet das System den Nachschub gemäß der definierten Minimal- und Maximalmenge. Die Nachschubsteuerung wird ausgelöst, wenn der Bestand kleiner ist als die Minimalmenge. Das System rundet die Nachschubmenge auf ein Vielfaches der Mindestnachschubmenge ab. Die Nachschubmenge ist die berechnete Menge, für die die Lageraufgabe oder die Lageranforderung angelegt wird.

Voraussetzung hierfür ist, dass Sie über den Menüpfad EXTENDED WAREHOUSE MANAGEMENT • STAMMDATEN • LAGERPLÄTZE • FIXLAGERPLATZ PFLEGEN im SAP Easy Access Menü oder über die Transaktion /SCWM/BINMAT einen Fixplatz in der Fixplatztabelle zugewiesen haben. In Abbildung 10.7 ist die Zuordnung eines Fixplatzes im primären Kommissionierlagertyp (in unserem Beispiel 0050) dargestellt.

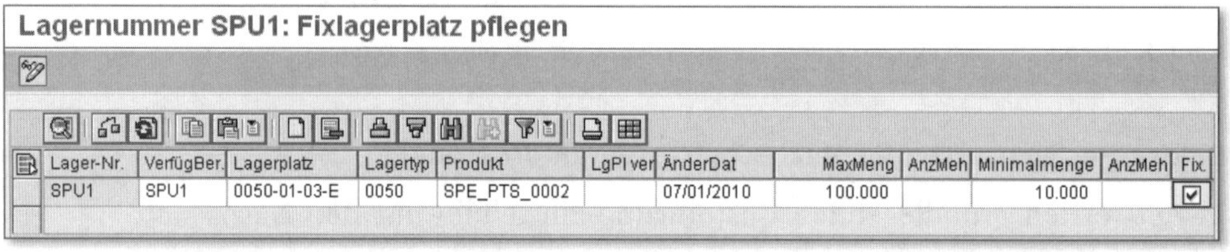

Lager-Nr.	VerfügBer.	Lagerplatz	Lagertyp	Produkt	LgPl ver	ÄnderDat	MaxMeng	AnzMeh	Minimalmenge	AnzMeh	Fix.
SPU1	SPU1	0050-01-03-E	0050	SPE_PTS_0002		07/01/2010	100.000		10.000		☑

Abbildung 10.7 Fixplatz für ein Produkt pflegen

Zusätzlich zur Konfiguration und Fixplatzzuordnung müssen Sie auch die Minimal- und Maximalmenge sowie die Nachschubmengen in den Produktstammdaten angeben (in Abschnitt 4.2, »SAP EWM-Produktstamm«, wird im Detail besprochen, wie ein Materialstamm anzulegen ist). In Abbildung 10.8 sehen Sie, dass die Mindestnachschubmenge für den Lagertyp 0050 für das betreffende Produkt auf 4 ST gesetzt ist.

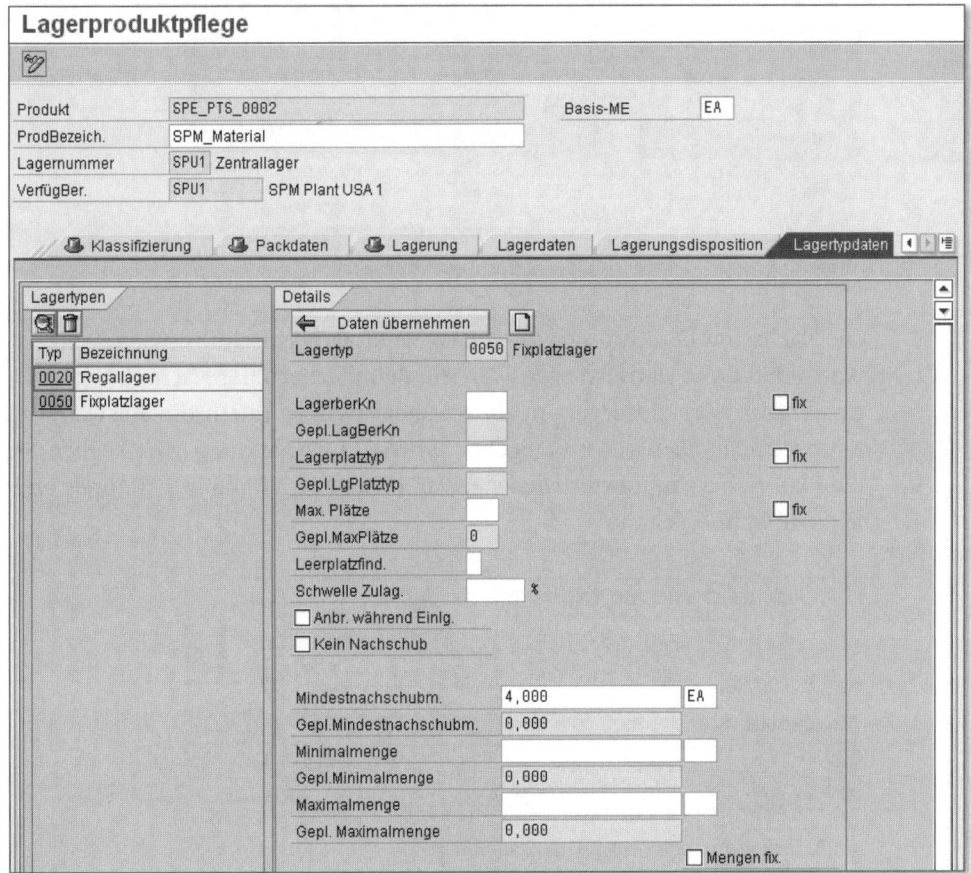

Abbildung 10.8 Lagerprodukte pflegen – Lagertypdaten

Zur Ausführung des Plan-Nachschubs wählen Sie im SAP Easy Access Menü EXTENDED WAREHOUSE MANAGEMENT • ARBEITSVORBEREITUNG • NACHSCHUB EINPLANEN oder verwenden die Transaktion /SCWM/REPL. In dem Beispiel aus Abbildung 10.9 wird der Plan-Nachschub speziell für das Material SPE_PTS_0002 an Lagerplatz 0050-01-03-E (in Lagertyp 0050) ausgeführt.

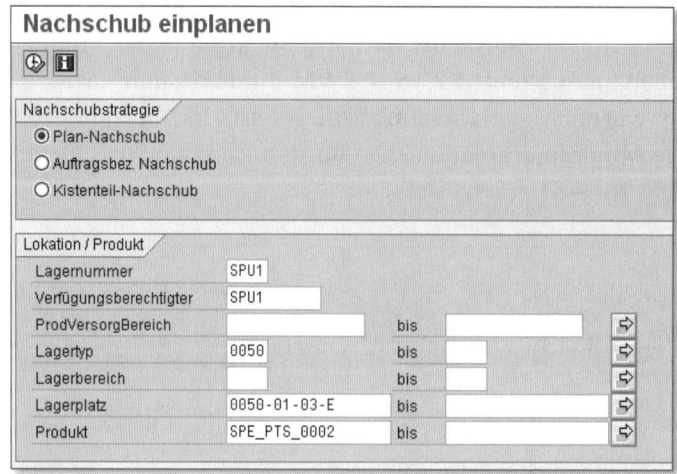

Abbildung 10.9 Selektionsbild der Nachschubtransaktion

Die Nachschubberechnung ergibt, dass 92 ST als Nachschub an den Ziellager-platz 0050-01-03-E transferiert werden. Beim Sichern der Nachschubpositio-nen wird sofort die Lageraufgabe angelegt (wie es durch die Auswahl des Kennzeichens LB SOFORT angegeben wurde). In Abbildung 10.10 sehen Sie die Plan-Nachschubpositionen, die sich aus der in Abbildung 10.9 getroffe-nen Auswahl ergeben.

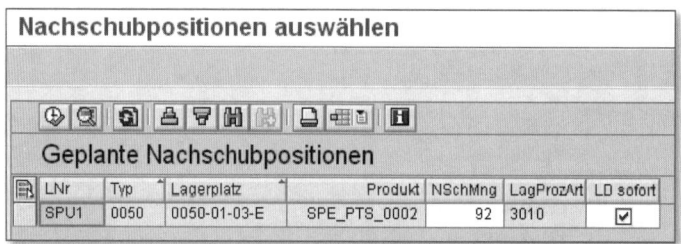

Abbildung 10.10 Plan-Nachschubpositionen

Beispiel

Die Berechnungen für den Plan-Nachschub aus dem obigen Beispiel sind hier noch detaillierter aufgeführt.

Aktuelle Menge am Lagerplatz:	5 ST
Minimalmenge:	10 ST
Maximalmenge:	100 ST
Mindestnachschubmenge:	4 ST

Die Nachschubmenge wird als Differenz zwischen der Maximalmenge des Lagerplatzes und der aktuellen Menge am Lagerplatz berechnet und dann auf ein Vielfaches der Mindestnachschubmenge gerundet.

Maximalmenge – aktuelle Menge am Lagerplatz = 100 ST – 5 ST = 95 ST

Durch das Abrunden von 95 ST auf das nächste Vielfache der Mindestnachschubmenge (4 ST) ergibt sich eine berechnete Nachschubmenge von 92 ST.

10.1.4 Auftragsbezogener Nachschub

Beim *auftragsbezogenen Nachschubprozess* berechnet das System den Nachschub anhand der Mengen der ausgewählten offenen Auslieferungsaufträge. Zur Verwendung des auftragsbezogenen Nachschubprozesses müssen Sie, wie in Abschnitt 10.1.2, »Konfiguration von Nachschubprozessen«, beschrieben, die Strategie AUFTRAGSBEZOGENER NACHSCHUB für den Lagertyp aktivieren. In Abbildung 10.11 sehen Sie die Einstellungen für den auftragsbezogenen Nachschub für einen Lagertyp. Mit den Einstellungen, wie in Sie in Abbildung 10.11 gezeigt werden, kann man im Lagertyp 0050 den auftragsbezogenen Nachschub aktivieren.

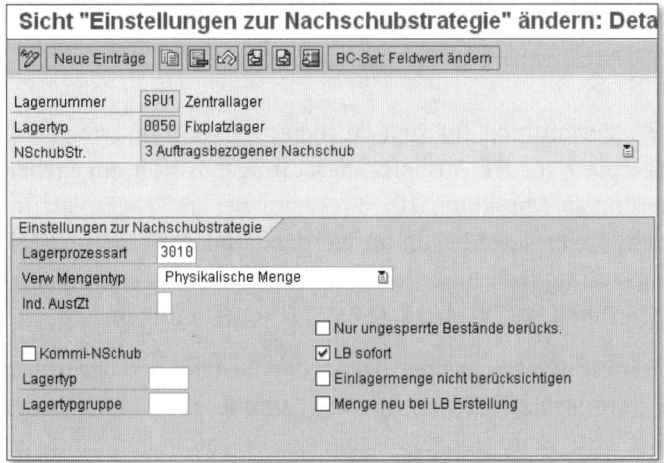

Abbildung 10.11 Auftragsbezogenen Nachschub in Lagertyp 0050 aktivieren

Damit ein Auslieferungsauftrag beim auftragsbezogenen Nachschub berücksichtigt werden kann, muss für die Auftragsposition eine grobe Platzermittlung ausgeführt werden. Zum Aktivieren der groben Platzermittlung für die Prozessart, die für die Auslieferungsauftragsposition bestimmt wurde, wählen Sie im Menü des EWM-Customizings EXTENDED WAREHOUSE MANAGEMENT • PROZESSÜBERGREIFENDE EINSTELLUNGEN • LAGERAUFGABE • LAGERPRO-

ZESSART DEFINIEREN. Abbildung 10.12 zeigt, dass das Kennzeichen GROBE PLATZERMITTLUNG gesetzt sein muss.

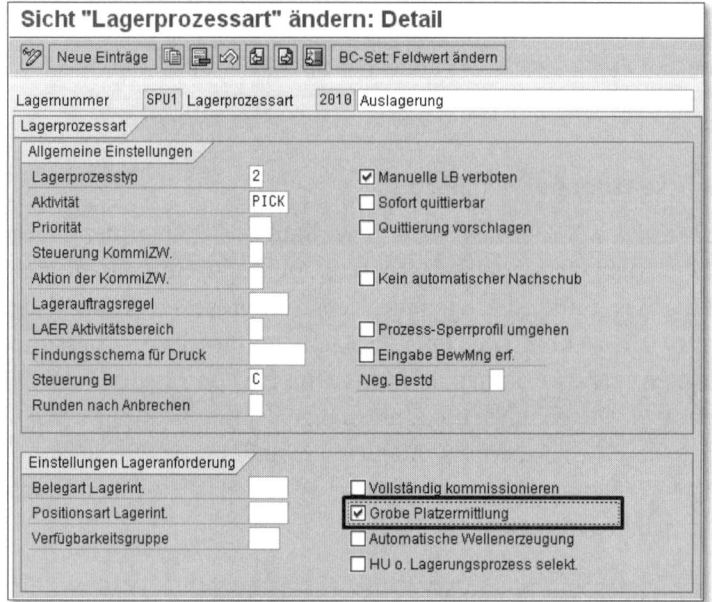

Abbildung 10.12 Grobe Platzermittlung für eine Prozessart aktivieren

Wenn die grobe Platzermittlung für den Auslieferungsauftrag erfolgreich war, muss der Lagerplatz in der Auslieferungsauftragsposition angegeben sein (siehe Markierung in Abbildung 10.13). Wenn bei der Lagerplatzfindung zwei oder mehr Lagerplätze bestimmt werden, sind die Lagerplatzfelder im Auslieferungsauftrag leer, und die Eingaben für die einzelnen Lagerplätze werden in der Tabelle /SCWM/DB_ITEMSPL vorgenommen.

Die Nachschubsteuerung wird ausgelöst, wenn der Bestand am Lagerplatz kleiner ist als die erforderliche Menge, die die Summe aller Mengen der Auslieferungsaufträge ist. Beim auftragsbezogenen Nachschub nimmt das System eine Aufrundung der Nachschubmenge auf ein Vielfaches der Mindestnachschubmenge vor (siehe auch Abbildung 10.9 auf Seite 512), um sicherzustellen, dass die Nachschubmenge den Bedarf der offenen Lageranforderungen deckt.

Um die Anlage der auftragsbezogenen Nachschubaufgaben auszulösen, verwenden Sie dieselbe Transaktion wie für die Anlage von Plan-Nachschubaufgaben, die oben bereits beschrieben wurde (Transaktion /SCWM/REPL). Nun sind jedoch die im Bild verfügbaren Selektionskriterien für offene Lageranforderungen relevant (zum Beispiel Warenausgangsdatum, Wellenfreigabezeit, Welle, Wellenvorlage (siehe Abbildung 10.14).

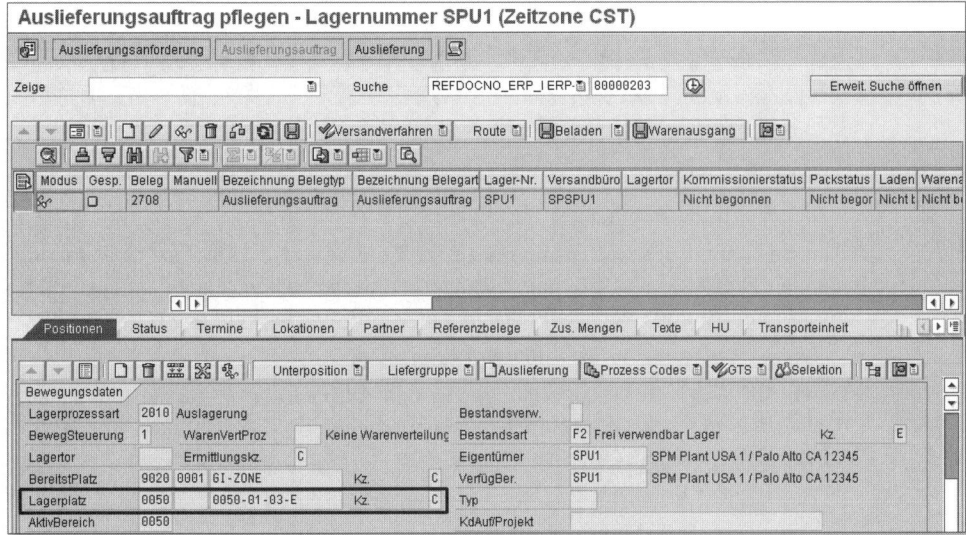

Abbildung 10.13   Grobe Platzermittlung im Auslieferungsauftrag

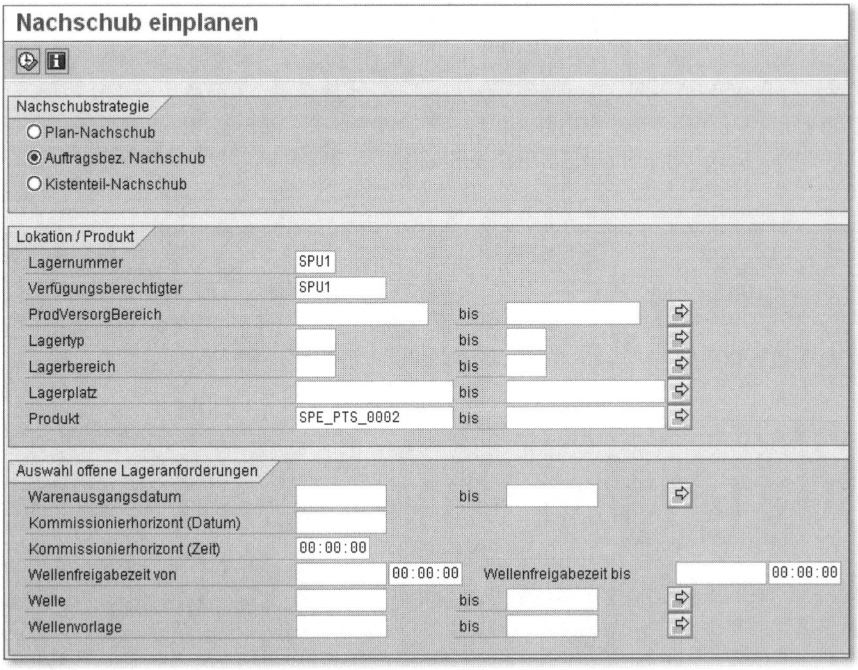

Nachschub einplanen

Nachschubstrategie
- ○ Plan-Nachschub
- ◉ Auftragsbez. Nachschub
- ○ Kistenteil-Nachschub

Lokation / Produkt

Lagernummer	SPU1	
Verfügungsberechtigter	SPU1	
ProdVersorgBereich		bis
Lagertyp		bis
Lagerbereich		bis
Lagerplatz		bis
Produkt	SPE_PTS_0002	bis

Auswahl offene Lageranforderungen

Warenausgangsdatum		bis
Kommissionierhorizont (Datum)		
Kommissionierhorizont (Zeit)	00:00:00	
Wellenfreigabezeit von	00:00:00	Wellenfreigabezeit bis
Welle		bis
Wellenvorlage		bis

Abbildung 10.14   Selektionskriterien für auftragsbezogenen Nachschub

Da die Menge der offenen Auslieferungsaufträge in diesem Beispiel 20 ST und die Mindestnachschubmenge aus dem Materialstamm 3 ST beträgt, resultiert eine berechnete Menge von 21 ST (siehe Abbildung 10.15).

Beispiel

Aktuelle Menge am Lagerplatz:	0 ST
Minimalmenge:	10 ST
Maximalmenge:	100 ST
Mindestnachschubmenge:	3 ST

Zum Berechnen der Nachschubmenge wird die Differenz zwischen der Gesamtmenge der offenen Auslieferungsaufträge und der aktuellen Menge am Lagerplatz ermittelt und auf das nächste Vielfache der Mindestnachschubmenge aufgerundet.

Gesamtmenge aus Auslieferungsaufträgen = 20 ST

Durch Aufrunden der Gesamtmenge aus den Auslieferungsaufträgen (20 ST) auf das nächste Vielfache der Mindestnachschubmenge (3 ST) ergibt sich eine Nachschubmenge von 21 ST.

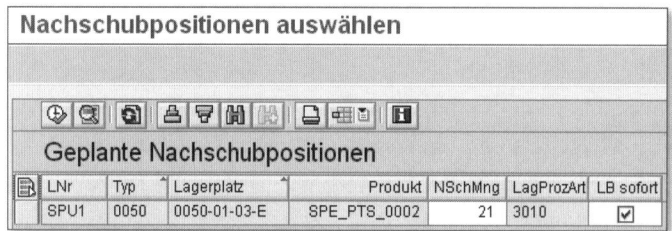

Abbildung 10.15 Geplante Nachschubpositionen

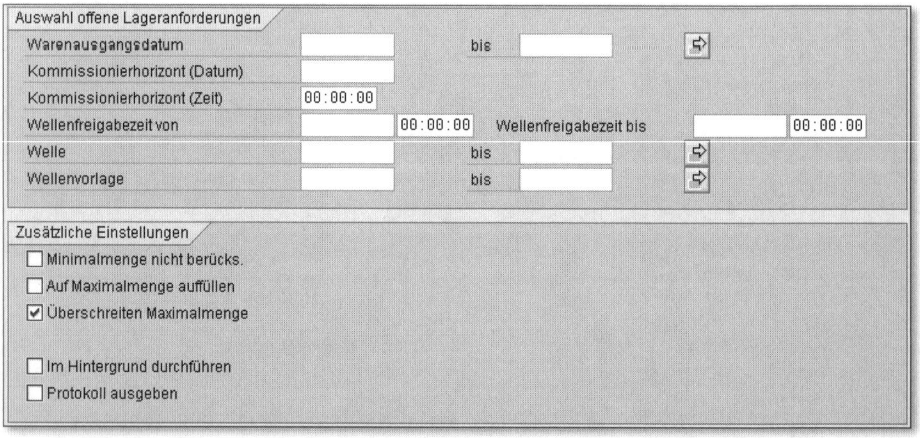

Abbildung 10.16 Kennzeichen zum Überschreiten der Maximalmenge beim auftragsbezogenen Nachschub aktivieren

Beim auftragsbezogenen Nachschub kann die für das Produkt oder den Lagerplatz angegebene Maximalmenge optional überschritten werden, indem in den Selektionskriterien das Kennzeichen ÜBERSCHREITEN MAXIMALMENGE aktiviert wird (siehe Abbildung 10.16). Obwohl die Nachschubmenge die Maximalmenge des Lagerplatzes überschreiten kann, wird bei der Anlage der Lageraufgabe die Kapazität des Lagerplatzes berücksichtigt (die Kapazitätsauslastung der Gesamtmenge am Lagerplatz darf weiterhin die Lagerplatzkapazität nicht übersteigen).

10.1.5 Kistenteilnachschub

Bei *Kistenteilen* handelt es sich um Teile, für die der Nachschub normalerweise in festen Mengen erfolgt, zum Beispiel in Form voller Paletten oder anderer Behälter mit fester Größe, unabhängig von den vorliegenden Auftragsmengen (zum Beispiel beim Kanban-Verfahren). Mit dem Kistenteilnachschub können Sie den Nachschub solcher Kistenteile an *Produktionsversorgungsbereiche* (PVBs) organisieren. Der Kistenteilnachschub kann für einen Lagertyp ebenfalls so aktiviert werden, wie es in diesem Kapitel für die anderen Nachschubarten beschrieben wurde (im EWM-Customizing über den Menüpfad EXTENDED WAREHOUSE MANAGEMENT • LAGERINTERNE PROZESSE • NACHSCHUBSTEUERUNG • NACHSCHUBSTRATEGIEN IN LAGERTYP AKTIVIEREN).

Damit der Kistenteilnachschub aktiviert werden kann, muss ein PVB angelegt werden. Wählen Sie hierzu im SAP Easy Access Menü EXTENDED WAREHOUSE MANAGEMENT • STAMMDATEN • PRODUKTIONSVERSORGUNGSBEREICH (PVB) • PVB DEFINIEREN, oder verwenden Sie die Transaktion /SCWM/PSA (siehe Abbildung 10.17).

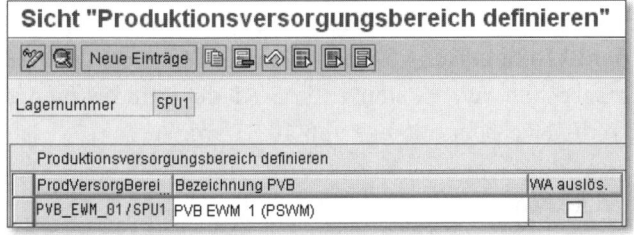

Abbildung 10.17 Produktionsversorgungsbereich definieren

Dem PVB muss außerdem ein Lagerplatz zugeordnet werden (siehe Abbildung 10.18). Wählen Sie hierzu im SAP Easy Access Menü EXTENDED WAREHOUSE MANAGEMENT • STAMMDATEN • PRODUKTIONSVERSORGUNGSBEREICH (PVB) • PLATZ PVB/PRODUKT/VERFÜGUNGSBERECHTIGTEM IN LAGERNUMMER ZUORDNEN, oder verwenden Sie die Transaktion /SCWM/PSASTAGE.

Außerdem können Sie für den Verfügungsberechtigten und den PVB (siehe Abbildung 10.18) die Mindestproduktionsmenge (der Nachschub wird ausgeführt, sobald die Menge am Lagerplatz unter diese Minimalmenge sinkt) und die Kistenteilnachschubmenge (die die Nachschubmenge bestimmt, die ein Vielfaches dieser Kistenteilmenge ist) festlegen.

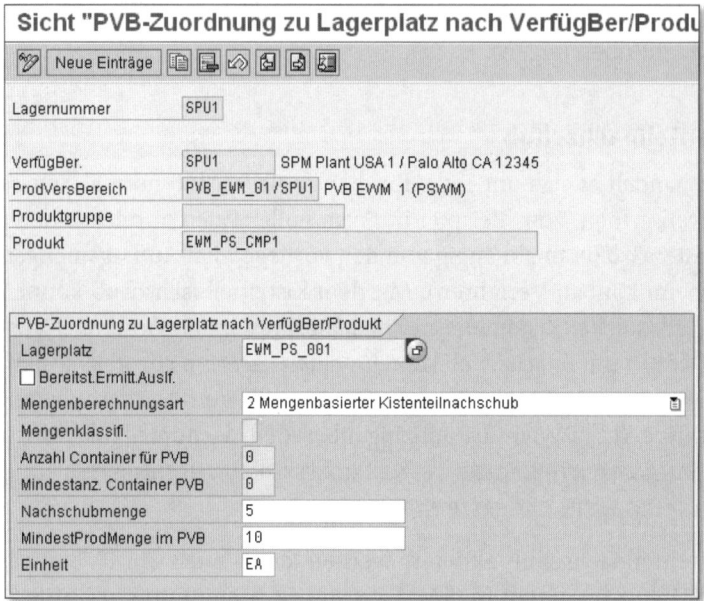

Abbildung 10.18   Lagerplatz zum PVB zuweisen

In Abbildung 10.19 sind die Nachschubpositionen zu sehen, die für dieses Beispiel angelegt wurden. Die berechnete Nachschubmenge ist 10 ST, da die Kistenteilnachschubmenge 5 ST und die Mindestproduktionsmenge im PVB 10 ST beträgt (wie in der PVB-Zuweisung für das Produkt in Abbildung 10.18 angegeben). Somit entsprechen zwei Kisten zu je 5 ST der Mindestmenge von 10 ST, woraus sich die Nachschubmenge von 10 ST ergibt.

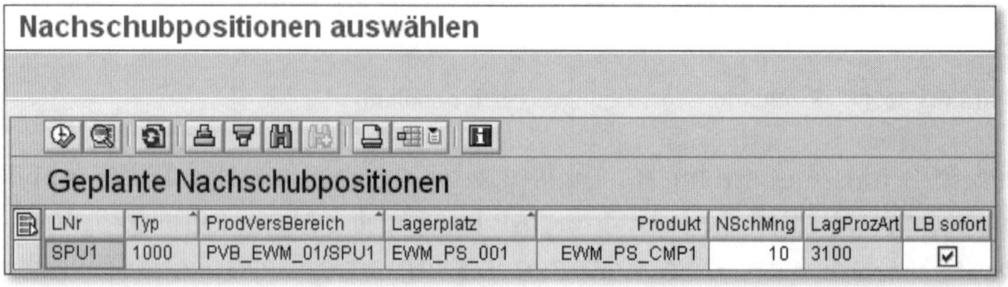

Nachschubpositionen auswählen

Geplante Nachschubpositionen

LNr	Typ	ProdVersBereich	Lagerplatz	Produkt	NSchMng	LagProzArt	LB sofort
SPU1	1000	PVB_EWM_01/SPU1	EWM_PS_001	EWM_PS_CMP1	10	3100	☑

Abbildung 10.19   Für einen PVB angelegte Kistenteilnachschubpositionen

10.1.6 Direkter Nachschub

Der *direkte Nachschub* ist nur in Fixplatzszenarien möglich. Er wird während einer Platzzurückweisung gestartet, wenn ein Ausnahmecode auf den internen Prozesscode NACHSCHUB weist. Das System berechnet den Nachschub anhand der Maximal- und der Minimalmenge und geht davon aus, dass die Menge am Lagerplatz null ist. Die Nachschubmenge wird auf ein Vielfaches der Mindestnachschubmenge abgerundet.

Wenn ein Kommissionierer an einem Kommissionierlagerplatz feststellt, dass nicht genügend Material verfügbar ist, kann er über einen Ausnahmecode in der RF-Umgebung (RF = Radio Frequency) einen direkten Nachschub auslösen. Dabei gibt es zwei Optionen:

▸ **Im Hintergrund wird ein Nachschub für eine andere Ressource angelegt**
Dies ist häufig dann von Vorteil, wenn der Reservebereich relativ weit von dem Lagerplatz entfernt ist, der aufgefüllt werden muss.

▸ **Es wird ein Kommissionierernachschub verwendet**
Der Kommissionierer kann den Lagerplatz selbst auffüllen (dies kann sinnvoll sein, wenn der Reservelagerplatz sehr nah am Fixplatz und für den Kommissionierer leicht erreichbar ist). Diese Strategie wird als *Kommissionierernachschub* bezeichnet. In diesem Fall wird die Lageraufgabe für den Nachschub in RF im Lagerauftrag des Kommissionierers als nächste zu bearbeitende Position angezeigt. Voraussetzung hierfür ist, dass das System in den zulässigen Lagertypen (siehe die markierte Konfiguration in Abbildung 10.20) Bestand gefunden hat. Der Kommissionierernachschub ist nur in Radio-Frequency-Szenarien möglich.

Damit der direkte Nachschub möglich ist, muss die entsprechende Nachschubstrategie für den Lagertyp aktiviert werden (wie oben beschrieben).

Neben dem Aktivieren des Kommissionierernachschubs können Sie in den Einstellungen für die Nachschubstrategie auch entweder den Lagertyp als Von-Lagertyp für die Nachschubaufgabe oder eine Lagertypgruppe für die Von-Lagerplatz-Findung angeben.

In Abbildung 10.21 sehen Sie ein Beispiel für den Prozess eines direkten Kommissionierernachschubs. Wenn der Kommissionierer am Lagerplatz feststellt, dass dort keine ausreichende Menge vorhanden ist, kann er den Ausnahmecode REPL eingeben (der dem internen Ausnahmecode Nachschub zugeordnet ist). Das System startet dann den direkten Nachschub und sucht das Material im Reservebereich (wie in den Einstellungen in Abbildung 10.20 festgelegt). Als nächstes Bild wird dem Kommissionierer dann die Nachschubaufgabe angezeigt (im Beispiel wurde als Menge 100 ST ermittelt). Nach Abschluss des Nachschubprozesses wird dem Kommissionierer wieder die ursprüngliche Kommissionierung angezeigt, die nun ausgeführt werden kann.

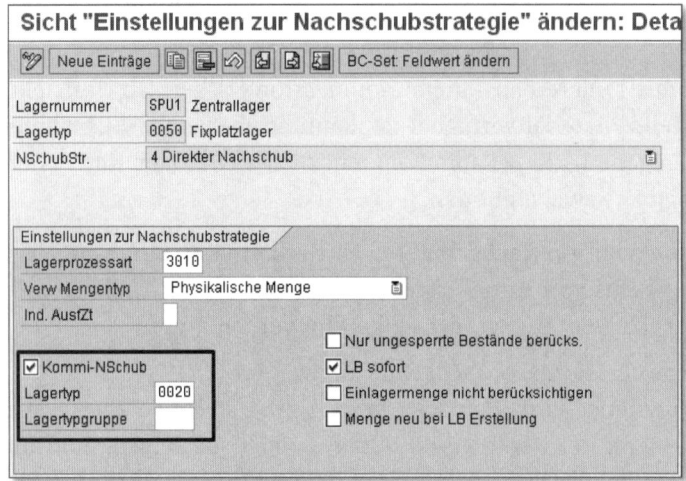

Abbildung 10.20   Direkten Nachschub in Lagertyp 0050 aktivieren

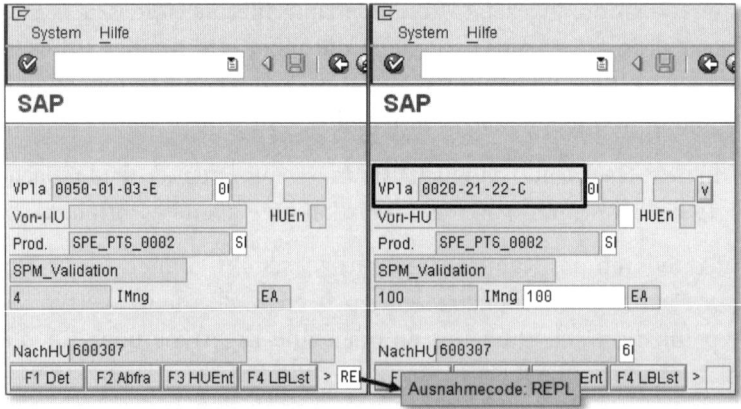

Abbildung 10.21   Beispiel für Kommissionierernachschub

10.1.7   Automatischer Nachschub

Der *automatische Nachschub* ist ein weiteres Verfahren des ungeplanten Nachschubs. Wenn diese Nachschubstrategie in der Konfiguration aktiviert wurde (im EWM-Customizing über den Menüpfad EXTENDED WAREHOUSE

MANAGEMENT • LAGERINTERNE PROZESSE • NACHSCHUBSTEUERUNG • NACH-
SCHUBSTRATEGIEN IN LAGERTYP AKTIVIEREN), löst sie im Hintergrund automa-
tisch einen Nachschubvorgang für einen bestimmten Lagerplatz aus, wenn
Sie eine Lageraufgabe bestätigen und die Menge am Von-Lagerplatz unter
die Minimalmenge fällt, die für den Lagerplatz oder Lagertyp festgelegt ist.
Beim automatischen Nachschub wird die Nachschubmenge anhand der
Maximal- und der Minimalmenge berechnet und immer auf ein Vielfaches
der Mindestnachschubmenge abgerundet.

10.2 Lager-Reorganisation

Bei der *Lager-Reorganisation* werden die ursprünglichen Lagerkonzepte, die
im Rahmen der Lagerungsdisposition festgelegt wurden, mit den tatsächlichen Lagerorten der Produkte im Lager verglichen. Um zu ermitteln, welche
Produkte sich aktuell am ungünstigsten Lagerort im Vergleich zu ihrem optimalen Lagerort befinden, verwendet die Lager-Reorganisation Bewertungspunkte, die in der Konfiguration gepflegt werden können.

Ein typischer Fall für die Lager-Reorganisation ist ein Material, das bisher
nicht stark nachgefragt wurde oder dessen Bedarf saisonal ist (zum Beispiel
Regenschirme) und das deshalb in einem Bereich für Langsamdreher gelagert wird. Nach dem letzten Lagerungsdispositionslauf (zum Beispiel im September) wurde festgestellt, dass sich der Bedarf dieses Produkts in den kommenden Monaten stark erhöhen wird, und das Produkt wurde deshalb
einem Bereich für Schnelldreher sowie einem größeren Lagerplatztyp zugeordnet (siehe Abbildung 10.22).

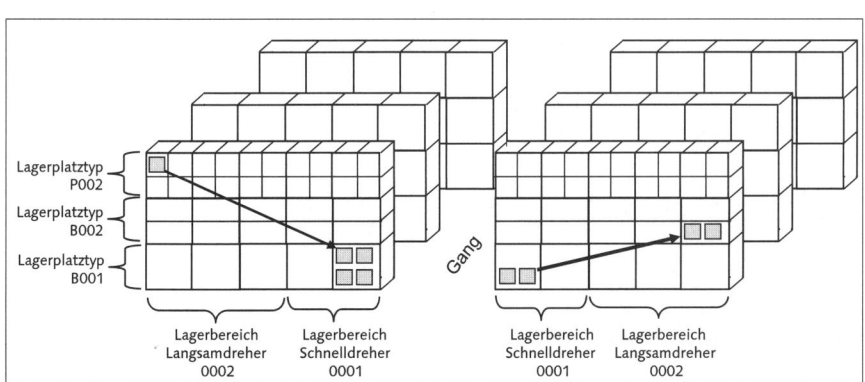

Abbildung 10.22 Lager-Reorganisation mit Verlagerung eines Produkts von einem Bereich
für Langsamdreher in einen Bereich für Schnelldreher

Im Beispiel in Abbildung 10.22 sehen Sie auf der linken Seite das Diagramm der Reorganisationsbewegung eines Materials von einem Langsamdreherbereich in einen Schnelldreherbereich näher am Gang. Der Lagerplatztyp muss ebenfalls gewechselt werden, damit die in den kommenden Monaten benötigte größere Materialmenge untergebracht werden kann.

Als Gegenstück dazu sehen Sie auf der rechten Seite das Diagramm für ein Teil, das früher ein Schnelldreher war (und das derzeit seinen Lagerplatz nicht voll ausfüllt, da der Bedarf abgenommen hat) und jetzt in den Bereich für Langsamdreher, der weiter vom Gang weg liegt, bewegt und einem kleineren Lagerplatztyp zugewiesen werden kann, um die Nutzung des Lagerplatzes insgesamt zu optimieren.

In den folgenden Absätze schauen wir uns zuerst die Allgemeine Konfiguration für die Lager-Reorganisation an, erklären das Bewertungspunkten Konzept, schauen dann auf die Stammdaten für die Lager-organization und führen dann mit ein Beispiel eine Reorganization aus. Zuletzt besprechen wir auch noch die Möglichkeit um Alerts im Alert Monitor zuverwenden um die Kapazitätsauslastung im Lager zu überwachen.

10.2.1 Allgemeine Konfiguration für die Lager-Reorganisation

Das allgemeine Customizing für die Lager-Reorganisation kann im EWM-Customizing über den Menüpfad EXTENDED WAREHOUSE MANAGEMENT • LAGERINTERNE PROZESSE • LAGEROPTIMIERUNG aufgerufen werden. Hier können Sie die Aktivität VORSCHLAGSLAGERPROZESSART FÜR LAGEROPTIMIERUNG FESTLEGEN ausführen (siehe Abbildung 10.23). Für jedes Lager legen Sie eine Vorschlagsprozessart fest und geben an, ob das Material bei der Anlage einer Lager-Reorganisationsaufgabe an den globalen optimalen Lagerplatztyp oder an den optimalen Lagerplatztyp in der betreffenden Lagerplatztypgruppe bewegt werden soll. Hier können Sie außerdem die Ausführungszeiten für die Lager-Reorganisation angeben.

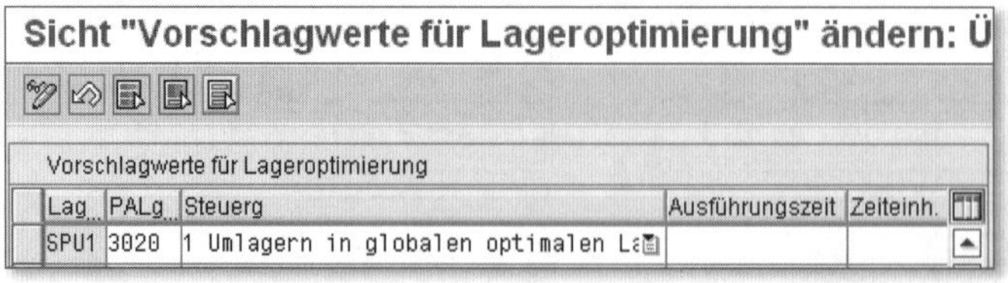

Abbildung 10.23 Vorschlagswerte für die Lager-Reorganisation anpassen

Um die Belegart und die Positionsart für die Lageranforderungen zur Lager-Reorganisation anzugeben, wählen Sie im Menü des EWM-Customizings EXTENDED WAREHOUSE MANAGEMENT • LAGERINTERNE PROZESSE • LAGEROPTIMIERUNG • BELEG- UND POSITIONSART FÜR LAGEROPTIMIERUNG FESTLEGEN. Diese Beleg- und Positionsart wird verwendet, wenn anstelle einer sofort angelegten Lageraufgabe eine Lageranforderung für die Lager-Reorganisation angelegt werden soll. Lageranforderungen haben den Vorteil, dass die Reorganisationsaufgaben zu geeigneten Zeitpunkten freigegeben werden können, um möglichst reibungslose Arbeitsabläufe im Lager zu erreichen.

Abbildung 10.24 Beleg- und Positionsart für die Lager-Reorganisation konfigurieren

Bewertungspunkte

Bei der Anlage von Lager-Reorganisationsaufgaben kann das System Ihnen die Umlagerungen vorschlagen, die den größten Vorteil bringen. Diese Bewertung beruht auf der Einrichtung von Bewertungspunkten, dem sogenannten *Lagerungsdispositionsindex*.

Anhand der Bewertungspunkte ermittelt der Lager-Reorganisationsprozess, welche der aktuellen suboptimalen Materiallagerorte im Vergleich zu ihren optimalen Lagerorten am schlechtesten sind. Die Bewertungspunkte können im Customizing in drei verschiedenen Bereichen gepflegt werden (für die Findungsstrategien Lagertyp, Lagerbereich und Lagerplatztyp). Sie können die Bewertungspunkte im EWM-Customizing aufrufen, indem Sie im Menü zunächst EXTENDED WAREHOUSE MANAGEMENT • WARENEINGANGSPROZESS • STRATEGIEN und dann eine der folgenden Möglichkeiten wählen:

▶ LAGERTYPFINDUNG • LAGERTYPEN DER LAGERTYPSUCHREIHENFOLGE ZUORDNEN

▶ LAGERBEREICHSFINDUNG • LAGERBEREICHSSUCHREIHENFOLGE PFLEGEN

▶ LAGERPLATZFINDUNG • ALTERNATIVE LAGERPLATZTYPFOLGE

Bei der Lager-Reorganisation werden die Bewertungspunkte (also der Lagerungsdispositionsindex) für Lagertyp, Lagerbereich und Lagerplatztyp aus den drei Customizing-Tabellen addiert, um die Gesamtbewertung jedes aktuellen Lagerplatzes zu berechnen. In der Bewertung stehen höhere Zahlen für eine schlechtere Position im Vergleich zum optimalen Lagerort.

Die Konfiguration der Lagertypsuchreihenfolge (siehe Abbildung 10.25) gibt pro Lagerplatztyp in der Suchreihenfolge für die Einlagerung einen Punktwert an. Im Beispiel erhält der erste Lagerplatztyp in der Suchreihenfolge (0020) keine Bewertungspunkte, der zweite (0050) dagegen eine »Strafpunktzahl« von 100.

Sicht "Lagertypsuchreihenfolge Einlagerung" ändern: Übersicht

Neue Einträge

Lagertypsuchreihenfolge Einlagerung

LNr	Suchfolge	Fortl. Num	Typ	LTG	Bew. Lgpos	Bezeichnung
SPU1	0020	1	0020			Einlagern in Lagertyp 0020
SPU1	0020	2	0050		100	Einlagern in Lagertyp 0020

Abbildung 10.25 Bewertungspunkte für Lagertypen

Analog zur Vergabe von Bewertungspunkten in der Lagertypsuchreihenfolge vergibt die Bereichssuchreihenfolge (siehe Abbildung 10.26) Punkte für die Lagerbereiche in der Lagerbereichsuchreihenfolge für die Einlagerung. Im Beispiel erhält bei Lagertyp 0020 und Bereichskennzeichen FAST der erste Lagerbereich in der Reihenfolge (0001) keine Bewertungspunkte, während der zweite (0002) zehn »Strafpunkte« erhält usw.

Bewertung des Lagerungsdispositionsindex

Die Bewertungspunkte des Lagerungsdispositionsindex addieren sich innerhalb der Reihenfolge. Das heißt, der Gesamtindex der dritten Folgenummer in der betreffenden Reihenfolge ist die Summe der Bewertungspunkte der ersten, zweiten und dritten Folgenummer. In dem in Abbildung 10.26 gezeigten Beispiel für das Bereichskennzeichen würde ein Artikel in Bereich 0003 insgesamt 20 (0 + 10 + 10) Bewertungspunkte für den Lagerbereich erhalten.

Sicht "Lagerbereichsfindung" ändern: Übersicht

Neue Einträge

Lagerbereichsfindung

LNr	Typ	Einst 1	Einst 2	BerKz	Fortlaufende Nr.	Ber	Bew. Lgpos
SPU1	0020			FAST	1	0001	
SPU1	0020			FAST	2	0002	10
SPU1	0020			FAST	3	0003	10

Abbildung 10.26 Bewertungspunkte für Lagerbereiche

Bei Lagerplatztypen können Bewertungspunkte auch in der alternativen Lagerplatztypreihenfolge vergeben werden (siehe Abbildung 10.27). Ein Produkt, das sich derzeit in Lagertyp 0020 mit einem optimalen Lagerplatztyp, jedoch an einem suboptimalen Lagerplatz befindet, erhält Bewertungspunkte entsprechend dem Lagerplatztyp, in dem es sich tatsächlich befindet. Im dargestellten Beispiel würde ein Produkt, das dem Lagerplatztyp B001 zugeordnet ist, sich aber tatsächlich in Lagerplatztyp P002 befindet, sechs (3 + 3) Bewertungspunkte erhalten, gemäß der Summe der Bewertungspunkte in jedem Schritt der Reihenfolge (siehe den Hinweis oben zur kumulativen Addition der Bewertungspunkte).

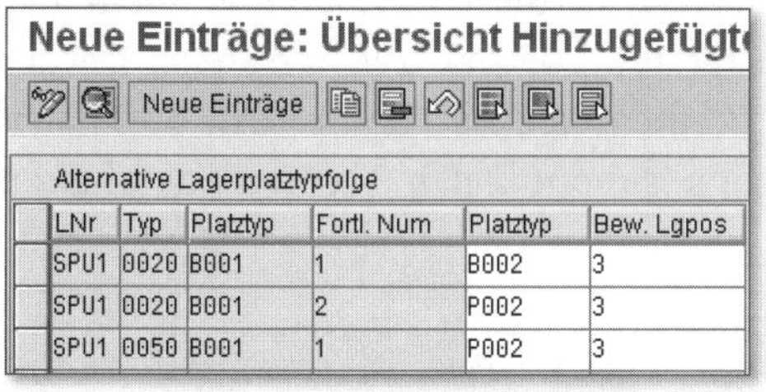

LNr	Typ	Platztyp	Fortl. Num	Platztyp	Bew. Lgpos
SPU1	0020	B001	1	B002	3
SPU1	0020	B001	2	P002	3
SPU1	0050	B001	1	P002	3

Abbildung 10.27 Bewertungspunkte für alternative Lagerplatztypen

10.2.2 Stammdaten zur Bestimmung der optimalen Lagerplätze

Sie müssen die bei der Lager-Reorganisation zu berücksichtigenden Daten im Produktstamm festlegen, damit das System bei der Lager-Reorganisationsanalyse den optimalen Lagerplatz bestimmen kann. Die entsprechenden Produktstammdaten können manuell oder im Rahmen eines Lagerungsdispositionslaufs gepflegt werden (weitere Informationen zur Lagerungsdisposition finden Sie in Kapitel 9, »Warenausgangsprozess«). Wie oben beschrieben, wird bei der Lager-Reorganisation der aktuelle Lagerort eines Materials im Lager mit seinem optimalen Lagerort verglichen.

Damit der optimale Lagertyp, Lagerbereich und Lagerplatztyp bestimmt werden können, müssen im Produktstamm die relevanten Einstellungen zur Bestimmung der Lagertypreihenfolge, Lagerbereichsreihenfolge und zur alternativen Lagerplatztypreihenfolge angegeben sein, die bei der Einlagerung verwendet werden sollen. Diese Angaben können manuell im Materialstamm festgelegt oder während der Lagerungsdisposition bestimmt werden. Je nach dem Bedarf eines Produkts kann die Lagerungsdisposition das *Einlagerungssteuerkennzeichen* (PACI), das Bereichskennzeichen und den Lagerplatztyp ändern.

Im Produktstamm können Sie den PACI für das Produkt angeben (entweder manuell oder über die Lagerungsdisposition)(Siehe Abbildung 10.28). Anhand des PACI wiederum wird die Lagertypreihenfolge bestimmt, die bei der Einlagerung verwendet wird (Für Einzelheiten siehe Kapitel 9). Entsprechend der Lagertypreihenfolge ist der erste Lagertyp in der Reihenfolge als der optimale Lagertyp für das Produkt definiert (und erhält in der Regel null Bewertungspunkte wie in Abbildung 10.25). Die weiteren Lagertypen in der Reihenfolge gelten als suboptimal und erhalten Bewertungspunkte zur Berechnung des Lagerungsdispositionsindex bei der Lager-Reorganisation.

Im abgebildeten Beispiel lautet das zugewiesene PACI 0020, das der Lagertypsuchreihenfolge 0020 zugeordnet ist. In dieser Reihenfolge steht der Lagertyp 0020 an erster und der Lagertyp 0050 an zweiter Stelle. Da der Lagertyp 0020 der erste in der Suchreihenfolge ist, stellt er den optimalen Lagertyp dar, und die nachfolgenden suboptimalen Lagertypen erhalten Bewertungspunkte.

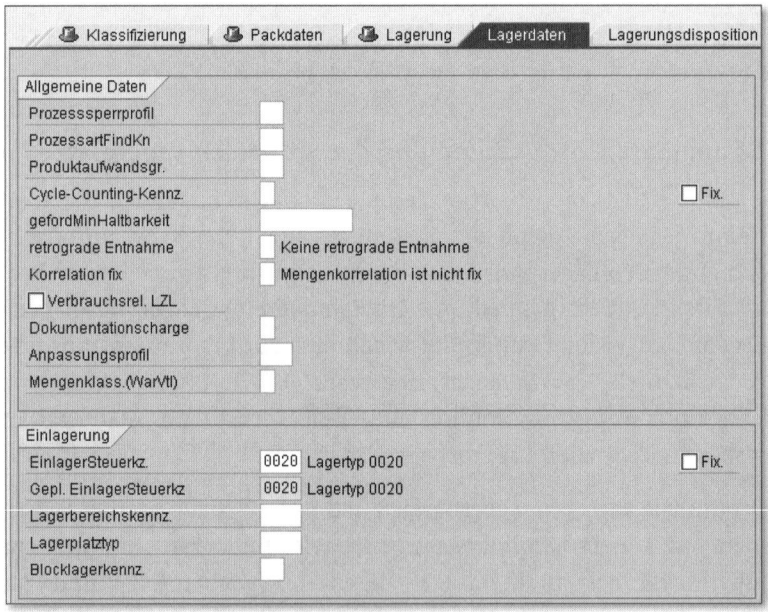

Abbildung 10.28 Einlagerungssteuerkennzeichen im SAP EWM-Produktstamm zuweisen

Wenn Sie sich anschließend das Lagertypdatenbild für den optimalen Lagertyp ansehen, sind dort das Lagerbereichskennzeichen (anhand dessen die Lagerbereichsreihenfolge bestimmt wird) und der optimale Lagerplatztyp (der auch zur Bestimmung der alternativen Lagerplatztypen genutzt wird) zugewiesen.

Im Beispiel in Abbildung 10.29 ist das Lagerbereichskennzeichen FAST zugewiesen (die Lagerbereichsreihenfolge ist weiter vorne in Abbildung 10.26 zu sehen). In diesem Fall wurde durch die Lagerungsdisposition ermittelt, dass das Material derzeit ein Schnelldreher ist und deshalb zur optimalen Lagerung in Bereich 0001 gelagert werden muss. Bereich 0001 ist somit der optimale Bereich. Im Beispiel ist der Lagerplatztyp B001 der optimale Lagerplatztyp zur Lagerung des Materials in diesem Lagertyp. (Die alternativen Lagerplatztypen werden wie in Abbildung 10.27 angegeben.)

Abbildung 10.29 Lagerbereichskennzeichen und des Lagerplatztyp im Produktstamm zuweisen

10.2.3 Lager-Reorganisation ausführen

Um die Lager-Reorganisation im Vordergrund auszuführen, können Sie im SAP Easy Access Menü EXTENDED WAREHOUSE MANAGEMENT • ARBEITSVORBEREITUNG • LAGER-REORGANISATION wählen oder die Transaktion /SCWM/REAR verwenden. Eine Ausführung im Hintergrund ist ebenfalls möglich (es steht eine spezielle Hintergrundversion des Programms zur Verfügung, die über die Transaktion /SCWM/REAR_BATCH aufgerufen werden kann). In der Vordergrundtransaktion können Sie die vorgeschlagene Reorganisation überprüfen, indem Sie die verschiedenen Sichten zur Analyse der Situation im Lager heranziehen. Sie können die Analyse nach Lagerplatztyp, Lagerbereich oder Kombination von Lagerplatztyp und Lagerbereich vornehmen (siehe Abbildung 10.30).

In der Transaktion können Sie außerdem auf der Registerkarte LEERPLÄTZE sehen, wie viele Lagerplätze jedes Typs in den verschiedenen Kombinationen von Lagertyp und Lagerplatztyp vorhanden sind. Mithilfe dieser Sicht können Sie ermitteln, ob es möglich ist, ein Material an einen günstigeren Platz umzulagern, oder ob keine Lagerplätze des betreffenden Typs und Bereichs verfügbar sind.

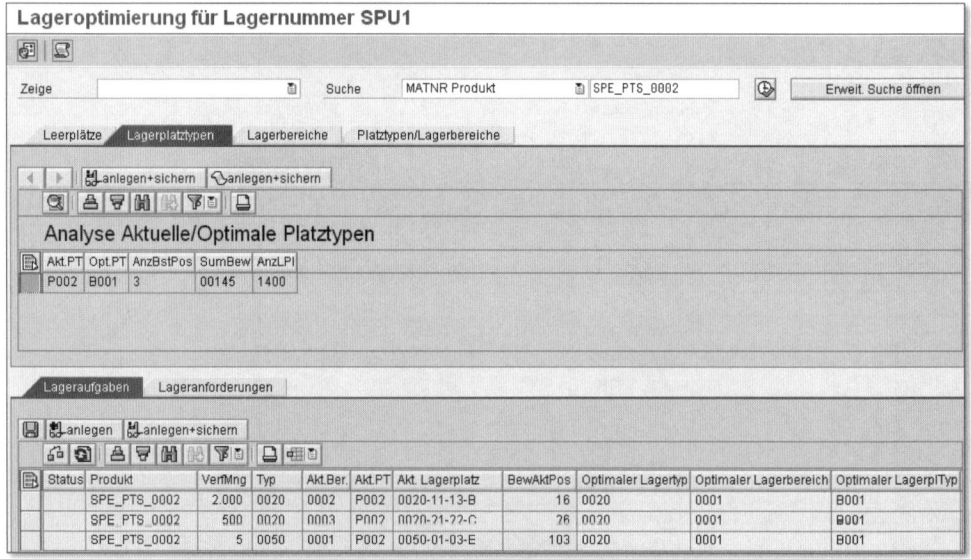

Abbildung 10.30   Lagerplatztypsicht für die Lager-Reorganisation

Im Beispiel in Abbildung 10.30 sehen Sie auf der Registerkarte LAGERPLATZ-TYPEN einen Eintrag für den aktuellen Lagerplatztyp P002. Darüber hinaus sehen Sie, dass der optimale Lagerplatztyp für dieses Material B001 ist und dass sich drei Artikel an suboptimalen Lagerorten befinden.

Wenn Sie den Eintrag markieren und die Schaltfläche DETAILS anklicken, werden in der unteren Bildhälfte Informationen zur Anlage der Lageraufgabe angezeigt. Hier sehen Sie die einzelnen Mengen an ihren aktuellen Lagerplätzen. Für jeden Lagerplatz wurden Bewertungspunkte berechnet.

Das Material an 0020-11-13-E zum Beispiel befindet sich im optimalen Lagertyp 0020 und erhält dafür keine Strafpunkte, da es sich aber in Bereich 0003 befindet, erhält es 20 Punkte. Da es sich zudem im suboptimalen Lagerplatztyp P002 im Lagertyp 0020 befindet, kommen sechs Punkte hinzu. Die Gesamtzahl der Strafpunkte beträgt somit 26.

In der Liste der vorgeschlagenen Aufgaben können Sie nun anhand der berechneten Bewertungspunkte bestimmen, welche Bewegungen am besten dazu geeignet sind, die Platzierung der Produkte dem optimalen Lagerkonzept anzunähern. Im Beispiel ist eine Bewegung des Produkts an Lagerplatz 0050-01-03-E am wichtigsten, da dieses die meisten Bewertungspunkte aufweist.

Alternativ können die vorgeschlagenen Bewegungen auch auf der Registerkarte LAGERBEREICH bewertet werden, die Zusammenfassung erfolgt jedoch nach dem aktuellen Lagerbereich in dieser Sicht (siehe Abbildung 10.31). Die Bewertungspunkte sind identisch. In dieser Sicht ist der Bereich der erste Wert in der Spalte, und der in Klammern angegebene Wert in derselben Spalte ist der Lagertyp, in dem sich das Produkt befindet.

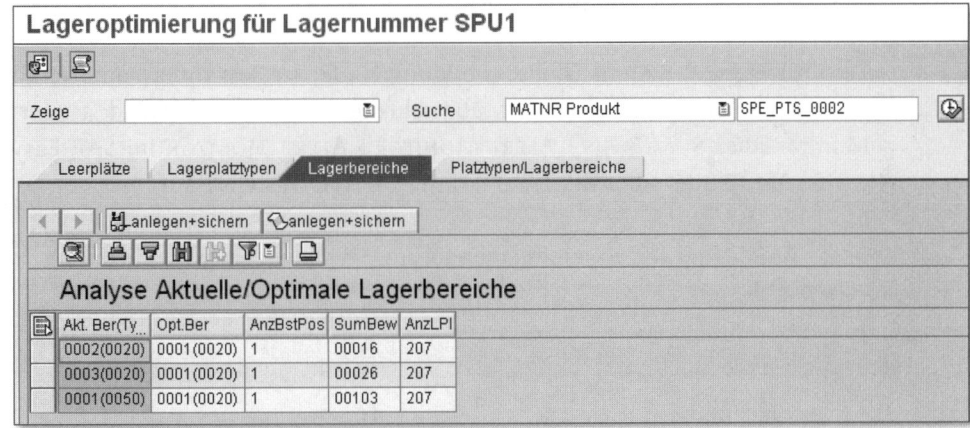

Abbildung 10.31 Lagerbereichssicht für die Lager-Reorganisation

10.2.4 Alerts für die Lager-Reorganisation

Eine Lager-Reorganisation kann vor allem dann wichtig sein, wenn die Kapazitätsauslastung in einem bestimmten Bereich zu hoch ist. Zur Überwachung des Lagers und Erkennung von Reorganisationsmöglichkeiten entsprechend der Kapazitätsauslastung können Sie *Alerts* für die Bestandssituation im Lager anlegen.

Um die Schwellenwerte für die Alerts festzulegen, wählen Sie im EWM-Customizing den Menüpfad EXTENDED WAREHOUSE MANAGEMENT • LAGERINTERNE PROZESSE • LAGEROPTIMIERUNG • SCHWELLENWERTE FÜR BESTANDSSITUATION DEFINIEREN. Sie können zum Beispiel wie in Abbildung 10.32 einen unteren und einen oberen Schwellenwert sowie eine Alert-Priorität für die betreffenden Schwellenwerte festlegen.

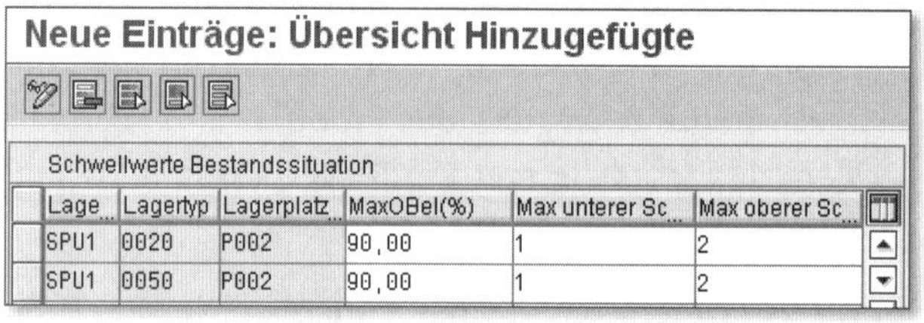

Neue Einträge: Übersicht Hinzugefügte

Schwellwerte Bestandssituation

Lage	Lagertyp	Lagerplatz	MaxOBel(%)	Max unterer Sc	Max oberer Sc	
SPU1	0020	P002	90,00	1	2	
SPU1	0050	P002	90,00	1	2	

Abbildung 10.32 Schwellenwerte für Bestandssituation

Nachdem Sie die Schwellenwerte und Alert-Prioritäten angegeben haben, können Sie mit der Transaktion /SCWM/WM_ANA die Bestandssituation bewerten und die Alerts auslösen. Sie können auch einen Job einplanen (Bericht /SCWM/RWM_ANALYSIS), um in regelmäßigen Abständen die Kriterien auszuwerten und Alerts auszulösen.

Zum Anzeigen der Alerts (siehe Abbildung 10.33, wo sowohl ein unterer als auch ein oberer Schwellenwert überschritten wird) rufen Sie den Alert Monitor über SCM-BASIS • ALERT MONITOR • ALERT MONITOR im SAP Easy Access Menü oder über die Transaktion /SAPAPO/AMON1 auf.

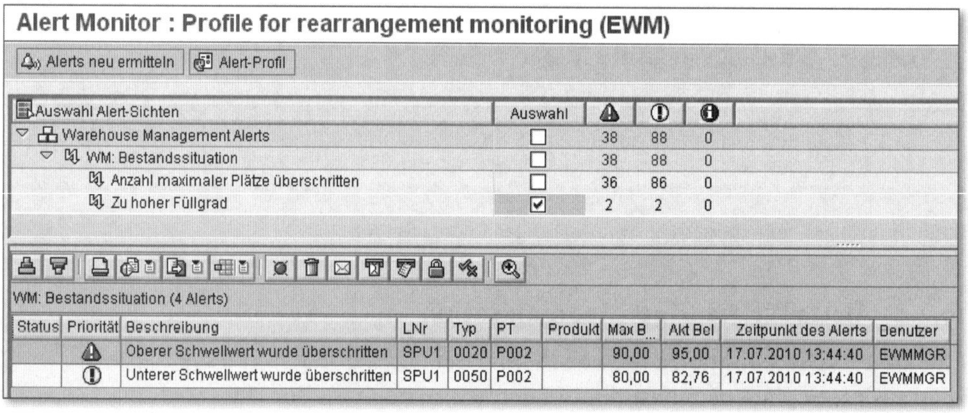

Alert Monitor : Profile for rearrangement monitoring (EWM)

Alerts neu ermitteln | Alert-Profil

Auswahl Alert-Sichten	Auswahl	⚠	①	❶	
▽ Warehouse Management Alerts	☐	38	88	0	
▽ WM: Bestandssituation	☐	38	88	0	
Anzahl maximaler Plätze überschritten	☐	36	86	0	
Zu hoher Füllgrad	☑	2	2	0	

WM: Bestandssituation (4 Alerts)

Status	Priorität	Beschreibung	LNr	Typ	PT	Produkt	Max B	Akt Bel	Zeitpunkt des Alerts	Benutzer
	⚠	Oberer Schwellwert wurde überschritten	SPU1	0020	P002		90,00	95,00	17.07.2010 13:44:40	EWMMGR
	①	Unterer Schwellwert wurde überschritten	SPU1	0050	P002		80,00	82,76	17.07.2010 13:44:40	EWMMGR

Abbildung 10.33 SAP EWM-Alerts zur Bestandssituation – Maximalbestand zu hoch

Sie können die Bestandssituation auch daraufhin analysieren, ob die maximale Anzahl von belegten Lagerplätzen überschritten wurde (siehe Abbildung 10.34). In diesem Fall wurden Alerts ausgelöst, weil das Produkt zu viele Plätze eines bestimmten Lagerplatztyps belegt. Das Produkt SPE_SFS_0021 zum Beispiel belegt vier Lagerplätze des Typs P002, und die festgelegte obere Maximalzahl von belegten Plätzen des Lagerplatztyps P002 beträgt 2. Deshalb wird ein Alert mit Priorität 1 (rot) ausgelöst. Das Produkt SPE_PTS_0002 belegt nur zwei Lagerplätze, aber die untere Maximalzahl ist ein Lagerplatz des Typs P002, deshalb wird ein Alert mit Priorität 2 generiert.

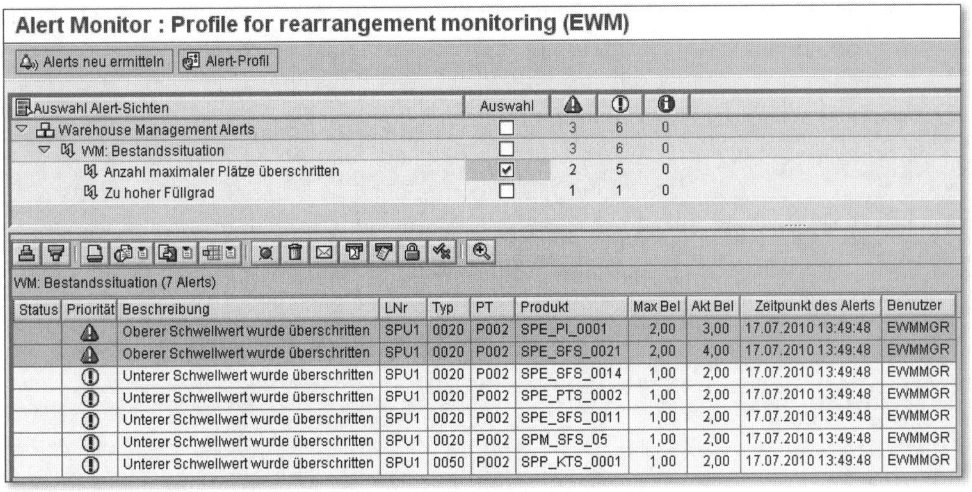

Alert Monitor : Profile for rearrangement monitoring (EWM)

Auswahl Alert-Sichten	Auswahl	⚠	ⓘ	ⓘ
▽ Warehouse Management Alerts	☐	3	6	0
▽ WM: Bestandssituation	☐	3	6	0
Anzahl maximaler Plätze überschritten	☑	2	5	0
Zu hoher Füllgrad	☐	1	1	0

WM: Bestandssituation (7 Alerts)

Status	Priorität	Beschreibung	LNr	Typ	PT	Produkt	Max Bel	Akt Bel	Zeitpunkt des Alerts	Benutzer
	⚠	Oberer Schwellwert wurde überschritten	SPU1	0020	P002	SPE_PI_0001	2,00	3,00	17.07.2010 13:49:48	EWMMGR
	⚠	Oberer Schwellwert wurde überschritten	SPU1	0020	P002	SPE_SFS_0021	2,00	4,00	17.07.2010 13:49:48	EWMMGR
	ⓘ	Unterer Schwellwert wurde überschritten	SPU1	0020	P002	SPE_SFS_0014	1,00	2,00	17.07.2010 13:49:48	EWMMGR
	ⓘ	Unterer Schwellwert wurde überschritten	SPU1	0020	P002	SPE_PTS_0002	1,00	2,00	17.07.2010 13:49:48	EWMMGR
	ⓘ	Unterer Schwellwert wurde überschritten	SPU1	0020	P002	SPE_SFS_0011	1,00	2,00	17.07.2010 13:49:48	EWMMGR
	ⓘ	Unterer Schwellwert wurde überschritten	SPU1	0020	P002	SPM_SFS_05	1,00	2,00	17.07.2010 13:49:48	EWMMGR
	ⓘ	Unterer Schwellwert wurde überschritten	SPU1	0050	P002	SPP_KTS_0001	1,00	2,00	17.07.2010 13:49:48	EWMMGR

Abbildung 10.34 SAP EWM-Alerts zur Bestandssituation – Maximalzahl von Lagerplätzen überschritten

10.3 Ad-hoc-Bewegungen im Lager

Eine *Ad-hoc-Bewegung* ist die Umlagerung eines Produkts oder einer Handling Unit (HU) von einem Lagerplatz zum anderen. EWM bietet für diese Art von Lagerbewegungen zwei Haupttransaktionen. Beide können im SAP Easy Access Menü über folgenden Pfad aufgerufen werden: EXTENDED WAREHOUSE MANAGEMENT • ARBEITSVORBEREITUNG • LAGERAUFGABE OHNE REFERENZ ANLEGEN. Wenn eine einzelne Menge eines Produkts bewegt werden soll, wählen Sie anschließend PRODUKT BEWEGEN (oder verwenden die Transaktion /SCWM/ADPROD), wenn eine HU mit ihrem gesamten Inhalt bewegt werden soll, wählen Sie HANDLING UNIT BEWEGEN (oder verwenden die Transaktion /SCWM/ADHU).

In Abbildung 10.35 ist die Formularsicht der Transaktion /SCWM/ADHU dargestellt. Um eine HU zu bewegen, müssen Sie lediglich die betreffende HU, den Nach-Lagerplatz und die Lagerprozessart (in diesem Fall 9999) angeben. Lagertyp und -bereich können automatisch anhand des Nach-Lagerplatzes bestimmt werden, deshalb müssen Sie diese nicht selbst eingeben. Danach wählen Sie einfach die Schaltfläche ANLEGEN (so erhalten Sie eine Vorschau, um die Angaben vor dem Sichern noch einmal zu überprüfen) oder die Schaltfläche ANLEGEN + SICHERN.

Sofern die sofortige Bestätigung für die angegebene Lagerprozessart zulässig ist, können Sie die Lageraufgabe sofort über das Kennzeichen BESTÄTIGEN bestätigen.

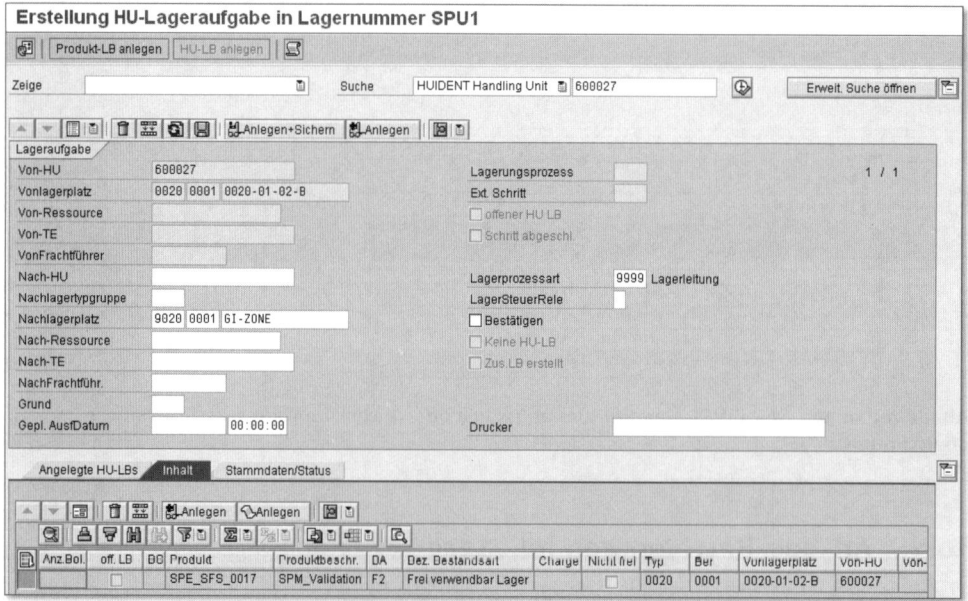

Abbildung 10.35 Ad-hoc-Bewegungen für eine Handling Unit

10.3.1 Ad-hoc-Lageraufgaben via RF anlegen und ausführen

Sie können Ad-hoc-Lageraufgaben auch über *RF-Geräte* anlegen und bestätigen. Wie in Abbildung 10.36 zu sehen ist, bewegt der Lagerarbeiter 4 ST von Produkt SPE_SFS_0001 von Lagerplatz 0020-10-01-A zu Lagerplatz GI-ZONE. Wenn Sie das ausgelieferte Standard-Menü für die mobile Dateneingabe verwenden, folgen Sie zum Aufrufen der Transaktion für Ad-hoc-Bewegungen dem Menüpfad 05 INTERNE PROZESSE • 02 ADHOC LB ERSTELLUNG • 05

ADHOC PRODUKT LB ERSTELLEN U. QUITTIE. Um die Lageraufgabe anzulegen, geben Sie im Von-Lagerplatzbild den Von-Lagerplatz und das Produkt und anschließend die Menge und den Nach-Lagerplatz ein. Wenn Sie eine HU-Nummer am Nach-Lagerplatz angeben möchten, geben Sie die Nach-HU ein, ansonsten lassen Sie das Feld leer (sofern der Lagertyp dies zulässt). Nachdem Sie die Angaben im letzten Bild überprüft und ← gedrückt haben, wird die Lageraufgabe gesichert. Wenn die Lagerprozessart die sofortige Bestätigung erlaubt und vorschlägt, wird die Lageraufgabe sofort angelegt und bestätigt. Ziehen Sie deshalb in Betracht, zur Verwendung in der Lager-RF-Transaktion eine Prozessart anzulegen, die eine sofortige Bestätigung zulässt und vorschlägt.

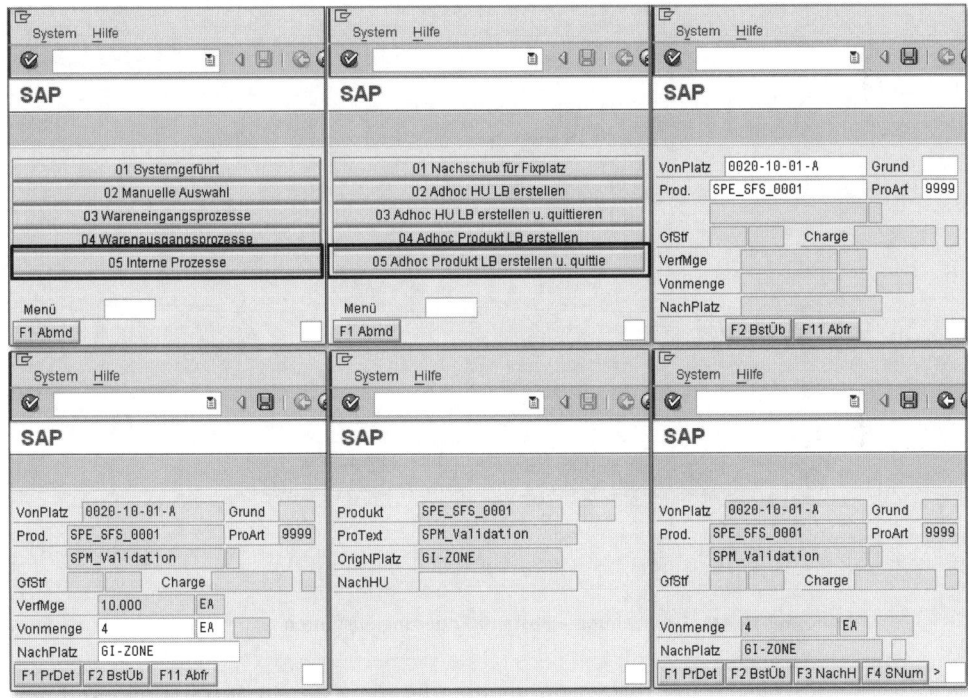

Abbildung 10.36 Ad-hoc-Produktlageraufgabe in RF anlegen und bestätigen

10.4 Umbuchungen

Umbuchungen können von SAP ERP veranlasst oder innerhalb von EWM eingeleitet werden. Wenn Umbuchungen über SAP ERP veranlasst werden, wird in SAP ERP ein Umbuchungsbeleg angelegt und als Umbuchungsanforderung an EWM übertragen. Die Umbuchung im Lager wird aus der Umbuchungsanforderung generiert, wenn diese aktiviert wird. Die Lageraufgaben werden dann mit Referenz auf die Umbuchungen generiert. Die Lageraufgaben zur Ausführung der Umbuchung können dann entsprechend der betreffenden Konfiguration automatisch von EWM über das *Post Processing Framework* (PPF) angelegt werden.

Umbuchungen können auch direkt in EWM generiert werden (siehe Abbildung 10.37). Gehen Sie dazu im SAP Easy Access Menü über den Menüpfad EXTENDED WAREHOUSE MANAGEMENT • ARBEITSVORBEREITUNG • PRODUKT UMBUCHEN, oder wählen Sie die Transaktion /SCWM/POST.

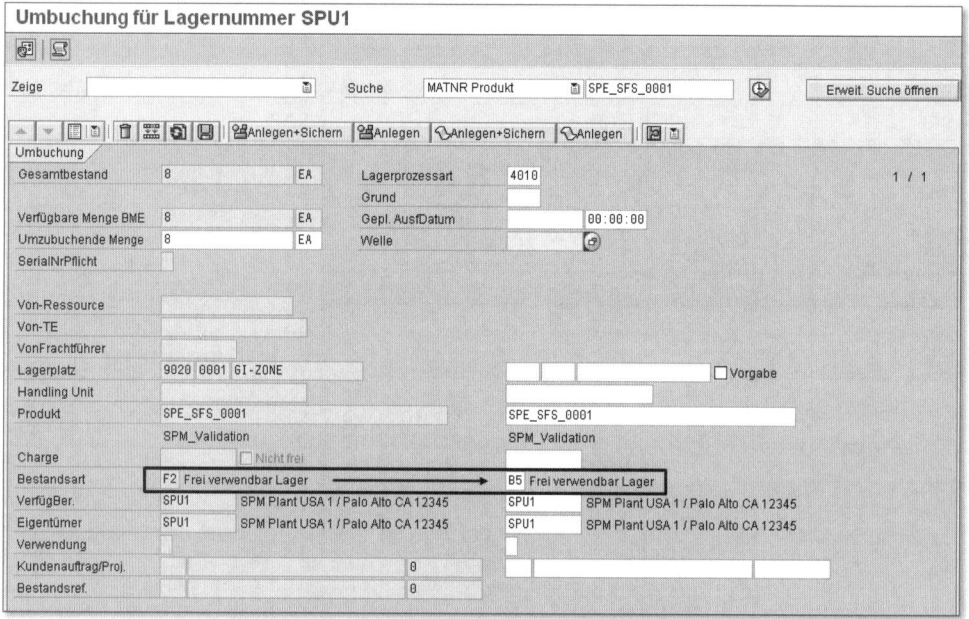

Abbildung 10.37 Umbuchung – Bestandsänderung ausführen

Beim Anlegen der EWM-Umbuchung können Sie ein Material anhand verschiedener Kriterien wie Materialnummer, Lagerplatz, HU oder Eigentümer auswählen. Danach geben Sie eine Prozessart und ein Attribut ein, das für dieses Material geändert werden soll. Im gezeigten Beispiel wird das Produkt von frei verwendbarem Bestand (Bestandsart F2) in gesperrten Bestand (Bestandsart B5) umgebucht. Weitere Informationen zu Bestandsarten in EWM finden Sie in Kapitel 6, »Lieferabwicklung«.

Beim Anlegen der Umbuchung können Sie entscheiden, ob die Umbuchung sofort angelegt werden soll oder ob zunächst eine Lageranforderung angelegt werden soll, aus der im Folgenden eine Umbuchung erzeugt werden kann.

10.5 Inventur

Unabhängig davon, ob es (wie in vielen Ländern) gesetzlich vorgeschrieben ist oder nur eine Best Practice darstellt, ist die *Inventur* bei jeder Lagerverwaltungslösung eine absolute Notwendigkeit. Indem es mehrere Methoden für die Inventur bietet, unterstützt SAP EWM Sie bei der effizienten Untersuchung der Bestandssituation in Ihrem Lager und hilft Ihnen, Bestandsverluste zu reduzieren.

Dieser Abschnitt gibt Ihnen eine Übersicht über die EWM-Funktionen für die Inventur. Wir beleuchten die wichtigsten Objekte, die von den Inventurfunktionen verwendet werden, die unterstützten Inventurverfahren und die Integration in das Ressourcenmanagement.

Wir befassen wir uns sowohl mit der lagerplatzbezogenen Inventur als auch mit der produktbezogenen Inventur. Bei der lagerplatzbezogenen Inventur sollen alle Produkte und HUs an einer bestimmten Position im Lager gezählt werden. In diesem Fall liefert das System einen Inventurbeleg für die Zählung in dem Bereich (zum Beispiel einen ganzen Lagertyp oder separate Lagerplätze in verschiedenen Lagertypen). Der Benutzer zählt dann alle Produkte in den betreffenden Bereichen. Dieses Zählverfahren kann zum Beispiel bei der Jahresinventur angewendet werden, um sicherzustellen, dass alle Lagerplätze gezählt werden (wie häufig jährlich, ist per Gesetz vorgeschrieben).

Die produktbezogene Inventur richtet sich ausschließlich nach dem zu zählenden Produkt und kann einen oder mehrere Einzellagerplätze oder HUs im Lager umfassen. Dieses Verfahren dient dazu, dem Benutzer Einblick in den aktuellen Lagerbestand eines bestimmten Produkts zu geben, und wird zum Beispiel häufig bei Produkten von höherem Wert angewendet.

Außerdem kann eine Inventur für bestimmte Bestandskategorien durchgeführt werden, zum Beispiel gesperrten Bestand, Qualitätsprüfbestand oder normalen Bestand zur freien Verwendung.

10.5.1 Konfiguration für die Inventur

Da EWM unter Verwendung verschiedener Lagernummern mehrere physische Läger verwalten kann, gibt es spezifische Inventureinstellungen auf Lagernummernebene (siehe Abbildung 10.38). Zum Aufrufen der lagerspezifischen Einstellungen wählen Sie im EWM-Customizing EXTENDED WAREHOUSE MANAGEMENT • LAGERINTERNE PROZESSE • INVENTUR • LAGERNUMMERSPEZIFISCHE EINSTELLUNGEN • INVENTURSPEZIFISCHE EINSTELLUNGEN IM LAGER FESTLEGEN.

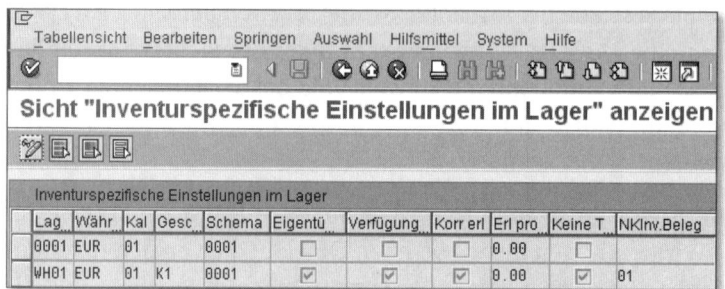

Abbildung 10.38 Inventureinstellungen auf Lagernummernebene

In den Inventureinstellungen auf Lagernummernebene können Sie unter anderem die folgenden Festlegungen treffen:

▸ **Fabrikkalender**
Der Fabrikkalender dient dazu, zwischen Werktagen und Nicht-Werktagen zu unterscheiden. Beim Cycle-Counting müssen die Intervalle in Werktagen berechnet werden, um den Termin für die nächste Zählung zu bestimmen.

▸ **Währung**
Die Währung wird bei der Berechnung des Produktwerts verwendet. Die Produktwerte werden bei der Toleranzprüfung im Rahmen der Inventur und der Ausbuchung genutzt und können auch herangezogen werden, um die für die Zählung relevanten Artikel zu bestimmen. Zum Übertragen der Produktwerte aus SAP ERP an EWM wählen Sie im SAP Easy Access Menü EXTENDED WAREHOUSE MANAGEMENT • INVENTUR • PERIODISCHE ARBEITEN • PREISE AUS ERP ERMITTELN UND SETZEN oder verwenden die Transaktion /SCWM/VALUATION_SET. Die Werte werden im EWM-System gespeichert, deshalb muss bei einer Änderung der Preise in SAP ERP die Aktualisierung der Werte in EWM erneut von Hand ausgelöst werden.

▶ **Geschäftsjahresvariante**
Über die Geschäftsjahreszuordnung können Sie bestimmte Geschäftsjahresvarianten verwenden, die sich aufgrund gesetzlicher Regelungen oder Unternehmensvorgaben ändern können. Zum Pflegen der Geschäftsjahresvarianten (siehe Abbildung 10.39) wählen Sie im EWM-Customizing ADVANCED PLANNING AND OPTIMIZATION • SUPPLY-CHAIN-PLANUNG • DEMAND PLANNING (DP) • GRUNDEINSTELLUNGEN • GESCHÄFTSJAHRESVARIANTEN PFLEGEN.

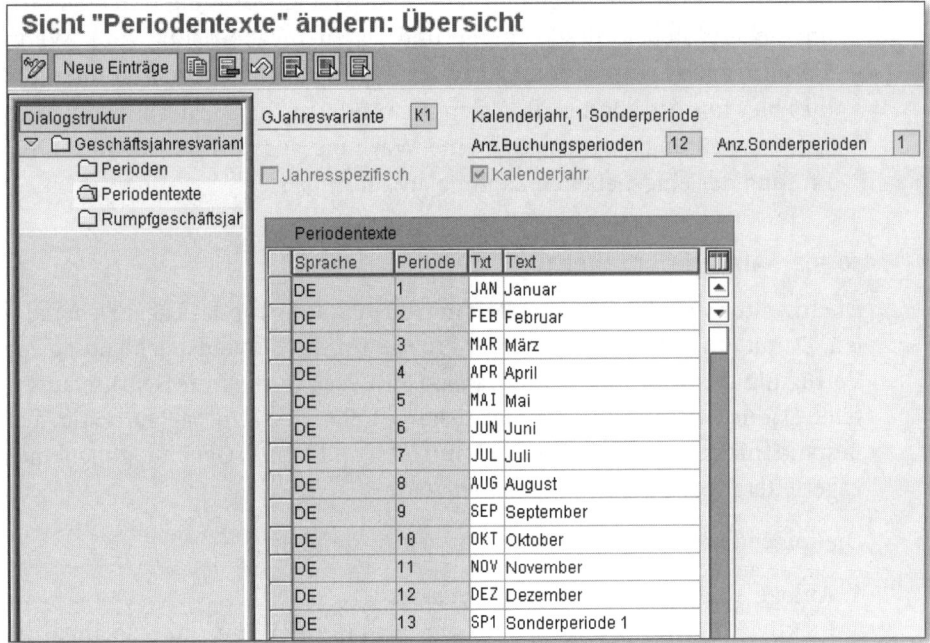

Abbildung 10.39 Geschäftsjahresvarianten definieren

▶ **Schema**
▶ Das Schema ist das Bedingungsschema für das Drucken (siehe auch Abschnitt 12.5, »Post Processing Framework und Formulardruck«), sofern Sie für die Inventur nicht die Option für die mobile Dateneingabe verwenden (siehe auch Abschnitt 11.2, »Radio-Frequency-Framework«).

▶ **Eigentümer/Verfügungsberechtigter**
Wenn diese Parameter ausgewählt werden, schlägt EWM anhand der Vorschlagswerte des Lagers einen Eigentümer und einen Verfügungsberechtigten vor.

▸ **Korrektur erlaubt**

Wenn dieses Kennzeichen ausgewählt ist, können Sie den Difference Analyzer verwenden, um einen Inventurbeleg zu korrigieren, für den bereits
eine Inventurzählung eingegeben wurde. Der Difference Analyzer dient
zur Verwaltung der Differenzen, die im Lager (während der Inventur oder
anderer Prozesse) festgestellt werden, und zur Übertragung der resultierenden Änderungen der Bestandssituation an SAP ERP.

▸ **Erlaubte prozentuale Differenz und Keine Toleranzprüfung**

Bei der Eingabe der Zähldaten wird eine Toleranzprüfung durchgeführt,
um sicherzustellen, dass Zählung und Dateneingabe richtig sind. Wenn
Sie eine zulässige prozentuale Änderung angeben möchten, können Sie
dies hier tun. Sie können die Toleranzprüfung auch ganz deaktivieren. Die
Toleranzprüfung gibt lediglich eine Warnung aus, um den Benutzer zur
Prüfung der eingegebenen Zählung aufzufordern.

10.5.2 Ablauf der Inventur

Die Inventur soll eine korrekte Bestandsbuchhaltung für das Lager sicherstel-
len. Damit ein stabiler und sicherer Prozess für die Bestandsbuchhaltung zur
Verfügung steht, ist der Inventurablauf in EWM in mehrere Schritte aufge-
teilt. Dadurch wird zum Beispiel sichergestellt, dass ein Lagerarbeiter den
Bestand nicht ohne zusätzliche Kontrolle und ohne Genehmigung eines
Lagerleiters verringern oder erhöhen kann.

Die folgenden Schritte sind für die Inventur definiert:

1. **Anlage eines inaktiven Inventurbelegs**
   Inaktive Inventurbelege dienen zur Planung der Inventur. Solange die
   Belege nicht aktiviert sind, kann die Bestandszählung nicht durchgeführt
   werden, die inaktiven Belege können jedoch zum Beispiel zur Planung des
   Arbeitsaufwands verwendet werden.

2. **Aktivierung der Inventurbelege**
   Mit der Aktivierung der Inventurbelege beginnt die eigentliche Ausführung der Zählung. Dabei legt EWM automatisch Lageraufträge für die
   Inventurzählung an, die zur Ausführung auf den mobilen Geräten verwendet werden können.

3. **Zählung und Nachzählung**
   Nachdem die Belege angelegt und aktiviert wurden, muss der Benutzer im
   Lager den Bestand zählen. Das Zählergebnis wird im jeweiligen Beleg gesichert, und wenn es genehmigt wird, wird der Bestand des Lagerplatzes
   automatisch aktualisiert. Falls eine Nachzählung ausgelöst wird, wird ein

neuer Inventurbeleg angelegt, und der Benutzer muss den Lagerplatz oder das Produkt erneut zählen.

4. Bestandsbuchung bei Bestandsdifferenzen

Nach Abschluss der Zählung (und gegebenenfalls der Nachzählung) wird der Inventurbeleg fertiggestellt bzw. gebucht, und das Zählergebnis wird gebucht. Differenzen zwischen den gezählten Mengen und den Buchmengen werden in einen Differenzbereich gebucht und sind im Difference Analyzer sichtbar.

Wenn alle Schritte der Inventur erfolgreich ausgeführt wurden, enthält der Inventurbeleg Details zur Zählung, unter anderem das Zählergebnis, Differenzmengen, Zähldatum und Zähler.

In EWM sind verschiedene Inventurverfahren möglich, und für jedes werden die Inventurbelege auf andere Weise angelegt. Die verschiedenen Verfahren werden weiter unten in diesem Kapitel erläutert. Zunächst jedoch beschreiben wir die Inventurobjekte und ihre Verwendung bei der Abwicklung der Inventur.

10.5.3 Inventurobjekte

EWM bietet spezielle *Inventurobjekte* zur Unterstützung des Inventurprozesses: den Inventurbeleg, Inventurbereiche und den Difference Analyzer. In den folgenden Abschnitten werden diese Objekte und ihre Attribute genauer beschrieben.

Inventurbeleg

Am Anfang des Inventurprozesses steht immer die Anlage eines *Inventurbelegs*. Dieser Beleg steht für die zu zählenden Artikel, und der gesamte weitere Prozess wird in diesem Objekt dokumentiert. Der Inventurbeleg bildet somit die Grundlage für die Ausführung der Zählaktivitäten im Lager. Da er als wichtiges Anleitungsobjekt für den Mitarbeiter dient, der die Zählung ausführt, enthält der Beleg alle Informationen zu der Zählung, unter anderem das geplante Zähldatum, das Inventurverfahren (zum Beispiel Ad-hoc- oder Cycle-Counting), den Grund für die Zählung und ihre Priorität, das zu zählende Produkt und seine Lagerplatzposition, den Status des Belegs und die Angabe, ob der Lagerplatz während der Inventur gesperrt werden muss.

Abbildung 10.40 zeigt die möglichen Status des Inventurbelegs und die Stellen im Prozess, an denen Toleranzprüfungen vorgenommen werden können.

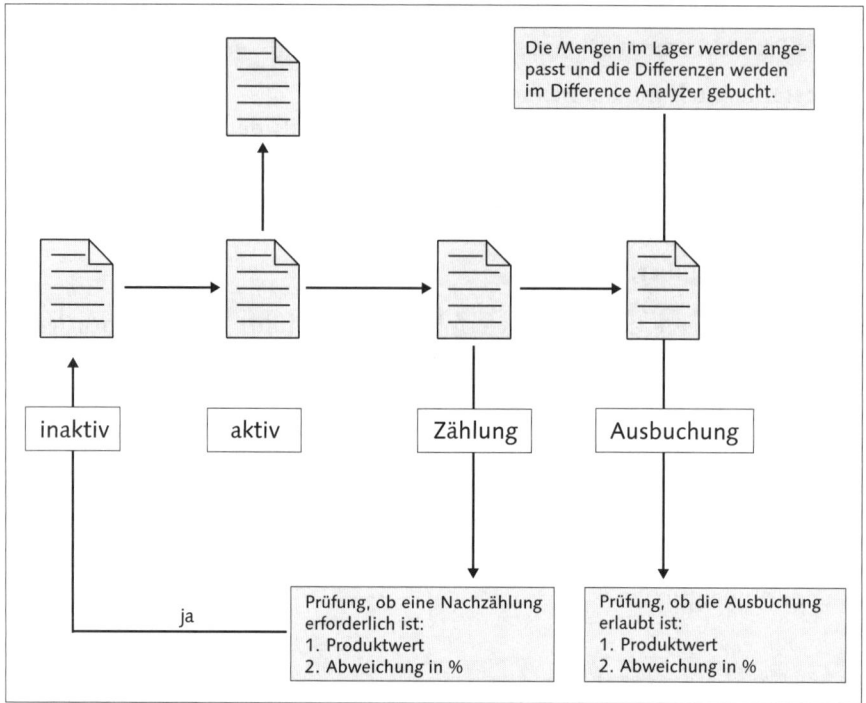

Die Mengen im Lager werden angepasst und die Differenzen werden
im Difference Analyzer gebucht.

inaktiv   aktiv   Zählung   Ausbuchung

ja

Prüfung, ob eine Nachzählung
erforderlich ist:
1. Produktwert
2. Abweichung in %

Prüfung, ob die Ausbuchung
erlaubt ist:
1. Produktwert
2. Abweichung in %

Abbildung 10.40 Prozessübersicht des Inventurbelegs

Toleranzprüfungen

Eine typische Unternehmensvorgabe bei der Inventur sind *Toleranzprüfungen* an bestimmten Stellen im Prozess. Insbesondere bei der Zählung hochwertiger Produkte empfiehlt es sich, die Zählergebnisse und die abschließenden Buchungen, die die Bestandssituation im Lagerverwaltungssystem aktualisieren, vor Ausführung zu prüfen. Deshalb unterstützt SAP EWM die Zuordnung von Toleranzgruppen zu einzelnen Benutzern. Die Toleranzgruppen können bei der Eingabe des Zählergebnisses und bei der Buchung (mit der die Systemmengen angepasst werden) verwendet werden.

Die Toleranzprüfungen erfolgen ohne jegliche Benutzerinteraktion im Hintergrund und können eine Prüfung sowohl des Produktwerts als auch der Abweichung der Zählung von der Buchmenge (in Prozent) umfassen. Die Toleranzprüfungen werden auf der Grundlage von Toleranzgruppen durchgeführt (mit denen sich die verschiedenen Toleranzen effizienter verwalten lassen). Die Toleranzgruppen können den folgenden Prozessen zugeordnet werden:

▶ Toleranzgruppen für Difference Analyzer

▶ Toleranzgruppen für Ausbuchen

▶ Toleranzgruppen für Nachzählen

Zum Verwalten der Toleranzgruppen wählen Sie im EWM-Customizing den Menüpfad EXTENDED WAREHOUSE MANAGEMENT • LAGERINTERNE PROZESSE • INVENTUR • LAGERNUMMERSPEZIFISCHE EINSTELLUNGEN • INVENTURSPEZIFISCHE EINSTELLUNGEN IM LAGER FESTLEGEN • TOLERANZGRUPPEN DEFINIEREN. In den untergeordneten Ordnern können Sie die verschiedenen oben genannten Toleranzgruppen pflegen. In Abbildung 10.41 sehen Sie zum Beispiel die Toleranzgruppen für das Ausbuchen.

Sicht "Definition der Toleranzgruppe Ausbuchen" ändern: Über

Neue Einträge

Definition der Toleranzgruppe Ausbuchen

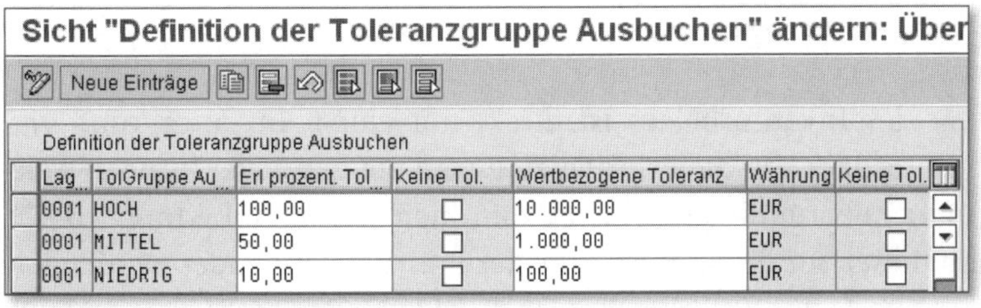

Lag	TolGruppe Au	Erl prozent. Tol	Keine Tol.	Wertbezogene Toleranz	Währung	Keine Tol.
0001	HOCH	100,00	☐	10.000,00	EUR	☐
0001	MITTEL	50,00	☐	1.000,00	EUR	☐
0001	NIEDRIG	10,00	☐	100,00	EUR	☐

Abbildung 10.41 Konfiguration von Toleranzgruppen für das Ausbuchen

Durch die Toleranzen können Sie etwa die sofortige Anlage eines Neuzählungsbelegs bei Eingabe der Zählergebnisse auslösen und dadurch eine unmittelbare Bestandsanpassung verhindern, wenn die Zähldifferenz zu groß ist. Der Bestand kann dann erst nach der Bestätigung der Nachzählung angepasst werden.

Inventurbeleg anlegen

EWM unterstützt die manuelle und die automatische Anlage von Inventuranforderungen (inaktiven Inventurbelegen) sowie die manuelle und die automatische Anlage von ausführbaren (aktiven) Inventurbelegen, bezogen entweder auf das Produkt oder auf den Lagerplatz. Abbildung 10.42 zeigt ein Beispiel für die Anlage eines Inventurbelegs. Zum Anlegen des Inventurbelegs wählen Sie im SAP Easy Access Menü EXTENDED WAREHOUSE MANAGEMENT • INVENTUR • INVENTURBELEG ANLEGEN oder verwenden die Transaktion /SCWM/PI_CREATE.

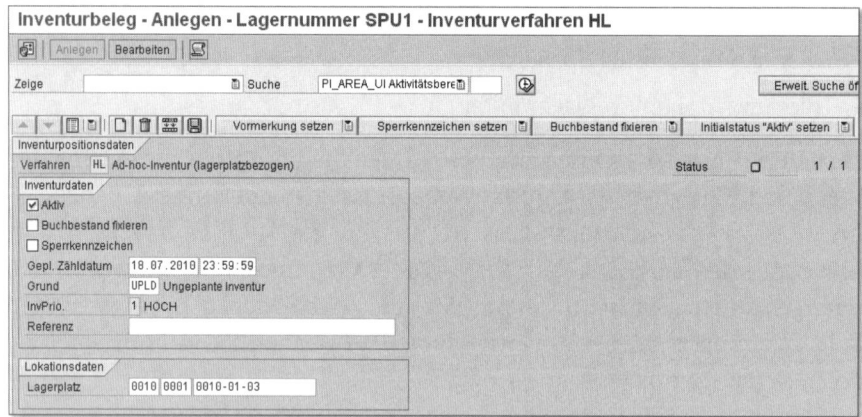

Abbildung 10.42 Inventurbeleg anlegen

Die Priorität des Inventurbelegs ist direkt mit einem Inventurgrund verknüpft. Somit ordnen Sie die Priorität zu, wenn Sie den Inventurbeleg anlegen und einen Begründungsschlüssel zuordnen (siehe Abbildung 10.42). Häufig kann dieser zur direkten Angabe der Priorität verwendet werden. Sie können die Gründe und Prioritäten unabhängig voneinander je nach Aktivität konfigurieren. Zum Konfigurieren der Gründe und Prioritäten (siehe Abbildung 10.43) wählen Sie im EWM-Customizing EXTENDED WAREHOUSE MANAGEMENT • LAGERINTERNE PROZESSE • INVENTUR • GRUND UND PRIORITÄT.

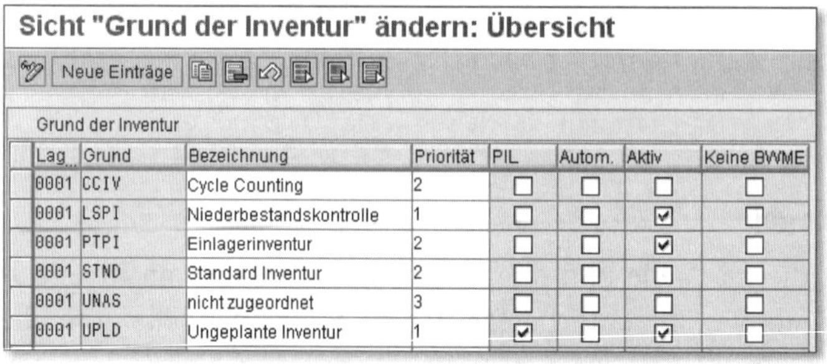

Sicht "Grund der Inventur" ändern: Übersicht

Grund der Inventur

Lag	Grund	Bezeichnung	Priorität	PIL	Autom.	Aktiv	Keine BWME
0001	CCIV	Cycle Counting	2	☐	☐	☐	☐
0001	LSPI	Niederbestandskontrolle	1	☐	☐	☑	☐
0001	PTPI	Einlagerinventur	2	☐	☐	☑	☐
0001	STND	Standard Inventur	2	☐	☐	☐	☐
0001	UNAS	nicht zugeordnet	3	☐	☐	☐	☐
0001	UPLD	Ungeplante Inventur	1	☑	☐	☑	☐

Abbildung 10.43 Gründe für die Inventur einstellen

Für die Priorität sind nur die Ziffern von 1 bis 9 zulässig. Zusätzlich können Sie dem Begründungsschlüssel weitere Attribute zuordnen, etwa zur sofortigen Aktivierung der Anforderung, durch die automatisch die Anlage eines ausführbaren Inventurbelegs ausgelöst wird.

Sie können die verschiedenen Inventurgründe den verfügbaren Inventurverfahren zuordnen. Abhängig vom Inventurverfahren können Sie den Grund ändern, um das Verhalten des Inventurprozesses zu ändern. Zum Zuordnen der Gründe zu den verschiedenen Inventurprozessen wählen Sie im EWM-Customizing EXTENDED WAREHOUSE MANAGEMENT • LAGERINTERNE PROZESSE • INVENTUR • GRUND UND PRIORITÄT • STANDARDGRUND PRO INVENTURVERFAHREN FESTLEGEN (siehe Abbildung 10.44).

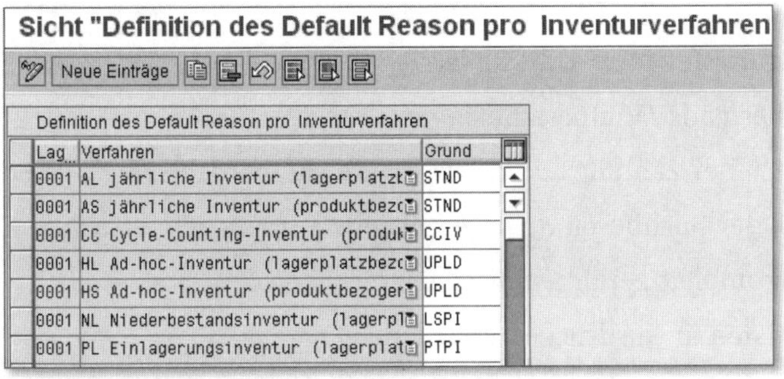

Abbildung 10.44 Gründe je Inventurverfahren definieren

Die Inventurbearbeitungstransaktion gibt Ihnen Einblick in alle bearbeiteten Inventurbelege – unabhängig von deren Status. Zum Bearbeiten der Inventurbelege (siehe Abbildung 10.45) wählen Sie im SAP Easy Access Menü EXTENDED WAREHOUSE MANAGEMENT • INVENTUR • INVENTURBELEG BEARBEITEN oder verwenden die Transaktion /SCWM/PI_PROCESS. In der Abbildung sehen Sie die verschiedenen Bearbeitungsstatus, die der Inventurbeleg annimmt, wenn er gezählt und gebucht wird.

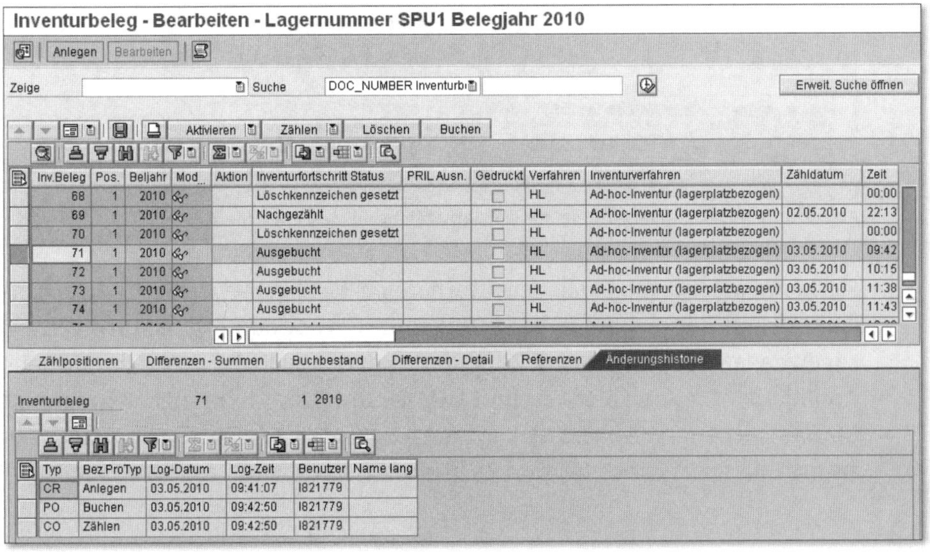

Abbildung 10.45 Inventurbelege bearbeiten

Inventurbereich

Mithilfe von *Inventurbereichen* können Sie das Lager gemäß den Inventuranforderungen in verschiedene Lagerplatzgruppen einteilen. Bei der Definition der Inventurbereiche können Sie verschiedene Attribute zuordnen, unter anderem:

- ▸ ob eine Einlagerungsinventur zulässig ist
- ▸ ob eine Niederbestands-/Nullbestandsinventur zulässig ist
- ▸ ob der Beleg nach der Zählung automatisch gebucht werden soll
- ▸ ob im Ausdruck der Buchbestand vorgeschlagen werden soll
- ▸ ob eine HU als komplett gezählt werden darf
- ▸ ob die Produktdaten in Ausdrucken erscheinen
- ▸ den Schwellenwert für Niederbestandsinventur oder -kontrolle

Nach ihrer Anlage werden die Inventurbereiche einem Aktivitätsbereich zugeordnet. Die Lagerplatzsortierung erfolgt nach der Methode, die in Kapitel 3, »Organisationsstruktur in SAP EWM und SAP ERP«, für die Aktivität INVE beschrieben ist. Zum Zuordnen eines Aktivitätsbereichs zu einem Inventurbereich (siehe Abbildung 10.46) wählen Sie im EWM-Customizing Extended Warehouse Management • Lagerinterne Prozesse • Inventur • Lagernummerspezifische Einstellungen • Inventurbereich zum Aktivitätsbereich zuordnen.

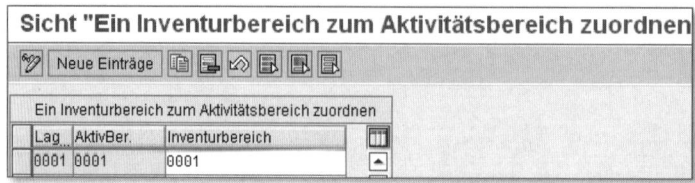

Abbildung 10.46 Inventurbereiche zu Aktivitätsbereichen zuordnen

Sie können auch für jeden Inventurbereich festlegen, welche Inventurverfahren (zum Beispiel permanente Inventur, Cycle-Counting, Jahresinventur) angewendet werden können. Zum Festlegen der zulässigen Verfahren (siehe Abbildung 10.47) wählen Sie im EWM-Customizing Extended Warehouse Management • Lagerinterne Prozesse • Inventur • Inventurbereichsspezifische Einstellungen • Inventurbereich festlegen.

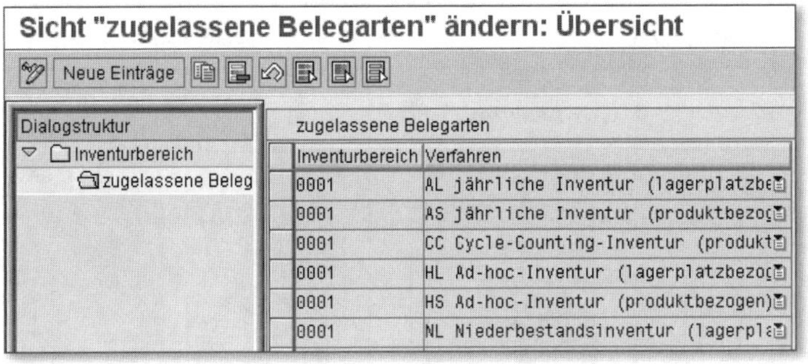

Abbildung 10.47 Zulässige Inventurverfahren je Bereich

Difference Analyzer

Der *Difference Analyzer* ist ein Tool, mit dem Sie im Lager aufgetretene Differenzen analysieren können, bevor diese in das SAP ERP-System gebucht werden (wo sie auch zu Anpassungen in Finanzbuchhaltung und Controlling führen würden). Durch eine Überprüfung der Abweichungen, die zum Beispiel bei der Kommissionierung oder der Inventur festgestellt wurden, können Sie leichter den Grund der Differenzen im Lager ermitteln und die Bestandssituation im SAP ERP-System abstimmen. Sie kann sogar helfen, Abstimmungsdifferenzen zu erkennen und Ausbuchungen an SAP ERP zu verhindern. Wenn Sie Ausbuchungen an SAP ERP vornehmen, werden die summierten Differenzen als Bestandsdifferenzen in den entsprechenden SAP ERP-Lagerort gebucht, und es werden Materialbelege in SAP ERP angelegt (die wie üblich u. a. in der Transaktion MB51 angezeigt werden). Dadurch werden schließlich auch Finanzbelege gebucht. In Abbildung 10.48 sind die Interaktionen zwischen EWM bzw. SAP ERP und dem Difference Analyzer dargestellt.

Die aufgetretenen Differenzen können im Difference Analyzer auf Einzelebene oder kumulativ angezeigt werden. Die Einzelebenensicht hängt von dem Geschäftsprozess ab, in dem bei einem einzelnen Produkt eine Abweichung festgestellt wurde. Deshalb ist eine Verknüpfung zum betreffenden Beleg vorhanden, zum Beispiel zur Kommissionieraufgabe oder zum Inventurbeleg. Die kumulative Anzeige zeigt die Produktmengen, bei denen Abweichungen aufgetreten sind, und stellt diese in einer Übersicht dar. Hierbei besteht keine Verknüpfung mit dem Geschäftsprozess, der die Abweichungen ausgelöst hat. Die Bestandsdifferenzübersicht wird im Difference Analyzer als Bestandsinformation angezeigt, die mit dem SAP ERP-System synchronisiert werden muss. In Abbildung 10.49 sehen Sie die im Difference Analyzer angezeigten Einzelebenendifferenzen.

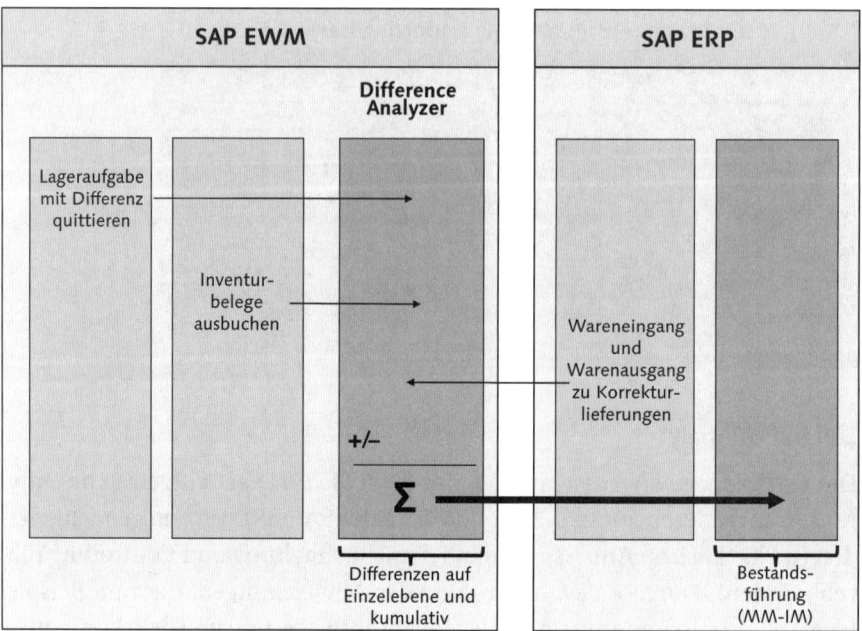

Abbildung 10.48 Verwendung des Difference Analyzers bei der Inventur

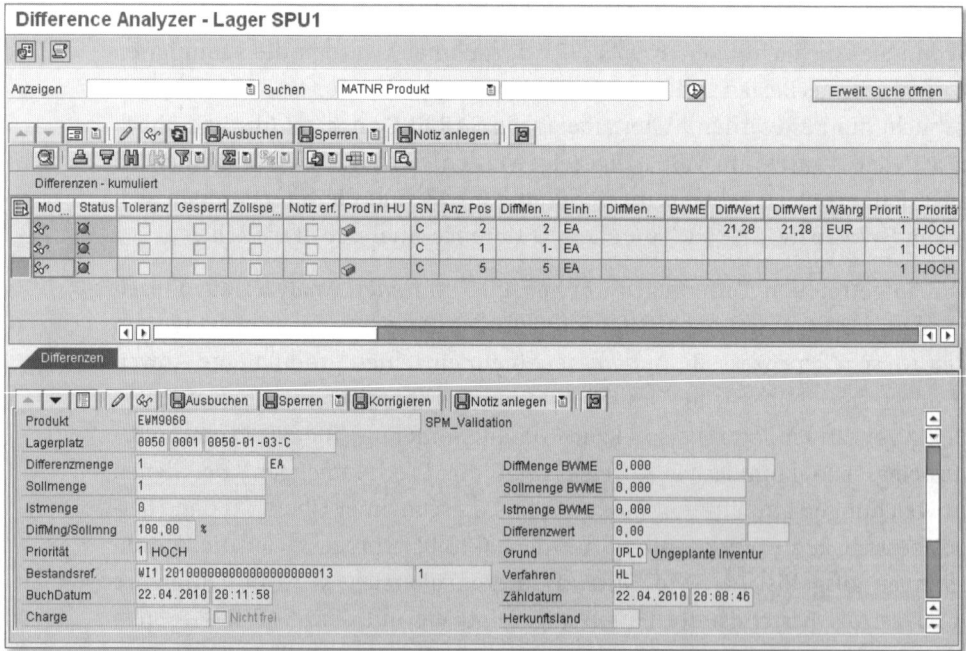

Abbildung 10.49 Anzeige von Differenzen im Difference Analyzer

Zum Starten des Difference Analyzers wählen Sie im SAP Easy Access Menü EXTENDED WAREHOUSE MANAGEMENT • INVENTUR • DIFFERENCE ANALYZER oder verwenden die Transaktion /SCWM/DIFF_ANALYZER.

Bei Ausbuchungen aus dem Difference Analyzer werden Toleranzprüfungen ausgeführt, um zu verhindern, dass Benutzer nicht autorisierte Bestandsbuchungen an SAP ERP vornehmen. Um Benutzer den Toleranzgruppen für den Difference Analyzer zuzuweisen, wählen Sie im SAP Easy Access Menü EXTENDED WAREHOUSE MANAGEMENT • EINSTELLUNGEN • INVENTUR • BENUTZER ZU TOLERANZGRUPPE FÜR DIFFERENCE ANALYZER ZUORDNEN oder verwenden den Transaktionscode /SCWM/PI_USER_DIFF.

Abbildung 10.50 zeigt die Einbindung des Difference Analyzers in den Ablauf der Inventur.

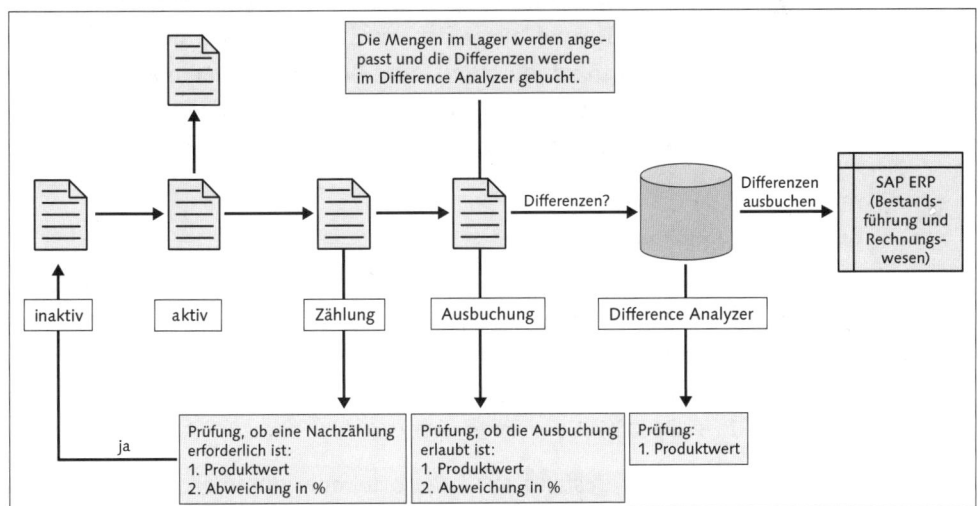

Abbildung 10.50 Verwendung des Difference Analyzers im Inventurprozess

Inventur mit externen Systemen

Sie können die Inventurzählung auch unter Verwendung eines externen Systems vornehmen. Hierfür bietet EWM Transaktionen zum Hochladen (Transaktion /SCWM/PI_UPLOAD) und zum Herunterladen (Transaktion /SCWM/PI_DOWNLOAD) von Lagerplatz- und Zähldaten.

EWM bietet derzeit keine Funktionen für die Stichprobeninventur. Falls Sie dieses Inventurverfahren einsetzen möchten, müssen Sie ein Fremdsystem verwenden, um die zu zählenden Lagerplätze zu bestimmen. Bei der Stichprobeninventur ermittelt das System die zu zählenden Lagerplätze anhand einer Formel, weshalb Sie gegebenenfalls die Lagerplatz- und Bestandsdaten mit der oben genannten Transaktion herunterladen müssen. Anschließend können Sie mit dem externen System die Stichprobe bestimmen und die Stichprobeninventur in EWM ausführen.

Außerdem können Sie zusätzliche Logik in EWM entwickeln und die verfügbaren BAPIs zum Anlegen, Löschen, Zählen oder Buchen der Inventurbelege verwenden:

- /SCWM/BAPI_PI_DOCUMENT_CREATE
- /SCWM/BAPI_PI_DOCUMENT_DELETE
- /SCWM/BAPI_PI_DOCUMENT_COUNT
- /SCWM/BAPI_PI_DOCUMENT_POST

Diese Funktionen können zum Beispiel genutzt werden, wenn die Zählung automatisch im Hintergrund ausgelöst werden soll, etwa bei Feststellung einer Leerpalette oder in Sonderfällen, zum Beispiel wenn ein Materialflusssystem eingesetzt wird und dieses einen Leerplatz bestimmen soll, wenn ein Benutzer eine leere Palette oder einen leeren Karton auf das Förderband legt.

Bestandsabgleich mit SAP ERP

Wenn es zwischen SAP ERP und EWM zu Bestandswidersprüchen kommt, können Sie diese identifizieren und korrigieren, indem Sie im SAP Easy Access Menü EXTENDED WAREHOUSE MANAGEMENT • INVENTUR • PERIODISCHE ARBEITEN • BESTANDSABGLEICH ERP wählen oder indem Sie die Transaktion /SCWM/ERP_STOCKCHECK verwenden.

In SAP ERP wird der Bestand auf Lagerortebene kumuliert. Da EWM den Bestand in detaillierterer Weise verfolgt, geht die Transaktion davon aus, dass der EWM-Bestand korrekt ist, und passt die Bestandssituation in SAP ERP entsprechend den EWM-Bestandsdaten an.

Automatisches Ausbuchen

Zum Ausbuchen an SAP ERP wählen Sie im SAP Easy Access Menü EXTENDED WAREHOUSE MANAGEMENT • INVENTUR • PERIODISCHE ARBEITEN • DIFFERENZEN AN DAS ERP-SYSTEM AUSBUCHEN oder verwenden die Transaktion /SCWM /WM_ADJUST. Sie können auch einplanen, dass der Korrespondenzbericht automatisch die Ausbuchung an das SAP ERP-System vornimmt. Sie können diesen Bericht zum Beispiel bei Differenzen von geringem Wert heranziehen, um die Verwaltungsgemeinkosten bei den Inventurprozessen zu verringern. Um sicherzustellen, dass nur zulässige Differenzen im Hintergrund gebucht werden, muss der Benutzer, der für die Ausführung des Berichts im Hintergrund verwendet wird, der richtigen Toleranzgruppe zugeordnet sein, sodass nur Differenzen bis zur zulässigen Toleranz automatisch gebucht werden.

10.5.4 Unterstützte Inventurverfahren

Damit die Anforderungen verschiedener Geschäftsprozesse an die Lagerinventur erfüllt werden können, bietet EWM mehrere *Inventurverfahren*. Im Folgenden werden die unterstützen Verfahren genauer erläutert.

Ad-hoc-Inventur

Die Ad-hoc-Inventur dient dazu, zu einem beliebigen Zeitpunkt im Geschäftsjahr die Zählung eines Lagerplatzes oder Produkts durchzuführen. Die Anlage von Ad-hoc-Inventurbelegen wird in der Regel manuell ausgelöst. Es ist auch möglich, die Anlage mit einem Ausnahmecode zu verknüpfen. Wenn zum Beispiel ein Mitarbeiter bei der Kommissionierung eine Bestandsdifferenz feststellt und die Lageraufgabe unter Verwendung eines Ausnahmecodes bestätigt, kann dieser Code mit der sofortigen Anlage eines ungeplanten Inventurbelegs verknüpft sein.

Jährliche Inventur

Zweck der *jährlichen Inventur* ist die Zählung und Erfassung aller Bestände innerhalb eines bestimmten Zeitraums, normalerweise einmal pro Jahr. Während der jährlichen Inventur können Sie Bestandsbewegungen verbieten. In der Regel wird die Inventur für jeden Lagerplatz im Lager durchgeführt, und sie kann auch für Lagerplätze durchgeführt werden, die zwar der permanenten Inventur unterliegen, bei denen es jedoch im laufenden Geschäftsjahr keine Bestandsbewegungen gegeben hat.

Niederbestandskontrolle (lagerplatzbezogen)

Die *Niederbestandskontrolle* ist ein Verfahren, das bei der Bestätigung einer Lageraufgabe durchgeführt werden kann. Es wird angewendet, wenn ein Lagerplatz nach einer Bestandsentnahme nur noch eine geringe Produktmenge enthält. Normalerweise kann der Kommissionierer den Bestand schnell ermitteln, und Sie sparen die Zeit ein, die sonst benötigt würde, um zusätzlich einen Zähler zum Lagerplatz zu schicken, der die Zählung überprüft. Die Niederbestandszählung soll die Verfügbarkeit von Bestand überprüfen, was vor allem dann sehr wichtig ist, wenn die Bestände niedrig sind. So können Sie hohe Service-Level für Ihre Kunden sicherstellen.

Bei der Bestätigung einer Lageraufgabe generiert SAP EWM automatisch im Hintergrund einen Inventurbeleg. Der Niederbestandswert (oder »Grenzwert«) für die Produktmenge an einem bestimmten Lagerplatz kann frei definiert werden. Eine Variante der Niederbestandskontrolle ist die Nullkontrolle; hier liegt der Grenzwert bei null. Der Zusatznutzen der Nullbestandskontrolle liegt darin, dass der Kommissionierer bestätigt, dass der Lagerplatz leer ist und für eine Einlagerung verwendet werden kann. Davon profitiert der Einlagerer, der sicher sein kann, dass das Produkt in den Lagerplatz passt, wenn er vor Ort die Einlagerungsaufgabe bestätigt.

Einlagerungsinventur

Es kann auch eine Inventur für einen Lagerplatz durchgeführt werden, wenn dort die erste Einlagerung im Geschäftsjahr stattfindet (*Einlagerungsinventur*). Bei der ersten Einlagerung bestätigt der Lagermitarbeiter anschließend, dass der Bestand im Lager der bestätigten Menge in der Lageraufgabe entspricht.

Nach einer erfolgreichen Einlagerungsinventur erfolgt während desselben Geschäftsjahrs keine weitere Inventur für den betreffenden Lagerplatz (auch nicht, wenn eine neue Menge eingegeben oder der Lagerplatz geleert wird).

Cycle-Counting

Das *Cycle-Counting* dient dazu, Produkte in regelmäßigen Abständen im Laufe eines Geschäftsjahrs zu zählen. Zur Unterscheidung der Produkte (zum Beispiel Schnelldreher und Langsamdreher) können Sie auf Basis der Cycle-Counting-Kennzeichen (CC-Kennzeichen) Zählintervalle festlegen. Für jedes CC-Kennzeichen können Sie das Intervall zwischen den Zählungen in Werktagen festlegen. Sie ordnen die Produkte dann im EWM-Produktstamm den verschiedenen CC-Kennzeichen zu. So können Sie zum Beispiel für gängige Produkte oder Schnelldreher in Ihrem Lager häufigere Inventuren einplanen als für Langsamdreher. Hierbei wird der Fabrikkalender benötigt, um die Werktage im Lager zu berechnen (der Kalender wird in den lagerspezifischen Einstellungen der Inventur festgelegt, siehe weiter oben in diesem Kapitel). Zum Konfigurieren der CC-Kennzeichen wählen Sie im EWM-Customizing

EXTENDED WAREHOUSE MANAGEMENT • LAGERINTERNE PROZESSE • INVENTUR •
LAGERNUMMERSPEZIFISCHE EINSTELLUNGEN • CYCLE-COUNTING EINSTELLEN
(siehe Abbildung 10.51).

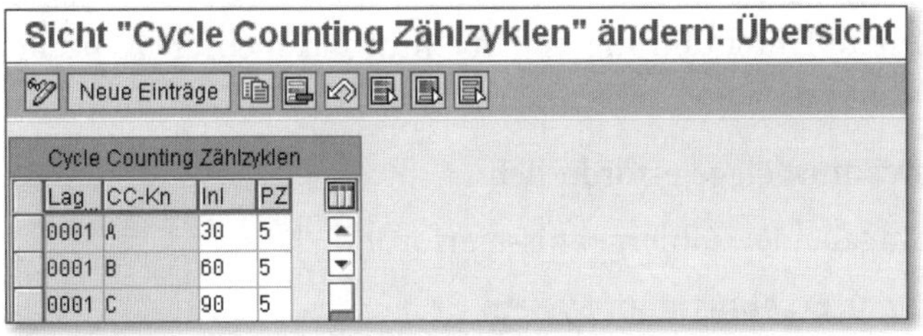

Sicht "Cycle Counting Zählzyklen" ändern: Übersicht

Lag	CC-Kn	Ini	PZ
0001	A	30	5
0001	B	60	5
0001	C	90	5

Abbildung 10.51   Festlegen der Zählzyklen je Cycle-Counting-Kennzeichen

Zum Anlegen der Inventurbelege für das Cycle-Counting können Sie die entsprechende Transaktion mit einer Variante als Hintergrundjob einplanen.
Dadurch reduziert sich der Verwaltungsaufwand beim periodischen Anlegen
der Belege, das üblicherweise täglich oder wöchentlich erfolgt.

Lagerplatzprüfung

Die *Lagerplatzprüfung* ist ein Verfahren, mit dem Sie kontrollieren können,
ob ein Produkt sich tatsächlich am vorgesehenen Lagerplatz befindet, ohne
eine ausführliche Zählung durchzuführen. Die Menge des Produkts am
Lagerplatz spielt in diesem Fall keine Rolle, deshalb ist die Lagerplatzprüfung
eigentlich kein Inventurverfahren, sondern lediglich eine Kontrolle der Pro-
duktposition.

Sie können die Periodizität des Lagerplatzprüfung im Aktivitätsbereich
pflegen sowie im Customizing über die Intervallzuweisung in Werktagen
steuern. Zum Konfigurieren der Periodizität der Lagerplatzprüfung pro
Inventurbereich wählen Sie im EWM-Customizing EXTENDED WAREHOUSE
MANAGEMENT • LAGERINTERNE PROZESSE • INVENTUR • INVENTURBEREICHSSPEZI-
FISCHE EINSTELLUNGEN • PERIODIZITÄT DER LAGERPLATZPRÜFUNG.

Sicht "Lagerplatzprüfung" ändern: Übersicht

Lag	AktivBer.	Int.	PZ
0001	0001	30	5
0001	0010	30	5

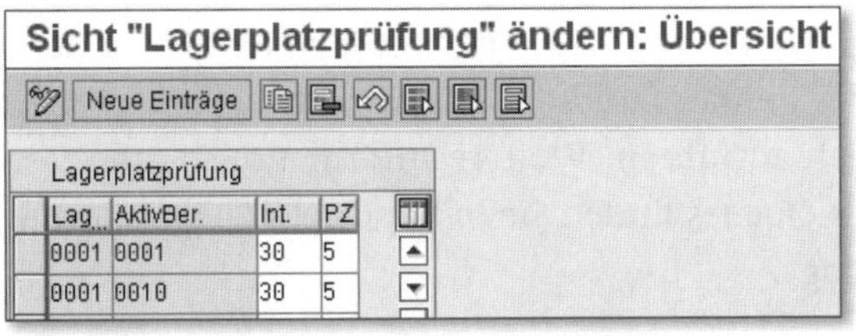

Abbildung 10.52   Pflegen der Periodizität der Lagerplatzprüfung

10.5.5 Integration in das Ressourcenmanagement

Zusätzlich zur papiergestützten Ausführung von Inventurbelegen unterstützt EWM auch die Zählung in einer RF-Umgebung integriert mit dem EWM-Ressourcenmanagement (siehe auch Abschnitt 11.2, »Radio-Frequency-Framework«). Die RF-gestützte Durchführung der Inventur hat mehrere Vorteile, unter anderem:

- kein Druck der Inventurbelege erforderlich
- keine manuelle Eingabe der Zählergebnisse erforderlich
- Echtzeiterfassung der Ergebnisse im System
- korrekte und genaue Datenerfassung (durch Vermeidung der bei manueller Eingabe möglichen Tippfehler)

Sobald ein Inventurbeleg aktiviert wurde, werden die Inventuraufgaben in einem Lagerauftrag gebündelt, dem die Kategorie INVENTUR zugeordnet ist. Dieser Lagerauftrag für die Inventur bildet das ausführbare Arbeitspaket für die Inventurzählung.

In der EWM-RF-Umgebung können Sie wählen, ob Sie die Zählbelege mittels systemgeführter Prozesse oder manuell ausführen. Bei den systemgeführten Prozessen ordnet das System den Lagerauftrag und den Inventurbeleg einem Benutzer zu. Je nachdem, in welchem Bereich des Lagers die Inventur durchzuführen ist, kann das System eine Warteschlange bestimmen. Die automatische Festlegung basiert auf dem Customizing, kann jedoch nachträglich vom Administrator von Hand im Lagermonitor geändert werden. Eine Ressourcengruppe kann einer Warteschlange zugeordnet werden, sodass ein einzelner Mitarbeiter, der der Ressourcengruppe zugeordnet ist, Zählarbeiten über ein Mobilgerät anfordern kann. Die Ressourcengruppe kann der Ressource zugeordnet werden, bei der sich der Benutzer anmeldet, wenn er über die Transaktion /SCWM/RFUI auf die RF-Transaktionen zugreift; Details finden Sie in Abschnitt 11.2, »Radio-Frequency-Framework«)

Wenn Sie die systemgeführte Bearbeitung der Inventurzählung nutzen, sind zusätzliche Einstellungen zur Verwaltung der Queuezuordnung notwendig, ähnlich wie bei anderen Lagerprozessen. So können Sie zum Beispiel anhand der physischen Parameter des Bereichs und der Ressourcen steuern, welche Ressourcen welche Zählungen ausführen. Weitere Informationen zum Verwalten der Arbeitslast mittels Queues finden Sie in Kapitel 11, »Optimierung der Lagerprozessdurchführung«.

Der Lageroperator kann sich, sofern die Berechtigungen dies zulassen, auch für die manuelle Bearbeitung entscheiden, indem er in den RF-Transaktionen einen Lagerauftrag (und dadurch indirekt einen Inventurbeleg) angibt. Abbildung 10.53 zeigt die Grundprozesse zur Anlage und Ausführung von Inventurbelegen in der RF-Umgebung. Beachten Sie, dass der Lagerleiter den Prozess steuern kann, indem er die Arbeitslast für die Ressourcen über den Lagermonitor verwaltet. Hierbei kann er Inventurbelege in den Queues direkt zuordnen, die Zuordnung ändern und die Belege priorisieren.

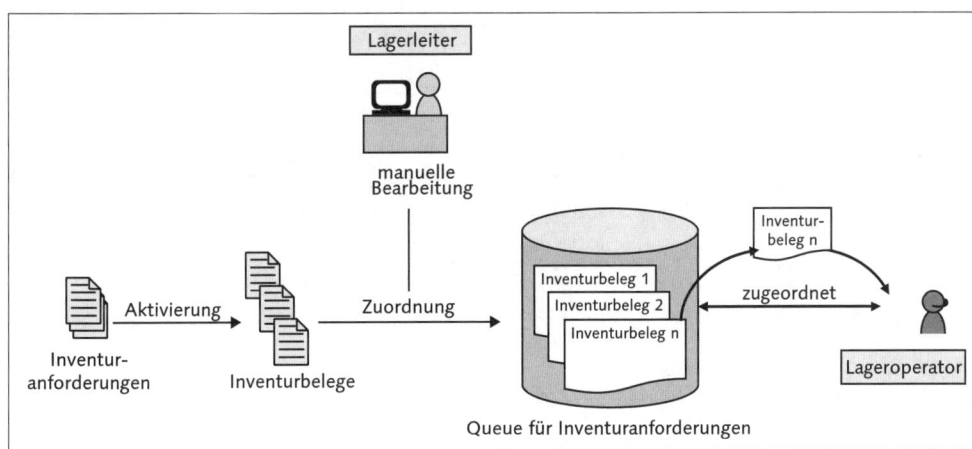

Abbildung 10.53 Inventurprozess mit Integration in das Ressourcenmanagement

Wenn der Mitarbeiter die Inventur mit einem mobilen Gerät ausführt, erfasst EWM automatisch die Zeit und den Zähler des Inventurbelegs. Abbildung 10.54 zeigt ein Beispiel für ein mobiles Dateneingabebild, das auf dem RF-Gerät zur Erfassung der Zählinformationen verwendet werden könnte.

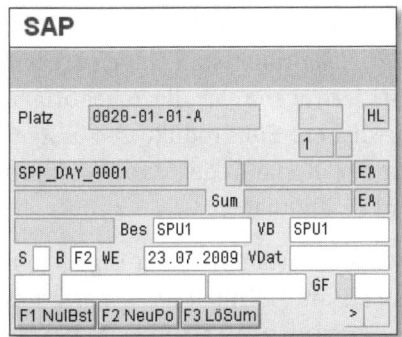

Abbildung 10.54 Inventur mittels mobiler Dateneingabetransaktionen

Wie bei den zusätzlichen mobilen Dateneingabetransaktionen (siehe Kapitel 11) können Bildabfolge, Validierungsfelder und andere Eigenschaften der im RF-Framework ausgeführten Transaktionen konfiguriert werden.

Sobald ein Lagerplatz gezählt wurde, werden die Zähldaten ebenfalls im Lagerplatz gespeichert und können über die Lagerplatz-Anzeigetransaktionen (u. a. /SCWM/LS03) abgerufen werden (siehe Abbildung 10.55).

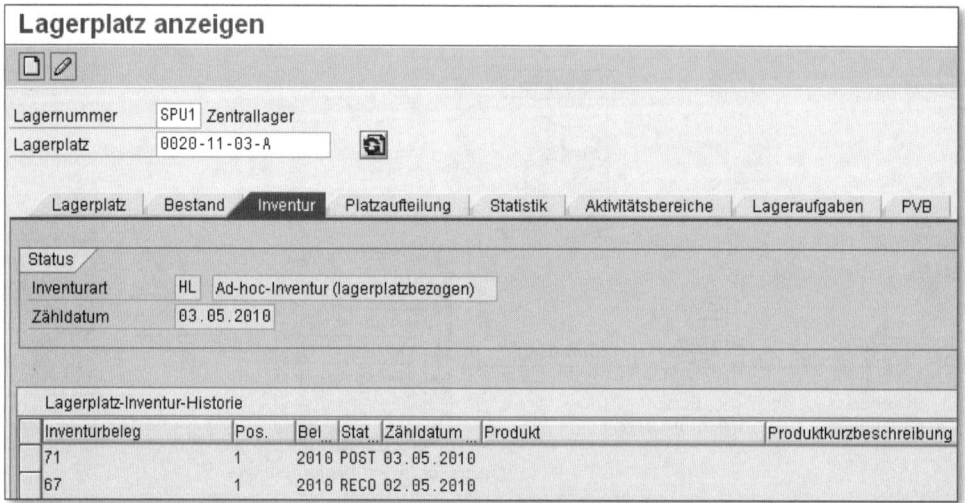

Abbildung 10.55 Inventurdaten in der Lagerplatzanzeige

10.5.6 Überwachung des Inventurfortschritts

Zu wissen, welche Lagerpositionen und Produkte am Ende des Geschäftsjahres immer noch nicht inventarisiert sind, kann sehr wichtig sein, um Maßnahmen zu planen, mit denen ein vollständig inventarisiertes Lager erreicht werden soll. Ein Inventurbereich kann als vollständig inventarisiert gelten, wenn alle Lagerplätze, die diesem Bereich zugeordnet sind, inventarisiert wurden. Ein Lager ist vollständig inventarisiert, wenn Sie alle zugehörigen Inventurbereiche vollständig inventarisiert haben. Ein Produkt ist vollständig inventarisiert, wenn Sie den gesamten Bestand des Produkts pro Geschäftsjahr und Verfügungsberechtigtem gezählt haben.

EWM bietet zur Sicherstellung eines vollständig inventarisierten Lagers den Lagermonitor mit Überwachungsfunktionen. Zum Aufrufen des Lagermonitors wählen Sie im SAP Easy Access Menü EXTENDED WAREHOUSE MANAGEMENT • MONITORING • LAGERVERWALTUNGSMONITOR oder verwenden die Transaktion /SCWM/MON.

Im Lagermonitor sind unter anderem die folgenden Abfragen zum Inventurfortschritt (siehe Abbildung 10.56) verfügbar:

▶ produktbezogene Abfragen

▶ inventurbereichsbezogene Abfragen

▶ auf das Cycle-Counting bezogene Abfragen

Zum Aufrufen der Abfragen im Monitor wählen Sie die Menüpunkte unter dem Ordner im Menüpfad INVENTUR • INVENTURFORTSCHRITT aus.

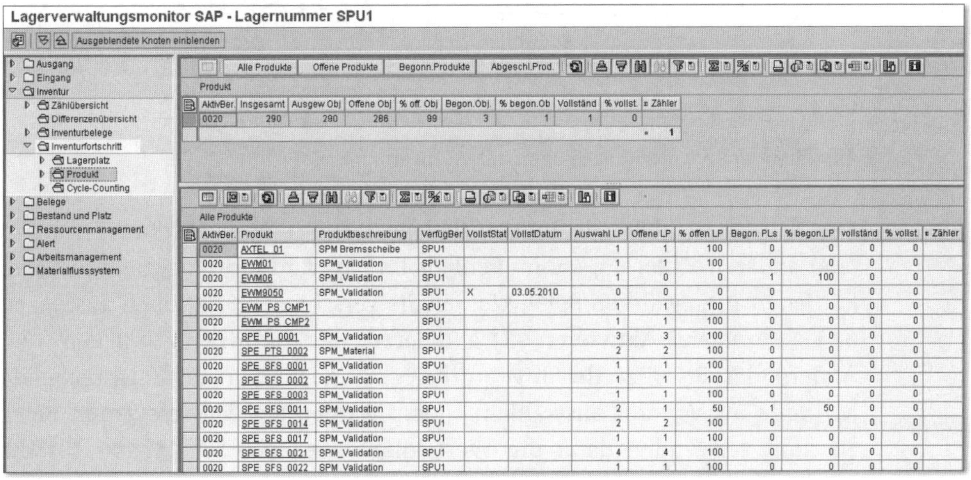

Abbildung 10.56 Inventurfortschrittsberichte im Lagermonitor

Im Lagermonitor können Sie sich den Status eines Inventurbereichs in einer aggregierten Sicht und in einer Detailsicht anzeigen lassen. Die aggregierte Sicht enthält die Gesamtzahl der Positionen im Lagerbereich und die absolute Zahl sowie den prozentualen Anteil der bereits gezählten Positionen und der noch zu zählenden Positionen. In der Detailsicht können Sie ermitteln, welche Lagerplätze noch nicht und welche bereits gezählt wurden, sowie weitere Informationen zu den Lagerplätzen einsehen. Sie können auch direkt die Anlage eines Inventurbelegs auslösen, um die betreffenden Zählungen für einen Lagerbereich vorzunehmen.

Mit weiteren Abfragen im Lagermonitor können Sie sich die Zählübersicht (siehe Abbildung 10.57) und die Differenzübersicht anzeigen lassen. Eine Zusammenfassung aller registrierten Differenzen kann ebenfalls im Lagermonitor abgefragt werden, bezogen auf einen Zeithorizont, den Sie in den Selektionskriterien angeben.

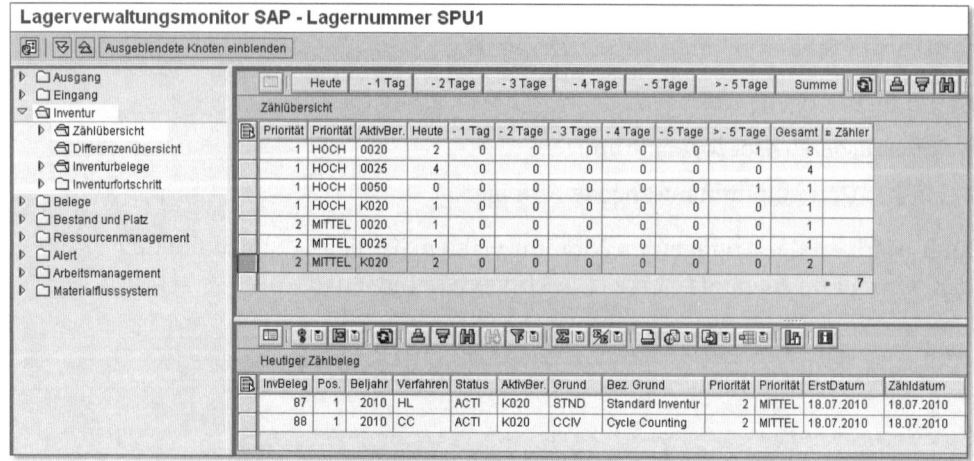

Abbildung 10.57 Inventurzählübersicht im Lagermonitor

Eine Übersicht über alle Inventurbelege, sortiert nach Inventurverfahren oder anderen Kriterien, kann ebenfalls im Lagermonitor angezeigt werden. Für jeden ausgewählten Beleg können Sie verschiedene Aktionen ausführen (u. a. Anzeigen, Aktivieren, Deaktivieren, Neuzuordnen, Drucken und Ändern der Priorität der Inventurbelege), indem Sie die entsprechende Methode im Monitor auswählen. Hierzu wählen Sie den relevanten Beleg aus und verwenden dann die Wertehilfe neben der Schaltfläche für die Methode (siehe Abbildung 10.58).

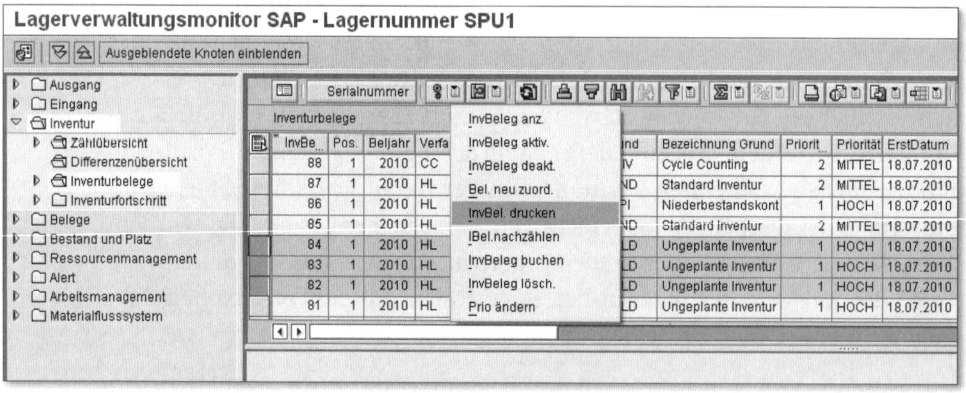

Abbildung 10.58 Inventurbelegübersicht im Lagermonitor

10.6 Zusammenfassung

In diesem Kapitel haben wir uns mit den lagerinternen Prozessen Nachschub, Lager-Reorganisation, Ad-hoc-Bewegungen, Umbuchungen und Inventur befasst. Wir haben uns die verschiedenen Strategien für den Nachschub und die verschiedenen Inventurmethoden im Detail angeschaut. Mit der Lager-Reorganisation können Sie überwachen, ob die Bestände auf ihren optimalen Einlagerplätzen liegen oder ob Verbesserungen vorgenommen werden können.

Sie haben in diesem Kapitel gesehen, wie die lagerinterne Prozesse zur Leistungsfähigkeit, Effizienz und Bestandsgenauigkeit im Lager beitragen können.

Mit einem integrierten Ressourcenmanagement bietet SAP EWM die Möglichkeit, das Lagergeschehen zu optimieren. Mithilfe von Technologien wie RFID, Pick-by-Voice oder durch den Einsatz von mobilen Geräten ist eine zunehmende Automatisierung im Lager möglich.

11 Optimierung der Lagerprozessdurchführung

In diesem Kapitel behandeln wir die Möglichkeiten zur Optimierung und Automatisierung von Prozessen im Lager. Durch eine bessere Ausnutzung von Ressourcen wie zum Beispiel von Lagermitarbeitern oder Gabelstaplern lassen sich Kosten erheblich minimieren.

Der Schwerpunkt dieses Kapitels liegt auf der Automatisierung der Einplanung der Arbeitskraft von Lagermitarbeitern. Die Automatisierung, bei der ein Materialflusssystem den Lagerungsprozess komplett übernimmt, ist Thema von Kapitel 14, »Anbindung einer Materialflusssteuerung«.

Mitarbeiter im Lager interagieren heutzutage meist über mobile Geräte mit dem Lagerverwaltungssystem, um ihre Tätigkeiten auszuführen. Darüber hinaus stehen neue Technologien zur Optimierung von Lagerprozessen zur Verfügung, wie die sprachgesteuerte Systemführung (Pick-by-Voice-Technologie) oder der Einsatz von RFID-Technologie. Wir betrachten in diesem Kapitel zum einen Ansätze zur Verbesserung und Optimierung der Lagerprozesse mithilfe des Ressourcenmanagements von SAP und zum anderen die technischen Möglichkeiten des Systems für die Integration mobiler Geräte mit SAP EWM. Wir erörtern zunächst das in EWM integrierte Ressourcenmanagement, das eine optimierte Steuerung von Mitarbeitern und technischen Ressourcen zur Unterstützung des Lagerprozesses bietet.

Sie erfahren anschließend, wie Sie das Radio-Frequency-Framework einrichten und nutzen können, um durch die Verwendung mobiler RF-Geräte eine schnelle und fehlerfreie Datenkommunikation im Lager sicherzustellen. Weitere Themen dieses Kapitels sind Datenfunk, Pick-by-Voice und RFID. Wir stellen in diesem Zusammenhang die Technologien vor, die Sie nutzen können, um Prozesse unter Verwendung von mobilen Geräten oder mobilen Terminals zu verbessern. Dies sind:

- SAP GUI für GUI-basierte Geräte und Workstations
- SAP Console für textbasierte Geräte
- WebSAPConsole, Web Dynpro Java und SAP ITSmobile für die webbasierte und grafische Darstellung
- Integration von Nicht-SAP-Systemen durch die Nutzung von Schnittstellen wie zum Beispiel Remote Function Call oder Webservices

Darüber hinaus beschreiben wir die Ausnahmebehandlung. Wir zeigen, wie die EWM-Ausnahmebehandlung die Workflow-Integration, die Integration mit SAP Status Management sowie dem SAP Alert Framework sicherstellt, um die Prozesse im Lager transparenter zu gestalten.

11.1 Ressourcenmanagement

In EWM wird die optimierte Ausführung der Lagertätigkeiten durch das *Ressourcenmanagement* sichergestellt: EWM optimiert Arbeitspakete und weist diese automatisch Mitarbeitern zu. Es ist dabei nur für die Ausführung der Lagerprozesse verantwortlich. Das Ressourcenmanagement ist komplett in das EWM-System integriert (im Gegensatz zu SAP Task and Resource Management in SAP ERP, das nachträglich in WM integriert wurde).

In diesem Abschnitt beschreiben wir die unterschiedlichen Objekte des Ressourcenmanagements sowie die notwendigen Konfigurationsschritte im EWM-System. Die von der Arbeitslast abhängige Einsatzplanung der Mitarbeiter und Ressourcen beschreiben wir in Abschnitt 12.3, »Arbeitsmanagement«. Das Bilden von Arbeitspaketen (Lageraufträge) durch das Gruppieren der Lageraufgaben vor der Ausführung stellt die Lagererstellungsregeln sicher, die wir unter anderem in Kapitel 9, »Warenausgangsprozess«, erläutern.

Das Ressourcenmanagement wird vor allem mit mobilen RF-Transaktionen auf mobilen Geräten betrieben. Es ist aber, falls der Prozess es erlaubt, auch möglich, diese mobilen RF-Transaktionen auf normalen PCs zu betreiben. Die RF-Transaktionen des Ressourcenmanagements haben meist nur sehr wenige Felder und ermöglichen damit einen einfachen und schnellen Prozessablauf.

11.1.1 Objekte im Ressourcenmanagement

Das Ressourcenmanagement beinhaltet verschiedene Objekte: unter anderem den *Benutzer*, die *Ressource* und die *Queue*. Für diese Objekte müssen Sie Stammdaten sowie Konfigurationsdaten im System hinterlegen. In diesem Abschnitt beschreiben wir die einzelnen Objekte des Ressourcenmanagements sowie den Zusammenhang zwischen diesen Objekten.

11.1.2 Benutzer

Der *Benutzer* in EWM ist identisch mit dem SAP-Benutzer, der bei der Anmeldung an das SAP-System verwendet wird. Es ist notwendig und sinnvoll, für jeden Benutzer einen einzelnen EWM-Stammsatz zu erstellen, um zusätzliche ressourcenmanagement-spezifische Default-Werte zu hinterlegen. Hierbei werden das Personalisierungsprofil, die Lagernummer sowie der Ressourcenname berücksichtigt. Dieser Stammsatz vereinfacht den Anmeldungsprozess ans Ressourcenmanagement, weil die Daten in den RF-Transaktionen nicht immer wieder neu eingegeben werden müssen. Dies ist vor allem dann von Vorteil, wenn die Transaktionen auf mobilen Geräten ausgeführt werden, denn dort ist die Eingabe aufgrund von Hardwareeinschränkungen meist komplizierter.

Den *Benutzer* pflegen Sie über das SAP Easy Access Menü in EWM unter dem Pfad EXTENDED WAREHOUSE MANAGEMENT • STAMMDATEN • RESSOURCENMANAGEMENT • BENUTZER PFLEGEN oder über die Transaktion /SCWM/USER.

Das *Personalisierungsprofil* steht in EWM zur Verfügung, um Benutzergruppen in der Funktionalität einzuschränken oder ihnen erweiterte Funktionen zu ermöglichen. Um das Personalisierungsprofil zu erstellen, folgen Sie im EWM-Customizing dem Pfad EXTENDED WAREHOUSE MANAGEMENT • MOBILE DATENERFASSUNG • RADIO-FREQUENCY-(RF)-FRAMEWORK • SCHRITTE IN LOGISCHEN TRANSAKTIONEN DEFINIEREN. Dort selektieren Sie den Knoten DARSTELLUNGSPROFILE DEFINIEREN und dann den Knoten PERSONALISIERUNGSPROFILE DEFINIEREN.

Das Personalisierungsprofil ermöglicht es, Benutzer zu einem Radio-Frequency-Menü (RF-Menü) zuzuordnen, sodass nur bestimmte Transaktionen erreichbar und ausführbar sind. Die RF-Menüs finden Sie im RF-Menümanager im EWM-Customizing unter dem Pfad EXTENDED WAREHOUSE MANAGEMENT • MOBILE DATENERFASSUNG • RADIO-FREQUENCY-(RF)-FRAMEWORK • RF-MENÜMANAGER oder der Transaktion /SCWM/RFMENU.

Das Personalisierungsprofil wird dem EWM-Darstellungsprofil zugeordnet, das wir in Abschnitt 11.2.1, »Vorteile des Radio-Frequency-Frameworks« näher beschreiben werden. Zudem erhalten Sie durch das Personalisierungsprofil die Möglichkeit, abhängig von Benutzergruppen, unterschiedliche Bildschirmmasken oder -folgen zu definieren und zu verändern.

Abbildung 11.1 zeigt die Pflege des Stammdatensatzes für einen EWM-Benutzer. Die Default-Werte werden für die Anmeldung und für die Findung des RF-Menüs verwendet.

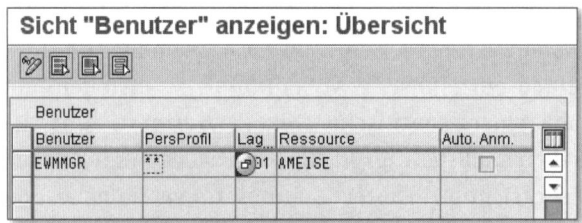

Abbildung 11.1   Stammdatensatz für einen SAP EWM-Benutzer pflegen

Das Kennzeichen Auto Anmeldung ermöglicht eine automatische Anmeldung. Das heißt, jeder Benutzer, der dieses Kennzeichen in der Stammdatenpflege setzt, überspringt die Anmeldung, wenn er die RF-Transaktion aufruft, falls er auch zugleich eine Ressource hinterlegt und kein anderer Benutzer an der Ressource angemeldet ist. Alle mobilen Transaktionen rufen Sie über die Transaktion /SCWM/RFUI auf. Falls der Indikator nicht gesetzt wird, muss sich der Benutzer erst an der Ressource anmelden, bevor er in das RF-Menü springen kann.

11.1.3   Ressource

Eine *Ressource* bildet sowohl Mitarbeiter im Lager als auch deren Arbeitsmittel ab, zum Beispiel einen Gabelstapler. Eine Ressource kann auch ein Fördermittel beschreiben. Weitere Informationen zu Fördermitteln und der Automatisierung der Lagerprozesse erhalten Sie in Kapitel 14, »Anbindung einer Materialflusssteuerung«.

Die Ressource wird verwendet, um sich an den RF-Transaktionen anzumelden. Um eine Ressource in EWM zu erstellen, wählen Sie im SAP Easy Access Menü den Pfad Extended Warehouse Management • Stammdaten • Ressourcenmanagement • Ressource pflegen oder verwenden den Transaktionscode /SCWM/RSRC.

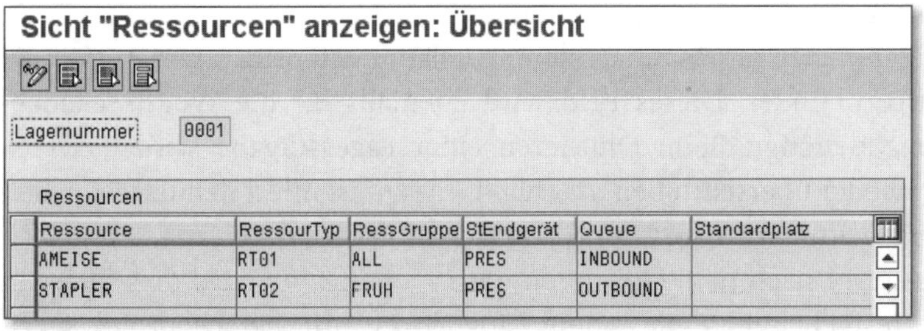

Sicht "Ressourcen" anzeigen: Übersicht

Lagernummer: 0001

Ressourcen

Ressource	RessourTyp	RessGruppe	StEndgerät	Queue	Standardplatz	
AMEISE	RT01	ALL	PRES	INBOUND		
STAPLER	RT02	FRUH	PRE6	OUTBOUND		

Abbildung 11.2 Ressourcen erstellen

Wie in Abbildung 11.2 dargestellt, können Sie der Ressource folgende Parameter zuordnen:

▶ **Ressourcentyp (RessourTyp)**
Der Ressourcentyp wird verwendet, um eine physische Unterscheidung der Ressourcen vorzunehmen. Der Ressourcentyp kann Parameter beinhalten, die die Geschwindigkeit gleichartiger Ressourcentypen festlegen.

▶ **Ressourcengruppe (RessGruppe)**
Die Ressourcengruppe beschreibt das Arbeitsumfeld, in dem die Ressource zum Einsatz kommt. Sie wird vom System verwendet, um das systemgeführte und automatisierte Arbeiten im Lager zu ermöglichen. Detailliert beschreiben wir das systemgeführte Arbeiten in Abschnitt 11.1.7, »Systemgeführtes Arbeiten im Ressourcenmanagement«.

▶ **Standard-Endgerät (StEndgerät)**
Dieser Parameter wird verwendet, um das Layout der Bildschirme zu verändern. EWM liefert ein Layout, um mit großen Staplergeräten zu arbeiten; die Auflösung basiert auf acht Zeilen und 40 Spalten. Mit dem Screengenerator ist es möglich, jedes Layout in ein anderes Layout zu überführen.

▶ **Default-Queue (Queue)**
Die Default-Queue findet Anwendung beim systemgeführten Arbeiten, das wir in Abschnitt 11.1.7 beschreiben. Es ist zum Beispiel möglich, im Lagermonitor alle Lageraufträge einer Default-Queue zuzuweisen, um diese höher zu priorisieren, damit sie schneller abgearbeitet werden.

▶ **Standard- oder Start-Lagerplatz (Standardplatz)**
Der Standard- oder Start-Lagerplatz wird verwendet, um beim Starten der Tätigkeit einen Startpunkt für die Wegstreckenberechnung zu erhalten. Das Feld wird benötigt, wenn sich die Ressource abmeldet und später wieder anmeldet – in der Praxis wird die Ressource immer an einem festen Platz abgestellt – zum Beispiel um die Batterien aufzuladen.

▶ **Lagerplatz**
Dieser Parameter repräsentiert den aktuellen Lagerplatz, an dem sich die Ressource befindet. Dieses Feld wird ebenfalls für die Wegstreckenberechnung benötigt. Beim Quittieren einer Lageraufgabe wird das Feld immer wieder überschrieben, das heißt, es repräsentiert den tatsächlichen physischen Aufenthaltsort der Ressource in Echtzeit. Bewegt sich jedoch die Ressource nach dem Quittieren der Lageraufgabe, wird dies nicht im System festgehalten. Eine andere Möglichkeit, die jedoch projektspezifisch zu lösen wäre, ist die genaue Ortung der Ressource mithilfe der RFID-Technologie. So wäre es denkbar, einen Stapler mit einer RFID-Antenne auszustatten sowie RFID-Tags im Boden zu platzieren, um so immer den aktuellen Platz des Staplers im System abzubilden (Track and Race).

11.1.4 Queues

Eine *Queue* repräsentiert einen Container oder einen Pool, in dem abzuarbeitende Lageraufträge bereitstehen. Queues werden verwendet, um Lageraufträge abhängig von betriebswirtschaftlichen Anforderungen besser zu gruppieren. Nachfolgend zeigen wir Ihnen, wie Sie Queues in EWM anlegen und wie Sie die Zuordnung einer Queue zu einem Lagerauftrag einstellen können.

Die Einstellungen für das Queue Management werden im EWM-Customizing über den Pfad EXTENDED WAREHOUSE MANAGEMENT • PROZESSÜBERGREIFENDE EINSTELLUNGEN • RESSOURCENMANAGEMENT vorgenommen.

Im ersten Schritt müssen Sie eine Queue erstellen. Wie in Abbildung 11.3 dargestellt, können Sie beim Anlegen der Queue Grunddaten pflegen. Sie können das Doppelspiel mit der Verwendung von Queuetypen der Queue zuweisen oder das halbsystemgeführte Arbeiten freischalten. Beide Steuerungen erörtern wir in Abschnitt 11.1.7.

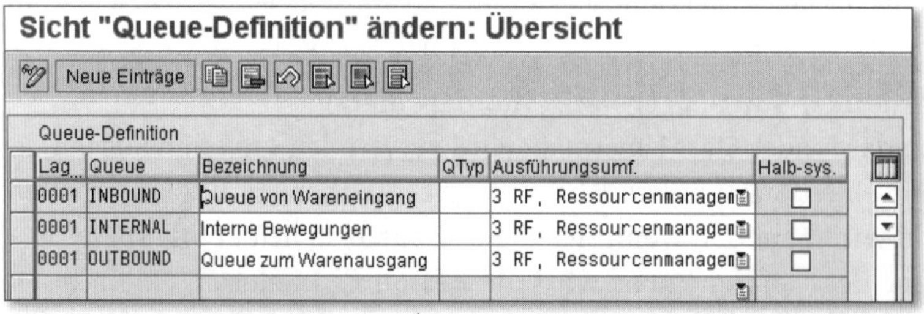

Lag	Queue	Bezeichnung	QTyp	Ausführungsumf.	Halb-sys.	
0001	INBOUND	Queue von Wareneingang	3 RF,	Ressourcenmanage…	☐	
0001	INTERNAL	Interne Bewegungen	3 RF,	Ressourcenmanage…	☐	
0001	OUTBOUND	Queue zum Warenausgang	3 RF,	Ressourcenmanage…	☐	

Abbildung 11.3 Queues definieren

Um Queues zu erstellen, wählen Sie im EWM-Customizing den Pfad EXTEN-
DED WAREHOUSE MANAGEMENT • PROZESSÜBERGREIFENDE EINSTELLUNGEN •
RESSOURCENMANAGEMENT • QUEUES definieren und klicken auf die Zeile
QUEUE DEFINIEREN.

Während der Lagerauftragserstellung wird eine Queuefindung durchgeführt.
Diese Findung kann abhängig von Prozessparametern wie VON-AKTIVITÄTS-
BEREICH, NACH-AKTIVITÄTSBEREICH, LAGERPLATZZUGRIFFSTYP, LAGERPROZESSART
und AKTIVITÄT flexibel beeinflusst werden (siehe Abbildung 11.4).

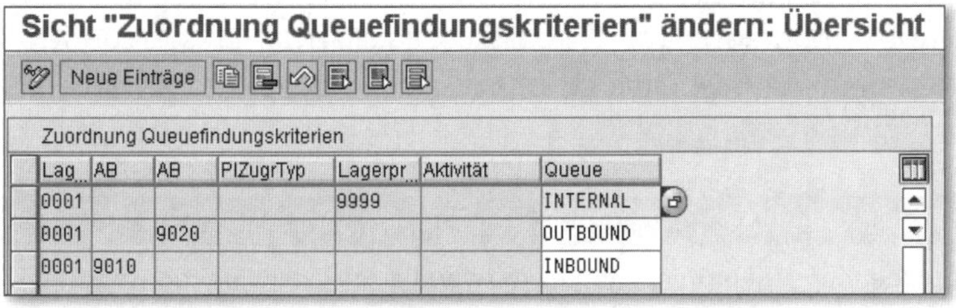

Abbildung 11.4 Queuefindungskriterien für Lageraufträge zuordnen

Falls die Standard-Felder für die Queuefindung nicht ausreichen, können Sie
über ein BAdI eine zusätzliche Logik einfügen. Die Queuefindungskriterien
erstellen Sie im EWM-Customizing über den Pfad EXTENDED WAREHOUSE
MANAGEMENT • PROZESSÜBERGREIFENDE EINSTELLUNGEN • RESSOURCENMA-
NAGEMENT • QUEUES DEFINIEREN • QUEUE-FINDUNGSKRITERIEN DEFINIEREN.

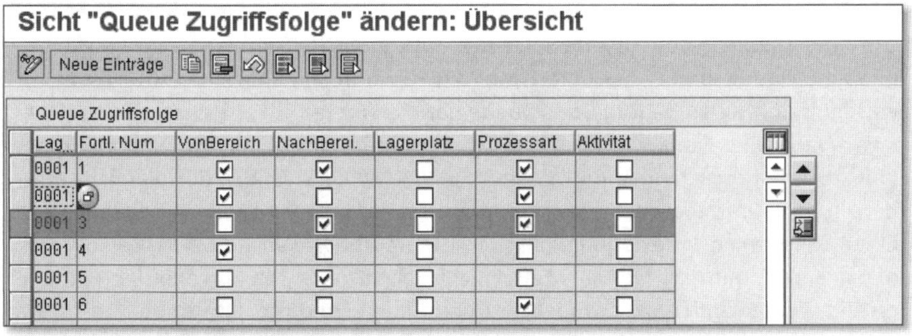

Abbildung 11.5 Queuezugriffsfolge zur Lagernummer definieren

Die Queuefindung findet beim Erstellen des Lagerauftrags statt. Wie in
Abbildung 11.5 dargestellt, können Sie unterschiedliche Zugriffsfolgen pflegen, um die Queuefindung flexibler zu gestalten. Eine Zugriffsfolge wird verwendet, um bei der Queuesuche nur die freigeschalteten oder markierten

Felder der Zugriffsfolge zu berücksichtigen. Sollen alle Felder berücksichtigt werden, wird jedes der Felder auf der Zugriffsfolge markiert. Stimmt eins der Felder mit den Feldern des Lagerauftrags nicht überein, wird versucht, die nächste Zugriffsfolge zu verwenden. Meist ist es sinnvoll, mit einer stark ausgeprägten Queuefindung zu beginnen, um dann eine allgemeine Queuefindung zu nutzen. Wird eine Queue gefunden, bricht die Queuefindung ab; falls nicht, wird der nächste Zugriff geprüft usw., bis eine Queue gefunden wurde oder der Lagerauftrag ohne Queue ausgestattet und erstellt wurde.

Die Zugriffsfolgen pflegen Sie im EWM-Customizing über den Pfad EXTENDED WAREHOUSE MANAGEMENT • PROZESSÜBERGREIFENDE EINSTELLUNGEN • RESSOURCENMANAGEMENT • QUEUES DEFINIEREN • QUEUE-ZUGRIFFSFOLGEN DEFINIEREN.

> **Queuefindung debuggen**
>
> Um die Queuefindung zu prüfen, kann es notwendig sein, den Funktionsbaustein /SCWM/QUEUE_DET zu debuggen. Dieser wird während der Lagerauftragserstellung ausgeführt.

Wird keine Queue gefunden, kann der Lagerauftrag mit seinen zugehörigen Lageraufgaben nicht mit dem Ressourcenmanagement quittiert werden. Eine Quittierung ist in diesem Fall nur über die Desktop-Transaktionen möglich, nicht aber über die RF-Transaktionen.

> **Weitere Informationen zum Ressourcenindex**
>
> Um eine Lageraufgabe aus einer Queue über eine RF-Transaktion zu quittieren, muss die Queue für das Quittieren über das Ressourcenmanagement freigeschaltet worden sein. Hierzu benötigt die Queue den Parameter 3 (RF, RESSOURCENMANAGEMENT AKTIV). Erst dann wird die Ressourcenindex-Tabelle gefüllt. Beim Ressourcenindex handelt es sich um eine Tabelle (/SCWM/WO_RSRC_TY), die alle nicht quittierten Lageraufträge beinhaltet, die dem Ressourcenmanagement bekannt sind. Ohne Ressourcen-Indexeintrag kann ein Lagerauftrag nicht im EWM-Ressourcenmanagement quittiert werden. Falls nachträglich neue Ressourcenindex-Einträge erstellt werden sollen, ist es möglich, über die Lagermonitor-Methode den Lagerauftrag in eine andere Queue zu platzieren. Automatisch werden dann die notwendigen Ressourcenindex-Einträge erstellt. (Vor allem wenn Sie nachträglich einen neuen Ressourcentyp erstellen, fehlen Einträge im Ressourcenindex.)

11.1.5 Ressourcengruppe

Die *Ressourcengruppe* wird in EWM verwendet, um mehrere Ressourcen mit gleichen betriebswirtschaftlichen Eigenschaften zusammenzufassen. Den

Ressourcengruppen werden wiederum Queues zugeordnet, die dann beim systemgeführten Arbeiten priorisiert abgearbeitet werden. Das heißt, Ressourcen können so Lageraufträge optimiert zugewiesen werden.

Eine Ressourcengruppe erstellen Sie in EWM im SAP Easy Access Menü unter dem Pfad EXTENDED WAREHOUSE MANAGEMENT • STAMMDATEN • RESSOURCENMANAGEMENT • RESSOURCENGRUPPE PFLEGEN oder mithilfe des Transaktionscodes /SCWM/RGRP (siehe Abbildung 11.6). Sie können den Namen der Ressourcengruppe frei wählen und eine Beschreibung hinzufügen.

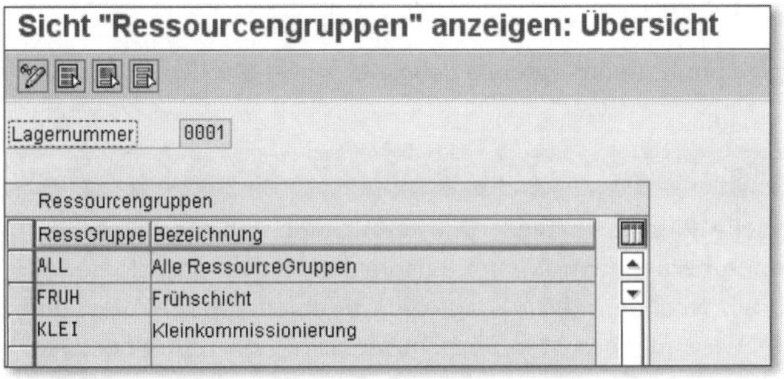

Sicht "Ressourcengruppen" anzeigen: Übersicht

Lagernummer   0001

Ressourcengruppen

RessGruppe	Bezeichnung
ALL	Alle RessourceGruppen
FRUH	Frühschicht
KLEI	Kleinkommissionierung

Abbildung 11.6 Ressourcengruppen pflegen, um Ressourcen zusammenzuführen

Um systemgeführt arbeiten zu können, müssen Sie Queues mithilfe der Ressourcengruppe in der Reihenfolge pflegen, in der sie abgearbeitet werden sollen. Diese Reihenfolge wird in der sogenannten *Queuesequenz* festgelegt. Die Queuesequenz pflegen Sie über das SAP Easy Access Menü und den Pfad EXTENDED WAREHOUSE MANAGEMENT • STAMMDATEN • RESSOURCENMANAGEMENT • QUEUE-FOLGE FÜR RESSOURCENGRUPPE PFLEGEN oder durch Ausführen des Transaktionscodes /SCWM/QSEC (siehe Abbildung 11.7). Sie können pro Ressourcengruppe fortlaufend immer wieder Queues anhängen.

Durch das Abarbeiten der Queues in Sequenzen kann eine Optimierung der Ausführung mithilfe der Queuefindung durch den Von- oder Nach-Aktivitätsbereich oder durch die Lagerprozessart stattfinden. Das heißt, eine Optimierung der Lagertätigkeiten geschieht anhand von Regeln, indem im Vorfeld definiert wird, welcher Lagerauftrag in welcher Queue platziert wird. Durch das priorisierte Abarbeiten der Queue wird sichergestellt, dass bestimmte Lageraufträge in bestimmter Reihenfolge abgearbeitet werden. Zusätzlich kann eine Optimierung durch das Minimieren von Leerfahrten, das sogenannte *Doppelspiel*, sichergestellt werden.

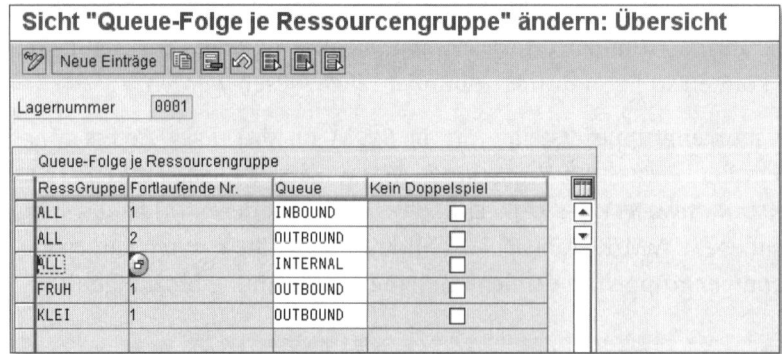

Abbildung 11.7 Queuefolge pro Ressourcengruppe definieren

Zusätzliche Informationen zur Queuesequenz

Die Queue-Sequenztabelle wird auch beim Bewegen einer Handling Unit (HU) über die RF-Transaktionen berücksichtigt (zum Beispiel bei der Kommissionierung oder bei der Einlagerung). Nachdem die HU auf dem mobilen Gerät eingescannt oder eingegeben wurde, wird auf der ersten Bildschirmmaske geprüft, ob der zugehörige Lagerauftrag sich in einer Queue befindet, die die Ressource auch abarbeiten darf. Diese Prüfung findet entsprechend über die zugehörige Ressourcengruppe und die Queue-Sequenztabelle statt. Sie ist notwendig, da so verhindert wird, dass Mitarbeiter Lageraufträge abarbeiten, die sie eigentlich, unter Berücksichtigung des betriebswirtschaftlichen Hintergrundes, nicht abarbeiten sollen. Ohne diese Prüfung würde die HU auf die Ressource gebucht werden, das heißt, die Ressource müsste den Auftrag in jedem Fall abarbeiten, auch wenn sie dies gegebenenfalls physisch nicht bewerkstelligen kann. Ein Einstieg über den Lagerauftrag (mobile Transaktion – *Selektion nach Lagerauftrag*) ist jedoch jederzeit mit der RF-Transaktion möglich, das heißt, dort findet die beschriebene Prüfung nicht statt.

11.1.6 Ressourcentyp

Der *Ressourcentyp* wird in EWM verwendet, um mehrere Ressourcen mit den gleichen physischen Eigenschaften zusammenzuführen. So ist es möglich, in der Konfiguration beim Ressourcentyp bestimmte Eigenschaften zu hinterlegen (siehe Abbildung 11.8). Das können zum Beispiel die Geschwindigkeit der Ressource, die Plätze, die die Ressource anfahren darf, oder die HU-Typen, die die Ressource bewegen darf, sein.

Einen Ressourcentyp erstellen Sie im EWM-Customizing über den Pfad EXTENDED WAREHOUSE MANAGEMENT • PROZESSÜBERGREIFENDE EINSTELLUNGEN • RESSOURCENMANAGEMENT • QUEUE-TYP DEFINIEREN. Nachdem Sie die

Ressourcengruppe und den Ressourcentyp erstellt haben, können Sie beide der Ressource zuweisen.

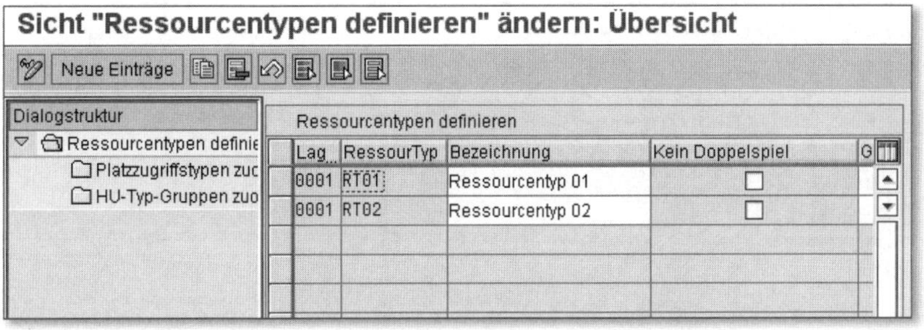

Abbildung 11.8 Ressourcentyp und seine Parameter definieren

Zusammenzufassend ist nochmals festzuhalten: Eine Ressource wird einer Ressourcengruppe für das systemgeführte Arbeiten zugeordnet. Der Ressourcentyp ermöglicht es, die Ressource mittels physischer Eigenschaften zu beschreiben. Der Benutzer dient zur Vereinfachung des Anmeldeprozesses sowie der Zuordnung zu einem Menü. Das zentrale Objekt für das systemgeführte Abarbeiten der Lageraufträge bildet die Queue, die abhängig von Regeln in einer Sequenz von mehreren Ressourcen durch Verwendung von Ressourcengruppen abgearbeitet wird.

Nach der Beschreibung der unterschiedlichen Ressourcenmanagement-Objekte sowie der unterschiedlichen Beziehungen gehen wir im folgenden Abschnitt detailliert auf das systemgeführte Arbeiten ein, bei dem der Mitarbeiter vom System durch seinen Arbeitsvorgang geführt wird.

11.1.7 Systemgeführtes Arbeiten im Ressourcenmanagement

Das systemgeführte Arbeiten ist im Ressourcenmanagement über das *Pull-Prinzip* realisiert. Das bedeutet, dass eine Ressource immer dann, wenn sie ihren Lagerauftrag abgearbeitet und quittiert hat, am System einen neuen Lagerauftrag anfragt. Die mobile systemgeführte Transaktion sucht dann nach dem nächsten optimalen Lagerauftrag gemäß den konfigurierten Regeln und weist diesen der Ressource zu. EWM stellt im Standard zwei mobile Transaktionen für das systemgeführte Arbeiten zur Verfügung. Beide können über den Transaktionscode /SCWM/RFUI aufgerufen werden (siehe Abbildung 11.9).

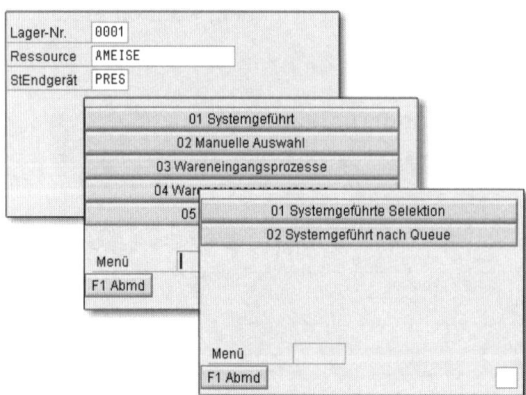

Abbildung 11.9 RF-Transaktionspfad für das systemgeführte Arbeiten

Die beiden Transaktionen unterscheiden sich folgendermaßen:

▸ **Systemgeführte Selektion**
  Das System führt im ersten Schritt eine Queuesuche durch. Wird eine optimale Queue gefunden, wird im zweiten Schritt der optimale Lagerauftrag gesucht.

▸ **Systemgeführt nach Queue**
  Der Benutzer legt sich fest und gibt dem System eine Queue vor. Somit entfällt der erste Schritt, und das System sucht direkt innerhalb der festgelegten Queue nach dem optimalen Lagerauftrag. Die ausgewählte Queue muss jedoch in der Queue-Sequenztabelle enthalten sein, sonst erlaubt das System das Abarbeiten des Lagerauftrags innerhalb der ausgewählten Queue nicht.

Wird ein Lagerauftrag komplett abgearbeitet, fragt der Mitarbeiter über die mobile Transaktion nach einem neuen Lagerauftrag. Im Folgenden beschreiben wir Schritt für Schritt die von EWM im Hintergrund ausgeführte Programmlogik, die die optimale Zuordnung einer Ressource zum optimalen Lagerauftrag sicherstellt.

1. **Prüfung auf zugeordnete Lageraufträge**
   Ist ein Lagerauftrag einer Ressource direkt zugeordnet, wird dieser der Ressource zur Auswahl bereitgestellt. Das heißt, der Mitarbeiter sieht den Lagerauftrag auf seinem mobilen Gerät und arbeitet ihn mit der höchsten Priorität ab. Es ist möglich, jederzeit Lageraufträge über eine Lagermonitorfunktion einer Ressource zuzuordnen. Die Zuordnung wird im Ressourcenindex abgelegt.

2. Prüfung auf die Default-Queue

Das System sucht nach Lageraufträgen in der Default-Queue. Die Default-Queue wird auf dem Ressourcenstammsatz hinterlegt; die Prüfung findet nur statt, wenn das Feld gefüllt ist. Es ist so möglich, spezielle Ressourcen priorisiert in bestimmten Queues arbeiten zu lassen. Die Default-Queue-prüfung wirkt sich nur beim Ausführen der RF-Transaktion SYSTEMGE-FÜHRTE SELEKTION aus.

Einsatz der Default-Queue

Die Default-Queue kann als Feinsteuerungsinstrument bei der systemgeführten Steuerung verwendet werden, um bei Bedarf vereinzelt Ressourcen eine bestimmte Queue mit hohem Auftragsvolumen zuzuordnen. Der Ressource werden dann Lageraufträge aus dieser Queue vorzugsweise zugewiesen.

3. Optimale Queuesuche

Eine optimale Queuesuche findet statt, wenn keine Lageraufträge in der Default-Queue existieren und der Benutzer nicht die RF-Transaktion SYS-TEMGEFÜHRT NACH QUEUE ausführt. Die Queuesuche wird mithilfe der Queue-Sequenztabelle durchgeführt. Es wird mittels des Index in jeder Queue nach Lageraufträgen gesucht. Befindet sich in der ersten Queue, die im Index definiert worden ist, kein Lagerauftrag, wird in der nachfolgenden Queue gesucht. Findet das System in einer der definierten Queues einen Lagerauftrag, wird die Queuesuche abgebrochen. In diesem Fall findet dann danach eine optimale Lagerauftragssuche statt.

Änderung der Default-Queue

Das Verändern der Default-Queue wirkt sich nur auf eine bestimmte Ressource aus, anders als bei der Änderung der Queue-Sequenztabelle, bei der sofort *alle* Ressourcen betroffen wären. Die Änderung wirkt sich jedoch in beiden Fällen sofort aus, das heißt, sobald eine Ressource einen Lagerauftrag quittiert hat, wird die Suche nach der optimalen Queue durch eine Änderung der Stammdaten beeinflusst.

4. Optimale Lagerauftragssuche (innerhalb der gefundenen Queue)

Die Lageraufträge innerhalb einer Queue werden nach verschiedenen Kriterien sortiert. Es findet eine Priorisierung anhand des *spätesten Starttermins* (SST) statt. Der SST wird bei der Lagerauftragserstellung berechnet. Die Berechnung des SSTs basiert auf dem erwarteten/ geplanten Warenausgangstermin für die Auslieferung, unter Berücksichtigung der notwendigen Aktivitäten und unter Berücksichtigung der Lagerungssteuerung (wie zum Beispiel Kommissionierung, Verpacken, Beladen). Wird keine

SST berechnet, wird anhand der Lagerauftragsnummer priorisiert. Wurde bei mehreren Lageraufträgen der gleiche SST berechnet, ist es möglich, mit einem Priorisierungsindex einen Lagerauftrag zu bevorzugen.

Abbildung 11.10 zeigt einen Überblick über das Queuemanagement in EWM. Die Ressource SD2 ist in diesem Beispiel nur der Warenausgangsqueue zugeordnet; sie kann deshalb nur Lageraufträge aus der Queue mit Lageraufträgen aus dem Warenausgang abarbeiten. Ressource LD3 wurde über den *Queue-Sequenzindex* zuerst der Wareneingangs-, dann der Nachschub- und zuletzt der Warenausgangsqueue zugeordnet. In dem Fall, dass Lageraufträge sich in der Wareneingangsqueue befinden, werden der Ressource zuerst aus dieser Queue Lageraufträge zugewiesen, bevor andere Queues durchsucht werden.

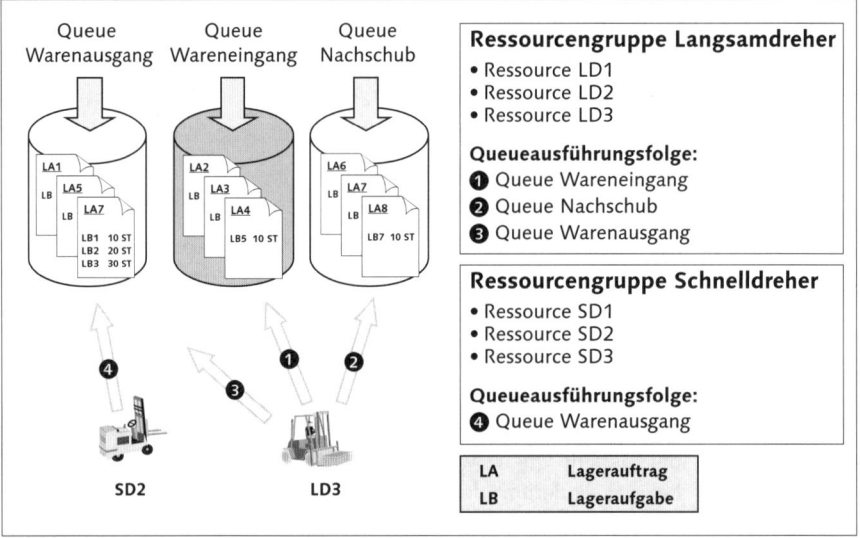

Abbildung 11.10 Queuemanagement in SAP EWM

Als erweitertes Kriterium zur Priorisierung von Lageraufträgen steht der *Priorisierungsindex* zur Verfügung. Bei gleichen SST wird der Index verwendet, um detaillierter zu priorisieren. Der Priorisierungsindex kann mit einem BAdI überschrieben oder kundenspezifisch berechnet werden. Das System ermöglicht es dazu, eine eigene Formel oder Heuristik zu implementieren. In diesem Fall müssen Sie sicherstellen, dass überall der gleiche SST berechnet wird. Denn ohne Lageraufträge, die den gleichen SST haben, findet der Priorisierungsindex keine Anwendung. Deshalb bietet das Ressourcenmanagement die Möglichkeit, den SST bei Lageraufträgen zu runden. Es ist möglich, eigene Intervalle zu definieren und diese dann zu einem sogenannten Modus zusammenzufassen. Das Runden des SSTs in einem Lagerauftrag findet über eine Findung statt (siehe Abbildung 11.11). Um einen Rundungsmodus zu konfigurieren, folgen Sie im EWM-Customizing dem Pfad EXTENDED WARE- HOUSE MANAGEMENT • PROZESSÜBERGREIFENDE EINSTELLUNGEN • RESSOURCEN- MANAGEMENT • MODI DEFINIEREN.

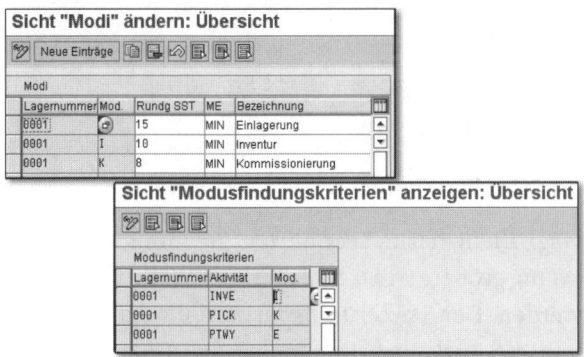

Abbildung 11.11 Modus zum Sicherstellen eines einheitlichen SSTs durch das Runden im definierten Intervall definieren

Zu jeder Aktivität kann ein Modus zugeordnet werden, der beschreibt, in welchem Intervall eine Rundung durchgeführt werden soll.

Die Berechnung des Priorisierungsindex erfolgt unter anderem anhand der Ausführungspriorität und wird über den Ressourcentyp im Customizing konfiguriert (oder per Transaktion /SCWM/EXECPR). Die Berechnung des Priorisierungsindex im EWM-Standard ist sehr komplex; sie wird in der SAP-Online-Hilfe unter *http://help.sap.com* ausführlich beschrieben.

Priorisierung der Lageraufträge

Die Priorisierung der Lageraufträge wird vom Ressourcenmanagement vorgenommen. Eine Optimierung findet durch das Queuemanagement und durch die Auswahl eines optimalen Lagerauftrags innerhalb einer Queue statt. Nachdem der Lagerauftrag vom System einer Ressource zugeordnet wurde, werden die zugehörigen Lageraufgaben abgearbeitet. Die Optimierung der Lageraufgaben innerhalb des Lagerauftrags findet jedoch zu einem anderen Zeitpunkt statt. Dies geschieht bei der Erstellung des Lagerauftrags durch eine Sortierung der Lageraufgaben. Das Zusammenspiel dieser beiden Optimierungsverfahren spielt eine wichtige Rolle und zeigt, wie effizient das Lager arbeitet. Es ist deshalb wichtig, diese beiden Optimierungsverfahren zu verstehen und optimal einzusetzen.

> Nachdem ein Lagerauftrag erstellt wurde, können die darin enthaltenen Lagerauf-
> gaben keinen neuen Lageraufträgen zugeordnet werden. Das Schneiden der Lager-
> aufträge bei der Lagerauftragserstellung spielt deshalb eine sehr wichtige Rolle, ist
> aber nicht Teil des Ressourcenmanagements.

Mit Release EWM 7.0 stehen folgende zusätzliche Funktionen im Ressourcenmanagement zur Verfügung:

▸ Doppelspiel

▸ halbsystemgeführtes Arbeiten (*Semi-System Guided Processing*)

▸ Ressourcenausführungs-Constraints (RAC)

Im Folgenden möchten wir diese Funktionen näher beschreiben:

Das *Doppelspiel* (*Interleaving*) dient dazu, Leerfahrten zu minimieren, die
zum Beispiel entstehen, wenn größere Stückzahlen einer Ware von einem
Gabelstapler eingelagert werden. Der Stapler transportiert nur auf dem Weg
in eine Richtung Ware, und die Rückfahrt des Staplers wird nicht optimal
genutzt. Wurde Ware eingelagert und wird auf der Rückfahrt automatisch
Ware ausgelagert, erhöht sich die Produktivität der Ressource. Denn immer
dann, wenn sich der Stapler ohne Ware auf der Gabel durch das Lager
bewegt, ist er nicht optimal ausgelastet. Durch ein Austauschen der Tätig-
keitstypen wird sichergestellt, dass die Ressource Ware einlagert und auf
dem Rückweg Ware auslagert.

Das heißt, nachdem der Lagerauftrag quittiert wurde, wird nach einer Queue
im Sequenzindex gesucht, die einen anderen Typ aufweist. Das Doppelspiel
verändert die Queuesuche, indem nicht automatisch immer in der ersten
Queue der Queuesequenz nach einem Lagerauftrag gesucht wird. Mit dem
Doppelspiel findet abhängig vom Queuetyp ein Queue-Pingpong statt. Nachdem die Queue gefunden wurde, findet die Lagerauftragssuche statt (SST,
Priorisierungsindex oder Lagerauftragsnummer). Sie müssen sicherstellen,
dass die Queuefindung bei der Lagerauftragserstellung auf das Doppelspiel
ausgelegt ist. Um das Doppelspiel zu aktivieren, ist es notwendig, Queues zu
Queuegruppen zusammenzufassen.

Durch Bilden von optimalen Aktivitätsbereichen stellen Sie sicher, dass die
Queue mit Lageraufträgen gefüllt wird, bei denen das beschriebene Doppelspiel sinnvoll ist. Denn wird ein Auftrag fälschlich einer Queue zugeordnet, bedeutet dies sonst, dass der Mitarbeiter gegebenenfalls einen weiten
Weg zurücklegen muss. Das Gruppieren der Queues wird im EWM-Custo-

mizing unter dem Pfad Extended Warehouse Management • Prozessüber-greifende Einstellungen • Ressourcenmanagement • Queues definieren durchgeführt. Im nächsten Schritt ist es notwendig, den Queue-Sequenzin-dex unter Berücksichtigung der Queuetypen zu definieren. Dieser wird im EWM Easy Access Menü durch Auswählen des Pfades Extended Ware-house Management • Stammdaten • Ressourcenmanagement • Queue-Typ-Reihenfolge pflegen oder durch das Verwenden der Transaktion /SCWM/QTSQ erstellt. Zusätzlich ist es möglich, für bestimmte Ressourcen-typen, über die Konfiguration des Ressourcentyps, ein Doppelspiel zu ver-hindern, oder das Doppelspiel kann für eine bestimmte Queue ausgeschlos-sen werden.

Beim *halbsystemgeführten Arbeiten* ermöglicht das System eine Optimierung der Arbeitstätigkeit sowohl an Kommissionierpunkten als auch generell an Plätzen, auf denen mehrere HUs (Päckchen) liegen. Das heißt, das System schickt den Lagerarbeiter zu einem Platz, ohne eine HU vorzuschreiben. Der Vorteil liegt darin, dass der Mitarbeiter die HU auswählt, die für ihn am ein-fachsten zu bewegen ist. Würde das System eine HU vorschlagen oder vor-schreiben, müsste der Mitarbeiter genau diese HU suchen, um die Lagerauf-gabe quittieren zu können. Vor allem dann, wenn viele HUs auf dem gleichen Platz oder im gleichen Bereich liegen, gestaltet sich das manuelle Suchen als sehr aufwendig. Das halbsystemgeführte Arbeiten wird auf der Queue festgelegt – Sie können die Pflege im EWM-Customizing unter dem Pfad Extended Warehouse Management • Prozessübergreifende Einstel-lungen • Ressourcenmanagement • Queues definieren durchführen.

Der *Ressourcenausführungs-Constraint* (RAC) ermöglicht Einschränkungen im Hinblick auf Ressourcen, die in einem bestimmten Lagerbereich arbeiten. So sollen Kollisionen oder ein Rückwärtsfahren von Staplern in sehr schmalen Gängen, in denen ein anderes Fahrzeug den Weg versperrt, verhindert wer-den. Das System berechnet für die Einschränkung auf Basis des Lagerauftrags einen Zeitraum und verhindert, dass andere Ressourcen Lageraufträge zuge-wiesen bekommen, die zu dieser Zeit in dem gleichen Lagerbereich abzuar-beiten wären. Der Benutzer oder Lagerleiter kann eigene RAC-Gebiete defi-nieren und diese den Lagerplätzen zuordnen. Wie in Abbildung 11.12 können Sie den RAC der Ressource über den Ressourcentyp zuordnen. Zudem kann die Anzahl der Ressourcen pro Gebiet individuell eingeschränkt werden.

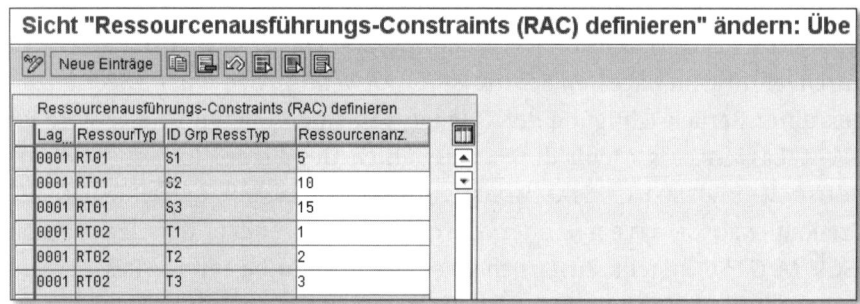

Abbildung 11.12 Pflege und Zuordnung von Ressourcenausführungs-Constrains zu Ressourcentypen

Die Daten werden im EWM-Customizing unter dem Pfad EXTENDED WARE-HOUSE MANAGEMENT • PROZESSÜBERGREIFENDE EINSTELLUNGEN • RESSOURCEN-MANAGEMENT • STEUERDATEN • RESSOURCENAUSFÜHRUNGS-CONSTRAINTS (RAC) DEFINIEREN hinterlegt.

Das Zuordnen der RACs zu den Lagertypen oder die Definition der RAC-Lagergruppen wird im EWM-Customizing unter dem Pfad EXTENDED WARE-HOUSE MANAGEMENT • PROZESSÜBERGREIFENDE EINSTELLUNGEN • RESSOURCEN-MANAGEMENT • STEUERDATEN • RESSOURCENAUSFÜHRUNGS-CONSTRAINTS DER RAC-LAGERUNGSGRUPPE ZUORDNEN durchgeführt. Eine RAC-Lagergruppe können Sie verwenden, um mehrere Lagertypen zusammenzufassen (siehe Abbildung 11.13).

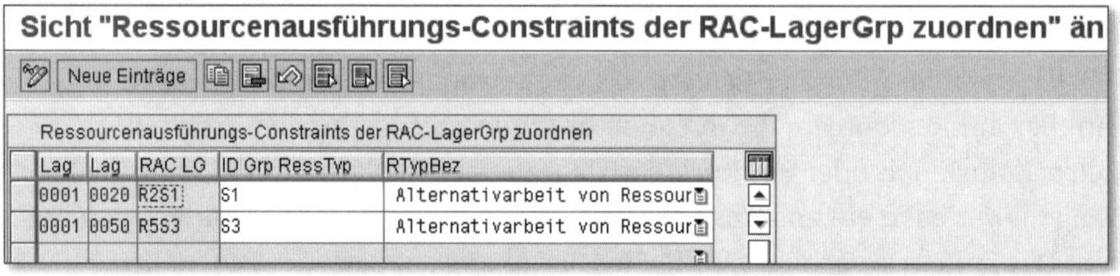

Sicht "Ressourcenausführungs-Constraints der RAC-LagerGrp zuordnen" än

| 🖉 | Neue Einträge | 📋 | 🖫 | 🖉 | 🖺 | 🖺 | 🖺 |

Ressourcenausführungs-Constraints der RAC-LagerGrp zuordnen

Lag	Lag	RAC LG	ID Grp RessTyp	RTypBez		
0001	0020	R2S1	S1	Alternativarbeit von Ressour🖺	▲	
0001	0050	R5S3	S3	Alternativarbeit von Ressour🖺	▼	

Abbildung 11.13 Ressourcenausführungs-Constraint den RAC-Lagergruppen unter Berücksichtigung der Lagertypen zuordnen

Um die Konfiguration der RAC-Funktion abzuschließen, wird die RAC-Lagergruppe den Lagerplätzen zugeordnet. Die Pflege ist manuell oder mithilfe der Massenpflege möglich. Das Zuordnen der RAC-Lagergruppe zum Lagerplatz sehen Sie in Abbildung 11.14.

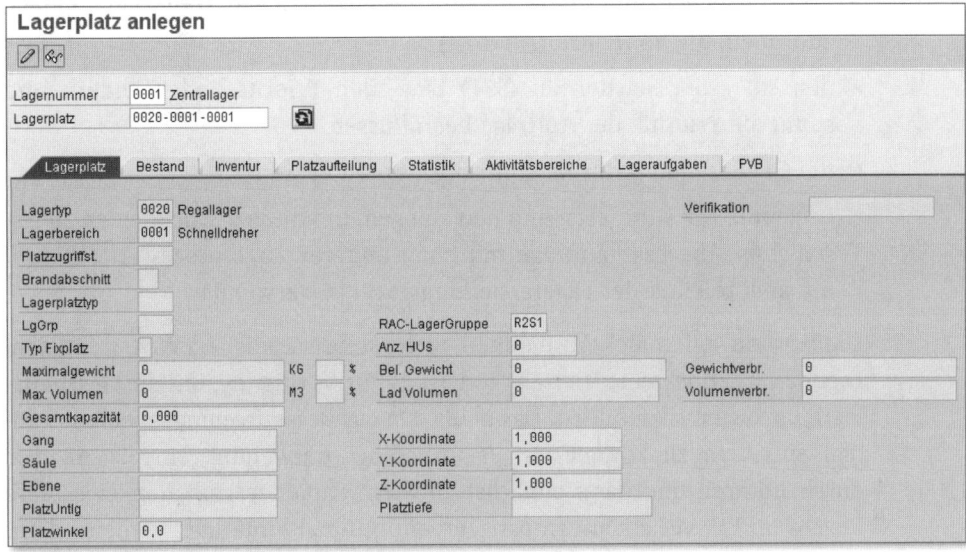

Abbildung 11.14 RAC-Lagergruppe dem Lagerplatz zuordnen

Um die Berechnung des RACs kundenspezifisch zu beeinflussen und einen eigenen Algorithmus zu implementieren, steht das BAdI /SCWM/EX_RECGRP_ LEAVETIME_CALC zur Verfügung. Falls eine RAC-Lagergruppe von zu vielen Ressourcen besetzt ist, bietet das BAdI /SCWM/EX_RECGRP_ENGAGED_HANDL die Möglichkeit, auf die Ausnahme zu reagieren.

In EWM können Sie die Steuerung der Ressourcenausführung für Lagerungsgruppen über das EWM Easy Access Menü unter dem Pfad EXTENDED WAREHOUSE MANAGEMENT • STAMMDATEN • RESSOURCENMANAGEMENT • STEUERUNG DER RESSOURCENAUSFÜHRUNG FÜR LAGERUNGSGRUPPEN AKTIVIEREN aktivieren oder deaktivieren. Alternativ können Sie den RAC mittels Transaktion /SCWM/REC_ACTIVATE frei- oder abschalten.

Fassen wir kurz zusammen: Das systemgeführte Arbeiten mit dem Ressourcenmanagement wird also anhand von vorkonfigurierten Regeln gesteuert. Das bedeutet, dass das System Arbeitspakete nicht aufgrund von Ausnahmen oder Aktionen, sondern gemäß den festgelegten Regeln (Customizing) optimiert. Soll heißen: Eine Ressource arbeitet nicht nach einem optimierten Fahrplan, sondern wird immer von Auftrag zu Auftrag gesteuert/optimiert. Ändert sich etwas im Lager, muss der Mitarbeiter also manuell eingreifen. Er kann:

▸ die Default-Queue in dem Ressourcenstammsatz verändern, um mehrere Ressourcen einer Queue zuzuweisen

- Lageraufträge in eine andere Queue umsetzen (Lageraufträge einer Queue zuordnen, die höher priorisiert ist)

- den spätesten Starttermin (SST) bzw. den Prioritätsindex ändern und somit die Priorität der Aufträge beeinflussen

- die Queuesequenz der Ressourcengruppe/n verändern

- Lageraufträge stornieren und neu anlegen, um diese neu schneiden zu lassen, bzw. die Lageraufträge mit einer anderen Lagerprozessart anlegen, um andere Filter der Lagererstellungsregel zu verwenden

Das System agiert bei Ausnahmen nicht selbstständig – EWM stellt dem Lagerleiter jedoch eine Vielzahl von Tools zur Verfügung, um die Geschäftslogik im System abzubilden. Das heißt, um das Ressourcenmanagement optimal einsetzen zu können, ist es unbedingt notwendig, eine Ist-Analyse durchzuführen und dann zunächst auf dem Papier festzuhalten, wie diese Regeln im EWM-Ressourcenmanagement optimal hinterlegt werden sollen. Ist eine Konfiguration abgeschlossen, arbeitet das System diese Regeln automatisch ab und führt so eine Optimierung anhand von definierten Lagerprozessen durch.

Durch das Pull-Prinzip in den RF-Transaktionen ist es außerdem möglich, ein BAdI zu verwenden. Dies ermöglicht es, eine eigene Optimierungslogik zu nutzen. Denkbar ist es, jedes Mal umzupriorisieren, wenn bei der Auswahl eines Lagerauftrags Ausnahmen eintreten.

Eine andere Möglichkeit ist eine Optimierung durch den Einsatz eines externen Optimierers. Hierzu wäre es notwendig, den Ressourcenindex anzupassen. Im EWM-Standard ist das Optimieren durch die Verwendung eines externen Optimierers nicht vorgesehen. Dies würde sich jedoch im individuellen Kundenprojekt anbieten und könnte durch Updates des Ressourcenindex realisiert werden.

11.1.8 Ressourcenüberwachung

Um den Überblick darüber behalten zu können, was im Lager geschieht, ist es notwendig, die Ressourcen und die Arbeitslast zu überwachen. Das Darstellen der Daten des Ressourcenmanagements übernimmt der *Lagermonitor*. Zudem bietet der Lagermonitor auch die Möglichkeit, auf Ausnahmen zu reagieren. Das heißt, der Lagermonitor stellt nicht nur Ressourcendaten dar, sondern bietet unter anderem auch die Möglichkeit, Lageraufträge umzuordnen oder andere Funktionen auszuführen. Über eine Selektion per Ressource oder per Queue können Sie darstellen, welche Ressourcen am System angemeldet oder welche Queues wie stark ausgelastet sind.

Nach der Selektion der Ressource stehen folgende Monitormethoden zur Verfügung, um ressourcenspezifische Tätigkeiten auszuführen:

▸ **Nachricht an die Ressource senden**
Eine Nachricht wird an die Ressource und somit den Mitarbeiter, der die mobilen Transaktionen verwendet, gesendet. Der Mitarbeiter sieht die Nachricht, wenn er auf eine Taste drückt und eine neue Bildschirmmaske angefordert wird.

▸ **An- oder Abmelden der Ressource**
Sie können die Ressource vom Ressourcenmanagement anmelden oder abmelden. Diese Funktion ist in dem Fall hilfreich, dass ein Mitarbeiter vergessen hat, sich von einer Ressource abzumelden. Solange ein Mitarbeiter an einer Ressource angemeldet ist, kann kein anderer Mitarbeiter diese Ressource im System verwenden. Es erfolgt keine automatische Abmeldung am Ressourcenmanagement durch Schließen des SAP GUIs oder Beiseitelegen des mobilen Geräts. Das Abmelden der Ressource bedeutet nicht, dass der Anwender komplett vom System abgemeldet wird. Das heißt, die Session des Anwenders (zum Beispiel bei der Verwendung der mobilen Technologie ITSmobile) bleibt bestehen. Es findet nur eine Abmeldung von der Ressource und vom Ressourcenmanagement in betriebswirtschaftlichem Sinne statt.

▸ **Pflege der Ressource und Anpassen der Ressourcenparameter**
Der Benutzer kann die Monitormethode verwenden, um direkt in die Ressourcenstammdaten zu springen (siehe Abbildung 11.15).

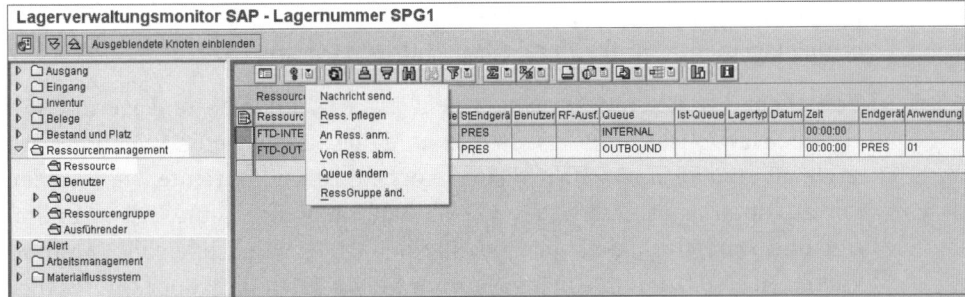

Abbildung 11.15 Erweiterte Funktionen des Lagermonitors für das Ressourcenmanagement

Um die Arbeitslast pro Arbeitsbereich mit den zugehörigen Queues darzustellen, führen Sie im Lagermonitor eine Selektion per Queue durch. Da jede

Queue den vorläufigen, repräsentierenden Arbeitsbedarf darstellt, ermöglicht diese Darstellung eine bessere Ressourcensteuerung.

Zudem ist es möglich, die vorhandenen Lageraufträge mithilfe von vorhandenen Lagermonitormethoden des Ressourcenmanagements zu verändern. Dies beinhaltet:

▶ Sperren oder Entsperren von Lageraufträgen für die Ausführung

▶ Quittieren oder Stornieren von Lageraufträgen im Vordergrund (was über eine weitere Desktop-Transaktion durchgeführt wird) bzw. im Hintergrund

▶ Ändern der Queue von Lageraufträgen (falls der Lagermitarbeiter die mobilen systemgeführten Transaktionen verwendet, bewirkt eine Änderung der Queue im Lagerauftrag eine Änderung der Priorität der Arbeitspakete/Lageraufträge).

▶ Zuweisen (oder das Aufheben der Zuweisung) von Lageraufträgen zu einer bestimmten Ressource (falls der Lagerauftrag nicht gesperrt ist, da er sich gerade in Bearbeitung befindet)

▶ Ändern des spätesten Starttermins (SSTs) oder des Priorisierungsindex. (Durch eine Änderung des SSTs bzw. der Priorisierungsindizes bei bestimmten Lageraufträgen wird eine Anpassung der Priorität der Lageraufträge innerhalb der Queue durchgeführt. Auswirkung hat dieser Schritt auf Lagermitarbeiter, die die mobilen systemgeführten Transaktionen verwenden.)

▶ Bei jeder Monitormethode wird der Ressourcenindex fortgeschrieben, deshalb wirken sich die Veränderungen direkt auf das systemgeführte Arbeiten aus.

In Abbildung 11.16 erkennen Sie, wie die aktuelle Arbeitslast im Ressourcenmanagement mithilfe des Lagermonitors dargestellt wird.

Vor allem im Ressourcenmanagement ist es sinnvoll, im Lagermonitor eigene Selektionskriterien zu erstellen und diese mit eigenen Selektionsvarianten zu erweitern. Zusätzlich ist es möglich, Anzeigevarianten zu erstellen und zu hinterlegen. Durch diese Flexibilität, die wir in Kapitel 13, »Monitoring und Reporting«, detailliert beschreiben, ist es möglich, eigene Monitorknoten zu erstellen und abhängig vom Arbeitsbereich direkt per Doppelklick anzuzeigen. Die Eingabe der Selektionsdaten entfällt dann komplett, und die Bereiche können optimal überwacht werden. Die Darstellung der Daten in Tabellenform ist ebenso möglich wie eine grafische Darstellung der Daten (siehe Abbildung 11.17).

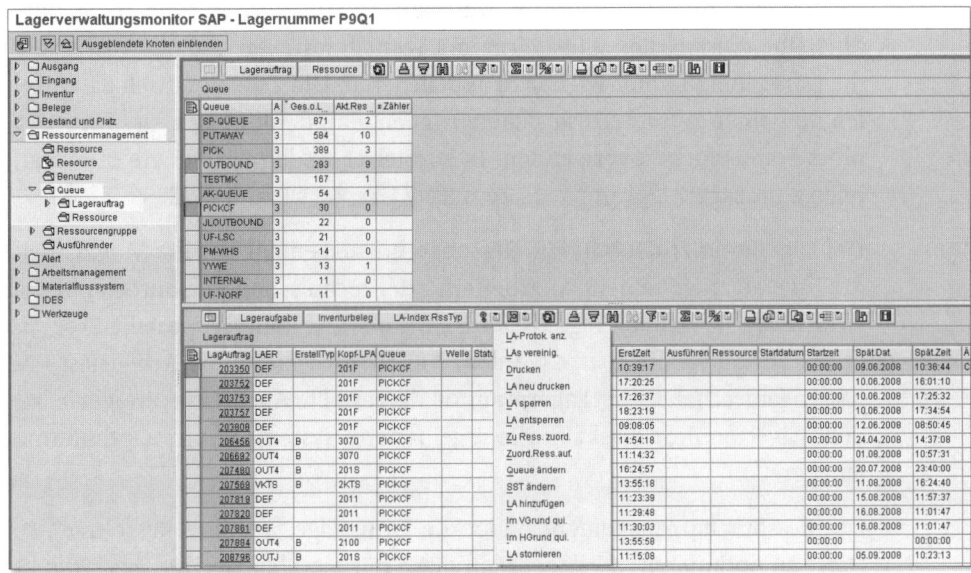

Abbildung 11.16 Überwachen der Ressourcen im Lagermonitor

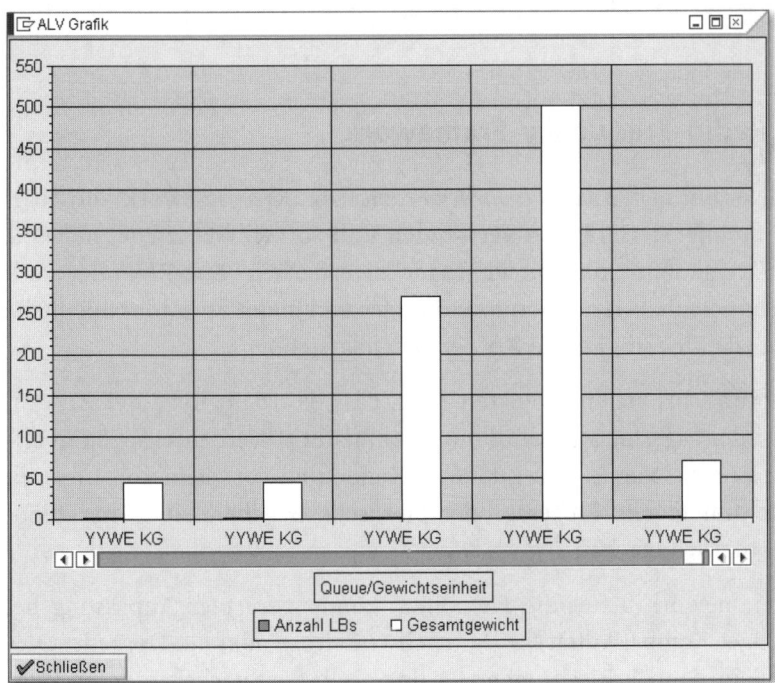

Abbildung 11.17 Grafische Darstellung der Arbeitslast im Ressourcenmanagement über den Lagermonitor

581

Der Lagermonitor bietet keine Auto-Refresh-Funktion, um die Darstellung über einen physischen Bildschirm im Lager darzustellen und im Hintergrund die Darstellung immer wieder zu aktualisieren. Um Daten grafisch darzustellen und einen Auto-Refresh sicherzustellen, empfiehlt es sich, das Easy Graphics Framework zu verwenden. In Kapitel 13 finden Sie weitere Informationen zum Lagermonitor sowie zum Easy Graphics Framework.

Der Lagerleiter erhält mit dem Ressourcenmanagement also die Möglichkeit, die Lageraufträge seinen Mitarbeitern oder technischen Ressourcen optimal zuzuweisen. Durch die regelbasierte Optimierung können spezielle Prozesse oder Tätigkeiten priorisiert werden. Außerdem werden die Arbeitslast und das Lagergeschehen im Lagermonitor dargestellt. Auch ist es möglich, aus dem Lagermonitor direkt in die regelbasierte systemgeführte Optimierung einzugreifen.

Das Ressourcenmanagement bildet die Grundlage, um Ihre Ressourcen im Lager zu optimieren. Meist werden diese mit mobilen Geräten ausgestattet, oder sie arbeiten an Arbeitsstationen. In diesem Umfeld ist vor allem die Flexibilität sehr entscheidend. Für diese Flexibilität ist das Radio-Frequency-Framework verantwortlich, das wir Ihnen im nächsten Abschnitt vorstellen.

11.2   Radio-Frequency-Framework

EWM bietet mit dem *Radio-Frequency-Framework* (RF-Framework) die Möglichkeit, mobile RF-Geräte zu verwenden und so mehr Effizienz und eine bessere Datenkommunikation im Lager zu erreichen. Das RF-Framework ermöglicht personalisierte Menüs und Bilder und bietet für unterschiedliche Gerätetypen eine individuelle Art der Datendarstellung.

Die Erfahrung aus vielen Projekten zeigt, dass die Dialogfolge der Anwendungen in der Lagerlogistik selbst nie vereinheitlicht werden kann. So unterscheiden sich die Menüs von Kunde zu Kunde und vor allem von Lager zu Lager, da individuelle Prozesse oder physische Gegebenheiten dies zwingend erforderlich machen.

Das RF-Framework bietet die Flexibilität kundengerechter Anpassung bei gleichzeitiger Kompatibilität für das nächste Release oder ein Upgrade. Dies ist vor allem dann kritisch, wenn Dialoge selbst entwickelt werden oder wenn statisch entwickelte Programme durch kundenspezifische Erweiterungen verändert werden. Modifikation oder Eigenentwicklungen erhöhen langfristig die IT-Kosten. Dem versucht SAP mit dem RF-Framework entgegenzuwirken.

Die Verwendung des RF-Frameworks ist zu Beginn eines Projekts meist komplex, zum Beispiel ist die Entwicklung einer neuen Transaktion durchaus aufwendig. Diese ist jedoch anschließend einfach und lokationsabhängig erweiterbar. Das heißt, der Aufwand, der am Anfang höher ist, zahlt sich über die Nutzungsdauer des Produkts aus.

11.2.1 Vorteile des Radio-Frequency-Frameworks

Das RF-Framework ermöglicht eine bessere Integration der mobilen Geräte und bietet mehr Flexibilität, um Anpassungen vorzunehmen. In diesem Abschnitt geben wir Ihnen einen Überblick über die Funktionen des RF-Frameworks.

Integration verschiedener Gerätetypen

Das RF-Framework ermöglicht es, die Geschäftslogik von der Anzeige zu trennen. Es ist möglich, für verschiede Geräte- oder Bildschirmgrößen Bildschirmmasken im SAP-System zu generieren. Die unterschiedlichen Bildschirmbilder mit der gleichen Größe werden im RF-Framework zu einem Anzeigeprofil zusammengefasst. Die Anmeldung erfolgt dann abhängig vom Standard-Endgerät, das mit dem Anzeigeprofil verknüpft ist. Die Zuordnung des Standard-Endgeräts zur Ressource wird auf dem Ressourcenstammsatz durchgeführt.

Standort- und personenbezogenes Transaktionsmanagement

Die Idee des RF-Frameworks ist es, an verschiedenen Standorten, oder abhängig von verschiedenen Personengruppen die Programmlogik nur geringfügig abzuwandeln, ohne immer wieder die schon entwickelte Anwendung zu beeinflussen. Dies ist unbedingt notwendig, wenn durch einen globalen Roll-out immer wieder neue Läger mit EWM ausgestattet werden. Bei neuen oder teilweise abgewandelten Anforderungen in einem neuen Projekt möchte man nicht die schon bestehenden und produktiv verwendeten Transaktionen verändern, da diese sonst zwangsläufig neu getestet werden müssten. Dies würde zu sehr langen Change-Request-Phasen und erhöhten Implementierungskosten führen. Oft werden, um dies zu umgehen, ganze Programme kopiert, um die Flexibilität zu haben, unabhängig voneinander die Geschäftslogik zu verändern.

Durch die fehlende Modularisierung und durch die erhöhte Anzahl an Entwicklungsobjekten ist der gesamte Produktlebenszyklus der Lagerlösung sehr kostspielig. Mithilfe des RF-Frameworks ist es jedoch einfacher möglich, die Geschäfts- sowie die Anzeigelogik zu verändern, ohne die dann schon bestehenden, produktiv im Einsatz befindlichen Anwendungen zu gefährden. Dies ist vor allem möglich, da die Steuerung des RF-Frameworks durch eine zentrale Konfiguration sichergestellt wird. Abhängig von Schlüsselfeldern wird evaluiert, welche Logik ausgeführt werden muss. Eins der dabei entscheidenden Felder ist das Darstellungsprofil (dies wird zu einer Lagernummer zugeordnet).

Flexibilität der Anzeige des RF-Frameworks

Das RF-Framework ermöglicht es, die Anzeige zu verändern oder zu erweitern, ohne direkt eine Entwicklung zu tätigen. So ist es möglich, über die Konfiguration die Anzeige anzupassen. Das RF-Framework erlaubt es darüber hinaus, schon bestehende Transaktionen zu erweitern, ohne neue Programme und somit Entwicklungsobjekte zu produzieren. Es ist jedoch hinzuzufügen, dass die Komplexität des RF-Frameworks eine steile Lernkurve für Neueinsteiger mit sich bringt.

11.2.2 Radio-Frequency-Framework einrichten

In diesem Abschnitt erklären wir, wie das RF-Framework zu konfigurieren ist. Die Konfiguration des RF-Frameworks wird so gut wie vollständig über eine zentrale Multi-Tabellenpflege (View Cluster) sichergestellt, die Sie im EWM-Customizing unter dem Pfad EXTENDED WAREHOUSE MANAGEMENT • MOBILE DATENERFASSUNG • RADIO-FREQUENCY-(RF)-FRAMEWORK • SCHRITTE IN LOGISCHEN TRANSAKTIONEN DEFINIEREN finden.

Bildschirmgröße und Personalisierungsprofil

Der *Bildmanager* kann verwendet werden, um unterschiedliche Screengrößen zu generieren. Dies ist vor allem notwendig, um unterschiedliche Gerätetypen mit unterschiedlichen Bildschirmgrößen zu unterstützen. Mit dem Bildmanager können Sie neue Anzeigeprofile erstellen. Den Bildmanager erreichen Sie im EWM-Customizing über den Pfad EXTENDED WAREHOUSE MANAGEMENT • MOBILE DATENERFASSUNG • RADIO-FREQUENCY-(RF)-FRAMEWORK • RF BILDMANAGER oder durch das Ausführen der Transaktion /SCWM/RFSCR. Das System generiert für jedes vorhandene Dynpro ein neues ABAP Dynpro und berechnet die Position der Elemente dynamisch, abhängig von den Eingabeparametern, wie in Abbildung 11.18 dargestellt. Ist die neu erstellte Bildschirmmaske kleiner als die Originalmaske, ist nachträglich eine manuelle Anpassung der Elemente notwendig.

Diese manuellen Anpassungen werden im *Screenpainter* durchgeführt (über die Transaktion SE51). Meist werden dabei manuell die wichtigsten Felder vergrößert und Felder, die nicht benötigt werden, entfernt.

Durch das Generieren des ABAP Dynpros ist vor allem der Entwicklungsprozess um ein Vielfaches einfacher, und es ist schneller möglich, neue Geräte mit sich verändernden Bildschirmgrößen zu unterstützen. Ohne dieses Tool müsste jedes Dynpro manuell angelegt und dann im Coding integriert werden. Zusammenfassend ist deshalb festzustellen: SAP EWM ermöglicht es mit dem Bildmanager, sehr einfach Geräte mit anderen Bildschirmgrößen in EWM zu integrieren.

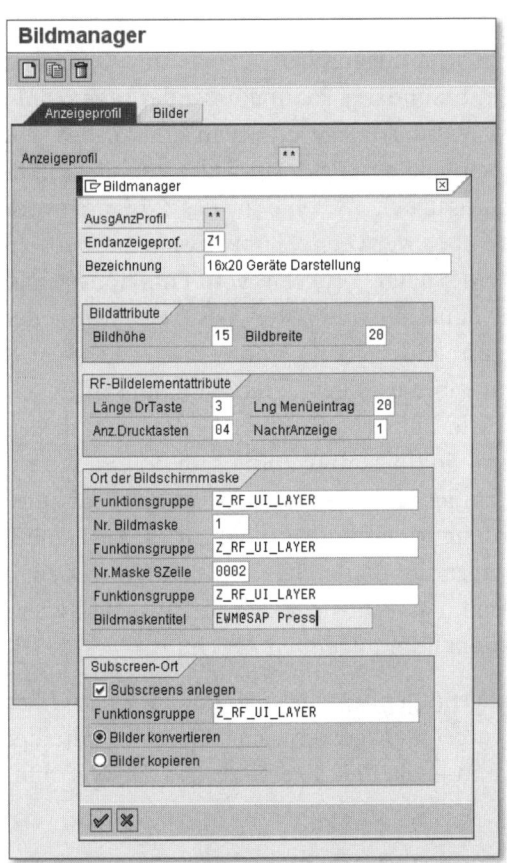

Abbildung 11.18 Neues Anzeigeprofil im Bildmanager erstellen

Beim Starten der mobilen Applikation über die Transaktion /SCWM/RFUI ist es möglich, das Standard-Endgerät auszuwählen, das mit dem Anzeigeprofil verknüpft ist (oder mithilfe eines Default-Werts auf dem Ressourcenstammsatz). Verschiedene Endgeräte können als Stammdaten über das SAP Easy Access Menü und den Pfad EXTENDED WAREHOUSE MANAGEMENT • STAMMDATEN • ENDGERÄTE oder durch Ausführen des Transaktionscodes /SCWM/PRDVC gepflegt werden.

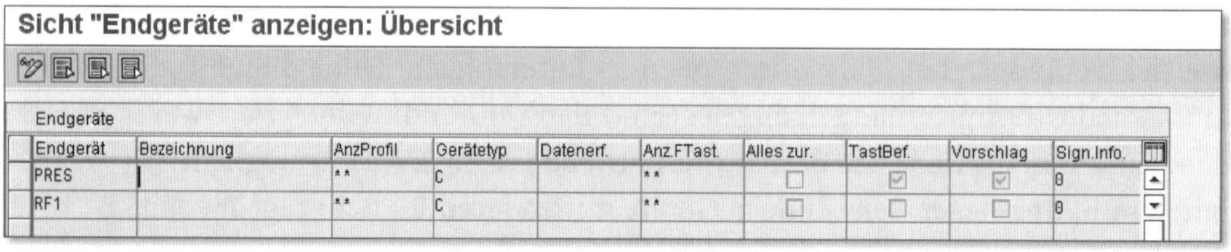

Sicht "Endgeräte" anzeigen: Übersicht										
Endgeräte										
Endgerät	Bezeichnung	AnzProfil	Gerätetyp	Datenerf.	Anz.FTast.	Alles zur.	TastBef.	Vorschlag	Sign.Info.	
PRES		* *	C		* *	☐	☑	☑	0	
RF1		* *	C		* *	☐	☐	☐	0	

Abbildung 11.19 Endgeräte pflegen und dem Anzeigeprofil zuordnen

Sie können weitere gerätespezifische Eigenschaften, wie in Abbildung 11.19 dargestellt, hinterlegen: Ein besonderer Parameter ist der sogenannte *Tastaturbefehl* (Option TASTBEF.). Mit der Pflege und dem Freischalten des Tastaturbefehls ist es möglich, ein kleines Feld auf jeder mobilen Bildschirmmaske einzublenden, um zusätzliche Befehle an das RF-Framework zu überführen. Dieses Feld wird auch verwendet, um Ausnahmecodes zu erfassen oder Funktionscodes (wie beim Drücken von Funktionstasten) auszulösen, wenn Geräte keine Funktionscodetasten besitzen. Wenn der Tastaturbefehl aktiviert wurde, springt der Cursor immer im letzten Schritt vor Verlassen der Bildschirmmaske in dieses Feld. Sind Funktionstasten auf dem Gerät verfügbar, sollte das Feld immer deaktiviert werden, um diesen zusätzlichen Schritt zu verhindern. Sollte es notwendig sein, in einem Prozessschritt trotzdem einen Ausnahmecode zu erfassen, wird das Feld automatisch eingeblendet. Die Ausnahmebehandlung ermöglicht es, Ausnahmecodes abhängig vom Prozessschritt zu definieren, das heißt, die Anwendung kann selbstständig feststellen, wann das Feld sichtbar sein muss und wann nicht. Wir beschreiben die Funktionen im folgenden Abschnitt.

Ein Endgerät kann als *Default-Endgerät* gepflegt werden. In dem Fall wird es bei der Anmeldung an das Ressourcenmanagement eingeblendet, sollte der Benutzer auf dem Ressourcenstammsatz kein Endgerät als Default-Wert hinterlegt haben.

Die Option ALLES ZURÜCKSETZEN ermöglicht es, alle offenen Eingabefelder in einem Bildschirm zu löschen, wenn zweimal [F6] gedrückt wird. Beim ersten Drücken von F6 wird nur das Feld gelöscht, in dem sich der Cursor befindet.

Mit den *Signaltonfeldern* (Option SIGN.INFO.) ist es möglich, abhängig vom Meldungstyp (sollte eine Meldung auf dem mobilen Gerät ausgegeben werden) ein Feld mit einer beliebigen Zahl zu füllen, die einem Signalton zugeordnet wird. Die SAP Console wertet dieses Feld aus, und es ertönt ein akustisches Signal auf dem mobilen Gerät. Bei der Verwendung von Webtechnologien, wie zum Beispiel der Technologie ITSmobile, ist es möglich, mit JavaScript die Meldungen mit einfacheren Mitteln auszuwerten und ein Signal an den Benutzer zu senden. Die Signaltonfelder kommen derzeit jedoch nur bei der SAP Console zur Anwendung.

Das RF-Framework kennt keine Lagernummern. Um dennoch lagerspezifisch im RF-Framework arbeiten zu können, wird das DARSTELLUNGSPROFIL verwendet. Dieses wird einer Lagernummer zugeordnet (siehe Abbildung 11.20). Das Darstellungsprofil ist damit ein zentraler Schlüssel, der sich in vielen Tabellen wiederfindet. Es wird über den zentralen RF-Framework-View-Cluster erstellt. Starten Sie dazu das EWM-Customizing, und folgen Sie dem Pfad EXTENDED WAREHOUSE MANAGEMENT • MOBILE DATENERFASSUNG • RADIO-FREQUENCY-(RF)-FRAMEWORK • SCHRITTE IN LOGISCHEN TRANSAKTIONEN DEFINIEREN. Dort können Sie über den Knoten DARSTELLUNGSPROFIL DEFINIEREN neue Einträge pflegen. Um die Zuordnung der Darstellungsprofile zu den Lagernummern zu pflegen, starten Sie das EWM-Customizing und folgen dem Pfad EXTENDED WAREHOUSE MANAGEMENT • MOBILE DATENERFASSUNG • DARSTELLUNGSPROFIL ZU LAGER ZUORDNEN. Das RF-Framework wurde nicht nur für EWM entwickelt; deshalb findet sich nirgendwo die Lagernummer als Schlüsselfeld. Es ist also möglich, das RF-Framework auch in anderen Systemen (zum Beispiel in SAP ERP) zu verwenden. Um dennoch alle Einstellungen lagernummernspezifisch freizuschalten, wird die Lagernummer dem Darstellungsprofil, wie in Abbildung 11.20 dargestellt, zugewiesen.

Abbildung 11.20 Darstellungsprofil zur Lagernummer zuordnen

Radio-Frequency-Menü

Mithilfe des *RF-Menümanagers* ist es möglich, komfortabel eigene Menüs zu erstellen. Dabei ist die Drag & Drop-Funktionalität hilfreich. Um den RF-Menümanager zu starten, folgen Sie dem Pfad EXTENDED WAREHOUSE MANAGEMENT • MOBILE DATENERFASSUNG • RADIO-FREQUENCY-(RF)-FRAMEWORK • RF-MENÜMANAGER im EWM-Customizing oder führen den Transaktionscode /SCWM/RFMENU aus.

Die Menüeinträge beinhalten als Schlüsselfelder das Darstellungsprofil sowie das Personalisierungsprofil, die beide dem EWM-Benutzer zugeordnet werden. Somit kann das RF-Menü benutzerabhängig verwaltet werden. Das Personalisierungsprofil kann direkt, das Darstellungsprofil indirekt über die Lagernummer dem Benutzer zugeordnet werden. Nach dem Ausführen der Transaktion für den RF-Menümanager müssen Sie deshalb die Parameter DARSTELLUNGSPROFIL und PERSONALISIERUNGSPROFIL auswählen und die Taste [F7] drücken. Auf dem nächsten Bildschirm können Sie dann das RF-Menü anlegen oder verändern (siehe Abbildung 11.21).

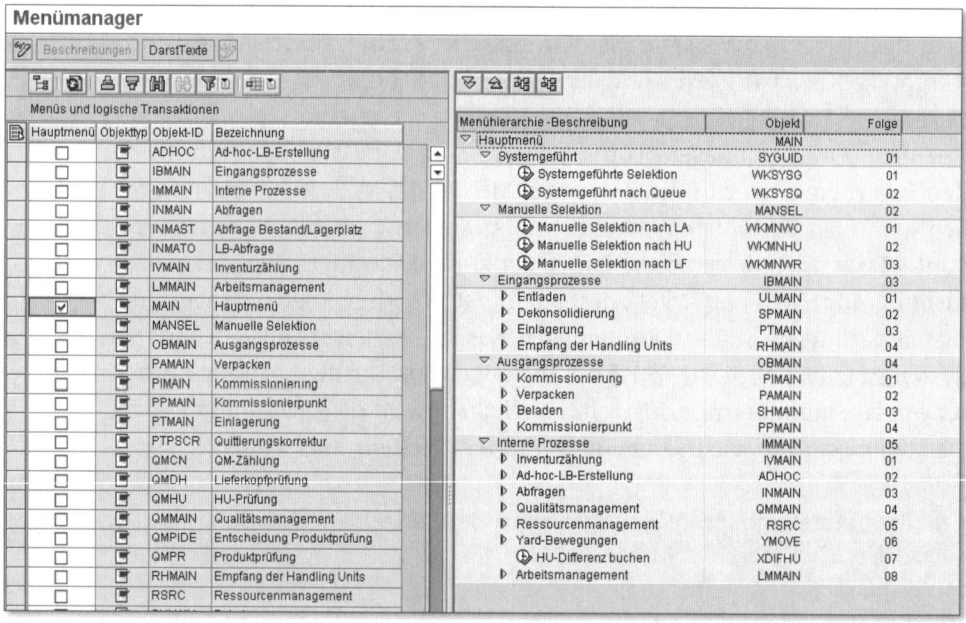

Abbildung 11.21   RF-Menüs mit dem RF-Menümanager erstellen

11.2.3   RF-Transaktionen erweitern

Durch das Erweiterungskonzept des RF-Frameworks, das auf eigenen Konfigurationstabellen aufsetzt, wird die Geschäftslogik von der Darstellungslogik getrennt. Jeder Schritt wird in Tabellen gepflegt und dann über Schlüsselfelder gefunden. Wichtig ist bei Erweiterungen immer, darauf zu achten, dass die Standard-Logik nicht beeinflusst wird. Sonst ist das Nachspielen/Nachtesten von Problemen schwer möglich, was den Support der gesamten Lösung behindern würde. Dennoch wird schnell ersichtlich, wie vielseitig das RF-Framework ist und wie leicht Erweiterungen realisiert werden können.

Anpassen der RF-Framework-Konfiguration

Beachten Sie, dass die RF-Framework-Konfiguration so wenig wie möglich angepasst werden sollte. Zwar ist das Anpassen der Konfiguration nicht direkt eine Modifikation, jedoch beeinflusst es das Standard-Verhalten. Sie sollten deshalb so wenig wie möglich ändern. Wird das Standard-Customizing angepasst, verlieren Sie auch den SAP-Support und die Gewährleistung der Lösung. Durch das Erstellen und Verwenden eines zweiten Darstellungsprofils können Sie Änderungen vornehmen und trotzdem immer wieder die Standard-Logik testen.

Alle Prozessschritte einer RF-Transaktion sind in Tabelleneinträgen definiert und wurden von SAP zu logischen Transaktionen zusammengefasst. Die Pflege dieser Einträge erreichen Sie über den EWM-Customizing-Einführungsleitfaden oder durch Aufrufen des technischen Views /SCWM/RF_CUSTOM in der Transaktion SE54. In dieser Transaktion finden Sie auch alle verschiedenen Tabellennamen, was vor allem Entwickler von RF-Transaktionen interessieren könnte.

Weiterführende Informationen zum RF-Framework

Zusätzliche Informationen zum RF-Framework finden Sie in der SAP-Online-Hilfe. Zudem ist das RF-Kochbuch zu empfehlen, das auf dem Service Marketplace verfügbar ist (*http://service.sap.com*). Das RF-Kochbuch ist an Entwickler gerichtet, die bestehende Transaktionen erweitern oder neue Transaktionen entwickeln müssen. Es entstand während der Entwicklung von EWM und enthält daher Informationen, die damals für EWM-Entwickler bestimmt waren.

EWM liefert rund 120 mobile, »logische« Transaktionen aus. Diese sind jedoch nicht, wie bei dem Modul WM in SAP ERP, direkt über einen Transaktionscode erreichbar. Die Konfiguration des RF-Frameworks ermöglicht es, die mobile Transaktionslogik anhand folgender Einstellmöglichkeiten sehr flexibel zu verwalten.

▶ **Darstellungs- und Personalisierungsprofile**
  Beide sind notwendig, um die Geschäfts- und Darstellungslogik lokations- bzw. benutzerspezifisch zu verwalten.

▶ **Schritte und Stand definieren**
Diese Pflege ist notwendig, um einzelne Transaktionen in Teilschritte auf-
zugliedern. Durch die Verwendung von mehreren unterschiedlichen Stän-
den ist es möglich, einem Prozessschritt unterschiedliche Bildschirmmasken zuzuordnen.

▶ **Funktionscodes und Funktionstexte**
Hierbei handelt es sich um interne Funktionscodes, die den externen
Funktionscodes ([F1] bis [F12]) zugeordnet werden. Eine dynamische
Pflege der Funktionscodetexte ermöglicht eine sprachenabhängige
Anzeige dieser. Das Zuordnen der Funktionscodes wird unterhalb des
Knotens LOGISCHE TRANSAKTIONEN DEFINIEREN vorgenommen.

▶ **Validierungsobjekte definieren**
Bei der Nutzung von Validierungsprofilen innerhalb einer logischen
Transaktion werden die definierten Objekte verwendet und anhand der
Felder, die sich auf dem Screen befinden, überprüft. Falls eine Prüfung
fehlschlägt, wird der nachfolgende Schritt nicht eingeleitet. Die Validie-
rungsprofillogik wird unterhalb des Knotens LOGISCHE TRANSAKTIONEN
DEFINIEREN festgelegt. Idee des RF-Frameworks ist es, über bestimmte
Schlüsselfelder zu definieren, welche Felder dynamisch verifiziert werden
sollen. Das Validieren von Feldern ist dann notwendig, wenn sichergestellt
werden soll, dass ein Benutzer zum Beispiel das Material wirklich auf
einen bestimmten Platz befördert hat. Ohne diesen Platz nochmals zu
scannen und so zu verifizieren, ist die Gefahr groß, dass durch einen
menschlichen Fehler doch ein anderer Platz ausgewählt wurde als der im
System definierte und hinterlegte. Die Validierung ermöglicht somit, die
Arbeit im Lager zu verbessern und die Fehlerquote zu minimieren. EWM
bietet hier, abhängig von Kundenanforderungen, die Möglichkeit, jedes
Feld zu validieren oder die Validierung nur gering auszuprägen. Durch
das Verwenden von Validierungsprofilen können Sie eine eigene Validie-
rungssteuerung konfigurieren.

Die Konfiguration der Validierungsprofile erreichen Sie im EWM-Custo-
mizing über den Pfad EXTENDED WAREHOUSE MANAGEMENT • MOBILE
DATENERFASSUNG • VERIFIZIERUNGSSTEUERUNG • LAGERSPEZIFISCHE VERIFI-
ZIERUNG DEFINIEREN. Damit das Validierungsprofil, abhängig von der
Tätigkeit, gefunden und verwendet wird, muss eine Findung ebenfalls
erfasst werden. Diese konfigurieren Sie über den Pfad EXTENDED WARE-
HOUSE MANAGEMENT • MOBILE DATENERFASSUNG • VERIFIZIERUNGSSTEUE-
RUNG • LAGERSPEZIFISCHE VERIFIZIERUNGSFINDUNG DEFINIEREN im EWM-
Customizing.

590

▶ **Logische Transaktionen definieren**
Die Geschäftslogik der mobilen Transaktionen wird unterhalb des Knotens
LOGISCHE TRANSAKTIONEN DEFINIEREN gesteuert. Der Text im Menü auf
dem mobilen Gerät kann mit dem Darstellungstext beeinflusst werden.

▶ **Schrittablauf einer logischen Transaktion zuordnen**
Im Knoten SCHRITTABLAUF EINER LOGISCHEN TRANSAKTION werden, wie in
Abbildung 11.22 gezeigt, die verschiedenen logischen Schritte einer
Transaktion zusammengefasst. Die Programmierlogik befindet sich in
unterschiedlichen Modulen (Funktionsbausteinen), die jedem Schritt
zugeordnet werden oder gegen eigene kundenspezifische Funktionsbausteine ausgetauscht werden können. Meist empfiehlt es sich, den vorhandenen SAP-Funktionsbaustein mit einem kundenspezifischen Funktionsbaustein zu verschalen und eine zusätzliche Logik vor oder nach dem SAP-
Standard-Baustein auszuführen.

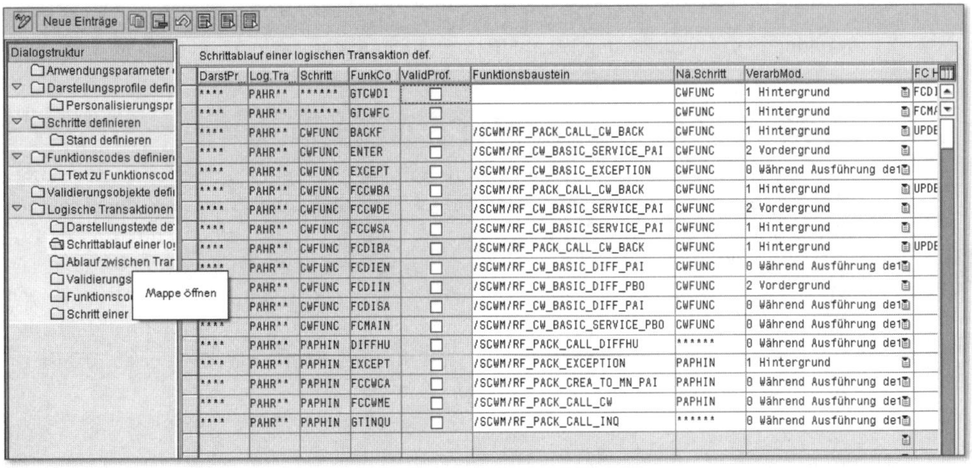

Abbildung 11.22 Zuordnung Schrittablauf zur logischen Transaktion

▶ **Schritte der logischen Transaktion zu Bildschirmmasken zuordnen**
Während der Ausführung einer Transaktion evaluiert das RF-Framework
über die Konfiguration, ob ein *Vordergrundschritt* einzuleiten ist. In diesem Fall werden, wie in Abbildung 11.23 dargestellt, der zugehörige Bild-
programmname und die Bildschirmnummer aus der Tabelle entnommen.
Durch das Anpassen der Tabelle ist es möglich, den Standard-Bildschirm
durch einen kundenspezifischen Bildschirm auszutauschen.

Sicht "Schritt einer log. Transakt. auf Subscreen abbild." ändern: Übe

| 🖉 | Neue Einträge | 🗋 🔁 🗁 🗐 🗐 🗐 |

Dialogstruktur
🗋 Anwendungsparameter
▽ 🗋 Darstellungsprofile defin
🗋 Personalisierungspr
▽ 🗋 Schritte definieren
🗋 Stand definieren
▽ 🗋 Funktionscodes definieren
🗋 Text zu Funktionscod
🗋 Validierungsobjekte defi
▽ 🗋 Logische Transaktionen
🗋 Darstellungstexte de
🗋 Schrittablauf einer lo
🗋 Ablauf zwischen Trar
🗋 Validierungsprofil de
🗋 Funktionscodeprofil
🗐 Schritt einer log. Trar

Schritt einer log. Transakt. auf Subscreen abbild.

Anw	Dars	Pers	Anz	Log.Tra	Schritt	Stand	B	Bildprogramm	Bildn
01	****	**	**	PAHRPA	PAHUIN	*****01		/SCWM/SAPLRF_PACKING	3400
01	****	**	**	PAHRPA	PAHUTT	*****01		/SCWM/SAPLRF_PACKING	7520
01	****	**	**	PAHRPA	PAITLS	*****01		/SCWM/SAPLRF_PACKING	7130
01	****	**	**	PAHRPA	PAPHIN	*****01		/SCWM/SAPLRF_PACKING	6700
01	****	**	**	PAHRPA	PAPMIN	*****01		/SCWM/SAPLRF_PACKING	3500
01	****	**	**	PAHRPA	PASHIN	*****01		/SCWM/SAPLRF_PACKING	6600
01	****	**	**	PAHRPA	PATOCR	*****01		/SCWM/SAPLRF_PACKING	3500
01	****	**	**	PAHRPA	PAWCIN	*****01		/SCWM/SAPLRF_PACKING	2000
01	****	**	AK	PAHRPA	PAHUIN	*****01		/SCWM/SAPLRF_PACKING	3400
01	****	**	AK	PAHRPA	PAHUTT	*****01		/SCWM/SAPLRF_PACKING	7520
01	****	**	AK	PAHRPA	PAITLS	*****01		/SCWM/SAPLRF_PACKING	7130
01	****	**	AK	PAHRPA	PAPHIN	*****01		/SCWM/SAPLRF_PACKING	6700
01	****	**	AK	PAHRPA	PAPMIN	*****01		/SCWM/SAPLRF_PACKING	3500
01	****	**	AK	PAHRPA	PASHIN	*****01		/SCWM/SAPLRF_PACKING	6600
01	****	**	AK	PAHRPA	PATOCR	*****01		/SCWM/SAPLRF_PACKING	3500
01	****	**	AK	PAHRPA	PAWCIN	*****01		/SCWM/SAPLRF_PACKING	2000

Abbildung 11.23 Zuordnung Transaktionsschritt zu Bildprogamm und Bildnummer

---

Folgen von Änderungen des RF-Standard-Customizings

Sollten Sie das bestehende, Ihnen von SAP zur Verfügung gestellte Customizing ändern, hat dies sehr unangenehme Folgen. Ein Nachteil ist, dass bei der direkten Änderung des Standard-Customizings die Standard- Transaktionen nicht mehr so, wie von SAP ausgeliefert, nutzbar sind. Bei späteren Tests oder dem Freischalten zusätzlicher Funktionen sowie zur Sicherstellung des Supports ist das Vorhandensein der Standard-Logik jedoch zwingend notwendig. Wir empfehlen deshalb, das Standard-Customizing niemals zu ändern, sondern mit einem eigenen Anzeige- bzw. Personalisierungsprofil zu arbeiten.

Einige RF-Transaktionen sind im EWM-Standard generisch entwickelt und konfiguriert worden. Dies trifft zum Beispiel auf die Kommissioniertransaktionen (PI****) zu. Diese Transaktionen können dadurch noch stärker und besser erweitert werden. Dadurch, dass sie fast die komplette Geschäftslogik in einer generischen Transaktion (Wildcard oder Asterixtransaktion) beinhalten, ist eine Abwandlung durch das Erstellen einer Transaktion mit dem Namen PIZZZZ möglich. Dies ermöglicht es, die komplette Geschäftslogik der Standard-Transaktion zu übernehmen und Erweiterungen in der eigenen PIZZZZ-Transaktion zusammenzufassen. Leider bietet SAP EWM derzeit nicht für jede logische Transaktion solch ein Erweiterungskonzept.

11.2.4 RF-Transaktionen personalisieren

Das Personalisieren der RF-Transaktionen wird mithilfe des *Personalisierungsprofils* ermöglicht. Somit bietet EWM Möglichkeiten, um die mobilen Transaktionen, abhängig von Benutzergruppen, zu personalisieren. Die Zuordnung zum Benutzer wird auf dem Benutzerstamm über den Transaktionscode /SCWM/USER sichergestellt

Das Personalisieren des Schrittablaufs oder der Bildschirmfolge der jeweiligen RF-Transaktion können Sie sicherstellen, indem Sie die vorhandenen Tabelleneinträge kopieren und das Personalisierungsprofil austauschen. Um das Aussehen der RF-Transaktion benutzerspezifisch zu verändern, können Sie die schon vorhandenen Einträge kopieren (siehe Abbildung 11.23). Haben Sie die Zeilen markiert und kopiert, können Sie in den neu erstellten Zeilen dann das Bildprogramm oder die Bildnummer verändern, was zur Folge hat, dass das Programm dann einen anderen Bildschirm, denn Sie parallel mit der Transaktion SE51 anlegen müssen, verwendet.

Es bieten sich folgende Möglichkeiten, um die mobilen Transaktionen zu personalisieren:

- Erstellen von personalisierten Menüs über den Menümanager und die Zuordnung zu den jeweiligen Benutzern
- Verwenden von verschiedenen Bildschirmmasken für bestimmte Benutzergruppen bzw. Personalisierungsprofile
- Verwendung von verschiedenen Validierungsprofilen abhängig von der Benutzergruppe und dem Personalisierungsprofil

Zum einen ist die Erstellung von *personalisierten Menüs* über den Menümanager und die Zuordnung zu den jeweiligen Benutzern möglich. Diese Funktion ermöglicht es auch, ein Berechtigungskonzept umzusetzen, das nicht mit dem Standard-SAP-Berechtigungskonzept gleichzusetzen ist. Dadurch, dass nur bestimmte Transaktionen im Menüblatt auf dem mobilen Gerät sichtbar sind, kann der Benutzer nur diese ausführen. Im Unterschied dazu kann durch die Verwendung von SAP-Berechtigungsobjekten (diese werden zu Rollen zusammengefasst und auf dem SAP-Benutzer hinterlegt) das Ausführen einer RF-Transaktion, zum Beispiel nur für eine bestimmte Lagernummer, eingeschränkt werden. Dennoch ist das Zurverfügungstellen eines bestimmten Submenüs die erste Möglichkeit, einen Benutzer nur mit bestimmten Transaktionen im RF auszustatten.

Die zweite Möglichkeit ist das Verwenden *verschiedener Bildschirmmasken* für bestimmte Benutzergruppen bzw. Personalisierungsprofile. Die Konfiguration erreichen Sie im EWM-Customizing unter dem Pfad EXTENDED WAREHOUSE MANAGEMENT • MOBILE DATENERFASSUNG • RADIO-FREQUENCY-(RF)-FRAMEWORK • SCHRITTE IN LOGISCHEN TRANSAKTIONEN DEFINIEREN. Idee ist es, jeder Benutzergruppe, abhängig von ihrem Erfahrungsstand, einfache bzw. komplexe Bildschirmmasken anzuzeigen. Ein Lagerleiter könnte so auch sensible Daten einsehen, die ein Mitarbeiter bzw. Ferienarbeiter nicht sehen soll.

Es ist darüber hinaus möglich, *verschiedene Validierungsprofile* abhängig von der Benutzergruppe und dem Personalisierungsprofil zu verwenden. Abhängig von einer Benutzergruppe und somit dem Personalisierungsprofil können unterschiedliche Validierungslogiken implementiert werden. Somit kann sichergestellt werden, dass unterschiedliche Benutzer unterschiedliche Daten auf der Bildschirmmaske eingeben bzw. einscannen müssen. Zum Beispiel könnte die Menge auf dem Nachplatz beim Einlagern verifiziert werden müssen, dies aber nur für unerfahrene Mitarbeiter bzw. Mitarbeiter, die noch nicht lange in einem Bereich arbeiten.

Das RF-Framework bietet mit seinen flexiblen Werkzeugen die Möglichkeit, den Programmablauf sehr flexibel zu gestallten. Das bedeutet, das RF-Framework wird verwendet, um die Geschäftslogik im System möglichst kostengünstig und flexibel zu verwalten.

Damit die RF-Transaktionen tatsächlich auf einem mobilen Gerät ausgeführt werden können, benötigen Sie Datenfunktechnologien, die wir im folgenden Abschnitt erläutern werden. Zusätzlich dazu haben wir die technischen Themen Pick-by-Voice und RFID in diesem Abschnitt zusammengefasst.

11.3   Datenfunk, Pick-by-Voice und RFID

In diesem Abschnitt konzentrieren wir uns auf die technischen Aspekte, die erforderlich sind, um EWM-Transaktionen und -Programme auf mobilen Geräten anzuzeigen. Wir beschreiben die unterschiedlichen Schichten, die notwendig sind, damit die Bildschirmmaske auf dem integrierten mobilen Gerät dargestellt werden kann. Darüber hinaus besprechen wir die unterschiedlichen Möglichkeiten, die zur Verfügung stehen, um sowohl in EWM als auch im SAP-System im Allgemeinen mit einem mobilen Gerät zu interagieren. Eine Sonderstellung haben die Pick-by-Voice-Integration sowie die RFID-Technologie in der Praxis, wenn es um die Automatisierung der Lagerprozesse geht. In diesem Abschnitt erklären wir Ihnen beide Technologien im Detail. Beim Einsatz all dieser Technologien ist die Wahl der Hardware ein Schlüsselfaktor, der den Erfolg der Systemeinführung beeinflusst. Die Integration mobiler Geräte ist aufgrund der vielen Faktoren, die sich ständig aufgrund neuer Produkte und Strategien der Hardware- und Softwarehersteller ändern, ein sensibles Thema.

11.3.1 Hardwareeinflussfaktoren

Bei der Einführung einer mobilen Technologie in Ihrem Lager müssen Sie entscheiden, ob das Gerät als mobiles Handgerät verwendet und ausgestattet ist oder ob es sich um ein Staplergerät handelt. Der Unterschied besteht vor allem in der Hardwareausstattung: So sind derzeit Staplergeräte eher als Tablet-PCs zu verstehen. Da diese meist so umfassend ausgestattet sind wie handelsübliche Notebooks (das heißt, mit einem Betriebssystem wie Windows XP, Vista oder Windows 7), bestehen hier bessere Integrationsmöglichkeiten mit dem SAP-System. Auch in puncto Performance sind der Prozessor und die Hauptspeicher dieser Tablet-PCs den mobilen Handgeräten überlegen.

Im Gegensatz zu Staplergeräten in Form von Tablet-PCs haben Handgeräte mehr Einschränkungen aufzuweisen. Sie werden derzeit nur mit Windows Mobile oder Windows CE ausgeliefert. Die Hardwareausstattung, das heißt, CPU oder RAM, ist vergleichbar mit PCs, die vor Jahren auf den Markt kamen. Durch diese Einschränkungen ist die Integration eingeschränkt. Es bedarf somit einer gut geeigneten Hardware- und Softwaretechnologie, um eine erfolgreiche Systemeinführung sicherzustellen.

Unter Windows Mobile oder Windows CE ist ein Betreiben des SAP GUIs auf den Handgeräten nicht möglich, sodass andere Frontend-Technologien verwendet werden müssen. Eine Citrix-Lösung kommt meist auch nicht infrage, da eine intensivere Integration der Hardware notwendig wäre und die Bildschirmfläche komplett der Applikation zur Verfügung gestellt werden muss. Aufgrund der Notwendigkeit von plattformunabhängigen Technologien und der Tatsache, dass das Standard-Windows-SAP-GUI auf einem mobilen Gerät nicht lauffähig ist, muss auf Telnet bzw. webbasierte Technologien ausgewichen werden. Zudem ist zu beachten, dass mobile Transaktionen im Lager meist in Echtzeit, das heißt online, betrieben werden.

Die derzeit beste Möglichkeit ist eine Integration mit der SAP Console oder mit SAP ITSmobile. Die WebSAPConsole wird jedoch seitens SAP nicht mehr empfohlen, da SAP die Weiterentwicklung dieser Technologie aufgegeben hat. In den Abschnitten 11.3.3, »SAP Console«, und 11.3.5, »SAP ITSmobile«, stellen wir die SAP Console und ITSmobile detaillierter vor. SAP hat eine mobile Strategie auf dem Service Marketplace auf *http://service.sap.com* veröffentlicht, in der beide Technologien, SAP Console und ITSmobile, empfohlen werden.

11.3.2 Softwareeinflussfaktoren

Wenn Sie eine Softwarelösung für einen mobilen Prozess auswählen, sollten Sie die Art der Verwendung in den Vordergrund stellen, vor allem, ob Sie die Anwendung im Online- oder im Offline-Betrieb nutzen werden.

Je nach Verwendungsweise unterscheiden sich Aufwand und Kosten erheblich. Heutzutage wird das Lagergeschehen in Echtzeit abgebildet; jede Bewegung soll sofort im System verbucht werden. Das System kann dadurch die Daten validieren und zugleich auf Ausnahmen reagieren. Diese Bedingungen können nur mit einem Online-System sichergestellt werden. Vorteil einer Online- und somit Echtzeit-Lösung ist somit unter anderem die Minimierung des Bestands auf Kommissionierlagerplätzen, da so Sicherheitsbestände minimiert werden können. Mit der zeitgleichen Bewegung des Bestands und Verbuchung der Daten im System können Nachschuboperationen viel früher gestartet werden. Würde der Bestand erst bewegt, die Bewegung auf Papier oder in einem Offline-Gerät festgehalten und später (falls nicht vergessen) im System erfasst, könnte das System erst reagieren, nachdem die Daten vollständig vom System erfasst worden sind. Folge davon ist, dass auf Kommissionierplätzen der Bestand länger ausreichen muss oder der Sicherheitsbestand höher ausfällt. Soll ein Mitarbeiter ein Material von einem Reservelagertyp in den Kommissionierbereich umlagern, kann der Mitarbeiter, der die nachfolgenden Kommissioniertätigkeiten übernimmt, das Material erst kommissionieren, wenn der Bestand tatsächlich bewegt und vor allem, wenn diese interne Umlagerung auch im System erfasst und verbucht wurde.

Um ein System in Echtzeit nutzen zu können, ist die Netzwerkarchitektur entscheidend. Ein Lager, das sich physisch meist in einem oder mehreren Gebäuden befindet, kann hardwareseitig problemlos mit einer Wireless-LAN-Netzwerk-Architektur ausgestattet werden. Die Erfahrung zeigt, dass eine Offline-Anwendung meist acht- bis zehnmal aufwendiger ist als eine Online-Anwendung.

Laut einer Studie von Gartner (*Choosing Between the Six Mobile Application Architecture Styles*, Gartner 2006) gibt es bis zu sechs mögliche mobile Architekturen:

▸ **Thick Client**
Daten und Code sind auf dem Gerät gespeichert.

▸ **Rich Client**
Code wird auf dem Gerät abgelegt – so gut wie keine oder generell keine Daten werden auf dem Gerät abgelegt.

▸ **Thin Client**
Ein Browser oder ein ähnlich generisches Programm wird auf dem Gerät abgelegt – sonst wird auf dem Gerät nichts gespeichert.

▸ **Streaming**
Streaming-Programm auf dem Gerät

▸ **Messaging**
E-Mail, mobile Textnachricht (SMS), Kurzmitteilung wird als Transport von Daten verwendet.

▸ **No Client**
Verwendung von nativen Funktionen wie der Stimme, zum Beispiel bei Telefonen

Für den Gebrauch einer mobilen Softwarelösung im Lager oder in der Logistik im Allgemeinen stehen nur die ersten drei Architekturen zur Verfügung. Diese stellen wir in Abbildung 11.24 dar und zeigen auf, wie sie in die SAP-Systemlandschaft integriert wurden.

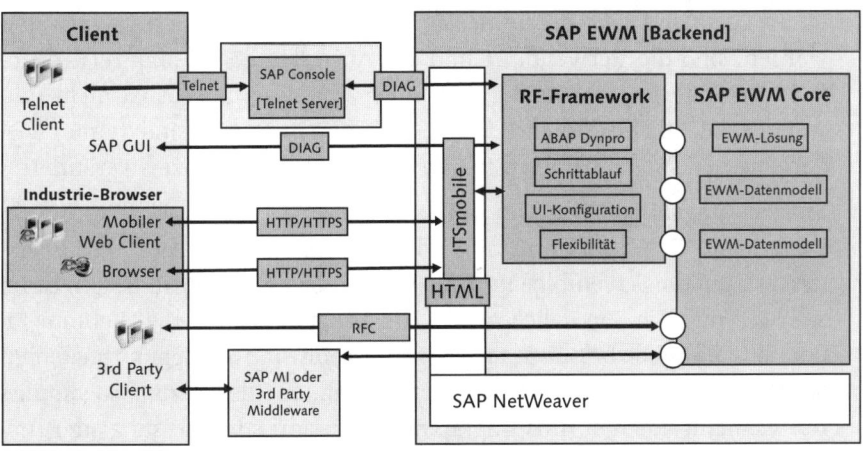

Abbildung 11.24 SAP-Systemlandschaft für die Integration mobiler Geräte

Eine Offline-Lösung bietet die Möglichkeit, Daten auf dem Gerät abzulegen, um diese dann bei erneuter Verbindung mit einem System zu replizieren. Offline-Anwendungen können Sie mit der *SAP Mobile Infrastructure* realisieren.

Mit der Verwendung einer nativen Anwendung oder zusätzlichen Logik, die auf dem mobilen Gerät installiert werden muss, ist es möglich, Daten auf dem mobilen Gerät darzustellen. Die Verwendung eines Nicht-SAP-Clients ist in dem Umfeld zwar auch denkbar, weist jedoch den Nachteil auf, dass meist notwendige Schnittstellen fehlen und der Client für alle mobilen Plattformen und jede Version zur Verfügung gestellt werden müsste. Das heißt, es entsteht ein Aufwand, den ein Partner oder der Kunde selbst tragen muss.

Mit der Verwendung eines Thin Clients, wie einem Browser (Internet Explorer oder Industrie-Browser) oder einem Telnet-Client, wird die Darstellung auf dem mobilen Gerät sichergestellt. SAP selbst greift auf diese Architektur zurück und empfiehlt diese auch ihren Kunden, um den Aufwand und die Kosten zu minimieren.

Der Einsatz von SAP Console und ITSmobile ist nicht auf EWM beschränkt: Jedes SAP-System auf Basis von SAP NetWeaver AS ABAP kann beide Technologien verwenden. Das bedeutet, dass auch die Integration in das SAP ERP-Modul WM mit SAP ITSmobile und SAP Console möglich ist.

Die Technologien SAP Console und ITSmobile sind, unter Berücksichtigung der Implementierungskosten und des kompletten Produktlebenszyklus, vergleichbar sehr günstig. Begründet werden kann dies mit folgenden Argumenten:

▶ **Verwendung und Ausrollen der Technologie**
Da die Logik und die Programme alle zentral auf dem SAP-System verwaltet werden, sind die Verwendung und das Ausrollen der Lösung relativ einfach. Veränderungen können zentral verwaltet werden. Es ist nicht notwendig, zusätzlich auf allen Geräten, die schon im Einsatz sind, immer wieder eine neue Software zu installieren, wenn sich ein Prozess verändert.

▶ **Entwicklungsumgebung und weitere Tools**
Der gesamte Entwicklungsprozess wird im SAP-System umgesetzt. Ein erster Test, um die Screenfolge und das Verbuchen der Daten zu testen, ist im SAP GUI möglich. Zusätzlich gibt es Hilfsprogramme, um die Webintegration mit ITSmobile besser zu testen. Diese Tools sind auf dem normalen PC lauffähig und können dort verwendet werden, um die Nutzung zu simulieren. Gemeint sind hier Hilfsprogramme zur Performancemessung oder zum Analysieren des HMTL-Codes, der an das mobile Gerät versendet wird.

▶ **Performance und Stabilität**
Das größte Problem einer mobilen Lösung ist das mobile Gerät. Es stellt meist den Flaschenhals der Lösung dar. Deshalb muss die Lösung sehr performant sein, und alles, was ein zentrales System sicherstellen kann,

sollte durch den Server realisiert werden. Das verbessert vor allem die Performance und die Stabilität der Lösung, da auf dem SAP-System die Verarbeitung performant und stabiler sicherzustellen ist. Begründet werden kann dies damit, dass das SAP-System hardwareseitig besser ausgestattet ist als ein mobiles Gerät. Zudem stehen auf dem SAP-System weitere Programme zur Verfügung, um Fehler besser analysieren zu können (zum Beispiel mit den Transaktionen STAD, ST01 oder durch das Einspielen der Support-Komponente ST-A/P in die Transaktion ST12).

▶ **Geräteunabhängigkeit**
Den Support einer Lösung sicherzustellen heißt, eine Lösung für alle Geräte bereitzustellen. In einem Projekt kann sich ein Kunde meist auf ein oder zwei Geräte beschränken, dies heißt jedoch nicht, dass das Gerät immer zur Verfügung stehen wird. Häufig ist ein Gerät, das man einsetzt, später nicht mehr lieferbar. Letztlich bietet ein Gerätehersteller ein Gerät im gleichen Modell etwa ein bis maximal zwei Jahre an, bis es durch ein Nachfolgermodell ersetzt wird. Das heißt, eine mobile Lösung sollte so ausgelegt sein, dass sie alle Geräte unterstützen kann. Durch einen plattformunabhängigen Client (wie zum Beispiel einen Browser), der auf allen Betriebssystemen und Geräten lauffähig ist, wird eine solche Geräteunabhängigkeit sichergestellt. Ähnlich ist es bei einem Telnet-Client. Deshalb setzt die SAP Console einen Telnet-Client und SAP ITSmobile einen Browser voraus. Telnet und vor allem HTML stellt heutzutage einen offenen Standard dar, das heißt, mit der Verwendung eines solchen Clients ist es möglich, nahezu alle Geräte zu unterstützen und zudem als Kunde sicherzustellen, dass langfristig auch andere Implementierungspartner die Lösung warten können.

In Tabelle 11.1 haben wir die verschiedenen Aspekte, die bei der Auswahl einer mobilen Lösung zu berücksichtigen sind, in Tabellenform gegenübergestellt.

Kondition	Online (immer verbunden)	Rich-Client oder teilweise nicht verbunden	Offline oder vereinzelt verbunden
natives User Interface	nein	ja	ja
Browser- oder Telnet-basiert	ja	nein	nein
Geschäftslogik auf dem mobilen Gerät	nein	ja	ja

Tabelle 11.1 Gegenüberstellung der mobilen Architekturen (online oder teilweise online/offline)

599

Kondition	Online (immer verbunden)	Rich-Client oder teilweise nicht verbunden	Offline oder vereinzelt verbunden
lokale Daten	nein	gering – erfordert Synchronisation	Daten auf dem Gerät – erfordert Synchronisation
Unterstützung von Operation – wenn Gerät außerhalb der Reichweite	nein – eingeschränkt möglich, wenn Verbindung zum System nicht notwendig ist	komplett bzw. eingeschränkt unterstützt	komplett unterstützt
Peripherie-Support	nur wenn der Browser eine Schnittstelle zur Verfügung stellt – oder diese selbst entwickelt wird [zum Beispiel ActiveX oder Applet]	ja	ja
Multi-Geräte-Support	komplett mit Browser, dieser wird meist für alle Plattformen unterstützt	eingeschränkt	eingeschränkt
TCO	gering	mittel	hoch

Tabelle 11.1 Gegenüberstellung der mobilen Architekturen (online oder teilweise online/offline) (Forts.)

EWM unterstützt derzeit im Standard nur die Online-Verwendung durch den Einsatz eines Thin Clients für mobile Geräte.

Da alle mobilen Transaktionen im RF-Framework implementiert wurden und dieses derzeit mit ABAP Dynpro realisiert wurde, ist es jederzeit möglich, die mobilen Transaktionen sowohl im SAP GUI auf dem Desktop-PC auszuführen als auch sie mithilfe der SAP Console oder von SAP ITSmobile auf mobilen Geräten zu betreiben.

Testen im SAP GUI

In Lagerprojekten hat es sich immer ausgezahlt, gerade zu Beginn und während der ersten Funktions- und Integrationstests die mobilen Transaktionen im SAP GUI testen zu können. Dort kann zuerst sichergestellt werden, dass die Applikation einwandfrei funktioniert. Ein Key-User wird sonst mit dem neuen mobilen Gerät und den neuen Screenfolgen bzw. den neuen mobilen Transaktionen sehr leicht überfordert.

Erst in der letzen Testphase, wenn das System tatsächlich mit der Physik (das heißt, mit Stapler und Geräten) im Lager getestet wird, ist der Einsatz der Transaktion auf mobilen Geräten problemlos möglich. Durch die Verwendung der Technologie SAP Console oder ITSmobile ist dies sehr einfach sicherzustellen.

Wird zuerst die SAP Console implementiert, ist ein nachträglicher Wechsel von der SAP Console auf ITSmobile ebenfalls sehr schnell realisierbar, da beide Technologien das gleiche Entwicklungsmuster (SAP Dynpro) verwenden.

11.3.3 SAP Console

Die *SAP Console* ist eine Standard-Schnittstelle, über die das SAP-System mit den RF-Geräten verbunden wird. Die SAP Console wird verwendet, um textbasiert Geräte zu unterstützen (wie in Abbildung 11.25 dargestellt). Es handelt sich dabei um eine sehr stabile und ausgereifte Technologie, die schon seit mehreren Jahren im Lagerumfeld verwendet wird.

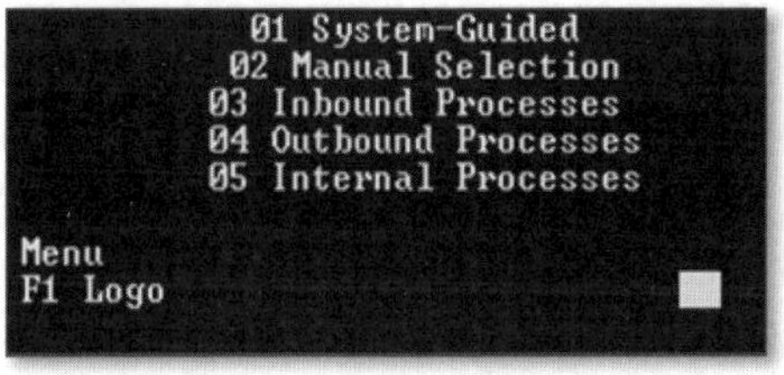

Abbildung 11.25 Bildschirmmaske der SAP Console

In Abbildung 11.26 haben wir die Systemlandschaft der SAP Console dargestellt. Um die SAP Console betreiben zu können, ist es notwendig, zusätzlich einen *Telnet-Server* zu betreiben. Beide, SAP Console und Telnet-Software, werden auf einem zusätzlichen Server installiert und betrieben. Die SAP Console hat nur die Aufgabe, das SAP-Protokoll DIAG umzuwandeln und dem Telnet-Server zur Verfügung zu stellen. Der Telnet-Server wiederum stellt die Kommunikation zum mobilen Gerät sicher, auf dem ein Telnet-Client läuft. Ein handelsüblicher Telnet-Client ermöglicht eine textbasierte Anzeige – möchte man eine grafische Anzeige sicherstellen, benötigt man einen erweiterten Telnet-Client, jedoch müssen dann auch vom Telnet-Server die notwendigen grafischen Informationen zur Verfügung gestellt werden.

Der Telnet-Client sollte VT220 unterstützen, damit alle Funktionen, wie zum Beispiel die Unterstützung von Funktionstasten, problemlos verfügbar sind.

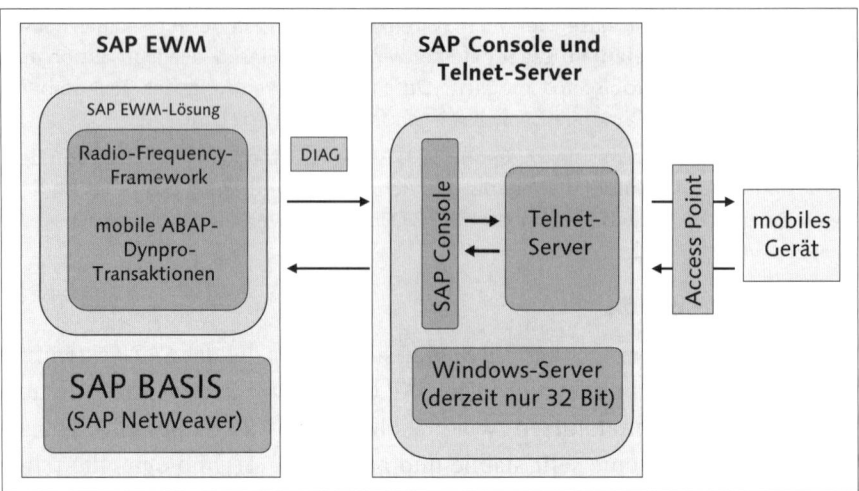

Abbildung 11.26   Systemlandschaft unter Einsatz der SAP Console

Die SAP Console selbst kann als Konvertierer verstanden werden, ohne eine zusätzliche Datenbank oder einen zusätzlichen Persistenz-Layer, der Daten selbst zwischenspeichert. Es handelt sich um einen zusätzlichen Server, der jedoch nicht direkt als eine Middleware zu verstehen ist. Die SAP Console wandelt nur die Anzeige um, damit diese mithilfe des Telnet-Protokolls auf dem mobilen Gerät dargestellt werden kann. Weitere Informationen und Empfehlungen für die Verwendung der SAP Console finden Sie auf dem Service Marketplace unter dem Hinweis 540469.

Seit 2009 unterstützt die SAP Console auch UTF-8. Das heißt, es muss auf einer Instanz der SAP Console nicht wie bisher eine dedizierte Codepage ausgewählt werden. In der Vergangenheit waren Anforderungen wie die parallele Unterstützung der Schriftarten Koreanisch und Kyrillisch für Unternehmen, die global interagieren, nur durch die Installation von zwei SAP-Console-Servern realisierbar. SAP unterstützt seit 2010 UTF-8, was bedeutet, dass ein Kunde nur einen SAP-Console-Server betreiben muss, um diese Anforderungen umzusetzen. Wichtig ist, hinzuzufügen, dass der Telnet-Server und der Telnet-Client auch UTF-8 unterstützen müssen, sonst kann diese Verbesserung nicht zum Tragen kommen. (Weitere Informationen finden Sie im Hinweis 1316470 auf dem SAP Service Marketplace).

Die SAP Console wird vor allem verwendet, wenn die mobile Applikation sehr schnell und performant reagieren muss. Die Anzeige auf dem mobilen Gerät ist sehr einfach und kann deshalb ohne zusätzliche Verzögerung dargestellt werden. Als Nachteil sind eingeschränkte visuelle Effekte aufzuführen.

Zusätzlich dazu sind Funktionen wie die Integration einer RFID-Technologie oder die sprachgesteuerte Führung nur sehr schwer realisierbar. Hier bedarf es meist einer Entwicklung auf dem mobilen Gerät, da dort keine offenen Schnittstellen verwendet werden können (anders als bei einer Browser-Umgebung).

11.3.4 WebSAPConsole

In den vergangenen Jahren hat SAP versucht, die im vorangegangenen Abschnitt beschriebenen Nachteile der SAP Console zu beseitigen. Eine neue Version der SAP Console, die sogenannte *WebSAPConsole*, wurde entwickelt und Kunden zur Verfügung gestellt.

Die WebSAPConsole wird nur noch bis SAP NetWeaver 7.00 unterstützt und durch die Technologie ITSmobile ersetzt. SAP empfiehlt den Einsatz der WebSAPConsole nicht mehr; deshalb fassen wir die Beschreibung der WebSAPConsole sehr kurz. Weitere Informationen zur Support-Strategie der WebSAPConsole finden Sie im Hinweis 1046184 auf dem SAP Service Marketplace.

Ebenso wie die Architektur der SAP Console wurde die WebSAPConsole auf einem zusätzlichen Server betrieben. Die Anzeige auf dem mobilen Gerät wurde mithilfe von HTML sichergestellt. Die WebSAPConsole konnte eine grafische Anzeige ermöglichen, war jedoch nur sehr schwer von Kunden erweiterbar. Einzelne Elemente konnten nur mit zusätzlichen Partnerprodukten grafisch verändert werden. Vor allem die Tatsache, dass die WebSAP-Console als Blackbox betrieben werden musste, ist als Nachteil zu nennen. Das generierte HTML konnte nicht direkt mit SAP-Mitteln über eine Entwicklungsumgebung angepasst und verändert werden. Bei größeren Projekten wurde zudem die Stabilität der Technologie angezweifelt. Das Nachfolgeprodukt SAP ITSmobile löste 2009 die WebSAPConsole ab und behob die genannten Schwächen der WebSAPConsole. Die technische Integration über einen Webbrowser haben beide Technologien, WebSAPConsole und ITSmobile, gemeinsam.

11.3.5 SAP ITSmobile

Der *SAP Internet Transaction Server* (SAP ITS) war der erste Ansatz, um ein SAP-System für die Internetwelt zu öffnen. SAP ITS ist die älteste Technologie für die Kommunikation mit einem SAP-System über einen Browser. Vor allem im Personalwesen und im Supplier Relationship Management (B2B) wurde die ITS-Technologie oft verwendet. Die Technologie ist ausgereift: Installationen mit mehreren tausend Benutzern sind bekannt und werden produktiv und stabil betrieben.

ITSmobile ist nur eine Erweiterung des ITS. ITSmobile (oder ITS light) verwendet die Technologie ITS, das mobile Gerät wird dabei jedoch optimal integriert.

Einen Unterschied zwischen dem »normalen« ITS und seinem Abkömmling ITSmobile stellt vor allem das HTML oder das JavaScript dar, das an den Client versendet wird. ITS selbst generiert zur Laufzeit HTML-Code und sehr viel JavaScript-Code, damit eine Bildschirmmaske genauso aussieht wie im SAP GUI. Diese JavaScript- und HTML-Codes würden einerseits ein mobiles Gerät überfordern, und andererseits könnten viele Funktionen gar nicht auf dem mobilen Gerät verwendet werden, da ein mobiles Gerät mit einem Desktop-PC nicht zu vergleichen ist. Der Standard-ITS enthält zu viele Funktionen, sodass das mobile Gerät, würde man alle verwenden, sehr lange brauchen würde, um die Informationen zu verarbeiten.

Mit ITSmobile wurde ein zusätzlicher Generator zur Verfügung gestellt, der HTML-Code erzeugt, der auf einem mobilen Gerät optimal lauffähig ist. Das heißt, ITSmobile ist nur ein Generator, in dem die Erfahrungen vieler Projekte zur webbasierten Interaktion eines mobilen Geräts mit einem SAP-System berücksichtigt wurden.

Die erste Version des ITS wurde über einen zusätzlichen Server betrieben: Die Architektur gleicht der Architektur der SAP Console und der WebSAP-Console. Sie sieht einen zusätzlichen Server vor, der zwischen dem mobilen Gerät und dem SAP-Backend-System betrieben wurde. Mit SAP NetWeaver 6.40 (Release mySAP ERP 2004) wurden die SAP ITS-Funktionen direkt in den SAP-Kernel verlegt, also komplett in das SAP-System integriert. In Release SAP NetWeaver 6.40 stehen beide Möglichkeiten zur Verfügung, der integrierte oder der externe ITS. Im Projekt sollten Sie immer den integrierten ITS nutzen. Ein externer ITS sollte nur verwendet werden, wenn es nicht möglich ist, die Basis-Support-Pakete zu erhöhen, damit der integrierte ITS direkt im SAP-System verwendet werden kann.

Mit Release SAP NetWeaver 7.00 existiert nur noch die integrierte Version der ITS-Technologie. Da das erste EWM-Release mit SAP NetWeaver 7.00 ausgeliefert wurde (EWM 5.00 und EWM 5.10), kann ein EWM-System nur den integrierten ITS verwenden.

In Abbildung 11.27 zeigen wir Ihnen eine ITSmobile-Bildschirmmaske, die auf einem mobilen Gerät und dem dort lauffähigen Browser dargestellt wird.

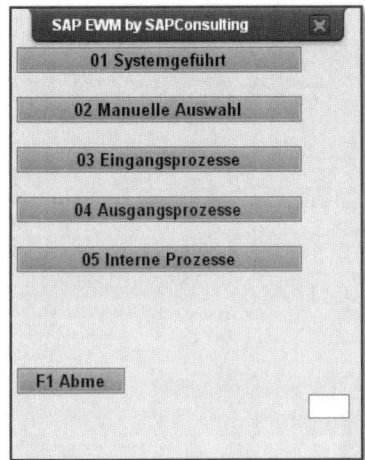

Abbildung 11.27   SAP EWM-ITSmobile-Bildschirmmaske mit erweitertem Layout

Externer ITS beim Einsatz von SAP WM

Für Kunden, die das SAP-Modul WM im Einsatz haben, kann gegebenenfalls der externe ITS interessant sein. Mit dem externen ITS ist es möglich, Release SAP R/3 4.6C webbasiert zu betreiben. Das heißt, eine webbasierte und somit grafische Lösung ist denkbar. Ein späterer Wechsel bei einem Upgrade des R/3-Systems auf SAP ERP 6.0 auf den integrierten ITS ist sehr einfach und erfordert nur geringen Aufwand.

Der SAP ITS bietet derzeit zwei grundlegend verschiedene Alternativen:

Die erste Möglichkeit besteht in der *Generierung von HTML während der Laufzeit*: Hierbei handelt es sich um das ITS Web GUI, mit dem es möglich ist, jeden Screen, der im SAP GUI (Windows-GUI) sichtbar ist, auch in einem Browser darzustellen. Das Layout ist das gleiche (siehe Abbildung 11.28), jedoch wird die Bildschirmmaske im Browser dargestellt. Eine Installation des SAP GUIs auf jedem PC ist in dem Fall überflüssig.

Vereinzelte Funktionen, die im SAP GUI (Windows-GUI) möglich sind, stehen im Browser nicht zur Verfügung. In einigen Fällen kann also das native SAP GUI (Windows-GUI) notwendig sein.

Der Lagermonitor, den wir in Kapitel 13, »Monitoring und Reporting« beschreiben und mit Abbildungen visualisieren, wird vor allem im Lagerumfeld im SAP GUI (Windows-GUI) ausgeführt. Denkbar wäre es, diesen mithilfe des ITS im Webbrowser zu nutzen. Die Darstellung im Webbrowser würde dann wie in Abbildung 11.28 aussehen.

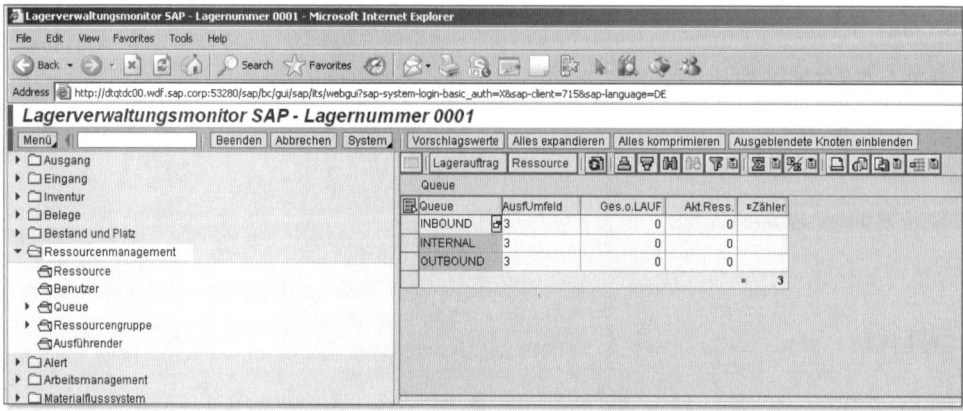

Abbildung 11.28 Lagermonitor, dargestellt über SAP-HTML-GUI (SAP ITS)

Die zweite Möglichkeit ist die *vorherige Erstellung von Business-HTML-Templates*: Das Erstellen oder Generieren der HTML-Templates, unter anderem über den ITSmobile-Generator, ist die Basis für die ITSmobile-Technologie. SAP liefert einen Generator, der bestmöglich mobile Geräte integriert. Durch den neuen SAP-ITSmobile-Generator ist es möglich, einfachen HTMLB-Code ohne zusätzlichen, performanceintensiven Code zu generieren. Darüber hinaus ist es möglich, das vorgenerierte HTMLB anzupassen und so kundenspezifische Anforderungen umzusetzen. Das Anpassen des HTML-Codes stellt jedoch eine Modifikation dar, da so der SAP-Standard verändert wird. Wird mithilfe eines anderen Generators HTMLB (zum Beispiel durch eine Partnerlösung) generiert, entfällt der Support für die ITSmobile-Templates. Zusätzliche Funktionen sprechen für das Generieren des HTMLB mit einer Partnerlösung, haben aber den Nachteil, dass zusätzlicher Aufwand und Kosten einzuplanen sind. Werden neue Funktionen durch SAP ausgeliefert, stehen diese möglicherweise dann nicht automatisch zur Verfügung.

Die schon angesprochenen Betriebssystemeinschränkungen der Geräte wirken sich bei Detailansicht als wichtige Entscheidungsgrundlage im Projekt aus – derzeit werden mobile Geräte mit Windows Mobile oder Windows CE ausgestattet. Windows CE, das derzeit auf dem Markt in der Version 5.0 erhältlich ist, bietet einen neueren und somit besseren Browser als Windows Mobile. Auch mit Windows Mobile 6.5 hat Microsoft einen veralteten Browser im Einsatz. Die veraltete Version hat den Nachteil, dass die Darstellungen und vereinzelt auch JavaScript-Funktionen nicht so einfach und im gleichen Umfang zur Verfügung stehen wie beim Einsatz von Windows CE-Geräten.

Ein Industrie-Browser ist mit einem Browser gleichzusetzen, dieser bietet jedoch zusätzliche Funktionen, die im Lagerumfeld benötigt werden. Ein Industrie-Browser, der von externen Anbietern oder direkt vom Hardware-lieferanten zusätzlich erworben werden kann, versucht, die Lücken des Standard-Browsers zu schließen, jedoch verwenden diese Browser meist die Rendering-Bibliotheken des Standard-Browsers.

Das heißt, bei der Auswahl der Geräte ist vor allem auf das Betriebssystem zu achten, und derzeit ist Windows CE die beste Wahl. Dennoch ist der Einsatz eines Industrie-Browsers zu empfehlen und zwingend notwendig. Vor allem folgende Funktionen eines Industrie-Browsers sind zwingend erforderlich, um eine mobile Applikation produktiv zu nutzen:

▶ **Kioskmodus**
Dieser ermöglicht dem Endanwender, nicht direkt auf das Betriebssystem zuzugreifen. Der Zugriff auf das Betriebssystem des mobilen Geräts hat den Nachteil, dass dort die Konfiguration gelöscht werden kann und das Gerät wieder neu von der IT-Abteilung konfiguriert werden muss. Zudem ist durch den Kioskmodus die Seite im Vollbildmodus zu sehen. Das heißt, ein Benutzer kann keine andere Webseite auswählen und kann sich somit auf seine tatsächliche Arbeit konzentrieren.

▶ **Equi-Tags**
Manche Industrie-Browser stellen erweiterte Funktionen zur Verfügung. Durch die Nutzung dieser zusätzlichen Befehle (Equi-Tags) ist es möglich, zum Beispiel eine Batterieanzeige oder die Verfügbarkeit des drahtlosen Netzes auf dem Bildschirm einzublenden.

▶ **Funktionstastensupport für Windows Mobile**
Da Windows Mobile keine komplette JavaScript Engine beinhaltet, funktionieren zum Beispiel die Funktionstasten nicht. Durch den Einsatz eines Industrie-Browsers können die Funktionstasten trotzdem genutzt werden, und der Befehl kann an die SAP-Anwendung (SAP ITSmobile, WebSAP-Console oder Web Dynpro Java) weitergeleitet werden.

▶ **Absichern von WLAN-Funkausfällen**
Da es immer passieren kann, dass das drahtlose Netz in einem Lagerbereich, gegebenenfalls auch nur kurzfristig, nicht verfügbar ist, muss die Anwendung auf dem Gerät trotzdem stabil lauffähig bleiben. Idee der Industrie-Browser ist es, immer die letze Bildschirmmaske auf dem mobi-

len Gerät anzuzeigen, auch wenn kein Funknetz verfügbar ist. Drückt ein Benutzer auf eine Funktionstaste und ist das Funknetzwerk nicht verfügbar, wird nicht wie beim Standard-Browser (wie auf Ihrem Arbeitslatz-PC) eine Fehlerseite angezeigt. Würde die Fehlerseite angezeigt werden, müsste der Benutzer einen Neustart anstoßen, da der Kioskmodus das Zurücknavigieren verhindert.

Hat der Mitarbeiter zum Beispiel beim Kommissionieren die Ware schon zum Zielplatz transportiert, hieße dies, dass er den gesamten Prozess nochmals durchführen müsste. Durch das Anzeigen der letzten Seite hat der Benutzer die Möglichkeit, wenn er wieder im Netz ist, den Prozess im System erneut anzustoßen. Das heißt, das Absichern der Anwendung ist eine der wichtigsten Funktionen, die ein Industrie-Browser sicherstellt.

Eine anderweitige Lösung dieses Problems wäre derzeit nur über eine Kundenentwicklung in JavaScript zu lösen. Hierzu müsste man den vorhandenen ITSmobile-Code erweitern.

In den letzten zwei Jahren hat SAP immer wieder Erweiterungen des ITSmobile-Generators über Hinweise ausgeliefert. Deshalb empfehlen wir die Verwendung des SAP-Standard-Generators, da auch in Zukunft weitere Erweiterungen an diesem Generator entwickelt werden. Es ist überdies sinnvoll, vor dem Einsatz der ITSmobile-Lösung alle Hinweise ins System einzuspielen oder auf das höchste Support-Paket zu wechseln. Ein nachträgliches Einspielen von Hinweisen kann es erfordern, nochmals alle HTML-Templates zu erstellen, da Änderungen am Generator den schon generierten Code nicht beeinflussen.

In Abbildung 11.29 beschreiben wir die unterschiedlichen Komponenten der ITSmobile-Technologie sowie die unterschiedlichen Schritte, die benötigt werden, damit der Benutzer eine Bildschirmmaske auf dem mobilen Gerät sehen kann. Zudem sind in der Pyramide die Fähigkeiten eines Entwicklers dargestellt, die vorauszusetzen sind, um eine mobile ITSmobile-Anwendung umzusetzen.

Die RF-Transaktionen, die vom RF-Framework verwaltet werden, beinhalten die Geschäftslogik. Abhängig vom jeweiligen Prozessschritt im mobilen Prozess wird ein ABAP Dynpro eingeblendet. Dieses wird dann vorab mithilfe des ITSmobile-Generators in ein HTMLB-Template transferiert. Mithilfe des HTMLB-Templates wird der ABAP-Screen in endgültiges HTML überführt. Dieses wird dann über das drahtlose Netzwerk an das mobile Gerät gesendet.

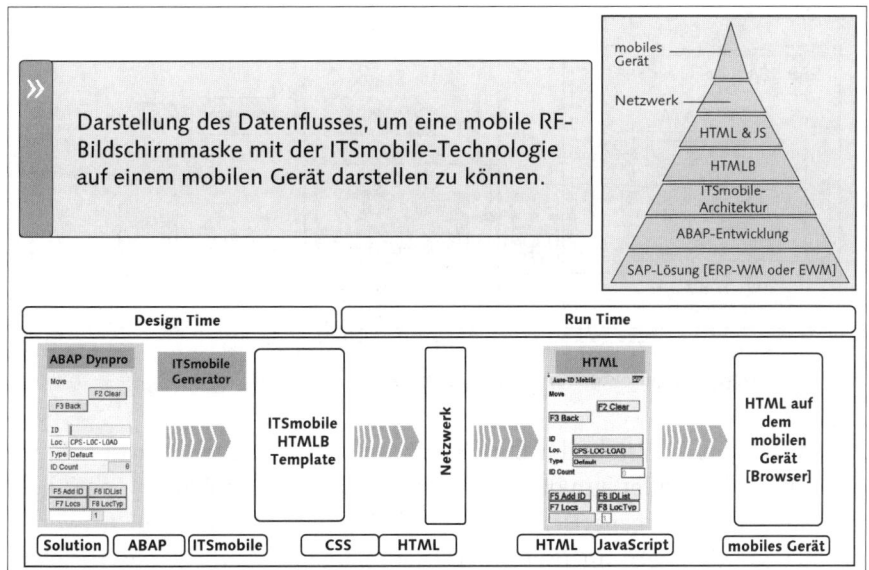

Abbildung 11.29   ITSmobile-Datenflussdiagramm und Technologieüberblick

Auf dem mobilen Gerät wird durch den Browser das HTML interpretiert und eine Bildschirmmaske dargestellt. Dabei legt das CSS die Darstellung fest, und JavaScript ermöglicht es, dynamische Funktionen auszuführen.

11.3.6   Web Dynpro ABAP und Java

Web Dynpro ist eine User-Interface-Technologie der SAP, um Webanwendungen zu entwickeln. Es besteht aus einer Laufzeitumgebung und einer grafischen Entwicklungsumgebung mit speziellen Web-Dynpro-Werkzeugen.

Web Dynpro ist eine relativ neue Technologie; sie unterscheidet sich stark von der SAP Dynpro-Technologie, die im SAP GUI ausgeführt wird. Web Dynpro hat zwei Ausprägungen: Web Dynpro ABAP und Web Dynpro Java. Derzeit unterstützt Web Dynpro ABAP keine mobilen Geräte, sondern nur Desktop-PCs, da diese mit den gängigen Betriebssystemen ausgestattet sind. Ein zentraler Bestandteil von Web Dynpro ist die *Client Recognition*. Dabei wird bei der Anmeldung an das SAP-System evaluiert, welcher Browser sich am System anmeldet. Dadurch wird für jeden Client HTML generiert, das dieser optimal unterstützt. Das heißt, der Server kann den Client auflösen und dann speziell für diesen HTML generieren. Dieses Feature ist für mobile Geräte mit den beiden vorhandenen Betriebssystemen Windows Mobile und Windows CE nur mit Web Dynpro Java möglich. In Abbildung 11.30 ist die Systemlandschaft der Technologie Web Dynpro Java dargestellt.

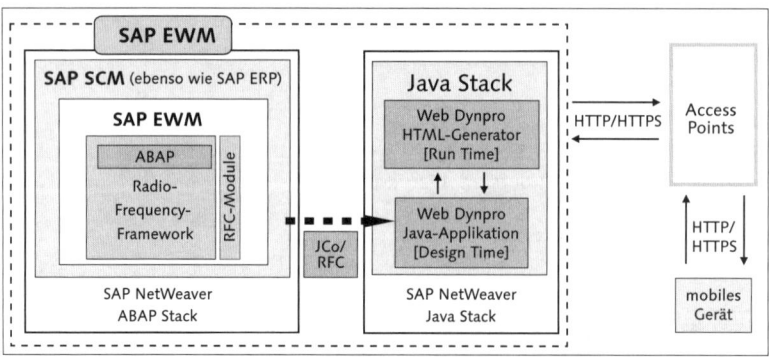

Abbildung 11.30 Architektur von Web Dynpro Java

Mit Web Dynpro erstellt der Entwickler Metadaten und Informationen, die der Server verwendet, um dann zur Laufzeit das HTML abhängig vom Client zu erstellen. Dieser generische Ansatz ist bei mobilen Geräten nur schwer im produktiven Betrieb umzusetzen. Da jedes mobile Gerät anders reagiert, müsste hier zunächst ein Zertifizierungsprozess die Sicherheit geben, dass das mobile Gerät auch tatsächlich unterstützt wird.

Das Screenlayout können Sie mit Web Dynpro durch einen WYSIWYG-Editor beeinflussen. Dabei unterstützt dieser Editor nicht alle HTML-Befehle, die nach dem *World Wide Web Consortium* (W3C) einem Webentwickler zur Verfügung stehen. Zusätzliche Funktionen, die der Web-Dynpro-WYSIWYG-Editor nicht zur Verfügung stellen kann, können nicht auf dem mobilen Gerät verwendet werden, da Web Dynpro ähnlich wie die WebSAPConsole als Blackbox HTML generiert. Beide Technologien, ITSmobile und Web Dynpro, erstellen zwar HTML, als Unterschied ist jedoch festzuhalten, dass das HTML unterschiedlich erstellt wird und ein Eingriff mit ITSmobile einfacher zu realisieren ist. Ein weiterer Nachteil ist, dass SAP EWM keine Web-Dynpro-Java-Transaktion im Standard ausliefert. Das heißt, die Entscheidung, Web Dynpro Java in einem EWM-Projekt einzusetzen, ist meist nur schwer zu begründen. Die schon vorhandenen RF-Transaktionen erfordern die Technologie ITSmobile oder SAP Console; der Einsatz einer weiteren Technologie ist meist mit höherem Aufwand verbunden.

Andere SAP-Systeme ersetzen diese Web-Dynpro-Java-Transaktionen wieder durch SAP-GUI-Transaktionen. Ein Beispiel ist die SAP Auto-ID Infrastructure, die die RFID-Technologie unterstützt. Bestehende Transaktionen wurden erneut in ABAP Dynpro realisiert, um die stabileren Technologien SAP Console und ITSmobile zu unterstützen. In Abschnitt 11.3.10, »RFID-Integration«, beschreiben wir die SAP Auto-ID Infrastructure im Detail.

Da Web Dynpro Java mit dem ABAP-Stack über *Remote Function Call* (RFC) kommuniziert, ist Web Dynpro Java mit einer Nicht-SAP-Architektur vergleichbar. Durch das Entwickeln von RFC-Funktionsbausteinen sowie der Screenlogik in Web Dynpro Java entsteht beim Entwicklungsprozess ein höherer Aufwand als bei der Umsetzung von mobilen Transaktionen direkt im EWM-System. Die Verwendung des RF-Frameworks scheidet für eine Web-Dynpro-Java-Anwendung aus. Ein Einsatz wäre nur möglich, wenn zusätzlich das RF-Framework erweitert werden würde.

Da vor allem das RF-Framework mit der Web-Dynpro-Technologie nicht eingesetzt werden kann, ist der Einsatz von Web Dynpro Java im EWM-Umfeld somit nicht zu empfehlen.

11.3.7 Integration mobiler Nicht-SAP-Systeme

Eine mobile Nicht-SAP-Architektur im EWM-Umfeld ist theoretisch denkbar, wird aber meist nicht eingeführt, weil zusätzliche Kosten entstehen und ein Systembruch zu verzeichnen ist. Sinn macht diese Architektur, wenn sie zusätzliche Funktionen bietet, die mit den SAP-Technologien nicht unterstützt werden. Die Integration würde mithilfe von RFC realisiert, ein zusätzlicher Server sorgt für die Geräteintegration. Vor allem wenn eine Anwendung offline betrieben werden muss, ist diese Architektur durchaus interessant. Durch die Tatsache, dass nur eingeschränkt Funktionsbausteine im EWM-Umfeld zur Verfügung stehen, die von außerhalb gerufen werden können und eine Integration von Nicht-SAP-Systemen unterstützen, ist der Aufwand, solch eine Architektur zu betreiben, als größter Nachteil aufzuführen. Parallel zu der Entwicklung auf dem SAP-System ist eine Entwicklung auf einem zusätzlichen Server notwendig. Der Screenablauf und das Design müssen dann von dem Nicht-SAP-System sichergestellt werden.

Eine eigene Entwicklungsumgebung sowie Funktionen wie Versionalisierung, Transportwesen und der Support der verschiedenen mobilen Plattformen und Geräte müssen von dem zusätzlichen Server/ Produkt zur Verfügung gestellt werden. Unter Berücksichtigung des Produktlebenszyklus und des TCOs ist diese mobile Architektur nur zu empfehlen, wenn Offline-Prozesse im Lager zur Verfügung gestellt werden müssen. Eine Online-Anwendung ist mit den schon bekannten Technologien aufwandsneutraler und somit langfristig günstiger sicherzustellen. Die Nicht-SAP-Architektur gleicht einer Rich- oder Thick-Client-Architektur (wie in Tabelle 11.1 aufgelistet). Falls diese einen Browser auf dem mobilen Gerät verwendet und keine Daten auf dem mobilen Gerät speichert, sind die Funktionsweise und Architektur der ITSmobile- bzw. SAP-Console-Technologie gleichzusetzen. Um diese Architektur zu rechtfertigen, müssten Vorteile in dem Funktionsumfang der 3rd-Party-Integration gesucht werden.

11.3.8 WTS- und Citrix-Client-Integration

Eine weitere Alternative, mobile Geräte zu integrieren, ist ein *Citrix-Client*. Meist wird ein Citrix-Server verwendet, um von einem fremden PC auf ein internes Netzwerk zuzugreifen. Vor allem die Absicherung von WLAN-Funklöchern ist ein schlagendes Argument, eine WTS-Integration zu bevorzugen. Wird die Citrix-Integration im SAP-Umfeld verwendet, wird im Citrix-Fenster wiederum das Windows-SAP-GUI dargestellt. Der Citrix-Server stellt nur die Anzeige auf einem Terminal sicher, und die Session wird auf diesem verwaltet. Wird die Verbindung auf einem Gerät über ein drahtloses Netzwerk unterbrochen, kann der Benutzer nach erneuter Anmeldung wieder auf die alte Session und somit die Daten zugreifen.

Die Integration mit dem *Windows Terminal Server* (WTS) ist als Beispiel für eine *Thin-Client-Integration* anzuführen. Durch den Einsatz dieser Technologie entstehen jedoch zusätzliche Kosten neben denen der SAP-Lösung. Diese Technologie wird meist auf Staplergeräten verwendet, da dort der Bildschirm groß ist und zusätzliche Statusleisten den tatsächlichen Screen, der für die Anwendung zur Verfügung stehen muss, nicht wesentlich verkleinern.

Als Unterschied zu einer webbasierten Lösung bietet die WTS-Lösung einen eigenen Client. Zudem verwendet die Citrix-Lösung ein eigenes Protokoll, um Daten zwischen Server und Client auszutauschen. Webbasierte Lösungen nutzen HTTP oder HTTPS als Kommunikationsprotokoll.

> **Einsatz der Citrix-Lösung**
>
> Eine Citrix-Integration wird meist nur zum Anzeigen der Bildschirmmasken verwendet. Ist eine Integration von Hardwarekomponenten notwendig (zum Beispiel die Integration einer RFID-Antenne), ist eine Citrix-Lösung meist nicht zu empfehlen. Die Integration eines Barcodescanners ist einfach sicherzustellen. Der Barcodescanner interagiert über die Tastaturweiche – das heißt, er simuliert die Tastatur. Schwieriger ist es, auf bestimmten Bildschirmen den Barcodescanner ein- bzw. auszuschalten. Dies muss aus der Applikation (EWM-RF-Transaktion) heraus sichergestellt werden. Das bedeutet, die Befehle müssen aus dem SAP-System an einen Client weitergeleitet werden, der diese dann an die Hardware weitergeben kann. Hier weist die Verwendung einer Citrix-Lösung Schwächen auf, die zum Beispiel mit ITSmobile und einem Industrie-Browser sehr einfach zu lösen sind.

11.3.9 Pick-by-Voice-Integration

Die *Pick-by-Voice-Integration* ist eine Methode, die es dem Benutzer ermöglicht, mit dem System über Sprache zu kommunizieren. Dabei spricht der Benutzer in ein Mikrofon, um zum Beispiel eine Lageraufgabe zu quittieren. Er kann dabei die Menge bestätigen, die er tatsächlich entnommen hat, und zusätzlich dazu im System den Lagerplatz, dem er das Material entnommen hat, verifizieren. Von Vorteil ist bei dieser Arbeitsweise, dass der Benutzer beide Hände zum Arbeiten frei hat, wo er sonst ein mobiles Gerät benötigen würde, um seinen Prozess systemgeführt erledigen zu können. Im Vergleich zu der Nutzung von mobilen Geräten kann somit mithilfe der Pick-by-Voice-Technologie ein höheres Volumen an Arbeitslast ausgeführt werden, vor allem wenn viele manuelle Tätigkeiten (Kommissionieren von Kleinmengen) erledigt werden müssen.

Da der Pick-by-Voice-Prozess sich stark an dem Kommissionierprozess ausrichtet, muss die Pick-by-Voice-Transaktion bestmöglich auf die Kundenanforderungen ausgerichtet werden. Deshalb bietet SAP EWM derzeit keine Pick-by-Voice-Transaktion im Standard, die generisch überall verwendet werden kann, an.

Auf dem Markt gibt es mehrere Lösungen, die Pick-by-Voice-Systeme unterstützen und anbieten. Sie unterscheiden sich vor allem in der Architektur und darin, inwieweit sie in EWM integriert werden können. In manchen Fällen wird ein dedizierter Server benötigt, der mit einem EWM-System wiederum über RFC-Schnittstellen interagieren kann – dieser Ansatz ist aufwendiger. Zudem ist das Risiko hoch, dass der zusätzliche Server als Blackbox verstanden werden kann. Für einen Kunden hat solch eine Blackbox den Nachteil der fehlenden Erweiterbarkeit. Nachträgliche Erweiterungen können nicht selbst und nur mit zusätzlichen Kosten realisiert werden. Die Entwicklung der RFC-Schnittstellen muss der Kunde zusätzlich einplanen und langfristig in Eigenverantwortung oder unter zusätzlichen Kosten mithilfe von Partnern unterstützen.

Ein Beispiel für einen Arbeitsprozess unter Verwendung einer Pick-by-Voice-Lösung mit einem externen Pick-by-Voice-Server stellen wir im Folgenden dar:

1. Ein Benutzer meldet sich am System an und fragt somit nach einem Arbeitsauftrag in Form eines Lagerauftrags an.

2. Die Sprache wird von einem Mikrofon oder von einem mobilen Gerät an den Server transferiert.

3. Es findet eine Spracherkennung auf dem Server statt, und die Daten werden über RFC-Schnittstellen an das SAP-(EWM)System übertragen.

4. EWM verarbeitet die Daten und sendet neue Informationen über RFC an den Voice Server zurück.

5. Der Voice Server verarbeitet die Daten und transferiert die Informationen in Sprache um.

6. Die Sprache wird an das mobile Gerät oder einen Lautsprecher gesendet.

Eine andere Alternative ist die Verwendung offener Standards. SAP ITSmobile unterstützt die Pick-by-Voice-Technologie mithilfe von VoiceXML. Anstatt HTML-Code zu generieren, wird Voice-XML erstellt, das dann direkt an ein mobiles Gerät gesendet wird. Vorteil dieser Lösung ist, dass ein zusätzlicher Server entfällt. Zudem ist der Transaktionsablauf im EWM-System realisiert. Das heißt, nachträgliche Änderungen können vom Kunden direkt (seitens eines ABAP-Entwicklers) umgesetzt werden.

Ein Beispiel für einen Ablauf eines Arbeitsprozesses einer Pick-by-Voice-Lösung durch die ITSmobile-Technologie könnte wie folgt aussehen:

1. Der Benutzer meldet sich am System an und fragt somit nach einem Arbeitsauftrag in Form eines Lagerauftrags an.

2. Die Sprache wird von einem Mikrofon oder von einem mobilen Gerät aufgenommen – eine Spracherkennung findet auf dem mobilen Gerät durch den Voice Browser statt. Die Sprache wird umgewandelt und in VoiceXML gespeichert.

3. Das mobile Gerät transferiert die Daten in Form von VoiceXML an das SAP-System.

4. ITS interpretiert die Daten und kann diese direkt verarbeiten. Neue Daten in Form von neuen Informationen werden wieder über VoiceXML an das mobile Gerät versendet.

5. Das mobile Gerät und der darauf betriebene Voice Browser interpretieren das VoiceXML und wandeln dieses wieder in Sprache um.

6. Der Benutzer vernimmt akustische Töne auf dem mobilen Gerät oder über einen Lautsprecher.

Der Voice Browser wandelt die Sprache um und kommuniziert so mit dem EWM-System, als würden die Daten über eine Bildschirmmaske eingegeben werden.

Kernkomponente dieser Lösung ist der Voice Browser, der nicht als native Anwendung verstanden werden kann. Das Protokoll, in diesem Fall Voice-

XML, wird nach W3C-Standard von SAP generiert und interpretiert. Diese Lösung verwendet offene Standards und Schnittstellen. Das heißt, Teile der Lösung können nachträglich ausgetauscht werden. Betriebswirtschaftlich bzw. strategisch ist die Voice-Browser-Lösung der Lösung mit einem zusätzlichen Server vorzuziehen.

In Abbildung 11.31 stellen wir die Voice-Browser-Architektur grafisch dar. Derzeit bietet SAP keinen Voice Browser an – deshalb ist in diesem Umfeld der Einsatz von Partnerprodukten zu empfehlen.

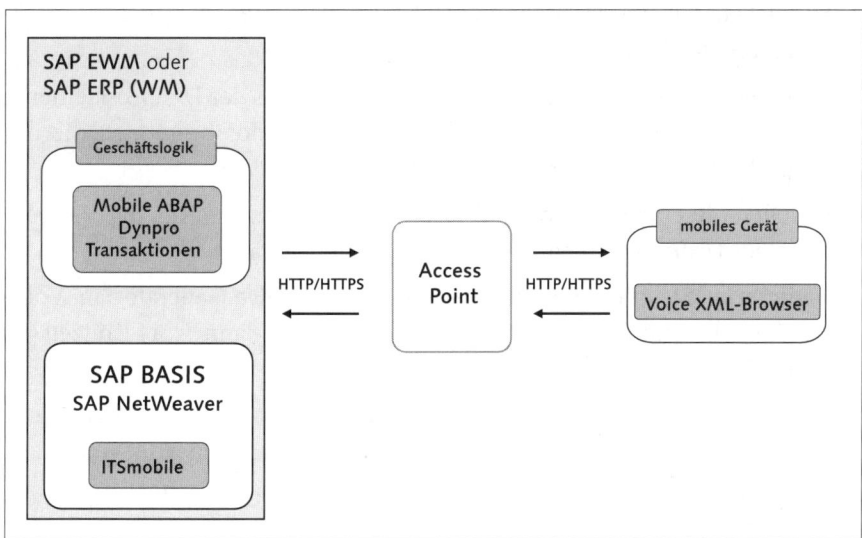

Abbildung 11.31 ITSmobile-Pick-by-Voice-Architektur

In der Praxis wird der Client (Voice Browser) meist benutzerspezifisch trainiert, um nur bestimmte Befehle und Wörter benutzerabhängig zu interpretieren. Ist die Spracherkennung des Voice Browsers sehr gut, kann dieser zusätzliche Aufwand minimiert bzw. vernachlässigt werden. Da das Kommunikationsmedium mit dem Benutzer vor allem die Spracherkennung ist, muss bei Tests vor allem Wert auf diese Komponente gelegt werden. SAP bietet ein offenes Framework an, damit andere Partner diese Lücke ausfüllen können.

Der Entwicklungsprozess einer Pick-by-Voice-Transaktion wird komplett im SAP-System durchgeführt. In der ABAP Workbench (Transaktion SE80) kann ein ABAP-Entwickler den gesamten Transaktionsablauf steuern. Zusätzliche Informationen für die Voice-Integration werden in die Dynpro-Eigenschaften integriert, damit der Lagermitarbeiter eine sprachgesteuerte Transaktion ausführen kann.

Die derzeit schon vorhandenen EWM-Kommissioniertransaktionen können für eine Pick-by-Voice-Transaktion nicht direkt verwendet werden, da Pick-by-Voice einen Benutzer anders beansprucht als eine Transaktion, die mit mobilem Gerät ausgeführt wird. Deshalb ist bei einer Pick-by-Voice-Transaktion auf einen Screenwechsel zu achten, der komplett auf die sprachgeführte Steuerung auszurichten ist.

Um eine Pick-by-Voice-Transaktion zu entwickeln, sind folgende Schritte notwendig.

1. Entwickeln Sie eine Transaktion in ABAP (auch ist denkbar, diese Transaktion ohne das RF-Framework zu entwickeln).

2. Fügen Sie zusätzliche Befehle in die XML-Properties der Dynpro-Elemente ein. Hier werden die Befehle bzw. die Kommandos hinterlegt, die der Voice Browser zu interpretieren hat.

3. Erstellen Sie einen ITSmobile-Service, vergleichbar dem bei der Verwendung der ITSmobile-Technologie und mobilen Geräten.

4. Generieren Sie die ABAP Dynpros mit dem Voice-Generator in Voice HMTLB. Es entstehen HTMLB-Templates, die dann zur Laufzeit in VoiceXML umgewandelt werden.

5. Erstellen Sie einen SICF-Service, um eine URL zu erhalten. Zusätzliche Parameter können dann diesem SICF-Service noch zugeordnet werden.

6. Speichern Sie die Start-URL auf dem mobilen Gerät, das mit einem VoiceXML-Browser ausgestattet ist.

7. Optimieren Sie gegebenenfalls die Lösung durch Trainieren des Voice Browsers mit Sprachbefehlen.

Die Schritte, um eine Pick-by-Voice-Lösung zu implementieren, sind vergleichbar mit der einfacheren Integration mobiler Geräte.

Bei der Verwendung einer Pick-by-Voice-Lösung wird teilweise auf dem Markt Hardware angeboten, damit der Mitarbeiter optimal in seinem Prozess interagieren kann.

Mit der EWM-Pick-by-Voice-Integration haben Sie eine Möglichkeit kennengelernt, wie Sie mit EWM einen Prozess sprachgeführt steuern können. Die Pick-by-Voice-Technologie ist jedoch nicht nur in EWM nutzbar. Vor allem bestehende SAP ERP-WM-Kunden können, wie beschrieben, eine sprachgeführte Steuerung mithilfe der ITSmobile-Technologie realisieren.

11.3.10 RFID-Integration

Radio Frequency Identification (RFID) ist als Technologie schon seit mehren Jahren bekannt, hat aber bis heute nur vereinzelt einen Durchbruch in der Logistik erzielen können. In diesem Abschnitt beschreiben wir zunächst die technischen Rahmenbedingungen. Anschließend erklären wir, wie SAP den Einsatz der RIFD-Technologie mit den vorhandenen Standards in Einklang bringt.

Die RFID-Technologie unterscheidet sich von der einfachen Barcodetechnologie dadurch, dass Daten auf einem RFID-Tag gespeichert werden. Das Besondere hierbei ist, dass dadurch jedes RFID-Objekt (das heißt heute meist Pakete oder Paletten, da auf Materialebene der Einsatz der RFID-Technologie aktuell noch zu teuer ist) in der Logistikkette serialisiert werden kann. Das bedeutet, dass jedes Objekt einen eigenen Lebenszyklus hat und es somit besser nachverfolgbar ist.

Jedes Paket könnte auch durch einen Barcode serialisiert werden, durch RFID kann jedoch der Lesevorgang beschleunigt werden, da ein Barcode immer sichtbar abgelesen werden muss. Falls im Einsatz, wird meist ein 2-D-Barcode (also ein zweidimensionaler Barcode) verwendet, da dieser mehr Informationen aufbewahren kann. Anders als bei einem eindimensionalen Barcode, dem schon seit Jahren verwendeten Strichcode, werden beim 2-D-Barcode Daten, die aus verschieden breiten Strichen oder Punkten und dazwischenliegenden Lücken bestehen, in einer quadratischen Fläche angeordnet.

Um den Arbeitsaufwand nicht zu vergrößern, ist das Serialisieren von Objekten nur mithilfe neuer Technologien zu meistern. Deshalb ist das Pulk-Lesen mit Einsatz der RFID-Technologie in der Logistik als Sonderstellungsmerkmal aufzuführen und als Hauptvorteil dieser Technologie zu nennen – ohne jedoch eine Leserate von nahezu 100 % sicherstellen zu können, ist eine Sichtprüfung unabdingbar und entscheidend für den Erfolg einer RFID-Lösung. Andere Systeme, die 2-D-Barcodes fotografieren und dann die Serialisierungsinformationen daraus erkennen können, werden unter anderem in der Pharmabranche verwendet. Diese haben in der (Lager-)Logistik jedoch, aufgrund der äußeren Bedingungen, bisher keinen Durchbruch erzielen können.

Hardwarekomponenten eines RFID-Systems sind mobile RFID-Geräte, RFID-Tore und RFID-Drucker. Deren technische Integration ist jedoch jeweils sehr unterschiedlich. Während ein RFID-Tor Daten sammelt und dann versucht, diese (im Hintergrund) an ein System zu versenden, ist das mobile RFID-Gerät zusätzlich mit einem Dialog (einer Bildschirmfolge) ausgestattet. Der RFID-Drucker kann durch zusätzliche Treiber angesprochen werden – teilweise unterstützen Druckerhersteller ein offenes XML/PLM-Format (PML steht für *Physical Markup Language* und bezeichnet eine Abwandlung der XML-Struktur mit zusätzlichen physischen Informationen).

SAP bietet mit der ITSmobile-Technologie ein Framework an, um mobile RFID-Geräte optimal in ein SAP-System zu integrieren. Durch den Einsatz eines Browsers und einer sehr mächtigen Entwicklungsumgebung kann der Screenablauf sehr einfach kundenspezifisch beeinflusst werden. Dabei ist die Kommunikation zwischen der RFID-Antenne und der mobilen Applikation viel intensiver als bei einem Barcodesystem. Spätestens beim Beschreiben von Tags ist es jedoch notwendig, die Daten, die auf dem Tag geschrieben werden sollen, der RFID-Antenne mitzuteilen. Das heißt, hier ist die Integration deutlich komplexer.

ITSmobile setzt voraus, dass ein Hardwarehersteller eine offene Schnittstelle zur Verfügung stellt, die wiederum in eine Browser-Umgebung integriert werden kann. Ein ActiveX ermöglicht es, mithilfe von JavaScript direkt mit der Hardware aus dem Browser zu interagieren. Derzeit bieten die Gerätehersteller Motorola und Intermec solche offenen Schnittstellen an.

Sind die technischen Voraussetzungen erfüllt, ist es notwendig, die betriebswirtschaftlichen Aspekte zu berücksichtigen. Vor allem die Standardisierung ist in diesem Umfeld nicht zu vernachlässigen. Durch die Flexibilität, auf ein Tag Daten schreiben zu können, wird es notwendig, zu spezifizieren, in welchem Format und in welchem Schema die Daten auf das Tag geschrieben werden sollen. Der *Electronic Product Code* (EPC) wird seitens EPCglobal reglementiert und definiert solche unternehmensweiten Eigenschaften. Ohne eine einheitliche Spezifikation ist der Einsatz der RFID-Technologie nur im eigenen Unternehmen möglich. Falls über Firmengrenzen unterschiedliche Schemata verwendet werden, nach denen Daten auf das Tag geschrieben werden, sind die Daten, die auf dem Tag gespeichert werden, nutzlos. Meist wird auf dem Tag eine eineindeutige Nummer gespeichert. Zusätzliche Daten werden und sollten immer auf einem IT-System abgelegt werden. Vor allem in der Logistik ist das Speichern von zusätzlichen Daten auf einem Tag nicht zu empfehlen. Durch den Masseneinsatz von Tags kann es passieren, dass Tags mit den darauf gespeicherten Daten verloren gehen. Hinzuzufügen ist, dass das Bearbeiten der Daten auf einem System durch Softwareoperationen immer einfacher ist.

Das Abbilden der EPCglobal-Standards in einem System sowie das flexible Erweiterten dieser Standards werden von der SAP Auto-ID Infrastructure (AII) ermöglicht. Zudem beinhaltet die AII Werkzeuge, die für den Masseneinsatz der RFID-Technologie zwingend notwendig sind.

Die Grundfunktionen der AII haben wir nachfolgend zusammengefasst:

▸ Integration und Verwalten von Hardware, wie mobilen Geräten, RFID-Toren oder RFID-Druckern

▸ Testtools, um Hardware wie RFID-Tore zu simulieren und somit die Prozesse vorab ohne Hardware besser testen zu können

▸ Auto-Id Rule Engine, um verschiedene Prozesse nutzen und einzelne Subschritte austauschen oder komplett ersetzen zu können. Zudem bietet die Auto-Id Rule Engine ein automatisches Log der Aktionen; damit wird die nachträgliche Analyse vereinfacht.

▸ Flexible Definition und das Erweitern von ID-Typen, um vorhandene Standards abzubilden. Hierbei handelt es sich um die Definition, wie Daten auf dem Tag abgelegt werden sollen oder aus welchen Komponenten die ID besteht.

▸ Mobile Transaktionen, um Prozesse auf einem Gerät ausführen zu können. Die mobilen Transaktionen sind in ABAP Dynpro umgesetzt. Dies bedeutet, dass SAP Console und ITSmobile zur Anzeige herangezogen werden können.

▸ dynamische Dokumentenverwaltung, um RFID-Objekte SAP ERP- oder EWM-Dokumenten (Anlieferung oder Auslieferung) zuordnen zu können

▸ Monitor für die Anzeige von Dokumenten, Objekten und RFID-Ereignissen

▸ die Flexibilität, dem RFID-Objekt zusätzliche Felder zuordnen zu können, die prozessseitig in unterschiedlicher Ausprägung erforderlich sind

▸ Verarbeiten von Daten, die in den RFID-Prozessen entstehen. Dies geschieht im Hintergrund anhand von RFID-Toren oder im Vordergrund durch die Verwendung von mobilen Geräten.

▸ RFID-Tore werden über eine offene XML-Schnittstelle integriert. Diese Schnittstelle erwartet von einem Subsystem (*Device Management System*) die Informationen in XML- bzw. PLM-Form.

▸ Die Integration mobiler Geräte in der AII sieht in der neusten AII-Version vor, die Technologie ITSmobile zu verwenden. Denkbar ist es auch, die SAP Console zu nutzen, jedoch ist die Kommunikation mit der RFID-Antenne nur schwer zu realisieren.

Mithilfe der RFID-Technologie können folgende betriebswirtschaftliche Vorteile ermöglicht werden:

▶ **Sammelbearbeitung**
Um zu verhindern, dass jedes Paket einzeln eingescannt werden muss, ist der Einsatz von RFID denkbar. Ebenso wie RFID-Tore können auch mobile Geräte ein Pulk-Lesen ermöglichen.

▶ **Validierung der Daten**
Da das Lesen der RFID-Daten im Hintergrund geschieht und über den Prozess durch den Einsatz von RFID mehr Daten entstehen, können zusätzliche betriebswirtschaftliche Prüfungen ermöglicht werden. So wäre es möglich, eine Validierung durchzuführen, bevor ein Paket ein Lager verlässt. Die Prüfung könnte sicherstellen, dass nicht ein falsches Paket auf einen falschen Lkw verladen wird. Durch ein visuelles bzw. akustisches Signal könnte der Mitarbeiter gewarnt werden, wenn er die Ware durch ein RFID-Tor befördert und eine Validierung fehlschlägt.

▶ **Automatische Verfolgung von Objekten**
Durch das Lesen von RFID-Objekten an bestimmten Punkten einer Logistikkette ist es möglich, eine Nachverfolgung zu gewährleisten. Die Daten können dann automatisch, zum Beispiel in einem SAP Event Management, abgelegt werden.

Eine RFID-Integration in EWM erfordert zwingend den Einsatz der AII. Die Prozesse, die mit beiden Systemen unterstützt werden, werden wir nachfolgend erläutern.

Technisch kommunizieren beide Systeme, AII und EWM, über synchrone RFC-Funktionsbausteine miteinander. Folgende RFID-Prozesse werden von der AII unterstützt:

▶ Entladen

▶ Beladen

▶ Quittieren von Lageraufgaben

▶ Verpacken

▶ der Tag-and-Ship-(oder Slap-and-Ship-)Prozess, der vorsieht, Tags vor dem Versenden auf Pakete zu kleben

Auch andere Prozesse sind denkbar, müssen aber kundenspezifisch im Projekt realisiert werden.

In Abbildung 11.32 ist der RFID-Wareneingangsprozess in EWM dargestellt. Der RFID-Prozess startet physisch mit dem Eintreffen des Lkws am Lager. Die Pakete werden physisch entladen und durch ein Tor geschleust, und damit wird der *Entladeprozess* abgeschlossen ❶. Die Angabe, welche HUs zu entladen sind, wird vom Lieferanten vorab übermittelt. In EWM findet die *Wareneingangsbuchung* statt, und EWM sendet die Information an SAP ERP. Die Quittierung der HU-Lageraufgaben auf einem Übergabebereich oder Lagerplatz kann im Anschluss ebenso automatisch sichergestellt werden, wenn ein weiteres RFID-Tor die Pakete am Nach-Lagerplatz lesen kann ❷.

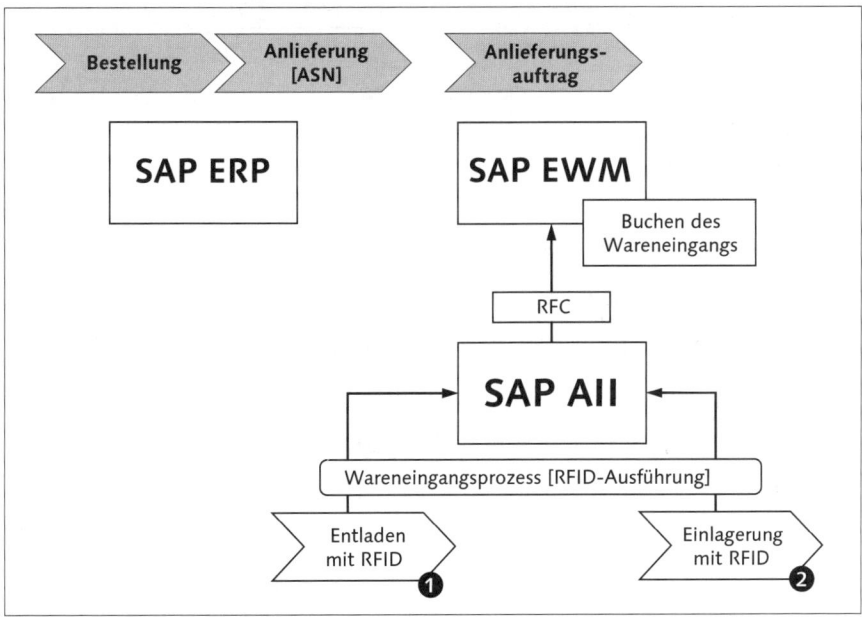

Abbildung 11.32 Wareneingangsprozess in SAP EWM mit RFID-Unterstützung

In Abbildung 11.33 sind die Schritte im Warenausgangsprozess skizziert, die mithilfe von EWM und AII unterstützt werden. Nachdem die Auslieferung an EWM repliziert wurde, wird der Kommissionierprozess gestartet. Der Kommissionierprozess wird in EWM (und AII) derzeit nicht RFID-basiert unterstützt.

Durch das Drucken des RFID-Kommissionierlabels werden über die AII RFID-Tags erstellt. Das Kommissionierlabel repräsentiert in dem Fall das RFID-Tag. Das Erstellen des Tags, das sogenannte *Tag Commissioning*, wird abgeschlossen, wenn das Label gedruckt und am Paket befestigt wurde. Im Anschluss daran werden das Verpacken sowie das Beladen über die AII durchgeführt. Werden die Pakete durch ein Tor in den *Warenausgangsprozess* geführt, wird der *Beladeprozess* abgeschlossen. Die Lieferung wird dann entweder automatisch über das PPF (siehe Kapitel 12, »Bereichsübergreifende Prozesse und Funktionen«) oder manuell warenausgangsgebucht, und die Daten werden an SAP ERP repliziert.

Hinzuzufügen ist, dass sowohl EWM als auch die AII das Drucken von RFID-HU-Labels unterstützen.

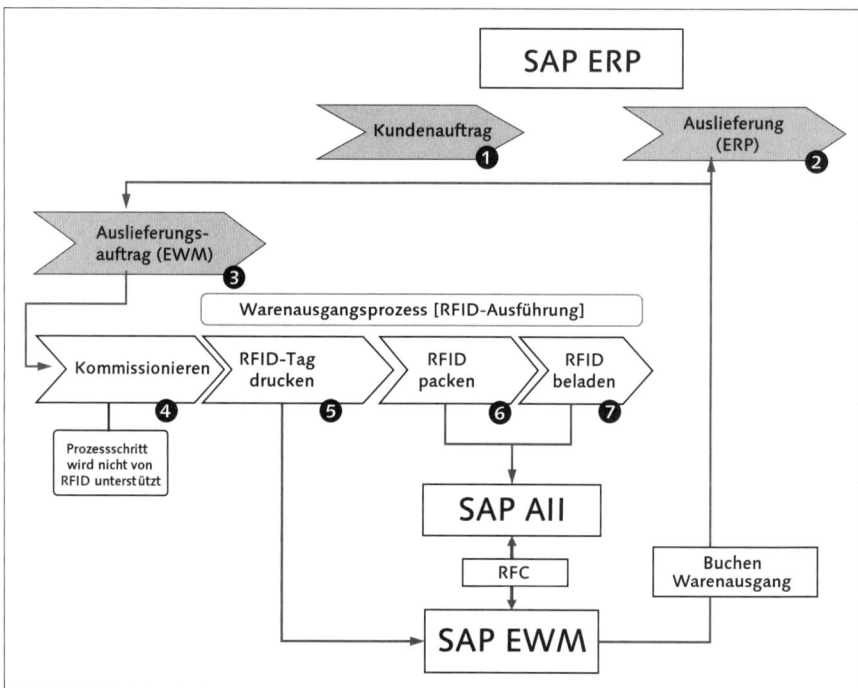

Abbildung 11.33 Warenausgangsprozess in EWM mit RFID-Unterstützung

Die RFID-Technologie birgt die Gefahr, dass der Prozess sehr stark automatisiert wird und viele Schritte im Hintergrund im System verbucht werden. Das bedeutet, nicht alle Prozesse können mithilfe der RFID-Technologie umgesetzt werden, hier ist zu prüfen, wann dies betriebswirtschaftlich Sinn macht. Auf Ausnahmen bzw. Fehler wird reagiert, indem an Toren Ampeln und Signalträger angebracht werden und dann der Mitarbeiter mit einem visuellen und/oder akustischen Signal mitgeteilt bekommt, dass er die Ware nochmals zu überprüfen hat, bevor der Prozessschritt abgeschlossen werden kann.

Wird eine Ausnahme festgestellt, bzw. kann das Problem nicht sofort gelöst werden, werden meist Folgeprozesse anhand von Ausnahmen angestoßen. Unabhängig von der RFID-Integration wird das Starten von Folgeprozessen mit Ausnahmecodes meist in einem Dialog an einem PC oder auf dem mobilen Gerät durchgeführt. EWM bietet hierfür ein sehr dynamisches Ausnahmehandling, das wir Ihnen im folgenden Abschnitt vorstellen möchten.

11.4 Ausnahmebehandlung

Um die Differenz zwischen realem Bestand und im System geführtem Bestand dauerhaft gering zu halten, müssen Inkonsistenzen, nachdem sie entdeckt wurden, so schnell wie möglich in das Lagerverwaltungssystem eingegeben werden. EWM bietet Funktionen, um innerhalb der Lagerungsprozesse auftretende *Ausnahmen* in Echtzeit zu erfassen und zu verarbeiten.

Wenn etwa einem Mitarbeiter eine Kommissionieraufgabe zugewiesen wurde, gibt ihm das System Auskunft über die zu entnehmende Menge und den Lagerplatz, dem die Ware entnommen werden soll. Am Lagerplatz kann es jedoch vorkommen, dass der Mitarbeiter keine Ware oder eine für seinen Auftrag zu geringe Menge vorfindet. Mit der EWM-Ausnahmebehandlung ist er nun in der Lage, das Problem mittels Eingabe eines Ausnahmecodes über mobilen Datenfunk im System zu erfassen. Das System kann dann, abhängig von der Konfiguration, reagieren – zum Beispiel kann es den Lagerplatz für weitere Prozesse sperren, einen Inventurbeleg für ihn ausstellen, Nachschub auslösen oder den Mitarbeiter zu einem anderen Lagerplatz des gleichen Artikels führen.

Die Ausnahmebehandlung ist vollständig in EWM integriert. Die Eingabe von Ausnahmecodes ist im Rahmen jeder Warenbewegung und in nahezu jedem Prozessschritt möglich. SAP liefert im Rahmen der EWM-Standard-Einstellungen rund 40 Ausnahmecodes und ermöglicht die unbegrenzte Generierung weiterer (innerhalb des durch die Anzahl von vier Ziffern vorgegebenen Kombinationsspielraums). Jeder Ausnahmecode hat eine eindeutig definierte Implikation – zum Beispiel die Änderung einer Lageraufgabenmenge, die Sperrung eines Lagerplatzes, die Änderung einer Liefermenge, die Ausstellung eines Inventurbelegs, das Anstoßen eines Workflows oder das Auslösen eines Alerts im SAP Alert Framework. Diese Implikationen sind individuell konfigurierbar.

In den folgenden Abschnitten beschreiben wir die Ausnahmebehandlung im Detail. Zunächst wird anhand eines Beispiels erklärt, wie ein Ausnahmecode konfiguriert wird. Anschließend erläutern wir, wie ein solcher Code innerhalb der Anwendung genutzt werden kann. Es werden Ausnahmen für Umbuchungen (Stock Transfer Orders = STOs) beschrieben, und schließlich wird dargelegt, wie die Menge einer Einlagerungsaufgabe mittels Ausnahmecode geändert werden kann (sogar wenn diese bereits quittiert ist).

11.4.1 Ausnahmecodes konfigurieren

In diesem Abschnitt wird erläutert, wie Ausnahmecodes im Rahmen des Customizings definiert werden können. Zunächst erhalten Sie einige technische Hintergrundinformationen, um die Grundlagen der EWM-Ausnahmebehandlung besser nachvollziehen zu können. Anschließend wird erklärt, wie ein neuer Ausnahmecode erstellt werden kann, der die Liefermenge aufgrund einer entdeckten Mengenabweichung reduziert.

Technische Informationen über SAP EWM-Ausnahmecodes

Im Rahmen von Ausnahmeprozessen gibt es mehrere Komponenten, die für das Verständnis der Diskussion wichtig sind. Diese werden im Folgenden genauer erklärt. Zu ihnen zählen interne Prozesscodes, der Business-Kontext, Ausführungsschritte und Ausführungscodeprofile.

Interne Prozesscodes

Um zu definieren, wie EWM während der Quittierung auf die Zuweisung eines Ausnahmecodes zu einer Lageraufgabe reagieren soll, kann ein interner Prozesscode genutzt werden.

Der Ausnahmecode kann frei definiert (im Rahmen einer 4-Ziffern-Kombination) und benannt werden (Freitextfeld). Damit EWM bei Einsatz des Codes weiß, was es tun soll, muss dem Ausnahmecode jedoch ein interner Prozesscode zugewiesen werden. Beispiele einiger oft genutzter interner Prozesscodes finden Sie in Tabelle 11.2.

Interner Processcode	Beschreibung
CHBA	Charge ändern
CHDS	Destination ändern

Tabelle 11.2 Beispiele für interne Prozesscodes in SAP EWM

Interner Processcode	Beschreibung
DIFF	Buchen mit Differenz
LIST	Anzeige der gültigen Ausnahmen
SKFD	Überspringe aktuelles Validierungsfeld
SKVA	Überspringe komplette Validierung

Tabelle 11.2   Beispiele für interne Prozesscodes in SAP EWM (Forts.)

Business-Kontext und Ausführungsschritt

Ausnahmecodes und interne Prozesscodes sind einem oder mehreren Business-Kontexten und bestimmten Ausführungsschritten zugeordnet. Diese sind durch SAP definiert. Beispiele für einen Business-Kontext sind *Lageraufgaben quittieren (interne Warenbewegung/Umlagerung)*, *Lageraufgaben quittieren (Auslagerung)*, *Lageraufgaben quittieren (Einlagerung)*, *Inventur* oder *MFS-Kommunikationspunkt*. Folgende Ausführungsschritte (siehe Tabelle 11.3) für die Zuweisung zu Ausnahmecodes sind in EWM vorhanden und wurden von SAP spezifiziert.

Ausführungsschritt	Beschreibung
02	Desktop HU-Lageraufgabe
05	Desktop Prod.-Lageraufgabe
03	RF HU-Lageraufgabe Aktion auf Quelldaten
04	RF HU-Lageraufgabe Aktion auf Zieldaten
05	RF Prod-Lageraufg. Aktion auf Quelldaten
06	RF Prod.-Lageraufg. Aktion auf Zieldaten
15	Desktop Dekonsolidierg. am Arbeitsplatz
16	Desktop Differenzen am Arbeitsplatz
17	RF Verpacken
19	RF Dekonsolidierung
20	RF offene Lageraufgaben Dekonsonsolidg.
21	RF Detail Lageraufgaben Dekonsonsolidg.

Tabelle 11.3   Beispiele für Ausführungsschritte in der Ausnahmebehandlung in SAP EWM

Um den Business-Kontext und die Ausführungsschritte im EWM-Customizing zu pflegen, folgen Sie dem Pfad EXTENDED WAREHOUSE MANAGEMENT • PROZESSÜBERGREIFENDE EINSTELLUNGEN • AUSNAHMEBEHANDLUNG • DEFINITION VON AUSNAHME-CODES.

Ausnahmecodeprofil

Die Verfügbarkeit von Ausnahmecodes kann basierend auf dem ihnen zuge-ordneten Profil für bestimmte Nutzer beschränkt werden. So können bestimmte Ausnahmecodes, mit einflussreichen Folgeaktionen für die Nut-zung durch besonders qualifizierte Lagermitarbeiter reserviert werden. Indem der Benutzername mit dem Ausnahmecodeprofil verknüpft wird, können Sie sicherstellen, dass nur diese Personengruppe die festgelegten Ausnahmecodes ausführen kann. Um Benutzern im SAP Easy Access Menü Ausnahmecodeprofile zuzuordnen, folgen Sie dem Pfad EXTENDED WARE-HOUSE MANAGEMENT • EINSTELLUNGEN • ANWENDER ZU AUSNAHMECODEPROFIL ZUORDNEN, oder führen Sie die Transaktion /SCWM/EXCUSERID aus.

Neuen Ausnahmecodes erstellen

Um einen neuen Ausnahmecode zu erstellen, folgen Sie dem Customizing-Pfad EXTENDED WAREHOUSE MANAGEMENT • PROZESSÜBERGREIFENDE EINSTEL-LUNGEN • AUSNAHMEBEHANDLUNG • DEFINITION VON AUSNAHME-CODES (siehe Abbildung 11.34).

Im abgebildeten Beispiel wird ein neuer Ausnahmecode zur Bearbeitung von Einlagerungsdifferenzen erstellt. Im Falle einer defekten Ware im Warenein-gang müssen Sie bei der Einlagerung eine abweichende Menge bestätigen und die Anliefermenge reduzieren. Je nach Geschäftsfall und Vertragssitua-tion mit dem Lieferanten wird die entstandene Mengendifferenz wertmäßig zu Lasten einer der beiden Parteien verbucht. Im abgebildeten Fall wird die Ware retourniert.

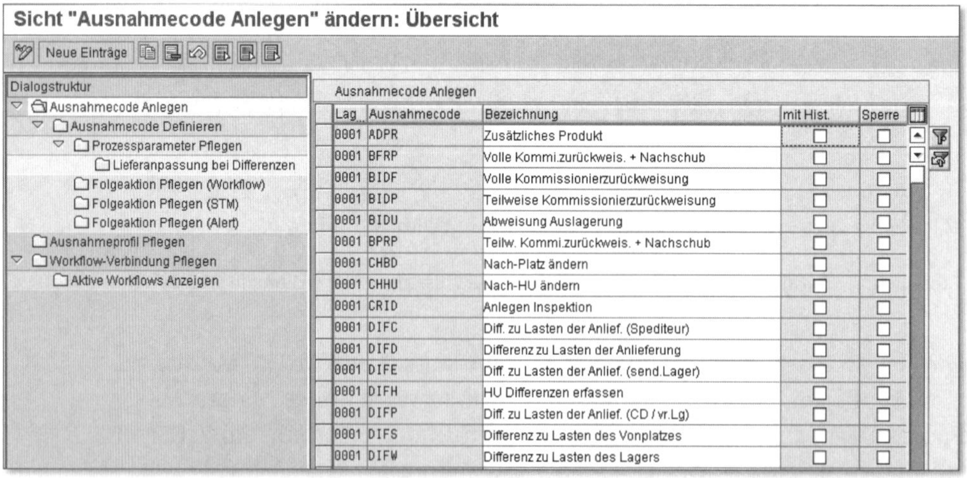

Sicht "Ausnahmecode Anlegen" ändern: Übersicht

Dialogstruktur	Lag.	Ausnahmecode	Bezeichnung	mit Hist.	Sperre
▽ Ausnahmecode Anlegen	0001	ADPR	Zusätzliches Produkt	☐	☐
▽ Ausnahmecode Definieren	0001	BFRP	Volle Kommi.zurückweis. + Nachschub	☐	☐
▽ Prozessparameter Pflegen	0001	BIDF	Volle Kommissionierzurückweisung	☐	☐
Lieferanpassung bei Differenzen	0001	BIDP	Teilweise Kommissionierzurückweisung	☐	☐
Folgeaktion Pflegen (Workflow)	0001	BIDU	Abweisung Auslagerung	☐	☐
Folgeaktion Pflegen (STM)	0001	BPRP	Teilw. Kommi.zurückweis. + Nachschub	☐	☐
Folgeaktion Pflegen (Alert)	0001	CHBD	Nach-Platz ändern	☐	☐
Ausnahmeprofil Pflegen	0001	CHHU	Nach-HU ändern	☐	☐
▽ Workflow-Verbindung Pflegen	0001	CRID	Anlegen Inspektion	☐	☐
Aktive Workflows Anzeigen	0001	DIFC	Diff. zu Lasten der Anlief. (Spediteur)	☐	☐
	0001	DIFD	Differenz zu Lasten der Anlieferung	☐	☐
	0001	DIFE	Diff. zu Lasten der Anlief. (send.Lager)	☐	☐
	0001	DIFH	HU Differenzen erfassen	☐	☐
	0001	DIFP	Diff. zu Lasten der Anlief. (CD / vr.Lg)	☐	☐
	0001	DIFS	Differenz zu Lasten des Vonplatzes	☐	☐
	0001	DIFW	Differenz zu Lasten des Lagers	☐	☐

Abbildung 11.34 Ausnahmecode im Customizing pflegen

Um einen neuen Ausnahmecode zu erstellen, starten Sie die Aktivität Aus-
nahmecode Anlegen durch einen Doppelklick auf den ersten Baumknoten.
Geben Sie den Namen des Ausnahmecodes und eine Beschreibung ein (siehe
Abbildung 11.35).

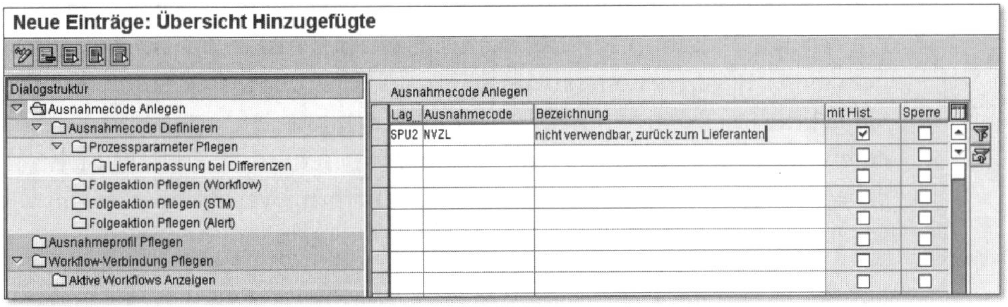

Abbildung 11.35 Neuen Ausnahmecode erstellen

Das Setzen des Kennzeichens mit Historie rechts neben der Beschreibung
erlaubt die Nachverfolgung von Ausnahmen im Lagermonitor (Transaktion
/SCWM/MON) anhand von Kriterien wie Business-Kontext, Ausführungsschritte und Datum (über die Knoten Alert und Ausnahmen, siehe Abbildung 11.36).

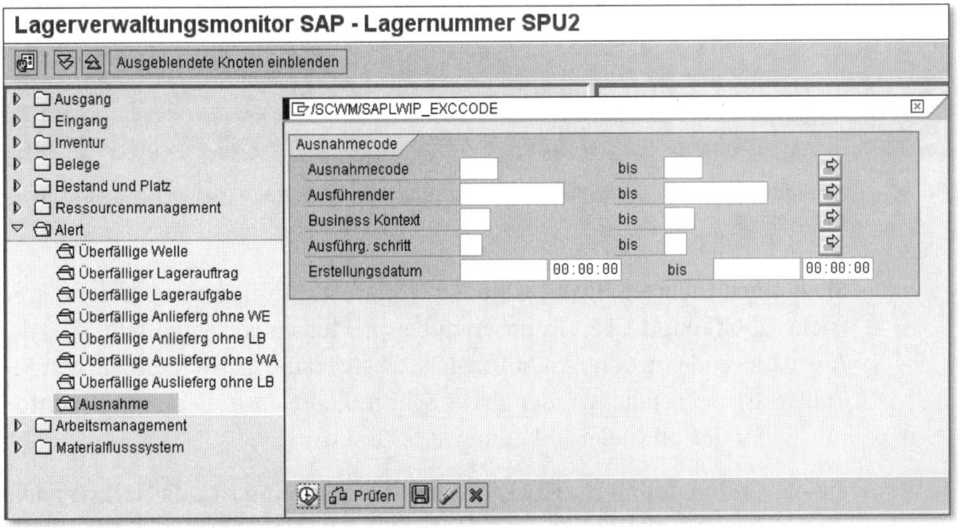

Abbildung 11.36 Überwachung der Ausnahmebehandlung im Lagermonitor

Um einen bereits verfügbaren Ausnahmecode im Customizing zu sehen,
müssen Sie diesen in der Übersicht markieren. Dann klicken Sie den Knoten

AUSNAHMECODE DEFINIEREN an, um zu definieren, in welchem Zusammenhang der neue Ausnahmecode gültig sein soll. Um einen neuen Eintrag vorzunehmen, wählen Sie die Schaltfläche NEUE EINTRÄGE.

In unserem Beispiel haben wir den Business-Kontext TPT – LAGERAUFGABE QUITTIEREN (Einlagerung) gewählt. Es öffnet sich ein Popup-Fenster im unteren rechten Bildschirmbereich, das zeigt, welche Ausführungsschritte innerhalb dieses Business-Kontexts verfügbar sind. Für den ersten Eintrag wählen Sie Schritt 02 (DESKTOP PROD.-LAGERAUFGABE), um den Ausnahmecode auf einem normalen Arbeitsplatz-PC beim Quittieren einer Produkt-Lageraufgabe zu nutzen. Der Ausnahmecode ist nur dann verwendbar, wenn die Lageraufgabe in EWM-Transaktionen bearbeitet wird.

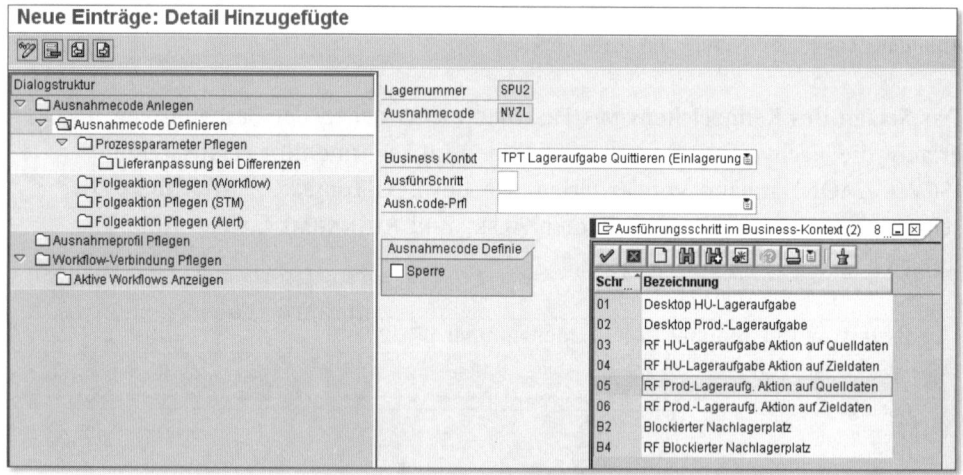

Abbildung 11.37 Business-Kontext und Ausführungsschritt zum Erstellen eines Ausnahmecodes pflegen

Sie können mehrere Business-Kontexte und Ausführungsschritte definieren (siehe Abbildung 11.38). In unserem Beispiel haben wir eingestellt, dass der Ausnahmecode nicht nur an normalen Arbeitsplatz-PCs, sondern auch in RF-Transaktionen genutzt werden darf – Schritt 05 (RF PROD-LAGERAUFG. AKTION AUF QUELLDATEN) (siehe Abbildung 11.37).

Sie haben nun definiert, wo der Ausnahmecode gültig ist. Als Nächstes definieren Sie die Reaktion des Systems bei Einsatz des Ausnahmecodes, indem Sie die Prozessparameter pflegen. Nutzen Sie dazu die nächste Aktivität in der Baumstruktur namens PROZESSPARAMETER PFLEGEN. Diese Aktivität muss für jede definierte Kombination von Business-Kontext und Ausführungsschritt ausgeführt werden. Markieren Sie dazu zunächst die relevante Zeile

(wie in unserem Beispiel TPT 02), und klicken Sie doppelt auf den Ordner
PROZESSPARAMETER PFLEGEN. Klicken Sie dann auf die Schaltfläche NEUE EIN-
TRÄGE, und pflegen Sie den internen Prozesscode.

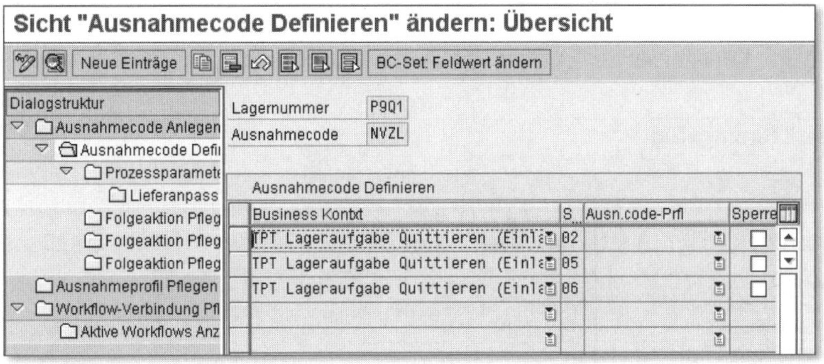

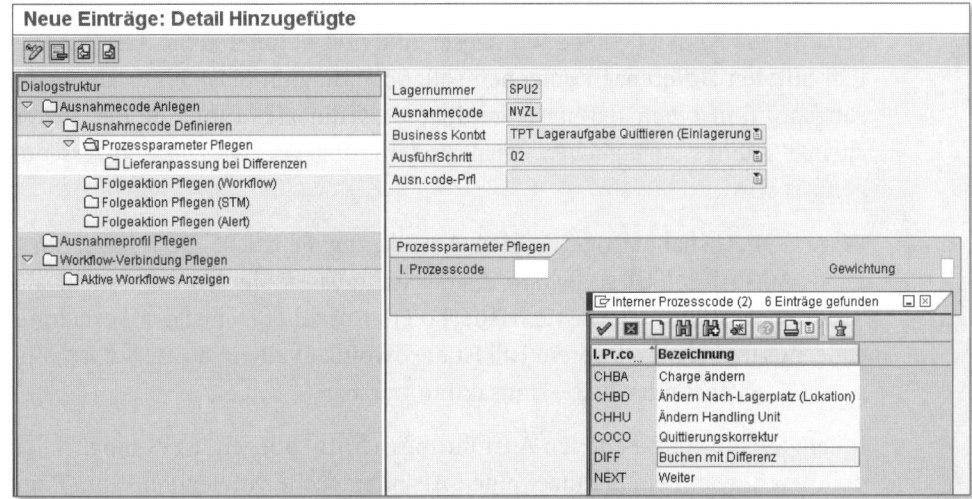

Abbildung 11.38 Ausnahmecode NVZL zu mehreren Ausführungsschritten zuordnen

Der *interne Prozesscode* beschreibt, welche Geschäftsfolge mit dem Ausnahmecode verbunden ist. Um die möglichen Eingaben zu prüfen, können Sie
die Betragshilfe (Wertehilfe) nutzen, um zu sehen, welche Eingänge erlaubt
sind. In Abbildung 11.39 sind die im Rahmen der SAP-Standard-Ausliefe-
rung gelieferten möglichen Eingänge dargestellt. Der im Beispiel erstellt Ausnahmecode hat das Ziel, die Liefermenge zu reduzieren und die Lageraufgabe mit Differenz zu bestätigen. Daher wählen wir hier den Code DIFF –
BUCHEN MIT DIFFERENZ.

Abbildung 11.39 Internen Prozesscode für den jeweiligen Ausführungsschritt pflegen

Nach der Auswahl des Codes drücken Sie ⏎. Weitere Prozessparameter können Sie nutzen, um mehr Details über den internen Prozesscode festzuhalten. Im dargestellten Fall, für den internen Prozesscode DIFF, muss eine andere Kategorie (Differenzkennzeichentyp) gepflegt werden (siehe Abbildung 11.40). Da die Liefermenge verändert werden muss, ordnen wir die Kategorie 3 – Differenz zu Lasten der Anlieferung zu.

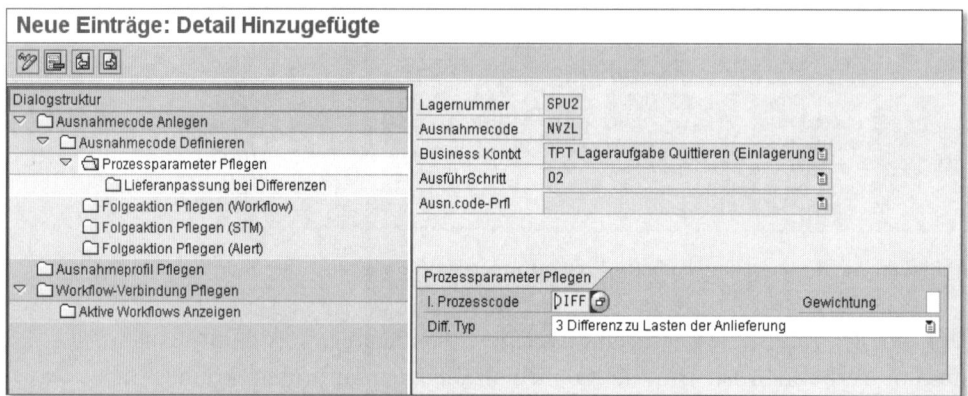

Abbildung 11.40 Differenzkennzeichentyp eines internen Prozesscodes pflegen

Wenn Sie die Liefermenge verändern möchten (wie in unseren Beispiel), ist es außerdem notwendig, die relevanten Parameter in der Aktivität der Dialogstruktur Lieferanpassung bei Differenzen zu spezifizieren, wie in Abbildung 11.41 dargestellt. Wählen Sie den relevanten Eintrag im ausgewählten Knoten, und klicken Sie doppelt auf die Aktivität. Danach wählen Sie die Schaltfläche Neue Einträge. Bei dieser Aktivität definieren Sie, wie das System mit den Differenzen umgehen soll. So kann zum Beispiel für alle Lieferungspositionstypen definiert werden, dass die Lieferung auf die abweichende Menge angeglichen wird, indem der zugewiesene Prozesscode genutzt wird.

Wenn der Ausnahmecode für den Ausführungsschritt 05 (RF Prod-Lageraufg. Aktion auf Quelldaten) erstellt ist, müssen Sie den Prozess für alle weiteren Ausführungsschritte wiederholen. Anschließend ist der Ausnahmecode einsatzfähig; in unserem Fall ist er sowohl auf einem normalen Arbeitsplatz-PC als auch für die RF-Transaktion nutzbar.

Indem Sie die verschiedenen Ausführungsschritte pflegen, ist es möglich, zu definieren, wann ein Benutzer einen Ausnahmecode verwenden kann. Beim Einsatz von mobilen Transaktionen im RF-Umfeld gibt es meist zwei Bildschirmfolgen: den Von-Screen mit dem Von-Platz, von dem der Bestand entnommen wird, und den Nach-Screen, auf den der Bestand beim Quittieren verbucht wird. Der Benutzer gibt ein, von wo er das Produkt entnimmt und wo er das Produkt wieder abstellt. Das heißt, mit der Pflege der Ausführungsschritte 05 und 06 ist es möglich, den Ausnahmecode auf beiden Bildschirmmasken zu verwenden.

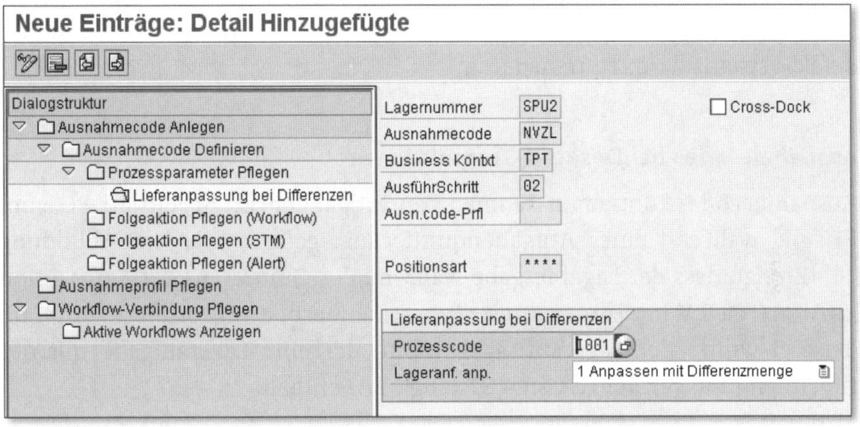

Abbildung 11.41 Konfiguration von Lieferungsanpassungen bei Differenzen

Sie können auch Folgeaktionen, wie das Auslösen eines Workflows, die Bestimmung eines Status im SAP Status Management oder das Auslösen eines Alerts mittels des SAP Alert Managements, einstellen. Um die Folgeaktionen zu bestimmen, muss der Ausnahmecode innerhalb des Ordners Ausnahmecode Definieren ausgewählt und der passende Ordner für die Erzeugung einer Folgeaktion (zum Beispiel Workflow, Status Management oder Alert) auf der nächsten Hierarchieebene in der Dialogstruktur bestimmt werden. Da dies für unseren Ausnahmecode NVZL nicht nötig ist, beenden wir an dieser Stelle die Konfiguration.

Im Rahmen der Konfiguration von Ausnahmecodes in EWM können die Ausnahmecodes im EWM-Customizing getestet werden. Folgen Sie dazu dem Pfad Extended Warehouse Management • Prozessübergreifende Einstellungen • Ausnahmebehandlung • Konfiguration der Ausnahmecodes testen. Dieses Hilfsprogramm erlaubt es, die Durchführung der Folgeaktionen (Workflow oder Alert) mit Anwendungsdaten zu testen, ohne Testobjekte (zum Beispiel offene Lageraufgaben, Inventurdokumente) erstellen zu müssen. Es erlaubt auch, alle Ausnahmecodes anzuzeigen, die für einen Business-Kontext oder Ausführungsschritt definiert wurden.

11.4.2 Ausnahmecodes einsetzen

Ausnahmecodes setzen Sie ein, um Aufgaben auf normalen Arbeitsplatz-PCs oder bei RF-Transaktionen nach festgelegten Bedingungen zu bestätigen. In diesem Abschnitt entwickeln wir das Beispiel des Ausnahmecodes NVZL, das Sie aus dem vorangegangenen Abschnitt kennen, weiter und beschreiben, wie Ausnahmecodes genutzt werden. Zweck unseres neuen Ausnahmecodes NVZL ist, eine Lageraufgabe mit veränderter Menge zu bestätigen und die Liefermenge, für den Fall, dass ein Produkt während des Einlagerns als defekt erkannt wird, zu reduzieren.

Ausnahmecodes bei Desktop-Transaktionen

Ausnahmecodes können im Rahmen von Tätigkeiten am Arbeitslatz-PC, zum Beispiel während einer Aufgabenquittierung, genutzt werden. Abbildung 11.42 zeigt, dass der Lageraufgabe während des Quittierens der Transaktion /SCWM/TODLV im Vordergrund ein Ausnahmecode zugeordnet wurde. Im Beispiel wurde der Lagerauftrag gewählt, der eine Lageraufgabe mit der geplanten Einlagermenge von 4 ST (engl. EA) enthält.

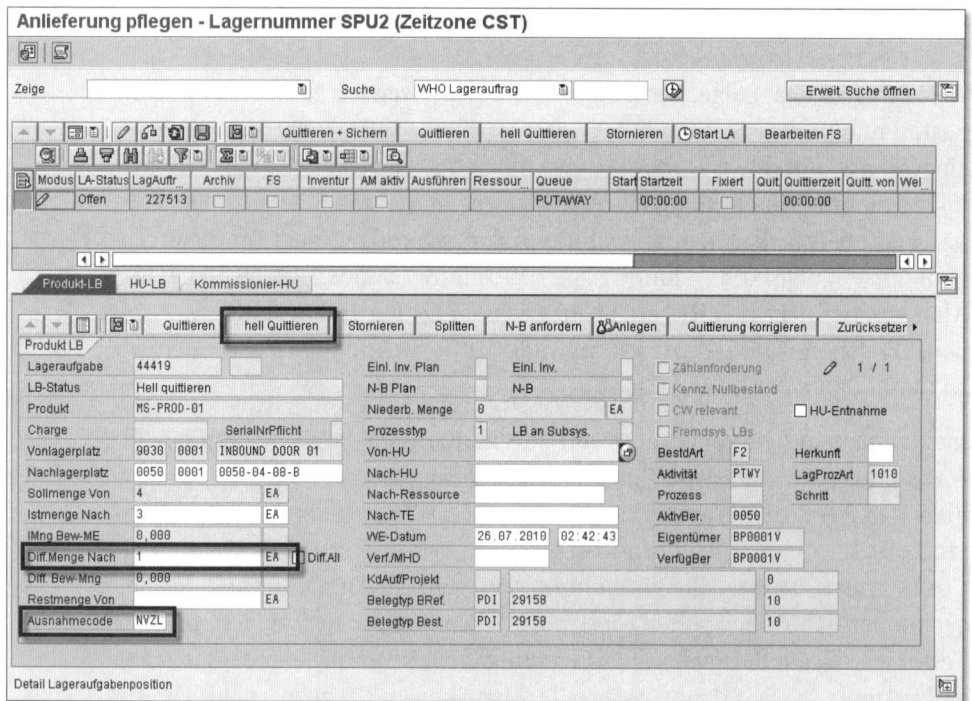

Abbildung 11.42 Einlagerlageraufgabe mit einem Ausnahmecode quittieren

Um die Lageraufgabe mit einer Abweichung zu bestätigen, wählen wir QUIT-
TIEREN IM VORDERGRUND (= HELL QUITTIEREN), passen die Menge auf 3 ST an,
(IST.MENGE NACH) vermerken die Differenz von 1 ST (DIFF.MENGE NACH)
(oder wir spezifizieren einen der Parameter und lassen das System den Rest
kalkulieren) und geben den Ausnahmecode NVZL ein. Nach dem Speichern
ist die Liefermenge von vier auf drei Stück angepasst. Wenn der Wareneingang
bereits gebucht wurde, wird dieser mittels einer Stornierung von
einem Stück korrigiert.

Ausnahmecodes im RF-Umfeld

Wenn Lagerarbeiter mobile Geräte nutzen, können sie ihre Daten in Echtzeit
im Lagerverwaltungssystem eingeben, und das System reagiert direkt. Auch
erkannte Inkonsistenzen können in Echtzeit eingegeben und verarbeitet
werden. Wenn der Arbeiter etwa während einer Kommissionierung oder
einer Einlagerung eine unvorhergesehene Situation feststellt, kann er die
EWM-Ausnahmebehandlung nutzen, um dem System mitzuteilen, welche
Art von Ausnahme aufgetreten ist, und EWM die Möglichkeit geben, auf
bestmöglichem Wege auf die Situation zu reagieren.

Um dies zu illustrieren, beziehen wir uns erneut auf das Beispiel aus
Abschnitt 11.4.1, »Ausnahmecodes konfigurieren«. Darin stellen wir während
des Einlagerns fest, dass 1 ST nicht nutzbar ist. Auf dem RF-Bildschirm
für die Einlagerung per WHO sehen wir den Nach-Screen der ersten Lageraufgabe
(Lagerplatz, Produkt und Menge). Die gewünschte Menge ist 4 ST –
und wir wollen auf 3 ST reduzieren. Beim Versuch, die Menge ohne Eingabe
eines Ausnahmecodes zu reduzieren, erscheint eine Fehlermeldung (siehe
Abbildung 11.43). Das System erinnert den Anwender daran, dass ein Ausnahmecode
genutzt werden muss, um die Mengenabweichung zu erfassen.

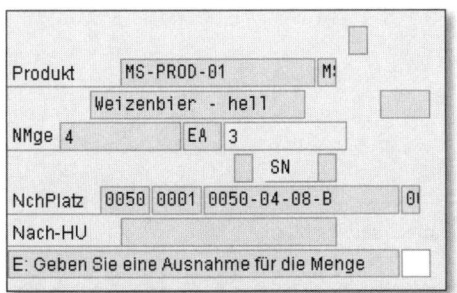

Abbildung 11.43 Ausnahmecodes im RF-Umfeld beim Erfassen von Differenzen erfassen

Auf dem RF-Bildschirm können Sie den Ausnahmecode, sofern er bekannt ist, direkt im Ausnahmecode-Feld in der rechten unteren Ecke des Bildschirms spezifizieren. Ist der Ausnahmecode nicht bekannt, können Sie sich mittels des Ausnahmecodes LIST eine Liste aller möglichen Ausnahmecodes in Abhängigkeit vom Business-Kontext anzeigen lassen (Ausnahmecode LIST bietet diese Funktion an).

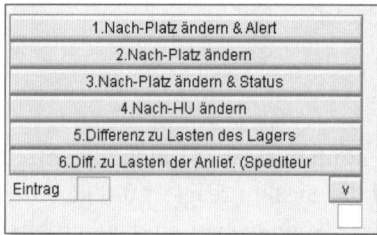

Abbildung 11.44 Liste der erlaubten Ausnahmecodes, Teil I

Unser Ausnahmecode *Nicht verwendbar – Zurücksenden an Lieferant* (NVZL – NICHT VERWB. LASTEN LIEFERAN) erscheint nicht auf dieser Seite, daher wählen wir die Schaltfläche NACH UNTEN oder nutzen die Pfeil-Schaltfläche auf der rechten Seite, um die weiteren Einträge zu sehen (siehe Abbildung 11.45). Der Ausnahmecode kann auf der Auswahlliste durch die Eingabe der am Anfang stehenden Zahl im Eingabefeld übernommen werden. Die Texte der Ausnahmecodes werden über die Konfiguration definiert. Es ist sinnvoll, vor jeden Ausnahmecode den technischen Namen zu schreiben, wie in Abbildung 11.45 dargestellt (unter dem Menüpunkt 16), damit der Anwender sich den Ausnahmecode besser einprägt und ihn einfacher auswählen kann.

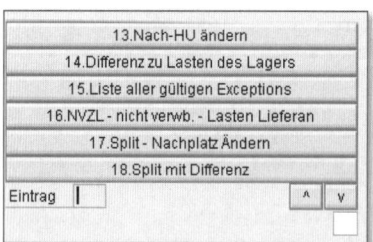

Abbildung 11.45 Liste der erlaubten Ausnahmecodes, Teil II

Unser Ausnahmecode NVZL erscheint auf Position 16 in der Liste. Diesen Ausnahmecode können Sie, wenn Sie ein mobiles Gerät mit Touchscreen

nutzen, direkt anklicken oder die Positionsnummer in das Eingabefeld EIN-
TRAG eingegeben.

Freischalten des Ausnahmecodes LIST

Der Ausnahmecode muss außerdem beim Customizing der Ausnahmebehandlung
definiert werden, wie im vorangegangenen Abschnitt beschrieben. Im standardmäßig ausgelieferten EWM-Customizing ist dies für die meisten RF-Business-Kon-
texte und Ausführungsschritte bereits eingerichtet. Wenn Sie eigene Business-
Kontexte und Ausführungsschritte definieren, stellen Sie sicher, dass der Ausnahmecode LIST als erlaubte Eingabe hinzugefügt wird, andernfalls werden Mitarbeiter nicht in der Lage sein, ihn in diesem Zusammenhang einzusetzen.

Wenn Sie den Ausnahmecode aus der Liste ausgewählt haben, wird er in der
RF-Transaktion ausgewählt, und die damit verbundene Mengenänderung kann
fortgesetzt werden. Da der Ausnahmecode mit dem internen Prozesscode DIFF
verbunden ist, weiß das System, dass wir eine Mengenänderung eingeben wollen. Es öffnet sich ein Fenster, in dem Sie die Menge eingeben können (siehe
Abbildung 11.46). Anschließend speichern Sie mit F1 und kehren automatisch zur vorherigen Ansicht zurück. Wenn es sich um einen Artikel mit Seriennummer handelt, können Sie die Seriennummer des defekten Artikels eingeben, indem Sie die Schaltfläche F2 SNUM wählen oder F2 drücken.

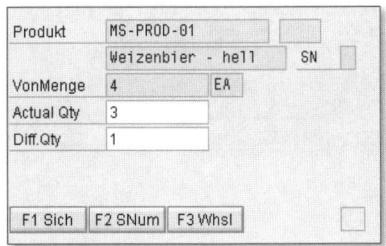

Abbildung 11.46 Ausnahmebehandlung in RF für das Erfassen der Differenzmenge beim
Quittieren der Lageraufgaben

Nachdem Sie die Lageraufgabe bestätigt haben, sind der verwendete Ausnahmecode und die Mengenänderungen im Lieferungsmonitor (Transaktion
/SCWM/PRDI) oder im Lagermonitor zu sehen. Um die Daten im Lagermonitor sehen zu können, wählen Sie die Transaktion /SCWM/MON, zum Beispiel durch Anklicken der Knoten DOKUMENTE · LAGERAUFGABEN. Bei einer
Liefermengenänderung ist die Liefermenge um die Differenzmenge reduziert, und der zugeordnete Prozesscode wird in der Lieferung angezeigt
(siehe Abbildung 11.47).

Technische Hilfe beim Bestimmen der Ausnahmecodekonfiguration

Wenn Sie einen vorhandenen Ausnahmecode erweitern oder einen neuen erstellen möchten, jedoch nicht den Business-Kontext und den Ausführungsschritt kennen, können Sie mit Debugging-Kenntnissen die beiden notwendigen Parameter herausfinden. Zu Beginn setzen Sie einen Breakpoint in der Klasse /SCWM/CL_ EXCEPTION_APPL und bei der Methode VERIFY_EXCEPTION_CODE (es gibt verschiedene Wege, dies zu tun), fahren Sie dann mit der Transaktion fort und geben Sie einen Ausnahmecode ein. Sobald das System den Debugger am festgelegten Breakpoint startet, können Sie den aktuellen Business-Kontext in der Variablen IV_ BUSCON und den aktuellen Ausführungsschritt in der Variablen IV_EXECSTEP sehen.

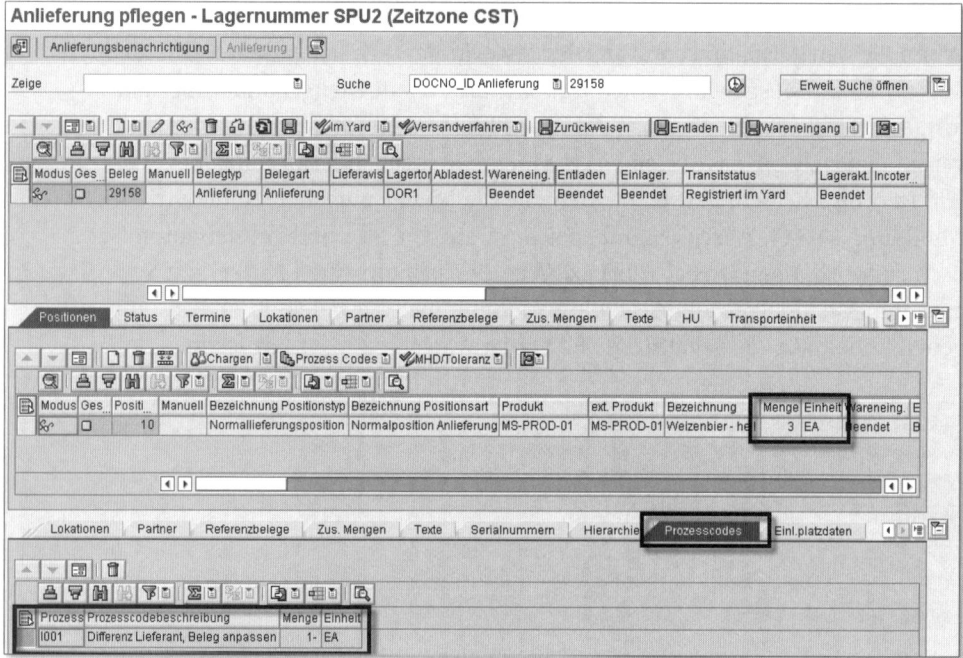

Abbildung 11.47 Automatische Anpassung der Lieferungsmenge durch Nutzen der Ausnahmebehandlung während der Einlagerung

Umlagerungsausnahmen verwalten

Eine *Umlagerung* ist ein Dokument im SAP ERP-System, das genutzt wird, um Bestände von einem zu einem anderen Lager zuzuordnen und zu verschicken. Während die Bestände im ausliefernden und empfangenden Lager verarbeitet werden, können während des Transports Mengenfehler entstehen, oder es können Produkte zerstört werden oder verloren gehen. Die EWM-Ausnahmebehandlung bietet Funktionalitäten, um die Mengendifferenzen in solchen Fällen zu verarbeiten.

Überblick über Umlagerungsaufträge

Wenn eine Umlagerung im SAP ERP-System erstellt wurde, zum Beispiel von Lager WH1 zu WH2, erstellt SAP ERP zuerst einen Auslieferungsauftrag für das ausliefernde Lager (WH1) und sendet diesen an das entsprechende EWM-System. In EWM wird die Auslieferung wie jede andere Auslieferung behandelt – der einzige Unterschied ist, dass der Empfänger kein Kunde, sondern ein eigenes Werk ist (auch wenn das Geschäftspartnerwerk so verbucht ist, dass es auf bestimmte Weise in EWM wie ein Kunde wirkt). Im einfachsten Szenario wird die Ware entnommen und der Warenausgang für den Auslieferauftrag in EWM gebucht. Basierend auf dem Warenausgang in EWM, wird die Auslieferung in SAP ERP übertragen, wo der Warenausgang für die Auslieferung gebucht wird. Abhängig von der Konfiguration in SAP ERP kann ein Anlieferungsauftrag für das empfangende Lager (WH2) automatisch erzeugt werden, wenn Sie die SPED-Output-Kondition auf dem Auslieferungsauftrag nutzen. Alternativ können Sie den Anlieferungsauftrag mit Bezug zum Umlagerungsauftrag manuell erstellen. Wird er automatisch erzeugt, kann der Anlieferungsauftrag alle Daten des Auslieferungsauftrags übernehmen, inklusive der HUs, der Serialnummern, der Chargen sowie der Bestands-ID usw. Der Anlieferungsauftrag wird an das zugewiesene EWM-System geschickt, wo der Wareneingang gebucht wird und die Einlagerung stattfindet. Während der Einlagerung im empfangenden Lager WH2 ist es möglich, dass der Lagermitarbeiter eine Mengendifferenz feststellt, die er mittels der Umlagerungsausnahmebehandlung melden und verarbeiten kann.

Umlagerungsdifferenzenverarbeitung konfigurieren

Wenn im empfangenden Lager die Ausnahme feststellt wird, muss ermittelt werden, wer für die Diskrepanz verantwortlich ist: das entsendende Lager (Versender) oder der Transporteur (Spediteur). Dies wird in dem Ausnahmecode dargestellt, den der Mitarbeiter während der Bestätigung der Einlagerung eingibt. Im Standard bietet EWM zwei Ausnahmecodes für Mengendifferenzen während der Einlagerung bei Umlagerungsaufträgen an (siehe Tabelle 11.4).

Ausnahmecode	SAP-Beschreibung	Processcode (für Lieferungsanpassungen)
DIFC	Diff. zu Lasten der Anlief. (Spediteur)	CARR
DIFE	Diff. zu Lasten der Anlief. (send.Lager)	SHIP

Tabelle 11.4 Ausnahmecodes für Umlagerungsmengenabweichungen mit Lieferungsanpassung

In SAP ERP müssen die Ausnahmecodes für Differenzen bei Umlagerungsaufträgen mit einem Begründungsschlüssel verknüpft werden. Um die Ausnahmecodes innerhalb des SAP ERP-Customizings zu verknüpfen, folgen Sie
dem Pfad LOGISTICS EXECUTION • ERSATZTEILMANAGEMENT (SPM) • PROZESSÜ-
BERGREIFENDE EINSTELLUNGEN (SPM) • LIEFEREMPFANGSBESTÄTIGUNG (SPM) •
MAPPING FÜR LAGERAUSNAHMENCODES FESTLEGEN. Der Ausnahmecode kann
je nach verantwortlicher Partei mit dem entsprechenden Begründungsschlüssel für Unterlieferung (DFG1) oder Überlieferung (DFG2) verknüpft
werden (siehe Abbildung 11.48).

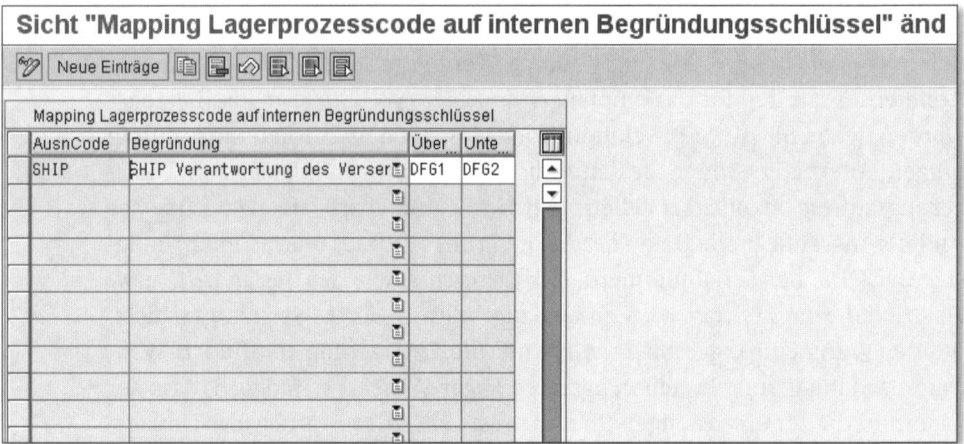

Abbildung 11.48   SAP EWM-Ausnahmecodes mit den SAP ERP-Begründungsschlüsseln
verknüpfen

Die Pflege dieser Customizing-Tabelle wird vom SAP ERP-System benötigt,
um die Ausnahmesituation korrekt zu interpretieren. Beachten Sie, dass die
Spalte AUSNAHMECODE nicht den Ausnahmecode enthält, den der Benutzer
in EWM eingibt, sondern den internen Prozesscode für die Justierung der
Lieferung in SAP ERP.

Verantwortung des Spediteurs

Indem er Ausnahmecode DIFC auswählt, definiert der Mitarbeiter des empfangenden Lagers, dass der Spediteur für die Differenz verantwortlich ist. In
diesem Fall wird das Versandlager nicht in den Prozess involviert.

Im Fall eines Transitbestands wird die Differenzmenge zuerst auf den Transitbestand des Empfangslagers gebucht. Der Transitbestand entsteht generell
bei einer Umlagerung mittels einer Umlagerungsbestellung. Beim Transitbe-

stand handelt es sich um einen Bestand, der aus dem abgebenden Werk entnommen bzw. gebucht wird, aber, da im empfangenden Werk noch nicht eingetroffen, nicht auf das empfangende Werk gebucht wird. Dies ist jedoch nur vorübergehend, da die Mengendifferenz vom Transitbestand auf Verbrauch umgebucht wird, wenn die Einlagerung abgeschlossen ist; das heißt, diese Umbuchung erfolgt, wenn der Abschluss der Einlagerung von EWM angezeigt wird und die Lieferung wareneingangsgebucht wurde.

Um den Prozess bei Verantwortung des Spediteurs weiterzubearbeiten, müssen Sie eine manuelle Lastschrift oder Gutschrift erstellen, abhängig davon, ob Sie zu viel oder zu wenig Ware erhalten haben, und an den Spediteur übermitteln. Die Mengenanpassung und die folgende Finanzbuchung beeinflussen nur das Empfangslager sowie die Kombination aus Werk und Lagerort im SAP ERP-System, da der Warenbesitz an den Spediteur übergeben wird.

Verantwortung des Versandlagers

Wenn das Versandlager für die Differenz verantwortlich ist, muss im Empfangslager der Ausnahmecode DIFE genutzt werden. Bei Abschluss der Anlieferung wird dann die Differenzmenge vom Transitbestand des Empfangslagers auf einen dafür vorgesehenen Lagerort des Versandlagers umgebucht. Im standardmäßig gelieferten SAP-Customizing heißt der Lagerort für diesen Prozess POD (*Proof of Delivery*).

In Abbildung 11.49 sehen Sie ein Beispiel für eine Organisationsstruktur der involvierten Parteien bei der Bearbeitung von Versanddifferenzen. Das Beispiel zeigt einen Umlagerungsauftrag von Lager A nach Lager B. Im SAP ERP-System ist das Lager A dem Werk A zugeordnet, mit den Lagerorten ROD und AFS. Um Umlagerungsmengenabweichungen abzuwickeln, ist der Lagerort POD auch Werk A zugeordnet. Dementsprechend ist das Lager B dem Werk B zugeordnet, ebenfalls mit den Lagerorten ROD und AFS. Falls auch Umlagerungen von Lager B nach Lager A stattfinden, sollte es einen weiteren Lagerort POD für Werk B geben, um potenzielle Abweichungen abwickeln zu können.

Um den Lagerort POD für Umlagerungsmengenabweichungen innerhalb des SAP ERP-Customizings zu definieren (siehe Abbildung 11.50), folgen Sie dem Pfad LOGISTICS EXECUTION • ERSATZTEILMANAGEMENT (SPM) • PROZESSÜBERGREIFENDE EINSTELLUNGEN (SPM) • LIEFEREMPFANGSBESTÄTIGUNG (SPM) • LEB-LAGERORT FÜR VERSENDERDIFFERENZEN FESTLEGEN.

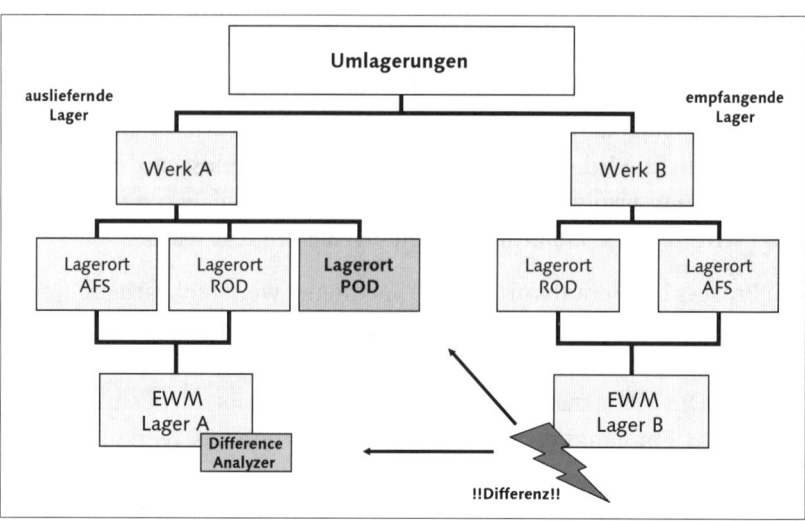

Abbildung 11.49 Organisationsstruktur für Umlagerungsabweichungen

Zuordnung des POD-Lagerorts in SAP ERP

Der POD-Lagerort sollte nicht der EWM-Lagernummer in SAP ERP zugeordnet werden. Der Bestand verbleibt in der SAP ERP-Bestandführung und wird nicht länger vom Lager verwaltet, solange er im POD-Lagerort bleibt.

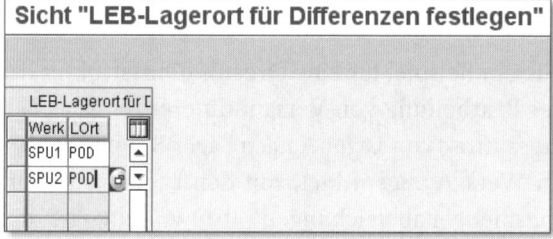

Abbildung 11.50 Verknüpfung zwischen dem POD-Lagerort und dem Werk

Korrekturlieferung für das ausliefernde Lager zum Differenzenausgleich

Wenn der Bestand vom Transitbestand auf den POD-Lagerort übergeben wird, wird gleichzeitig eine Korrekturlieferung seitens des Versandlagers erstellt. Diese Korrekturlieferung ist entweder eine Ein- oder eine Auslagerung, abhängig von der Art der Mengendifferenz (Überschuss oder Fehlbestand). Sobald die Korrekturlieferung in SAP ERP erstellt ist, wird sie an EWM übermittelt, wo sie vom zuständigen Mitarbeiter manuell bestätigt oder abgelehnt werden kann.

Wird die Korrekturlieferung abgelehnt, verbleibt die Differenzmenge im POD-Lagerort in SAP ERP und muss manuell ausgeglichen werden. Wird die Korrekturlieferung in EWM bestätigt, wird die Differenzmenge auf den *EWM Difference Analyzer* übertragen, wo sie bewertet und verbucht werden kann.

Automatisches Prozessieren von Korrekturlieferungen

Es ist möglich, das System so zu konfigurieren, dass eingehende Korrekturlieferungen in EWM automatisch akzeptiert werden, indem die entsprechenden PPF-Aktionen zum automatischen Wareneingangs- und Warenausgangsbuchen eingerichtet werden. Sie können die PPF-Aktion für den Warenausgang einrichten, indem Sie die Aktion /SCWM/PRD_OUT_POST_GI_ODIS für die Applikation /SCDL/DELIVERY und das Aktionsprofil /SCDL/PRD_OUT_ODIS aktivieren. Für den Wareneingang können Sie die Aktion /SCWM/PRD_IN_POST_GR_IDIS des Aktionsprofils /SCDL/PRD_IN_IDIS aktivieren.

Im EWM Difference Analyzer können Sie sich die Umlagerungsmengenabweichungen anzeigen lassen, indem Sie das Kennzeichen AUSZUGLEICHENDE FORDERUNGSMENGE in den Default-Werten der Transaktion einschalten (siehe Abbildung 11.51).

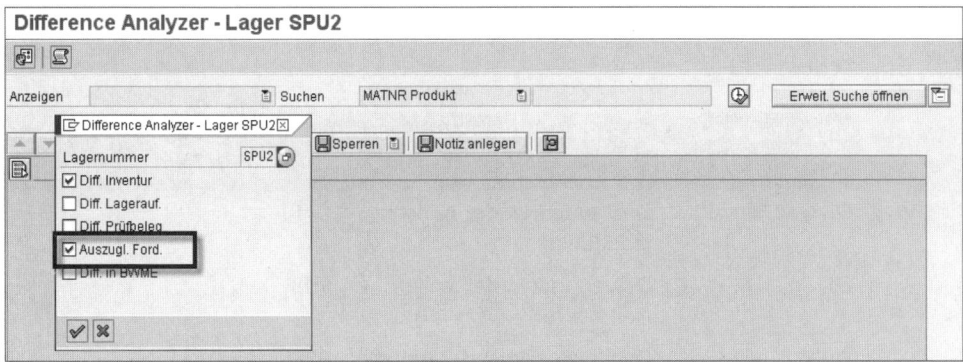

Abbildung 11.51 Umlagerungsmengenabweichungen im EWM Difference Analyzer

Wird der fehlende Bestand nach Ermittlungen im Versandlager gefunden, gibt es die Möglichkeit einer zweiten Eingabe im EWM Difference Analyzer, einer sogenannten *Inventurdifferenz* – dann mit anderem Vorzeichen (Wert). Wenn die Differenzen anschließend im SAP ERP-System gegeneinander gebucht werden und der Inventureinfluss null ist, entstehen auch keine finanziellen Auswirkungen. Weitere Informationen zum Umgang mit Bestandsabweichungen im Difference Analyzer finden Sie in Kapitel 10, »Lagerinterne Prozesse«.

Automatisches Importieren der Konfiguration

Um die notwendigen Einstellungen für Korrekturlieferungen in EWM vorzunehmen (Dokumententypen, Positionstypen usw.), können Sie das BC-Set /SCWM/DLV_CORRECTION über die Transaktion SCPR20 aktivieren, und die richtigen Einstellungen werden automatisch aktualisiert.

Ausnahmen beim Cross-Docking verwalten

Cross-Docking ist eine Methode, die genutzt wird, um Prozesse im Lager zu beschleunigen, indem Bestände direkt von der Wareneingangszone zur Warenausgangszone gebracht werden – ohne eine vorherige Einlagerung im Lager. Es gibt verschiedene Methoden des Cross-Dockings, die in Kapitel 15, »Cross-Docking«, detailliert erklärt werden.

Der Umgang mit Mengenabweichungen beim Cross-Docking ist gleich dem Umgang mit Mengenabweichungen bei Umlagerungen. Der Lagermitarbeiter des Empfangslagers entscheidet, wem die Mengendifferenz zugebucht wird. Die Verantwortung kann in diesem Fall dem Spediteur, dem Versandlager oder dem vorherigen Lager übertragen werden (das im Falle mehrerer Cross-Docking-Schritte vom Versandlager abweichen kann). In Tabelle 11.5 haben wir die vorhandenen Ausnahmecodes und Prozesscodes gegenübergestellt.

Ausnahmecode	SAP-Beschreibung	Prozesscode (für Lieferungsanpassungen)
DIFC	Diff. zu Lasten der Anlief. (Spediteur)	CARR
DIFE	Diff. zu Lasten der Anlief. (send.Lager)	SHIP
DIFP	D Diff. zu Lasten der Anlief. (CD/vr.Lg)	PREF

Tabelle 11.5 Ausnahmecodes für das Verwalten von Ausnahmen im Cross-Docking

Mengendifferenzen zu Lasten des Spediteurs oder des Versandlagers werden analog zu den bereits beschriebenen Vorgehensweisen bei Umlagerungen behandelt. Ist jedoch das vorherige Lager für die Diskrepanz verantwortlich, wird die Bestandsdifferenz dem POD-Lagerort des Werkes zugebucht, das dem vorherigen Lager zugeordnet ist, und der Bestand erscheint im EWM Difference Analyzer dieses vorherigen Lagers.

Wenn Sie für die Verarbeitung von Cross-Docking-Mengendifferenzen eigene Ausnahmecodes definieren, müssen Sie sicherstellen, dass Sie die folgenden Informationen über die Ausnahmeabwicklungen bei Cross-Docking beachten. EWM behandelt Cross-Dock-Bestände so, als gehörten sie gleichzeitig zu einer Ein- und einer Auslieferung. Daher müssen Sie, um mit einem Ausnahmecode gleichzeitig eine Ein- und eine Auslieferung anpassen zu können, das Customizing dementsprechend vornehmen, inklusive der folgenden Vorgaben für die Konfiguration:

▸ Definieren Sie einen Ausnahmecode mit dem internen Prozesscode DIFF.

▸ Ordnen Sie die Lieferungsanpassung bei Differenzen dem internen Prozesscode zu (wie in Abbildung 11.37).

▸ Ordnen Sie einen Prozesscode zum Einlieferungs- und Auslieferungspositionstyp zu.

▸ Aktivieren Sie das Kennzeichen CROSS-DOCK (siehe Abbildung 11.41 oben rechts im Bildschirm).

Das Kennzeichen CROSS-DOCK muss aktiviert werden, um der EWM-Ausnahmebehandlung zu erlauben, die Liefermengen zu aktualisieren, auch wenn die Ausnahme selbst im falschen Business-Kontext passiert. Sie bestätigen zum Beispiel eine Kommissionieraufgabe für den Versand einer Cross-Docking-HU und stellen eine Ausnahme fest, die Sie dem Business-Kontext TPI – LAGERAUFGABE QUITTIEREN (KOMMISSIONIERUNG) zuordnen. Der Einlieferungspositionstyp gehört jedoch nicht zu diesem Business-Kontext, sondern zum Business-Kontext TPT – LAGERAUFGABE QUITTIEREN (EINLAGERUNG). Dennoch darf die Ausnahme dort verbucht werden, wenn das CROSS-DOCK-Kennzeichen für die Lieferanpassung aktiviert ist.

Quittierungskorrekturen

Normalerweise ist es nicht möglich, nach der Quittierung einer Lageraufgabe in EWM Änderungen an dieser Lageraufgabe vorzunehmen. Die Stornierung einer Lageraufgabe ist nur vor der Quittierung möglich, und Mengenänderungen können nur während der Quittierung der Lageraufgabe vorgenommen werden.

Es gibt jedoch eine Ausnahme dieser allgemeinen Regel: Sie können die Menge einer quittierten Einlagerungslageraufgabe in EWM mittels einer *Quittierungskorrektur* ändern. Diese kann genutzt werden, wenn der Lagermitarbeiter die Einlagerungsaufgabe bereits quittiert hat und anschließend feststellt, dass ein Defekt des Bestands vorliegt (zum Beispiel ein Stück ist kaputt oder fehlt). Mittels der Quittierungskorrektur kann die Lageraufgabe korrigiert und gleichzeitig die Menge der Einlieferungsposition und der Einlagerungsmenge korrigiert werden, um die fehlende Menge dem Lieferanten anzurechnen.

Quittierungskorrekturen können im Rahmen von Arbeitsplatztransaktionen sowie im RF-Umfeld vorgenommen werden. Wenn Sie die standardmäßig gelieferte SAP-Konfiguration für das RF-Menü nutzen, finden Sie die RF-Quittierungskorrekturen für RF-Transaktionen (Transaktionscode /SCWM /RFUI) über den RF-Menüpfad 03 WARENEINGANGSPROZESSE • 03 EINLAGERUNG • 04 QUITTIERUNGSKORREKTUR • 02 QUITTIERUNGSKORREKTUR NACH LA, LB/BI UND PLATZ. Die Arbeitsplatz-Bestätigungskorrekturen erreichen Sie, indem Sie auf die Schaltfläche QUITTIERUNG KORRIGIEREN auf der Registerkarte PRODUKT-LB innerhalb der Lageraufgabenquittierung (Transaktionscode /SCWM/TO_CONF) klicken.

Um die Quittierungskorrektur nutzen zu können, müssen folgende Voraussetzungen erfüllt sein:

▸ Die Einlagerungsaufgabe muss eine Produktlageraufgabe sein.

▸ Die Einlagerungsaufgabe muss mit einer Einlieferungsposition verknüpft sein.

▸ Der Ziellagertyp für die Einlagerungsaufgabe muss der finale Lagertyp sein.

▸ Sie müssen im Customizing von EWM eine *Verzögerung für die Erledigung einer Anlieferung* über den Pfad EXTENDED WAREHOUSE MANAGEMENT • WARENEINGANGSPROZESS • ANLIEFERUNG • VERZÖGERUNG DER ERLEDIGUNG VON ANLIEFERUNGEN DEFINIEREN definiert haben.

▸ Die Anlieferung muss eine Belegart und einen Positionstyp mit einem Statusprofil nutzen, für den der Status DWM im EWM-Customizing über den Pfad EXTENDED WAREHOUSE MANAGEMENT • PROZESSÜBERGREIFENDE EINSTELLUNGEN • LIEFERABWICKLUNG • STATUSVERWALTUNG • STATUSPROFILE DEFINIEREN aktiviert ist.

▸ Die Einlieferungsposition darf noch nicht beendet (Setzen des Abschlussindikators) sein.

▸ Sie müssen einen Ausnahmecode mit dem internen Prozesscode COCO – QUITTIERUNGSKORREKTUR definiert und ihn dem Business-Kontext TPT – LAGERAUFGABE QUITTIEREN (EINLAGERUNG) und den beiden Schritten 06 – RF PROD.-LAGERAUFG. AKTION AUF ZIELDATEN und 02 – DESKTOP PROD.-LAGERAUFGABE zugeordnet haben. Dazu folgen Sie im EWM-Customizing dem Pfad Extended Warehouse Management • Prozessübergreifende Einstellungen • Ausnahmebehandlung • Definition von Ausnahme-Codes.

▶ Sie können mehrere Bestätigungskorrekturen der Einlagerungsaufgabe vornehmen, jedoch nur so lange, bis die Lieferungslaufzeit abgelaufen ist.

Quittierungsverzögerung im Wareneingangsprozess

Wenn die Verzögerung der Erledigung von Anlieferungen (Abschlussverzögerung) beendet ist, setzt EWM den DWM-Status der Lieferposition auf Abgeschlossen. Sind alle anderen Status auch Abgeschlossen, ermittelt EWM den übergreifenden Status DCO der Anlieferung, um sie abzuschließen. Dies hat zur Folge, dass der *Abschlussindikator* an das SAP ERP-System versendet wird. Nachdem der Abschlussindikator an SAP ERP gesendet wurde, kann die Lieferung in keiner Weise mehr verändert werden.

Wenn Sie im Customizing keine Abschlussverzögerung für Anlieferungen spezifiziert haben, setzt EWM den DWM-Status zur Versendung des Abschlussindikators sofort auf Abgeschlossen, und Sie können keine Bestätigungskorrekturen mehr vornehmen.

Bei der Quittierung einer Einlagerung prüft EWM, ob die Lageraufgabe für Quittierungskorrekturen freigeschaltet ist. Ist dies der Fall, ermittelt EWM die genaue Zeit, nach der die Lieferung nicht mehr verändert werden darf, und bezieht sich dabei auf die im Customizing spezifizierte Quittierungsverzögerung. EWM legt dann einen Auftrag an, der zum besagten Zeitpunkt die Lieferung abschließt. Dieser Auftrag nutzt den Report /SCWM/R_PRDI_SET_DWM, und der erstellte Auftragsname folgt der Namenskonvention PRDI_SET_DWM_xxx (bei der xxx die Dokumentennummer der Anlieferung ist). Sie können die Aufträge auf dem Standard-Weg sehen, indem Sie den Hintergrund-Jobmonitor (Transaktion SM37) nutzen.

11.4.3 Erweiterte Funktionen der Ausnahmebehandlung

Das SAP Alert Framework, das SAP Status Management und der SAP Workflow sind Komponenten des SAP NetWeaver AS ABAP. Die EWM-Ausnahmeverwaltung ermöglicht eine Integration in diese Komponenten, um sie bei Ausnahmen einfacher zu verwenden. So können Ausnahmen leichter mithilfe der EWM-Konfiguration an das Alert Framework, das Status Management und den Workflow weitergeleitet werden.

Im Folgenden zeigen wir Ihnen in einem kurzen Überblick die Möglichkeiten für eine Integration von Alert Framework, Status Management und Workflow in die EWM-Ausnahmebehandlung. Weitere Informationen finden Sie in der SAP-Online-Hilfe unter *http://help.sap.com*.

SAP Alert Framework

Durch die Integration von EWM und Alert Framework ist es möglich, Alerts an die Alert-Framework-Komponente zu senden, wenn ein Lagerarbeiter einen Ausnahmecode erfasst. Diese Alerts sind dann in einem Monitor sichtbar, und es kann zentral auf sie reagiert werden. Auch ist denkbar, weitere Kommunikationsmittel wie E-Mail, SMS oder Fax zu verwenden, um bei besonderen Ausnahmen schneller reagieren zu können.

SAP Status Management

Durch das Status Management ist es möglich, einen Status auf einem Objekt zentral und einheitlich zu verwalten. EWM verwendet dies vor allem für Lagerplätze. Führen Sie die Transaktion /SCWM/LS03 aus, um den Lagerplatzstatus zu sehen und um festzustellen, ob ein Platz für die Einlagerung oder für die Auslagerung gesperrt wurde (siehe Abbildung 11.52).

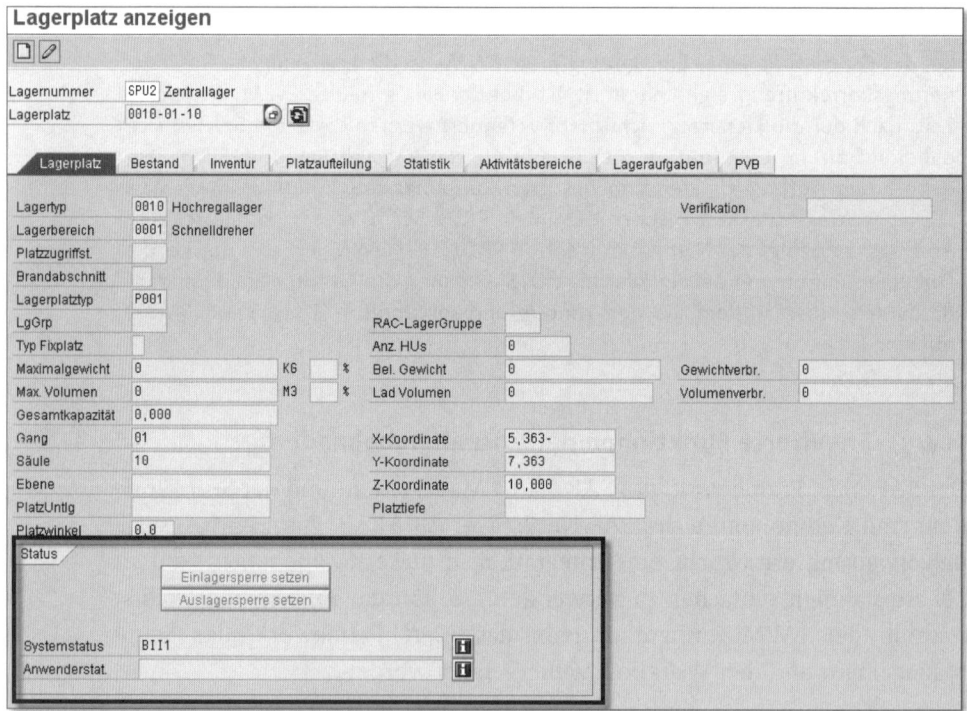

Abbildung 11.52 SAP Status Management auf einem Lagerplatz in SAP EWM

Ein Lagerplatz kann zum Beispiel für Einlagerungen oder Auslagerungen gesperrt werden. Durch eine Lagerplatzsperre ist es nicht mehr möglich, Bestand von dem Platz zu entnehmen oder Bestand auf den Platz zu buchen.

SAP-Workflow

Ein SAP-Workflow wird meist verwendet, um einen Prozess im System abzubilden, der unter anderem einfache oder komplexe Freigabe- oder Genehmigungsverfahren erfordert. Meist wird ein Workflow für komplexe Prozesse verwendet, die nicht mit Standard-Objekten abgebildet werden können oder die über eine Vielzahl vor Bearbeitern abgeschlossen werden müssen. Denkbar wäre der Einsatz in Lager, wenn zum Beispiel ein Stapler defekt gemeldet und ein Beschaffungs- und Reparaturprozess gestartet werden muss.

Zu jedem Ausnahmecode ist es möglich, diverse vorher definierte Workflow-Elemente zuzuordnen, die bei Ausführen des Ausnahmecodes automatisch initialisiert werden. Die Workflow-Elemente beinhalten die unterschiedlichen Prozessschritte und geben Auskunft darüber, wer diese genehmigen muss.

11.5 Zusammenfassung

In diesem Kapitel haben wir die Methoden beschrieben, die in SAP EWM genutzt werden können, um die Prozesse im Lager zu optimieren. Hauptbestandteil war vor allem die Halbautomatisierung mit mobilen Geräten und dem integrierten Ressourcenmanagement. Wir haben Ihnen eine Übersicht der unterschiedlichen Technologien zur Verfügung gestellt sowie Themen wie Pick-by-Voice oder RFID vorgestellt. Zusätzlich dazu haben wir die Ausnahmebehandlung von EWM beschrieben. In den folgenden Kapiteln werden wir Ihnen die bereichsübergreifenden Prozesse und Funktionen vorstellen, wie zum Beispiel das Yard Management, die logistischen Zusatzleistungen, die Kit-Bildung und das Arbeitsmanagement. Wir werden zudem technische Themen wie den Formulardruck mithilfe des PPF oder das Archivierungs- und Berechtigungswesen beschreiben.

SAP EWM unterstützt verschiedene bereichsübergreifende Prozesse wie den Einsatz logistischer Zusatzleistungen, die Kit-Bildung, das Arbeitsmanagement, Yard Management, das Post Processing Framework, die Archivierung und das Berechtigungswesen.

12 Bereichsübergreifende Prozesse und Funktionen

In diesem Kapitel befassen wir uns mit der Konfiguration und der Anwendung der folgenden bereichsübergreifenden Prozesse und Funktionen:

▸ logistische Zusatzleistungen

▸ Kit-Bildung

▸ Arbeitsmanagement

▸ Yard Management

▸ Formulardruck und das Post Processing Framework

▸ Archivierung und Berechtigungswesen

Im ersten Abschnitt beginnen wir mit den logistischen Zusatzleistungen.

12.1 Logistische Zusatzleistungen

In diesem Abschnitt wenden wir uns dem Thema *logistische Zusatzleistungen* (LZL) zu und erläutern, wie LZL für verschiedene Lagerprozesse konfiguriert und umgesetzt werden.

LZL sind Aktivitäten, die den Wert eines Produkts im Lager steigern. Sie werden in der Regel von Lageroperatoren an einem Arbeitsplatz im Lager ausgeführt. Beispiele für LZL sind Verpackung, Schmierung (oder andere Konservierungsmaßnahmen), Montage, Kitting, Kennzeichnung und Preisauszeichnung.

Eine LZL könnte zum Beispiel darin bestehen, ein Material in einem bestimmten vom Kunden verlangten Karton zu verpacken und mit einem Etikett zu versehen. In Abbildung 12.1 ist eine solche LZL-Aktivität dargestellt.

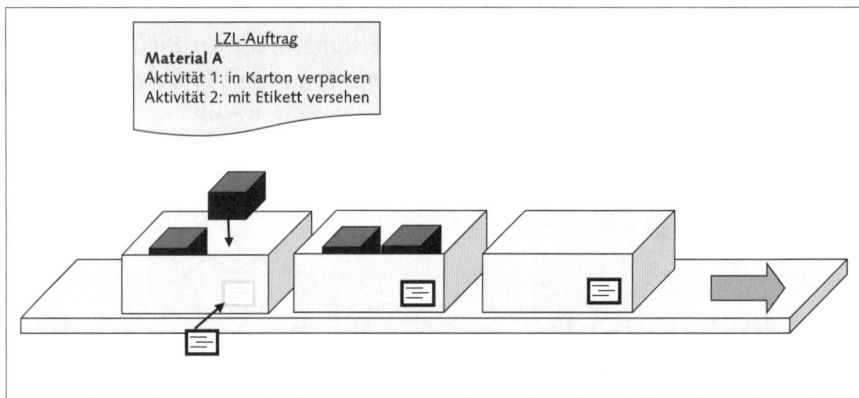

Abbildung 12.1   LZL-Aktivität – Verpackung und Etikettierung

LZL-Aktivitäten im Lager werden in EWM durch *LZL-Aufträge* verwaltet. LZL-Aufträge sind Belege in EWM, in denen die auszuführenden LZL-Aktivitäten sowie die zu verwendenden Hilfsprodukte angegeben sind. Außerdem dienen sie zur Verfolgung der Zeit, die für die LZL-Aktivität aufgewendet wird.

Mit dem Kunden kann vereinbart werden, dass ihm die ausgeführten LZL-Aktivitäten in Rechnung gestellt werden. Wenn er etwa wünscht, dass die Ware entsprechend einer bestimmten Konfiguration verpackt wird, kann dies als LZL-Aktivität angeboten werden, die ihm in Rechnung gestellt wird. Damit die Abrechnung möglich ist, müssen Zeit- und Materialaufwand der LZL erfasst werden.

In diesem Abschnitt geben wir Ihnen einen Überblick über die EWM-Funktionen für LZL. Zunächst betrachten wir die Konfiguration und die Stammdatenfestlegung für LZL. Anschließend erläutern wir den Einsatz des Arbeitsplatzes bei der LZL-Ausführung. Abschließend zeigen wir, wie die LZL-Aufträge zusammen mit den anderen Logistikprozessen im Lager ausgeführt werden können.

12.1.1   Konfiguration und Stammdaten für LZL

Es gibt mehrere Konfigurations- und Stammdatenelemente, die der Unterstützung von LZL dienen und die Sie kennen sollten, wenn Sie LZL in Ihrem Lager einrichten möchten. Im Folgenden befassen wir uns ausführlicher mit diesen Elementen.

In den folgenden Abschnitten erläutern wir zuerst die relevante Konfiguration zur Unterstützung von LZL in EWM.

Produktgruppenarten und Produktgruppen

In EWM können Sie LZL-Aufträge für Materialien *automatisch* während der Eingangs- oder Ausgangsverarbeitung oder *manuell* anlegen. Wenn bei einem bestimmten Material vor der Einlagerung oder dem Versand immer LZL-Aktivitäten erforderlich sind, können Sie das Customizing so einstellen, dass die entsprechenden LZL-Aufträge automatisch generiert werden.

Damit für ein Material automatisch LZL-Aufträge angelegt werden können, muss es einer LZL-spezifischen Produktgruppenart und Produktgruppe zugeordnet werden. Zum Anlegen der möglichen Gruppenarten (siehe Abbildung 12.2) wählen Sie im EWM-Customizing SCM-BASIS • STAMMDATEN • PRODUKT • PRODUKTGRUPPEN • PRODUKTGRUPPENARTEN DEFINIEREN.

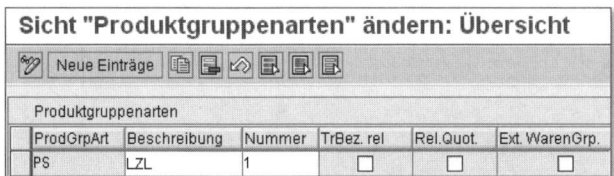

Abbildung 12.2   Produktgruppenarten für LZL pflegen

In jeder Produktgruppenart können Sie eine oder mehrere Produktgruppen anlegen. Auf diese Weise können Sie zum Beispiel angeben, dass ein Material nur für die Anlage von Eingangs-LZL-Aufträgen, nur für Ausgangs-LZL-Aufträge oder für beide Auftragsarten relevant ist. Zum Anlegen der Produktgruppen wählen Sie im EWM-Customizing SCM-BASIS • STAMMDATEN • PRODUKT • PRODUKTGRUPPEN • PRODUKTGRUPPEN DEFINIEREN (siehe Abbildung 12.3).

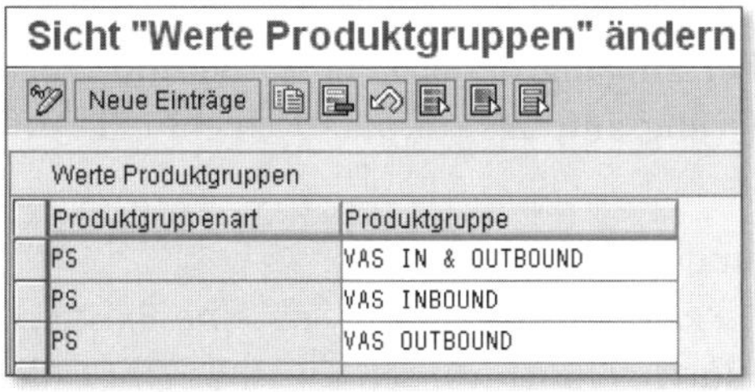

Sicht "Werte Produktgruppen" ändern

Werte Produktgruppen	
Produktgruppenart	Produktgruppe
PS	VAS IN & OUTBOUND
PS	VAS INBOUND
PS	VAS OUTBOUND

Abbildung 12.3   Produktgruppen für LZL pflegen

LZL-Relevanz pflegen

Zum Pflegen der *LZL-Relevanz* wählen Sie im EWM-Customizing EXTENDED WAREHOUSE MANAGEMENT • PROZESSÜBERGREIFENDE EINSTELLUNGEN • LOGIS-

TISCHE ZUSATZLEISTUNGEN (LZL) • RELEVANZ FÜR LZL DEFINIEREN. Hier können Sie verwalten, für welche Beleg- und Positionsarten LZL relevant sein können. In Abbildung 12.4 sehen Sie die Festlegung, dass LZL für Auslieferungsauftragspositionen mit der Belegart OUTB, der Positionsart ODLV und einem Material mit Produktgruppe VAS OUTBOUND relevant sind.

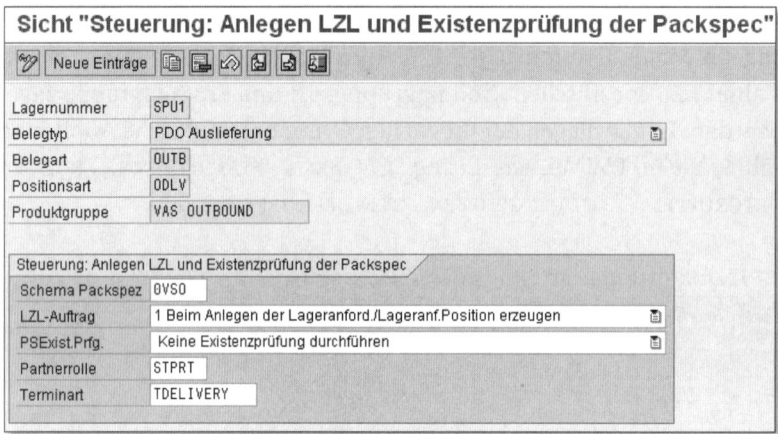

Abbildung 12.4   Steuerung der Relevanz für LZL

Die folgenden Felder in der VAS-Relevanz sind ebenfalls für die Steuerung des LZL-Prozesses wichtig:

▸ **Schema**
  Die Einstellung SCHEMA PACKSPEZ legt das Verfahren fest, mit dem die Packspezifikation ermittelt wird, die für die Anlage von LZL-Aufträgen erforderlich ist.

▸ **LZL-Auftrag**
  Dieser Parameter legt fest, ob bei Eingang der Lageranforderung (Position), also bei Anlage des Auslieferungsauftrags, automatisch ein LZL-Auftrag angelegt werden kann.

▸ **Packspezifikation Existenzprüfung**
  Anhand des Parameters PSEXIST. PRFG. wird bestimmt, ob eine Existenzprüfung für Packspezifikationen durchgeführt werden muss. Es gibt Fälle, in denen ein Auslieferungsauftrag zwar für LZL-Aufträge relevant ist, diese aber nur angelegt werden können, wenn die Packspezifikation bestimmt werden kann. Mit dieser Einstellung können Sie überprüfen lassen, ob die Packspezifikation existiert, und angeben, ob eine Warnung oder eine Fehlermeldung generiert werden soll, wenn keine Spezifikation gefunden wird.

▶ **Partnerrolle**
Die Partnerrolle aus dem Bedarfsbeleg wird verwendet, um die richtige Packspezifikation zu ermitteln. Im Beispiel in wird zur Bestimmung der Packspezifikation die Partnerrolle STPRT (Warenempfänger) verwendet, da es sich um eine Ausgangsbelegart (Belegtyp PDO) handelt.

▶ **Terminart**
Dieses Feld gibt an, welche Terminart aus dem Beleg zur Bestimmung der Packspezifikation verwendet werden soll.

LZL-Einstellungen für das Lager

Es gibt auch einige spezielle LZL-Einstellungen auf Lagerebene. Um sie zu pflegen, wählen Sie im EWM-Customizing EXTENDED WAREHOUSE MANAGEMENT • PROZESSÜBERGREIFENDE EINSTELLUNGEN • LOGISTISCHE ZUSATZLEISTUNG (LZL) • LAGERNUMMERABHÄNGIGE LZL-EINSTELLUNGEN (siehe Abbildung 12.5).

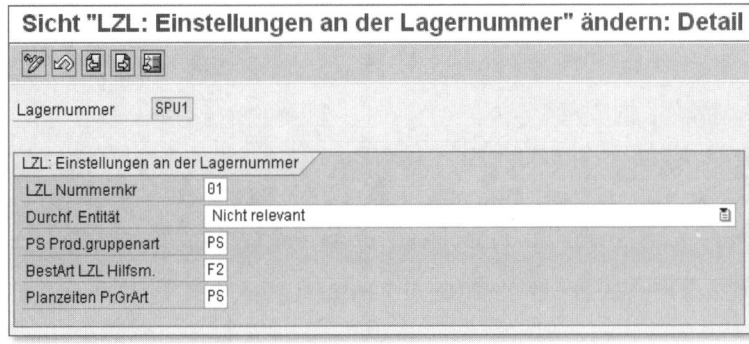

Abbildung 12.5 LZL-Einstellungen auf Lagernummernebene

In den LZL-Einstellungen für das Lager können Sie Folgendes festlegen:

▶ Nummernkreis für den LZL-Auftrag

▶ durchführende Entität des Lagers

▶ Produktgruppenart aus dem Produktstamm, die zur Bestimmung der LZL-Relevanz verwendet wird

▶ Bestandsart für LZL-Verbrauchsbuchung von Hilfsprodukten

▶ Produktgruppenart, die zur Bestimmung der Planzeiten für LZL-Fixzeiten und Prozessschrittdauer verwendet wird

12.1.2 Stammdaten für LZL

In diesem Abschnitt behandeln wir die Stammdaten, die für das Anlegen von LZL-Aufträgen erforderlich sind. Die Stammdaten werden sowohl dem Produktstamm als auch der Packspezifikation entnommen.

Materialstamm pflegen

Die LZL-Relevanz basiert auf der Produktgruppe, der ein Produkt zugeordnet ist. Die Produktgruppe ordnen Sie auf der Registerkarte EIGENSCHAFTEN in der APO-Sicht des Materialstamms zu, die Sie über EXTENDED WAREHOUSE MANAGEMENT • STAMMDATEN • PRODUKT • PRODUKT PFLEGEN im SAP Easy Access Menü oder über die Transaktion /SAPAPO/MAT1 aufrufen können (siehe Abbildung 12.6).

Abbildung 12.6 Produktgruppe im Materialstamm pflegen

Packspezifikation für LZL anlegen

In Kapitel 5, »Bestandsverwaltung«, haben wir das Anlegen von *Packspezifikationen* bereits ausführlich erläutert. An dieser Stelle betrachten wir speziell die Anlage einer Packspezifikation für eine logistische Zusatzleistung. Zum Anlegen oder Pflegen einer Packspezifikation wählen Sie im SAP Easy Access Menü EXTENDED WAREHOUSE MANAGEMENT • STAMMDATEN • PACKSPEZIFIKATION • PACKSPEZIFIKATION PFLEGEN oder verwenden die Transaktion /SCWM/PACKSPEC.

Damit die richtige Packspezifikation für die Anlage eines LZL-Auftrags bestimmt werden kann, muss ein Konditionssatz für das in der Konfiguration gepflegte Findungsschema (siehe Abbildung 12.4) gepflegt werden. Dieser Konditionssatz kann der Packspezifikation auf der Registerkarte FINDUNG zugeordnet werden.

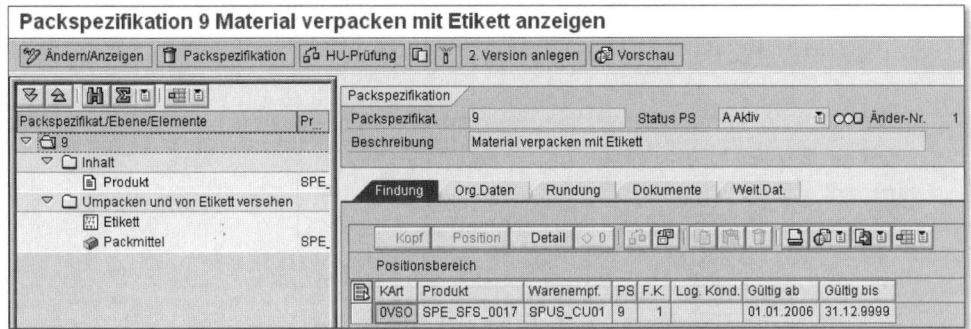

Abbildung 12.7 Konditionssatz für die Packspezifikationsfindung zuordnen

In Abbildung 12.7 sehen Sie die Details der Ebene der Packspezifikation. Eine Ebene der Packspezifikation entspricht einer oder mehreren Aktivitäten, die bei der LZL-Ausführung durchgeführt werden müssen. Bei der Anlage des LZL-Auftrags werden die Ebenen der Packspezifikation als Aktivitäten in den Auftrag übernommen. Bei der im Beispiel gezeigten Packspezifikation werden 2 ST des Produkts SPE_SFS_0017 am LZL-Arbeitsplatz mit dem Packmittel SPE_BOX verpackt. In einem weiteren Schritt wird der Karton mit einem Etikett versehen.

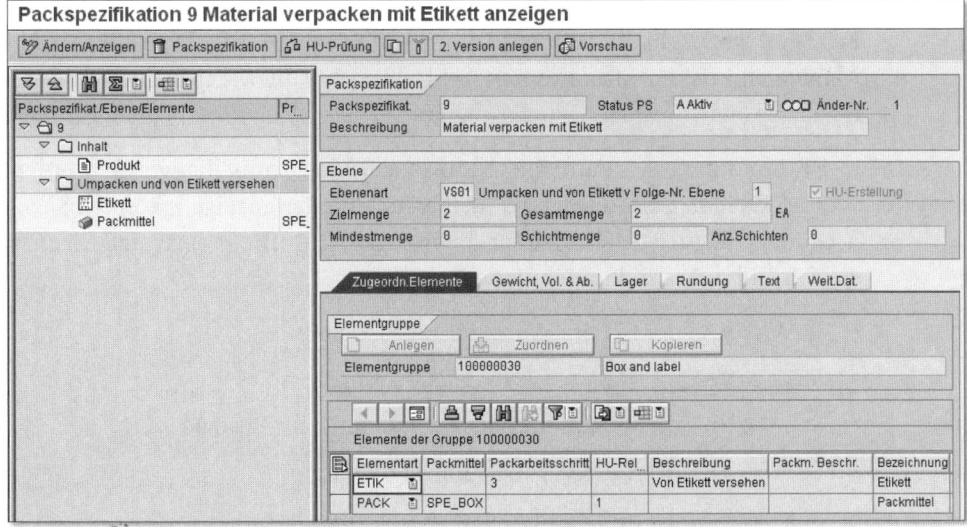

Abbildung 12.8 Packspezifikation für LZL-Aktivitäten

Auf der Registerkarte LAGER der Ebene müssen Sie einen externen Schritt zuordnen (siehe Abbildung 12.9). Dieser entspricht dem LZL-Prozessschritt, mit dem der Arbeitsplatz ermittelt wird, an dem die LZL-Aktivität für diese Packspezifikationsebene ausgeführt werden soll.

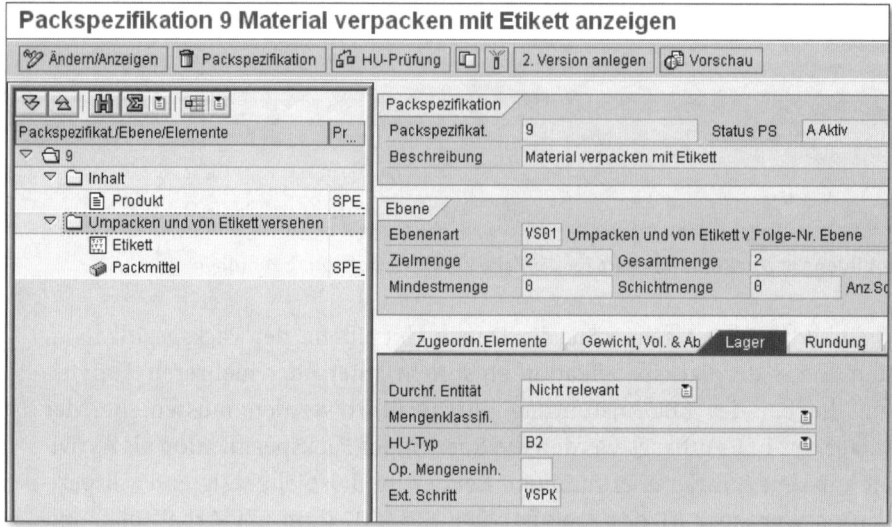

Abbildung 12.9 Registerkarte »Lager« der Packspezifikationsebene

12.1.3 LZL-Aufträge anlegen

Beim Anlegen des LZL-Auftrags werden die Ebenen der Packspezifikation als Aktivitäten in den Auftrag kopiert, und es werden die Mengen aus dem Referenzbeleg (zum Beispiel Auslieferungsauftrag oder Anlieferung) übernommen.

In EWM können LZL-Aufträge automatisch oder manuell angelegt werden. Wenn Sie einen LZL-Auftrag manuell erstellen oder anzeigen, können Sie, je nachdem, welcher Quellbeleg für die Anlage des Auftrags verwendet wurde, die folgenden Transaktionen verwenden:

▶ /SCWM/VAS_I – LZL im Wareneingangsprozess

▶ /SCWM/VAS_O – LZL im Warenausgangsprozess

▶ /SCWM/VAS_KTS – LZL für Bausatzerstellung auf Bestand

▶ /SCWM/VAS_KTR – VAS für Bausatzzerlegung

▶ /SCWM/VAS_INT – LZL für lagerinterne Vorgänge

12.1.4 LZL-Integration in die Lagerprozesse

Die LZL-Funktionen von EWM sind eng in die Ein- und Auslagerungsprozesse integriert. Wenn für ein Material ermittelt wurde, dass vor Einlagerung oder Versand LZL-Aktivitäten erforderlich sind, kann es über die prozessorientierte Lagerungssteuerung automatisch an einen LZL-Arbeitsplatz weitergeleitet werden. Am Arbeitsplatz können die LZL-Aktivitäten ausgeführt werden. Anschließend können Sie den Prozess fortsetzen, zum Beispiel indem die Einlagerungslageraufgaben für den endgültigen Lagerplatz, oder, während des Warenausgangs, eine Lageraufgabe zur Versandbereitstellungszone angelegt werden.

12.1.5 LZL während des Auslagerungsprozesses

LZL können während der Ausgangsverarbeitung eingesetzt werden. So könnte zum Beispiel ein Material an einen Kunden zu liefern sein, der wünscht, dass das Material etikettiert und in einem bestimmten Karton verpackt wird. Ein integrierter Warenausgangsprozess mit LZL-Aktivität könnte die folgenden Schritte umfassen:

1. Der Auslieferungsauftrag für den Kunden geht ein, und das System ermittelt, anhand der LZL-relevanz und einer existierenden Packspezifikation, dass das Produkt für diesen Kunden eine LZL-Aktivität erfordert, und legt automatisch einen LZL-Auftrag an.

2. Der Kommissionierer entnimmt das Produkt aus dem Von-Lagerplatz, und dieses wird an den LZL-Arbeitsplatz weitergeleitet, wo der Kommissionierer den Nach-Lagerplatz bestätigt.

3. Am Arbeitsplatz packt der Packer das Produkt um und etikettiert den Karton gemäß der Kundenspezifikation. Nach Abschluss aller LZL-Aktivitäten wird der LZL-Auftrag als abgeschlossen markiert, und die Hilfsprodukte werden verrechnet.

4. Nach der LZL-Ausführung wird der Outbound-Prozess normal mit der Anlage einer Lageraufgabe für den Versandbereitstellungsbereich fortgesetzt.

In Abbildung 12.10 sehen Sie die Konfiguration des Lagerungsprozesses für den oben beschriebenen Vorgang. Zum Aufrufen der Konfiguration für die prozessorientierte Weiterleitung wählen Sie im EWM-Customizing EXTENDED WAREHOUSE MANAGEMENT • PROZESSÜBERGREIFENDE EINSTELLUNGEN • LAGERAUFGABE • PROZESSORIENTIERTE LAGERUNGSSTEUERUNG DEFINIEREN. Der beschriebene Prozess enthält die Schritte Kommissionierung (OB01), LZL (VSPK) und Bereitstellung (OB93).

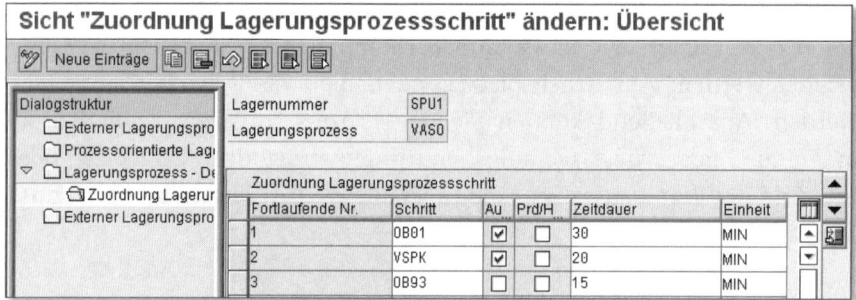

Abbildung 12.10 Ausgangslagerprozess mit LZL-Integration

Abbildung 12.11 zeigt den Auslieferungsauftrag für den beschriebenen Prozess. Auf der Registerkarte BELEGFLUSS für die Position sehen Sie den LZL-Auftrag 72 mit dem Belegtyp VAS.

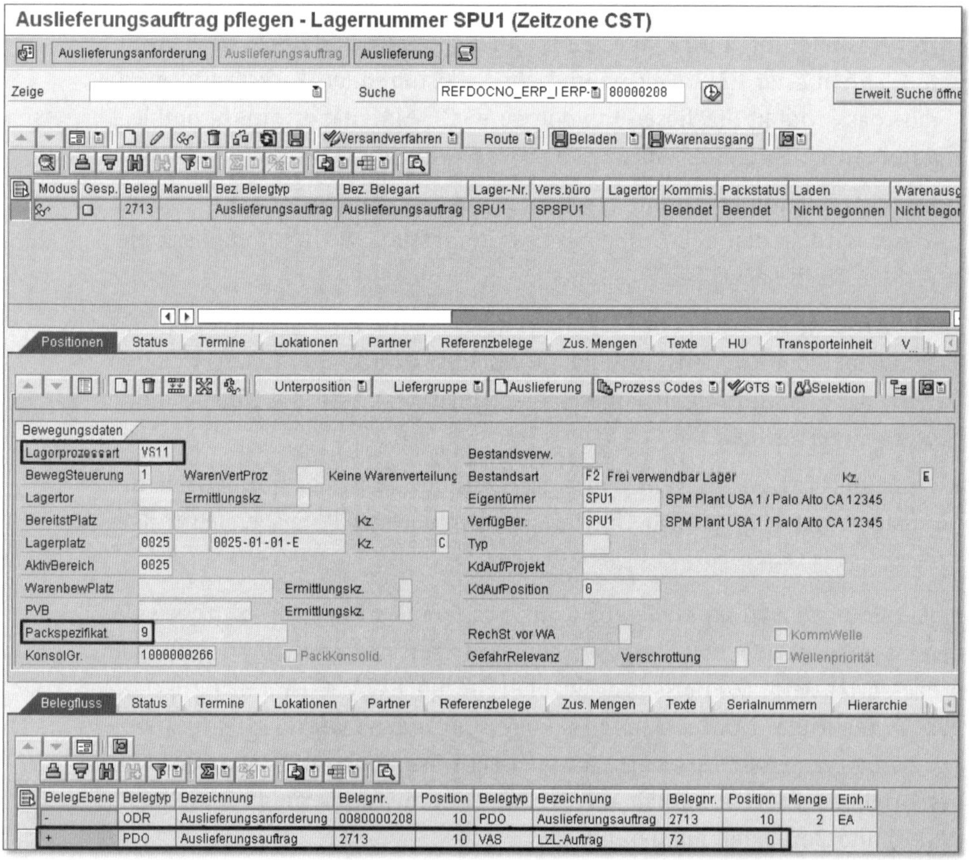

Abbildung 12.11 Auslieferungsauftrag mit zugeordnetem LZL-Auftrag

In der Abbildung sehen Sie, dass die Lagerprozessart VS11 ermittelt wurde, die den Lagerungsprozess bestimmt. In Abschnitt 7.4, »Lagerungssteuerung«, finden Sie Einzelheiten dazu, welche Rolle die Prozessart bei der Lagerungsprozessfindung für die Ausgangsverarbeitung spielt. Abbildung 12.11 zeigt auch, dass für das Material die Packspezifikation (9) ermittelt wurde und dass diese zur Ausführung des LZL-Auftrags verwendet wird.

Den nächsten Schritt in dem Prozess bildet die Anlage der Kommissionierlageraufgabe für den Auslieferungsauftrag, die zum Beispiel über die Transaktion /SCWM/TODLV_O (siehe Abbildung 12.12) erfolgen kann. In der Abbildung sehen Sie, dass das Material aus dem Von-Lagerplatz (0025-01-01-E) entnommen wird und dass auch der Nach-Lagerplatz (VAS_PACK_BIN1) ermittelt wurde.

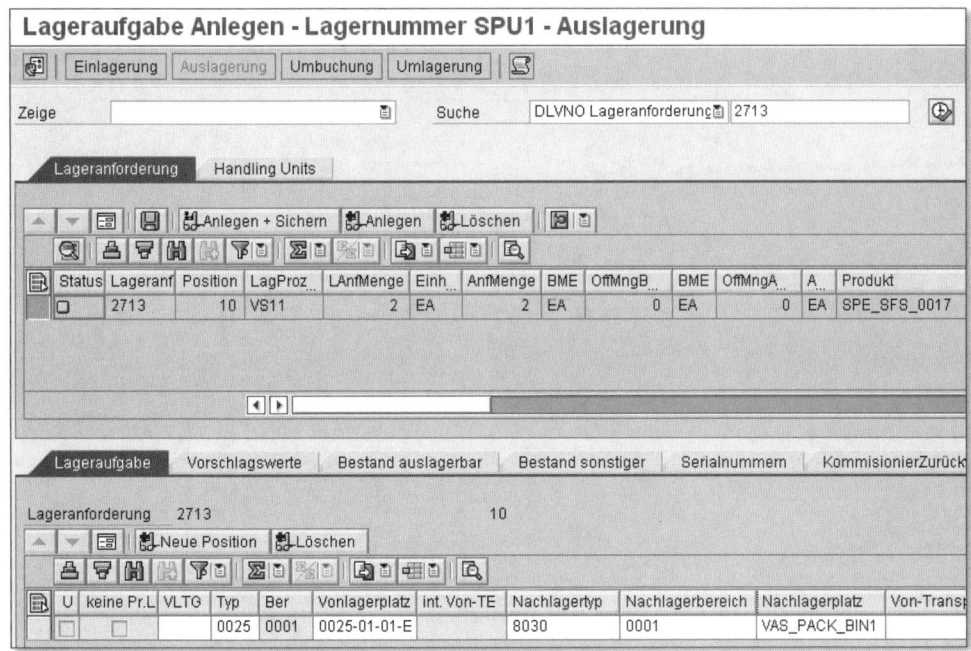

Abbildung 12.12 Kommissionierlageraufgabe anlegen (der Nach-Lagerplatz befindet sich am LZL-Arbeitsplatz)

Wie in Kapitel 7, »Objekte und Elemente der Prozesssteuerung«, erläutert, muss bei prozessorientierter Lagerungssteuerung eine *Pick-Handling-Unit* (Pick-HU) verwendet werden. Durch das Vorhandensein der HU kann der Lagerungsprozess während des Umpackens im Rahmen des LZL-Auftrags von einer HU an eine andere übergeben werden.

Nachdem die Kommissionieraufgabe bestätigt und das Produkt in der Pick-HU an den Arbeitsplatz geliefert wurde, können Sie die LZL-Aktivität mit den Transaktionen für die Arbeitsplatzverarbeitung starten.

12.1.6 LZL-Arbeitsplatz und der LZL-Ausführung verwenden

Am Arbeitsplatz können die Arbeiten für den LZL-Auftrag ausgeführt werden. Zum Anzeigen des Arbeitsplatzes für die LZL-Ausführung (siehe Abbildung 12.12) wählen Sie im SAP Easy Access Menü EXTENDED WAREHOUSE MANAGEMENT • AUSFÜHRUNG • RÜCKMELDUNG FÜR LZL ERFASSEN oder verwenden die Transaktion /SCWM/VASEXEC.

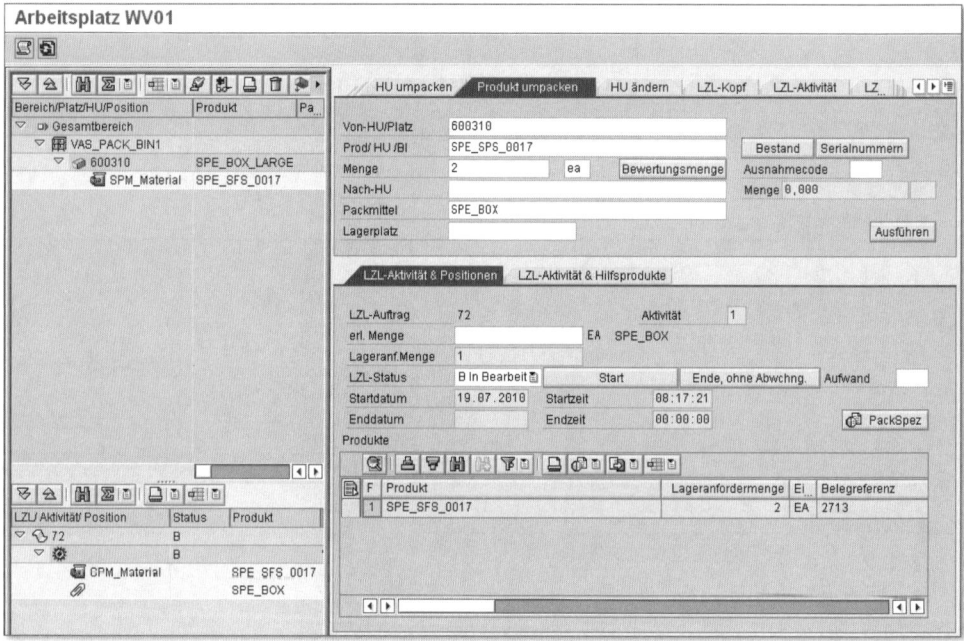

Abbildung 12.13 LZL-Auftrag am Arbeitsplatz verarbeiten

Wenn Sie die Schaltfläche PACKSPEZ im Arbeitsplatz wählen, können Sie die Packspezifikation anzeigen oder drucken, um Einzelheiten zu den Aktivitäten der auszuführenden LZL zu erhalten. In Abbildung 12.14 sehen Sie die Druckvorschau der Packspezifikation. Im Ausdruck ist zu sehen, dass 2 ST des Produkts SPM_SFS_0017 mit dem Packmittel SPE_BOX verpackt werden und anschließend ein Etikett angebracht werden soll.

Der nächste Abschnitt erklärt wie diese LZL-Aktivitäten am Arbeitsplatz ausgeführt werden können.

LZL-Ausführung

Zum Ausführen des LZL-Auftrags wählen Sie zunächst die Schaltfläche START auf der Registerkarte LZL-AKTIVITÄT & POSITIONEN des LZL-Auftrags (siehe Abbildung 12.12). Dadurch werden Startdatum und -uhrzeit für den LZL-Auftrag mit dem aktuellen Tagesdatum und der aktuellen Uhrzeit ausgefüllt. Sie können diese Angaben ändern. Danach werden die Aktivitäten des LZL-Auftrags ausgeführt, die durch die Packspezifikation vorgegeben sind (siehe Abbildung 12.13), unter anderem:

1. Anlegen der Handling Unit (HU) mit Packmittel SPE_BOX (auf der Registerkarte PRODUKT UMPACKEN im Scannerbereich des Arbeitsplatzes, wie in Abbildung 12.12 dargestellt)

2. Verpacken von 2 ST von Material SPE_SFS_0017 im Karton (ebenfalls auf der Registerkarte PRODUKT UMPACKEN; nach Eingabe der Daten wählen Sie die Schaltfläche AUSFÜHREN, siehe Abbildung 12.12)

3. Anbringen eines Etiketts auf dem Karton, was in diesem Fall nur als Arbeitsschritt in der Packspezifikation erscheint

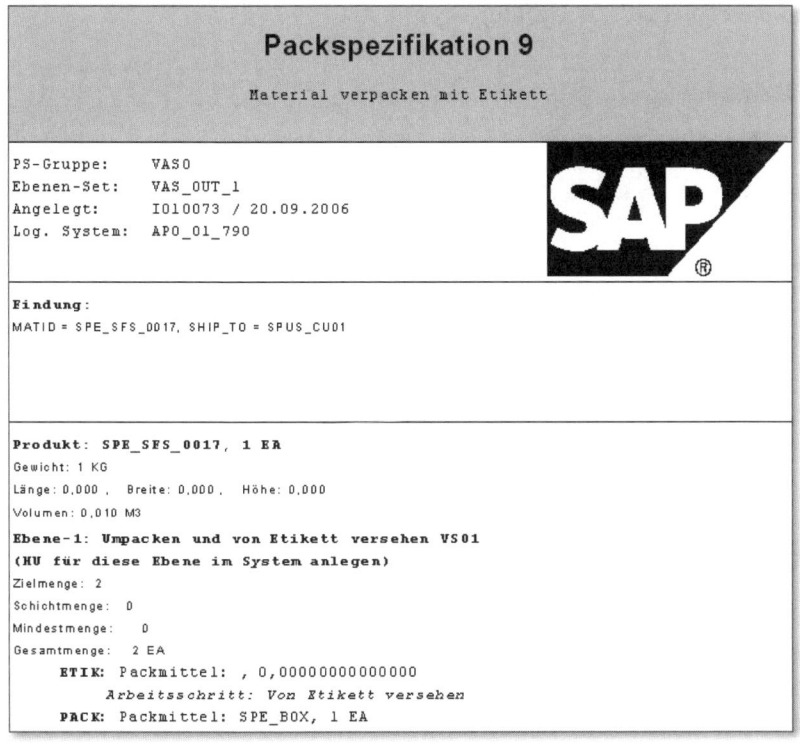

Abbildung 12.14 Druckvorschau der Packspezifikation aus dem LZL-Arbeitsplatz

4. Nach Abschluss der LZL-Ausführung können Sie Enddatum und -uhrzeit eingeben und den Status des LZL-Auftrags auf MIT oder OHNE ABWEICHUNGEN ABGESCHLOSSEN setzen. Alternativ können Sie die Schaltfläche ENDE, OHNE ABWCHNG. wählen, um die Endzeit automatisch zu aktualisieren und den Auftrag ohne Abweichungen abzuschließen.

5. Bei größeren Mengen oder längeren Aktivitäten können Sie die abgeschlossenen Mengen auch während der laufenden Aktivität (zum Beispiel zum Ende einer Schicht) und nicht erst bei Abschluss des gesamten LZL-Auftrags aktualisieren.

12.1.7 Aufwandscodes und Verrechnung von Hilfsprodukten

Bei der LZL-Verarbeitung können Sie auch zusätzliche Arbeiten oder Aufwand mithilfe von *Aufwandscodes* erfassen. Abbildung 12.15 zeigt den Aufwandscode, der im LZL-Arbeitsplatz gepflegt wird. In dem Beispiel sehen Sie, dass bei der LZL-Ausführung ein zusätzlicher Reinigungsaufwand erforderlich war und der Aufwandscode EF1A ausgewählt wurde. Der Aufwandscode wird im LZL-Auftrag erfasst und kann später ausgewertet werden, zum Beispiel zu Abrechnungszwecken.

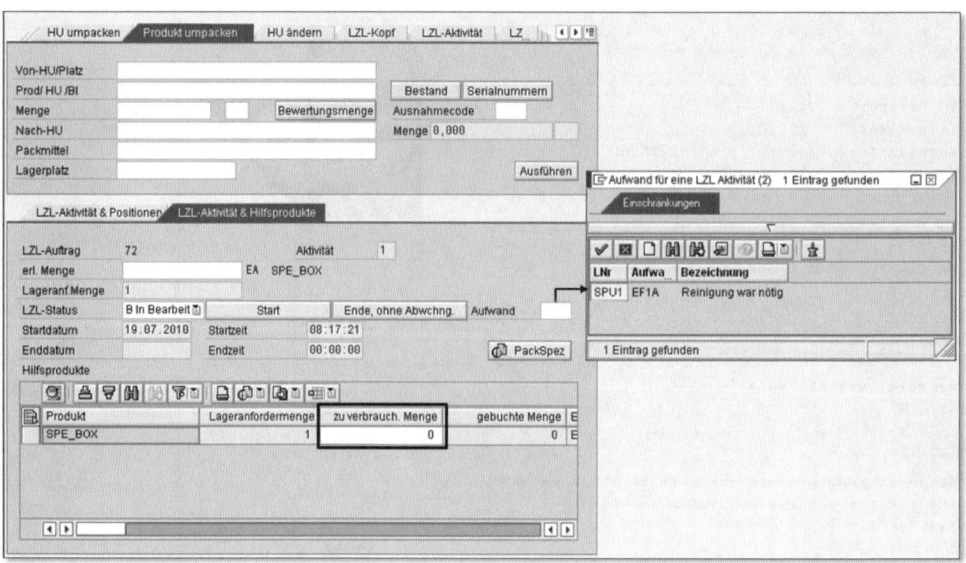

Abbildung 12.15 Aufwandscodes und Verrechnung von Hilfsprodukten

In Abbildung 12.15 sehen Sie die zu verrechnende Menge, die für das Packhilfsmittel SPE_BOX gepflegt werden kann. Wenn das Packhilfsmittel im

Produktstamm als VERBRAUCHSRELEVANT FÜR LZL angegeben ist (siehe Abbildung 12.16), wird bei Abschluss des LZL-Auftrags automatisch der Warenausgang für die angegebene Menge gebucht.

Damit der Warenausgang für die Hilfsmittel erfolgen kann, muss die angeforderte Menge am Warenbewegungsplatz für den Arbeitsplatz vorhanden sein. Dieser Lagerplatz kann über den Menüpfad EXTENDED WAREHOUSE MANAGEMENT • STAMMDATEN • LAGERPLÄTZE FÜR LZL-VERBRAUCHSBUCHUNGEN ZUORDNEN im SAP Easy Access Menü oder die Transaktion /SCWM/73000001 zugeordnet werden.

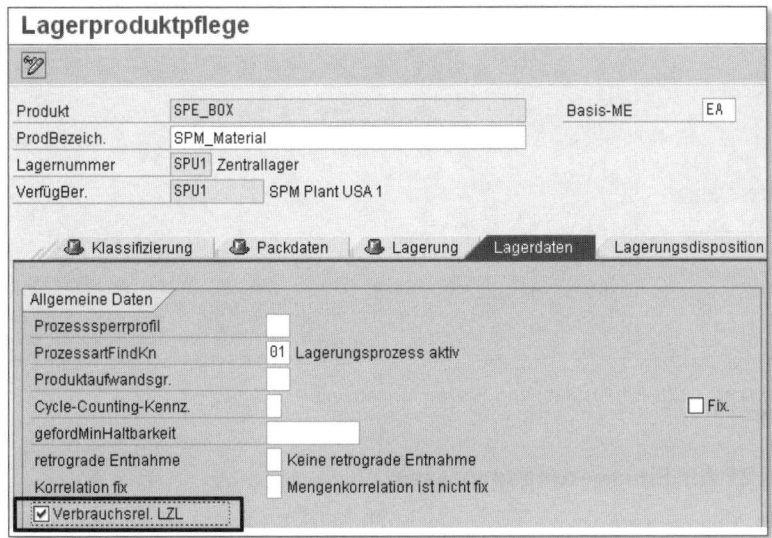

Abbildung 12.16 Verbrauchsrelevanz für LZL im Produktstamm des Packhilfsmittels

Fortsetzung des Lagerungsprozesses nach Ausführung des LZL-Auftrags

Nach Abschluss der LZL-Aktivität können Sie den Prozess fortsetzen, indem Sie eine Lageraufgabe anlegen, mit der das Produkt zum Arbeitsplatz der nächsten LZL-Aktivität bewegt wird. Dies kann zum Beispiel dann zutreffen, wenn mehrere LZL-Aktivitäten an unterschiedlichen Arbeitsplätzen ausgeführt werden müssen. Zum Anlegen der nächsten Lageraufgabe können Sie die Schaltfläche LZL-LAGERAUFGABE ANLEGEN wählen (siehe Abbildung 12.17).

In unserem Beispiel müssen keine weiteren LZL-Aktivitäten ausgeführt werden. Deshalb kann einfach die Schaltfläche PROZESSSCHRITT FÜR HU ABSCHL. gewählt werden. Wie Sie in Abbildung 12.17 sehen, wird der HU-Schritt abgeschlossen und eine HU-Lageraufgabe für den nächsten Schritt im Lagerungsprozess angelegt. Im Beispiel dient die nächste Lageraufgabe dazu, eine Bewegung zum Versandbereitstellungsbereich auszuführen.

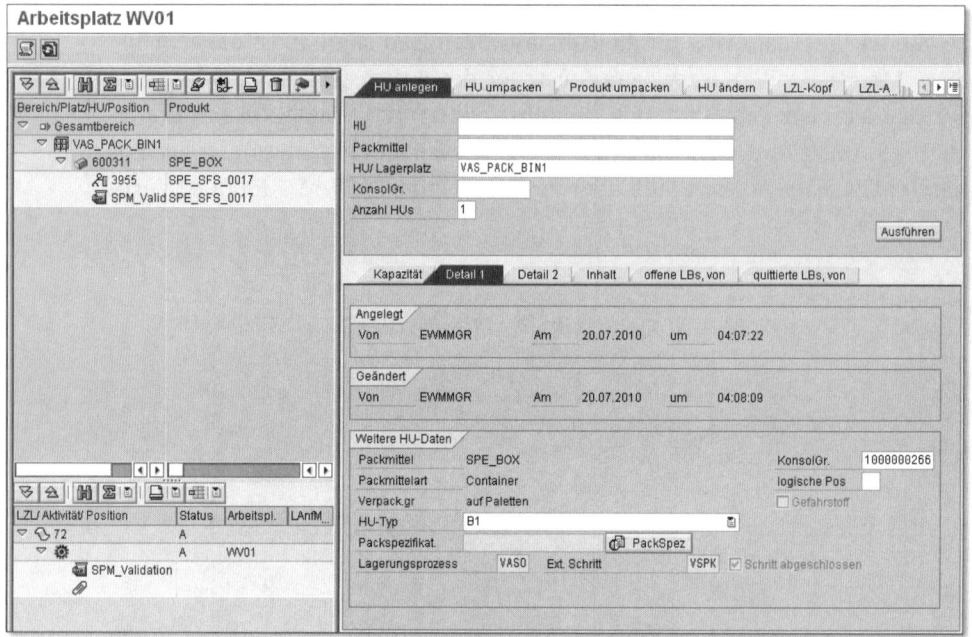

Abbildung 12.17 LZL-Arbeitsplatz und Prozessfortsetzung

12.1.8 LZL für Einlagerungsprozesse

Wie beim Auslagerungsprozess können auch beim Einlagerungsprozess LZL-Aufträge verwendet werden. Sie könnten zum Beispiel eine Aktivität anlegen, in der ein Material umgepackt wird, bevor es am endgültigen Lagerplatz eingelagert wird. Das Umpacken würde gemäß der Packspezifikation erfolgen, die über das FINDUNGSSCHEMA ermittelt wird, das in der Konfiguration für die LZL-Relevanz der Anlieferungsbelegart und -positionsart zugeordnet ist (weitere Informationen hierzu finden Sie im Abschnitt zur LZL-Konfiguration weiter oben in diesem Kapitel).

Ein Einlagerungsrozess mit LZL könnte zum Beispiel die Schritte *Entladen*, *LZL* und *Einlagerung* umfassen. In diesem Fall prüft das System nach Abschluss des Entladeschritts, ob für die Anlieferposition ein LZL-Auftrag vorliegt. Ist dies der Fall, wird die HU automatisch an den LZL-Arbeitsplatz weitergeleitet. Wenn kein LZL-Auftrag für die Anlieferposition vorliegt, wird der LZL-Schritt übersprungen und direkt der Einlagerungsschritt für die HU ausgeführt.

12.1.9 LZL für lagerinterne Vorgänge

Sie können auch einen LZL-Auftrag für ein bestimmtes Material mit Referenz auf eine interne Lageranforderung anstelle einer Anlieferung oder Auslieferung anlegen. In diesem Fall müssen Sie zunächst eine Auftragsart für interne LZL definieren (siehe Abbildung 12.18). Zum Definieren von Auftragsarten für LZL wählen Sie im EWM-Customizing Extended Warehouse Management • Prozessübergreifende Einstellungen • Logistische Zusatzleistung (LZL) • Auftragsarten für LZL für lagerinterne Vorgänge definieren.

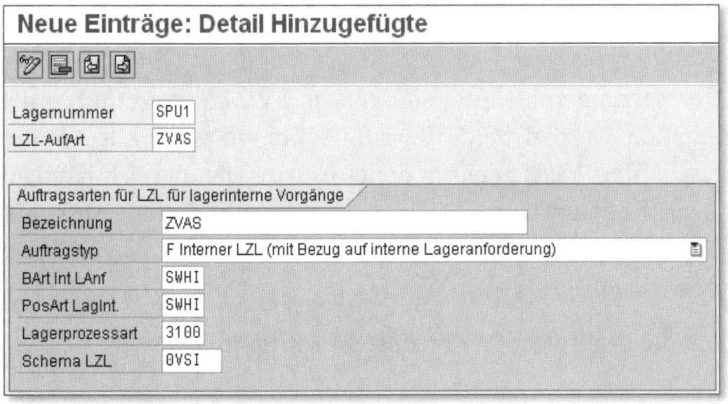

Abbildung 12.18 LZL für lagerinterne Vorgänge

Wie in Abbildung 12.18 zu sehen ist, können Sie die Beleg- und die Positionsart angeben und außerdem festlegen, welche Lagerprozessart für die Kommissionieraufgabe und welches Findungsschema zur Ermittlung der Packspezifikation verwendet werden soll.

Zum Anlegen der LZL für lagerinterne Vorgänge wählen Sie im SAP Easy Access Menü Extended Warehouse Management • Arbeitsvorbereitung • Logistische Zusatzleistung (LZL) • LZL für lagerinterne Vorgänge oder verwenden die Transaktion /SCWM/VAS_INT.

Wenn Sie den LZL-Auftrag für interne Vorgänge anlegen, wird im Hintergrund die interne Lageranforderung angelegt. Zum Anzeigen der internen Lageranforderung wählen Sie im SAP Easy Access Menü Extended Warehouse Management • Arbeitsvorbereitung • Interne Umlagerung pflegen oder verwenden die Transaktion /SCWM/IM_ST. Im Belegfluss der angelegten Position können Sie den entsprechenden LZL-Auftrag sehen.

Nachdem wir uns in diesem Abschnitt mit der Funktionalität der LZL befasst haben, schauen wir uns als Nächstes die Kit-Funktionalität an.

12.2 Kit-Bildung

Ein *Kit* bezeichnet ein Set von Materialien, das durch eine Komponentenliste gebildet wird. Ein Kit wird im Lager aus den Komponenten zusammengesetzt und immer vollständig und montiert an den Kunden ausgeliefert. EWM unterstützt die Kit-Bildung sowohl auftragsbezogen als auch anonym für den Bestand sowie die Auflösung von bestehenden Kits in seine Komponenten. Die Kit-Bildung kann integriert mit anderen SAP-Systemen (SAP ERP und SAP CRM) oder auch EWM-intern durchgeführt werden. In diesem Abschnitt geben wir Ihnen eine Einführung in die Möglichkeiten der Kit-Bildung von EWM.

Die deutsche Übersetzung von Kit ist *Bausatz*. Im EWM-System und in der EWM-Dokumentation werden beide Begriffe synonym verwendet. Unser Eindruck ist, dass in der Praxis auch im deutschsprachigen Bereich häufiger der englische Begriff benutzt wird. Daher werden wir in diesem Abschnitt über Kits und Kit-Komponenten schreiben und nicht über Bausätze und Bausatzkomponenten.

EWM unterstützt die drei folgenden Prozesse für Kit-Bildung:

- **Kit-to-Order**
  Beim Kit-to-Order-Prozess werden Kits individuell für Kundenaufträge erstellt. Wenn Sie also keinen Bestand eines Kits im Lager haben und der Kunde das Kit bestellt, können Sie den Kit-to-Order-Prozess nutzen, um das Kit *während* der Auslieferungsverarbeitung zu erstellen. Dies geschieht entweder an einem Arbeitsplatz (mit oder ohne Benutzung von Aufträgen für LZL) oder direkt während der Kommissionierung der Komponenten in eine Kommissionier-HU. EWM unterstützt sowohl Kit-to-Order-Prozesse, die aus dem SAP ERP-System gestartet werden (SD-Kundenauftrag), als auch Prozesse mit Kundenaufträgen aus CRM.

- **Kit-to-Stock**
  Mit dem Kit-to-Stock-Prozess können Sie Kits erstellen und anschließend in den Bestand überführen. Die Kits werden also nicht für einen bestimmten Kundenauftrag zusammengesetzt, sondern um sie zu bevorraten. Der Kit-to-Stock-Prozess kann entweder im SAP ERP-System über einen Fertigungsauftrag gestartet werden oder alternativ direkt im EWM-System durch einen speziellen Auftrag für logistische Zusatzleistung (LZL-Auftrag) für Kit-to-Stock.

- **Reverse Kitting**
  Mit dem Reverse-Kitting-Prozess können Sie bestehende Kits in ihre

ursprünglichen Komponenten zerlegen. Sie starten den Prozess, indem Sie einen LZL-Auftrag für Reverse Kitting manuell anlegen. Sie können diesen Prozess nur im EWM-System starten.

Auf jeden dieser drei Kitting-Prozesse werden wir in diesem Abschnitt genauer eingehen. Vorab geben wir Ihnen einige allgemeine Informationen über Kits in EWM.

Ein Kit besteht aus den folgenden Ebenen:

► Kit-Kopf

► Kit-Komponente

► ersetzte Kit-Komponente (optional)

Der *Kit-Kopf* beinhaltet das Kopfmaterial, das der Kunde bestellt und das ausgeliefert und fakturiert wird. Die Kit-Komponenten sind die Bestandteile des Kits, also die Materialien, die benutzt werden, um das Kit zusammenzusetzen.

In Abbildung 12.19 zeigen wir eine typische Struktur eines Kits: Ein Bremsenbausatz besteht aus jeweils zwei Bremsscheiben und vier Bremsklötzen. Das Kopfmaterial des Kits ist hier also der Bremsenbausatz, und die Komponentenmaterialien sind Bremsscheibe und Bremsklötze.

Pos.	Kategorie	Material	Menge
10	Kit-Kopfmaterial	Bremsensatz	1 ST
20	Kit-Komponente	→ Bremsscheibe	2 ST
30	Kit-Komponente	→ Bremsklötze	4 ST

Abbildung 12.19 Struktur eines Kits

EWM sichert Kits *nicht* als eigenes Stammdatum, sondern erhält die Information über die Struktur eines Kits ausschließlich als Teil von Lieferungen aus dem SAP ERP-System.

Verschachtelte Kits

EWM unterstützt keine verschachtelten Kits, also Kits, die als Komponente wiederum ein anderes Kit enthalten.

In den folgenden Abschnitten beschreiben wir die Prozesse im Detail:

▶ Kit-to-Order (mit SAP ERP-Kundenaufträgen, mit Kitting-Packspezifikation und Kitting auf Arbeitsplätzen)

▶ Kit-to-Stock (mit und ohne SAP ERP-Produktionsaufträge)

▶ Reverse Kitting (mit und ohne Stückliste)

12.2.1 Kit-to-Order mit SD-Kundenaufträgen

Der *Kit-to-Order-Prozess* ermöglicht es, Kits während der Auslieferungsverarbeitung aus sich im Lager befindlichen Komponenten zusammenzustellen, auszuliefern, und an den Kunden zu fakturieren.

In diesem Abschnitt fokussieren wir uns auf den Kit-to-Order-Prozess basierend auf *SD-Kundenaufträgen*, also Kundenaufträgen des Moduls für den Vertrieb in SAP ERP. EWM unterstützt auch Kit-to-Order im Zusammenhang mit CRM-Kundenaufträgen; im Hinblick auf das EWM-System unterscheiden sich die beiden Prozesse nicht wesentlich. Auf den Prozess beim Einsatz von SAP CRM gehen wir im nächsten Abschnitt genauer ein.

Beim Anlegen eines Kundenauftrags im SAP ERP-System wird geprüft, ob für das eingegebene Material eine Vertriebsstückliste existiert. Wenn es eine gibt, dann führt das System die Stücklistenauflösung durch. Es erstellt für jede Position der Stückliste Unterpositionen unterhalb der eingegebenen Materialnummer. Wenn Sie bereits Bestand des Kits im Lager haben, dann kann dieser Bestand auch direkt kommissioniert werden. Das Kit wird in diesem Fall nicht in seine Komponenten aufgelöst.

Nach dem Speichern des Auftrags kann dieser beliefert werden. Beim Anlegen der Auslieferung werden die Positionen und Unterpositionen des Kundenauftrags übernommen. Die Auslieferung wird ins EWM-System übertragen, sofern Werk und Lagerort einer EWM-Lagernummer zugeordnet sind.

Basierend auf der SAP ERP-Auslieferung, werden in EWM eine Auslieferungsbenachrichtigung und ein Auslieferungsauftrag angelegt. Beide Belege beinhalten ebenfalls die Kit-Struktur in Form der Unterpositionen. In EWM sind nur die Unterpositionen kommissionierrelevant, das Kit selbst (das eingegebene Material) dagegen nicht. Die Kommissionierrelevanz wird aus den Positionsarten der EWM-Lieferung bestimmt, die wiederum mithilfe der Positionsarten der SAP ERP-Auslieferung ermittelt worden sind. Bei der Erstellung der Kommissionierlageraufgaben in EWM werden somit nur Lageraufgaben für die Komponenten des Kits erstellt.

Das Zusammensetzen des Kits kann in EWM durch drei verschiedene Methoden durchgeführt werden:

- an einem EWM-Arbeitsplatz mit LZL-Aufträgen

- an einem EWM-Arbeitsplatz ohne LZL-Aufträge

- während der Kommissionierung

In den folgenden Abschnitten wollen wir Ihnen diese drei Methoden der Kit-Zusammensetzung zeigen.

Das Lager versendet letztlich das komplette Kit an den Kunden. Die Fakturierung wird auf Ebene des Kits durchgeführt, also nicht auf Basis der Preise der individuellen Komponenten.

Regeln für die Benutzung von Kits in SAP EWM

- Sie liefern ein Kit immer vollständig zum Kunden.
- Sie terminieren Kit und Kit-Komponenten immer auf dasselbe Datum hin.
- Alle Bestandteile eines Kits müssen aus demselben Lager stammen.
- Das System berechnet die Preise für Kits immer auf der Ebene des Kit-Kopfes.
- Kit-Kopf und Kit-Komponenten haben ein durch die Kit-Struktur definiertes Mengenverhältnis zueinander, das neu berechnet werden muss, sobald sich mengenmäßige Veränderungen auf der Ebene des Kopfes oder der Komponenten ergeben.

Kit-to-Order an Arbeitsplätzen mit LZL-Aufträgen

Im Kit-to-Order-Prozess an Arbeitsplätzen mit LZL-Aufträgen wird die Zusammensetzung des Kits an einem *Arbeitsplatz* mit einem Auftrag für logistische Zusatzleistungen (LZL-Auftrag) durchgeführt. Dadurch stehen Ihnen die folgenden Möglichkeiten zur Verfügung:

- Arbeiten an einem speziellen Kitting-Arbeitsplatz

- automatische Findung des Kitting-Arbeitsplatzes

- Dokumentation der Aufwände und Statusverfolgung für Kitting

- Integration der LZL-Abwicklung in die Lieferung

Wir zeigen nun die einzelnen Schritte eines Kit-to-Order-Prozesses, bis dann schließlich das Kitting am Arbeitsplatz durchgeführt wird.

Schritt 1: Kundenauftrag mit einer Kit-Struktur erstellen

Der erste Schritt im Kit-to-Order-Prozess ist die Anlage eines Kundenauftrags im SAP ERP-System mit der Transaktion VA01. Nachdem Sie das Kit-Kopfmaterial eingegeben haben, prüft das System, ob eine Auftragsstückliste vorliegt, und löst die Stückliste auf, indem Unterpositionen für jede Komponente erzeugt werden. In Abbildung 12.20 sehen Sie ein Beispiel, in dem die Stückliste bereits aufgelöst wurde. Das Material MAT_GI06_V10 in Position 10 ist das vom Anwender eingegebene Kit-Kopfmaterial. Die Lieferposition hat die Positionsart KIT. Die Materialien MAT_GI06_V11 und MAT_GI06_ V12 sind Komponenten der Stückliste und wurden zu Unterpositionen der Position 10.

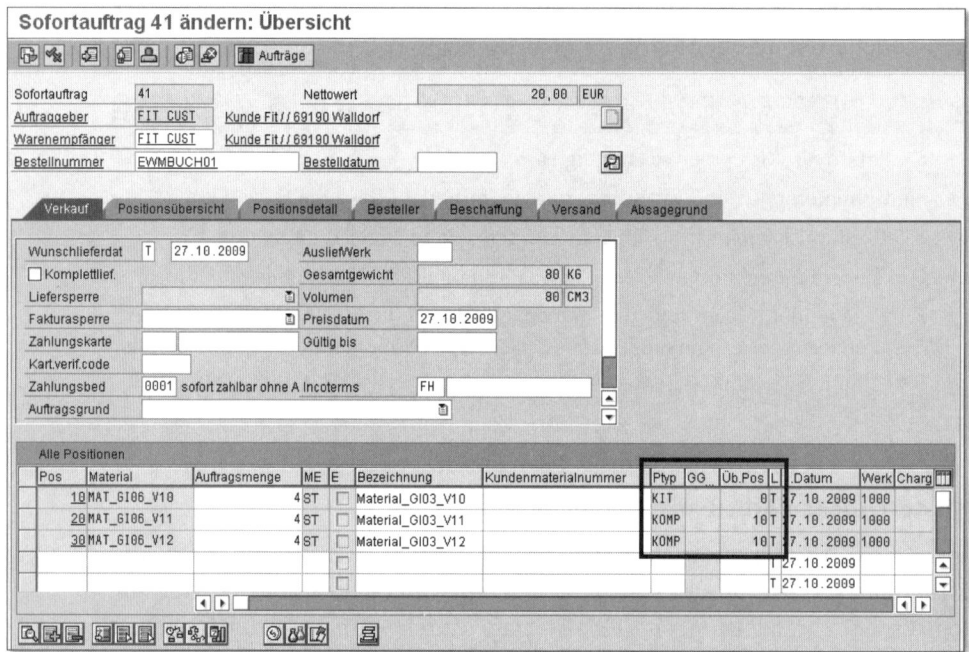

Abbildung 12.20 Kundenauftrag mit einer Kit-Hierarchie

In der Spalte ÜBERGEORDNETE POSITION sehen Sie, dass die beiden Positionen 20 und 30 Unterpositionen von Position 10 sind.

Änderungen der Kit-Struktur im Kundenauftrag

Während der Kundenauftragserstellung ist es möglich, die Kit-Struktur aus der Auftragsstückliste abzuändern. Wenn Sie die Kit-Struktur im Kundenauftrag ändern, dann betrifft das alle folgenden Belege und Prozesse, unter anderem die Zusammensetzung des Kits in EWM.

Wie schon erwähnt, gibt es im EWM-System kein eigenes Stammdatum für Kits. Es wird die Relation aus der Auslieferung (oder aus dem Kundenauftrag) übernommen.

Schritt 2: Auslieferung in SAP ERP anlegen

Nach dem Speichern des Kundenauftrags kann die Auslieferung angelegt werden. In Abbildung 12.21 sehen Sie, dass die Kit-Struktur aus dem Kundenauftrag in die Auslieferung übernommen worden ist.

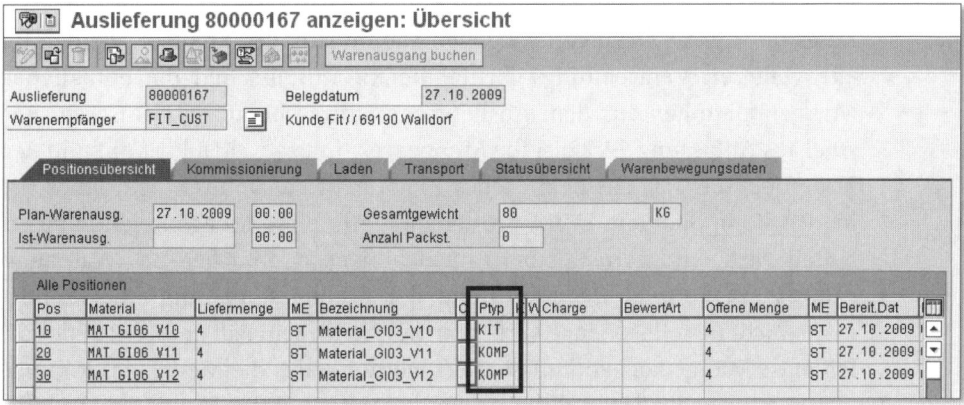

Abbildung 12.21 SAP ERP-Auslieferung mit einem Kit

Stammdatum für Kits in SAP ERP: Die Auftragsstückliste

In Abbildung 12.22 sehen Sie die Stückliste, die unserem Kit-to-Order-Prozess zugrunde liegt. Sie sehen oben das Kopfmaterial und unten auf der Registerkarte MATERIAL die Komponenten mit den zugehörigen Mengen.

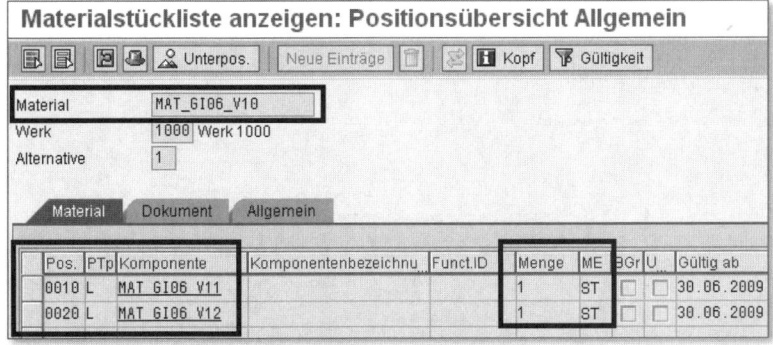

Abbildung 12.22 Stückliste für Material MAT_GI06_V10

Die Auftragsstückliste pflegen Sie im SAP ERP-System, indem Sie im SAP Easy Access Menü dem Pfad LOGISTIK • VERTRIEB • STAMMDATEN • PRODUKTE • STÜCKLISTEN • STÜCKLISTE • MATERIALSTÜCKLISTE • ANLEGEN folgen.

Schritt 3: SAP ERP-Auslieferung ins SAP EWM-System übertragen

Nach der Erzeugung der Auslieferung im SAP ERP-System wird sie an das EWM-System verteilt. Dort werden zunächst eine Auslieferungsanforderung und dann der Auslieferungsauftrag erzeugt. Die Kit-Struktur wird aus SAP ERP in EWM übernommen.

Da es im EWM-System keine eigenen Stammdaten für Kits gibt, werden für alle weiteren Verarbeitungsschritte die Kit-Struktur und die enthaltenen Mengenrelationen aus dem Auslieferungsauftrag benutzt. In unserem Beispiel aus Abbildung 12.22 ist die Mengenrelation zwischen Kit-Kopf und den Komponenten 1:1, das heißt, jedes Kit besteht genau aus einem Stück der beiden Komponenten. EWM prüft ständig, ob diese Mengenrelation eingehalten wird, und verbietet bei Abweichungen das Buchen des Warenausgangs, zum Beispiel wenn während der Kommissionierung eine Komponente nicht in voller Menge verfügbar war. In diesem Fall muss entweder die fehlende Menge nachkommissioniert werden, oder die Menge des Kopfmaterials muss reduziert und die zu viel kommissionierte Menge der anderen Komponente dekommissioniert werden (Transaktion /SCWM/CANCPICK).

In Abbildung 12.23 sehen Sie den Auslieferungsauftrag im EWM-System. Die Spalte EBENE zeigt die Ebene jeder Position an. Ein Pluszeichen (+) zeigt die Hierarchieebene der ersten Unterposition an.

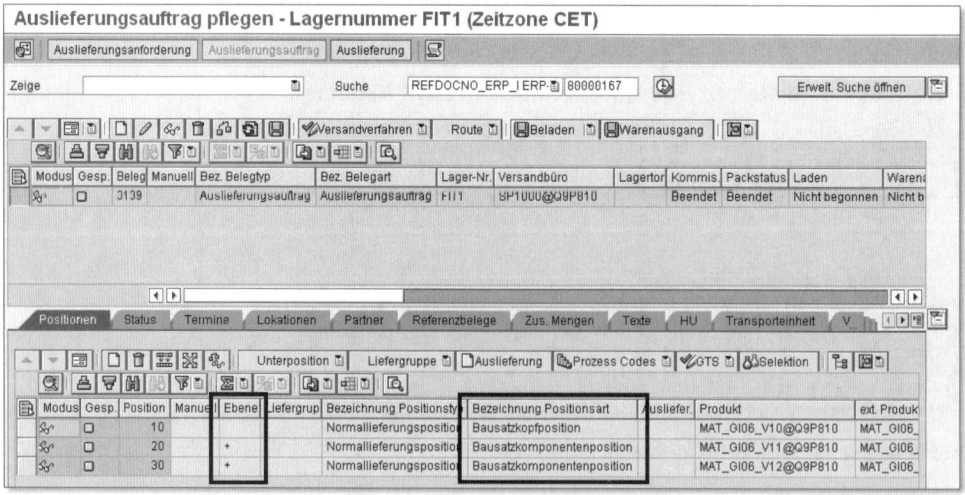

Abbildung 12.23 SAP EWM-Auslieferungsauftrag mit Kit-Hierarchie

Wie bereits erwähnt, ist in diesem Fall nicht das Kit-Kopfmaterial kommissionierrelevant, sondern nur die beiden Kit-Komponenten.

Schritt 4: Anlegen des LZL-Auftrags für Kit-to-Order im Hintergrund

Während der Erstellung des Auslieferungsauftrags in EWM startet das System eine Aktion des *Post Processing Frameworks* (PPF) zum Anlegen von LZL-Aufträgen. Dabei sucht das System nach geeigneten *Packspezifikationen für Kitting*. Wenn es eine solche findet, dann erstellt es mithilfe der Packspezifikation einen LZL-Auftrag. Die Ebenen der Packspezifikation werden als LZL-Aktivitäten in den Auftrag übernommen. Der LZL-Auftrag wird mit Referenz zur Kit-Kopfposition des Auslieferungsauftrags angelegt, also zur übergeordneten Position.

Abbildung 12.24 zeigt einen solchen LZL-Auftrag für Kit-to-Order. Die diesem Auftrag zugrunde liegende Packspezifikation 10000051 zeigen wir Ihnen im nächsten Schritt. Sie sehen jedoch schon, dass der LZL-Auftrag genau eine Aktivität hat, und zwar mit der Folgenummer 1, für die Zusammensetzung des Kits MAT_GI06_V10.

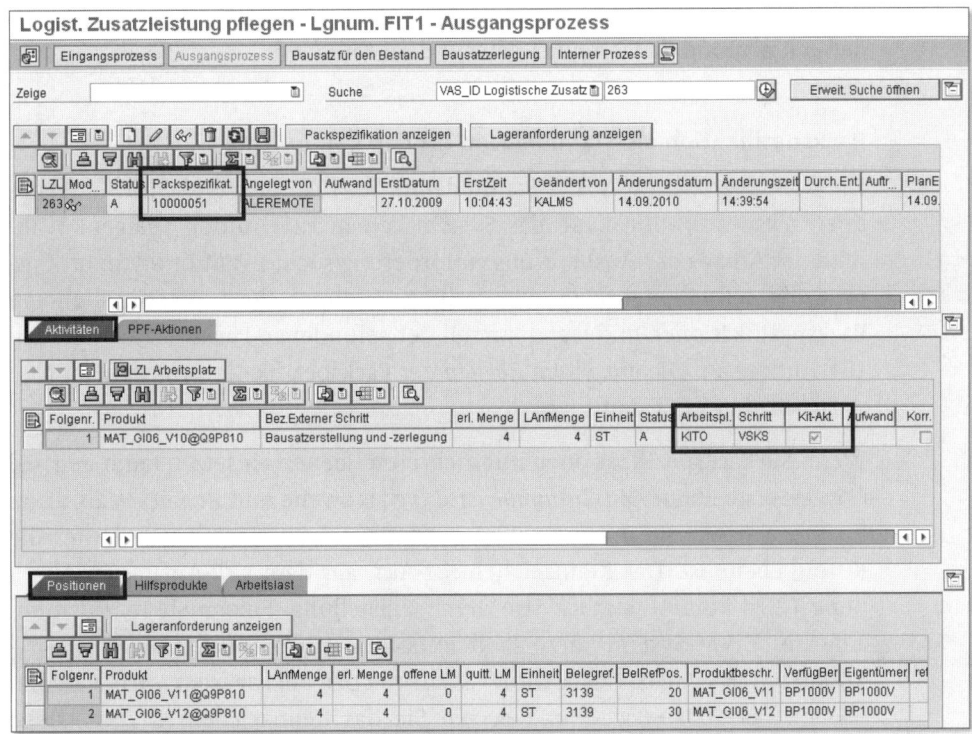

Abbildung 12.24   LZL-Auftrag für den Kit-to-Order-Prozess

Um das System so einzustellen, dass LZL für Kitting benutzt wird, müssen Sie die Positionsart des Auslieferungsauftrags relevant machen für LZL. Folgen

Sie dafür im Customizing des EWM-Systems dem Pfad Extended Warehouse Management • Prozessübergreifende Einstellungen • Logistische Zusatzleistung (LZL) • Relevanz für LZL definieren, und pflegen Sie einen Eintrag für Ihre Lieferart, Positionsart und gegebenenfalls die Produktgruppe des Materialstamms. Dann weisen Sie ein Findungsschema für Packspezifikationen zu und setzen die LZL-Relevanz zum Beispiel auf 1, sodass der LZL-Auftrag beim Anlegen des Auslieferungsauftrags angelegt werden soll. Das passiert übrigens im Hintergrund.

Ein LZL-Auftrag für Kitting hat einige Besonderheiten im Vergleich zu »normalen« LZL-Aufträgen. Unter anderem ist besonders, dass alle Aktivitäten *vor* der Kitting-Aktivität (die Aktivität, die das Kennzeichen Kit-Akt. gesetzt hat, siehe Abbildung 12.24) und die Kitting-Aktivität selbst die *Komponenten* des Kits als Positionen haben. Erst Aktivitäten, die *nach* der Kitting-Aktivität folgen, werden ausschließlich für das Kit selbst durchgeführt. Anders ausgedrückt, steckt dahinter die Annahme, dass bis zur Durchführung der Kit-Zusammensetzung alle Aktivitäten auf den Komponenten durchgeführt werden müssen und danach nur noch auf dem Kit.

Packspezifikation als Stammdatum für den LZL-Auftrag

Die Packspezifikation ist das Stammdatum für LZL-Aufträge. Ohne eine gültige Packspezifikation kann das System keinen LZL-Auftrag anlegen. Während der Anlage der Auslieferungsanforderung sucht EWM mit dem im Customizing der LZL-Relevanz eingestellten Findungsschema nach geeigneten Packspezifikationen und legt dann mit der gefundenen Packspezifikation den LZL-Auftrag an. Die einzelnen *Ebenen* der Packspezifikation werden dann zu *Aktivitäten* des LZL-Auftrags.

Wenn Sie Packspezifikationen mit mehreren Ebenen einsetzen (zum Beispiel *Ölen* als erste Ebene, *Kit-Zusammenstellung* als zweite und *Verpacken* als dritte Ebene), müssen Sie im Customizing der Ebenenart einstellen, welches die Kitting-Ebene ist. Das Kennzeichen Kit-Akt. aus dem LZL-Auftrag in Abbildung 12.24 kommt letztlich von dieser Einstellung. Folgen Sie im Customizing des EWM-Systems dem Pfad Extended Warehouse Management • Stammdaten • Packspezifikation • Struktur der Packspezifikation pflegen • Ebenenart definieren, und setzen Sie das Kennzeichen Kitting (siehe Abbildung 12.25).

Die Packspezifikation, die zur Erstellung des LZL-Auftrags benutzt wurde, sehen Sie in Abbildung 12.26. Die Packspezifikation hat (neben dem Inhalt) nur eine Ebene. Wie Sie sehen, hat die Ebene die Ebenenart KIT und die Bezeichnung KIT ERSTELLUNG.

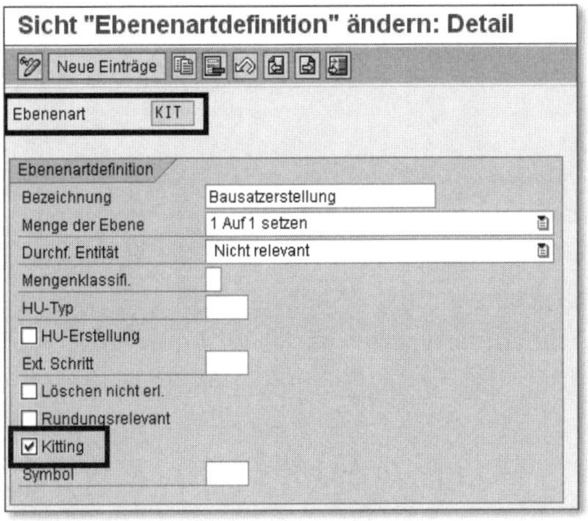

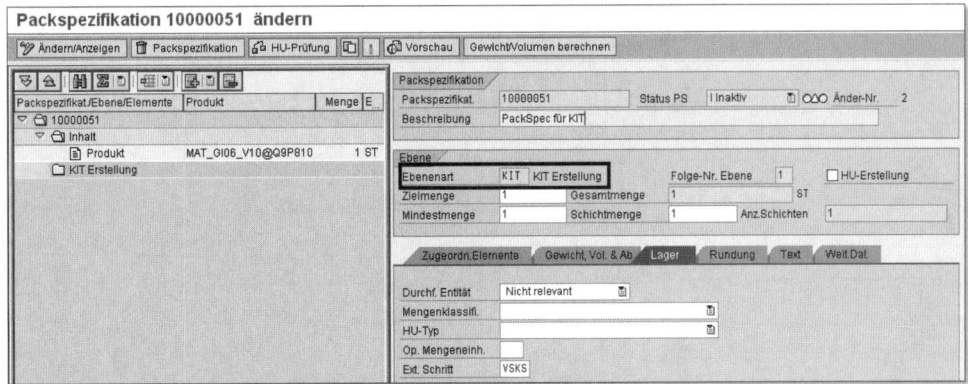

Abbildung 12.25 Ebenenart für das Kitting definieren

Im Feld EXT. SCHRITT auf der Registerkarte LAGER tragen Sie einen Schritt der prozessorientierten Lagerungssteuerung ein. Dieser Schritt muss im Customizing einen Lagerplatz zugewiesen haben. Auf diesem Lagerplatz legen Sie einen LZL-Arbeitsplatz an, auf dem dann das Kitting durchgeführt wird.

Abbildung 12.26 Packspezifikation für die Kit-Bildung

Schritt 5: Kit-Komponenten kommissionieren und Kits im Arbeitsplatz zusammensetzen

In den vorangegangenen vier Schritten haben wir Ihnen gezeigt, wie Sie einen Kundenauftrag für Kit-to-Order, die Auslieferung in SAP ERP und in

EWM, die Stückliste in SAP ERP, die Packspezifikation in EWM und den LZL-Auftrag in EWM anlegen. Der nächste Schritt ist nun die Erstellung der Kommissionierlageraufgaben für den EWM-Auslieferungsauftrag. Dies führen Sie entweder direkt zur Auslieferung oder über eine Wellenfreigabe durch. Wie schon vorher erwähnt, sind bei Kit-to-Order nur die Komponenten des Kits kommissionierrelevant.

Im Kit-to-Order-Prozess *mit* Arbeitsplatz müssen Sie durch die Verwendung der prozessorientierten Lagerungssteuerung sicherstellen, dass die Komponenten zu einem Kit-to-Order-Arbeitsplatz gebracht werden. Am einfachsten benutzen Sie einen Lagerungsprozess mit regelbasiertem LZL-Schritt. Welcher Arbeitsplatz dann tatsächlich verwendet wird, wird durch das Feld EXT. SCHRITT der dem LZL-Auftrag zugrunde liegenden Packspezifikation bestimmt.

Um die Transaktion für die Zusammensetzung von Kits in einem Arbeitsplatz zu starten, folgen Sie im SAP Easy Access Menü dem Pfad EXTENDED WARE-HOUSE MANAGEMENT • AUSFÜHRUNG • RÜCKMELDUNG FÜR LZL ERFASSEN oder benutzen den Transaktionscode /SCWM/VASEXEC. Im Einstiegsbildschirm dieser Transaktion geben Sie den Namen des Arbeitsplatzes ein und führen die Selektion aus. Es erscheint der Bildschirm aus Abbildung 12.27.

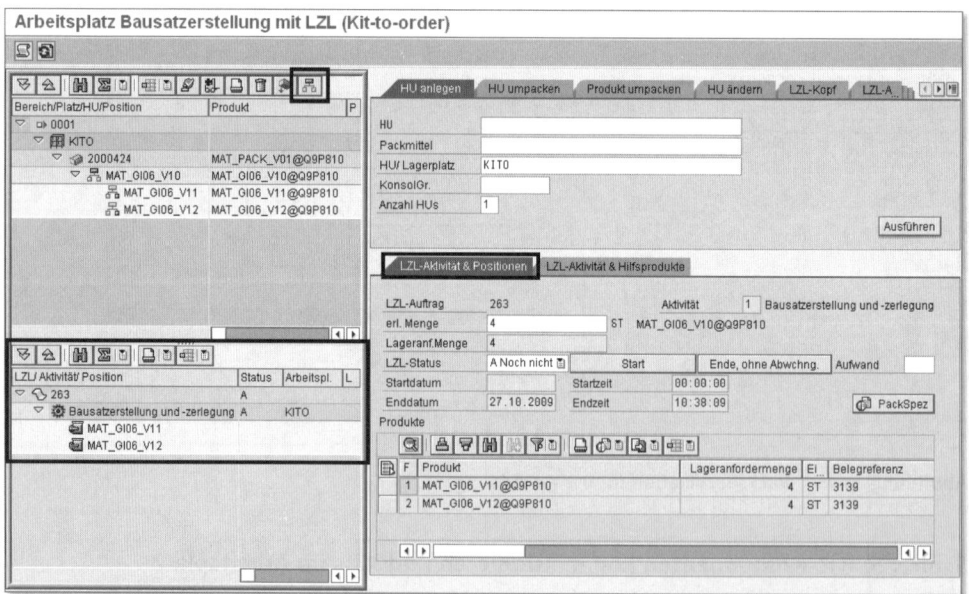

Abbildung 12.27 Zusammensetzung des Kits im Arbeitsplatz für Kit-to-Order

Auf der linken Seite des Bildschirms sehen Sie die Kommissionier-HU mit den beiden kommissionierten Komponenten. Der LZL-Auftrag ist unten links zu sehen. Die Aktivitäten des LZL-Auftrags sehen Sie im Abschnitt unten rechts.

Oberhalb der Baumstruktur befindet sich eine Schaltfläche zur Kit-Erstellung. Wenn Sie diese Schaltfläche anklicken, dann bestätigen Sie, dass Sie das Kit zusammengestellt haben. Das System erstellt nun eine Position für das Kit-Kopfmaterial und berechnet dessen Menge basierend auf den Positionsmengen. Die neu erstelle Position für das Kit-Kopfmaterial wird als Knoten zwischen der Kommissionier-HU und den Komponenten in den Baum eingefügt. Im Bildschirm von Abbildung 12.27 wurde die Schaltfläche bereits angeklickt. Sie sehen daher das Kit-Kopfmaterial MAT_GI03_V01 links im Baum.

> **Virtuelle Bestandsposition bei Kit-to-Order**
>
> Die erzeugte Position für das Kit-Kopfmaterial ist technisch keine »echte« bestandsgeführte Position, sondern lediglich eine »virtuelle« oder eine »Dummy-Position«. Sie wird in Transaktionen benutzt, indem das Kit angezeigt wird (um sehen zu können, dass das Kitting durchgeführt wurde), zur Prüfung der korrekten Mengenrelationen bei der Warenausgangsbuchung sowie zum Druck von Etiketten und anderen Dokumenten.

Mit dem LZL-Auftrag unten auf dem Bildschirm können Sie den Fortschritt des Kittings erfassen, zum Beispiel die bereits abgearbeitete Menge, die Startzeit und Endzeit sowie Aufwände und eventuelle Mengenabweichungen. Sie können die dem LZL-Auftrag zugrunde liegende Packspezifikation anzeigen und ausdrucken, indem Sie die Schaltfläche PackSpez. anklicken.

Sobald das Kit fertig zusammengestellt ist, geben Sie die HU frei. Dazu benutzen Sie (wie von anderen Arbeitsplätzen bekannt) die Schaltfläche Abschliessen des Prozessschrittes der HU. Das System erstellt dann gemäß der prozessorientierten Lagerungssteuerung die HU-Lageraufgabe für den nächsten Schritt.

Schritt 6: Warenausgang buchen

Schließlich führen Sie die Warenausgangsbuchung durch. Die Buchung wird ins SAP ERP-System repliziert. Im SAP ERP-System wird vor dem Buchen des Warenausgangs im Hintergrund zunächst ein *Wareneingang* für das Kit-Kopfmaterial gebucht. Hierfür müssen Sie im Customizing eine Bewegungsart einstellen. Folgen Sie dazu im Customizing des SAP ERP-Systems dem Pfad LOGISTICS EXECUTION • ERSATZTEILMANAGEMENT (SPM) • WARENAUSGANGSPROZESS (SPM) • BAUSATZ FÜR DEN AUFTRAG • WARENEINGANGSBEWEGUNGSART FÜR BAUSATZKÖPFE EINSTELLEN, siehe Abbildung 12.28.

Abbildung 12.28   Bewegungsart für die WE-Buchung des Kit-Kopfes zuweisen

Wir haben nun einen kompletten Kit-to-Order-Prozess mit Benutzung von LZL-Aufträgen in einem Arbeitsplatz beschrieben – von der Anlage des Kundenauftrags bis hin zur Warenausgangsbuchung der Auslieferung im SAP ERP-System. In den folgenden beiden Abschnitten beschreiben wir Ihnen Kit-to-Order an Arbeitsplätzen *ohne* Benutzung von LZL-Aufträgen sowie Kit-to-Order während der Kommissionierung.

Kit-to-Order an Arbeitsplätzen ohne LZL-Aufträge

Mit diesem Prozess können Sie ein Kit *ohne* Benutzung von LZL-Aufträgen erstellen. Dafür lässt sich ein »normaler« Pack-Arbeitsplatz so einstellen, dass dort die Rückmeldung erzeugter Bausätze möglich ist.

Dieser Prozess eignet sich also unter folgenden Bedingungen:

▸ Sie benötigen *keine* ausführliche Dokumentation des Kitting-Vorgangs in EWM.

▸ Sie führen Kitting nicht an einem *speziellen Kitting-Arbeitsplatz* durch, sondern an einem Arbeitsplatz, an dem Sie auch verpacken.

Die Informationen über das Kitting finden Sie nur in den Informationen des Bausatzes in der Auslieferung und in der Kitting-Anweisung, die als freier Text zur Auslieferungsposition vorliegen kann.

Aus Customizing-Sicht gibt es die folgenden Unterschiede zum Prozess *mit* Benutzung von LZL:

▶ Um die Erstellung von LZL-Aufträgen zu verhindern, deaktivieren Sie die LZL-Relevanz im Customizing unter dem Pfad EXTENDED WAREHOUSE MANAGEMENT • PROZESSÜBERGREIFENDE EINSTELLUNGEN • LOGISTISCHE ZUSATZLEISTUNG (LZL) • RELEVANZ FÜR LZL DEFINIEREN oder verwenden unterschiedliche Lieferarten, Positionsarten oder Materialien mit unterschiedlichen Produktgruppen, für die keine LZL-Relevanz eingestellt ist.

▶ Weisen Sie dem Lagerungsprozess der prozessorientierten Lagerungssteuerung einen *Verpacken-Schritt* zu.

▶ Stellen Sie das Arbeitsplatzlayout des Verpacken-Arbeitsplatzes so ein, dass die Zusammensetzung von Kits unterstützt wird. Folgen Sie dazu im EWM-Customizing dem Pfad EXTENDED WAREHOUSE MANAGEMENT • STAMMDATEN • ARBEITSPLATZ • ARBEITSPLATZ-LAYOUT DEFINIEREN.

Kit-to-Order während der Kommissionierung

Wenn Sie die Zusammensetzung des Kits physisch *nicht* an einem Arbeitsplatz durchführen, können Sie dies auch *während der Kommissionierung* machen. In diesem Fall benötigen Sie auch keinen Verpacken- oder LZL-Schritt in der prozessorientierten Lagerungssteuerung. Sie haben dann aber auch keine Möglichkeit mehr, einen LZL-Auftrag zu benutzen, das heißt, Sie können in EWM keine ausführliche Dokumentation des Kitting-Vorgangs erfassen.

Um Kit-to-Order während der Kommissionierung zu benutzen, müssen Sie einstellen, dass EWM automatisch eine Position in der HU mit dem Kit-Kopf generiert. Es handelt sich hier um dieselbe virtuelle Position, die wir zuvor beschrieben haben. Folgen Sie dazu im EWM-Customizing dem Pfad EXTENDED WAREHOUSE MANAGEMENT • WARENAUSGANGSPROZESS • AUSLIEFERUNG • MANUELLE EINSTELLUNGEN • POSITIONSARTEN FÜR AUSLIEFERUNGSPROZESS DEFINIEREN (siehe Abbildung 12.29).

Hier stellen Sie für jede Kombination von Belegtyp und Positionstyp ein, ob EWM während des Kommissionierens in eine Kommissionier-HU automatisch eine Kit-Kopfposition erzeugen soll. Es wird beim Sichern der Lageraufgabe eine Dummy-Position in der HU erzeugt, die dann zum Beispiel im Verpackungsdialog angezeigt wird und auf den HU-Druckformularen ausgegeben werden kann. Darüber hinaus wird diese Position bei der Warenausgangsbuchung vom System verwendet, um zu prüfen, ob verpackte Bausätze vollständig sind und somit auch im Warenausgang gebucht werden können.

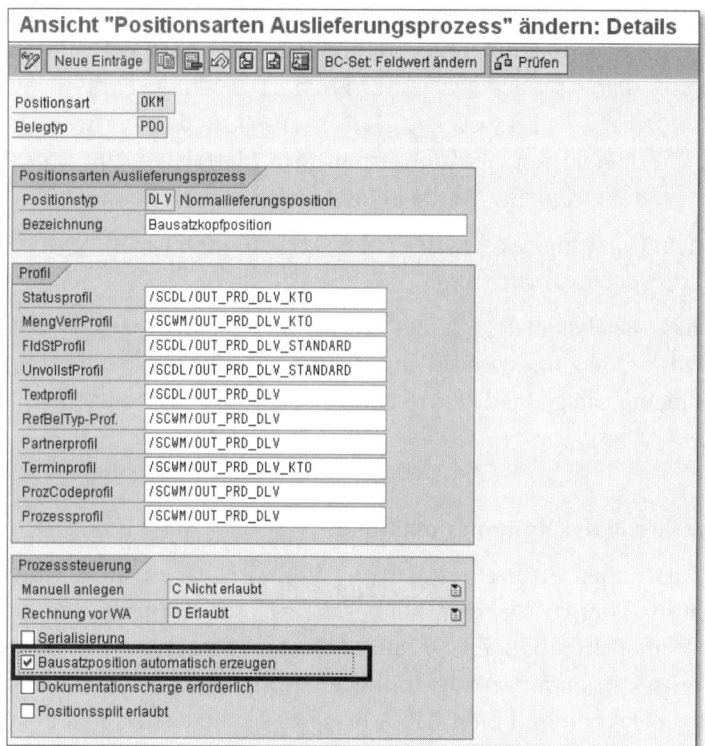

Abbildung 12.29   Bausatzpositionen automatisch erzeugen

Kit-to-Order in Verbindung mit SAP CRM

Kit-to-Order wird ebenfalls in Zusammenhang mit CRM-Kundenaufträgen unterstützt. Der Prozess ist dem beschriebenen Prozess mit SAP ERP-Kundenaufträgen insgesamt sehr ähnlich. Im EWM-System selbst sind sogar alle Schritte identisch. In Abbildung 12.30 sehen Sie einen CRM-Kundenauftrag mit aufgelöster Stückliste.

Hauptunterschied bei der Erfassung des Kundenauftrags im CRM-System ist, dass die Stückliste während des Global ATP Checks aufgelöst wird und sie in der Komponente *Integriertes Produkt- und Prozess-Engineering* (iPPE) abgelegt ist.

Ein weiterer Unterschied ist die Behandlung des Kundenauftrags im SAP ERP-System. Der CRM-Kundenauftrag wird in SAP ERP als *ungeprüfte Lieferung* übertragen (vorausgesetzt, Sie benutzen die direkte Lieferverteilungsmethode für die SAP ERP-Integration, indem Sie die Systemkonfiguration für Service Parts Management in CRM aktivieren). Im SAP ERP-System wird die ungeprüfte Lieferung mit der Transaktion VL10UC in eine *geprüfte Lieferung* umgesetzt. Die geprüfte Lieferung entspricht der »normalen« Auslieferung und ist relevant für die Verteilung nach EWM.

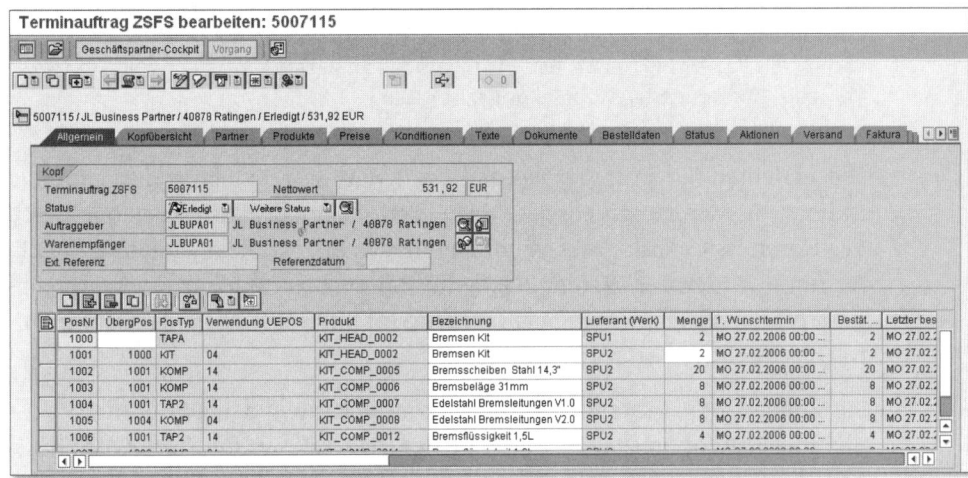

Abbildung 12.30 Anlage eines CRM-Kundenauftrags mit einer komplexen Kit-Struktur

12.2.2 Kit-to-Stock

Sie können Kits auch unabhängig von Kundenaufträgen erstellen und anschließend in den Bestand überführen (*Kit-to-Stock*). Dies bietet Ihnen einen schlanken, einfachen Kitting-Prozess, der im Lager ausgeführt und dokumentiert wird.

Sie können Kit-to-Stock entweder im SAP ERP-System auf Basis eines Fertigungsauftrags oder direkt im EWM-System durch einen LZL-Auftrag manuell anstoßen. Beide Varianten beschreiben wir nun im Detail.

Kit-to-Stock basierend auf SAP ERP-Fertigungsaufträgen

Um Kit-to-Stock basierend auf SAP ERP-Fertigungsaufträgen zu benutzen, müssen Sie im Customizing des SAP ERP-Systems im Fertigungssteuerschlüssel im Abschnitt TRANSPORT das Kennzeichen KIT-TO-STOCK IN EWM setzen. Folgen Sie dazu dem Pfad PRODUKTION • FERTIGUNGSSTEUERUNG • STAMMDATEN • FERTIGUNGSSTEUERUNGSPROFIL DEFINIEREN. Damit legen Sie fest, dass die Ausführung des Auftrags als Kit-to-Stock-Prozess in einem EWM-System erfolgen soll. Nach erfolgreicher Freigabe des Auftrags werden eine Auslieferung für die Komponenten und eine Anlieferung für die Auftragsposition erstellt und an das EWM-System verteilt. Der Auftrag selbst ist danach nicht mehr änderbar.

> **Weitere Voraussetzungen für Kit-to-Stock basierend auf SAP ERP-Fertigungs-aufträgen**
>
> Weitere Informationen über die Voraussetzungen finden Sie in der Datenelement-dokumentation des Kennzeichens KIT-TO-STOCK IN EWM des Fertigungssteuer-schlüssels in SAP ERP unter dem Pfad PRODUKTION • FERTIGUNGSSTEUERUNG • STAMM-DATEN • FERTIGUNGSSTEUERUNGSPROFIL DEFINIEREN.

Die erstellten Lieferungen werden ins EWM-System übertragen. Für die Anlieferung wird automatisch (via PPF-Aktion) ein LZL-Auftrag erstellt. Nach der Kommissionierung der Komponenten und der Rückmeldung des LZL-Auftrags werden der Warenausgang für die Auslieferung und der Wareneingang für die Anlieferung gebucht und in SAP ERP verteilt. Der Fertigungsauftrag in SAP ERP wird fortgeschrieben.

Sie können den Kit-to-Stock-Prozess komplett über den LZL-Auftrag oder über die Transaktion zur Bearbeitung des LZL-Auftrags für Kit-to-Stock bearbeiten. Folgen Sie dazu im SAP Easy Access Menü dem Pfad EXTENDED WAREHOUSE MANAGEMENT • ARBEITSVORBEREITUNG • LOGISTISCHE ZUSATZLEISTUNG (LZL) • LZL FÜR BAUSATZERSTELLUNG AUF BESTAND, oder nutzen Sie den Transaktionscode /SCWM/VAS_KTS. In Abbildung 12.31 sehen Sie diese Transaktion mit einem entsprechenden LZL-Auftrag für Kit-to-Stock.

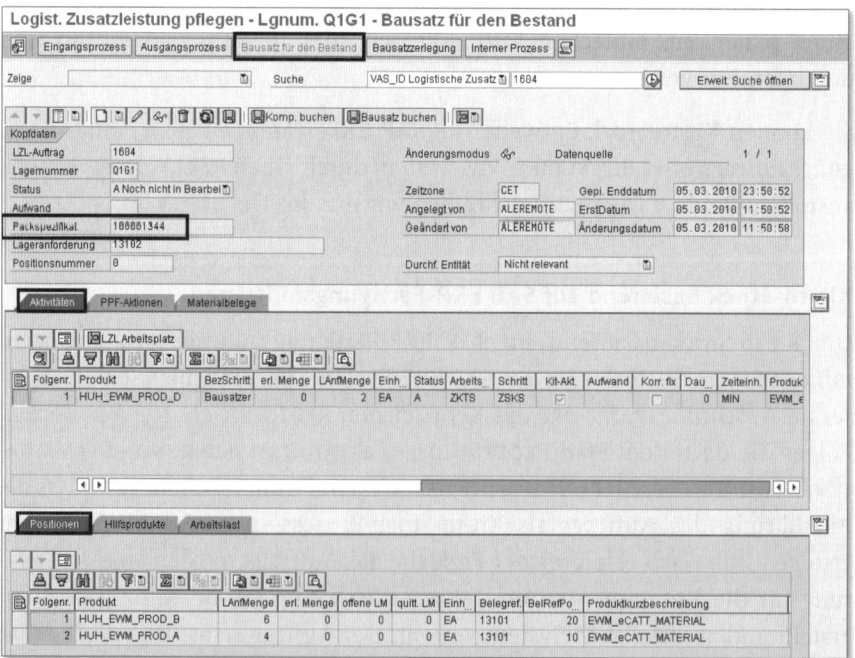

Abbildung 12.31 LZL-Auftrag für Kit-to-Stock in SAP EWM

Anstatt mit der Transaktion /SCWM/VAS_KTS zu arbeiten, können Sie alternativ auch direkt die Anlieferungs- und Auslieferungstransaktionen (/SCWM/PRDI und /SCWM/PRDO) benutzen. Diese bieten im Falle von Kit-to-Stock aber nur grundlegende Funktionalitäten an, wie zum Beispiel Warenbewegungsbuchungen. Weitergehende Funktionen wie zum Beispiel Laden/Entladen, Routenfindung, GTS-Prüfung, Zollabwicklung etc. können Sie nicht nutzen. Daher empfehlen wir Ihnen, immer über die Kit-to-Stock-Transaktion zu arbeiten.

Kit-to-Stock manuell in SAP EWM mit LZL-Auftrag

Sie können Kit-to-Stock auch benutzen, wenn Sie nicht mit SAP ERP-Fertigungsaufträgen arbeiten. In diesem Fall legen Sie einen LZL-Auftrag für Kit-to-Stock manuell in EWM an. Folgen Sie dazu im SAP Easy Access Menü dem Pfad EXTENDED WAREHOUSE MANAGEMENT • ARBEITSVORBEREITUNG • LOGISTISCHE ZUSATZLEISTUNG (LZL) • LZL FÜR BAUSATZERSTELLUNG AUF BESTAND, oder benutzen Sie den Transaktionscode /SCWM/VAS_KTS. Klicken Sie nun auf die Schaltfläche ANLEGEN (siehe Abbildung 12.32).

Sie können den LZL-Auftrag mit oder ohne Stückliste anlegen. Wenn Sie einen LZL-Auftrag *mit* Stückliste anlegen, dann versucht das System, zu dem Kit eine Stückliste im SAP ERP-System zu finden und aufzulösen. Das System ermittelt die Mengen der Komponenten automatisch auf Basis der Anzahl der Kits, die erstellt werden sollen. Wenn Sie einen LZL-Auftrag *ohne* Stückliste anlegen, müssen Sie neben dem Kit-Kopfmaterial auch die Kit-Komponenten manuell angeben.

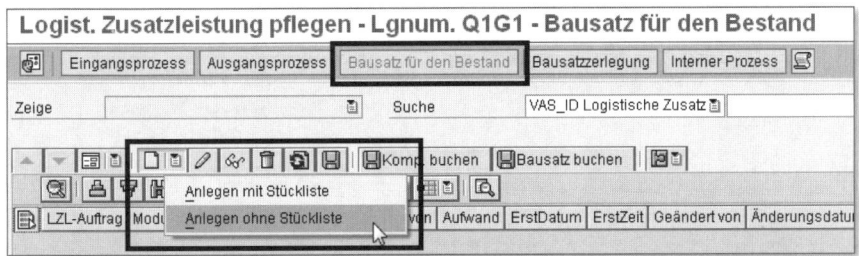

Abbildung 12.32 LZL-Auftrag für Kit-to-Stock anlegen

In Abbildung 12.33 sehen Sie die Erstellung eines Kit-To-Stock-Auftrags *ohne* Stückliste. Sie müssen das Produkt (Kit-Kopfmaterial) sowie die Komponenten und deren Mengen manuell eingeben.

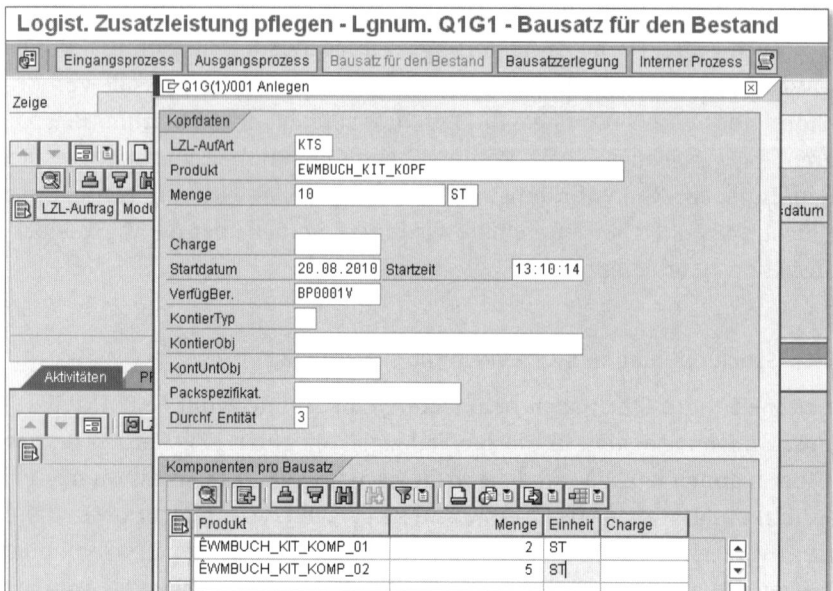

Abbildung 12.33 LZL-Auftrag für Kit-to-Stock mit zwei Komponenten ohne Benutzung der SAP ERP-Stückliste anlegen

Um Kit-to-Stock benutzen zu können, müssen Sie eine spezielle LZL-Auftragsart anlegen. In Abbildung 12.34 sehen Sie die Auftragsart KTS, die wir im vorangegangenen Beispiel benutzt haben. Zur Pflege der Auftragsarten folgen Sie im Customizing dem Pfad EXTENDED WAREHOUSE MANAGEMENT • PROZESSÜBERGREIFENDE EINSTELLUNGEN • LOGISTISCHE ZUSATZLEISTUNG (LZL) • AUFTRAGSARTEN FÜR LZL FÜR BAUSATZERSTELLUNG FÜR DEN BESTAND DEFINIEREN.

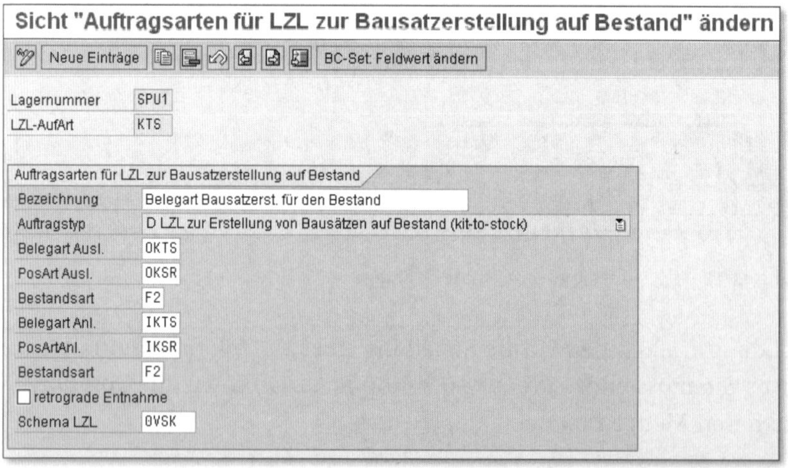

Abbildung 12.34 Definition der Auftragsart für Kit-to-Stock

In der Auftragsart stellen Sie u. a. ein, welche Belegart das System für die erstellten An- und Auslieferungen benutzen soll und ob die Komponenten retrograd entnommen werden sollen oder nicht. Mit dem Feld SCHEMA LZL legen Sie fest, welche Konditionsart für die Suche nach Packspezifikationen benutzt wird.

12.2.3 Reverse Kitting

Mit *Reverse Kitting* können Sie Kits, die Sie nicht länger benötigen oder die Sie über Kundenretouren bekommen haben, in ihre Komponenten zerlegen. Sie starten den Prozess, indem Sie einen LZL-Auftrag für Reverse Kitting manuell anlegen. Sie können diesen Prozess nur im EWM-System starten, nicht aus SAP CRM oder SAP ERP.

Folgen Sie zum Anlegen eines solchen LZL-Auftrags im SAP Easy Access Menü dem Pfad EXTENDED WAREHOUSE MANAGEMENT • ARBEITSVORBEREITUNG • LOGISTISCHE ZUSATZLEISTUNG (LZL) • LZL FÜR BAUSATZZERLEGUNG, oder benutzen die Transaktion /SCWM/VAS_KTR. Klicken Sie auf die Schaltfläche ANLEGEN.

Dort können Sie wählen, ob Sie mit oder ohne Stückliste arbeiten wollen (ganz ähnlich wie beim Kit-to-Stock). Wenn Sie einen LZL-Auftrag *mit* Stückliste anlegen, versucht das System, zu dem Kit-Kopfprodukt eine Stückliste im SAP ERP-System zu finden und aufzulösen. Das System ermittelt die Mengen der Komponenten automatisch anhand der Anzahl der Kits, die Sie erstellen möchten. Wenn Sie einen LZL-Auftrag *ohne* Stückliste anlegen, müssen Sie neben dem Kit-Kopfprodukt auch die Komponenten manuell angeben.

Sie können einstellen, dass das System eine Verfügbarkeitsprüfung für das Kit durchführt. Wenn das System das Kit nicht voll bestätigen kann, reduziert es die Mengen der Komponenten und die Kit-Menge automatisch.

Auch für Reverse Kitting benötigen Sie eine spezielle Auftragsart. In Abbildung 12.35 sehen Sie die Auftragsart KTR, die im Standard hinterlegt ist. Folgen Sie zur Einstellung der Auftragsart im Customizing dem Pfad EXTENDED WAREHOUSE MANAGEMENT • PROZESSÜBERGREIFENDE EINSTELLUNGEN • LOGISTISCHE ZUSATZLEISTUNG (LZL) • AUFTRAGSARTEN FÜR LZL FÜR BAUSATZZERLEGUNG DEFINIEREN.

Nach dem Speichern des LZL-Auftrags erstellt das System eine Auslieferung für den Kit-Kopf sowie eine Anlieferung mit den Kit-Komponenten (mit den in der Auftragsart für Reverse Kitting eingestellten Beleg- und Positionsarten). Beide Lieferungen werden ins SAP ERP-System repliziert, sobald Sie den Wareneingang oder Warenausgang buchen.

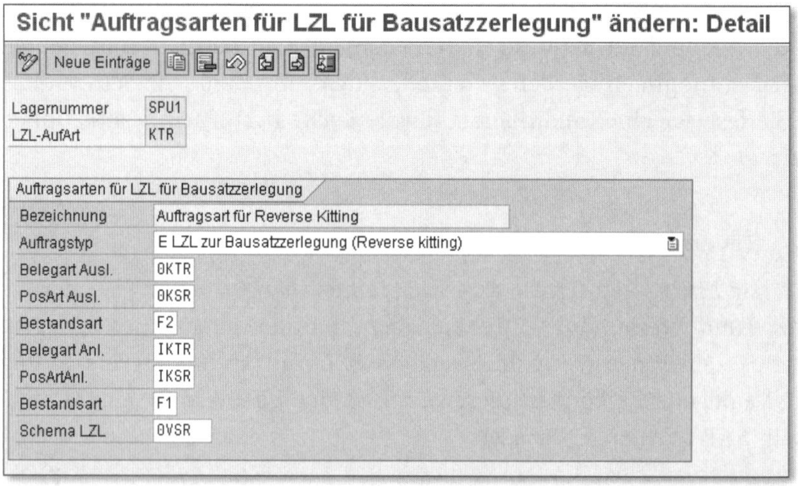

Sicht "Auftragsarten für LZL für Bausatzzerlegung" ändern: Detail

🖉 Neue Einträge	🗎 🗐 🖉 🖺 🖺 🗐

Lagernummer	SPU1
LZL-AufArt	KTR

Auftragsarten für LZL für Bausatzzerlegung	
Bezeichnung	Auftragsart für Reverse Kitting
Auftragstyp	E LZL zur Bausatzzerlegung (Reverse kitting)
Belegart Ausl.	0KTR
PosArt Ausl.	0KSR
Bestandsart	F2
Belegart Anl.	IKTR
PosArtAnl.	IKSR
Bestandsart	F1
Schema LZL	0VSR

Abbildung 12.35 Auftragsart für Reverse Kitting

In diesem Abschnitt haben wir die Kitting-Funktionalitäten beschrieben, die von EWM unterstützt werden. Im nächsten Abschnitt stellen wir Ihnen das Arbeitsmanagement vor.

12.3   Arbeitsmanagement

Grundlage der meisten Lagerprozesse ist die Arbeitskraft der Lagermitarbeiter. Sie bringen Kraft und Energie auf und nehmen (mit Unterstützung manueller oder automatisierter Hilfsmittel) die meisten Lagerbewegungen vor. Die Arbeitskraft stellt deshalb in den meisten Lägern den größten Kostenfaktor dar: Bis zu 60 % (manchmal sogar mehr) der Kosten entfallen auf Löhne und Gehälter (siehe Modern Materials Handling Online *www.mmh.com*, September 2005). Aus diesem Grund legen Lagerleiter häufig ein besonderes Augenmerk auf den Einfluss von Produktivität und Auslastung und somit auf die allgemeine Kostenstruktur.

Eines der wichtigsten Werkzeuge zu diesem Zweck ist eine *Arbeitsmanagement-Software*, die dabei hilft, die Produktivität von Mitarbeitern zu erfassen, zu dokumentieren und mit etablierten Standards zu vergleichen. Diese Standards und Kennzahlen werden auf unterschiedliche Weise definiert und anhand von Best Practices neu und weiter spezifiziert.

Darüber hinaus leistet die *Personaleinsatzplanung* einen wichtigen Beitrag zur Verbesserung der Produktivität, indem sie hilft festzustellen, wie viele Mitarbeiter benötigt werden, um zum Beispiel die schon avisierten Wareneingänge zu verarbeiten. Die Gegenüberstellung der produktiven und unproduktiven Zeit von Lagerarbeitern ist eine gute Möglichkeit, die verfügbaren Ressourcen langfristig optimal einplanen zu können. In der Praxis bestätigt das Arbeitsmanagement oft die alte Regel *Was gemessen wird, wird verbessert*, denn die Einführung eines effektiven Arbeitsmanagement-Programms kann dabei helfen, Lagerkosten signifikant zu reduzieren. Ein effektives Arbeitsmanagement besteht jedoch nicht nur aus der Software, sondern beinhaltet auch einen effektiven Feedback-Mechanismus sowie häufig ein Belohnungs- und/oder Bestrafungssystem.

Seit EWM-Release 5.10 ist es möglich, ein Arbeitsmanagement-System innerhalb von EWM zu verwenden. Sie können dabei auch standardisierte Vorgabezeiten (SVZ) bestimmen, um darauf basierend die Zeit für die Ausführung einer bestimmten Lagertätigkeit zu prognostizieren. Zusätzlich zum Hochladen und Ablegen der SVZ bietet EWM folgende Möglichkeiten:

▸ automatisches Erfassen der tatsächlichen Ausführungszeit direkter Aktivitäten (direkter Arbeit)

▸ Erfassen (mittels manueller Dateneingabe) indirekter Aktivitäten oder indirekter Arbeit/Aufgaben

▸ Kalkulation der geplanten Auslastung/Arbeitslast, basierend auf den standardisierten Vorgabezeiten

▸ Aufzeigen der Differenz zwischen kalkulierter/geplanter Arbeitslast (Auslastung) und der tatsächlichen Arbeitslast (Auslastung)

▸ Ausführen einer operativen Planung, basierend auf der künftigen Arbeitslast

▸ Aufzeigen der Mitarbeiterleistung über eine bestimmte Zeitspanne, innerhalb von EWM oder mittels Datentransfer an SAP ERP Human Capital Management (HCM, ehemals SAP HR)

In diesem Abschnitt beschreiben wir, welche Methoden genutzt werden, um die genannten Aktivitäten durchzuführen, wie diese konfiguriert und eingerichtet werden, wie Messservices zur Kalkulation der operativen Planung von Mitarbeitern genutzt werden können und wie ein effektives Arbeitsmanagement durch eine Aufbereitung der Ergebnisse oder die Übertragung der Ergebnisse an SAP ERP HCM unterstützt werden kann.

Vor allem in Deutschland ist das Erfassen und Vergleichen der individuellen Mitarbeiterleistung aufgrund von Betriebsratsbeschränkungen in größeren Unternehmen sehr heikel. Die Möglichkeiten der Transparenz von EWM werden in der Praxis in Deutschland aus diesem Grund meist nicht ausgeschöpft. Wir fassen deshalb das Erfassen und Vergleichen der Mitarbeiterleistung sowie die Integration in SAP ERP HCM in diesem Abschnitt sehr kurz. Wir verweisen an dieser Stelle auf unser englisches EWM-Buch SAP Extended Warehouse Management: Processes, Functionality, and Configuration (Bauer et al. 2010).

12.3.1 Aktivierung des Arbeitsmanagements

Das EWM-Arbeitsmanagement ist nicht standardmäßig für jedes Lager oder jede Aktivität eingerichtet und aktiv. Sie können das Arbeitsmanagement in EWM flexibel und nur für bestimmte Teile und Aktivitäten aktivieren. Um das Arbeitsmanagement zu aktivieren, müssen Sie zuerst eine Aktivierung auf der Lagernummer durchführen. Danach müssen die relevanten internen Lagerprozessschritte (im Folgenden interne Prozessschritte) aktiviert werden. Externe Lagerprozessschritte (im Folgenden externe Prozessschritte), die nicht relevant sind, können deaktiviert werden (siehe Abschnitt 7.4, »Lagerungssteuerung«). Mit anderen Worten, Sie führen eine Deaktivierung der externen Prozessschritte für jeden aktivierten internen Prozessschritt durch.

Ein *interner Prozessschritt* wird in EWM verwendet, um die unterschiedlichen Lagerprozessschritte zu spezifizieren. Die Applikation nutzt diese Nomenklatur für interne Zwecke und beschreibt so jeden Lagerprozess (wie PAC = Verpacken, PICK = Auslagern, PUT = Einlagern und QIS = Qualitätsprüfung.)

Der *externe Prozessschritt* wird vom Lagerarbeiter in den Transaktionen und Programmen verwendet. Diese Unterscheidung ermöglicht es, mehrere externe Prozessschritte zu dem gleichen internen Prozessschritt zu erstellen.

Um das Arbeitsmanagement für das Lager im EWM-Customizing zu aktivieren (siehe Abbildung 12.36), folgen Sie dem Menüpfad EXTENDED WAREHOUSE MANAGEMENT • ARBEITSMANAGEMENT • ARBEITSMANAGEMENT AKTIVIEREN und wählen den Knoten AM FÜR LAGERNUMMER AKTIVIEREN. Beim Aufrufen der Konfigurationstransaktion ist dieser bereits standardmäßig ausgewählt.

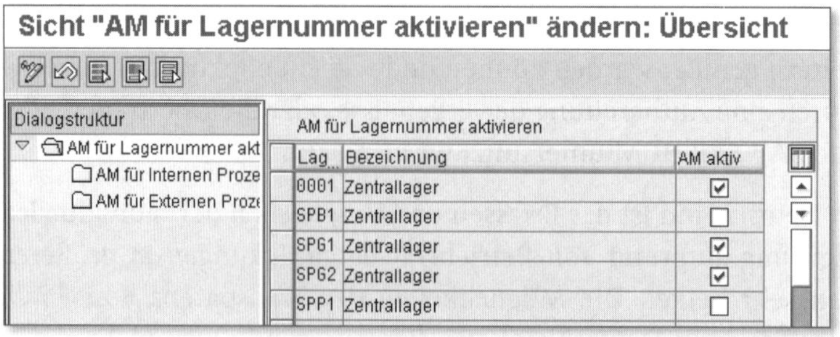

Abbildung 12.36 Arbeitsmanagement für eine Lagernummer aktivieren

Haben Sie das Arbeitsmanagement für das Lager eingerichtet und aktiviert, müssen Sie es auch für die jeweiligen (internen und externen) Prozessschritte aktivieren oder deaktivieren (siehe Abbildung 12.37). Um die internen Prozessschritte im EWM-Customizing zu aktivieren, folgen Sie dem schon oben genannten Menüpfad EXTENDED WAREHOUSE MANAGEMENT • ARBEITSMANAGEMENT • ARBEITSMANAGEMENT AKTIVIEREN und wählen den Knoten AM FÜR LAGERNUMMER AKTIVIEREN. Suchen Sie dann das Lager aus, für das Sie eine detaillierte Aktivierung durchführen möchten, und wählen Sie den Knoten AM FÜR INTERNEN PROZESSSCHRITT AKTIVIEREN aus.

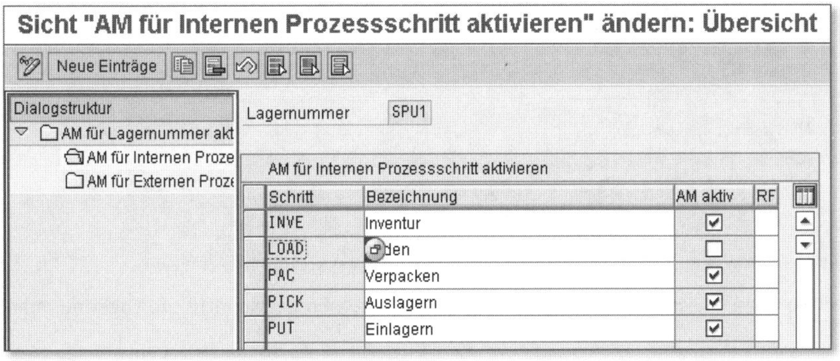

Abbildung 12.37 Arbeitsmanagement für interne Prozessschritte aktivieren

Zu jedem internen Prozessschritt kann es einen oder mehrere zugewiesene externe Prozessschritte geben (siehe Abbildung 12.38). Um die für einen internen Prozessschritt relevanten externen Prozessschritte im EWM-Customizing zu pflegen, folgen Sie dem Menüpfad EXTENDED WAREHOUSE MANAGEMENT • ARBEITSMANAGEMENT • EXTERNE PROZESSSCHRITTE DEFINIEREN.

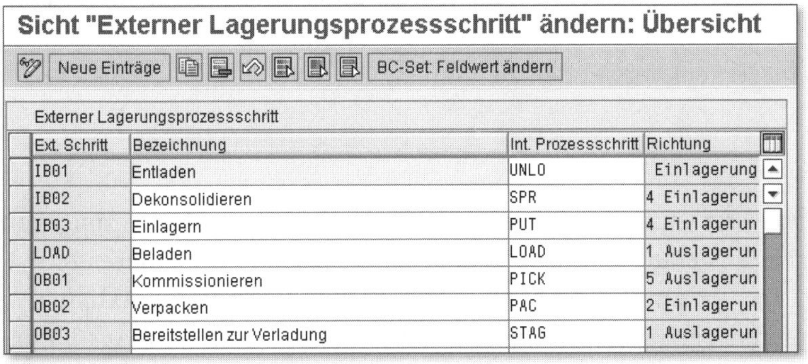

Abbildung 12.38 Externen Prozessschritt erstellen und Zuordnung zu den internen Prozessschritten pflegen

Sie können das Arbeitsmanagement für jeden externen Prozessschritt deaktivieren, der einem beliebigen internen und bereits aktivierten Prozessschritt zugeordnet ist. Wird ein externer Prozessschritt nicht explizit deaktiviert, ist er so lange mit aktiviert, wie der zugehörige interne Prozessschritt für das Arbeitsmanagement aktiviert ist. Um die externen Prozessschritte für das Arbeitsmanagement zu deaktivieren (siehe Abbildung 12.39), folgen Sie dem Menüpfad EXTENDED WAREHOUSE MANAGEMENT • ARBEITSMANAGEMENT • ARBEITSMANAGEMENT AKTIVIEREN und wählen zuerst die Lagernummer und dann den Knoten AM FÜR EXTERNEN PROZESSSCHRITT DEAKTIVIEREN.

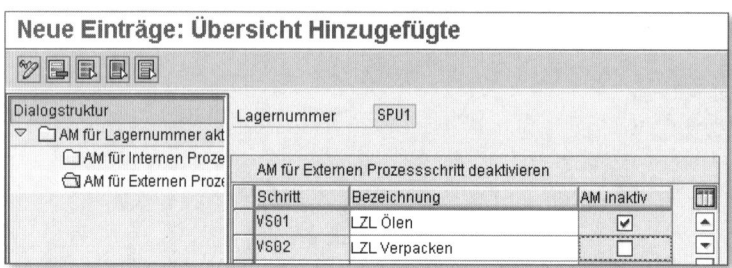

Abbildung 12.39 Explizierte Deaktivierung der externen Prozessschritte pro Lagernummer

12.3.2 Stammdaten des Arbeitsmanagements

Um das Arbeitsmanagement übergreifend für die vorher aktivierten Lagerprozesse zu verwenden, müssen bestimmte *Stammdaten* gepflegt werden. So wird der Ausführende vom Arbeitsmanagement verwendet, um diesem Aktivitäten zuordnen und nachträglich seine Tätigkeiten nachverfolgen zu können. Außerdem müssen Sie Formeln und Bedingungen erstellen, um eine Kalkulation und Aufbereitung im EWM-Arbeitsmanagement schnell und dynamisch steuern zu können. Nachfolgend erhalten Sie mehr Informationen zu einigen Stammdatenobjekten, die Sie pflegen müssen, um das Arbeitsmanagement verwenden zu können.

Ausführender

Ein *Ausführender* entspricht einem Arbeiter, der für die Umsetzung von Lagertätigkeiten verantwortlich und mit Lageraufträgen oder anderen Aktivitäten im Lager beauftragt ist (inklusive bestimmter indirekter Aktivitäten, die im späteren Verlauf dieses Kapitels beschrieben werden). Ein Ausführender wird im SAP Easy Access Menü über den Menüpfad EXTENDED WAREHOUSE MANAGEMENT • STAMMDATEN • RESSOURCENMANAGEMENT • AUSFÜHRENDER • AUSFÜHRENDEN ANLEGEN oder mittels des Transaktionscodes

/SCMB/PRR1 erstellt. Das Bearbeiten/ Ändern des Objekts ist durch Aufrufen der Transaktion /SCMB/PRR2 möglich. Auf der Registerkarte IDENTIFIKATION ordnen Sie den Benutzernamen des Mitarbeiters zu. Sie verwenden dafür den SAP-Benutzernamen, mit dem sich der Mitarbeiter am SAP-System anmeldet und der über Systemgrenzen hinweg zentral verwaltet wird. Sie können dort zudem die Mitarbeiternummer zuweisen. Dies erlaubt, die Daten an SAP ERP HCM zu übermitteln (wie wir weiter hinten in diesem Abschnitt kurz erörtern werden).

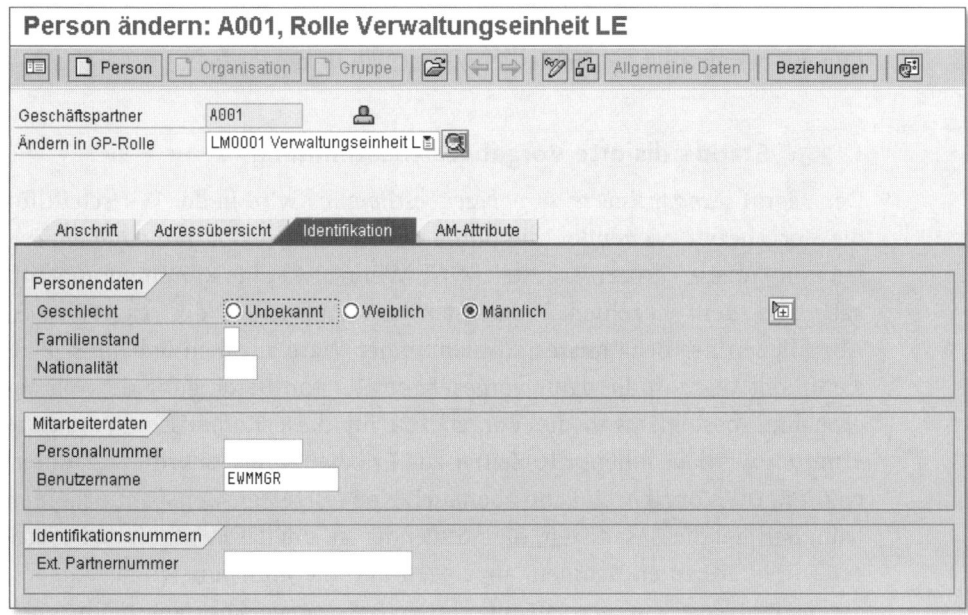

Abbildung 12.40 Pflege der Stammdaten für das Arbeitsmanagement – Ausführender besitzt die BP-Rolle »Ausführender« und eine Zuweisung zum SAP-Benutzernamen

Formeln und Bedingungen

Formeln und *Bedingungen* werden im Arbeitsmanagement verwendet, um die geplante (für den Planungsprozess) und ausgeführte Arbeitslast (für die Vorgabezeitbestimmung) zu berechnen und zu bestimmen.

Formeln werden im SAP Easy Access Menü, über den Menüpfad EXTENDED WAREHOUSE MANAGEMENT • EINSTELLUNGEN • ARBEITSMANAGEMENT • FORMELEDITOR oder durch Ausführen des Transaktionscodes /SCWM/LM_FE erstellt.

Die Formeln werden verwendet, um die Berechnung der jeweiligen Schritte zu ermöglichen. Um auch eine komplexe Berechnung sicherzustellen, ist es möglich, schon vorhandene Formeln oder die formelbasierten Kennzahlen-services, die meist nur zur Anzeige im *Easy Graphics Framework* (EGF) verwendet werden und die wir in Kapitel 13, »Monitoring und Reporting«, beschreiben, einzubinden.

Bedingungen werden im SAP Easy Access Menü, über den Menüpfad Extended Warehouse Management • Einstellungen • Arbeitsmanagement • Bedingungseditor oder durch Ausführen des Transaktionscodes /SCWM/LM_CE erstellt.

Nachdem Formeln und Bedingungen erstellt wurden, werden sie, wie nachfolgend beschrieben, einzelnen Prozessschritten zugeordnet.

12.3.3 Standardisierte Vorgabezeitbestimmung

Der Begriff *standardisierte Vorgabezeitbestimmung* wird in der Wirtschaft für die Vorgabezeit verwendet, die durch das Aufsummieren individueller Zeiten von Prozessschritten ermittelt wird. Wenn etwa eine Kommissionieraufgabe aus den einzelnen Prozessschritten Aufsuchen des Lagerplatzes, Abschließen des Behältnisses, Entnahme der Ware aus dem Behältnis, Platzieren der Ware in die dafür vorgesehene HU und Bestätigung der Warenentnahme besteht, kann die Vorgabezeit für diese Kommissionieraufgabe ermittelt werden, indem die Zeiten zur Erledigung der Schritte aufaddiert werden. Die Vorgabezeit kann aber auch eine festgelegte Zeitspanne meinen (zum Beispiel die Gesamtzeit, die notwendig ist, um das Behältnis zu bestätigen, die Ware zu entnehmen, abzulegen und die Entnahme zu bestätigen), die unabhängig von der zu entnehmenden Menge konstant bleibt, sich jedoch abhängig von den Wareneinheiten verändert, da jede Einheit eine einzelne Entnahme darstellt und somit Zeit in Anspruch nimmt.

Zugleich kann die Vorgabezeit unter verschiedenen Bedingungen auf verschiedenen Wegen bestimmt werden. Wenn die Einheiten der zu entnehmenden Ware zum Beispiel sehr klein sind, kann der Arbeiter mehrere Einheiten zusammen entnehmen. Daraus resultiert eine längere Dauer der Entnahme pro Einheit, jedoch eine kürzere Dauer der gesamten Warenentnahme. Wenn in einem anderen Fall eine Wareneinheit sehr groß oder schwer ist und der Arbeiter daher nur eine Einheit nach der anderen entnehmen kann, sinkt die Entnahmedauer pro Einheit, während die Gesamtdauer der Warenentnahme steigt. Daher kann es sinnvoll sein, Bedingungen festzulegen, nach denen die Ermittlung der Vorgabezeit auf dem einen oder anderen Weg erfolgt. Das heißt, Bedingungen werden immer dann verwendet, wenn sich die Vorgabezeit nicht proportional entwickelt.

EWM bietet Ihnen hierfür eine flexible Konfiguration an, um die standardisierte Vorgabezeit zu bestimmen.

Standardisierte Vorgabezeit festlegen

Um der Anforderung nachzukommen, die Vorgabezeit auf unterschiedlich Weise und flexibel zu berechnen, erlaubt Ihnen EWM, eine standardisierte Vorgabezeitbestimmung zu erstellen, die aus vielen Schritten bestehen kann und eine Vielzahl an Bedingungen und Formeln anwendet, um die gesamte Arbeitsvorgabezeit der Aktivität zu ermitteln. Um die standardisierte Vorgabezeitbestimmung im EWM-Customizing zu erstellen, folgen Sie dem Menüpfad EXTENDED WAREHOUSE MANAGEMENT • ARBEITSMANAGEMENT • STANDARDISIERTE VORGABEZEITEN BESTIMMEN. Wie in Abbildung 12.41 zu sehen, können Sie folgende Konfiguration hinterlegen:

- **Arbeitsschritt definieren**
  Dieser entspricht einem bestimmten Schritt einer Tätigkeit eines Mitarbeiters im Lager.

- **Arbeitsschritt: Vorgabezeit festlegen**
  Die Vorgabezeit kann fix vergeben werden oder als Wert über eine Formel (wie wir schon beschrieben haben) berechnet werden. Zudem ist es möglich, durch das Verwenden von Bedingungen die Vorgabezeit dynamisch oder unterschiedlich abhängig von Parametern zu berechnen. Dies ist zum Beispiel notwendig, wenn ein Anstieg der Vorgabezeit nicht proportional zur bewegten Menge im Lager verläuft.

- **Arbeitsschrittfolge festlegen**
  Hier können Sie die Abfolge der Arbeitsschritte in einer definierten Reihenfolge festlegen.

- **Arbeitsschrittfolge zuordnen**
  Die Arbeitsschrittfolgen werden zu einem externen Lagerprozessschritt zugeordnet – damit wird dieser granular für das Arbeitsmanagement definiert.

- **Direkte SVZ-Definition**
  Für den Fall, dass Ihre Arbeitsschrittfolge nur einen Arbeitsschritt beinhaltet und nur in einer aktiven Zuordnung auftaucht, können Sie den Knoten DIREKTE SVZ DEFINITION nutzen, um dort direkt die standardisierte Vorgabezeit fix oder über eine Formel oder Kondition zu pflegen.

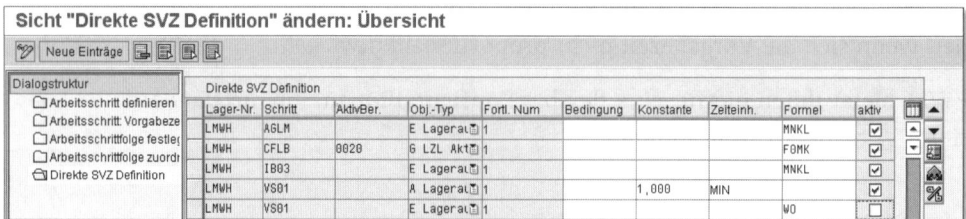

Lager-Nr.	Schritt	AktivBer.	Obj.-Typ	Fortl. Num	Bedingung	Konstante	Zeiteinh.	Formel	aktiv
LMWH	AGLM		E Lagerau	1				MNKL	☑
LMWH	CFLB	0020	6 LZL Akt	1				FOMK	☑
LMWH	IB03		E Lagerau	1				MNKL	☑
LMWH	VS01		A Lagerau	1		1,000	MIN		☑
LMWH	VS01		E Lagerau	1				WO	☐

Abbildung 12.41 Direkte SVZ-Definition für die Bestimmung der Vorgabezeit auf Basis der externen Lagerprozessschritte verwenden

Wenn Sie den Arbeitsschritten Vorgabezeiten zuweisen, können Sie eine Formel festlegen. Diese Formel können Sie ansehen, indem Sie die Zeile auswählen und auf die Schaltfläche FORMEL auf der rechten Seite der Tabelle klicken. Auf ähnliche Weise können Sie sich auch Bedingungen durch das Anklicken der Schaltfläche BEDINGUNG anzeigen lassen. Da die Bedingungen und Formeln Stammdaten sind und sie zugleich in der Konfigurationstabelle verwendet werden können, müssen Sie die Bedingungen und Formeln auch transportieren oder sie manuell erstellen, bevor die Verwendung über alle Systeme hinweg möglich ist. Das bedeutet, für den Fall, dass Sie die Konfigurationstabelle transportieren möchten, müssen Sie sicherstellen, dass die Bedingungen und Formeln im Zielsystem (Qualitäts- oder Produktivsystem) existieren.

Standardisierte Vorgabezeiten hochladen

Zusätzlich zu der Möglichkeit, die Vorgabezeit in der Konfigurationstabelle zu ermitteln, können Sie auch Vorgabezeiten von einem externen System hochladen.

Einige Beratungsunternehmen bieten im Bereich Industrieingenieurwesen Software oder Services an, um Unternehmen bei der Erstellung ihrer standardisierten Vorgabezeiten zu unterstützen. Wenn Sie sich von einer dieser Organisationen beraten lassen oder wenn Sie die Vorgabezeiten eigenhändig außerhalb des EWM-Systems erstellen, möchten Sie diese eventuell in EWM hochladen, um den Aufwand einer manuellen Erstellung oder die Pflege der Vorgabezeiten zu reduzieren. Dies gilt insbesondere, da sich die Vorgabezeit im Allgemeinen abhängig von den Prozessen, den Produkten, die verkauft und gelagert werden, oder den Kenntnissen und Erfahrungen der Mitarbeiter mit der Zeit verändert.

Um Vorgabezeiten in EWM hochzuladen, folgen Sie im SAP Easy Access Menü dem Pfad EXTENDED WAREHOUSE MANAGEMENT • EINSTELLUNGEN • ARBEITSMANAGEMENT • STANDARDISIERTE VORGABEZEITEN HOCHLADEN oder nutzen den Transaktionscode /SCWM/ELS_UPLOAD. Wie Sie in Abbildung 12.42 sehen, haben Sie mittels dieser Transaktion die Möglichkeit, nicht nur standardisierte Vorgabezeiten, sondern auch Formeln und Bedingungen, Arbeitsschritte, Arbeitsschrittfolgen und die Zuordnung von Arbeitsschritt-folgen hochzuladen.

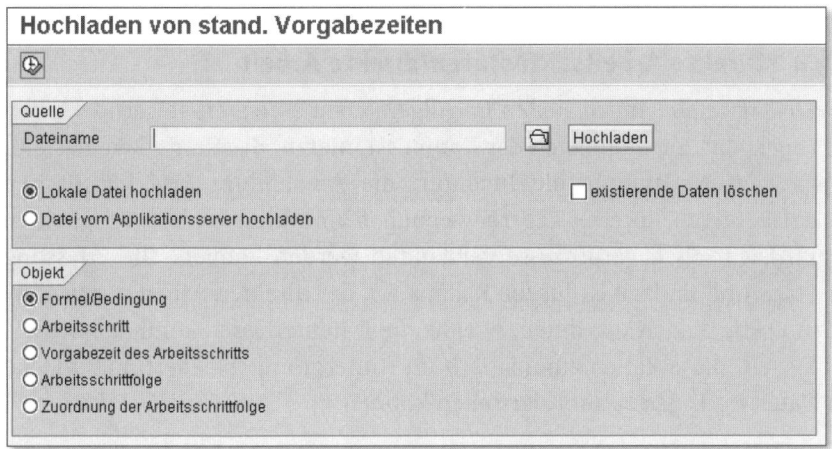

Abbildung 12.42 Standardisierten Vorgabezeiten oder anderen Daten für die Berechnung der SVZ hochladen

Sie können die Datei von Ihrem PC mittels der Option LOKALE DATEI HOCH-LADEN oder vom SAP NetWeaver Application Server hochladen. Letzteres ist ratsam, wenn Sie große Dateien hochladen möchten; um die Datei auf den Applikationsserver zu transferieren, wenden Sie sich an Ihren Basis- oder SAP NetWeaver-Administrator. Die Eingabedatei muss im CSV-Format (Comma Separated Values, auf Deutsch: Komma-separierte Werte) erstellt sein. Die erste Zeile der Datei wird ignoriert, da sie normalerweise die Spal-tennamen enthält.

Die Struktur der Daten für jede Zeile der Eingabedatei hängt vom Datentyp ab (siehe Tabelle 12.1).

Datentyp	Struktur
Formeln und Bedingungen	/SCWM/S_ELS_UP_FRML
Arbeitsschritte	/SCWM/S_ELS_UP_ST
Ermitteln der Vorgabezeit zu den Arbeitsschritten	/SCWM/S_ELS_UP_STE

Tabelle 12.1 Notwendige Strukturen zum Hochladen der Daten, um die standardisierte Vorgabezeiten zu bestimmen

Datentyp	Struktur
Arbeitsschrittfolge	/SCWM/S_ELS_UP_SEQ
Direkte Vorgabezeit-Definition	/SCWM/S_ELS_UP_ASS

Tabelle 12.1 Notwendige Strukturen zum Hochladen der Daten, um die standardisierte Vorgabezeiten zu bestimmen (Forts.)

12.3.4 Direkte Arbeitsaktivitäten/direkte Arbeit

Direkte Arbeitsaktivitäten stellen im Allgemeinen eine wertsteigernde Arbeit des Lagers dar. Sie beinhalten das Kommissionieren, das Verpacken, das Einlagern, den Nachschub, die Inventur, die Anwendung von logistischen Zusatzleistungen, interne Lagerbewegungen und viele andere Tätigkeiten, die im Lager als Lagerprozesse verstanden werden können. Die Erfassung der Start- und Endzeit ist für die Kalkulation der direkten Arbeit notwendig. Nachfolgend zeigen wir Ihnen, wie Sie die Daten erfassen können bzw. wie das System diese Zeiten automatisch im Hintergrund speichert und wie Sie die Daten im Lagermonitor darstellen können.

Start- und Endzeiten erfassen

Wenn ein Arbeiter eine direkte Arbeitsaktivität ausführt, die relevant für das Arbeitsmanagement ist, sollten Sie Start und Ende der Aktivitätsausführung festhalten, um sie mit den für diese Aktivität ermittelten Vorgabezeiten vergleichen zu können. Führt der Arbeiter die Aktivitäten über Radio-Frequency-(RF-)Transaktionen auf einem mobilen Gerät aus, werden Start- und Endzeit automatisch erfasst. Werden Aktivitäten ohne die Unterstützung von mobilen Dateneingabetransaktionen ausgeführt und werden die Lageraktivitäten nachträglich mittels SAP-GUI-Transaktionen ins System eingegeben, muss der Arbeiter Start- und Endzeitpunkt nachträglich manuell erfassen und mit den Transaktionen ins SAP GUI eingeben (siehe Abbildung 12.43). Dies ist zum Beispiel der Fall bei einer Kommissionier- oder Einlagerungsaufgabe, die mittels eines gedruckten Formulars ausgeführt wird, oder bei einer physischen Inventurzählung, die auf Papier erfasst wird.

Diese nachträgliche Erfassung ist vor allem im papiergesteuerten Prozess notwendig, da der Benutzer die tatsächliche Arbeitszeit nicht parallel während der Ausführung der Tätigkeit im System erfassen kann (meist ist kein PC an dem Platz verfügbar). Das heißt, erst mit dem Einsatz von mobilen Geräten und dem Abschaffen papiergesteuerter Prozesse ist die Aufnahme der tatsächlichen Arbeitszeit, die für einen Prozessschritt anfällt, zeitaktuell mit der Vorgabezeit vergleichbar. Beachten Sie, dass in Abbildung 12.43 das Kennzeichen Arbeitsmanagement aktiviert ist, was anzeigt, dass Start- und Endzeitpunkt eingegeben werden müssen. Wenn Sie die fürs Arbeitsmanagement relevanten Lageraufgaben speichern, ohne dem System den Ausführenden und die Ausführungszeit übermittelt zu haben, erscheint eine Fehlermeldung, die den Mitarbeiter zwingt, die Daten einzugeben.

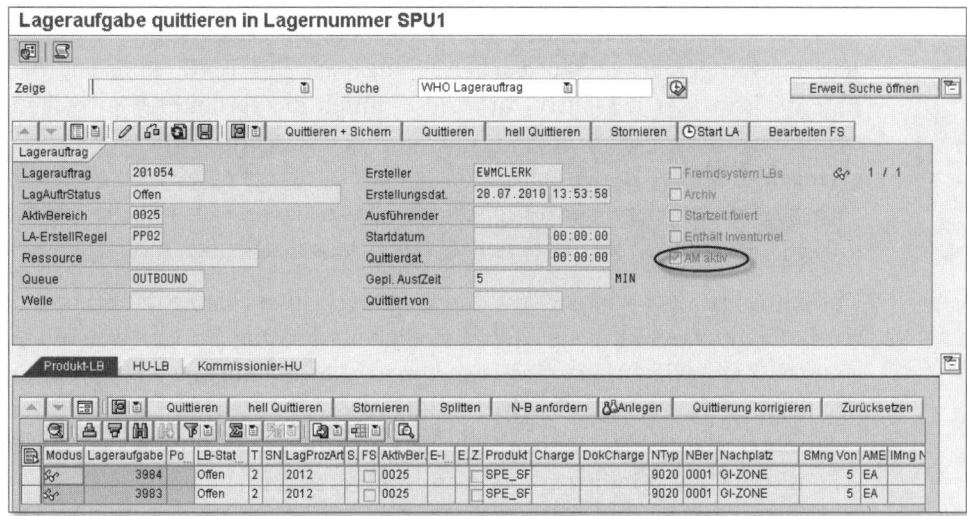

Abbildung 12.43 Start- und Endzeit im SAP GUI manuell eingeben

Wird eine fürs Arbeitsmanagement relevante Aktivität im Lager ausgeführt, wird ein Arbeitslastbeleg erstellt, um die arbeitsmanagementrelevanten Informationen aufzunehmen. Diese ausgeführten Arbeitslastbelege können im Lagermonitor (Transaktion /SCWM/MON über den Knoten Arbeitsmanagement • Ausgeführte Arbeitslast) dargestellt werden.

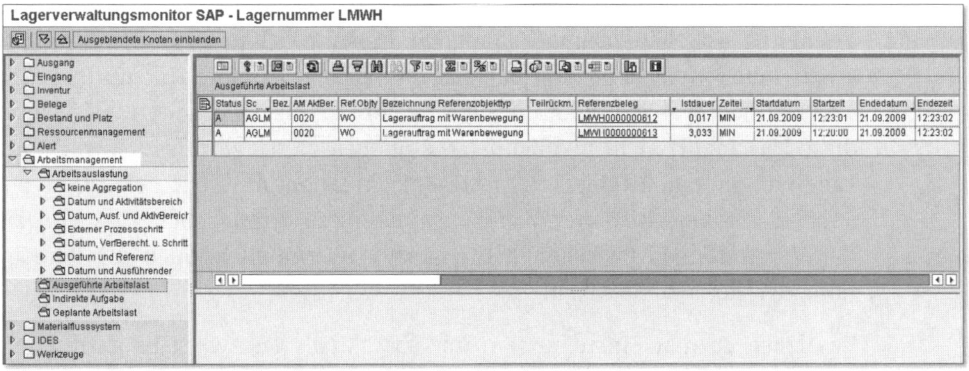

Abbildung 12.44 Ausgeführte Arbeitslastbelege im Lagermonitor

Wegstreckenentfernung und Fahrzeit

Die *Wegstreckenentfernung* für die komplette Berechnung der Ausführungszeit, die ein Arbeiter benötigt, um eine Lageraktivität abzuschließen, beinhaltet sowohl die Entfernung zwischen den der Aktivität zugeordneten Lagerplätzen als auch die Entfernung, die die Ressource zurücklegen muss, um von der vorangegangenen Aktivität zum Ausführungsort der neuen Aktivität zu gelangen. In einem großen Lager oder an einem großen Aktivitätsbereich kann die Fahrtzeit einen signifikanten Teil der gesamten Ausführungszeit eines Lagerauftrags ausmachen. Daher schreibt EWM konstant den Aufenthaltsort der Ressource fort und ermittelt die absolute Wegstreckenentfernung, die diese zurücklegt, um von einem Lagerort zum nächsten zu gelangen (inklusive der Anfahrtsstrecke). Die zurückgelegte Strecke wird in dem *ausgeführten Arbeitslastbeleg* festgehalten, sodass sie zur Kalkulation der Vorgabezeiten für den Mitarbeiter herangezogen werden kann.

Um die Fahrtzeit, basierend auf der Wegstreckenentfernung, zu ermitteln, wird die durchschnittliche Geschwindigkeit der zugehörigen Ressource genutzt (*Zeit = Entfernung/Geschwindigkeit*). Beschleunigung und Bremsen der Ressource sowie die durchschnittlichen Stoppzeiten im Lager werden nicht eingerechnet. Das müssen Sie berücksichtigen, wenn Sie die durchschnittliche Geschwindigkeit der Ressourcen ermitteln.

Um es dem EWM-System zu ermöglichen, die Wegstreckenentfernungen für die geplante und ausgeführte Arbeitslast zu ermitteln, müssen Sie die X-,Y- und Z-Koordinaten der Lagerplätze und die Einstellungen für die Wegstreckenberechnung im SAP Easy Access Menü spezifizieren. Folgen Sie dazu dem Menüpfad EXTENDED WAREHOUSE MANAGEMENT • EINSTELLUNGEN • WEGSTRECKENBERECHNUNG • EINSTELLUNGEN FÜR DIE WEGSTRECKENBERECHNUNG, oder führen Sie die Transaktion /SCWM/TDC_SETUP aus. Ziel dieser Konfiguration ist es, ein Netzwerk aufzubauen, das genau die Strecken zwischen den verschiedenen Punkten/ Lagerplätzen (X-, Y- und Z-Koordinaten) definiert. Zusätzlich dazu ist es möglich, Ressourcentypen von den Strecken auszuschließen. Es kann zum Beispiel sein, dass ein kleines Hilfsmittel unter einem Hochregal durchfahren kann, während für eine andere Ressource diese Durchfahrt nicht möglich ist. Sie pflegen dieses globale Netzwerk pro Lagertyp, um eine bessere Wegstreckenkalkulation innerhalb des Lagertyps, anhand von verschiedenen Anfahrtspunkten, zu ermöglichen. Das Pflegen der Verbindungen zwischen den Lagertypen ermöglicht auch die Berechnung der globalen Strecken.

Zusätzlich zu den Einstellungen, um das globale Netzwerk zu definieren, sollten Sie auch einen Default-Lagerplatz für die Ressourcen spezifizieren.

Dies ist der Startlagerplatz für die Ermittlung der Wegstreckenentfernung, für den Fall, dass der vorangegangene Lagerplatz der Ressource nicht bekannt ist. Ist der letzte Lagerplatz der Ressource bekannt, wird er in der Ressourcentabelle abgespeichert und ist im Lagermonitor in der Ressourcenansicht sichtbar (Transaktion /SCWM/MON). Da die Einrichtung von Ressourcen, Netzwerken und Wegstreckenkalkulationen sehr komplex ist, werden wir diese nicht ausführlich beschreiben, da sonst der Umfang des Kapitels gesprengt würde. Sie finden genauere Informationen in der SAP-Online-Hilfe (*http://help.sap.com*).

Es gibt außerdem BAdIs zur Wegstreckenermittlung für den Fall, dass Sie die Methoden zur Kalkulation der Wegstrecke oder direkte Arbeitsaktivitäten erweitern müssen. Um die BAdIs im EWM-Customizing zu erreichen, folgen Sie dem Menüpfad EXTENDED WAREHOUSE MANAGEMENT • BUSINESS ADD-INS (BADIS) FÜR DAS EXTENDED WAREHOUSE MANAGEMENT • PROZESSÜBERGREIFENDE EINSTELLUNGEN • WEGSTRECKENBERECHNUNG.

12.3.5 Indirekte Arbeitsaktivitäten/indirekte Arbeit

Zusätzlich zu den direkten Aktivitäten des Lagers kann es auch verschiedene *indirekte Aktivitäten* geben, die Sie ebenfalls ermitteln und ausweisen möchten. Indirekte Aktivitäten können bestimmte administrative Tätigkeiten beinhalten, die jedoch nicht in direktem Zusammenhang mit den Produkten/der Ware stehen. Beispiele indirekter Aktivitäten sind administrative Aufgaben wie das Erstellen von Lageraufträgen oder das Verwalten von Aktivitäten der Lagerarbeiter, die Reinigung des Lagers, präventive Pflege oder der Batterieaustausch eines Hilfsmittels, jegliche Art bezahlter Pausen, die Revision des Lagers usw. Um die Zeit, die für diese Aktivitäten aufgewendet wird, zu erfassen, bietet EWM Ihnen die Möglichkeit, verschiedene indirekte Aktivitätstypen zu erstellen und es Lagerarbeitern so zu ermöglichen, ihre indirekten Aktivitäten über das SAP GUI oder RF-Transaktionen zu erfassen. Nachfolgend führen wir aus, wie Sie indirekte Arbeit in EWM erfassen können und wie Sie weiter Aktivitätstypen erstellen können, damit Ihre Mitarbeiter verschiedene indirekte Arbeitsaktivitäten erfassen können.

Indirekte Aktivitätstypen erstellen

Um die indirekten Aktivitätstypen im EWM-Customizing zu erstellen, folgen Sie dem Menüpfad EXTENDED WAREHOUSE MANAGEMENT • ARBEITSMANAGEMENT • EXTERNE PROZESSSCHRITTE DEFINIEREN. Wie Sie in Abbildung 12.45 sehen können, werden die Aktivitätstypen in EWM technisch als externe Lagerungsprozessschritte abgebildet. Diese werden nicht explizit für eine

Lagernummer erstellt, sodass Sie diese über Läger hinweg wiederverwenden können, um verschiedene Prozessschritte abzubilden. Beachten Sie auch, dass nicht nur die indirekten Aktivitätstypen hier erstellt werden, sondern auch andere externe Lagerungsprozessschritte. Seien Sie daher vorsichtig beim Verändern oder Löschen von bestehenden Prozessschritten. Die zugehörigen internen Prozessschritte sind in der mandantenunabhängigen Tabelle /SCWM/TIPROCS definiert, für die es keinen existierenden Konfigurationsknoten im Customizing gibt.

Sicht "Externer Lagerungsprozessschritt" ändern: Übersicht Auswahlmeng

Neue Einträge | BC-Set: Feldwert ändern

Externer Lagerungsprozessschritt

Ext. Schritt	Bezeichnung	Int. Prozessschritt	Richtung
BSCH	Beschaffung Kleinteile	INDL	3 Nicht rele
CHBT	Batteriewechsel - Stapler	INDL	3 Nicht rele
CLEA	Reinigung Pausenraum	INDL	3 Nicht rele
CLEN	Reinigung des Lagers	INDL	3 Nicht rele
OB01	Kommissionieren B	PICK	5 Auslagerun
OF01	Kommissionieren F	PICK	5 Auslagerun
PMS1	PM Picking für interne Umlagerung	PICK	5 Auslagerun
REPA	Reparatur	INDL	3 Nicht rele
SCRP	Verschrotten Hilfsmittel	INDL	3 Nicht rele
SGPI	GWS Pick	PICK	5 Auslagerun
SORT	Kommissionieren mit LM aktiv	PICK	5 Auslagerun
TRSP	Tranport	INDL	3 Nicht rele

Abbildung 12.45 Erstellen von externen Prozessschritten – indirekte Aktivitätstypen

Sie erstellen indirekte Aktivitätstypen, indem Sie als internen Prozessschritt INDL verwenden; den Namen für den externen Schritt (der gleichzusetzen mit dem indirekten Aktivitätstyp wäre) können Sie frei vergeben (falls nicht schon ein externer Schritt mit dem gleichen Namen vorhanden ist).

Indirekte Arbeit im SAP GUI eingeben

Wenn ein Lagerarbeiter eine indirekte Arbeitsaufgabe beginnt oder die Aufgabe beendet hat und bereit ist, die Start- und Endzeiten ins EWM-System einzupflegen (oder wenn ein Schichtführer/Lagerleiter beauftragt ist, die indirekte Arbeit für einen anderen Arbeiter einzugeben), kann er die angefallene Arbeitszeit über die indirekte Arbeit entweder im SAP GUI oder über ein mobiles Gerät eingeben. Um die indirekte Arbeit im SAP GUI aufzunehmen, folgen Sie dem Pfad EXTENDED WAREHOUSE MANAGEMENT • ARBEITSMANAGEMENT • INDIREKTE AUFGABE PFLEGEN im SAP Easy Access Menü, oder nutzen Sie den Transaktionscode /SCWM/ILT. Sie können die Start- und Stop-Schaltflächen am oberen Ende des Bildschirms verwenden, um die Zeiten automatisch zu erfassen, oder Sie können die Zeiten manuell eintragen (siehe Abbildung 12.46).

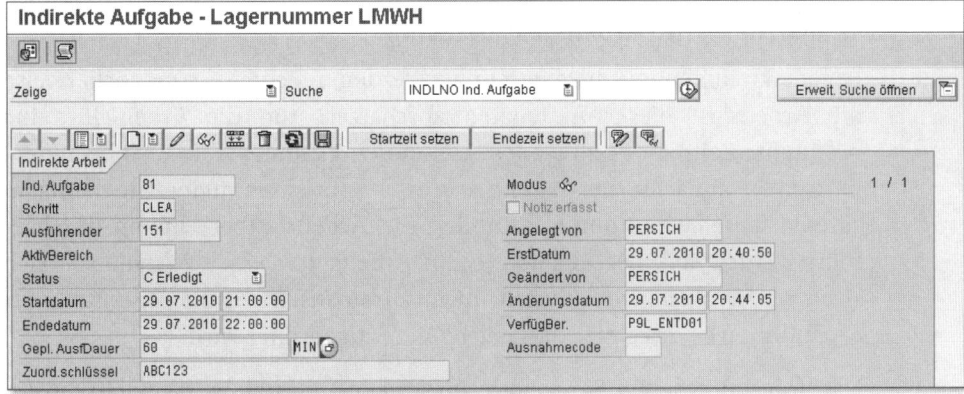

Abbildung 12.46 Indirekte Arbeit im SAP GUI eingeben

Indirekte Arbeit im mobilen Gerät eingeben

Sie können auch ein mobiles Gerät nutzen, um die Start- und Endzeiten einer indirekten Arbeit zu erfassen. Starten Sie dazu auf dem mobilen Gerät die mobile Anwendung (oder im SAP GUI via Transaktion /SCWM/RFUI), und folgen Sie dem Menüpfad 05 INTERNE PROZESSE • 08 ARBEITSMANAGEMENT • 01 ERFASSEN INDIREKTE ARBEIT (falls Sie das standardmäßig gelieferte Menü einsetzen).

Wie in Abbildung 12.47 zu sehen ist, können Sie über die Schaltflächen F1 START und F2 ENDE die Erfassung der Arbeitszeit auf dem mobilem Gerät beginnen bzw. beenden. Darüber hinaus können Sie auch hier die Zeit manuell eingeben. Wenn ein Arbeiter ein RF-Gerät nutzt, kann er nur eine indirekte Arbeitsaufgabe für sich selbst erfassen. Das bedeutet, die Daten werden auf Basis der Zuordnung zum SAP-User (mit dem er angemeldet ist) und der Zuordnung zum Ausführenden, den Sie über den Transaktionscode /SCMB/PRR1 gepflegt haben, erfasst.

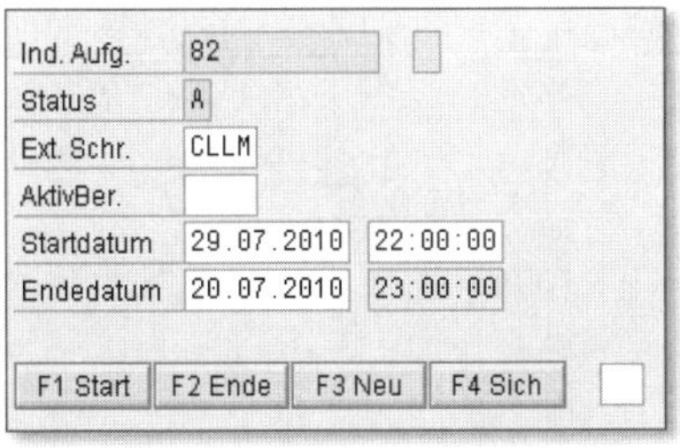

Ind. Aufg.	82	
Status	A	
Ext. Schr.	CLLM	
AktivBer.		
Startdatum	29.07.2010	22:00:00
Endedatum	20.07.2010	23:00:00

| F1 Start | F2 Ende | F3 Neu | F4 Sich | |

Abbildung 12.47 Indirekte Arbeit in der mobilen RF-Transaktion eingeben

Indirekte Arbeit für einen anderen Mitarbeiter/Ausführenden kann nicht in der mobilen Transaktion erfasst werden.

12.3.6 Geplante Arbeitslast berechnen

Bevor Aktivitäten im Lager ausgeführt werden, möchten Sie möglicherweise die Arbeitslast dieser Aktivitäten abschätzen, um die Arbeit für eine bestimmte Zeitperiode zu planen. Um diesen Planungsprozess zu beginnen, müssen Sie zunächst die *geplante Arbeitslast* einrichten, indem Sie den Planaktivitätsbereich bestimmen, für den die Arbeitslastberechnung durchgeführt werden soll. Die Idee ist, jedem Arbeitsplatz einen Aktivitätsbereich zuzuordnen, wenn vom System nicht automatisch bei der Erstellung der geplanten Arbeitslast ein Aktivitätsbereich zugeordnet wird.

Nachfolgend erhalten Sie weitere Information, um einen Aktivitätsbereich zu pflegen und die geplante Arbeitslast zu berechnen

Planaktivitätsbereiche festlegen

In dem Fall, dass die Zuordnung zum Planaktivitätsbereich fehlt, wird die geplante Arbeitslast ohne diesen Aktivitätsbereich ausgeführt. Um Arbeitsplätzen, Lagertypen oder Lagerbereichen die relevanten Planaktivitätsbereiche im EWM-Customizing zuzuordnen, folgen Sie dem Menüpfad EXTENDED WAREHOUSE MANAGEMENT • ARBEITSMANAGEMENT • PLANAKTIVITÄTSBEREICHE ZUORDNEN (siehe Abbildung 12.48). Die Regeln, wie ein Aktivitätsbereich einem Arbeitsplatz bei der Planung zugeordnet wird, sind in der Customizing-Hilfe für diesen Knoten ausführlich dokumentiert.

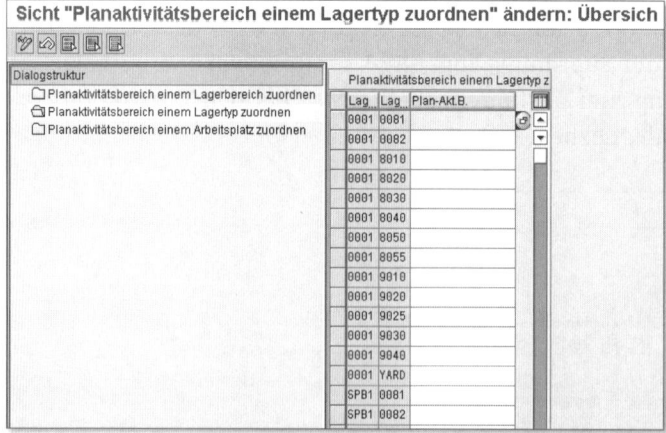

Abbildung 12.48 Planaktivitätsbereiche zu Lagertypen zuordnen

Geplante Arbeitslast kalkulieren

Die Berechnung der geplanten Arbeitslast wird anhand bereits erstellter Objekte (zum Beispiel Lageraufträge) durchgeführt. Die Planung der geplanten Arbeitslast wird anhand der externen Prozessschritte vorgenommen. Zusätzlich dazu ist es möglich, eine Selektion auf Basis von Aktivitätsbereichen (Planaktivitätsbereichen) vorzunehmen. Die geplante Arbeitslast können Sie im Planungsmonitor selektieren, den Sie über das SAP Easy Access Menü über den Menüpfad EXTENDED WAREHOUSE MANAGEMENT • ARBEITS-MANAGEMENT • PLANUNG • PLANUNG UND SIMULATION (oder durch Ausführen des Transaktionscodes /SCWM/PL) starten können.

Um die geplante Arbeitslast zu berechnen (siehe Abbildung 12.49), geben Sie einen externen Prozessschritt oder einen Aktivitätsbereich in das Feld SUCHE ein oder nutzen die Schaltfläche ERWEITERTE SUCHE. Nachdem Objekte gefunden wurden, wählen Sie ein Objekt aus dem oberen Ausschnitt aus und klicken auf die Schaltfläche PLANUNG. Die zur Ausführung der Aktivitäten benötigte Arbeitslast wird im oberen Ausschnitt angezeigt (wie in der Abbildung markiert), sobald die Planungsformel ausgewertet ist. In der Abbildung sehen Sie die benötigten Ressourcen im Ergebnisfeld, um die Einlagerung abzuschließen. Wenn Sie die Option ERWEITERTE SUCHE nutzen, können Sie auch die Auswahlbox AUTOMATISCHE PLANUNG wählen, was eine Selektion und das Ausführen der Planung in einem Schritt ermöglicht.

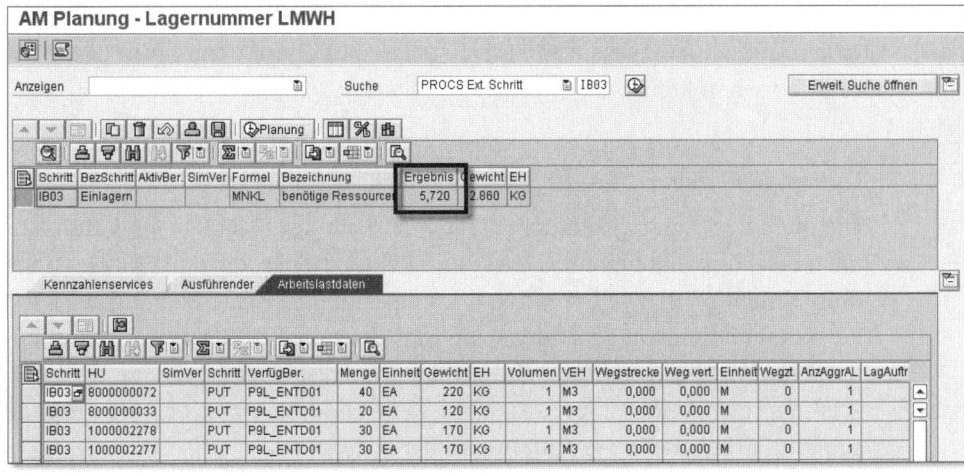

Abbildung 12.49 Geplante Arbeitslast berechnen

Ausführungsvorschau

Sie können auch die Planung und Simulation verwenden, um eine Planung auf Basis von erwarteten Wareneingängen zu realisieren. Der Unterschied zur geplanten Arbeitslast ist, dass hierfür keine (Objekte) Lageraufträge generiert werden. Um Positionen für die Ausführungsvorschau zu bestimmen, nutzen Sie die Option ERWEITERTE SUCHE und wählen die Auswahlbox AUS-FÜHRUNGSVORSCHAU VERWENDEN, um im System eine Evaluierung der unverarbeiteten Posten anzustoßen. Sie können auch einen Teil der Positionen definieren, die während der Auswertung in Betracht gezogen werden sollen, für den Fall, dass noch weitere Positionen erwartet werden (durch Definition einer Prozentzahl, die das System mit der selektierten Arbeitslast gleichsetzt und eine tatsächliche Arbeitslast berechnet).

Bevor Sie die Planung und Simulation zur Ausführungsvorschau ausführen können, müssen Sie die Ausführungsvorschau im EWM-Customizing konfigurieren. Folgen Sie dazu dem Menüpfad WAREHOUSE MANAGEMENT • ARBEITSMANAGEMENT • AUSFÜHRUNGSVORSCHAU EINSTELLEN. Sie können auch Einstellungen mithilfe eines Konfigurationsassistenten vornehmen, indem Sie dem Menüpfad EXTENDED WAREHOUSE MANAGEMENT • ARBEITSMANAGE-MENT • AUSFÜHRUNGSVORSCHAU MIT ASSISTENT folgen.

Geplante Arbeitslast im Lagermonitor anzeigen

Immer wenn Sie die geplante Arbeitslast generieren, werden diese Daten gespeichert, sodass Sie sie zu einem späteren Zeitpunkt erneut im Lagermonitor einsehen können.

Operative Planung

Die operative Planung kann ebenfalls innerhalb der Planungs- und Simulationstransaktion durchgeführt werden (Transaktionscode /SCWM/PL, siehe obiger Menüpfad). Die operative Planung ermöglicht eine Planung auf Basis der Kombination von geplanter Arbeitslast (basierend auf aktiven Dokumenten), Ausführungsvorschau sowie unter Berücksichtigung der verfügbaren Ausführenden und der verwendeten Kennzahlenservices, um die gesamte geplante Arbeitslast zu ermitteln und darzustellen.

Das heißt, die operative Planung kombiniert die verschiedenen beschriebenen Planungsalternativen und ermöglicht eine globale Sicht der Arbeitslast. Haben Sie diese Quellen kombiniert und die totale Arbeitslast ermittelt, können Sie die Folgen von Veränderungen verschiedener Parameter im Lager sehen (siehe Abbildung 12.50). Durch das Erhöhen des Gewichts (für den Fall, dass wir doch mehr Waren angeliefert bekommen), haben wir einen höheren Bedarf an Ressourcen, die die Einlagerung sicherstellen müssen.

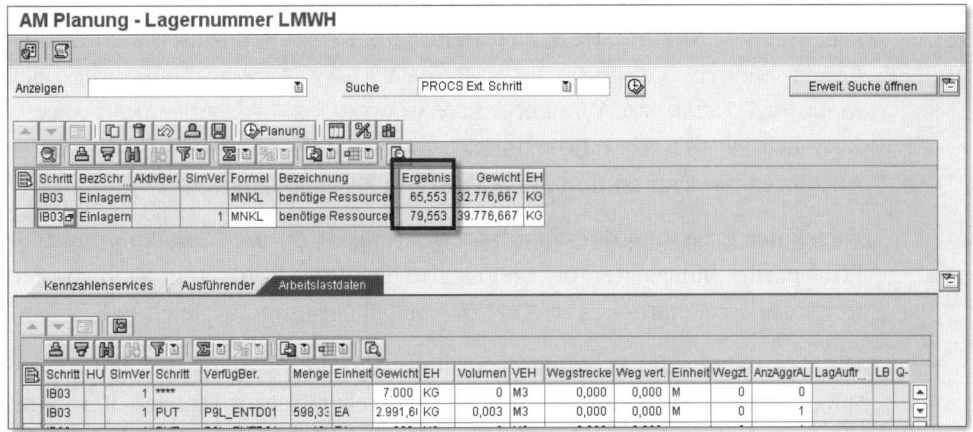

Abbildung 12.50 Operative Planung – Planungsbedarf durch Anpassung der Parameter anzeigen

Der signifikante Vorteil dieser Funktion ist, dass sie Ihnen ermöglicht, mögliche Konsequenzen verschiedener festgelegter Szenarien zu simulieren und zu planen.

Planungs- und Simulationsergebnisse laden

Sie können auch die Planungs- und Simulationsergebnisse in das EWM-System hochladen, für den Fall, dass sie in einem separaten System erstellt wurden. Um die Planungs- und Simulationsergebnisse aus dem SAP EWM Easy Access Menü zu laden, folgen Sie dem Menüpfad EXTENDED WAREHOUSE MANAGEMENT • ARBEITSMANAGEMENT • PLANUNG • PLANUNGS- UND SIMULATIONSERGEBNISSE LADEN, oder nutzen Sie den Transaktionscode /SCWM/PL_LOAD.

12.3.7 Mitarbeiterleistung

Das Erfassen der individuellen *Mitarbeiterleistung* ist in Deutschland aus Sicht des Betriebsrats ein sensibles Thema. Wir möchten deshalb nur die Grundfunktionen zur Erfassung der Mitarbeiterleistung beschreiben.

Das Erstellen eines Leistungsdokumentes für einen Ausführenden können Sie im SAP Easy Access Menü, über den Menüpfad EXTENDED WAREHOUSE

MANAGEMENT • ARBEITSMANAGEMENT • MITARBEITERLEISTUNG • MITARBEITER LEISTUNGSÜBERSICHT oder durch Ausführen der Transaktion /SCWM/EPERF sicherstellen.

Nachdem ein Leistungsdokument erstellt und freigegeben wurde, ist es möglich, dieses an SAP ERP HCM zu übermitteln. Dieses Replizieren der Informationen können Sie über das SAP EWM Easy Access Menü, über den Menüpfad EXTENDED WAREHOUSE MANAGEMENT • ARBEITSMANAGEMENT • MITARBEITERLEISTUNG • LEISTUNGSBELEG ANS HR WEITERLEITEN oder durch Ausführen der Transaktion /SCWM/EPD_TRANSFER starten.

Zweck der Erfassung der Mitarbeiterleistung ist es, die Auslastung und die Effizienz der Mitarbeiter im Lager nachzuverfolgen. Denkbar ist auch, die Performance der Mitarbeiter an den finanziellen Leistungsausgleich zu koppeln.

Die Kennzahlen der Leistungsermittlung sind die Effizienz und die Auslastung. Hierbei beschreibt die Effizienz, in welchem prozentualen Verhältnis die ausgeführte Arbeitslast zu der geplanten Arbeitslast des Mitarbeiters steht. Die Auslastung beschreibt die Zeit, die der Mitarbeiter für die direkte Arbeit (direkte Aktivitäten) aufgebracht hat.

Der Mitarbeiter kann diese Zahlen direkt auf dem mobilen Gerät durch Ausführen der RF-Transaktion und über den RF-Menüpfad 05 INTERNE PROZESSE • 08 ARBEITSMANAGEMENT • 02 ANZEIGE EMPLOYEE SELF SERVICE einsehen. Erweiterte Auswertungen stehen dem Lagerleiter im Lagermonitor (unter dem Monitorknoten ARBEITSMANAGEMENT und ARBEITSAUSLASTUNG) zur Verfügung.

12.4 Yard Management

Das *Yard Management*, oft auch *Hofsteuerung* genannt, ist eine Anwendung zur Verwaltung von Yards. Ein Yard ist ein angeschlossener Bereich außerhalb eines Lagers, in dem Fahrzeuge (zum Beispiel Sattelzug oder Gliederzug) und Transporteinheiten (zum Beispiel Container oder Wechselbrücken) bearbeitet werden oder auf die Bearbeitung oder die Abholung durch einen externen Frachtführer warten. Die Verwendung des Yard Managements in EWM ist optional, hat aber den entscheidenden Vorteil, dass bereits mit Ankunft des Lkws in EWM der Bestand im Lager bekannt ist.

Wenn Sie das Yard Management nutzen wollen, müssen Sie es für Ihr Lager im EWM-Customizing unter dem Pfad PROZESSÜBERGREIFENDE EINSTELLUN-

GEN • WARENANNAHME UND VERSAND • YARD MANAGEMENT • YARD MANAGE-MENT FÜR LAGER AKTIVIEREN einstellen. Das Yard Management in EWM wurde nicht als Add-on konzipiert, sondern ist vollständig in den Wareneingangs- und Warenausgangsprozess integriert. Daher haben Sie zum Beispiel die Option, Lkws für die Entladung zu priorisieren, um dringend benötigten Bestand möglichst früh für die Erfüllung von Kundenaufträgen zur Verfügung zu stellen. Ein weiterer Vorteil sind die Abbildung und das Monitoring der End-to-End-Lagerprozesse. Dies beginnt mit Ankunft des Lkws am Kontrollpunkt, geht über die Entladung und gegebenenfalls Dekonsolidierung der ankommenden HUs bis zur Einlagerung des Bestands auf dem finalen Einlagerplatz oder im Warenausgang von der Wellenbildung für die relevanten Auslieferpositionen über die Kommissionierung, Verpackung und Beladung des Lkws und endet beim Verlassen des Lagers am Kontrollpunkt.

Die EWM-Komponente Yard Management untergliedert sich in drei Bereiche, die wir in den folgenden Abschnitten detailliert beschreiben:

▸ **Yard-Layout**
Mit den üblichen EWM-Stammdatenobjekten wie Lagertyp, Lagerbereich und Lagerplatz wird das Yard abgebildet und strukturiert.

▸ **Transporteinheiten, Fahrzeuge und Torzuordnungen**
Mit diesen Objekten werden zum Beispiel Container oder Lkws im Yard abgebildet und Toren, sowohl manuell als auch automatisch, zugeordnet.

▸ **Yard-Prozesse und Bewegungen**
Über Lageraufgaben werden die physischen Bewegungen der Lkws gesteuert, die Transporteinheiten und Fahrzeuge innerhalb des Yards bewegt und somit die Prozesse im Yard abgebildet.

▸ **Yard-Monitoring**
Mit dem Lagermonitor (siehe Kapitel 13, »Monitoring und Reporting«) können die im Yard an einem bestimmten Standort befindlichen Transporteinheiten, der Bestand in den Transporteinheiten und Yard-Bewegungen angezeigt werden.

12.4.1 Yard-Layout

Das Yard -Layout basiert weitgehend auf den vorhandenen Lagerstrukturen. Dabei werden Parkplätze als Lagerplätze abgebildet. Sie haben die Möglichkeit, eine Gruppe von Parkplätzen, zum Beispiel für Parkplätze für WE-Tore, als Lagerbereich darzustellen. Abbildung 12.51 zeigt ein Beispiel eines Yard-Layouts mit den verschiedenen Objekten, die wir im Folgenden erläutern. In diesem Beispiel ist der Yard-Typ YARD der Lagernummer 0001 zugeordnet.

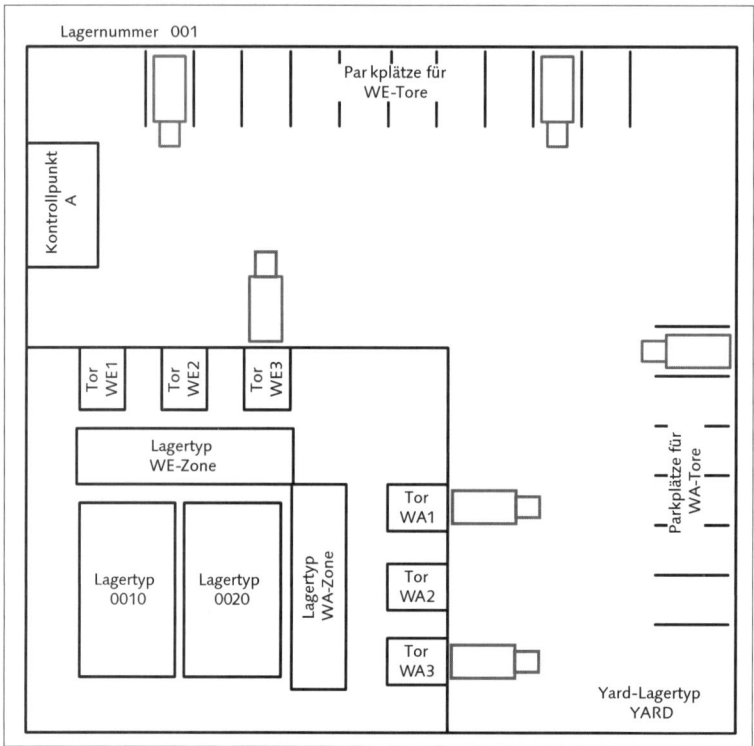

Abbildung 12.51   Beispiel eines Yard-Layouts

Die Objekte, die im Yard angelegt werden, sind:

▸ Yard-Nummer (optional)

▸ Yard-Typ

▸ Yard-Bereich (optional)

▸ Yard-Plätze

▸ Kontrollpunkte

▸ Tore

Im Folgenden beschreiben wir diese Objekte im Detail.

Yard-Nummer und Yard-Typ

Wenn Sie das Yard Management einsetzen möchten, müssen Sie mindestens einen eigenen Lagertyp einrichten. Diesen Lagertyp müssen Sie mit der Lagertyprolle *Yard* anlegen. Ein Lagertyp mit der Rolle Yard ist ausschließlich für die Bewegung von Transporteinheiten vorgesehen. Er kann aus Bestandssicht lediglich Transporteinheiten umfassen, die wiederum HUs und Produkte enthalten. Den Lagertyp mit der Lagertyprolle Yard können Sie entweder einer speziell für das Yard vorgesehenen Lagernummer (Yard-Nummer) oder einer bestehenden Lagernummer zuordnen. Die Abbildung des Yards als Lagernummer hat den Vorteil, dass Sie mehrere Lagernummern an das Yard anbinden können. Den Yard-Typ definieren Sie im EWM-Customizing unter dem Pfad STAMMDATEN • WARENANNAHME UND VERSAND • YARD MANAGEMENT • YARD ÜBER LAGERTYP DEFINIEREN.

Yard-Bereich

Mithilfe von Lagerbereichen kann das Yard übersichtlich strukturiert werden. Dabei bietet es sich an, eine Gruppe von Parkplätzen, eine Gruppe von Toren oder eine Gruppe von Kontrollpunkten jeweils zu einem Lagerbereich zusammenzufassen. Dies erleichtert vor allem die Auswahl von Objekten, zum Beispiel wenn Sie sich im Lagermonitor eine Übersicht der aktuellen Yard-Belegung anzeigen lassen möchten. Die Yard-Bereiche haben ansonsten jedoch keinen Einfluss auf die Prozesse und Belege im Lager. Die Strukturierung des Yards können Sie im oben genannten Pfad unter der Customizing-Aktivität YARD ÜBER LAGERBEREICHE STRUKTURIEREN vornehmen.

Yard-Plätze

Yard-Plätze können zum Beispiel Parkplätze, Tore oder Kontrollpunkte sein. Yard-Plätze werden als Standard-Lagerplätze abgebildet. Yard-Plätze werden, wie »normale« Lagerplätze auch, im SAP Easy Access Menü in EWM unter dem Pfad STAMMDATEN • LAGERPLATZ entweder mit der Transaktion /SCWM/LS01 oder mit der Transaktion /SCWM/LS10 angelegt.

Kontrollpunkte

Der Kontrollpunkt stellt meist eine Pforte dar, an der die Ankunft und die Abfahrt von Fahrzeugen registriert und alle erforderlichen Daten erfasst werden. Den Kontrollpunkt definieren Sie im EWM-Customizing unter dem Pfad STAMMDATEN • WARENANNAHME UND VERSAND • YARD MANAGEMENT • KONTROLLPUNKT DEFINIEREN. Anschließend werden dem Kontrollpunkt mit der Transaktion /SCWM/YM_CHKPT_BIN eine *Supply Chain Unit* (SCU) und ein Yard-Platz zugeordnet. Diese Transaktion finden Sie im SAP Easy Access Menü unter dem Pfad STAMMDATEN • WARENANNAHME UND VERSAND • YARD MANAGEMENT. Die Platzzuordnung zum Kontrollpunkt ist notwendig, da vom Kontrollpunkt aus die Transporteinheit zu einem Parkplatz oder Tor über eine Lageraufgabe bewegt werden kann. Durch die Zuordnung des Kontrollpunkts zur SCU können so u. a. wichtige geografische Daten und Adressdaten hinterlegt werden. Weitere Informationen zur SCU finden Sie in Abschnitt 4.4, »Supply Chain Unit«.

Tore

Ein Tor ist derjenige Ort im Lager, an dem Waren ankommen oder das Lager verlassen. Fahrzeuge und ihre Transporteinheiten kommen am Tor eines Lagers an, um dort Waren ein- oder auszuladen. Das Tor ist eine Organisationseinheit, die Sie der Lagernummer zuordnen. Tore definieren Sie im EWM-Customizing unter dem Pfad STAMMDATEN • LAGERTOR • LAGERTOR DEFINIEREN. Sie haben durch die Richtungsangabe die Möglichkeit, Tore speziell für den Wareneingang, den Warenausgang oder für beide Richtungen festzulegen. Neben weiteren Einstellungen können Sie dem Tor ein *Aktionsprofil* zuordnen. Im Aktionsprofil legen Sie alle maximal erlaubten Aktionen, zum Beispiel das Drucken, für einen Beleg fest.

Das Tor ist die Verbindung zwischen Yard und Lager. Darüber hinaus ist es für die Bestandsbuchung und für Yard-Bewegungen relevant. Aus diesem Grund muss dem Tor ein Yard-Platz zugeordnet werden. Diese Zuordnung erfolgt mit der Transaktion /SCWM/YM_DOOR_BIN, die Sie im SAP Easy Access Menü in EWM unter dem Pfad STAMMDATEN • WARENANNAHME UND VERSAND • YARD MANAGEMENT finden.

Kontrollpunkte und Tore Yard-Plätzen zuordnen

Um Kontrollpunkten und Toren Yard-Plätze zuordnen zu können, müssen Sie die Yard-Plätze vorher anlegen und dem Yard-Typ zuweisen. Über eine geeignete Namenskonvention der Yard-Plätze stellen Sie sicher, dass die Anwender wissen, wo sich die Plätze im Yard befinden, um so das Yard-Monitoring zu erleichtern.

12.4.2 Transporteinheiten, Fahrzeuge und Torzuordnungen

Um zum Beispiel Lkws oder Container abzubilden und im Yard bewegen zu können, gibt es in EWM die Objekte *Transporteinheit* und *Fahrzeug*. Die Verwendung des Yard Managements in EWM ist optional, und die folgenden Objekte sind Bestandteil der EWM-Komponente *Warenannahme und Versand*. Das bedeutet, dass Sie diese Objekte zur Abbildung Ihrer Warenein- und ausgangsprozesse verwenden können, ohne die Yard-Management-Funktionalitäten zu nutzen. In diesem Abschnitt beschreiben wir die Objekte *Transporteinheit*, *Fahrzeug* und *Torzuordnung* genauer.

Transporteinheit und Transporteinheitsaktivität

Die Transporteinheit ist die kleinste beladbare Einheit eines Fahrzeugs, die zum Transportieren von Ware verwendet wird. In der Praxis kann die Transporteinheit zum Beispiel einen Container oder eine Wechselbrücke darstellen. Wie bereits in Kapitel 8, »Wareneingangsprozess«, beschrieben, erstellen Sie die Transporteinheit entweder manuell im SAP Easy Access Menü in EWM unter dem Pfad WARENANNAHME UND VERSAND • TRANSPORTEINHEIT BEARBEITEN, über die Transaktion /SCWM/TU oder automatisch über eine PPF-Aktion. Legen Sie eine Transporteinheit in EWM an, erstellen Sie neben der Transporteinheit eine *Warenannahme- und Versand(W/V)-Aktivität*. Die W/V-Aktivität definiert einen Zeitraum, in dem das Objekt in einem bestimmten Zusammenhang verwendet wird, zum Beispiel ist die Transporteinheit TE-01 ein Container, der im Zeitraum vom 10.07.2010, 8:20 Uhr, bis 10.07.2010, 11:00 Uhr, entladen werden soll. Die W/V-Aktivität der Transporteinheit kann folgende W/V-Aktivitätsstatus annehmen:

▸ **Geplant**
Die Transporteinheitsaktivität (TE-Aktivität) ist angelegt, aber die Transporteinheit befindet sich noch nicht auf dem Yard; das heißt, es wurde noch keine Ankunft am Kontrollpunkt gebucht, der WE- oder WA-Prozess hat noch nicht begonnen.

▸ **Aktiv**
Die Transporteinheit ist auf dem Yard, Ankunft am Kontrollpunkt wurde gebucht; WE- oder WA-Prozess läuft ab.

▸ **Abgeschlossen**
Die Transporteinheit hat das Yard verlassen; der Wareneingangs- oder Warenausgangsprozess ist abgeschlossen.

Bei der Anlage der W/V-Aktivität kann die Richtung vorgegeben werden, für welchen Prozess die TE-Aktivität vorgesehen ist:

▸ **Richtung nicht definiert**
Die Richtung wird erst bei der Zuordnung einer An- oder Auslieferung zur Transporteinheit definiert.

▸ **Eingang**
Diese Richtung ist für den Wareneingangsprozess relevant.

▸ **Ausgang**
Diese Richtung ist für den Warenausgangsprozess relevant.

Kommt nach Abschluss der W/V-Aktivität für die Transporteinheit die gleiche Transporteinheit nochmals an, so haben Sie die Möglichkeit, mit der

Transaktion /SCWM/TU eine neue W/V-Aktivität für die gleiche externe Transporteinheitsnummer (TE-Nummer) anzulegen. Die EWM-interne TE-Nummer bleibt ebenfalls die gleiche. Ebenso werden das *Transportmittel* (TM) und das *Packmittel* (PKM) aus der eigentlichen Transporteinheit übernommen. Das TM sagt aus, um welche Art von Transporteinheit es sich handelt, zum Beispiel Container oder Wechselbrücke. Das TM wird im Einführungsleitfaden unter dem Pfad STAMMDATEN • WARENANNAHME UND VERSAND • TRANSPORTMITTEL DEFINIEREN festgelegt. Das Packmittel wird als Produktstamm angelegt und definiert auf Basis der *Packmittelart*, welches Volumen und Gewicht die Transporteinheit maximal führen kann oder darf. Die Packmittelart wird im EWM-Customizing unter dem Pfad PROZESSÜBERGREIFENDE EINSTELLUNGEN • HANDLING UNITS • PACKMITTELARTEN DEFINIEREN vorgenommen. Hier selektieren Sie für den Packmitteltyp den Wert TRANSPORTMITTEL. HUs, deren Packmittel vom Typ TRANSPORTMITTEL sind, besitzen eine andere Statusverwaltung als HUs aus normalen Packmitteln.

Für Kombinationen aus Transportmittel und Packmittel können Sie im System über die Transaktion /SCMW/PM_MTR sogenannte Konstruktionsregeln hinterlegen, die Sie im SAP Easy Access Menü in EWM unter dem Pfad EINSTELLUNGEN • WARENANNAHME UND VERSAND finden. Diese steuern, ob Sie bei der Anlage einer Transporteinheit ausschließlich eine Transporteinheit oder automatisch im Hintergrund ein Fahrzeug – gegebenenfalls mit weiteren gleichen Transporteinheiten – anlegen, die dann mit dem *Fahrzeug* verknüpft sind. Weitere Details zu Transporteinheiten und Konstruktionsregeln finden Sie in Abschnitt »Transporteinheiten anlegen« auf Seite 345.

Fahrzeug und Fahrzeugaktivität

Fahrzeuge können manuell mit der Transaktion /SCWM/VEH angelegt werden, und man verknüpft diese dann anschließend manuell mit Transporteinheiten. Fahrzeuge können auch über die Konstruktionsregel bei der Anlage einer Transporteinheit automatisch angelegt werden. Bei der manuellen Erstellung des Fahrzeugs muss ebenfalls ein Transportmittel eingegeben werden. Mit diesem Transportmittel ermittelt EWM anhand der definierten Konstruktionsregeln, ob zu dem Fahrzeug automatisch Transporteinheiten angelegt werden sollen, und stellt sie auf der Registerkarte TRANSPORTEINHEIT gemäß Abbildung 12.52 entsprechend dar.

Analog zur Transporteinheit legt man mit der externen Fahrzeugnummer ein Fahrzeug und eine W/V-Aktivität des Fahrzeugs mit entsprechender Richtung an. Parallel dazu erhält das Fahrzeug eine interne fortlaufende Nummer.

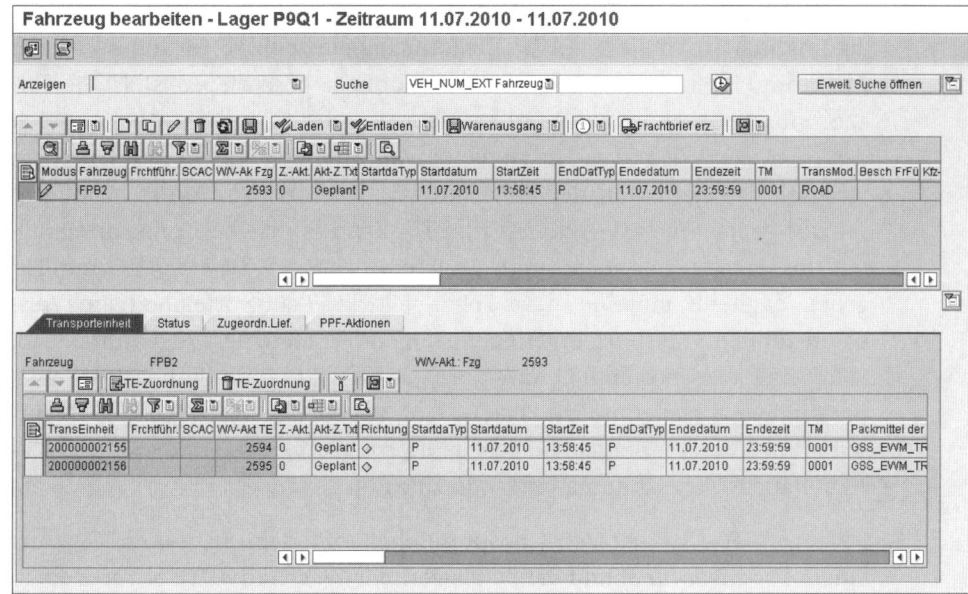

Abbildung 12.52 Fahrzeug mit zwei Transporteinheiten entsprechend der Konstruktions-regel mit der Transaktion /SCWM/VEH anlegen

Fahrzeug- und TE-Aktivität verknüpfen

Soll eine Fahrzeug-Aktivität mit einer TE-Aktivität verknüpft werden, müssen die identischen Transportmittel bei der Anlage vergeben werden.

Über die zuvor erwähnte Konstruktionsregel können Sie steuern, ob Transporteinheiten eine feste Zuordnung zum Fahrzeug haben oder ob Transporteinheiten nacheinander zu verschiedenen Fahrzeugen zugeordnet und somit entkoppelt werden können. Wenn also Transporteinheiten einem Fahrzeug fest zugeordnet sind, stellt das Fahrzeug für den gesamten Yard-Prozess die Klammer um die Transporteinheiten dar.

Torzuordnung und Toraktivität

Transporteinheiten können Sie über Lageraufgaben zu Toren bewegen und damit Toren zuweisen. Einer Transporteinheit und der W/V-Aktivität einer Transporteinheit kann ein Tor zugeordnet werden, an dem die Transporteinheit entladen werden soll oder umgekehrt. Im eigentlichen Sinne wird, wie beim Fahrzeug und der Transporteinheit, eine W/V-Aktivität zum Tor angelegt. Die Torzuordnung kann entweder manuell über die Transaktionen /SCWM/TU oder /SCWM/DOOR erfolgen, die Sie im SAP Easy Access Menü in EWM unter dem Knoten WARENANNAHME UND VERSAND finden, oder automatisch durch die im EWM-Customizing einstellbare Torfindung, die in Abschnitt »Torfindung in SAP EWM« in Kapitel 8 beschrieben ist. Ist die Tor-zuordnung vorgenommen worden, dann hat der Status der W/V-Aktivität des Tores den Wert GEPLANT. Ist die Transporteinheit am Tor angekommen, wechselt der Statuswert der W/V-Aktivität des Tores auf AKTIV. Im Gegensatz zur geplanten W/V-Aktivität zum Tor kann es, wie bei Transporteinheiten und Fahrzeugen auch, immer nur eine aktive W/V-Aktivität zum Tor geben, das heißt, nur eine an das Tor angedockte Transporteinheit. Eine Ausnahme bilden Transporteinheiten, die einem Fahrzeug fest zugeordnet sind. Wird eine Transporteinheit an ein Tor angedockt, sind die übrigen Transporteinheiten auch implizit an das Tor angedockt. Nachdem die Transporteinheit be- oder entladen wurde und das Tor verlassen hat, ist die W/V-Aktivität des Tores automatisch abgeschlossen.

Ist eine W/V-Aktivität zur Transporteinheit mit dem Statuswert GEPLANT einem Tor zugeordnet und der Statuswert der W/V-Aktivität des Tores ebenfalls GEPLANT, kann die Transporteinheit auch an weiteren Toren zugeordnet werden.

Aktivitätszeiten

Werden W/V-Aktivitäten zu Transporteinheit, Fahrzeug und Tor angelegt, müssen immer folgende geplante Zeitpunkte angegeben werden:

- ▸ Start-Datum der W/V-Aktivität
- ▸ Start-Zeit der W/V-Aktivität
- ▸ Ende-Datum der W/V-Aktivität
- ▸ Ende-Zeit der W/V-Aktivität

Diese werden über die Vorschlagswerte der jeweiligen Transaktionen /SCWM/TU für Transporteinheiten, /SCWM/VEH für Fahrzeuge bzw. /SCWM/DOOR für Tore übernommen oder können manuell eingegeben werden (siehe Abbildung 12.53).

W/V-Aktivität von Transporteinheit, Fahrzeug und Tor verknüpfen
Bei der Verknüpfung der W/V-Aktivität der Transporteinheit mit einer W/V-Aktivität des Fahrzeugs und anschließender W/V-Aktivität des Tores ist zu beachten, dass sich die Aktivitätszeiten jeweils überschneiden, das heißt, dass das Endedatum einer Aktivität nicht vor dem Startdatum der anderen Aktivitäten liegt. Sonst kommt es zu Fehlermeldungen, und die Zuordnung ist nicht möglich.

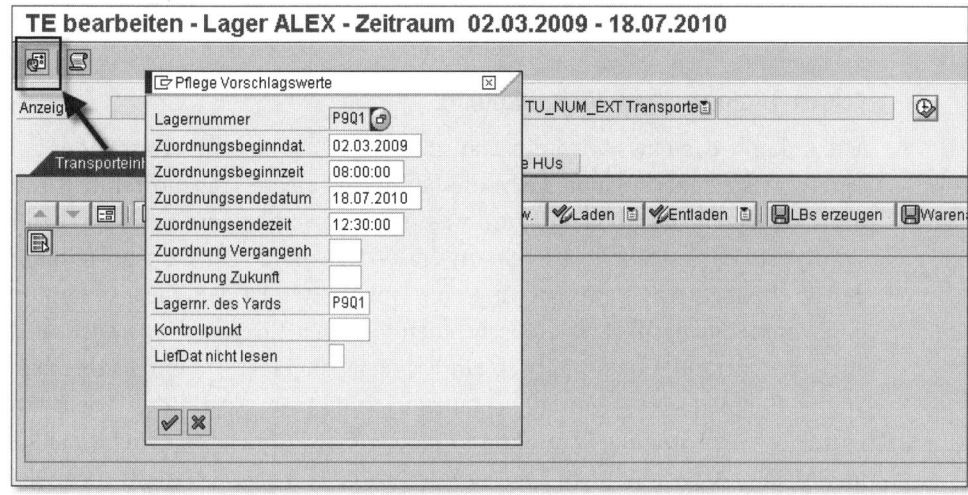

Abbildung 12.53 Definition von Vorschlagswerten am Beispiel der Transaktion /SCWM/TU

12.4.3 Yard-Prozesse und Bewegungen

Die Prozesse des Yard Managements sind direkt mit den Lagerprozessen Wareneingang und Warenausgang verknüpft. Der Prozess beginnt mit der Anmeldung der Transporteinheit oder des Fahrzeugs am Check-in, der Bewegung zum Tor mit anschließender Entladung, ggf. der Beladung und der Bewegung zum Kontrollpunkt zum Check-out. Der Prozessablauf im Yard gestaltet sich, wie in Abbildung 12.54 dargestellt.

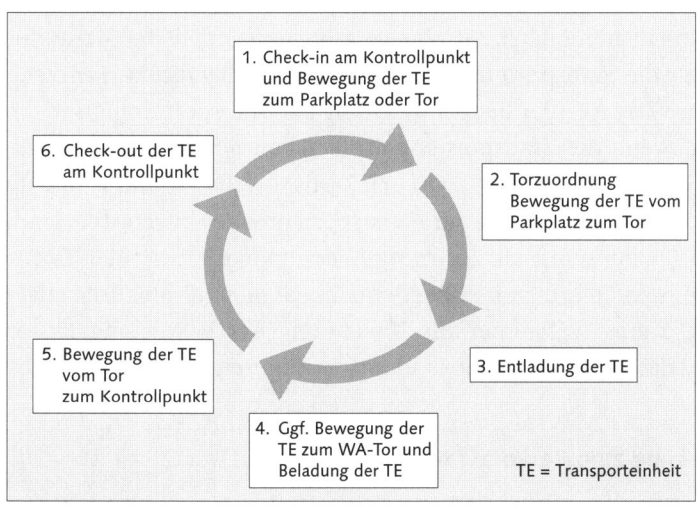

Abbildung 12.54 Prozessablauf im Yard

Die Schritte des Yard-Prozesses werden im Folgenden näher erläutert.

Schritt 1: Check-in am Kontrollpunkt

Mit Ankunft des Lkws wird die Transporteinheit im System erfasst oder bei bereits avisierten Transportdaten die bereits angelegte Transporteinheit mit den Lkw-Daten abgeglichen. Wurde die Transporteinheit auf Basis avisierter Transportdaten erstellt, hat der Status der W/V-Aktivität zur Transporteinheit den Wert GEPLANT. Die Avisierung von Transporten ist detailliert in Kapitel 8, »Wareneingangsprozess«, beschrieben. Je nach Konstruktionsregel wird zur Transporteinheit automatisch ein Fahrzeug angelegt – ebenfalls mit dem Status GEPLANT. Nachdem die Transporteinheit angelegt oder überprüft wurde, wird sie mit der Transaktion /SCWM/CICO Check-in-gebucht, die Sie im SAP Easy Access Menü in EWM unter dem Pfad WARENANNAHME UND VERSAND • YARD MANAGEMENT finden. Mit dieser Transaktion erfassen Sie u. a. Daten wie das Kfz-Kennzeichen, den Fahrernamen und die Sprache. Weitere Informationen zu dieser Transaktion finden Sie in Abschnitt 8.2, »Wareneingangsankündigung«. Wurde die Transporteinheit mit geplanten Ankunftsdaten avisiert, kann der Mitarbeiter am Kontrollpunkt erkennen, ob der geplante Ankunftszeitraum dem tatsächlichen entspricht. Liegt die Ankunft außerhalb des geplanten Zeitfensters, kann im EWM-Customizing unter dem Pfad PROZESSÜBERGREIFENDE EINSTELLUNGEN • WARENANNAHME UND VERSAND • ALLGEMEINE EINSTELLUNGEN • ALLGEMEINE EINSTELLUNGEN FÜR WARENANNAHME UND VERSAND eingestellt werden, ob eine Warn-, eine Fehlermeldung oder keine Meldung ausgegeben wird. Im Fall der Fehlermeldung ist eine Check-in-Buchung nicht möglich. Mit Check-in-Buchung erhält der Status der W/V-Aktivität für die Transporteinheit und gegebenenfalls für das Fahrzeug automatisch den Wert AKTIV. Check-in-Buchung auf Transporteinheitsebene ist nur möglich, wenn die Transporteinheit nicht mit einem Fahrzeug verknüpft ist oder eine 1:1-Beziehung zwischen Transporteinheit und Fahrzeug besteht. Wenn einem Fahrzeug mehrere Transporteinheiten zugeordnet sind, ist die Check-in-Buchung nur auf Fahrzeug-Ebene möglich. Sind der Transporteinheit bereits Anlieferungen entweder manuell oder automatisch zugeordnet worden, kann EWM über die Torfindung das Wareneingangstor bestimmen, und das Tor wird in der Transaktion angezeigt.

Schritt 2: Bewegung zum Parkplatz oder Tor

Anschließend wird die Transporteinheit systemseitig über Lageraufgaben entweder zu einem freien Parkplatz oder an ein Tor bewegt. Die Lageraufgaben können entweder mit der Desktop-Transaktion /SCWM/YMOVE oder über die entsprechende RF-Transaktion erstellt werden. Abbildung 12.54 zeigt die Erstellung der Yard-Bewegung anhand der RF-Transaktion. Lageraufgaben für Yard-Bewegungen sind grundsätzlich HU-Lageraufgaben. Das System verwendet keine Produkt-Lageraufgaben, da bei Yard-Bewegungen keine Mengen berücksichtigt werden. Mit Quittierung der Yard-Lageraufgaben ans Tor erhält das Tor automatisch eine W/V-Aktivität mit dem Status Aktiv.

HU-Lageraufgabe zur Transporteinheit

Beim Bewegen einer Transporteinheit im Yard erstellen Sie eine HU- Lageraufgabe zur Transporteinheit. Technisch gesehen, ist die Transporteinheit eine HU mit der Ausprägung E des virtuellen HU-Indikators (VHI).

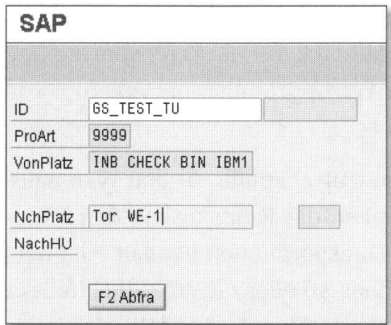

Abbildung 12.55 Anlegen einer Yard-Bewegung mit RF

Schritt 3: Entladung

Im nächsten Schritt erfolgt die Entladung. Hier gibt es in EWM zwei Möglichkeiten – entweder die *einfache* oder die *komplexe Entladung*. (Anmerkung: Der Prozessschritt *Beladung* entspricht zwar nicht dem Prozessablauf, es ist aber sinnvoll, die Logik an dieser Stelle zu erwähnen.)

Beim einfachen Ent- und Beladen werden durch einen manuellen Statuswechsel die Aus- oder Anlieferungen be- oder entladen.

Beim komplexen Ent- und Beladen legen Sie Lageraufgaben an und bewegen die HUs in oder aus dem Lager. Komplexe Ent- und Beladeprozesse basieren auf den Einstellungen der Lagerungssteuerung (siehe Kapitel 7, »Objekte und Elemente der Prozesssteuerung«), über die EWM den Nach-Lagerplatz einer Lageraufgabe ermittelt. Ent- oder Belade-Lageraufgaben können Sie, je nach Prozess, manuell mit den Transaktionen /SCWM/UNLOAD oder /SCWM/LOAD erstellen oder über die entsprechende PPF-Aktion. Beim Entladeprozess verwenden Sie die PPF-Aktion /SCWM/PRD_IN_TO_CREATE unter der Voraussetzung, dass der Prozessschritt *Entladung* im Lagerungsprozess definiert wurde. Beim Beladeprozess werden durch einen Statuswechsel mit Andocken der Transporteinheit am Tor über die PPF-Aktion /SCWM/SR_TU_HU_TO_CREATE und die Einplanbedingung /SCWM/SR_TU_CHECK_STATUS automatisch Belade-Lageraufgaben erstellt.

Schritte 4 und 5: Beladung oder Bewegung vom Tor zum Kontrollpunkt

Nach dem Entladen kann die Transporteinheit oder das Fahrzeug entweder zum Kontrollpunkt für den Check-out-Vorgang bewegt werden oder zu einem Warenausgangstor für die Beladung.

Für den Fall, dass für die Transporteinheit oder das Fahrzeug eine Yard-Lageraufgabe zum Kontrollpunkt erstellt und dort Check-out-gebucht wird, erfolgt automatisch ein Statuswechsel der W/V-Aktivität für die Transporteinheit oder für die dem Fahrzeug zugeordneten Transporteinheiten von AKTIV in ABGESCHLOSSEN.

Ist jedoch die Transporteinheit oder das Fahrzeug ebenfalls für den Warenausgang vorgesehen, muss für die Transporteinheit/das Fahrzeug mit den Transaktionen /SCWM/TU (falls es sich um eine Transporteinheit handelt oder dem Fahrzeug nur eine Transporteinheit zugeordnet ist) oder /SCWM/VEH (falls es sich um ein Fahrzeug mit mehreren Transporteinheiten handelt) eine neue W/V-Aktivität mit der Richtung WARENAUSGANG angelegt werden. Mit Aktivierung der W/V-Aktivität für den Warenausgang wird damit automatisch die W/V-Aktivität für den Wareneingang abgeschlossen (siehe Abbildung 12.56).

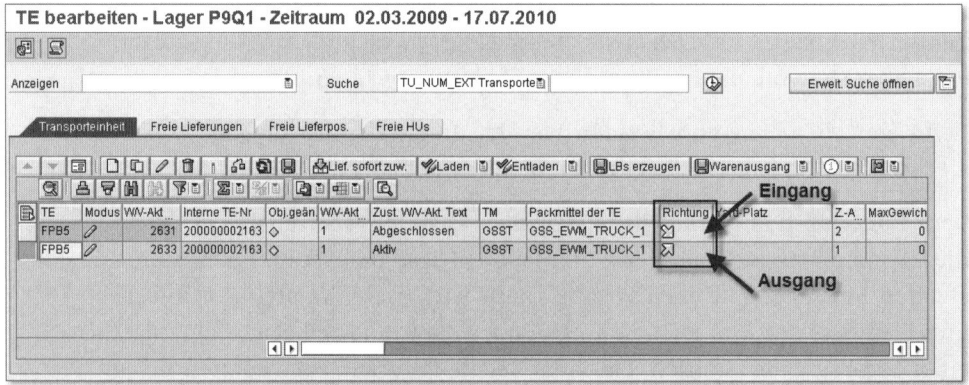

Abbildung 12.56 Abgeschlossene W/V-Aktivität für den Wareneingang und aktive W/V-Aktivität für den Warenausgang einer Transporteinheit

Mit Abschluss der W/V-Aktivität für die Transporteinheit wird ebenfalls automatisch die W/V-Aktivität für das der Transporteinheit zugewiesene Tor abgeschlossen.

Schritt 6: Check-out am Kontrollpunkt

Nach dem Beladen wird die Transporteinheit oder das Fahrzeug mit einer Yard-Lageraufgabe an den Kontrollpunkt für den Check-out bewegt. Mit dem Check-out der Transporteinheit oder des Fahrzeugs wird die W/V-Aktivität für den Warenausgang automatisch abgeschlossen.

Nachdem Sie die Möglichkeiten kennengelernt haben, die EWM bietet, die Prozesse und Bewegungen im Yard abzubilden, wird im nächsten Abschnitt beschrieben, mit welchen Funktionalitäten Sie sich einen guten Überblick über die Situation im Yard verschaffen können.

12.4.4 Yard-Monitoring

Mit den bereits im EWM-Standard vordefinierten Reports für das *Yard-Monitoring* im Lagermonitor können Sie sich die Yard-Bewegungen von Transporteinheiten/Fahrzeugen für eine Yard-Lagernummer, einen oder mehrere Yard-Typen und einen oder mehrere Yard-Bereiche anzeigen lassen. Sie können im Yard, Yard-Typ oder Yard-Bereich Transporteinheiten nach verschiedensten Attributen, u. a. nach Frachtführer, Route, SCAC (Standard Carrier Alpha Code), Belegarten (zum Beispiel Normal- oder Eillieferungen), zugeordneten Lieferungen oder bestimmten Produkten, selektieren und sich den Bestand der Transporteinheiten anzeigen lassen. Darüber hinaus können Sie sich am Kontrollpunkt wartende Transporteinheiten/Fahrzeuge, unterteilt nach Warenein- und -ausgang, und schließlich die aktuelle und geplante Torbelegung anzeigen lassen. Abbildung 12.57 zeigt die Transporteinheiten im Yard selektiert nach einem bestimmten Frachtführer.

Mit dem Framework des Lagermonitors haben Sie die Möglichkeit, modifikationsfrei eigene, auf Ihre Prozessanforderungen im Yard zugeschnittene, Monitorknoten und Reports zu erstellen. Wie die Monitorerweiterungen vorgenommen werden können, ist detailliert in Kapitel 13, »Monitoring und Reporting«, beschrieben.

Mit dem Lagercockpit, das ebenfalls in Kapitel 13 beschrieben ist, können Sie sich zum Beispiel die Torbelegung auch grafisch anzeigen lassen (siehe Abbildung 12.58).

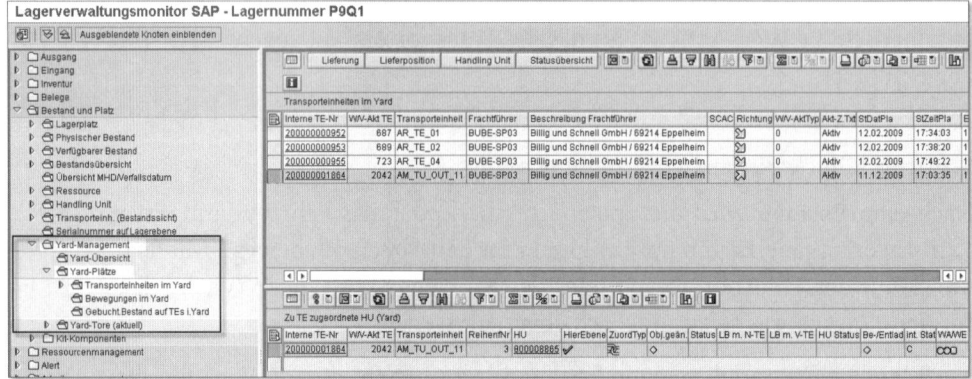

Abbildung 12.57 Anzeige von Transporteinheiten im Yard, selektiert nach einem bestimmten Frachtführer

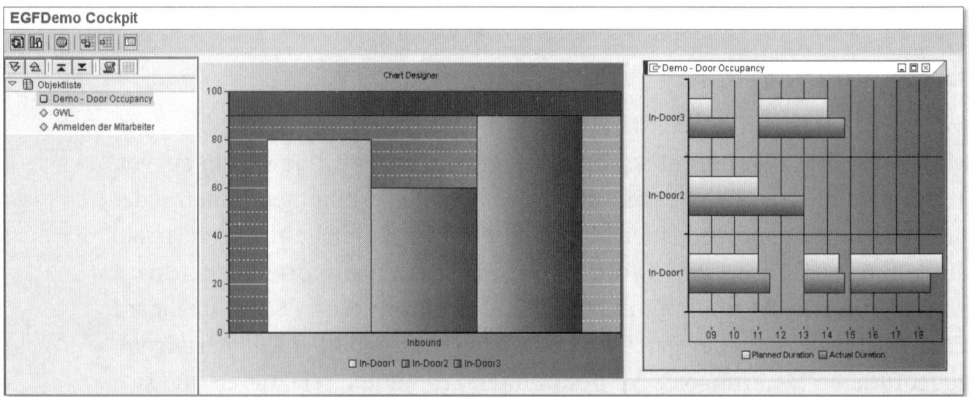

Abbildung 12.58 Grafische Darstellung der geplanten und aktuellen Torbelegung mit dem Lagercockpit

12.4.5 Zusammenfassung

Mit den EWM-Funktionalitäten des Yard Managements, die vollständig in die Lagerprozesse integriert sind, steuern und koordinieren Sie alle Bewegungen von Transporteinheiten und Fahrzeugen im Yard. Beladungseinheiten wie zum Beispiel Container und Wechselbrücken werden als Transporteinheiten abgebildet. Lkws können als Fahrzeuge im System definiert werden, wobei Sie einem Fahrzeug 1–n Transporteinheiten zuordnen können. Sie bilden Bewegungen von Transporteinheiten und Fahrzeugen anhand von Lageraufgaben ab und überwachen das Yard mit bereits vordefinierten Reports des Lagermonitors. Ein Yard wird in der Lagerstruktur definiert und kann für ein oder mehrere Läger verwendet werden.

12.5 Post Processing Framework und Formulardruck

In diesem Abschnitt beschreiben wir die Verwendung des *Post Processing Frameworks* (PPF), das in EWM an verschiedenen Stellen genutzt wird. Das PPF ist eine Softwarekomponente, die unabhängig von EWM auch in anderen Systemen Anwendung findet. Das PPF wurde von SAP entwickelt, um verschiedene Nachrichtenarten zu unterstützen, wie das Drucken von Formularen oder den Versand von E-Mails und Fax-Nachrichten.

EWM nutzt das PPF auch, um Folgeaktionen anzustoßen, wie das Erstellen von Lageraufgaben oder das Buchen des Warenein- oder -ausgangs. Das PPF sollten Sie immer dann verwenden, wenn Aktionen im Hintergrund gestartet und verbucht werden sollen oder müssen. Die Transaktion antwortet dadurch schneller, da die Logik, die auf das PPF ausgelagert wird, im Hintergrund gestartet und in einem anderen Prozess ausgeführt wird. Das heißt, für den Anwender verbessert sich die Antwortzeit (Performance) des Systems. Das PPF kann auch in Kundenprojekten vom Implementierungspartner verwendet werden, das heißt, es können neue Aktionen kundenspezifisch hinterlegt werden. Historisch gesehen, ersetzt das PPF die SAP ERP-Nachrichtensteuerung, die im Warehouse Management unter anderem zum Drucken oder zur IDoc-Verarbeitung verwendet wurde.

Eine zentrale Funktion des PPFs ist das Starten von Aktionen oder Funktionen im Hintergrund (zum Beispiel eines Workflows). Rund um diese Hintergrundverarbeitung bietet das PPF zusätzliche Funktionen, wie das Verwalten, Einplanen, Starten und Monitoren der Aktionen. Die Flexibilität des PPFs ist eine große Stärke von EWM, deshalb werden wir die unterschiedlichen Bereiche, in denen das PPF verwendet wird, im Detail erläutern.

Das PPF ist ein technisches Werkzeug für Entwickler und wird deshalb meist vom IT-Bereich konfiguriert und verwaltet. Endanwender aus dem Fachbereich haben im Arbeitsalltag nur selten mit dem PPF zu tun. Meist werden nur die Überwachungsoperationen zum Nachverfolgen der Aktionen ausgeführt.

12.5.1 Übersicht über das Post Processing Framework

In diesem Abschnitt möchten wir Ihnen die Grundbegriffe des PPFs erklären. Abbildung 12.59 gibt Ihnen eine Übersicht über die im Zusammenhang mit dem PPF verwendeten Objekte.

Eine Anwendung gruppiert alle Aktionen zusammen, die dann in dem jeweiligen Prozess ausgeführt werden können. Die Aktionen, wie das Erstellen von Lageraufgaben, sollte nur zu einem bestimmten Zeitpunkt stattfinden. Zum Beispiel sollten ggf. Lageraufgaben für die Einlagerung im Wareneingangsprozess nur zum Zeitpunkt stattfinden, wenn die Ware sich in der Wareneingangszone befindet und sie schon Wareneingang gebucht wurde. Die Geschäftslogik sollte also nur zu einem bestimmten Zeitpunkt eingeplant und gestartet werden. Im PPF stellen die Einplan- und Startbedingungen dies sicher.

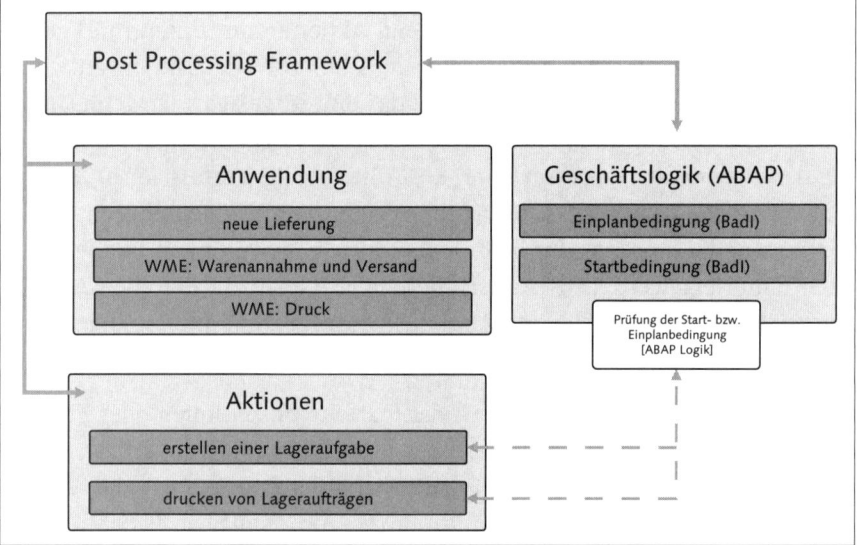

Abbildung 12.59 Übersicht über die für SAP EWM relevanten Objekte im PPF

Die verschiedenen Hintergrundoperationen sind im PPF bestimmten Bereichen zugeordnet. Um die Aktionen zu gruppieren, werden Anwendungen verwendet. Das heißt, das PPF fasst die Aktionen durch folgende Anwendungen/Bereiche zusammen:

▶ /SCDL/DELIVERY – Neue Lieferung

▶ /SCWM/SHP_RCV – Warenannahmen und Versand

▶ /SCWM/WME – Warehouse Management Engine

Jede dieser Anwendungen beinhaltet Aktionen, die anhand von verschiedenen Bedingungen eingeplant oder gestartet werden. Das Einplanen und/oder das Starten von Aktionen sind im PPF voneinander entkoppelt. Wird eine Aktion eingeplant, heißt dies nicht, dass sie automatisch gestartet wird. Das

Anstarten übernimmt eine weitere Regel (Bedingung) oder ein im Hintergrund einzuplanender Report. Dieser Report startet dann die Aktionen und stellt sicher, dass sie nicht mehrmals aufgerufen werden. Ohne eine Startbedingung kann der Zeitpunkt, zu dem eine Aktion ausgeführt wird, nur statisch oder durch den Report periodisch beeinflusst werden.

12.5.2 Administration des Post Processing Frameworks

Um die Administration des PPFs zu starten, führen Sie die Transaktion SPP-FCADM aus. Diese Transaktion beinhaltet sowohl das Pflegen von Stammdaten als auch das Erstellen von Konfigurationsdaten. Wie in Abbildung 12.60 zu erkennen ist, sind die verschiedenen Bereiche in EWM als Anwendungen gruppiert.

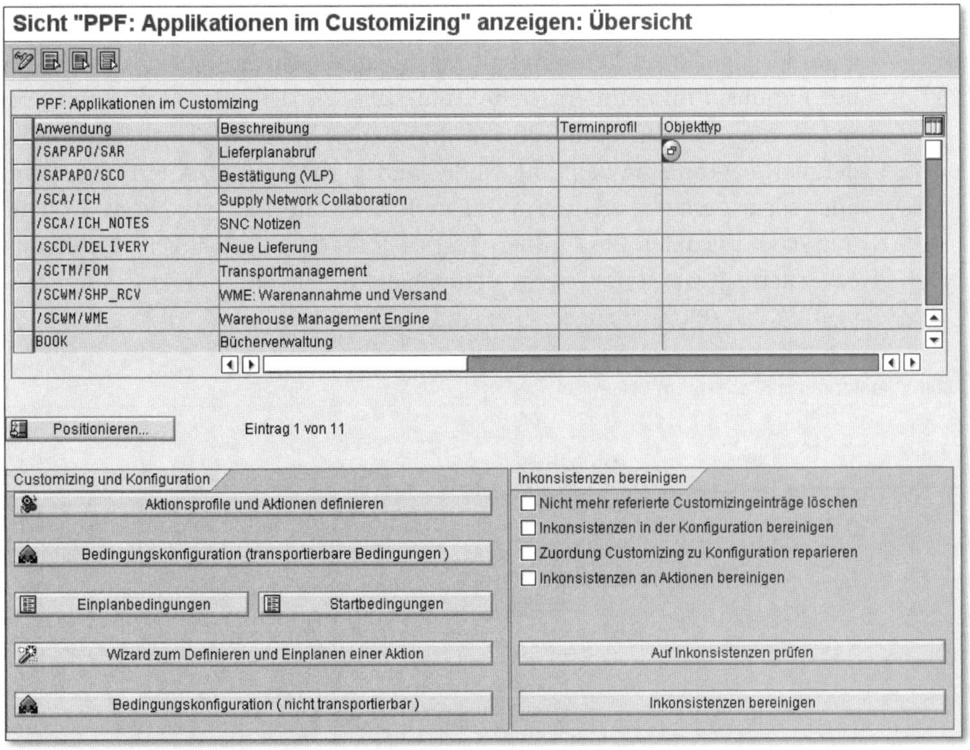

Abbildung 12.60 Administration des Post Processing Frameworks

Jede Anwendung enthält Aktionsprofile, die das Gruppieren von Aktionen und deren zusätzlichen Parametern ermöglichen. Das Aktionsprofil /SCDL/PRD_IN der Anwendung NEUE LIEFERUNG beinhaltet alle Aktionen rund um das Anlieferungsdokument. Die Aktionsdefinition beschreibt die verschiedenen Aktionen und legt fest, wann diese eingeplant und gestartet werden dürfen. Um eine neue Aktion im PPF-Framework zu erstellen und die bestehenden besser zu verstehen, werden wir in den folgenden Abschnitten die Schritte zum Erstellen einer neuen Aktion im Detail beschreiben.

Aktionsprofile und deren Aktionen definieren

Zum Definieren und Verwalten der PPF-Daten starten Sie die Transaktion SPPFCADM. Durch Auswählen der Zeile NEUE ANLIEFERUNG und durch Anklicken der Schaltfläche AKTIONSPROFILE UND AKTIONEN DEFINIEREN sehen Sie die Funktionen, die mit SAP EWM rund um die Lieferungsdokumente zur Verfügung stehen. Für jeden Lieferungsdokumententyp (wie zum Beispiel die Anlieferungsbenachrichtigung, die Anlieferung, die Auslieferungsanforderung, der Auslieferungsauftrag und die Auslieferung) wurde ein eigenes Aktionsprofil definiert (siehe Abbildung 12.61). Jedes Mal, wenn eine Anlieferung erstellt, geändert und gespeichert wird, wird geprüft, ob die definierte Aktion Anwendung findet und deshalb eine Aktion eingeplant oder sogar gestartet werden soll. Durch Klick auf die Zeile /SCDL/PRD_IN und das Auswählen des Ordners AKTIONSDEFINITION im linken Menübaum erkennen Sie die Aktionen, die dem Objekt ANLIEFERUNG über das Aktionsprofil /SCDL/PRD_IN zugeordnet sind.

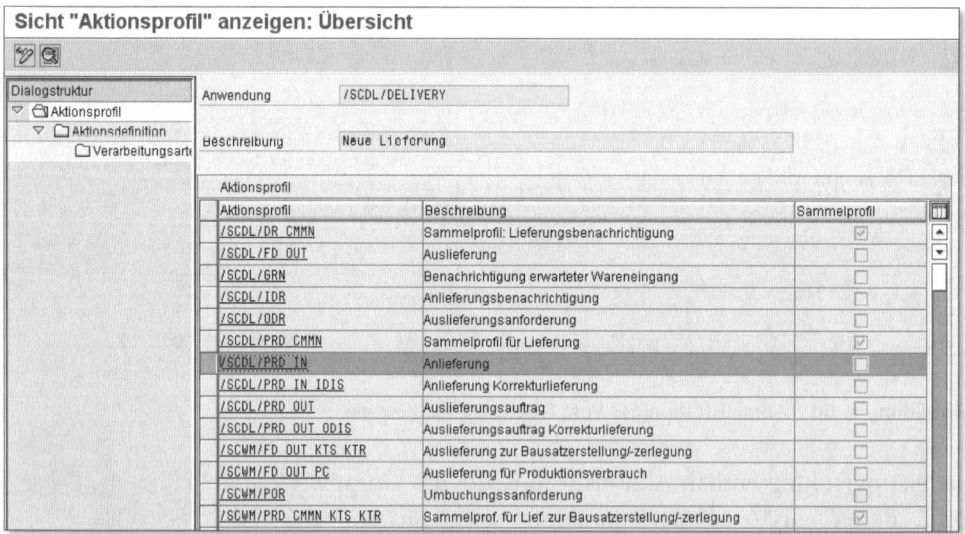

Abbildung 12.61 Lieferungsanwendung und deren Aktionsprofil

Die Aktionsdefinitionen beschreiben die Funktionen, die im Rahmen einer Anlieferung ausgeführt werden können (siehe Abbildung 12.62). Die automatische Erstellung von Lageraufgaben zum Einlagern der Ware wird mithilfe der Aktionsdefinition /SCWM/PRD_IN_TO_CREATE sichergestellt. Auch interessant ist die Aktionsdefinition /SCDL/MSG_PRD_IN_GR_SEND, die eine Nachricht an SAP ERP sendet, wenn eine Wareneingangsbuchung in EWM verbucht wurde.

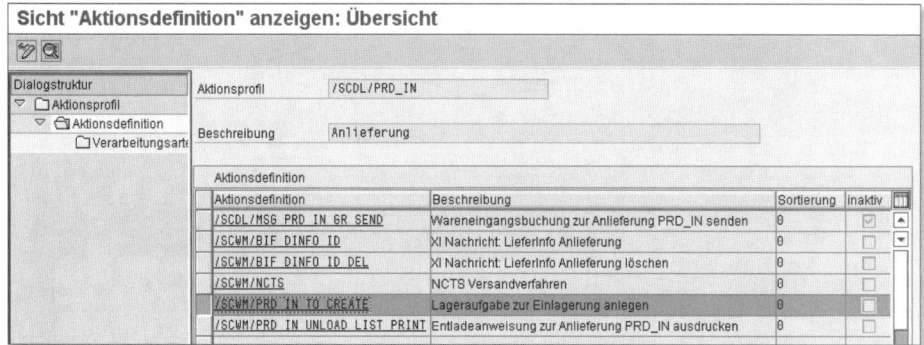

Abbildung 12.62   Anlieferungsprofil und dessen Aktionsdefinitionen

Falls eine Aktion zentral nicht benötigt wird, kann sie mittels des Kennzeichens INAKTIV deaktiviert werden. Das heißt, falls ein automatisches Erstellen von Lageraufgaben im Wareneingangsprozess nicht erforderlich ist oder gar nicht gewünscht wird, sollte die Aktion deaktiviert werden.

> **Löschen und Deaktivieren nicht genutzter PPF-Aktionen**
>
> Es ist empfehlenswert, alle PPF-Aktionen, die nicht benötigt werden, zu deaktivieren. SAP EWM wird mit einer Standard-Konfiguration ausgeliefert – dies bedeutet aber nicht, dass alle PPF-Aktionen im Kundenprojekt erforderlich sind. Dies hängt von den Anforderungen an das Lagerverwaltungssystem ab. Werden Aktionen, wie zum Beispiel das automatische Buchen des Wareneingangs, nicht benötigt, ist es sinnvoll, diese Aktionen zu deaktivieren, um Systemkapazitäten einzusparen und so die Performance zu verbessern.

Die Aktions- und Programmlogik, die für das Erstellen der Lageraufgabe verantwortlich ist, wird in der Unterstruktur VERARBEITUNGSARTEN definiert. Klicken Sie dazu auf die Aktionsdefinition /SCWM/PRD_IN_TO_CREATE in der Tabelle und im linken Menübaum auf den Ordner VERARBEITUNGSARTEN. Dort wird der Aktionsdefinition die Methode /SCWM/TO_CREATE zugeordnet (siehe Abbildung 12.63). Die Methode repräsentiert einen BAdI; das heißt, dort können Sie die Logik einsehen, erweitern oder überschreiben.

Durch Anklicken der Wertehilfe neben dem Feld METHODE können Sie die PPF-Methoden in EWM einsehen, die Sie sehr flexibel wiederverwenden können. Eine neue Methode können Sie über die Schaltfläche ANLEGEN erstellen. Sie müssen dann in einem BAdI die notwendige ABAP-Logik auskoppeln. Der Vorteil dieser Vorgehensweise ist, dass Sie die Logik auch für andere PPF-Aktionen modular wiederverwenden können.

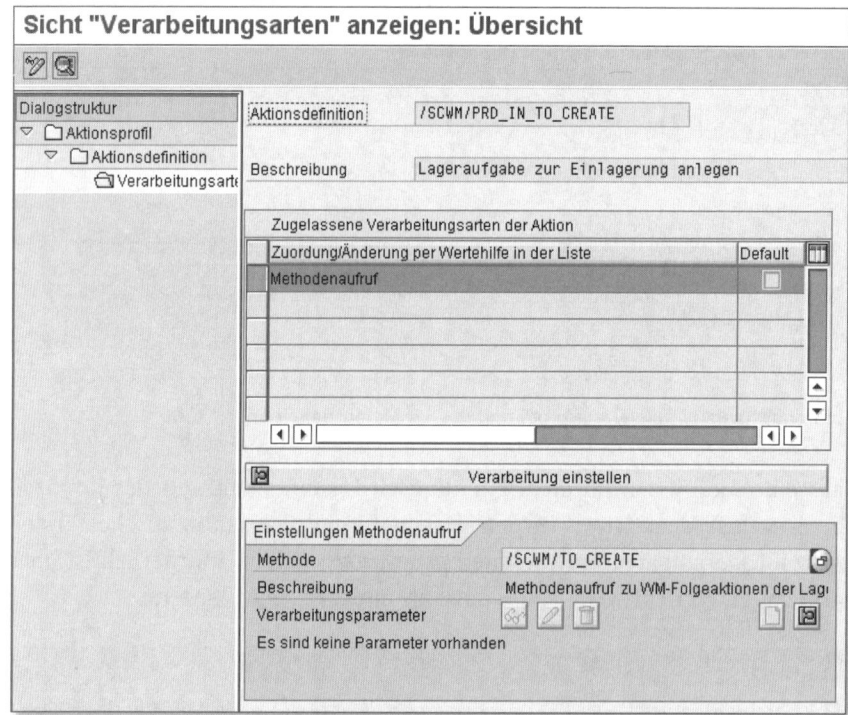

Abbildung 12.63 Aktionsdefinition zum Erstellen von Einlagerlageraufgaben und deren Methoden

---

Wiederverwenden von PPF-Methodenaufrufen

Möchten Sie eine neue Regel im PPF erstellen, die das automatische Buchen eines Wareneingangs für Anlieferungen übernimmt, ist die Pflege einer neuen Aktionsdefinition mit der PPF-Methode /SCWM/GM_POSTING notwendig. Die Aktionsdefinition sollte in dem Aktionsprofil für Anlieferungen /SCDL/PRD_IN erstellt werden. Die PPF-Methode verweist wiederum auf ein BAdI, das die Verbuchung der Warenbewegung übernimmt.

Falls bereits eine bestehende Aktionsdefinition existiert, die es zu kopieren gilt, um dort zum Beispiel die Einplanbedingung zu verändern, ist es auch möglich, die Aktion wie in Abbildung 12.63 zu kopieren und mit anderen Parametern auszuprägen.

Bedingungskonfiguration des Post Processing Frameworks

Die Definition des Aktionsprofils stellt sicher, dass eine Aktion ausgeführt werden kann. Zu dieser Aktionsdefinition müssen Sie eine Bedingungskonfiguration erstellen, um den Zeitpunkt der Ausführung zu definieren. Die Bedingungskonfiguration des PPFs gibt eine Gesamtübersicht über die PPF-Aktion, abhängig von der ausgewählten Anwendung. Mit Klick auf die Schaltfläche BEDINGUNGSKONFIGURATION (transportierbare Bedingungen) können Sie die Bedingungen konfigurieren.

Das Programm für die Pflege der Konfiguration unterteilt sich in drei Bereiche (siehe Abbildung 12.64). Im linken Bereich sehen Sie die Aktionsprofile, im rechten Bereich die Aktionsdefinition, das heißt, die verschiedenen Aktionen, die dem Aktionsprofil zugeordnet sind. Im unteren Bereich können Sie die Aktionen konfigurieren. Dort können Sie nochmals definieren, wann die Aktion eingeplant oder wann sie gestartet und welche Methode tatsächlich ausgeführt werden soll. Die Methode führt dann tatsächlich die Logik aus und legt zum Beispiel die Lageraufgaben oder ein Fahrzeug an.

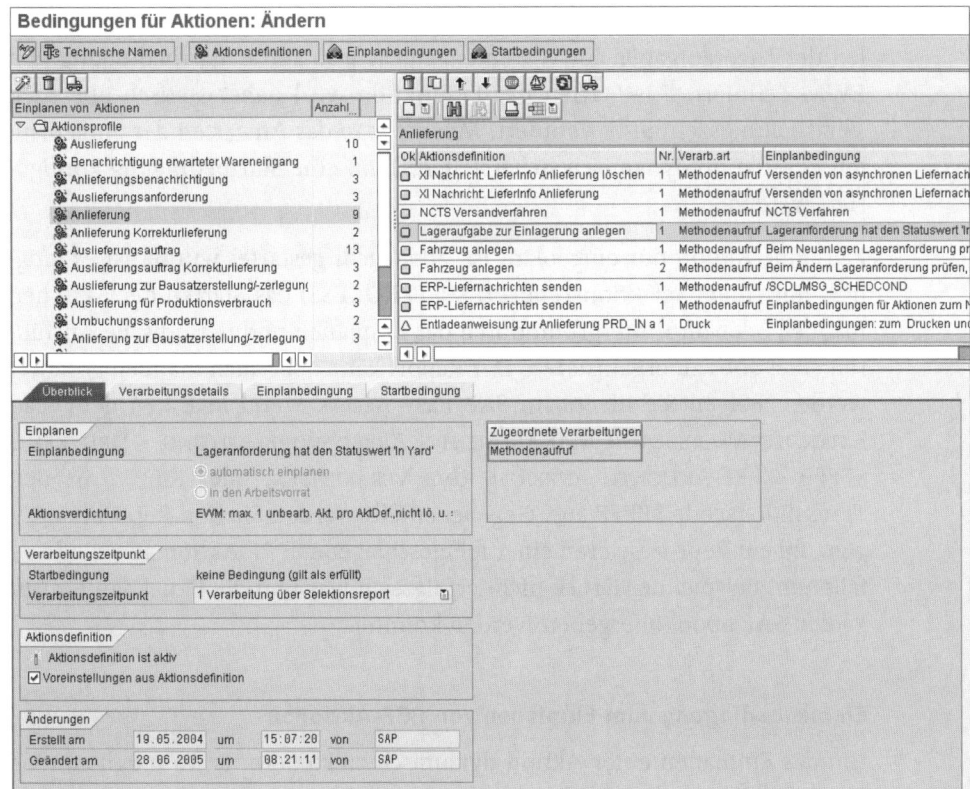

Abbildung 12.64 Post Processing Framework konfigurieren

Mit der Auswahl des Aktionsprofils im oberen Menübaum und dem Auswählen der Aktionsdefinition in der rechten Tabelle können erweiterte Einstellungen vorgenommen werden. Die Konfiguration ermöglicht es, für jede Aktion den Verarbeitungszeitpunkt oder die Einplan- und/oder Startbedingung zu definieren.

Verarbeitungszeitpunkt

Im Wareneingangsprozess werden die Lageraufgaben nicht automatisch erstellt. Sie werden durch die Standard-Konfiguration zwar eingeplant, die Erstellung wird jedoch erst durchgeführt, wenn ein Selektionsreport die Erstellung anstößt. Unabhängig davon, dass eine PPF-Aktion eingeplant wurde, kann ein Mitarbeiter die Erstellung der Lageraufgabe trotzdem manuell über die Transaktion /SCWM/TODLV_I anstoßen.

Falls eine Erstellung der Lageraufgaben automatisch erwünscht ist, muss der Verarbeitungszeitpunkt von 1. VERARBEITUNG ÜBER SELEKTIONSREPORT auf 2. SOFORTIGE VERARBEITUNG umgestellt werden.

Das Einplanen der Aktion übernimmt die Einplanbedingung. Für das Erstellen der Lageraufgaben im Wareneingang wurde keine Startbedingung von EWM definiert. Das Starten der PPF-Aktion wird daher statisch über den Verarbeitungszeitpunkt definiert. Möchte man das Anstarten der eingeplanten PPF-Aktion dynamisch sicherstellen, kann eine Startbedingung konfiguriert werden.

Falls eine Aktion nur eingeplant ist, aber nicht gestartet wurde, ist es möglich, mit einem Selektionsreport (RSPPFPROCESS) das Starten der Aktionen manuell oder im Hintergrund durch das Einplanen und periodische Ausführen eines Jobs zu organisieren. Der Report kann aber auch manuell gestartet werden. Folgen Sie hierzu im SAP Easy Access Menü in EWM dem Pfad EXTENDED WAREHOUSE MANAGEMENT • ARBEITSVORBEREITUNG • DRUCKEN • SPPFP – PPF-AKTIONEN ANZEIGEN UND VERARBEITEN, oder führen Sie den Transaktionscode SPPFP aus. Gegebenenfalls werden Sie den Report benötigen, um ein Reprozessieren einer fehlgeschlagenen PPF-Aktion anzustoßen – falls zum Beispiel der Druck nicht erfolgreich war und die Druckdaten nicht an den SAP Spool übergeben werden konnten.

Einplanbedingung zum Einplanen von PPF-Aktionen

Um das Einplanen einer Aktion dynamisch zu steuern, ist es möglich, eine Einplanbedingung zu konfigurieren. Die Logik, wann die Aktion tatsächlich eingeplant wird, wird über ein BAdI und die dazugehörige ABAP-Logik gesteuert. Zum Beispiel wird die Einplanbedingung /SCWM/WHR_IN_YARD verwendet, um die Aktion einzuplanen, die automatisch Lageraufgaben im Wareneingang erstellt.

Startbedingung zum Starten von PPF-Aktionen

Nachdem eine Aktion eingeplant wurde, wird geprüft, ob sie auch gestartet werden soll. Startbedingungen werden verwendet, wenn das Starten der Aktion dynamisch gesteuert werden soll. Für das Erstellen von Lageraufgaben wird im EWM-Standard keine Startbedingung verwendet.

Weitere Informationen zum PPF

Weitere Informationen zum PPF finden Sie im SAP Developer Network (*http://sdn.sap.com*). Dort finden Sie einen Implementierungsleitfaden, der weitere technische Informationen zum PPF enthält.

12.5.3 Drucken mit dem Post Processing Framework

Das PPF stößt an seine Grenzen, wenn es darum geht, die Anforderungen eines Lagers an das Drucken zu erfüllen: In einem Lager werden meist mehrere Drucker verwendet, weshalb eine Druckerfindung abhängig von Bereichen sichergestellt sein muss. Darüber hinaus sind weitere Informationen in Form von zusätzlichen Druckparametern, wie Anzahl der Ausdrucke, technischer Name des Druckprogramms oder Definition der Druckerqueue, notwendig. All diese Parameter müssen ebenfalls im System verwaltet werden.

Der *Formulardruck* wird in EWM daher nicht allein über das PPF gesteuert. Das PPF sorgt zwar dafür, dass der Druck angestoßen wird. Um aber die Vielzahl von zusätzlichen Parametern flexibel zu verwalten und so eine Druckerfindung sicherzustellen, wird in EWM zusätzlich die *SAP-Konditionstechnik* verwendet.

Die SAP-Konditionstechnik ist ein hochflexibles Werkzeug, um Parameter aus einem Feldkatalog zur Laufzeit zu vergleichen und um zu entscheiden, ob zum Beispiel ein Druck gestartet werden soll. Zusätzlich können Sie mithilfe der Konditionstechnik Parameter pflegen, die von den EWM-Programmen zur Laufzeit verwendet werden, wie den Namen des Druckprogrammes. Interessant bei der Konditionstechnik ist, dass Sie ohne Entwickelungsaufwand weitere Parameter spezifizieren können und diese dann zur Laufzeit berücksichtigt werden. Hierzu erstellt die Konditionstechnik automatisch und dynamisch im Hintergrund die notwendigen Objekte.

Das heißt, soll der Druck einer Kommissionierliste nicht nur abhängig vom Status der Lagerauftrages, dem Aktivitätsbereich oder der Lagerprozessart stattfinden, können Sie weitere Parameter aus dem Feldkatalog übernehmen und dann abhängig von diesen zum Beispiel unterschiedliche Kommissionierlisten von EWM drucken lassen.

Generell können Spooldaten in EWM abhängig von einer Lagernummer hinterlegt werden. Das Pflegen dieser Daten können Sie durch Ausführen der Transaktion /SCWM/60000431 sicherstellen. Sie können die Pflege auch über das SAP Easy Access Menü über den Pfad EXTENDED WAREHOUSE MANAGEMENT • ARBEITSVORBEREITUNG • DRUCKEN • EINSTELLUNGEN • LAGERABHÄNGIGE DRUCKPARAMETER PFLEGEN erreichen. Es ist möglich, unterschiedliche Spooldaten für die gleiche Lagernummer zu erstellen (siehe Abbildung 12.65). Sie können zum Beispiel direkt ein Ausgabegerät definieren oder festhalten, ob der Druck direkt ausgeführt werden soll und wie viele Exemplare gedruckt werden sollen.

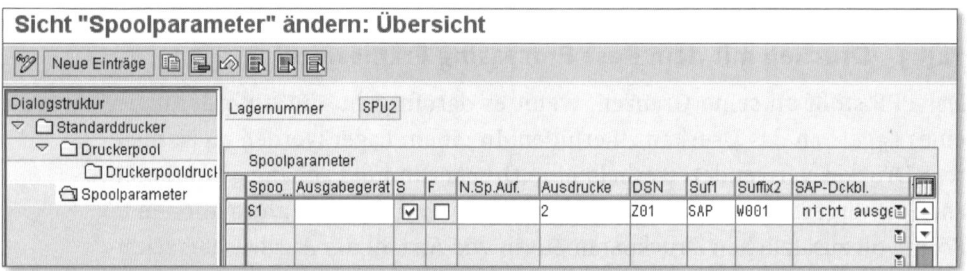

Abbildung 12.65 Lagerspezifische Spoolparameter pflegen

Wird der Druckprozess automatisiert, wie zum Beispiel beim Verwenden von Materialflussanlagen, muss der Druck dynamisch durchgeführt werden. Das heißt, eine Rechnung muss automatisch immer der richtigen Lieferung oder sogar dem richtigen Paket zugeordnet werden. Der tatsächliche Druck wird dann zurückgehalten und vom Materialflusssystem angesteuert. Das Verwenden von Präfixen für den Spoolnamen des Druckauftrags erleichtert diesen Vorgang.

In EWM können Sie für verschiedene Objekte Dokumente drucken, zum Beispiel für die HU, die Lageraufträge, Inventur-Dokumente oder LZL-Aufträge. Damit abhängig vom Dokumententyp zusätzlich lokationsabhängige Parameter berücksichtigt werden können, muss eine Konditionsfindung konfiguriert werden. Das bedeutet, Parameter, die im System hinterlegt werden, müssen dynamisch, abhängig von Bewegungsdaten, gefunden und verwendet werden.

Wir möchten in diesem Abschnitt anhand des Drucks einer Kommissionierliste die Konditionsfindung exemplarisch beschreiben. Die Kommissionierliste repräsentiert in unserem Beispiel einen Lagerauftrag mit mehreren Lageraufgaben.

Die Konditionsfindungsparameter oder Konditionssätze für Lageraufträge pflegen Sie im System mithilfe der Transaktion /SCWM/PRWO6. Die Pflege erreichen Sie auch über das SAP Easy Access Menü und den Pfad EXTENDED WAREHOUSE MANAGEMENT • ARBEITSVORBEREITUNG • DRUCKEN • EINSTELLUNGEN • KONDITIONSSÄTZE FÜR DRUCK ANLEGEN (LAGERAUFTRÄGE). Falls Sie andere Konditionssätze definieren möchten, können Sie auch die zentrale Transaktion /SAPCND/GCM starten. Diese wird dann *nicht* mit Default-Werten (wie durch die Transaktion /SCWM/PRWO6 mit Lagerauftragsparametern) vorbelegt.

Zum Pflegen von Konditionssätzen für den Druck von Lageraufträgen müssen Sie folgende Werte auf der ersten Bildschirmmaske pflegen, bevor Sie die Konditionssätze erfassen und in die Konditionspflege gelangen können:

▶ Applikation:PWO

▶ Pflegegruppe:PWO

▶ Pflegekontext:GCM

In Abbildung 12.66 sehen Sie, welche Felder Sie standardmäßig verwenden können, um das Drucken von Lageraufträgen zu beeinflussen. Die dynamische Konditionstechniktransaktion zeigt diese möglichen Felder in der Baumstruktur an. Durch Markieren des Feldes LAGERNUMMER und das Anklicken der Schaltfläche PAKET oberhalb des Menübaums ist es möglich, nach Konditionssätzen zu suchen, die der definierten Lagernummer entsprechen. Vorteil der Konditionstechnik ist, dass auch weitere Felder hinzugefügt werden können. Falls Sie weitere Parameter zur Konditionsfindung benötigen oder falls Sie dem Druckprogramm zusätzliche Parameter übergeben müssen, können Sie die Konditionstabelle im SAP-Customizing über den Menüpfad EXTENDED WAREHOUSE MANAGEMENT • PROZESSÜBERGREIFENDE EINSTELLUNGEN • KONDITIONSTECHNIK • FELDKATALOG ANLEGEN um weitere Felder erweitern. Notwendig ist es auch, Folgeschritte durchzuführen, die Sie in den benachbarten Customizing-Aktivitäten finden.

Reichen die standardmäßig konfigurierten Felder aus, ist die Pflege der richtigen Konditionssätze/-parameter der letzte Schritt, um den Druck einer Kommissionierliste anzustoßen.

Wie in Abbildung 12.66 dargestellt, ist es möglich, abhängig von einer Lagernummer, einem Aktivitätsbereich, dem Status der Lageraufträge und einer Lagerprozessart, die Druckerfindung zu steuern. Die Findungsparameter ermöglichen es, den Konditionssatz dynamisch zu finden. Die zusätzlichen Parameter, wie das Druckprogramm oder das definierte Druckprofil, das wir vorab der Lagernummer zugeordnet haben (wie in Abbildung 12.65 dargestellt), ermöglichen es, den Druckprozess flexibel zu gestalten.

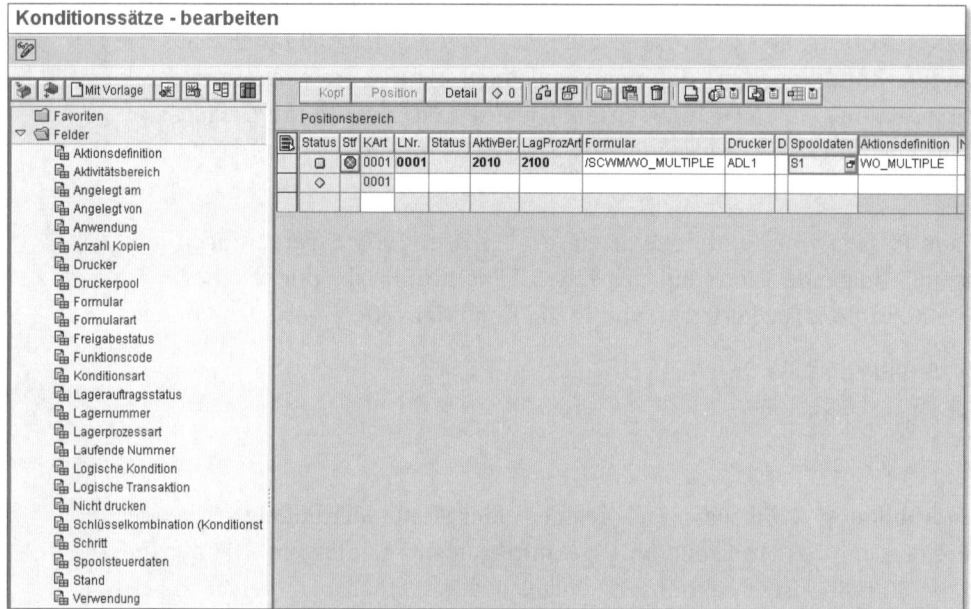

Abbildung 12.66　Einrichten der Konditionsparameter zum Drucken von Lageraufträgen

12.6　Berechtigungen

Durch eine wirksame Kontrolle der *Berechtigungen* und *Rollen* in EWM wird sichergestellt, dass die richtigen Personen die Aktivitäten, die sie durchführen müssen, um ihre Aufgaben im Lager zu erledigen, auch ausführen können.

Es gibt einige Konzepte in SAP EWM, die gleichermaßen auch in den anderen Bereichen in SAP SCM oder sogar anderen Komponenten, wie SAP ERP und SAP CRM, eingesetzt werden können. Unter diese Konzepte fallen die Themen Berechtigungen und Archivierung. Die Archivierung beschreiben wir in Abschnitt 12.7. Diese Konzepte werden in EWM zwar unterschiedlich umgesetzt, unterscheiden sich aber nicht im Grundsatz. Aus diesem Grund richten wir unser Augenmerk in diesem und dem nächsten Abschnitt auf die Themen, die EWM-spezifisch sind oder die Sie kennen sollten, um Entscheidungen während deren Umsetzung treffen zu können.

12.6.1 Berechtigungen und Rollen

Die Konzepte zur Steuerung von Berechtigungen und Rollen, die in SAP ERP, SAP SCM und anderen Komponenten gelten, werden auch in EWM genutzt. Das Berechtigungskonzept steuert nicht nur, auf welche Transaktionen der Anwender zugreifen kann, sondern auch die organisatorischen Ebenen, für die er eine spezifischen Tätigkeit ausführen darf. Diese Steuerung ermöglicht es Ihnen, sicherzustellen, dass jeder Einzelne in der Organisation Zugang zu den erforderlichen Tätigkeiten bekommt, um seine Arbeit auszuführen, aber keine Berechtigung für Tätigkeiten, die nicht zu seiner Arbeit gehören. Berechtigungen ermöglichen es Ihnen auch, eine angemessene Trennung der Aufgaben in einer Organisation zu gewährleisten. Diese Funktionstrennung ist ein wichtiger Grundsatz im Finanz- und Rechnungswesen in den meisten Ländern.

12.6.2 Berechtigungskonzept

Das Berechtigungswesen wird in SAP-Systemen gesteuert mit:

- Benutzer
- Rollen (Einzelrollen oder Sammelrollen)
- Berechtigungsprofilen (die aus einer Rolle generiert werden können)
- Berechtigungen
- Berechtigungsobjekten
- Berechtigungsfeldern

Im Zusammenspiel bestimmen diese Objekte, welcher Benutzer welche Transaktionen mit welchen Organisationsdaten ausführen kann. Innerhalb einer Transaktion kann das Berechtigungswesen bestimmen, welche Aktivitäten ausgeführt werden dürfen. Diese Objekte können pro Mandant angelegt werden und auch über das Transportsystem von einem Mandanten in einen anderen transportiert werden. In den nächsten Abschnitten besprechen wir diese Objekte im Detail.

Benutzername und Benutzerdaten

Jeder Benutzer hat im SAP-System einen Benutzernamen zugeordnet und sollte sich mit seinem eigenen Benutzernamen am SAP-System einloggen, um seine Aktivitäten auszuführen. Der Benutzer bestimmt sein eigenes Passwort und einige andere Daten, die mit seinem Benutzernamen zusammenhängen. Der Systemadministrationsverantwortliche dagegen ordnet benutzerspezifische Daten, wie Berechtigungen und Rollen, zu.

Einzelrollen

Eine Rolle erlaubt die Zuweisung von Genehmigungen und Logon-Menüs für mehrere Benutzer, die ähnliche Profile haben. Die Einzelrollen können direkt einer Benutzer-ID zugeordnet werden oder zuerst in einer Sammelrolle vereint und dann dem Benutzer zugeordnet werden.

Sie können einem Benutzer, der mehrere Tätigkeiten hat, auch verschiedene Einzelrollen zuordnen, wenn seine Berechtigung nicht mit anderen Benutzerprofilen übereinstimmt.

Sammelrollen

Eine Sammelrolle ist eine Bündelung von Einzelrollen und kann einem Benutzer zugeordnet werden. Mit Sammelrollen kann man auf einfache Weise mehrere Einzelrollen zu vielen Benutzern zuordnen. Auch können so zum Beispiel einem Poweruser mehrere Sammelrollen zugeordnet werden.

Berechtigungsprofile

Berechtigungsprofile werden für Rollen generiert. Bis das Berechtigungsprofil generiert ist, sind die Rollen, die dem Benutzer zugeordnet sind, nicht wirksam.

Berechtigungen

Mit den Berechtigungen kann man bestimmte Aktivitäten im SAP-System ausführen, basierend auf den Werten der Berechtigungsfelder. Berechtigungen werden dem Anwender übertragen durch die Zuweisung von aktiven Rollen, deren Berechtigungsprofile generiert wurden.

Berechtigungsobjekte

Ein Berechtigungsobjekt ist eine Sammlung von Feldern, deren Werte gebraucht werden, um die Berechtigungen zu bilden. Berechtigungsobjekte werden benötigt, um, basierend auf einer Kombination verschiedener Konditionen, komplexe Berechtigungen zu checken.

Berechtigungsfelder

Die Berechtigungsfelder sind die einzelnen Felder, deren Werte während einer Prüfung auf ein Berechtigungsobjekt verwendet werden.

12.6.3 Berechtigungssteuerung in SAP EWM

Der einfachste Weg, Berechtigungen für Benutzer in EWM zu kontrollieren, wäre, den einzelnen Benutzern eine oder mehrere Einzelrollen zuzuordnen (im folgenden Abschnitt finden Sie eine Liste von EWM-Rollen, die im Standard mitgeliefert werden). Darüber hinaus ist es möglich, bestimmte Rollen zu Sammelrollen zusammenzufassen, um so individuelle Berechtigungsanforderungen für bestimmte Tätigkeiten in Ihrer Organisation abzudecken.

In diesem Fall sollten Sie am besten eine Standard-Rolle kopieren und diese anschließend abändern. Wenn Sie eine neue Rolle anlegen oder kopieren, können Sie die Berechtigung auf Organisationsebene (zum Beispiel auf Ebene der Lagernummer) oder für bestimmte Werte wie die Lieferart definieren. Danach kann für die neue Berechtigung das Berechtigungsprofil der Rolle zugeordnet werden.

Zusammen mit dem Berechtigungsteam sollten Sie bestimmen, welche Rollen definiert werden sollten, welche Berechtigungen gecheckt werden müssen und an welche Benutzer welche Berechtigungen vergeben werden sollten.

12.6.4 Rollen im SAP EWM-Standard

Es gibt verschiedene Standard-Rollen, die mit EWM ausgeliefert werden, die Sie direkt einsetzen oder als Vorlage kopieren können, um eigene Rollen zu erstellen, die den Anforderungen Ihrer Organisation entsprechen. Die in Tabelle 12.2 aufgeführten Rollen sind standardmäßig in EWM enthalten.

Rolle	Beschreibung
/SCWM/SUPERVISOR	EWM: Lagerleiter
/SCWM/EXPERT	EWM: Lagerexperte
/SCWM/INBD_SPECIALIST	EWM: Lagerfachkraft für Wareneingang
/SCWM/OUTBD_SPECIALIST	EWM: Lagerfachkraft für Warenausgang
/SCWM/YARD_SPECIALIST	EWM: Lagerfachkraft für Yard Management
/SCWM/WORKER	EWM: Lagerarbeiter

Tabelle 12.2 Rollen im SAP EWM-Standard

Rolle	Beschreibung
/SCWM/INVENTORY_PLANNER	EWM: Inventurplaner
/SCWM/COUNTER	EWM: Inventurzähler
/SCWM/INFORMATION	EWM: Anzeige von Lagerinformationen
/SCWM/ERP_EWM_INTEGRATION	EWM: SAP ERP-Integration
/SCWM/LM_PLANNER	EWM: Arbeitsplaner
/SCWM/LM_SPECIALIST	EWM: Lagerfachkraft für Arbeitsmanagement
/SCWM/ANALYST	EWM: Lageranalyst
/SCWM/IDM_EWM_INTEGRATION	EWM: Identity-Management-Integration

Tabelle 12.2 Rollen im SAP EWM-Standard (Forts.)

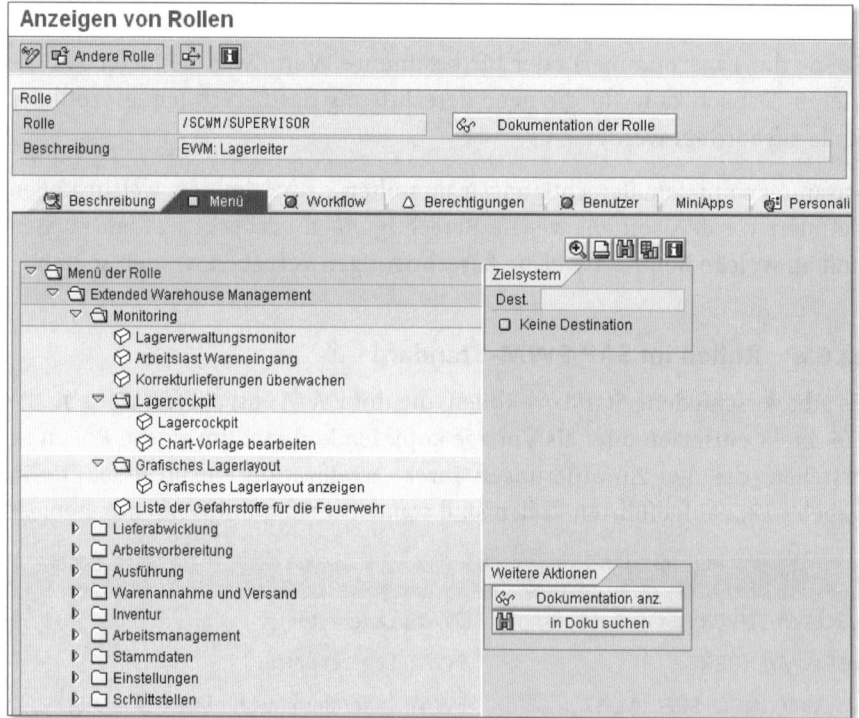

Abbildung 12.67 Registerkarte »Menü« in der Rollenpflege, die die zugeordneten Transaktionen zeigt

Um zu überprüfen, welche Berechtigungen zu einer Rolle gehören, folgen Sie im SAP Easy Access Menü dem Menüpfad Werkzeuge • Administration

• Benutzerpflege • Rollenverwaltung • Rollen, oder verwenden Sie den Transaktionscode PFCG. Um zu sehen, welche Transaktionen für die Rolle erlaubt sind, wählen Sie den Rollennamen und dann die Registerkarte Menü (siehe Abbildung 12.67).

Um die vorhandenen Rollen zu sehen, können Sie entweder die Suchhilfe (mit Funktionstaste F4) im Feld Rolle der Transaktion PFCG verwenden, oder Sie können die Reports im Informationssystem benutzen. Zum Beispiel können Sie im Informationssystem mit verschiedenen Selektionskriterien, zum Beispiel den der Rolle zugewiesenen Transaktionen, Rollen suchen. Um zum Informationssystem zu gelangen, folgen Sie dem Menüpfad Werkzeuge • Administration • Benutzerpflege • Rollenverwaltung • Rollen im SAP Easy Access Menü oder verwenden den Transaktionscode S_BCE_68001425.

Um die detaillierten Berechtigungsdaten einer Rolle anzuzeigen, wählen Sie die Registerkarte Berechtigungen und dort die Schaltfläche Berechtigungs- daten anzeigen (siehe Abbildung 12.68). Beachten Sie, dass in den Stan- dard-Rollen keine Zuordnungen von Feldern auf Organisationsebene gemacht worden sind. Somit sollten Sie also zuerst eine Standard-Rolle kopieren, wenn Sie Berechtigungen auf Organisationsebene, wie die Lager- nummer, vergeben möchten.

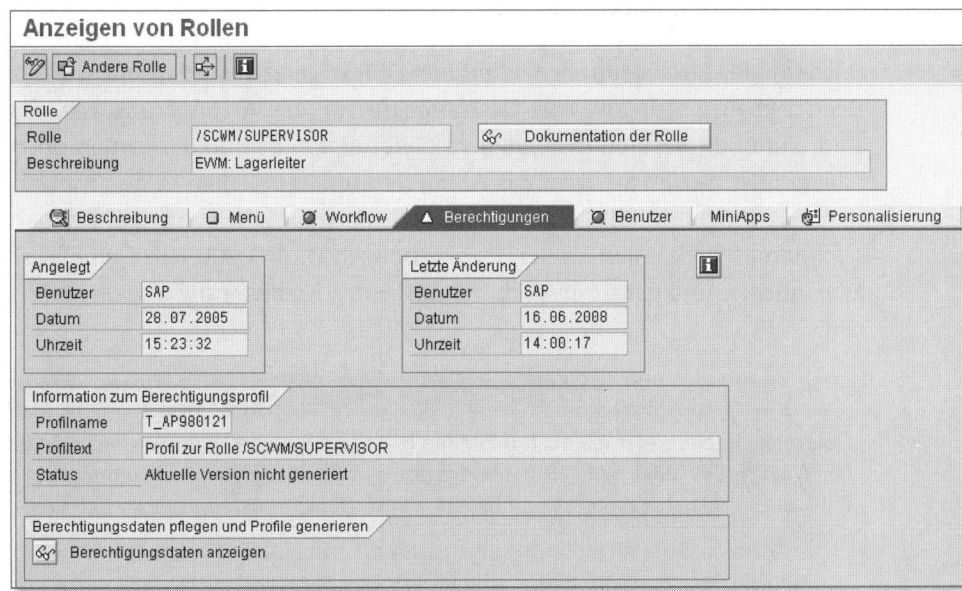

Abbildung 12.68 Registerkarte »Berechtigungen« in der Rollenpflege

12.7   Archivierung

Die *Archivierung* hilft Ihnen dabei, die Leistung eines Systems zu verbessern, indem alte Daten aus dem System entfernt werden und somit Ihr System mit voller Geschwindigkeit arbeiten kann.

Während der Datenarchivierung entfernen Sie Daten aus dem System, die dann von der Datenbank auf ein anderes Medium gespeichert werden, um einen späteren Zugriff zu ermöglichen. Um sicherzustellen, dass alle relevanten Daten aus den richtigen Tabellen weggeschrieben werden, bietet SAP NetWeaver Methoden zur Archivierung der Daten über *Archivierungsobjekte* an. Die Archivierungsobjekte stimmen mit den funktionalen Prozessen und Daten überein.

Zum Archivieren von Objekten müssen Sie drei Schritte ausführen:

1. Zuerst werden die Datenobjekte in einen Archivierungsbestand geschrieben.

2. Dann werden diese Daten aus der Datenbank entfernt.

3. Zuletzt wird die Archivdatei auf einem anderen Datenträger gespeichert, zum Beispiel auf einem Archivierungssystem oder einem Band.

Unter Umständen müssen Sie für die individuellen Objekte vorbereitende Schritte ausführen: Zum Beispiel kann es sein, dass ein Archivierungskennzeichen oder Löschkennzeichen auf das Objekt gesetzt werden muss. Diese Kennzeichen zeigen, welche Datenobjekte für die Archivierung relevant sind. Zum Beispiel sind das Daten zu Lieferungen, deren Lieferdatum überschritten ist. Setzen Sie dazu das Archivierungskennzeichen in der Transaktion /SCDL/BO_ARCHIVE. Dort können Sie auch nach Belegtyp und Belegart selektieren. Sie können zu der Transaktion /SCDL/BO_ARCHIVE eine Variante anlegen und dann zur Vorbereitung einer Archivierung als Job einplanen.

> **Kopierte Daten archivieren**
>
> Daten, die kopiert oder über Schnittstellen in andere Systeme (zum Beispiel in SAP NetWeaver BW oder SAP ERP) übertragen wurden, werden nicht automatisch über die Archivierungsobjekte archiviert. Diese Daten müssen separat archiviert werden.

In EWM werden mehrere Standard-Archivierungsobjekte angeboten. Dazu zählen vor allem Objekte, die üblicherweise für das größte Wachstum der

Datenbanken verantwortlich sind, wie zum Beispiel Lageraufträge, Lageraufgaben, Anlieferungsbenachrichtigungen, Auslieferungsanforderungen, Auslieferungsaufträge und LZL-Aufträge. Eine Liste der Standard-Objekte finden Sie in der SAP-Online-Hilfe unter *http://help.sap.com* oder über die Suchhilfe auf das Feld ARCHIVIERUNGSOBJEKT in der Transaktion SARA (siehe Abbildung 12.69).

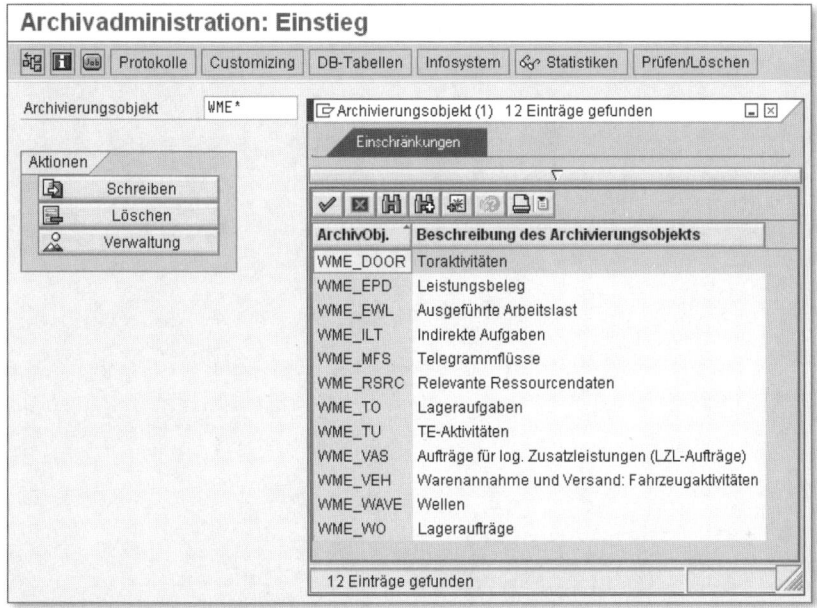

Abbildung 12.69 SAP EWM-spezifische Archivierungsobjekte

Bei der Implementierung sollten Sie die Lebensdauer der Daten für die einzelnen Objekte bestimmen und auf dieser Basis Ihre Archivierungsstrategie entwickeln, um so eine gute Performance des Systems und eine sichere Ablage alter Daten zu gewährleisten.

12.8 Zusammenfassung

In diesem Kapitel haben wir Ihnen die bereichsübergreifenden Prozesse und Funktionen in EWM vorgestellt. Hierzu haben wir die logistischen Zusatzleistungen, die Kit-Bildung, das Arbeitsmanagement und das Yard Management beschrieben. Technische Themen wie das Post Processing Framework, das Drucken in EWM, die Berechtigungspflege oder die Archivierung von Dokumenten haben wir Ihnen ebenso vorgestellt.

In Kapitel 13, »Monitoring und Reporting«, zeigen wir Ihnen, wie Sie in EWM Ihre Prozesse überwachen können. Zudem führen wir aus, wie Sie grafische Lagercockpits erstellen können, damit Ihre Mitarbeiter auf Bildschirmen den Fortschritt und die aktuelle Arbeitslast im Lager schnell einsehen können. Mit dem grafischen Lagerlayout bekommen Sie zudem eine zweidimensionale Grafik des Lagerinneren.

EWM stellt für das Monitoring von Lageraktivitäten mit dem Lagerverwaltungsmonitor, dem Lagercockpit sowie dem grafischen Lagerlayout verschiedene Werkzeuge zur Verfügung. Außerdem bietet EWM Extraktoren für das Reporting der Lageraktivitäten in SAP NetWeaver BW.

13   Monitoring und Reporting

In EWM gibt es verschiedene Möglichkeiten, um sich einen kompletten und aktuellen Überblick über die Lageraktivitäten zu verschaffen:

- **Lagerverwaltungsmonitor**
  Der Lagerverwaltungsmonitor zeichnet sich durch eine Vielzahl vordefinierter Reports für verschiedene Prozesse und Belege als zentrales Steuer- und Kontrollinstrument aus, das darüber hinaus die Zuordnung, Initiierung und Steuerung von Arbeitsabläufen ermöglicht.

- **Lagercockpit**
  Das Lagercockpit basiert auf dem *Easy Graphics Framework*, einem Werkzeug, das die Mittel bereitstellt, um auf einfache Weise Cockpits zu konfigurieren. Mit diesen Cockpits können Sie Lagerkennzahlen grafisch anzeigen und sie als Ergänzung zum textbasierten Lagerverwaltungsmonitor verwenden.

- **Grafisches Lagerlayout**
  Das grafische Lagerlayout stellt das Lagerinnere inklusive der Bestandssituation und Informationen zu den Lagerplätzen und den Ressourcen, die aktuell im Lager arbeiten, als zweidimensionale Grafik dar.

Sowohl das Lagercockpit als auch das grafische Lagerlayout bieten eine Auto-Refresh-Funktion, sodass stets aktuelle Informationen verfügbar sind.

Neben diesen Werkzeugen stellt EWM auch vordefinierte DataSources zur Verfügung, um Daten, zum Beispiel ausgeführte Arbeitslast, logistische Zusatzleistungen, Lageraufträge usw., in SAP NetWeaver Business Warehouse (BW) zu extrahieren. In BW können Sie die übertragenen Daten analysieren, um auf Basis der Ergebnisse Geschäftsprognosen abzuleiten, die zum Beispiel für eine Langzeitplanung Ihres benötigten Personals notwendig sind. In diesem Kapitel werden die verschiedenen Monitoring- und Reporting-Funktionalitäten für EWM näher beschrieben.

13.1 Lagermonitor

Der *Lagerverwaltungsmonitor* (kurz: *Lagermonitor*) ist ein Werkzeug, mit dem Sie sich über die aktuelle Situation im Lager informieren können. Er liefert Informationen zu den verschiedenen Prozessschritten im Warenein- und -ausgang, der Inventur, zum Ressourcen- und Arbeitsmanagement, zu Lagerbeständen sowie zu Lageraufträgen und -aufgaben. Der Lagermonitor verfügt zudem über Funktionen zur Alert-Überwachung, die aktuelle und potenziell problematische Situationen im Lager hervorheben, und bietet Methoden zur Durchführung von Korrekturmaßnahmen. Darüber hinaus lässt er sich flexibel personalisieren, indem eigene Layouts und Reports definiert werden können. In den folgenden Abschnitten stellen wir den Aufbau des Lagermonitors vor und beschreiben, welche Methoden zur Verfügung stehen, um den Monitor entsprechend Ihren Geschäftsanforderungen zu personalisieren.

13.1.1 Überblick über den Lagermonitor

SAP liefert im Standard für verschiedene Geschäftsprozesse eine Vielzahl von Reports aus, zum Beispiel im Wareneingang je nach Prozessschritt Reports für die Entladung, die Dekonsolidierung, die Qualitätsprüfung und zur Einlagerung. Für die Steuerung des Warenausgangsprozesses stehen Reports für die verschiedenen Prozessschritte inklusive der Kommissionierung, des Kittings, des Verpackens und Beladens zur Verfügung. Neben der Selektion und Darstellung von Prozess- und Belegdaten bietet der Lagermonitor durch *Methoden* (zum Beispiel Quittierung von Lageraufgaben, Änderung der Queuezuordnung zu Ressourcen usw.) die Möglichkeit, zentral in den operativen Ablauf einzugreifen.

Der Lagermonitor basiert auf einem Framework, das es ermöglicht, einfach und flexibel modifikationsfreie Anpassungen und Erweiterungen des Standard-Monitors vorzunehmen. Darüber hinaus haben Sie die Möglichkeit, auf Basis Ihrer Geschäftsanforderungen einen eigenen Monitor mit eigens programmierten Reports und Methoden anzulegen. In den folgenden Abschnitten werden wir detailliert auf die verschiedenen Anpassungs- und Erweiterungsmöglichkeiten eingehen.

Den Lagermonitor rufen Sie mit der Transaktion /SCWM/MON auf, die Sie im SAP Easy Access Menü in EWM unter Monitoring finden. Abbildung 13.1 zeigt den Aufbau und die Struktur des Lagermonitors am Beispiel der Anzeige von Lageraufträgen.

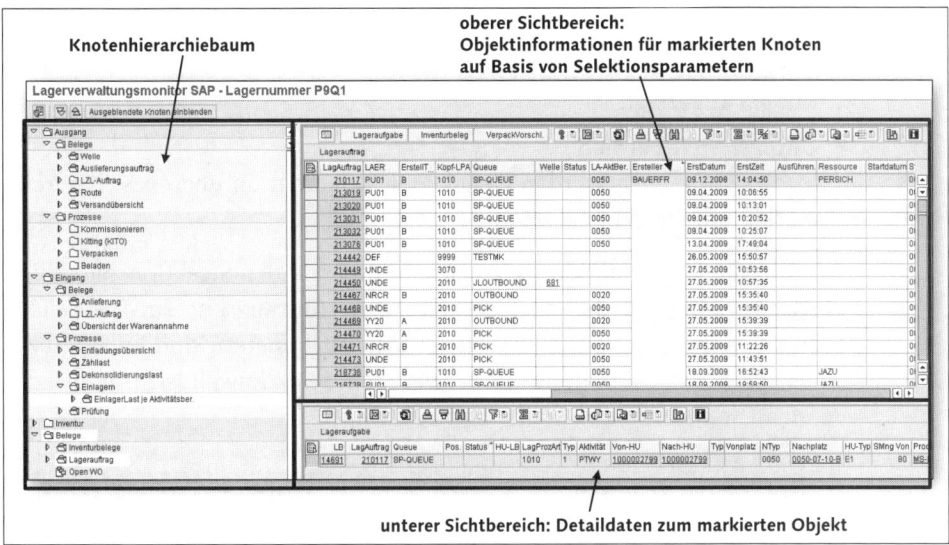

Abbildung 13.1   Aufbau und Struktur des Lagermonitors

Das Layout des Monitors besteht aus drei Teilbereichen, deren Größe flexibel angepasst werden kann:

▶ **Knotenhierarchiebaum**

Dieser Bereich dient ausschließlich der Navigation und enthält vordefinierte hierarchisch strukturierte Knoten, die grundsätzlich in prozess- der belegorientierte Knoten klassifiziert bzw. gruppiert sind. Belegorientierte Knoten enthalten Knoten für verschiedene Objektklassen (zum Beispiel Welle, Lagerauftrag, LZL-Auftrag, Route usw.), die Ihnen abhängig von den Selektionsparametern Detailinformationen zu den verschiedenen Objekten anzeigen, während prozessorientierte Knoten Detailinformationen zum Prozessschritt in Form von Kennzahlen (zum Beispiel Anzahl Lageraufträge, Gesamtgewicht) bereitstellen. Die Knoten können in zwei Arten unterteilt werden:

▶ *Klassifizierungsknoten* (zum Beispiel Ausgang) gruppieren Unterknoten. Diese Unterknoten können ebenfalls Klassifizierungsknoten sein (zum Beispiel Belege, Prozesse) oder Ausführungsknoten beinhalten.

> ▶ *Ausführungsknoten* (zum Beispiel Welle) werden auf Basis entsprechender Selektionsparameter für die Auswahl von Objekten verwendet und sind als offener Order im Hierarchiebaum ersichtlich. Ausführungsknoten können beleg- oder prozessorientiert sein.

▶ **Oberer Sichtbereich**
In diesem Bereich werden in Abhängigkeit von den von Ihnen definierten Selektionsparametern die Objektinformationen zu einem bestimmten Knoten angezeigt.

▶ **Unterer Sichtbereich**
In diesem Bereich werden Detaildaten zu einem im oberen Sichtbereich markierten Objekt angezeigt.

Zur Eingabe von Selektionsparametern öffnen Sie den Selektionsbildschirm mit Doppelklick auf den entsprechenden Ausführungsknoten. Die Selektionsmasken mit den verschiedenen Selektionsparametern sind knoten- bzw. objektspezifisch. Abbildung 13.2 zeigt den Selektionsbildschirm für den Bereich LAGERAUFTRAG.

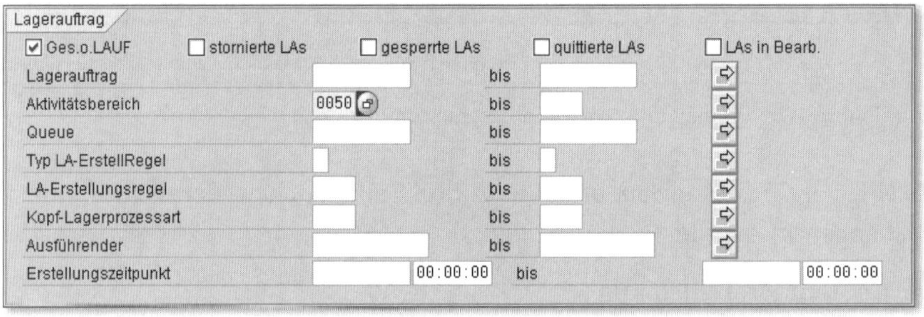

Abbildung 13.2 Selektionsbildschirm für Lageraufträge

Auf Basis der in Abbildung 13.2 definierten Selektionsparameter (offene Lageraufträge in Aktivitätsbereich 0050) werden im oberen Sichtbereich alle entsprechenden Lageraufträge angezeigt. Detailinformationen zu den einzelnen Objekten (zum Beispiel Anzeige aller Lageraufgaben, die dem Lagerauftrag zugeordnet sind) werden im unteren Sichtbereich angezeigt. In beiden Bereichen ist es möglich, analog zu vielen EWM-Transaktionen zwischen der List- und Formularsicht zu wechseln. Je Monitorbereich haben Sie für die markierten Objekte verschiedene Interaktionsmöglichkeiten:

Sie können zum einen zu verschiedenen Transaktionen zur Anzeige von Detaildaten und zu verknüpften Belegen (zum Beispiel Transaktion /SCWM/WAVE – Welle pflegen) für das markierte Objekt navigieren. Die Navigationsmöglichkeiten sind knoten- bzw. objektklassenspezifisch und bestehen nur für Belegknoten. In Abbildung 13.3 sehen Sie die verschiedenen Navigationsmöglichkeiten am Beispiel des Lagerauftrags. Dabei haben Sie folgende Möglichkeiten:

▶ **LA splitten**
Navigation in der Transaktion /SCWM/TO_CONF zum Lagerauftrag, von dem gesplittet wurde

▶ **Welle**
Navigation in der Transaktion /SCWM/WAVE zur freigegebenen Welle

▶ **Lagerauftrag**
Navigation in der Transaktion /SCWM/TO_CONF zum Lagerauftrag

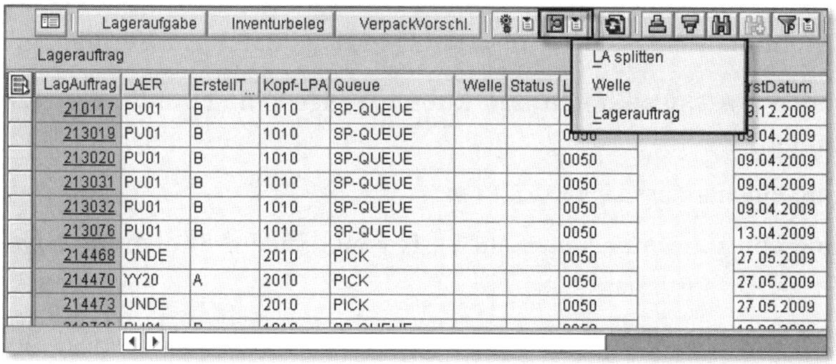

Abbildung 13.3 Navigationsmöglichkeiten für den Lagerauftrag

Zum anderen finden Sie Methoden zur Steuerung und Verwaltung der markierten Objekte. In Abbildung 13.4 sehen Sie verschiedene Methoden, die zur Verfügung stehen, um Lageraufträge zu bearbeiten, zum Beispiel das Sperren oder Entsperren, das Stornieren oder Vereinigen von Lageraufträgen.

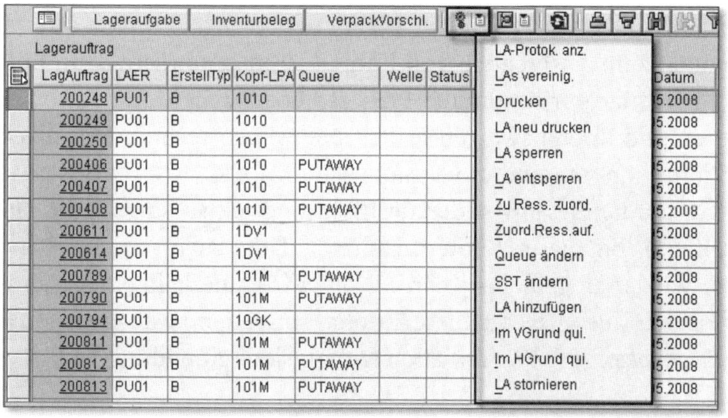

Abbildung 13.4 Beispiele verfügbarer Methoden für Lageraufträge

Darüber hinaus stehen Ihnen die SAP List Viewer-Methoden, zum Beispiel die Sortierung, das Filtern, die Layoutverwaltung und das Exportieren von Daten in Office-Anwendungen, zur Verfügung.

In den nächsten Abschnitten stellen wir die verschiedenen Möglichkeiten zur Personalisierung des Lagermonitors vor.

13.1.2 Anpassung und Erweiterung des Lagermonitors

Sie können den Lagermonitor flexibel an Ihre Geschäftsanforderungen anpassen. Dabei können Sie einen komplett neuen Monitor mit eigenen Reports und Methoden erstellen oder den SAP-Standard-Monitor für alle oder bestimmte Anwender anpassen oder erweitern. Für die Anpassung des Standard-Monitors stehen Ihnen folgende Funktionalitäten zur Verfügung:

- Ausblenden einzelner Knoten und Knotenzweige (Knoten mit mehreren Unterknoten)
- Erstellung eigener *Selektionsvarianten*
- Erstellung von *Variantenknoten* auf Basis von Standard-Knoten mit zugeordneter Selektionsvariante
- Erstellung eigener Knoten für eigene oder *Standard-Objektklassen* mit Zuordnung von eigenen bzw. Standard-Methoden
- Erstellung eigener Methoden mit Zuweisung zu Standard-Knoten bzw. eigenen Knoten

In den folgenden Abschnitten beschreiben wir die verschiedenen Anpassungs- und Erweiterungsmöglichkeiten im Detail.

Knoten ausblenden

Die Funktionalität zum Ausblenden von Knoten ist insbesondere dann hilfreich, wenn Anwender nur bestimmte Prozesse überwachen. Das Ausblenden von Knoten und Knotenzweigen erfolgt über einen rechten Mausklick auf den markierten Knoten und die Optionswahl KNOTEN AUSBLENDEN. Das Ausblenden von Knoten ist anwenderspezifisch und gilt so lange (auch sitzungsübergreifend), bis dieser Knoten explizit auf die zuvor beschriebene Art und Weise wieder eingeblendet wird. Wollen Sie innerhalb einer Monitorsitzung dennoch auf ausgeblendete Knoten zugreifen, wählen Sie die Schaltfläche AUSGEBLENDETE KNOTEN EINBLENDEN (siehe Abbildung 13.5).

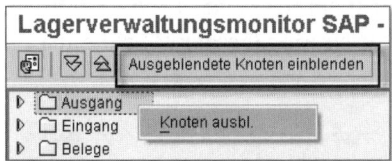

Abbildung 13.5 Ein- und Ausblenden von Monitorknoten

Wenn Sie Knoten anwenderübergreifend ausblenden wollen, müssen Sie Einstellungen im Customizing vornehmen.

Selektionsvarianten erstellen

Das Erstellen von Selektionsvarianten spart Zeit bei der Verwendung des Monitors insbesondere dann, wenn Ihre Selektionsparameter für bestimmte Knoten oftmals die gleichen sind. Die verschiedenen Schritte und Möglichkeiten zur Erstellung einer Selektionsvariante wollen wir anhand eines Beispiels darstellen.

Beispiel

Anzeige aller offenen Lageraufträge für den Aktivitätsbereich 0050, die in den vergangenen fünf Arbeitstagen erstellt wurden.

Um Selektionsvarianten zu erstellen, gehen Sie folgendermaßen vor:

1. Klicken Sie mit der rechten Maustaste auf den markierten Ausführungsknoten LAGERAUFTRAG, und wählen Sie die Option SELEKTIONSKRITERIEN EINSTELLEN (siehe Abbildung 13.6).

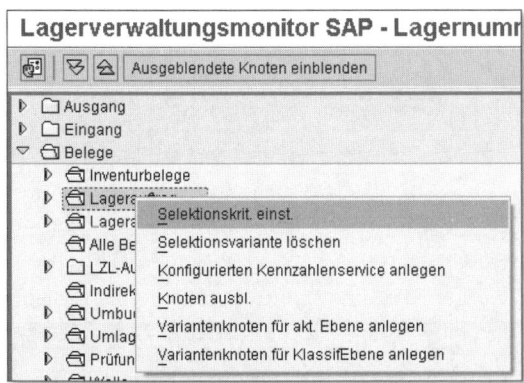

Abbildung 13.6 Selektionsvariante erstellen

2. In Abbildung 13.7 werden die Selektionsparameter GES.O.LAUF (Offene Lageraufträge) und AKTIVITÄTSBEREICH durch Eingabe der Werte entsprechend spezifiziert.

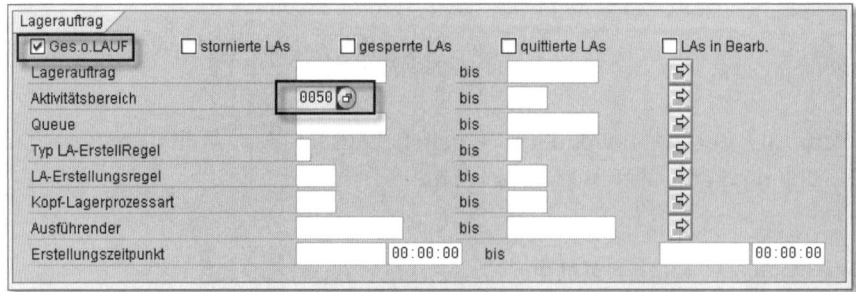

Abbildung 13.7 Selektionsparameter spezifizieren

3. Sichern Sie die Selektionsvariante. Es öffnet sich ein Fenster, in dem Sie den Variantennamen mit Kurzbeschreibung und optional dynamische Variantenattribute vergeben können. In unserem Beispiel sollen das ERSTELLUNGSDATUM VON (zum Beispiel ab heute –5 Arbeitstage) und das ERSTELLUNGSDATUM BIS (zum Beispiel aktuelles Tagesdatum) dynamisch berechnet werden (siehe Abbildung 13.8).

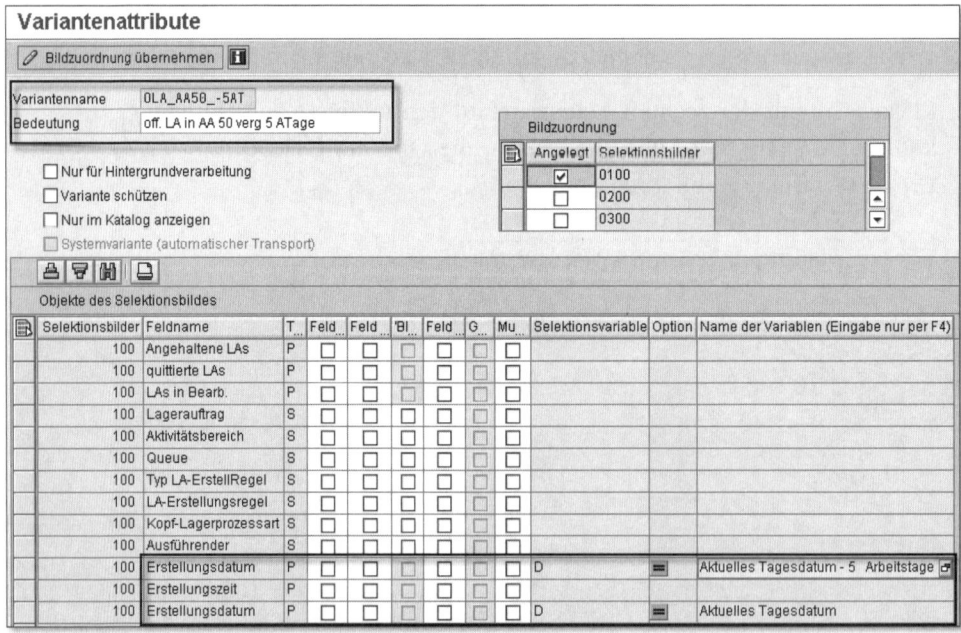

Abbildung 13.8 Dynamische Variantenattribute

Nachdem Sie die Selektionsvariante gesichert haben, können Sie auf diese Variante mit der Schaltfläche VARIANTE HOLEN zugreifen.

Variantenknoten erstellen

Die Funktionalität zum Erstellen von Variantenknoten nutzen Sie, wenn Sie für Ausführungsknoten nur eine Selektionsvariante verwenden. Die Erstellung des Variantenknotens für unser Beispiel erfolgt über die rechte Maustaste des markierten Ausführungsknotens LAGERAUFTRAG. Anschließend wählen Sie entweder die Optionen VARIANTENKNOTEN FÜR AKTUELLE EBENE ANLEGEN, um den Variantenknoten auf der gleichen Ebene wie den Ausführungsknoten anzulegen. Die Option VARIANTENKNOTEN FÜR KLASSIFIZIERUNGSEBENE ANLEGEN wählen Sie, um den Variantenknoten auf Ebene des Klassifizierungsknotens (zum Beispiel Belege) anzuzeigen. Danach ordnen Sie über die rechte Maustaste (siehe Abbildung 13.9) dem Variantenknoten eine Selektionsvariante zu.

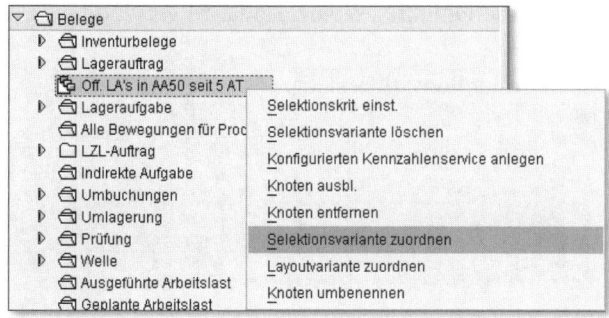

Abbildung 13.9 Selektionsvariante zu Variantenknoten zuordnen

Mit Doppelklick auf den Variantenknoten werden auf Basis der Parameter der Selektionsvariante die Selektion ausgeführt und die Objekte angezeigt. Die Variantenknoten sind ebenfalls anwenderspezifisch.

Wollen Sie neue Knoten erstellen, die anwenderübergreifend sichtbar sein sollen, müssen Sie Einstellungen im Customizing vornehmen, die im nächsten Abschnitt näher erläutert werden.

Eigene Knoten erstellen

Mit Erstellung eigener Knoten haben Sie die Möglichkeit, sich Ihren eigenen Lagermonitor mit eigenem Knotenhierarchiebaum entsprechend Ihren Prozessanforderungen zu konfigurieren. Die Definition eigener Knoten ist ins-

besondere dann sinnvoll, wenn Sie eigene Reports mit eigenen Selektionsmasken anlegen wollen. Sie können eigene Knoten aber auch auf Basis
bestehender Knoten erstellen, um so Ihren eigenen Knotenhierarchiebaum
zu erstellen. Im folgenden Beispiel wird die Erstellung eines eigenen Knotens dargestellt.

Beispiel

Erstellung eines neuen Knotens IDES auf oberster Hierarchieebene mit dem Knoten AUSLIEFERUNGSAUFTRAG als untergeordnetem Ausführungsknoten.

Die folgenden Schritte definieren Sie im EWM-Customizing unter dem Pfad
MONITORING • LAGERVERWALTUNGSMONITOR • KNOTEN DEFINIEREN:

1. Zunächst definieren Sie die *Objektklasse*: Sie definiert Objekte (zum Beispiel
   AUSLIEFERUNGSAUFTRAG wie aus Abbildung 13.10 ersichtlich), für die letztlich Knoten und Methoden erstellt werden. Wenn Sie, wie in unserem Beispiel, keine neuen Methoden zu einer im Standard ausgelieferten Objektklasse erstellen, können Sie die Objektklasse im Standard verwenden.

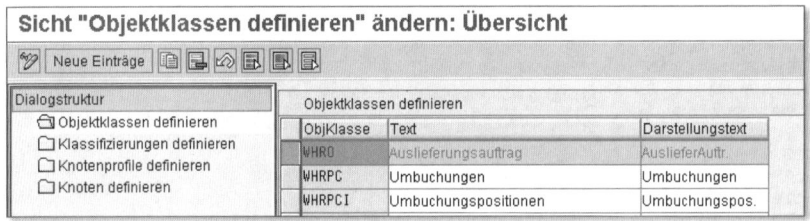

Abbildung 13.10 Objektklasse definieren

2. Anschließend definieren Sie die *Klassifizierungen*: Diese dienen dazu,
   durch Erstellung eines Klassifizierungsknotens andere Knoten zu gruppieren. Ein Klassifizierungsknoten hat kein Knotenprofil, und somit können
   auch keine Selektionsmasken und Methoden zugeordnet werden. Gemäß
   unserem Beispiel erstellen wir einen neuen Klassifizierungsknoten IDES
   (siehe Abbildung 13.11).

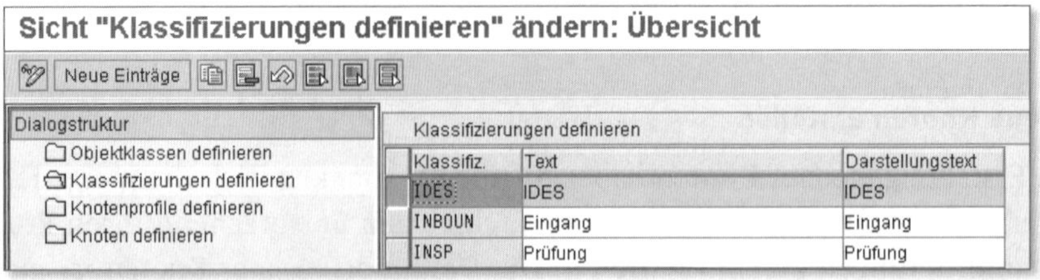

Sicht "Klassifizierungen definieren" ändern: Übersicht

[Neue Einträge]

Dialogstruktur	Klassifizierungen definieren		
Objektklassen definieren	Klassifiz.	Text	Darstellungstext
Klassifizierungen definieren	IDES	IDES	IDES
Knotenprofile definieren	INBOUN	Eingang	Eingang
Knoten definieren	INSP	Prüfung	Prüfung

Abbildung 13.11 Klassifizierung definieren

3. Als Nächstes definieren Sie das *Knotenprofil*: Das Knotenprofil legt Merkmale wie zum Beispiel die Objektklasse, die Strukturen für die Tabellen- und Formularsicht eines Knotens oder den Knotentext fest. Neue Knotenprofile definieren Sie dann, wenn Sie neue Sichten und Strukturen oder einen anderen Knotentext definieren wollen. Ein Beispiel für Ersteres ist die Erweiterung der Tabellensicht um das Feld LIEFERPRIORITÄT für selektierte Auslieferungsaufträge. Abbildung 13.12 zeigt die Beschreibung des Ausführungsknotens gemäß unserem Beispiel.

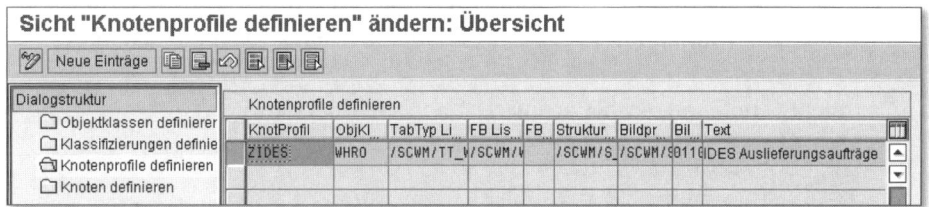

Abbildung 13.12 Beispieldefinition eines Knotenprofils

4. Im nächsten Schritt definieren Sie den *Knoten*: Der Knoten wird im Hierarchiebaum als Ordner dargestellt, wobei Klassifizierungsknoten als geschlossene Ordner und Ausführungsknoten mit zugewiesenem Knotenprofil als offene Ordner dargestellt werden. Wie Sie den Abbildungen 13.13 und 13.14 entnehmen können, erstellen wir zwei Knoten: einen *Klassifizierungsknoten* sowie einen *Ausführungsknoten* mit zugeordnetem Knotenprofil.

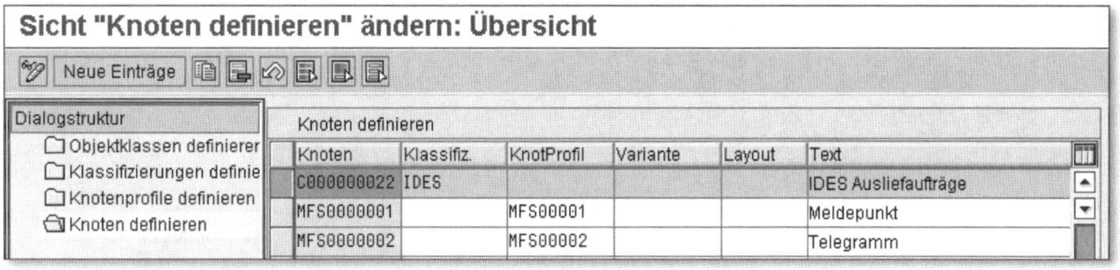

Sicht "Knoten definieren" ändern: Übersicht

Knoten	Klassifiz.	KnotProfil	Variante	Layout	Text
C000000022	IDES				IDES Ausliefaufträge
MFS0000001		MFS00001			Meldepunkt
MFS0000002		MFS00002			Telegramm

Abbildung 13.13 Beispieldefinition für Klassifizierungsknoten

Sicht "Knoten definieren" ändern: Übersicht

Knoten	Klassifiz.	KnotProfil	Variante	Layout	Text
ZIDES		ZIDES			

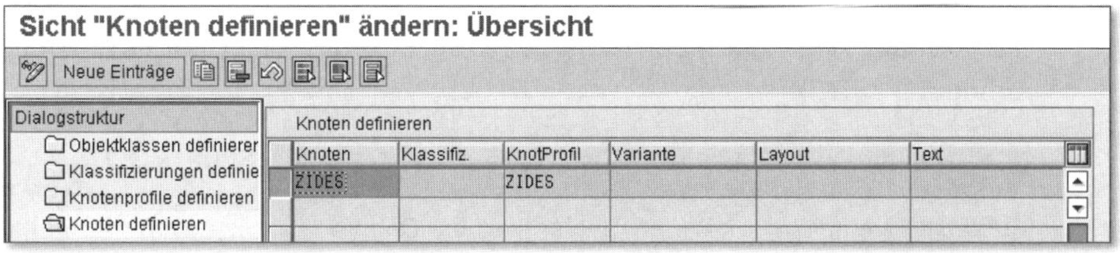

Abbildung 13.14 Beispieldefinition eines Ausführungsknotens

5. Zum Schluss definieren Sie die *Knotenhierarchie*: Die hierarchische Anordnung der zuvor definierten Knoten definieren Sie im EWM-Customizing unter dem Pfad MONITORING • LAGERVERWALTUNGSMONITOR • MONITOR DEFINIEREN. Hier haben Sie die Möglichkeit, für neue bzw. Standard-Knoten eigene Monitore anzulegen und die Knotenhierarchie auf Monitorebene festzulegen. In unserem Beispiel ergänzen wir den von SAP ausgelieferten Lagermonitor um die neuen Knoten, indem wir die Knotenhierarchie des Standard-Monitors für die neuen Knoten erweitern.

Ordnen Sie, wie in Abbildung 13.15 dargestellt, den Klassifizierungsknoten dem Knoten ROOT zu, der die oberste Hierarchieebene darstellt.

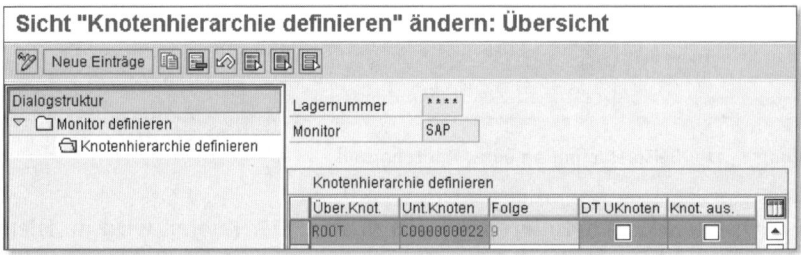

Abbildung 13.15   Beispielzuordnung des Klassifizierungsknotens

Danach erfolgt die Definition der Knotenhierarchie zwischen dem Klassifizierungs- und Ausführungsknoten als nächster Hierarchieebene gemäß Abbildung 13.16.

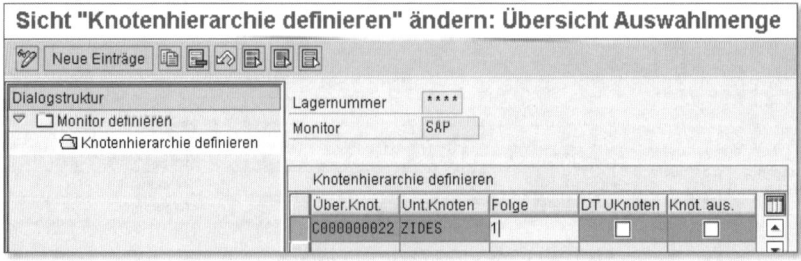

Abbildung 13.16   Ausführungsknoten zuordnen

Das Resultat sehen Sie beim erneuten Aufrufen des Lagermonitors (siehe Abbildung 13.17).

> **Erstellung eigener Knoten**
>
> Bei Erstellung neuer Knoten empfehlen wir, die Definition eines neuen Monitors und den von SAP ausgelieferten Lagermonitor als Referenzmonitor zu verwenden.

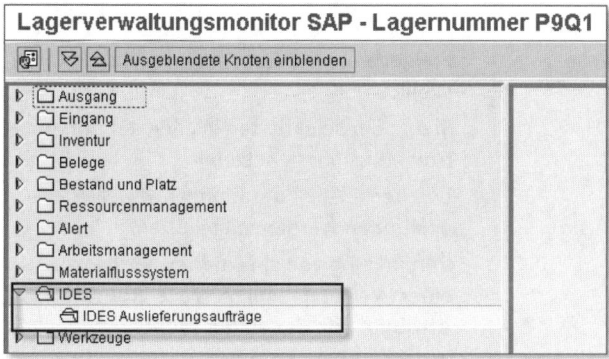

Abbildung 13.17 Beispiel für eine Erweiterung des von SAP ausgelieferten Lagermonitors

Eigene Methoden erstellen

Mit den *Methoden* des Lagermonitors können Sie, wie bereits beschrieben, Lagerobjekte und -prozesse verwalten und steuern. Sie haben über das Monitor-Framework die Möglichkeit, für Objektklassen eigene Methoden zu erstellen.

Implementieren Sie zunächst eine neue Methode in Form eines Funktionsbausteins. Daraufhin weisen Sie diese der entsprechenden Objektklasse im EWM-Customizing unter dem Pfad MONITORING • LAGERVERWALTUNGSMONITOR • OBJEKTKLASSENMETHODEN DEFINIEREN zu. In der Standard-Auslieferung sind u. a. die in Tabelle 13.1 vordefinierten Methoden enthalten.

Methode	Objektklasse	Beschreibung
Drucken	HU, Lagerauftrag (LA)	Ermöglicht Ihnen, HU- oder Lagerauftragsdetails zu drucken.
Ressource ▶ Anmelden ▶ Abmelden ▶ Pflegen ▶ Nachricht senden	Ressource	Ermöglicht Ihnen, eine selektierte Ressource an- bzw. abzumelden, zu pflegen (durch Aufruf der Transaktion /SCWM/RSRC) und für eine oder mehrere Ressourcen eine Nachricht auf das RF-Terminal zu senden.
Quittierung ▶ im Vordergrund ▶ im Hintergrund	Lageraufgabe (LB), Lagerauftrag	Ermöglicht Ihnen, im Vordergrund eine(n) oder mehrere Lageraufgabe(n) oder Lageraufträge zu quittieren (durch Aufruf der Transaktion SCWM/TO_CONF). Quittiert im Hintergrund eine(n) oder mehrere selektierte Lageraufgabe(n) oder Lageraufträge.

Tabelle 13.1 Beispiele von Methoden im Lagermonitor

Methode	Objektklasse	Beschreibung
Wellen ▶ Freigeben ▶ (Ent-)sperren ▶ Löschen ▶ Vereinigen ▶ Ändern ▶ Subsystem	Welle	Freigabe einer oder mehrerer selektierter Wellen Status der selektierten Wellen auf INITIAL bzw. ANGEHALTEN setzen Löschen – Alle Zuordnungen von Wellenpositionen werden aufgehoben. Vereinigung von selektierten Wellen zu einer Welle (vereinigte Welle erbt ihre Attribute von der ersten Welle) Änderung von Attributen einer selektierten Welle Aktivierung der Lageraufträge und Lageraufgaben, die an ein Subsystem gesendet werden

Tabelle 13.1 Beispiele von Methoden im Lagermonitor (Forts.)

Während der Lagermonitor die Objekte in einer Listen- bzw. Formularsicht darstellt, besteht oftmals die Anforderung, dem Mitarbeiter Kennzahlen von Lagerprozessen grafisch anzeigen zu lassen. Aus diesem Grund ist in EWM ein *Lagercockpit* auf Basis des Easy Graphics Frameworks implementiert, das wir im nächsten Abschnitt vorstellen.

13.2 Lagercockpit

Das Lagercockpit zeigt die von Ihnen definierten Lagerkennzahlen und Objekte anhand verschiedener Chart-Typen (zum Beispiel Ampel, Balken- bzw. Säulendiagramme, Tachometer) grafisch an und basiert auf dem *Easy Graphics Framework* (EGF). Das EGF ist ein generisches Werkzeug, um auf einfache Weise Cockpits für Anwendungen, zum Beispiel EWM, zu konfigurieren und Ihre Daten grafisch anzeigen zu lassen. Das EGF bietet folgende Funktionen:

▶ Darstellung in Echtzeit mit konfigurierbarer Auto-Refresh-Funktionalität

▶ Navigation von der Grafik in andere Anwendungen durch die Definition von Folgeaktivitäten

▶ anwenderspezifische und -übergreifende Definition von Cockpitlayouts

▶ flexibles Berechtigungskonzept sowohl auf Objekt- als auch auf funktionaler Ebene

In Abbildung 13.18 sehen Sie ein Beispiel des Lagercockpits auf Basis vordefinierter Kennzahlen (zum Beispiel überfällige Lageraufgaben gruppiert nach Queuezuordnung und drei definierten Schwellenwerten).

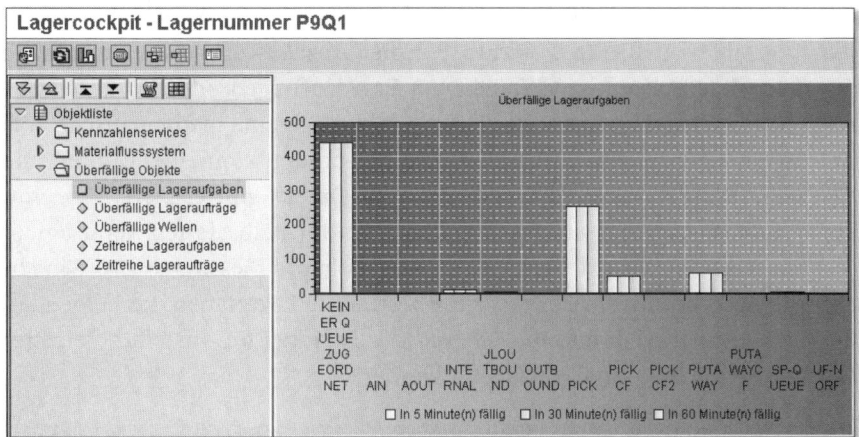

Abbildung 13.18 Lagercockpit am Beispiel überfälliger Lageraufgaben

Analog zum Lagermonitor haben Sie beim Lagercockpit entsprechend Ihren Geschäftsanforderungen verschiedene Möglichkeiten der Personalisierung, die wir in den nächsten Abschnitten detailliert beschreiben.

13.2.1 Erstellung, Anpassung und Erweiterung des Lagercockpits

Das EGF bietet Ihnen die Möglichkeit, ein komplett neues Lagercockpit mit eigenen Objekten, Funktionen und Kennzahlen zu erstellen oder das von SAP ausgelieferte Lagercockpit anzupassen bzw. zu erweitern. Für die Cockpiterstellung bzw. die Anpassung des Standard-Cockpits stehen Ihnen folgende Funktionalitäten zur Verfügung:

▶ Definition eigener EGF-Objekte

▶ Definition von Lagerkennzahlen durch SAP-Standard-Basiskennzahlenservices

▶ Definition von Objekten mit eigener Datenbeschaffung

▶ Erstellung eines eigenen Lagercockpits

Eigene Lagerkennzahlen definieren

Zur Erstellung eigener Lagerkennzahlen bietet Ihnen EWM sogenannte *Kennzahlenservices* (KS) an. Dabei wird zwischen zwei KS unterschieden:

▸ konfigurierte Kennzahlenservices (KKS)

▸ formelbasierte Kennzahlenservices (FKS)

Der KKS basiert auf einem passenden *Basiskennzahlenservice* (BKS). Ein BKS stellt eine Abfrage dar, die eine Kennzahl ermittelt. SAP liefert im Standard eine Vielzahl von BKS aus – zum Beispiel Anzahl Lagerplätze, maximale Lagerkapazität, Anzahl bzw. Dauer von Lageraufträgen oder Wartezeit der Transporteinheiten im Yard. Der FKS stellt letztlich eine mathematische Formel zur Kennzahlenberechnung dar. Die Operanden können entweder eine oder mehrere KKS bzw. FKS sein. Je nach Objekt gibt es eine Fülle von Anwendungsbeispielen für die Erstellung von formelbasierten Kennzahlen, zum Beispiel Anzahl erledigter Lageraufgaben pro Ressource pro Schicht oder die Berechnung des Füllgrads für bestimmte Lagertypen. Im Folgenden soll am Beispiel der Kennzahl *Füllgrad pro Lagertyp* die Erstellung eigener Kennzahlen als EGF-Objekt erläutert werden.

Beispiel

Der Mitarbeiter ist verantwortlich für verschiedene Lagertypen und möchte sich im Lagercockpit den Füllgrad für diese Lagertypen anzeigen lassen.

Wählen Sie im SAP Easy Access Menü in EWM den Pfad EINSTELLUNGEN • KENNZAHLENSERVICES. EWM bietet Ihnen dabei die Möglichkeit, die Tabelleneinträge für die verschiedenen Kennzahlenservices direkt oder durch die Verwendung von *Wizards* vorzunehmen.

1. **Definition von konfigurierten Kennzahlenservices**
   Zur Berechnung des Füllgrads sind die Gesamtzahl und die Anzahl leerer Plätze für die verschiedenen Lagertypen erforderlich. Diese werden über die Definition der entsprechenden KKS ermittelt. Die jeweiligen Lagertypen sind in der kennzahlspezifischen Selektionsvariante – zum Beispiel LP01 – berücksichtigt. Abbildung 13.19 zeigt die Definition eines KKS zur Ermittlung leerer Lagerplätze.

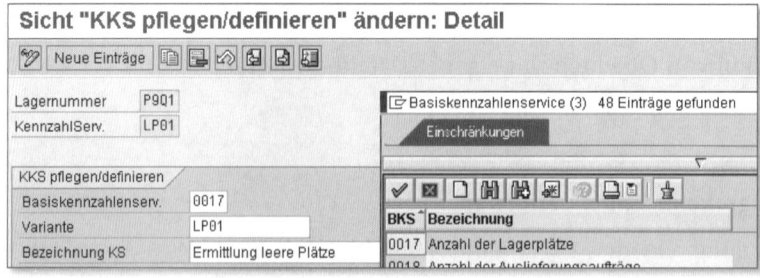

Abbildung 13.19 Konfigurierten Kennzahlenservice anlegen

2. **Definition des formelbasierten Kennzahlenservices**

Nachdem Sie für die Ermittlung der Gesamtzahl und der leeren Plätze die beiden KKS definiert haben, wird der FKS über einen Wizard erstellt. Rufen Sie die Transaktion /SCWM/CLC_WIZARD auf, und der Assistent führt Sie durch die einzelnen Schritte, die zum Anlegen des FKS erforderlich sind. Nachdem Sie für den Schritt AKTION AUSWÄHLEN den Wert ANLEGEN ausgewählt haben, definieren Sie den FKS, wie aus Abbildung 13.20 ersichtlich, mit der entsprechenden Bezeichnung.

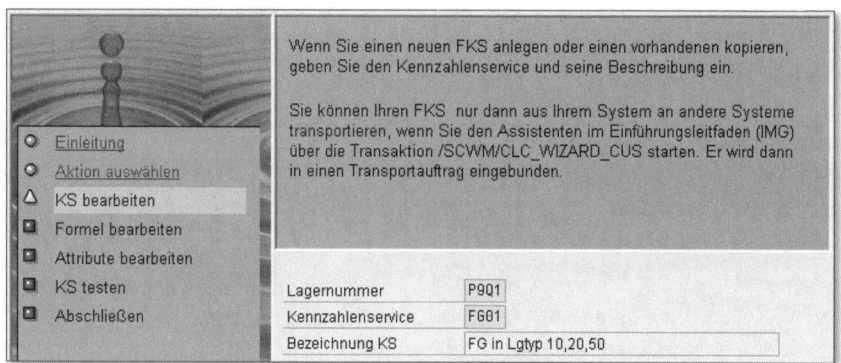

Abbildung 13.20 Formelbasierten Kennzahlenservice bearbeiten

Anschließend berechnen Sie, wie in Abbildung 13.21 dargestellt, im Schritt FORMEL BEARBEITEN mithilfe des Formeleditors den Füllgrad.

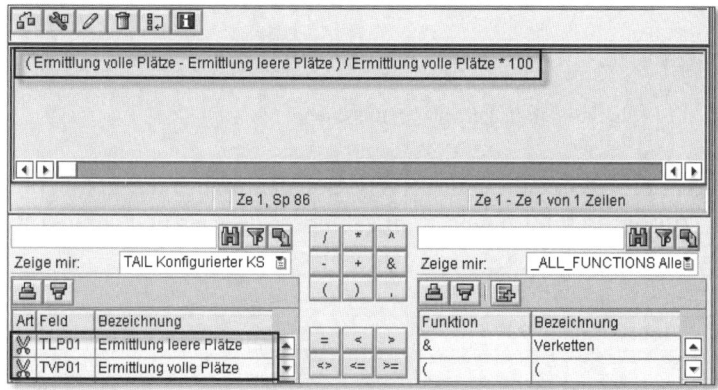

Abbildung 13.21 Formel bearbeiten

Danach definieren Sie Attribute für Ihren FSK. Dabei können Sie Schwellenwerte und Ausnahmen eingeben. Wenn der Schwellenwert überschritten wird, ändert die Grafik die Farbe – zum Beispiel von Grün zu Rot. Mit Ausnahmecodes können Sie Folgeaktivitäten steuern, zum Beispiel wenn der Schwellenwert überschritten wird, erhält der Lagerverantwortliche automatisch eine SAP-Mail.

Nachdem Sie den FSK getestet und abgeschlossen haben, erfolgt die Zuordnung des Kennzahlenservices zum Lagercockpit:

Die Zuordnung nehmen Sie mit der Transaktion /SCWM/EGF_COCKPIT vor. Hierbei haben Sie u. a. die Möglichkeit, den Chart-Typ, das Auto-Refresh-Intervall und die Berechtigungsgruppe festzulegen, um zu steuern, wer auf welche Objekte im Lagercockpit zugreifen darf. Abbildung 13.22 zeigt, welche Chart-Typen im Standard ausgeliefert werden.

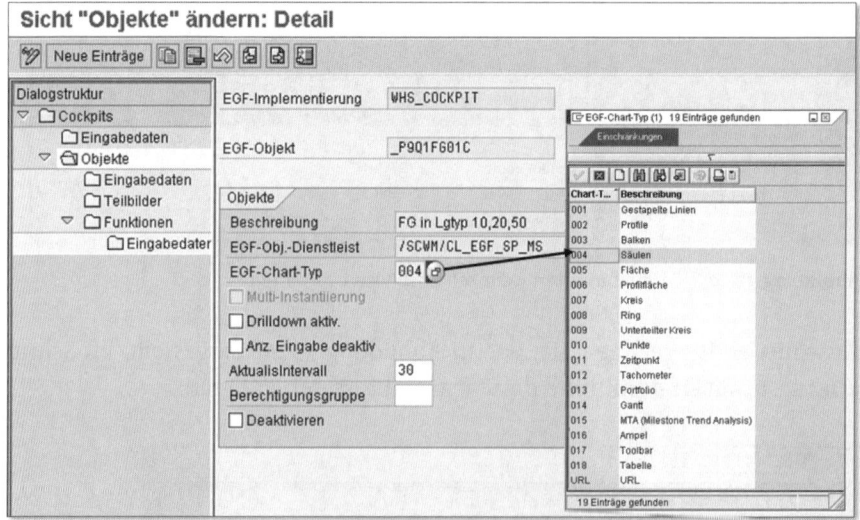

Abbildung 13.22 EGF-Objekte dem Lagercockpit zuordnen

Nun müssen Sie die Kennzahl zum Navigationsbaum des Lagercockpits zuordnen: Die Zuordnung des neuen Kennzahlenservices als EGF-Objekt ist aus Abbildung 13.23 ersichtlich.

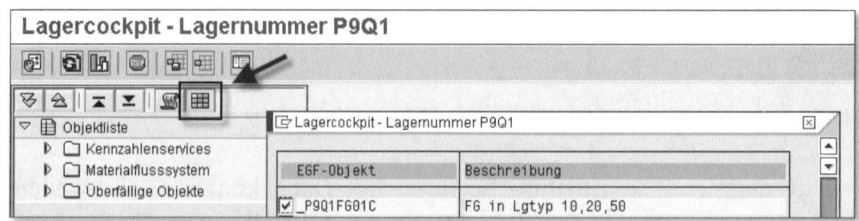

Abbildung 13.23 EGF-Objekte dem Navigationsbaum des Lagercockpits zuordnen

Im Lagercockpit können Sie eine eigene Ordnerstruktur erstellen und das neu erstellte EGF-Objekt per Drag & Drop einbinden. Dieses Layout können Sie benutzerspezifisch oder -übergreifend speichern. Mit Doppelklick auf das EGF-Objekt oder per Drag & Drop in das jeweilige Fenster wird das EGF-Objekt instanziiert und, wie in unserem Fall, der Kennzahlenservice aufgerufen.

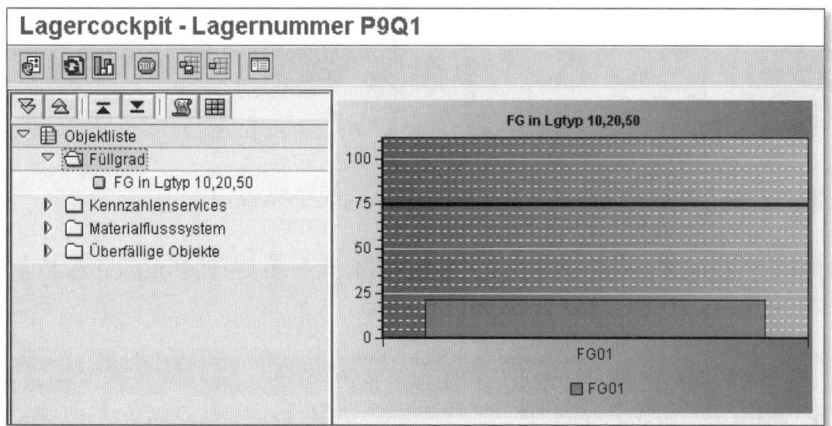

Abbildung 13.24   Darstellung des Kennzahlenservices »Füllgrad« im Lagercockpit

EGF-Objekte mit eigener Datenbeschaffung definieren

Die Datenbeschaffung für eigene EGF-Objekte kann direkt aus EWM oder systemübergreifend erfolgen. Für EGF-Objekte mit eigener Datenbeschaffung definieren Sie im ersten Schritt den *Objektdienstleister*. Dem Objektdienstleister wird zur Datenbeschaffung die Standard-Schnittstelle /SCWM/IF_EGF_SP zugeordnet. Diese Schnittstelle beinhaltet folgende Methoden:

▶ **/SCWM/IF_EGF_SP~GET_DATA**
Diese Methode wird gerufen, wenn das EGF-Objekt instanziiert wird, und holt die Daten aus der Anwendung (zum Beispiel Daten aus EWM).

▶ **/SCWM/IF_EGF_SP~GET_URL**
Diese Methode implementieren Sie, wenn Ihr EGF-Objekt HTML-basiert ist (zum Beispiel Aufruf des SAP-Portals im Lagercockpit, von dem aus auf die entsprechenden Anwendungen verschiedener Applikationen zugegriffen werden kann).

▶ **/SCWM/IF_EGF_SP~HANDLE_FUNCTION**
Mit dieser Methode implementieren Sie Funktionen, die im Kontextmenü bei einem Klick mit der rechten Maustaste auf dem Objekt zur Verfügung

stehen sollen (zum Beispiel direkte Navigation in das System zur Datenbeschaffung).

Abbildung 13.25 veranschaulicht die Logik der Datenbeschaffung durch den *Objektdienstleister* (ODL).

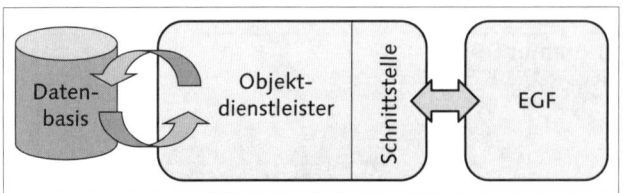

Abbildung 13.25 Datenbeschaffung mit dem Easy Graphics Framework

Im Folgenden erläutern wir anhand eines Beispiels die Erstellung eines EGF-Objekts mit externer Datenbeschaffung.

Beispiel

Der Lagermitarbeiter möchte in sein Cockpit neben verschiedenen Kennzahlen Microsoft Outlook integrieren, um so das Cockpit als zentrale Applikation für sein Tagesgeschäft nutzen zu können.

---

1. Erstellen Sie mit der Transaktion SE24 eine Klasse, das heißt, ordnen Sie den EGF-ODL und die Standard-Schnittstelle /SCWM/IF_EGF_SP zur Beschaffung der Objektdaten zu.

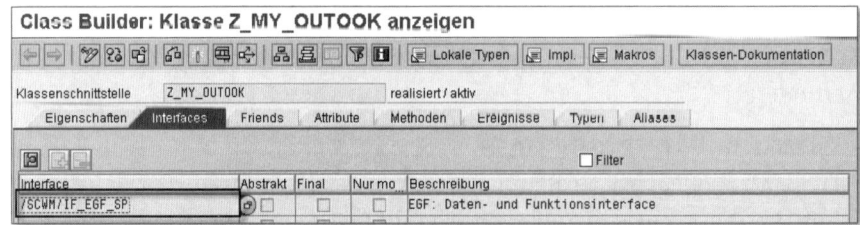

Abbildung 13.26 Zuordnung der Schnittstelle zum EGF-Objekt

Durch die Zuordnung stehen die zuvor beschriebenen Schnittstellenmethoden zur Datenbeschaffung zur Verfügung. In unserem Beispiel soll per Web Access auf Outlook zugegriffen werden. Demzufolge wird die Methode /SCWM/IF_EGF_SP~GET_URL implementiert, die die entsprechende URL aus der Anwendung holt. Diese URL bildet den Link zu der Grafik, die EGF anzeigen soll. Abbildung 13.27 zeigt die Implementierung der Methode /SCWM/IF_EGF_SP~GET_URL.

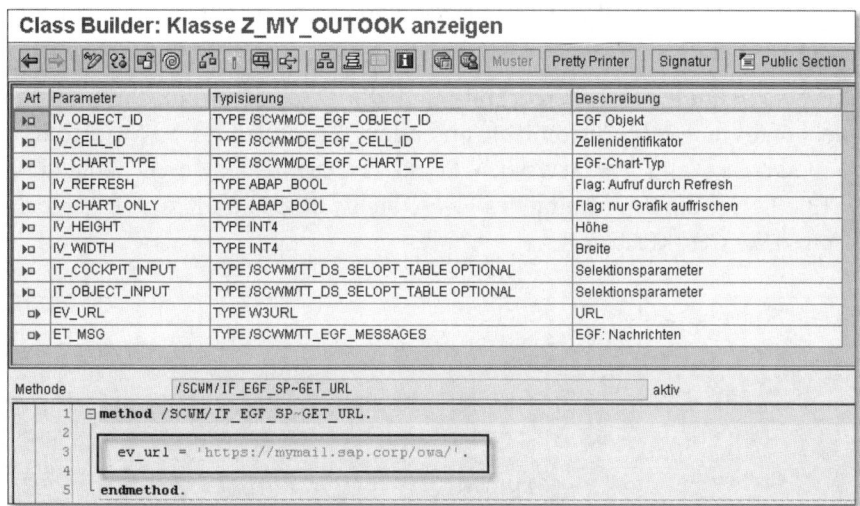

Abbildung 13.27 Implementierung der Methode GET_URL

2. Nach Aktivierung der Klasse inklusive der implementierten Methode erstellen Sie im EWM-Customizing unter dem Pfad MONITORING • EASY GRAPHICS FRAMEWORK • OBJEKTE DEFINIEREN das EGF-Objekt wie in Abbildung 13.28 dargestellt und ordnen es dem zuvor erstellten ODL zu. Über die zugeordnete Berechtigungsgruppe können Sie eine Berechtigungsprüfung für EGF-Objekte oder EGF-Funktionen durchführen.

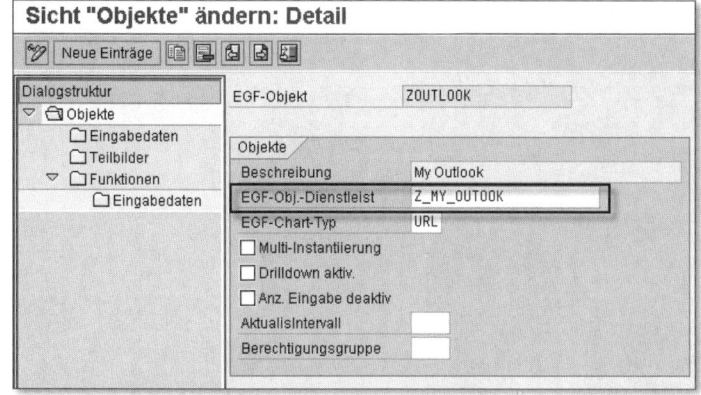

Abbildung 13.28 EGF-Objekt definieren

3. Nun ordnen Sie das neue EGF-Objekt Ihrem Lagercockpit zu. Neben der Definition eigener Objekte bietet das EGF die Möglichkeit, eigene Lagercockpits zu definieren. Mit der Definition ordnen Sie die von Ihnen

gewünschten EGF-Objekte zu, die Sie dann später im Lagercockpit ausführen können.

4. Die Erstellung des Lagercockpits und die Objektzuordnung führen Sie ebenfalls im EWM-Customizing unter dem Customizing-Pfad MONITORING • EASY GRAPHICS FRAMEWORK • COCKPITS DEFINIEREN durch. Abbildung 13.29 zeigt die Zuordnung des EGF-Objekts ZOUTLOOK zum Lagercockpit WHS_COCKPIT.

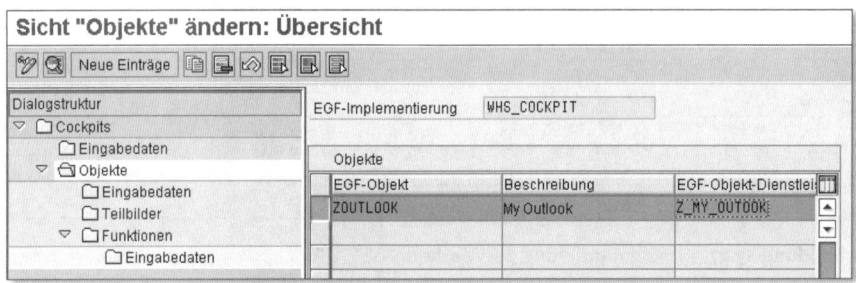

Abbildung 13.29 EGF-Objekt dem Lagercockpit zuordnen

5. Anschließend wird das EGF-Objekt ZOUTLOOK wie zuvor beschrieben dem Navigationsbaum des Lagercockpits zugewiesen und ausgeführt. Abbildung 13.30 zeigt, wie Sie Ihr eigenes Lagercockpit erstellen können.

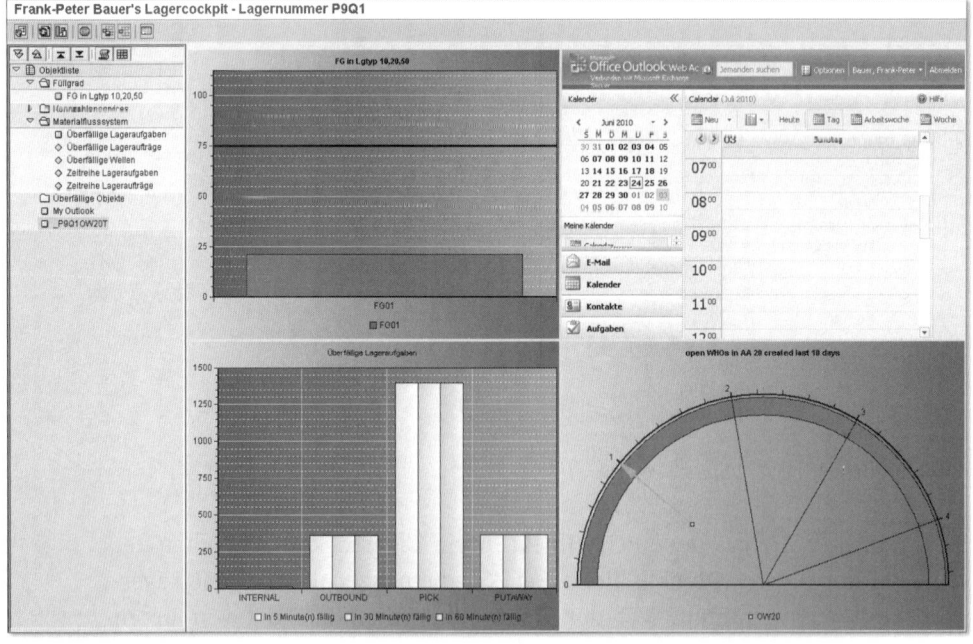

Abbildung 13.30 Lagercockpits mit Objekten aus verschiedenen Anwendungen

Dabei können Sie sich auf einen Blick alle notwendigen Lagerkennzahlen anzeigen lassen und es gleichzeitig – wie in unserem Beispiel – als zentrale Anwendung für Ihr tägliches Business verwenden.

13.3 Grafisches Lagerlayout

Das *grafische Lagerlayout* (GLL) stellt das Lagerinnere als zweidimensionale Grafik dar. Sie können das grafische Lagerlayout verwenden, um eine grafische Information über die Bestandssituation, die Platzauslastung, die im Lager arbeitenden Ressourcen sowie die Fördertechnik pro Lagernummer zu erhalten. Dabei entspricht die Längenangabe in der Grafik der Längeneinheit, die Sie im EWM-Customizing unter dem Pfad STAMMDATEN • LAGERNUMMERN-STEUERUNG DEFINIEREN • OBJEKTE DEFINIEREN als Grundeinheit festgelegt haben. Das GLL rufen Sie mit der Transaktion /SCWM/GWL auf, die Sie im Easy Access Menü in EWM unter dem Pfad MONITORING • GRAPHICAL WARE-HOUSE LAYOUT finden. In Abbildung 13.31 sehen Sie ein Beispiel des GLL.

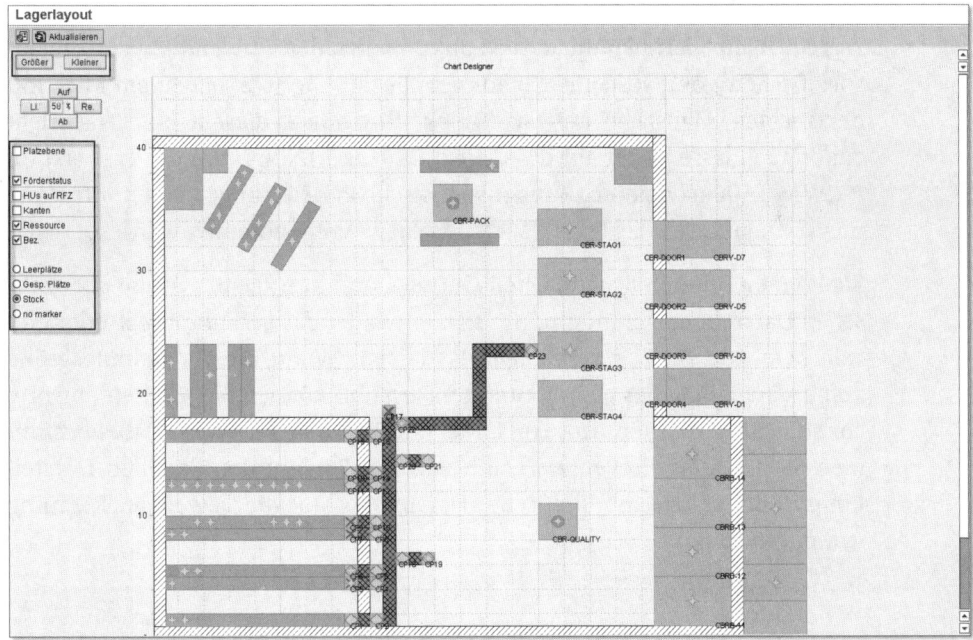

Abbildung 13.31 Beispiel eines grafischen Lagerlayouts

Um Ihr Lager maßstabsgerecht und der Realität entsprechend abzubilden, können Sie im EWM-Customizing unter dem Pfad MONITORING • GRAFISCHES LAGERLAYOUT • GLL-OBJEKT DEFINIEREN neben den bereits erwähnten Objekten Fördertechniksegmente, Wände und Büros als GLL-Objekte definieren. Hier definieren Sie die X-, Y- und Z-Koordinaten, um die Position dieser Objekte im Layout zu fixieren. Bei den dargestellten Lagerplätzen werden die Abmessungen der Plätze im GLL auf Basis der Lagerplatztypdefinition und die Position des Lagerplatzes aus den X-,Y- und Z-Koordinaten des Lagerplatzstamms bestimmt.

In dem abgebildeten GLL-Beispiel werden die Ressourcen (dargestellt als violette Punkte), Lagerplätze nach selektiertem Produkt (markiert mit einem grünen Stern) und die Bezeichnungen der Objekte dargestellt. Im GLL können Sie sich alternativ Leer- bzw. gesperrte Plätze und Plätze für einen bestimmten Bestand anzeigen lassen. Mit dem GLL können Sie den Status von Kontrollpunkten der Fördertechnik visualisieren. Kontrollpunkte mit dem Status OK werden als grüner Kreis und mit dem Status *Fehler* als rotes Kreuz dargestellt.

Sie haben mit der Implementierung des BAdIs `/SCWM/EX_GWLDISPLAY` die Möglichkeit, das Erscheinungsbild des GLL Ihren Geschäftsanforderungen anzupassen.

Das GLL bietet darüber hinaus die Funktionalität der Verwendung von objektspezifischen Kontextmenüs. So können Sie zum Beispiel bei einem Klick mit der rechten Maustaste auf das Objekt RESSOURCE diesem eine Nachricht zukommen lassen oder auf das Objekt LAGERPLATZ direkt in die Transaktion /SCWM/LS03 navigieren. Kundenspezifische Erweiterungen von Kontextmenüs können durch das BAdI `/SCWM/EX_GWLCM` vorgenommen werden.

Sie können mit den Schaltflächen GRÖSSER und KLEINER die Größe der grafischen Darstellung verändern, um sich entweder das gesamte Lager oder einzelne Objekte im Lager anzeigen zu lassen. Wenn die Darstellungsgröße keine Darstellung des gesamten Lagers erlaubt, können Sie mit den entsprechenden Schaltflächen AUF, AB, LINKS und RECHTS navigieren. Dabei bestimmen Sie mit dem Prozentwert, um wie viel Prozent der aktuellen Darstellungsgröße EWM die grafische Darstellung in die jeweilige Richtung verändern soll.

13.4 SAP EWM-spezifisches Reporting in SAP NetWeaver BW

Zur Optimierung Ihrer Lageraktivitäten und zur längerfristigen Planung Ihres Lagerpersonals sind sowohl eine aggregierte als auch eine Detailsicht auf verschiedene Belege und Lagerkennzahlen wichtig. Zu diesem Zweck besteht in EWM die Möglichkeit, aktuelle und bereits ausgeführte Daten (zum Beispiel quittierte Lageraufträge, abgeschlossene LZL-Aufträge) an SAP NetWeaver zu übertragen, um diese Daten entsprechend den umfangreichen Möglichkeiten, die SAP NetWeaver BW bietet, zu analysieren. In den folgenden Abschnitten werden wir Ihnen einen Überblick über die EWM-BW-Integration geben, darstellen, welche Daten im Standard übertragen werden können, und kurz die verschieden Reporting-Tools vorstellen.

13.4.1 Überblick über die SAP EWM-BW-Integration

Für die Integration und Übertragung von Daten zwischen EWM als Quellsystem und SAP NetWeaver BW bietet SAP im Standard vordefinierte *Extraktoren* in EWM und entsprechenden Content (vorkonfigurierte Objekte, zum Beispiel DataSources, Queries, Reports) in BW an. Um die Datenübertragung zu ermöglichen, müssen Sie im ersten Schritt die technische Verbindung zwischen beiden Systemen einrichten. Nach Konfiguration der Schnittstelle und Aktivierung des Reporting-Contents können die Daten von EWM nach BW hochgeladen werden. Mit dem *Extraktions-Transformations-Ladeprozess* (ETL) werden die Quelldaten in BW harmonisiert und vereinheitlicht, um so die Strukturen der Reports verwenden zu können. Diese Harmonisierung und Standardisierung erfolgt während des Hochladens der extrahierten Daten von einem BW-spezifischen Arbeitsbereich, der *Persistent Staging Area* (PSA), zu *InfoProvidern* wie *DataStore-Objekten* (DSOs) und *InfoCubes*. Ein DSO dient der Ablage von konsolidierten und bereinigten Daten (zum Beispiel Bewegungsdaten oder Stammdaten) auf Belegebene. Im Gegensatz zu DSOs, in denen die Daten in flachen Datenbanktabellen abgelegt werden, besteht ein InfoCube aus einer Anzahl relationaler, multidimensional angeordneter Tabellen und bietet somit die Möglichkeit der multidimensionalen Modellierung. Welchen InfoProvider Sie wählen, hängt von der Granularität der Daten, dem Datenvolumen und Ihren Analyseanforderungen ab. In beiden Objekten werden die Daten persistent gehalten und bilden die Basis für Reports und Analysen.

Nachdem die aus EWM extrahierten Daten über die PSA in die verschiedenen Objekte des InfoProviders hochgeladen wurden, können *Queries* die Daten von dem entsprechenden InfoProvider anfordern, um diese über verschiedene Reporting-Tools (Business Explorer, kurz BEx, oder SAP BusinessObjects, etwa Crystal Reports) auf dem Frontend anzuzeigen. Abbildung 13.32 veranschaulicht den Datenfluss zwischen EWM und SAP NetWeaver BW.

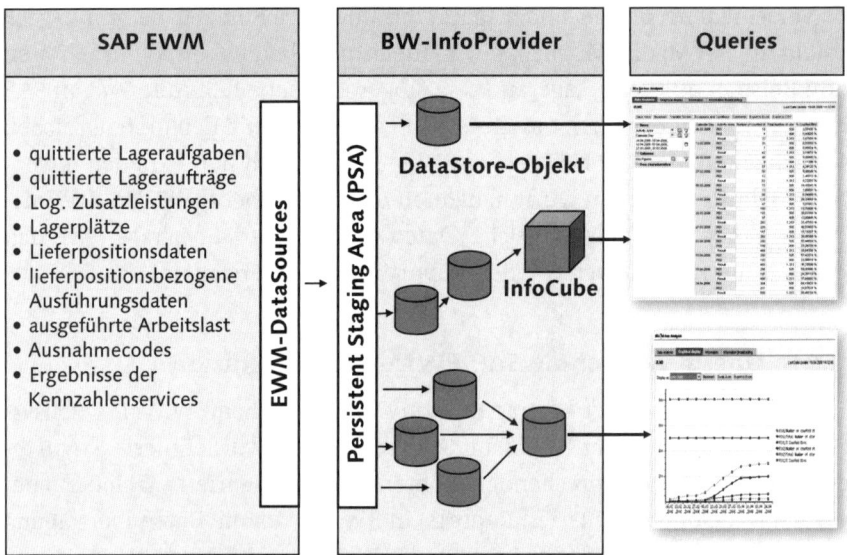

Abbildung 13.32   Datenfluss zwischen SAP EWM und SAP NetWeaver BW

13.4.2   SAP EWM-spezifischer Reporting-Content

Das Hochladen reporting-relevanter Daten aus EWM erfolgt über sogenannte *DataSources*, die in EWM definiert werden. Eine DataSource umfasst
eine Menge von Feldern, die zur Datenübertragung in SAP NetWeaver BW
angeboten werden. Technisch basiert die DataSource auf den Feldern der
Extraktstruktur. Bei der Definition einer DataSource können diese Felder
sowohl erweitert als auch für die Datenübertragung ausgeblendet (also gefil-
tert) werden. Außerdem beschreibt die DataSource die Eigenschaften des
dazugehörigen Extraktors bezüglich der Datenübertragung ins SAP NetWeaver BW System. Bei der Replikation werden die BW-relevanten Eigenschaften der DataSource im BW bekannt gemacht. In Tabelle 13.2 sind die von
SAP ausgelieferten DataSources in EWM aufgelistet.

DataSource	Beschreibung
0WM_LGNUM_ATTR	Stellt die Attribute (Lagernummer, Zeitzone) des Lagers bereit.
0WM_LGNUM_TEXT	Stellt die Bezeichnungen der Lagernummern bereit.
0WM_MS_TEXT	Stellt die Bezeichnungen der Kennzahlenservices bereit.
0WM_MS_RESULT	Stellt die Ergebnisse der Kennzahlenservices bereit.
0WM_DLVI	Stellt die An- und Auslieferungspositionen bereit.

Tabelle 13.2   Verfügbare DataSources in SAP EWM

DataSource	Beschreibung
0WM_PL_DLVI	Stellt Lieferpositionen, angereichert mit Lageraufgaben-daten wie etwa der Lagerprozessart, bereit.
0WM_EXCCODES	Stellt die ausgelösten Ausnahmecodes bereit.
0WM_EWL	Stellt die ausgeführte Arbeitslast bereit.
0WM_BIN	Stellt die Lagerplatzattribute bereit.
0WM_VAS	Stellt logistische Zusatzleistungen (Kopf-, Aktivitäts- und Positionsdaten, Daten zu Hilfsprodukten) bereit.
0WM_WO	Stellt bestätigte und stornierte Lageraufträge bereit.
0WM_WT_WO	Stellt die quittierten und stornierten Lageraufgaben bereit (Hinweis: Lageraufgaben werden erst dann extrahiert, wenn der dazugehörige Lagerauftrag quittiert wurde).

Tabelle 13.2   Verfügbare DataSources in SAP EWM (Forts.)

13.4.3   Datenfluss und Datenablage in SAP NetWeaver BW

Um den Datenfluss, die Erstellung von Reports und die Darstellung auf dem BW-Frontend nachvollziehbarer zu machen, werden wir Ihnen in diesem Abschnitt einen kurzen Überblick über die wichtigsten BW-Objekte geben. In Abbildung 13.33 sehen Sie den Datenfluss innerhalb von SAP NetWeaver BW mit den wichtigsten beteiligten Objekten.

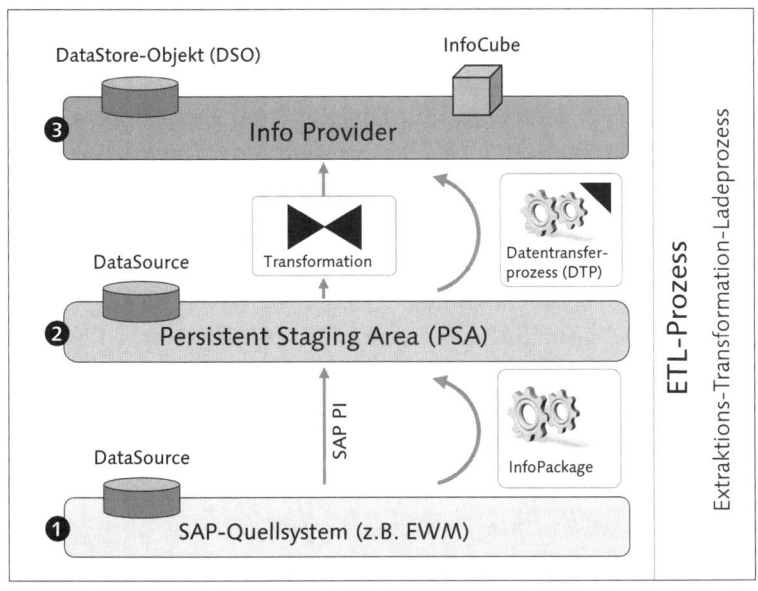

Abbildung 13.33   Architektur des Datenflusses und der Datenablage in SAP NetWeaver BW

Wie aus Abbildung 13.33 hervorgeht, dient in SAP NetWeaver BW eine mehrschichtige Architektur der Integration von Daten aus unterschiedlichen Quellen ❶, der Transformation, Konsolidierung, Bereinigung und Ablage von Daten ❷ sowie der effizienten Bereitstellung der Daten zur Analyse und Interpretation ❸.

Wie bereits erwähnt, werden über die DataSource Daten einer betriebswirtschaftlichen Einheit aus dem Quellsystem (zum Beispiel EWM) extrahiert und in die Eingangsschicht von SAP NetWeaver BW, die PSA, übertragen oder zum direkten Zugriff für Queries zur Verfügung gestellt. Daten, die über DataSources in BW geladen wurden, werden mithilfe von *InfoPackages* in das PSA geladen, bevor Sie in BW weiterverarbeitet werden können. Im InfoPackage werden Selektionsparameter für die Übertragung in die PSA festgelegt. In der PSA werden die angeforderten Daten unverändert zum Quellsystem in separaten Tabellen gespeichert, das heißt, es erfolgen keinerlei Verdichtungen oder Transformationen, wie es bei InfoCubes der Fall ist. Diese Entkopplung des Ladevorgangs von der Weiterbearbeitung in BW trägt zu einer verbesserten Ladeperformance bei. Eine PSA-Tabelle wird zu jeder DataSource, die aktiviert wird, angelegt. Die PSA-Tabelle hat jeweils den gleichen Aufbau wie die zugehörige DataSource.

Im anschließenden *Datentransferprozess* (DTP) werden die Daten im Rahmen der *Transformation* aus einem Quellformat (zum Beispiel DataSources) in ein Zielformat (zum Beispiel InfoCubes) überführt. Die Aufgabe der Transformation ist es, die Daten zu konsolidieren, zu bereinigen und zu integrieren und von einem persistenten Objekt in ein anderes zu übertragen. Der Oberbegriff für die SAP NetWeaver BW Objekte (zum Beispiel DataStore-Objekte, InfoCubes), in die Daten geladen werden, heißt *InfoProvider*. Der InfoProvider stellt die Daten für Analyse, Reporting und Planung zur Verfügung. Ein DSO dient der Ablage von konsolidierten und bereinigten Bewegungsdaten oder Stammdaten auf Belegebene. Neben der Aggregation der Daten ist es auch möglich, die Dateninhalte zu überschreiben. Analog zu den DataSources in EWM sind in SAP NetWeaver BW EWM-relevante DSOs im Standard verfügbar, die in Tabelle 13.3 aufgelistet sind.

DSO	Beschreibung
0WM_DS01	DSO enthält die Ergebnisse der Kennzahlenservices.
0WM_DS02	DSO enthält alle aktiven, ausgeführten Arbeitslasten.

Tabelle 13.3 Verfügbare SAP EWM-relevante DataStore-Objekte in SAP NetWeaver BW

DSO	Beschreibung
0WM_DS03	DSO enthält die aus EWM extrahierten Ausnahmen. Extrahiert werden u. a. folgende Informationen: Ausnahmecode, Ausführender, Business-Kontext, Ausführungsschritt.
0WM_DS04	Enthält Informationen zu Lageraufträgen.
0WM_DS05	Enthält Informationen zu Lageraufgaben.
0WM_DS06	Enthält die abgeschlossenen Lieferpositionen.
0WM_DS07	Enthält u. a. folgende Daten der Lagerplätze, die aus EWM extrahiert wurden: Tragfähigkeit, Gewicht des Bestandes auf dem Lagerplatz, Ladungs- und Nettovolumen, Gesamtkapazität und freie Kapazität.
0WM_DS08	Dieses DSO enthält die aus EWM extrahierten LZL-Aufträge. Aufgrund des zugrunde liegenden Datenmodells besteht dieses DSO aus mehreren Zeilen. Ein LZL-Auftrag kann 1 bis n Aktivitäten enthalten, und zu einer Aktivität kann es 1 bis n Positionen und 0 bis n Hilfsprodukte geben.
0WM_DS09	Dieses DSO enthält abgeschlossene Lieferpositionen mit organisatorischen Zusatzdaten, die anzeigen, wo bzw. mit welchen Lagerungsprozessen diese Lieferposition ausgeführt wurde. Zusatzinformationen sind u. a.: Lagertyp Aktivitätsbereich, Lagerungsprozess, externer Prozessschritt und die Lagerprozessart.

Tabelle 13.3 Verfügbare SAP EWM-relevante DataStore-Objekte in SAP NetWeaver BW

Ein weiteres InfoProvider-Objekt zur Datenablage sind neben den DSOs die *InfoCubes*. Ein InfoCube ist eine mehrdimensionale Ablage von Daten, die es ermöglicht, Kennzahlen (zum Beispiel Anzahl Lieferungen pro Mitarbeiter pro Zeitintervall) durch verschiedene Merkmale, die in Dimensionstabellen (zum Beispiel Zeitmerkmale: Kalenderjahr/Monat; Belegmerkmale: Belegtyp, Belegart; Prozessmerkmale: externer Prozessschritt, Lagerprozessart) gespeichert sind, zu berechnen und in einer sogenannten *Faktentabelle* abzulegen. Bei Abfragen auf einen InfoCube durch Queries werden, wenn nötig, die Kennzahlen automatisch aggregiert (Summation, Minimum oder Maximum). In SAP NetWeaver BW sind EWM-relevante InfoCubes im Standard verfügbar, die in Tabelle 13.4 dargestellt sind.

InfoCube	Beschreibung
0WM_C01	Aggregiert die ausgeführten Arbeitslasten aus dem DSO 0WM_DS02 mit den Dimensionen: Zeit (Kalenderjahr, -monat, -tag), Referenzobjekttyp (zum Referenzbeleg, der die Arbeitslast verursacht hat), externer Lagerungsprozessschritt, Aktivitätsbereich, Ausführender → Kennzahl: Summe ausgeführter Arbeitslast je Merkmalskombination.
0WM_C02	Aggregiert die Ausnahmen aus dem DSO 0WM_DS03 mit den Dimensionen: Zeit (Kalendertag, -woche, -monat, -jahr), Lagernummer, Ausnahmecode, Business-Kontext, Ausführender → Kennzahl: Anzahl Ausnahmen je Merkmalskombination.
0WM_C04	Enthält Informationen zu Lageraufträgen mit den Dimensionen: Zeit (Kalendertag, -woche, -monat, -jahr), Lagernummer, AA und Prozess → Kennzahlen sind: Anzahl Lageraufgaben, Differenz zwischen geplanter und ausgeführter Dauer, Ausführungsdauer, geplanter Dauer.
0WM_C05	Enthält Informationen zu Lageraufgaben mit den Dimensionen: Zeit (Kalendertag, -woche, -monat, -jahr), AA, Verfügungsberechtigter, Lagernummer, Eigentümer, Prozess, externer Prozessschritt → Kennzahlen sind u. a. Kapazität, Anzahl Lageraufgaben, geplante Ausführungsdauer, Mengendifferenz, Ist-Menge.
0WM_C06	Aggregiert die Lieferpositionen aus dem DSO 0WM_DS02.
0WM_C07	Ermöglicht Auswertungen zu den Lagerplätzen, wie zum Beispiel Leerplatzstatistik oder Belegungsgrad.
0WM_C09	Aggregiert die Lieferpositionen des DSOs 0WM_DS09 auf die Daten Lagertyp, AA, Lagerungsprozess, externer Prozessschritt, Lagerprozessart und zeitlich auf Kalenderjahr und -monat. Die hier geladenen Daten bilden die historische Datenbasis, um eine strategische Planung durchführen zu können.
0WM_C10	In diesem InfoCube werden die Ergebnisse der strategischen Planung gespeichert.

Tabelle 13.4 Verfügbare SAP EWM-relevante InfoCubes in SAP NetWeaver BW

Neben den DSOs und InfoCubes bietet BW auch die Verwendung von *MultiProvidern* als einem weiteren Typ eines InfoProviders. Ein MultiProvider führt Daten aus mehreren InfoProvidern zusammen, um diese Daten gemeinsam für die Datenanalyse zur Verfügung zu stellen. Der MultiProvider enthält selbst keine Daten. Seine Daten ergeben sich ausschließlich aus den zugrunde liegenden InfoProvidern. In BW sind EWM-relevante Multi-Provider im Standard verfügbar, die in Tabelle 13.5 aufgelistet sind.

MultiProvider	Beschreibung
0WM_MP01	Ist dem DSO Ergebnisse Kennzahlenservices (0WM_DS01) zugeordnet.
0WM_MP02	Ist dem DSO Ausgeführte Arbeitslast (0WM_DS02) zugeordnet.
0WM_MP03	Ist dem InfoCube Ausgeführte Arbeitslast (0WM_C01) zugeordnet.
0WM_MP04	Entspricht dem InfoCube Aggregierte Ausnahmen (0WM_C02).
0WM_MP05	Die Informationen der beiden InfoCubes Lageraufträge (0WM_C04) und Lageraufgaben (0WM_C05) werden hinsichtlich der gewählten Dimensionen des MultiProviders (Kombination der Dimensionen der zuvor genannten InfoCubes) aggregiert.
0WM_MP06	Ist dem InfoCube Aggregierte Lieferpositionen (0WM_C06) zugeordnet.
0WM_MP07	Ermöglicht die Auswertung von Lagerplätzen bezüglich der Gewichts-, Volumen- und Kapazitätsdaten.

Tabelle 13.5 Verfügbare SAP EWM-relevante MultiProvider in SAP NetWeaver BW

13.4.4 Extraktionsprozess

Zu den Data-Warehousing-Prozessen in SAP NetWeaver BW gehört die Datenbereitstellung. BW stellt Mechanismen zur Bereitstellung von Daten (Stammdaten, Bewegungsdaten, Metadaten) aus verschiedenen Quellen (zum Beispiel EWM) zur Verfügung. Der Extraktionsprozess ist in zwei Bereiche unterteilt – die *Initialextraktion* und die *Deltaextraktion*. Der Initial-Extraktionsprozess ist der erste Extraktionsprozess. Bei dieser Extraktion werden alle Daten initial durch Verwendung der entsprechenden Data-Source zu einem bestimmten Zeitpunkt in BW extrahiert. Der Delta-Extraktionsprozess wird periodisch eingeplant und extrahiert nur geänderte und hinzugekommene Applikationsdaten.

Es gibt zwei Arten von Datenübertragungen – die *Pull-Extraktion* und die *Push-Extraktion*. Der Unterschied besteht darin, auf welche Art und Weise die Deltadaten zwischen der Initial- und der Deltaextraktion bestimmt werden. In den folgenden Abschnitten werden wir die verschiedenen Methoden unter folgenden Fragestellungen näher beschreiben:

▶ Woher werden die Daten extrahiert?

▶ Wie werden die Deltadaten bestimmt?

Pull-Extraktion

Während des *Online Transaction Processings* (OLTP) werden reporting-relevante Applikationsdaten in DB-Tabellen geschrieben. Diese DB-Tabellen sind die Basis für die Initial- und Deltaextraktion. Während bei der Initialextraktion alle Tabelleneinträge übertragen werden, berücksichtigt die Deltaextraktion nur die Daten, die noch nicht nach BW übertragen wurden. Die Extraktion und Übertragung der Daten erfolgt auf Anforderung von SAP NetWeaver BW (Pull). Diese Datenanforderung wird per IDoc, das aus dem der DataSource entsprechenden InfoPackage getriggert wird, von BW an EWM gesendet. Die Extraktoren überprüfen daraufhin die DB-Tabellen in EWM nach Deltadaten, die in *BW Delta Queues* bereitgestellt werden. Folgende EWM-DataSources sind für die Pull-Extraktion vorkonfiguriert:

▶ Ausgeführte Arbeitslast (DataSource 0WM_EWL)

▶ Lageraufträge und Lageraufgaben (DataSource 0WM_WT_WO)

Push-Extraktion

Extraktion und Übertragung der Daten werden von EWM nach SAP NetWeaver BW »gepusht«. Bei der Push-Extraktion weichen die Initial- und Deltaextraktion deutlich voneinander ab. Bei der Initialextraktion werden die Daten nicht aus DB-Tabellen, sondern aus DataSource-spezifischen Tabellen gelesen, die mit Aktivierung der DataSource erzeugt werden. Das InfoPackage überträgt die Daten von den DataSource-Tabellen in SAP NetWeaver BW. Die Bestimmung der Deltadaten erfolgt durch Update-Programme des Quellsystems, die bei Buchungsvorgängen online gerufen (zum Beispiel mit Quittierung der Lageraufgabe) und der BW Delta Queue bereitgestellt werden. Folgende EWM-DataSources sind für die Push-Extraktion vorkonfiguriert:

▶ Lagerplätze (DataSource 0WM_BIN)

▶ Lieferungspositionen (0WM_DLVI)

▶ Logistische Zusatzleistungen (0WM_VAS)

▶ Lageraufträge (0WM_WO)

▶ Lageraufgaben (0WM_WT_WO)

13.4.5 Reporting- und Analysewerkzeuge

SAP stellt verschiedene Reporting- und Analysewerkzeuge zur strategischen Analyse, zum operationalen Reporting und zur Entscheidungsunterstützung im Unternehmen zur Verfügung. Eine Möglichkeit ist der *Business Explorer* (BEx). BEx besteht aus verschiedenen Anwendungen, die wir im Folgenden vorstellen. Mithilfe des *BEx Query Designers* definieren Sie Queries zu Info-Providern. In Tabelle 13.6 sind EWM-relevante Queries, die in SAP NetWeaver BW im Standard ausgeliefert werden, aufgelistet.

Query	Beschreibung
0WM_A10_Q001/ 0WM_A10_Q002	Mit dieser Arbeitsmappe zur strategischen Planung können Sie mit Lieferpositionen aus der Vergangenheit eine Planung der benötigten Mitarbeiter pro Lager für die nächsten zwei Monate durchführen. Die Beispielplanung wird auf der Ebene Version, Kalendermonat/-jahr und Lagernummer durchgeführt und berücksichtigt die Anzahl der Lieferungen.
	Bei dieser Beispielauslieferung werden als Vergangenheitsdaten die Anzahl der Lieferungen pro Lagernummer des letzten und des aktuellen Monats aus EWM extrahiert.
0WM_MP06_Q0002	Liefert Ihnen Informationen wie Bruttogewicht, Bruttovolumen und die WA- bzw. WE-gebuchte Menge der abgeschlossenen Lieferpositionen.
0WM_MP03_Q0002	Liefert Ihnen für die ausgeführte Arbeitslast Vergleichsdaten zwischen aktueller und geplanter Ausführungszeit, das dabei bewegte Gewicht bzw. Volumen und unterstützt Dashboard 0XC_WM_MP03_Q0002_01.
0WM_MP03_Q0003	Liefert Ihnen die zuvor beschriebenen Daten, erweitert um das Merkmal RESSOURCE, und unterstützt Dashboard 0XC_WM_MP03_Q0002_01.
0WM_MP01_Q0001	Liefert die Ergebnisse der Kennzahlenservices.
0WM_MP02_Q0001	Liefert Informationen zur ausgeführten Arbeitslast.

Tabelle 13.6 Verfügbare SAP EWM-relevante Queries in SAP NetWeaver BW

Query	Beschreibung
0WM_MP03_Q0001	Liefert auf Kalenderjahr/-monat aggregierte Informationen zur ausgeführten Arbeitslast.
0WM_MP04_Q0001	Liefert Auswertungen über die im Lager vorgefallenen Ausnahmen: ▶ Anzahl der Ausnahmecodes pro Ausführendem im gewählten Zeitraum ▶ Häufigkeit bestimmter Ausnahmecodes pro Ausführendem und Zeitraum ▶ Gesamtzahl Ausnahmecodes im gewählten Zeitraum ▶ Anzahl Ausnahmen in verschiedenen Business-Kontexten
0WM_MP05_Q0001	Liefert Informationen über das Volumen und Gewicht der erledigten Lageraufträge.
0WM_MP05_Q0002	Liefert Informationen über die Anzahl nicht erfüllter Lieferpositionen (*nicht erfüllt* bedeutet hier, dass die Anforderungsmenge größer ist als die Menge des Warenausgangs.
0WM_MP07_Q0001	Liefert Ihnen Informationen über die Tragfähigkeit, das maximal erlaubte Volumen und die Gesamtkapazität des Lagerplatzes.

Tabelle 13.6 Verfügbare SAP EWM-relevante Queries in SAP NetWeaver BW (Forts.)

Im *BEx Analyzer* können Sie ausgewählte InfoProvider-Daten durch Navigieren, über das Kontextmenü oder per Drag & Drop innerhalb von Queries, die im BEx Query Designer angelegt wurden, analysieren und zur Planung verwenden. Der BEx Analyzer ist in Microsoft Excel integriert. Mithilfe des *BEx Web* können die zuvor genannten BEx-Anwendungen webbasiert ausgeführt und die Ergebnisse in Form von HTML-Seiten zum Beispiel in Ihrem Firmenportal dargestellt werden. Der BEx Report Designer ermöglicht Ihnen, für Präsentation und Druck optimierte Reports zu erstellen, die Sie über die angeschlossene PDF-Erzeugung in verschiedenen Formaten ausdrucken können.

Die Integration von SAP NetWeaver BW mit *SAP BusinessObjects* ermöglicht Ihnen die Nutzung weiterer Reporting- und Analysewerkzeuge. Eine Möglichkeit ist die Nutzung von *Crystal Reports*, um formularbasierte Berichte auf Grundlage von BW-Daten zu erzeugen und in verschiedenen Formaten, zum Beispiel in Microsoft Word und Excel, als E-Mail oder HTML, darzustellen. Eine weitere Option, die BusinessObjects bietet, ist die Verwendung von

Xcelsius, um BW-Daten in Form von Dashboards zu visualisieren. Abbildung 13.34 zeigt ein Dashboard-Beispiel mit Daten aus der EWM-Applikation Arbeitsmanagement.

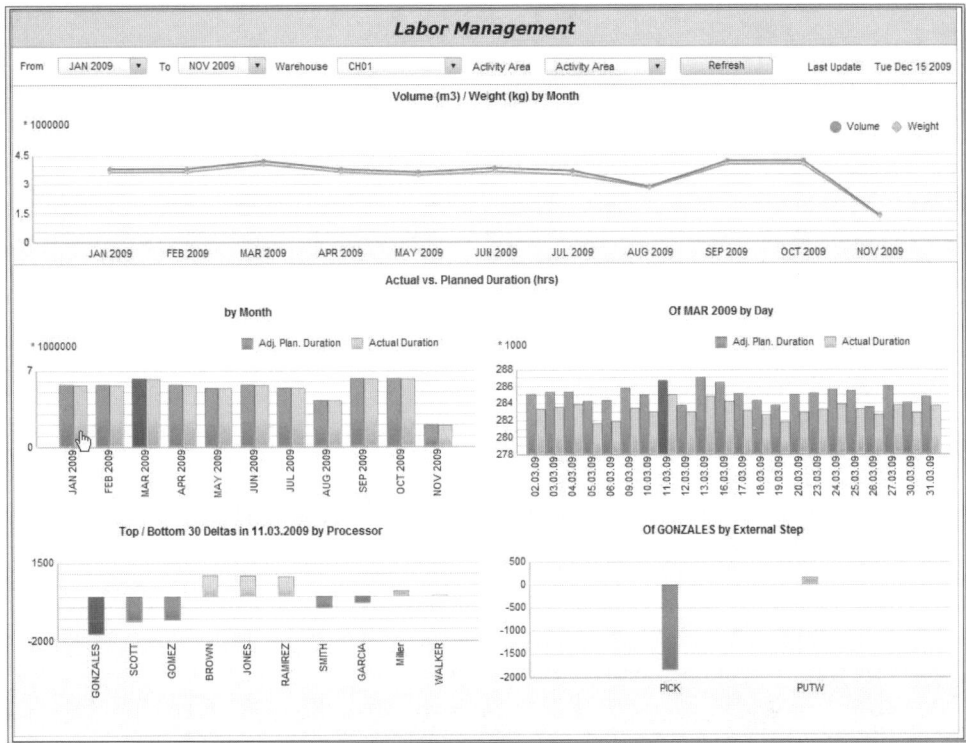

Abbildung 13.34   Dashboards auf Basis von Daten des Arbeitsmanagements in SAP EWM

13.5   Zusammenfassung

In diesem Kapitel haben wir mit dem Lagermonitor, dem Lagercockpit auf Basis des Easy Graphics Frameworks, dem grafischen Lagerlayout und den Kennzahlenservices die Monitoring-Funktionalitäten in SAP EWM beschrieben. Darüber hinaus haben wir im Rahmen des Reportings die in EWM verfügbaren DataSources, die Datenextraktion in SAP NetWeaver BW, den Datenfluss innerhalb von BW und die im Standard-BW verfügbaren Queries als Basis der Reports vorgestellt. Sie haben damit einen Überblick über die Monitoring- und Reporting-Möglichkeiten in EWM in Kombination mit SAP NetWeaver BW erhalten.

Es ist möglich, eine Materialflusssteuerung direkt an SAP EWM anzubinden. In diesem Kapitel vermitteln wir Ihnen die Grundbegriffe, den Aufbau und die Simulation einer Materialflusssteuerung mit EWM.

14 Anbindung einer Materialflusssteuerung

EWM bietet die Möglichkeit, automatische Läger direkt, also ohne einen zusätzlichen Lagersteuerrechner, anzubinden und abzubilden. Dies geschieht über die Funktionalität des EWM-Materialflusssystems (EWM-MFS). Sie können in EWM-MFS ein automatisches Lager mit Meldepunkten, Fördersegmenten und Ressourcen abbilden.

Die speicherprogrammierbare Steuerung des Materialflusssystems kommuniziert über Telegramme mit EWM-MFS. Auf diese Weise können Informationen zwischen EWM-MFS und der speicherprogrammierbaren Steuerung ausgetauscht werden, zum Beispiel um zu steuern, wie sich die Handling Units über das Materialflusssystem von Meldepunkt zu Meldepunkt bewegen sollen. Diese Steuerentscheidungen darüber, wie Handling Units sich durch das Materialflusssystem bewegen, werden in EWM-MFS mithilfe der layoutorientierten Lagerungssteuerung abgebildet. EWM-MFS ermöglicht es darüber hinaus, verschiedene Ausnahmebehandlungen auszuführen, wie zum Beispiel das Sperren eines Betriebsmittels. Im Lagerverwaltungsmonitor (kurz: Lagermonitor) können Sie den MFS-Prozess überwachen, auswerten und beeinflussen.

In diesem Kapitel befassen wir uns zunächst mit den Grundbegriffen und dem Aufbau eines Materialflusssystems sowie der Einrichtung und der Simulation eines Materialflusssystems. Als Nächstes widmen wir uns der Definition eines Lagerlayouts im MFS. Anschließend behandeln wir die Telegrammkommunikation, das Routing und die Überwachung des Materialflusssystems. Darüber hinaus besprechen wir die Ausnahmebehandlungen im Materialflusssystem. Zuletzt wenden wir uns der Anbindung über die Lagersteuerrechner-Schnittstelle zu.

14.1 Grundbegriffe und Aufbau eines Materialfluss-systems

Um die Grundbegriffe, das Lagerlayout und andere Aspekte von EWM-MFS zu besprechen, haben wir in diesem Kapitel ein einfaches Beispiel-Lager vor Augen, das in Abbildung 14.1 zu sehen ist.

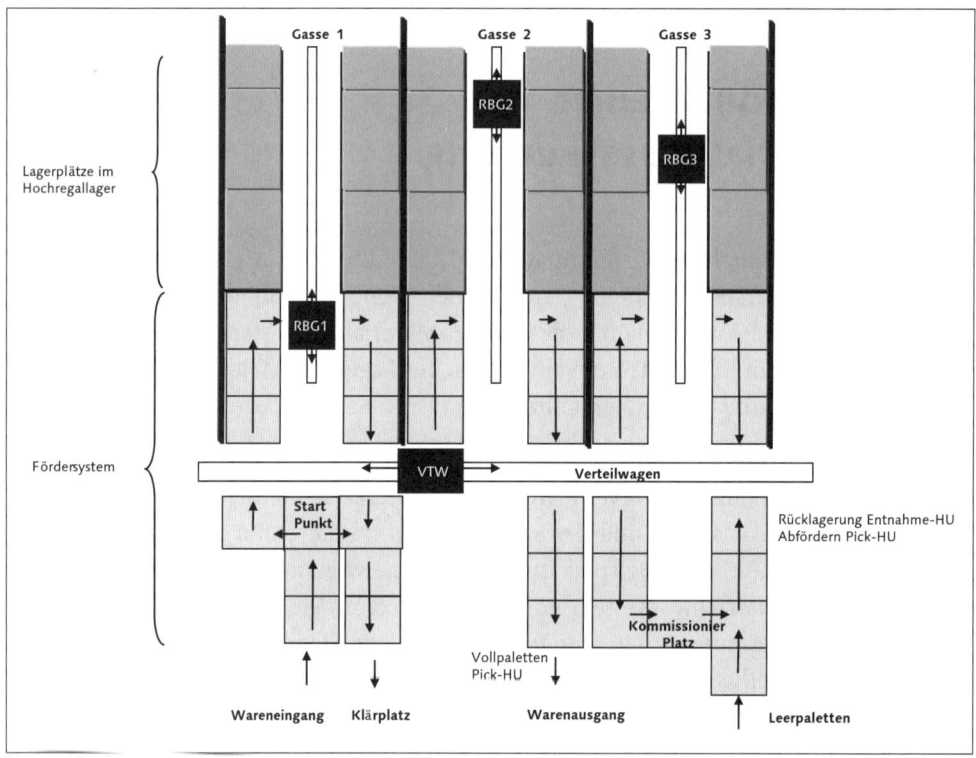

Abbildung 14.1 Beispiel eines Materialflusssystems mit Hochregallager

Das automatische Beispiel-Lager in Abbildung 14.1 hat ein Hochregal und ein Fördersystem. Die Handling Units können über das Materialflusssystem, an verschiedenen Meldepunkten vorbei, ins Hochregallager eingelagert werden und wieder aus dem Hochregallager zum Kommissionierpunkt oder direkt zur Bereitstellzone ausgelagert werden. Wir werden in diesem Kapitel immer wieder auf dieses Beispiel-Lager zurückkommen.

Die Grundbegriffe, die wir in diesem Abschnitt besprechen werden, sind die speicherprogrammierbare Steuerung, der Kommunikationskanal, Meldepunkte und Fördersegmente. Wir werden diese Begriffe erläutern und die Konfiguration in EWM-MFS besprechen.

14.1.1 Speicherprogrammierbare Steuerung

Die *speicherprogrammierbare Steuerung* (SPS) ist ein unterlagertes Echtzeitsystem, das den physischen Transport von HUs auf Förderanlagen und deren Komponenten steuert. Die SPS wertet Signale der angeschlossenen Fördertechnik oder weiterer Steuerungen aus und aktiviert oder deaktiviert Motoren, Geräte, Sensoren, Leser usw.

Ab Release EWM 5.1 können Sie die Einstellungen zur SPS-Schnittstelle pro SPS treffen oder übergreifende Schnittstellentypen verwenden.

Die Verwendung von Schnittstellentypen

Schnittstellentypen empfehlen sich, sobald Sie mehrere SPS anbinden möchten, die über dieselbe Schnittstellendefinition (Telegrammtypen, Telegramstruktur, Fehlercodes etc.) mit SAP EWM kommunizieren. In der Regel trifft das für Regalbediengeräte zu.

Schnittstellentypen

Über den Customizing-Pfad MATERIALFLUSSSYSTEM (MFS) • STAMMDATEN • SPS-SCHNITTSTELLENTYP DEFINIEREN können Sie die verschiedenen Schnittstellentypen definieren (siehe Abbildung 14.2).

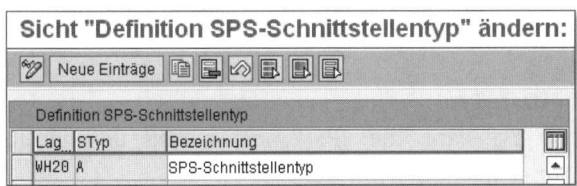

Abbildung 14.2 Schnittstellentypen definieren

Geben Sie im Customizing ein Kürzel und eine Beschreibung des Schnittstellentyps ein.

Speicherprogrammierbare Steuerung definieren

Jede Steuerung, mit der das EWM-System kommunizieren soll, müssen Sie als SPS definieren. In größeren Anlagen sind unter Umständen Kopfsteuerungen im Einsatz. Kopfsteuerungen sind speicherprogrammierbare Steuerungen, die ihrerseits andere speicherprogrammierbare Steuerungen vor Ort kontrollieren, zum Beispiel könnte es sein, dass eine Kopfsteuerung zugleich ein Materialflusssystem steuert und auch ein Regalbediengerät. Das EWM-

System kommuniziert in diesem Fall nur mit den Kopfsteuerungen, und deshalb definieren Sie auch nur diese Kopfsteuerungen als SPS.

Die SPS definieren Sie über den Customizing-Pfad MATERIALFLUSSSYSTEM (MFS) • STAMMDATEN • SPEICHERPROGRAMMIERBARE STEUERUNG (SPS) DEFINIEREN (siehe Abbildung 14.3).

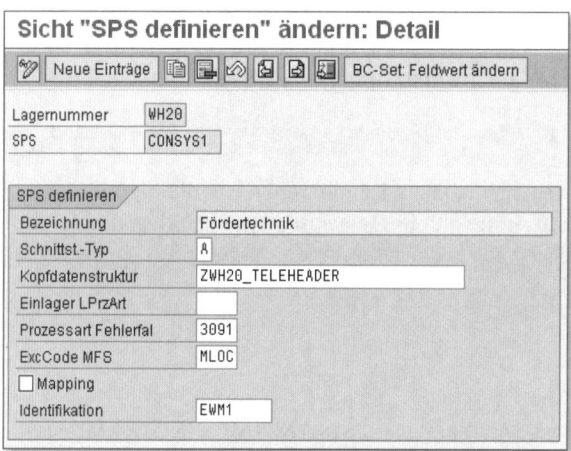

Abbildung 14.3 Speicherprogammierbare Steuerung definieren

Außer der Bezeichnung der SPS müssen Sie zusätzlich folgende Felder pflegen:

▸ **Schnittstellen-Typ (Schnittst.-Typ)**
Über das Feld SCHNITTST.-TYP kann die SPS einem bereits definierten Schnittstellentyp zugeordnet werden.

▸ **Kopfdatenstruktur**
Alle Telegramme, die an die SPS verschickt werden, benutzen dieselbe Kopfdatenstruktur, die hier hinterlegt werden muss. Zuerst definieren Sie die Telegrammkopfdaten-Struktur im Data Dictionary.

▸ **Lagerprozessart für Einlagerungen mit Fördertechnik (Einlager LPrZ-ART)**
Die Lagerprozessart EINLAGER LPRZART wird von Meldepunkten mit der Meldepunktart IP zum Anstoßen der Einlagerstrategie verwendet.

Die Lagerprozessart für Einlagerungen mit Fördertechnik

Das Feld EINLAGER LPRZART dient in der SPS-Konfiguration nur für die Rückwärtskompatibilität zu Release SAP SCM 5.0. Ab SCM 5.1 können Sie diese Prozessart direkt auf dem Meldepunkt hinterlegen.

▶ **Prozessart Fehlerfall**

In diesem Feld kann eine Lagerprozessart hinterlegt werden, die das System bei HU-Fehlern dazu verwendet, die entsprechenden HUs zum Klärplatz auszuschleusen. EWM schleust HUs zum Beispiel dann zum Klärplatz aus, wenn die SPS einen Konturenfehler meldet. Der Weg zum nächsten Klärplatz wird nicht über die layoutorientierte Lagerungssteuerung bestimmt, sondern durch Angabe des jeweils nächsten Zwischenziels in Richtung Klärplatz pro Meldepunkt. Auf diese Weise können Sie die Lagersteuerung für das Lager erheblich vereinfachen. Sie können die Lagerprozessart bei diesem Verfahren jedoch nicht in die layoutorientierte Lagersteuerung, sondern direkt in das Customizing der SPS eingeben, wie es in Abbildung 14.3 gezeigt wird.

Sofort-Quittieren im Fehlerfall

Definieren Sie für die Prozessart FEHLERFALL eine Lagerprozessart, mit der das Sofort-Quittieren erlaubt ist.

▶ **ExcCode MFS**

In dieses Feld geben Sie den Ausnahmecode für Nach-Lagerplatz-Änderung ein, der bei der Quittierung von Lageraufgaben im MFS gesetzt wird. Wenn die SPS eine HU an einem anderen Meldepunkt anmeldet als erwartet, bucht EWM die HU auf den neuen Punkt um. Für diese Fälle definieren Sie einen Ausnahmecode und legen mögliche Folgeaktionen (zum Beispiel einen Alert) fest. Der Ausnahmecode muss den internen Prozesscode CHBD (Nach-Platz ändern) haben.

▶ **Mapping**

Dieses Feld legt fest, ob Objekte im Austausch zwischen EWM und der SPS umgeschlüsselt werden sollen. Dies ist nötig, falls Lagerplätze in EWM und der SPS verschiedene Identifikationen haben. Wenn das Kennzeichen MAPPING gesetzt ist, können Sie die Transaktion /SCWM/MFS_OBJMAP benutzen, um zu jedem Lagerplatz einen von der SPS verwendeten Namen zu hinterlegen.

▶ **Identifikation**

Der in diesem Feld eingetragene Wert wird in Telegrammen an die SPS als Sender-Identifikation mitgegeben.

Kennzeichen »Tele überprüfen«

Wenn Sie im Kommunikationskanal das Kennzeichen TELE ÜBERPRÜFEN setzen, akzeptiert das EWM-System über diesen Kanal nur Telegramme, die diese Identifikation im Feld EMPFÄNGER enthalten.

14.1.2 Kommunikationskanal

Zu jeder SPS muss mindestens ein Kommunikationskanal definiert sein. Nachrichtenverbindungen zwischen MFS und einer SPS werden durch eine IP-Adresse und einen Port definiert. Um die Kommunikation zwischen MFS und einer SPS zu ermöglichen, müssen Sie einen Kommunikationskanal für diese SPS definieren. Sie legen dabei einige Eigenschaften fest, zum Beispiel die Länge der Nachrichten und ob mit Telegrammbestätigungen gearbeitet wird. Im Anwendungsmenü stellen Sie außerdem IP-Adresse und Port ein, über die die SPS erreichbar ist.

Sie können zur Kommunikation mit derselben SPS mehrere Kanäle verwenden. Diese müssen dann jeweils einen eigenen Port nutzen. Sie können festlegen, dass bestimmte Telegramme über den einen Kanal und andere Telegramme über einen anderen Kanal kommuniziert werden sollen.

Telegramme eines Kommunikationskanals werden sequenziell an die SPS übermittelt, das heißt, EWM versendet Telegramm 2 erst dann, wenn für das zuvor versendete Telegramm 1 eine Empfangsbestätigung eingetroffen ist. In der Regel ist ein Kommunikationskanal pro Steuerung ausreichend. Über einen zweiten Kommunikationskanal (und gegebenenfalls weitere) kann die Kommunikation jedoch beschleunigt werden.

Achten Sie darauf, dass Sie nur solche Nachrichten parallelisieren, die sich gegebenenfalls auch überholen dürfen. Es kann zum Beispiel unerwünschte Folgen haben, wenn Transportquittungen und Anmeldetelegramme auf unterschiedliche Kanäle verteilt werden. Bei Störungen auf einem Kanal würden sie dann nicht mehr in der vorgesehenen Reihenfolge verarbeitet werden.

Über den Customizing-Pfad MATERIALFLUSSSYSTEM (MFS) • STAMMDATEN • KOMMUNIKATIONSKANAL • KOMMUNIKATIONSKANAL DEFINIEREN können Sie die Eigenschaften eines Kommunikationskanals definieren.

Um den Kommunikationskanal zu definieren, pflegen Sie, wie in Abbildung 14.4 gezeigt, die folgenden Felder:

▶ **TeleWiederholung**
Ein Wert zwischen 1 und 9. Dies ist die Anzahl der Telegrammwiederholungen, die das System durchläuft, falls ein Telegramm nicht erfolgreich zur speicherprogrammierbaren Steuerung übertragen werden konnte. Danach wird der Ausnahmecode, der unter ExcCODE MFS eingetragen ist, ausgeführt.

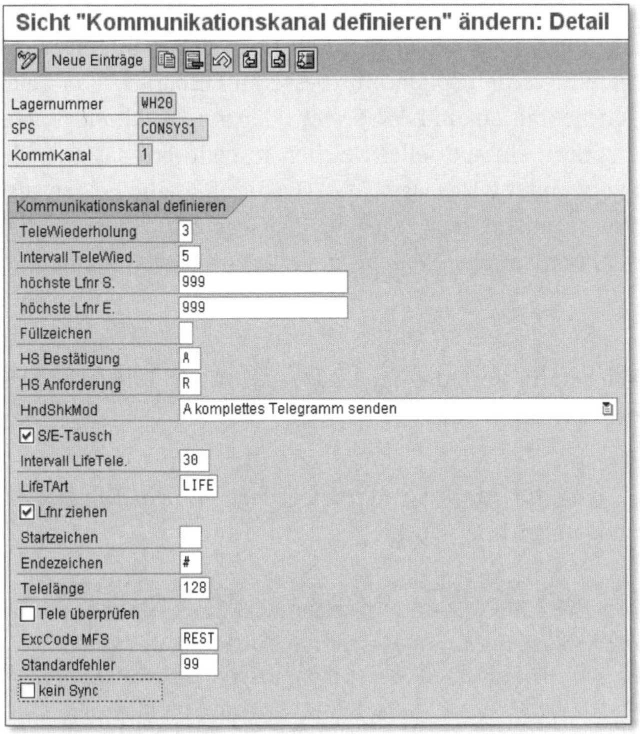

Abbildung 14.4 Kommunikationskanal definieren

▶ **Intervall TelWied.**
In diesem Feld legen Sie fest, nach wie vielen Sekunden das Senden eines Telegramms wiederholt werden soll, wenn das System keine Empfangsbestätigung erhalten hat. Basierend auf diesem Intervall, versucht das System nach Ablauf des Intervalls, das Telegramm erneut an die SPS zu senden, falls die Übertragung zuvor nicht bestätigt wurde.

▶ **Höchste Lfnr S.**
Über dieses Feld definieren Sie die höchste erlaubte Laufnummer beim Versenden von Telegrammen. Das EWM-System versieht jedes Telegramm mit einer eindeutigen Laufnummer. Diese Nummer hilft dem Empfänger zu erkennen, ob er ein Telegramm bereits empfangen hat oder nicht. Nur beim ersten Erhalt wird das Telegramm verarbeitet, danach wird es nur noch bestätigt. Telegramme mit zu kleiner laufender Nummer werden verworfen.

▶ **Höchste Lfnr E.**
Dieses Feld legt die höchste erlaubte Laufnummer beim Empfangen von Telegrammen fest.

▶ **Füllzeichen**
Dieses Feld steuert, durch welches Füllzeichen Leerzeichen in Telegrammen an die SPS gefüllt werden sollen. Zur besseren Lesbarkeit von Telegrammen (zum Beispiel mit einem LAN-Tester oder mit Protokolldateien) bietet EWM die Option, ein spezielles Zeichen festzulegen, das anstelle von Leerzeichen verwendet wird. Das EWM-System füllt alle Felder ausgehender Telegramme mit diesem Zeichen. Im Gegenzug ersetzt es bei eingehenden Telegrammen alle Stellen, die dieses Zeichen enthalten, durch Leerzeichen.

▶ **HS Bestätigung**
Das Handshake-Zeichen für Bestätigungen legt fest, wie ein Telegramm als Bestätigung gekennzeichnet wird.

▶ **HS Anforderung**
Das Handshake-Zeichen für Anforderungen legt fest, wie ein Telegramm als Anforderung gekennzeichnet wird.

Handshake-Modus

Über das Feld HNDSHKMOD legen Sie fest, wie der Handshake mit der SPS durchgeführt werden soll. Der Handshake-Modus bestimmt zum Beispiel ob Telegramme bestätigt werden müssen und welche Informationen dann in der Bestätigung erhalten sind. Die Optionen für den Handshake-Modus werden in Abbildung 14.5 gezeigt.

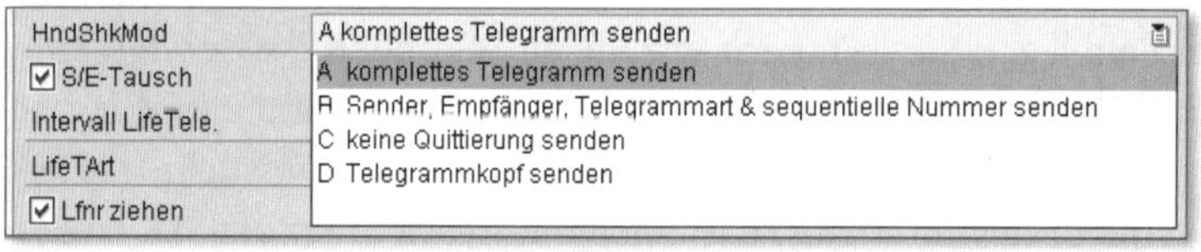

Abbildung 14.5 Optionen für den Handshakemodus

▶ **S/E-Tausch**
Dieser Indikator legt fest, ob Sender und Empfänger bei der Telegrammbestätigung getauscht werden sollen.

▶ **Intervall Life Tele**
Intervall für Life-Telegramm in Sekunden. Basierend auf diesem Intervall, übermittelt das System Life-Telegramme an die SPS.

▶ **LifeTArt**
Das Feld LIFETART legt die Telegrammart für das Life-Telegramm fest.

▶ **Lfnr ziehen**
Dieses Feld legt fest, ob für Life-Telegramme eine Laufnummer gezogen wird.

- **Startzeichen**
  Hier pflegen Sie Zeichen, die den Start eines Telegramms kennzeichnen.

- **Endezeichen**
  Hier pflegen Sie Zeichen, die das Ende eines Telegramms kennzeichnen.

- **Telelänge**
  In diesem Feld legen Sie die Telegrammlänge (in Zeichen) fest; sie entspricht der Anzahl von Zeichen, die ein Telegramm zum Austausch mit der speicherprogrammierbaren Steuerung umfasst.

- **Tele überprüfen**
  Dieses Feld legt fest, ob das empfangene Telegramm auf semantische und syntaktische Korrektheit überprüft werden soll.

- **ExcCode MFS**
  Hier geht es um den Ausnahmecode, der bei einem Kommunikationsfehler ausgelöst wird. Dieser Ausnahmecode wird ausgelöst, wenn bei der Kommunikation über den aktuellen Kommunikationskanal ein Fehler auftritt.

- **Standardfehler**
  Dies ist der Standard-Fehler, der an die SPS übertragen wird, wenn das System bei einem eingehenden Anfragetelegramm einen Fehler festgestellt hat.

  Wenn Sie eine feinere Fehlerauswertung nutzen möchten, können Sie dies im EWM-Customizing unter dem Pfad MATERIALFLUSSSYSTEM (MFS) • AUSNAHMEBEHANDLUNG • TELEGRAMMFEHLER ZU SPS-FEHLER ZUORDNEN einstellen.

- **Kein Sync**
  Wenn Sie dieses Kennzeichen setzen, führt das System zu Beginn einer Telegrammkommunikation keine Synchronisierung durch.

Beispiel

Sie legen fest, dass MFS mit den drei Regalbediengeräten Ihres Lagers über jeweils einen Kanal kommunizieren soll. Bezüglich der Lagervorzone erwartet Sie ein höheres Telegrammaufkommen. Für die hierfür zuständige SPS definieren Sie deshalb zwei Kanäle (Port 1 und Port 2). Über Kanal 1 sollen alle HU-bezogenen Telegramme laufen, über Kanal 2 alle Statustelegramme (Störmeldungen für Meldepunkte und Segmente). Sie vereinbaren deshalb mit dem Zuständigen für die SPS, dass Statustelegramme über Port 2 gesendet werden sollen, und definieren in EWM, dass die Telegrammart STAR (Status-Request von EWM an das MFS) über Kanal 2 geschleust wird.

14.1.3 Meldepunkt

Ein *Meldepunkt* ist ein Punkt auf der Fördertechnik, an dem EWM und die SPS Informationen austauschen, wie zum Beispiel Verfügbarkeitsstatus, Startpunkt einer Lageraufgabe, Zielpunkt einer Lageraufgabe oder Scannerpunkt. Ein Meldepunkt ist immer genau einer SPS zugeordnet.

In EWM bilden Sie einen Meldepunkt immer auch als Lagerplatz und innerhalb der LOLS als Lagerungsgruppe ab. Jeder Meldepunkt ist einer bestimmten Meldepunktart zugeordnet. So können Sie zum Beispiel eine Meldepunktart für Identifikationspunkte (Punkte der Lagerplatzvergabe) oder für Scannermeldepunkte definieren. Die Meldepunktart zusammen mit der Telegrammart beeinflusst die MFS-Aktion, die das System bei diesem Meldepunkt auslöst.

Eine wesentliche Eigenschaft von Meldepunkten ist ihre Kapazität. Die Kapazität wird durch die Anzahl der HUs ausgedrückt, die gleichzeitig auf dem Meldepunkt zulässig sind. Das Programm berücksichtigt dabei auch ankommende oder abfahrende HUs.

Eine weitere wesentliche Eigenschaft ist der Verfügbarkeitsstatus. Sie können einen Meldepunkt entweder seitens der SPS oder – über den Lagermonitor – seitens des Lagerleitstands sperren.

Beispiel

Jede Meldepunktart kann ihre eigene Ablauflogik haben. Bei einem typischen Kommunikationsprozess bewegt die Förderanlage zum Beispiel eine HU zu einem Scanner. Diesen Punkt haben Sie im MFS als Meldepunkt (zum Beispiel CP01) mit der Meldepunktart I-Punkt definiert. Die SPS schickt nun die vom Scanner gelesenen Daten (HU-Nummer) zusammen mit dem Meldepunktnamen an EWM. EWM löst die für diese Telegrammart (Scannertelegramm) und diese Meldepunktart (Identifikationspunkt) eingestellte Aktion aus (Lagerplatzsuche), ermittelt das nächste Zwischenziel auf dem Weg zum finalen Lagerplatz und schickt dann ein entsprechendes Telegramm an die SPS (HU zum nächsten Meldepunkt CP02 transportieren). Die SPS veranlasst, dass die HU über die Förderanlage zu dem gewünschten Meldepunkt transportiert wird. Wenn die HU dort angekommen ist, schickt die SPS ein neues Telegramm (Anmeldung an CP02). Für diesen Meldepunkt haben Sie die Meldepunktart EINFACHER MELDEPUNKT eingestellt. Sie haben außerdem festgelegt, dass bei Anmeldungen an einfachen Meldepunkten ein Funktionsbaustein aufgerufen werden soll, der die HU auf den neuen Punkt umbucht und das nächste Ziel auf dem Weg zum finalen Lagerplatz ermittelt. Falls der nächste Meldepunkt keine Kapazität hat oder an ihm eine Ausnahme gesetzt ist, hält EWM die Lageraufgabe für die SPS zurück.

14.1.4 Fördersegment

Ein *Fördersegment* ist eine Strecke zwischen zwei Meldepunkten. Förderseg-mente transportieren HUs physisch von einem Meldepunkt zum nächsten. Die Ressourcentypen können Sie im Customizing anlegen über den Pfad EXTENDED WAREHOUSE MANAGEMENT • MATERIAL-FLUSSSYSTEM (MFS) • STAMM-DATEN • FÖRDERSEGMENT DEFINIEREN (siehe Abbildung 14.6).

Auch für Fördersegmente können Sie jeweils eine Kapazitätsgrenze einstel-len. Die Kapazität bezieht sich wie bei Meldepunkten auf die Anzahl an HUs, die über das jeweilige Fördersegment gleichzeitig transportiert werden kön-nen. Wenn die Kapazität eines Fördersegments ausgelastet ist, hält EWM weitere Aufträge für dieses Segment zurück.

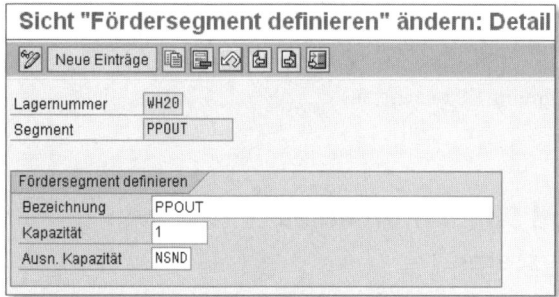

Abbildung 14.6 Fördersegmente definieren

Sie ordnen Fördersegmente in der LOLS ihren Anfangs- und Endpunkten zu (siehe Abbildung 14.7).

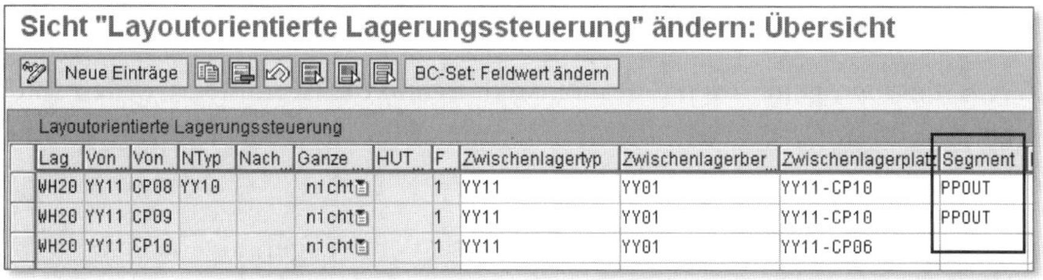

Sicht "Layoutorientierte Lagerungssteuerung" ändern: Übersicht

Layoutorientierte Lagerungssteuerung

Lag	Von	Von	NTyp	Nach	Ganze	HUT	F	Zwischenlagertyp	Zwischenlagerber	Zwischenlagerplatz	Segment
WH20	YY11	CP08	YY10		nicht		1	YY11	YY01	YY11-CP10	PPOUT
WH20	YY11	CP09			nicht		1	YY11	YY01	YY11-CP10	PPOUT
WH20	YY11	CP10			nicht		1	YY11	YY01	YY11-CP06	

Abbildung 14.7 Fördersegmente der layoutorientierten Lagerungssteuerung zuordnen

Sie können verschiedene Fördersegmente bezüglich einer Fördersegment-gruppenart (zum Beispiel Status) zu einer Fördersegmentgruppe zusammen-fassen. So können Sie zum Beispiel bei einer SPS-Störmeldung anstelle ein-zelner Fördersegmente die ganze Fördersegmentgruppe mit einer Ausnahme versehen; das System hält dann Aufträge für diese Fördersegmente zurück.

Sie müssen Fördersegmente nur dann definieren, wenn Sie ihren Status (Bereitschaft, Kapazität) in EWM kontrollieren wollen. In vielen Fällen genügt es, Kapazität und Status auf Meldepunkten zu führen.

Beispiel

Sie haben für eine bestimmte Route im Lager die folgenden Strecken:

A → B → C → Ziel

Für das Segment zwischen A und B erwarten Sie Statusmeldungen von der SPS. Ebenso für die Strecke zwischen B und C. Auf dieses Segment sollen außerdem nicht mehr als drei Aufträge gleichzeitig an die SPS geschickt werden. Sie definieren zwei Fördersegmente, AB und BC. Für BC tragen Sie Kapazität 3 ein. In der layoutorientierten Lagersteuerung definieren Sie für die Strecke von A zum Ziel das Zwischenziel B und ordnen diesem Eintrag das Segment AB zu. Für die Strecke von B zum Ziel legen Sie das Zwischenziel C fest und ordnen diesem Eintrag das Segment BC zu. MFS kann nun (zusätzlich zum Status der betroffenen Meldepunkte) eventuelle Störungen auf den Segmenten AB und BC berücksichtigen und die Kapazitätsgrenze auf dem Segment BC beachten.

14.2 Einrichtung und Simulation eines Materialflusssystems

In diesem Abschnitt beschreiben wir die grundlegenden Einstellungen, um ein MFS in EWM einzurichten. Folgende Schritte sind dafür erforderlich:

1. Einrichten einer RFC-Verbindung

2. Stammdaten für die SPS pflegen

3. Stammdaten der Kommunikationskanäle pflegen

Wenn die oben genannten Grundeinstellungen vorgenommen worden sind, zeigt Abbildung 14.8, wie die Kommunikation zwischen EWM-MFS und einer externen SPS erfolgt.

Im Beispiel von Abbildung 14.8 wird zunächst eine Lageraufgabe erstellt, die eine HU von Meldepunkt CP01 nach Meldepunkt CP02 bewegen soll. Für diese Lageraufgabe wird die Queue CONSYS1 bestimmt, der die SPS CONSYS1 zugeordnet ist. EWM ermittelt aus den Stammdaten der SPS, dass sie die SAP-Kommunikationsschicht und die Destination MFS_PLC_INTERFACE_WH20 verwendet. Zur Destination MFS_PLC_INTERFACE_WH20 wird dann die entsprechende RFC-Verbindung gefunden, und anschließend wird ein Telegramm mit den Daten der Lageraufgabe über den RFC-Adapter an die SPS geschickt.

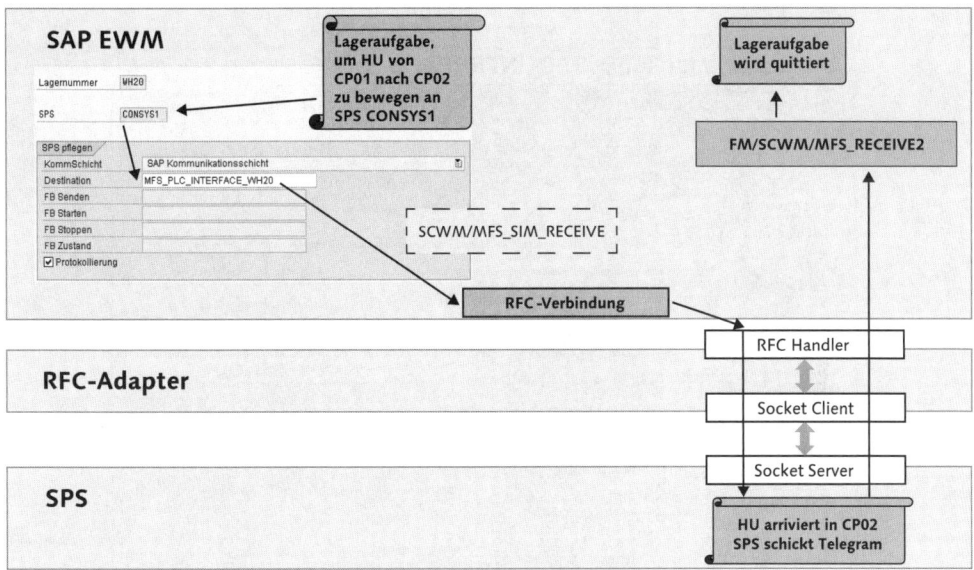

Abbildung 14.8 Datenfluss zwischen MFS und einer externen SPS

Plant Connectivity (PCo)

Als RFC-Adapter bietet SAP das Programm *Plant Connectivity* (PCo) an. Die PCo-Software ist keine Middleware, sondern dient nur als Übersetzer der Telegramme in TCP/IP, sodass direkt mit der SPS kommuniziert werden kann.

Im nächsten Abschnitt betrachten wir zuerst die grundlegenden Einstellungen zur Anbindung der SPS im Detail. Anschließend beschreiben wir die MFS-Simulation, mit der Sie MFS ohne SPS-Anbindung oder Emulation verwenden können. Mit der MFS-Simulation können Sie innerhalb von EWM zum Beispiel die MFS-Konfiguration testen, ohne dass eine externe Kommunikation benötigt wird.

14.2.1 RFC-Verbindung einrichten

Das Einrichten der RFC-Verbindung erfolgt über die Transaktion SM59 (siehe Abbildung 14.9).

Beim Anlegen der RFC-Verbindung selektieren Sie die Aktivierungsart REGIS-
TRIERTES SERVERPROGRAMM und hinterlegen die Programm-ID. Im Beispiel ist
dies MFS_PLC_INTERFACE_WH20.

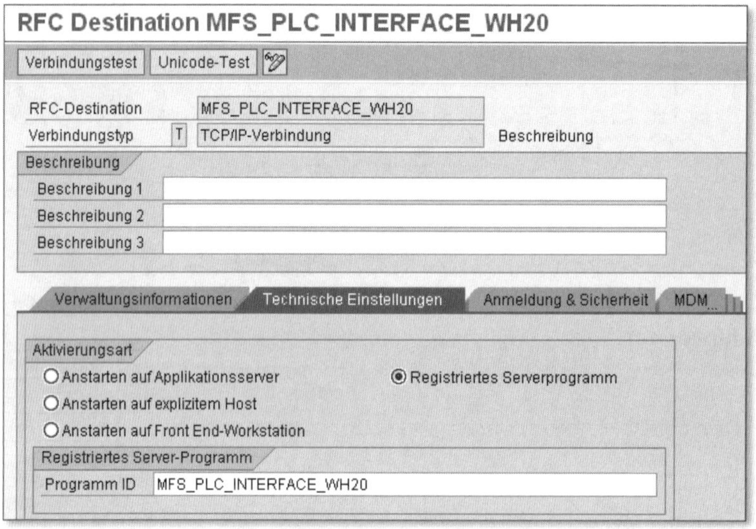

Abbildung 14.9 RFC-Verbindung anlegen

14.2.2 Stammdaten für die speicherprogrammierbare Steuerung pflegen

Als Nächstes legen Sie die Stammdaten für die SPS an. Dort wird auch die
Programm-ID als Destination hinterlegt.

Die Stammdaten für die SPS legen Sie im SAP Easy Access Menü an. Verwen-
den Sie dazu den Pfad EXTENDED WAREHOUSE MANAGEMENT • STAMMDATEN •
MATERIALFLUSSSYSTEM (MFS) • SPEICHERPROGRAMMIERBARE STEUERUNG PFLE-
GEN oder Transaktion /SCWM/MFS_PLC.

Um über EWM externe Kommunikation herzustellen, wie zum Beispiel mit
PLANT CONNECTIVITY (PCo) oder einem anderen Adapter, müssen Sie in den
SPS-Stammdaten als Kommunikationsschicht SAP KOMMUNIKATIONSSCHICHT
selektieren und im Feld DESTINATION die Programm-ID der RFC-Verbindung
hinterlegen (siehe Abbildung 14.10).

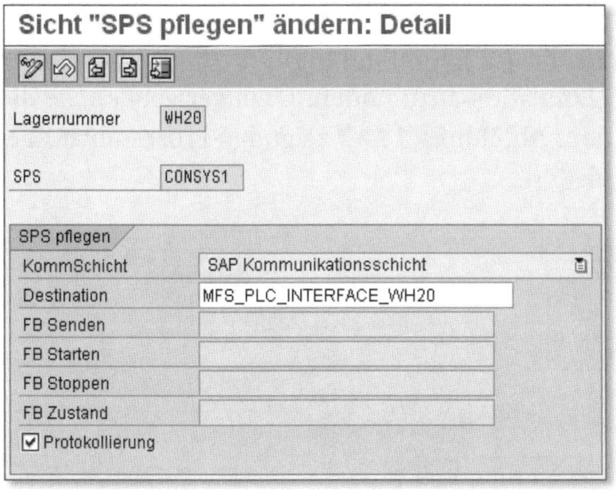

Sicht "SPS pflegen" ändern: Detail

Lagernummer   WH20

SPS   CONSYS1

SPS pflegen

KommSchicht	SAP Kommunikationsschicht
Destination	MFS_PLC_INTERFACE_WH20
FB Senden	
FB Starten	
FB Stoppen	
FB Zustand	
☑ Protokollierung	

Abbildung 14.10 Stammdaten für die speicherprogrammierbare Steuerung pflegen

14.2.3 Stammdaten für den Kommunikationskanal pflegen

Damit die Telegramme über die RFC-Verbindung an das Subsystem geschickt werden können, müssen Sie für jede SPS mindestens einen *Kommunikationskanal* pflegen. Der Kommunikationskanal in EWM sorgt dafür, dass über die richtige Kombination aus IP-Adresse und Port kommuniziert wird.

Der Kommunikationskanal wird im SAP Easy Access Menü über den Pfad EXTENDED WAREHOUSE MANAGEMENT • STAMMDATEN • MATERIALFLUSSSYSTEM (MFS) • KOMMUNIKATIONSKANAL PFLEGEN oder über die Transaktion /SCWM /MFS_CCH angelegt. Ein Beispiel für die Pflege des Kommunikationskanals zeigt Abbildung 14.11.

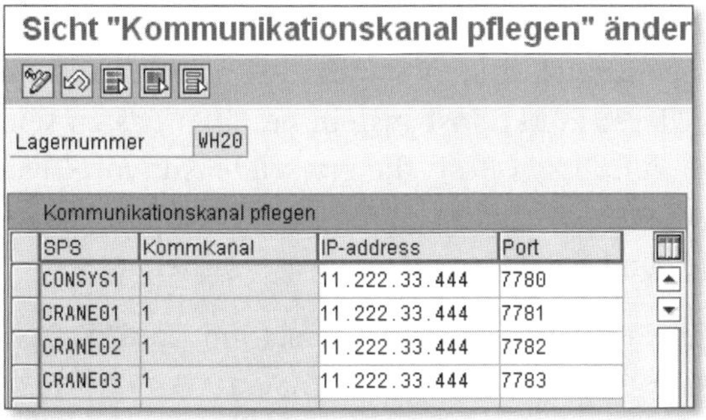

Sicht "Kommunikationskanal pflegen" änder

Lagernummer   WH20

Kommunikationskanal pflegen

SPS	KommKanal	IP-address	Port
CONSYS1	1	11.222.33.444	7780
CRANE01	1	11.222.33.444	7781
CRANE02	1	11.222.33.444	7782
CRANE03	1	11.222.33.444	7783

Abbildung 14.11 Stammdaten des Kommunikationskanals pflegen

14.2.4 Simulation im Materialflusssystem

MFS bietet die Möglichkeit, die MFS-Konfiguration zu testen, ohne eine externe SPS oder eine MFS-Emulation anzubinden. Dazu verwenden Sie die EWM-interne MFS-Simulation. Abbildung 14.12 zeigt den Prozessablauf bei Verwendung der MFS-Simulation.

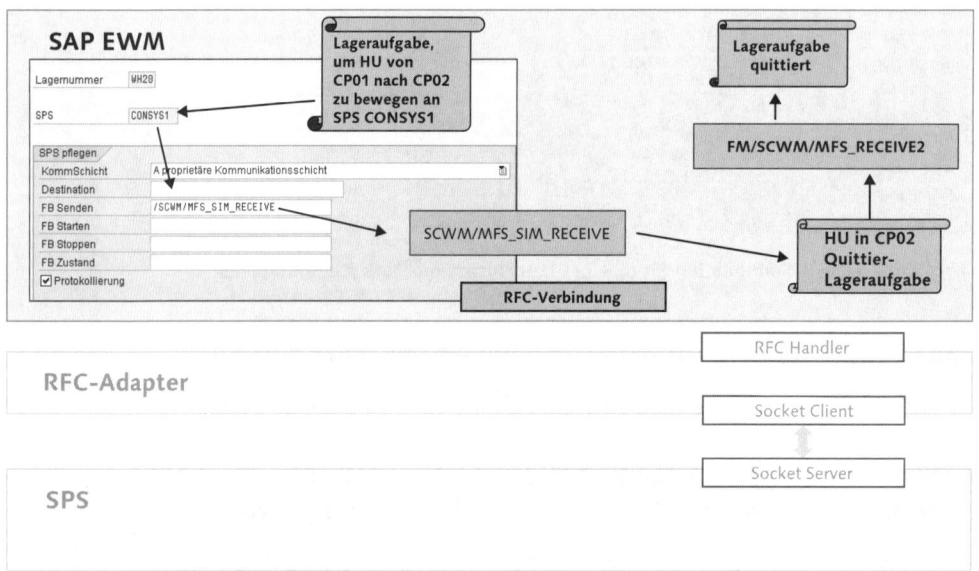

Abbildung 14.12 Interner Ablauf der MFS-Simulation

Erstellen Sie zum Beispiel eine Lageraufgabe für eine Queue, die einer SPS zugeordnet ist, wird aus den SPS-Stammdaten die Kommunikationsschicht gelesen. Wenn die proprietäre Kommunikationsschicht eingestellt wurde, wird der Funktionsbaustein gelesen, der im Feld FB SENDEN gepflegt wurde. MFS bietet hier für die interne Simulation den Standard-Funktionsbaustein /SCWM/MFS_SIM_RECEIVE an. Dieser Funktionsbaustein bestätigt das zu sendende Telegramm und sendet auf dessen Basis die erwartete Antwort-Telegrammart. Das intern gesendete Antworttelegramm ruft den Funktionsbaustein /SCWM/MFS_RECEIVE2 auf, und das Telegramm wird verarbeitet.

Die Stammdaten der SPS pflegen Sie für die MFS-Simulation im SAP Easy Access Menü EXTENDED WAREHOUSE MANAGEMENT • STAMMDATEN • MATERI-ALFLUSSSYSTEM (MFS) • SPEICHERPROGRAMMIERBARE STEUERUNG PFLEGEN oder mittels der Transaktion /SCWM/MFS_PLC (siehe Abbildung 14.13).

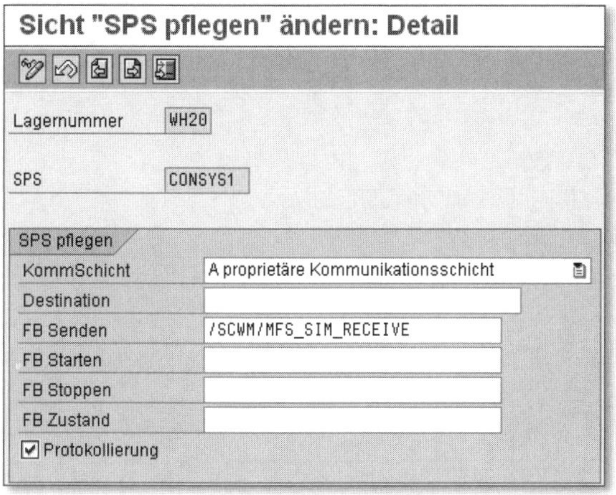

Sicht "SPS pflegen" ändern: Detail

Lagernummer	WH20

SPS	CONSYS1

SPS pflegen

KommSchicht	A proprietäre Kommunikationsschicht
Destination	
FB Senden	/SCWM/MFS_SIM_RECEIVE
FB Starten	
FB Stoppen	
FB Zustand	
☑ Protokollierung	

Abbildung 14.13   Stammdaten der SPS für die Simulation pflegen

14.3 Lagerlayout definieren

In diesem Abschnitt zeigen wir, wie Sie in EWM das *Lagerlayout* für das MFS definieren. EWM verwendet für die Abbildung des physischen MFS viele der Organisationsobjekte, die auch in Lägern ohne MFS verwendet werden. Viele dieser Organisationsobjekte haben wir schon im vorangegangenen Abschnitt besprochen, und wir werden uns deshalb an dieser Stelle nur die MFS-relevanten Aspekte genauer anschauen.

14.3.1 Lagertypen, Lagerplätze und Lagerungsgruppen

Das Layout eines MFS wird über Lagertypen und Lagerplätze in EWM abgebildet, wie es auch für Läger ohne MFS üblich ist. HUs, die sich auf einem MFS bewegen, befinden sich systemtechnisch immer auf einem Lagerplatz oder einer Ressource.

Während der Erstellung eines Lagerplatzes können Sie dem Platz eine Lagerungsgruppe zuordnen, die in der LOLS verwendet werden kann. Zum Beispiel lassen sich so alle Lagerplätze in einer Gasse eines Hochregallagers zu einer Lagerungsgruppe zusammenfassen.

Abbildung 1.14 zeigt das Anlegen eines Lagerplatzes, dem die Lagerungsgruppe A01 zugeordnet wird. Nutzen Sie hierfür die Transaktion /SCWM/LS01. Die Lagerungsgruppe A01 sagt in diesem Fall aus, dass der Lagerplatz zu der Gasse 1 des Hochregallagers gehört.

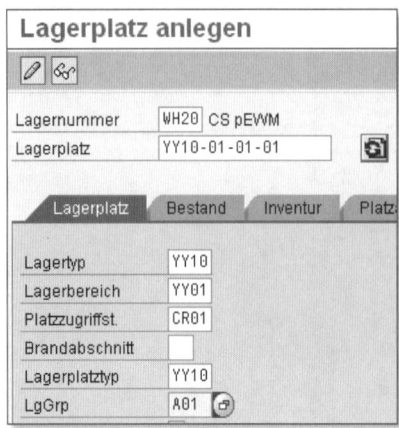

Abbildung 14.14 Lagerplatz mit Lagerungsgruppe erstellen

14.3.2 Meldepunktarten und Meldepunkte definieren

Neben den Lagertypen und Lagerplätzen bilden Sie im MFS alle Meldepunkte ab, die einer SPS zugeordnet sind. Ein *Meldepunkt* bezeichnet die Stelle auf der Fördertechnik, an der EWM und SPS Informationen austauschen. Jeder Meldepunkt gehört zu einer bestimmten *Meldepunktart*. Meldepunktarten gruppieren Meldepunkte mit gleichen Eigenschaften und legen fest, wie Telegramme von diesen Meldepunkten verarbeitet werden. Ein Meldepunkt kann zum Beispiel ein »normaler« Meldepunkt sein, an dem eine HU per Scanner gelesen wird, oder ein Identifikationspunkt, an dem die HU gelesen und zudem auch der finale Lagerplatz der HU bestimmt wird.

Bevor Sie die Meldepunkte anlegen, müssen Sie zuerst entsprechende Meldepunktarten definieren. Dies geschieht über den Customizing-Pfad MATERIALFLUSSSYSTEM (MFS) • STAMMDATEN • MELDEPUNKTARTEN DEFINIEREN (siehe Abbildung 14.15).

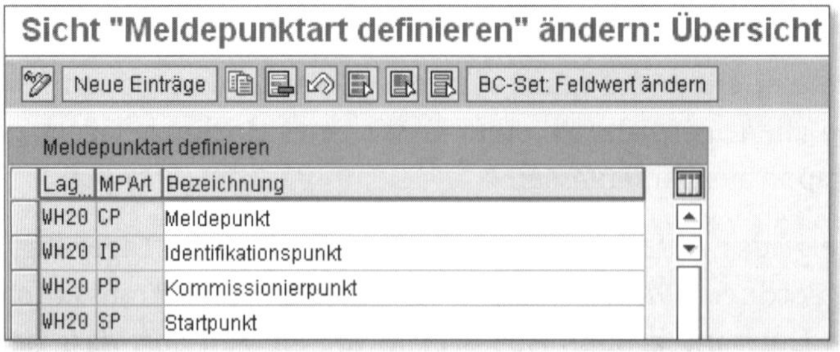

Lag	MPArt	Bezeichnung
WH20	CP	Meldepunkt
WH20	IP	Identifikationspunkt
WH20	PP	Kommissionierpunkt
WH20	SP	Startpunkt

Abbildung 14.15 Meldepunktarten definieren

Einen Meldepunkt definieren Sie im Customizing über den Pfad MATERIAL-
FLUSSSYSTEM (MFS) • STAMMDATEN • MELDEPUNKT DEFINIEREN. Abbildung
14.16 zeigt die Übersicht der Transaktion zum Definieren eines Meldepunktes, und Sie sehen, wie Sie den einzelnen Meldepunkten eine SPS und eine
Meldepunktart zuordnen.

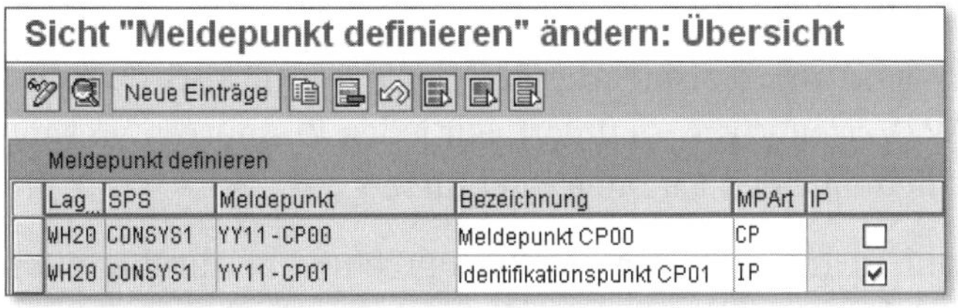

Lag	SPS	Meldepunkt	Bezeichnung	MPArt	IP
WH20	CONSYS1	YY11-CP00	Meldepunkt CP00	CP	☐
WH20	CONSYS1	YY11-CP01	Identifikationspunkt CP01	IP	☑

Abbildung 14.16 Meldepunkt definieren

Darüber hinaus können Sie im Customizing weitere Parameter definieren,
wie zum Beispiel Kapazitäts- und Klärungsparameter.

Sobald der Meldepunkt angelegt ist, müssen Sie dem Meldepunkt einen
Lagerplatz zuordnen. Verwenden Sie dazu das SAP Easy Access Menü EXTEN-
DED WAREHOUSE MANAGEMENT • STAMMDATEN • MATERIALFLUSSSYSTEM (MFS)
• MELDEPUNKTE PFLEGEN oder die Transaktion /SCWM/MFS_CP.

Manueller Abgleich von Customizing- und Applikationsdaten

Die Applikationsdaten werden direkt beim Anlegen der Customizing-Aktivitäten
generiert; zum Beispiel sollten die Meldepunkte direkt nach der Definition im Customizing als Applikationsdaten zur Verfügung stehen. Stehen die Meldepunkte
nicht automatisch als Applikationsdaten in der Transaktion /SCWM/MFS_CP zur
Verfügung, besteht die Möglichkeit, einen Abgleich zwischen den Customizing-
Daten und den Applikationsdaten mit der Transaktion /SCWM/MFS_GEN_APP-
DAT manuell anzustoßen.

14.3.3 Ressourcen und Ressourcenarten definieren

Eine *Ressource* ist ein Fahrzeug, das eine Lageraufgabe ausführt und somit
eine HU von einem Meldepunkt zum nächsten bringt. Diese SPS-gesteuerten
Fahrzeuge können Sie im MFS mithilfe von Ressourcen abbilden. Ressourcen und ihre Bewegungen, zum Beispiel von Regalbediengeräten, können
aus EWM heraus optimiert werden.

Im Gegensatz dazu müssen sogenannte *Fahrzeuge*, die von der SPS selbst mittels eines eigenen Auftragspuffers optimiert werden, in EWM nicht als Ressource eingerichtet werden. Dies wäre zum Beispiel sinnvoll für einen Ver-

teilwagen. In diesen Fällen genügt es, die vom Verteilwagen bedienten Meldepunkte zu definieren.

Um eine Ressource zu erstellen, definieren Sie zunächst Ressourcentypen, um gleichartige Ressourcen zu gruppieren. Die Ressourcentypen können Sie im Customizing anlegen über den Pfad MATERIALFLUSSSYSTEM (MFS) • STAMMDATEN • MFS-RESSOURCENART DEFINIEREN.

In Abbildung 14.17 sind zum Beispiel die Ressourcentypen RBG (Regalbediengerät) und VTW (Verteilwagen) definiert. Für jeden Ressourcentyp kann man anschließend die folgenden Parameter definieren:

Die maximale Anzahl an Telegrammen pro Ressource und ob für diese Ressource das Doppelspiel angewandt werden soll. In diesem Fall bekommt eine Ressource nach einer Einlagerungsaufgabe sofort eine Auslagerungsaufgabe, um Leerlauf für die Ressource zu vermeiden. Das Doppelspiel ist in EWM nur für Ressourcen mit einem Lastaufnahmemittel einsetzbar. Darüber hinaus müssen sich die Ein- und Auslagerplätze am gleichen Gassenende befinden.

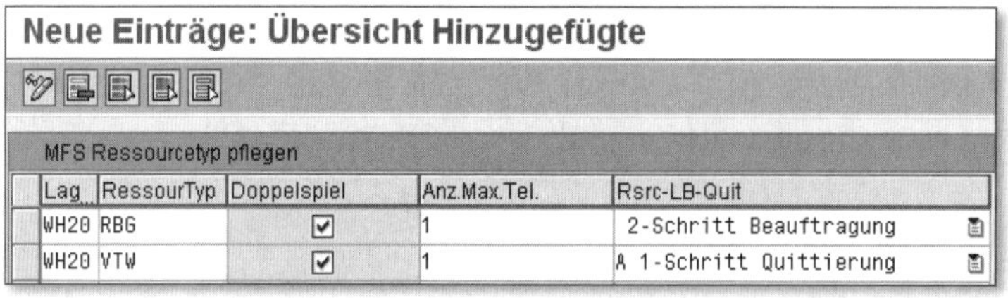

Neue Einträge: Übersicht Hinzugefügte

MFS Ressourcetyp pflegen

Lag	RessourTyp	Doppelspiel	Anz.Max.Tel.	Rsrc-LB-Quit
WH20	RBG	☑	1	2-Schritt Beauftragung
WH20	VTW	☑	1	A 1-Schritt Quittierung

Abbildung 14.17 Ressourcentypen pflegen

Beim DOPPELSPIEL betrachtet das System jeweils einen Pool von Aufträgen. Grundlage hierfür ist der *späteste Starttermin* (SST). Aufträge, deren SST erreicht ist bzw. in einem einstellbaren Zeitraum erreicht sein wird, gelten bezüglich des Doppelspiels als gleichwertig. Die Zeitstrecke wird dabei gerastert, zum Beispiel in volle Stunden. Sie legen dieses Raster im Customizing fest. Weitere Informationen finden Sie im EWM-Customizing unter RESSOURCENMANAGEMENT • MODI DEFINIEREN.

Mit dem Feld RESSOURCE LB-QUITTIERUNG können Sie das Ressourcenverhalten bei der Quittierung von Lageraufgaben definieren. Hierfür gibt es drei Optionen:

▸ **1-Schritt Quittierung**
Ein Telegramm wird von der SPS an EWM geschickt, sobald die Ressource die HUs am Zielplatz abgelegt hat.

▶ **2-Schritt Quittierung**

Ein Telegramm wird von der SPS an EWM geschickt, sobald die Ressource die HU vom Startplatz aufgenommen hat. Anschließend bestätigt ein zweites Telegramm, dass die Ressource die HU am Zielplatz abgelegt hat.

▶ **2-Schritt Beauftragung**

EWM schickt ein Telegramm an die SPS, in dem nur der Von-Platz und die Ressource angegeben sind (kein Zielplatz). Die SPS antwortet mit einem Telegramm, sobald die HU von der Ressource aufgenommen wurde. Daraufhin wird die Lageraufgabe in EWM quittiert und ein zweites Telegramm an die SPS geschickt, das wieder die Ressource und jetzt den Nach-Platz enthält.

Sie können der Ressource sowohl eine Ressourcenart als auch eine MFS-Queue zuordnen. Wählen Sie dazu im SAP Easy Access Menü den Pfad EXTENDED WAREHOUSE MANAGEMENT • STAMMDATEN • MATERIALFLUSSSYSTEM (MFS) • /SCWM/MFS_RSRC – MFS-RESSOURCE PFLEGEN. In MFS können Sie eine MFS-Queue immer nur einer Ressource zuordnen.

Queuefindung

Die *Queuefindung* stellen Sie im Customizing unter dem Pfad EXTENDED WAREHOUSE MANAGEMENT • PROZESSÜBERGREIFENDE EINSTELLUNGEN • RESSOURCENMANAGEMENT • QUEUES DEFINIEREN ein.

Abbildung 14.18 zeigt ein Beispiel einer Queuefindung für eine Ressource. Eine HU, mit einem Ziellagerplatz in Gasse 1, steht auf Meldepunkt CP02. Über die LOLS wurde festgestellt, dass das nächste Zwischenziel auf dem Weg von CP02 nach Gasse 1 der Meldepunkt CP11 ist. Deshalb wird eine Lageraufgabe von CP02 nach CP11 erstellt. Meldepunkt CP11 kann von CP02 aus nur mit der Ressource VTW (Verteilwagen) erreicht werden.

Die Lageraufgabe hat die Einlagerprozessart 3090, die in der Definition des Meldepunktes spezifiziert wurde. Diese Prozessart 3090 ist der Aktivität MFSI zugeordnet. Dem Von-Lagerplatz YY11-CP02 wurde der Platzzugriffstyp TCAR zugeordnet. Im Customizing gibt es außerdem für die Queuefindung eine Zugriffsfolge mit Platzzugriffsart und Aktivität.

Für die Queuefindung bedeutet das, dass die Queue VTW gefunden wird. Diese Queue wurde der Ressource VTW (Verteilwagen) zugeordnet.

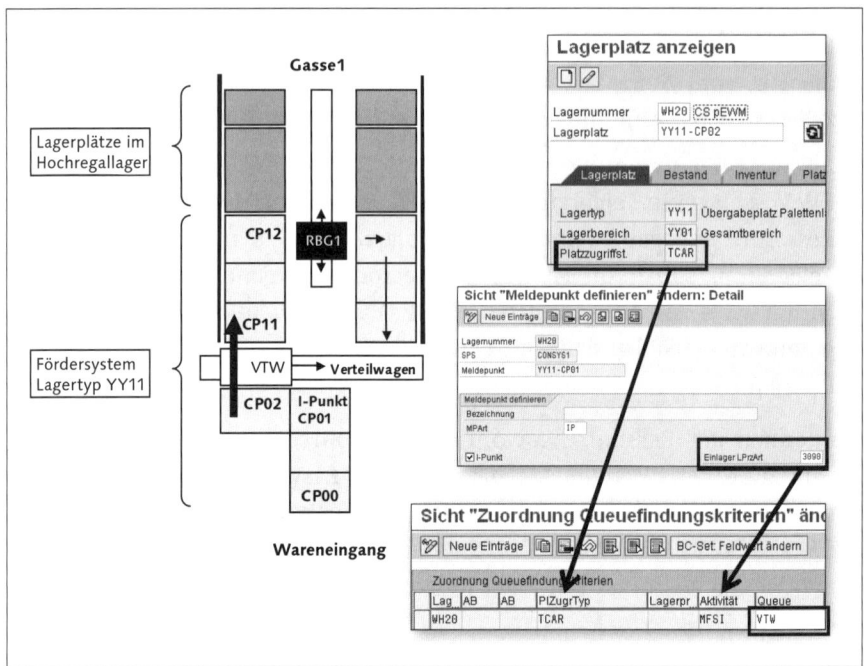

Abbildung 14.18 Queuefindung für Ressourcen

14.4 Verschicken von Telegrammen

Zur Kommunikation zwischen EWM-MFS und einer SPS benutzt EWM *Telegramme.* In EWM haben die Telegramme verschiedene Telegrammkategorien, zum Beispiel eine Lageraufgabe, eine Stornoanfrage für eine Lageraufgabe und eine Quittierung der Lageraufgabe. Diese Telegrammkategorien zusammen mit einer Telegrammstruktur können Sie im Customizing einer *Telegrammart* hinterlegen, unter dem Pfad EXTENDED WAREHOUSE MANAGEMENT • MATERIALFLUSSSYSTEM (MFS) • TELEGRAMMVERARBEITUNG • TELEGRAMMSTRUKTUR DEFINIEREN.

Die Telegrammart bestimmt also, was für ein Telegramm zur SPS geschickt wird, aber auch welche Felder zwischen SPS und EWM-MFS ausgetauscht werden.

Telegrammstrukturen

Im Standard ist schon eine Beispiel-Telegrammstruktur mitgeliefert. Sie können sich diese Struktur unter dem Namen /SCWM/S_MFS_TELETOTAL in der Transaktion SE11 anzeigen lassen. Jede Telegrammstruktur braucht auf jeden Fall eine Kopfstruktur, die ein paar erforderliche Felder für die Kommunikation enthält. Diese wesentlichen Felder, wie zum Beispiel Sender, Empfänger, Laufnummer und Telegrammart, sind in der Struktur /SCWM/S_MFS_TELECORE zu sehen. Neben den Kopfstrukturfeldern kann man zusätzliche Felder mit der SPS austauschen. Wenn Sie zusätzliche Felder in der Kommunikation brauchen, können Sie die Struktur /SCWM/S_MFS_TELETOTAL kopieren und erweitern oder, wenn Sie die Standard-Struktur verwenden, der Struktur /SCWM/INCL_EEW_MFSTELE anhängen.

14.4.1 Telegramme für Lageraufgaben von SAP EWM zur speicherprogrammierbaren Steuerung

Beim Verschicken der Telegramme von EWM-MFS an die SPS wird überprüft, ob eine Lageraufgabe einer MFS-Queue mit SPS zugeordnet ist. Wie die Queuefindung in EWM-MFS durchgeführt wird, ist in Abschnitt 14.3.3 unter »Queuefindung« auf Seite 797 beschrieben.

Wenn für die Lageraufgabe also eine MFS-Queue gefunden wird, schickt EWM-MFS ein Telegramm an die SPS, die dieser Queue zugeordnet ist.

14.4.2 Telegramme von der speicherprogrammierbaren Steuerung zu SAP EWM

EWM-MFS kann auch die Telegramme der SPS empfangen und in unterschiedlicher Weise verarbeiten. Abbildung 14.19 zeigt, wie ein Telegramm von der SPS in EWM verarbeitet wird.

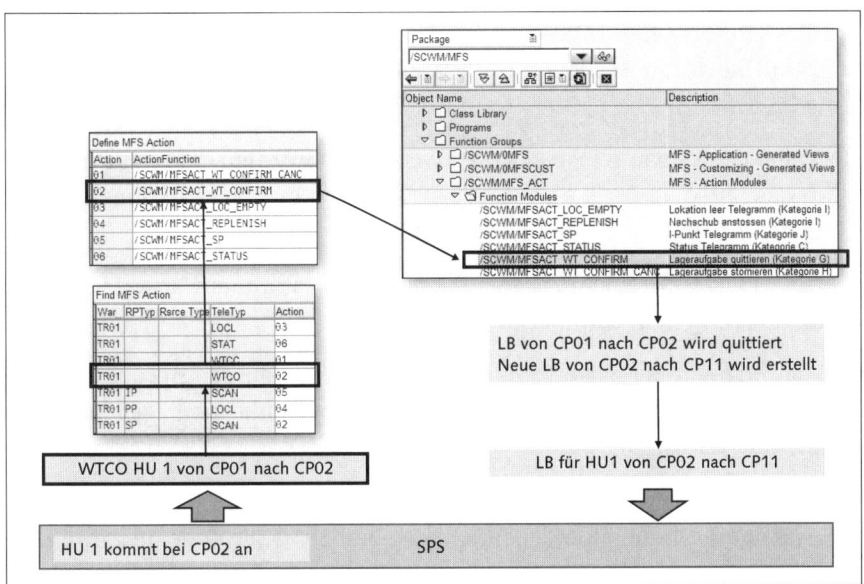

Abbildung 14.19 Telegrammverarbeitung in SAP EWM

Zum Beispiel kommt eine HU auf dem Materialflusssystem am Meldepunkt CP02 an; und ein Telegramm vom Telegramtyp WTCO wird von der SPS an EWM geschickt. Dem Telegrammtypen ist im Customizing die Aktion 02 zugeordnet, die den Funktionsbaustein /SCWM/MFSACT_WT_CONFIRM ausführt. Diese Zuordnung der Funktionsbausteine können Sie im Customizing unter dem Pfad EXTENDED WAREHOUSE MANAGEMENT • MATERIALFLUSSSYSTEM (MFS) • TELEGRAMMVERARBEITUNG • MFS-AKTIONEN DEFINIEREN vornehmen.

Im Quellcode des Funktionsbausteins wird dann die Lageraufgabe von CP01 nach CP02 quittiert und anschließend die nächste Lageraufgabe für die HU von CP02 zum nächsten Meldepunkt CP11 erstellt. Das Telegramm für diese Lageraufgabe wird dann an die SPS geschickt, wenn sie einer MFS-Queue zugeordnet wird.

14.5   Routing im Materialflusssystem

Die Lagerprozesse des MFS werden über die layoutorientierte Lagerungssteuerung (LOLS) abgebildet. Mithilfe der LOLS werden die Steuerentscheidungen getroffen, wie die einzelnen Handling Units über das Materialflusssystem geroutet werden.

14.5.1   Layoutorientierte Lagerungssteuerung

In Abschnitt 7.4.5, »Layoutorientierte Lagerungssteuerung«, wurde schon das Basiskonzept der LOLS erklärt, deshalb erläutert dieser Abschnitt die LOLS nur noch mit Bezug auf die Wareneingangs- und Warenausgangsprozesse im MFS.

Über den Customizing-Pfad MATERIALFLUSSSYSTEM (MFS) • LAGERUNGSSTEUERUNG • LAYOUTORIENTIERTE LAGERUNGSSTEUERUNG DEFINIEREN können Sie die LOLS definieren (siehe Abbildung 14.20).

Das Routing von HUs kann sich, abhängig von bestimmten Kriterien, unterschiedlich verhalten, zum Beispiel:

- Ist es ein Wareneingangsprozess oder ein Warenausgangsprozess, beziehungsweise sind wir an einem Identifikationspunkt, oder gehen wir zu einem Kommisionierpunkt?
- Um welchen HU-Typ handelt es sich?
- Handelt es sich um eine Teilentnahme einer HU oder um eine ganze HU?
- Was ist der Von-Platz und was ist der Nach-Platz für die HU?

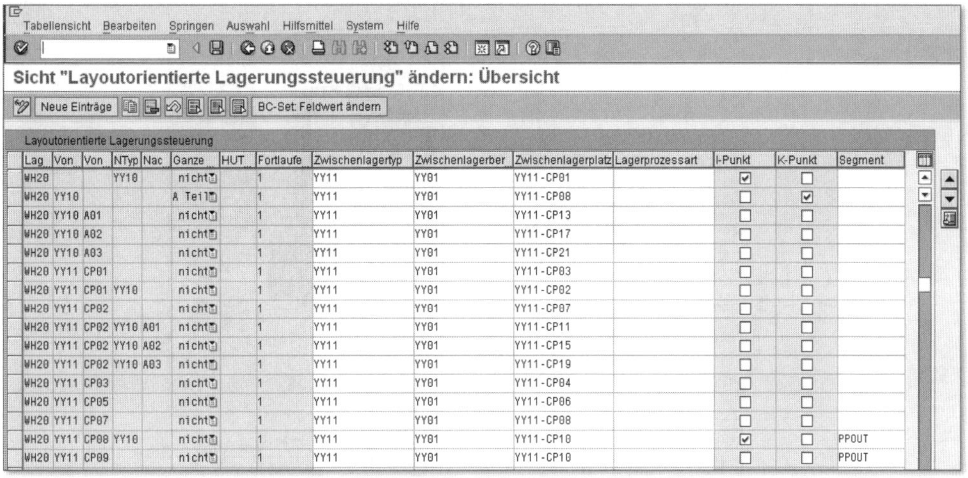

Tabellensicht Bearbeiten Springen Auswahl Hilfsmittel System Hilfe

Sicht "Layoutorientierte Lagerungssteuerung" ändern: Übersicht

Neue Einträge | BC-Set: Feldwert ändern

Layoutorientierte Lagerungssteuerung

Lag	Von	Von	NTyp	Nac	Ganze	HUT	Fortlaufe	Zwischenlagertyp	Zwischenlagerber	Zwischenlagerplatz	Lagerprozessart	I-Punkt	K-Punkt	Segment
WH20		YY10			nicht		1	YY11	YY01	YY11-CP01		☑	☐	
WH20	YY10				A Tei		1	YY11	YY01	YY11-CP08		☐	☑	
WH20	YY10	A01			nicht		1	YY11	YY01	YY11-CP13		☐	☐	
WH20	YY10	A02			nicht		1	YY11	YY01	YY11-CP17		☐	☐	
WH20	YY10	A03			nicht		1	YY11	YY01	YY11-CP21		☐	☐	
WH20	YY11	CP01			nicht		1	YY11	YY01	YY11-CP03		☐	☐	
WH20	YY11	CP01	YY10		nicht		1	YY11	YY01	YY11-CP02		☐	☐	
WH20	YY11	CP02			nicht		1	YY11	YY01	YY11-CP07		☐	☐	
WH20	YY11	CP02	YY10	A01	nicht		1	YY11	YY01	YY11-CP11		☐	☐	
WH20	YY11	CP02	YY10	A02	nicht		1	YY11	YY01	YY11-CP15		☐	☐	
WH20	YY11	CP02	YY10	A03	nicht		1	YY11	YY01	YY11-CP19		☐	☐	
WH20	YY11	CP03			nicht		1	YY11	YY01	YY11-CP04		☐	☐	
WH20	YY11	CP05			nicht		1	YY11	YY01	YY11-CP06		☐	☐	
WH20	YY11	CP07			nicht		1	YY11	YY01	YY11-CP08		☐	☐	
WH20	YY11	CP08	YY10		nicht		1	YY11	YY01	YY11-CP10		☑	☐	PPOUT
WH20	YY11	CP09			nicht		1	YY11	YY01	YY11-CP10		☐	☐	PPOUT

Abbildung 14.20 Layoutorientierte Lagerungssteuerung definieren

Weil die LOLS sich im Wareneingangs- und im Warenausgangsprozess unterschiedlich verhält, behandeln wir diese Prozesse in den nächsten Abschnitten getrennt, um so zu verdeutlichen, wie die LOLS dann die Steuerentscheidungen für die Handling Units auf das Materialflusssystem trifft.

14.5.2 Wareneingangsprozess

Während des Wareneingangsprozesses soll eine neue HU im Hochregallager eingelagert werden. Die HU wird auf das Materialflusssystem gesetzt und so zum automatischen Hochregallager gesteuert, wo sie von einem Regalbediengerät eingelagert werden soll.

In Abbildung 14.21 wird ein Beispiel eines Wareneingangsprozesses mit den jeweiligen Einträgen im LOLS grafisch dargestellt. Im Wareneingangsprozess wird zunächst der Wareneingang gebucht und dann eine Lageraufgabe zur Einlagerung der HUs erstellt. Als finaler Einlagerplatz wird ein Lagerplatz in Lagertyp YY10 und Gasse 1 ermittelt.

Der erste Eintrag im LOLS bewirkt (zusammen mit dem I-Punkt-Kennzeichen am finalen Lagertyp-Customizing), dass das Ziel der ersten Lageraufgabe verworfen und auf CP01 abgeändert wird. Es wird kein Platz im Hochregallager reserviert. Alle HUs gehen jetzt zuerst zum Identifikationspunkt (I-Punkt) CP01, wo die HU gescannt und erneut der finale Endlagerplatz bestimmt wird. Erst jetzt wird der Lagerplatz reserviert. In unserem Beispiel bleibt der finale Platz in Gasse 1 des Hochregallagers.

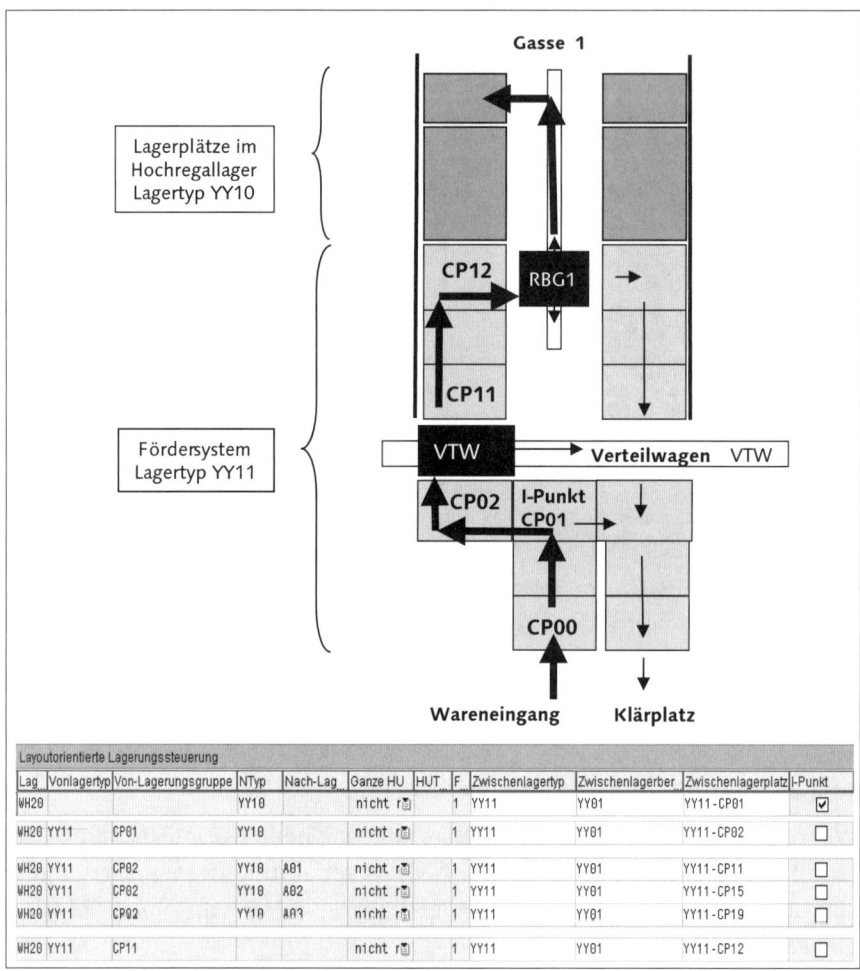

Abbildung 14.21 LOLS beim Wareneingangsprozess

Der zweite Eintrag in der LOLS gibt an, dass jede HU, die von CP01 kommt und einen finalen Lagerplatz im Hochregallager YY10 hat, über den Meldepunkt CP02 befördert wird. Der nächste Eintrag in der Lagerungssteuerung wird abhängig von der Einlagergasse bestimmt. Die Lagerplätze der Gasse 1 sind der Lagerungsgruppe A01 zugeordnet. Dementsprechend wird für eine HU an CP02, die zur Lagerungsgruppe A01 im Hochregallager YY10 befördert werden soll, der Lagerplatz YY11-CP11 als nächstes Zwischenziel bestimmt. Wie in Abschnitt 14.3.3 unter »Queuefindung« (Seite 797) erklärt, wird in diesem Fall für die Lageraufgabe von CP02 nach CP11 die Queue VTW gefunden und die Lageraufgabe an die SPS verschickt, sodass der Verteilwagen beauftragt wird und die HU zum Meldepunkt CP11 bringt.

Der letzte Eintrag im LOLS bestimmt abschließend, dass die HU zu CP12 bewegt werden muss, wonach die finale Einlager-Lageraufgabe (Einlager-Lageraufgabe) aktiviert wird und der Queue für das Regalbediengerät 1 (RBG1) zugeordnet wird. Das RBG1 beendet den Einlagerungsprozess mit der Quittierung der Lageraufgabe zum finalen Lagerplatz.

Verschiedene Variationen dieses einfachen Einlagerungsprozesses sind natürlich auch in EWM-MFS abzubilden, zum Beispiel kann man vor der Einlagerung im Hochregallager zuerst eine Handling Unit zum Konturencheck routen. Nur wenn der Konturencheck erfolgreich war, wird dann die Handling Unit zum Hochregal gebracht.

14.5.3 Warenausgangsprozess

In diesem Abschnitt beschreiben wir ein Beispiel für die Lagerungssteuerung eines Warenausgangsprozesses. Wir schauen uns dazu zwei Fälle an:

▸ einen Warenausgang für eine Vollpalette

▸ einen Warenausgang für eine Teilentnahme aus einer HU

Warenausgangsprozess für Vollpaletten

Wenn aus dem Hochregallager eine Vollpalette entnommen werden muss, dann ist es nicht nötig, zu einem Kommissionierpunkt zu gehen, sondern die Palette kann direkt zur Wareneingangszone gesteuert werden.

In Abbildung 14.22 wird ein Beispiel eines Warenausgangsprozesses für eine Vollpalette mit den jeweiligen Einträgen im LOLS dargestellt.

Im Warenausgangsprozess wird eine Welle freigegeben, wodurch Kommissionier-Lageraufgaben erstellt werden. Zum Beispiel wird eine Lageraufgabe für eine Vollpalette erstellt, die sich in einem Lagerplatz in Gasse 2 des Hochregallagers befindet. Da dieser Von-Lagerplatz der Lagerungsgruppe A02 zugeordnet ist, findet die LOLS den Eintrag mit Zwischenlagerplatz YY11-CP17, der sich am Anfang der Gasse 2 befindet. Nach der Quittierung der HU auf diesen Lagerplatz sucht die LOLS den nächsten Zwischenlagerungsplatz, in diesem Fall YY11-CP18 (Meldepunkt CP18). Dort angekommen, wird anhand des dritten Eintrags in Abbildung 14.20 eine Lageraufgabe nach YY11-CP05 erstellt. Diese Lageraufgabe wird der Queue VTW für den Verteilwagen zugeordnet. Der Verteilwagen bringt die HU zum Meldepunkt CP05, und nach der Quittierung wird die letzte Lageraufgabe zum MFS-

Abgabepunkt CP06 gebracht. Von hier wird die Vollpalette ohne MFS im weiteren Prozess zum Warenausgangsbereich gebracht.

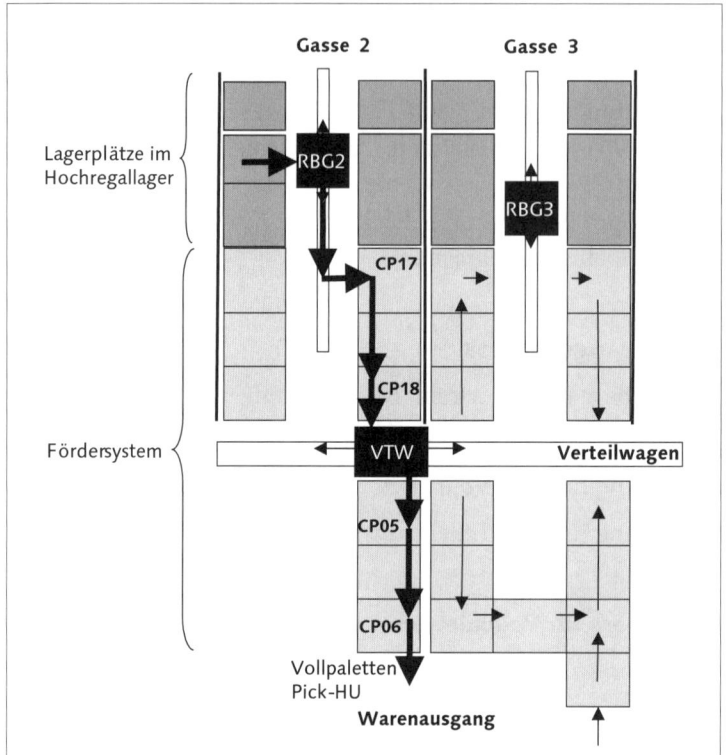

Abbildung 14.22   LOLS für Warenausgangsprozess mit Vollpaletten

Warenausgangsprozess für eine Teilmengenentnahme

Wenn eine Palette für eine Teilentnahme aus dem Hochregallager genommen wird, wollen wir die Palette zuerst zu einem Kommisionierpunkt bringen. Nach der Entnahme der Palette soll diese wieder zurück in das Hochregallager gesteuert werden.

In Abbildung 14.23 wird ein Beispiel eines Warenausgangsprozesses für so eine Teilmengenentnahme grafisch dargestellt.

Zum Beispiel wird während der Wellenfreigabe im Warenausgangsprozess eine Lageraufgabe für eine Teilentnahme erstellt. Der Lagerplatz, von dem die Teilmenge entnommen werden soll, befindet sich in Gasse 2 des Hochregallagers.

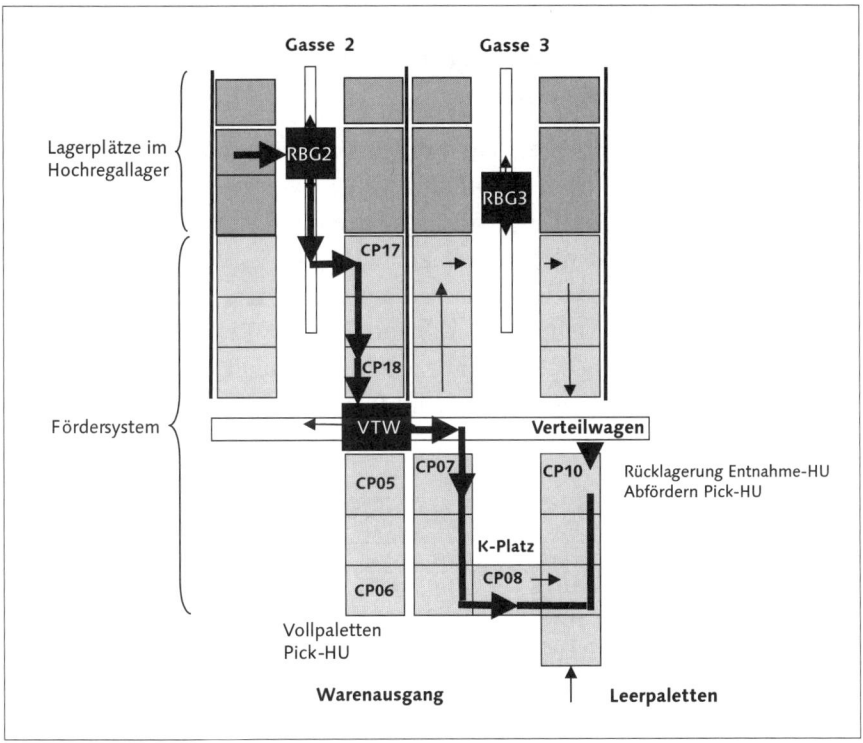

Abbildung 14.23   Warenausgangsprozess für eine Teilentnahme

Während der Lageraufgabenerstellung wird, wie in Abbildung 14.24 gezeigt, im LOLS ein passender Eintrag gefunden.

Layoutorientierte Lagerungssteuerung											
Lag	Vonlagertyp	Von-Lagerungsgruppe	NTyp	Nach-La	Ganze	HUT	F.	Zwischenlagertyp	Zwischenlagerber	Zwischenlagerplatz	K-Punkt
WH20	YY10				A Teil		1	YY11	YY01	YY11-CP08	☑

Abbildung 14.24   Findung des Eintrags zum Kommissionierpunkt im LOLS

Dieser Eintrag gibt an, dass alle Lageraufgaben für Teilentnahmen aus dem Hochregallager über den *Kommissionierpunkt* (K-Punkt) CP08 geleitet werden. Hierfür wird die Einstellung A TEILENTNAHME in der Spalte GANZE HU verwendet.

Wenn im LOLS ein Eintrag mit einem K-Punkt gefunden wird, werden die folgenden Lageraufgaben automatisch vom System erstellt:

▸ Die Kommissionier-Lageraufgabe (vom Hochregallagerplatz an die Bereitstellzone) wird inaktiv angelegt.

► Es wird eine inaktive HU-Lageraufgabe zum K-Punkt erstellt.

► Es wird eine aktive HU-Lageraufgabe vom Hochregallagerplatz zum nächsten Meldepunkt (CP17) erstellt.

Wenn diese Lageraufgaben erstellt worden sind, sieht das Routing der HU zum K-Punkt so aus, wie in Abbildung 14.25 dargestellt. Wenn die Von-Lagerungsgruppe A02 ist, was den Lagerplätzen in Gasse 2 entspricht, dann ist der nächste Zwischenlagerungsplatz YY11-CP17 (dieser Lagerplatz ist Meldepunkt CP17 zugeordnet). Dieses Routing können Sie vergleichen mit der schematischen Darstellung in Abbildung 14.23. Bei Meldepunkt CP17 angekommen, wird die Lageraufgabe nach Zwischenlagerungsplatz YY11-CP18 erstellt. Dann geht es weiter nach CP07 und zum Kommisionierpunkt CP08.

Layoutorientierte Lagerungssteuerung												
Lag	Vonlagertyp	Von-Lagerungsgruppe	NTyp	Nach-La	Ganze	HUT	F	Zwischenlagertyp	Zwischenlagerber	Zwischenlagerplatz	K-Punkt
WH20	YY10	A02			nicht▣		1	YY11	YY01	YY11-CP17	☐
WH20	YY11	CP17			nicht▣		1	YY11	YY01	YY11-CP18	☐
WH20	YY11	CP18	YY12	CP08	nicht▣		1	YY11	YY01	YY11-CP07	☐
WH20	YY11	CP07			nicht▣		1	YY11	YY01	YY11-CP08	☐

Abbildung 14.25 LOLS-Einträge für das Routing vom Hochregallager zum Kommissionierpunkt

Wenn die HU am K-Punkt angekommen ist, können Sie über die Transaktion der Packstation (/SCWM/PACK) die inaktive Kommissionier-Lageraufgabe in eine Pick-HU umpacken und anschließend die HU abschließen.

Sobald die HU abgeschlossen wird, wird eine neue aktive HU-Lageraufgabe von CP08 nach CP10 angelegt. Nach Quittierung der Lageraufgabe wird die HU anschließend weiter von CP10 über CP05 nach CP06 gesteuert, an dem das Ende der MFS-Förderstrecke erreicht wurde und die Kommissionier-Lageraufgabe aktiviert wird.

An der Packstation des K-Punktes kann auch die Entnahme-HU abgeschlossen werden, wonach die HU wieder zurück in das Hochregallager transportiert werden soll. Der Eintrag im LOLS für die Rücklagerung ist in Abbildung 14.26 dargestellt.

Layoutorientierte Lagerungssteuerung												
Lag	Vonlagertyp	Von-Lagerungsgruppe	NTyp	Nach-La	Ganze	HUT	F	Zwischenlagertyp	Zwischenlagerber	Zwischenlagerplatz	I-Punkt
WH20	YY11	CP08	YY10		nicht▣		1	YY11	YY01	YY11-CP10	☑

Abbildung 14.26 Routing zur Rücklagerung der Entnahme-HU ins Hochregallager

Die HU wird über das Routing von Meldepunkt CP08 zu Meldepunkt CP10, der wiederum ein I-Punkt ist, gesteuert. Da CP10 ein I-Punkt ist, wird dort also der neue Einlagerungsplatz im Hochregallager bestimmt.

14.6 Überwachung des Materialflusssystems

Das EWM-MFS bietet Ihnen die Möglichkeit, das Materialflusssystem im Lagermonitor zu überwachen, auszuwerten und zu beeinflussen.

Die folgenden Abschnitte beschreiben die EWM-MFS-Funktionalität im Lagermonitor und auch die Aktivitäten, die man dort für das Materialflusssystem ausführen kann.

14.6.1 Materialflusssystem im Lagermonitor

Der Lagermonitor bietet Ihnen folgende Möglichkeiten für den Einsatz eines MFS:

▸ Abrufen von Informationen über den Anlagenzustand, die anstehenden Lageraufgaben und die aktuelle Belegung von Meldepunkten und Ressourcen

▸ Auswerten und Nachverfolgen von Transporten und dem Telegrammverkehr

▸ Starten und Stoppen der Kommunikationskanäle

▸ gezieltes Eingreifen bei Störungen

Sie können folgende Objekte im Lagermonitor überwachen:

▸ **Kommunikationskanal**
In der Regel sind die Kommunikationskanäle gestartet. Im Lagermonitor können Sie einzelne Verbindungen gezielt stoppen oder neu starten.

▸ **Meldepunkt**
Sie können eine Liste der Meldepunkte mit aktuellem Status abrufen. Ihnen stehen dabei diverse Sortier- und Selektionsmöglichkeiten zur Verfügung (zum Beispiel können Sie gestörte Meldepunkte anzeigen). Darüber hinaus können Sie Meldepunkte sperren.

▸ **Telegramm**
Sie können sich Protokolle von empfangenen und gesendeten SPS-Telegrammen anzeigen lassen. Auch hier stehen Ihnen diverse Selektionsmöglichkeiten zur Verfügung, zum Beispiel nach der Sendezeit. Bei Störungen ist diese Übersicht ein wichtiges Analyseinstrument. Sie können von hier aus direkt zu den betroffenen Lageraufgaben verzweigen.

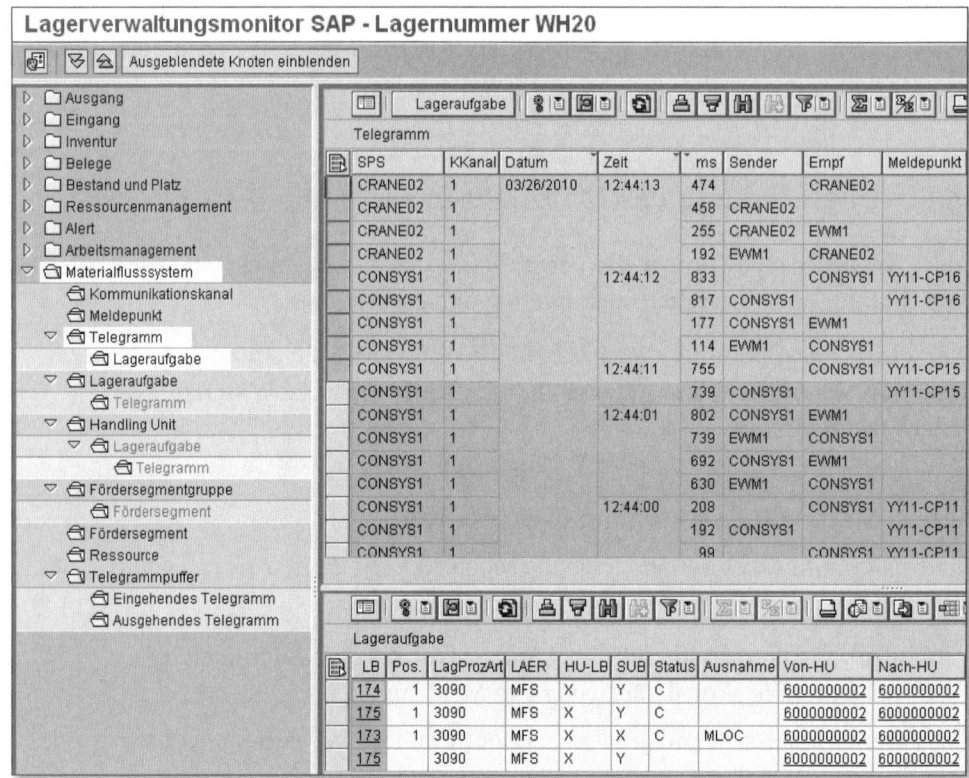

Abbildung 14.27 Lagermonitor für das Materialflusssystem

▸ **Lageraufgabe**
Sie können eine Liste der aktuellen Lageraufgaben und eine Lageraufgabenhistorie abrufen und bei Störungen Lageraufgaben stornieren oder manuell quittieren, und es ist möglich, direkt zu den zugehörigen Telegrammen und zum Erstellungsprotokoll der Lageraufgabe zu verzweigen.

▸ **Handling Unit**
Sie können eine Liste der HUs, die sich aktuell auf der Fördertechnik befinden, abrufen. Sie sehen deren aktuelle Position, den Status der zugehörigen Lageraufgaben und die dazu gesendeten Telegramme. Darüber hinaus können Sie HUs im Fehlerfall ausschleusen.

▸ **Fördersegment, Fördersegmentgruppe**
Sie können eine Übersicht über den Status der Fördersegmente bzw. Segmentgruppen aufrufen. Zudem können Sie einzelne Segmente oder ganze Segmentgruppe manuell sperren.

▶ **Ressource**
Sie können eine Statusübersicht aufrufen oder die Ressource manuell sperren.

▶ **Telegrammpuffer**
Empfangene Telegramme, die nicht verarbeitet werden konnten, bleiben mit Fehlerkennung im Eingangspuffer stehen. Sie können diese gegebenenfalls manuell korrigieren und neu zur Verbuchung vermerken.

Telegramme, die zum Versenden anstehen oder gesendet und noch nicht von der SPS bestätigt wurden, sind im Ausgangspuffer sichtbar. Die beiden Puffer sollten immer leer sein.

14.6.2 Selektion der MFS-relevanten Handling Units im Lagermonitor

Die Selektion der MFS-relevanten HUs und der MFS-relevanten Lageraufgaben basiert auf der Lagertyprolle der betroffenen Lagertypen. Sie legen diese Lagertypen im Customizing für EWM fest.

Wir haben im Beispiel die Lagertyprolle H (Materialflusssteuerung) oder J (Automatiklager) (angesteuert durch MFS) im EWM-Customizing unter STAMMDATEN • LAGERTYP festgelegt.

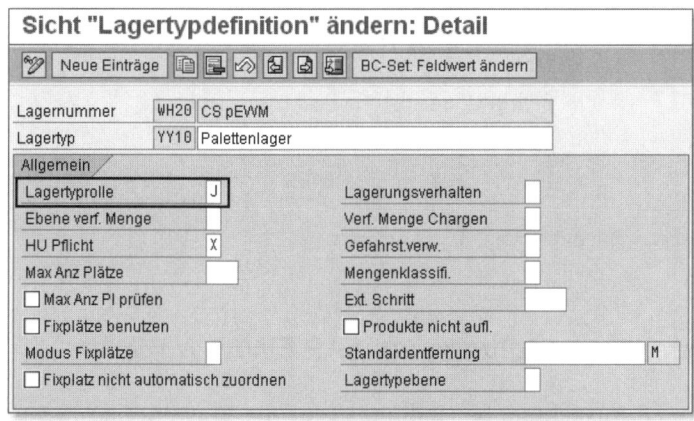

Abbildung 14.28 Lagertyprolle für die Selektion im Lagermonitor

14.6.3 Aktivitäten im Lagermonitor

Vom Lagermonitor aus können Sie für jeden Knoten die in Tabelle 14.1 dargestellten Aktivitäten ausführen.

Knoten	Aktivitäten
Kommunikationskanal	▸ Kommunikationskanal starten oder anhalten ▸ Laufnummer für empfangene oder gesendete Telegramme zurücksetzen
Meldepunkt	▸ Ausnahme festlegen ▸ Status abfragen ▸ Bearbeitung anstoßen
Telegramm	▸ Telegrammwiederholung senden ▸ Telegramm simulieren
Lageraufgabe	▸ Lageraufgabe simulieren ▸ Lageraufgabenprotokoll anzeigen, von Lageraufgabe absplitten, Lageraufgabe zuordnen, Lageraufgabenzuordnung aufheben ▸ im Vordergrund quittieren; im Hintergrund quittieren ▸ Lageraufgabe neu drucken ▸ Lageraufgabe stornieren ▸ Ausnahme festlegen
HU	▸ MFS-Fehler setzen ▸ Bearbeitung anstoßen
Fördersegmentgruppe	▸ Ausnahme festlegen
Fördersegment	▸ Ausnahme festlegen
Ressource	▸ Ausnahme festlegen ▸ Status abfragen ▸ Bearbeitung anstoßen
Telegrammpuffer	▸ Telegramm bearbeiten ▸ Löschen oder prozessieren

Tabelle 14.1 MFS-bezogene Aktivitäten im Lagermonitor

14.7 Ausnahmebehandlungen in SAP EWM-MFS

Im MFS können Sie Ausnahmenbehandlungen für die Verwendung in verschiedenen Situationen konfigurieren, wie zum Beispiel:

▸ Ein Betriebsmittel ist oder soll gesperrt werden (zum Beispiel ein Meldepunkt).

▸ Es sollen Ausnahmen für HUs festgelegt werden (zum Beispiel wenn die HU ausgeschleust werden oder am Meldepunkt stehen bleiben soll).

▸ Es bestehen Kapazitätsengpässe.

- Es sollen Ausnahmen für Lagerplätze festgelegt werden (wenn zum Beispiel ein Lagerplatz zum Picken leer oder ein Lagerplatz für eine Einlagerung voll ist).

- Telegramme sollen nicht an die SPS geschickt werden.

Hierbei kann es sich im MFS um zwei verschiedene Ausführschritte der Ausnahmen handeln:

- Ausnahmen, die Sie manuell in EWM bzw. am Desktop machen wollen (in der Konfiguration für Ausnahmen ist dies Ausführschritt A1)

- Ausnahmen, die von der SPS gesendet werden und auf die EWM in festgelegter Weise reagieren soll (in der Konfiguration für Ausnahmen ist dies Ausführschritt A0 – Verarbeitung im Hintergrund)

14.7.1 Ausnahmebehandlung am Desktop

Im nächsten Abschnitt beschreiben wir, wie man eine Ausnahmebehandlung am Desktop machen kann. Als Beispiel sperren wir einen Meldepunkt über den Lagermonitor. In der Transaktion /SCWM/MON können Sie ein Betriebsmittel sperren. Das Betriebsmittel kann ein Meldepunkt, eine Ressource oder ein Fördersegment sein. Abbildung 14.29 zeigt, wie im Lagermonitor ein Meldepunkt gesperrt wird. Über den Pfad MATERIALFLUSSSYSTEM • MELDEPUNKT können Sie per Doppelklick alle Meldepunkte anzeigen lassen. Für einen Meldepunkt können Sie dann die Methode AUSNAHME FESTLEGEN wählen und zum Beispiel mit der Ausnahme MBLK den Meldepunkt blockieren.

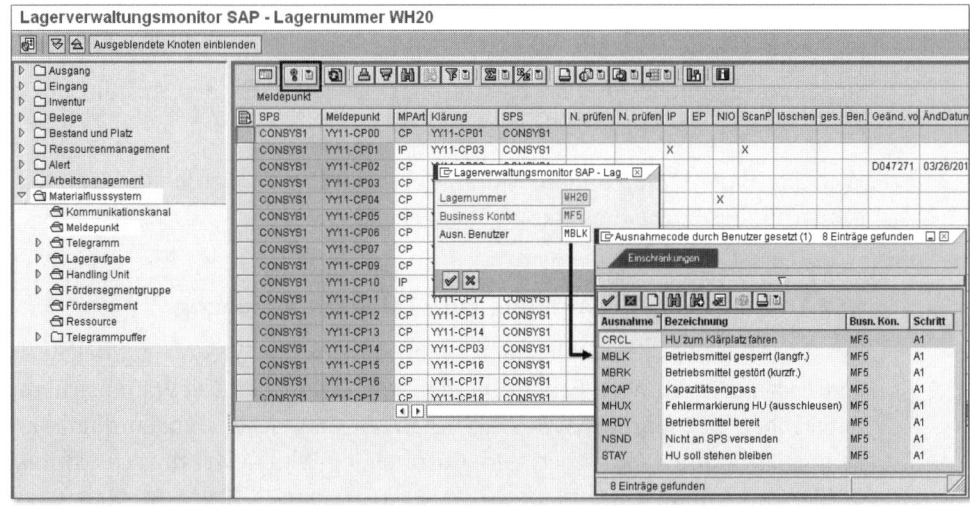

Abbildung 14.29 Ausnahmebehandlungen im Lagermonitor

Um die Ausnahme auswählen zu können, müssen Sie diese vorher unter folgendem Customizing-Pfad pflegen: EXTENDED WAREHOUSE MANAGEMENT • PROZESSÜBERGREIFENDE EINSTELLUNGEN AUSNAHMEBEHANDLUNG • DEFINITION VON AUSNAHME-CODES.

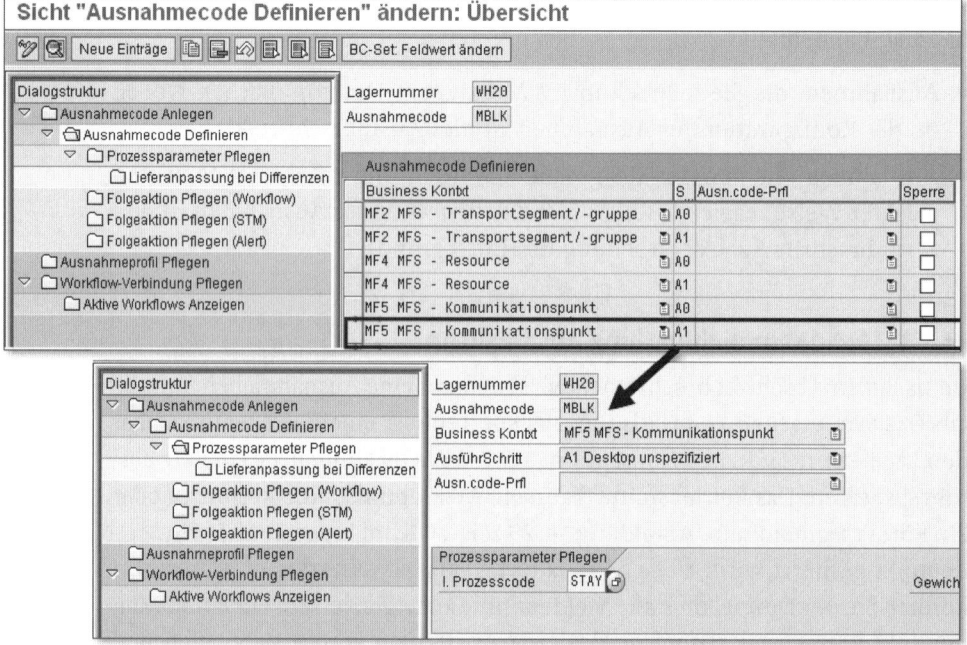

Abbildung 14.30 Ausnahmecode MBLK definieren

Sie können in Abbildung 14.30 sehen, wie Sie die Ausnahme MBLK definieren können. Um die Ausnahme im Monitor selektieren zu können, müssen Sie die Ausnahme für den Business-Kontext MF5 und für den Ausführschritt A1 definieren. Der interne Prozesscode ist STAY.

Wenn Sie den Meldepunkt im Monitor gesperrt haben, werden die Lageraufgaben für diesen Meldepunkt nicht angelegt.

14.7.2 Ausnahmebehandlung zum Telegrammeingang

EWM-MFS kann auch Fehler behandeln, die von der SPS übermittelt werden. Dazu müssen MFS-Fehler, die von der SPS in der Telegrammstruktur mitgegeben werden, in EWM-MFS einem Ausnahmecode zugeordnet werden. Dies können Sie über den Customizing-Pfad MATERIALFLUSSSYSTEM (MFS) • AUSNAHMEBEHANDLUNG • EWM-AUSNAHMEN • EWM-AUSNAHME ZU SPS-FEHLER DEFINIEREN vornehmen (siehe Abbildung 14.31).

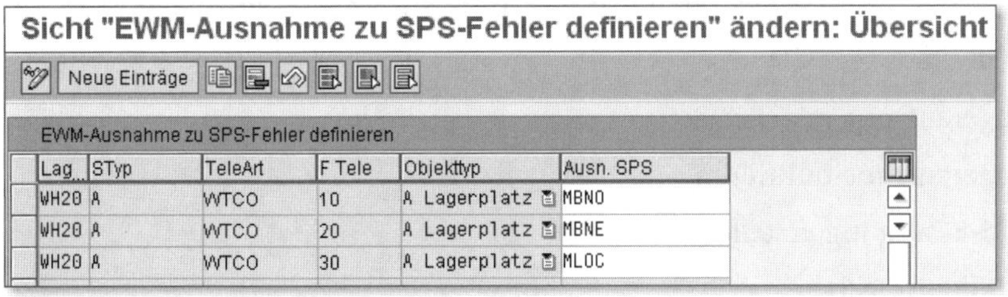

Sicht "EWM-Ausnahme zu SPS-Fehler definieren" ändern: Übersicht

| Neue Einträge | | | | | | |

EWM-Ausnahme zu SPS-Fehler definieren

Lag.	STyp	TeleArt	F Tele	Objekttyp	Ausn. SPS	
WH20	A	WTCO	10	A Lagerplatz	MBNO	
WH20	A	WTCO	20	A Lagerplatz	MBNE	
WH20	A	WTCO	30	A Lagerplatz	MLOC	

Abbildung 14.31 SPS-Fehler definieren

Zum Beispiel wird während des Pickens im Hochregallager festgestellt, dass ein bestimmter Lagerplatz leer ist, die SPS schickt ein Telegramm von der Art WTCO und mit dem Fehlercode 20. Das Customizing in Abbildung 14.31 bedeutet dann, dass, wenn die SPS den Fehler 20 im Telegramm während der Quittierung einer Lageraufgabe (WTCO) meldet, die Ausnahmebehandlung MBNE ausgeführt werden soll. Im Ausnahmecode können Sie verschiedene Aktionen definieren, wie zum Beispiel das Sperren dieses Lagerplatzes und das Anlegen einer neuen Lageraufgabe von einem anderen Lagerplatz. Den Ausnahmecode in EWM können Sie wieder, wie in Abschnitt 14.7.1, »Ausnahmebehandlung am Desktop«, beschrieben, unter dem Customizing-Pfad EXTENDED WAREHOUSE MANAGEMENT • PROZESSÜBERGREIFENDE EINSTELLUNGEN AUSNAHMEBEHANDLUNG • DEFINITION VON AUSNAHME-CODES pflegen. Sie sollten die Ausnahme für den Business-Kontext MF3 und für den Ausführschritt A0 definieren. Der interne Prozesscode ist BINE.

14.8 Anbindung über die Lagersteuerrechner-Schnittstelle

Außer der direkten Integration mithilfe von EWM-MFS, wie oben beschrieben, ist es auch möglich, Lageruntersysteme über die Lagersteuerrechner-Schnittstelle zu integrieren. Zum Beispiel können Aufgaben an eine Lagerkontrolleinheit geschickt oder ein Pick-by-Voice-System integriert werden. Die Anbindung an Lageruntersysteme wird im Folgenden beschrieben.

Für die Integration mit *Lagerkontrolleinheiten* (LKEs) oder anderen Lageruntersystemen, die verantwortlich dafür sind, die Lageraufgaben in einem bestimmten Teil des Lagers zu bearbeiten, können Sie die IDoc-Technologie verwenden, zum Beispiel, um Lageraufgaben an die LKE zu schicken und andere Aktivitäten zu verrichten, wie das Erstellen und Schicken einer Pick-HU.

Folgende IDocs stehen für die Integration mit Lagerkontrolleinheiten zur Verfügung:

- Lageraufgabe erstellen
- Lageraufgabe quittieren
- HU-Bewegung erstellen
- Wellenfreigabe
- Erstellen und Schicken der Pick-HUs
- Stornieren eines Lagerauftrags
- Blockieren eines Lagerplatzes

Die Auslöser zum Versenden der IDocs sind in der Anwendung codiert. Um diese Auslöser im Quellcode zu finden, können Sie in der Funktionsgruppe /SCWM/LSUB über den Verwendungsnachweis die relevanten Funktionsbausteine suchen, die mit dem Namen /SCWM/SUB_INITIATION_FOR_xxxx anfangen. Inbound IDocs werden in der ALE-Schicht verarbeitet, entsprechend den Einstellungen, die für den IDoc-Typ konfiguriert wurden.

14.9 Zusammenfassung

In diesem Kapitel haben wir Ihnen einen Überblick über die EWM-MFS-Funktionalität gegeben. Wir haben besprochen, dass EWM-MFS eine direkte Anbindung von Materialflusssystemen ermöglicht, ohne dass ein zusätzlicher Lagersteuerrechner benötigt wird. Wir haben uns zuerst mit den Grundbegriffen und dem Aufbau eines Materialflusssystems, mit der Einrichtung und Simulation eines Materialflusssystems und dann mit der Definition eines Lagerlayouts in EWM-MFS befasst.

Es ist auch deutlich geworden, wie die layoutorientierte Lagerungssteuerung das Routing für Materialflussprozesse im Wareneingang und Warenausgang abbilden und ausführen kann. Darüber hinaus wurden die Telegrammkommunikation, Ausnahmebehandlungen und die Überwachung des Materialflusssystems besprochen. Zuletzt haben wir uns noch kurz der Anbindung über die Lagersteuerrechner-Schnittstelle gewidmet.

SAP EWM unterstützt verschiedene Cross-Docking-Methoden, um den Warenfluss im Lager zu optimieren. In diesem Kapitel geben wir Ihnen einen Überblick über alle verfügbaren Cross-Docking-Methoden und zeigen, wie sie in die prozessorientierte Lagerungssteuerung von EWM eingebettet sind.

15   Cross-Docking

Cross-Docking, die Direktabfertigung von Waren, dient der Optimierung der Warenbearbeitung. Die im Lager eingegangene Ware wird versendet, ohne dass zuvor eine Einlagerung stattgefunden hat. Es wird also Bestand, der von einer Produktion oder einem Lieferanten kommt und sich noch im Wareneingangsprozess befindet, ohne Zwischenlagerung direkt in den Warenausgangsprozess übergeleitet. Daraus ergibt sich eine Vielzahl von Vorteilen für das Lager, unter anderem:

▸ Durch weniger Arbeitsschritte in der Abwicklung können Bruch und Nacharbeitsaufwände reduziert werden.

▸ Durch einen erhöhten Lagerumschlag sind kürzere Lieferzeiten möglich.

▸ Da eine unnötige Reservierung von Lagerplätzen vermieden wird, können Lagerbelegung und Lagerungskosten verringert werden.

▸ Durch eine Konsolidierung von Lager- und Cross-Docking-Materialien in einem Transport können Transportkosten reduziert werden.

Dieses Kapitel beschreibt nach einer kurzen Einführung in das Cross-Docking mit EWM die fünf möglichen Cross-Docking-Methoden in EWM im Detail.

15.1   Grundlagen

Im Cross-Docking gibt es nur eine Lagerbewegung, und zwar von der Wareneingangszone zur Warenausgangszone. Einlagerungs- und Auslagerungsschritte zu finalen Lagerplätzen (etwa in ein Palettenlager oder ein Kleinteilelager) finden nicht statt. Abbildung 15.1 gibt einen Überblick über das Cross-Docking.

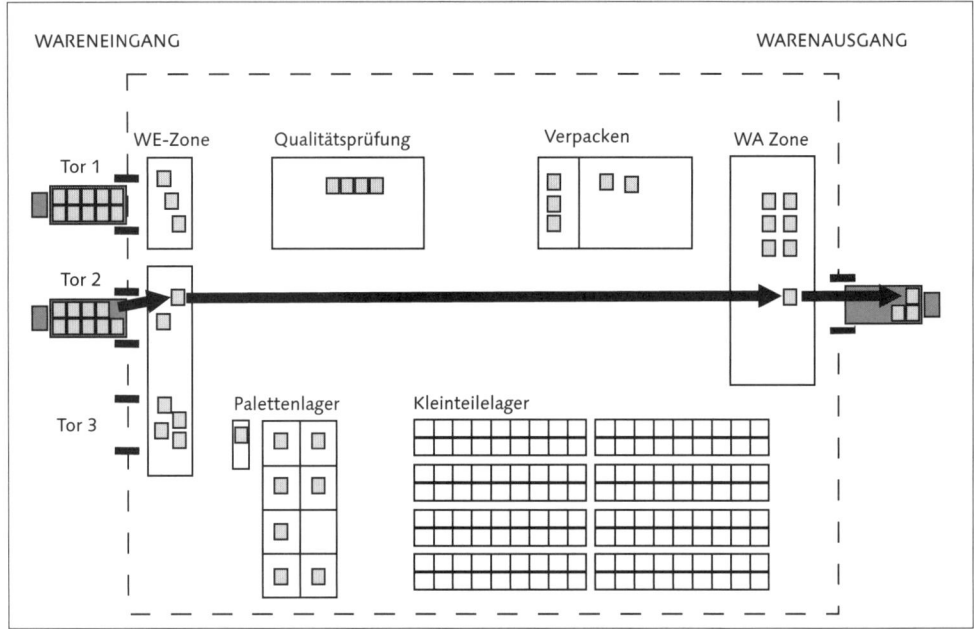

Abbildung 15.1 Cross-Docking im Überblick

Es gibt zwei Arten von Cross-Docking:

▶ **Geplantes Cross-Docking**
Die Entscheidung, ob für eine Ware Cross-Docking durchgeführt wird, ist getroffen worden, *bevor* die Ware das Lager erreicht, also physisch vereinnahmt wird.

▶ **Ungeplantes bzw. opportunistisches Cross-Docking**
Die Entscheidung, ob Cross-Docking durchgeführt wird, wird erst dann getroffen, wenn die Ware bereits im Lager ist, also der Wareneingangsprozess bereits begonnen hat. Die Entscheidung für Cross-Docking hängt von den jeweiligen Umständen ab (»opportunistisch«).

EWM unterstützt sowohl geplantes als auch opportunistisches Cross-Docking. Insgesamt gibt es fünf verschiedene Cross-Docking-Methoden für EWM, die wir in diesem Kapitel beschreiben:

▶ Transport-Cross-Docking (TCD)

▶ Warenverteilung

▶ opportunistisches Cross-Docking, das EWM anstößt (EWM-Opp.CD)

▶ Push Deployment (PD)

▶ Kommissionieren vom Wareneingang (PFGR)

Abbildung 15.2 zeigt diese fünf Methoden im Überblick. TCD und die Warenverteilung gehören zu den geplanten Cross-Docking-Methoden; PD, PFGR sowie EWM-Opp.CD zu den opportunistischen Cross-Docking-Methoden. Die Warenverteilung unterscheidet zudem noch zwischen Cross-Docking und *Flow-Through*.

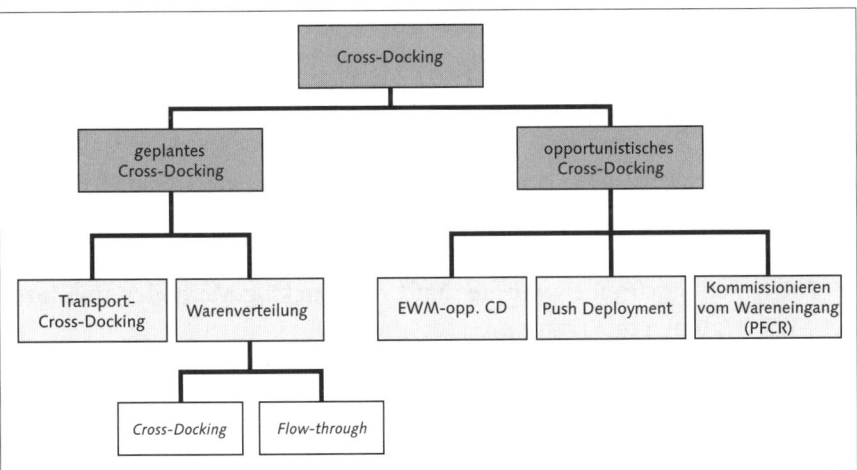

Abbildung 15.2   Cross-Docking-Methoden in SAP EWM

Lieferanten-Cross-Docking

Neben den fünf erwähnten Cross-Docking-Methoden unterstützt EWM auch das sogenannte *Lieferanten-Cross-Docking*. Das Lieferanten-Cross-Docking ist eine Variante des TCD, bei der die Waren, die vom Lieferanten kommen, nicht direkt zum empfangenden Lager geliefert werden, sondern zuvor über ein oder mehrere Cross-Docking-Läger transportiert werden. Dies wird genutzt, um zum Beispiel eine Vielzahl von eingehenden Lieferungen in gemeinsame Transporte zusammenzufassen. Voraussetzungen für den Einsatz des Lieferanten-Cross-Dockings sind ein SAP ERP-System mit Releasestand 6.0 sowie die Aktivierung einiger Business-Add-ins (BAdIs). Nähere Informationen, wie Sie Lieferanten-Cross-Docking implementieren können, finden Sie im SAP-Hinweis 859252 im Service Marketplace. Da das Lieferanten-Cross-Docking nur mit Ausprogrammierung von BAdIs funktioniert, gehen wir in diesem Kapitel nicht weiter darauf ein.

Die Umsetzung der fünf Methoden des Cross-Dockings in EWM ist sehr unterschiedlich. Die Unterschiede beginnen schon mit der Frage, welches System die Entscheidung trifft, ob Cross-Docking durchgeführt werden soll. Bei TCD basiert die Entscheidung auf der EWM-Routenfindung im EWM-System. Bei der Warenverteilung wird die Entscheidung dagegen im SAP ERP-System getroffen. Im Falle von EWM-Opp.CD fällt die Entscheidung im

EWM-System während der Lageraufgabenerzeugung. Im Falle von PD oder PFGR trifft der Prozess *Event Driven Quantity Assignment* (EDQA) in SAP APO die Entscheidung.

Cross-Docking bringt nicht automatisch Vorteile!

Ob Sie in Ihrem Lager Cross-Docking benutzen können, hängt nicht nur von den Möglichkeiten des Lagerverwaltungssystems, sondern auch von vielen anderen Faktoren, wie zum Beispiel dem Lagerlayout und Ihren Geschäftsanforderungen, ab. Viele Läger können kein Cross-Docking implementieren, weil sie Anforderungen wie *First-In/First-Out* (FIFO/strenges FIFO) oder *First-Expired/First-Out* (FEFO) einhalten müssen. Bevor Sie also mit der Umsetzung von Cross-Docking im EWM-System beginnen, sollten Sie sicherstellen, dass es die erhofften Vorteile bringt.

Im Folgenden beschreiben wir die fünf Cross-Docking-Methoden im Einzelnen. Wir beginnen mit Transport-Cross-Docking.

15.2 Transport-Cross-Docking

Transport-Cross-Docking (TCD = *Transportation Cross-Docking*) ist eine der geplanten Cross-Docking-Methoden in EWM. Der TCD-Prozess beginnt im Warenausgangsprozess eines EWM-Lagers. Hier wird über die EWM-Routenfindung geplant, ob in einem Folgelager Cross-Docking durchgeführt werden soll.

Die EWM-Routenfindung, die für die Auslieferung gestartet wird, ermittelt, dass es günstiger ist, eine Lieferung nicht direkt an den Warenempfänger zu schicken, sondern sie über ein anderes Lager zu cross-docken. Die Routenfindung findet in diesem Fall eine *Cross-Docking-Route*. Beim Warenausgang einer Auslieferung mit einer Cross-Docking-Route laufen im SAP ERP-System ganz andere Schritte ab als bei Warenausgangsbuchungen ohne Cross-Docking. Im Falle von TCD wird der Bestand im SAP ERP-System nicht ausgebucht, sondern auf einen speziellen *TCD-Lagerort* gebucht. Außerdem wird für das Zwischenlager ein *TCD-Lieferpaar* (eine Anlieferung und die dazugehörige Auslieferung) erzeugt. In diesem Zwischenlager wird das Cross-Docking physisch durchgeführt. Erst beim Warenausgang der Auslieferung im Zwischenlager wird der Bestand aus dem Werk ausgebucht.

TCD und Handling Units

TCD funktioniert nur im Zusammenhang mit Handling Units (HUs).

Mehr Informationen zu all diesen Schritten folgen in den nächsten Abschnitten: Zunächst beschreiben wir den TCD-Prozess im Detail. Danach zeigen wir Ihnen den *TCD-Monitor* im SAP ERP-System und geben Ihnen eine Übersicht über die Cross-Docking-Routen. Schließlich beschreiben wir, wie Sie TCD-Lagerorte aufsetzen müssen und wie TCD in die EWM-Lagerprozesse integriert ist.

15.2.1 Transport-Cross-Docking im Detail

In diesem Abschnitt wollen wir den TCD-Prozess anhand eines Beispiels im Detail erklären. In unserem Beispielszenario liefern Sie Waren aus dem EWM-Lager EWM1 aus. Die Waren sind für den Kunden KUNDE01 bestimmt. Im Lager EWM1 wird durch die EWM-Routenfindung vorgeplant, dass im Lager EWM2 TCD durchgeführt werden soll.

Der Prozess startet im sendenden Lager, also in der Lagernummer EWM1. Sie haben im EWM-System eine Auslieferung, die aus SAP ERP kommt, zum Beispiel mit der Nummer 80001234. Während die Auslieferung aus SAP ERP in SAP EWM verteilt wird, läuft die EWM-Routenfindung und ermittelt – basierend auf Lieferattributen wie Warenempfänger, Gewicht und Volumina – eine optimale Route. Diese Route kann eine normale Route sein, also eine *lineare Route* vom Lager EWM1 zu einem Kunden, oder eine *Cross-Docking-Route*. Eine Cross-Docking-Route ist eine spezielle Route. Sie wird nicht für (eine) bestimmte Strecke(n) angelegt, sondern für eine Cross-Docking-Lokation, also *für* ein Lager. In unserem Fall gibt es also eine Cross-Docking-Route mit dem Namen CD_EWM2, die für die Lokation EWM2 angelegt ist.

Die EWM-Routenfindung in unserem Beispiel ist so eingestellt, dass diese Cross-Docking-Route CD_EWM2 für die Auslieferung im Lager EWM1 gefunden wird. Die Auslieferung, die vorher den Warenempfänger KUNDE01 hatte, bekommt nun den neuen Warenempfänger EWM2 – denn dorthin werden die Waren nun geliefert. Der KUNDE01 wird in die neue Partnerrolle *Finaler Warenempfänger* übernommen.

Der weitere Kommissionier- und Warenausgangsprozess im Lager EWM1 basiert nun auf der Cross-Docking-Route und auf dem Warenempfänger EWM2.

Schließlich wird für die Auslieferung der Warenausgang gebucht und die Buchung an das SAP ERP-System übertragen. Das SAP ERP-System erkennt, dass es sich nicht um einen »normalen« Warenausgang handelt, sondern um einen Warenausgang für einen Cross-Docking-Prozess, und erstellt nun eine Anlieferung und eine Auslieferung (Lieferpaar) für das Cross-Docking-Lager

EWM2. Der Bestand, der sich im SAP ERP-System vorher im Lagerort AFS des abgebenden Werkes befunden hat, wird nun umgebucht auf einen speziellen *Cross-Docking-Lagerort* desselben Werkes. In diesem Lagerort bleibt der Bestand so lange, bis schließlich der Warenausgang zum Endkunden KUNDE01 gebucht wird.

Das erstellte Lieferpaar wird an das EWM-System der Lagernummer EWM2 übertragen. Die beiden Lieferungen »wissen«, dass sie Cross-Docking-Lieferungen sind (in der SAP ERP-EWM-Schnittstelle können eigene Belegarten und Positionsarten für Cross-Docking gefunden werden), und die beiden Lieferungen wissen auch, dass sie »zueinandergehören«, denn sie haben beide dieselbe *TCD-Vorgangsnummer*. Die Auslieferung hat zudem eine *TCD-ERP-Anlieferungsreferenz*, die der Nummer der Anlieferung entspricht. Die TCD-Vorgangsnummer ist übrigens die Nummer der ursprünglichen Auslieferung, also in unserem Beispiel die 80001234. Durch die Vorgangsnummer ist der Bestand der Anlieferung reserviert für die richtige Auslieferung. Es kann nicht aus Versehen der falsche Bestand kommissioniert werden.

Im Lager EWM2 wird nun für die Anlieferung der Wareneingang gebucht und die HU vom Lkw entladen. Die HU geht dann direkt vom Wareneingang in den Warenausgangsprozess über. Mit dem Buchen des Warenausgangs wird der Bestand im SAP ERP-System aus dem Cross-Docking-Lagerort ausgebucht.

Mehrstufiges TCD

Es könnte nun durchaus der Fall sein, dass auch im Cross-Docking-Lager EWM2 erneut eine Cross-Docking-Route gefunden wird. In diesem Fall wird ein weiterer Cross-Docking-Schritt durchgeführt, zum Beispiel in einem Lager EWM3, bevor die Ware letztlich beim Kunden eintrifft.

15.2.2 TCD-Monitor

SAP liefert im SAP ERP-System einen sehr guten Monitor aus, um den TCD-Prozess zu überwachen, an dem wir einen TCD-Prozess veranschaulichen können.

Folgen Sie im SAP Easy Access Menü dem Pfad LOGISTIK • LOGISTICS EXECUTION • TRANSPORT-CROSS-DOCKING • TRANSPORT-CROSS-DOCKING-MONITOR. Es öffnet sich ein Selektionsbildschirm, in dem Sie nach verschiedenen Kriterien, unter anderem dem *TCD-Prozess*, selektieren können. Der TCD-Prozess ist übrigens dasselbe wie die TCD-Vorgangsnummer, also die Nummer der ursprünglichen SAP ERP-Auslieferung. Nachdem Sie die Selektion ausgeführt haben, öffnet sich der in Abbildung 15.3 dargestellte Bildschirm.

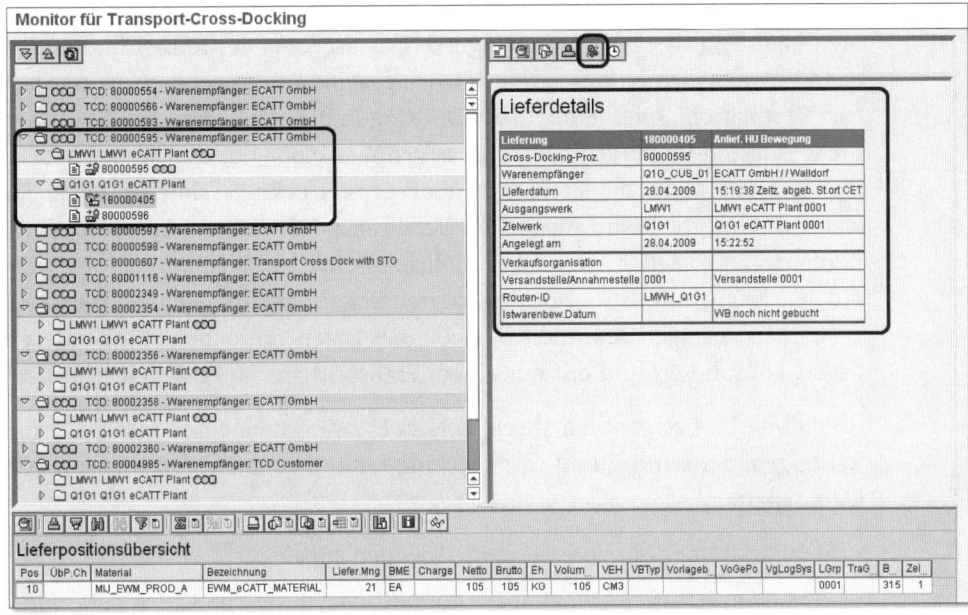

Abbildung 15.3   Der Transport-Cross-Docking-Monitor im SAP ERP-System

Sie sehen auf der linken Seite die selektierten TCD-Prozesse. Jeder Knoten auf der höchsten Ebene entspricht einem TCD-Prozess. Sie können die Knoten aufklappen und sehen auf der zweiten Ebene, welche Läger betroffen sind. Im markierten Beispiel sind dies die Lagernummern LMW1 (sendendes Lager) und Q1G1 (Cross-Docking-Lager). Eine Ebene tiefer sehen Sie die zu den Lägern gehörenden Lieferungen. Die Lieferung, die dem Lager LMW1 zugeordnet ist, ist die 80000595 (was übrigens, wie Sie sehen, auch mit der Nummer des TCD-Prozesses übereinstimmt). Das Cross-Docking-Lieferpaar besteht aus der Anlieferung 180000405 und der Auslieferung 80000596 – beide sind dem Lager Q1G1 zugeordnet. Neben der ursprünglichen Auslieferung aus dem sendenden Lager (aus LMW1, also der Lieferung 80000595) und vor dem TCD-Prozess sehen Sie grüne Ampeln. Die Ampeln entsprechen dem Status der zur Lieferung gehörenden Kopfnachricht, die das Cross-Docking-Lieferpaar erzeugt. In diesem Fall ist die Ampel grün, das heißt, die Nachricht wurde prozessiert, und es wurde das Lieferpaar für Q1G1 angelegt.

15.2.3   Cross-Docking-Routen

Um den TCD-Prozess in EWM starten zu können, müssen Sie *Cross-Docking-Routen* anlegen. Wenn eine Auslieferung (EWM-Auslieferungsauftrag) erstellt wird, dann ermittelt die EWM-Routenfindung alle passenden Routen zwischen dem Start (Supply Chain Unit des Lagers) und der Destination (Supply Chain Unit des Warenempfängers). Das Ergebnis der Routenfindung ist dann entweder eine *direkte Route* (auch *lineare Route*) genannt, vom Start zur Destination, oder eine Cross-Docking-Route. Die Verwendung einer Cross-Docking-Route kann Vorteile gegenüber einer linearen Route haben, zum Beispiel kann die Lieferung über Cross-Docking schneller erfolgen, wenn die lineare Route nur selten befahren wird und die Cross-Docking-Route dagegen täglich oder sogar mehrmals täglich. Ein anderer Vorteil für die Benutzung von Cross-Docking-Routen liegt in den möglichen Transportkosteneinsparungen, wenn die Waren eines Lagers mit denen eines anderen Lagers konsolidiert und mit nur einem Transport ans Ziel gebracht werden.

Abbildung 15.4 zeigt schematisch, wie im EWM-System eine Cross-Docking-Route gebildet wird. Eine Cross-Docking-Route hat immer zwei besondere Eigenschaften:

- Sie wird immer *für eine bestimmte Lokation* angelegt.
- Ihr sind mindestens zwei lineare Routen zugewiesen, und zwar eine *eingehende Route* (die das Lager als Ziel-Lokation hat) und eine *abgehende Route* (die das Lager als Von-Lokation hat).

Im Beispiel in Abbildung 15.4 wird die Cross-Docking-Route CD_SPU2 dargestellt, die für das Lager SPU2 angelegt ist. Sie beinhaltet zwei lineare Routen, und zwar die Route SPU1_SPU2, die von dem anderen Lager mit der Lagernummer SPU1 kommt, sowie die Route SPU2_KUND, die vom Lager zu einem Kunden geht.

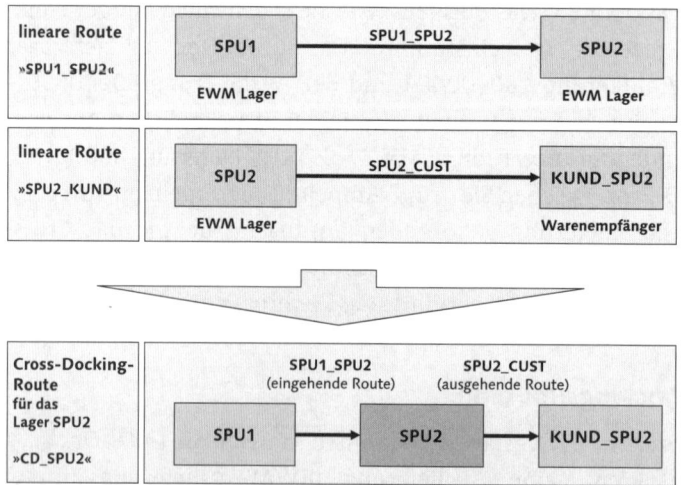

Abbildung 15.4 Lineare Routen als Bestandteil von Cross-Docking-Routen

Cross-Docking-Routen werden also anders gebildet als normale (lineare) Routen. Eine normale Route hat eine Start-Lokation und eine End-Lokation und wird für eine Strecke angelegt. Eine Cross-Docking-Route wird genau für eine Lokation angelegt und kann eingehende und ausgehende lineare Routen beinhalten.

Abbildung 15.5 zeigt den Bildschirm der EWM-Routenpflege. Es wurde die Cross-Docking-Route CD_SPU2 selektiert. Sie sehen, dass sie für die CD-Lokation PLSPU2 angelegt wurde. Diese Lokation entspricht der Lagernummer SPU2. Unten auf der Registerkarte CD-ROUTEN sehen Sie die zugewiesenen linearen Routen. In der Spalte RICHTUNG sehen Sie, ob die lineare Route eingehend (in Richtung CD-Lokation, Buchstabe I) oder abgehend (von der CD-Lokation weg, Buchstabe O) ist.

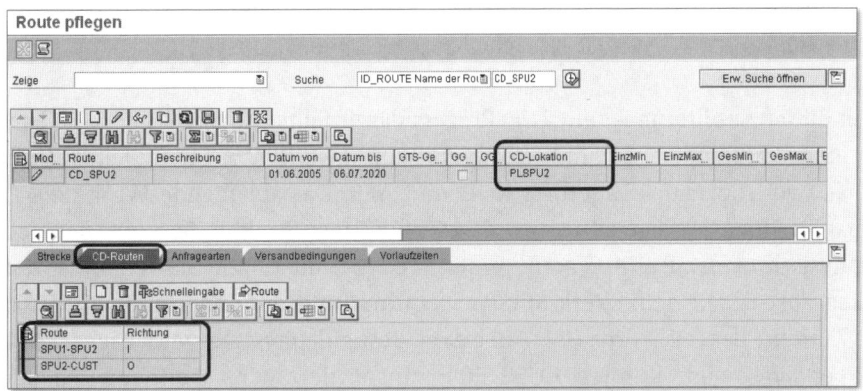

Abbildung 15.5 Cross-Docking-Route in der SAP EWM-Routenpflege

15.2.4 TCD-Lagerorte

Wie schon eingangs beschrieben, bucht das SAP ERP-System beim Warenausgang der ursprünglichen Auslieferung (vom abgebenden Lager) den Bestand in einen *Cross-Docking-Lagerort*. Cross-Docking-Lagerorte gehören in SAP ERP zum abgebenden Werk, nicht zum Werk des Cross-Docking-Lagers, und werden ausschließlich für TCD-Bestände benutzt. Dadurch wird erreicht, dass während des gesamten TCD-Prozesses der Bestand im Eigentum des sendenden Werkes bleibt. Dies gilt auch für den Fall, dass es mehrere TCD-Schritte gibt. Erst die finale Warenausgangsbuchung der Lieferung, die zur Endlokation geht, bucht die Cross-Docking-Waren aus dem Bestand aus, und zwar aus dem Bestand des TCD-Lagerortes.

Abbildung 15.6 zeigt ein solches für TCD notwendiges organisatorisches Modell mit einem TCD-Lagerort.

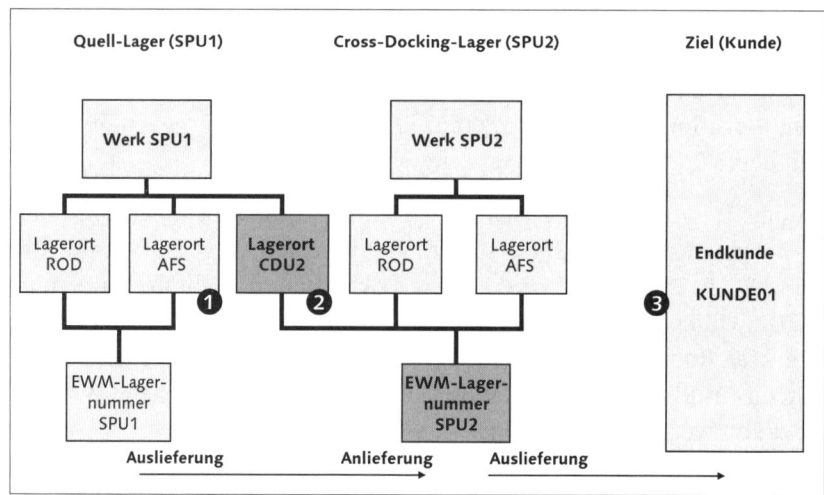

Abbildung 15.6 Beispiele für einen Cross-Docking-Lagerort (CDU2)

In dieser Abbildung ist ein TCD-Prozess dargestellt, von SPU1 über SPU2 zu einem Endkunden. Es gibt zwei Werke und zwei EWM-Läger. Jedes Werk hat zwei »normale« Lagerorte ROD und AFS. Das abgebende Werk (SPU1) hat einen zusätzlichen Lagerort CDU2, für Cross-Docking-Bestand, der sich physisch in der EWM-Lagernummer SPU2 befindet. Wie Sie sehen, ist der Lagerort CDU2 dem Werk SPU1 zugeordnet und der Lagernummer SPU2. Während des TCD-Prozesses, bei dem Bestand physisch vom Lager SPU1 über SPU2 zum Kunden KUNDE01 transportiert wird, befindet sich der Bestand buchhalterisch im SAP ERP-System zunächst im Lagerort AFS ❶, dann im Lagerort CDU2 ❷ und wird schließlich ausgebucht ❸.

Die TCD-Lagerorte stellen Sie im Customizing des SAP ERP-Systems ein, unter dem Pfad LOGISTICS EXECUTION • ERSATZTEILMANAGEMENT (SPM) • TRANSPORT-CROSS-DOCKING (SPM) • LAGERORTE UND VERSANDSTELLEN FÜR CD-LAGER BEARBEITEN (siehe Abbildung 15.7).

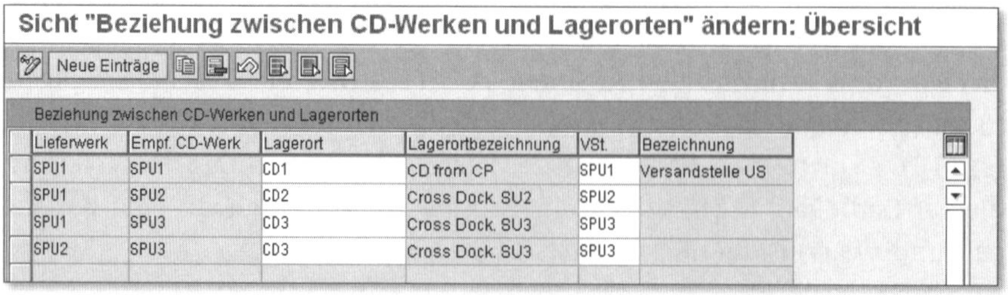

Sicht "Beziehung zwischen CD-Werken und Lagerorten" ändern: Übersicht

Neue Einträge

Beziehung zwischen CD-Werken und Lagerorten

Lieferwerk	Empf. CD-Werk	Lagerort	Lagerortbezeichnung	VSt.	Bezeichnung
SPU1	SPU1	CD1	CD from CP	SPU1	Versandstelle US
SPU1	SPU2	CD2	Cross Dock. SU2	SPU2	
SPU1	SPU3	CD3	Cross Dock. SU3	SPU3	
SPU2	SPU3	CD3	Cross Dock. SU3	SPU3	

Abbildung 15.7 Cross-Docking-Lagerorte in SAP ERP definieren

Hier pflegen Sie für jede Kombination von LIEFERWERK und CD-WERK den TCD-LAGERORT sowie die VERSANDSTELLE, die für die Lieferungen verwendet werden soll.

Im EWM-System gibt es für Cross-Docking-Bestände im Lager eine eigene *Cross-Docking-Bestandsart* (siehe Kapitel 5, »Bestandsverwaltung«).

15.2.5 Integration von TCD in die SAP EWM-Lagerprozesse

Sie können TCD in EWM sowohl mit als auch ohne die Benutzung der prozessorientierten Lagerungssteuerung (gesteuerte mehrschrittige Bewegungen von HUs in EWM) durchführen. Bevor wir im Einzelnen auf diese beiden Varianten eingehen, zunächst einige Bemerkungen über die TCD-Vorgangsnummer.

Die TCD-Vorgangsnummer als Link zwischen An- und Auslieferung

Die *TCD-Vorgangsnummer* (im SAP ERP-System wird sie auch *TCD-Referenz* oder *TCD-Prozessnummer* genannt) ist die Nummer, die die An- und Auslieferung verlinkt und zusammenhält. Sie ist auf Kopfebene beider Lieferungen enthalten.

In Abbildung 15.8 sehen Sie eine Cross-Docking-Anlieferung im EWM-System. Auf der Registerkarte REFERENZBELEGE auf Kopfebene sehen Sie eine Zeile mit dem REFERENZBELEGTYP TCD, die die TCD-Vorgangsnummer beinhaltet – in diesem Fall ist es die 0080004988.

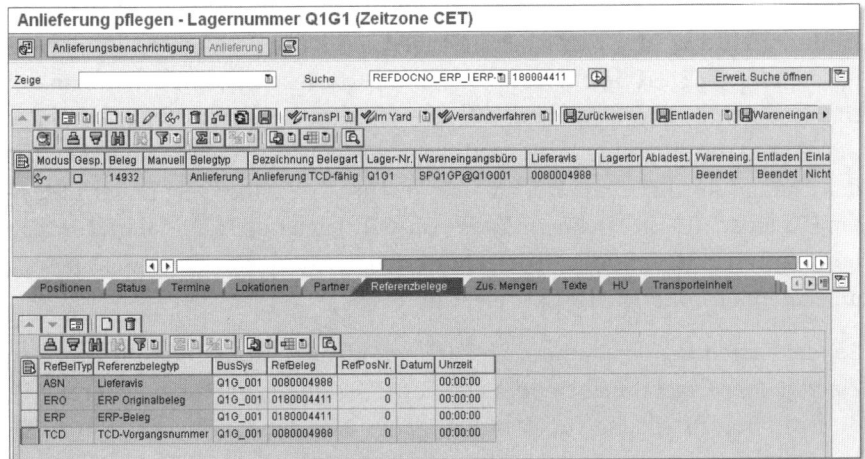

Abbildung 15.8 TCD-Vorgangsnummer in der SAP EWM-Anlieferung

In Abbildung 15.9 sehen Sie den dazugehörigen EWM-Auslieferungsauftrag. Auch hier ist die TCD-Vorgangsnummer auf der Registerkarte REFERENZBE-LEGE zu finden. Zusätzlich gibt es noch eine weitere Referenz, und zwar auf die SAP ERP-Anlieferung in Form des REFERENZBELEGTYPS TEI, der TCD ERP ANLIEFERUNGSREFERENZ.

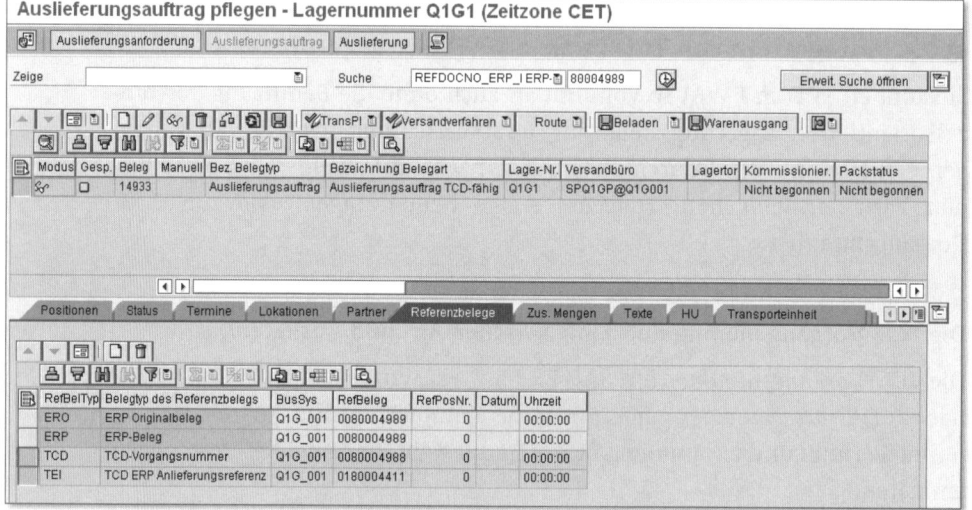

Abbildung 15.9 TCD-Vorgangsnummer und Anlieferungsreferenz in der SAP EWM-Auslieferung

Transport-Cross-Docking ohne prozessorientierte Lagerungssteuerung

Wenn Sie TCD ohne die prozessorientierte Lagerungssteuerung einsetzen, dann erstellt EWM eine aktive *HU-Kommissionierlageraufgabe* für den Auslieferungsauftrag im Cross-Docking-Lager. Sie kommissionieren immer die vollständige TCD HU in einem Schritt – ohne dass Sie sich mit dem Inhalt der HU auseinandersetzen müssen. Wenn Sie versuchen, eine Einlageraufgabe für die TCD-Anlieferung anzulegen, zeigt EWM eine Fehlermeldung an, da der Bestand nur für Cross-Docking vorgesehen ist. Daher darf in der untersten HU einer HU-Hierarchie im Falle von TCD auch nur TCD-Material enthalten sein. Eine Mischung von TCD-Materialien mit normalen Materialien ist nur auf einer höheren HU-Ebene erlaubt.

Bei der Erstellung der Kommissionierlageraufgabe ermittelt das System den Zielplatz der Lageraufgabe – im Falle von TCD ohne Lagerungssteuerung ist dies die Bereitstellzone im Warenausgang. Mit der Quittierung der TCD-Lageraufgabe aktualisiert das EWM-System sowohl die Anlieferung als auch den Auslieferungsauftrag.

Transport-Cross-Docking mit prozessorientierter Lagerungssteuerung

Wenn Sie TCD mit prozessorientierter Lagerungssteuerung benutzen, dann bestimmt EWM zunächst die Einlagerschritte für die Top-HU (höchste Hierarchieebene, also die äußere HU) der Anlieferung im Cross-Docking-Lager. Die Lieferung kann je nach Customizing des Lagerprozesses relevant sein für den Entlade- und Dekonsolidierungsschritt, basierend auf der Lagerprozessart der Anlieferungsposition.

Nach der Wareneingangsbuchung der Anlieferung können Sie für die TCD HU die HU-Kommissionierlageraufgabe erzeugen, entweder durch die Wellenfreigabe (wenn Sie Wellen benutzen) oder, wenn Sie den PRD./HU-LB-Indikator im Customizing auf den Schritt der prozessorientierten Lagerungssteuerung gesetzt haben, EWM erstellt die HU-Lageraufgabe automatisch. Der Pfad im Customizing ist EXTENDED WAREHOUSE MANAGEMENT • PROZESS-ÜBERGREIFENDE EINSTELLUNGEN • LAGERAUFGABE • PROZESSORIENTIERTE LAGERUNGSSTEUERUNG DEFINIEREN • LAGERUNGSPROZESS – DEFINITION • ZUORDNUNG LAGERUNGSPROZESSSCHRITT.

Wenn sich die Top-HU bei der Anlage der TCD-HU-Kommilageraufgabe noch im Wareneingangsprozess befindet (zum Beispiel der Entladeschritt oder der Dekonsolidierungsschritt wurde noch nicht abgeschlossen), dann erstellt das System die HU-Kommilageraufgabe inaktiv. Erst wenn die Einlagerschritte abgeschlossen sind, wird die HU-Kommilageraufgabe automatisch aktiviert.

Mit der Quittierung der aktiven TCD-Lageraufgabe aktualisiert das EWM-System sowohl die Anlieferung als auch den Auslieferungsauftrag.

15.2.6 TCD für Vertragsverpacker

Ein *Vertragsverpacker* (*Contract Packager*) ist ein Unternehmen oder eine Organisation, die für das lagergerechte Verpacken von Materialien vor dem eigentlichen Wareneingangsprozess eines Lagers verantwortlich ist. Ein Vertragsverpacker nimmt Waren von Lieferanten oder einer Produktion an, verpackt und etikettiert sie und leitet sie an das eigentliche Lager weiter.

Vertragsverpacker sind integraler Bestandteil der SAP-Ersatzteilmanagement-Lösung (*Service Parts Management*, SPM) und können auf unterschiedliche Arten im System aufgesetzt werden. Eine mögliche Variante ist, den Vertragsverpacker als eigenes (kleines) EWM-Lager aufzusetzen.

Wenn Sie Vertragsverpacker einsetzen und diese als eigenes EWM-Lager abbilden, das nicht einem eigenen Werk zugewiesen ist (sondern dem Werk, dem es Waren verpackt), dann müssen Sie im TCD-Customizing im SAP ERP-System angeben, welches Werk physisch das Lager repräsentiert. Dies ist notwendig, da das Werk, zu dem das Vertragsverpacker-Lager zugewiesen ist, nicht notwendigerweise auch dessen geographische Lage repräsentiert.

Folgen Sie dazu im SAP ERP-Customizing dem Pfad LOGISTICS EXECUTION • ERSATZTEILMANAGEMENT (SPM) • TRANSPORT-CROSS-DOCKING (SPM) • AUSGANGSWERKE FÜR VERPACKUNGSDIENSTLEISTER FÜR LAGERUNG DEFINIEREN.

15.2.7 Wichtige Zusatzinformationen zu TCD

Zusätzlich zu den Details des TCD-Prozesses, die wir in den vorangegangenen Abschnitten beschrieben haben, sollten Sie auch die folgenden Punkte kennen, wenn Sie TCD einsetzen möchten:

▸ SAP liefert im EWM-System das Business Configuration Set (BC-Set) /SCWM/DLV_TCD aus, das Einstellungen für das Customizing der Lieferung vornimmt. Die Deaktivierung des SAP GTS für TCD-relevante Belegarten müssen Sie manuell vornehmen. Weitere Informationen finden Sie in der Dokumentation zum BC-Set.

▸ Innerhalb einer Lieferkette im TCD darf sich nur der endgültige Bestimmungsort im Ausland befinden.

▸ TCD unterstützt keine Retouren.

▸ Wenn Sie im TCD geschachtelte Mischpaletten verwenden, dürfen sich innerhalb einer untergeordneten HU entweder nur TCD-relevante oder nur nicht TCD-relevante Lieferpositionen befinden.

Einen sehr guten Überblick über die Customizing-Einstellungen, die für TCD notwendig sind, liefert zudem die Dokumentation zum Customizing-Knoten LOGISTICS EXECUTION • ERSATZTEILMANAGEMENT (SPM) • TRANSPORT-CROSS-DOCKING (SPM) • GRUNDEINSTELLUNGEN FÜR TRANSPORT-CROSS-DOCKING im SAP ERP-System.

15.3 Opportunistisches Cross-Docking, das SAP EWM anstößt

Das *opportunistische Cross-Docking, das EWM anstößt* (EWM-Opp.CD), ist die einzige Cross-Docking-Methode, die ausschließlich im EWM-System stattfindet. Hier sind keine Planung und Integration in andere SAP-Systeme wie SAP ERP, SAP APO oder SAP CRM notwendig. Der englische Begriff ist *EWM-Triggered Opportunistic Cross-Docking*.

Das EWM-Opp.CD ist eine sogenannte BAdI-Lösung. Das heißt, dass es nicht direkt im EWM-Standard-Auslieferzustand funktioniert, sondern dass Sie Business Add-ins (BAdIs) aktivieren müssen. In diesem Fall stellt das aber kein großes Hindernis dar, denn es gibt für die beiden relevanten BAdIs eine Beispielimplementierung von SAP, die Sie übernehmen können.

Die BAdIs des EWM-Opp.CD laufen während der Erstellung von Einlageraufgaben und Kommissionierlageraufgaben und ermitteln, ob es im Wareneingangsprozess bzw. im Warenausgangsprozess Bestände bzw. Lieferungen gibt, die mit der aktuellen Lageraufgabe übereinstimmen. Wenn das der Fall ist, wird Cross-Docking ausgeführt.

Neben der Implementierung der BAdIs müssen Sie EWM-Opp.CD für jede Lagernummer und für jedes Produkt aktivieren. Dazu müssen Sie Produktgruppen anlegen, der Lagernummer zuweisen und den Produkten zuweisen, für die Sie EWM-Opp.CD ausführen wollen.

In den folgenden Abschnitten werden wir EWM-Opp.CD im Detail beschreiben und erklären. Zunächst zeigen wir Ihnen, welche Varianten des EWM-Opp.CD es gibt. Daraufhin beschreiben wir, wie Sie EWM-Opp.CD aktivieren und welche Customizing-Einstellungen erforderlich sind.

15.3.1 Varianten des EWM-Opp.CD

EWM-Opp.CD kann entweder von der Anlieferung (über die Einlageraufgabe) oder von der Auslieferung (über die Kommissionierlageraufgabe) angestoßen werden. In den folgenden Abschnitten beschreiben wir diese beiden Szenarien im Detail.

EWM-Opp.CD im Anlieferungsprozess (CD von Einlager-Lageraufgabe angestoßen)

Wenn Sie Lageraufgaben für eine Anlieferung anlegen, dann sucht EWM aufgrund der BAdI-Implementierung von EWM-Opp.CD nach passenden Lieferpositionen in Auslieferungsaufträgen. EWM prüft, ob Lieferpositionen vorhanden sind, deren Eigenschaften im Hinblick auf Produkt, Charge und Menge passend sind. Wenn EWM keine derartigen Lieferpositionen ermitteln kann, dann fährt es mit dem Wareneingangsprozess fort und erzeugt kein Cross-Docking. Es werden also die »normalen« Einlageraufgaben angelegt.

Wenn EWM relevante Positionen in Auslieferungsaufträgen ermitteln kann, dann wird geprüft, ob für diese bereits Kommissionierlageraufgaben angelegt worden sind, die dem RF-Umfeld zugeordnet sind. Wenn derartige offene Kommissionierlageraufgaben vorhanden sind, storniert EWM diese, ohne das FIFO-Prinzip zu verletzen, und tauscht diese durch neue Cross-Docking-Lageraufgaben aus, indem es der Lieferposition im Warenausgang den Bestand zuordnet, den Sie einlagern wollen. Wenn noch keine Kommissionierlageraufgaben für die Lieferposition angelegt worden sind, dann legt EWM die Cross-Docking-Lageraufgabe direkt an.

Dadurch können Sie den Bestand aus dem Wareneingang kommissionieren und müssen keine Einlagerung durchführen. Wenn der Auslieferungsbestand, den EWM gefunden hat, kleiner ist als der angelieferte Bestand, erzeugt EWM für die restliche Liefermenge eine Lageraufgabe für die Einlagerung.

> **EWM-Opp.CD und papierbasierte Kommissionierung**
>
> Wenn EWM offene Kommissionierlageraufgaben ermittelt, die Sie nur auf Papier bearbeiten, verwendet EWM diese nicht und vermeidet dadurch Dateninkonsistenzen. Wenn Sie zum Beispiel Kommissionierlageraufgaben ausdrucken und auf dem Ausdruck quittieren, sichern Sie diese Daten nicht zeitgleich in EWM. EWM liegen in diesem Fall keine aktuellen Daten für den Status der Kommissionierlageraufgabe vor, aufgrund derer es einen Cross-Docking-Prozess anstoßen kann.

EWM-Opp.CD im Auslieferungsprozess (CD von Kommilageraufgabe angestoßen)

EWM-Opp.CD im Auslieferungsprozess funktioniert fast symmetrisch zum Anlieferungsprozess:

Während der Erzeugung von Kommissionierlageraufgaben zum Auslieferungsauftrag prüft EWM aufgrund der EWM-Opp.CD-BAdI-Implementierung, ob es im Wareneingang Bestand gibt, der für die Erfüllung der Auslieferungsauftragsposition geeigneter ist als der Bestand im Lager.

Wenn EWM passenden Bestand im Wareneingang gefunden hat, dann wird geprüft, ob für die Anlieferungen dieses Bestands bereits Einlagerungslageraufgaben erzeugt worden sind, die dem Radio-Frequency-Umfeld zugeordnet sind. Wenn derartige offene Einlagerungslageraufgaben vorhanden sind, storniert EWM diese und erzeugt neue Kommissionierlageraufgaben. Das FIFO-Prinzip wird jedoch nicht verletzt. Diese (Cross-Docking-) Lageraufgaben ordnet EWM dem Bestand zu, den Sie einlagern wollen. Dadurch können Sie den Bestand direkt kommissionieren und müssen keine Einlagerung durchführen. Wenn der gefundene Bestand im Wareneingang kleiner ist als der benötigte Bestand, erzeugt EWM für die offene Menge zusätzliche Kommissionierlageraufgaben, die sich auf Bestand im Lager beziehen.

15.3.2 EWM-Opp.CD aktivieren und konfigurieren

In diesem Abschnitt beschreiben wir im Detail, welche Schritte Sie ausführen müssen, um EWM-Opp.CD zu aktivieren:

1. BAdIs implementieren
2. Produktgruppenarten und Produktgruppen erstellen
3. EWM-Opp.CD auf Lagernummernebene aktivieren
4. EWM-Opp.CD für jedes Lagerprodukt aktivieren
5. Wareneingangszone in die Bestandsfindungsstrategien im Warenausgang aufnehmen
6. EWM-Bestandsfindung pflegen
7. Queuefindung für Lageraufgaben aktivieren

BAdIs implementieren

Sie müssen zwei BAdIs aktivieren, um mit EWM-Opp.CD arbeiten zu können. Die beiden BAdIs beinhalten Beispielimplementierungen, die Sie direkt verwenden können.

Das BAdI für EWM-Opp.CD im Anlieferungsprozess können Sie unter dem folgenden Customizing-Pfad aktivieren: EXTENDED WAREHOUSE MANAGEMENT • BUSINESS ADD-INS (BADIS) FÜR DAS EXTENDED WAREHOUSE MANAGEMENT • PROZESSÜBERGREIFENDE EINSTELLUNGEN • CROSS-DOCKING (CD) • OPPORTUNISTISCHES CROSS-DOCKING • OPPORTUNISTISCHES CROSS-DOCKING, DAS EWM ANSTÖSST • OPPORTUNISTISCHES CROSS-DOCKING, DAS EWM ANSTÖSST (EINGANG) • BADI: VON DER ANLIEFERUNG ANGESTOSSENEN CD-PROZESS AKTIVIEREN UND ANPASSEN. Sie können die Beispielimplementierung aus der Klasse /SCWM/CL_EI_CD_OPP_INBOUND übernehmen.

Das BAdI für EWM-Opp.CD im Auslieferungsprozess aktivieren Sie unter dem Customizing-Pfad EXTENDED WAREHOUSE MANAGEMENT • BUSINESS ADD-INS (BADIS) FÜR DAS EXTENDED WAREHOUSE MANAGEMENT • PROZESSÜBERGREIFENDE EINSTELLUNGEN • CROSS-DOCKING (CD) • OPPORTUNISTISCHES CROSS-DOCKING • OPPORTUNISTISCHES CROSS-DOCKING, DAS EWM ANSTÖSST • OPPORTUNISTISCHES CROSS-DOCKING, DAS EWM ANSTÖSST (AUSGANG) • BADI: VON DER AUSLIEFERUNG ANGESTOSSENEN CD-PROZESS AKTIVIEREN UND ANPASSEN, die Klasse der Beispielimplementierung ist /SCWM/CL_EI_CD_OPP_OUTBOUND.

Produktgruppenarten und Produktgruppen erstellen

Um EWM-Opp.CD für Lagernummern und für Produkte ein- und ausschalten zu können, müssen Sie zunächst *Produktgruppenarten* und *Produktgruppen* anlegen. Folgen Sie zum Anlegen der Produktgruppenarten im Customizing des EWM-Systems dem Pfad SCM-BASIS • STAMMDATEN • PRODUKT • PRODUKTGRUPPEN • PRODUKTGRUPPENARTEN DEFINIEREN, und legen Sie eine neue Produktgruppe an, zum Beispiel mit dem Namen CD.

Danach wählen Sie im Customizing den Pfad SCM-BASIS • STAMMDATEN • PRODUKT • PRODUKTGRUPPEN • PRODUKTGRUPPEN DEFINIEREN und legen Produktgruppen an (siehe Abbildung 15.10).

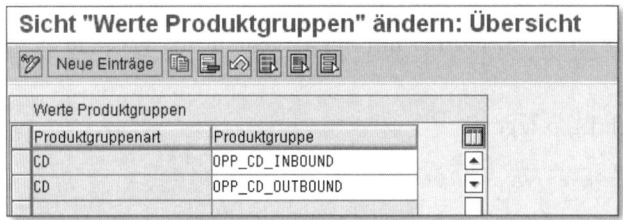

Abbildung 15.10   Produktgruppen für die Aktivierung von EWM-Opp.-CD pflegen

EWM-Opp.CD auf Lagernummernebene aktivieren

Um EWM-Opp.CD auf Lagernummernebene zu aktivieren, müssen Sie die angelegte Produktgruppenart der Lagernummer zuweisen. Folgen Sie dazu im Customizing dem Pfad EXTENDED WAREHOUSE MANAGEMENT • PROZESS-ÜBERGREIFENDE EINSTELLUNGEN • CROSS-DOCKING (CD) • OPPORTUNISTISCHES CROSS-DOCKING • OPPORTUNISTISCHES CROSS-DOCKING, DAS EWM ANSTÖSST • OPPORTUNISTISCHES CROSS-DOCKING, DAS EWM ANSTÖSST, AKTIVIEREN (siehe Abbildung 15.11).

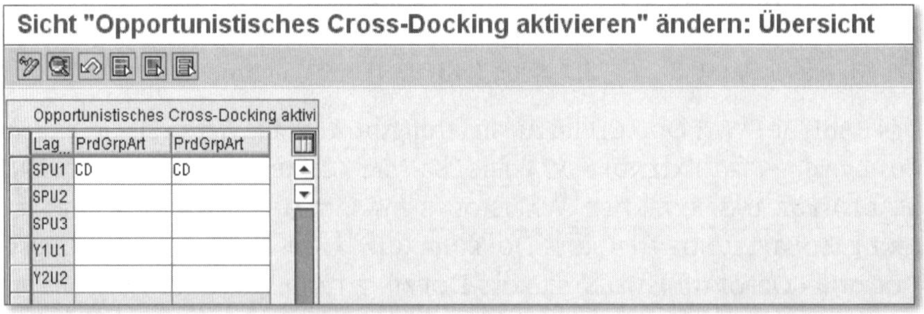

Abbildung 15.11   EWM-Opp.CD je Lagernummer aktivieren

EWM-Opp.CD für jedes Lagerprodukt aktivieren

Nachdem Sie die Produktgruppen angelegt haben, müssen Sie diese den Produkten zuweisen, für die Sie EWM-Opp.CD aktivieren wollen. Dazu starten Sie die Transaktion /SAPAPO/MAT1 oder wählen im SAP Easy Access Menü den Pfad EXTENDED WAREHOUSE MANAGEMENT • STAMMDATEN • PRODUKT • PRODUKT PFLEGEN. Geben Sie im Einstiegsbildschirm die Materialnummer ein, und wählen Sie das Kennzeichen GLOBALE DATEN im Bereich SICHT. Wechseln Sie nun auf die Registerkarte EIGENSCHAFTEN 2, und fügen Sie Ihre Produktgruppen hinzu.

> **Produktgruppen pflegen – nur in der APO-Transaktion!**
>
> Die Produktgruppen können Sie nur der APO-Materialstammpflege zuweisen (Transaktion /SAPAPO/MAT1), nicht in der Pflege des EWM-Lagerproduktstamms (Transaktion /SCWM/MAT1). Sie lassen sich außerdem nur im SCM-System (also EWM oder APO) pflegen, nicht bereits im SAP ERP-System.

Wareneingangszone in die Bestandsfindungsstrategien im Warenausgang aufnehmen

Im Falle von EWM-Opp.CD soll für eine Auslieferung auch Bestand aus der Wareneingangszone kommissioniert werden. Das heißt, dass Sie die Lagertypen der Wareneingangszone in die Lagertypsuchreihenfolge zur Auslagerung mit aufnehmen müssen. Folgen Sie dazu im Customizing dem Pfad EXTENDED WAREHOUSE MANAGEMENT • WARENAUSGANGSPROZESS • STRATEGIEN • LAGERTYP-SUCHREIHENFOLGE FÜR AUSLAGERUNG BESTIMMEN, und fügen Sie die Lagertypen zur Lagertypsuchreihenfolge hinzu.

SAP EWM-Bestandsfindung pflegen

Wenn Sie EWM-Opp.CD benutzen, wird für eine Auslieferung Bestand aus dem Wareneingang kommissioniert, der die Bestandsart F1 hat, während der Auslieferungsposition die Bestandsart F2 zugewiesen ist. Das heißt, Sie müssen die EWM-Bestandsfindung implementieren.

Zunächst müssen Sie eine *Bestandsfindungsgruppe* pflegen. Folgen Sie dazu dem Customizing-Pfad EXTENDED WAREHOUSE MANAGEMENT • PROZESSÜBERGREIFENDE EINSTELLUNGEN • BESTANDSFINDUNG • BESTANDSFINDUNGSGRUPPEN PFLEGEN, und legen Sie eine neue Bestandsfindungsgruppe an, wie zum Beispiel die Bestandsfindungsgruppe C1 aus Abbildung 15.12. Wählen Sie das für Sie richtige WM-Handling aus (WM DOMINIERT oder BESTANDSFÜHRUNG DOMINIERT).

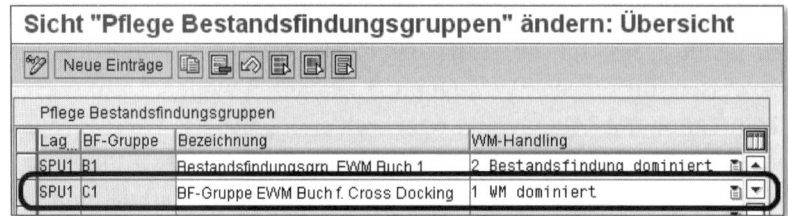

Abbildung 15.12 Bestandsfindungsgruppe für EWM-Opp.CD

Als Nächstes müssen Sie die Bestandsfindung einstellen. Folgen Sie dazu im Customizing dem Pfad EXTENDED WAREHOUSE MANAGEMENT • PROZESSÜBER-GREIFENDE EINSTELLUNGEN • BESTANDSFINDUNG • BESTANDSFINDUNG EINSTELLEN, und legen Sie einen Eintrag an, sodass Sie anstelle von F2-Bestand auch F1-Bestand kommissionieren können (siehe Abbildung 15.13).

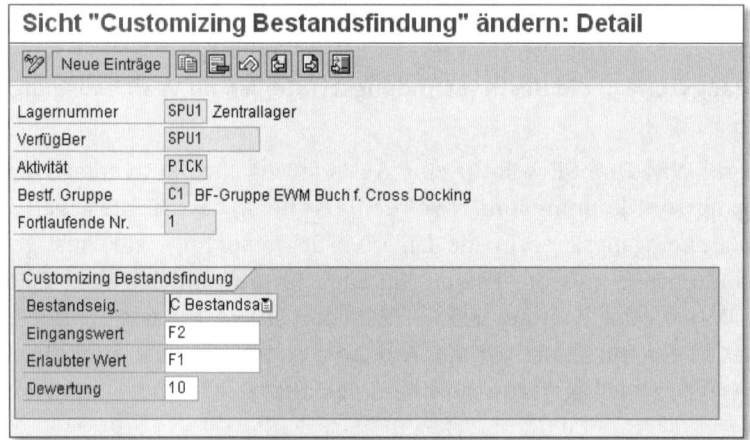

Abbildung 15.13 Bestandsfindung für Auslieferungen zur Unterstützung von EWM-Opp.CD

Die neue Bestandsfindungsgruppe weisen Sie nun Ihren Materialien im Lagerproduktstamm zu. Starten Sie dazu die Transaktion unter dem Pfad im SAP Easy Access Menü EXTENDED WAREHOUSE MANAGEMENT • STAMMDATEN • PRODUKT • LAGERPRODUKT PFLEGEN (Transaktionscode /SCWM/MAT1). Wechseln Sie auf die Sicht LAGERDATEN, und weisen Sie im Abschnitt AUSLA-GERUNG die neue Bestandsfindungsgruppe zu.

Mehr Informationen über die EWM-Bestandsfindung finden Sie in Kapitel 5, »Bestandsverwaltung«.

Queuefindung für Lageraufgaben aktivieren

Offene Lageraufgaben werden als Teil der Funktionalität von EWM-Opp.CD storniert und durch Cross-Docking-Lageraufgaben ausgetauscht. Diese offenen Lageraufgaben werden aber nur storniert, wenn sie zusammen mit Radio Frequency ausgeführt werden. Wenn EWM offene Einlagerungslageraufgaben ermittelt, die Sie nur auf Papier bearbeiten, verwendet EWM diese nicht und vermeidet dadurch Dateninkonsistenzen.

Um Lageraufgaben mit Radio Frequency ausführen zu können, müssen Sie die Queuefindung aktivieren. Folgen Sie dazu unter dem Customizing-Pfad EXTENDED WAREHOUSE MANAGEMENT • PROZESSÜBERGREIFENDE EINSTELLUNGEN • RESSOURCENMANAGEMENT • QUEUES DEFINIEREN den drei Aktivitäten QUEUES DEFINIEREN, QUEUE-FINDUNGSKRITERIEN DEFINIEREN und QUEUE-ZUGRIFFSFOLGEN DEFINIEREN.

15.4 Warenverteilung

Mithilfe der *Warenverteilung* können Sie den Warenenfluss vom Lieferanten über ein Verteilzentrum zu den Abnehmern (Filialen oder Kunden) durchgängig planen, steuern und abwickeln. Die Warenverteilung unterstützt die Verfahren Push und Pull und ermöglicht es Ihnen, in einem Verteilzentrum Cross-Docking durchzuführen. Dadurch können Sie die Ware schneller durchschleusen und somit die Kosten für die Warenbearbeitung und -lagerung senken. Das Material kann dabei durch ein Verteilzentrum oder – im Fall einer mehrstufigen Verteilung – auch durch mehrere Verteilzentren fließen. Der Abnehmer des Materials steht bereits zum Zeitpunkt der Beschaffung fest.

Die Planung der Warenverteilung erfolgt entweder über einen *Aufteiler* (Push-Verfahren) oder über eine *Sammelbestellung* (Pull-Verfahren). Es lassen sich folgende Bearbeitungsverfahren unterscheiden:

▶ Warenverteilungs-Cross-Docking

▶ artikelorientiertes Flow-Through

▶ abnehmerorientiertes Flow-Through

Im SAP ERP-System werden An- und Auslieferungen angelegt und ins EWM-System verteilt. Dort wird nun die Warenverteilung durchgeführt, was die Verarbeitung der Artikel innerhalb des Verteilzentrums beeinflusst.

Die Schnittstelle ins EWM-System beinhaltet auch, welche An- und Auslieferungen zusammengehören. Während des Wareneingangs ermittelt EWM die

Beziehung zwischen An- und Auslieferungsaufträgen basierend auf der Bestellreferenz und dem Warenverteilungsprozess.

Nach dem Wareneingang wird die Ware verteilt. Dafür stehen verschiedene Methoden zur Verfügung. Basierend auf der Entscheidung im SAP ERP-System, verwendet EWM entweder das *Warenverteilungs-Cross-Docking* oder führt die Warenverteilung mithilfe eines *Flow-Through-Prozesses* durch, der entweder produktorientiert oder abnehmerorientiert ist.

Im Falle von Warenverteilungs-Cross-Docking wird die Ware direkt von der Wareneingangszone zur Warenausgangszone gebracht, ohne dass sie umgepackt wird. Im Falle von Flow-Through werden die Waren von der Wareneingangszone zunächst zu einer Umpackzone (*Cross-Docking-Lagertyp*) gebracht und von dort in die Warenausgangszone. In beiden Fällen wird keine zwischenzeitliche Einlagerung durchgeführt. Der Umpackvorgang im Cross-Docking-Lagertyp als Extra-Schritt unterscheidet den Flow-Through-Prozess vom einfachen Warenverteilungs-Cross-Docking.

> **Systemvoraussetzungen für die Nutzung der Warenverteilung**
>
> Um die EWM-Warenverteilung nutzen zu können, müssen Sie SAP ERP 6.0 mit Enhancement Package 4 und der Business Funktion Retail CD/FT_EWM Integration einsetzen sowie Ihr System als SAP Retail ausprägen.

In den folgenden Abschnitten gehen wir näher auf die EWM-Warenverteilung ein.

Customizing in SAP ERP und SAP EWM

Um die Warenverteilung in SAP ERP zu verwenden, müssen Sie Sammelbestellungen oder Aufteiler erzeugen und die Warenverteilungsdaten einschließlich der Prozessmethode zur Warenverteilung fortschreiben. Das SAP ERP-System muss die zugehörigen An- und Auslieferungsbelege erzeugen und an das EWM-System verteilen. Außerdem müssen Sie die notwendigen Customizing-Einstellungen für die Warenverteilung im SAP ERP-System vornehmen, unter anderem über die Pfade:

► LOGISTIK ALLGEMEIN • WARENVERTEILUNG

► INTEGRATION MIT ANDEREN SAP KOMPONENTEN • EXTENDED WAREHOUSE MANAGEMENT • ZUSÄTZLICHE MATERIALATTRIBUTE • ATTRIBUTWERTE FÜR ZUSÄTZLICHE MATERIALSTAMMFELDER • ANPASSUNGSPROFIL DEFINIEREN.

In EWM nehmen Sie Customizing-Einstellungen für die Warenverteilung unter anderem unter dem Pfad EXTENDED WAREHOUSE MANAGEMENT • PROZESSÜBERGREIFENDE EINSTELLUNGEN • CROSS-DOCKING (CD) • GEPLANTES CROSS-DOCKING • WARENVERTEILUNG GRUNDEINSTELLUNGEN FÜR DIE WARENVERTEILUNG vor.

Warenverteilungs-Cross-Docking

Das Warenverteilungs-Cross-Docking besteht aus den folgenden Prozessschritten:

1. Im SAP ERP-System wird ein Push- oder Pull-Verfahren angestoßen.

   Pull-Verfahren: Wenn SAP ERP aufgrund von Umlagerungsbestellungen oder Kundenaufträgen Sammelbestellungen erzeugt, schreibt es die Warenverteilungsdaten fort.

   Push-Verfahren: Wenn SAP ERP mit einem Aufteiler Lieferanten- sowie Umlagerungsbestellungen oder Kundenaufträge erzeugt, schreibt es ebenfalls die Warenverteilungsdaten fort.

   Wenn Sie mit Waren arbeiten, die für einzelne endgültige Warenempfänger bereits in HUs vorverpackt sind, und die Daten in SAP ERP gesichert sind, kann SAP ERP sowohl die HUs als auch die Zuordnung zwischen der HU und dem endgültigen Warenempfänger an das EWM-System senden.

2. Das SAP ERP-System erzeugt die An- und (geplanten) Auslieferungsbelege und verteilt diese an EWM.

3. Wenn Sie ohne HUs arbeiten, dann buchen Sie den Wareneingang zur Anlieferung und erzeugen manuell die notwendigen Kommissionierlageraufgaben für die Auslieferungsanforderung.

4. Wenn Sie mit HUs arbeiten (verpackte Ware), dann können Sie die prozessorientierte Lagerungssteuerung verwenden. Wenn EWM die Information zum Endkunden aus dem SAP ERP-System erhalten hat, dann wird geprüft, ob der endgültige Warenempfänger der HU mit dem des Auslieferungsauftrags übereinstimmt. Wenn EWM einen Auslieferungsauftrag findet, erzeugt es die Entlade-Lageraufgaben. Sie entladen die HUs und erzeugen zugehörige Kommissionierlageraufgaben.

5. In beiden Fällen (mit und ohne HUs) bringen Sie die Ware direkt vom Wareneingang zum Warenausgang und buchen den Warenausgang.

> ### Zusätzliche Hinweise für Warenverteilungs-Cross-Docking
>
> ▶ Die Anlieferung ist immer verpackt und enthält den finalen
> ▶ Warenempfänger (Partnerrolle UC = *Ultimate Consignee*) auf Kopfebene.
> ▶ Es ist im EWM-System nicht möglich, von Cross-Docking auf Flow-Through umzustellen.
> ▶ Für Cross-Docking ist keine Mengenanpassung möglich.

Abnehmerorientiertes Flow-Through

Wenn Sie Ware erhalten, die Sie nicht komplett zu einem endgültigen Warenempfänger schicken können, dann können Sie das Warenverteilungs-Cross-Docking nicht benutzen. Stattdessen können Sie die Ware nach dem Wareneingang auf einen Cross-Docking-Lagertyp bewegen, den Sie als Umpackbereich verwenden. Dort können Sie dann abnehmerorientiert bzw. produktorientiert umpacken.

Die Schritte des abnehmerorientierten Flow-Through-Prozesses sind wie folgt:

1. Wie schon beim Warenverteilungs-Cross-Docking beschrieben, stößt das SAP ERP-System ein Push- oder Pull-Verfahren an und sendet alle relevanten An- und Auslieferungsbelege an EWM.

2. Sie erhalten eine Anlieferung mit HUs, die unterschiedliche Produkte enthalten, und buchen den Wareneingang. Nach dem Wareneingang können Sie die Mengenanpassung der Auslieferungsaufträge durchführen. Benutzen Sie dafür die Transaktion unter dem Pfad EXTENDED WAREHOUSE MANAGEMENT • LIEFERABWICKLUNG • ANLIEFERUNG • WARENVERTEILUNG: MENGENANPASSUNG PFLEGEN (FLOW-THROUGH) im SAP Easy Access Menü.

3. Wenn Sie den Entladen-Schritt der prozessorientierten Lagerungssteuerung benutzen, dann erzeugen Sie zunächst Entlade-Lageraufgaben und quittieren diese. EWM erzeugt daraufhin (gemäß Einlagerstrategie) HU-Lageraufgaben zum *Cross-Docking-Lagertyp*. Sie quittieren die HU-Lageraufgabe. Wenn Sie noch Mengenanpassungen durchführen wollen, dann machen Sie es jetzt, bevor die Kommissionierlageraufgaben erstellt worden sind.

4. Sie legen die Kommissionierlageraufgaben an, zum Beispiel durch eine Wellenfreigabe. Sie können bei der Lagerauftragserstellung einstellen, dass das System nur Lageraufträge für jeweils einen Kunden (für eine Konsolidierungsgruppe) anlegt, sodass die Kommissionierung kundenspezifisch durchgeführt werden kann (abnehmerorientiertes Flow-Through).

5. Sie kommissionieren die Artikel in kundenspezifische HUs und bewegen sie zur Warenausgangszone.

6. Sie verladen die HUs und buchen den Warenausgang.

> **Mengenanpassung**
>
> Die Mengenanpassung kann nur so lange durchgeführt werden, wie noch keine Kommissionieraufträge existieren.

Produktorientiertes Flow-Through

Im produktorientierten Flow-Through verteilen Sie den Inhalt der angelieferten HUs auf kundenspezifische Kommissionier-HUs. Als Kommissionierer nehmen Sie die angelieferte HU auf und gehen damit nacheinander die Kommissionier-HUs ab, in die Sie Produkte verteilen müssen. Sie führen also eine Dekonsolidierung durch, indem Sie die Kommissionier-HUs befüllen. Anschließend führen Sie die Kommissionierung durch und bringen die komplett gepackten Kommissionier-HUs zum Warenausgang.

Das produktorientierte Flow-Through besteht aus den folgenden Schritten:

1. SAP ERP stößt ein Push- oder Pull-Verfahren an und sendet alle relevanten An- und Auslieferungsbelege an EWM.

2. Sie erhalten eine Anlieferung mit HUs, die alle jeweils nur ein Produkt enthalten, und buchen den Wareneingang. Nachdem der Wareneingang abgeschlossen ist, können Sie die Mengenanpassung der Auslieferungsaufträge durchführen. Verwenden Sie dafür die Transaktion unter dem Pfad EXTENDED WAREHOUSE MANAGEMENT • LIEFERABWICKLUNG • ANLIEFERUNG • WARENVERTEILUNG: MENGENANPASSUNG PFLEGEN (FLOW-THROUGH) im SAP Easy Access Menü.

3. Wenn Sie den Entladen-Schritt der prozessorientierten Lagerungssteuerung benutzen, dann erzeugen Sie zunächst Entlade-Lageraufgaben und quittieren diese. EWM erzeugt daraufhin (gemäß Einlagerstrategie) Handling-Unit-Lageraufgaben zum Cross-Docking-Lagertyp, in dem sich die *Kommissionierpunkt-Arbeitsstation (Cross-Docking-Arbeitsplatz)* befindet. Sie quittieren die HU-Lageraufgaben. Wenn Sie noch Mengenanpassungen vornehmen wollen, dann machen Sie es jetzt, bevor die Kommissionierlageraufgaben erstellt worden sind.

4. Sie legen die Kommissionierlageraufgaben an, zum Beispiel durch eine Wellenfreigabe, und dekonsolidieren die Produkte. Dafür nehmen Sie die Produkte aus den angelieferten HUs und verteilen sie in bereitstehende

Kommissioner-HUs für jeweils einen Kunden (produktorientiertes Flow-Through).

5. Sie kommissionieren die Artikel in die Kommi-HUs.

6. Wenn Sie die Kommissionier-HUs abschließen, erzeugt EWM neue Lageraufgaben für die Bereitstellung zum Warenausgang.

7. Sie bewegen die HUs zur Warenausgangszone.

8. Sie verladen die HUs und buchen den Warenausgang.

15.5 Push Deployment und Kommissionieren vom Wareneingang

Push Deployment (PD) und *Kommissionieren vom Wareneingang* (PFGR = *Pick from Goods Receipt*) sind opportunistische Cross-Docking-Prozesse. Die Prozesse beginnen jeweils mit normalen Anlieferungen und dem normalen Wareneingangsprozess.

Bei der Buchung des Wareneingangs im EWM-System wird diese Buchung zunächst über die Standard-Schnittstelle ins SAP ERP- und dann ins APO-System übertragen, wo der EDQA-Prozess in SAP APO prüft, ob es ungedeckte Bedarfe gibt, für die die nun wareneingangsgebuchte Menge benutzt werden kann, was Cross-Docking im Lager zur Folge haben würde.

Das EWM-System prüft in der Zwischenzeit, ob die Lagerprozessart und die Bestandsart der Lieferposition relevant sind für die *Einlagerungsverzögerung*. Durch die Einlagerungsverzögerung verzögert EWM die über PPF initiierte, automatische Erzeugung der Lageraufgaben zur Einlagerung. Wenn die Lagerprozessart und die Bestandsart *nicht* relevant sind, erzeugt EWM automatisch und ohne Verzögerung die Einlageraufgaben. EWM führt also kein PD oder PFGR durch.

Währenddessen prüft der EDQA-Prozess, ob die Anlieferung PD- oder PFGR-relevant ist, indem er im Falle von PD die prognostizierten Bedarfe anderer Lokationen und im Falle von PFGR rückständige Kundenaufträge (Backorders) im CRM-System sowie rückständige Umlagerungsbestellungen prüft. Das heißt, SAP APO bestimmt die Cross-Docking-Relevanz nach der Wareneingangsbuchung.

Wenn das APO-System relevante Backorders oder Umlagerungsbestellungen findet oder, im Falle von PD, anhand einer Prognose relevante Bedarfe anderer Lokationen ermittelt, dann initiiert es die Anlage einer entsprechenden

Auslieferung im SAP ERP-System, die dann ins EWM-System verteilt wird und das Cross-Docking initiiert, also den gerade WE-gebuchten Bestand aus der Wareneingangszone kommissioniert.

Abbildung 15.14 zeigt den kompletten Prozess in einer Übersicht. Die hellgrau schraffierten Bereiche zeigen die Schritte, die im EDQA-Prozess stattfinden.

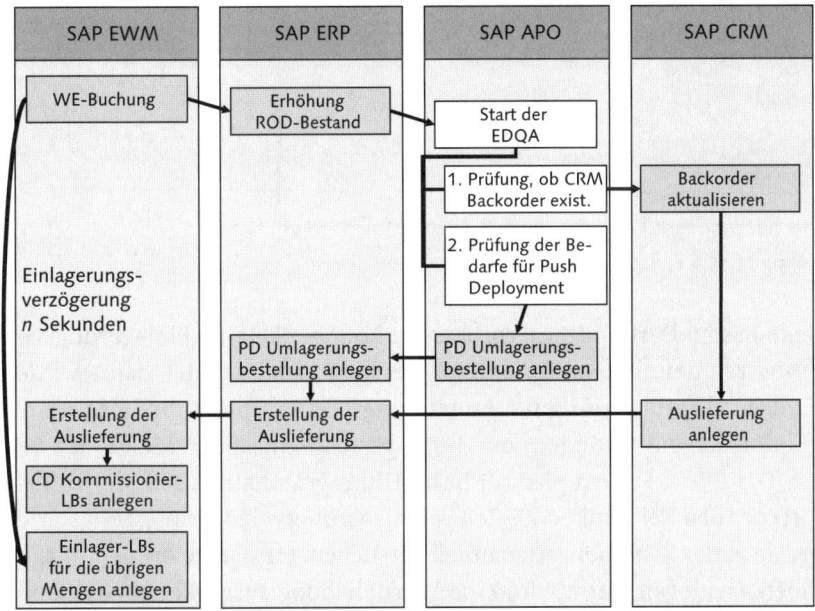

Abbildung 15.14 Übersicht über den Prozess »Event Driven Quantity Assignment«

Zusätzliche Hinweise

Um PD oder PFGR zu benutzen, benötigen Sie eine Systemlandschaft mit SAP EWM, SAP APO, SAP ERP und SAP CRM.

Es werden immer als Erstes die rückständigen Kundenaufträge und dann die rückständigen Umlagerungsbestellungen berücksichtigt. Nur wenn danach noch Mengen der Anlieferung zur Verfügung stehen, startet der PD-Prozess.

In den folgenden Abschnitten zeigen wir nun, wie Sie die Einlagerungsverzögerung in EWM einstellen und wie PD und PFGR in die EWM-Lagerprozesssteuerung eingebunden sind.

15.5.1 Einlagerungsverzögerung nach Wareneingang in SAP EWM

Bei der Wareneingangsbuchung in EWM prüft das System, ob die Lieferposition für die *Einlagerungsverzögerung* relevant ist. Die Einlagerungsverzögerung ist eine Zeitspanne in Sekunden, die Sie im Customizing definieren können. Folgen Sie dazu dem Pfad EXTENDED WAREHOUSE MANAGEMENT • PROZESSÜBERGREIFENDE EINSTELLUNGEN • LAGERAUFGABE • EINLAGERUNGSVERZÖGERUNG DEFINIEREN (siehe Abbildung 15.15).

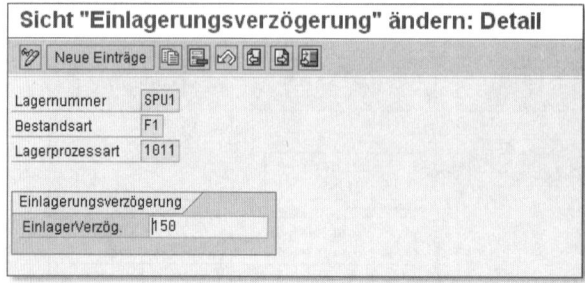

Abbildung 15.15 Einlagerungsverzögerungszeit definieren

Für jede Bestandsart und Lagerprozessart können Sie eine Einlagerungsverzögerungszeit definieren. Wenn das System eine solche findet, dann werden die Einlageraufgaben zu dieser Anlieferungsposition nicht direkt (über die PPF-Aktion) angelegt, sondern um die eingestellte Anzahl von Sekunden verzögert. Das EWM-System plant dazu im Hintergrund einen Job, der zu dem entsprechenden Zeitpunkt (WE-Zeit + Einlagerungsverzögerungszeit) startet. Wenn Sie in der Zwischenzeit manuell versuchen, für die Lieferung Einlageraufgaben anzulegen, dann wird eine Warnmeldung ausgegeben – das heißt, Sie können die Warnmeldung ignorieren, wenn Sie wollen, und trotz laufender Einlagerungsverzögerung die Lageraufgaben anlegen. Dann ist jedoch auch kein Cross-Docking mehr möglich.

Sie sollten die Dauer der Einlagerungsverzögerung so lang wählen, dass sie ausreichend ist, um die Rückmeldung des EDQA-Prozesses im APO-System abzuwarten. Wenn Sie die Einlagerungsverzögerung zu kurz wählen, kann es sein, dass EWM bereits Einlageraufgaben angelegt hat, obwohl APO PD oder PFGR anstößt. In diesem Fall kann kein Cross-Docking ausgeführt werden, es sei denn, Sie stornieren die offenen Einlageraufgaben und legen dann doch noch (manuell) die Cross-Docking-Lageraufgaben an.

15.5.2 Integration von PD und PFGR in die SAP EWM-Lagerungssteuerung

PD und PFGR sind vollständig in die prozessorientierte Lagerungssteuerung von EWM integriert. Wie das genau funktioniert, lässt sich am einfachsten an einem Beispiel erläutern (siehe Abbildung 15.16).

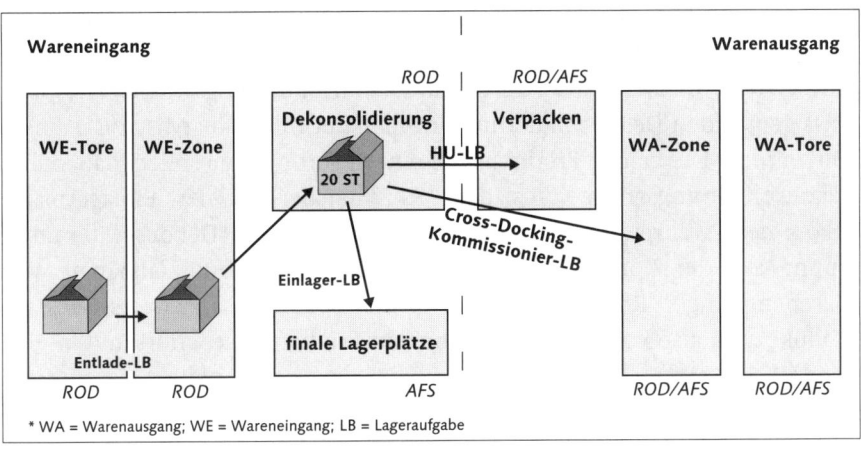

Abbildung 15.16 Integration von Cross-Docking in die prozessorientierte Lagerungssteuerung

Sie empfangen eine Lieferung mit drei Produkten, die in eine HU verpackt
sind (Misch-HU). Sie buchen den Wareneingang. In EWM wird aufgrund
von Bestandsart und LPA (die für alle drei Lieferpositionen gleich sind) die
Einlagerung um 150 Sekunden verzögert. Währenddessen prüft der EDQA-
Prozess in APO, ob PFGR oder PD erforderlich sind. Für eines der drei Produkte soll PD durchgeführt werden. SAP APO legt eine Umlagerungsbestellung an, die ins SAP ERP-System verteilt wird. Zur Umlagerungsbestellung in
SAP ERP wird die Auslieferung angelegt. Diese Auslieferung wird ins EWM-
System verteilt und bekommt eine eigene Lieferart, eine eigene Positionsart
und die Bestandsart F1 (Bestand im Wareneingangsprozess). Die Auslieferung wird automatisch zu einer Welle zugeordnet, die die Freigabemethode
AUTOMATISCH hat, das heißt, es werden sofort die Kommissionierlageraufgaben erstellt – in diesem Fall also wird der Bestand aus der Wareneingangszone kommissioniert.

Keine Referenz zwischen An- und Auslieferung

Im Gegensatz zu TCD und der Warenverteilung gibt es bei PD und PFGR keinen
direkten Link (keine Referenz) zwischen An- und Auslieferung. Die Cross-Docking-
Auslieferung muss also nicht unbedingt genau den wareneingangsgebuchten
Bestand finden – sondern einfach nur »irgendeinen« Bestand dieses Produkts, der
sich in der Wareneingangszone befindet.

Für die HU mit den drei Produkten gibt es also letztlich drei Produkt-Lageraufgaben: Eine Cross-Docking-Lageraufgabe und zwei Einlageraufgaben.
Diese Lageraufgaben sind zunächst inaktiv, da die HU der prozessorientier-

ten Lagerungssteuerung unterliegt und zunächst entladen werden muss. Wenn Sie die Entlade-Lageraufgabe quittieren, wird die Folge-HU-Lageraufgabe erstellt, in diesem Fall zu einem Dekonsolidierungsarbeitsplatz. Hier muss gemäß den Dekonsolidierungsgruppen der Inhalt der Misch-HU aufgeteilt werden. Die beiden Produkte, die eingelagert werden sollen, haben ihre Dekonsolidierungsgruppe aus dem Aktivitätsbereich der Einlagerplätze bekommen, während das Cross-Docking-Produkt die Dekonsolidierungsgruppe aus der Konsolidierungsgruppe der Auslieferung (abhängig von Warenempfänger, Route und Lieferpriorität) bekommt. Das Cross-Docking-Produkt wird also von den anderen beiden Produkten separiert und in eine neue HU gepackt.

Nach der Freigabe der neuen HU wird die Cross-Docking-Lageraufgabe aktiviert, und die HU kann in den Warenausgangsprozess übernommen werden, wo die entsprechenden Schritte (zum Beispiel Verpacken, Bereitstellen und Verladen) durchgeführt werden. Schließlich wird für die Cross-Docking-Lieferung der Warenausgang gebucht.

Die andere HU, mit den beiden einzulagernden Produkten, wird ebenfalls freigegeben, was die inaktiven Einlageraufgaben aktiviert. Der komplette Prozess ist abgeschlossen, wenn die Einlageraufgaben quittiert worden sind.

15.5.3 Wichtige Zusatzinformationen zu PD und PFGR

Weitere Informationen über PD finden Sie in der SAP-Bibliothek für SAP Supply Chain Management (SAP SCM) unter dem Pfad SAP SUPPLY CHAIN MANAGEMENT (SAP SCM) • SAP ADVANCED PLANNING AND OPTIMIZATION (SAP APO) • ERSATZTEILPLANUNG (SPP) • DEPLOYMENT sowie im SAP Help Portal für SAP ERP Central Component unter dem Pfad SAP ERP CENTRAL COMPONENT • LOGISTIK • LOGISTIK ALLGEMEIN (LO) • ERSATZTEILMANAGEMENT (LO-SPM) • TRANSPORT-CROSS-DOCKING • PUSH-DEPLOYMENT.

Weitere Informationen zu PFGR im Rahmen der globalen Verfügbarkeitsprüfung (Available to Promise, ATP) finden Sie in der SAP-Bibliothek für SAP SCM unter KOMMISSIONIEREN VOM WARENEINGANG.

Weitere Informationen über das durchzuführende Customizing im EWM-System für PD und PFGR, zum Beispiel um gegebenenfalls eigene Belegarten für die Auslieferung und eigene Lagerprozessarten zu definieren, finden Sie im Customizing unter dem Pfad EXTENDED WAREHOUSE MANAGEMENT • PROZESSÜBERGREIFENDE EINSTELLUNGEN • CROSS-DOCKING (CD) • OPPORTUNISTISCHES CROSS-DOCKING • GRUNDEINSTELLUNGEN FÜR PD UND KOMMISSIONIEREN VOM WE.

15.6   Zusammenfassung

In diesem Kapitel haben wir die verschiedenen Cross-Docking-Methoden beschrieben, die SAP EWM unterstützt. Sie sollten nun ein gutes Verständnis haben, wie TCD, Warenverteilung, EWM-Opp.CD, PD und PFGR funktionieren und welche SAP-Systeme Sie benötigen. Für alle Methoden haben wir den Fokus darauf gelegt, Ihnen zu zeigen, wie das Cross-Docking in die prozessorientierte Lagerungssteuerung Ihres EWM-Lagers eingebunden werden kann.

Anhang

A   Abkürzungsverzeichnis

Abkürzung	Beschreibung
AA	Activity Area
AB	Aktivitätsbereich
ABAP	Advanced Business Application Programming
AFS	Available for Sales
AII	Auto-ID Infrastructure
ALV	SAP List Viewer
AME	Alternativmengeneinheit
APO	Advanced Planning and Optimization
ASK	Auslagerungssteuerkennzeichen
ASN	Advanced Shipping Notification
ATP	Available to Promise
B2B	Business-to-Business
BAdI	Business Add-in
BAPI	Business Application Programming Interface
BC-Set	Business Configuration Set
BF-Gruppe	Bestandsfindungsgruppe
BI	Business Intelligence
BKS	Basiskennzahlenservices
BOPF	Business Object Process Framework
BP	Business Partner
BW	Business Warehouse (SAP NetWeaver BW)
CC	Cycle Count
CCI	Cycle Count Indicator
CD	Cross-Docking
CICO	Check-In/Check-Out
CIF	Core Interface
CMS	Calculated Measurement Service
CO	Controlling
CPU	Central Process Unit
CRM	Customer Relationship Management
CSV	Comma Separated Values
CUI	Chargen-Update-Indikator

Abkürzung	Beschreibung
CWM	Catch Weight Management
DIAG	Dynamic Information and Action Gateway
DSO	Data Store Object
EA	Each (Stück)
EAN	European Article Number
ECC	ERP Central Component
EDI	Electronic Data Interchange
EDQA	Event Driven Quantity Assignment
EGF	Easy Graphics Framework
EGR	Expected Goods Receipt (erwarteter Wareneingang)
EH&S	Environment Health and Safety
ELS	Engineered Labor Standards
EM	Event Management
EPC	Electronic Product Code
ERP	Enterprise Resource Planning
ESK	Einlagerungssteuerkennzeichen
ETL	Extract Transform Load
EWM	Extended Warehouse Management
FDO	Final Delivery Outbound
FEFO	First-Expired/First-Out
FI	Finance
FIFO	First-In/First-Out
FKS	Fondbasierte Kennzahlenservices
GI	Goods Issue
GR	Goods Receipt
GRN	Goods Receipt Notification (Benachrichtigung erwarteter Wareneingang)
GTS	Global Trade Service
GUI	Graphical User Interface
GWL	Graphical Warehouse Layout
HCM	Human Capital Management
HTML	Hypertext Markup Language
HU	Handling Unit
HUM	Handling Unit Management
IBGI	Invoice Before Goods Issue

Abkürzung	Beschreibung
ID	Inbound Delivery (EWM)
ID	Identification
IDN	Inbound Delivery Notification
IDoc	Intermediate Document
ILN	International Location Number
IM	Inventory Management
IMG	Implementation Guide
IOT	Inspection Object Type
iPPE	Integrated Product and Process Engineering
I-Punkt	Identifikationspunkt
ITS	Internet Transaction Server
KAR	Karton
KG	Kilogramm
KKF	Konfigurierte Kennzahlenservices
KPI	Key Performance Indicator
K-Punkt	Kommissionierpunkt
KTO	Kit-to-Order
KTR	Reverse Kitting
KTS	Kit-to-Stock
LA	Lagerauftrag
LAER	Lagerauftragserstellungsregel
LB	Lageraufgabe
LBK	Lagerbereichskennzeichen
LEB	Lieferempfangsbestätigung
LE-TRA	Logistic Execution Transport
LIFO	Last-In/First-Out
LIME	Logistics Inventory Management Engine
LKE	Lagerkontrolleinheit
LKW	Lastkraftwagen
LM	Labor Management
LOLS	Layoutorientierte Lagerungssteuerung
LOSC	Layout-Oriented Storage Control
LPA	Lagerprozessart
LSMW	Legacy System Migration Workbench
LZL	Logistische Zusatzleistungen

Abkürzung	Beschreibung
MFS	Materialflusssystem
MHD	Mindesthaltbarkeitsdatum
MM	Materials Management
MRP	Material Requirements Planning
OD	(Final) Outbound Delivery (EWM)
ODL	Objektdienstleister
ODO	Outbound Delivery Order
ODR	Outbound Delivery Request
PACI	Putaway Control Indicator
PAL	Palette
PC	Posting Change
PCo	Plant Connectivity
PCR	Posting Change Request
PD	Push Deployment
PDI	Processing Document Inbound (Anlieferungsbeleg)
PDO	Processing Document Outbound (Auslieferungsauftrag)
PFGR	Pick from Goods Receipt (kommissionieren aus der Wareneingangszone)
PGI	Post Goods Issue
PI	Process Integration (ehemals XI)
PJS	Project System
PKM	Packmittel
PLM	Product Lifecycle Management
PML	Physical Markup Language
PO	Purchase Order
POD	Proof of Delivery
POLS	Prozessorientierte Lagerungssteuerung
POR	Posting Change Request
POSC	Process-Oriented Storage Control
PP/DS	Production Planning/Detailed Scheduling
PPF	Post Processing Framework
PS	Packspezifikation
PS	Project System
PSA	Production Supply Area
PSA	Persistent Staging Area

Abkürzung	Beschreibung
PSP	Projektstrukturplan
PVB	Produktionsversorgungsbereich
QI	Quality Inspection
QIE	Quality Inspection Engine
QM	Quality Management
qRFC	queued Remote Function Call
RAC	Ressourcenausführungs-Constraint
RAM	Random Access Memory
RF	Radio Frequency
RFC	Remote Function Call
RFID	Radio Frequency Identification
RFUI	Radio Frequency User Interface
RGE	Routing Guide Engine
ROC	Reassignment of Order Confirmations
ROD	Received on Dock
S&R	Shipping and Receiving
SCAC	Standard Carrier Alpha Code
SCM	Supply Chain Management
SCU	Supply Chain Unit
SDP	Supplier Demand Planning
SLED	Shelf-Life Expiration Date
SN	Serialnummer
SNC	Supplier Network Collaboration
SOBKZ	Sonderbestandskennzeichen
SOS	Sales Order Stock
SPC	Stock Processing Code
SPM	Service Parts Management
SPP	Service Parts Planning
SPS	Speicherprogrammierbare Steuerung
SSCC	Serial Shipping Container Codes
SST	Spätester Starttermin
ST	Stück
STO	Stock Transport Order
SVZ	Standardisierte Vorgabezeiten
TA	Terminauftrag

Abkürzung	Beschreibung
TCD	Transportation Cross-Docking
TCO	Total Costs of Ownership
TE	Transporteinheit
TLB	Transport Load Builder
TM	Transportmittel
TMS	Tailored Measurement Service
TU	Transportation Unit
UB	Umlagerungsbestellung
UCC	Unified Communications & Collaborations
UI	User Interface
UPC	Universal Product Code
URL	Uniform Resource Locator
UTF	Unicode Transformation Format
VAS	Value-Added Service
W3C	World Wide Web Consortium
WA	Warenausgang
WBS	Work Breakdown Structure
WE	Wareneingang
WHO	Warehouse Order
WLAN	Wireless Local Area Network
WM	Warehouse Management
WME	Warehouse Management Engine
WMR	Warehouse Management Request
WO	Warehouse Order
WOCR	Warehouse Order Creation Rule
WR	Warehouse Request
WT	Warehouse Task
WTS	Windows Terminal Server
XML	Extensible Markup Language
XSI	eXpress Ship Interface
YM	Yard Management

B   Literaturverzeichnis

▶ Ballou, R.: *Business Logistics Management*. 3. Auflage. New Jersey: Prentice-Hall 1992.

▶ Carter, M. B.; Lange, J.; Bauer F.; Persich, C.; Dalm, T.: *SAP Extended Warehouse Management: Processes, Functionality and Configuration*. Boston: SAP PRESS 2010.

▶ Dittrich, M.: *Lagerlogistik*. München: Carl Hanser Verlag 2000.

▶ Gudehus, T.: *Logistik*. Berlin: Springer Verlag 1999.

▶ Götz, T.: *SAP-Logistikprozesse mit RFID und Barcodes*. Bonn: SAP PRESS 2010.

▶ Hirsch, T.: *Auslieferungstouren in der strategischen Distributionsplanung*. Wiesbaden: Gabler 1998.

▶ Hellberg, T.: *Einkauf mit SAP MM*. Bonn: SAP PRESS 2009.

▶ Hoppe, M.: *Bestandsoptimierung*. Bonn: SAP PRESS 2005.

▶ Hoppe, M.; Käber, A.: *Warehouse Management mit SAP*. Bonn: SAP PRESS 2007.

▶ Ihde, G. B.: *Transport, Verkehr, Logistik*. München: Verlag Vahlen 2001.

▶ Jones, N.; Clark, W.: *Choosing Between the Six Mobile Application Architecture Styles*, 2006, *http://www.gartner.com* (Zuletzt aufgerufen am 28.09.2010, kostenpflichtig)

▶ Jünemann, R.; Schmidt, T.: *Materialflusssysteme*. Berlin: Springer Verlag 1999.

▶ Jünemann, R.: *Materialfluß und Logistik*. Berlin: Springer Verlag 1998.

▶ Knollmayer, G.; Mertens, P.; Zeier, A.: *Supply Chain Management auf Basis von SAP-Systemen*. Berlin: Springer Verlag 2000.

▶ Martin, H.: *Transport- und Lagerlogistik*, 6. Auflage. Wiesbaden: Vieweg 2006.

▶ Modern Materials Handling Online, *www.mmh.com*

▶ Raschke, E.: *Bestandsaufnahme und -bewertung*, 2. Auflage. Wiesbaden: Gabler 1992.

▶ SAP-Dokumentation für SAP Auto-ID Infrastructure als Teil der SAP Business Suite unter *http://help.sap.com*. Version AII 2007.

▸ SAP-Dokumentation für SAP ERP Central Component als Teil der SAP Business Suite unter *http://help.sap.com*. Version SAP ERP-ECC 6.0.

▸ SAP-Dokumentation für SAP NetWeaver als Teil der SAP-Technologie-Plattform unter *http://help.sap.com*. Version SAP NetWeaver 7.x.

▸ SAP-Dokumentation für SAP Extended Warehouse Management als Teil der SAP Business Suite unter *http://help.sap.com*. Version SAP EWM 7.0.

▸ SAP-Dokumentation für SAP Supply Chain Management als Teil der SAP Business Suite unter *http://help.sap.com*. Version SAP SCM 7.0.

▸ SAP White Paper: *SAP Warehouse Management. Funktionen im Detail*. Ausgabe 2005.

▸ Scheibler, J.: *Vertrieb mit SAP*. Bonn: SAP PRESS 2002.

▸ Schulte, C.: *Logistik – Wege zur Optimierung des Material- und Informationsflusses*, 2. Auflage. München: Verlag Vahlen 1995.

▸ Schulte, G.: *Material- und Logistikmanagement*, 2. Auflage. München: Oldenbourg 2001.

▸ Tempelmeier, H.: *Materiallogistik*. Berlin: Springer Verlag 2003.

▸ Thaler, K.: *Supply Chain Management*. Fortis Verlag 2001.

▸ Vahrenkamp, R.: *Produktions- und Logistikmanagement*. München: Oldenbourg 1996.

C   Die Autoren

Jörg Lange arbeitet nach dem Studium des Wirtschafts-ingenieurwesens an der Universität Paderborn und des »Bachelors of Electric and Electronic Engineering« an der Nottingham Trent University in Großbritannien als Senior Consultant und Projektleiter für die SAP Deutschland AG & Co. KG. Sein fachlicher Schwerpunkt ist die Lager- und Distributionslogistik. Nachdem er zunächst zwei Jahre als Berater für die SAP-Komponente Warehouse Management (WM) tätig war, liegt sein Schwerpunkt seit 2004 fast ausschließlich auf SAP EWM. Er hat maßgeblich an der erfolgreichen Entstehung von EWM sowie an Implementierungen und Produktivsetzungen unter anderem in Deutschland, Frankreich, Italien und den USA mitgewirkt. Jörg Lange lebt mit seiner Frau Rebecca und seinem Sohn Jonas in Ratingen. Sollten Sie Fragen zum Thema SAP EWM oder SAP WM haben oder möchten Sie Feedback zu diesem Buch geben, steht Ihnen der Autor gern unter *joerg.lange@sap.com* oder der Fax-Nummer (0 62 27) 7 83 93 86 zur Verfügung.

Frank-Peter Bauer arbeitet mit SAP EWM seit 2002, zunächst in der EWM- Entwicklung und anschließend als Solution Manager für die SAP-Ersatzteilmanagement-Lösung (SPM) mit Schwerpunkt EWM. Seit 2007 arbeitet er bei der SAP-Beratung als Principal Consultant und Business Development Manager für EWM mit den Schwerpunkten der Projektleitung in Implementierungsprojekten und dem Bid Management für EWM-Beratungsangebote. Vor seiner Zeit bei SAP hat er sechs Jahre als Prozessberater und Projektleiter in der Planung und Implementierung von Material- und Informationsprozessen in der Lagerlogistik gearbeitet. Er hat EWM-Implementierungen in Deutschland, England und Holland geleitet. Bei Feedback oder Fragen steht Ihnen der Autor gerne unter *frank-peter.bauer@sap.com* oder *frankpeter.bauer@googlemail* zur Verfügung.

Christoph Persich ist seit 2003 bei SAP tätig, seit 2006 als Solution Consultant für die SAP Deutschland AG & Co. KG im Bereich Logistic Execution und speziell in SAP EWM. Seine Schwerpunkte liegen dabei vor allem im Mobile Business und der Integration mobiler Geräte in das SAP-System. Zudem verantwortet er die Objekt-Serialisierung, unter anderem mit der RFID-Technologie, und hat in diesem Umfeld bereits mehrere erfolgreiche Einführungen der RFID-Plattform Auto-ID Infrastructure realisiert. Christoph Persich war bis September bis 2010 für SAP Deutschland tätig und lebte in Hockenheim. Mit Erscheinen dieses Buches wechselt er in die Vereinigten Arabischen Emirate. Für SAP MENA wird er künftig von Dubai aus Kunden in der Region rund um die Themen Lager- und Distributionslogistik unterstützen. Bei Feedback oder Fragen steht Ihnen der Autor gerne unter *christoph.persich@googlemail.com* zur Verfügung.

Tim Dalm ist Principal Consultant bei SAP America und hat acht Jahre Erfahrung mit SAP-Logistik- und -Lagerverwaltungslösungen. Er hat an mehreren SAP EWM-Projekten sowohl in den USA als auch in Europa gearbeitet. Tim Dalm lebt momentan in Philadelphia, PA.

M. Brian Carter arbeitet seit 1997 mit Fokus auf Lager- und Distributionslogistik für SAP. Im Moment ist er als Solution Manager in der Business Unit »Service and Asset Management« tätig. Dort ist er für Lagerverwaltung und Rückwärtslogistik der SAP-Ersatzteilmanagement-Lösung (SPM) zuständig. Vor seiner Zeit bei SAP arbeitete M. Brian Carter für einen Logistikdienstleister in den USA im operativen Bereich. M. Brian Carter lebt mit seiner Frau Teresa und seinen beiden Kindern Evan und Meredith in der Region Philadelphia, PA.

Beiträger zu diesem Buch

 **Gunther Sanchez** arbeitet nach dem Studium des Wirtschaftsingenieurwesens an der Fachhochschule Mannheim als Consultant für die SAP Deutschland AG & Co. KG. Sein fachlicher Schwerpunkt liegt seit 2008 auf der Abbildung von Geschäftsprozessen der Lagerungs- und Distributionslogistik mit SAP EWM. Er hat für verschiedene SAP EWM-Projekte der Automobil-, Konsumgüter- und Einzelhandelsindustrie gearbeitet.

Index

Umfassendes Handbuch zur Diskreten Fertigung mit SAP

Prozesse und Customizing von PP verständlich erklärt

Mit Informationen zu Sonderbeschaffungsformen und der Integration mit SAP APO

3., aktualisierte und erweiterte Auflage

Jörg Thomas Dickersbach, Gerhard Keller

Produktionsplanung und -steuerung mit SAP ERP

Grundlagen – Prozesse – Customizingwissen

Dieses Buch ist Ihr umfassender Begleiter bei der Implementierung und produktiven Anwendung der Produktionsplanung und -steuerung mit SAP. Sie lernen Prozesse und das Customizing von PP kennen: Von den Stammdaten bis zur Integration mit SAP SCM (APO) erfahren Sie alles Wissenswerte über die Diskrete Fertigung mit SAP ERP. Die 3. Auflage wurde u.a. um das Thema Sonderbeschaffungsformen ergänzt. Besonders profitieren werden Sie von zahlreichen Beispielen, dem Glossar sowie von der herausnehmbaren Referenzkarte mit den wichtigsten Transaktionscodes.

527 S., 3. Auflage 2010, mit Referenzkarte, 69,90 Euro, 99,– CHF
ISBN 978-3-8362-1638-8

>> www.sap-press.de/2421

Schlanke Produktionsprozesse mit SAP realisieren

Heyjunka Board, Kanban, Sequenzplanung, Losgrößenverfahren, SAP CRP

Einsatz von ME-/APS-Systemen

Marc Hoppe, Martin Wollmann

Lean Production mit SAP

Dieses Buch zeigt Ihnen, wie Sie von "Lean Production trotz SAP" zu "Lean Production mit SAP" kommen. Nach einer kurzen Rekapitulation der Lean-Grundlagen lernen Sie im Detail, womit und wie Sie Lean-Prinzipien mit SAP abbilden können. Sie lernen die einzelnen Funktionen kennen und erfahren, wie sie eingeführt und konfiguriert werden. Darüber hinaus wird erläutert, wie Ihnen Manufacturing Execution-Systeme dabei helfen können, Lean-Ziele zu erreichen. Abschließend zeigt das Buch, wie Sie Ihre Produktionsprozesse transparent gestalten und so die Voraussetzung für eine praktische Umsetzung von „Lean" schaffen.

ca. 380 S., 79,90 Euro, 119,– CHF
ISBN 978-3-8362-1637-1, Dezember 2010

>> www.sap-press.de/2420

Funktionen, Prozesse und Customizing von
SAP APO-PP/DS verständlich erklärt

Heuristiken, finite Planung,
Auftragssichten, Plantafeln,
Alert-Handling, APO Core
Interface u.v.m.

Mit ausführlicher Darstellung des
Zusammenspiels von SAP APO
und SAP ECC

Jochen Balla, Frank Layer

Produktionsplanung mit SAP APO

Dieses Buch bietet Ihnen eine fundierte Einführung in die Produktionsplanung mit SAP APO-PP/DS: Funktionen, Anwendung, Customizing.
Sie lernen den Datenaustausch zwischen APO und ECC mittels CIF,
die APO-Stammdaten und alle wichtigen Funktionen der Produktions-
und Feinplanung kennen. Darüber hinaus entdecken Sie, welche
Auswertungs- und Interaktionswerkzeuge Ihnen zur Verfügung stehen
und wie die Komponenten bei der Erstellung eines finiten Produktions-
plans zusammenspielen.

402 S., 2. Auflage 2010, 69,90 Euro, 99,90 CHF
ISBN 978-3-8362-1602-9

>> www.sap-press.de/2380

Praxisorientierte Darstellung von Geschäftsprozessen, Anlagenstrukturierung und Customizing

Mit zahlreichen Tipps und Tricks für die Einführung und den laufenden Betrieb

Mit Schnittstellen, Reporting und neuen Technologien wie MAM, RFID, SOA, Portal u.v.m.

Karl Liebstückel

Instandhaltung mit SAP

Mit diesem Buch lernen Sie, wie Sie Anlagenstruktur und Prozesse in der Instandhaltung mit SAP gestalten. Customizing und Prozesse werden ausführlich erläutert: von der Aufarbeitung bis zur zustandsorientierten Instandhaltung. Auch über Schnittstellen, Reporting und neue Technologien (z.B. RFID) erfahren Sie alles Relevante. Diese 2. Aufl. basiert auf SAP ERP 6.0 EHP4 und enthält u.a. neue Abschnitte zu Pool Asset Management, Schichtnotizen und Schichtbuch, Subcontracting, Rundgangsplanung und SAP Easy Document Management. Mit DVD-Gutschein.

599 S., 2. Auflage 2010, mit DVD-Gutschein, 69,90 Euro, 99,90 CHF
ISBN 978-3-8362-1557-2

>> www.sap-press.de/2329

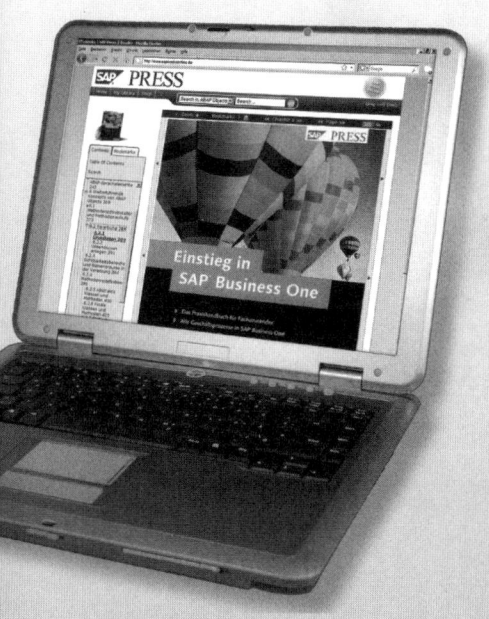

SAP PRESS

MITMACHEN & GEWINNEN!

Sagen Sie uns Ihre Meinung und gewinnen Sie einen von 5 SAP PRESS-Buchgutscheinen, die wir jeden Monat unter allen Einsendern verlosen. Zusätzlich haben Sie mit dieser Karte die Möglichkeit, unseren aktuellen Katalog und/oder Newsletter zu bestellen. Einfach ausfüllen und abschicken. Die Gewinner der Buchgutscheine werden persönlich von uns benachrichtigt. Viel Glück!

▶ **Wie lautet der Titel des Buches, das Sie bewerten möchten?**

▶ **Wegen welcher Inhalte haben Sie das Buch gekauft?**

▶ **Haben Sie in diesem Buch die Informationen gefunden, die Sie gesucht haben? Wenn nein, was haben Sie vermisst?**
- ☐ Ja, ich habe die gewünschten Informationen gefunden.
- ☐ Teilweise, ich habe nicht alle Informationen gefunden.
- ☐ Nein, ich habe die gewünschten Informationen nicht gefunden.
  Vermisst habe ich:

▶ **Welche Aussagen treffen am ehesten zu?** (Mehrfachantworten möglich)
- ☐ Ich habe das Buch von vorne nach hinten gelesen.
- ☐ Ich habe nur einzelne Abschnitte gelesen.
- ☐ Ich verwende das Buch als Nachschlagewerk.
- ☐ Ich lese immer mal wieder in dem Buch.

▶ **Wie suchen Sie Informationen in diesem Buch?** (Mehrfachantworten möglich)
- ☐ Inhaltsverzeichnis
- ☐ Marginalien (Stichwörter am Seitenrand)
- ☐ Index/Stichwortverzeichnis
- ☐ Buchscanner (Volltextsuche auf der Galileo-Website)
- ☐ Durchblättern

▶ **Wie beurteilen Sie die Qualität der Fachinformationen nach Schulnoten von 1 (sehr gut) bis 6 (ungenügend)?**
☐ 1 ☐ 2 ☐ 3 ☐ 4 ☐ 5 ☐ 6

▶ **Was hat Ihnen an diesem Buch gefallen?**

▶ **Was hat Ihnen nicht gefallen?**

▶ **Würden Sie das Buch weiterempfehlen?**
☐ Ja ☐ Nein
Falls nein, warum nicht?

▶ **Was ist Ihre Haupttätigkeit im Unternehmen?**
(z.B. Management, Berater, Entwickler, Key-User etc.)

▶ **Welche Berufsbezeichnung steht auf Ihrer Visitenkarte?**

▶ **Haben Sie dieses Buch selbst gekauft?**
- ☐ Ich habe das Buch selbst gekauft.
- ☐ Das Unternehmen hat das Buch gekauft.

KATALOG & NEWSLETTER

www.sap-press.de

Ja, bitte senden Sie mir kostenlos den neuen **Katalog**. Für folgende SAP-Themen interessiere ich mich besonders: (Bitte Entsprechendes ankreuzen)

- ☐ Programmierung
- ☐ Administration
- ☐ IT-Management
- ☐ Business Intelligence
- ☐ Logistik
- ☐ Marketing und Vertrieb
- ☐ Finanzen und Controlling
- ☐ Personalwesen
- ☐ Branchen und Mittelstand
- ☐ Management und Strategie

▶ Ja, ich möchte den **SAP PRESS-Newsletter** abonnieren. Meine E-Mail-Adresse lautet:

Absender

Firma

Abteilung

Position

Anrede   Frau ☐   Herr ☐

Vorname

Name

Straße, Nr.

PLZ, Ort

Telefon

E-Mail

Datum, Unterschrift

Teilnahmebedingungen und Datenschutz:
Die Gewinner werden jeweils am Ende jeden Monats ermittelt und schriftlich benachrichtigt. Mitarbeiter der Galileo Press GmbH und deren Angehörige sind von der Teilnahme ausgeschlossen. Eine Barablösung der Gewinne ist nicht möglich. Der Rechtsweg ist ausgeschlossen. Ihre freiwilligen Angaben dienen dazu, Sie über weitere Titel aus unserem Programm zu informieren. Falls sie diesen Service nicht nutzen wollen, genügt eine E-Mail an **service@galileo-press.de**. Eire Weitergabe Ihrer persönlichen Daten an Dritte erfolgt nicht.

Bitte freimachen!

Antwort

SAP PRESS
c/o Galileo Press
Rheinwerkallee 4
53227 Bonn

SAP PRESS